把手

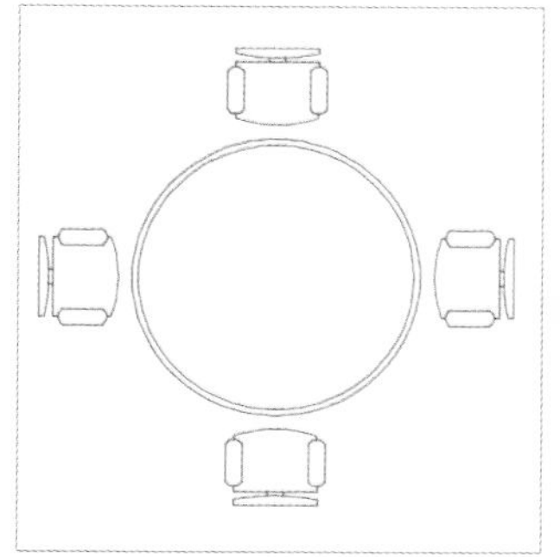

餐厅桌椅

雨伞

盥洗盆

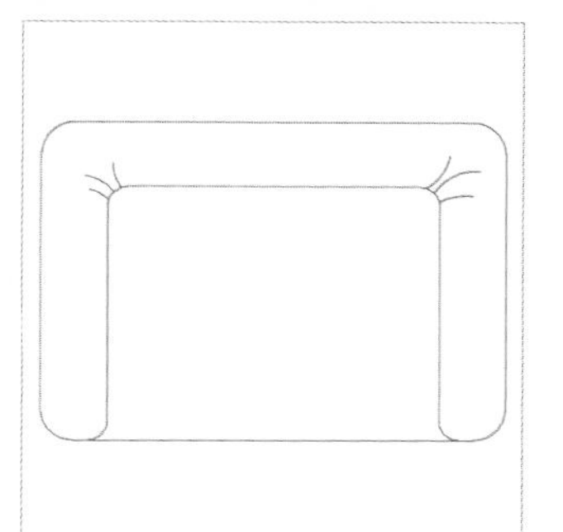

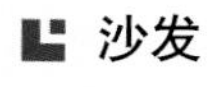

沙发

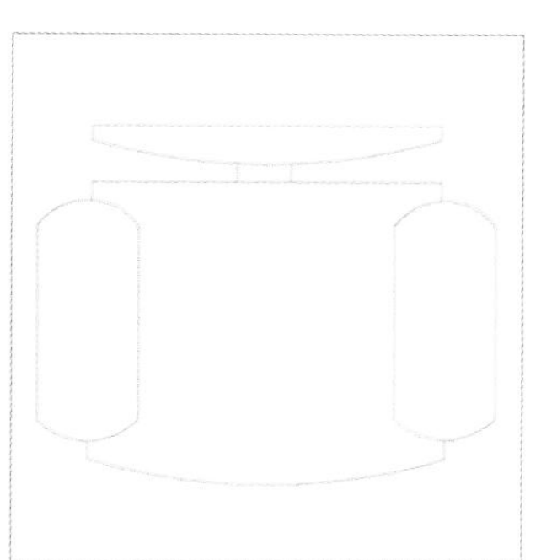

椅子

圆桌

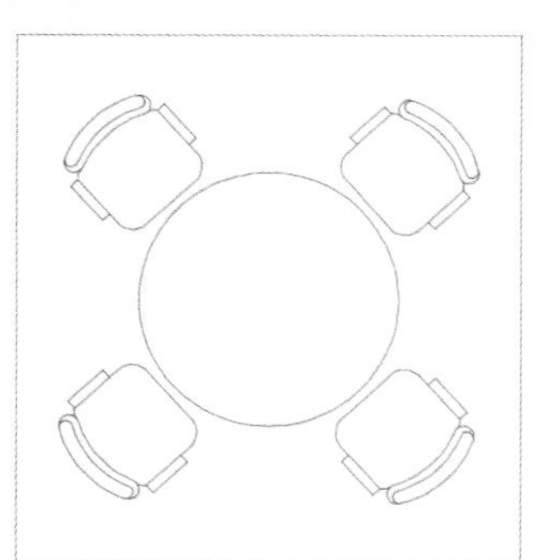

会议餐桌

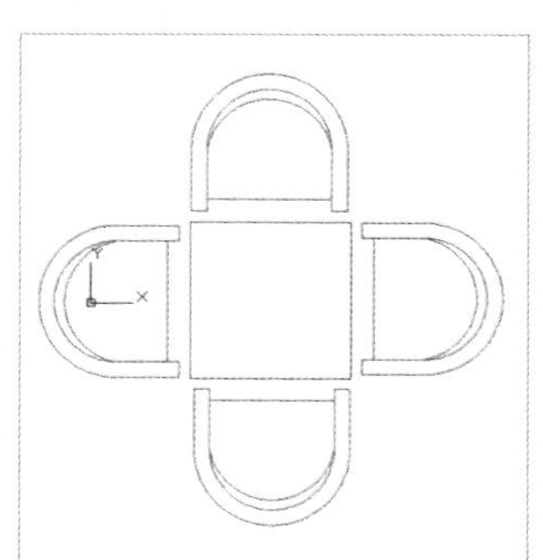

四人餐桌

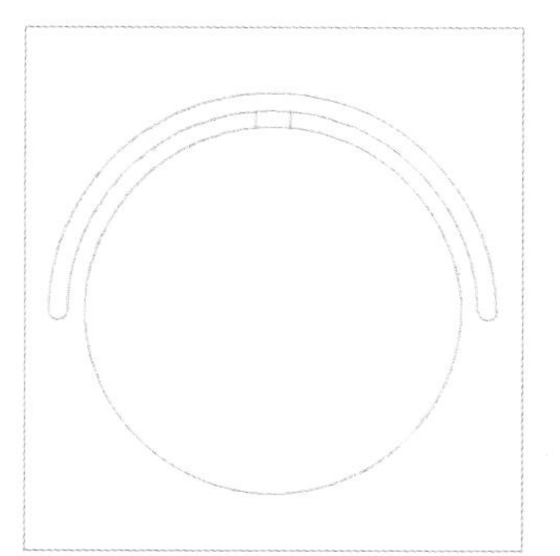

吧椅

梳妆凳

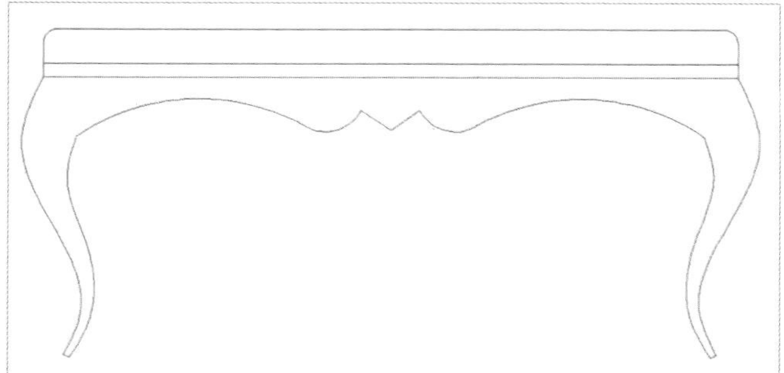

脚踏

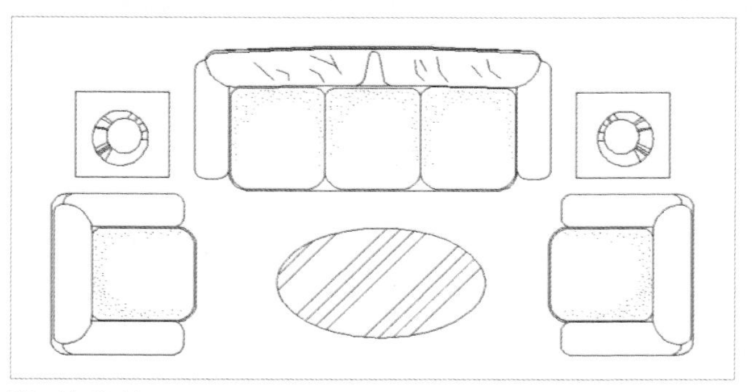

沙发茶几

本书部分案例

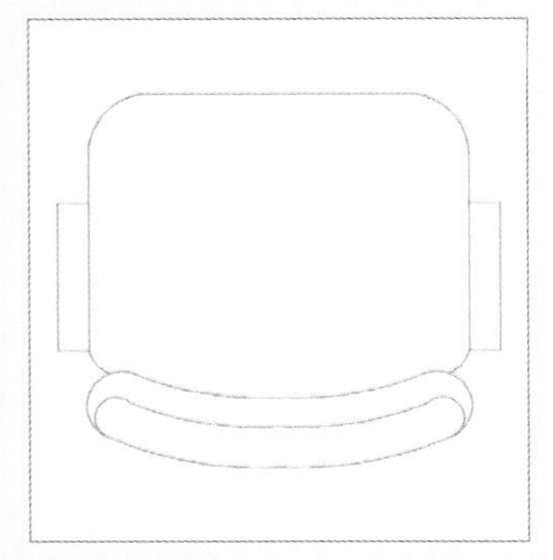

办公椅

壁灯

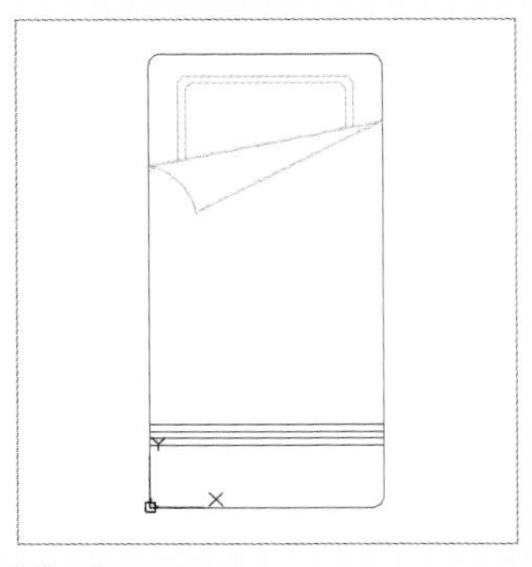

床

酒瓶

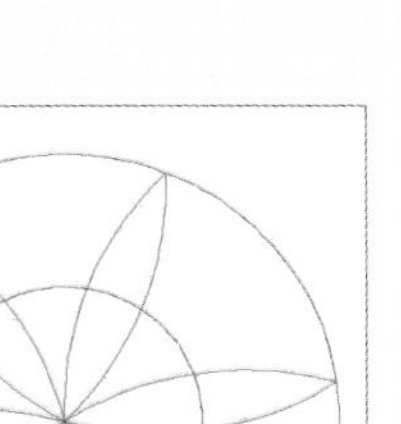

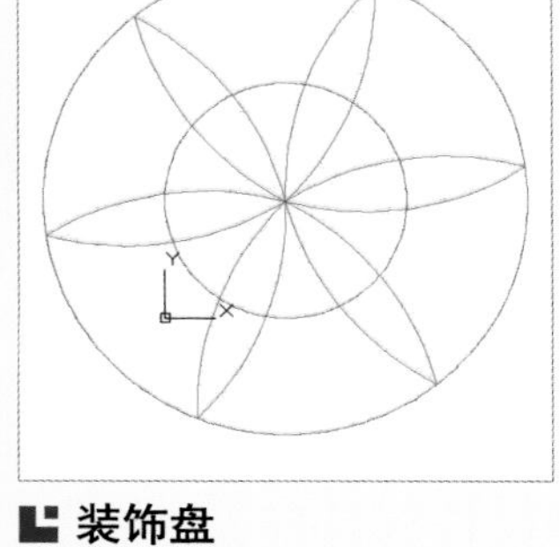

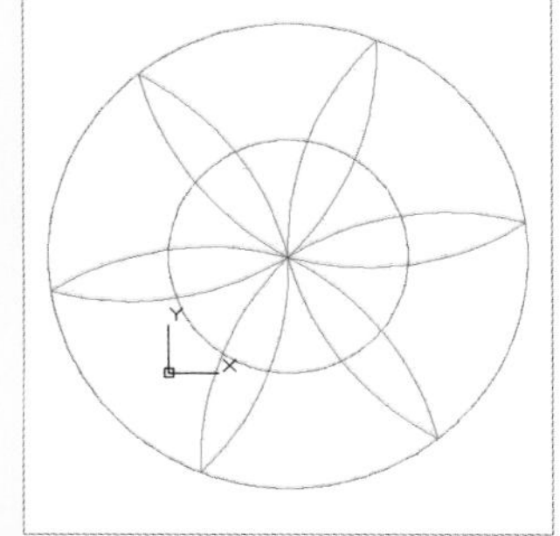

装饰盘

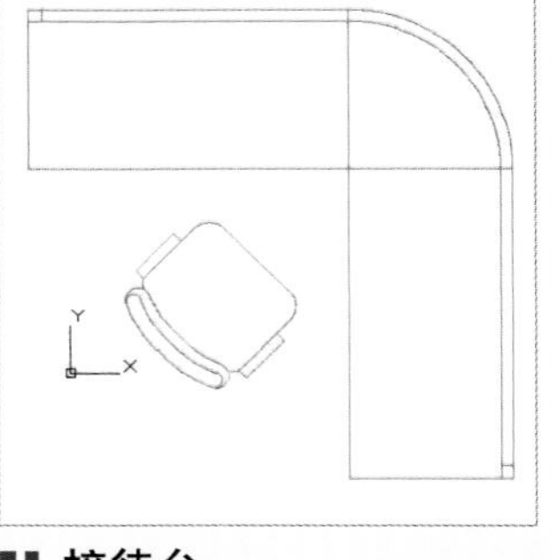

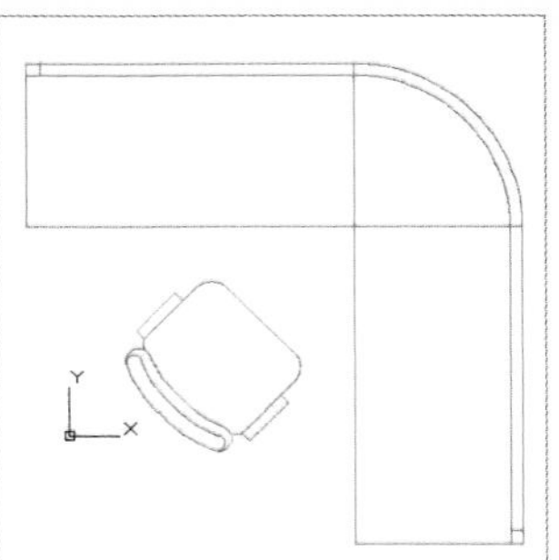

接待台

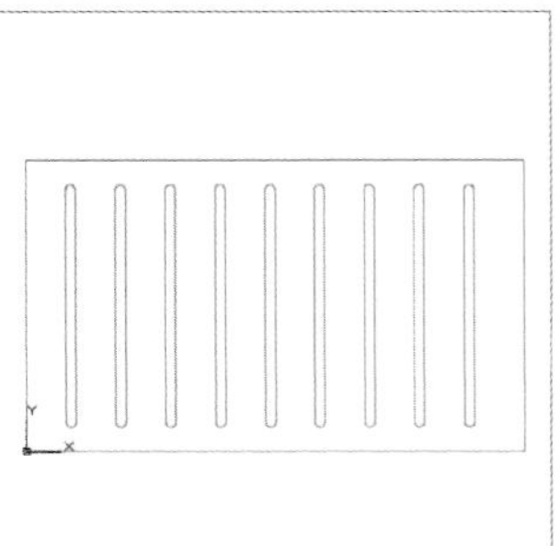

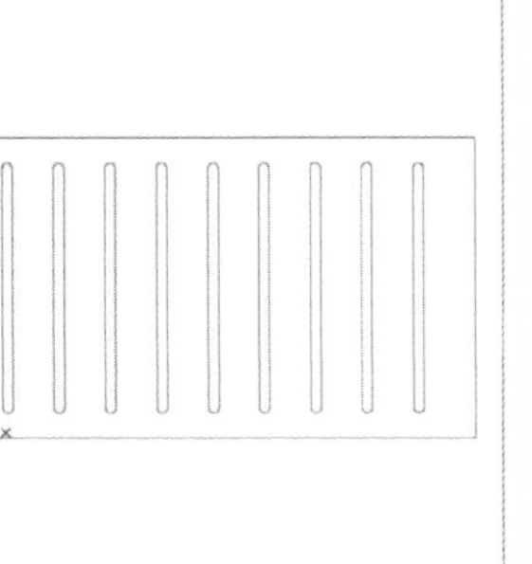

行李架

小便器

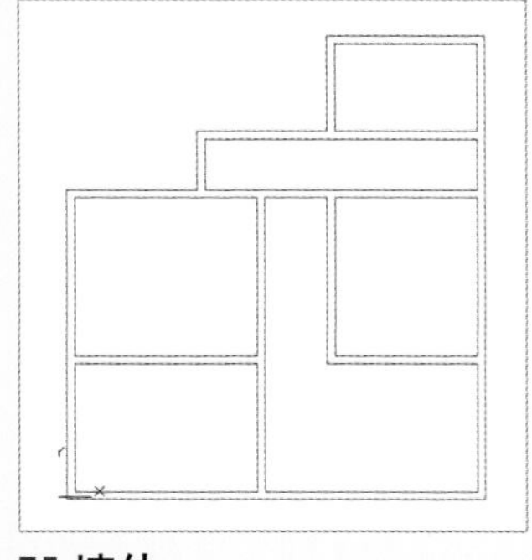

墙体

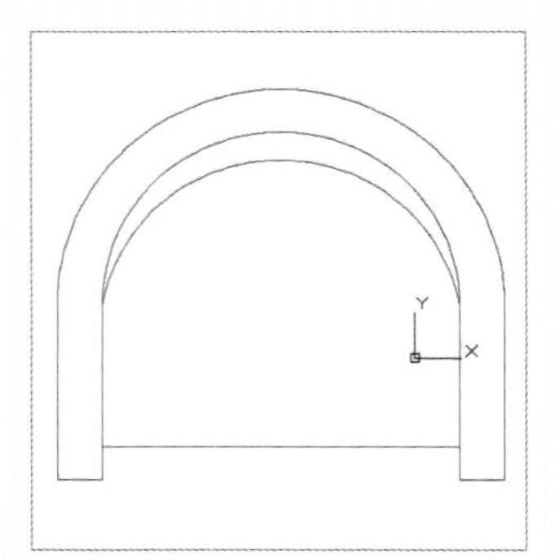

圈椅

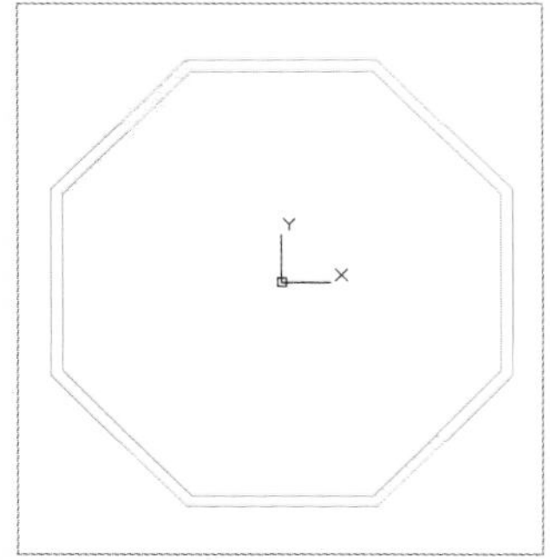

八角凳

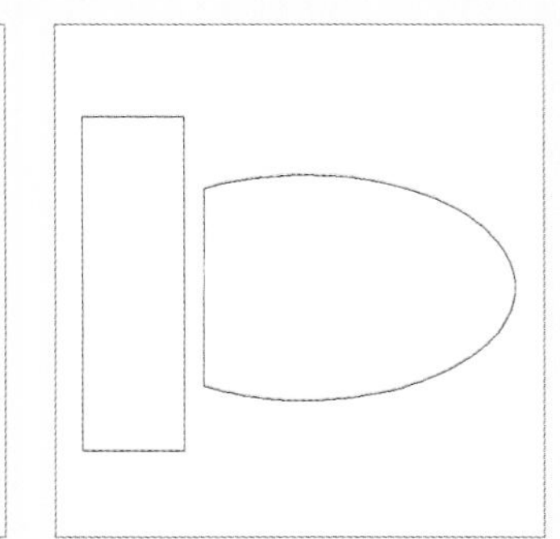

马桶

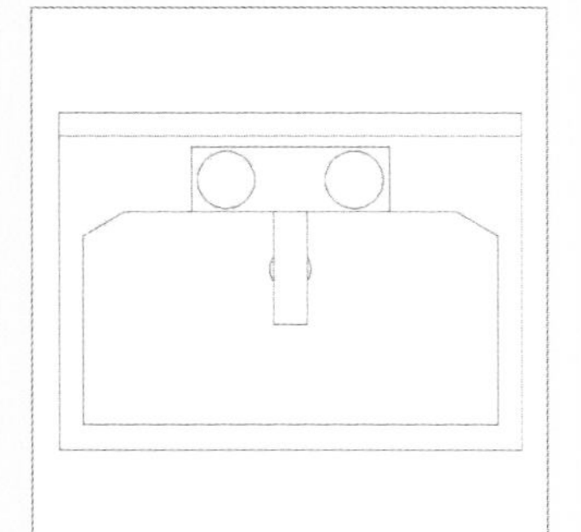

洗菜盆

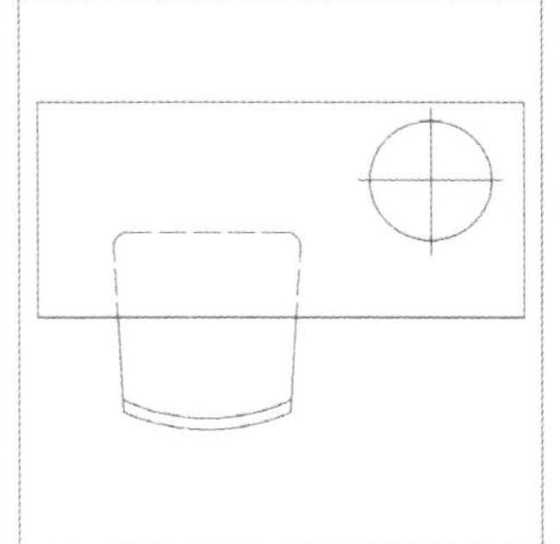

梳妆台

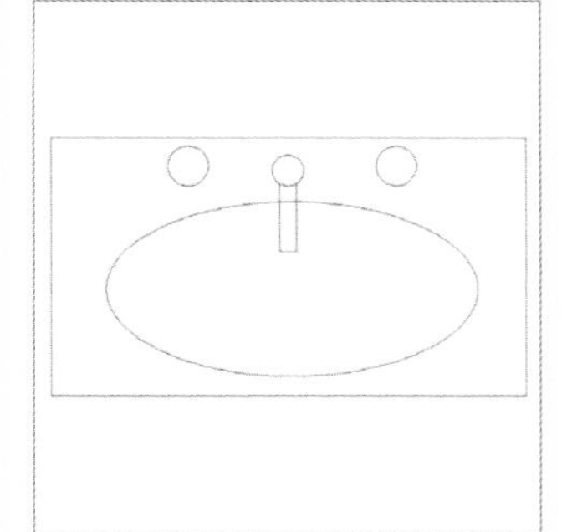

洗手盆

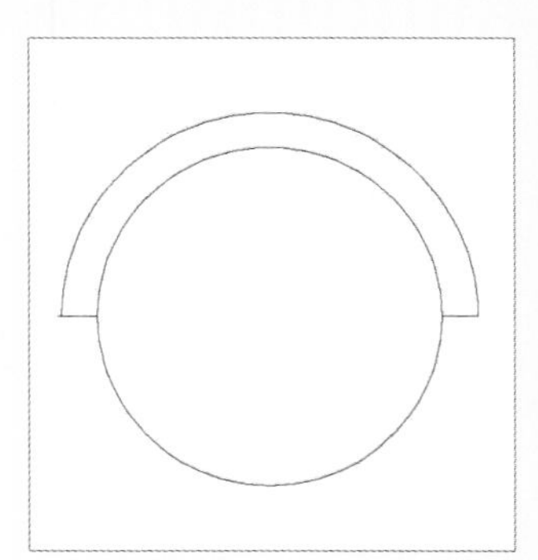

吧凳

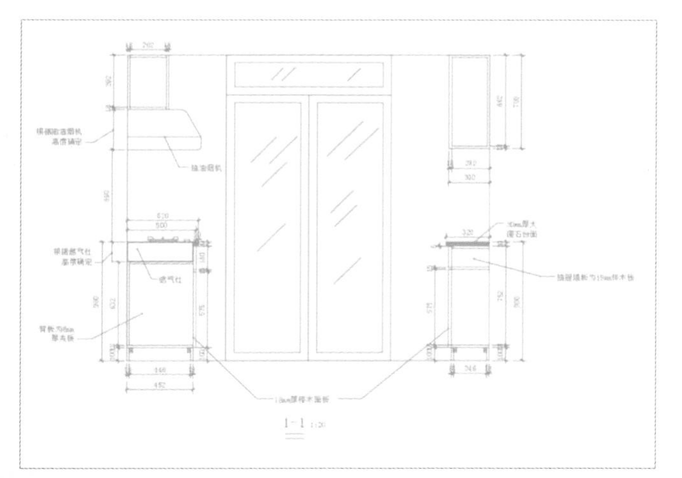

住宅室内家具详图

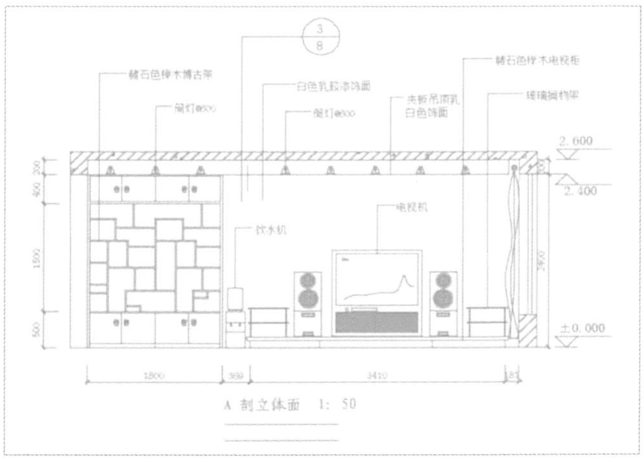

住宅室内A立面图

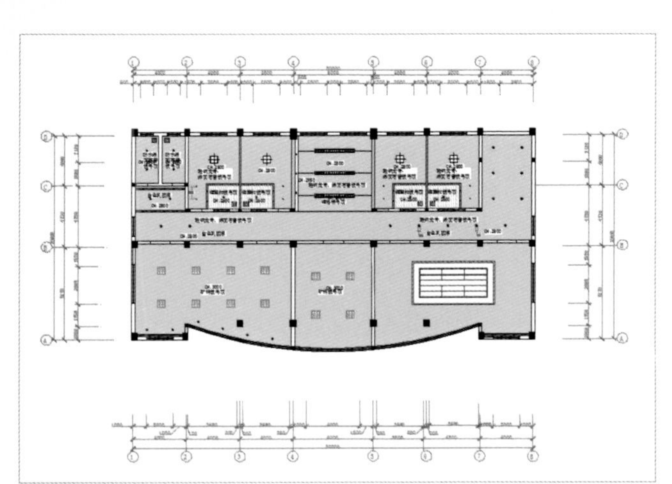

三层顶棚平面图

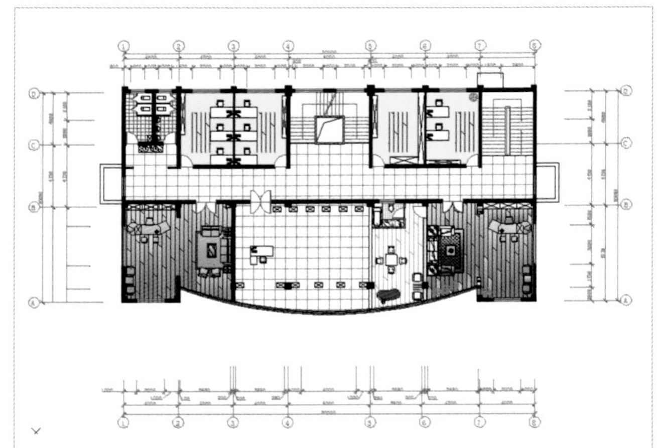

二层地坪图

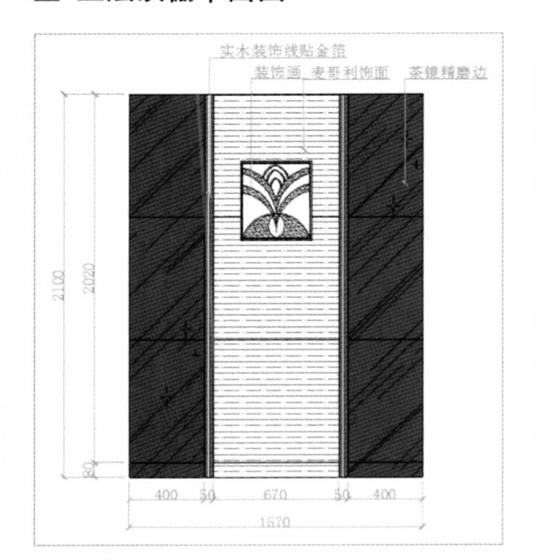

电梯门背立面图

住宅装饰平面图

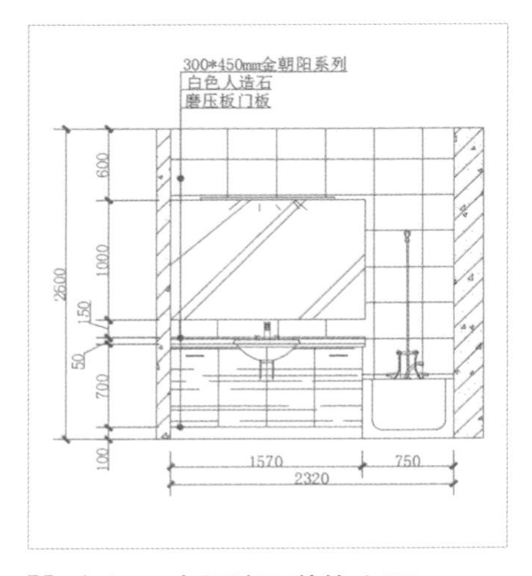

包间卫生间墙面装饰立面

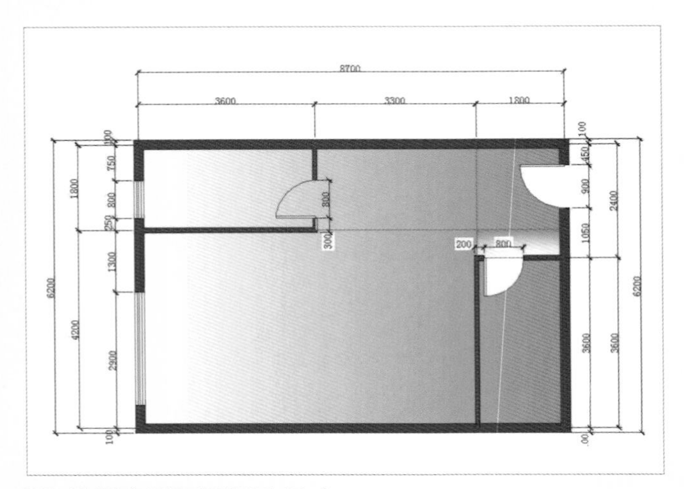

给居室平面图标注尺寸

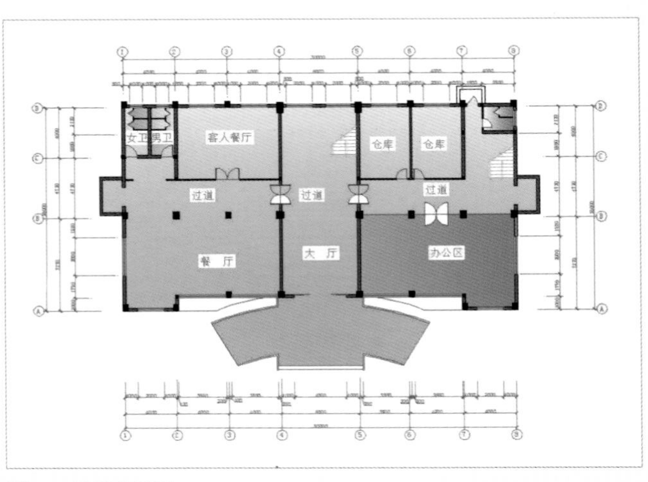

一层平面图

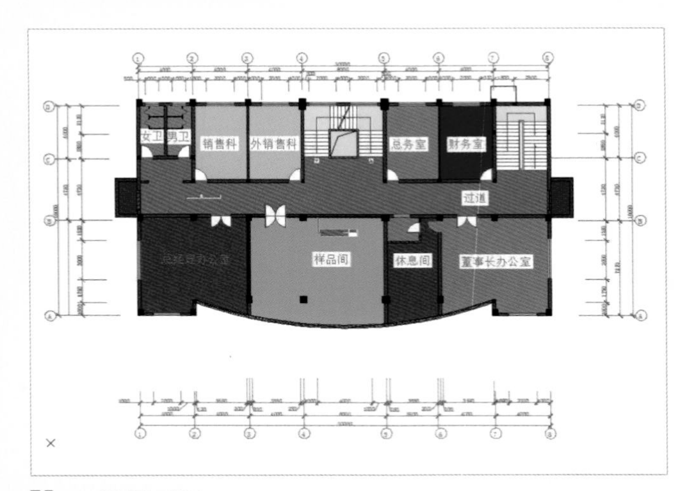

二层平面图

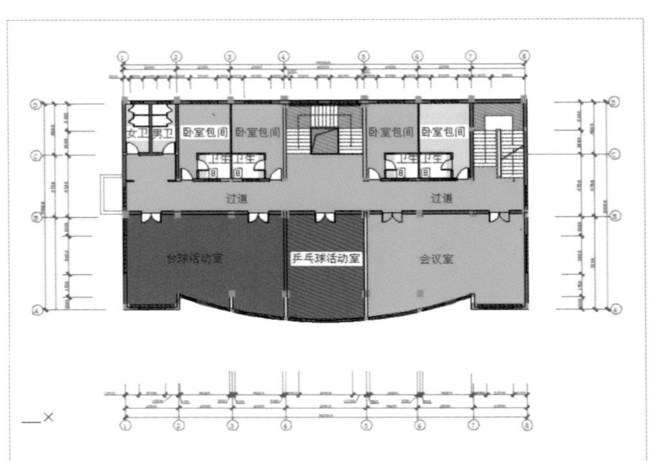

三层平面图

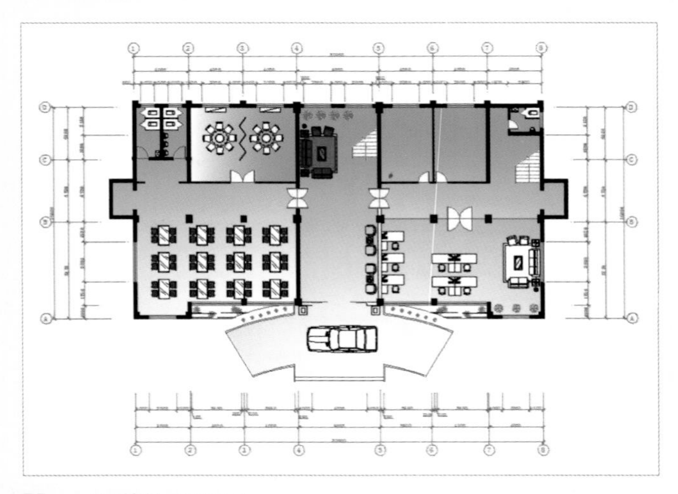

一层装饰平面图

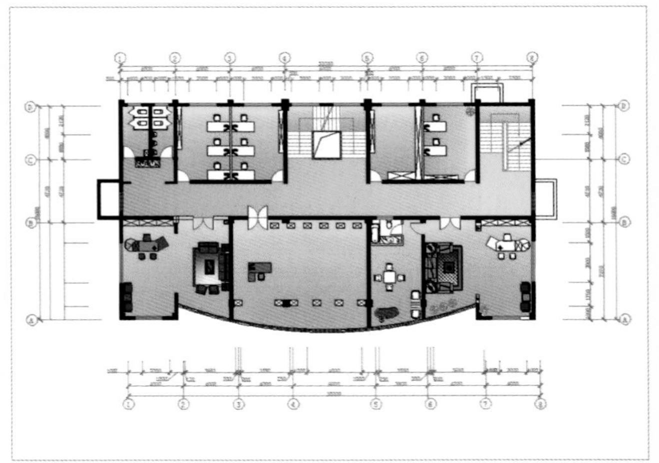

二层装饰平面图

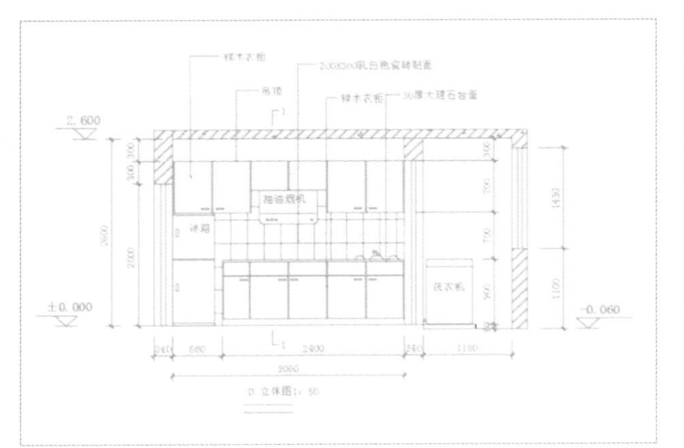

住宅室内D立面图

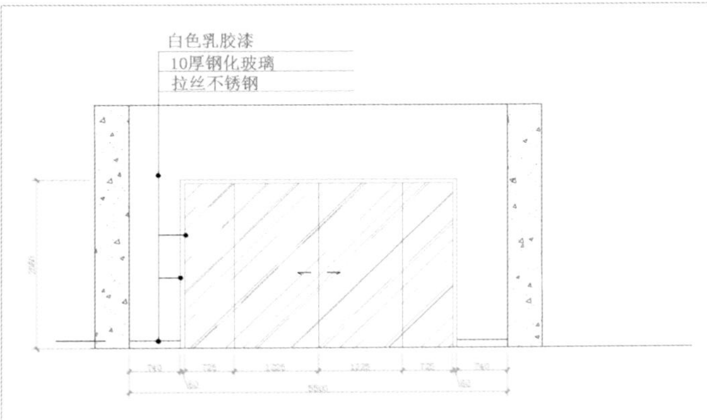

大厅感应大门立面

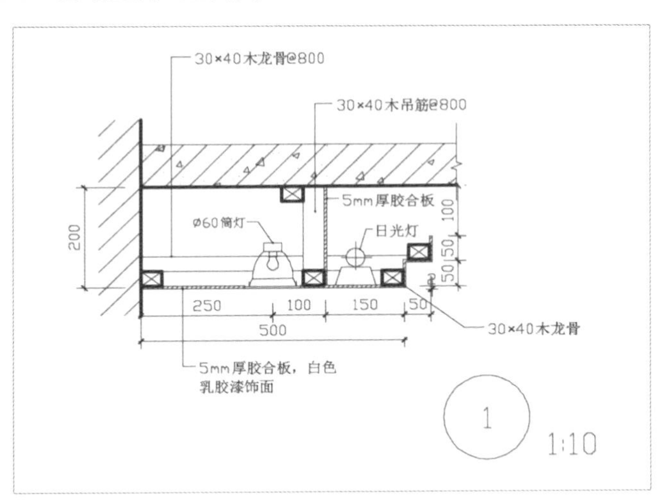

住宅室内吊顶构造详图

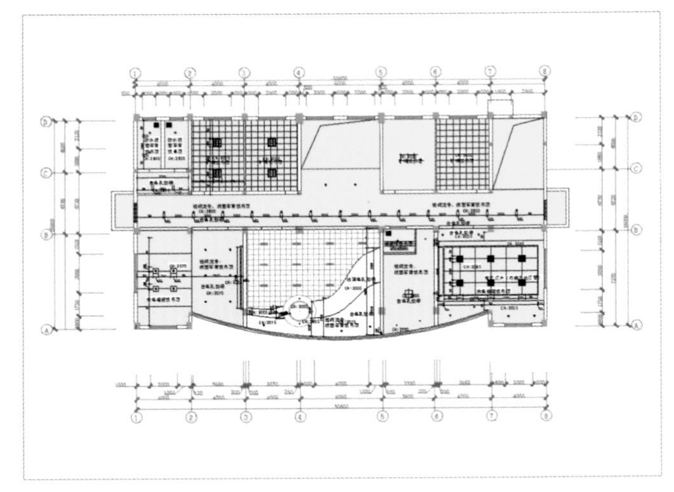

二层顶棚平面图

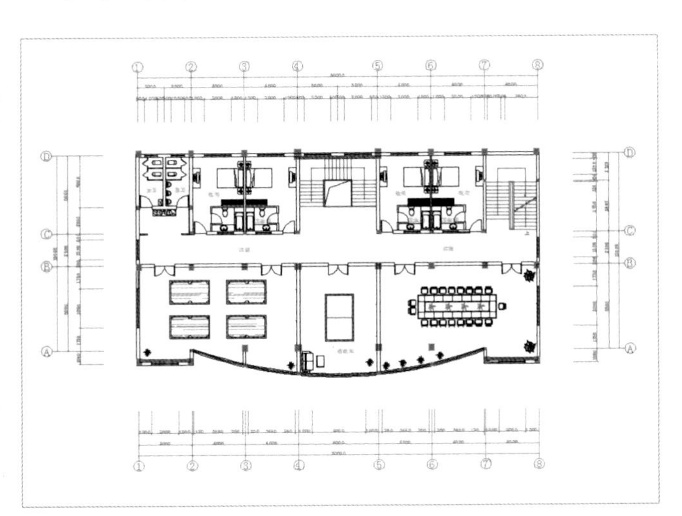

三层装饰平面图

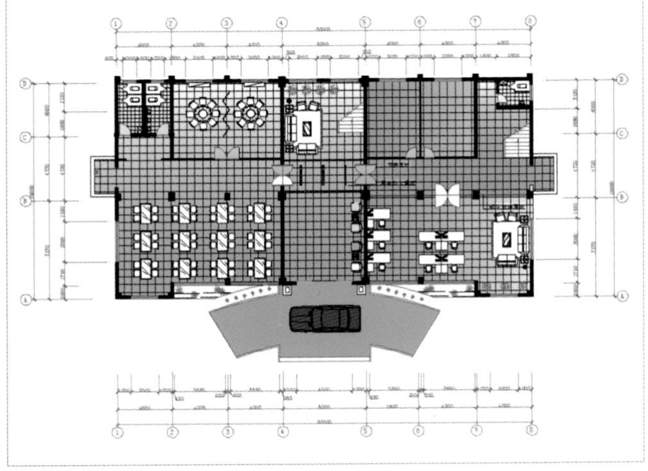

一层地坪平面图

本书部分案例

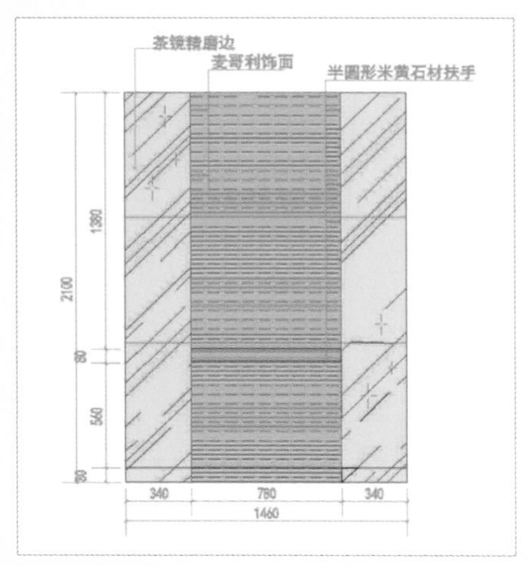

电梯右侧立面图

茶镜精磨边 麦哥利饰面 半圆形米黄石材扶手
2100
1380
80
560
80
230
780
340
1460
110

电梯左侧立面图

茶镜精磨边
电梯门
成品控制面板
2100
2020
80
340
450
450
210
120
1570

电梯门立面图

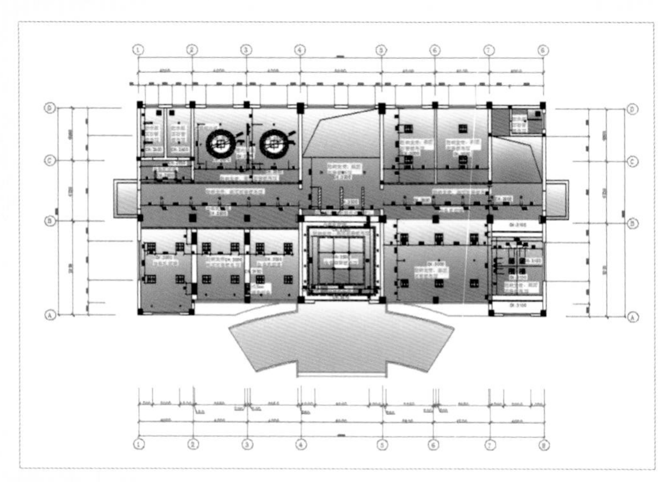

一层顶棚平面图

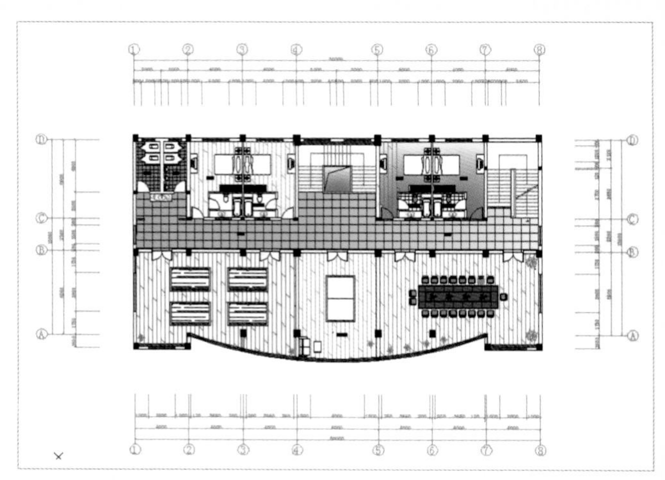

三层地坪图

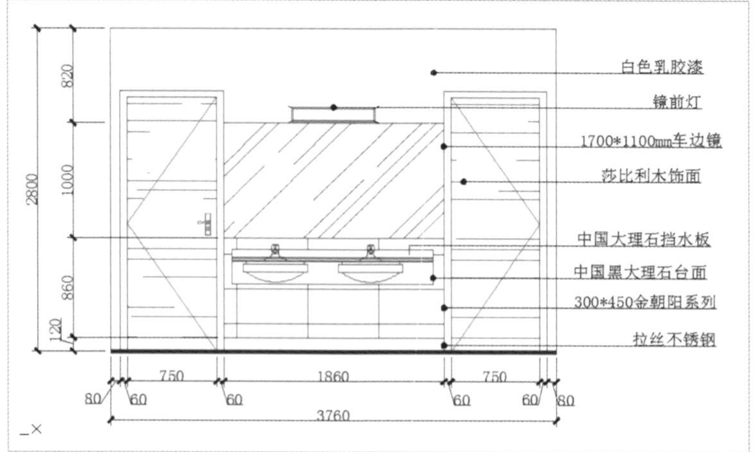

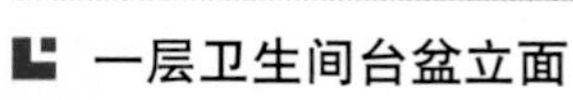

一层卫生间台盆立面

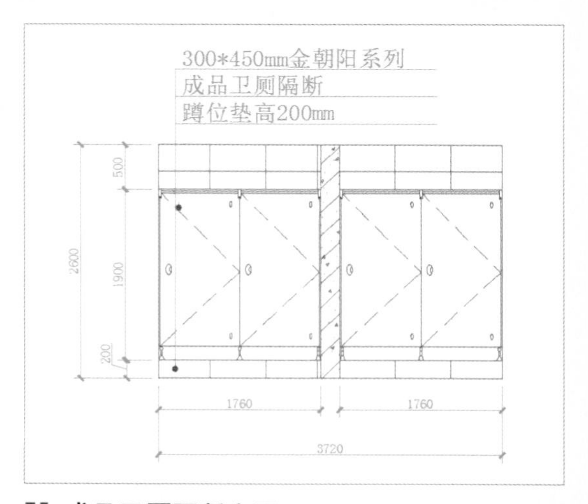

成品卫厕隔断立面

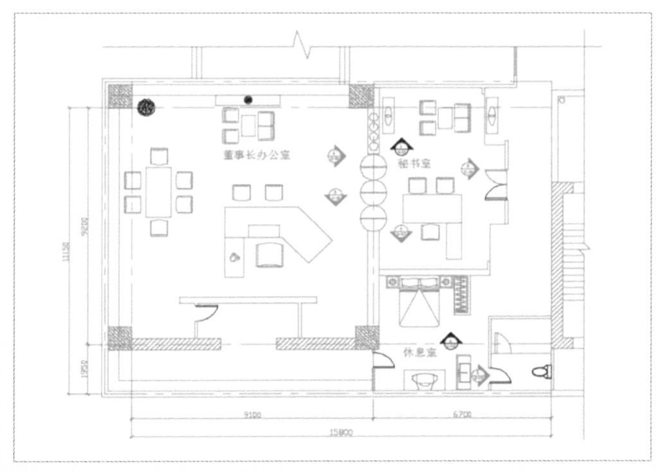

董事长室装饰平面图

歌舞厅室内平面图

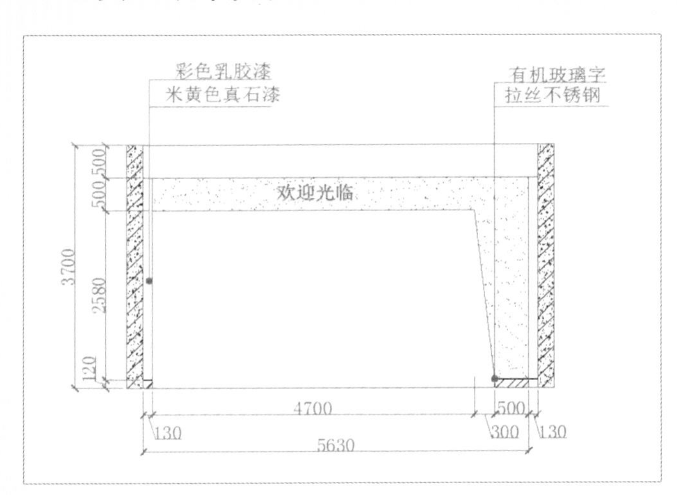

一层过道处隔断立面

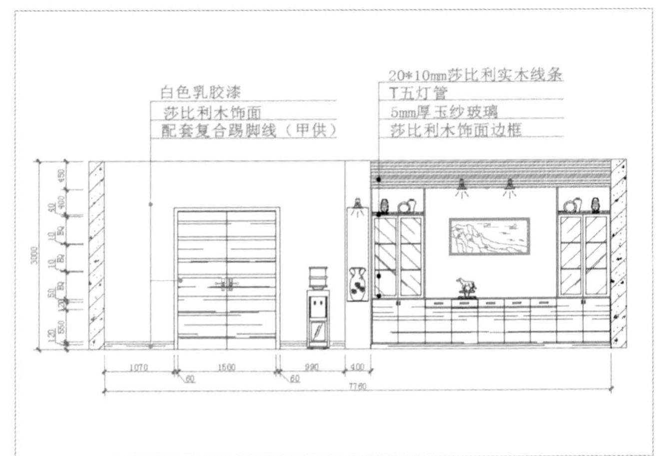

董事长室资料柜立面

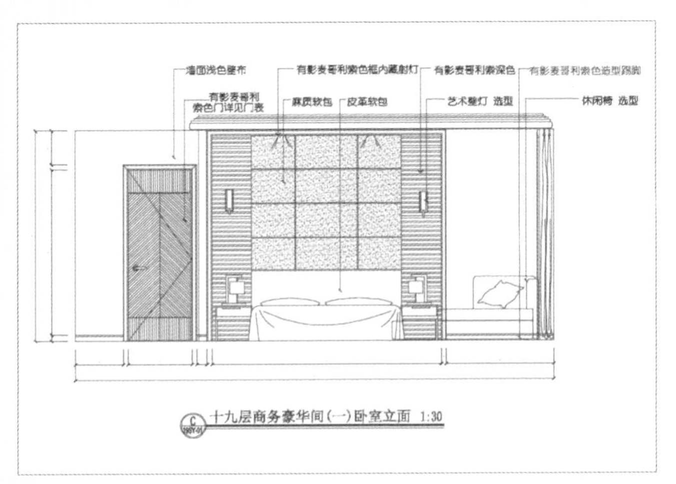

商务豪华套间客厅立面图

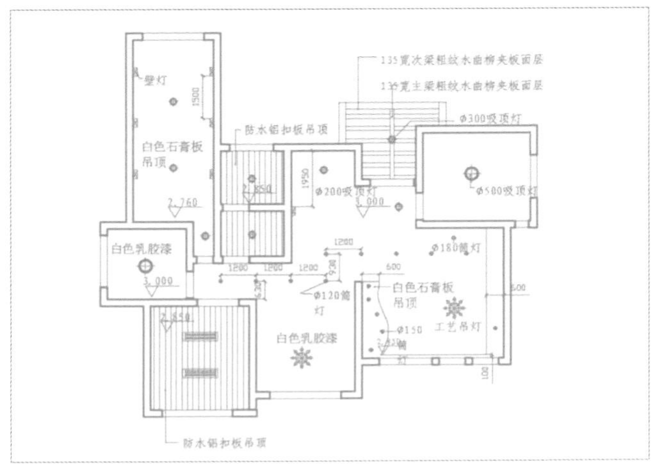

别墅首层顶棚图的绘制

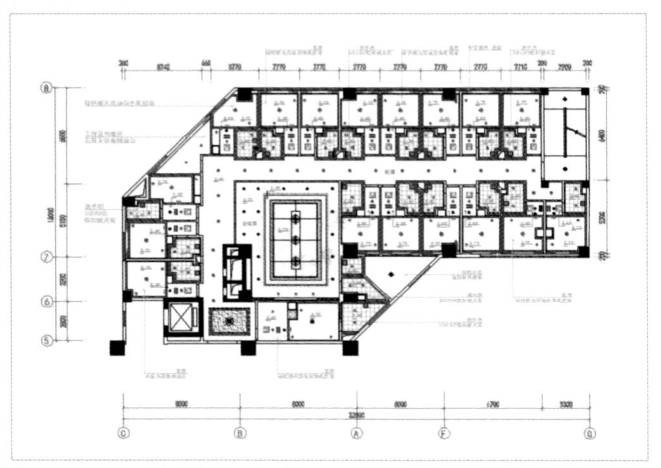

十六七层顶棚装饰图

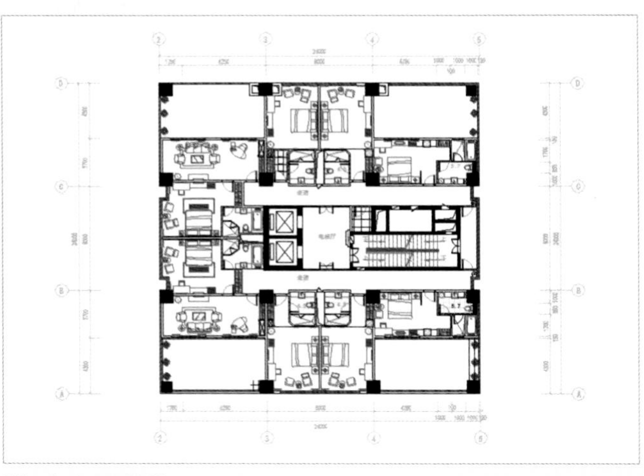

十九层装饰平面图

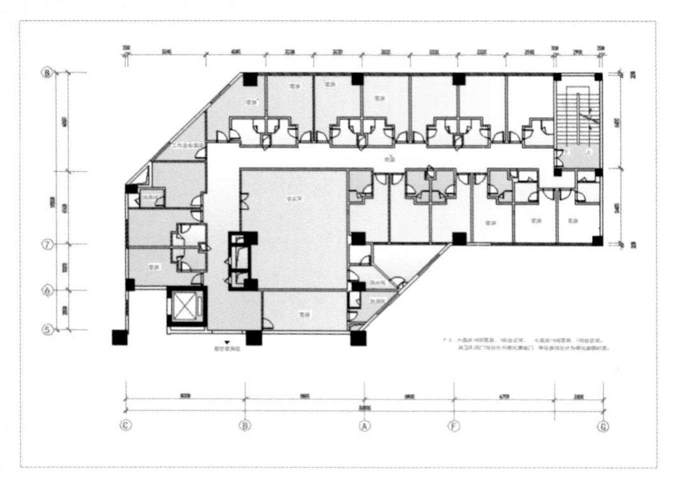

十六七层客房平面图

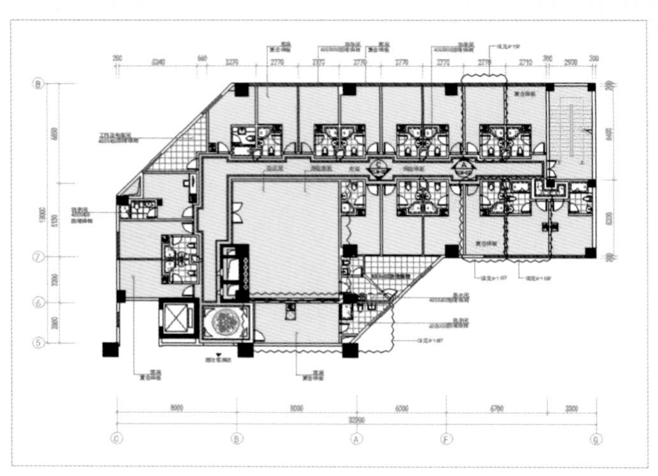

十六七层地坪图的绘制

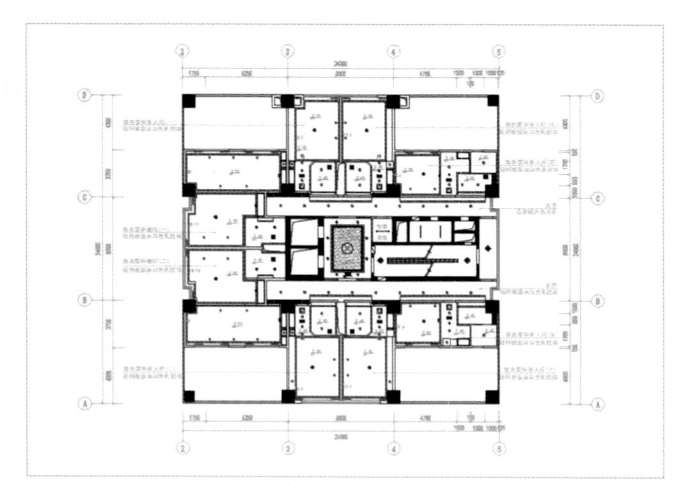

客房地坪装饰图

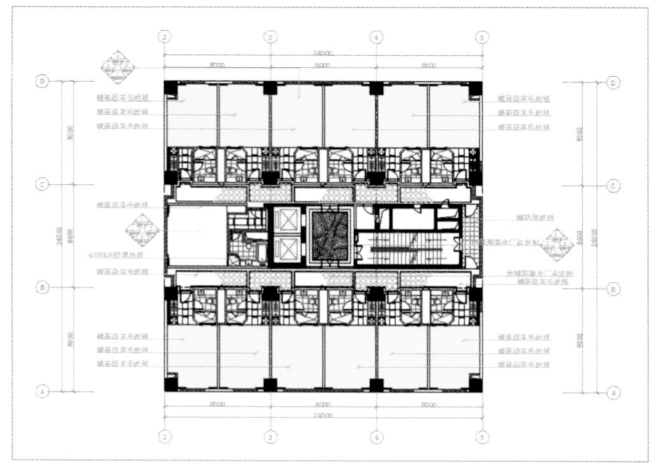

十八层地坪图的绘制

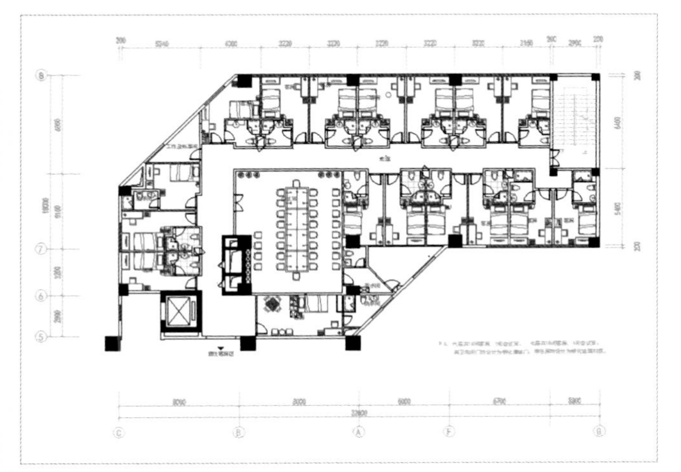

十六七层装饰平面图

十八层顶棚装饰图

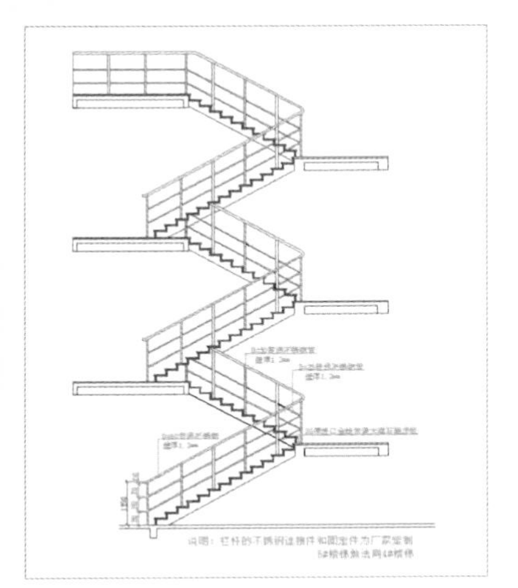

备用楼梯立面

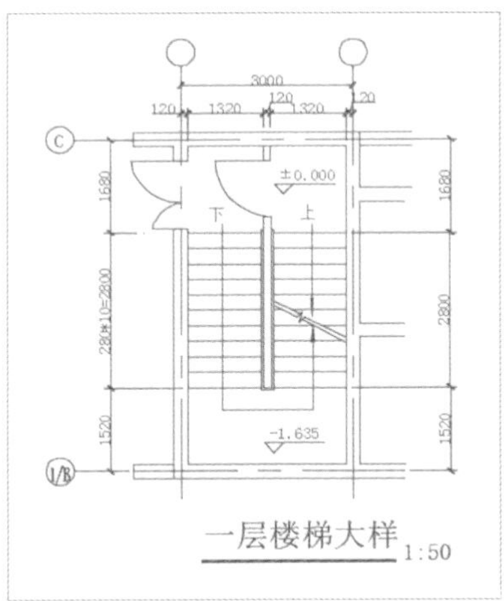

楼梯大样图

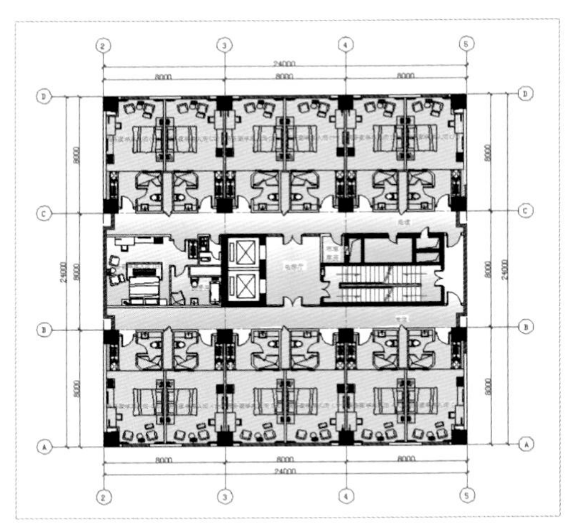

十八层装饰平面图

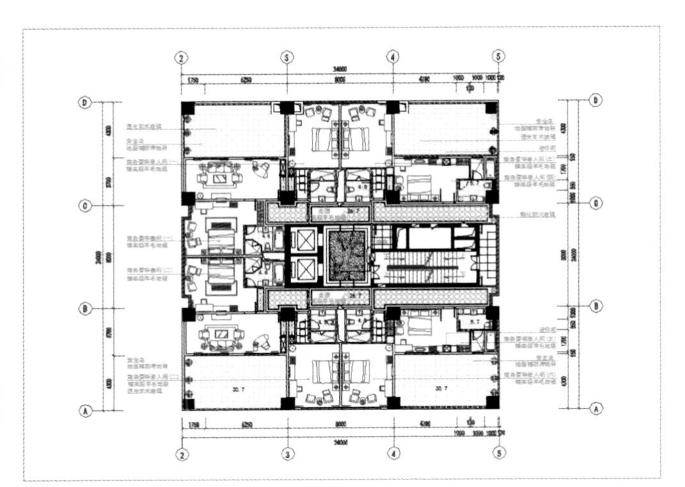

十九层地坪图的绘制

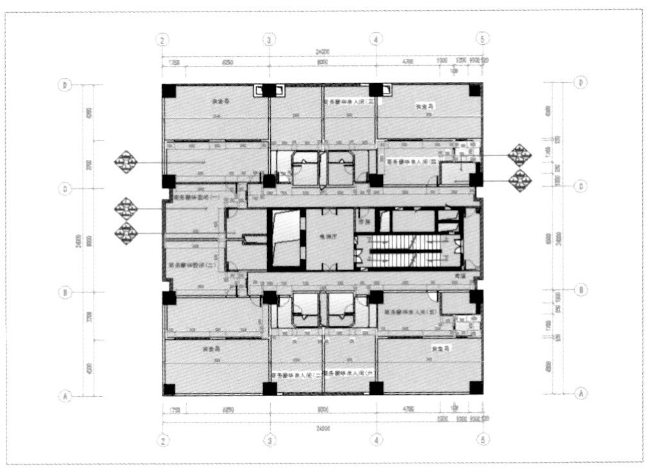

十九层客房平面图

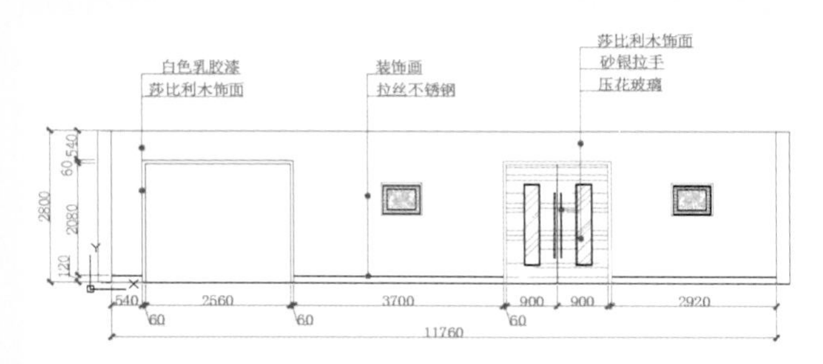

过道客人餐厅大门立面

大厅背景墙立面

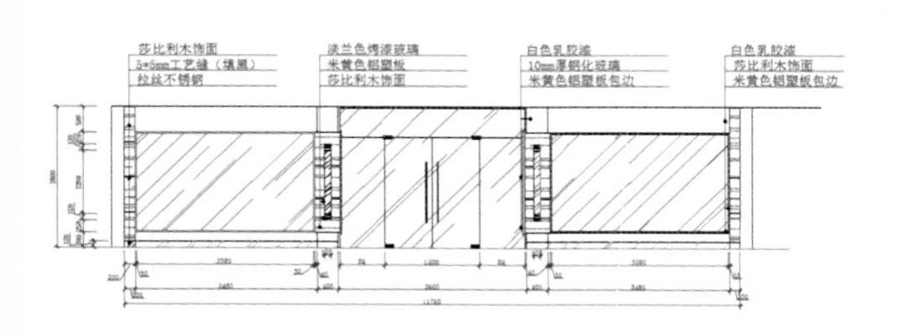

过道办公区玻璃隔断及装饰柱面立面

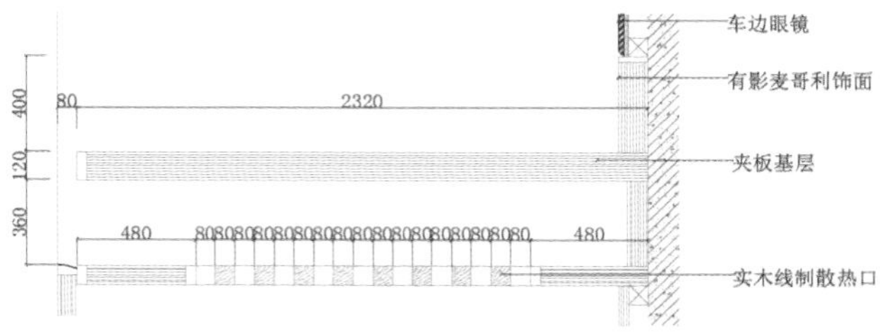

绘制节点大样图16

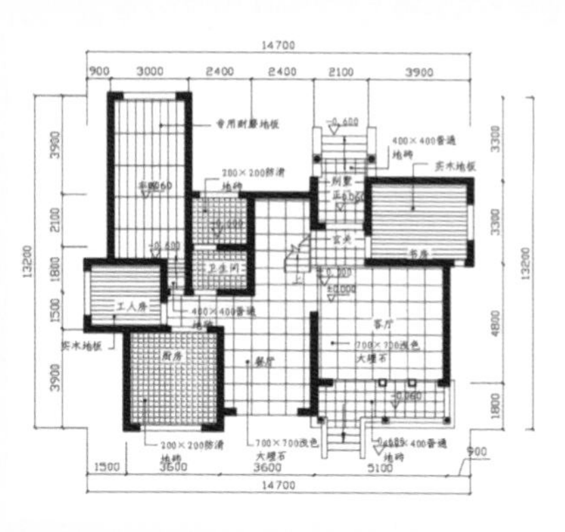

别墅首层地坪图的绘制

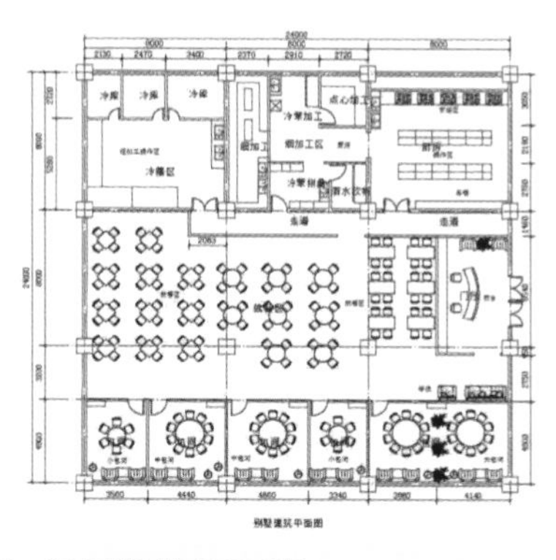

餐厅装饰平面图

单人间衣柜开启立面图

绘制居室家具布置平面图

绘制节点大样图13

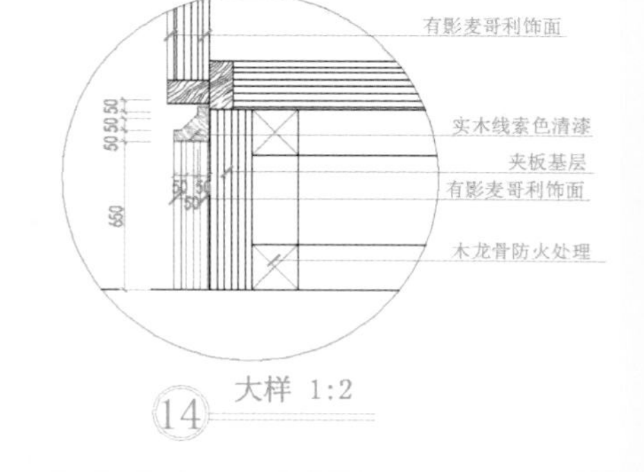

绘制节点大样图14

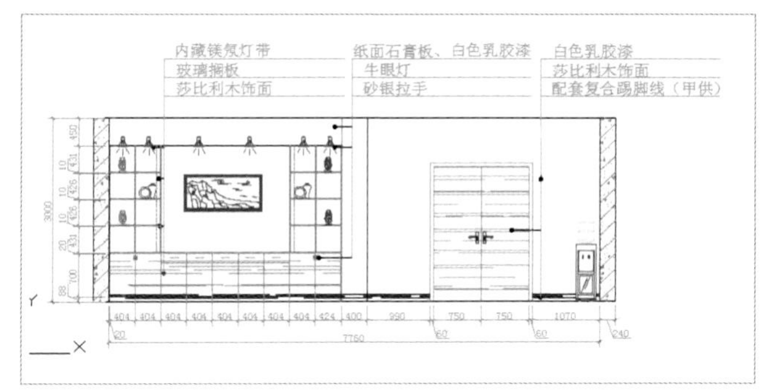

总经理室资料柜立面

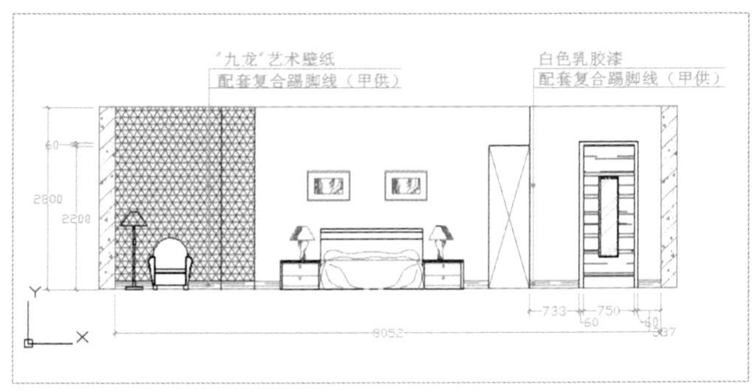

客房包间墙面装饰立面

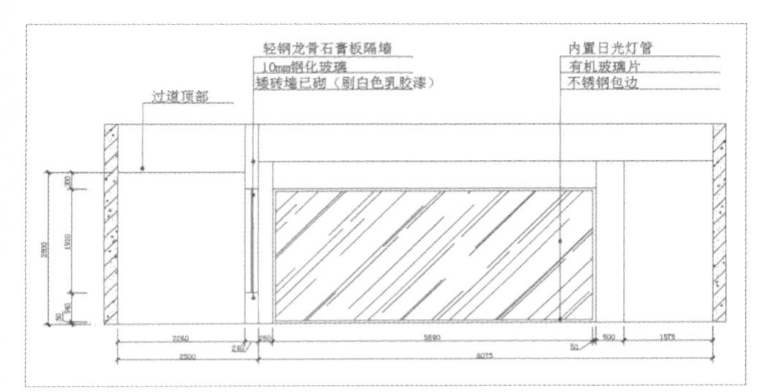

样品间展示墙立面

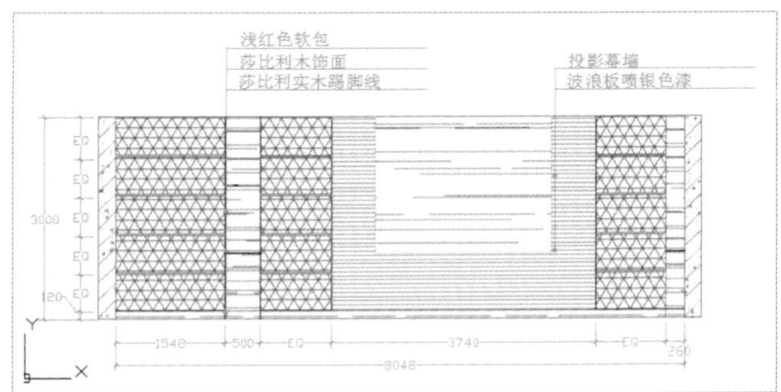

会议室投影墙面装饰立面

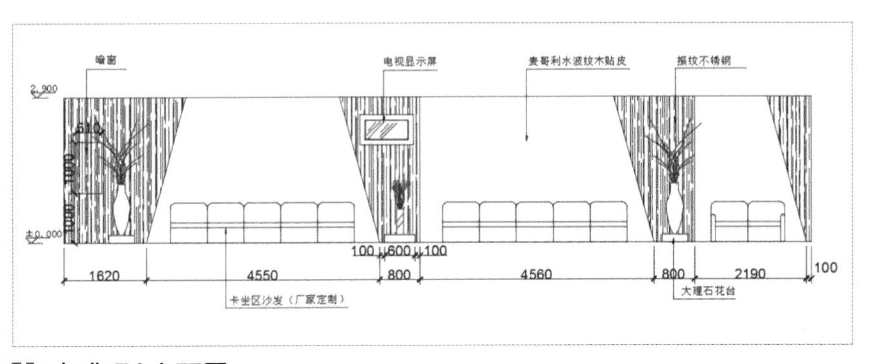

咖啡吧A立面图

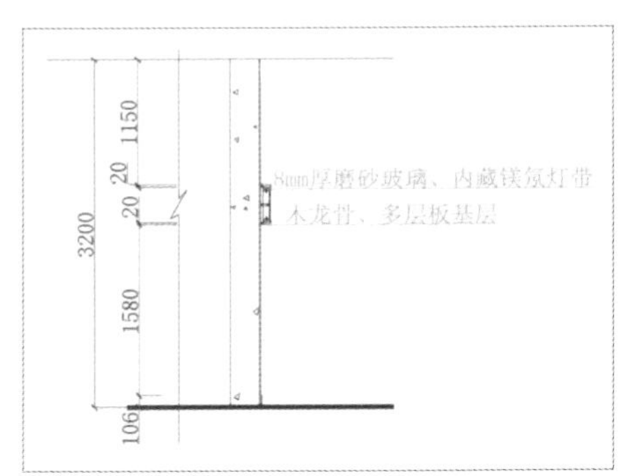

大厅背景墙剖面图的绘制

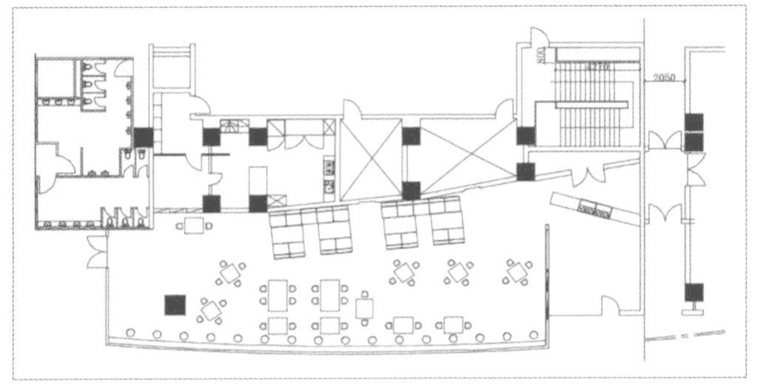

咖啡吧装饰平面图

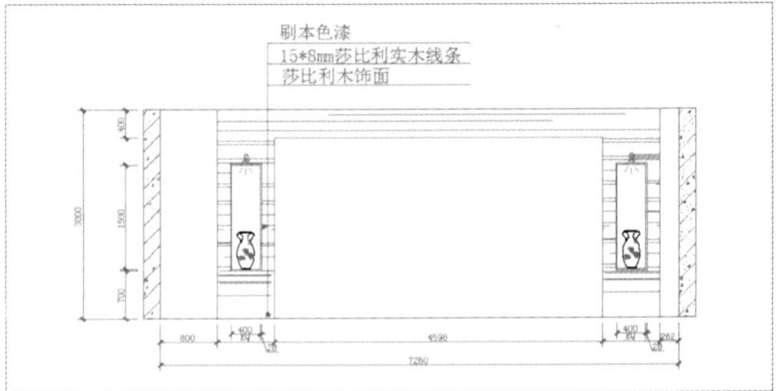

总经理室隔断立面

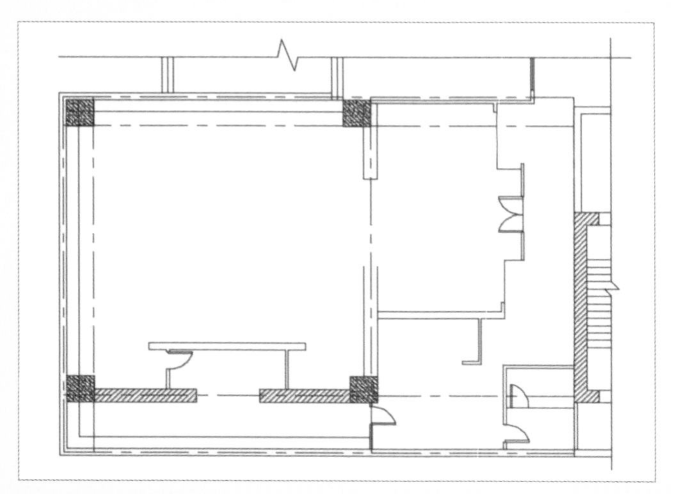

董事长室平面图

卫生间台盆剖面图的绘制

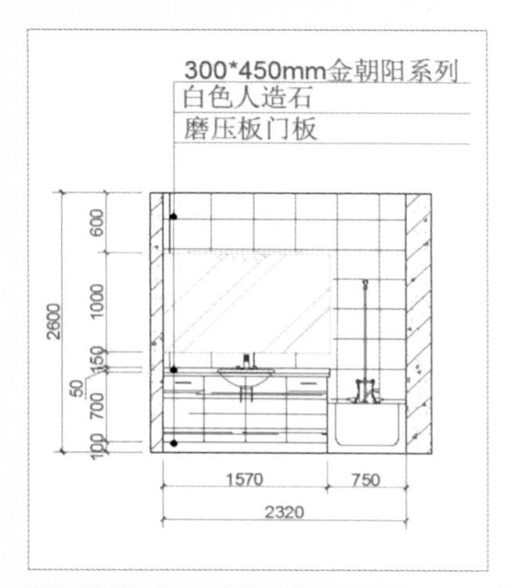

休息室卫生间墙面立面

餐厅平面图

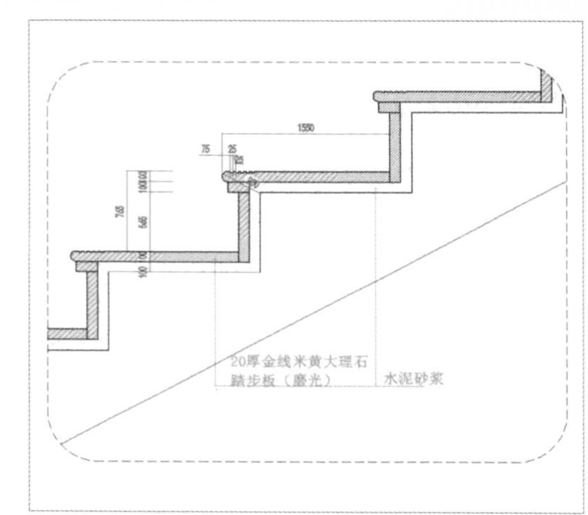

踏步大样图的绘制

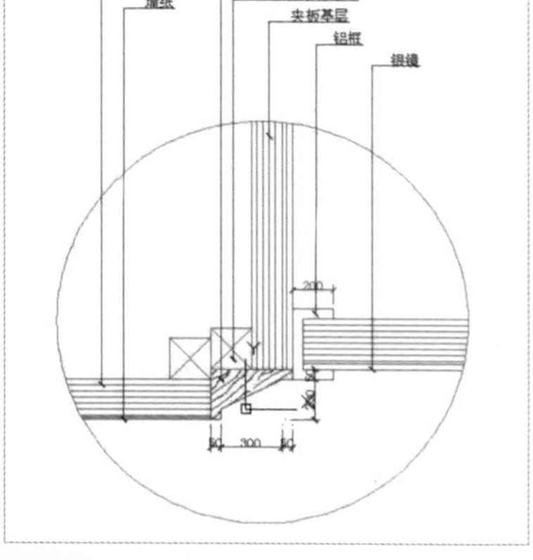
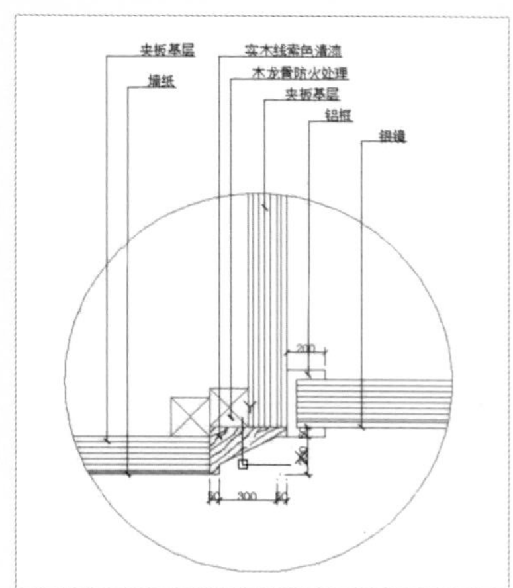

绘制节点大样图

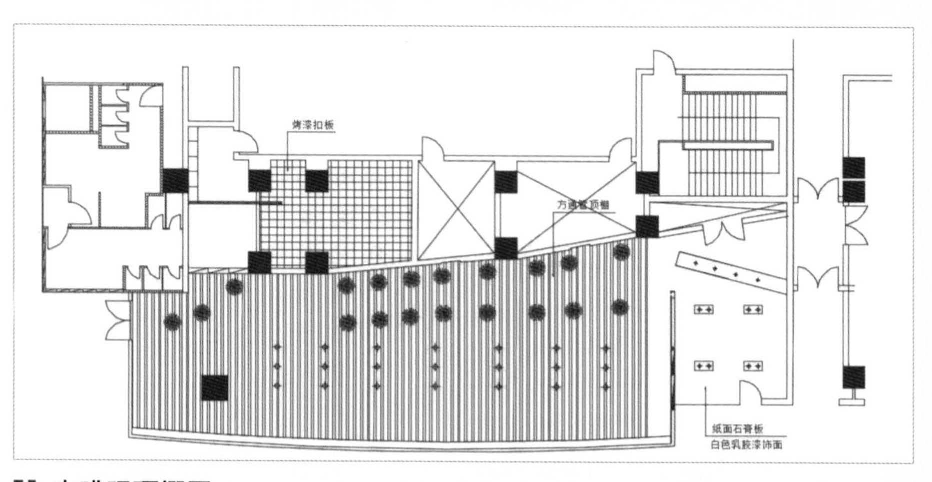

咖啡吧顶棚图

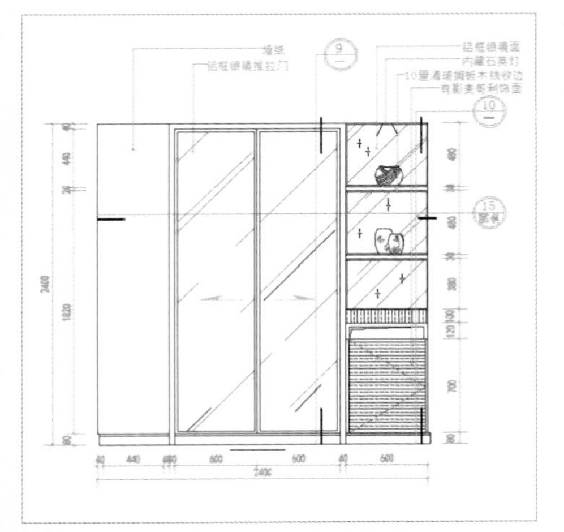

商务豪华单人间衣柜立面图

电视柜 选型
装饰挂画 选型
砂钢拉手 选型
电视 选型
浅色质感墙纸
斑马木饰面索深色
原建筑墙体
墙面浅色乳胶漆
斑马木饰面索深色
造型门及门套
门铃 选型
拉手 选型
斑马木饰面索深色
成品复合木地脚线

客房7卧室立面图

单人间剖面图的绘制

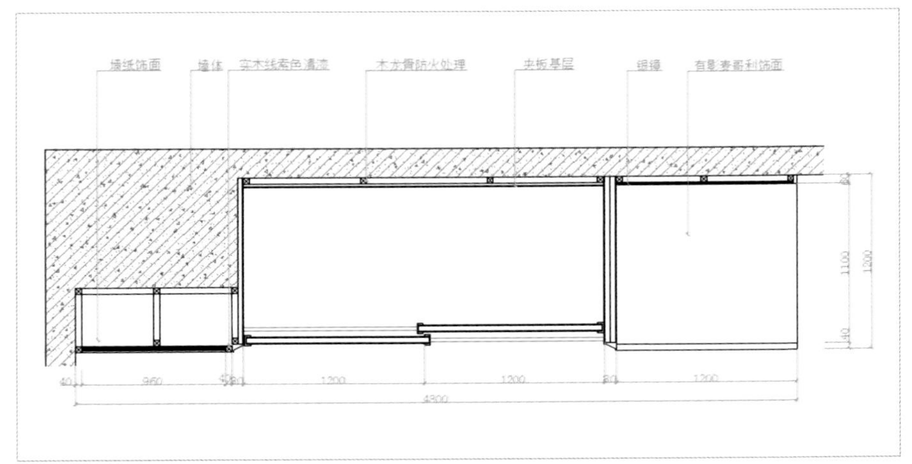

十八层商务豪华单人间衣柜剖面图的绘制

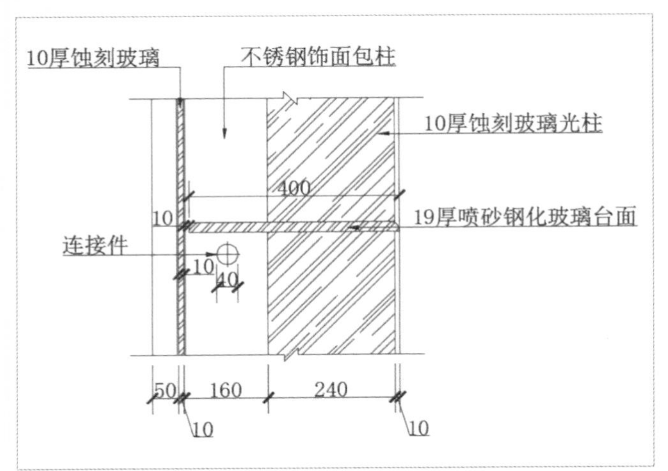

咖啡吧玻璃台面节点详图

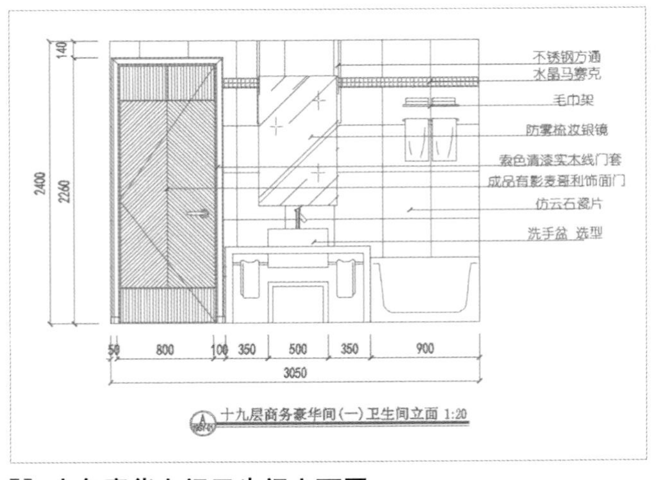

商务豪华套间卫生间立面图

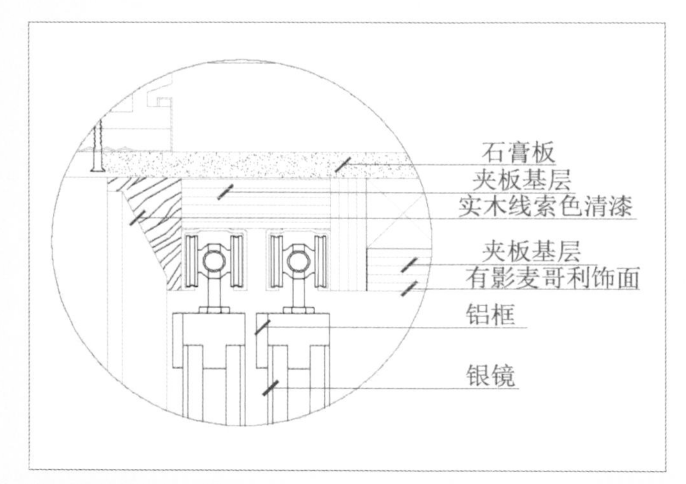

绘制节点大样图11

主楼梯立面

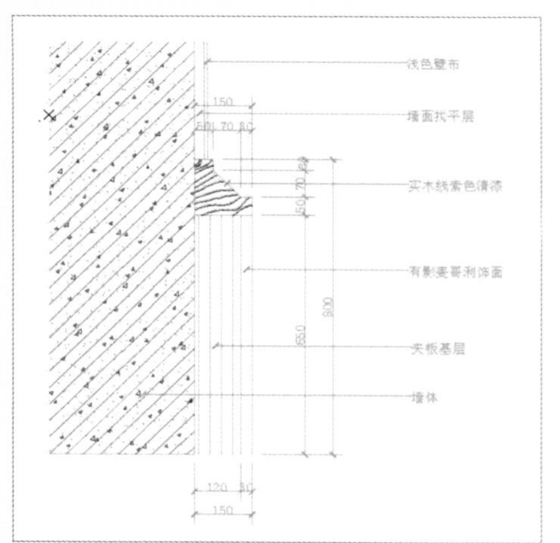

绘制节点大样图6

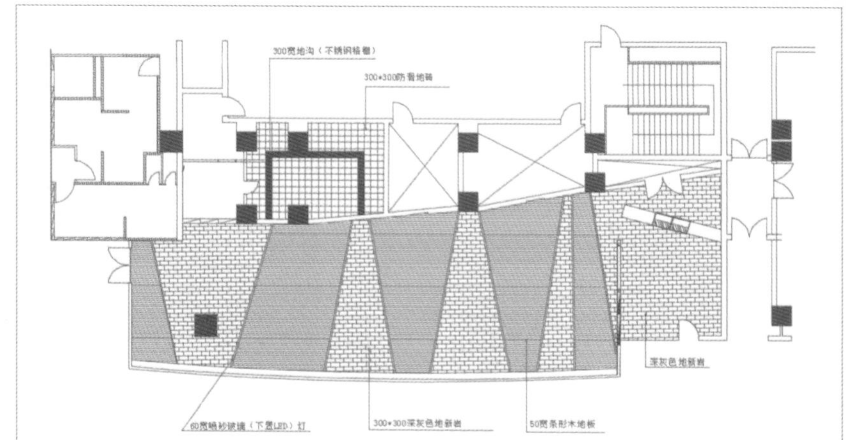

咖啡吧地面平面图

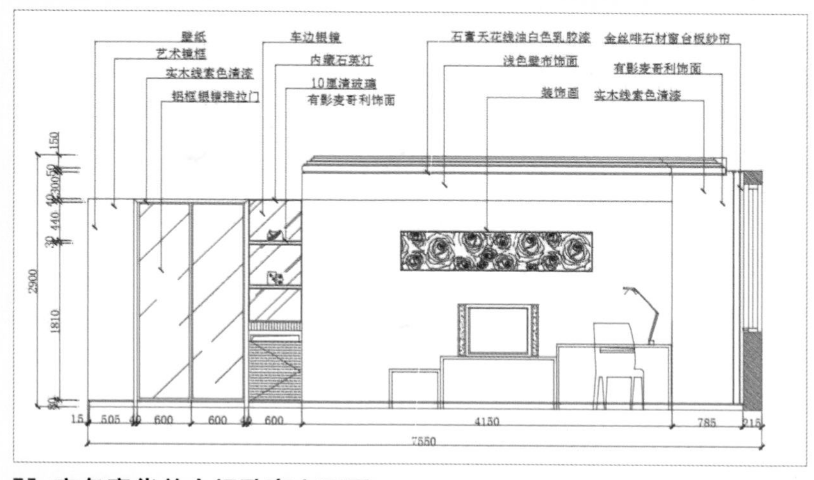

商务豪华单人间卧室立面图

十八层客房平面图

CAD/CAM/CAE 自学视频教程

AutoCAD 2016 中文版室内装潢设计自学视频教程

CAD/CAM/CAE 技术联盟　编著

清华大学出版社
北　京

内 容 简 介

《AutoCAD 2016 中文版室内装潢设计自学视频教程》以大量的实例、案例讲述了用 AutoCAD 2016 进行室内设计的方法与技巧。全书分 3 篇——基础知识篇、办公楼室内设计篇、酒店客房及电梯室内设计篇。基础知识篇包括：室内设计基本概念、AutoCAD 2016 入门、二维绘图命令、二维编辑命令、辅助工具的使用；办公楼室内设计篇包括：平面图的绘制、装饰平面图的绘制、地坪图的绘制、顶棚图的绘制、立面图的绘制、大样图及剖面图的绘制；酒店客房及电梯室内设计篇包括：客房平面图的绘制、客房装饰平面图的绘制、客房顶棚与地坪图的绘制、客房立面图的绘制、客房剖面图的绘制、节点大样图的绘制、电梯间室内设计图的绘制。

本书光盘配备了极为丰富的学习资源：配套自学视频、应用技巧大全、疑难问题汇总、经典练习题、常用图块集、全套工程图纸案例及配套视频、快捷命令速查手册、快捷键速查手册、常用工具按钮速查手册等。

本书定位于 AutoCAD 2016 室内装潢设计从入门到精通层次，可以作为室内装潢设计初学者的入门教程，也可以作为室内装潢设计技术人员的参考书。

图书在版编目（CIP）数据

AutoCAD 2016 中文版室内装潢设计自学视频教程/CAD/CAM/CAE 技术联盟编著. —北京：清华大学出版社，2016（2021.8重印）

（CAD/CAM/CAE 自学视频教程）

ISBN 978-7-302-45161-7

I. ①A… II. ①C… III. ①室内装饰设计-计算机辅助设计-AutoCAD 软件-教材 IV. ①TU238-39

中国版本图书馆 CIP 数据核字（2016）第 234111 号

责任编辑： 杨静华
封面设计： 李志伟
版式设计： 魏 远
责任校对： 王 云
责任印制： 杨 艳

出版发行： 清华大学出版社
　　网　　址： http://www.tup.com.cn，http://www.wqbook.com
　　地　　址： 北京清华大学学研大厦 A 座　　**邮　　编：** 100084
　　社 总 机： 010-62770175　　**邮　　购：** 010-62786544
　　投稿与读者服务： 010-62776969，c-service@tup.tsinghua.edu.cn
　　质量反馈： 010-62772015，zhiliang@tup.tsinghua.edu.cn
印 装 者： 三河市铭诚印务有限公司
经　　销： 全国新华书店
开　　本： 203mm×260mm　**印　　张：** 30.5　**插　　页：** 8　**字　　数：** 799 千字
　　（附 DVD 光盘 1 张）
版　　次： 2017 年 3 月第 1 版　　**印　　次：** 2021 年 8 月第 7 次印刷
定　　价： 69.80 元

产品编号：068944-01

前　言

Preface

在当今计算机工程界，恐怕没有一款软件比 AutoCAD 更具有知名度和普适性了。AutoCAD 是美国 Autodesk 公司推出的集二维绘图、三维设计、参数化设计、协同设计及通用数据库管理和互联网通信功能于一体的计算机辅助绘图软件包。AutoCAD 自 1982 年推出以来，从初期的 1.0 版本，经多次版本更新和性能完善，已广泛应用在机械、电子、建筑、室内装潢、家具、园林和市政工程等工程设计领域，在地理、气象、航海等特殊图形的绘制，甚至乐谱、灯光、幻灯和广告等领域也得到了广泛的应用，目前已成为计算机 CAD 系统中应用最为广泛的图形软件之一。

室内装潢设计是建筑物内部的环境设计，是以一定建筑空间为基础，运用技术和艺术因素制造的一种人工环境，是一种以追求室内环境多种功能完美结合，充分满足人们生活、工作中的物质需求和精神需求为目标的设计活动。因此，从一定意义上说，室内装潢设计是建筑设计的延续、完善和再创造。建筑设计完成后，室内装潢设计按照相应的功能对原建筑设计进行进一步的细化和完善，并对原建筑设计中存有缺陷的空间进行优化改造设计；如果原建筑设计提供的空间与使用者需要的功能不符合，室内装潢设计可以在不违背相关规范的前提下根据实际的要求重新进行功能设计和空间改造。

本书将以目前应用最广泛的 AutoCAD 2016 版本为基础讲解室内装潢计算机辅助设计中的具体方法和技巧。

一、本书的编写目的和特色

鉴于 AutoCAD 强大的功能和深厚的工程应用底蕴，我们力图开发一套全方位介绍 AutoCAD 在各个工程行业应用实际情况的书籍。具体就每本书而言，我们不求事无巨细地将 AutoCAD 知识点全面讲解清楚，而是针对本专业或本行业需要，利用 AutoCAD 大体知识脉络作为线索，以实例作为"抓手"，帮助读者掌握利用 AutoCAD 进行本行业工程设计的基本技能和技巧。

具体而言，本书具有一些相对明显的特色。

☑ **经验、技巧、注意事项较多，注重图书的实用性，同时让学习少走弯路**

本书是作者总结多年的设计经验以及教学的心得体会，历时多年精心编著而成，力求全面、细致地展现 AutoCAD 2016 在室内装潢设计领域的各种功能和使用方法。

☑ **实例、案例、实践练习丰富，通过大量实践达到高效学习的目的**

本书中引用的办公楼和大酒店客房室内设计案例，经过作者精心提炼和改编，不仅保证了读者能够学好知识点，更重要的是能够帮助读者掌握实际操作技能。

☑ **精选综合实例、大型案例，为成为室内装潢设计工程师打下坚实基础**

本书结合典型的室内设计实例详细讲解 AutoCAD 2016 室内设计知识要点，让读者在学习案例的过程中潜移默化地掌握 AutoCAD 2016 软件操作技巧，同时培养读者的工程设计实践能力。

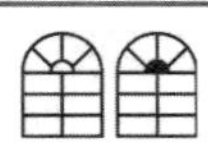

☑ **内容全面，涵盖室内设计基本理论、AutoCAD 绘图基础知识和工程设计绘制等知识**

本书在有限的篇幅内，包罗了 AutoCAD 常用的功能以及常见的室内设计讲解，涵盖了室内设计基本理论、AutoCAD 绘图基础知识和工程设计等知识。“秀才不出屋，能知天下事”。读者只要有本书在手，就能够做到 AutoCAD 室内设计知识全精通。

Note

二、本书的配套资源

在时间就是财富、效率就是竞争力的今天，谁能够快速学习，谁就能增强竞争力，掌握主动权。为了方便读者朋友快速、高效、轻松地学习本书，我们在光盘上提供了极为丰富的配套资源，期望读者在最短的时间内学会并精通这门技术。

1. **本书配套自学视频**：全书实例均配有多媒体视频演示，读者可以先看视频演示，听老师讲解，然后再跟着书中实例步骤操作，可以大大提高学习效率。

2. **AutoCAD 应用技巧大全**：汇集了 AutoCAD 绘图的各类技巧，对提高作图效率很有帮助。

3. **AutoCAD 疑难问题汇总**：疑难解答的汇总，对入门者来讲非常有用，可以扫除学习障碍，让学习少走弯路。

4. **AutoCAD 经典练习题**：额外精选了不同类型的练习题，读者朋友只要认真练习，到一定程度就可以实现从量变到质变的飞跃。

5. **AutoCAD 常用图块集**：在实际工作中，积累的大量的图块可以拿来就用，或者改改就可以用，对于提高作图效率极为重要。

6. **AutoCAD 全套工程图纸案例及配套视频**：大型图纸案例及学习视频，可以让读者朋友看到实际工作中的整个流程。

7. **AutoCAD 快捷命令速查手册**：汇集了 AutoCAD 常用快捷命令，熟记可以提高作图效率。

8. **AutoCAD 快捷键速查手册**：汇集了 AutoCAD 常用快捷键，绘图高手通常会直接用快捷键。

9. **AutoCAD 常用工具按钮速查手册**：AutoCAD 速查工具按钮，也是提高作图效率的方法之一。

三、关于本书的服务

1. “AutoCAD 2016 简体中文版”安装软件的获取

按照本书上的实例进行操作练习，以及使用 AutoCAD 2016 进行绘图，需要事先在计算机上安装 AutoCAD 2016 软件。要安装“AutoCAD 2016 简体中文版”软件，可以登录 http://www.autodesk.com.cn 购买正版软件，或者使用其试用版。另外，也可以在当地电脑城、软件经销商处购买。

2. 关于本书的技术问题或有关本书信息的发布

读者朋友遇到有关本书的技术问题，可以登录 www.thjd.com.cn，搜索到本书后，查看关于该书的留言是否已经对相关问题进行了回复，如果没有，请直接留言或者将问题发送到邮箱 win760520@126.com 或 CADCAMCAE7510@163.com，我们将及时回复。

本书经过多次审校，仍然可能有极少数错误，欢迎读者朋友批评指正，请给我们留言，我们也将对提出问题和建议的读者予以奖励。另外，有关本书的勘误，我们会在 www.thjd.com.cn 网站上公布。

3．关于本书光盘的使用

本书光盘可以放在计算机的 DVD 格式光驱中使用，其中的视频文件可以用播放软件进行播放，但不能在家用 DVD 播放机上播放，也不能在 CD 格式光驱的计算机的上使用（现在 CD 格式的光驱已经很少）。如果光盘仍然无法读取，最快的办法是建议换一台计算机的读取，然后复制过来，极个别光驱与光盘不兼容的现象是有的。另外，盘面有胶、有脏物时，建议擦拭干净后再使用。

Note

四、关于作者

本书由 CAD/CAM/CAE 技术联盟组织编写。CAD/CAM/CAE 技术联盟是一个 CAD/CAM/CAE 技术研讨、工程开发、培训咨询和图书创作的工程技术人员协作联盟，包含 20 多位专职和众多兼职 CAD/CAM/CAE 工程技术专家。

CAD/CAM/CAE 技术联盟负责人由 Autodesk 中国认证考试中心首席专家担任，全面负责 Autodesk 中国官方认证考试大纲制定、题库建设、技术咨询和师资力量培训工作，成员精通 Autodesk 系列软件。其创作的很多教材成为国内具有引导性的旗帜作品，在国内相关专业方向图书创作领域具有举足轻重的地位。

赵志超、张辉、赵黎黎、朱玉莲、徐声杰、张琪、卢园、杨雪静、孟培、闫聪聪、王敏、李兵、甘勤涛、孙立明、李亚莉、张亭、秦志霞、解江坤、胡仁喜、王振军、宫鹏涵、王玮、王艳池、王培合、刘昌丽等参与了本书的编写工作，在此对他们的付出表示真诚的感谢。

五、致谢

在本书的写作过程中，策划编辑刘利民先生给予了我们很大的帮助和支持，提出了很多中肯的建议，在此表示感谢。同时，还要感谢清华大学出版社的所有编审人员为本书的出版所付出的辛勤劳动。本书的成功出版是大家共同努力的结果，谢谢你们。

编　者

目 录

Contents

第1篇 基础知识篇

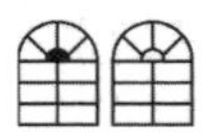
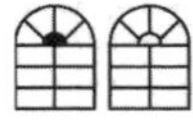

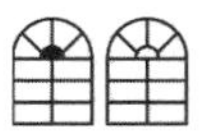

第2篇　办公楼室内设计篇

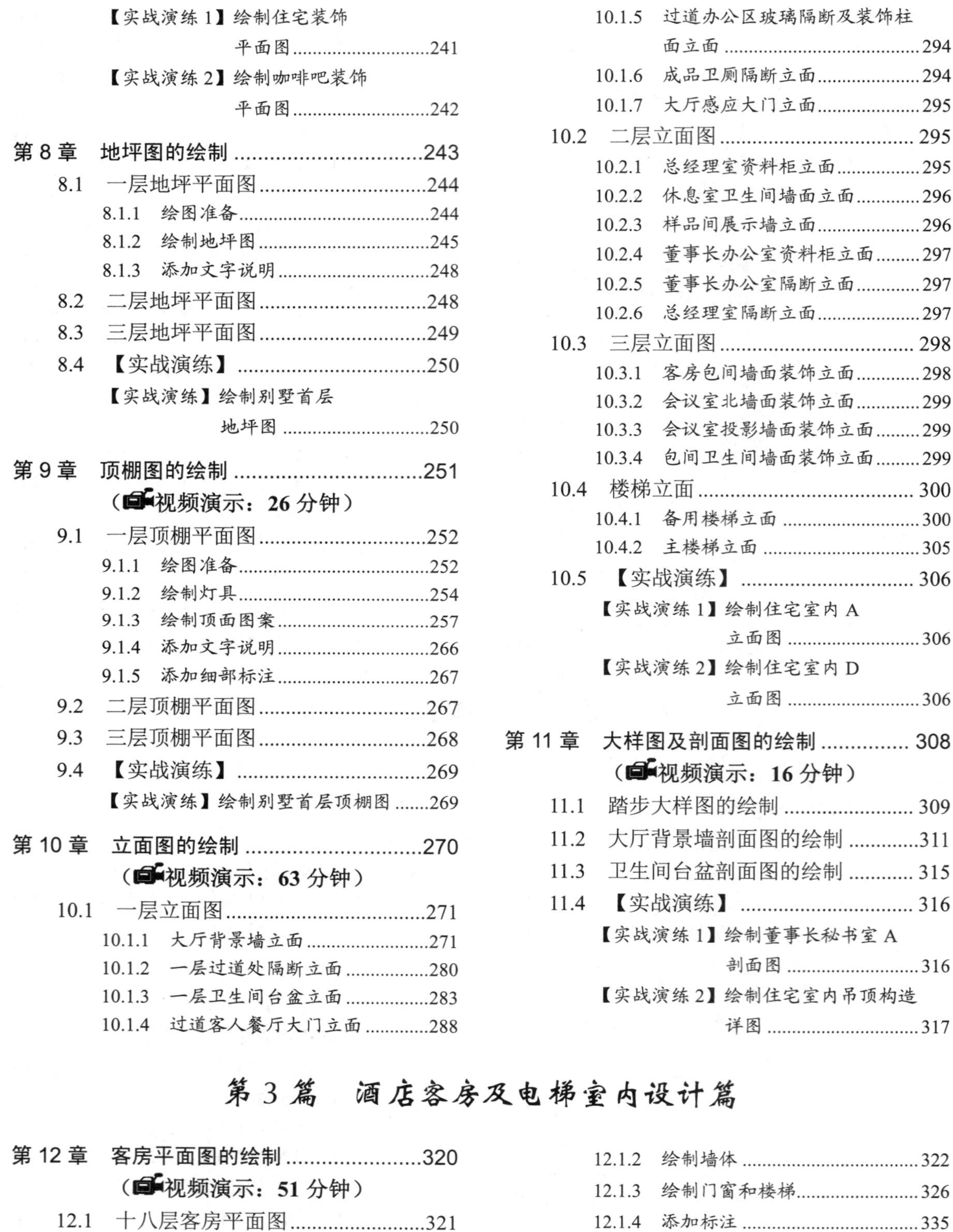

第3篇 酒店客房及电梯室内设计篇

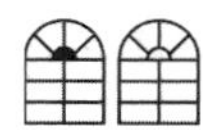

Note

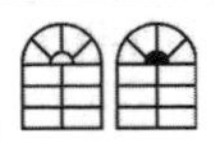

Note

AutoCAD 疑难问题汇总（光盘中）

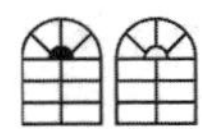
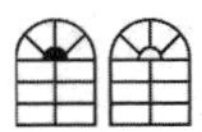

Note

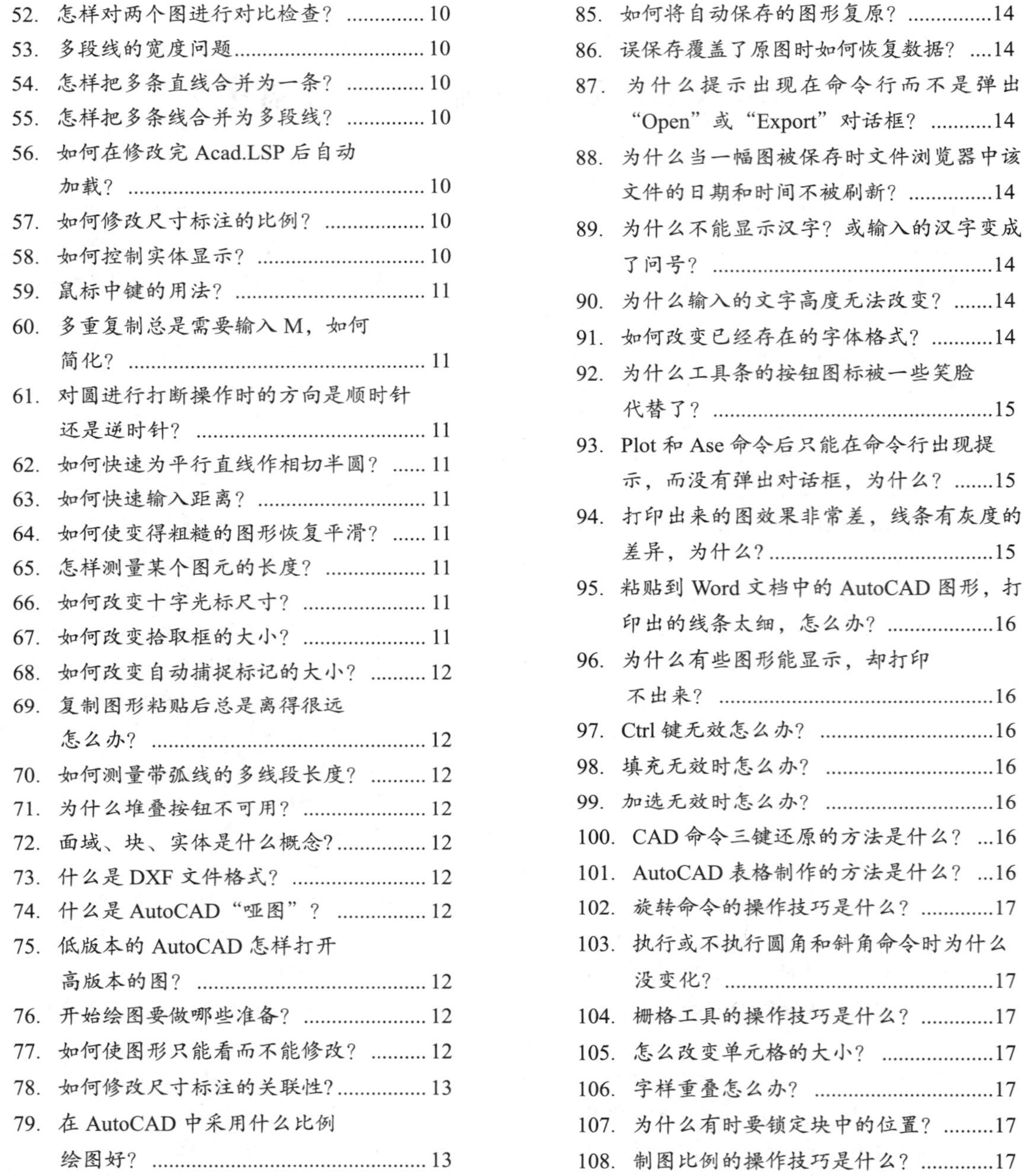

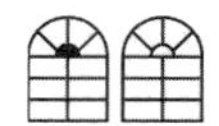

Note

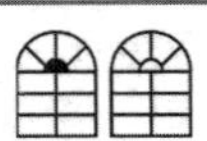
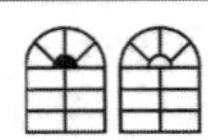

AutoCAD 应用技巧大全（光盘中）

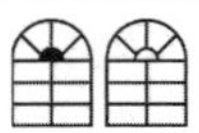
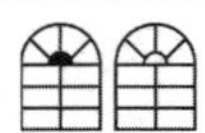

Note

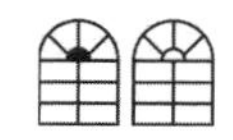

Note

▶▶第 1 篇

基础知识篇

本篇主要介绍室内设计的一些基础知识，包括 AutoCAD 入门和室内设计理论等内容。

本篇交代了 AutoCAD 应用于室内设计的一些基本功能，为后面的具体设计作准备。

- ⏭ 室内设计基本概念
- ⏭ AutoCAD 2016 入门
- ⏭ 二维绘图命令
- ⏭ 二维编辑命令
- ⏭ 辅助工具的使用

室内设计基本概念

本章学习要点和目标任务：

☑ 室内设计基础

☑ 室内设计原理

☑ 室内设计制图的内容

☑ 室内设计制图的要求及规范

☑ 室内设计方法

本章主要介绍室内设计的基本概念和基本理论。在掌握了基本概念的基础上，才能理解和领会室内设计布置图中的内容和安排方法，更好地学习室内设计的知识。

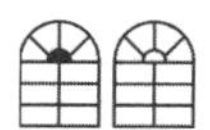

1.1 室内设计基础

室内装潢是现代工作、生活空间环境中比较重要的内容，也是与建筑设计密不可分的组成部分。了解室内装潢的特点和要求，对学习使用 AutoCAD 进行设计是十分必要的。

1.1.1 室内设计概述

室内（Interior）是指建筑物的内部，即建筑物的内部空间。室内设计（Interior Design）就是对建筑物内部空间进行的设计。所谓“装潢”，意为“装点、美化、打扮”。关于室内设计的特点与专业范围，众说纷纭，但把室内设计简单地称为“装潢设计”是较为普遍的。诚然，在室内设计工作中含有装潢设计的内容，但又不完全是单纯的装潢问题。要深刻地理解室内设计的含义，掌握其内涵和应有的特色，需对历史文化、技术水平、城市文脉、环境状况、经济条件、生活习俗和审美要求等因素做出综合的分析。在具体的创作过程中，室内设计不同于雕塑、绘画等造型艺术形式能再现生活，只能运用自身的特殊手段，如空间、体型、细部、色彩、质感等形成的综合整体效果，表达出各种抽象的意味，如宏伟、壮观、粗放、秀丽、庄严、活泼、典雅等气氛。室内设计的创作，其构思过程是受各种制约条件限定的，因此只能沿着一定的轨迹，运用形象的思维逻辑，创造出美的艺术形式。

从含义上说，室内设计是建筑创作不可割裂的组成部分，其焦点是如何为人们创造出良好的物质与精神上的生活环境。所以室内设计不是一项孤立的工作，确切地说，室内设计是建筑构思中的深化、延伸和升华，因此，既不能人为地将它从完整的建筑总体构思中划分出去，也不能抹杀掉室内设计的相对独立性，更不能把室内外空间界定得那么准确。因为室内空间的创意，是相对于室外环境和总体设计架构而存在的，二者是相互依存、相互制约、相互渗透和相互协调的有机关系。忽视或有意割断这种内在的联系，将使创作落入空中楼阁的境地，犹如无源之水、无本之木，失掉了构思的依据，必然导致创作思路的枯竭，使其作品苍白、落套而缺乏新意。显然，当今室内设计发展的特征，更多的强调是尊重人们自身的价值观、深层的文化背景、民族的形式特色及宏观的时代新潮。通过装潢设计，可以使室内环境更加优美，更加适宜人们工作生活。如图 1-1 和图 1-2 所示是常见住宅居室中的客厅装潢前后的效果对比。

图 1-1 客厅装潢前效果

图 1-2 客厅装潢后效果

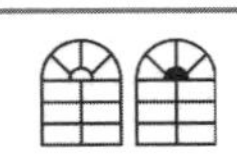

现代室内设计作为一门新兴的学科，尽管只发展数十年，但是人们已经有意识地对自己生活、生产活动的室内进行安排布置，甚至美化装潢，赋予室内环境以所祈使的气氛，却早已从人类文明伊始的时期就存在了。我国各类民居，如北京的四合院、四川的山地住宅以及上海的里弄建筑等，在体现地域文化的建筑形体和室内空间组织、建筑装潢的设计与制作等许多方面，都有极为宝贵的可供借鉴的成果。随着经济的发展，从公共建筑、商业建筑开始，乃至涉及千家万户的居住建筑，在室内设计和建筑装潢方面都有了蓬勃的发展。现代社会是一个经济、信息、科技、文化等各方面都高速发展的社会，人们对社会的物质生活和精神生活不断提出新的要求，相应地人们对自身所处的生产、生活活动环境的质量，也必将提出更高的要求，这就需要设计师从实践到理论认真学习、钻研和探索，才能创造出安全、健康、适用、美观、能满足现代室内综合要求、具有文化内涵的室内环境。

从风格上划分，室内设计可分为中式风格、西式风格和现代风格，再进一步细分，可分为地中海风格、北美风格等。

1.1.2　室内设计特点

1．室内设计是建筑的构成空间，是环境的一部分

室内设计的空间存在形式主要依靠建筑物的围合性与控制性而形成，在没有屋顶的空间中，对其进行空间和地面两大体系设计语言的表现。当然，室内设计是以建筑为中心，和周围环境要素共同构成的统一整体，周围的环境要素既相互联系，又相互制约，组合成功能相对单一、空间相对简洁的室内设计。

室内设计是整体环境中的一部分，是环境空间的节点设计，是衬托主体环境的视觉构筑形象，同时室内设计的形象特色还将反映建筑物的某种功能，以及空间特征。设计师运用的地面上形成的水面、草地、踏步、铺地的变化，在空间中运用的高墙、矮墙、花墙、透空墙等的处理，以及在向外延伸时，花台、廊柱、雕塑、小品、栏杆等多种空间的隔断形式的交替使用，都要与建筑主体物的功能、形象、含义相得益彰，在造型、色彩上协调统一。因此，室内设计必须在遵循整体性原则的基础上，处理好整体与局部、建筑主体与室内设计的关系。

2．室内设计的相对独立性

室内设计与任何环境一样，都是由环境的构成要素及环境设施所组成的空间系统。室内设计在整体的环境中具有相对独立的功能，也具有由环境设施构成的相对完整的空间形象，并且可以传达出相对独立的空间内涵，同时在满足部分人群的行为需求基础上，也可以满足部分人群精神上的慰藉及对美的、个性化的环境的追求。

相对独立的室内环境，虽然从属于整体建筑环境空间，但每一处室内设计都是为了表达某种含义或服务于某些特定的人群，是外部环境的最终归宿，是整个环境的设计节点。

3．室内设计的环境艺术性

室内设计是一门综合的艺术，它将空间的组织方法、空间的造型方式、材料等与社会文化、人们的情感、审美、价值趋向相结合，创造出具有艺术美感价值的环境空间，为人们提供“舒适、美观、安全、实用”的生活空间，并满足人们生理、心理、审美等多方面的需求。室内环境的设计是自然科学与社会科学的综合产物，是对哲学与艺术的探讨过程。

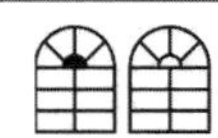

环境是一种空间艺术的载体，室内设计是环境的一部分，所以，室内设计是环境空间与艺术的综合体现，是环境设计的细化与深入。

进行现代的室内设计，设计师要使室内设计在统一的、整体的环境前提下，运用自己对空间造型、对材料肌理、对人、环境、建筑之间关系的理解进行设计，同时还要突出室内设计所具有的独立性，并利用空间环境的构成要素的差异性和统一性，通过造型、质地、色彩向人们展示形象，表达特定的情感，并通过整体的空间形象向人们传达某种特定的信息，通过室内设计的空间造型、色彩基调、光线变化以及空间尺度等的协调统一，借鉴建筑形式美的法则等艺术手段进行加工处理，完成向人传达特定的情感、吸引人们的注意力、实现空间行为的需要，并使小环境的环境艺术性得以充分的展现。

1.2　室内设计原理

室内设计是一门大众参与最为广泛的艺术活动，是设计内涵集中体现的地方。室内设计是人类创造更好的生存和生活环境条件的必要活动，通过运用现代的设计原理进行“适用、美观”的设计，使空间更加符合人们生理和心理的需求，同时也促进了社会中审美意识的普遍提高，不仅对社会的物质文明建设有着重要的促进作用，对于社会的精神文明建设也有了潜移默化的积极作用。

1.2.1　室内设计的作用

一般认为，室内设计具有以下作用和意义。

1．提高室内造型的艺术性，满足人们的审美需求

在拥挤、嘈杂、忙碌、紧张的现代社会生活中，人们对于城市的景观环境、居住环境以及周围的设计质量越来越关注，特别是城市的景观环境以及与人有密切关系的室内设计。室内设计不仅关系到城市的形象，还与城市的精神文明建设密不可分。

在时代发展、高技术、高情感的指导下，强化建筑及建筑空间的性格、意境和气氛，使不同类型的建筑及建筑外部空间更具性格特征、情感及艺术感染力，以此来满足不同人群室内活动的需要。同时，通过对空间造型、色彩基调、光线变化以及空间尺度的艺术处理，来营造良好的、开阔的室内视觉审美空间。

因此，室内设计从舒适、美观入手，改善并提高人们的生活水平及生活质量，表现出空间造型的艺术性；同时，伴随着时间的流逝，拥有创造性的设计还将凝铸在历史的艺术时空中。

2．保护建筑主体结构的牢固性，延长建筑的使用寿命

室内设计不仅可以弥补建筑空间的缺陷与不足，加强建筑的空间序列效果，还能增强构筑物、景观的物理性能，以及辅助设施的使用效果，提高室内空间的综合使用性能。

室内设计是综合性的设计，要求设计师不仅具备较高的审美素质，同时还应具备环境保护学、园林学、绿化学、室内装修学、社会学、设计学等多门学科的综合知识，以增强建筑的物理性能和设备的使用效果，提高建筑的综合使用性能。家具、绿化、雕塑、水体、基面、小品等的设计

Note

也可以弥补由建筑而造成的空间缺陷与不足，加强室内设计空间的序列效果，增强对室内设计中各构成要素进行的艺术处理，提高室内空间的综合使用性能。

如在室内设计中，雕塑、小品、构筑物的设置既可以改变空间的构成形式，提高空间的利用率，也可以增强空间的美感，满足人们对室内空间的综合性能的使用需要。

3．协调好“建筑—人—空间”三者的关系

室内设计是以人为中心的空间环境的节点设计。室内设计是由建筑物围合而成，且具有限定性的空间小环境。自室内设计产生，就展现出“建筑—人—空间”三者之间协调与制约的关系。室内设计就是要将建筑的艺术风格、形成的限制性空间的强弱，使用者的个人特征、需要及所具有的社会属性，小环境空间的色彩、造型、肌理等三者之间的关系按照设计者的思想重新加以组合，以满足使用者“舒适、美观、安全、实用”的需求，实践在空间环境中。

总之，室内设计的中心议题是如何通过对室外小空间进行艺术的、综合的、统一的设计，提升室外整体空间环境和室内空间环境的形象，满足人们的生理及心理需求，更好地为人类的生活、生产和活动服务并创造出新的、现代的生活理念。

1.2.2 室内设计主体

人是室内设计的主体。人的活动决定了室内设计的目的和意义，人是室内环境的使用者和创造者。有了人，才区分出了室内和室外。

人的活动规律之一是在动态和静态间交替进行的，即动态—静态—动态—静态。

人的活动规律之二是个人活动—多人活动交叉进行。

人们在室内空间活动时，按照一般的活动规律，可将活动空间分为 3 种功能区，即静态功能区、动态功能区和静动双重功能区。

根据人们的具体活动行为，又将有更加详细的划分，例如，静态功能区又将划分为睡眠区、休息区、学习办公区，如图 1-3 所示；动态功能区划分为运动区、大厅，如图 1-4 所示；静动双重功能区分为会客区、车站候车室、生产车间等，如图 1-5 所示。

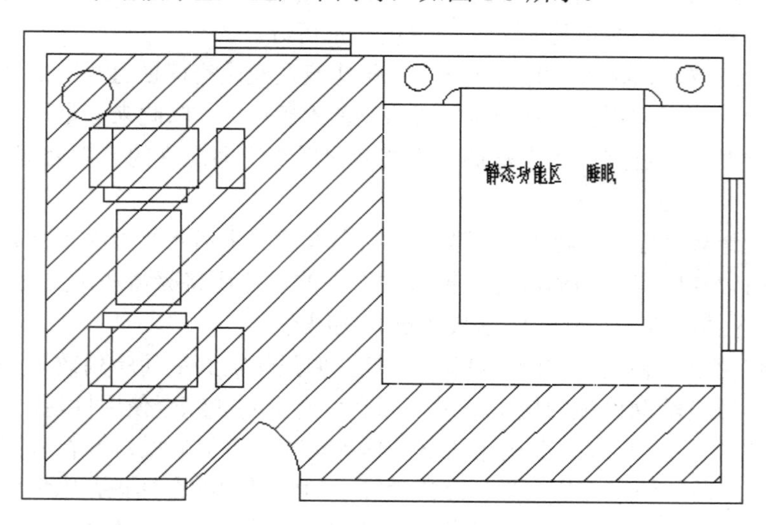

图 1-3　静态功能区

Note

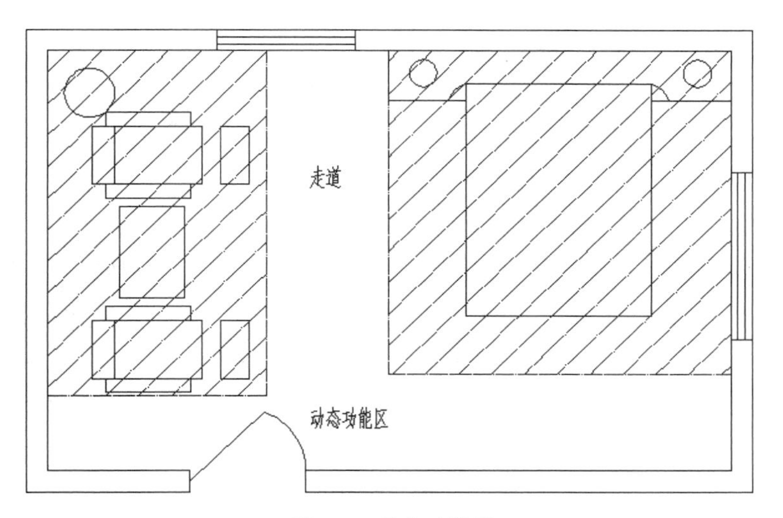

图 1-4　动态功能区

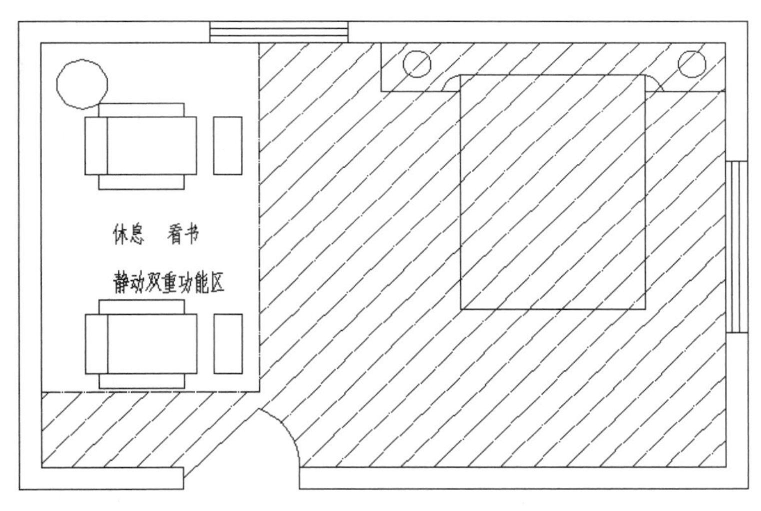

图 1-5　静动双重功能区

同时，要明确使用空间的性质，其性质通常是由其使用功能决定的。往往许多空间中设置了很多使用功能的设施，但要明确其主要的使用功能。如在起居室内设置酒吧台、视听区等，但其主要功能仍然是起居室的性质。

空间流线分析是室内设计中的重要步骤，其目的是为了：

（1）明确空间主体——人的活动规律和使用功能的参数，如数量、体积、常用位置等。

（2）明确设备、物品的运行规律、摆放位置、数量、体积等。

（3）分析各种活动因素的平行、互动、交叉关系。

（4）经过以上 3 部分分析，提出初步设计思路和设想。

空间流线分析从构成情况可分为水平流线和垂直流线；从使用状况上可分为单人流线和多人流线；从流线性质上可分为单一功能流线和多功能流线；流线交叉形成的枢纽室内空间厅、场。

如某单人流线分析如图 1-6 所示，大厅多人流线平面图如图 1-7 所示。

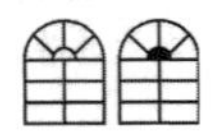

Note

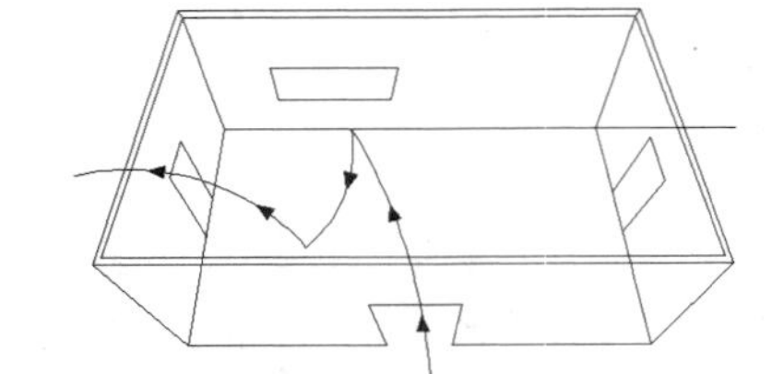

图 1-6　单人组成水平流线图

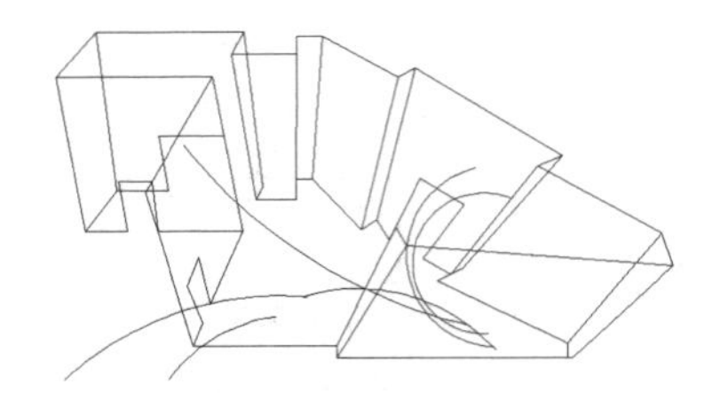

图 1-7　多人组成水平流线图

功能流线组合形式分为中心型、自由型、对称型、簇型和线型等，如图 1-8 所示。

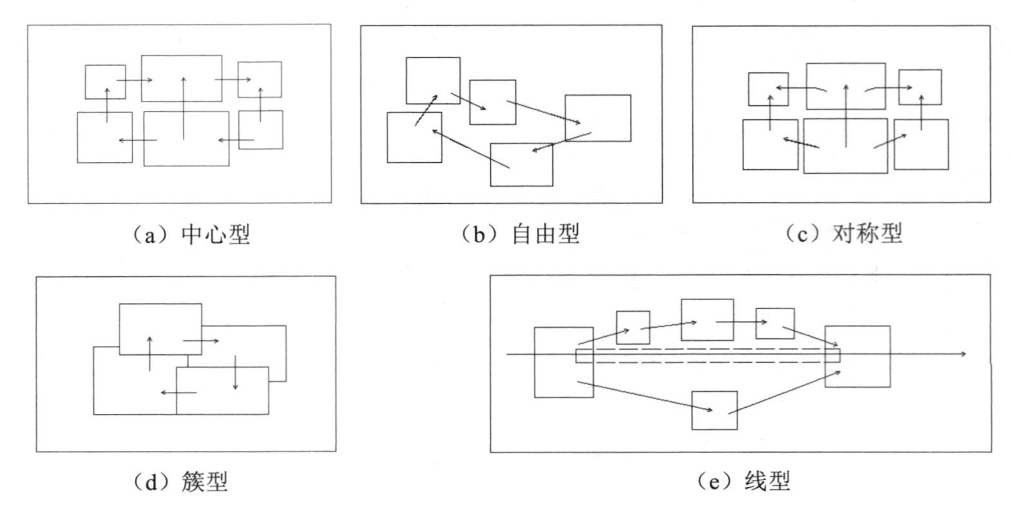

图 1-8　功能流线组合形式图例

1.2.3　室内设计构思

1．初始阶段

室内设计的构思在设计的过程中起着举足轻重的作用。良好的构思设计，可使后续工作能够有效、完美地进行。构思的初始阶段主要包括以下几个方面。

（1）空间性质使用功能。

室内设计是在建筑主体完成后的原型空间内进行的，因此室内设计的首要工作就是要认定原型空间的使用功能，也就是原型空间的使用性质。

（2）水平流线组织。

当原型空间认定之后，着手构思的第一步是做流线分析和组织，包括水平流线和垂直流线。流线功能按需要可能是单一流线或是多种流线。

（3）功能分区图式化。

空间流线组织之后，应进行功能分区图式化布置，进一步接近平面布局设计。

（4）图式选择。

选择最佳图式布局作为平面设计的最终依据。

（5）平面初步组合。

经过前面几个步骤操作，最后形成了空间平面组合的形式，有待进一步深化。

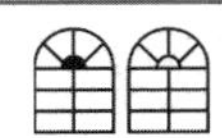

2．深化阶段

经过初始阶段的室内设计构成了最初构思方案后，在此基础上进行构思深化阶段的设计。深化阶段的构思内容和步骤如图 1-9 所示。

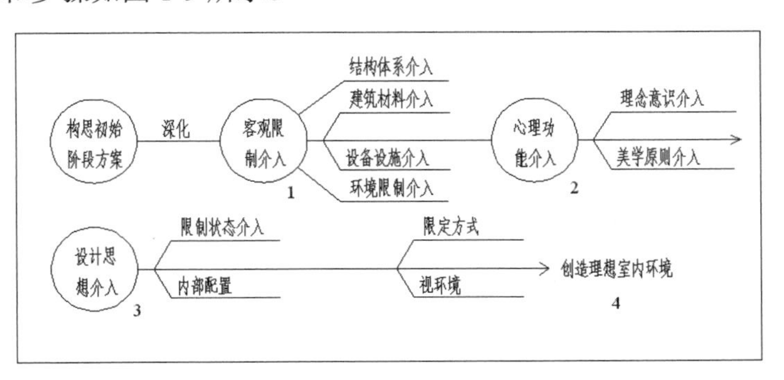

图 1-9　室内设计构思深化阶段的内容与步骤图解

结构技术对室内设计构思的影响，主要表现在两个方面：一是原型空间墙体结构方式，二是原型空间屋顶结构方式。

墙体结构方式，关系到室内设计内部空间改造的饰面采用的方法和材料。基本的原型空间墙体结构方式有以下 4 种：

（1）板柱墙。

（2）砌块墙。

（3）柱间墙。

（4）轻隔断墙。

屋盖结构原型屋顶（屋盖）结构关系到室内设计的顶棚做法。屋盖结构主要分为：

（1）构架结构体系。

（2）梁板结构体系。

（3）大跨度结构体系。

（4）异型结构体系。

另外，室内设计要考虑建筑所用材料对设计内涵和色彩、光影、情趣的影响；室内外露管道和布线的处理；通风条件、采光条件、噪声和空气清新、温度的影响等。

随着人们对室内要求的提高，还要结合个人喜好，定好室内设计的基调。一般人们对室内的格调要求有以下 3 种类型：

（1）现代新潮。

（2）怀旧情调。

（3）随意舒适（折中型）。

1.2.4　创造理想室内空间

经过前面两个阶段的构思设计，已形成较完美的设计方案。创建室内空间的第一个标准就是要使其具备形态、体量、质量，即形、体、质 3 个方向的统一协调。而第二个标准是使用功能和精神功能的统一。如在住宅的书房中除了布置写字台、书柜外，还布置了绿化等装饰物，使室内

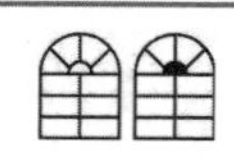

空间在满足了书房的使用功能的同时，也活跃了气氛，净化空气，满足了人们的精神需要。

Note

一个完美的室内设计作品，是经过初始构思阶段和深入构思阶段，最后又通过设计师对各种因素和功能的协调平衡创造出来的。要提高室内设计的水平，就要综合利用各个领域的知识和深入的构思设计。最终室内设计方案形成最基本的图纸方案，一般包括设计平面图、设计剖面图和室内透视图。

1.3 室内设计制图的内容

一套完整的室内设计图一般包括平面图、顶棚图、立面图、构造详图和透视图。下面简述各种图样的概念及内容。

1.3.1 室内平面图

室内平面图是以平行于地面的切面在距地面 1.5mm 左右的位置将上部切去而形成的正投影图。室内平面图中应表达的内容有：

（1）墙体、隔断及门窗、各空间大小及布局、家具陈设、人流交通路线、室内绿化等。若不单独绘制地面材料平面图，则应该在平面图中标示地面材料。

（2）标注各房间尺寸、家具陈设尺寸及布局尺寸，对于复杂的公共建筑，则应标注轴线编号。

（3）注明地面材料名称及规格。

（4）注明房间名称、家具名称。

（5）注明室内地坪标高。

（6）注明详图索引符号、图例及立面内视符号。

（7）注明图名和比例。

（8）若需要辅助文字说明的平面图，还要注明文字说明、统计表格等。

1.3.2 室内顶棚图

室内设计顶棚图是根据顶棚在其下方假想的水平镜面上的正投影绘制而成的镜像投影图。顶棚图中应表达的内容有：

（1）顶棚的造型及材料说明。

（2）顶棚灯具和电器的图例、名称规格等说明。

（3）顶棚造型尺寸标注、灯具、电器的安装位置标注。

（4）顶棚标高标注。

（5）顶棚细部做法的说明。

（6）详图索引符号、图名、比例等。

1.3.3 室内立面图

以平行于室内墙面的切面将前面部分切去后，剩余部分的正投影图即室内立面图。立面图的

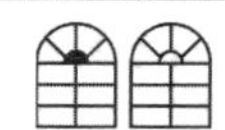

主要内容有：

（1）墙面造型、材质及家具陈设在立面上的正投影图。

（2）门窗立面及其他装潢元素立面。

（3）立面各组成部分尺寸、地坪吊顶标高。

（4）材料名称及细部做法说明。

（5）详图索引符号、图名、比例等。

1.3.4 构造详图

为了放大个别设计内容和细部做法，多以剖面图的方式表达局部剖开后的情况，这就是构造详图。表达的内容有：

（1）以剖面图的绘制方法绘制出各材料断面、构配件断面及其相互关系。

（2）用细线表示出剖视方向上看到的部位轮廓及相互关系。

（3）标出材料断面图例。

（4）用指引线标出构造层次的材料名称及做法。

（5）标出其他构造做法。

（6）标注各部分尺寸。

（7）标注详图编号和比例。

1.3.5 透视图

透视图是根据透视原理在平面上绘制出能够反映三维空间效果的图形，它与人的视觉空间感受相似。室内设计常用的绘制方法有一点透视、两点透视（成角透视）、鸟瞰图 3 种。

透视图可以通过人工绘制，也可以应用计算机绘制，能直观地表达设计思想和效果，故也称作效果图或表现图，是一个完整的设计方案不可缺少的部分。鉴于本书重点是介绍应用 AutoCAD 2016 绘制二维图形，因此本书中不包含这部分内容。

1.4 室内设计制图的要求及规范

本节主要介绍室内制图中的图幅、图标及会签栏的尺寸、线型要求以及常用图示标志、材料符合以及绘图比例。

1.4.1 图幅、图标及会签栏

1．图幅即图面的大小

根据国家规范的规定，按图面的长和宽的大小确定图幅的等级。室内设计常用的图幅有 A0（也称 0 号图幅，依此类推）、A1、A2、A3 及 A4，每种图幅的长宽尺寸如表 1-1 所示，表中的尺寸代号意义如图 1-10 和图 1-11 所示。

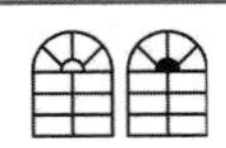
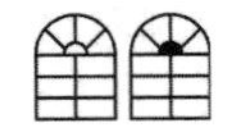

表 1-1　图幅标准（单位：mm）

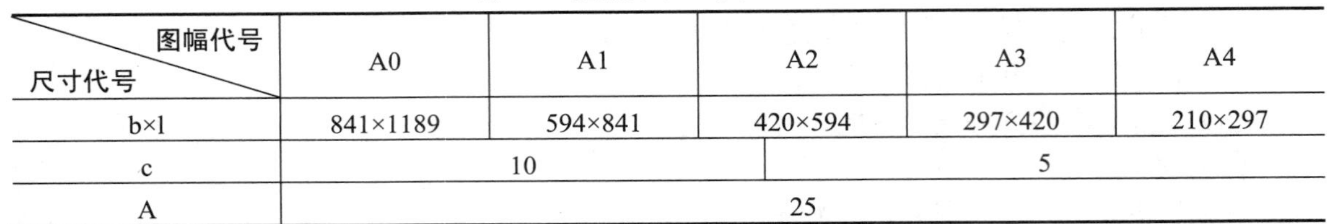
<table>
<tr><th>图幅代号
尺寸代号</th><th>A0</th><th>A1</th><th>A2</th><th>A3</th><th>A4</th></tr>
<tr><td>b×l</td><td>841×1189</td><td>594×841</td><td>420×594</td><td>297×420</td><td>210×297</td></tr>
<tr><td>c</td><td colspan="3">10</td><td colspan="2">5</td></tr>
<tr><td>A</td><td colspan="5">25</td></tr>
</table>

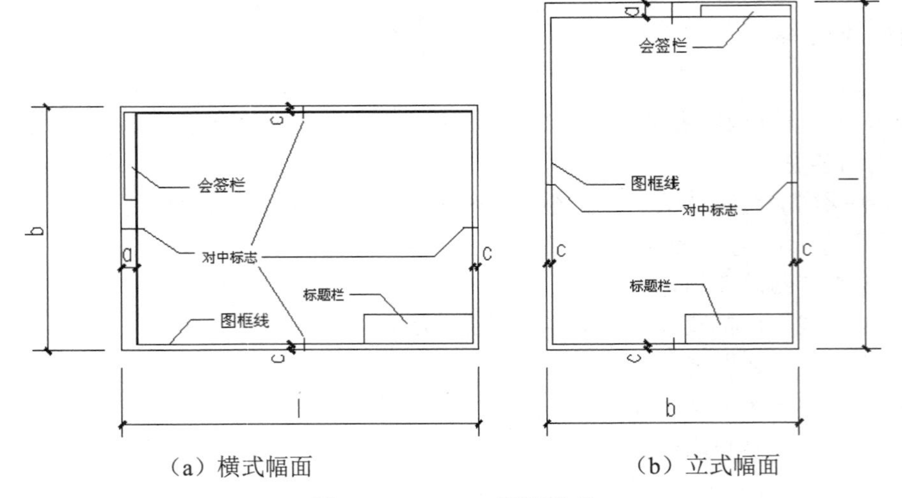

（a）横式幅面　　（b）立式幅面

图 1-10　A0～A3 图幅格式

2．图标

即图纸的图标栏，包括设计单位名称、工程名称、签字区、图名区及图号区等内容，一般图标格式如图 1-12 所示。如今不少设计单位采用自己个性化的图标格式，但是仍必须包括这几项内容。

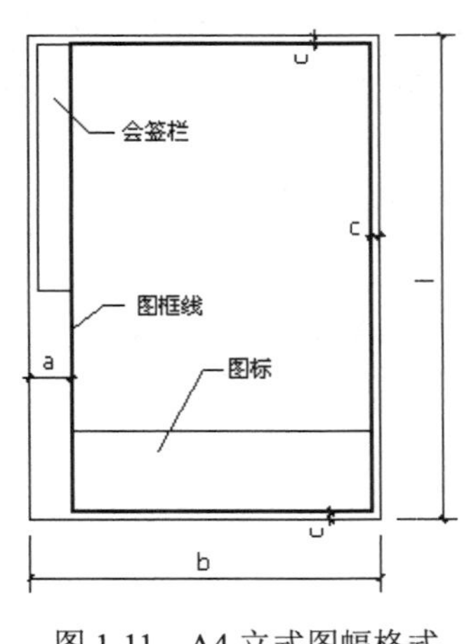

图 1-11　A4 立式图幅格式

图 1-12　图标格式

3．会签栏

会签栏是为各工种负责人审核后签名用的表格，包括专业、姓名、日期等内容，具体内容根据需要设置，如图 1-13 所示为其中一种格式。对于不需要会签的图样，可以不设此栏。

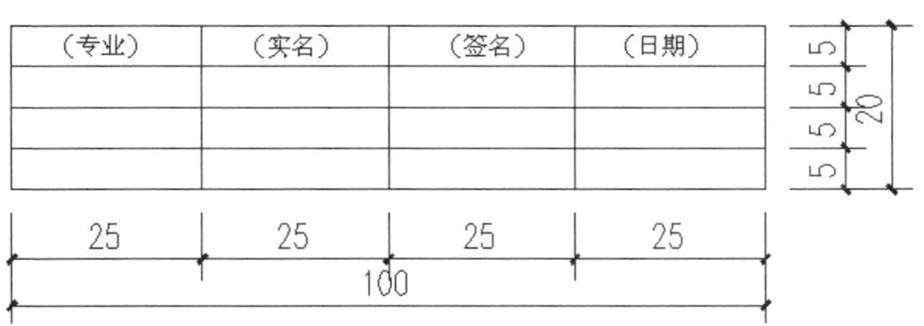

图 1-13　会签栏格式

1.4.2　线型要求

室内设计图主要由各种线条构成，不同的线型表示不同的对象和部位，代表着不同的含义。为了图面能够清晰、准确、美观地表达设计思想，工程实践中采用了一套常用的线型，并规定了它们的使用范围，常用线型如表 1-2 所示。在 AutoCAD 2016 中，可以通过“图层”中“线型”“线宽”的设置来选定所需线型。

表 1-2　常用线型

名　称		线　型	线　宽	适 用 范 围
实线	粗		b	建筑平面图、剖面图、构造详图的被剖切截面的轮廓线；建筑立面图、室内立面图外轮廓线；图框线
	中		0.5b	室内设计图中被剖切的次要构件的轮廓线；室内平面图、顶棚图、立面图、家具三视图中构配件的轮廓线等
	细		≤0.25b	尺寸线、图例线、索引符号、地面材料线及其他细部刻画用线
虚线	中		0.5b	主要用于构造详图中不可见的实物轮廓
	细		≤0.25b	其他不可见的次要实物轮廓线
点划线	细		≤0.25b	轴线、构配件的中心线、对称线等
折断线	细		≤0.25b	画图样时的断开界线
波浪线	细		≤0.25b	构造层次的断开界线，有时也表示省略画出时的断开界线

提示：

标准实线宽度 b=0.4～0.8mm。

1.4.3　尺寸标注

在对室内设计图进行标注时，还要注意下面一些标注原则：

（1）尺寸标注应力求准确、清晰、美观大方。同一张图样中，标注风格应保持一致。

（2）尺寸线应尽量标注在图样轮廓线以外，从内到外依次标注从小到大的尺寸，不能将大

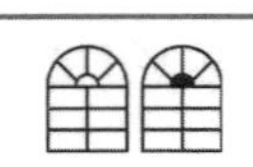

Note

尺寸标注在内，而小尺寸标注在外，如图 1-14 所示。

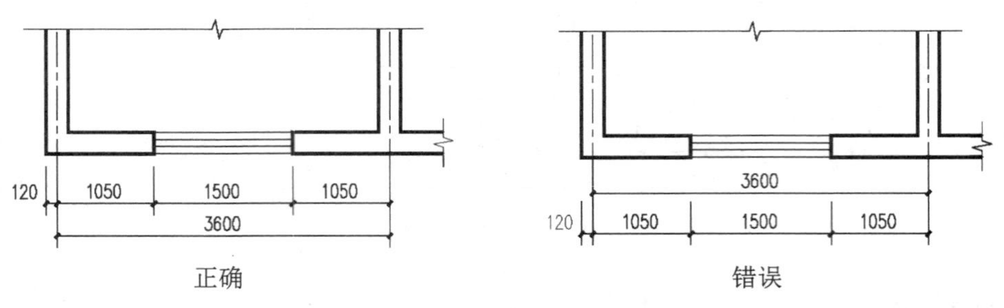

图 1-14　尺寸标注正误对比

（3）最内一道尺寸线与图样轮廓线之间的距离不应小于 10mm，两道尺寸线之间的距离一般为 7～10mm。

（4）尺寸界线朝向图样的端头距图样轮廓的距离应≥2mm，不宜直接与之相连。

（5）在图线拥挤的地方，应合理安排尺寸线的位置，但不宜与图线、文字及符号相交；可以考虑将轮廓线用作尺寸界线，但不能作为尺寸线。

（6）对于连续相同的尺寸，可以采用"均分"或"（EQ）"字样代替，如图 1-15 所示。

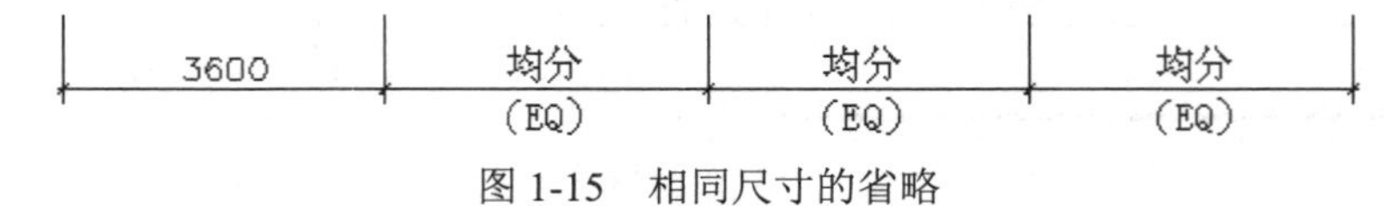

图 1-15　相同尺寸的省略

1.4.4　文字说明

在一幅完整的图样中用图线方式表现得不充分和无法用图线表示的地方，就需要进行文字说明，例如材料名称、构配件名称、构造做法、统计表及图名等。文字说明是图样内容的重要组成部分，制图规范对文字标注中的字体、字的大小、字体字号搭配等方面作了一些具体规定。

（1）一般原则：字体端正，排列整齐，清晰准确，美观大方，避免过于个性化的文字标注。

（2）字体：一般标注推荐采用仿宋字，标题可用楷体、隶书、黑体等。例如：

仿宋：室内设计（小四）室内设计（四号）室内设计（二号）

黑体：室内设计（四号）室内设计（小二）

楷体：室内设计（四号）室内设计（二号）

隶书：室内设计（三号）室内设计（一号）

字母、数字及符号：0123456789abcdefghijk% @

0123456789abcdefghijk%@

（3）字的大小：标注的文字高度要适中。同一类型的文字采用同一大小的字。较大的字用于较概括性的说明内容，较小的字用于较细致的说明内容。

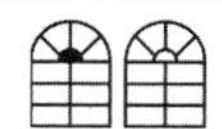

（4）字体及大小的搭配注意体现层次感。

1.4.5　常用图示标志

1．详图索引符号及详图符号

室内平面图、立面图、剖面图中，在需要另设详图表示的部位，可标注一个索引符号，以表明该详图的位置，该索引符号就是详图索引符号。详图索引符号采用细实线绘制，圆圈直径为10mm。如图1-16所示，图1-16（d）～图1-16（g）用于索引剖面详图，当详图就在本张图样时，采用图1-16（a）的形式；详图不在本张图样时，采用图1-16（b）～图1-16（g）所示的形式。

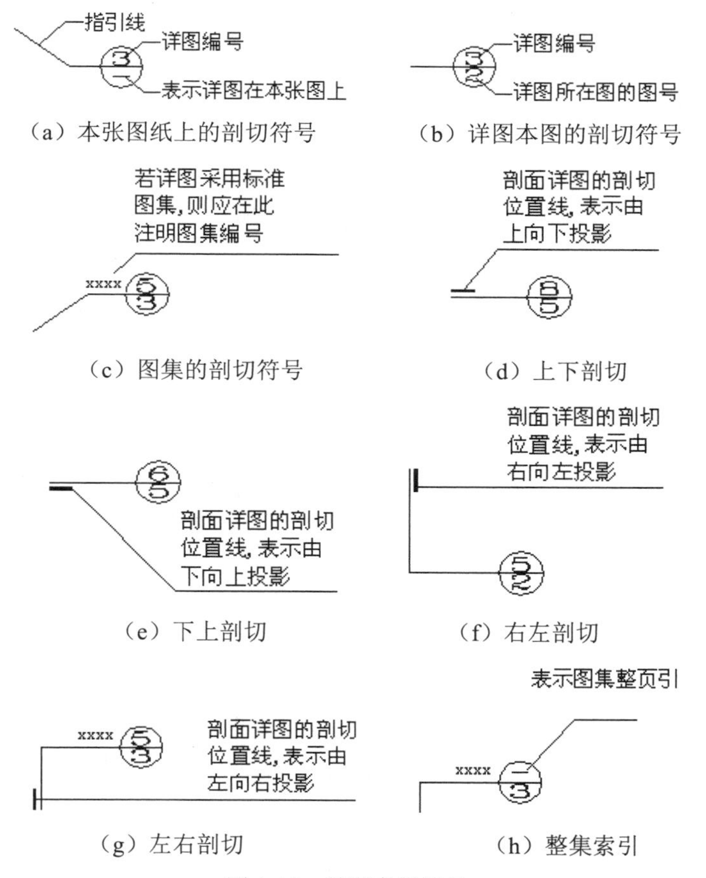

图1-16　详图索引符号

详图符号即详图的编号，用粗实线绘制，圆圈直径为14mm，如图1-17所示。

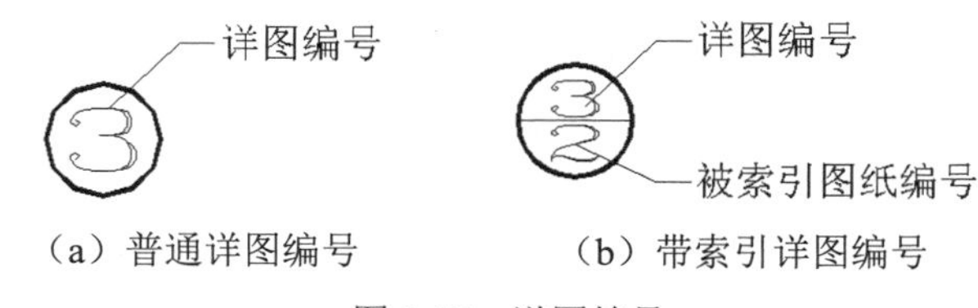

图1-17　详图符号

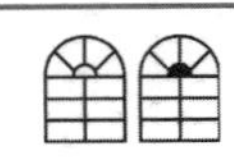

Note

2．引出线

由图样引出一条或多条线段指向文字说明，该线段就是引出线。引出线与水平方向的夹角一般采用0°、30°、45°、60°、90°，常见的引出线形式如图1-18所示。图1-18（a）～图1-18（d）所示为普通引出线，图1-18（e）～图1-18（h）所示为多层构造引出线。使用多层构造引出线时，应注意构造分层的顺序要与文字说明的分层顺序一致。文字说明可以放在引出线的端头，如图1-18（a）～图1-18（h）所示，也可放在引出线水平段之上，如图1-18（i）所示。

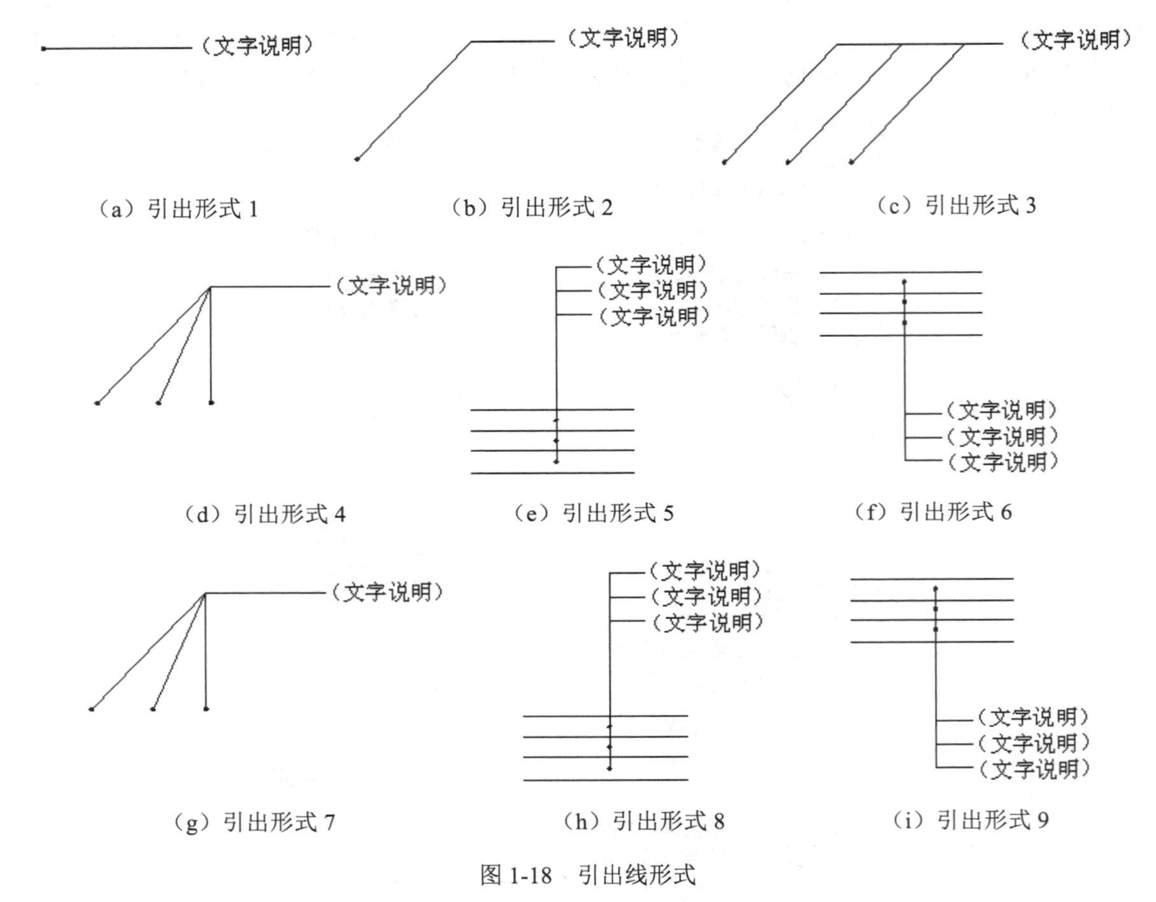

图1-18　引出线形式

3．内视符号

在房屋建筑中，一个特定的室内空间领域总存在竖向分隔（隔断或墙体），因此，根据具体情况，就有可能需要绘制一个或多个立面图来表达隔断、墙体及家具、构配件的设计情况。内视符号标注在平面图中，包含视点位置、方向和编号3个信息，建立平面图和室内立面图之间的联系。内视符号的形式如图1-19所示。图1-19中立面图编号可用英文字母或阿拉伯数字表示，黑色的箭头指向表示立面的方向；图1-19（a）所示为单向内视符号，图1-19（b）所示为双向内视符号，图1-19（c）所示为四向内视符号，A、B、C、D顺时针标注。

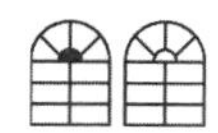

（a）单向内视符号　　（b）双向内视符号　　（c）四向内视符号

图 1-19　内视符号

为了方便读者查阅，这里列出其他常用符号及其意义，如表 1-3 所示。

表 1-3　室内设计图常用符号图例

符　　号	说　　明	符　　号	说　　明
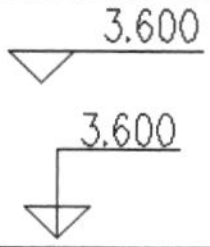 3.600 3.600	标高符号，线上数字为标高值，单位为 m。下面一种在标注位置比较拥挤时采用	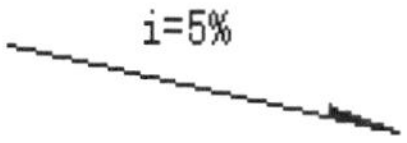 i=5%	表示坡度
1　　1	标注剖切位置的符号，标注数字的方向为投影方向，“1”与剖面图的编号“3-1”对应	2　　2	标注绘制断面图的位置，标注数字的方向为投影方向，“2”与断面图的编号“3-2”对应
	对称符号。在对称图形的中轴位置画此符号，可以省画另一半图形	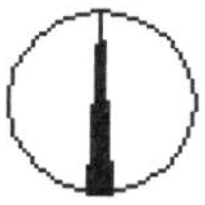	指北针
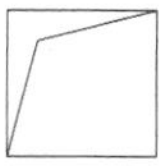	楼板开方孔	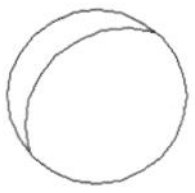	楼板开圆孔
@	表示重复出现的固定间隔，例如“双向木栅格@500”	Φ	表示直径，如Φ30
 平面图 1:100	图名及比例	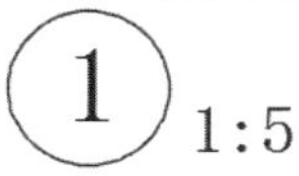 1　1:5	索引详图名及比例
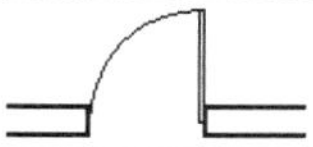	单扇平开门	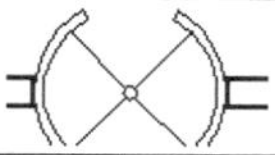	旋转门
	双扇平开门		卷帘门
	子母门		单扇推拉门
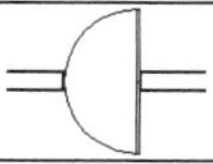	单扇弹簧门		双扇推拉门
	四扇推拉门		折叠门
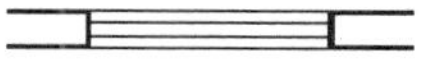	窗	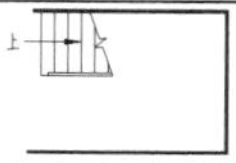 上	首层楼梯
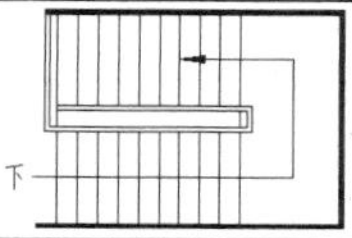 下	顶层楼梯	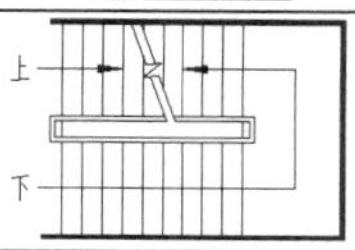 上 下	中间层楼梯

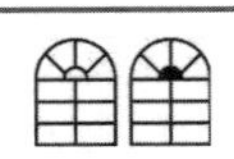

Note

1.4.6 常用材料符号

室内设计图中经常应用材料图例来表示材料，在无法用图例表示的地方，也采用文字说明。为了方便读者查阅，这里将常用的图例汇集，如表 1-4 所示。

表 1-4 常用材料图例

材 料 图 例	说 明	材 料 图 例	说 明
	自然土壤		夯实土壤
	毛石砌体		普通砖
	石材		砂、灰土
	空心砖		松散材料
	混凝土		钢筋混凝土
	多孔材料		金属
	矿渣、炉渣		玻璃
	纤维材料		防水材料，上下两种根据绘图比例大小选用
	木材		液体，须注明液体名称

1.4.7 常用绘图比例

下面列出常用绘图比例，读者可根据实际情况灵活使用。

（1）平面图：1:50、1:100 等。

（2）立面图：1:20、1:30、1:50、1:100 等。

（3）顶棚图：1:50、1:100 等。

（4）构造详图：1:1、1:2、1:5、1:10、1:20 等。

1.5 室内设计方法

室内设计要美化环境是毋庸置疑的，但如何达到美化的目的，有不同的方法，下面分别进行介绍。

1．现代室内设计方法

该方法是在满足功能要求的情况下，利用材料、色彩、质感、光影等有序的布置创造美。

2．空间分割方法

组织和划分平面与空间，这是室内设计的一个主要方法。利用该设计方法，巧妙地布置平面

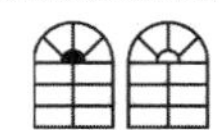

Note

和利用空间，有时可以突破原有的建筑平面、空间的限制，满足室内要求。在另一种情况下，设计又能使室内空间流通、平面灵活多变。

3．民族特色方法

在表达民族特色方面，应采用设计方法，使室内充满民族韵味，而不是民族符号、语言的堆砌。

4．其他设计方法

如突出主题、人流导向、制造气氛等都是室内设计的方法。

室内设计人员往往首先拿到的是一个建筑的外壳，这个外壳或许是新建的，或许是老建筑，也或许是旧建筑，设计的魅力就在于在原有建筑的各种限制下做出最理想的方案。

提示：

“他山之石，可以攻玉。”多看、多交流有助于提高设计水平和鉴赏能力。

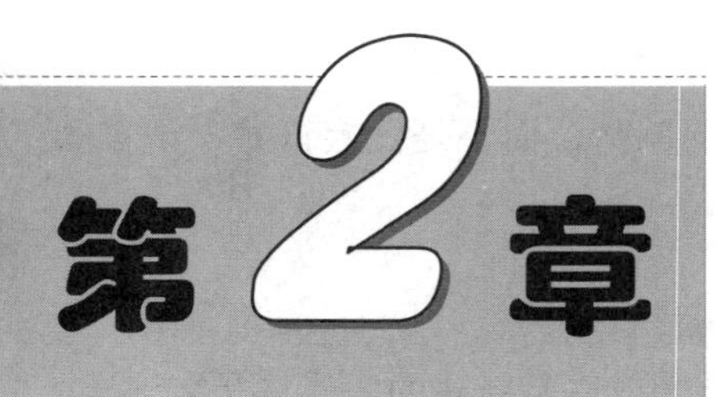

AutoCAD 2016 入门

本章学习要点和目标任务：

☑ 操作界面

☑ 设置绘图环境

☑ 文件管理

☑ 基本输入操作

☑ 图层设置

☑ 绘图辅助工具

本章开始循序渐进地学习 AutoCAD 2016 绘图的有关基本知识。了解如何设置图形的系统参数、样板图，熟悉建立新的图形文件、打开已有文件的方法等。

2.1 操作界面

AutoCAD 的操作界面是 AutoCAD 显示、编辑图形的区域。启动 AutoCAD 2016 后的默认界面如图 2-1 所示，这个界面是 AutoCAD 2009 以后出现的新界面风格。

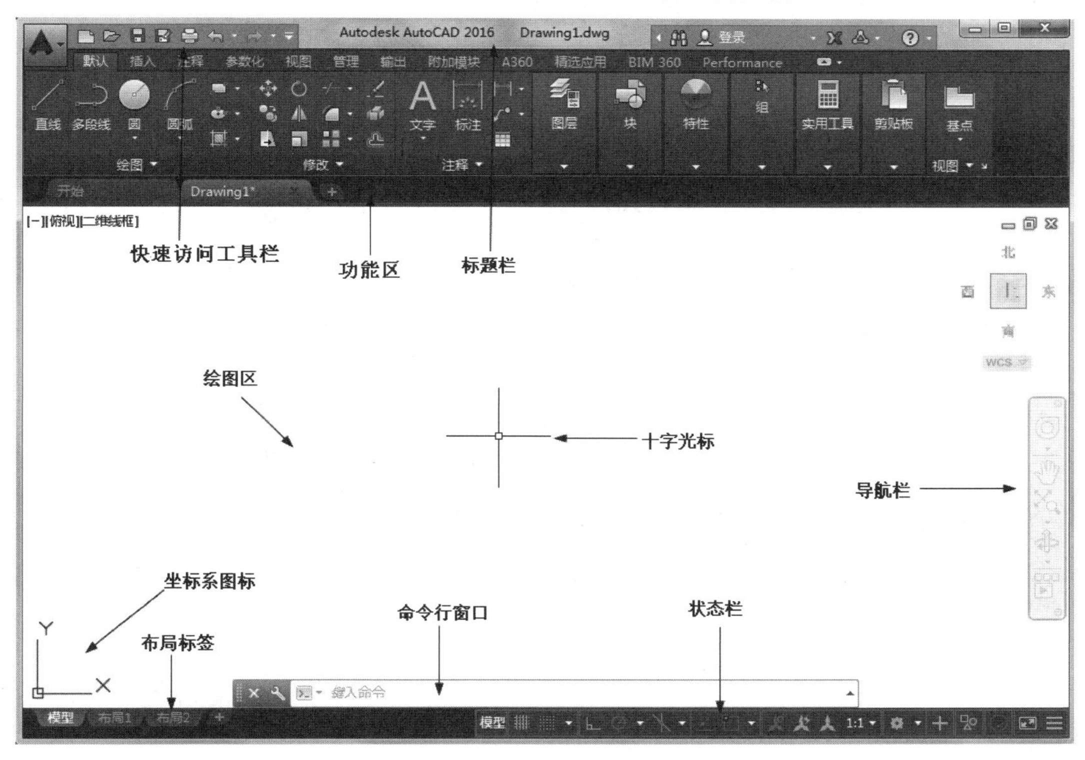

图 2-1　AutoCAD 2016 的默认界面

不同风格操作界面的具体转换方法是：单击界面右下角的“切换工作空间”按钮，在弹出的列表中选择“草图与注释”选项，如图 2-2 所示，系统转换到草图与注释界面。

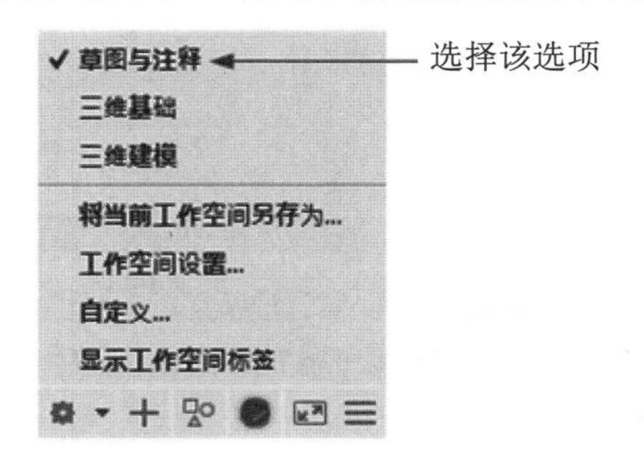

图 2-2　工作空间转换

一个完整的草图与注释操作界面包括标题栏、绘图区、十字光标、坐标系图标、命令行窗口、状态栏、布局标签和快速访问工具栏等。

Note

注意：

安装 AutoCAD 2016 后，在绘图区中右击，打开快捷菜单，如图 2-3 所示，选择“选项”命令，打开“选项”对话框，选择“显示”选项卡，将“配色方案”设置为“明”，如图 2-4 所示，单击“确定”按钮，退出对话框，操作界面如图 2-5 所示。

图 2-3　快捷菜单

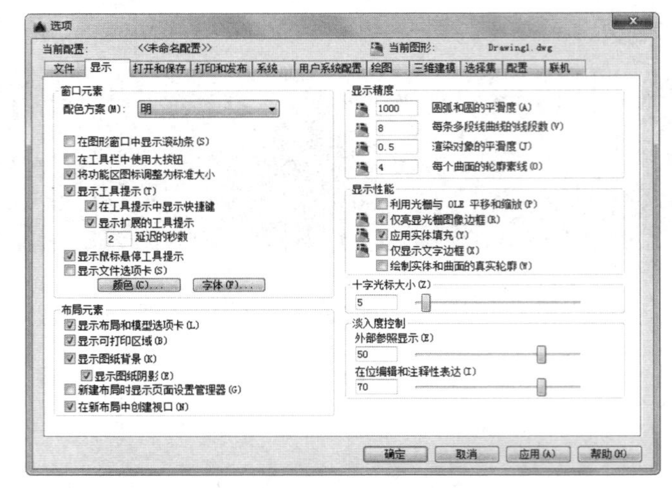

图 2-4　“选项”对话框

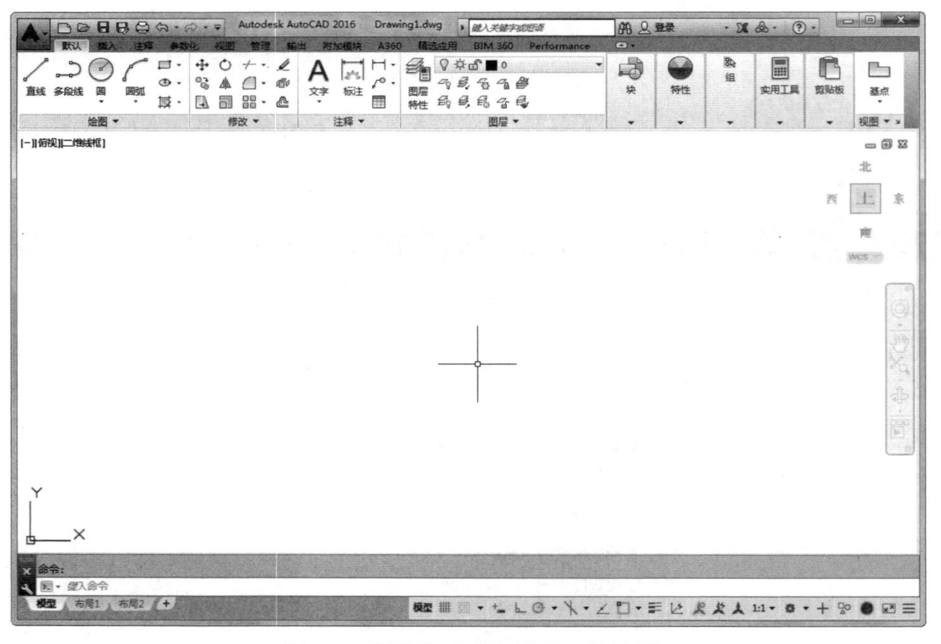

图 2-5　调整为“明”后的工作界面

2.1.1　标题栏

AutoCAD 2016 中文版绘图窗口的最上端是标题栏。在标题栏中，显示了系统当前正在运行

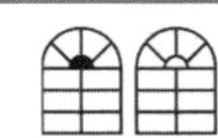

的应用程序（AutoCAD 2016 和用户正在使用的图形文件）。用户第一次启动 AutoCAD 时，在 AutoCAD 2016 绘图窗口的标题栏中，将显示 AutoCAD 2016 在启动时创建并打开的图形文件的名称 Drawing1.dwg，如图 2-6 所示。

图 2-6　启动 AutoCAD 时的标题栏

2.1.2　绘图区

绘图区是指标题栏下方的大片空白区域，是用户使用 AutoCAD 2016 绘制图形的区域，设计图形的主要工作都是在绘图区中完成的。

在绘图区中，还有一个作用类似光标的十字线，其交点反映了光标在当前坐标系中的位置。在 AutoCAD 2016 中，将该十字线称为光标，AutoCAD 通过光标显示当前点的位置。十字线的方向与当前用户坐标系的 X 轴和 Y 轴方向平行，十字线的长度默认为屏幕大小的 5%，如图 2-7 所示。

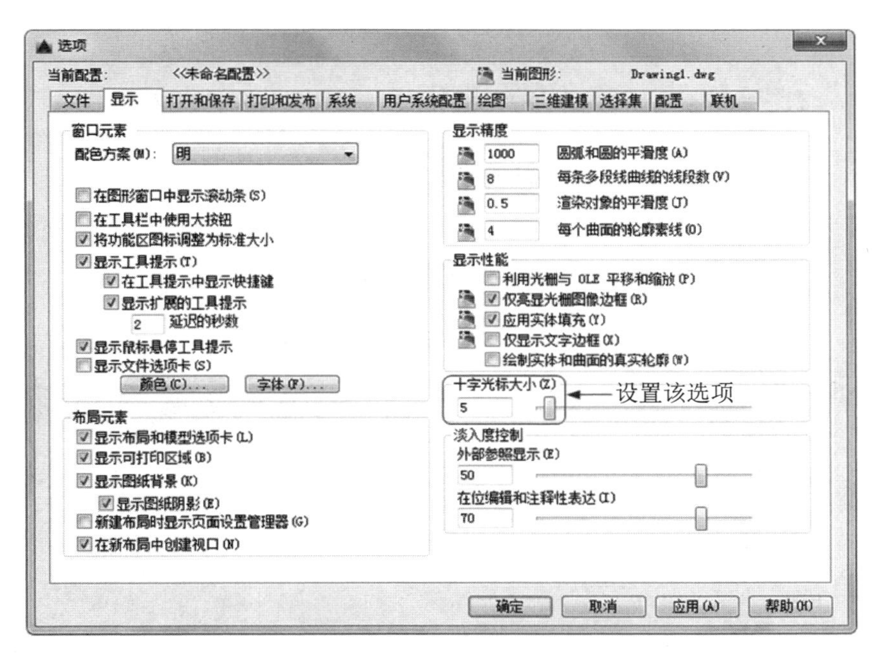

图 2-7　“选项”对话框中的“显示”选项卡

1．修改图形窗口中十字光标的大小

光标的长度默认为屏幕大小的 5%，用户可以根据绘图的实际需要更改其大小。改变光标大小的方法有以下两种：

☑ 在操作界面中选择“工具”/“选项”命令，将弹出“选项”对话框。选择“显示”选项卡，在“十字光标大小”选项组的文本框中直接输入数值，或者拖动文本框后的滑块，即可对十字光标的大小进行调整，如图 2-7 所示。

☑ 通过设置系统变量 CURSORSIZE 的值，实现对其大小的更改。执行该命令后，根据系

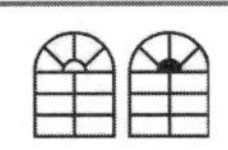

Note

统提示输入新值即可。

2. 修改绘图窗口的颜色

默认情况下，AutoCAD 2016 的绘图窗口是黑色背景、白色线条，这不符合大多数用户的习惯，因此首先要修改绘图窗口的颜色。

修改绘图窗口颜色的步骤如下：

（1）在如图 2-7 所示的选项卡中单击“窗口元素”选项组中的“颜色”按钮，打开如图 2-8 所示的“图形窗口颜色”对话框。

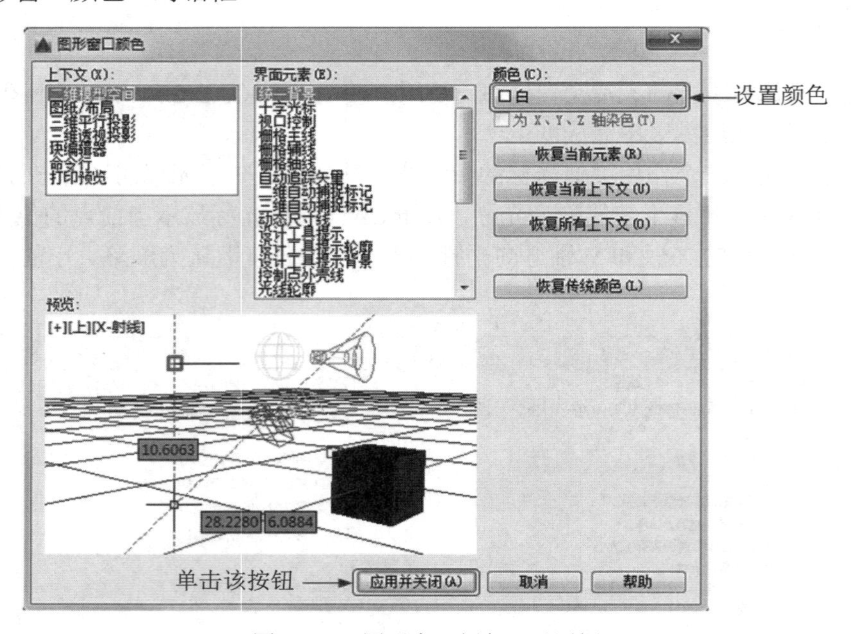

图 2-8　“图形窗口颜色”对话框

（2）在“颜色”下拉列表框中选择需要的窗口颜色，然后单击“应用并关闭”按钮，此时 AutoCAD 2016 的绘图窗口变成了选择的窗口背景色，通常按视觉习惯选择白色为窗口颜色。

2.1.3　菜单栏

在 AutoCAD 快速访问工具栏处调出菜单栏，如图 2-9 所示，调出后的菜单栏如图 2-10 所示。同其他 Windows 程序一样，AutoCAD 2016 的菜单也是下拉形式的，并在菜单中包含子菜单。AutoCAD 2016 的菜单栏中包含 12 个菜单，即“文件”、“编辑”、“视图”、“插入”、“格式”、“工具”、“绘图”、“标注”、“修改”、“参数”、“窗口”和“帮助”。这些菜单几乎包含了 AutoCAD 2016 的所有绘图命令，后面的章节将围绕这

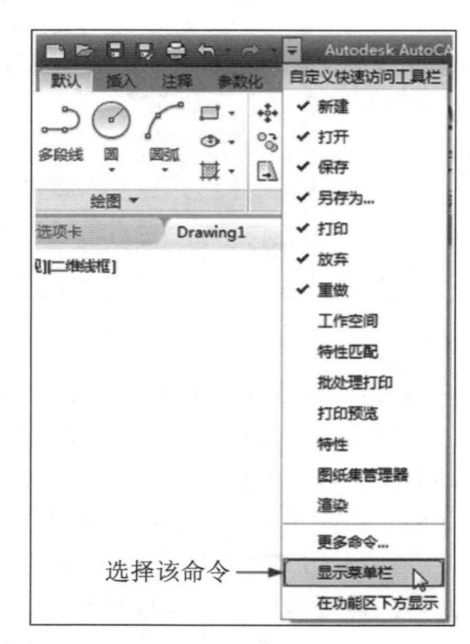

图 2-9　调出菜单栏

Note

些菜单展开讲述。

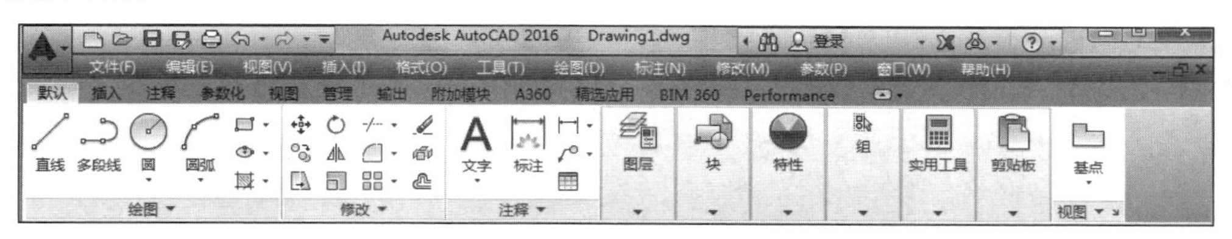

图 2-10　菜单栏显示界面

2.1.4　工具栏

工具栏是一组图标型工具的集合，选择菜单栏中的“工具”/“工具栏”/ AutoCAD 命令，调出所需要的工具栏，把光标移动到某个图标，稍停片刻即在该图标一侧显示相应的工具提示，同时在状态栏中，显示对应的说明和命令名。此时，单击图标也可以启动相应命令。

1．设置工具栏

AutoCAD 2016 的标准菜单提供有几十种工具栏，选择菜单栏中的“工具”/“工具栏”/AutoCAD 命令，调出所需要的工具栏，如图 2-11 所示。单击某一个未在界面显示的工具栏名，系统自动在界面打开该工具栏；反之，关闭工具栏。

2．工具栏的固定、浮动与打开

工具栏可以在绘图区浮动，如图 2-12 所示，此时显示该工具栏标题，并可关闭该工具栏，用鼠标可以拖动浮动工具栏到图形区边界，使其变为固定工具栏，此时该工具栏标题隐藏。也可以把固定工具栏拖出，使其成为浮动工具栏。

在有些图标的右下角带有一个小三角，按住鼠标左键会打开相应的工具栏，如图 2-13 所示，按住鼠标左键，将光标移动到某一图标上释放，该图标就变为当前图标。单击当前图标，可执行相应命令。

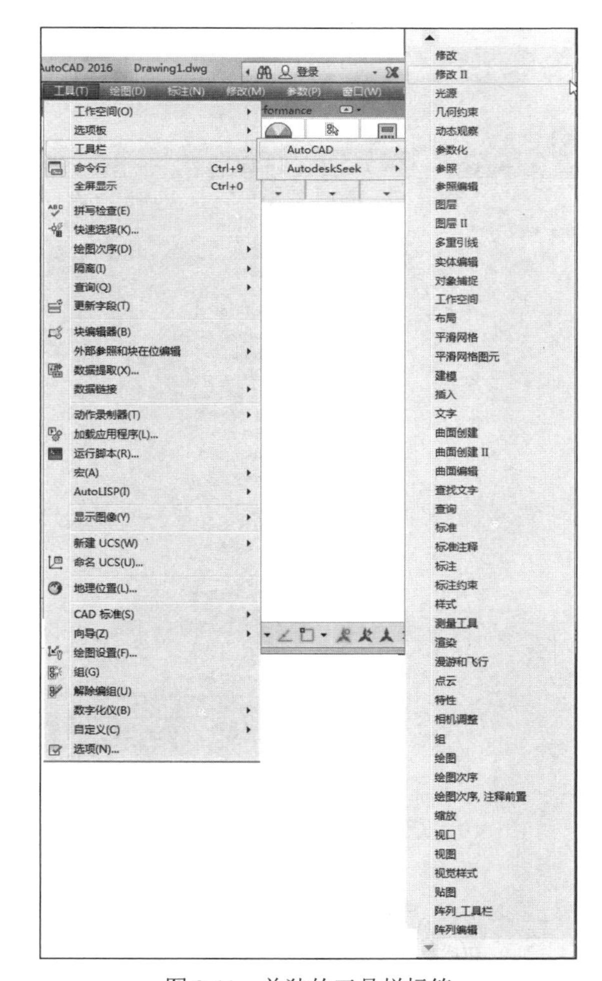

图 2-11　单独的工具栏标签

2.1.5　坐标系图标

在绘图区域的左下角，有一个箭头指向图标，称为坐标系图标，表示用户绘图时正使用的坐标系形式，坐标系图标的作用是为点的坐标确定一个参照系。根据工作需要，用户可以

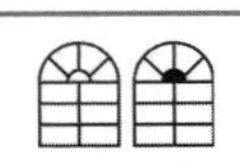

选择将其关闭。方法是选择“视图”/“显示”/“UCS 图标”/“开”命令，如图 2-14 所示。

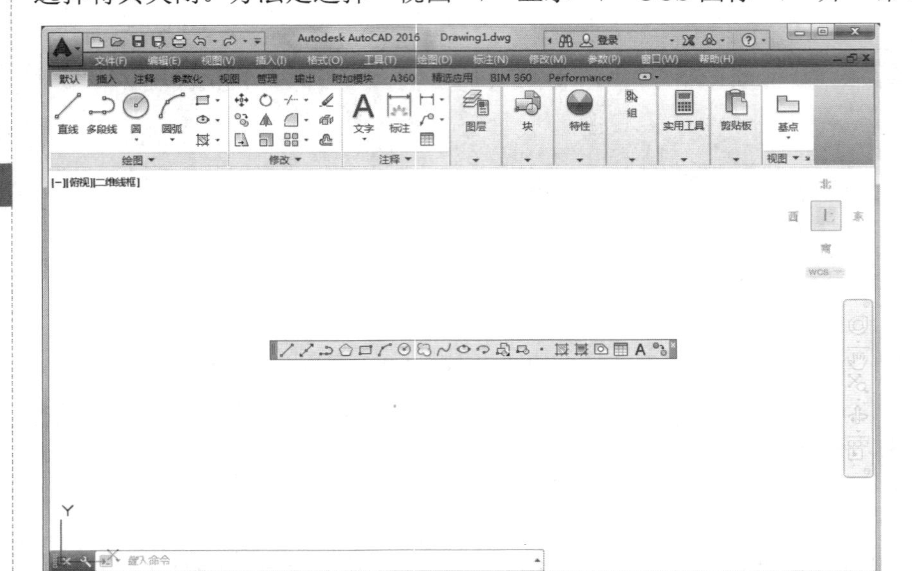

图 2-12　浮动工具栏

图 2-13　打开工具栏

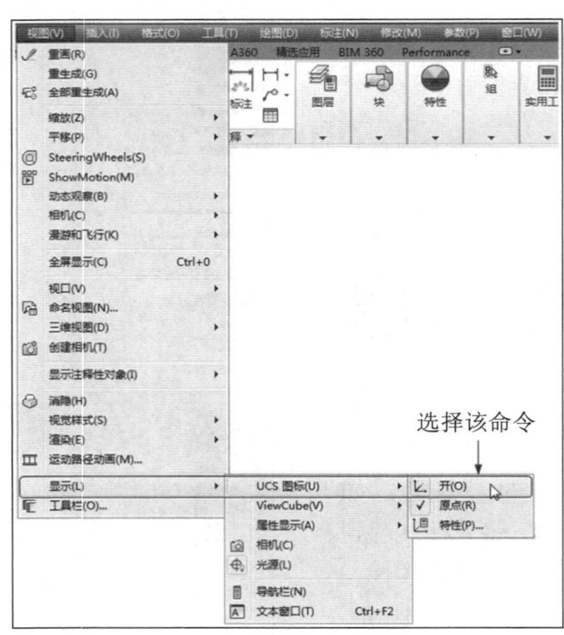

图 2-14　“视图”菜单

2.1.6　命令行窗口

命令行窗口是输入命令和显示命令提示的区域，默认的命令行窗口位于绘图区下方，是若干文本行。在当前命令行窗口中输入内容，可以按 F2 键用文本编辑的方法进行编辑，如图 2-15 所示。

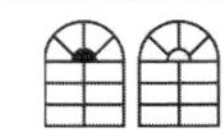

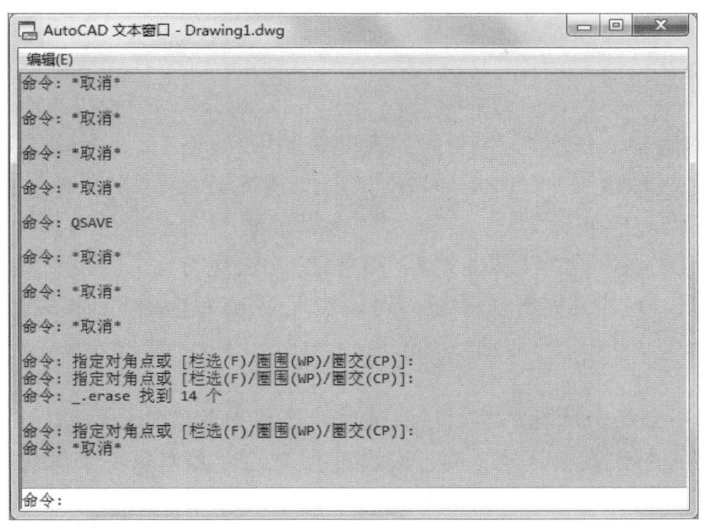

图 2-15　命令行窗口

对于命令行窗口，有以下几点需要说明：

☑ 移动拆分条，可以扩大与缩小命令行窗口。

☑ 可以拖动命令行窗口，将其放置在屏幕上的其他位置。默认情况下，命令行窗口位于图形窗口的下方。

☑ 对当前命令行窗口中输入的内容，可以按 F2 键用文本编辑的方法进行编辑。AutoCAD 2016 的文本窗口和命令行窗口相似，可以显示当前 AutoCAD 进程中命令的输入和执行过程，在 AutoCAD 2016 中执行某些命令时，会自动切换到文本窗口，列出有关信息。

☑ AutoCAD 通过命令行窗口反馈各种信息，包括出错信息。因此，用户要时刻关注在命令行窗口中出现的信息。

2.1.7　布局标签

AutoCAD 2016 系统默认设定一个模型空间布局标签和“布局 1”“布局 2”两个图纸空间布局标签。

1．布局

布局是系统为绘图设置的一种环境，包括图纸大小、尺寸单位、角度设定、数值精确度等，在系统默认的 3 个标签中，这些环境变量都是默认设置。用户可以根据实际需要改变这些变量的值。用户也可以根据需要设置符合自己要求的新标签，具体方法将在后面章节介绍。

2．模型

AutoCAD 2016 的空间分为模型空间和图纸空间。模型空间是用户绘图的环境，而在图纸空间中，用户可以创建浮动视口区域，以不同视图显示所绘图形。用户可以在图纸空间中调整浮动视口并决定所包含视图的缩放比例。如果选择图纸空间，则可打印多个视图，用户可以打印任意布局的视图。在后面的章节中，将专门详细讲解有关模型空间与图纸空间的有关知识，请注意体会。

AutoCAD 2016 系统默认打开模型空间，用户可以选择需要的布局。

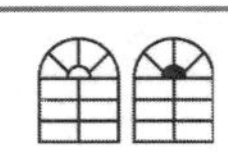

2.1.8 状态栏

状态栏在屏幕的底部，依次有“坐标”“模型空间”“栅格”“捕捉模式”“推断约束”“动态输入”“正交模式”“极轴追踪”“等轴测草图”“对象捕捉追踪”“二维对象捕捉”“线宽”“透明度”“选择循环”“三维对象捕捉”“动态 UCS”“选择过滤”“小控件”“注释可见性”“自动缩放”“注释比例”“切换工作空间”“注释监视器”“单位”“快捷特性”“图形性能”“全屏显示”“自定义”28 个功能按钮。单击这些开关按钮，可以实现对应功能的开启和关闭。

注意：

默认情况下，不会显示所有工具，可以通过状态栏上最右侧的按钮，选择要从“自定义”菜单显示的工具。状态栏上显示的工具可能会发生变化，具体取决于当前的工作空间以及当前显示的是“模型”选项卡还是“布局”选项卡。下面对部分状态栏上的按钮做简单介绍，如图 2-16 所示。

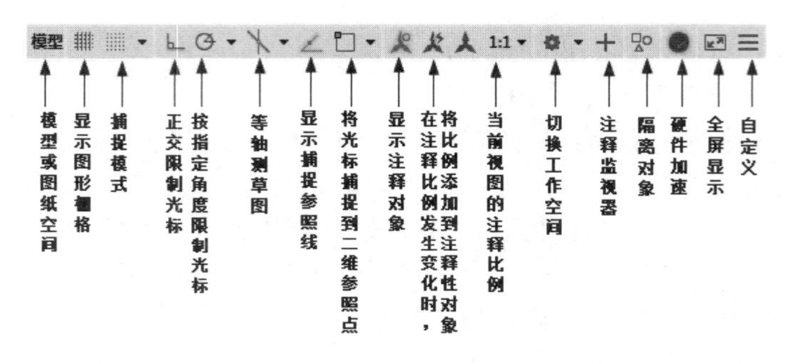

图 2-16 状态栏

☑ 模型或图纸空间：在模型空间与布局空间之间进行转换。

☑ 显示图形栅格：栅格是覆盖整个坐标系（UCS）XY 平面的直线或点组成的矩形图案。使用栅格类似于在图形下放置一张坐标纸。利用栅格可以对齐对象并直观显示对象之间的距离。

☑ 捕捉模式：对象捕捉对于在对象上指定精确位置非常重要。不论何时提示输入点，都可以指定对象捕捉。默认情况下，当光标移到对象的对象捕捉位置时，将显示标记和工具提示。

☑ 正交限制光标：将光标限制在水平或垂直方向上移动，以便于精确地创建和修改对象。当创建或移动对象时，可以使用“正交”模式将光标限制在相对于用户坐标系（UCS）的水平或垂直方向上。

☑ 按指定角度限制光标（极轴追踪）：使用极轴追踪，光标将按指定角度进行移动。创建或修改对象时，可以使用“极轴追踪”来显示由指定的极轴角度所定义的临时对齐路径。

☑ 等轴测草图：通过设定“等轴测捕捉/栅格”，可以很容易地沿 3 个等轴测平面之一对齐对象。尽管等轴测图形看似三维图形，但实际上是由二维图形表示。因此不能期望提取三维距离和面积、从不同视点显示对象或自动消除隐藏线。

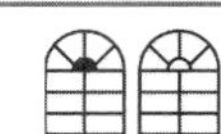

Note

☑ 显示捕捉参照线（对象捕捉追踪）：使用对象捕捉追踪，可以沿着基于对象捕捉点的对齐路径进行追踪。已获取的点将显示一个小加号（+），一次最多可以获取 7 个追踪点。获取点之后，在绘图路径上移动光标，将显示相对于获取点的水平、垂直或极轴对齐路径。例如，可以基于对象端点、中点或者对象的交点，沿着某个路径选择一点。

☑ 将光标捕捉到二维参照点（对象捕捉）：使用执行对象捕捉设置（也称为对象捕捉），可以在对象上的精确位置指定捕捉点。选择多个选项后，将应用选定的捕捉模式，以返回距离靶框中心最近的点。按 Tab 键以在这些选项之间循环。

☑ 显示注释对象：当图标亮显时表示显示所有比例的注释性对象；当图标变暗时表示仅显示当前比例的注释性对象。

☑ 在注释比例发生变化时，将比例添加到注释性对象：注释比例更改时，自动将比例添加到注释对象。

☑ 当前视图的注释比例：单击注释比例右下角的下拉按钮，弹出注释比例列表，如图 2-17 所示，可以根据需要选择适当的注释比例。

☑ 切换工作空间：进行工作空间转换。

☑ 注释监视器：打开仅用于所有事件或模型文档事件的注释监视器。

☑ 硬件加速：设定图形卡的驱动程序以及设置硬件加速的选项。

☑ 隔离对象：当选择隔离对象时，在当前视图中显示选定对象，所有其他对象都暂时隐藏；当选择隐藏对象时，在当前视图中暂时隐藏选定对象，所有其他对象都可见。

☑ 全屏显示：该选项可以清除 Windows 窗口中的标题栏、功能区和选项板等界面元素，使 AutoCAD 的绘图窗口全屏显示，如图 2-18 所示。

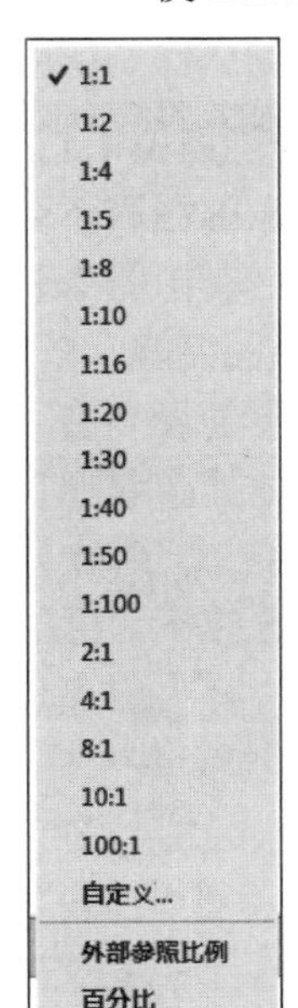

图 2-17 注释比例列表

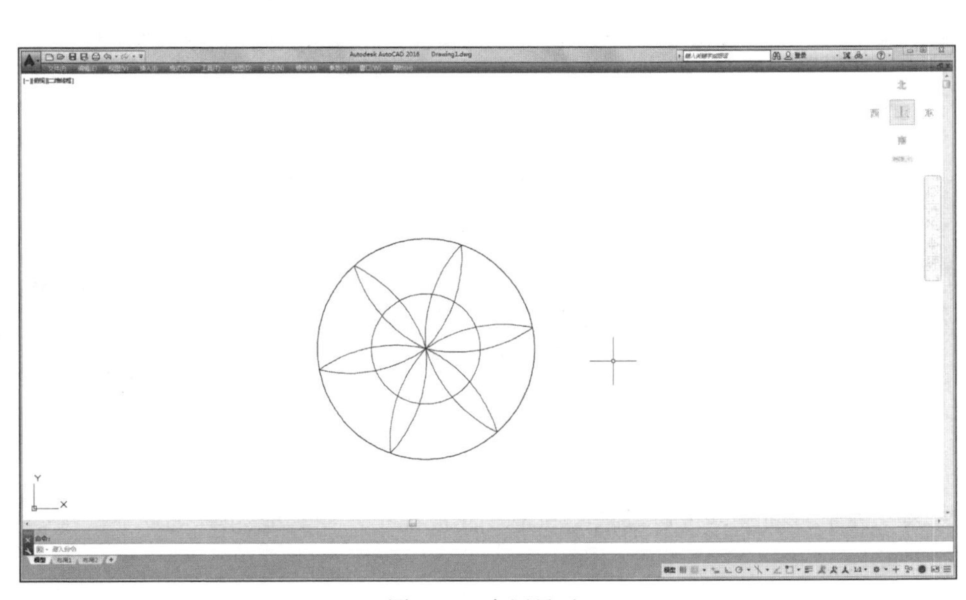

图 2-18 全屏显示

☑ 自定义：状态栏可以提供重要信息，而无须中断工作流。使用 MODEMACRO 系统变量可将应用程序所能识别的大多数数据显示在状态栏中。使用该系统变量的计算、判断

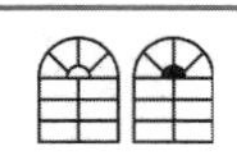

和编辑功能可以完全按照用户的要求构造状态栏。

2.1.9 快速访问工具栏和交互信息工具栏

1．快速访问工具栏

该工具栏包括“新建”“打开”“保存”“另存为”“打印”“放弃”“重做”“工作空间”等几个常用工具。用户也可以单击本工具栏后面的下拉按钮，设置需要的常用工具。

2．交互信息工具栏

该工具栏包括“搜索”、Autodesk360、“Autodesk Exchange 应用程序”、“保持连接”和“帮助”等几个常用的数据交互访问工具。

2.1.10 功能区

在默认情况下，功能区包括“默认”、“插入”、“注释”、“参数化”、“视图”、“管理”、“输出”、“附加模块”、A360、BIM360、“精选应用”以及 Performance 选项卡，如图 2-19 所示（所有的选项卡显示面板如图 2-20 所示）。每个选项卡集成了相关的操作工具，方便了用户的使用。用户可以单击功能区选项后面的按钮控制功能的展开与收缩。

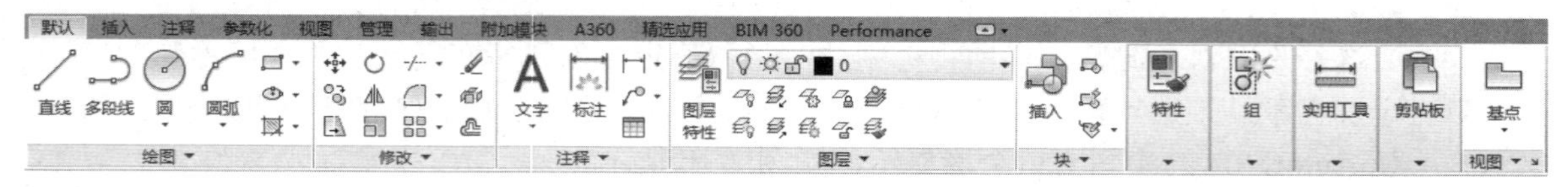

图 2-19 默认情况下出现的选项卡

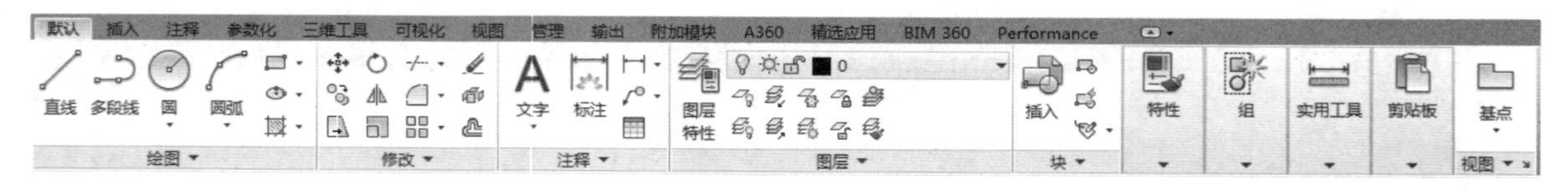

图 2-20 所有的选项卡

（1）设置选项卡。将光标放在面板中任意位置处，右击，打开如图 2-21 所示的快捷菜单。单击某一个未在功能区显示的选项卡名，系统自动在功能区打开该选项卡。反之，关闭选项卡（调出面板的方法与调出选项板的方法类似，这里不再赘述）。

（2）选项卡中面板的固定与浮动。面板可以在绘图区浮动（如图 2-22 所示），将光标放到浮动面板的右上角位置处，显示“将面板返回到功能区”，如图 2-23 所示。单击此处，使其变为“固定”面板。也可以把“固定”面板拖出，使其成为浮动面板。

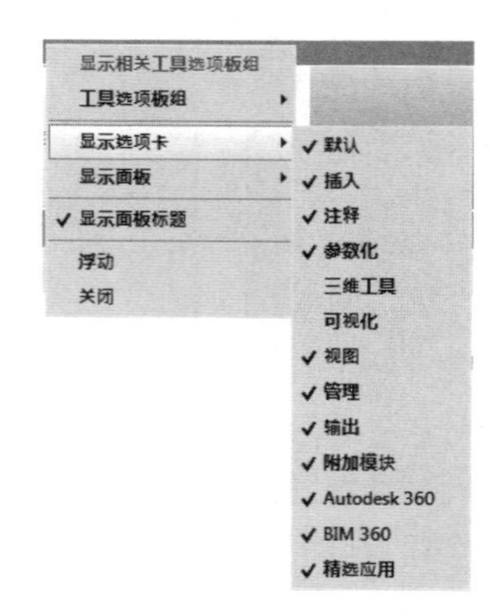

图 2-21 快捷菜单

设置功能区主要有如下两种调用方法：

☑ 在命令行中输入“PREFERENCES”命令。

☑ 选择菜单栏中的“工具”/“选项板”/“功能区”命令。

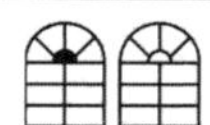

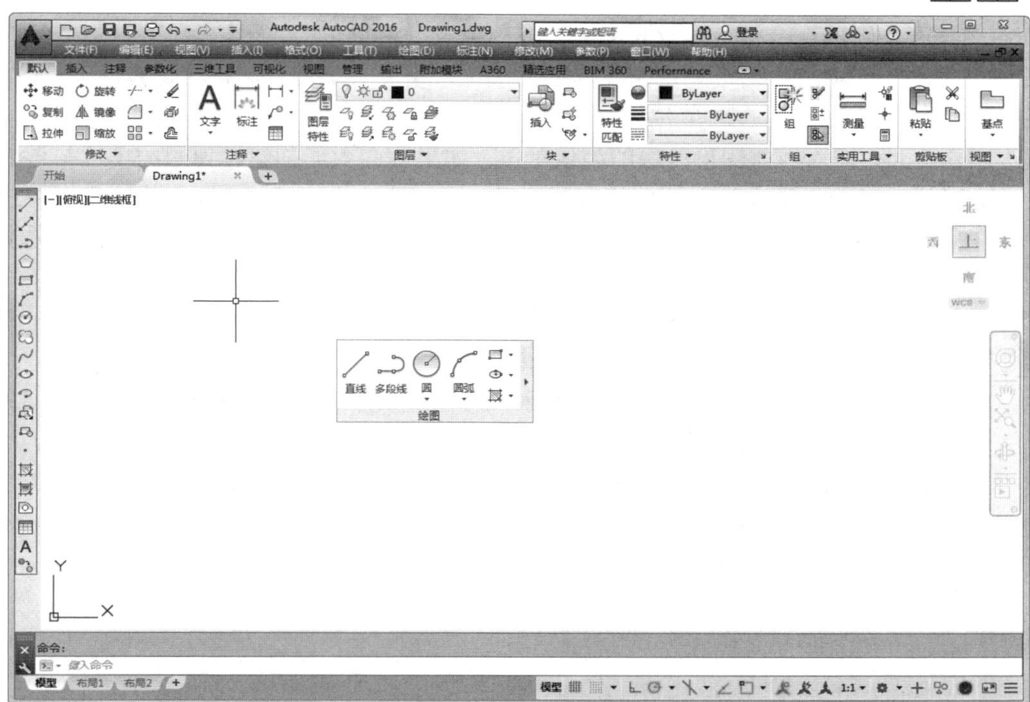

图 2-22　浮动面板

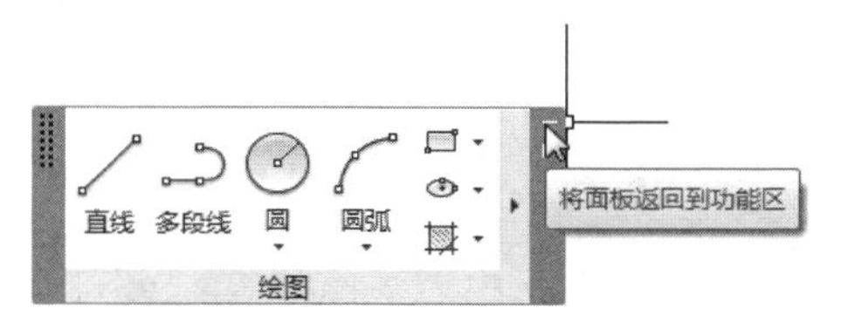

图 2-23　绘图面板

2.2　设置绘图环境

每台计算机所使用的显示器、输入设备和输出设备的类型不同，用户喜好的风格及计算机的目录设置也不同。一般来讲，使用 AutoCAD 2016 的默认配置就可以绘图，但为了使用用户的定点设备或打印机，以及提高绘图的效率，推荐用户在开始作图前先进行必要的配置。

2.2.1　图形单位设置

设置图形单位主要有如下两种调用方法：

☑　在命令行中输入“DDUNITS”或“UNITS”命令。

☑　选择菜单栏中的“格式”/“单位”命令。

执行上述命令后，系统打开“图形单位”对话框，如图 2-24 所示。该对话框用于定义单位和角度格式，其中的主要参数设置如下。

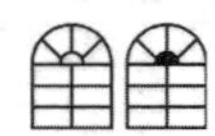
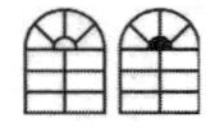

Note

☑ “长度”选项组：指定测量长度的当前单位及当前单位的精度。

☑ “角度”选项组：指定测量角度的当前单位、精度及旋转方向，默认方向为逆时针。

☑ “用于缩放插入内容的单位”下拉列表框：控制使用工具选项板（例如 DesignCenter 或 i-drop）拖入当前图形的块的测量单位。如果块或图形创建时使用的单位与该选项指定的单位不同，则在插入这些块或图形时，将对其按比例缩放。插入比例是源块或图形使用的单位与目标图形使用的单位之比。如果插入块时不按指定单位缩放，则选择“无单位”选项。

☑ “输出样例”选项组：显示当前输出的样例值。

☑ “光源”选项组：用于指定光源强度的单位。

☑ “方向”按钮：单击该按钮，系统显示“方向控制”对话框，如图 2-25 所示。可以在该对话框中进行方向控制设置。

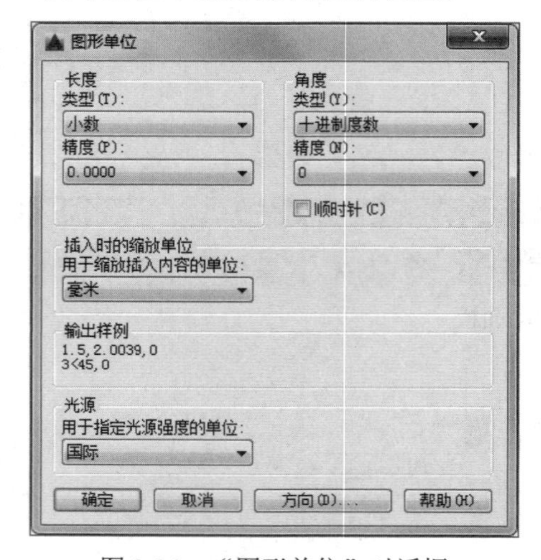

图 2-24 “图形单位”对话框

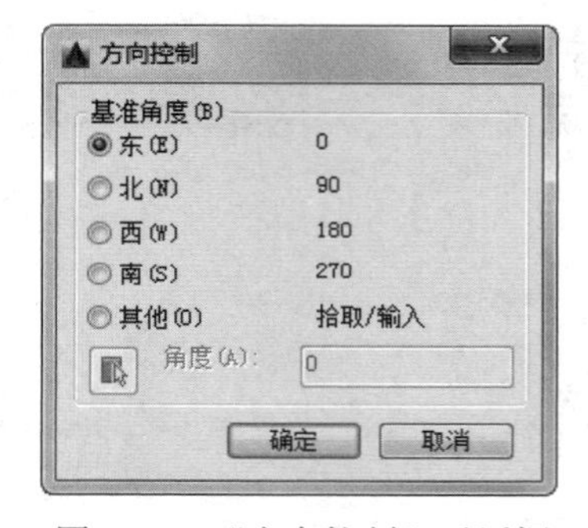

图 2-25 “方向控制”对话框

2.2.2 图形边界设置

设置图形边界主要有如下两种调用方法：

☑ 在命令行中输入“LIMITS”命令。

☑ 选择菜单栏中的“格式”/“图形界限”命令。

执行上述命令后，根据系统提示输入图形边界左下角和右上角的坐标后按 Enter 键。执行该命令时，命令行各选项含义如下。

☑ 开（ON）：使绘图边界有效。系统在绘图边界以外拾取的点视为无效。

☑ 关（OFF）：使绘图边界无效。用户可以在绘图边界以外拾取点或实体。

☑ 动态输入角点坐标：可以直接在屏幕上输入角点坐标，输入了横坐标值后，按下“,”键，接着输入纵坐标值，如图 2-26 所示。也可以在光标位置直接按下鼠标左键确定角点位置。

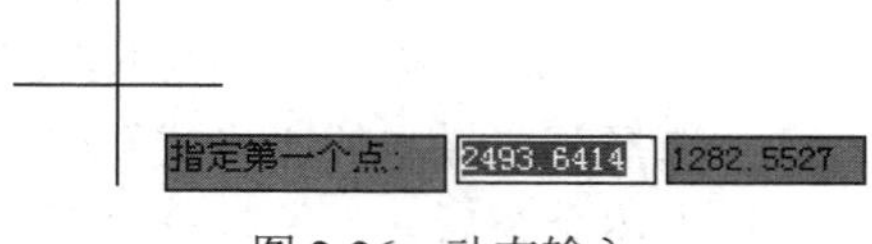

图 2-26 动态输入

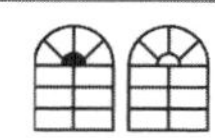

2.3 文 件 管 理

本节将介绍有关文件管理的一些基本操作方法，包括新建文件、打开已有文件、保存文件、删除文件等，这些都是进行 AutoCAD 2016 操作最基础的知识。另外，本节也将介绍安全口令和数字签名等涉及文件管理操作的知识。

2.3.1 新建文件

新建图形文件的方法有如下 3 种：

☑ 在命令行中输入“NEW”或“QNEW”命令。

☑ 选择菜单栏中的“文件”/“新建”命令或选择主菜单中的“新建”命令。

☑ 单击“标准”工具栏中的“新建”按钮或单击快速访问工具栏中的“新建”按钮。

执行上述命令后，系统弹出如图 2-27 所示的“选择样板”对话框，在“文件类型”下拉列表框中有 3 种格式的图形样板，分别.dwt、.dwg 和.dws。

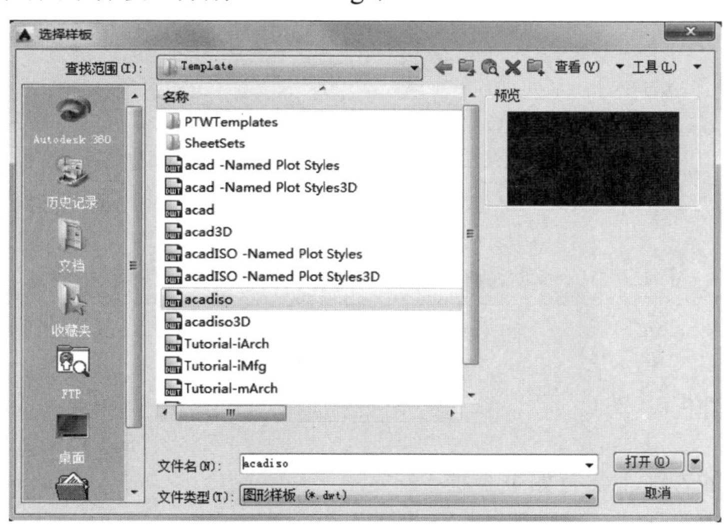

图 2-27　“选择样板”对话框

在每种图形样板文件中，系统根据绘图任务的要求进行统一的图形设置，如绘图单位类型和精度要求、绘图界限、捕捉、网格与正交设置、图层、图框和标题栏、尺寸及文本格式、线型和线宽等。

使用图形样板文件绘图的优点在于，在完成绘图任务时不但可以保持图形设置的一致性，而且可以大大提高工作效率。用户也可以根据自己的需要设置新的样板文件。

一般情况下，.dwt 文件是标准的样板文件，通常将一些规定的标准性的样板文件设成.dwt 文件；.dwg 文件是普通的样板文件；而.dws 文件是包含标准图层、标注样式、线型和文字样式的样板文件。

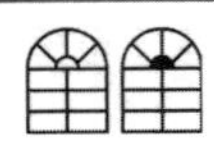

2.3.2 打开文件

Note

打开图形文件的方法主要有如下 3 种：

☑ 在命令行中输入“OPEN”命令。

☑ 选择菜单栏中的“文件”/“打开”命令。

☑ 单击“标准”工具栏中的“打开”按钮或单击快速访问工具栏中的“打开”按钮。

执行上述命令后，系统弹出如图 2-28 所示的“选择文件”对话框，在“文件类型”下拉列表框中可选.dwg 文件、.dwt 文件、.dxf 文件和.dws 文件。.dxf 文件是用文本形式存储的图形文件，能够被其他程序读取，许多第三方应用软件都支持.dxf 格式。

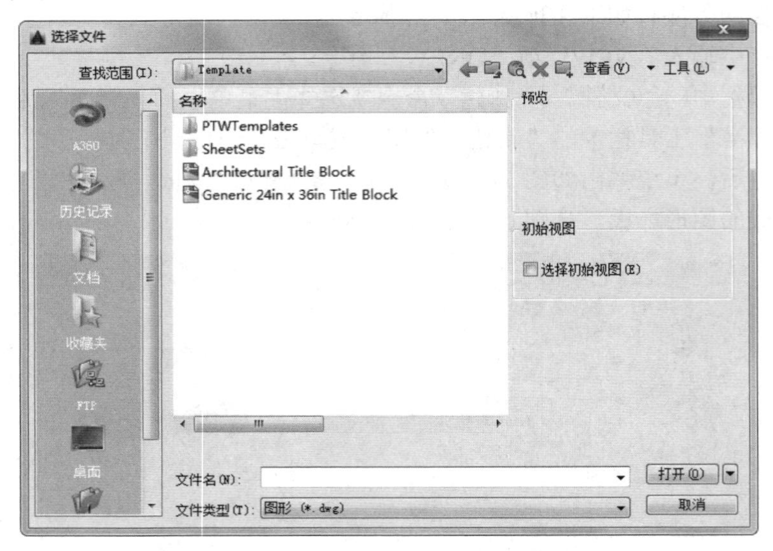

图 2-28 “选择文件”对话框

2.3.3 保存文件

保存图形文件的方法主要有如下 3 种：

☑ 在命令行中输入“QSAVE”或“SAVE”命令。

☑ 选择菜单栏中的“文件”/“保存”命令或选择主菜单中的“保存”命令。

☑ 单击“标准”工具栏中的“保存”按钮或单击快速访问工具栏中的“保存”按钮。

执行上述命令后，若文件已命名，则 AutoCAD 自动保存；若文件未命名（即为默认名 Drawing1.dwg），则弹出如图 2-29 所示的“图形另存为”对话框，用户可以命名保存。在“保存于”下拉列表框中可以指定保存文件的路径；在“文件类型”下拉列表框中可以指定保存文件的类型。

为了防止因意外操作或计算机系统故障导致正在绘制的图形文件丢失，可以对当前图形文件设置自动保存。步骤如下：

（1）利用系统变量 SAVEFILEPATH 设置所有“自动保存”文件的位置，如 C:\HU\。

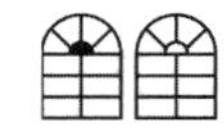

图 2-29 “图形另存为”对话框

（2）利用系统变量 SAVEFILE 存储“自动保存”文件名。该系统变量存储的文件是只读文件，用户可以从中查询自动保存的文件名。

（3）利用系统变量 SAVETIME 指定在使用“自动保存”时多长时间保存一次图形。

2.3.4 另存为

对打开的已有图形进行修改后，可用“另存为”命令对其进行重命名存储，具体方法主要有如下 3 种：

☑ 在命令行中输入“SAVEAS”命令。

☑ 选择菜单栏中的“文件”/“另存为”命令或选择主菜单中的“另存为”命令。

☑ 单击快速访问工具栏中的“另存为”按钮。

执行上述命令后，系统弹出如图 2-29 所示的“图形另存为”对话框，可以将图形用其他名称保存。

2.3.5 退出

图形绘制完毕后，想退出 AutoCAD，可用“退出”命令。调用“退出”命令的方法主要有如下 3 种：

☑ 在命令行中输入“QUIT”或“EXIT”命令。

☑ 选择菜单栏中的“文件”/“退出”命令或选择主菜单中的“关闭”命令。

☑ 单击 AutoCAD 操作界面右上角的“关闭”按钮。

执行上述命令后，若用户对图形所作的修改尚未保存，则会出现如图 2-30 所示的系统警告对话框。单击“是”按钮，系统将保存文件，然后退出；单击“否”按钮，系统将不保存文件。若用户对图形所做的修改已经保存，则直接退出。

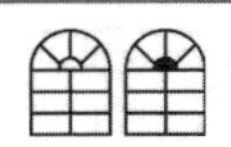

Note

2.3.6 图形修复

调用图形修复命令的方法主要有如下两种：

☑ 在命令行中输入“DRAWINGRECOVERY”命令。

☑ 选择菜单栏中的“文件”/“图形实用工具”/“图形修复管理器”命令。

执行上述命令后，系统弹出如图 2-31 所示的图形修复管理器，打开“备份文件”列表中的文件，可以重新保存，从而进行修复。

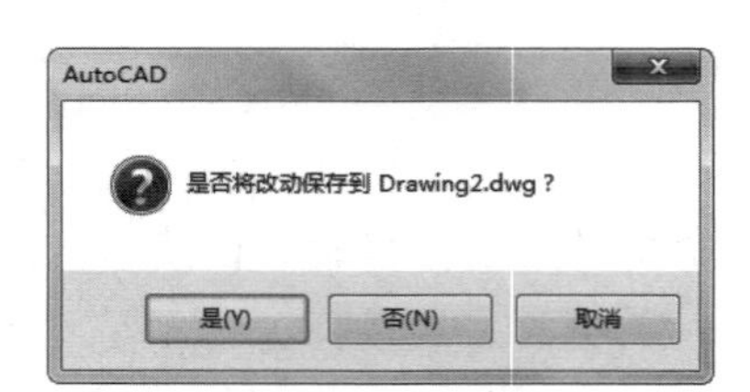

图 2-30 系统警告对话框

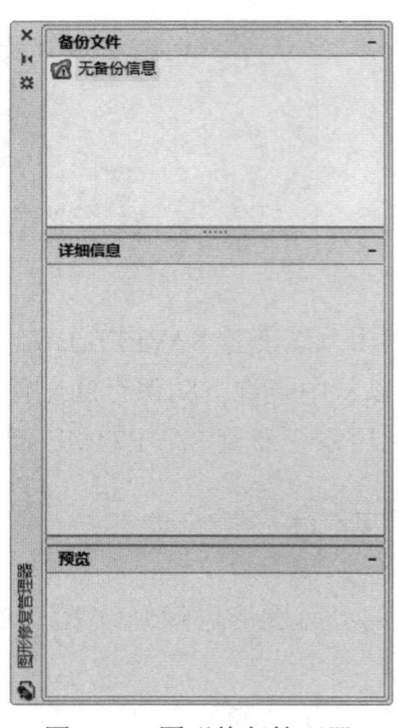

图 2-31 图形修复管理器

2.4 基本输入操作

在 AutoCAD 2016 中，有一些基本的输入操作方法，这些基本方法是进行 AutoCAD 绘图的必备基础知识，也是深入学习 AutoCAD 功能的前提。

2.4.1 命令输入方式

AutoCAD 交互绘图必须输入必要的指令和参数。有多种 AutoCAD 命令输入方式，下面以画直线为例进行介绍。

1．在命令行窗口输入命令名

命令字符不区分大小写。执行命令时，在命令行提示中经常会出现命令选项。如输入绘制直线命令 LINE 后，在命令行的提示下在屏幕上指定一点或输入一个点的坐标，当命令行提示“指定下一点或[放弃(U)]:”时，选项中不带括号的提示为默认选项，因此可以直接输入直线段的起

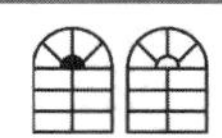

点坐标或在屏幕上指定一点，如果要选择其他选项，则应该首先输入该选项的标识字符，如“放弃”选项的标识字符“U”，然后按系统提示输入数据即可。在命令选项的后面有时还带有尖括号，尖括号内的数值为默认数值。

2. 在命令行窗口输入命令缩写字

如L（Line）、C（Circle）、A（Arc）、Z（Zoom）、R（Redraw）、M（More）、CO（Copy）、PL（Pline）、E（Erase）等。

3. 选择“绘图”菜单中的“直线”命令

选择该命令后，在状态栏中可以看到对应的命令说明及命令名。

4. 单击工具栏或功能区中的对应图标

单击相应图标后，在状态栏中也可以看到对应的命令说明及命令名。

5. 在绘图区右击打开快捷菜单

如果在前面刚使用过要输入的命令，则可以在绘图区右击，打开快捷菜单，在“最近的输入”子菜单中选择需要的命令，如图2-32所示。“最近的输入”子菜单中存储最近使用的6个命令，如果经常重复使用某6次操作以内的命令，这种方法就比较简捷。

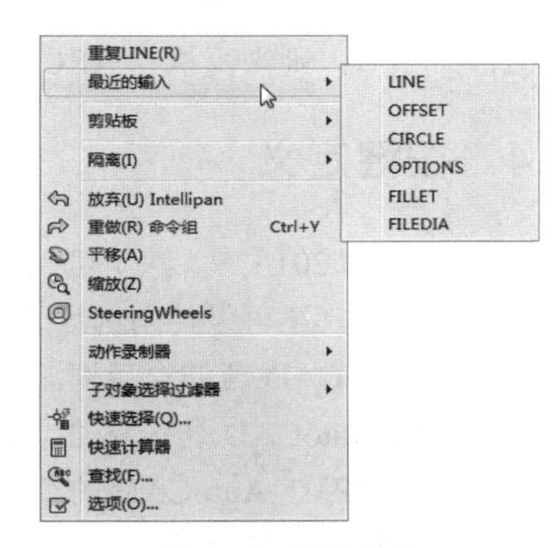

图2-32 快捷菜单

6. 在命令行按Enter键

如果用户要重复使用上次使用的命令，可以直接在命令行按Enter键，系统立即重复执行上次使用的命令，这种方法适用于重复执行某个命令。

2.4.2 命令的重复、撤销和重做

1. 命令的重复

在命令行窗口中按Enter键可重复调用上一个命令，不管上一个命令是完成了还是被取消了。

2. 命令的撤销

在命令执行的任何时刻都可以取消和终止命令的执行。执行该命令时，调用方法有如下4种：

☑ 在命令行中输入“UNDO”命令。

☑ 选择菜单栏中的“编辑”/“放弃”命令。

☑ 单击“标准”工具栏中的“放弃”按钮或单击快速访问工具栏中的“放弃”按钮。

☑ 利用快捷键Esc。

3. 命令的重做

已被撤销的命令还可以恢复重做，即恢复撤销的最后一个命令。执行该命令时，调用方法有如下3种：

☑ 在命令行中输入“REDO”命令。

☑ 选择菜单栏中的“编辑”/“重做”命令。

☑ 单击“标准”工具栏中的“重做”按钮或单击快速访问工具栏中的“重做”按钮。

Note

可以一次执行多重放弃和重做操作，方法是单击 UNDO 或 REDO 列表按钮，在弹出的列表中选择要放弃或重做的操作即可，如图 2-33 所示。

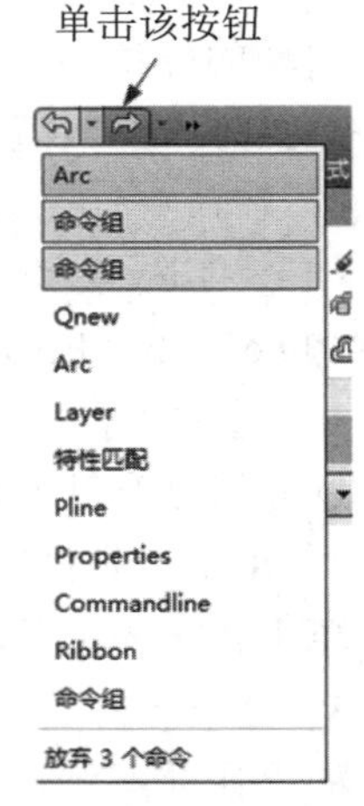

图 2-33　多重放弃或重做

2.4.3　透明命令

在 AutoCAD 2016 中，有些命令不仅可以直接在命令行中使用，还可以在其他命令的执行过程中插入并执行，待该命令执行完毕后，系统继续执行原命令，这种命令称为透明命令。透明命令一般多为修改图形设置或打开辅助绘图工具的命令。

如执行“圆弧”命令 ARC 时，在命令行提示“指定圆弧的起点或[圆心(C)]:”时输入“ZOOM”，则透明使用显示缩放命令，按 Esc 键退出该命令后，则恢复执行 ARC 命令。

2.4.4　按键定义

在 AutoCAD 2016 中，除了可以通过在命令行窗口输入命令、单击工具栏图标或选择菜单命令来完成命令外，还可以使用键盘上的一组功能键或快捷键，快速实现指定功能，如按 F1 键，系统将调用 AutoCAD 帮助对话框。

系统使用 AutoCAD 传统标准（Windows 之前）或 Microsoft Windows 标准解释快捷键。有些功能键或快捷键在 AutoCAD 的菜单中已经指出，如“粘贴”功能的快捷键为 Ctrl+V，这些只要在使用的过程中多加留意，就会熟练掌握。快捷键的定义参见菜单命令后面的说明。

2.4.5　命令执行方式

有的命令有两种执行方式，通过对话框或通过命令行输入命令。如指定使用命令行方式，可以在命令名前加短划线来表示，如“-LAYER”表示用命令行方式执行“图层”命令。而如果在命令行中输入“LAYER”，系统则会自动打开“图层”对话框。

另外，有些命令同时存在命令行、菜单和工具栏 3 种执行方式，这时如果选择菜单或工具栏方式，命令行会显示该命令，并在前面加一个下划线，如通过菜单或工具栏方式执行“直线”命令，命令行会显示“_line”，命令的执行过程和结果与命令行方式相同。

2.4.6　坐标系统与数据的输入方法

1．坐标系

AutoCAD 采用两种坐标系：世界坐标系（WCS）与用户坐标系。刚进入 AutoCAD 2016 时出现的坐标系统就是世界坐标系，是固定的坐标系统。世界坐标系也是坐标系统中的基准，绘制图形时多数情况下都是在这个坐标系统下进行的。调用用户坐标系命令的方法有如下 4 种：

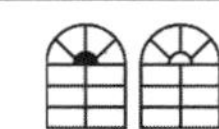

☑ 在命令行中输入“UCS”命令。

☑ 选择菜单栏中的“工具”/“新建 UCS”命令。

☑ 单击 UCS 工具栏中的“UCS 图标”按钮。

☑ 单击“视图”选项卡“视口工具”面板中的“UCS 图标”按钮。

AutoCAD 有两种视图显示方式：模型空间和布局空间。模型空间是指单一视图显示法，用户通常使用的都是这种显示方式；布局空间是指在绘图区创建图形的多视图，用户可以对其中每一个视图进行单独操作。在默认情况下，当前 UCS 与 WCS 重合。如图 2-34（a）所示为模型空间下的 UCS 坐标系图标，通常放在绘图区左下角处；也可以将其放在当前 UCS 的实际坐标原点位置，如图 2-34（b）所示；如图 2-34（c）所示为布局空间下的坐标系图标。

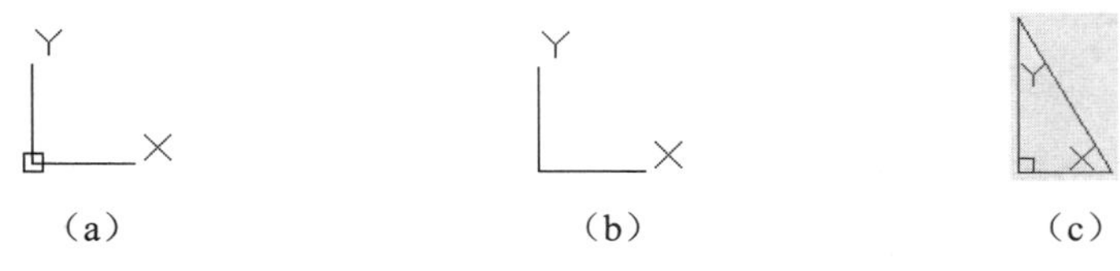

图 2-34 坐标系图标

2．数据输入方法

在 AutoCAD 2016 中，点的坐标可以用直角坐标、极坐标、球面坐标和柱面坐标表示，每一种坐标又分别具有两种坐标输入方式：绝对坐标和相对坐标。其中，直角坐标和极坐标最为常用，下面主要介绍这两种坐标的输入。

（1）直角坐标法：用点的 X、Y 坐标值表示的坐标。

例如，在命令行中输入点的坐标提示下，输入“15,18”，则表示输入了一个 X、Y 的坐标值分别为 15、18 的点，此为绝对坐标输入方式，表示该点的坐标是相对于当前坐标原点的坐标值，如图 2-35（a）所示。如果输入“@10,20”，则为相对坐标输入方式，表示该点的坐标是相对于前一点的坐标值，如图 2-35（b）所示。

（2）极坐标法：用长度和角度表示的坐标，只能用来表示二维点的坐标。

在绝对坐标输入方式下，表示为“长度<角度”，如“25<50”，其中，长度为该点到坐标原点的距离，角度为该点至原点的连线与 X 轴正向的夹角，如图 2-35（c）所示。

在相对坐标输入方式下，表示为“@长度<角度”，如“@25<45”，其中，长度为该点到前一点的距离，角度为该点至前一点的连线与 X 轴正向的夹角，如图 2-35（d）所示。

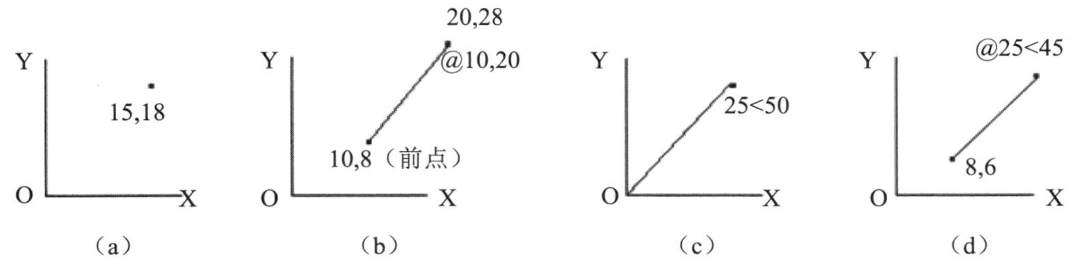

图 2-35 数据输入方法

3．动态数据输入

按下状态栏上的 DYN 按钮，系统弹出动态输入功能，可以在屏幕上动态地输入某些参数数

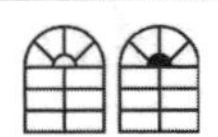

据，例如，在绘制直线时，光标附近会动态地显示“指定第一个点”以及后面的坐标框，当前显示的是光标所在位置，可以输入数据，两个数据之间以逗号隔开，如图 2-36 所示。指定第一点后，系统动态显示直线的角度，同时要求输入线段长度值，如图 2-37 所示，其输入效果与“@长度<角度”方式相同。

Note

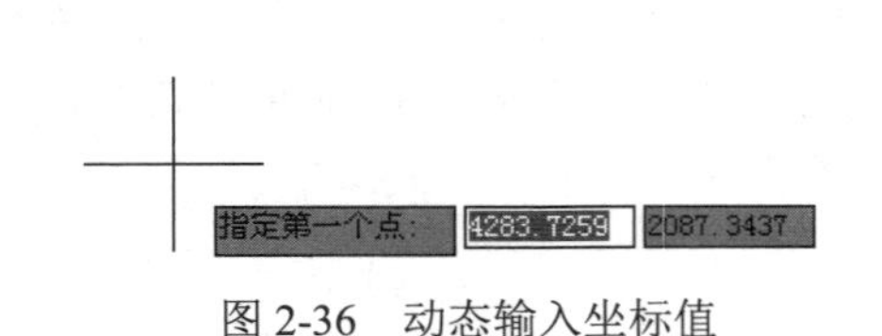

图 2-36　动态输入坐标值

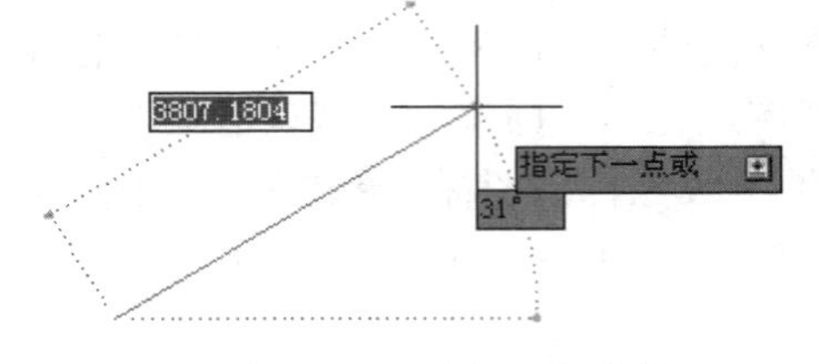

图 2-37　动态输入长度值

下面分别介绍点与距离值的输入方法。

（1）点的输入。绘图过程中，常需要输入点的位置，AutoCAD 提供了如下几种输入点的方式。

- ☑ 用键盘直接在命令行窗口中输入点的坐标。直角坐标有两种输入方式，即“X,Y”（点的绝对坐标值，例如“100,50”）和“@X,Y”（相对于上一点的相对坐标值，例如“@50,-30”）。坐标值均相对于当前的用户坐标系。
- ☑ 极坐标的输入方式。为“长度<角度”（其中，长度为点到坐标原点的距离，角度为原点至该点连线与 X 轴的正向夹角，例如“20<45”）或“@长度<角度”（相对于上一点的相对极坐标，例如“@ 50 < -30”）。
- ☑ 用鼠标等定标设备移动光标，单击在屏幕上直接取点。
- ☑ 用目标捕捉方式捕捉屏幕上已有图形的特殊点（如端点、中点、中心点、插入点、交点、切点、垂足点等）。
- ☑ 直接输入距离，即先用光标拖拉出橡筋线确定方向，然后用键盘输入距离。这样有利于准确控制对象的长度等参数。

（2）距离值的输入。在 AutoCAD 命令中，有时需要提供高度、宽度、半径、长度等距离值。AutoCAD 提供了两种输入距离值的方式：一种是用键盘在命令行窗口中直接输入数值；另一种是在屏幕上拾取两点，以两点的距离值定出所需数值。

2.5　图 层 设 置

AutoCAD 中的图层就如同在手工绘图中使用的重叠透明图纸，如图 2-38 所示，可以使用图层来组织不同类型的信息。在 AutoCAD 2016 中，图形的每个对象都位于一个图层上，所有图形对象都具有图层、颜色、线型和线宽这 4 个基本属性。在绘制时，图形对象将创建在当前的图层上。每个 CAD 文档中图层的数量是不受限制的，每个图层都有自己的名称。

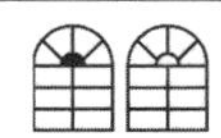

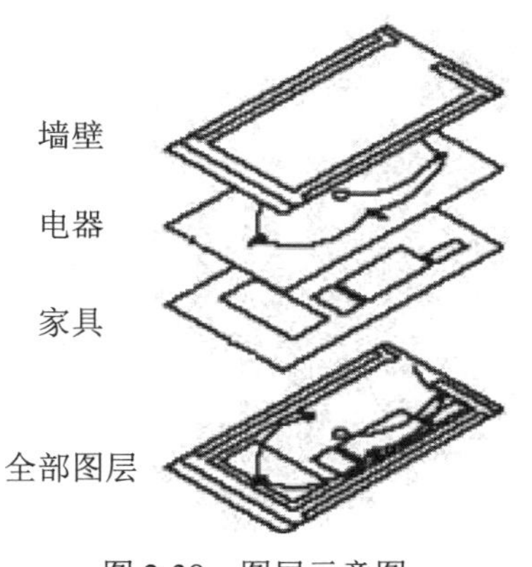

图 2-38　图层示意图

2.5.1　建立新图层

新建的 CAD 文档中只能自动创建一个名为 0 的特殊图层。默认情况下，图层 0 将被指定使用 7 号颜色、Continuous 线型、“默认”线宽，以及 NORMAL 打印样式。不能删除或重命名图层 0。通过创建新的图层，可以将类型相似的对象指定给同一个图层使其相关联。例如，可以将构造线、文字、标注和标题栏置于不同的图层上，并为这些图层指定通用特性。通过将对象分类放到各自的图层中，可以快速有效地控制对象的显示以及对其进行更改。调用图层特性管理器命令的方法有如下 4 种：

☑　在命令行中输入“LAYER”或“LA”命令。

☑　选择菜单栏中的“格式”/“图层”命令。

☑　单击“图层”工具栏中的“图层特性管理器”按钮。

☑　单击“默认”选项卡“图层”面板中的“图层特性”按钮。

执行上述命令后，系统弹出“图层特性管理器”选项板，如图 2-39 所示。

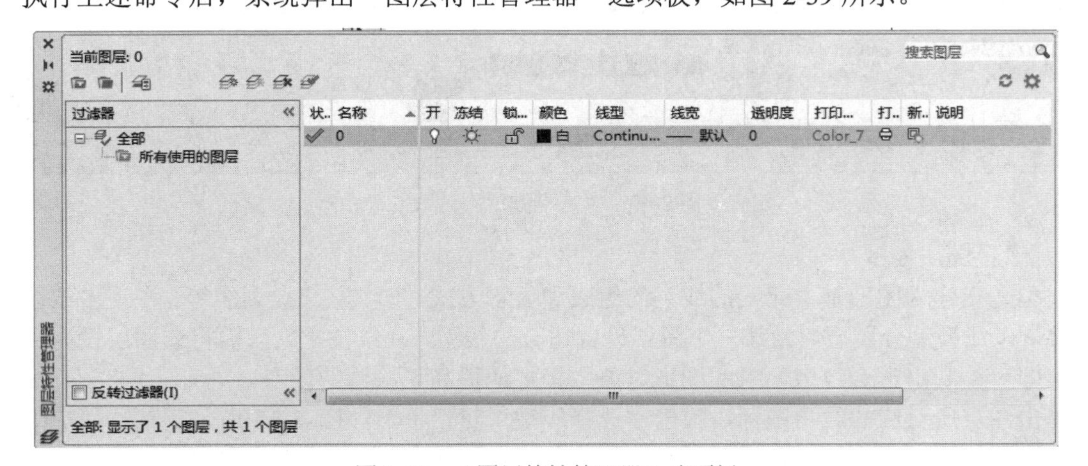

图 2-39　“图层特性管理器”选项板

单击“图层特性管理器”选项板中的“新建图层”按钮，建立新图层，默认的图层名为“图层 1”。可以根据绘图需要，更改图层名称，例如改为实体层、中心线层或标准层等。

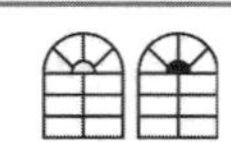

在一个图形中可以创建的图层数以及在每个图层中可以创建的对象数实际上是无限的。图层最长可使用 255 个字符的字母数字命名。图层特性管理器按名称的字母顺序排列图层。

Note

提示：

如果要建立不止一个图层，无须重复单击“新建”按钮，更有效的方法是：在建立一个新的图层“图层 1”后，改变图层名，在其后输入一个逗号“,”，这样就又会自动建立一个新图层“图层 1”，依次建立各个图层。也可以按两次 Enter 键，建立另一个新的图层。图层的名称也可以更改，直接双击图层名称，输入新的名称即可。

在每个图层属性设置中，包括图层名称、关闭/打开图层、冻结/解冻图层、锁定/解锁图层、图层线条颜色、图层线条线型、图层线条宽度、图层透明度、图层打印样式以及图层是否打印等几个参数。下面将分别介绍如何设置这些图层参数。

1．设置图层线条颜色

在工程制图中，整个图形包含多种不同功能的图形对象，例如实体、剖面线与尺寸标注等，为了便于直观地区分它们，有必要针对不同的图形对象使用不同的颜色，例如，实体层使用白色、剖面线层使用青色等。

要改变图层的颜色时，单击图层所对应的颜色图标，弹出“选择颜色”对话框，如图 2-40 所示。这是一个标准的颜色设置对话框，可以使用“索引颜色”、“真彩色”和“配色系统”3 个选项卡来选择颜色，还可以设置系统显示的 RGB 配比，即 Red（红）、Green（绿）和 Blue（蓝）3 种颜色。

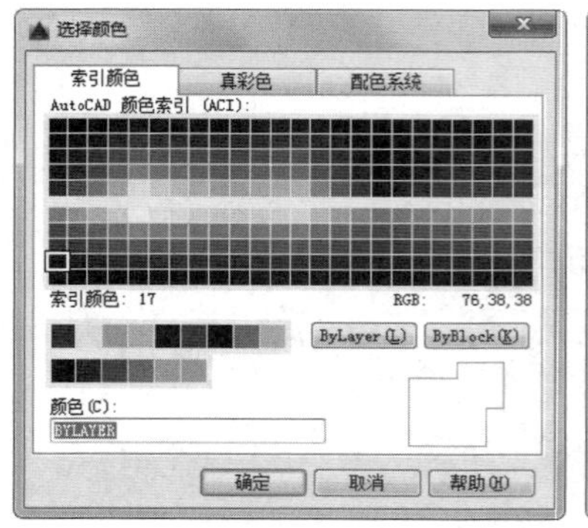

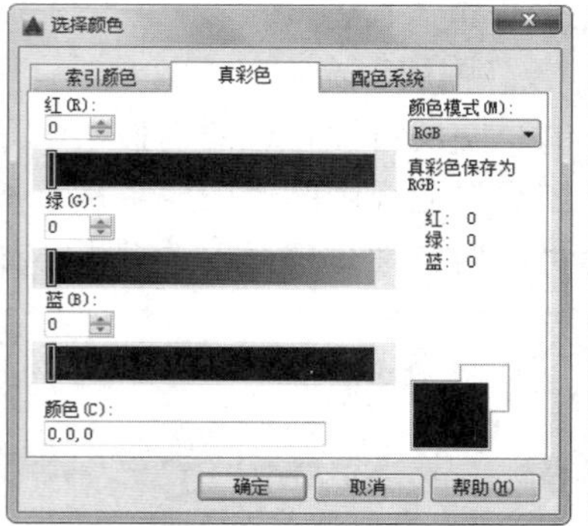

图 2-40 “选择颜色”对话框

2．设置图层线型

线型是指作为图形基本元素的线条的组成和显示方式，如实线、点划线等。在许多绘图工作中，常常以线型划分图层，为某一个图层设置适合的线型，在绘图时，只需将该图层设为当前工作层，即可绘制出符合线型要求的图形对象，极大地提高了绘图的效率。

单击图层所对应的线型图标，弹出“选择线型”对话框，如图 2-41 所示。默认情况下，在“已加载的线型”列表框中，系统中只添加了 Continuous 线型。单击“加载”按钮，打开“加载或重载线型”对话框，如图 2-42 所示，可以看到 AutoCAD 2016 还提供了许多其他线型，用鼠标选择所需线型，单击“确定”按钮，即可把该线型加载到“已加载的线型”列表框中，可以按住 Ctrl 键选择几种线型同时加载。

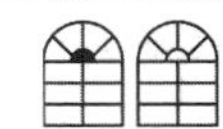

图 2-41　“选择线型”对话框

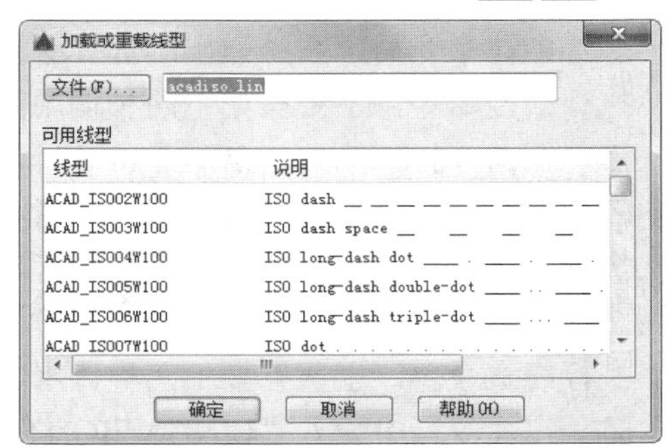

图 2-42　“加载或重载线型”对话框

3．设置图层线宽

线宽设置顾名思义就是改变线条的宽度。用不同宽度的线条表现图形对象的类型，也可以提高图形的表达能力和可读性，例如，绘制外螺纹时大径使用粗实线，小径使用细实线。

单击图层所对应的线宽图标，弹出“线宽”对话框，如图 2-43 所示。选择一个线宽，单击“确定”按钮完成对图层线宽的设置。

图层线宽的默认值为 0.25mm。在状态栏为“模型”状态时，显示的线宽同计算机的像素有关。线宽为 0 时，显示为一个像素的线宽。单击状态栏中的“线宽”按钮，屏幕上显示的图形线宽与实际线宽成比例，如图 2-44 所示，但线宽不随着图形的放大和缩小而变化。“线宽”功能关闭时，不显示图形的线宽，图形的线宽均以默认宽度值显示。可以在“线宽”对话框中选择需要的线宽。

图 2-43　“线宽”对话框

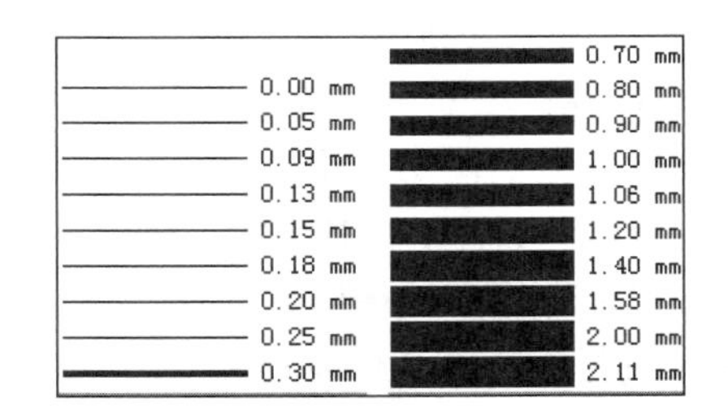

图 2-44　线宽显示效果图

2.5.2　设置图层

除了上面讲述的通过图层管理器设置图层的方法外，还有几种其他的简便方法可以设置图层的颜色、线宽、线型等参数。

1．直接设置图层

可以直接通过命令行或菜单设置图层的颜色、线宽、线型。

执行颜色命令，主要有如下两种调用方法：

☑　在命令行中输入“COLOR”命令。

☑　选择菜单栏中的“格式”/“颜色”命令。

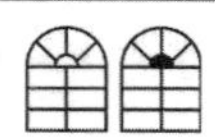

Note

执行上述命令后，系统弹出“选择颜色”对话框，如图 2-40 所示。

执行线型命令，主要有如下两种调用方法：

☑ 在命令行中输入“LINETYPE”命令。

☑ 选择菜单栏中的“格式”/“线型”命令。

执行上述命令后，系统弹出“线型管理器”对话框，如图 2-45 所示。该对话框的使用方法与图 2-41 所示的“选择线型”对话框类似。

执行线宽命令，主要有如下两种调用方法：

☑ 在命令行中输入“LINEWEIGHT”命令。

☑ 选择菜单栏中的“格式”/“线宽”命令。

执行上述命令后，系统弹出“线宽设置”对话框，如图 2-46 所示。该对话框的使用方法与图 2-43 所示的“线宽”对话框类似。

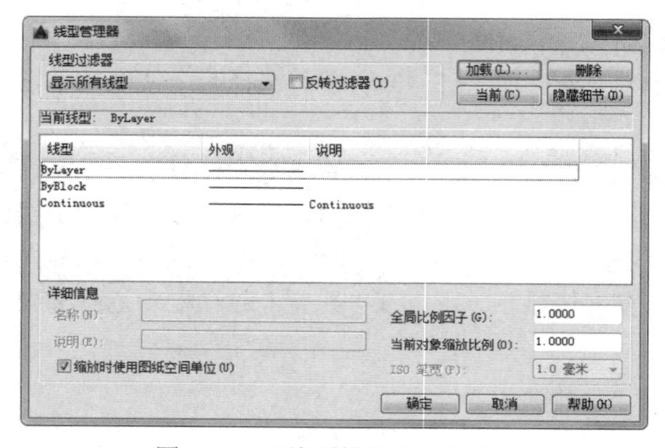

图 2-45　“线型管理器”对话框

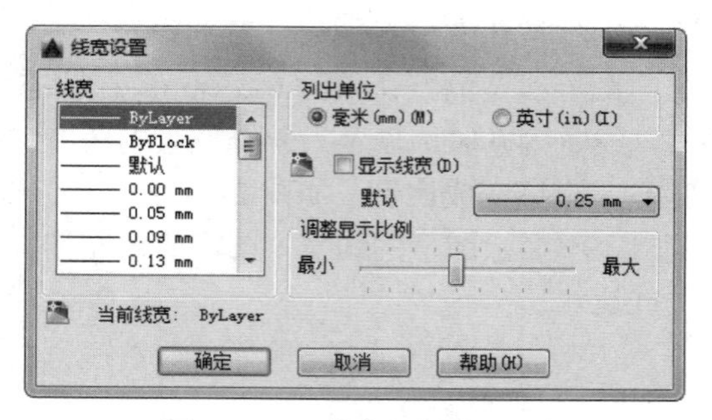

图 2-46　“线宽设置”对话框

2．利用面板设置图层

AutoCAD 提供了一个“特性”面板，如图 2-47 所示。用户可以利用面板上的图标快速地查看和改变所选对象的图层、颜色、线型和线宽等特性。“特性”面板上的图层颜色、线型、线宽和打印样式的控制增强了查看和编辑对象属性的命令。在绘图区选择任何对象后都将在面板上自动显示其所在图层、颜色、线型等属性。

也可以在“特性”面板上的“颜色”、“线型”、“线宽”和“打印样式”下拉列表框中选择需要的参数值。如果在“颜色”下拉列表框中选择“更多颜色”选项，如图 2-48 所示，系统就会打开“选择颜色”对话框；同样，如果在“线型”下拉列表框中选择“其他”选项，如图 2-49 所示，系统就会打开“线型管理器”对话框。

图 2-47　“特性”面板

3．用“特性”选项板设置图层

执行特性命令，主要有如下 4 种调用方法：

☑ 在命令行中输入“DDMODIFY”或“PROPERTIES”命令。

☑ 选择菜单栏中的“修改”/“特性”命令。

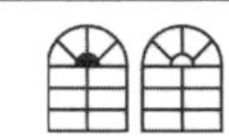

☑　单击“标准”工具栏中的“特性”按钮。

☑　单击“视图”选项卡“选项板”面板中的“特性”按钮。

执行上述命令后，系统弹出“特性”选项板，如图 2-50 所示。在其中可以方便地设置或修改图层、颜色、线型、线宽等属性。

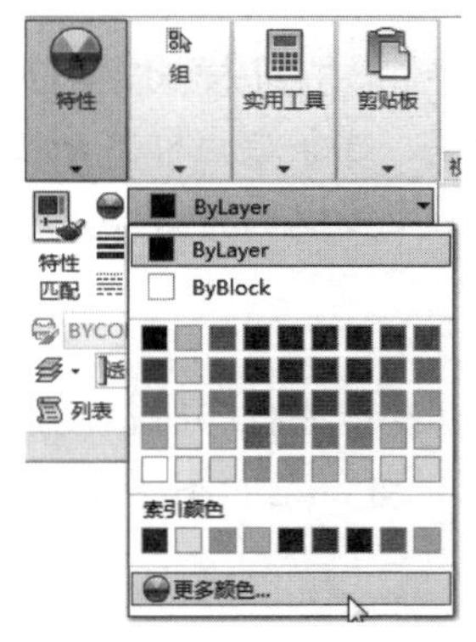

图 2-48　选择“更多颜色”选项

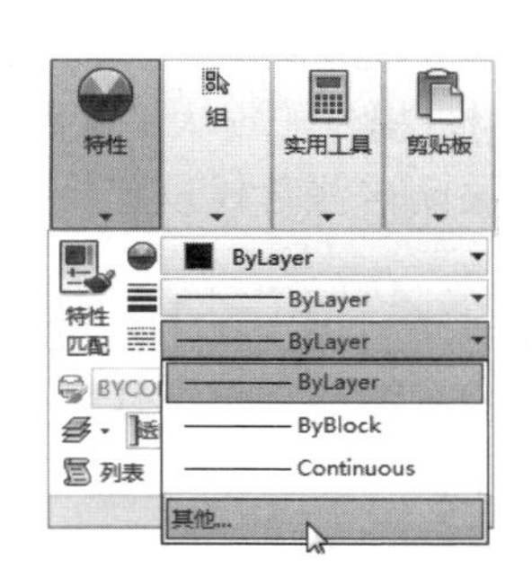

图 2-49　选择“其他”选项

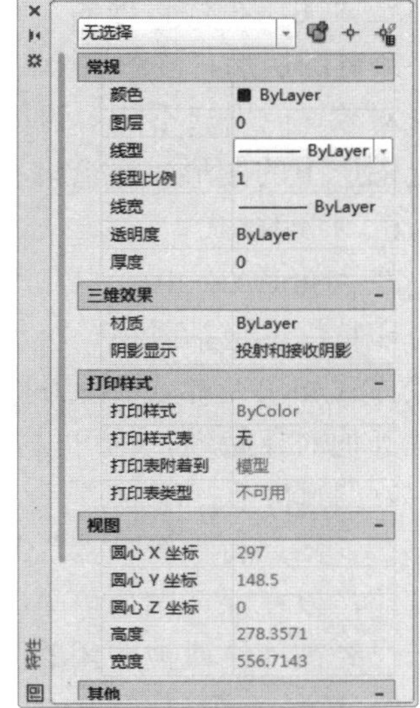

图 2-50　“特性”选项板

2.5.3　控制图层

1．切换当前图层

不同的图形对象需要绘制在不同的图层中，在绘制前，需要将工作图层切换到所需的图层上。打开“图层特性管理器”选项板，选择图层，单击“置为当前”按钮即可完成设置。

2．删除图层

在“图层特性管理器”选项板的图层列表框中选择要删除的图层，单击“删除图层”按钮即可删除该图层。从图形文件定义中删除选定的图层，只能删除未参照的图层。参照图层包括图层 0 及 DEFPOINTS、包含对象（包括块定义中的对象）的图层、当前图层和依赖外部参照的图层。不包含对象（包括块定义中的对象）的图层、非当前图层和不依赖外部参照的图层都可以删除。

3．关闭/打开图层

在“图层特性管理器”选项板中单击“开/关图层”按钮，可以控制图层的可见性。当图层打开时，图标小灯泡呈鲜艳的颜色，该图层上的图形可以显示在屏幕上或绘制在绘图仪上。当单击该按钮后，图标小灯泡呈灰暗色时，该图层上的图形不显示在屏幕上，而且不能被打印输出，但仍然作为图形的一部分保留在文件中。

4．冻结/解冻图层

在“图层特性管理器”选项板中单击“在所有视口中冻结/解冻”按钮，可以冻结图层或将图层解冻。图标呈雪花灰暗色时，该图层是冻结状态；图标呈太阳鲜艳色时，该图层是解冻状

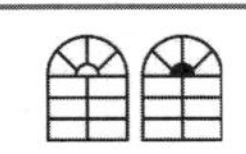

Note

态。冻结图层上的对象不能显示，也不能打印，同时也不能编辑修改该图层上的图形对象。在冻结了图层后，该图层上的对象不影响其他图层上对象的显示和打印。例如，在使用 HIDE 命令消隐时，被冻结图层上的对象不隐藏。

5．锁定/解锁图层

在“图层特性管理器”选项板中单击“锁定/解锁图层”按钮，可以锁定图层或将图层解锁。锁定图层后，该图层上的图形依然显示在屏幕上并可打印输出，并可以在该图层上绘制新的图形对象，但用户不能对该图层上的图形进行编辑修改操作。可以对当前图层进行锁定，也可对锁定图层上的图形执行查询和对象捕捉命令。锁定图层可以防止对图形的意外修改。

6．打印样式

在 AutoCAD 2016 中，可以使用一个称为“打印样式”的新的对象特性。打印样式控制对象的打印特性，包括颜色、抖动、灰度、笔号、虚拟笔、淡显、线型、线宽、线条端点样式、线条连接样式和填充样式。使用打印样式给用户提供了很大的灵活性，因为用户可以设置打印样式来替代其他对象特性，也可以按用户需要关闭这些替代设置。

7．打印/不打印

在“图层特性管理器”选项板中单击“打印/不打印”按钮，可以设置在打印时该图层是否打印，以在保证图形可见的条件下，控制图形的打印特征。打印功能只对可见的图层起作用，对于已经被冻结或被关闭的图层不起作用。

8．冻结新视口

控制在当前视口中图层的冻结和解冻。不解冻图形中设置为“关”或“冻结”的图层，对于模型空间视口不可用。

2.6 绘图辅助工具

要快速顺利地完成图形绘制工作，有时要借助一些辅助工具，如用于准确确定绘制位置的精确定位工具和调整图形显示范围与方式的显示工具等。下面简要介绍这两种非常重要的辅助绘图工具。

2.6.1 辅助定位工具

在绘制图形时，可以使用直角坐标和极坐标精确定位点，但是有些点（如端点、中心点等）的坐标是未知的，要想精确地指定这些点，可想而知是很难的，有时甚至是不可能的。AutoCAD 提供了辅助定位工具，使用这类工具，可以很容易地在屏幕中捕捉到这些点，进行精确的绘图。

1．栅格

AutoCAD 的栅格由有规则的点的矩阵组成，延伸到指定为图形界限的整个区域。使用栅格与在坐标纸上绘图是十分相似的，利用栅格可以对齐对象并直观显示对象之间的距离。如果放大或缩小图形，可能需要调整栅格间距，使其更适合新的比例。虽然栅格在屏幕上是可见的，但它并不是图形对象，因此不会被打印成图形中的一部分，也不会影响在何处绘图。

可以单击状态栏上的“栅格”按钮或按 F7 键打开或关闭栅格。启用栅格并设置栅格在 X 轴

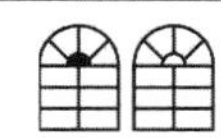

Note

方向和 Y 轴方向上的间距的方法如下：

☑ 在命令行中输入“DSETTINGS”或“DS”，“SE”或“DDRMODES”命令。

☑ 选择菜单栏中的“工具”/“绘图设置”命令。

☑ 按 F7 键打开或关闭“栅格”功能。

执行上述命令，系统弹出“草图设置”对话框，如图 2-51 所示。

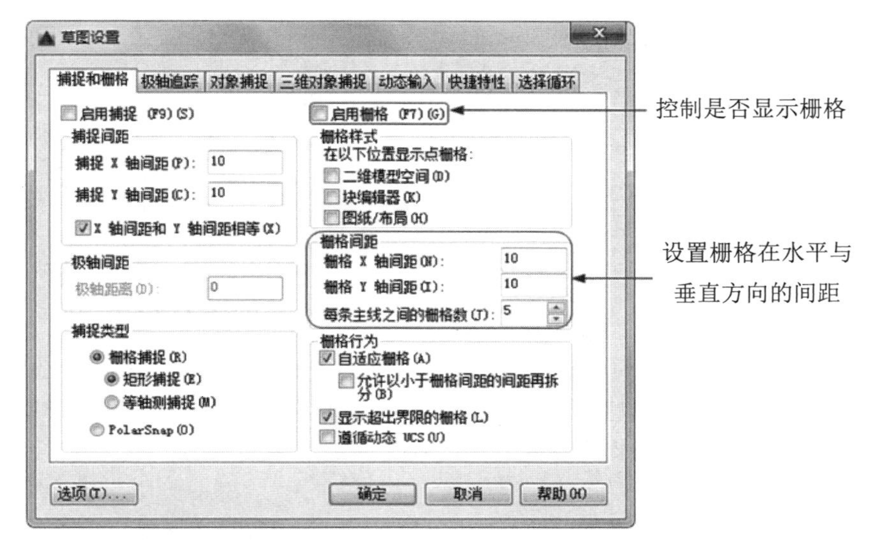

图 2-51 “草图设置”对话框

如果需要显示栅格，选中“启用栅格”复选框。在“栅格 X 轴间距”文本框中输入栅格点之间的水平距离，单位为毫米。如果使用相同的间距设置垂直和水平分布的栅格点，则按 Tab 键；否则，在“栅格 Y 轴间距”文本框中输入栅格点之间的垂直距离。

用户可改变栅格与图形界限的相对位置。默认情况下，栅格以图形界限的左下角为起点，沿着与坐标轴平行的方向填充整个由图形界限所确定的区域。

提示：

如果栅格的间距设置得太小，当进行“打开栅格”操作时，AutoCAD 将在文本窗口中显示“栅格太密，无法显示”的信息，而不在屏幕上显示栅格点。或者使用缩放命令时，将图形缩放得很小，也会出现同样提示，并且不显示栅格。

捕捉可以使用户直接使用鼠标快速地定位目标点。捕捉模式有几种不同的形式：栅格捕捉、对象捕捉、极轴捕捉和自动捕捉。在下文中将详细讲解。

另外，可以使用 GRID 命令通过命令行方式设置栅格，功能与“草图设置”对话框类似，不再赘述。

2．捕捉

捕捉是指 AutoCAD 可以生成一个隐含分布于屏幕上的栅格，这种栅格能够捕捉光标，使得光标只能落到其中的一个栅格点上。捕捉可分为“矩形捕捉”和“等轴测捕捉”两种类型。默认设置为“矩形捕捉”，即捕捉点的阵列类似于栅格，如图 2-52 所示。用户可以指定捕捉模式在 X

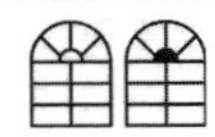

轴方向和 Y 轴方向上的间距，也可改变捕捉模式与图形界限的相对位置。捕捉与栅格的不同之处在于：捕捉间距的值必须为正实数，捕捉模式不受图形界限的约束。“等轴测捕捉”表示捕捉模式为等轴测模式，此模式是绘制正等轴测图时的工作环境，如图 2-53 所示。在“等轴测捕捉”模式下，栅格和光标十字线成绘制等轴测图时的特定角度。

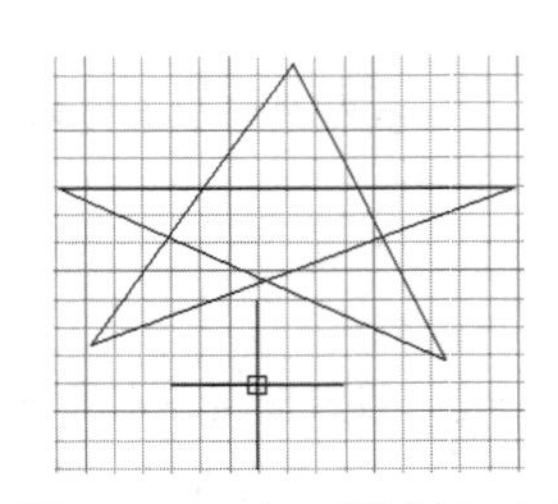

图 2-52　“矩形捕捉”实例

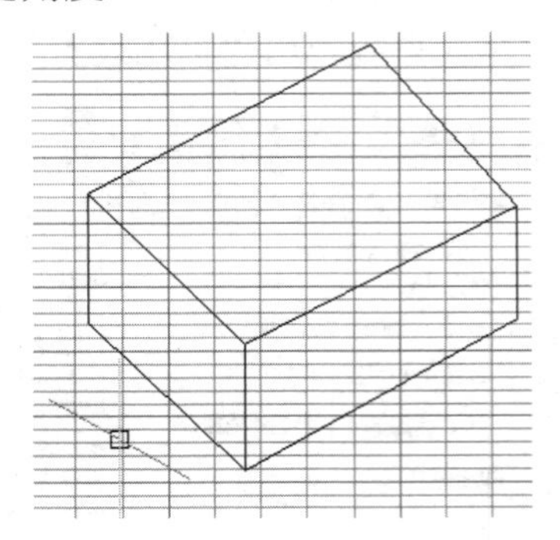

图 2-53　“等轴测捕捉”实例

在绘制图 2-52 和图 2-53 中的图形时，输入参数点时光标只能落在栅格点上。两种模式的切换方法为：打开“草图设置”对话框，进入“捕捉和栅格”选项卡，在“捕捉类型”选项组中，通过单选按钮可以切换“矩形捕捉”模式与“等轴测捕捉”模式。

3. 极轴捕捉

极轴捕捉是在创建或修改对象时，按事先给定的角度增量和距离增量来追踪特征点，即捕捉相对于初始点且满足指定极轴距离和极轴角的目标点。

极轴追踪设置主要是设置追踪的距离增量和角度增量，以及与之相关联的捕捉模式。这些设置可以通过“草图设置”对话框的“捕捉和栅格”选项卡与“极轴追踪”选项卡来实现，如图 2-54 和图 2-55 所示。

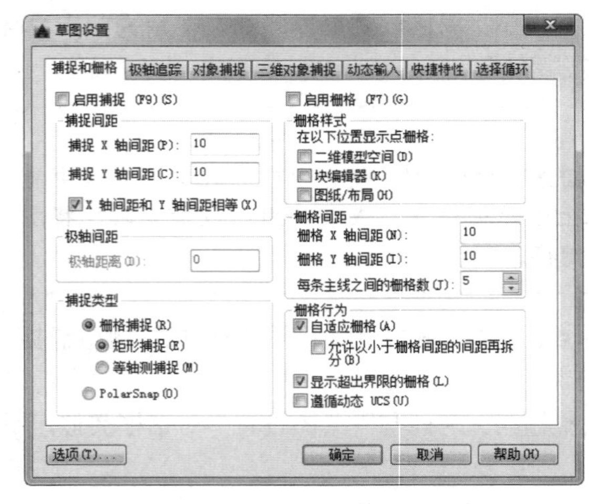

图 2-54　“捕捉和栅格”选项卡

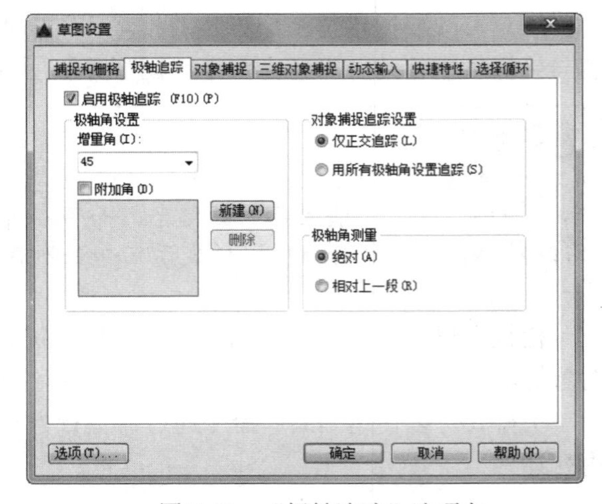

图 2-55　“极轴追踪”选项卡

（1）设置极轴距离。

在“草图设置”对话框的“捕捉和栅格”选项卡中，可以设置极轴距离，单位为毫米。绘图时，光标将按指定的极轴距离增量进行移动。

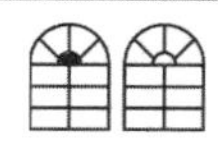

（2）设置极轴角度。

在“草图设置”对话框的“极轴追踪”选项卡中，可以设置极轴角增量角度。设置时，可以在“增量角”下拉列表框中选择 90、45、30、22.5、18、15、10 和 5 为极轴角增量，也可以直接输入其他任意角度。光标移动时，如果接近极轴角，将显示对齐路径和工具栏提示。例如，如图 2-56 所示为当极轴角增量设置为 30，光标移动 90 时显示的对齐路径。

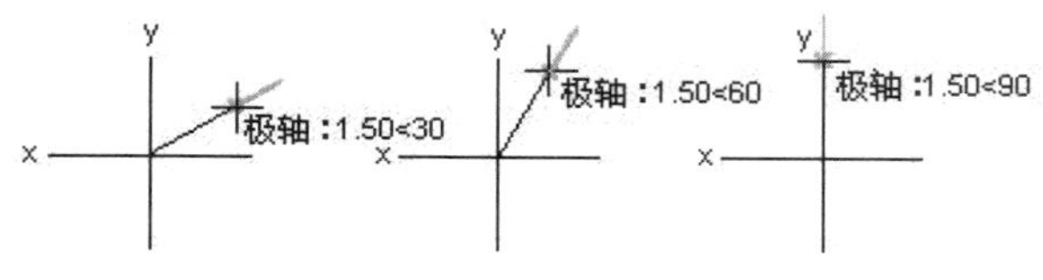

图 2-56　设置极轴角度

“附加角”用于设置极轴追踪时是否采用附加角度追踪。选中“附加角”复选框后，可通过“增加”按钮或者“删除”按钮来增加、删除附加角度值。

（3）对象捕捉追踪设置。

用于设置对象捕捉追踪的模式。如果选中“仅正交追踪”单选按钮，则当采用追踪功能时，系统仅在水平和垂直方向上显示追踪数据；如果选中“用所有极轴角设置追踪”单选按钮，则当采用追踪功能时，系统不仅可以在水平和垂直方向显示追踪数据，还可以在设置的极轴追踪角度与附加角度所确定的一系列方向上显示追踪数据。

（4）极轴角测量。

用于设置极轴角的角度测量采用的参考基准，“绝对”则是相对水平方向逆时针测量，“相对上一段”则是以上一段对象为基准进行测量。

4．对象捕捉

AutoCAD 给所有的图形对象都定义了特征点，对象捕捉则是指在绘图过程中，通过捕捉这些特征点，迅速准确地将新的图形对象定位在现有对象的确切位置上，例如，圆的圆心、线段中点或两个对象的交点等。在 AutoCAD 2016 中，可以通过单击状态栏中的“对象捕捉”按钮，或是在“草图设置”对话框的“对象捕捉”选项卡中选中“启用对象捕捉”复选框，来完成启用对象捕捉功能。在绘图过程中，对象捕捉功能的调用可以通过以下方式完成。

☑ “对象捕捉”工具栏：如图 2-57 所示，在绘图过程中，当系统提示需要指定点位置时，可以单击“对象捕捉”工具栏中相应的特征点按钮，再把光标移动到要捕捉的对象上的特征点附近，AutoCAD 会自动提示并捕捉到这些特征点。例如，如果需要用直线连接一系列圆的圆心，可以将“圆心”设置为执行对象捕捉。如果有两个可能的捕捉点落在选择区域，AutoCAD 将捕捉离光标中心最近的符合条件的点。还有可能指定点时需要检查哪一个对象捕捉有效，例如，在指定位置有多个对象捕捉符合条件，在指定点之前，按 Tab 键可以遍历所有可能的点。

☑ 对象捕捉快捷菜单：在需要指定点位置时，还可以按住 Ctrl 键或 Shift 键，右击，弹出“对象捕捉”快捷菜单，如图 2-58 所示。从该菜单中一样可以选择某一种特征点执行对象捕捉，把光标移动到要捕捉对象上的特征点附近，即可捕捉到这些特征点。

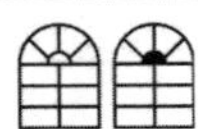
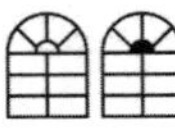

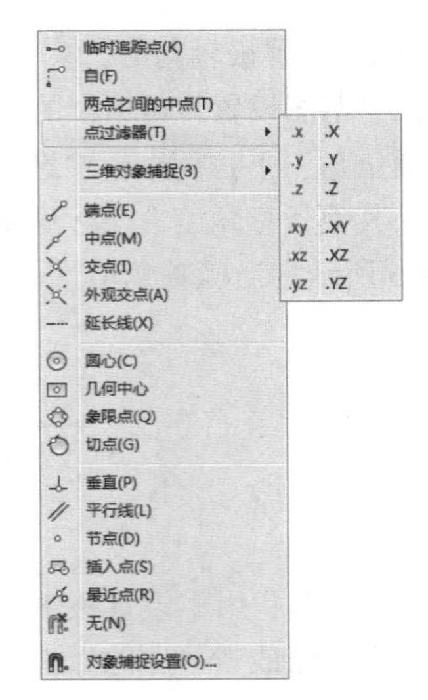

图 2-57 “对象捕捉”工具栏

图 2-58 “对象捕捉”快捷菜单

☑ 使用命令行：当需要指定点位置时，在命令行中输入相应特征点的关键字，把光标移动到要捕捉对象上的特征点附近，即可捕捉到这些特征点。对象捕捉特征点的关键字如表 2-1 所示。

表 2-1 对象捕捉特征点的关键字

模 式	关 键 字	模 式	关 键 字	模 式	关 键 字
临时追踪点	TT	捕捉自	FROM	端点	END
中点	MID	交点	INT	外观交点	APP
延长线	EXT	圆心	CEN	象限点	QUA
切点	TAN	垂足	PER	平行线	PAR
节点	NOD	最近点	NEA	无捕捉	NON

提示：

（1）对象捕捉不可单独使用，必须配合其他绘图命令一起使用。仅当 AutoCAD 提示输入点时，对象捕捉才生效。如果试图在命令提示下使用对象捕捉，AutoCAD 将显示错误信息。

（2）对象捕捉只影响屏幕上可见的对象，包括锁定图层、布局视口边界和多段线上的对象。不能捕捉不可见的对象，如未显示的对象、关闭或冻结图层上的对象或虚线的空白部分。

5．自动对象捕捉

在绘制图形的过程中，使用对象捕捉的频率非常高，如果每次在捕捉时都要先选择捕捉模式，将使工作效率大大降低。出于此种考虑，AutoCAD 2016 提供了自动对象捕捉模式。如果启用自动捕捉功能，当光标距指定的捕捉点较近时，系统会自动精确地捕捉这些特征点，并显示出相应的标记以及该捕捉的提示。选择“草图设置”对话框中的“对象捕捉”选项卡，选中“启用对象捕捉追踪”复选框，可以启用自动对象捕捉功能，如图 2-59 所示。

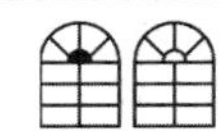

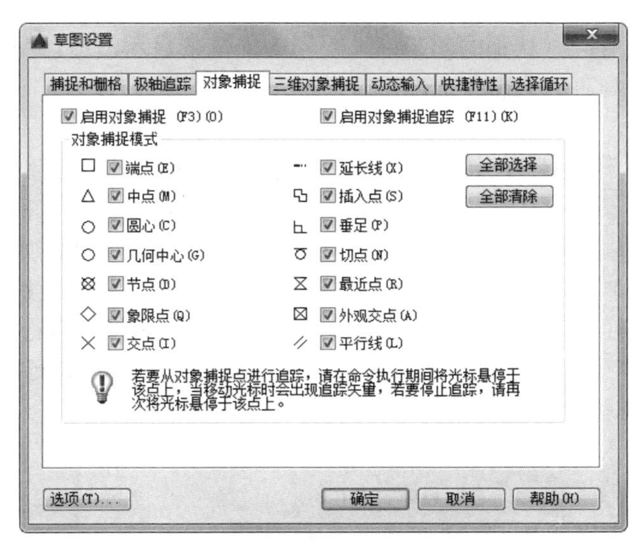

图 2-59　“对象捕捉”选项卡

提示：

用户可以设置自己经常要用的捕捉模式。一旦设置了运行捕捉模式后，在每次运行时，所设定的目标捕捉模式就会被激活，而不是仅对一次选择有效，当同时使用多种模式时，系统将捕捉距光标最近、同时又满足多种目标捕捉模式之一的点。当光标距要获取的点非常近时，按下 Shift 键将暂时不获取对象。

6．正交绘图

正交绘图模式，即在命令的执行过程中，光标只能沿 X 轴或 Y 轴移动。所有绘制的线段和构造线都将平行于 X 轴或 Y 轴，因此它们相互垂直成 90° 相交，即正交。使用正交绘图，对于绘制水平和垂直线非常有用，特别是当绘制构造线时经常使用，而且当捕捉模式为等轴测模式时，还迫使直线平行于 3 个等轴测中的一个。

设置正交绘图可以直接单击状态栏中的“正交”按钮或按 F8 键，相应地会在文本窗口中显示开/关提示信息。也可以在命令行中输入“ORTHO”命令，执行开启或关闭正交绘图功能。

提示：

正交模式将光标限制在水平或垂直（正交）轴上。因为不能同时打开正交模式和极轴追踪，因此正交模式打开时，AutoCAD 会关闭极轴追踪。如果再次打开极轴追踪，AutoCAD 将关闭正交模式。

2.6.2　图形显示工具

对于一个较为复杂的图形来说，在观察整幅图形时，往往无法对其局部细节进行查看和操作，而当在屏幕上显示一个细部时又看不到其他部分。为解决这类问题，AutoCAD 提供了缩放、平移、视图、鸟瞰视图和视口命令等一系列图形显示控制命令，可以用来任意地放大、缩小或移动

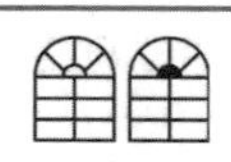

屏幕上的图形显示，或者同时从不同的角度、不同的部位来显示图形。AutoCAD 还提供了重画和重新生成命令来刷新屏幕、重新生成图形。

1．图形缩放

图形缩放命令类似于照相机的镜头，可以放大或缩小屏幕所显示的范围，只改变视图的比例，但是对象的实际尺寸并不发生变化。当放大图形一部分的显示尺寸时，可以更清楚地查看这个区域的细节；相反，如果缩小图形的显示尺寸，则可以查看更大的区域，如整体浏览。

图形缩放功能在绘制大幅面机械图，尤其是装配图时非常有用，是使用频率最高的命令之一。这个命令可以透明地使用，也就是说，该命令可以在其他命令执行时运行。用户完成涉及透明命令的过程时，AutoCAD 会自动地返回到在用户调用透明命令前正在运行的命令。执行图形缩放命令，主要有如下 4 种调用方法：

☑ 在命令行中输入“ZOOM”命令。
☑ 选择菜单栏中的“视图”/“缩放”命令。
☑ 单击“标准”工具栏中的“实时缩放”按钮。
☑ 单击“视图”选项卡“导航”面板中的“实时”按钮。

执行上述命令后，根据系统提示指定窗口的角点，然后输入比例因子。命令行提示中各选项的含义如下。

☑ 实时：这是缩放命令的默认操作，即在输入“ZOOM”命令后，直接按 Enter 键，将自动执行实时缩放操作。实时缩放就是可以通过上下移动鼠标交替进行放大和缩小。在使用实时缩放时，系统会显示一个“+”号或“–”号。当缩放比例接近极限时，AutoCAD 将不再与光标一起显示“+”号或“–”号。需要从实时缩放操作中退出时，可按 Enter 键、Esc 键或在空白处右击，在弹出的快捷菜单中选择“退出”命令。
☑ 全部（A）：执行 ZOOM 命令后，在提示文字后输入“A”，即可执行“全部(A)”缩放操作。不论图形有多大，该操作都将显示图形的边界或范围，即使对象不包括在边界以内，也将被显示。因此，使用“全部(A)”缩放选项，可查看当前视口中的整个图形。
☑ 中心（C）：通过确定一个中心点，该选项可以定义一个新的显示窗口。操作过程中需要指定中心点以及输入比例或高度。默认新的中心点就是视图的中心点，默认的输入高度就是当前视图的高度，直接按 Enter 键后，图形将不会被放大。输入比例，则数值越大，图形放大倍数也将越大。也可以在数值后面紧跟一个 X，如 3X，表示在放大时不是按照绝对值变化，而是按相对于当前视图的相对值缩放。
☑ 动态（D）：通过操作一个表示视口的视图框，可以确定所需显示的区域。选择该选项，在绘图窗口中出现一个小的视图框，按住鼠标左键左右移动可以改变该视图框的大小，定形后释放鼠标，再按下鼠标左键移动视图框，确定图形中的放大位置，系统将清除当前视口并显示一个特定的视图选择屏幕。这个特定屏幕，由关于当前视图及有效视图的信息所构成。
☑ 范围（E）：可以使图形缩放至整个显示范围。图形的范围由图形所在的区域构成，剩余的空白区域将被忽略。应用这个选项，图形中所有的对象都尽可能地被放大。
☑ 上一个（P）：在绘制一幅复杂的图形时，有时需要放大图形的一部分以进行细节的编辑。

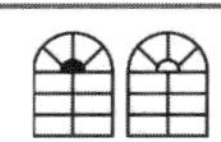

当编辑完成后，有时希望回到前一个视图。这种操作可以使用“上一个(P)”选项来实现。当前视口由缩放命令的各种选项或移动视图、视图恢复、平行投影或透视命令引起的任何变化，系统都将做保存。每一个视口最多可以保存 10 个视图。连续使用“上一个(P)”选项可以恢复前 10 个视图。

Note

☑ 比例（S）：提供了 3 种使用方法。在提示信息下，直接输入比例系数，AutoCAD 将按照此比例因子放大或缩小图形的尺寸。如果在比例系数后面加一个“X”，则表示相对于当前视图计算的比例因子。使用比例因子的第三种方法就是相对于图形空间，例如，可以在图纸空间阵列布排或打印出模型的不同视图。为了使每一张视图都与图纸空间单位成比例，可以使用“比例(S)”选项，每一个视图可以有单独的比例。

☑ 窗口（W）：是最常使用的选项。通过确定一个矩形窗口的两个对角来指定所需缩放的区域，对角点可以由鼠标指定，也可以通过输入坐标确定。指定窗口的中心点将成为新的显示屏幕的中心点。窗口中的区域将被放大或者缩小。调用 ZOOM 命令时，可以在没有选择任何选项的情况下，利用鼠标在绘图窗口中直接指定缩放窗口的两个对角点。

☑ 对象（O）：缩放以便尽可能大地显示一个或多个选定的对象并使其位于视图的中心。可以在启动 ZOOM 命令前后选择对象。

提示：

这里所提到的诸如放大、缩小或移动的操作，仅是对图形在屏幕上的显示进行控制，图形本身并没有任何改变。

2．图形平移

当图形幅面大于当前视口时，例如，使用图形缩放命令将图形放大，如果需要在当前视口之外观察或绘制一个特定区域，可以使用图形平移命令来实现。平移命令能将在当前视口以外的图形的一部分移动进来查看或编辑，但不会改变图形的缩放比例。执行图形平移命令，主要有如下 5 种调用方法：

☑ 在命令行中输入“PAN”命令。

☑ 选择菜单栏中的“视图”/“平移”命令。

☑ 单击“标准”工具栏中的“实时平移”按钮。

☑ 在绘图区中右击，在弹出的快捷菜单中选择“平移”命令。

☑ 单击“视图”选项卡“导航”面板中的“平移”按钮。

激活平移命令之后，光标形状将变成一只“小手”，可以在绘图窗口中任意移动，以示当前正处于平移模式。单击并按住鼠标左键将光标锁定在当前位置，即“小手”已经抓住图形，然后，拖动图形使其移动到所需位置上。释放鼠标左键将停止平移图形。可以反复按下鼠标左键，拖动，释放，将图形平移到其他位置上。

平移命令预先定义了一些不同的菜单选项与按钮，可用于在特定方向上平移图形，在激活平移命令后，这些选项可以从菜单“视图”/“平移”中调用。

☑ 实时：是平移命令中最常用的选项，也是默认选项，前面提到的平移操作都是指实时平移，通过鼠标的拖动来实现任意方向上的平移。

☑ 点：这个选项要求确定位移量，这就需要确定图形移动的方向和距离。可以通过输入点

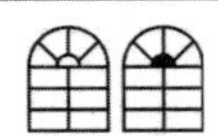

的坐标或用鼠标指定点的坐标来确定位移。

☑ 左：选择该选项，移动图形时使屏幕左部的图形进入显示窗口。

☑ 右：选择该选项，移动图形时使屏幕右部的图形进入显示窗口。

☑ 上：选择该选项，向底部平移图形后，使屏幕顶部的图形进入显示窗口。

☑ 下：选择该选项，向顶部平移图形后，使屏幕底部的图形进入显示窗口。

Note

2.7 实 战 演 练

通过前面的学习，读者对本章知识有了大体的了解，本节通过几个操作练习使读者进一步掌握本章知识要点。

【实战演练 1】管理图形文件。

1．目的要求

图形文件管理包括文件的新建、打开、保存、退出等。本例要求读者熟练掌握 DWG 文件的赋名保存、自动保存及打开的方法。

2．操作提示

（1）启动 AutoCAD 2016，进入操作界面。

（2）打开一幅已经保存过的图形。

（3）打开图层特性管理器，设置图层。

（4）进行自动保存设置。

（5）尝试绘制任意图形。

（6）将图形以新的名称保存。

（7）退出该图形。

【实战演练 2】显示图形文件。

1．目的要求

图形文件显示包括各种形式的放大、缩小和平移等操作。本例要求读者熟练掌握 DWG 文件的灵活显示方法。

2．操作提示

（1）选择菜单栏中的“文件”/“打开”命令，打开“选择文件”对话框。

（2）打开一个图形文件。

（3）将图形文件进行实时缩放、局部放大等显示操作。

第3章

二维绘图命令

本章学习要点和目标任务：

☑ 直线类

☑ 圆类

☑ 平面图形

☑ 点

☑ 多段线

☑ 样条曲线

☑ 多线

二维图形是指在二维平面空间绘制的图形，主要由一些图形元素组成，如点、直线、圆弧、圆、椭圆、矩形、多边形、多段线、样条曲线、多线等几何元素。AutoCAD 2016提供了大量的绘图工具，可以帮助用户完成二维图形的绘制。本章主要内容包括直线、圆和圆弧、椭圆和椭圆弧、平面图形、点、多段线、样条曲线和多线等。

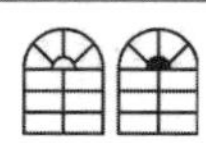

3.1 直 线 类

Note

直线类命令主要包括“直线”和“构造线”命令。这两个命令是 AutoCAD 2016 中最简单的绘图命令。

3.1.1 绘制直线段

不论多么复杂的图形，都是由点、直线、圆弧等按不同的粗细、间隔、颜色组合而成的。其中，直线是 AutoCAD 绘图中最简单、最基本的一种图形单元，连续的直线可以组成折线，直线与圆弧的组合又可以组成多段线。直线在机械制图中常用于表示物体棱边或平面的投影，在建筑制图中则常用于表示建筑平面投影。在这里暂时不关注直线段的颜色、粗细、间隔等属性，先简单讲述一下怎样开始绘制一条基本的直线段。执行“直线”命令，主要有如下 4 种调用方法：

☑ 在命令行中输入“LINE”或“L”命令。

☑ 选择菜单栏中的“绘图”/“直线”命令。

☑ 单击“绘图”工具栏中的“直线”按钮。

☑ 单击“默认”选项卡“绘图”面板中的“直线”按钮。

执行上述命令后，根据系统提示输入直线段的起点，用鼠标指定点或者给定点的坐标。再输入直线段的端点，也可以用鼠标指定一定角度后，直接输入直线的长度。在命令行提示下输入一直线段的端点。输入选项“U”表示放弃前面的输入；右击或按 Enter 键结束命令。在命令行提示下输入下一直线段的端点，或输入选项“C”使图形闭合，结束命令。使用“直线”命令绘制直线时，命令行提示中各选项的含义如下。

☑ 若采用按 Enter 键响应“指定第一个点:”提示，系统会把上次绘制图线的终点作为本次图线的起始点。若上次操作为绘制圆弧，按 Enter 键响应后绘制出通过圆弧终点并与该圆弧相切的直线段，该线段的长度为光标在绘图区指定的一点与切点之间线段的距离。

☑ 在“指定下一点:”提示下，用户可以指定多个端点，从而绘制出多条直线段。但是，每一段直线是一个独立的对象，可以进行单独的编辑操作。

☑ 绘制两条以上直线段后，若采用输入选项“C”响应“指定下一点:”提示，系统会自动连接起始点和最后一个端点，从而绘制出封闭的图形；若采用输入选项“U”响应提示，则删除最近一次绘制的直线段。

☑ 若设置正交方式（按下状态栏中的“正交”按钮），只能绘制水平线段或垂直线段。

☑ 若设置动态数据输入方式（按下状态栏中的“动态输入”按钮），则可以动态输入坐标或长度值，效果与非动态数据输入方式类似。除了特别需要，以后不再强调，而只按非动态数据输入方式输入相关数据。

3.1.2 实战——方桌

本实例利用“直线”命令绘制连续线段，从而绘制出方桌，绘制流程如图 3-1 所示。

Note

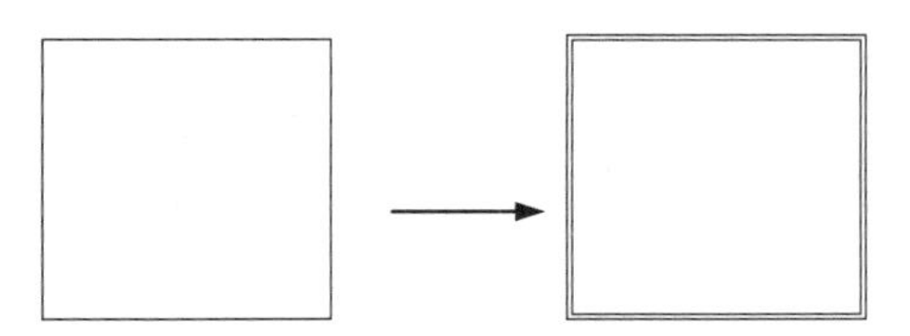

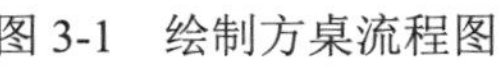

图 3-1　绘制方桌流程图

操作步骤如下：（：光盘\配套视频\第 3 章\方桌.avi）

（1）单击“默认”选项卡“绘图”面板中的“直线”按钮，绘制连续线段。

① 在命令行提示“指定第一个点：”后输入“0,0”。

② 在命令行提示“指定下一点或[放弃(U)]:”后输入“@1200,0”。

③ 在命令行提示“指定下一点或[放弃(U)]:”后输入“@0,1200”。

④ 在命令行提示“指定下一点或[闭合(C)/放弃(U)]:”后输入“@-1200,0”。

⑤ 在命令行提示“指定下一点或[闭合(C)/放弃(U)]:”后输入“C”。

绘制结果如图 3-2 所示。

（2）单击“默认”选项卡“绘图”面板中的“直线”按钮，绘制餐桌内轮廓。

① 在命令行提示“指定第一个点：”后输入“20,20”。

② 在命令行提示“指定下一点或[放弃(U)]:”后输入“@1160,0”。

③ 在命令行提示“指定下一点或[放弃(U)]:”后输入“@0,1160”。

④ 在命令行提示“指定下一点或[闭合(C)/放弃(U)]:”后输入“@-1160,0”。

⑤ 在命令行提示“指定下一点或[闭合(C)/放弃(U)]]:”后输入“C”。

绘制结果如图 3-3 所示。

图 3-2　绘制连续线段

图 3-3　简易方桌

提示：

一般每个命令有 4 种执行方式，这里只给出了命令行执行方式，其他两种执行方式的操作方法与命令行执行方式相同。

3.1.3　绘制构造线

构造线就是无穷长度的直线，用于模拟手工作图中的辅助作图线。构造线用特殊的线型显示，在图形输出时可不作输出。应用构造线作为辅助线绘制机械图中的三视图是构造线的最主要用途，构造线的应用保证了三视图之间“主、俯视图长对正，主、左视图高平齐，俯、左视图宽相等”的对应关系。构造线的绘制方法有“指定点”、“水平”、“垂直”、“角度”、“二等分”和“偏

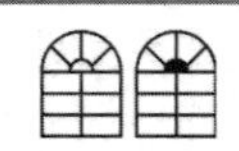

移”6 种方式。

执行“构造线”命令，主要有如下 4 种调用方法：

Note

☑ 在命令行中输入“XLINE”或“XL”命令。

☑ 选择菜单栏中的“绘图”/“构造线”命令。

☑ 单击“绘图”工具栏中的“构造线”按钮。

☑ 单击“默认”选项卡“绘图”面板中的“构造线”按钮。

执行上述命令后，根据系统提示指定起点和通过点，绘制一条双向无限长直线。在命令行提示“指定通过点:”后继续指定点，继续绘制直线，按 Enter 键结束命令。

3.2 圆　　类

圆类命令主要包括“圆”、“圆弧”、“椭圆”、“椭圆弧”以及“圆环”等命令，这几个命令是 AutoCAD 2016 中最简单的圆类命令。

3.2.1 绘制圆

圆是最简单的封闭曲线，也是绘制工程图形时经常用的图形单元。

执行“圆”命令，主要有如下 4 种调用方法：

☑ 在命令行中输入“CIRCLE”或“C”命令。

☑ 选择菜单栏中的“绘图”/“圆”命令。

☑ 单击“绘图”工具栏中的“圆”按钮。

☑ 单击“默认”选项卡“绘图”面板中的“圆”按钮。

执行上述命令后，根据系统提示指定圆心位置，在命令行提示“指定圆的半径或[直径(D)]:”后直接输入半径数值或用鼠标指定半径长度；在命令行提示“指定圆的直径<默认值>”后输入直径数值或用鼠标指定直径长度。使用“圆”命令时，命令行提示中各选项的含义如下。

☑ 三点（3P）：使用指定圆周上三点的方法画圆。

☑ 两点（2P）：使用指定直径的两端点的方法画圆。

☑ 切点、切点、半径（T）：使用先指定两个相切对象，后给出半径的方法画圆。

☑ 相切、相切、相切（A）：依次拾取相切的第一个圆弧、第二个圆弧和第三个圆弧。

3.2.2 实战——擦背床

本实例利用“直线”和“圆”命令绘制擦背床，绘制流程如图 3-4 所示。

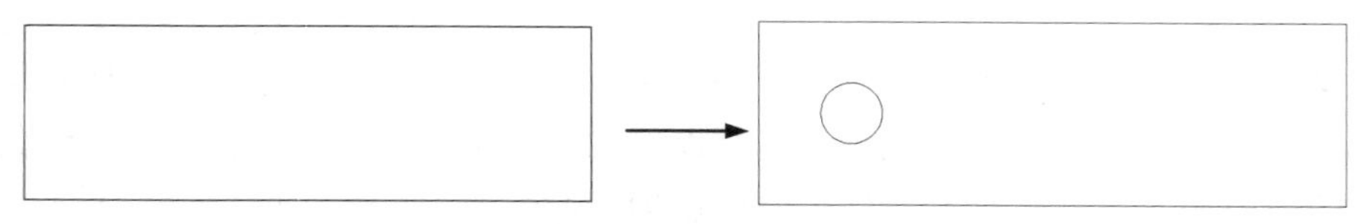

图 3-4　绘制擦背床流程图

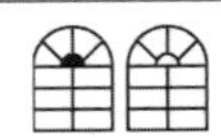

操作步骤如下：（光盘\配套视频\第 3 章\擦背床.avi）

（1）单击“默认”选项卡“绘图”面板中的“直线”按钮，取适当尺寸，绘制矩形外轮廓，如图 3-5 所示。

（2）单击“默认”选项卡“绘图”面板中的“圆”按钮，绘制圆。

① 在命令行提示“指定圆的圆心或[三点(3P)/两点(2P)/切点、切点、半径(T)]: ”后在适当位置指定一点。

② 在命令行提示“指定圆的半径或[直径(D)]:”后用鼠标指定一点。

绘制结果如图 3-6 所示。

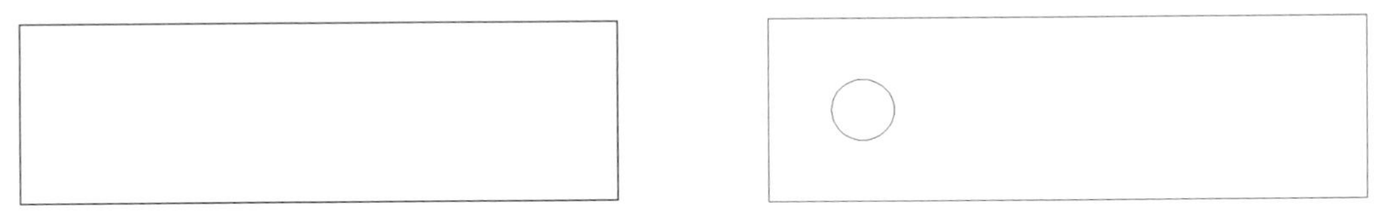

图 3-5 绘制外轮廓　　　　图 3-6 擦背床

3.2.3 绘制圆弧

圆弧是圆的一部分。在工程造型中，圆弧的使用比圆更普遍。通常强调的“流线形”造型或圆润的造型实际上就是圆弧造型。

执行“圆弧”命令，主要有如下 4 种调用方法：

☑ 在命令行中输入“ARC”或“A”命令。

☑ 选择菜单栏中的“绘图”/“圆弧”命令。

☑ 单击“绘图”工具栏中的“圆弧”按钮。

☑ 单击“默认”选项卡“绘图”面板中的“圆弧”按钮。

执行上述命令后，根据系统提示指定圆弧的起点、第二点和端点。用命令行方式画圆弧时，可以根据系统提示选择不同的选项，具体功能和用“绘图”菜单中“圆弧”子菜单提供的 11 种方式的功能相似。

需要强调的是“继续”方式，其绘制的圆弧与上一线段或圆弧相切，因此只需提供端点即可。

3.2.4 实战——吧凳

本实例利用“圆”命令绘制座板，再利用“直线”与“圆弧”命令绘制出靠背，绘制流程如图 3-7 所示。

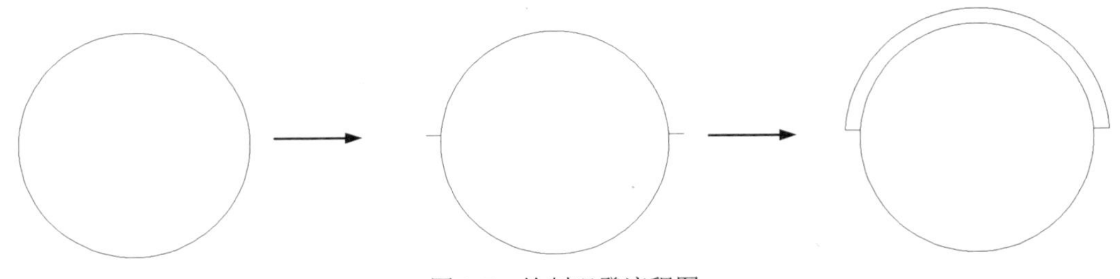

图 3-7 绘制吧凳流程图

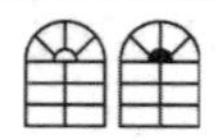

操作步骤如下：（光盘\配套视频\第3章\吧凳.avi）

（1）单击“默认”选项卡“绘图”面板中的“圆”按钮，绘制一个适当大小的圆，如图3-8所示。

（2）打开状态栏上的“对象捕捉”按钮、“对象捕捉追踪”按钮以及“正交”按钮。单击“默认”选项卡“绘图”面板中的“直线”按钮，在圆的左侧绘制一条短直线，然后用光标捕捉到刚绘制的直线的右端点，向右拖动鼠标，拉出一条水平追踪线，如图3-9所示，捕捉追踪线与右边圆的交点绘制另外一条直线，结果如图3-10所示。

图3-8　绘制圆

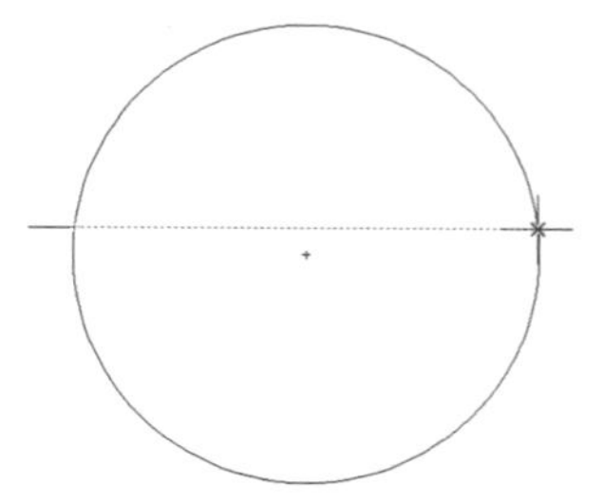

图3-9　捕捉追踪

（3）单击“默认”选项卡“绘图”面板中的“圆弧”按钮，绘制一段圆弧。

① 在命令行提示“指定圆弧的起点或[圆心(C)]:”后指定右边线段的右端点。

② 在命令行提示“指定圆弧的第二个点或[圆心(C)/端点(E)]:”后输入“E”。

③ 在命令行提示“指定圆弧的端点:”后指定左边线段的左端点。

④ 在命令行提示“指定圆弧的中心点(按住Ctrl键以切换方向)或[角度(A)/方向(D)/半径(R)]:”后捕捉圆心。

绘制结果如图3-11所示。

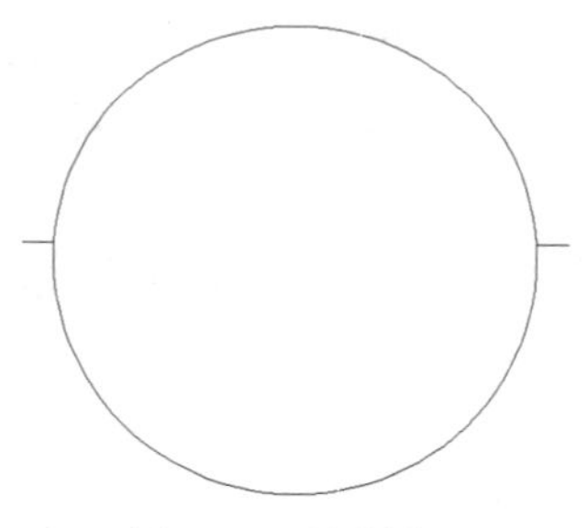

图3-10　绘制线段

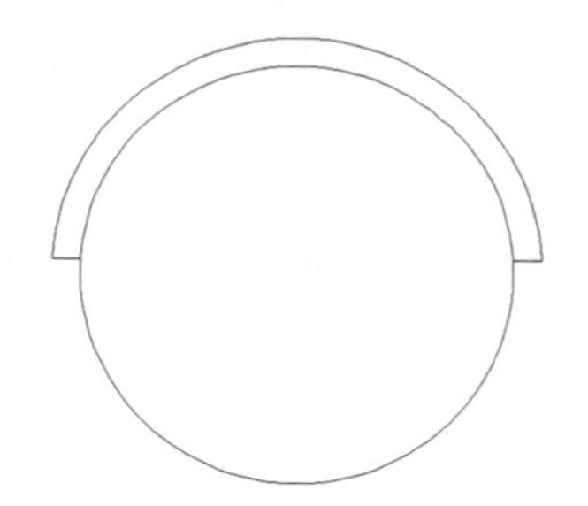

图3-11　吧凳

3.2.5　绘制圆环

执行“圆环”命令，主要有如下3种调用方法：

☑ 在命令行中输入“DONUT”命令。

☑ 选择菜单栏中的“绘图”/“圆环”命令。

☑ 单击“默认”选项卡“绘图”面板中的“圆环”按钮。

执行上述命令后，指定圆环内径和外径，再指定圆环的中心点；在命令行提示“指定圆环的

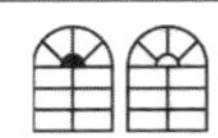

中心点或<退出>:”后继续指定圆环的中心点，则继续绘制相同内外径的圆环。按 Enter 键、Space 键或右击，结束命令。若指定内径为 0，则画出实心填充圆。用命令 FILL 可以控制圆环是否填充，根据系统提示选择“开”表示填充，选择“关”表示不填充。

3.2.6 绘制椭圆与椭圆弧

椭圆也是一种典型的封闭曲线图形，圆在某种意义上可以看成是椭圆的特例。椭圆在工程图形中的应用不多，只在某些特殊造型，如室内设计单元中的浴盆、桌子等造型或机械造型中的杆状结构的截面形状等图形中才会出现。执行该命令，主要有如下 4 种调用方法：

- ☑ 在命令行中输入“ELLIPSE”或“EL”命令。
- ☑ 选择菜单栏中的“绘图”/“椭圆”命令下的子命令。
- ☑ 单击“绘图”工具栏中的“椭圆”按钮或“椭圆弧”按钮。
- ☑ 单击“默认”选项卡“绘图”面板中的“椭圆”下拉菜单。

执行上述命令后，根据系统提示指定轴端点和另一个轴端点。在命令行提示“指定另一条半轴长度或[旋转(R)]:”后按 Enter 键。使用“椭圆”命令时，命令行提示中各选项的含义如下。

- ☑ 指定椭圆的轴端点：根据两个端点定义椭圆的第一条轴，第一条轴的角度确定了整个椭圆的角度。第一条轴既可定义椭圆的长轴，也可定义其短轴。
- ☑ 圆弧（A）：用于创建一段椭圆弧，与单击“绘图”工具栏中的“椭圆弧”按钮功能相同。其中，第一条轴的角度确定了椭圆弧的角度。第一条轴既可定义椭圆弧长轴，也可定义其短轴。

执行该命令后，根据系统提示输入“A”。之后指定端点或输入“C”并指定另一端点。在命令行提示下指定另一条半轴长度或输入“R”并指定起始角度、指定适当点或输入“P”。在命令行提示“指定端点角度或[参数(P)/夹角(I)]: ”后指定适当点。其中各选项的含义如下。

- ☑ 起始角度：指定椭圆弧端点的两种方式之一，光标与椭圆中心点连线的夹角为椭圆端点位置的角度。
- ☑ 参数（P）：指定椭圆弧端点的另一种方式，该方式同样是指定椭圆弧端点的角度，但通过以下矢量参数方程式创建椭圆弧：$p(u) = c + a\times\cos(u) + b\times\sin(u)$。其中，c 是椭圆的中心点，a 和 b 分别是椭圆的长轴和短轴，u 为光标与椭圆中心点连线的夹角。
- ☑ 夹角（I）：定义从起始角度开始的包含角度。
- ☑ 中心点（C）：通过指定的中心点创建椭圆。
- ☑ 旋转（R）：通过绕第一条轴旋转圆来创建椭圆。相当于将一个圆绕椭圆轴翻转一个角度后的投影视图。

3.2.7 实战——马桶

本实例主要介绍椭圆弧绘制方法的具体应用。首先利用“椭圆弧”命令绘制马桶外沿，然后利用“直线”命令绘制马桶后沿和水箱，绘制流程如图 3-12 所示。

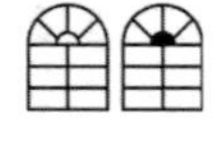

Note

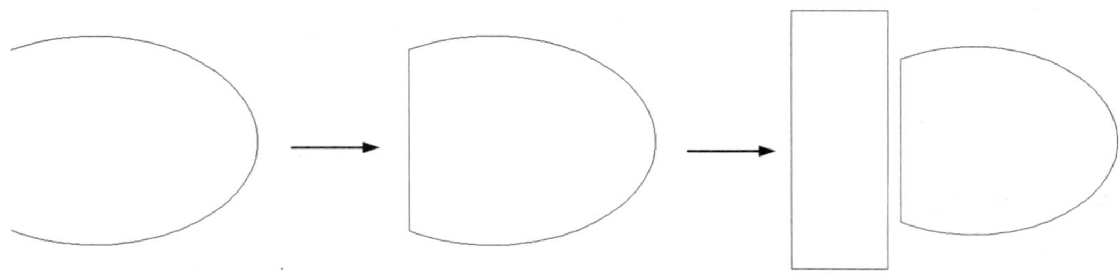

图 3-12　绘制马桶流程图

操作步骤如下：（：光盘\配套视频\第 3 章\马桶.avi）

（1）单击“默认”选项卡“绘图”面板中的“椭圆弧”按钮，绘制马桶外沿。

① 在命令行提示“指定椭圆弧的轴端点或[中心点(C)]：”后输入“C”。

② 在命令行提示“指定椭圆弧的中心点:”后指定一点。

③ 在命令行提示“指定轴的端点:”后指定一点。

④ 在命令行提示“指定另一条半轴长度或[旋转(R)]:”后指定一点。

⑤ 在命令行提示“指定起点角度或[参数(P)]:”后在下面适当位置指定一点。

⑥ 在命令行提示“指定端点角度或[参数(P)/夹角(I)]:”后在正上方适当位置指定一点。

绘制结果如图 3-13 所示。

（2）单击“默认”选项卡“绘图”面板中的“直线”按钮，连接椭圆弧的两个端点，绘制马桶后沿，结果如图 3-14 所示。

（3）单击“默认”选项卡“绘图”面板中的“直线”按钮，取适当的尺寸，在左边绘制一个矩形框作为水箱。最终结果如图 3-15 所示。

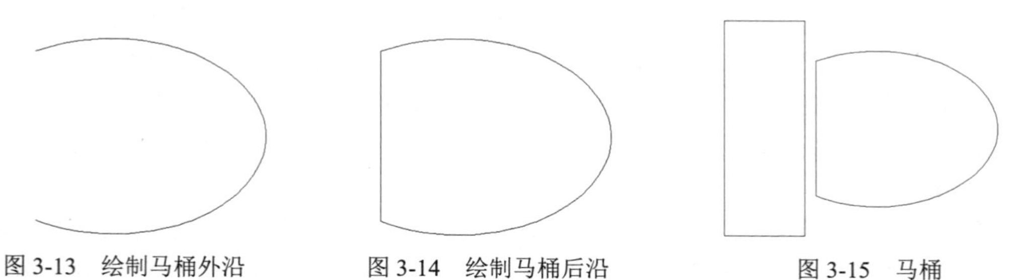

图 3-13　绘制马桶外沿　　图 3-14　绘制马桶后沿　　图 3-15　马桶

提示：

本实例中指定起点角度和端点角度的点时不要将两个点的顺序指定反了，因为系统默认的旋转方向是逆时针，如果指定反了，得出的结果可能和预期的刚好相反。

3.3　平面图形

简单的平面图形命令包括“矩形”和“正多边形”命令。

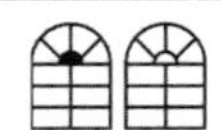

3.3.1　绘制矩形

矩形是最简单的封闭直线图形，在机械制图中常用来表达平行投影平面的面，在建筑制图中常用来表达墙体平面。执行“矩形”命令，主要有如下 4 种调用方法：

☑　在命令行中输入“RECTANG”或“REC”命令。

☑　选择菜单栏中的“绘图”/“矩形”命令。

☑　单击“绘图”工具栏中的“矩形”按钮。

☑　单击“默认”选项卡“绘图”面板中的“矩形”按钮。

执行上述命令后，根据系统提示指定角点，再指定另一角点，绘制矩形。在执行“矩形”命令时，命令行提示中各选项的含义如下。

☑　第一个角点：通过指定两个角点确定矩形，如图 3-16（a）所示。

☑　倒角（C）：指定倒角距离，绘制带倒角的矩形，如图 3-16（b）所示。每一个角点的逆时针和顺时针方向的倒角可以相同，也可以不同，其中，第一个倒角距离是指角点逆时针方向倒角距离，第二个倒角距离是指角点顺时针方向倒角距离。

☑　标高（E）：指定矩形标高（Z 坐标），即把矩形放置在标高为 Z 并与 XOY 坐标面平行的平面上，作为后续矩形的标高值。

☑　圆角（F）：指定圆角半径，绘制带圆角的矩形，如图 3-16（c）所示。

☑　厚度（T）：指定矩形的厚度，如图 3-16（d）所示。

☑　宽度（W）：指定线宽，如图 3-16（e）所示。

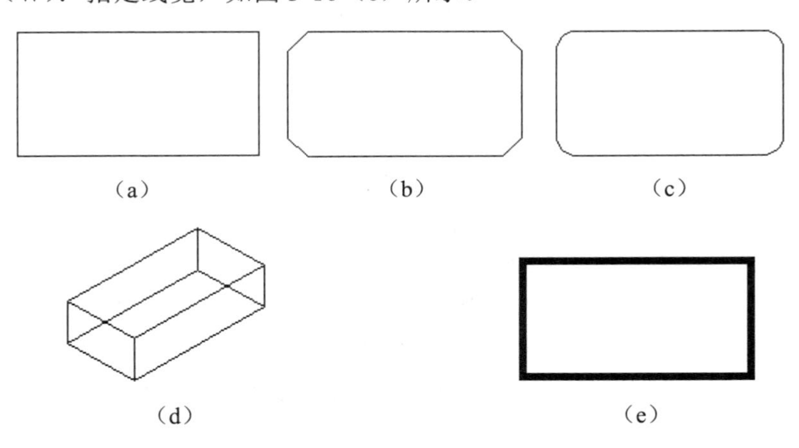

图 3-16　绘制矩形

☑　面积（A）：指定面积和长或宽创建矩形。选择该选项，操作如下。

- 在命令行提示“输入以当前单位计算的矩形面积 <20.0000>:”后输入面积值。
- 在命令行提示“计算矩形标注时依据[长度(L)/宽度(W)] <长度>:”后按 Enter 键或输入“W”。
- 在命令行提示“输入矩形长度<4.0000>：”后指定长度或宽度。
- 指定长度或宽度后，系统自动计算另一个维度，绘制出矩形。如果矩形被倒角或圆角，则长度或面积计算中也会考虑此设置，如图 3-17 所示。

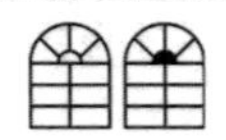

☑ 尺寸（D）：使用长和宽创建矩形，第二个指定点将矩形定位在与第一角点相关的 4 个位置之一内。

☑ 旋转（R）：使所绘制的矩形旋转一定角度。选择该选项，操作如下。

- 在命令行提示“指定旋转角度或[拾取点(P)] <135>:”后指定角度。
- 在命令行提示“指定另一个角点或[面积(A)/尺寸(D)/旋转(R)]:”后指定另一个角点或选择其他选项。
- 指定旋转角度后，系统按指定角度创建矩形，如图 3-18 所示。

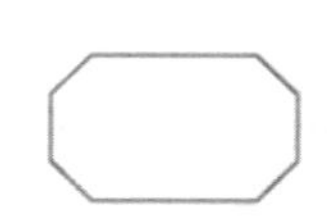

倒角距离（1,1）

面积：20，长度：6

圆角半径：1.0

面积：20，长度：6

图 3-17　按面积绘制矩形

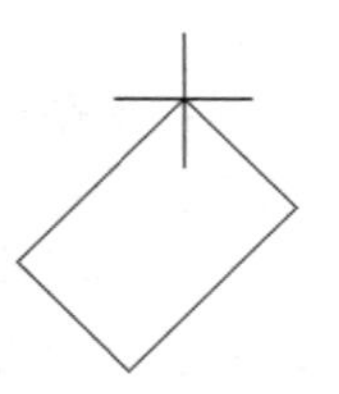

图 3-18　按指定旋转角度创建矩形

3.3.2　实战——办公桌

本实例主要介绍矩形绘制方法的具体应用。首先利用“直线”命令绘制外轮廓线，然后再利用“矩形”命令完成绘制，绘制流程如图 3-19 所示。

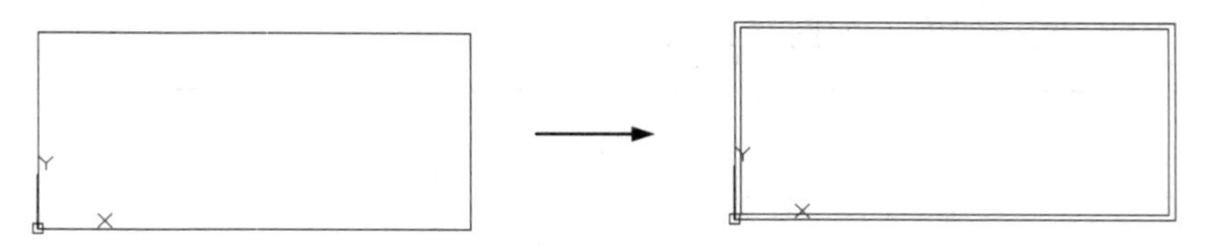

图 3-19　绘制办公桌流程图

操作步骤如下：（：光盘\配套视频\第 3 章\办公桌.avi）

（1）单击“默认”选项卡“绘图”面板中的“直线”按钮，指定坐标点（0,0）（@150,0）（@0,70）（@-150,0）并输入“C”，绘制外轮廓线，结果如图 3-20 所示。

（2）单击“默认”选项卡“绘图”面板中的“矩形”按钮，绘制内轮廓线。

① 在命令行提示“指定第一个角点或[倒角(C)/标高(E)/圆角(F)/厚度(T)/宽度(W)]:”后输入“2,2”。

② 在命令行提示“指定另一个角点或[面积(A)/尺寸(D)/旋转(R)]:”后输入“@146,66”。

结果如图 3-21 所示。

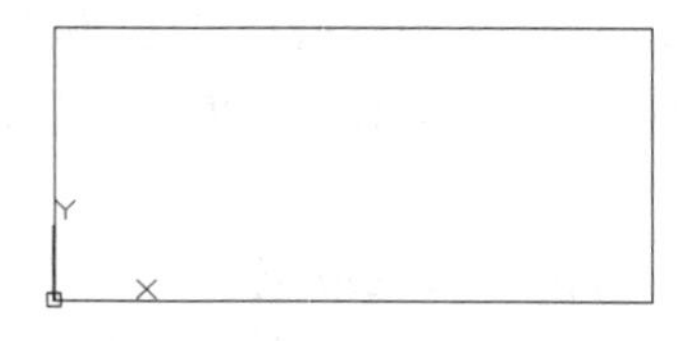

图 3-20　绘制外轮廓线

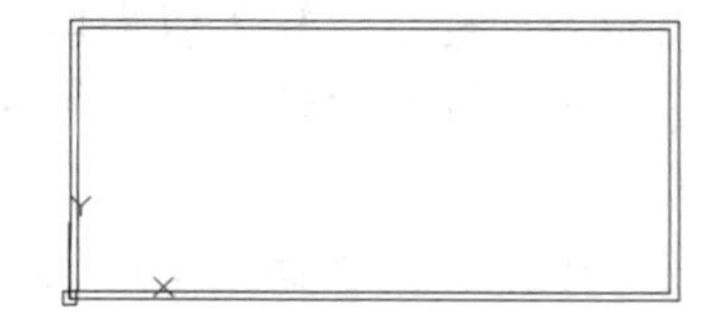

图 3-21　绘制办公桌

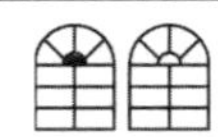

3.3.3　绘制正多边形

正多边形是相对复杂的一种平面图形，人类曾经为准确找到手工绘制正多边形的方法而长期求索。伟大的数学家高斯为发现正十七边形的绘制方法而引以为毕生的荣誉，以致他的墓碑被设计成正十七边形。现在利用 AutoCAD 可以轻松地绘制任意边数的正多边形。执行“正多边形”命令，主要有如下 4 种调用方法：

☑ 在命令行中输入“POLYGON”或“POL”命令。

☑ 选择菜单栏中的“绘图”/“多边形”命令。

☑ 单击“绘图”工具栏中的“多边形”按钮。

☑ 单击“默认”选项卡“绘图”面板中的“多边形”按钮。

执行上述命令后，根据系统提示指定多边形的边数和中心点，之后指定是内接于圆或外切于圆，并输入外接圆或内切圆的半径。在执行正多边形命令的过程中，命令行提示中各选项的含义如下。

☑ 边（E）：选择该选项，则只要指定多边形的一条边，系统就会按逆时针方向创建该正多边形，如图 3-22（a）所示。

☑ 内接于圆（I）：选择该选项，绘制的多边形内接于圆，如图 3-22（b）所示。

☑ 外切于圆（C）：选择该选项，绘制的多边形外切于圆，如图 3-22（c）所示。

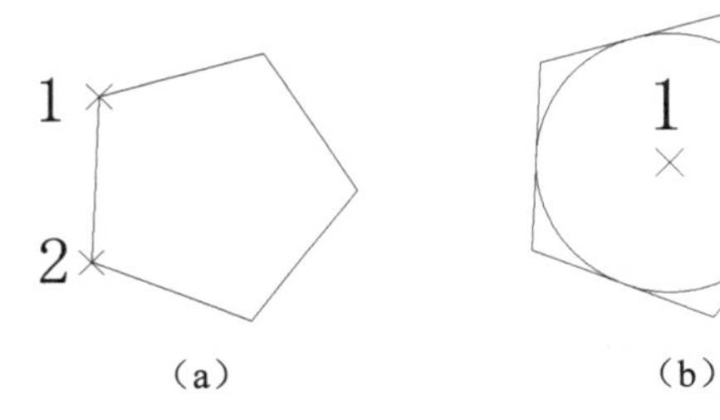

（a）　（b）　（c）

图 3-22　绘制正多边形

3.3.4　实战——八角凳

本实例主要是执行正多边形命令绘制外轮廓，再利用相同的方法绘制内轮廓，绘制流程如图 3-23 所示。

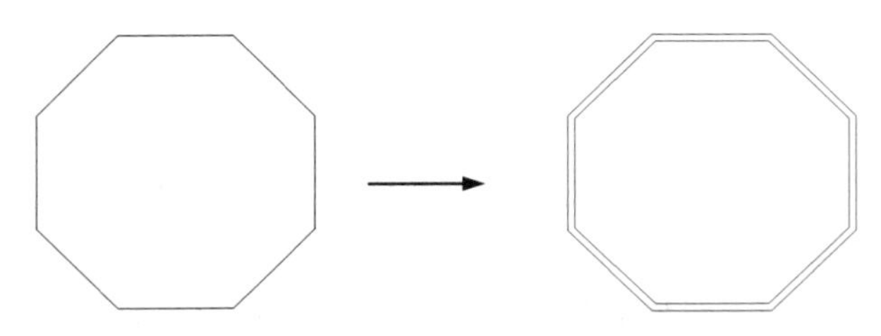

图 3-23　绘制八角凳流程图

操作步骤如下：（：光盘\配套视频\第 3 章\八角凳.avi）

（1）单击“默认”选项卡“绘图”面板中的“多边形”按钮，绘制外轮廓线。

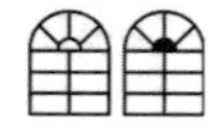
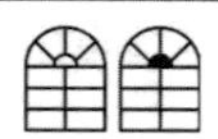

Note

① 在命令行提示“输入侧面数<8>:”后输入“8”。

② 在命令行提示“指定正多边形的中心点或[边(E)]:”后输入“0,0”。

③ 在命令行提示“输入选项[内接于圆(I)/外切于圆(C)] <I>:”后输入“C”。

④ 在命令行提示“指定圆的半径:”后输入“100”。

绘制结果如图 3-24 所示。

（2）用同样的方法绘制另一个正多边形，即中心点在（0,0）的正八边形，其内切圆半径为 95。绘制结果如图 3-25 所示。

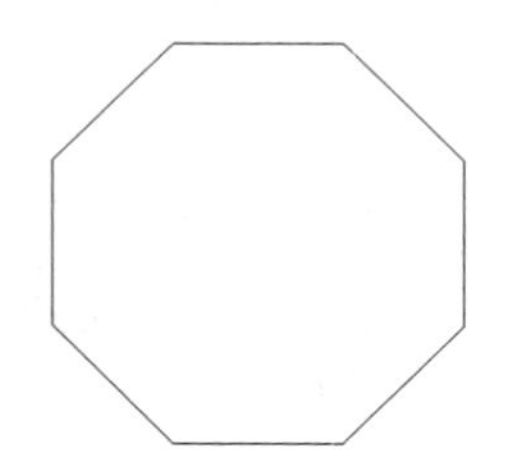

图 3-24　绘制轮廓线图

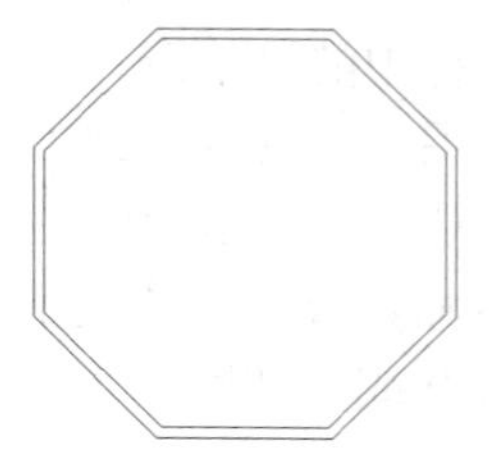

图 3-25　八角凳

3.4　点

点在 AutoCAD 2016 中有多种不同的表示方式，用户可以根据需要进行设置，也可以设置等分点和测量点。

3.4.1　绘制点

通常认为点是最简单的图形单元。在工程图形中，点通常用来标定某个特殊的坐标位置，或者作为某个绘制步骤的起点和基础。为了使点更显眼，AutoCAD 为点设置了各种样式，用户可以根据需要来选择。执行“点”命令，主要有如下 4 种调用方法：

☑ 在命令行中输入“POINT”或“PO”命令。

☑ 选择菜单栏中的“绘图”/“点”命令。

☑ 单击“绘图”工具栏中的“点”按钮。

☑ 单击“默认”选项卡“绘图”面板中的“多点”按钮。

执行“点”命令之后，将出现命令行提示，在命令行提示后输入点的坐标或使用鼠标在屏幕上单击，即可完成点的绘制。

☑ 通过菜单方法进行操作时（如图 3-26 所示），“单点”命令表示只输入一个点，“多点”命令表示可输入多个点。

☑ 可以单击状态栏中的“对象捕捉”开关按钮，设置点的捕捉模式，帮助用户拾取点。

☑ 点在图形中的表示样式共有 20 种。可通过 DDPTYPE 命令或选择“格式”/“点样式”命令，打开“点样式”对话框来设置点样式，如图 3-27 所示。

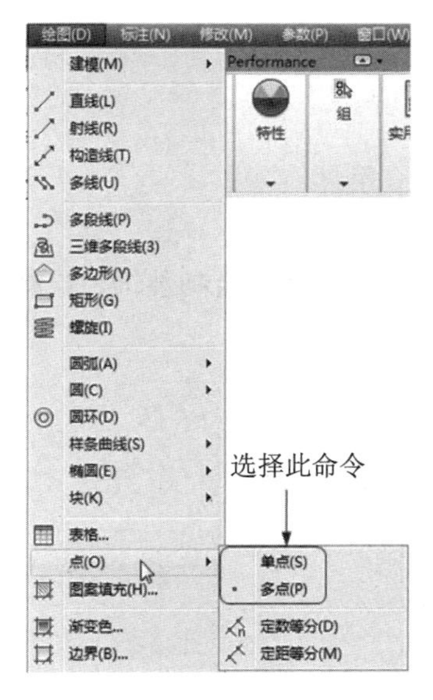

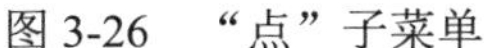
图 3-26　“点”子菜单

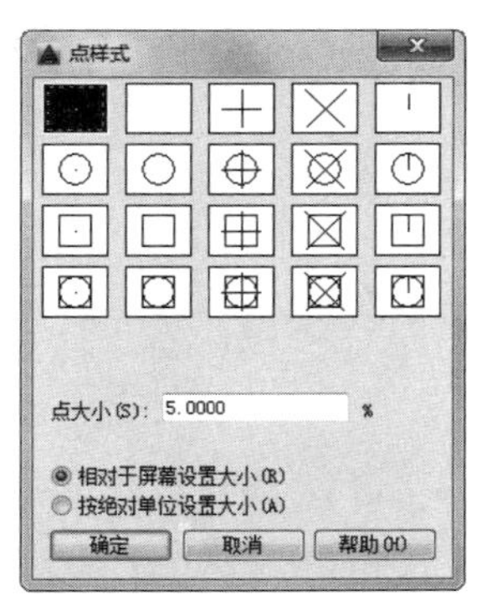

图 3-27　“点样式”对话框

3.4.2　绘制定数等分点

有时需要把某个线段或曲线按一定的份数进行等分。这一点在手工绘图中很难实现，但在 AutoCAD 中，可以通过相关命令轻松完成。该命令主要有如下 3 种调用方法：

☑　在命令行中输入“DIVIDE”或“DIV”命令。

☑　选择菜单栏中的“绘图”/“点”/“定数等分”命令。

☑　单击“默认”选项卡“绘图”面板中的“定数等分”按钮。

执行上述命令后，根据系统提示拾取要等分的对象，并输入等分数，创建等分点。执行该命令时，需注意以下几点：

☑　等分数目范围为 2～32767。

☑　在等分点处，按当前点样式参数画出等分点。

☑　在第二提示行选择“块(B)”选项时，表示在等分点处插入指定的块（BLOCK）。

3.4.3　绘制定距等分点

和定数等分类似，有时需要把某个线段或曲线以给定的长度为单元进行等分。在 AutoCAD 中，可以通过相关命令来完成。该命令主要有如下 3 种调用方法：

☑　在命令行中输入“MEASURE”或“ME”命令。

☑　选择菜单栏中的“绘图”/“点”/“定距等分”命令。

☑　单击“默认”选项卡“绘图”面板中的“定距等分”按钮。

执行上述命令后，根据系统提示选择要定距等分的实体，并指定分段长度。执行该命令时，需注意以下几点：

☑　设置的起点一般是指定线的绘制起点。

☑　在第二提示行选择“块(B)”选项时，表示在等分点处插入指定的块。

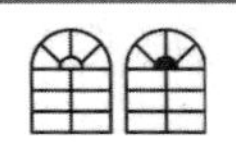

☑ 在等分点处，按当前点样式设置绘制测量点。

☑ 最后一个测量段的长度不一定等于指定分段长度。

3.4.4 实战——地毯

Note

本实例主要是执行“矩形”命令绘制轮廓后再利用“点”命令绘制装饰，绘制流程如图 3-28 所示。

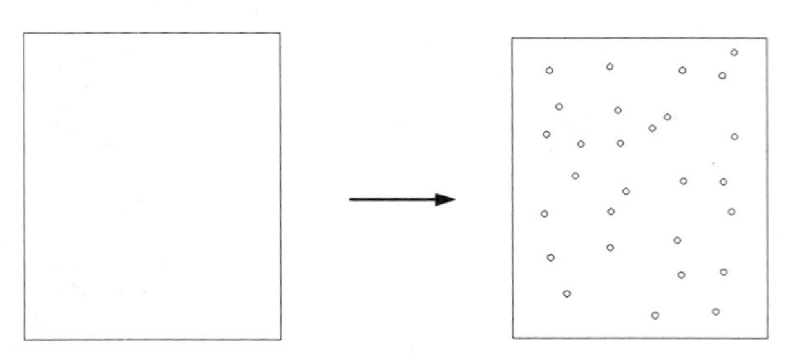

图 3-28 绘制地毯流程图

操作步骤如下：（：光盘\配套视频\第 3 章\地毯.avi）

（1）单击“默认”选项卡“实用工具”面板中的“点样式”按钮，在弹出的“点样式”对话框中选择“O”样式。

（2）单击“默认”选项卡“绘图”面板中的“矩形”按钮，绘制地毯外轮廓线。

① 在命令行提示“指定第一个角点或[倒角(C)/标高(E)/圆角(F)/厚度(T)/宽度(W)]:”后输入“100,100”。

② 在命令行提示“指定另一个角点或[面积(A)/尺寸(D)/旋转(R)]:”后输入“@800,1000”。

绘制结果如图 3-29 所示。

（3）单击“默认”选项卡“绘图”面板中的“多点”按钮，在命令行提示“指定点:”后在屏幕上单击，绘制地毯内装饰点。结果如图 3-30 所示。

图 3-29 地毯外轮廓线　　图 3-30 地毯内装饰点

3.5 多 段 线

多段线是一种由线段和圆弧组合而成的、不同线宽的多线，这种线由于其组合形式的多样和线宽的不同，弥补了直线或圆弧功能的不足，适合绘制各种复杂的图形轮廓，因而得到了广泛的应用。

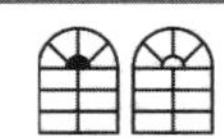

3.5.1 绘制多段线

执行“多段线”命令，主要有如下4种调用方法：

☑ 在命令行中输入“PLINE”或“PL”命令。

☑ 选择菜单栏中的“绘图”/“多段线”命令。

☑ 单击“绘图”工具栏中的“多段线”按钮。

☑ 单击“默认”选项卡“绘图”面板中的“多段线”按钮。

执行上述命令后，根据系统提示指定多段线的起点和下一个点。此时，命令行提示中各选项的含义如下。

☑ 圆弧：将绘制直线的方式转变为绘制圆弧的方式，这种绘制圆弧的方法与用ARC命令绘制圆弧的方法类似。

☑ 半宽：用于指定多段线的半宽值，AutoCAD将提示输入多段线的起点半宽值与终点半宽值。

☑ 长度：定义下一条多段线的长度，AutoCAD将按照上一条直线的方向绘制这一条多段线。如果上一段是圆弧，则将绘制与此圆弧相切的直线。

☑ 宽度：设置多段线的宽度值。

3.5.2 编辑多段线

执行编辑多段线命令，主要有如下5种调用方法：

☑ 在命令行中输入“PEDIT”或“PE”命令。

☑ 选择菜单栏中的“修改”/“对象”/“多段线”命令。

☑ 单击“修改II”工具栏中的“编辑多段线”按钮。

☑ 单击“默认”选项卡“修改”面板中的“编辑多段线”按钮。

☑ 选择要编辑的多线段，在绘图区右击，从弹出的快捷菜单中选择“多段线”/“编辑多段线”命令。

执行上述命令后，根据系统提示选择一条要编辑的多段线，并根据需要输入其中的选项，此时，命令行提示中各选项的含义如下。

☑ 合并（J）：以选中的多段线为主体，合并其他直线段、圆弧或多段线，使其成为一条多段线，如图3-31所示。能合并的条件是各段线的端点首尾相连。

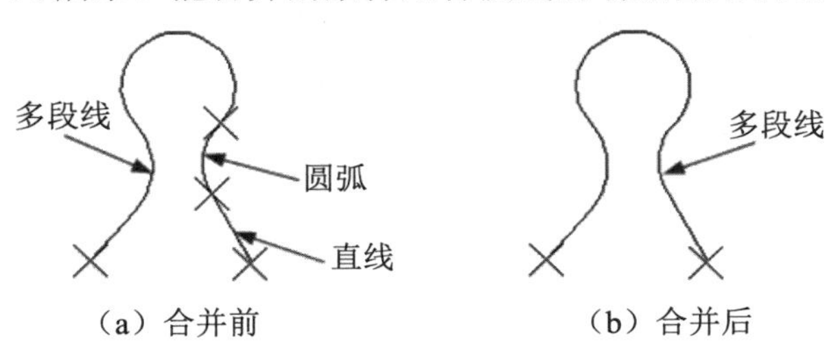

图3-31 合并多段线

☑ 宽度（W）：修改整条多段线的线宽，使其具有同一线宽，如图3-32所示。

Note

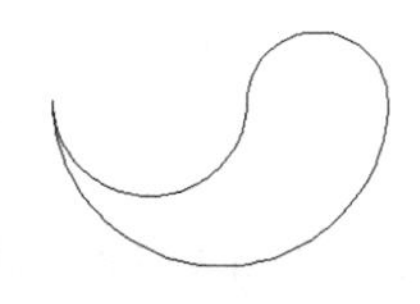

（a）修改前　　（b）修改后

图 3-32　修改整条多段线的线宽

☑ 编辑顶点（E）：选择该选项后，在多段线起点处出现一个斜的十字叉“×”，此为当前顶点的标记，并在命令行出现的后续操作提示中选择任意选项，这些选项允许用户进行移动、插入顶点和修改任意两点间的线的线宽等操作。

☑ 拟合（F）：从指定的多段线生成由光滑圆弧连接而成的圆弧拟合曲线，该曲线经过多段线的各顶点，如图 3-33 所示。

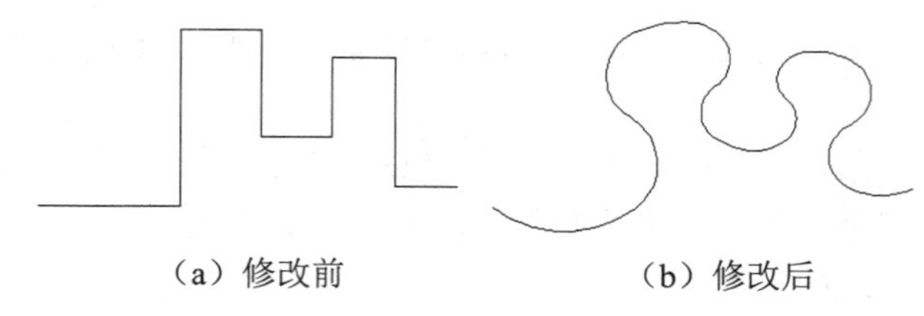

（a）修改前　　（b）修改后

图 3-33　生成圆弧拟合曲线

☑ 样条曲线（S）：以指定的多段线的各顶点作为控制点生成 B 样条曲线，如图 3-34 所示。

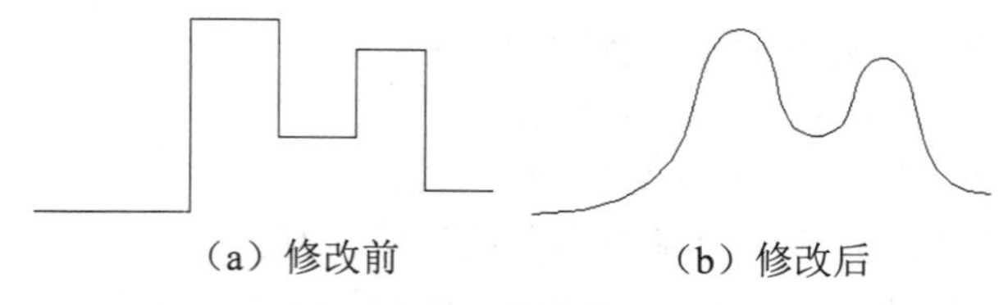

（a）修改前　　（b）修改后

图 3-34　生成 B 样条曲线

☑ 非曲线化（D）：用直线代替指定的多段线中的圆弧。对于选择“拟合(F)”选项或“样条曲线(S)”选项后生成的圆弧拟合曲线或样条曲线，删去其生成曲线时新插入的顶点，则恢复成由直线段组成的多段线。

☑ 线型生成（L）：当多段线的线型为点划线时，控制多段线的线型生成方式开关。选择 ON 时，将在每个顶点处允许以短划开始或结束生成线型；选择 OFF 时，将在每个顶点处允许以长划开始或结束生成线型，如图 3-35 所示。“线型生成”不能用于包含带变宽的线段的多段线。

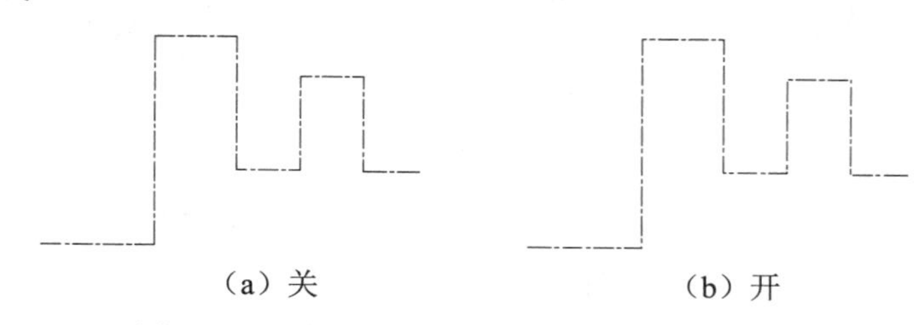

（a）关　　（b）开

图 3-35　控制多段线的线型（线型为点划线时）

3.5.3 实战——圈椅

本实例主要介绍多段线绘制和多段线编辑方法的具体应用。首先利用“多段线”命令绘制圈椅外圈，然后利用“圆弧”命令绘制内圈，再利用多段线编辑命令将绘制的线条合并，最后利用“圆弧”和“直线”命令绘制椅垫，绘制流程如图 3-36 所示。

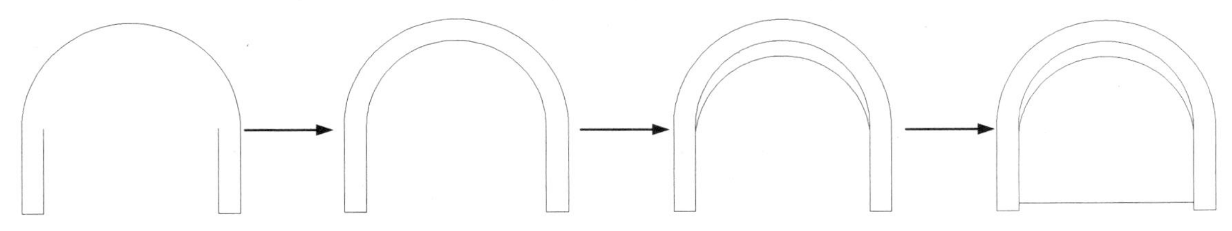

图 3-36　绘制圈椅流程图

操作步骤如下：（：光盘\配套视频\第 3 章\圈椅.avi）

（1）单击“默认”选项卡“绘图”面板中的“多段线”按钮，绘制外部轮廓。

① 在命令行提示“指定起点:”后指定一点。

② 在命令行提示“指定下一个点或[圆弧(A)/半宽(H)/长度(L)/放弃(U)/宽度(W)]:”后输入“@0,-600”。

③ 在命令行提示“指定下一点或[圆弧(A)/闭合(C)/半宽(H)/长度(L)/放弃(U)/宽度(W)]:”后输入“@150,0”。

④ 在命令行提示“指定下一点或[圆弧(A)/闭合(C)/半宽(H)/长度(L)/放弃(U)/宽度(W)]:”后输入“0,600”。

⑤ 在命令行提示“指定下一点或[圆弧(A)/闭合(C)/半宽(H)/长度(L)/放弃(U)/宽度(W)]:”后输入“U”(放弃，表示上步操作出错)。

⑥ 在命令行提示“指定下一点或[圆弧(A)/闭合(C)/半宽(H)/长度(L)/放弃(U)/宽度(W)]:”后输入“@0,600”。

⑦ 在命令行提示“指定下一点或[圆弧(A)/闭合(C)/半宽(H)/长度(L)/放弃(U)/宽度(W)]:”后输入“A”。

⑧ 在命令行提示“指定圆弧的端点(按住 Ctrl 键以切换方向)或[角度(A)/圆心(CE)/闭合(CL)/方向(D)/半宽(H)/直线(L)/半径(R)/第二个点(S)/放弃(U)/宽度(W)]:”后输入“R”。

⑨ 在命令行提示“指定圆弧的半径:”后输入“750”。

⑩ 在命令行提示“指定圆弧的端点(按住 Ctrl 键以切换方向)或[角度(A)]:”后输入“A”。

⑪ 在命令行提示“指定夹角:”后输入“180”。

⑫ 在命令行提示“指定圆弧的弦方向(按住 Ctrl 键以切换方向)<90>:”后输入“180”。

⑬ 在命令行提示“指定圆弧的端点(按住 Ctrl 键以切换方向)或[角度(A)/圆心(CE)/闭合(CL)/方向(D)/半宽(H)/直线(L)/半径(R)/第二个点(S)/放弃(U)/宽度(W)]:”后输入“L”。

⑭ 在命令行提示“指定下一点或[圆弧(A)/闭合(C)/半宽(H)/长度(L)/放弃(U)/宽度(W)]:”后输入“@0,-600”。

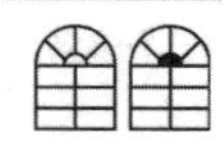

⑮ 在命令行提示“指定下一点或[圆弧(A)/闭合(C)/半宽(H)/长度(L)/放弃(U)/宽度(W)]:”后输入“@150,0”。

Note

⑯ 在命令行提示“指定下一点或[圆弧(A)/闭合(C)/半宽(H)/长度(L)/放弃(U)/宽度(W)]:”后输入“@0,600”。

绘制结果如图3-37所示。

（2）打开状态栏上的“对象捕捉”按钮，单击“默认”选项卡“绘图”面板中的“圆弧”按钮，绘制内圈。

① 在命令行提示“指定圆弧的起点或[圆心(C)]:”后捕捉右边竖线上的端点。

② 在命令行提示“指定圆弧的第二个点或[圆心(C)/端点(E)]:”后输入“E”。

③ 在命令行提示“指定圆弧的端点:”后捕捉左边竖线上的端点。

④ 在命令行提示“指定圆弧的中心点(按住 Ctrl 键以切换方向)或 [角度(A)/方向(D)/半径(R)]:”后输入“D”。

⑤ 在命令行提示“指定圆弧起点的相切方向(按住 Ctrl 键以切换方向):”后输入“90”。

绘制结果如图3-38所示。

（3）选择菜单栏中的“修改”/“对象”/“多段线”命令，编辑多段线。

① 在命令行提示“选择多段线或[多条(M)]:”后选择刚绘制的多段线。

② 在命令行提示“输入选项[闭合(C)/合并(J)/宽度(W)/编辑顶点(E)/拟合(F)/样条曲线(S)/非曲线化(D)/线型生成(L)/反转(R)/放弃(U)]:”后输入“J”。

③ 在命令行提示“选择对象:”后选择刚绘制的圆弧。

④ 在命令行提示“选择对象:”后按 Enter 键。

⑤ 在命令行提示“输入选项[打开(O)/合并(J)/宽度(W)/编辑顶点(E)/拟合(F)/样条曲线(S)/非曲线化(D)/线型生成(L)/反转(R)/放弃(U)]:”后按 Enter 键。

系统将圆弧和原来的多段线合并成一个新的多段线，选择该多段线，可以看出所有线条都被选中，说明已经合并为一体了，如图3-39所示。

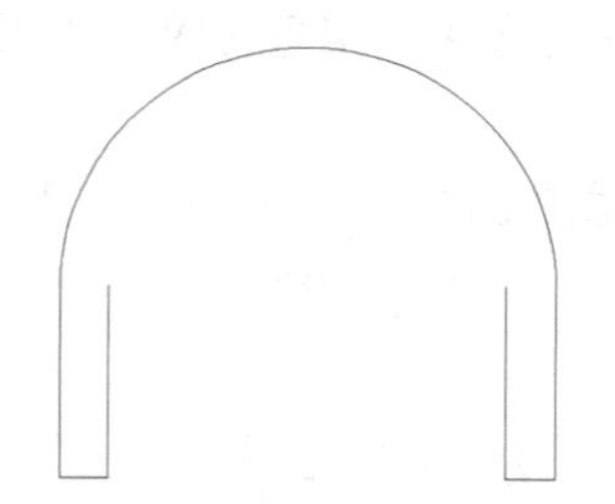

图3-37　绘制外部轮廓

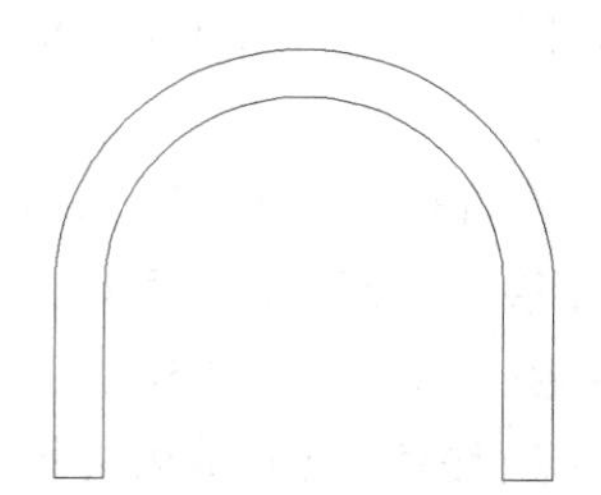

图3-38　绘制内圈

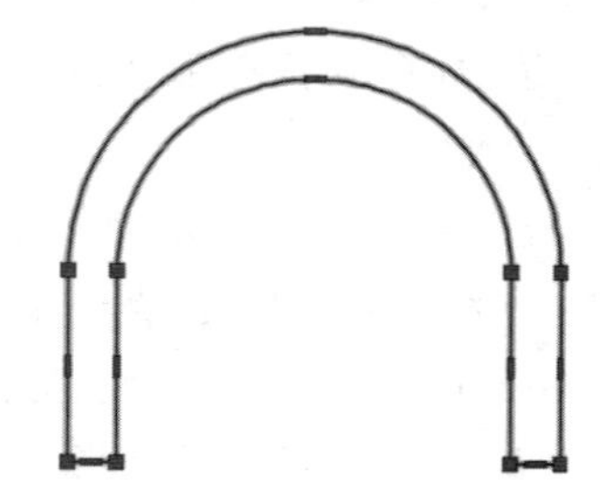

图3-39　合并多段线

（4）打开状态栏上的“对象捕捉”按钮，单击“默认”选项卡“绘图”面板中的“圆弧”按钮，绘制椅垫，结果如图3-40所示。

（5）单击“默认”选项卡“绘图”面板中的“直线”按钮，捕捉适当的点为端点，绘制一条水平线，最终结果如图3-41所示。

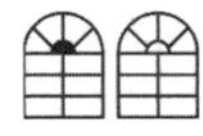

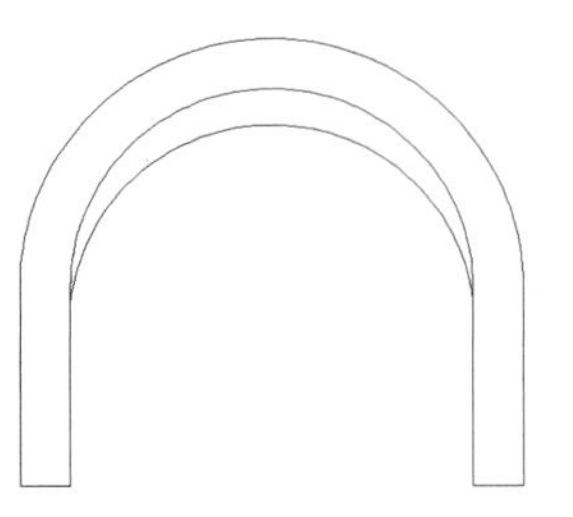

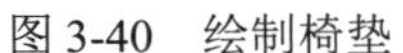

图 3-40　绘制椅垫

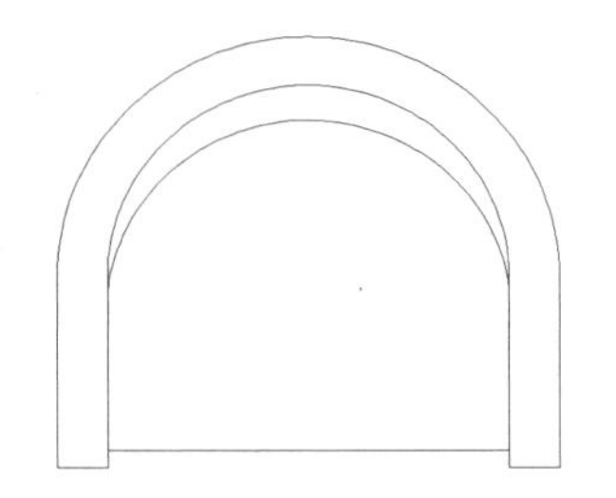

图 3-41　绘制直线

3.6　样条曲线

AutoCAD 2016 使用一种称为非一致有理 B 样条（NURBS）曲线的特殊样条曲线类型。NURBS 曲线在控制点之间产生一条光滑的样条曲线，如图 3-42 所示。样条曲线可用于创建形状不规则的曲线，例如，为地理信息系统（GIS）应用或汽车设计绘制轮廓线。

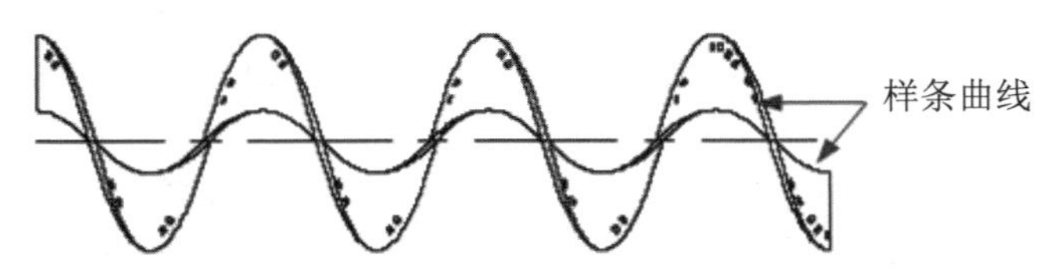

图 3-42　样条曲线

3.6.1　绘制样条曲线

使用“样条曲线”命令可生成拟合光滑曲线，可以通过起点、控制点、终点及偏差变量来控制曲线，一般用于绘制建筑大样图等图形。执行“样条曲线”命令，主要有如下 4 种调用方法：

☑ 在命令行中输入“SPLINE”或“SPL”命令。

☑ 选择菜单栏中的“绘图”/“样条曲线”命令。

☑ 单击“绘图”工具栏中的“样条曲线”按钮。

☑ 单击“默认”选项卡“绘图”面板中的“样条曲线拟合”按钮或“样条曲线控制点”按钮。

执行上述命令后，系统将提示指定样条曲线的点，在绘图区依次指定所需位置的点即可创建出样条曲线。绘制样条曲线的过程中，各选项的含义如下。

☑ 方式（M）：控制是使用拟合点还是使用控制点来创建样条曲线。选项会因选择的是使用拟合点创建样条曲线的选项还是使用控制点创建样条曲线的选项而异。

☑ 节点（K）：指定节点参数化，会影响曲线在通过拟合点时的形状。

☑ 对象（O）：将二维或三维的二次或三次样条曲线拟合多段线转换为等价的样条曲线，然后（根据 DELOBJ 系统变量的设置）删除该多段线。

☑ 起点切向（T）：定义样条曲线的第一点和最后一点的切向。如果在样条曲线的两端都指定切向，可以输入一个点或使用“切点”和“垂足”对象捕捉模式使样条曲线与已有的对象相切或垂直。如果按 Enter 键，系统将计算默认切向。

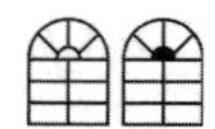
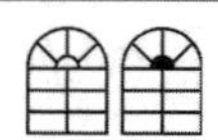

Note

☑ 端点相切（T）：停止基于切向创建曲线。可通过指定拟合点继续创建样条曲线。

☑ 公差（L）：指定距样条曲线必须经过的指定拟合点的距离。公差应用于除起点和端点外的所有拟合点。

☑ 闭合（C）：将最后一点定义与第一点一致，并使其在连接处相切，以闭合样条曲线。选择该选项，在命令行提示下指定点或按 Enter 键，用户可以指定一点来定义切向矢量，或按下状态栏中的“对象捕捉”按钮，使用“切点”和“垂足”对象捕捉模式使样条曲线与现有对象相切或垂直。

3.6.2 编辑样条曲线

执行编辑样条曲线命令，主要有如下 5 种调用方法：

☑ 在命令行中输入“SPLINEDIT”命令。

☑ 选择菜单栏中的“修改”/“对象”/“样条曲线”命令。

☑ 单击“修改 II”工具栏中的“编辑样条曲线”按钮。

☑ 单击“默认”选项卡“修改”面板中的“编辑样条曲线”按钮。

☑ 选择要编辑的样条曲线，在绘图区右击，从弹出的快捷菜单中选择“样条曲线”下拉菜单命令。

执行上述命令后，根据系统提示选择要编辑的样条曲线。若选择的样条曲线是用 SPLINE 命令创建的，其近似点以夹点的颜色显示出来；若选择的样条曲线是用 PLINE 命令创建的，其控制点以夹点的颜色显示出来。此时，命令行提示中各选项的含义如下。

☑ 拟合数据（F）：编辑近似数据。选择该选项后，创建该样条曲线时指定的各点将以小方格的形式显示出来。

☑ 移动顶点（M）：移动样条曲线上的当前点。

☑ 精度（R）：调整样条曲线的定义精度。

☑ 反转（E）：翻转样条曲线的方向。该项操作主要用于应用程序。

3.6.3 实战——壁灯

本实例主要介绍样条曲线的具体应用。首先利用“直线”命令绘制底座，然后利用“多段线”命令绘制灯罩，最后利用“样条曲线”命令绘制装饰物，绘制流程如图 3-43 所示。

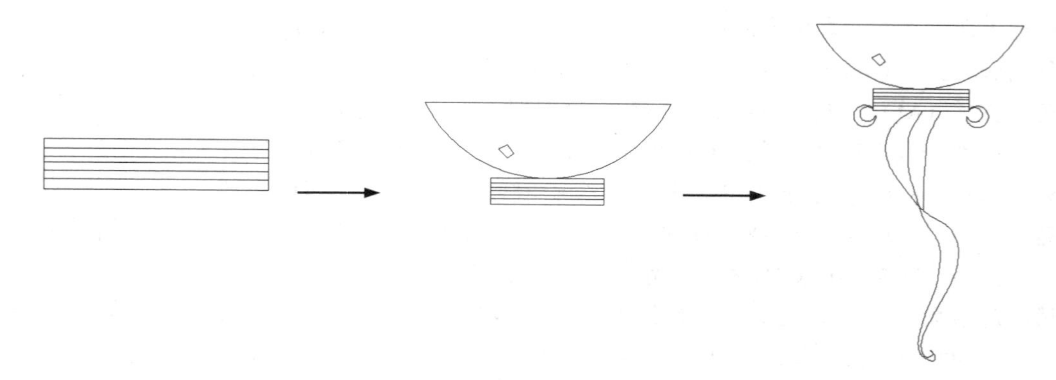

图 3-43 绘制壁灯流程图

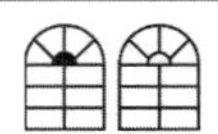

操作步骤如下：（：光盘\配套视频\第3章\壁灯.avi）

（1）单击“默认”选项卡“绘图”面板中的“矩形”按钮，在适当位置绘制一个220mm×50mm的矩形。

（2）单击“默认”选项卡“绘图”面板中的“直线”按钮，在矩形中绘制5条水平直线，结果如图3-44所示。

（3）单击“默认”选项卡“绘图”面板中的“多段线”按钮，绘制灯罩。

① 在命令行提示“指定起点:”后在矩形上方适当位置指定一点。

② 在命令行提示“指定下一个点或[圆弧(A)/半宽(H)/长度(L)/放弃(U)/宽度(W)]:”后输入“A”。

③ 在命令行提示“指定圆弧的端点或[角度(A)/圆心(CE)/方向(D)/半宽(H)/直线(L)/半径(R)/第二个点(S)/放弃(U)/宽度(W)]:”后输入“S”。

④ 在命令行提示“指定圆弧上的第二个点:”后捕捉矩形上边线中点。

⑤ 在命令行提示“指定圆弧的端点:”后在图中合适的位置处捕捉一点。

⑥ 在命令行提示“指定圆弧的端点或[角度(A)/圆心(CE)/闭合(CL)/方向(D)/半宽(H)/直线(L)/半径(R)/第二个点(S)/放弃(U)/宽度(W)]”后输入“L”。

⑦ 在命令行提示“指定下一点或[圆弧(A)/闭合(C)/半宽(H)/长度(L)/放弃(U)/宽度(W)]:”后捕捉圆弧起点。

重复“多段线”命令，在灯罩上绘制一个不等四边形，如图3-45所示。

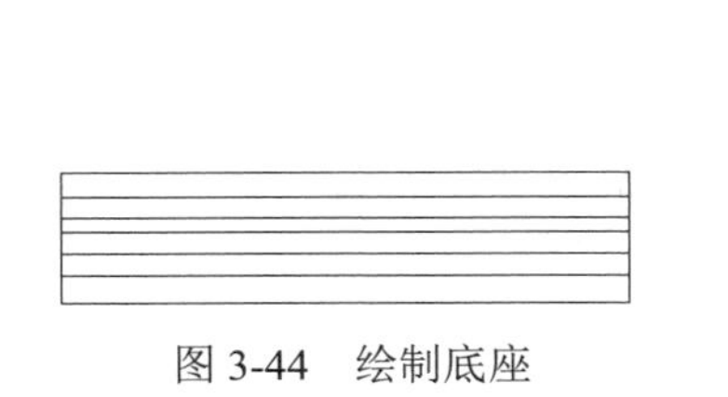

图3-44　绘制底座

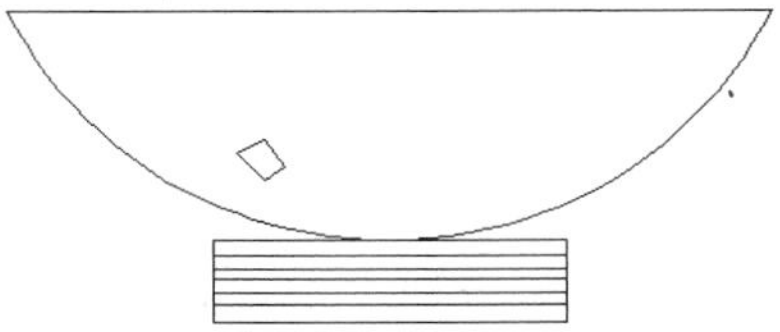

图3-45　绘制灯罩

（4）单击“默认”选项卡“绘图”面板中的“样条曲线拟合”按钮，绘制装饰物。

① 在命令行提示“指定第一个点或[方式(M)/节点(K)/对象(O)]:”后捕捉矩形底边上任一点。

② 在命令行提示“输入下一个点或[起点切向(T)/公差(L)]:”后在矩形下方合适的位置处指定一点。

③ 在命令行提示“输入下一个点或[端点相切(T)/公差(L)/放弃(U)]:”后指定样条曲线的下一个点。

④ 在命令行提示“输入下一个点或[端点相切(T)/公差(L)/放弃(U)/闭合(C)]:”后指定样条曲线的下一个点。

⑤ 在命令行提示“输入下一个点或[端点相切(T)/公差(L)/放弃(U)/闭合(C)]:”后按Enter键。

同理，绘制其他的样条曲线，结果如图3-46所示。

（5）单击“默认”选项卡“绘图”面板中的“多段线”按钮，在矩形的两侧绘制月亮装饰，完成壁灯的绘制，如图3-47所示。

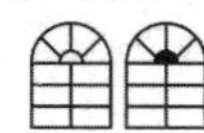
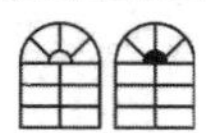

Note

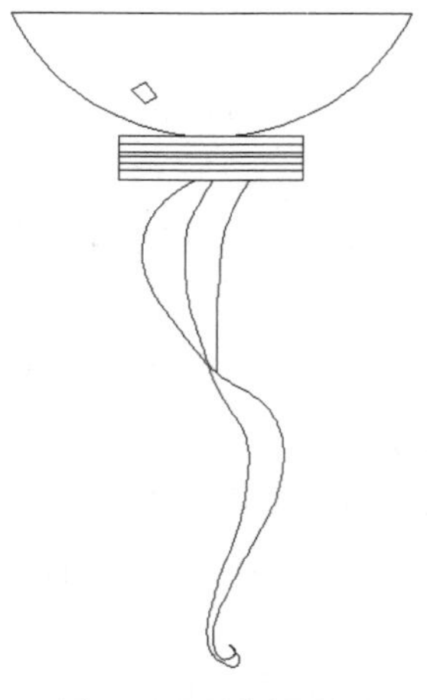
图 3-46　绘制装饰物

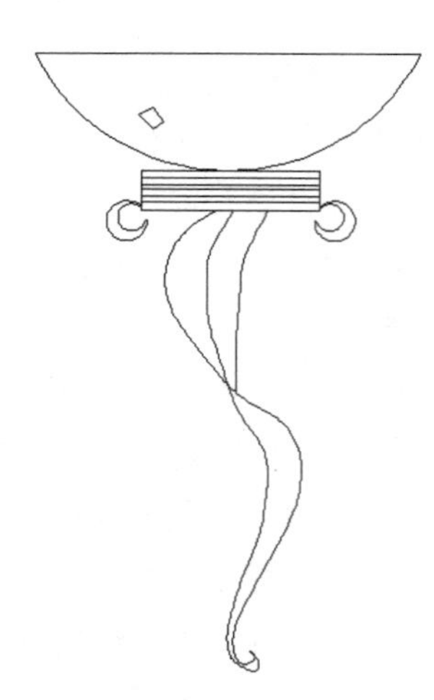
图 3-47　壁灯

3.7　多　　线

多线是一种复合线，由连续的直线段复合组成。多线的一个突出优点是能够提高绘图效率，保证图线之间的统一性。

3.7.1　绘制多线

多线应用的一个最主要的场合是建筑墙线的绘制，在后面的学习中会通过相应的实例帮助读者加以体会。执行“多线”命令，主要有如下两种调用方法：

☑　在命令行中输入“MLINE”或“ML”命令。

☑　选择菜单栏中的“绘图”/“多线”命令。

执行此命令后，根据系统提示指定起点和下一点。在命令行提示下继续指定下一点绘制线段；输入“U”，则放弃前一段多线的绘制；右击或按 Enter 键，结束命令。在命令行提示下继续指定下一点绘制线段；输入“C”则闭合线段，结束命令。在执行“多线”命令的过程中，命令行提示中各主要选项的含义如下。

☑　对正（J）：该选项用于指定绘制多线的基准。共有 3 种对正类型，即“上”、“无”和“下”。其中，“上”表示以多线上侧的线为基准，其他两项依此类推。

☑　比例（S）：选择该选项，要求用户设置平行线的间距。输入值为 0 时，平行线重合；输入值为负时，多线的排列倒置。

☑　样式（ST）：用于设置当前使用的多线样式。

3.7.2　定义多线样式

使用“多线”命令绘制多线时，首先应对多线的样式进行设置，其中包括多线的数量，以及

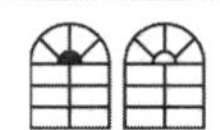

每条线之间的偏移距离等。执行多线样式命令，主要有如下两种调用方法：

☑ 在命令行中输入“MLSTYLE”命令。

☑ 选择菜单栏中的“格式”/“多线样式”命令。

执行上述命令后，系统弹出如图 3-48 所示的“多线样式”对话框。在该对话框中，用户可以对多线样式进行定义、保存和加载等操作。

3.7.3 编辑多线

利用编辑多线命令，可以创建和修改多线样式。执行该命令，主要有如下两种调用方法：

☑ 在命令行中输入“MLEDIT”命令。

☑ 选择菜单栏中的“修改”/“对象”/“多线”命令。

执行上述命令后，弹出“多线编辑工具”对话框，如图 3-49 所示。

图 3-48 “多线样式”对话框

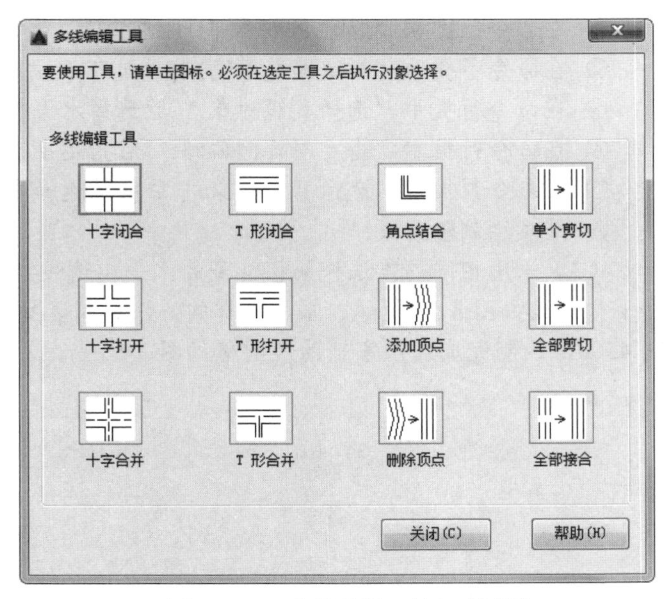

图 3-49 “多线编辑工具”对话框

利用该对话框，可以创建或修改多线的模式。对话框中分 4 列显示了示例图形。其中，第 1 列管理十字交叉形式的多线，第 2 列管理 T 形多线，第 3 列管理拐角接合点和节点形式的多线，第 4 列管理多线被剪切或连接的形式。

单击选择某个示例图形，然后单击“关闭”按钮，就可以调用该项编辑功能。

3.7.4 实战——墙体

本实例利用“构造线”与“偏移”命令绘制辅助线，再利用“多线”命令绘制墙线，最后编辑多线得到所需图形，绘制流程图如图 3-50 所示。

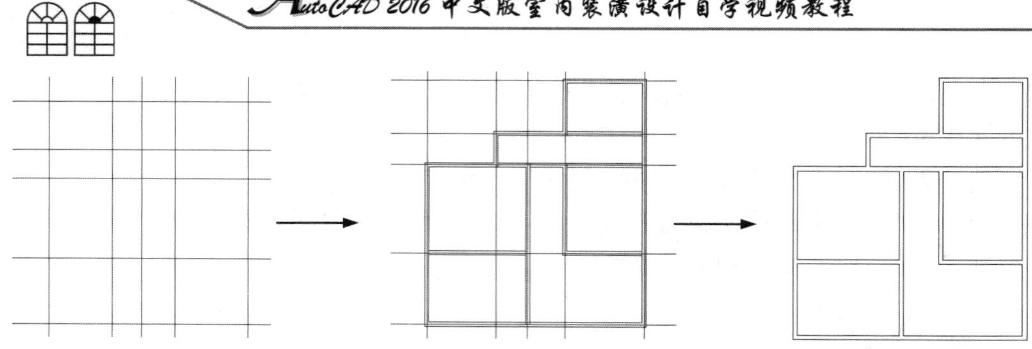

图 3-50 绘制墙体流程图

操作步骤如下：（📹：光盘\配套视频\第 3 章\墙体.avi）

（1）单击“默认”选项卡“绘图”面板中的“构造线”按钮，绘制一条水平构造线和一条竖直构造线，组成“十”字形辅助线，如图 3-51 所示。

（2）按 Enter 键，继续绘制构造线。

① 在命令行提示“指定点或[水平(H)/垂直(V)/角度(A)/二等分(B)/偏移(O)]:”后输入“O”。

② 在命令行提示“指定偏移距离或[通过(T)]<通过>:”后输入“4200”。

③ 在命令行提示“选择直线对象:”后选择水平构造线。

④ 在命令行提示“指定向哪侧偏移:”后指定上边一点。

⑤ 在命令行提示“选择直线对象:”后继续选择水平构造线。

⑥ 继续绘制辅助线。

（3）采用相同的方法将偏移得到的水平构造线依次向上偏移 5100、1800 和 3000，绘制的水平构造线如图 3-52 所示。采用同样的方法绘制竖直构造线，依次向右偏移 3900、1800、2100 和 4500，绘制完成的居室辅助线网格如图 3-53 所示。

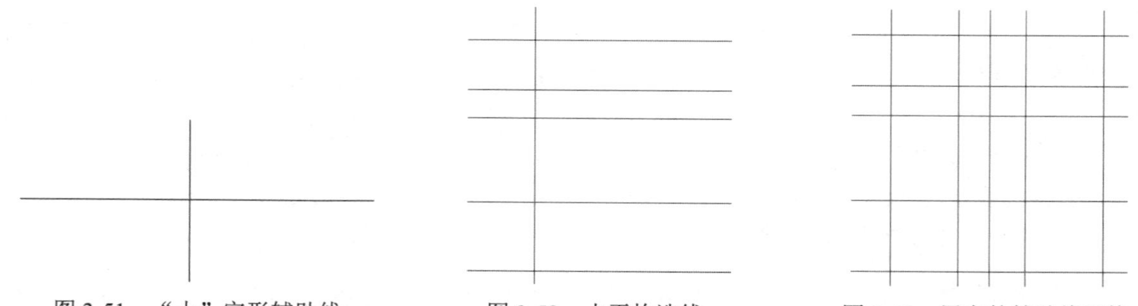

图 3-51 “十”字形辅助线　　图 3-52 水平构造线　　图 3-53 居室的辅助线网格

（4）选择菜单栏中的“格式”/“多线样式”命令，系统打开“多线样式”对话框，单击“新建”按钮，系统打开“新建多线样式”对话框，在“新样式名”文本框中输入“墙体线”，单击“继续”按钮。

（5）系统弹出“新建多线样式：墙体线”对话框，进行如图 3-54 所示的设置。

（6）选择菜单栏中的“绘图”/“多线”命令，绘制墙体。

① 在命令行提示“指定起点或[对正(J)/比例(S)/样式(ST)]:”后输入“S”。

② 在命令行提示“输入多线比例<20.00>:”后输入“1”。

③ 在命令行提示“指定起点或[对正(J)/比例(S)/样式(ST)]:”后输入“J”。

④ 在命令行提示“输入对正类型[上(T)/无(Z)/下(B)] <上>:”后输入“Z”。

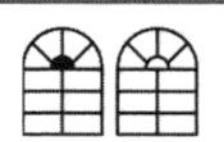

⑤ 在命令行提示“指定起点或[对正(J)/比例(S)/样式(ST)]:”后，在绘制的辅助线交点上指定一点。

⑥ 在命令行提示“指定下一点:”后，在绘制的辅助线交点上指定下一点。

⑦ 在命令行提示“指定下一点或[放弃(U)]:”后，在绘制的辅助线交点上指定下一点。

⑧ 在命令行提示“指定下一点或[闭合(C)/放弃(U)]:”后，在绘制的辅助线交点上指定下一点。

⑨ 在命令行提示“指定下一点或[闭合(C)/放弃(U)]:”后输入“C”。

根据辅助线网格，用相同方法绘制多线，结果如图 3-55 所示。

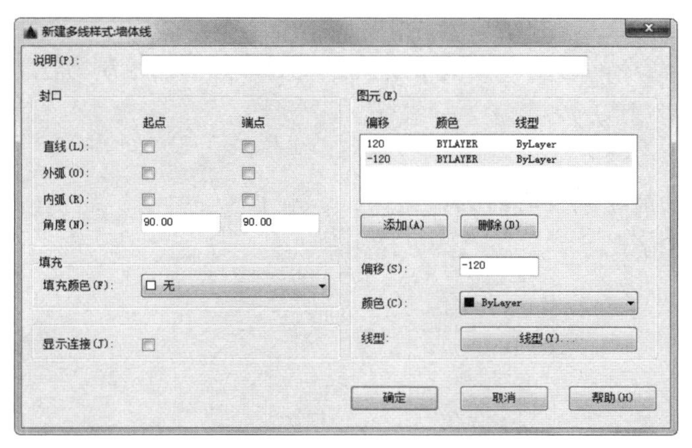

图 3-54　设置多线样式

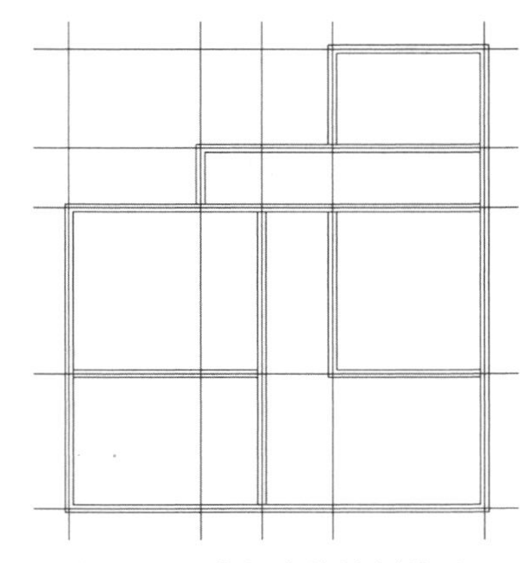

图 3-55　全部多线绘制结果

（7）编辑多线。选择菜单栏中的“修改”/“对象”/“多线”命令，系统弹出“多线编辑工具”对话框，如图 3-56 所示。选择其中的“T 形打开”选项。

① 在命令行提示“选择第一条多线:”后选择多线。

② 在命令行提示“选择第二条多线:”后选择多线。

③ 在命令行提示“选择第一条多线或[放弃(U)]:”后选择多线。

④ 在命令行提示“选择第一条多线或[放弃(U)]:”后按 Enter 键。

重复编辑多线命令继续进行多线编辑，编辑的最终结果如图 3-57 所示。

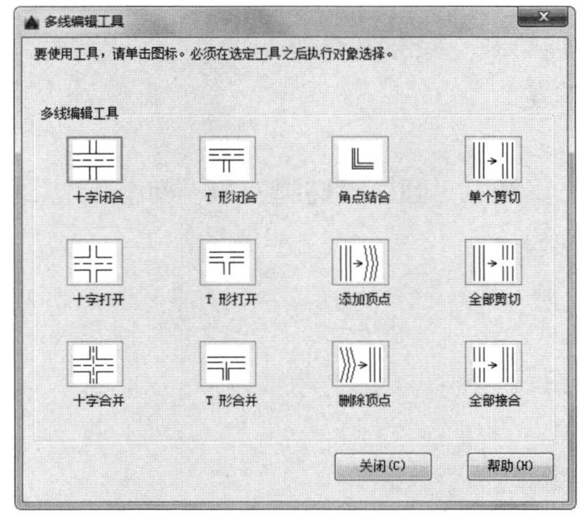

图 3-56　“多线编辑工具”对话框

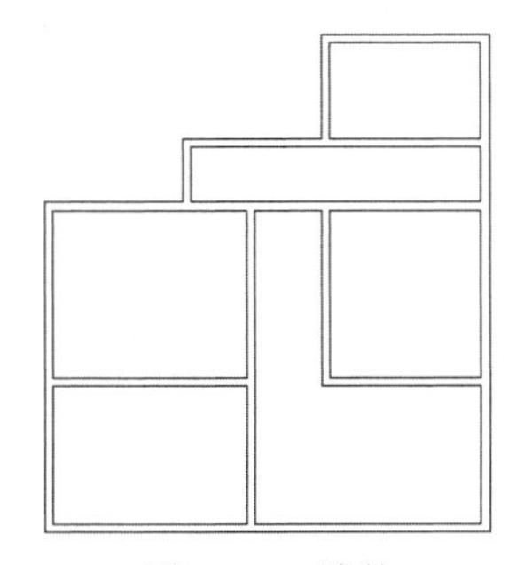

图 3-57　墙体

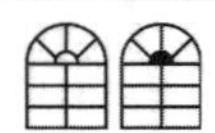

Note

3.8 实战演练

通过前面的学习，读者对本章知识也有了大体的了解，本节通过几个操作练习使读者进一步掌握本章知识要点。

【实战演练 1】绘制如图 3-58 所示的圆桌。

1. 目的要求

本实例图形涉及的命令主要是“圆”命令。通过本实例帮助读者灵活掌握圆的绘制方法。

2. 操作提示

（1）利用“圆”命令绘制外沿。

（2）利用“圆”命令结合对象捕捉功能绘制同心内圆。

【实战演练 2】绘制如图 3-59 所示的椅子。

图 3-58　圆桌

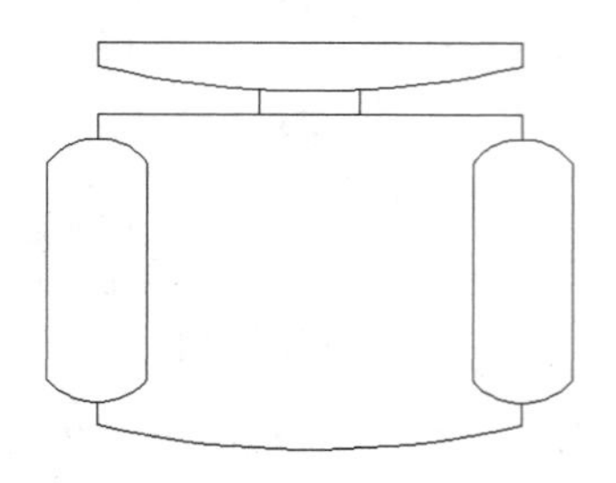

图 3-59　椅子

1. 目的要求

本实例图形涉及的命令主要是“直线”和“圆弧”。通过本实例帮助读者灵活掌握直线和圆弧的绘制方法。

2. 操作提示

（1）利用“直线”命令绘制基本形状。

（2）利用“圆弧”命令结合对象捕捉功能绘制一些圆弧造型。

【实战演练 3】绘制如图 3-60 所示的盥洗盆。

1. 目的要求

本实例图形涉及的命令主要是“矩形”、“直线”、“圆”、“椭圆”和“椭圆弧”。通过本实例帮助读者灵活掌握各种基本绘图命令的操作方法。

2. 操作提示

（1）利用“直线”命令绘制水龙头图形。

（2）利用“圆”命令绘制两个水龙头旋钮。

（3）利用“椭圆”命令绘制盥洗盆外缘。

（4）利用“椭圆弧”命令绘制盥洗盆内缘。

（5）利用“圆弧”命令完成盥洗盆的绘制。

【**实战演练4**】绘制如图3-61所示的雨伞。

1．目的要求

本实例图形涉及的命令主要是“圆弧”、“样条曲线”和“多段线”。通过本实例帮助读者灵活掌握“样条曲线”和“多段线”命令的操作方法。

2．操作提示

（1）利用“圆弧”命令绘制伞的外框。

（2）利用“样条曲线”命令绘制伞的底边。

（3）利用“圆弧”命令绘制伞面辐条。

（4）利用“多段线”命令绘制伞把。

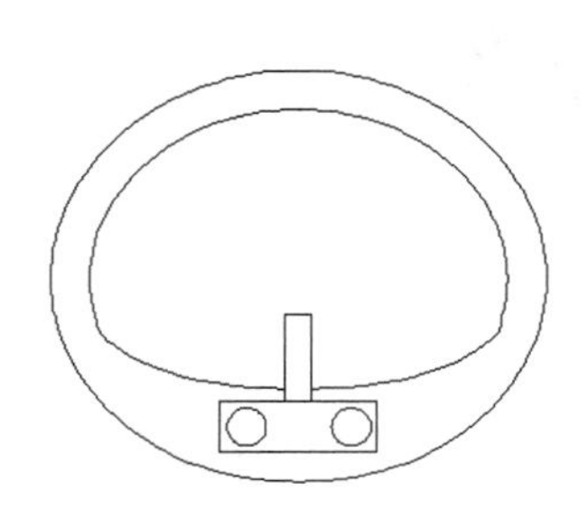

图3-60　盥洗盆

图3-61　雨伞

第4章

二维编辑命令

本章学习要点和目标任务：

☑ 选择对象

☑ 删除及恢复类命令

☑ 复制类命令

☑ 改变位置类命令

☑ 改变几何特性类命令

☑ 对象编辑

☑ 图案填充

二维图形的编辑操作配合绘图命令的使用可以进一步完成复杂图形对象的绘制，并可使用户合理安排和组织图形，保证绘图准确，减少重复。因此，对编辑命令的熟练掌握和使用有助于提高设计和绘图的效率。本章主要内容包括：选择对象、删除及恢复类命令、复制类命令、改变位置类命令、改变几何特性类命令、对象编辑和图案填充等。

4.1 选择对象

选择对象是进行编辑的前提。AutoCAD 提供了多种对象选择方法，如点取方法、用选择窗口选择对象、用选择线选择对象、用对话框选择对象等。

AutoCAD 可以把选择的多个对象组成整体，如选择集和对象组，进行整体编辑与修改。

AutoCAD 提供两种执行效果相同的途径编辑图形：

☑ 先执行编辑命令，然后选择要编辑的对象。

☑ 先选择要编辑的对象，然后执行编辑命令。

4.1.1 构造选择集

选择集可以仅由一个图形对象构成，也可以是一个复杂的对象组，如位于某一特定层上的具有某种特定颜色的一组对象。选择集的构造可以在调用编辑命令之前或之后进行。

AutoCAD 提供以下 4 种方法来构造选择集：

☑ 先选择一个编辑命令，然后选择对象，按 Enter 键结束操作。

☑ 使用 SELECT 命令。

☑ 用点取设备选择对象，然后调用编辑命令。

☑ 定义对象组。

无论使用哪种方法，AutoCAD 2016 都将提示用户选择对象，并且光标的形状由十字光标变为拾取框。

下面结合 SELECT 命令说明选择对象的方法。

SELECT 命令可以单独使用，即在命令行中输入“SELECT”后按 Enter 键，也可以在执行其他编辑命令时被自动调用。此时，屏幕出现提示“选择对象:”，等待用户以某种方式选择对象作为回答。AutoCAD 提供多种选择方式，可以输入“?”查看这些选择方式。选择该选项后，出现提示“需要点或窗口(W)/上一个(L)/窗交(C)/框选(BOX)/全部(ALL)/栏选(F)/圈围(WP)/圈交(CP)/编组(G)/添加(A)/删除(R)/多个(M)/上一个(P)/放弃(U)/自动(AU)/单选(SI)/子对象(SU)/对象(O)”。

上面各选项的含义如下。

☑ 点：该选项表示直接通过点取的方式选择对象。这是较常用也是系统默认的一种对象选择方法。用鼠标或键盘移动拾取框，使其框住要选取的对象，然后单击，就会选中该对象并高亮显示。该点的选定也可以使用键盘输入一个点坐标值来实现。当选定点后，系统将立即扫描图形，搜索并且选择穿过该点的对象。用户可以选择“工具”/“选项”命令打开“选项”对话框设置拾取框的大小。在“选项”对话框中选择“选择”选项卡，移动“拾取框大小”选项组的滑块可以调整拾取框的大小。左侧的空白区中会显示相应的拾取框的尺寸大小。

☑ 窗口（W）：用由两个对角顶点确定的矩形窗口选取位于其范围内部的所有图形，与边界相交的对象不会被选中。指定对角顶点时应该按照从左向右的顺序。在“选择对象:”

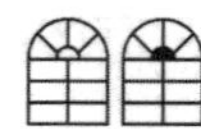

提示下输入“W”，按 Enter 键，选择该选项后，输入矩形窗口的第一个对角点的位置和另一个对角点的位置。指定两个对角顶点后，位于矩形窗口内部的所有图形被选中，并高亮显示，如图 4-1 所示。

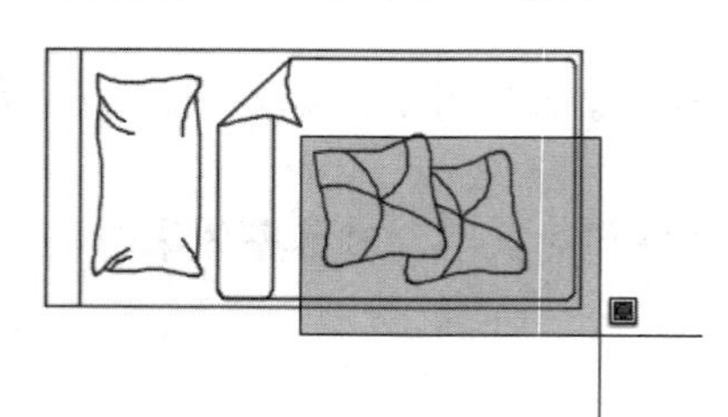

（a）图中深色覆盖部分为选择窗口

（b）选择后的图形

图 4-1 “窗口”对象选择方式

☑ 上一个（L）：在“选择对象:”提示下输入“L”后按 Enter 键，系统会自动选取最后绘出的一个对象。

☑ 窗交（C）：该方式与“窗口”方式类似，区别在于它不但选择矩形窗口内部的对象，也选中与矩形窗口边界相交的对象。在“选择对象:”提示下输入“C”，按 Enter 键，选择该选项后，输入矩形窗口的第一个对角点的位置和另一个对角点的位置即可。选择的对象如图 4-2 所示。

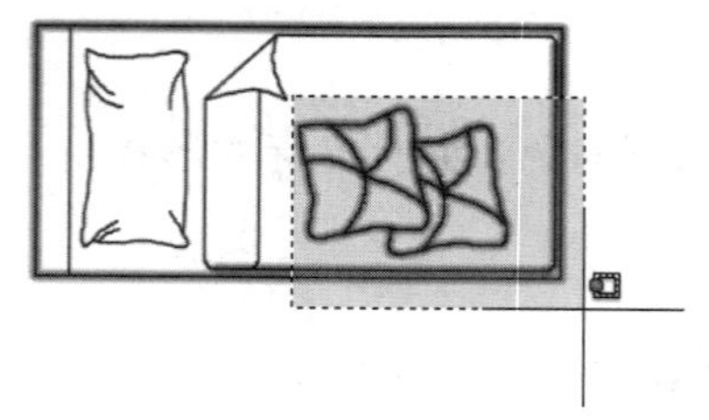

（a）图中深色覆盖部分为选择窗口

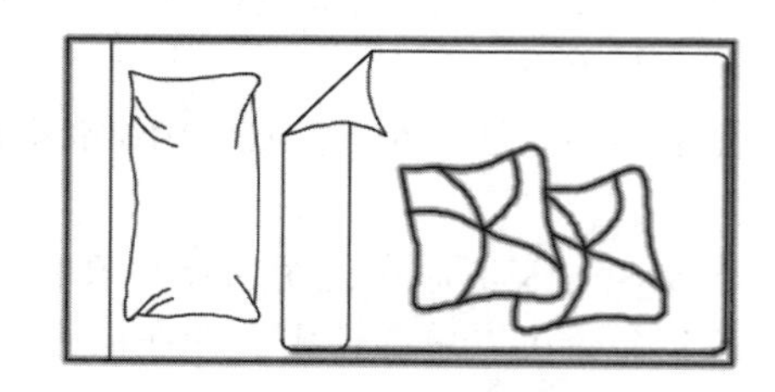

（b）选择后的图形

图 4-2 “窗交”对象选择方式

☑ 框选（BOX）：该方式没有命令缩写字。使用时，系统根据用户在屏幕上给出的两个对角点的位置自动引用“窗口”或“窗交”选择方式。若从左向右指定对角点，为“窗口”方式；反之，为“窗交”方式。

☑ 全部（ALL）：选取图面上所有对象。在“选择对象:”提示下输入“ALL”，按 Enter 键。此时，绘图区域内的所有对象均被选中。

☑ 栏选（F）：用户临时绘制一些直线，这些直线不必构成封闭图形，凡是与这些直线相交的对象均被选中。这种方式对选择相距较远的对象比较有效。交线可以穿过本身。在“选择对象:”提示下输入“F”，按 Enter 键，选择该选项后，选择指定交线的第一点、第二点和下一条交线的端点。选择完毕，按 Enter 键结束。执行结果如图 4-3 所示。

☑ 圈围（WP）：使用一个不规则的多边形来选择对象。在“选择对象:”提示下输入“WP”，选择该选项后，输入不规则多边形的第一个顶点坐标和第二个顶点坐标后按 Enter 键。根据提示，用户顺次输入构成多边形所有顶点的坐标，直到最后按 Enter 键作出空回答结束操作，系统将自动连接第一个顶点与最后一个顶点形成封闭的多边形。多边形的边

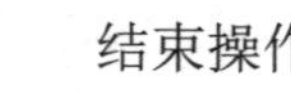

不能接触或穿过本身。若输入“U”，将取消刚才定义的坐标点并且重新指定。凡是被多边形围住的对象均被选中（不包括边界）。执行结果如图 4-4 所示。

（a）图中虚线为选择栏

（b）选择后的图形

图 4-3　“栏选”对象选择方式

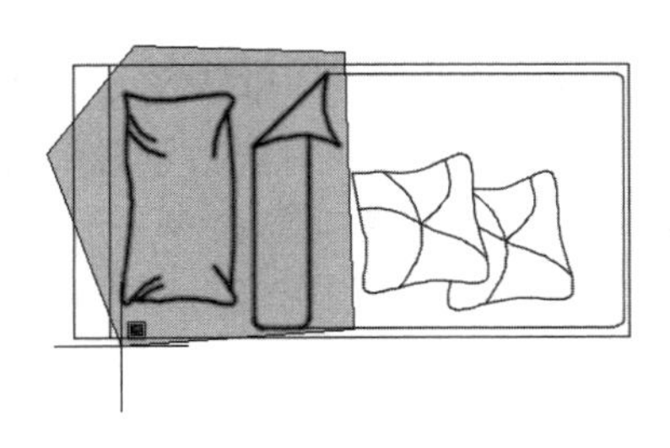

（a）图中十字线所拉出深色多边形为选择窗口

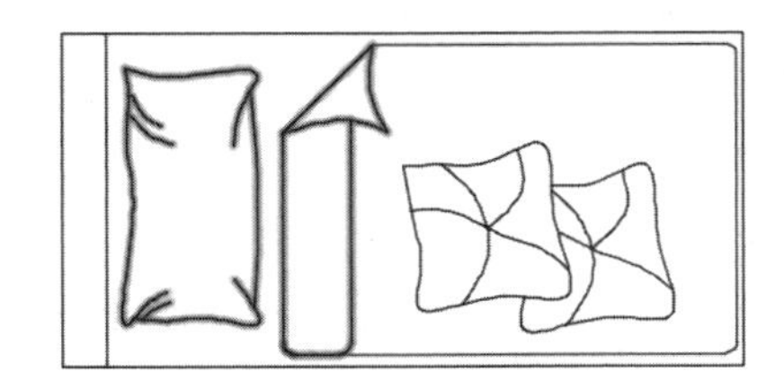

（b）选择后的图形

图 4-4　“圈围”对象选择方式

- ☑ 圈交（CP）：类似于“圈围”方式，在“选择对象:”提示后输入“CP”，后续操作与“圈围”方式相同。区别在于与多边形边界相交的对象也被选中。
- ☑ 编组（G）：使用预先定义的对象组作为选择集。事先将若干个对象组成对象组，用组名引用。
- ☑ 添加（A）：添加下一个对象到选择集。也可用于从移走模式（Remove）到选择模式的切换。
- ☑ 删除（R）：按住 Shift 键选择对象，可以从当前选择集中移走该对象。对象由高亮度显示状态变为正常显示状态。
- ☑ 多个（M）：指定多个点，不高亮度显示对象。这种方法可以加快在复杂图形上的选择对象过程。若两个对象交叉，两次指定交叉点，则可以选中这两个对象。
- ☑ 上一个（P）：用关键字 P 回应“选择对象:”的提示，则把上次编辑命令中的最后一次构造的选择集或最后一次使用 SELECT（DDSELECT）命令预置的选择集作为当前选择集。这种方法适用于对同一选择集进行多种编辑操作的情况。
- ☑ 放弃（U）：用于取消加入选择集的对象。
- ☑ 自动（AU）：选择结果视用户在屏幕上的选择操作而定。如果选中单个对象，则该对象为自动选择的结果；如果选择点落在对象内部或外部的空白处，系统会提示“指定对角点”，此时，系统会采取一种窗口的选择方式。对象被选中后，变为虚线形式，并以高亮度显示。
- ☑ 单选（SI）：选择指定的第一个对象或对象集，而不继续提示进行下一步的选择。
- ☑ 子对象（SU）：使用户可以逐个选择原始形状，这些形状是复合实体的一部分或三维实体上的顶点、边和面。可以选择这些子对象的其中之一，也可以创建多个子对象的选择

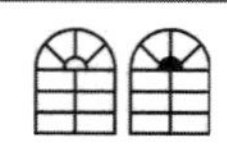

集。选择集可以包含多种类型的子对象。

☑ 对象（O）：结束选择子对象的功能。使用户可以使用对象选择方法。

Note

提示：

若矩形框从左向右定义，即第一个选择的对角点为左侧的对角点，矩形框内部的对象被选中，外部的及与矩形框边界相交的对象不会被选中。若矩形框从右向左定义，矩形框内部及与矩形框边界相交的对象都会被选中。

4.1.2 快速选择

有时需要选择具有某些共同属性的对象来构造选择集，如选择具有相同颜色、线型或线宽的对象，当然可以使用前面介绍的方法来选择这些对象，但如果要选择的对象数量较多且分布在较复杂的图形中，则会导致很大的工作量。AutoCAD 2016 提供了 QSELECT 命令来解决这个问题。调用 QSELECT 命令后，打开“快速选择”对话框，如图 4-5 所示，利用该对话框可以根据用户指定的过滤标准快速创建选择集。该命令主要有如下 3 种调用方法：

☑ 在命令行中输入“QSELECT”命令。

☑ 选择菜单栏中的“工具”/“快速选择”命令。

☑ 在右键快捷菜单中选择“快速选择”命令（如图 4-6 所示）或在“特性”选项板中单击“快速选择”按钮（如图 4-7 所示）。

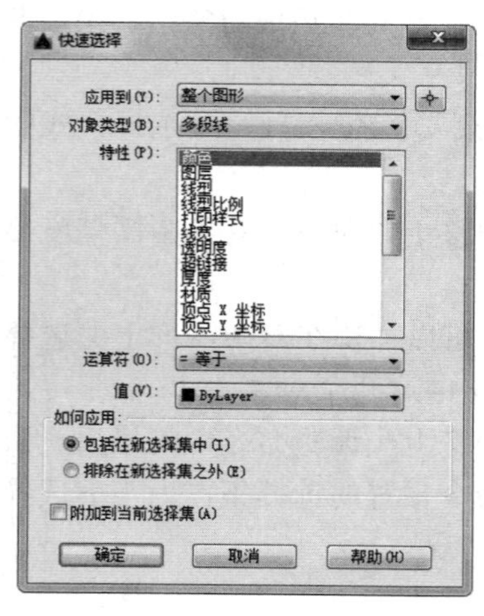

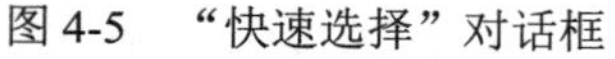

图 4-5 “快速选择”对话框

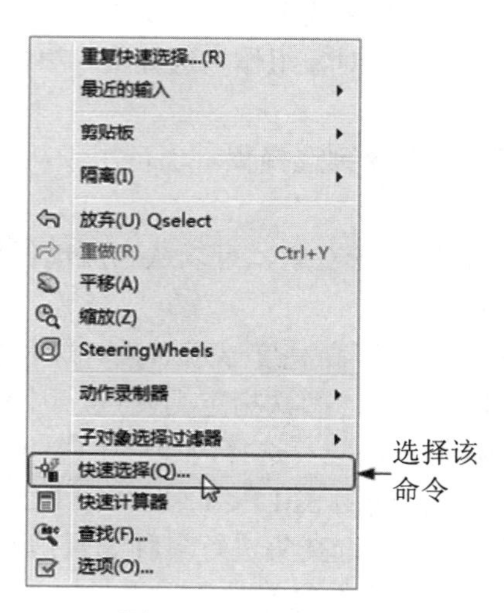

图 4-6 快捷菜单

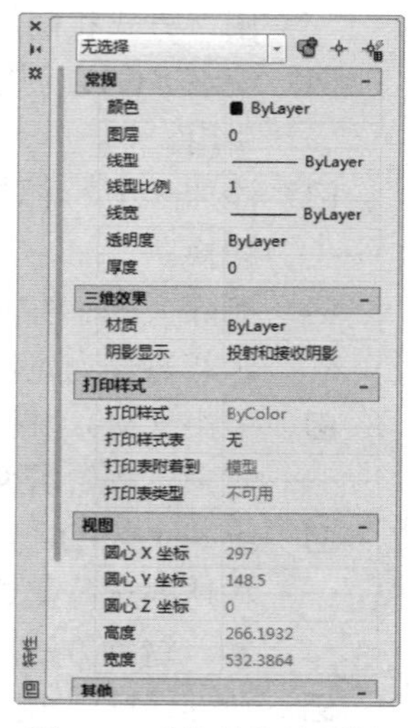

图 4-7 “特性”选项板

执行上述命令后，系统打开如图 4-5 所示的“快速选择”对话框，在该对话框中可以选择符合条件的对象或对象组。

4.1.3 构造对象组

对象组与选择集并没有本质的区别，当把若干个对象定义为选择集并想让其在以后的操作中

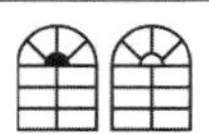

始终作为一个整体时，为了简便，可以给这个选择集命名并保存起来，这个被命名的对象选择集就是对象组，其名字称为组名。

如果对象组可以被选择（位于锁定层上的对象组不能被选择），那么可以通过它的组名引用该对象组，并且一旦组中任何一个对象被选中，那么组中的全部对象成员都被选中。该命令的调用方法为：在命令行中输入“GROUP”命令。

执行上述命令后，系统打开“对象编组”对话框。利用该对话框可以查看或修改存在的对象组的属性，也可以创建新的对象组。

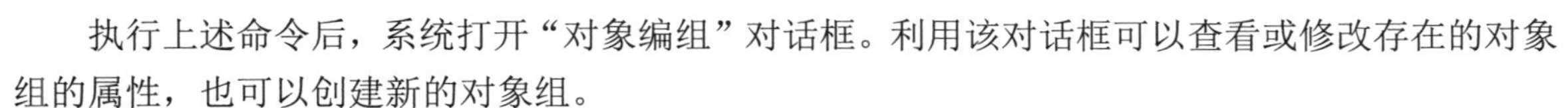

4.2　删除及恢复类命令

这一类命令主要用于删除图形的某部分或对已被删除的部分进行恢复，包括“删除”、“恢复”和“清除”等命令。

4.2.1　“删除”命令

如果所绘制的图形不符合要求或错绘了图形，则可以使用“删除”命令 ERASE 将其删除。执行“删除”命令，主要有以下 6 种调用方法：

☑　在命令行中输入“ERASE”命令。
☑　选择菜单栏中的“修改”/“删除”命令。
☑　单击“修改”工具栏中的“删除”按钮。
☑　在快捷菜单中选择“删除”命令。
☑　单击“默认”选项卡“修改”面板中的“删除”按钮。
☑　利用快捷键 Delete。

执行上述命令后，可以先选择对象后调用“删除”命令，也可以先调用“删除”命令后选择对象。选择对象时可以使用前面介绍的对象选择的各种方法。

当选择多个对象时，多个对象都被删除；若选择的对象属于某个对象组，则该对象组的所有对象都被删除。

4.2.2　“恢复”命令

若误删除了图形，则可以使用“恢复”命令 OOPS 恢复误删除的对象。执行“恢复”命令，主要有以下 3 种调用方法：

☑　在命令行中输入“OOPS”或“U”命令。
☑　单击“标准”工具栏中的“放弃”按钮或单击快速访问工具栏中的“放弃”按钮。
☑　利用快捷键 Ctrl+Z。

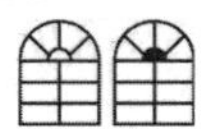

4.3 复制类命令

Note

本节将详细介绍 AutoCAD 2016 的复制类命令。利用这些复制类命令，可以方便地编辑图形。

4.3.1 “复制”命令

使用“复制”命令可以将一个或多个图形对象复制到指定位置，也可以将图形对象进行一次或多次复制操作。执行“复制”命令，主要有以下 5 种调用方法：

☑ 在命令行中输入“COPY”命令。

☑ 选择菜单栏中的“修改”/“复制”命令。

☑ 单击“修改”工具栏中的“复制”按钮。

☑ 选择快捷菜单中的“复制选择”命令。

☑ 单击“默认”选项卡“修改”面板中的“复制”按钮。

执行上述命令，将提示选择要复制的对象。按 Enter 键结束选择操作。在命令行提示“指定基点或[位移(D)/模式(O)]<位移> :”后指定基点或位移。使用“复制”命令时，命令行提示中各选项的含义如下。

☑ 指定基点：指定一个坐标点后，AutoCAD 2016 把该点作为复制对象的基点，并提示指定第二个点。指定第二个点后，系统将根据这两点确定的位移矢量把选择的对象复制到第二点处。如果此时直接按 Enter 键，即选择默认的“用第一点作位移”，则第一个点被当作相对于 X、Y、Z 的位移。例如，如果指定基点为“2,3”，并在下一个提示下按 Enter 键，则该对象从当前的位置开始在 X 方向上移动 2 个单位，在 Y 方向上移动 3 个单位。复制完成后，根据提示指定第二个点或输入选项。这时，可以不断指定新的第二点，从而实现多重复制。

☑ 位移：直接输入位移值，表示以选择对象时的拾取点为基准，以拾取点坐标为移动方向纵横比移动指定位移后确定的点为基点。例如，选择对象时拾取点坐标为（2,3），输入位移为 5，则表示以（2,3）点为基准，沿纵横比为 3:2 的方向移动 5 个单位所确定的点为基点。

☑ 模式：控制是否自动重复该命令。选择该选项后，系统提示输入复制模式选项，可以设置复制模式是单个或多个。

4.3.2 实战——洗手盆

本实例利用“矩形”、“椭圆”、“圆”和“直线”命令绘制初步图形，再利用“圆”命令绘制一个旋钮，最后利用“复制”命令复制旋钮，绘制流程如图 4-8 所示。

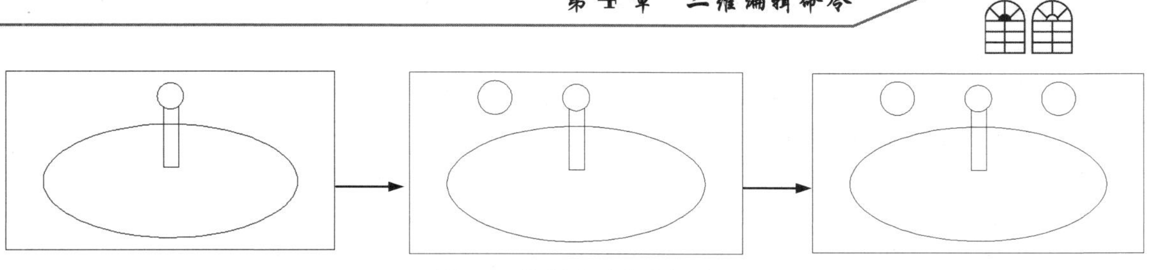

图 4-8　绘制洗手盆流程图

操作步骤如下：（：光盘\配套视频\第 4 章\洗手盆.avi）

（1）单击“默认”选项卡“绘图”面板中的“矩形”按钮和“椭圆”按钮，绘制初步图形，如图 4-9 所示。

（2）单击“默认”选项卡“绘图”面板中的“直线”按钮和“圆”按钮，配合对象捕捉功能绘制出水口，使其位置大约处于矩形中线上，如图 4-10 所示。

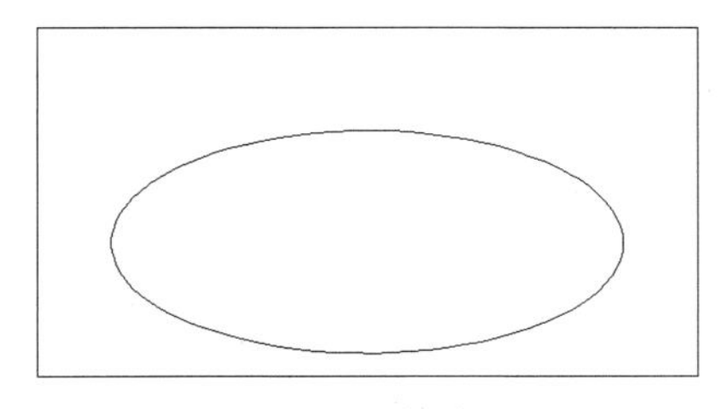

图 4-9　绘制初步图形

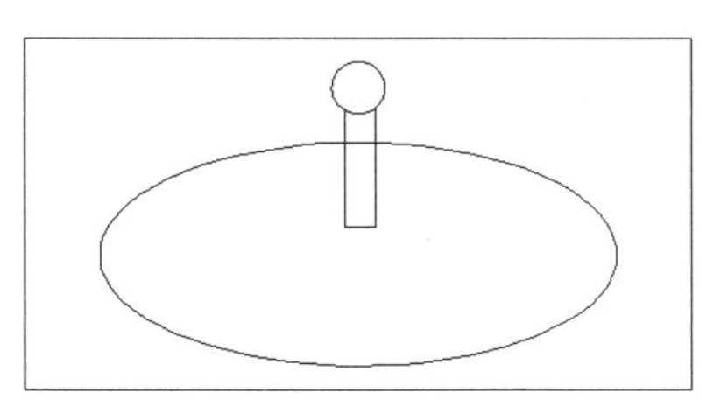

图 4-10　绘制出水口

（3）单击“默认”选项卡“绘图”面板中的“圆”按钮，以对象追踪功能捕捉圆心与刚绘制的出水口圆的圆心使其在一条直线上，以适当尺寸绘制左边旋钮，如图 4-11 所示。

（4）单击“默认”选项卡“修改”面板中的“复制”按钮，复制绘制的圆。

① 在命令行提示“选择对象：”后选择刚绘制的圆。

② 在命令行提示“选择对象：”后按 Enter 键。

③ 在命令行提示“指定基点或[位移(D)/模式(O)] <位移>:”后捕捉圆心。

④ 在命令行提示“指定第二个点或[阵列(A)] <使用第一个点作为位移>:”后在水平向右大约位置指定一点。

⑤ 在命令行提示“指定第二个点或[阵列(A)/退出(E)/放弃(U)] <退出>:”后按 Enter 键。

绘制结果如图 4-12 所示。

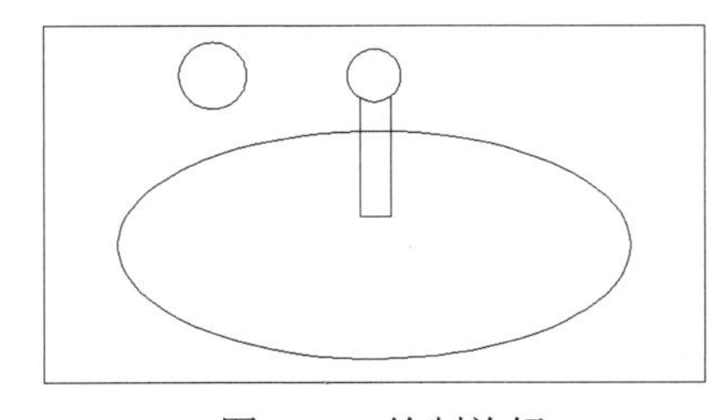

图 4-11　绘制旋钮

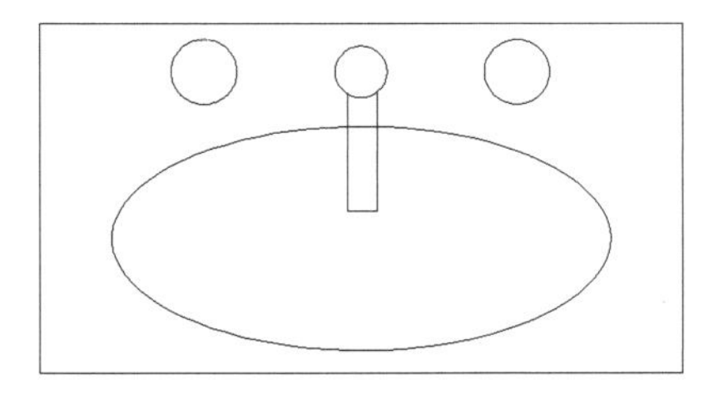

图 4-12　复制旋钮

4.3.3　“镜像”命令

镜像对象是指把选择的对象以一条镜像线为对称轴进行镜像。镜像操作完成后，可以保留源

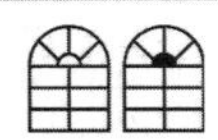

对象也可以将其删除。执行"镜像"命令，主要有如下4种调用方法：

☑ 在命令行中输入"MIRROR"命令。

☑ 选择菜单栏中的"修改"/"镜像"命令。

☑ 单击"修改"工具栏中的"镜像"按钮。

☑ 单击"默认"选项卡"修改"面板中的"镜像"按钮。

Note

执行上述命令后，系统提示选择要镜像的对象，并指定镜像线的第一个点和第二个点，同时确定是否删除源对象。这两点确定一条镜像线，被选择的对象以该线为对称轴进行镜像。包含该线的镜像平面与用户坐标系统的XY平面垂直，即镜像操作工作在与用户坐标系统的XY平面平行的平面上。

4.3.4 实战——办公椅

首先绘制椅背曲线，然后绘制扶手和边沿，最后通过"镜像"命令将左侧的图形进行镜像。绘制流程如图4-13所示。

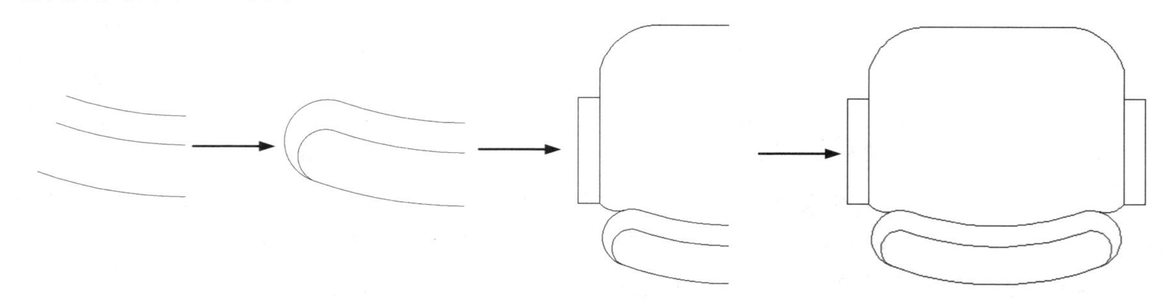

图4-13 绘制办公椅流程图

操作步骤如下：（：光盘\配套视频\第4章\办公椅.avi）

（1）单击"默认"选项卡"绘图"面板中的"圆弧"按钮，绘制3条圆弧，采用"三点圆弧"的绘制方式，使3条圆弧形状相似，右端点大约在一条竖直线上，如图4-14所示。

（2）单击"默认"选项卡"绘图"面板中的"圆弧"按钮，绘制两条圆弧，采用"起点/端点/圆心"的绘制方式，起点和端点分别捕捉为刚绘制圆弧的左端点，圆心适当选取，使造型尽量光滑过渡，如图4-15所示。

图4-14 绘制圆弧　　　　图4-15 绘制圆弧角

（3）利用"矩形""圆弧""直线"等命令绘制扶手和外沿轮廓，如图4-16所示。

（4）单击"默认"选项卡"修改"面板中的"镜像"按钮，镜像所有图形。

① 在命令行提示"选择对象:"后选取绘制的所有图形。

② 在命令行提示"选择对象:"后按Enter键。

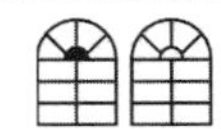

Note

③ 在命令行提示“指定镜像线的第一点:”后捕捉最右边的点。

④ 在命令行提示“指定镜像线的第二点:”后在竖直方向上指定一点。

⑤ 在命令行提示“要删除源对象吗？[是(Y)/否(N)] <否>:”后按 Enter 键。

绘制结果如图 4-17 所示。

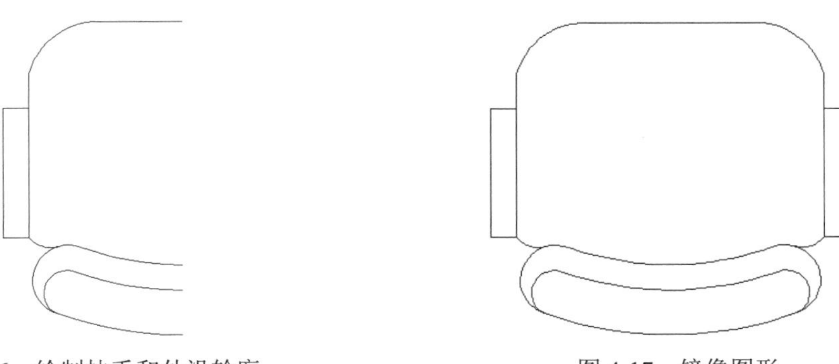

图 4-16 绘制扶手和外沿轮廓　　图 4-17 镜像图形

4.3.5 “偏移”命令

偏移对象是指保持选择的对象的形状，然后在不同的位置以不同的尺寸新建的一个对象。

执行“偏移”命令，主要有如下 4 种调用方法：

- ☑ 在命令行中输入“OFFSET”命令。
- ☑ 选择菜单栏中的“修改”/“偏移”命令。
- ☑ 单击“修改”工具栏中的“偏移”按钮。
- ☑ 单击“默认”选项卡“修改”面板中的“偏移”按钮。

执行上述命令后，将提示指定偏移距离或选择选项，选择要偏移的对象并指定偏移方向。使用“偏移”命令绘制构造线时，命令行提示中各选项的含义如下。

- ☑ 指定偏移距离：输入一个距离值，或按 Enter 键使用当前的距离值，系统把该距离值作为偏移距离，如图 4-18 所示。

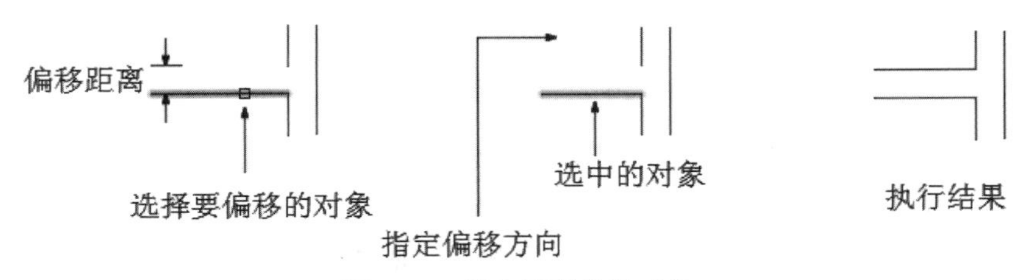

图 4-18 指定距离偏移对象

- ☑ 通过（T）：指定偏移的通过点。选择该选项并选择要偏移的对象后按 Enter 键，指定偏移对象的一个通过点。操作完毕后系统根据指定的通过点绘出偏移对象，如图 4-19 所示。
- ☑ 删除（E）：偏移后，将源对象删除。
- ☑ 图层：确定将偏移对象创建在当前图层上还是源对象所在的图层上。选择该选项后输入偏移对象的图层选项，操作完毕后系统根据指定的图层绘出偏移对象。

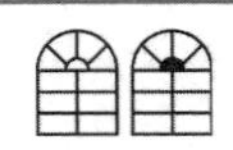

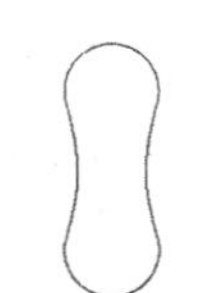

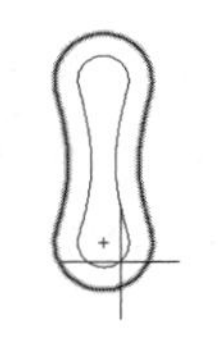

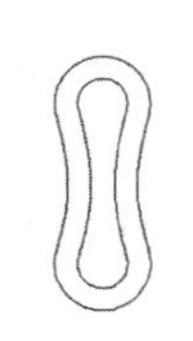

要偏移的对象　　指定通过点　　执行结果

图 4-19　指定通过点偏移对象

Note

4.3.6　实战——小便器

本实例利用"直线""圆弧""镜像"等命令绘制初步结构，再利用"圆弧"命令完善外部结构，然后利用"偏移"命令绘制边缘结构，最后利用"圆弧"命令完善细节。绘制流程如图 4-20 所示。

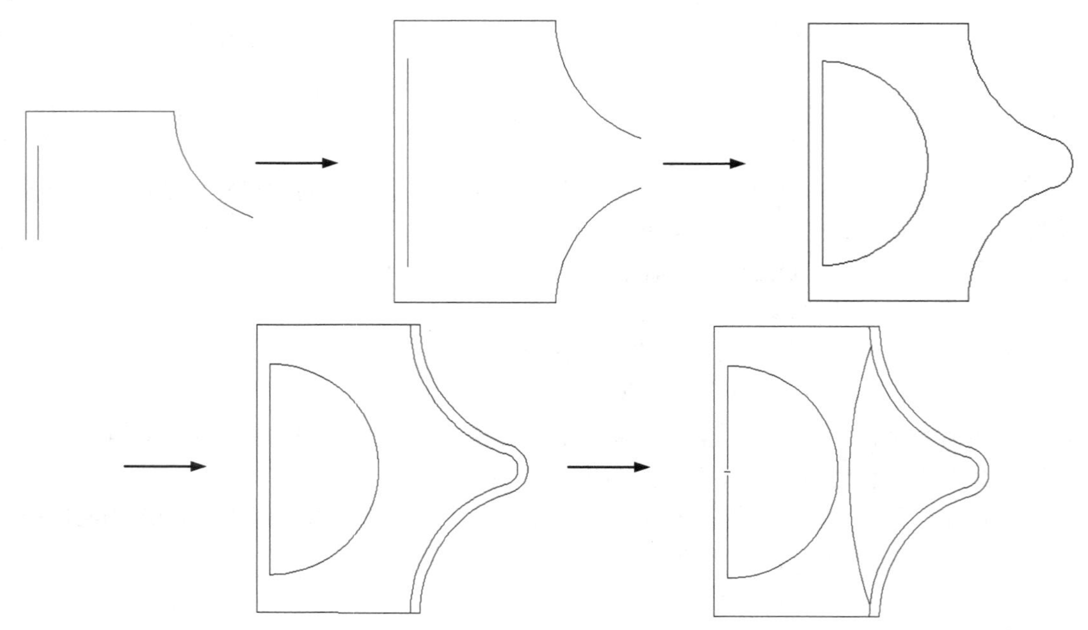

图 4-20　绘制小便器流程图

操作步骤如下：（：光盘\配套视频\第 4 章\小便器.avi）

（1）单击"默认"选项卡"绘图"面板中的"直线"按钮和"圆弧"按钮，结合"正交""对象捕捉""对象追踪"等功能，绘制初步图形，使两条竖直直线下端点在一条水平线上，如图 4-21 所示。

（2）单击"默认"选项卡"修改"面板中的"镜像"按钮，以两条竖直直线下端点连线为轴线镜像前面绘制的图线，结果如图 4-22 所示。

（3）单击"默认"选项卡"绘图"面板中的"圆弧"按钮，绘制一段圆弧。

① 在命令行提示"指定圆弧的起点[圆心(C)]:"后捕捉下面圆弧的端点。

② 在命令行提示"指定圆弧的第二个点或[圆心(C)/端点(E)]:"后输入"E"。

③ 在命令行提示"指定圆弧的端点:"后捕捉上面圆弧的端点。

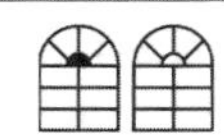

④ 在命令行提示“指定圆弧的圆心或[角度(A)/方向(D)/半径(R)]:”后利用对象追踪功能指定圆弧圆心在镜像对称线上，使圆弧与前面绘制的两圆弧光滑过渡。

结果如图 4-23 所示。

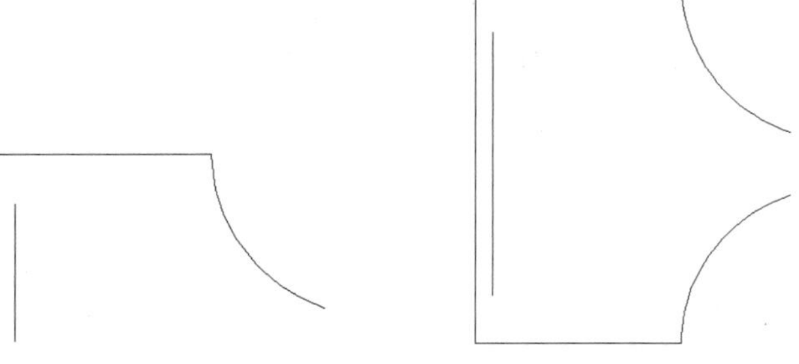

图 4-21　绘制初步图形　　图 4-22　镜像处理

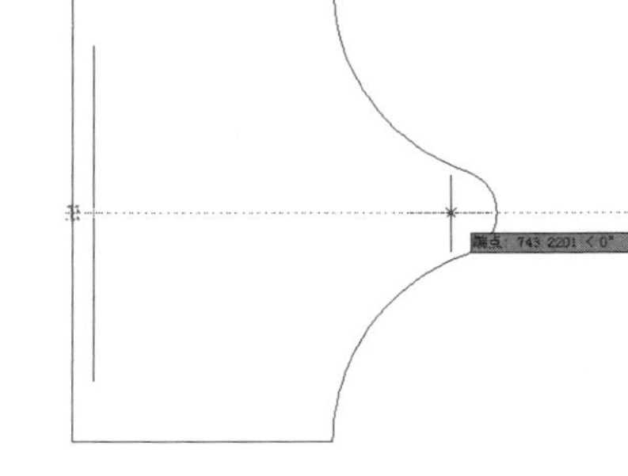

图 4-23　绘制圆弧

（4）选择菜单栏中的“修改”/“对象”/“多段线”命令，合并多段线。

① 在命令行提示“选择多段线或[多条(M)]:”后选择一条圆弧。

② 在命令行提示“选定的对象不是多段线是否将其转换为多段线? <Y>”后输入“Y”。

③ 在命令行提示“输入选项[闭合(C)/合并(J)/宽度(W)/编辑顶点(E)/拟合(F)/样条曲线(S)/非曲线化(D)/线型生成(L)/反转(R)/放弃(U)]:”后输入“J”。

④ 在命令行提示“选择对象:”后选择另两条圆弧。

3 条线段被合并成一条多段线，再单击“默认”选项卡“绘图”面板中的“圆弧”按钮，结合对象捕捉功能绘制一个半圆，结果如图 4-24 所示。

（5）单击“默认”选项卡“修改”面板中的“偏移”按钮，将图形向内偏移，如图 4-25 所示。

① 在命令行提示“指定偏移距离或[通过(T)/删除(E)/图层(L)] <30.0000>:”后输入合适的距离。

② 在命令行提示“选择要偏移的对象，或[退出(E)/放弃(U)] <退出>:”后指定合并的多段线。

③ 在命令行提示“指定要偏移的那一侧上的点，或[退出(E)/多个(M)/放弃(U)]<退出>:”后指定多段线内侧。

④ 在命令行提示“选择要偏移的对象，或[退出(E)/放弃(U)] <退出>:”后按 Enter 键。

（6）单击“默认”选项卡“绘图”面板中的“圆弧”按钮，结合对象捕捉功能适当绘制一条圆弧，最终结果如图 4-26 所示。

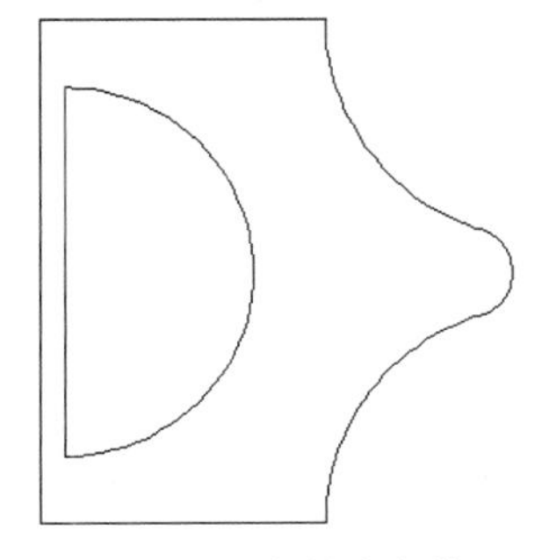

图 4-24　合并多段线

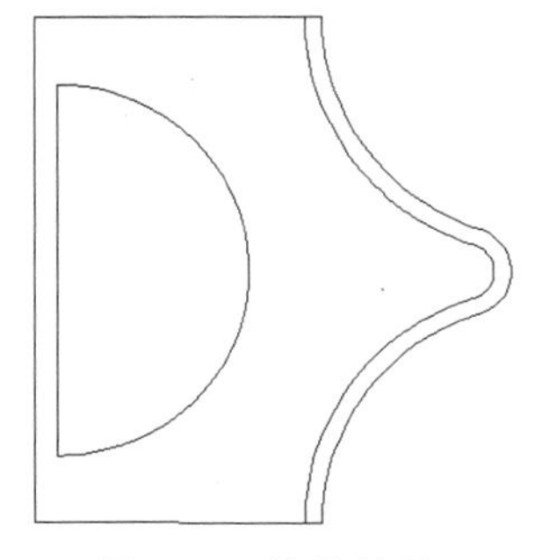

图 4-25　偏移处理

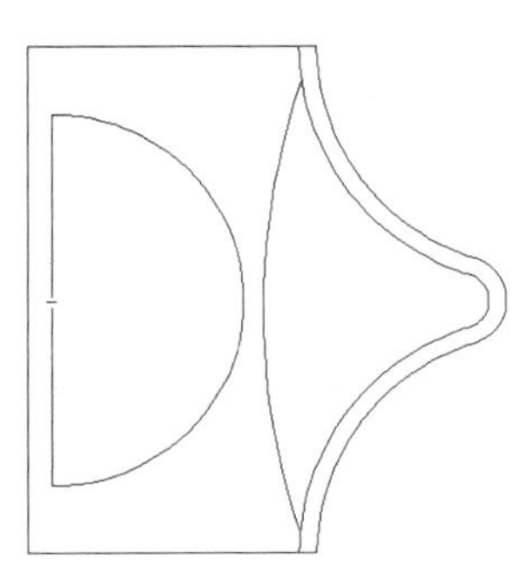

图 4-26　绘制圆弧

Note

4.3.7 “阵列”命令

阵列是指多重复制选择对象并把这些副本按矩形或环形排列。把副本按矩形排列称为建立矩形阵列，把副本按环形排列称为建立极阵列。建立极阵列时，应该控制复制对象的次数和对象是否被旋转；建立矩形阵列时，应该控制行和列的数量以及对象副本之间的距离。

使用“阵列”命令可以一次将选择的对象复制多个并按一定规律进行排列。“阵列”命令主要有如下4种调用方法：

☑ 在命令行中输入“ARRAY”命令。

☑ 选择菜单栏中的“修改”/“阵列”命令。

☑ 单击“修改”工具栏中的“阵列”按钮。

☑ 单击“默认”选项卡“修改”面板中的“矩形阵列”按钮/“路径阵列”按钮/“环形阵列”按钮。

执行“阵列”命令后，根据系统提示选择对象，按Enter键结束选择后输入阵列类型。在命令行提示下选择路径曲线或输入行列数。在执行“阵列”命令的过程中，命令行提示中各主要选项的含义如下。

☑ 方向（O）：控制选定对象是否将相对于路径的起始方向重定向（旋转），然后再移动到路径的起点。

☑ 表达式（E）：使用数学公式或方程式获取值。

☑ 基点（B）：指定阵列的基点。

☑ 关键点（K）：对于关联阵列，在源对象上指定有效的约束点（或关键点）以用作基点。如果编辑生成的阵列的源对象，阵列的基点保持与源对象的关键点重合。

☑ 定数等分（D）：沿整个路径长度平均定数等分项目。

☑ 全部（T）：指定第一个和最后一个项目之间的总距离。

☑ 关联（AS）：指定是否在阵列中创建项目作为关联阵列对象，或作为独立对象。

☑ 项目（I）：编辑阵列中的项目数。

☑ 行数（R）：指定阵列中的行数和行间距，以及它们之间的增量标高。

☑ 层级（L）：指定阵列中的层数和层间距。

☑ 对齐项目（A）：指定是否对齐每个项目以与路径的方向相切。对齐相对于第一个项目的方向。

☑ Z方向（Z）：控制是否保持项目的原始Z方向或沿三维路径自然倾斜项目。

☑ 退出（X）：退出命令。

4.3.8 实战——行李架

本实例利用“矩形”命令绘制行李架主体，再用“阵列”命令完成绘制。绘制流程如图4-27所示。

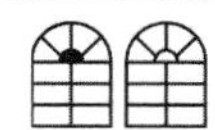

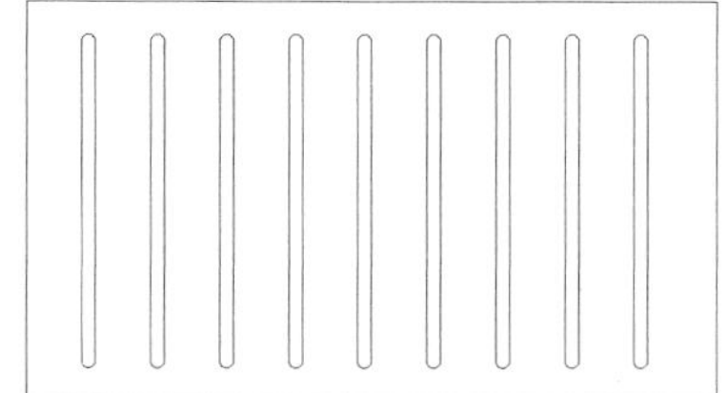

图 4-27 绘制行李架流程图

操作步骤如下：（光盘\配套视频\第 4 章\行李架.avi）

（1）单击“默认”选项卡“绘图”面板中的“矩形”按钮，绘制行李架外框。

① 在命令行提示“指定第一个角点或[倒角(C)/标高(E)/圆角(F)/厚度(T)/宽度(W)]:”后输入“0,0”。

② 在命令行提示“指定另一个角点或[面积(A)/尺寸(D)/旋转(R)]:”后输入“1000,600”。

（2）单击“默认”选项卡“绘图”面板中的“矩形”按钮，绘制一个小矩形。

① 在命令行提示“指定第一个角点或[倒角(C)/标高(E)/圆角(F)/厚度(T)/宽度(W)]:”后输入“F”。

② 在命令行提示“指定矩形的圆角半径<0.0000>:”后输入“10”。

③ 在命令行提示“指定第一个角点或[倒角(C)/标高(E)/圆角(F)/厚度(T)/宽度(W)]:”后输入“80,50”。

④ 在命令行提示“指定另一个角点或[面积(A)/尺寸(D)/旋转(R)]:”后输入“D”。

⑤ 在命令行提示“指定矩形的长度<10.0000>:”后输入“20”。

⑥ 在命令行提示“指定矩形的宽度<10.0000>:”后输入“500”。

⑦ 在命令行提示“指定另一个角点或[面积(A)/尺寸(D)/旋转(R)]:”后向右上方随意指定一点，表示角点的位置方向。

结果如图 4-28 所示。

（3）单击“默认”选项卡“修改”面板中的“矩形阵列”按钮，阵列小矩形。

① 在命令行提示“选择对象:”后选择绘制的内部小矩形。

② 在命令行提示“选择对象:”后按 Enter 键。

③ 在命令行提示“选择夹点以编辑阵列或[关联(AS)/基点(B)/计数(COU)/间距(S)/列数(COL)/行数(R)/层数(L)/退出(X)] <退出>:”后输入“COL”。

④ 在命令行提示“输入列数或[表达式(E)] <4>:”后输入“9”。

⑤ 在命令行提示“指定列数之间的距离或[总计(T)/表达式(E)] <233.0482>:”后输入“100”。

⑥ 在命令行提示“选择夹点以编辑阵列或[关联(AS)/基点(B)/计数(COU)/间距(S)/列数(COL)/行数(R)/层数(L)/退出(X)] <退出>:”后输入“R”。

⑦ 在命令行提示“输入行数或[表达式(E)] <3>:”后输入“1”。

⑧ 在命令行提示“指定行数之间的距离或[总计(T)/表达式(E)] <233.0482>:”后按 Enter 键。

⑨ 在命令行提示“指定行数之间的标高增量或[表达式(E)] <0>:”后按 Enter 键。

⑩ 在命令行提示“选择夹点以编辑阵列或[关联(AS)/基点(B)/计数(COU)/间距(S)/列数(COL)/行数(R)/层数(L)/退出(X)] <退出>:”后按 Enter 键。

最终结果如图 4-29 所示。

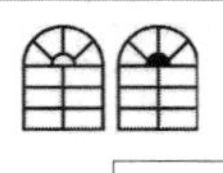

图 4-28 绘制矩形

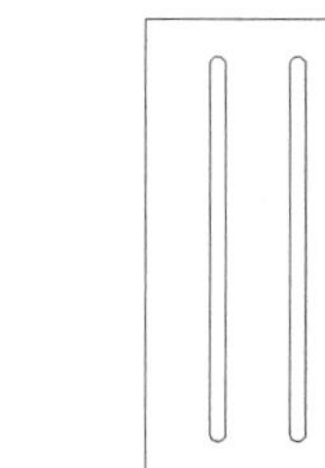

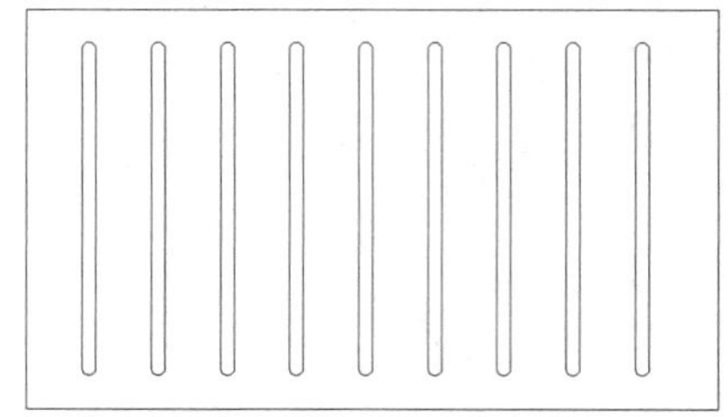

图 4-29 阵列矩形

4.4 改变位置类命令

这一类编辑命令的功能是按照指定要求改变当前图形或图形的某部分的位置，主要包括“移动”、“旋转”和“缩放”等命令。

4.4.1 “移动”命令

利用“移动”命令可以将图形从当前位置移动到新位置。该命令主要有如下 5 种调用方法：

☑ 在命令行中输入“MOVE”命令。

☑ 选择菜单栏中的“修改”/“移动”命令。

☑ 单击“修改”工具栏中的“移动”按钮。

☑ 选择快捷菜单中的“移动”命令。

☑ 单击“默认”选项卡“修改”面板中的“移动”按钮。

执行上述命令后，根据系统提示选择对象，按 Enter 键结束选择。在命令行提示下指定基点或移至点，并指定第二个点或位移量。各选项功能与 COPY 命令相关选项功能相同。所不同的是对象被移动后，原位置处的对象消失。

4.4.2 实战——组合电视柜

本实例利用“移动”命令将电视机图形移动到电视柜的适当位置，从而组成组合电视柜。绘制流程如图 4-30 所示。

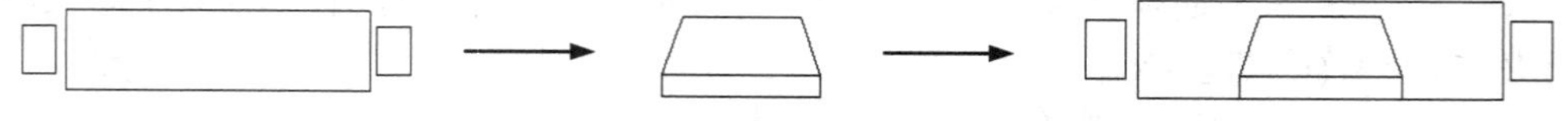

图 4-30 绘制组合电视柜流程图

操作步骤如下：（：光盘\配套视频\第 4 章\组合电视柜.avi）

（1）打开“源文件\第 4 章\组合电视柜图形”文件。

（2）在打开的图形中有如图 4-31 和图 4-32 所示的电视柜及电视机。

（3）单击“默认”选项卡“修改”面板中的“移动”按钮，将电视机图形移动到电视柜图形上。

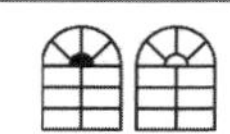

① 在命令行提示“选择对象:”后选择电视机。

② 在命令行提示“选择对象:”后按 Enter 键。

③ 在命令行提示“指定基点或[位移(D)] <位移>:”后选择电视机外边的中点。

④ 在命令行提示“指定第二个点或<使用第一个点作为位移>:”后选择电视柜外边的中点。绘制结果如图 4-33 所示。

Note

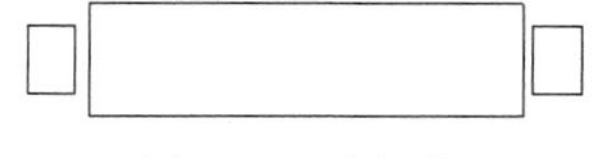

图 4-31 电视柜

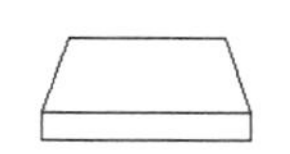

图 4-32 电视机

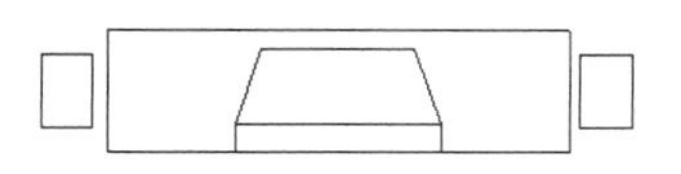

图 4-33 组合电视柜

4.4.3 “旋转”命令

利用“旋转”命令可以将图形围绕指定的点进行旋转。该命令主要有如下 5 种调用方法：

☑ 在命令行中输入“ROTATE”命令。

☑ 选择菜单栏中的“修改”/“旋转”命令。

☑ 单击“修改”工具栏中的“旋转”按钮。

☑ 在快捷菜单中选择“旋转”命令。

☑ 单击“默认”选项卡“修改”面板中的“旋转”按钮。

执行上述命令后，根据系统提示选择要旋转的对象，并指定旋转的基点和旋转的角度。在执行“旋转”命令的过程中，命令行提示中各主要选项的含义如下。

☑ 复制（C）：选择该选项，旋转对象的同时，保留原对象，如图 4-34 所示。

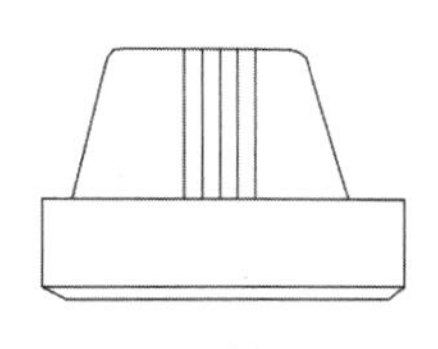

（a）旋转前

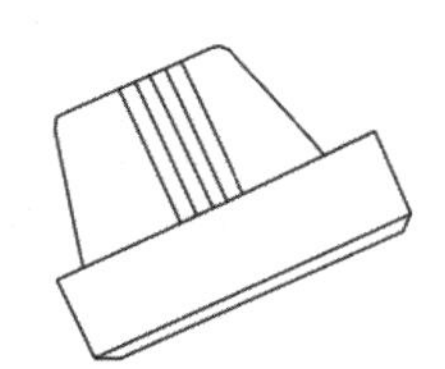

（b）旋转后

图 4-34 复制旋转

☑ 参照（R）：采用参考方式旋转对象时，根据系统提示指定要参考的角度和旋转后的角度值，操作完毕后，对象被旋转至指定的角度位置。

提示：

可以用拖动鼠标的方法旋转对象。选择对象并指定基点后，从基点到当前光标位置会出现一条连线，鼠标选择的对象会动态地随着该连线与水平方向的夹角变化而旋转，按 Enter 键确认旋转操作，如图 4-35 所示。

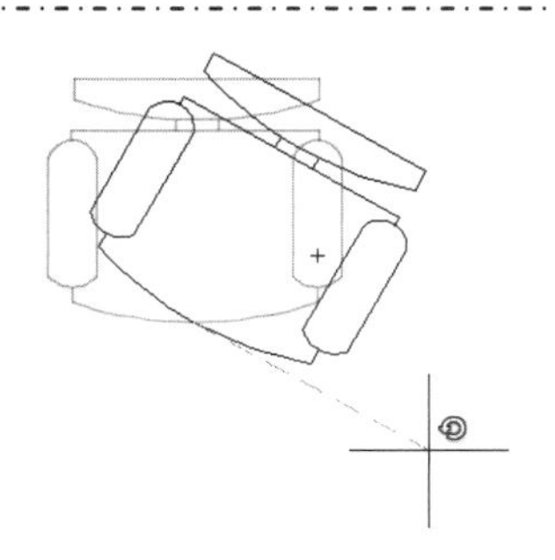

图 4-35 拖动鼠标旋转对象

4.4.4 实战——接待台

Note

本实例利用“矩形”与“多段线”命令绘制接待台主体，再利用“直线”与“阵列”命令细化接待台图形，最后利用“旋转”命令调整图形角度。绘制流程如图 4-36 所示。

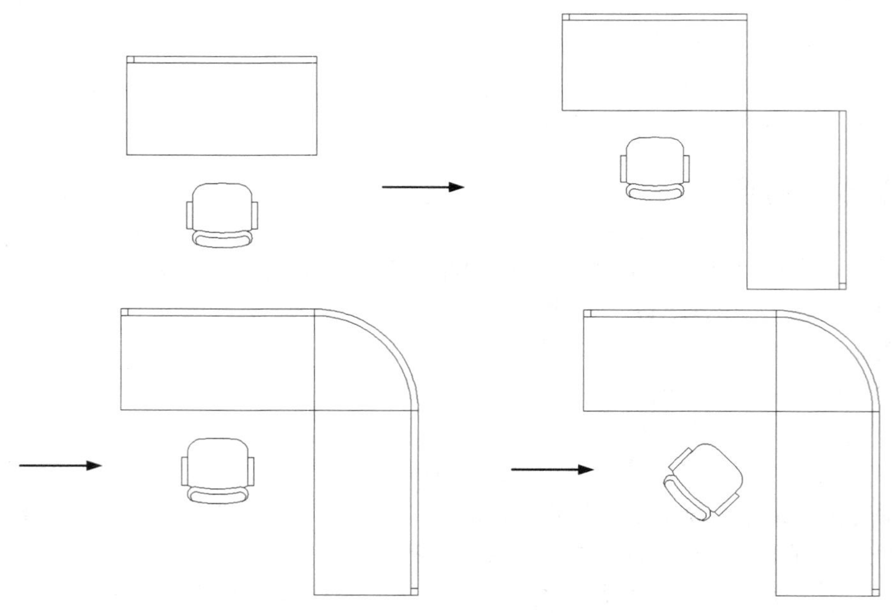

图 4-36　绘制接待台流程图

操作步骤如下：（：光盘\配套视频\第 4 章\接待台.avi）

（1）打开 4.3.4 小节绘制的办公椅图形，将其另存为“接待台.dwg”文件。

（2）单击“默认”选项卡“绘图”面板中的“直线”按钮和“矩形”按钮，绘制桌面图形，如图 4-37 所示。

（3）单击“默认”选项卡“修改”面板中的“镜像”按钮，将桌面图形进行镜像处理，利用“对象追踪”功能将对称线捕捉为过矩形右下角的 45° 斜线。绘制结果如图 4-38 所示。

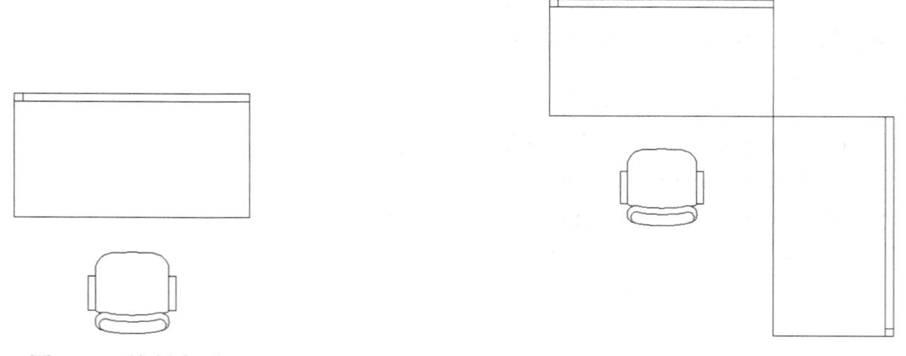

图 4-37　绘制桌面　　　　图 4-38　镜像处理

（4）单击“默认”选项卡“绘图”面板中的“圆弧”按钮，绘制两段圆弧，如图 4-39 所示。

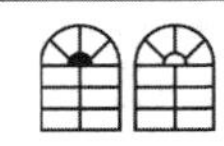

（5）单击“默认”选项卡“修改”面板中的“旋转”按钮，旋转绘制的办公椅。

① 在命令行提示“选择对象:”后选择办公椅。

② 在命令行提示“选择对象:”后按 Enter 键。

③ 在命令行提示“指定基点：”后指定椅背中点。

④ 在命令行提示“指定旋转角度，或[复制(C)/参照(R)] <0>：”后输入“−45”。绘制结果如图 4-40 所示。

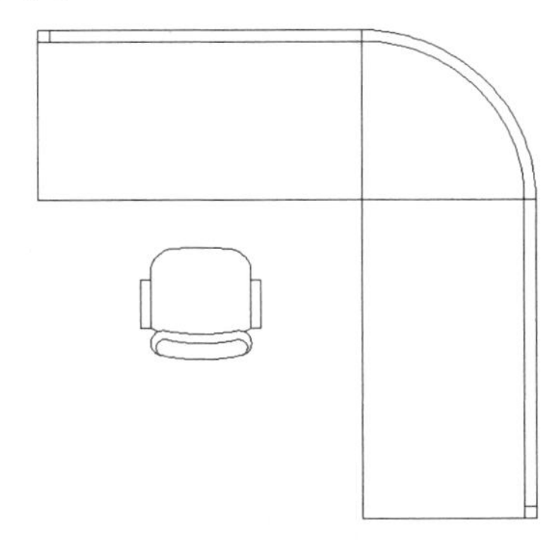

图 4-39　绘制圆弧

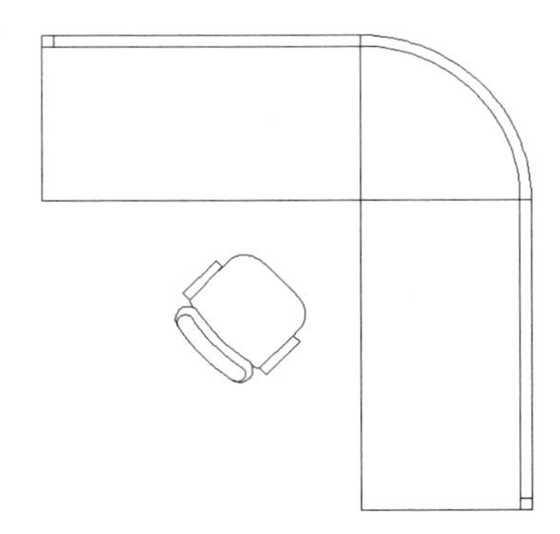

图 4-40　接待台

4.4.5　“缩放”命令

使用“缩放”命令可以改变实体的尺寸大小，在执行缩放的过程中，用户需要指定缩放比例。执行“缩放”命令，主要有以下 5 种调用方法：

☑ 在命令行中输入“SCALE”命令。

☑ 选择菜单栏中的“修改”/“缩放”命令。

☑ 单击“修改”工具栏中的“缩放”按钮。

☑ 在快捷菜单中选择“缩放”命令。

☑ 单击“默认”选项卡“修改”面板中的“缩放”按钮。

执行上述命令后，根据系统提示选择要缩放的对象，指定缩放操作的基点，指定比例因子或选项。在执行“缩放”命令的过程中，命令行提示中各主要选项的含义如下。

☑ 参照（R）：采用参考方向缩放对象时，根据系统提示输入参考长度值并指定新长度值。若新长度值大于参考长度值，则放大对象；否则，缩小对象。操作完毕后，系统以指定的基点按指定的比例因子缩放对象。如果选择“点(P)”选项，则指定两点来定义新的长度。

☑ 指定比例因子：选择对象并指定基点后，从基点到当前光标位置会出现一条线段，线段的长度即为比例大小。鼠标选择的对象会动态地随着该连线长度的变化而缩放，按 Enter 键，确认缩放操作。

☑ 复制（C）：选择“复制(C)”选项时，可以复制缩放对象，即缩放对象时，保留源对象，如图 4-41 所示。

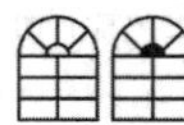

Note

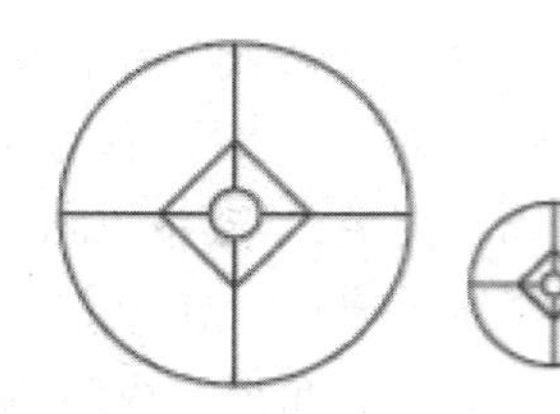

（a）缩放前　　（b）缩放后

图 4-41　复制缩放

4.4.6　实战——装饰盘

本实例利用“圆”命令绘制盘外轮廓，再利用“圆弧”“阵列”命令绘制装饰花瓣，最后利用“缩放”命令绘制盘内装饰圆。绘制流程如图 4-42 所示。

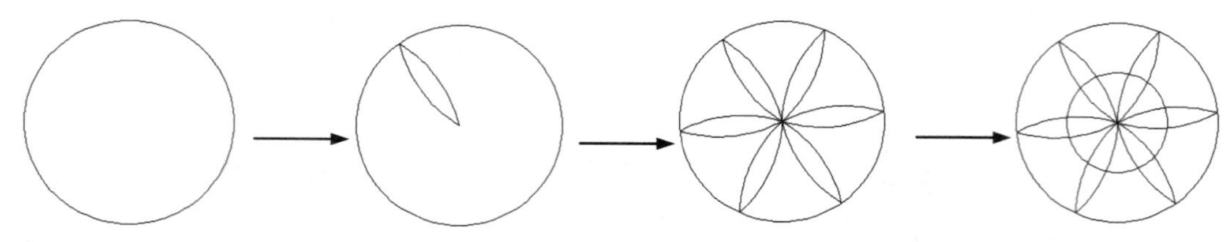

图 4-42　绘制装饰盘流程图

操作步骤如下：（：光盘\配套视频\第 4 章\装饰盘.avi）

（1）单击“默认”选项卡“绘图”面板中的“圆”按钮，以（100,100）为圆心，绘制半径为 200 的圆作为盘外轮廓线，如图 4-43 所示。

（2）单击“默认”选项卡“绘图”面板中的“圆弧”按钮，绘制花瓣，如图 4-44 所示。

（3）单击“默认”选项卡“修改”面板中的“镜像”按钮，镜像花瓣，如图 4-45 所示。

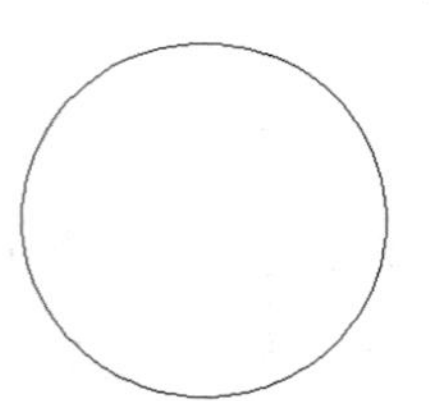

图 4-43　绘制圆形

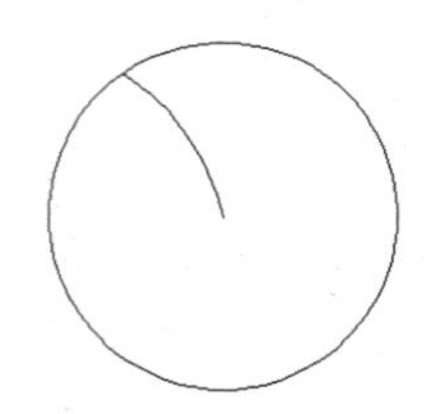

图 4-44　绘制花瓣

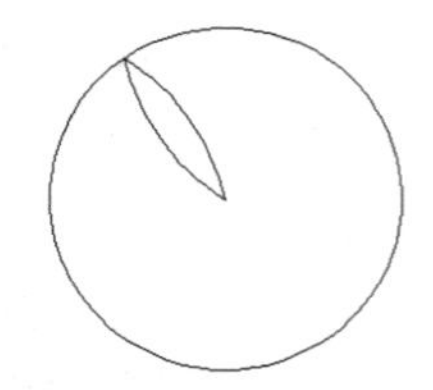

图 4-45　镜像花瓣

（4）单击“默认”选项卡“修改”面板中的“环形阵列”按钮，选择花瓣为阵列对象，以圆心为阵列中心点阵列花瓣，并设置阵列数目为 6，填充角度为 360°，如图 4-46 所示。

① 在命令行提示“选择对象:”后选择花瓣。

② 在命令行提示“选择对象:”后按 Enter 键。

③ 在命令行提示“指定阵列的中心点或 [基点(B)/旋转轴(A)]:”后指定圆心。

④ 在命令行提示“选择夹点以编辑阵列或 [关联(AS)/基点(B)/项目(I)/项目间角度(A)/填充角度(F)/行(ROW)/层(L)/旋转项目(ROT)/退出(X)] <退出>:”后输入“I”。

⑤ 在命令行提示“输入阵列中的项目数或 [表达式(E)] <6>:”后输入“6”。

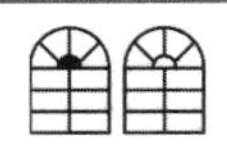

⑥ 在命令行提示“选择夹点以编辑阵列或 [关联(AS)/基点(B)/项目(I)/项目间角度(A)/填充角度(F)/行(ROW)/层(L)/旋转项目(ROT)/退出(X)] <退出>:”后按 Enter 键。

（5）单击“默认”选项卡“修改”面板中的“缩放”按钮，缩放一个圆作为装饰盘内装饰圆。

① 在命令行提示“选择对象:”后选择圆。

② 在命令行提示“指定基点:”后指定圆心。

③ 在命令行提示“指定比例因子或[复制(C)/参照(R)]<1.0000>:”后输入“C”。

④ 在命令行提示“指定比例因子或[复制(C)/参照(R)]<1.0000>:”后输入“0.5”。

绘制结果如图 4-47 所示。

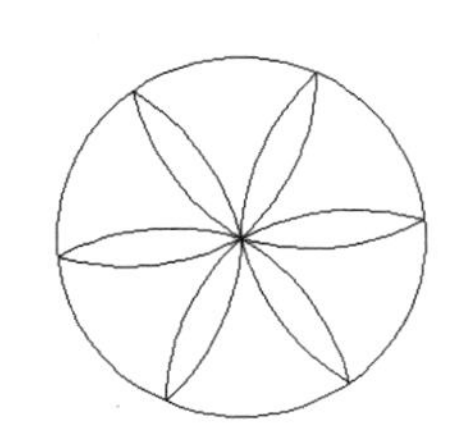

图 4-46　阵列花瓣

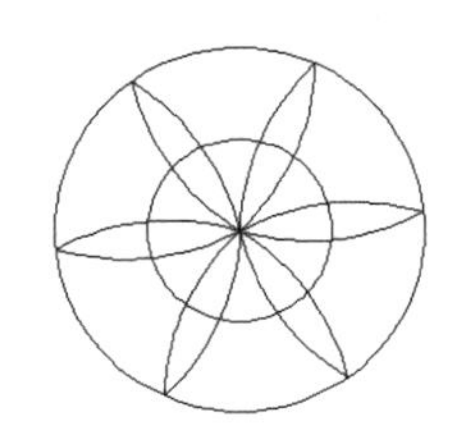

图 4-47　装饰盘图形

4.5　改变几何特性类命令

这一类编辑命令在对指定对象进行编辑后，使编辑对象的几何特性发生改变，包括“倒角”“圆角”“打断”“修剪”“延伸”“拉长”“拉伸”等命令。

4.5.1　“圆角”命令

圆角是指用指定半径决定的一段平滑圆弧连接两个对象。系统规定可以圆角连接一对直线段、非圆弧的多段线、样条曲线、双向无限长线、射线、圆、圆弧和椭圆。可以在任何时刻圆角连接非圆弧多段线的每个节点。执行“圆角”命令，主要有以下 4 种调用方法：

☑ 在命令行中输入“FILLET”命令。

☑ 选择菜单栏中的“修改”/“圆角”命令。

☑ 单击“修改”工具栏中的“圆角”按钮。

☑ 单击“默认”选项卡“修改”面板中的“圆角”按钮。

执行上述命令后，根据系统提示选择第一个对象或其他选项，再选择第二个对象。使用“圆角”命令对图形对象进行圆角时，命令行提示中主要选项的含义如下。

☑ 多段线（P）：在一条二维多段线的两段直线段的节点处插入圆滑的弧。选择多段线后系统会根据指定的圆弧的半径把多段线各顶点用圆滑的弧连接起来。

☑ 半径（R）：确定圆角半径。

☑ 修剪（T）：确定在圆滑连接两条边时，是否修剪这两条边，如图 4-48 所示。

☑ 多个（M）：同时对多个对象进行圆角编辑。

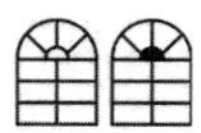

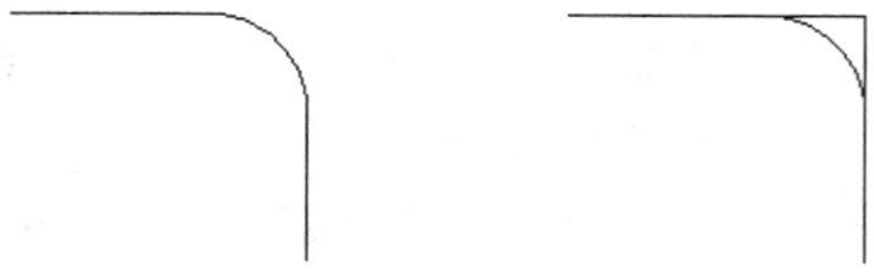

Note

（a）修剪方式　　（b）不修剪方式

图 4-48　圆角连接

4.5.2　实战——脚踏

本实例利用“矩形”和“直线”命令绘制台面，再利用“圆角”命令对边角进行处理，然后利用“多段线”、“直线”和“样条曲线”等命令绘制脚踏的腿部造型，最后镜像处理。绘制流程如图 4-49 所示。

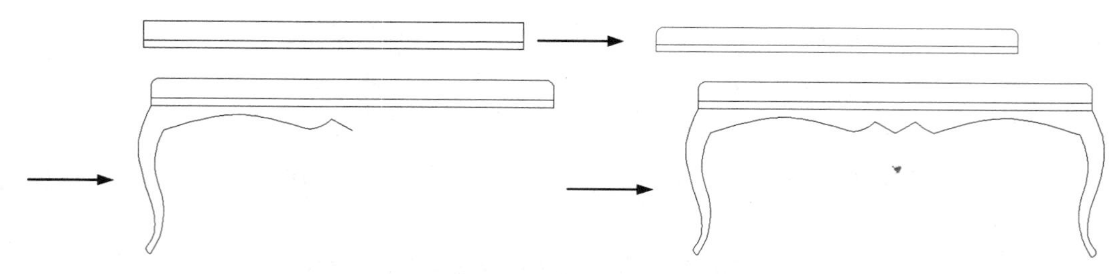

图 4-49　绘制脚踏流程图

操作步骤如下：（：光盘\配套视频\第 4 章\脚踏.avi）

（1）单击“默认”选项卡“绘图”面板中的“矩形”按钮，绘制一个长为 1000、宽为 70 的矩形。

（2）单击“默认”选项卡“绘图”面板中的“直线”按钮，利用“对象捕捉”功能的“捕捉自”命令辅助绘制直线。

① 在命令行提示“指定第一个点:”后输入“FROM”。

② 在命令行提示“基点:”后捕捉矩形左下角。

③ 在命令行提示“<偏移>:”后输入“@0,20”。

④ 在命令行提示“指定下一点或[放弃(U)]:”后捕捉矩形右边上的垂足，如图 4-50 所示。结果如图 4-51 所示。

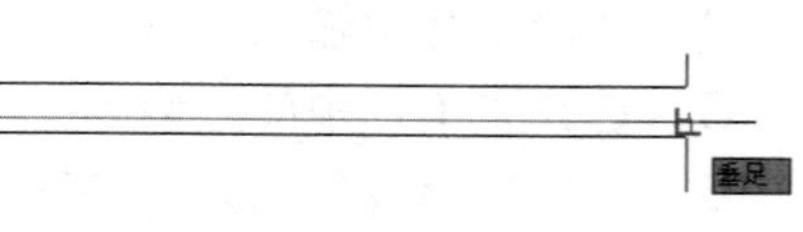

图 4-50　捕捉垂足

（3）单击“默认”选项卡“修改”面板中的“圆角”按钮，对矩形进行圆角操作。

① 在命令行提示“选择第一个对象或[放弃(U)/多段线(P)/半径(R)/修剪(T)/多个(M)]:”后输入“R”。

② 在命令行提示“指定圆角半径 <0.0000>:”后输入“20”。

③ 在命令行提示“选择第一个对象或[放弃(U)/多段线(P)/半径(R)/修剪(T)/多个(M)]:”后选择矩形左边。

④ 在命令行提示“选择第二个对象，或按住 Shift 键选择对象以应用角点或[半径(R)]:”后选择矩形上边。

同理，对矩形右上角进行倒圆角操作，结果如图 4-52 所示。

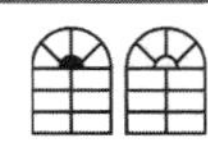

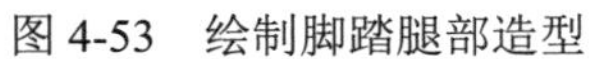

图 4-51　绘制直线　　　　图 4-52　倒圆角

（4）单击“默认”选项卡“绘图”面板中的“样条曲线拟合”按钮和“直线”按钮，绘制脚踏腿部造型，如图 4-53 所示。

（5）单击“默认”选项卡“修改”面板中的“镜像”按钮，将刚绘制的腿部造型以矩形的中线（利用对象捕捉功能）为轴进行镜像处理，结果如图 4-54 所示。

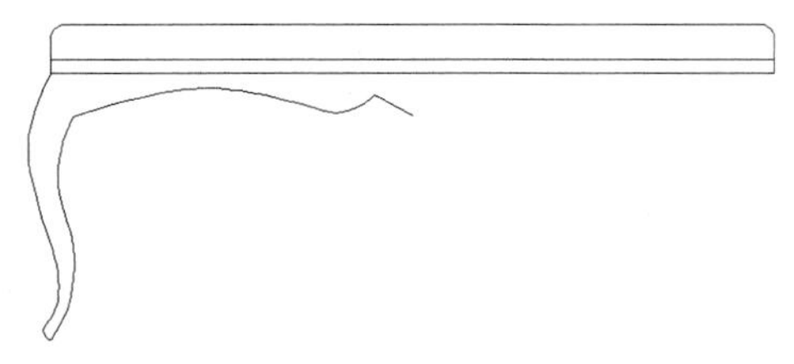

图 4-53　绘制脚踏腿部造型

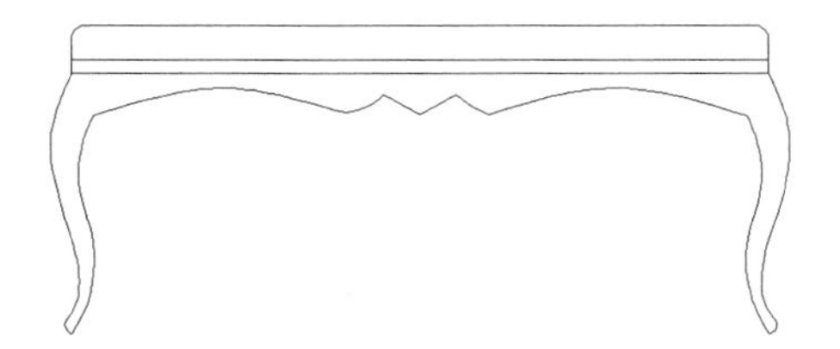

图 4-54　脚踏

4.5.3　“倒角”命令

倒角是指用斜线连接两个不平行的线型对象。可以用斜线连接直线段、双向无限长线、射线和多段线。执行“倒角”命令，主要有以下 4 种调用方法：

☑　在命令行中输入“CHAMFER”命令。

☑　选择菜单栏中的“修改”/“倒角”命令。

☑　单击“修改”工具栏中的“倒角”按钮。

☑　单击“默认”选项卡“修改”面板中的“倒角”按钮。

执行上述命令后，根据系统提示选择第一条直线或其他选项，再选择第二条直线。执行“倒角”命令对图形进行倒角处理时，命令行提示中各选项的含义如下。

☑　距离（D）：选择倒角的两个斜线距离。斜线距离是指从被连接的对象与斜线的交点到被连接的两对象的可能的交点之间的距离，如图 4-55 所示。这两个斜线距离可以相同也可以不相同，若二者均为 0，则系统不绘制连接的斜线，而是把两个对象延伸至相交，并修剪超出的部分。

☑　角度（A）：选择第一条直线的斜线距离和角度。采用这种方法斜线连接对象时，需要输入两个参数，即斜线与一个对象的斜线距离和斜线与该对象的夹角，如图 4-56 所示。

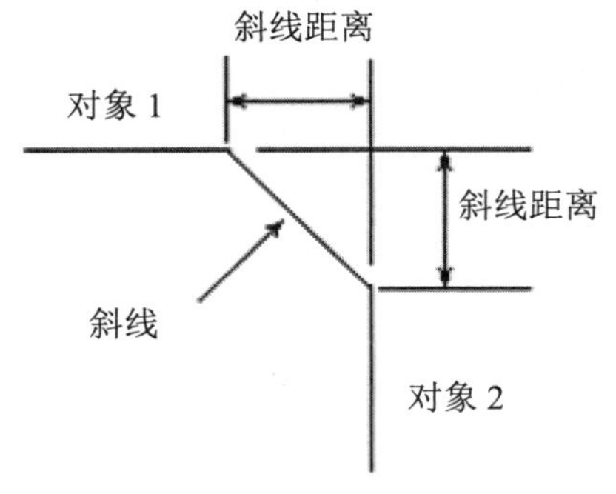

图 4-55　斜线距离

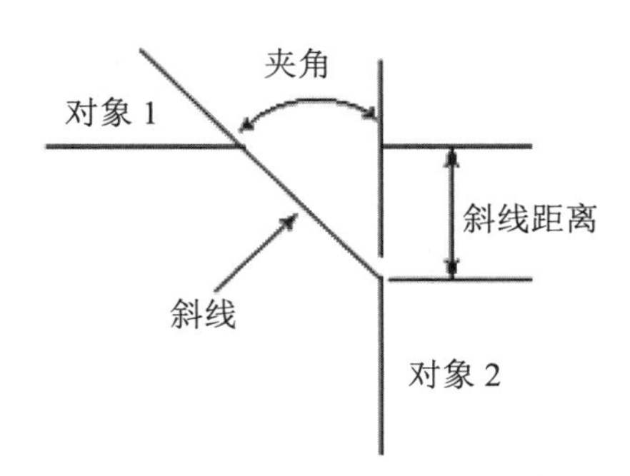

图 4-56　斜线距离与夹角

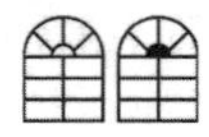

☑ 多段线（P）：对多段线的各个交叉点进行倒角编辑。为了得到最好的连接效果，一般设置斜线是相等的值。系统根据指定的斜线距离把多段线的每个交叉点都作斜线连接，连接的斜线成为多段线新添加的构成部分，如图 4-57 所示。

（a）选择多段线　　　（b）倒角结果

图 4-57　斜线连接多段线

☑ 修剪（T）：与“圆角”命令 FILLET 相同，该选项决定连接对象后，是否剪切源对象。

☑ 方式（M）：确定采用“距离”方式还是“角度”方式来倒角。

☑ 多个（U）：同时对多个对象进行倒角编辑。

提示：

有时用户在执行“圆角”和“倒角”命令时，发现命令不执行或执行后没什么变化，那是因为系统默认圆角半径和斜线距离均为 0。如果不事先设定圆角半径或斜线距离，系统就以默认值执行命令，所以看起来好像没有执行命令。

4.5.4　实战——洗菜盆

本实例利用“直线”命令绘制大体轮廓，再利用“圆”“复制”命令绘制水龙头和出水口，最后利用“倒角”命令细化。绘制流程如图 4-58 所示。

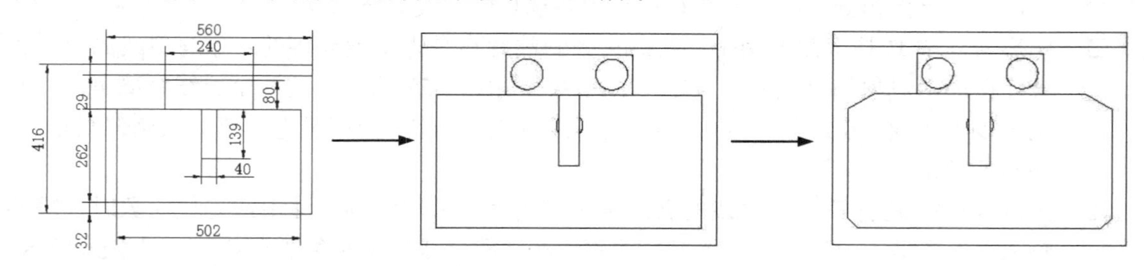

图 4-58　绘制洗菜盆流程图

操作步骤如下：（光盘\配套视频\第 4 章\洗菜盆.avi）

（1）单击“默认”选项卡“绘图”面板中的“直线”按钮，可以绘制出初步轮廓，尺寸如图 4-59 所示。

（2）单击“默认”选项卡“绘图”面板中的“圆”按钮，以如图 4-60 所示的长为 240、宽为 80 的矩形的大约左中位置为圆心，绘制半径为 35 的圆。

（3）单击“默认”选项卡“修改”面板中的“复制”按钮，选择刚绘制的圆，复制到右边合适的位置，完成旋钮的绘制。

（4）单击“默认”选项卡“绘图”面板中的“圆”按钮，以如图 4-60 所示的长为 139、

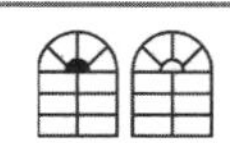

宽为 40 的矩形的正中位置为圆心，绘制半径为 25 的圆作为出水口。

（5）单击“默认”选项卡“修改”面板中的“修剪”按钮（此命令在 4.5.5 节中将详细讲述），修剪绘制的出水口，如图 4-60 所示。

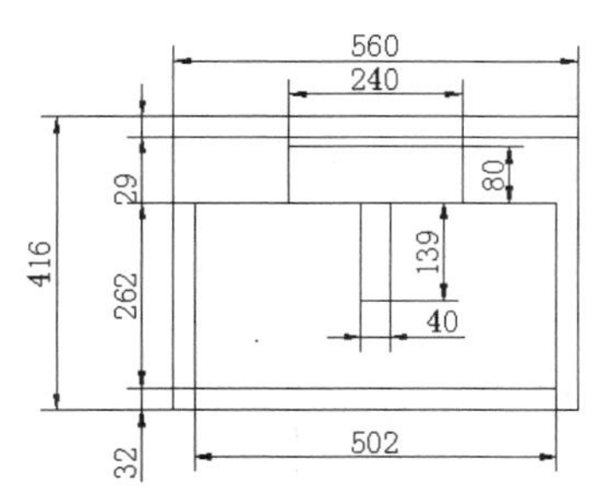

图 4-59　初步轮廓图

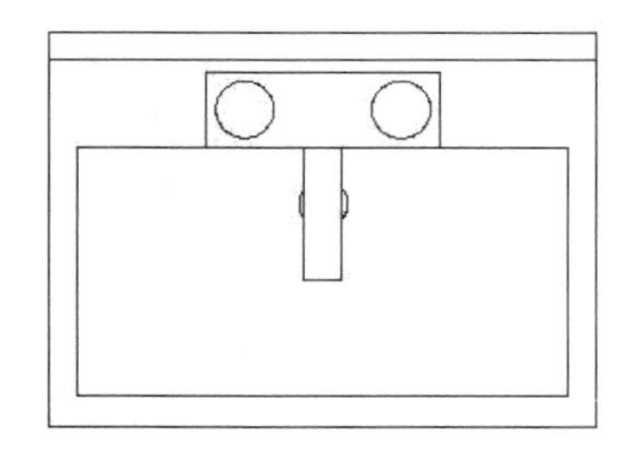

图 4-60　绘制水龙头和出水口

（6）单击“默认”选项卡“修改”面板中的“倒角”按钮，绘制水盆的 4 个角。

① 在命令行提示“选择第一条直线或[放弃(U)/多段线(P)/距离(D)/角度(A)/修剪(T)/方式(E)/多个(M)]:”后输入“D”。

② 在命令行提示“指定第一个倒角距离<0.0000>:”后输入“50”。

③ 在命令行提示“指定第二个倒角距离<50.0000>:”后输入“30”。

④ 在命令行提示“选择第一条直线或[放弃(U)/多段线(P)/距离(D)/角度(A)/修剪(T)/方式(E)/多个(M)]:”后输入“M”。

⑤ 在命令行提示“选择第一条直线或[放弃(U)/多段线(P)/距离(D)/角度(A)/修剪(T)/方式(E)/多个(M)]:”后选择左上角横线段。

⑥ 在命令行提示“选择第二条直线，或按住 Shift 键选择直线以应用角点或[距离(D)/角度(A)/方法(M)]:”后选择左上角竖线段。

⑦ 在命令行提示“选择第一条直线或[放弃(U)/多段线(P)/距离(D)/角度(A)/修剪(T)/方式(E)/多个(M)]:”后选择右上角横线段。

⑧ 在命令行提示“选择第二条直线，或按住 Shift 键选择直线以应用角点或[距离(D)/角度(A)/方法(M)]:”后选择右上角竖线段。

（7）同理，绘制另外一个倒角，设置倒角长度为 20，倒角角度为 45。洗菜盆绘制结果如图 4-61 所示。

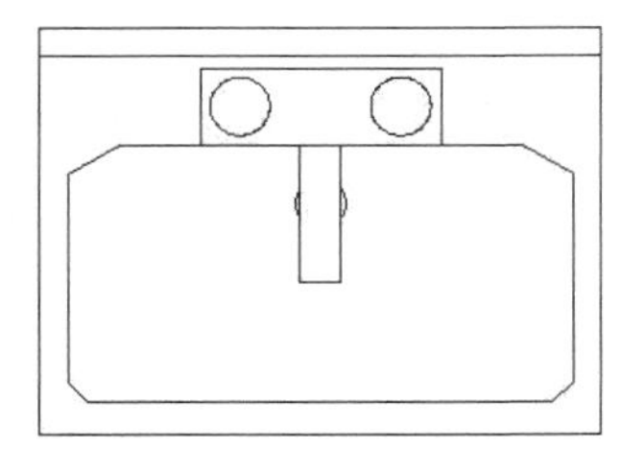

图 4-61　洗菜盆

4.5.5　“修剪”命令

使用“修剪”命令可以将超出修剪边界的线条进行修剪，被修剪的对象可以是直线、多段线、圆弧、样条曲线、构造线等。执行“修剪”命令，主要有以下 4 种调用方法：

☑ 在命令行中输入“TRIM”命令。

☑ 选择菜单栏中的“修改”/“修剪”命令。

☑ 单击“修改”工具栏中的“修剪”按钮。

☑ 单击“默认”选项卡“修改”面板中的“修剪”按钮。

执行上述命令后，根据系统提示选择剪切边，选择一个或多个对象并按 Enter 键，或者按 Enter

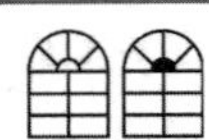

Note

键选择所有显示的对象。按 Enter 键结束对象选择。使用“修剪”命令对图形对象进行修剪时，命令行提示中主要选项的含义如下。

☑ 按 Shift 键：在选择对象时，如果按住 Shift 键，系统就自动将“修剪”命令转换成“延伸”命令，“延伸”命令将在 4.5.7 节介绍。

☑ 边（E）：选择此选项时，可以选择对象的修剪方式。

  - 延伸（E）：延伸边界进行修剪。在此方式下，如果剪切边没有与要修剪的对象相交，系统会延伸剪切边直至与要修剪的对象相交，然后再修剪，如图 4-62 所示。

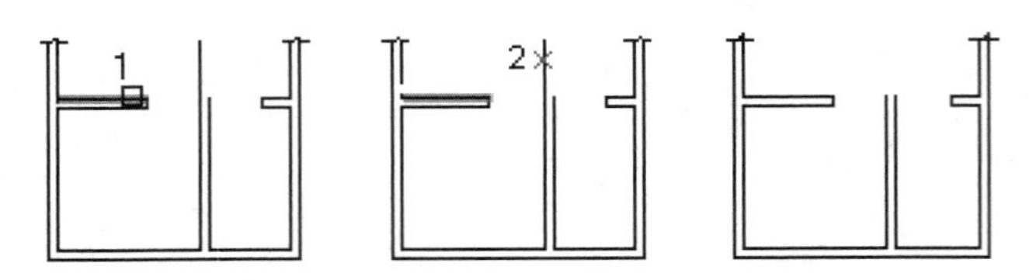

选择剪切边　　选择要修剪的对象　　修剪后的结果

图 4-62　延伸方式修剪对象

  - 不延伸（N）：不延伸边界修剪对象，只修剪与剪切边相交的对象。

☑ 栏选（F）：选择此选项时，系统以栏选的方式选择被修剪对象，如图 4-63 所示。

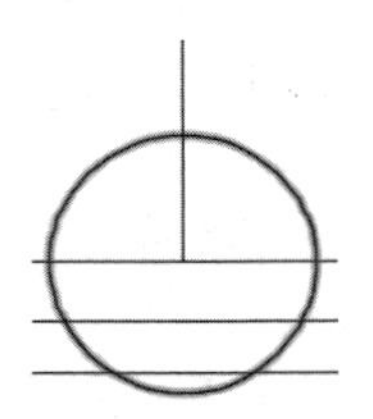

选定剪切边

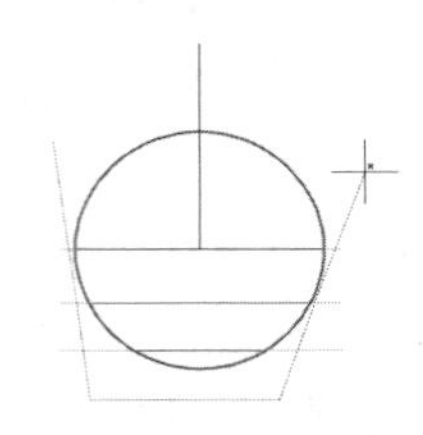

使用栏选选定要修剪的对象

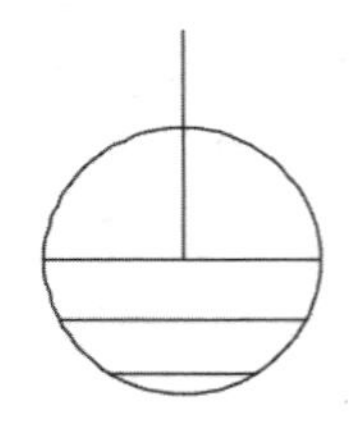

结果

图 4-63　栏选选择修剪对象

☑ 窗交（C）：选择此选项时，系统以窗交的方式选择被修剪对象，如图 4-64 所示。被选择的对象可以互为边界和被修剪对象，此时系统会在选择的对象中自动判断边界。

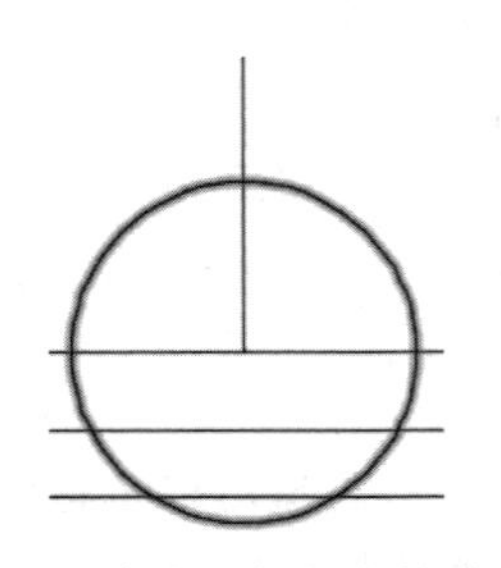

使用窗交选择选定的边

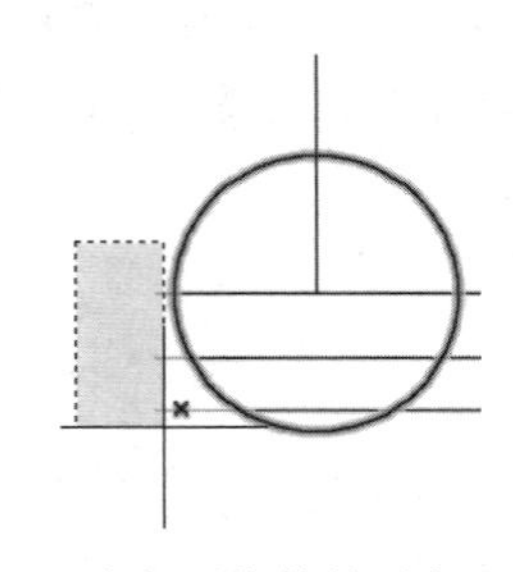

选定要修剪的对象

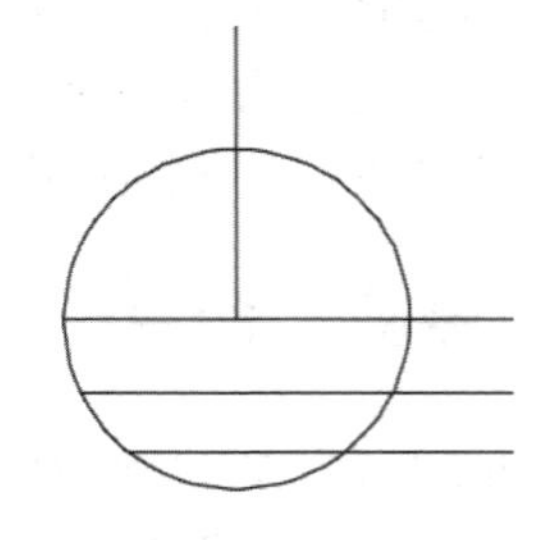

结果

图 4-64　窗交选择修剪对象

4.5.6　实战——床

本实例利用“矩形”命令绘制床的轮廓，再利用“直线”“圆弧”等命令绘制床上用品，最

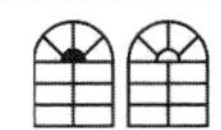

后利用“修剪”命令将多余的线段删除。绘制流程如图 4-65 所示。

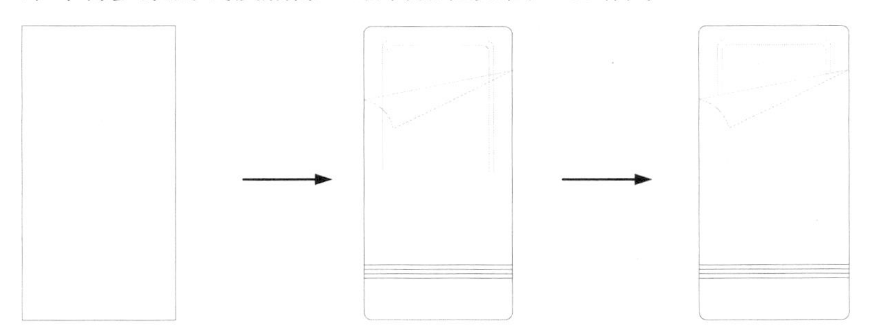

图 4-65　绘制床流程图

操作步骤如下：（光盘\配套视频\第 4 章\床.avi）

（1）图层设计。新建 3 个图层，其属性如下：

① 图层“1”，颜色为蓝色，其余属性默认。

② 图层“2”，颜色为绿色，其余属性默认。

③ 图层“3”，颜色为白色，其余属性默认。

（2）将当前图层设为“1”图层，单击“默认”选项卡“绘图”面板中的“矩形”按钮，绘制角点坐标为（0,0）、（@1000,2000）的矩形，如图 4-66 所示。

（3）将当前图层设为“2”图层，单击“默认”选项卡“绘图”面板中的“直线”按钮，绘制坐标点分别为{(125,1000)、(125,1900)、(875,1900)、(875,1000)}和{(155,1000)、(155,1870)、(845,1870)、(845,1000)}的直线。

（4）将当前图层设为“3”图层，单击“默认”选项卡“绘图”面板中的“直线”按钮，绘制坐标点为（0,280）、（@1000,0）的直线。绘制结果如图 4-67 所示。

（5）单击“默认”选项卡“修改”面板中的“矩形阵列”按钮，阵列对象为最近绘制的直线，行数为 4，列数为 1，行间距为 30，绘制结果如图 4-68 所示。

图 4-66　绘制矩形　　图 4-67　绘制直线　　图 4-68　阵列处理

（6）单击“默认”选项卡“修改”面板中的“圆角”按钮，将外轮廓线的圆角半径设为 50，内衬圆角半径设为 40，绘制结果如图 4-69 所示。

（7）将当前图层设为“2”图层，单击“默认”选项卡“绘图”面板中的“直线”按钮，绘制坐标点为（0,1500）、（@1000,200）、（@−800,−400）的直线。

（8）单击“默认”选项卡“绘图”面板中的“圆弧”按钮，绘制起点为（200,1300）、第二点为（130,1430）、圆弧端点为（0,1500）的圆弧，绘制结果如图 4-70 所示。

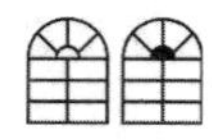
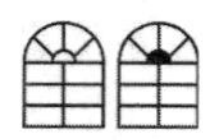

（9）单击“默认”选项卡“修改”面板中的“修剪”按钮，修剪图形。

① 在命令行提示“选择对象或<全部选择>:”后选择所有图形。

② 在命令行提示“选择对象:”后按 Enter 键。

③ 在命令行提示“选择要修剪的对象，或按住 Shift 键选择要延伸的对象，或[栏选(F)/窗交(C)/投影(P)/边(E)/删除(R)/放弃(U)]:”后选择被角内的竖直直线。

绘制结果如图 4-71 所示。

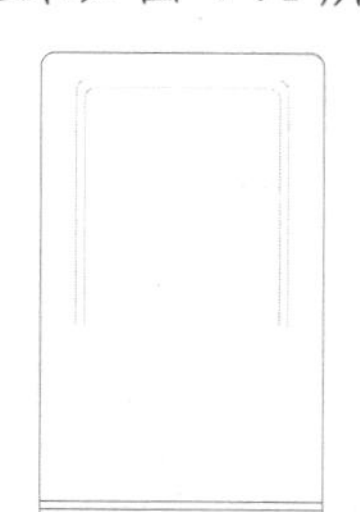

图 4-69 圆角处理

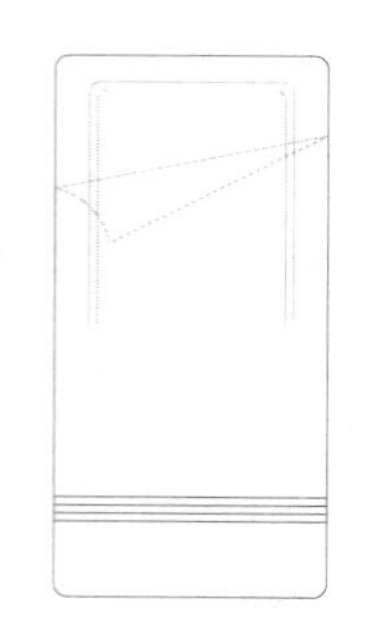

图 4-70 绘制直线与圆弧

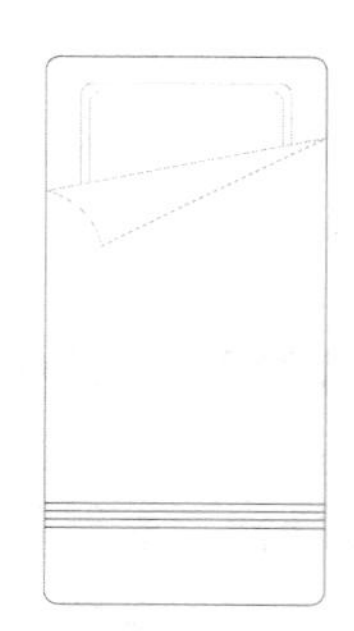

图 4-71 床

4.5.7 “延伸”命令

延伸对象是指延伸要延伸的对象直至另一个对象的边界线，如图 4-72 所示。执行“延伸”命令，主要有以下 4 种调用方法：

☑ 在命令行中输入“EXTEND”命令。

☑ 选择菜单栏中的“修改”/“延伸”命令。

☑ 单击“修改”工具栏中的“延伸”按钮。

☑ 单击“默认”选项卡“修改”面板中的“延伸”按钮。

（a）选择边界

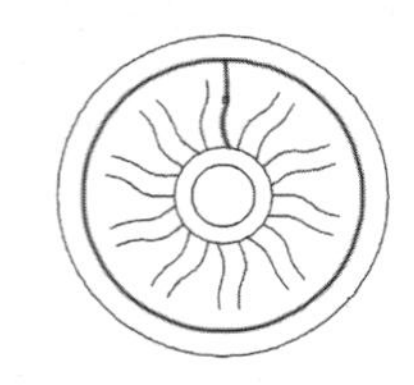

（b）选择要延伸的对象

（c）执行结果

图 4-72 延伸对象

执行上述命令后，根据系统提示选择边界的边，选择边界对象。此时可以选择对象来定义边界。若直接按 Enter 键，则选择所有对象作为可能的边界对象。

AutoCAD 规定可以用作边界对象的对象有直线段、射线、双向无限长线、圆弧、圆、椭圆、二维和三维多段线、样条曲线、文本、浮动的视口、区域。如果选择二维多段线作边界对象，系统会忽略其宽度而把对象延伸至多段线的中心线。

选择边界对象后，系统继续提示选择要延伸的对象，此时可继续选择或按 Enter 键结束。若使用“延伸”命令对图形对象进行延伸，选择对象时，如果按住 Shift 键，系统自动将“延伸”命令转换成“修剪”命令。

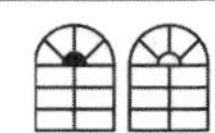

4.5.8 实战——梳妆凳

本实例利用“圆弧”与“直线”命令绘制梳妆凳的初步轮廓，再利用“偏移”命令绘制靠背，接着利用“延伸”命令完善靠背，最后利用“圆角”命令细化图形。绘制流程如图 4-73 所示。

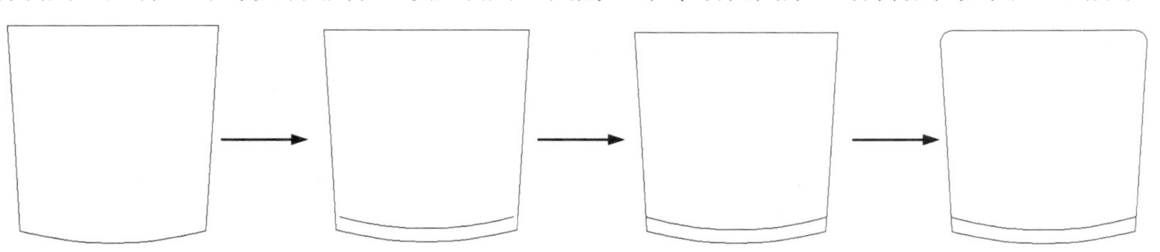

图 4-73 绘制梳妆凳流程图

操作步骤如下：（：光盘\配套视频\第 4 章\梳妆凳.avi）

（1）单击“默认”选项卡“绘图”面板中的“直线”按钮和“圆弧”按钮，绘制梳妆凳的初步轮廓，如图 4-74 所示。

（2）单击“默认”选项卡“修改”面板中的“偏移”按钮，将绘制的圆弧向内偏移一定距离，如图 4-75 所示。

（3）单击“默认”选项卡“修改”面板中的“延伸”按钮，将偏移后的圆弧进行延伸。

① 在命令行提示“选择对象或<全部选择>:”后选择左右两条斜直线。

② 在命令行提示“选择对象:”后按 Enter 键。

③ 在命令行提示“选择要延伸的对象，或按住 Shift 键选择要修剪的对象，或[栏选(F)/窗交(C)/投影(P)/边(E)/放弃(U)]:”后选择偏移的圆弧左端。

④ 在命令行提示“选择要延伸的对象，或按住 Shift 键选择要修剪的对象，或[栏选(F)/窗交(C)/投影(P)/边(E)/放弃(U)]:”后选择偏移的圆弧右端。

⑤ 在命令行提示“选择要延伸的对象，或按住 Shift 键选择要修剪的对象，或[栏选(F)/窗交(C)/投影(P)/边(E)/放弃(U)]:”后按 Enter 键。

结果如图 4-76 所示。

（4）单击“默认”选项卡“修改”面板中的“圆角”按钮，以适当的半径对上面两个角进行圆角处理，最终结果如图 4-77 所示。

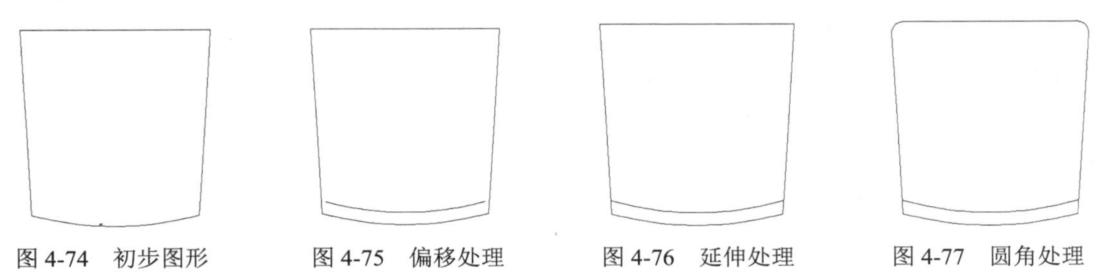

图 4-74 初步图形　　图 4-75 偏移处理　　图 4-76 延伸处理　　图 4-77 圆角处理

4.5.9 “拉伸”命令

拉伸对象是指拖拉选择的对象，且形状发生改变后的对象。拉伸对象时，应指定拉伸的基点

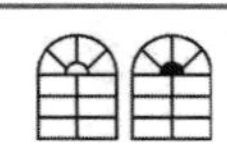

和移至点。利用一些辅助工具，如捕捉、钳夹功能及相对坐标等可以提高拉伸的精度。执行“拉伸”命令，主要有以下 4 种调用方法：

☑ 在命令行中输入“STRETCH”命令。

☑ 选择菜单栏中的“修改”/“拉伸”命令。

☑ 单击“修改”工具栏中的“拉伸”按钮。

☑ 单击“默认”选项卡“修改”面板中的“拉伸”按钮。

执行上述命令后，根据系统提示输入“C”，采用交叉窗口的方式选择要拉伸的对象，指定拉伸的基点和第二点。

此时，若指定第二个点，系统将根据这两点决定的矢量拉伸对象。若直接按 Enter 键，系统会把第一个点的坐标值作为 X 和 Y 轴的分量值。

STRETCH 仅移动位于交叉窗口内的顶点和端点，不更改那些位于交叉窗口外的顶点和端点。部分包含在交叉窗口内的对象将被拉伸。

提示：

用交叉窗口选择拉伸对象时，落在交叉窗口内的端点被拉伸，落在外部的端点保持不变。

4.5.10 实战——把手

本实例利用“圆”与“直线”命令绘制把手一侧的连续曲线后，利用“修剪”命令将多余的线段删除，得到一侧的曲线，再利用“镜像”命令创建另一侧的曲线，最后再用“修剪”“圆”“拉伸”命令创建销孔并细化图形。绘制流程如图 4-78 所示。

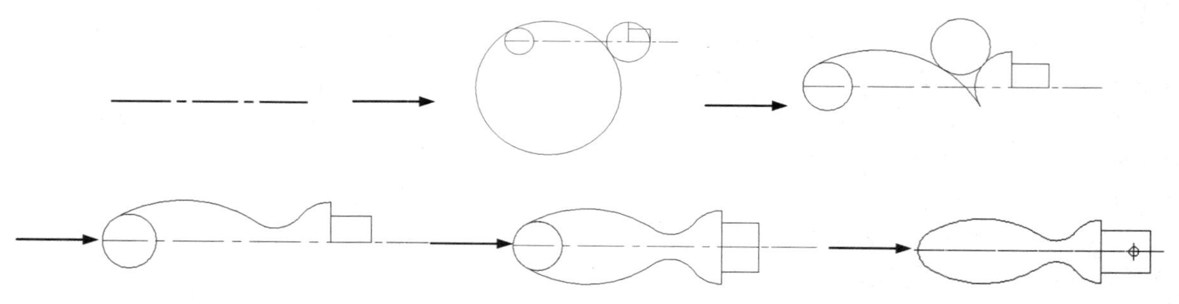

图 4-78 绘制把手流程图

操作步骤如下：（：光盘\配套视频\第 4 章\把手.avi）

（1）设置图层。单击“默认”选项卡“图层”面板中的“图层特性”按钮，弹出“图层特性管理器”选项板，新建两个图层。

① 第一个图层命名为“轮廓线”，线宽属性为 0.3mm，其余属性默认。

② 第二个图层命名为“中心线”，颜色设为红色，线型加载为 Center，其余属性默认。

（2）将“中心线”图层设置为当前图层。单击“默认”选项卡“绘图”面板中的“直线”按钮，绘制坐标分别为（150,150）、(@120,0）的直线，结果如图 4-79 所示。

（3）将“轮廓线”图层设置为当前图层。单击“默认”选项卡“绘图”面板中的“圆”按钮，以（160,150）为圆心，绘制半径为 10 的圆。重复“圆”命令，以（235,150）为圆心，绘

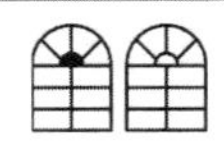

制半径为 15 的圆。再绘制半径为 50 的圆与前两个圆相切，结果如图 4-80 所示。

（4）单击“默认”选项卡“绘图”面板中的“直线”按钮，绘制坐标为（250,150）、（@10<90）、（@15<180）的两条直线。重复“直线”命令，绘制坐标为（235,165）、（235,150）的直线，结果如图 4-81 所示。

图 4-79　绘制直线

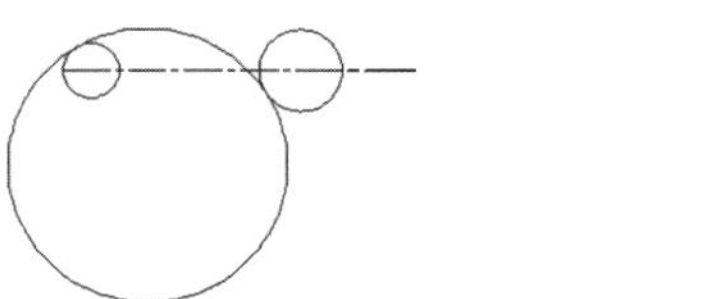

图 4-80　绘制圆

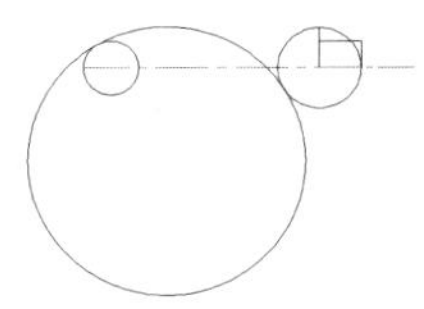

图 4-81　绘制直线

（5）单击“默认”选项卡“修改”面板中的“修剪”按钮，进行修剪处理，结果如图 4-82 所示。

（6）单击“默认”选项卡“绘图”面板中的“圆”按钮，绘制半径为 12 且与圆弧 1 和圆弧 2 相切的圆，结果如图 4-83 所示。

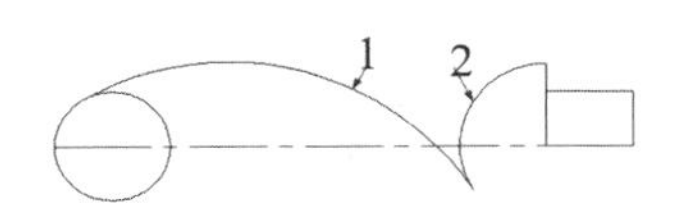

图 4-82　修剪处理

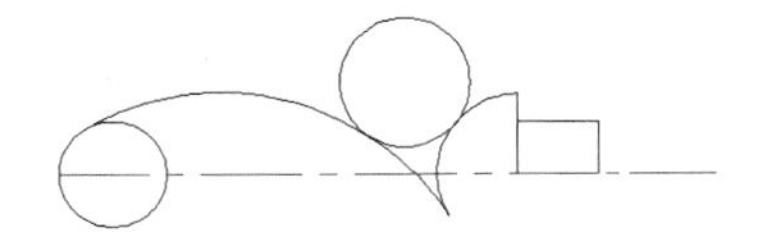

图 4-83　绘制圆

（7）单击“默认”选项卡“修改”面板中的“修剪”按钮，将多余的圆弧进行修剪，结果如图 4-84 所示。

（8）单击“默认”选项卡“修改”面板中的“镜像”按钮，以（150,150）、（250,150）为两个镜像点对图形进行镜像处理，结果如图 4-85 所示。

图 4-84　修剪处理

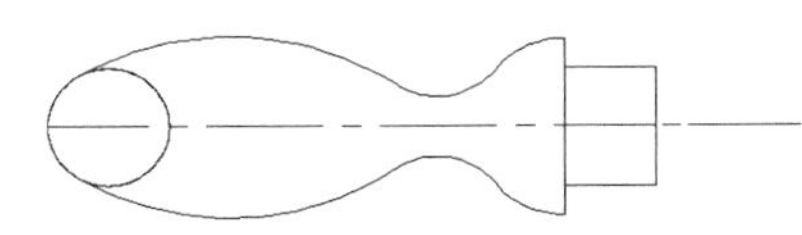

图 4-85　镜像处理

（9）单击“默认”选项卡“修改”面板中的“修剪”按钮，进行修剪处理，结果如图 4-86 所示。

（10）将“中心线”图层设置为当前图层。单击“默认”选项卡“绘图”面板中的“直线”按钮，在把手接头处中间位置绘制适当长度的竖直线段作为销孔定位中心线，如图 4-87 所示。

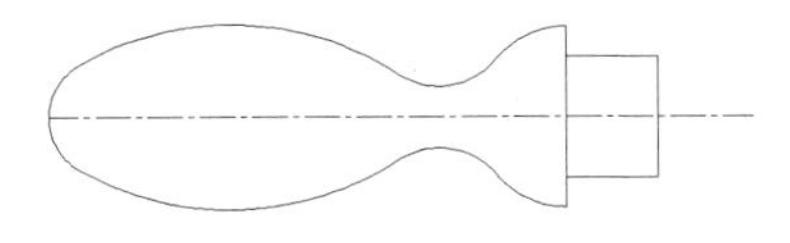

图 4-86　把手初步图形

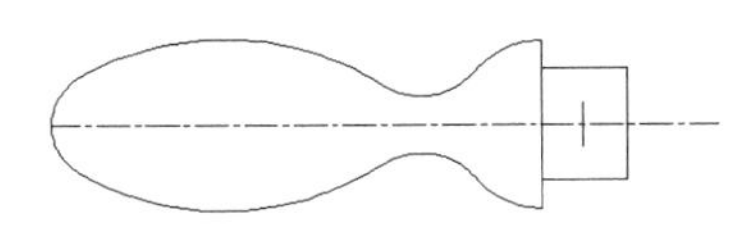

图 4-87　绘制销孔中心线

（11）将“轮廓线”图层设置为当前图层。单击“默认”选项卡“绘图”面板中的“圆”按钮，以中心线交点为圆心绘制适当半径的圆作为销孔，如图 4-88 所示。

（12）单击“默认”选项卡“修改”面板中的“拉伸”按钮，拉伸接头长度。

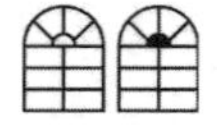
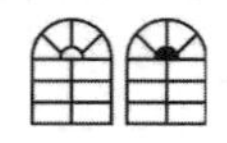

Note

① 在命令行提示“选择对象:”后输入“C”。

② 在命令行提示“指定第一个角点:”后框选手柄接头部分。

③ 在命令行提示“选择对象:”后按 Enter 键。

④ 在命令行提示“指定基点或[位移(D)] <位移>:”后选择右侧竖直线与中心线的交点。

⑤ 在命令行提示“指定位移的第二个点或<用第一个点作位移>:”后在右方适当的位置处指定一点，如图 4-89 所示。

结果如图 4-90 所示。

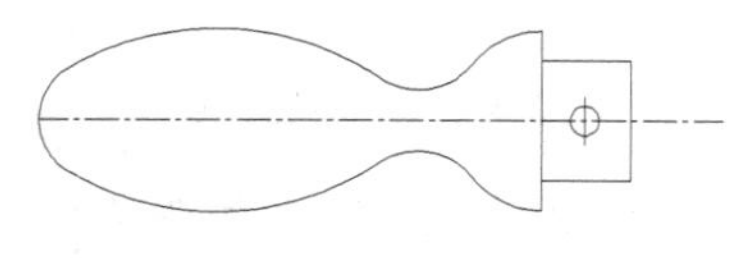

图 4-88　绘制销孔

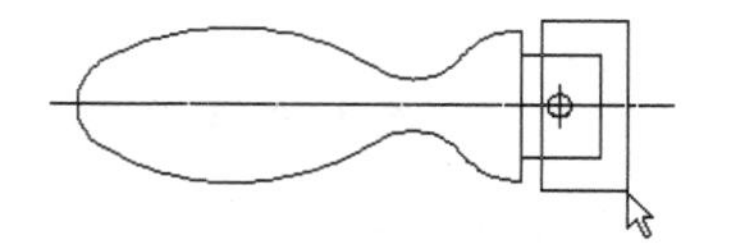

图 4-89　指定拉伸对象

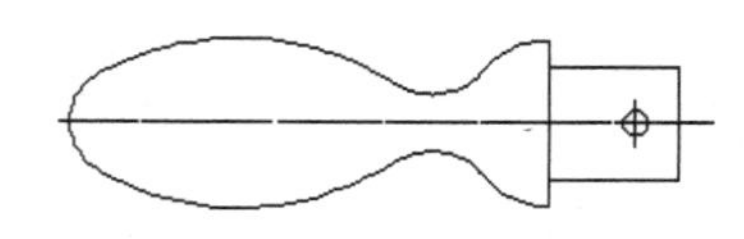

图 4-90　把手

4.5.11　“拉长”命令

“拉长”命令是指拖拉选择的对象至某点或拉长一定长度。执行“拉长”命令，主要有以下 3 种调用方法：

☑ 在命令行中输入“LENGTHEN”命令。

☑ 选择菜单栏中的“修改”/“拉长”命令。

☑ 单击“默认”选项卡“修改”面板中的“拉长”按钮。

执行上述命令后，根据系统提示选择对象。使用“拉长”命令对图形对象进行拉长时，命令行提示中主要选项的含义如下。

☑ 增量（DE）：用指定增加量的方法改变对象的长度或角度。

☑ 百分数（P）：用指定占总长度的百分比的方法改变圆弧或直线段的长度。

☑ 全部（T）：用指定新的总长度或总角度值的方法来改变对象的长度或角度。

☑ 动态（DY）：打开动态拖拉模式。在这种模式下，可以使用拖拉鼠标的方法来动态地改变对象的长度或角度。

4.5.12　“打断”命令

利用“打断”命令可以将直线、多段线、射线、样条曲线、圆和圆弧等建筑图形分成两个对象或删除对象中的一部分。该命令主要有以下 4 种调用方法：

☑ 在命令行中输入“BREAK”命令。

☑ 选择菜单栏中的“修改”/“打断”命令。

☑ 单击“修改”工具栏中的“打断”按钮。

☑ 单击“默认”选项卡“修改”面板中的“打断”按钮。

执行上述命令后，根据系统提示选择要打断的对象，并指定第二个打断点或输入“F”。使用“打断”命令对图形对象进行打断时，命令行提示主要选项为“第一点(F)”，如果选择该选项，AutoCAD 2016 将丢弃前面的第一个选择点，重新提示用户指定两个断开点。

4.5.13 “打断于点”命令

“打断于点”命令是指在对象上指定一点从而把对象在此点拆分成两部分。此命令与“打断”命令类似。该命令主要有如下 3 种调用方法：

☑ 选择菜单栏中的“修改”/“打断”命令。

☑ 单击“修改”工具栏中的“打断于点”按钮。

☑ 单击“默认”选项卡“修改”面板中的“打断于点”按钮。

执行上述命令后，根据系统提示选择要打断的对象，并选择打断点，图形由断点处断开。

4.5.14 实战——梳妆台

本实例首先打开梳妆凳图形并建立图层，然后利用“直线”、“圆”和“矩形”命令绘制桌子和台灯，最后利用“打断于点”命令编辑梳妆凳，完成梳妆台的绘制。绘制流程如图 4-91 所示。

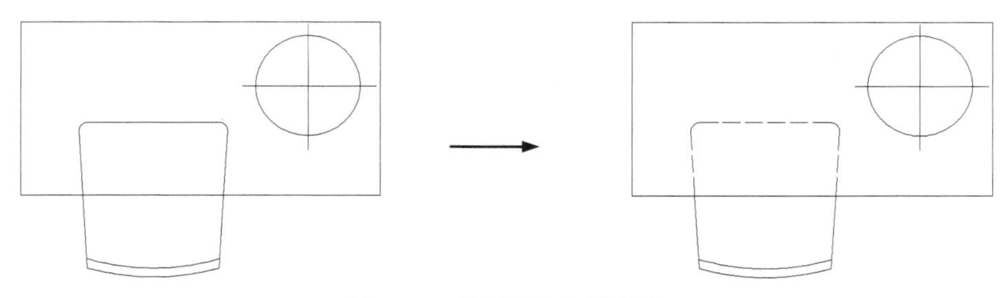

图 4-91 绘制梳妆台流程图

操作步骤如下：（光盘\配套视频\第 4 章\梳妆台.avi）

（1）打开 4.5.8 小节绘制的梳妆凳图形，将其另存为“梳妆台.dwg”文件。

（2）新建“实线”和“虚线”两个图层，如图 4-92 所示。将“虚线”图层的线型设置为 ACAD_IS002W100。

（3）将“实线”图层设置为当前图层，单击“默认”选项卡“绘图”面板中的“直线”按钮、“圆弧”按钮和“矩形”按钮，在梳妆凳图形旁边绘制桌子和台灯造型，如图 4-93 所示。

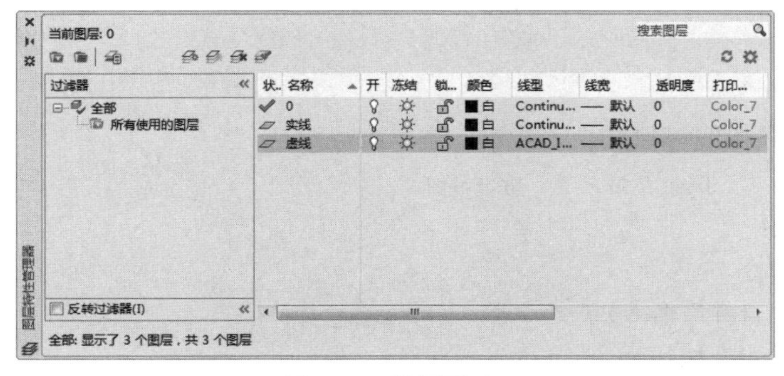

图 4-92 设置图层

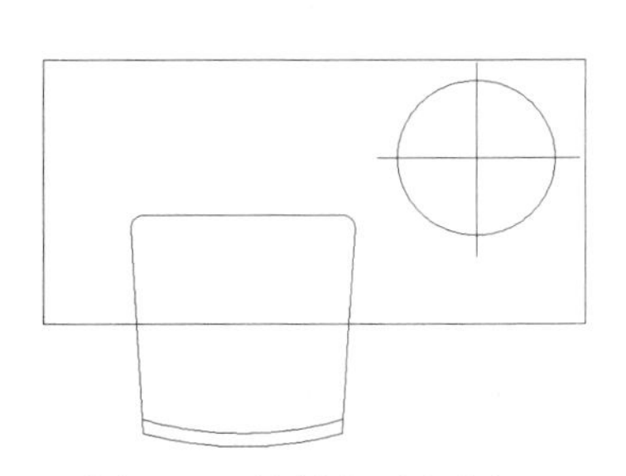

图 4-93 绘制桌子和台灯

（4）单击“默认”选项卡“修改”面板中的“打断于点”按钮，将梳妆凳打断。

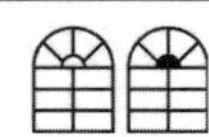
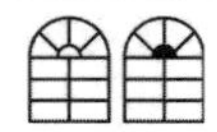

Note

① 在命令行提示“选择对象:”后选择梳妆凳被桌面盖住的侧边。

② 在命令行提示“指定第二个打断点或[第一点(F)]:”后输入“F”。

③ 在命令行提示“指定第一个打断点:”后捕捉该侧边与桌面的交点。

④ 在命令行提示“指定第二个打断点:”后输入“@”。

使用同样的方法打断另一侧的边。打断后，原来的侧边有一条线以打断点为界分成了两段线。

（5）选择梳妆凳被桌面盖住的图线，然后在“图层”面板中选择“虚线”图层，如图4-94所示。这部分图形的线型就随图层变为虚线了，最终结果如图4-95所示。

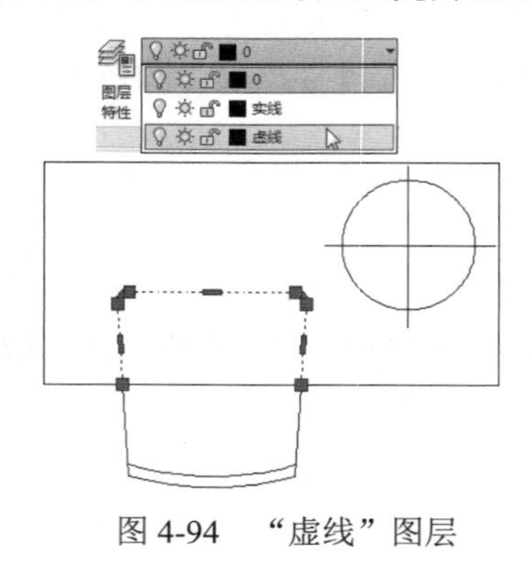

图4-94 “虚线”图层

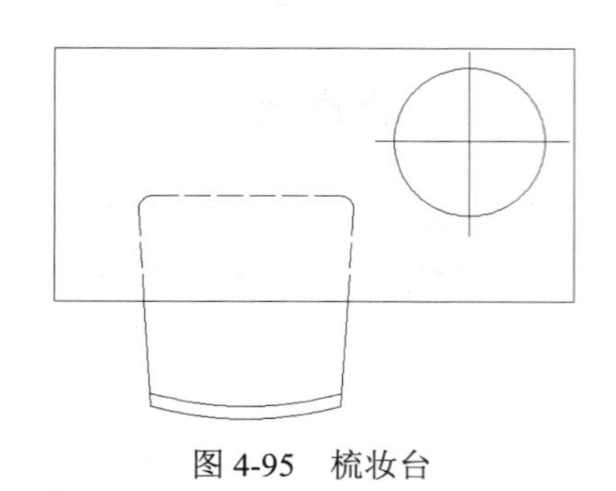

图4-95 梳妆台

4.5.15 “分解”命令

利用“分解”命令可以将由多个对象组合的图形（如多段线、矩形、多边形和图块等）进行分解。执行“分解”命令，主要有以下4种调用方法：

☑ 在命令行中输入“EXPLODE”命令。

☑ 选择菜单栏中的“修改”/“分解”命令。

☑ 单击“修改”工具栏中的“分解”按钮。

☑ 单击“默认”选项卡“修改”面板中的“分解”按钮。

执行上述命令后，根据系统提示选择要分解的对象。选择一个对象后，该对象会被分解。系统将继续提示允许分解多个对象。选择的对象不同，分解的结果就不同。

4.5.16 “合并”命令

可以将直线、圆弧、椭圆弧和样条曲线等独立的对象合并为一个对象，如图4-96所示。执行“合并”命令，主要有以下4种调用方法：

☑ 在命令行中输入“JOIN”命令。

☑ 选择菜单栏中的“修改”/“合并”命令。

☑ 单击“修改”工具栏中的“合并”按钮。

☑ 单击“默认”选项卡“修改”面板中的“合并”按钮。

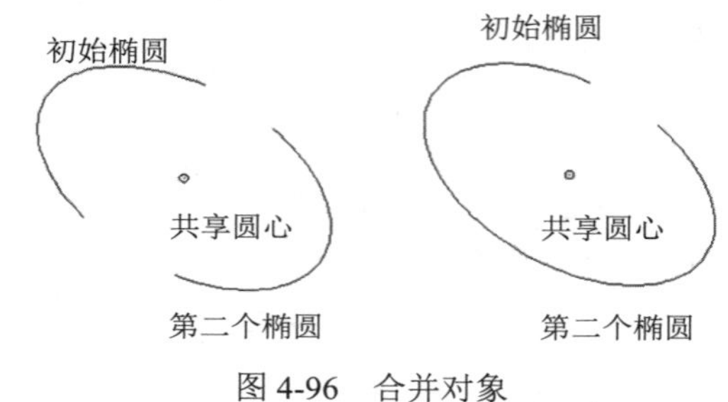

图4-96 合并对象

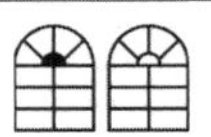

执行上述命令后，根据系统提示选择一个对象，再选择要合并到源的另一个对象，合并完成。

4.6 对象编辑

在对图形进行编辑时，还可以对图形对象本身的某些特性进行编辑，从而方便地进行图形绘制。

4.6.1 钳夹功能

利用钳夹功能可以快速方便地编辑对象。AutoCAD 在图形对象上定义了一些特殊点，称为夹点，利用夹点可以灵活地控制对象，如图 4-97 所示。

要使用钳夹功能编辑对象，必须先打开钳夹功能，打开方法是选择“工具”/“选项”命令，打开“选项”对话框，选择“选择集”选项卡，选中“启用夹点”复选框。在该选项卡中，还可以设置代表夹点的小方格的尺寸和颜色。

也可以通过 GRIPS 系统变量来控制是否打开钳夹功能，1 代表打开，0 代表关闭。

打开了钳夹功能后，应该在编辑对象之前先选择对象。夹点表示了对象的控制位置。

使用夹点编辑对象，要选择一个夹点作为基点，称为基准夹点。然后，选择一种编辑操作，如拉伸拟合点、镜像、移动、旋转和缩放等。可以用 Space 键、Enter 键或键盘上的快捷键循环选择这些功能。

下面仅就其中的拉伸拟合点操作为例进行讲述，其他操作类似。

在图形上拾取一个夹点，该夹点改变颜色，此点为夹点编辑的基准夹点。这时系统提示：

```
** 拉伸 **
指定拉伸点或[基点(B)/复制(C)/放弃(U)/退出(X)]:
```

在上述拉伸编辑提示下输入“移动”命令，或右击，在弹出的快捷菜单中选择“移动”命令，如图 4-98 所示，系统就会转换为“移动”操作。其他操作类似。

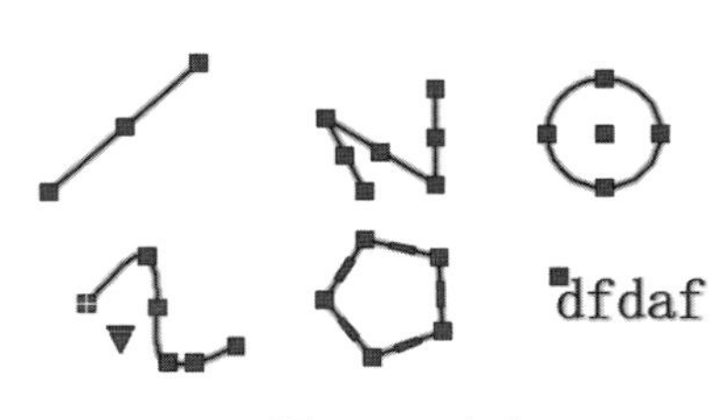

图 4-97　夹点

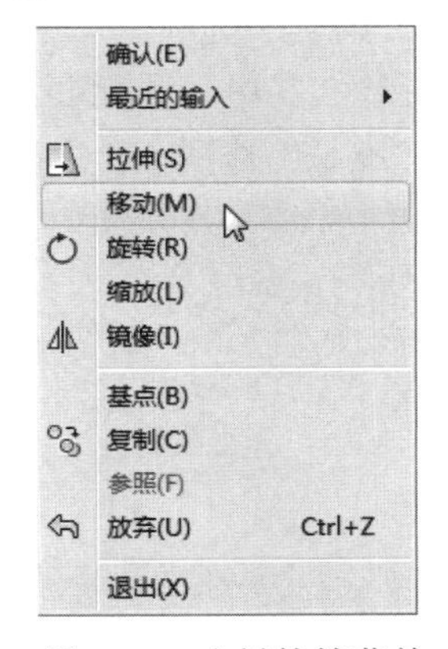

图 4-98　右键快捷菜单

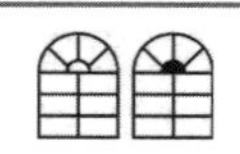

4.6.2 修改对象属性

Note

修改对象属性主要通过“特性”选项板进行，可以通过以下4种方法打开该选项板：

☑ 在命令行中输入“DDMODIFY”或“PROPERTIES”命令。

☑ 选择菜单栏中的“修改”/“特性”命令。

☑ 单击“标准”工具栏中的“特性”按钮。

☑ 单击“视图”选项卡“选项板”面板中的“特性”按钮。

执行上述命令后，AutoCAD 打开“特性”选项板，如图 4-99 所示。利用该选项板可以方便地设置或修改对象的各种属性。

不同的对象属性种类和值不同，修改属性值，对象的属性即可改变。

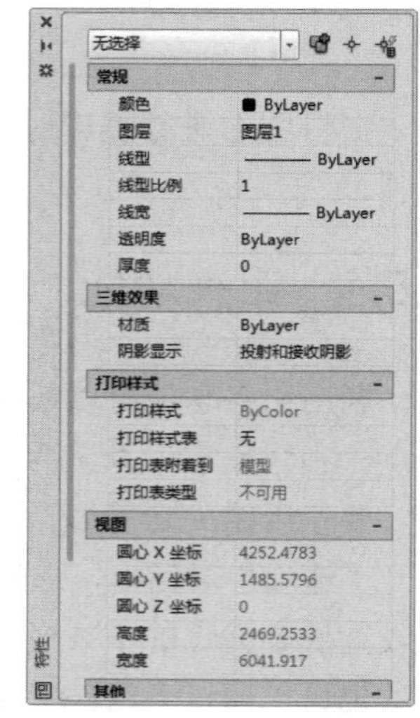

图 4-99 “特性”选项板

4.6.3 实战——吧椅

本实例利用“圆”、“圆弧”、“直线”和“偏移”命令绘制吧椅图形，在绘制过程中，利用钳夹功能编辑局部图形。绘制流程如图 4-100 所示。

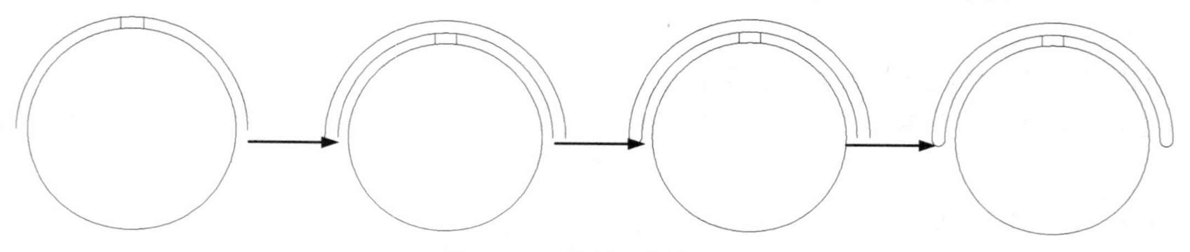

图 4-100 绘制吧椅流程图

操作步骤如下：（：光盘\配套视频\第 4 章\吧椅.avi）

（1）单击“默认”选项卡“绘图”面板中的“直线”按钮、“圆弧”按钮和“圆”按钮，绘制初步图形，其中，圆弧和圆同心，大约左右对称，如图 4-101 所示。

（2）单击“默认”选项卡“修改”面板中的“偏移”按钮，偏移刚绘制的圆弧，如图 4-102 所示。

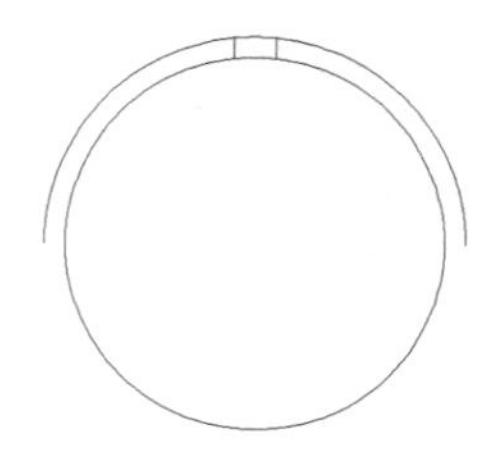

图 4-101 绘制初步图形

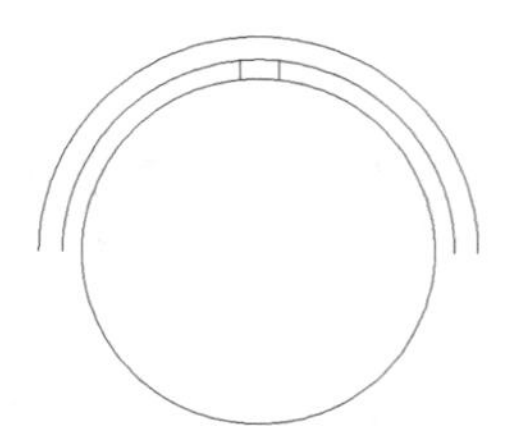

图 4-102 偏移圆弧

（3）单击“默认”选项卡“绘图”面板中的“圆弧”按钮，绘制扶手端部，采用“起点/

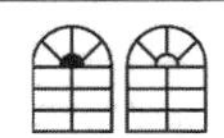

端点/圆心”的方式，使造型大约光滑过渡，如图 4-103 所示。

（4）在绘制扶手端部圆弧的过程中，由于采用的是粗略的绘制方法，放大局部后，可能会发现图线不闭合。这时，单击选择对象图线，出现钳夹编辑点，移动相应编辑点捕捉到需要闭合连接的相临图线端点，如图 4-104 所示。

（5）使用相同的方法绘制扶手另一端的圆弧造型，结果如图 4-105 所示。

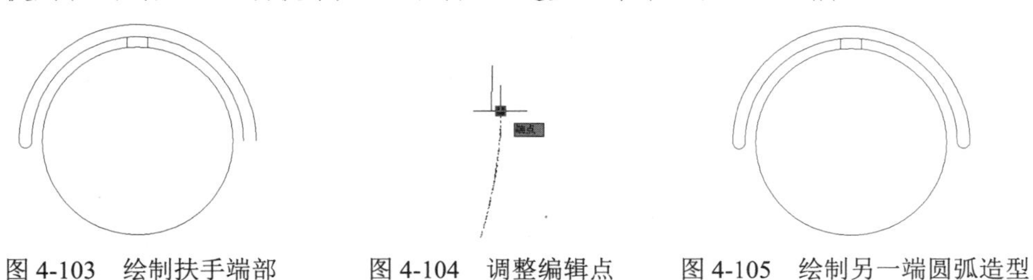

图 4-103　绘制扶手端部　　图 4-104　调整编辑点　　图 4-105　绘制另一端圆弧造型

4.7 图案填充

当需要用一个重复的图案（Pattern）填充某个区域时，可以使用 BHATCH 命令建立一个相关联的填充阴影对象，即所谓的图案填充。

4.7.1 基本概念

1．图案边界

当进行图案填充时，首先要确定图案填充的边界。定义边界的对象只能是直线、双向射线、单向射线、多段线、样条曲线、圆弧、圆、椭圆、椭圆弧、面域等对象或用这些对象定义的块，而且作为边界的对象，在当前屏幕上必须全部可见。

2．孤岛

在进行图案填充时，通常把位于总填充区域内的封闭区域称为孤岛，如图 4-106 所示。在用 BHATCH 命令进行图案填充时，AutoCAD 允许用户以拾取点的方式确定填充边界，即在希望填充的区域内任意拾取一点，AutoCAD 会自动确定出填充边界，同时也确定该边界内的孤岛。如果用户是以点取对象的方式确定填充边界的，则必须确切地点取这些孤岛。

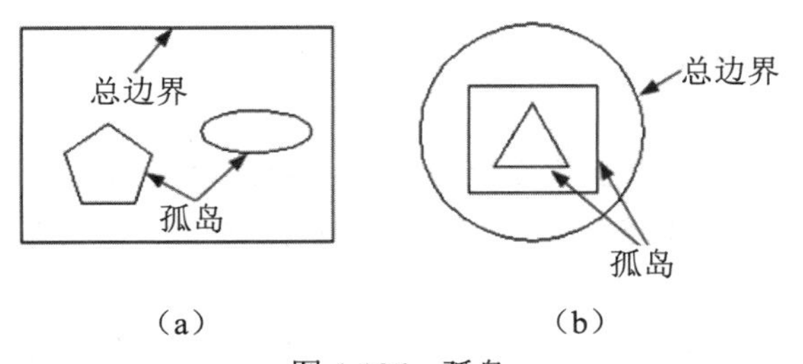

图 4-106　孤岛

3．填充方式

在进行图案填充时，需要控制填充的范围，AutoCAD 系统为用户设置了以下 3 种填充方式，实现对填充范围的控制。

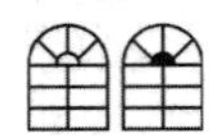
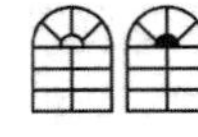

☑ 普通方式：如图 4-107（a）所示，该方式从边界开始，由每条填充线或每个填充符号的两端向里画，遇到内部对象与之相交时，填充线或符号断开，直到遇到下一次相交时再继续画。采用这种方式时，要避免剖面线或符号与内部对象的相交次数为奇数。该方式为系统内部的默认方式。

☑ 最外层方式：如图 4-107（b）所示，该方式从边界向里画剖面符号，只要在边界内部与对象相交，剖面符号由此断开，而不再继续画。

☑ 忽略方式：如图 4-108 所示，该方式忽略边界内的对象，所有内部结构都被剖面符号覆盖。

（a）普通方式

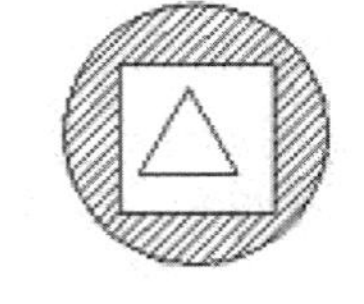

（b）最外层方式

图 4-107　填充方式

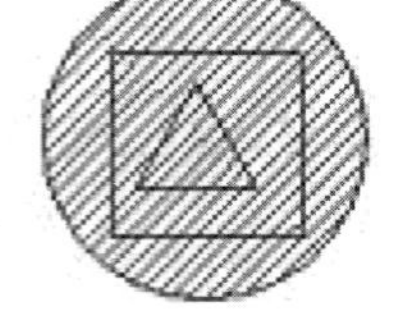

图 4-108　忽略方式

4.7.2　图案填充的操作

在 AutoCAD 2016 中，可以对图形进行图案填充，图案填充是在“图案填充创建”选项卡中进行的。打开“图案填充创建”选项卡，主要有如下 4 种调用方法：

☑ 在命令行中输入“BHATCH”命令。

☑ 选择菜单栏中的“绘图”/“图案填充”命令。

☑ 单击“绘图”工具栏中的“图案填充”按钮或“渐变色”按钮。

☑ 单击“默认”选项卡“绘图”面板中的“图案填充”按钮。

执行上述命令后系统打开如图 4-109 所示的“图案填充创建”选项卡。

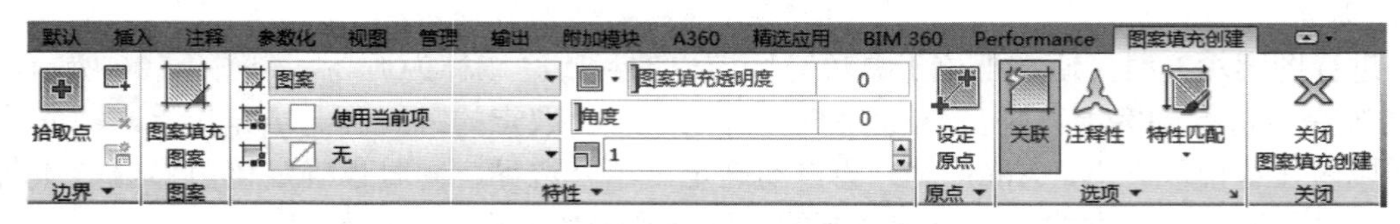

图 4-109　“图案填充创建”选项卡

各选项组和按钮的含义如下。

1.“边界”面板

☑ 拾取点：通过选择由一个或多个对象形成的封闭区域内的点，确定图案填充边界（如图 4-110 所示）。指定内部点时，可以随时在绘图区域中右击以显示包含多个选项的快捷菜单。

☑ 选择边界对象：指定基于选定对象的图案填充边界。使用该选项时，不会自动检测内部对象，必须选择选定边界内的对象，以按照当前孤岛检测样式填充这些对象（如图 4-111 所示）。

☑ 删除边界对象：从边界定义中删除之前添加的任何对象（如图 4-112 所示）。

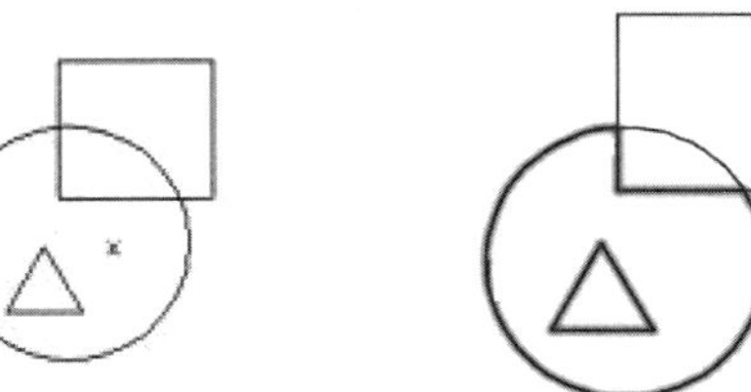
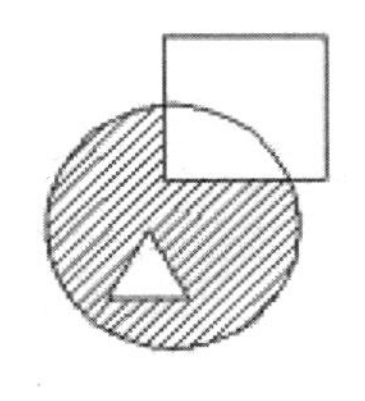

选择一点　　填充区域　　填充结果

图 4-110　边界确定

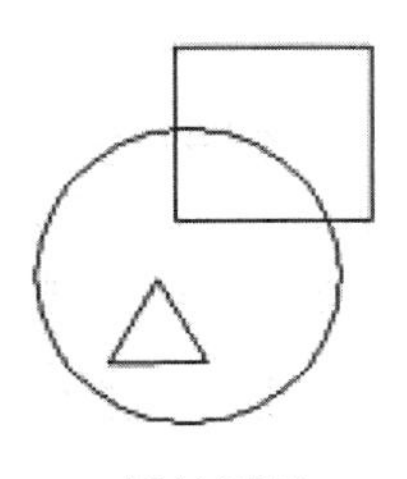
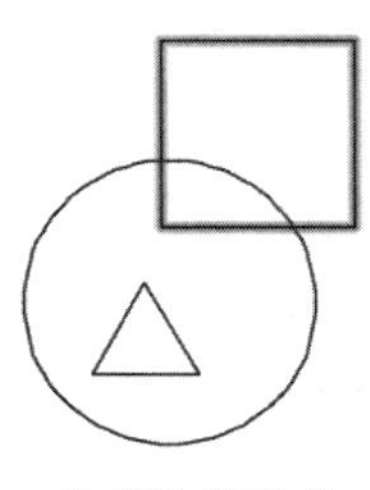
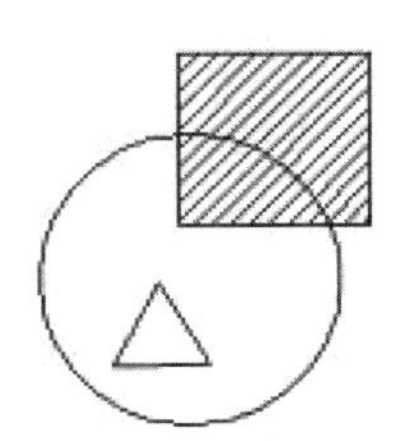

原始图形　　选择边界对象　　填充结果

图 4-111　选择边界对象

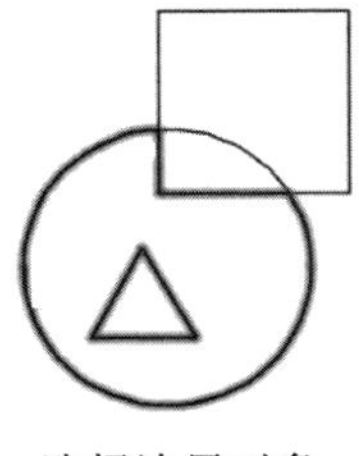
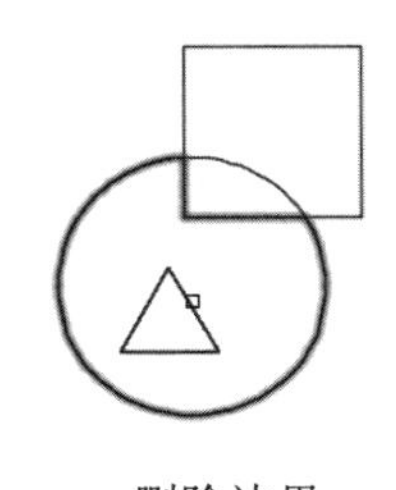
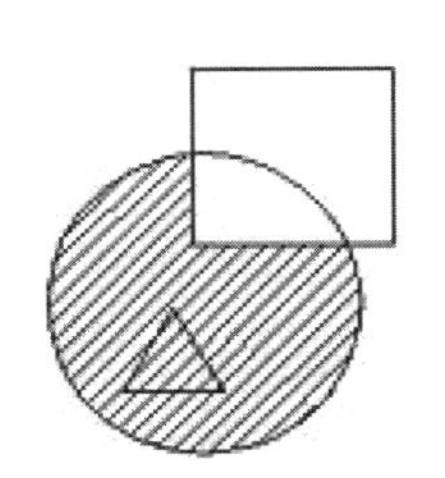

选择边界对象　　删除边界　　填充结果

图 4-112　删除“岛”后的边界

- ☑ 重新创建边界：围绕选定的图案填充或填充对象创建多段线或面域，并使其与图案填充对象相关联（可选）。
- ☑ 显示边界对象：选择构成选定关联图案填充对象的边界的对象，使用显示的夹点可修改图案填充边界。
- ☑ 保留边界对象：指定如何处理图案填充边界对象。主要包括如下选项。
  - 不保留边界：（仅在图案填充创建期间可用）不创建独立的图案填充边界对象。
  - 保留边界-多段线：（仅在图案填充创建期间可用）创建封闭图案填充对象的多段线。
  - 保留边界-面域：（仅在图案填充创建期间可用）创建封闭图案填充对象的面域对象。
  - 选择新边界集：指定对象的有限集（称为边界集），以便通过创建图案填充时的拾取点进行计算。

2.“图案”面板

显示所有预定义和自定义图案的预览图像。

3.“特性”面板

- ☑ 图案填充类型：指定是使用纯色、渐变色、图案还是用户定义的填充。

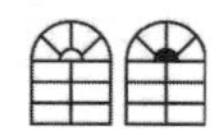
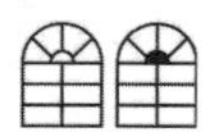

Note

☑ 图案填充颜色：替代实体填充和填充图案的当前颜色。

☑ 背景色：指定填充图案背景的颜色。

☑ 图案填充透明度：设定新图案填充或填充的透明度，替代当前对象的透明度。

☑ 图案填充角度：指定图案填充或填充的角度。

☑ 填充图案比例：放大或缩小预定义或自定义填充图案。

☑ 相对图纸空间：（仅在布局中可用）相对于图纸空间单位缩放填充图案。使用此选项，可很容易地做到以适合于布局的比例显示填充图案。

☑ 双向：（仅当“图案填充类型”设定为“用户定义”时可用）将绘制第二组直线，与原始直线成 90° 角，从而构成交叉线。

☑ ISO 笔宽：（仅对于预定义的 ISO 图案可用）基于选定的笔宽缩放 ISO 图案。

4.“原点”面板

☑ 设定原点：直接指定新的图案填充原点。

☑ 左下：将图案填充原点设定在图案填充边界矩形范围的左下角。

☑ 右下：将图案填充原点设定在图案填充边界矩形范围的右下角。

☑ 左上：将图案填充原点设定在图案填充边界矩形范围的左上角。

☑ 右上：将图案填充原点设定在图案填充边界矩形范围的右上角。

☑ 中心：将图案填充原点设定在图案填充边界矩形范围的中心。

☑ 使用当前原点：将图案填充原点设定在 HPORIGIN 系统变量中存储的默认位置。

☑ 存储为默认原点：将新图案填充原点的值存储在 HPORIGIN 系统变量中。

5.“选项”面板

☑ 关联：控制当用户修改图案填充边界时是否自动更新图案填充。

☑ 注释性：指定图案填充为注释性。此特性会自动完成缩放注释过程，从而使注释能够以正确的大小在图纸上打印或显示。

☑ 特性匹配：特性匹配分两种情况，下面对每种情况作简单的介绍。

  - 使用当前原点：使用选定图案填充对象（除图案填充原点外）设定图案填充的特性。
  - 使用源图案填充的原点：使用选定图案填充对象（包括图案填充原点）设定图案填充的特性。

☑ 允许的间隙：设定将对象用作图案填充边界时可以忽略的最大间隙。默认值为 0，此值指定对象必须封闭区域而没有间隙。

☑ 创建独立的图案填充：控制当指定了几个单独的闭合边界时，是创建单个图案填充对象，还是创建多个图案填充对象。

☑ 孤岛检测：孤岛检测分三种情况，下面对每种情况作简单的介绍。

  - 普通孤岛检测：从外部边界向内填充。如果遇到内部孤岛，填充将关闭，直到遇到孤岛中的另一个孤岛。
  - 外部孤岛检测：从外部边界向内填充。此选项仅填充指定的区域，不会影响内部孤岛。
  - 忽略孤岛检测：忽略所有内部的对象，填充图案时将通过这些对象。

☑ 绘图次序：为图案填充或填充指定绘图次序。选项包括不更改、后置、前置、置于边界之后和置于边界之前。

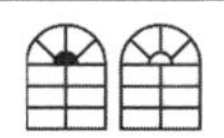

6.“关闭”面板

关闭“图案填充创建”：退出 HATCH 并关闭上下文选项卡。也可以按 Enter 键或 Esc 键退出 HATCH。

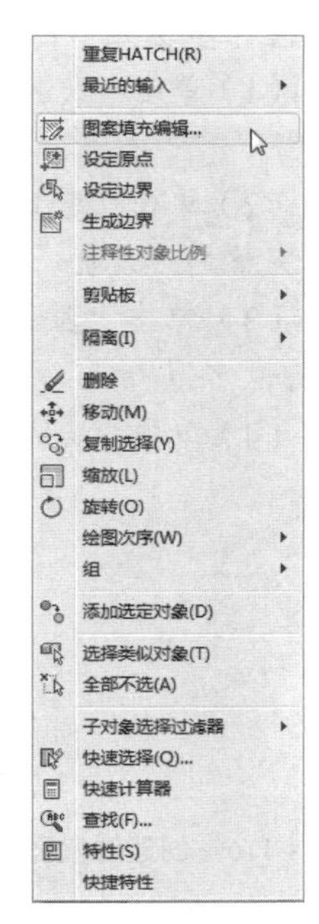

图 4-113　快捷菜单

4.7.3　编辑填充的图案

在对图形对象以图案进行填充后，还可以对填充图案进行编辑，如更改填充图案的类型、比例等。更改图案填充，主要有以下 5 种调用方法：

☑　在命令行中输入“HATCHEDIT”命令。

☑　选择菜单栏中的“修改”/“对象”/“图案填充”命令。

☑　单击“修改 II”工具栏中的“编辑图案填充”按钮。

☑　选中填充的图案右击，在弹出的快捷菜单中选择“图案填充编辑”命令，如图 4-113 所示。

☑　直接选择填充的图案，打开“图案填充编辑器”选项卡。

执行上述命令后，根据系统提示选取关联填充物体后，系统弹出如图 4-114 所示的“图案填充编辑器”选项卡。

在图 4-114 中，只有正常显示的选项才可以对其进行操作。该面板中各项的含义与“图案填充创建”选项卡中各项的含义相同。利用该选项卡，可以对已弹出的图案进行一系列的编辑修改。

图 4-114　“图案填充编辑器”选项卡

4.7.4　实战——沙发茶几

本实例利用二维绘制和编辑命令绘制沙发茶几，然后利用图案填充命令填充图形，在绘制过程中，熟练掌握图案填充命令的运用。绘制流程如图 4-115 所示。

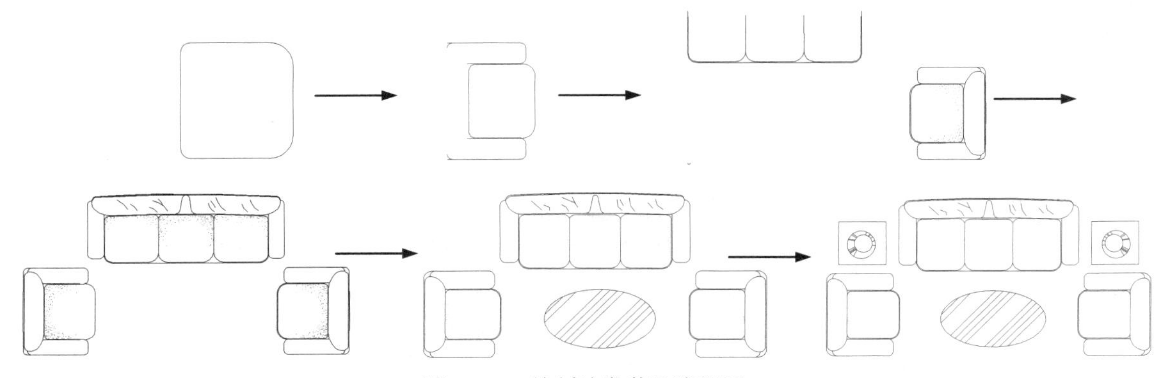

图 4-115　绘制沙发茶几流程图

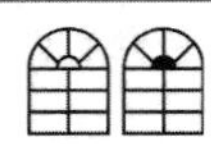

操作步骤如下：（：光盘\配套视频\第4章\沙发茶几.avi）

（1）单击“默认”选项卡“绘图”面板中的“直线”按钮，绘制单个沙发面4边，如图4-116所示。

（2）单击“默认”选项卡“绘图”面板中的“圆弧”按钮，将沙发面的4条边连接起来，得到完整的沙发面，如图4-117所示。

（3）单击“默认”选项卡“绘图”面板中的“直线”按钮，绘制侧面扶手，如图4-118所示。

（4）单击“默认”选项卡“绘图”面板中的“圆弧”按钮，绘制侧面扶手弧边线，如图4-119所示。

图4-116　创建沙发面4边　　图4-117　连接边角　　图4-118　绘制扶手　　图4-119　绘制扶手弧边线

（5）单击“默认”选项卡“修改”面板中的“镜像”按钮，镜像另外一个方向的扶手轮廓，如图4-120所示。

（6）单击“默认”选项卡“绘图”面板中的“圆弧”按钮和“修改”面板中的“镜像”按钮，绘制沙发背部扶手轮廓，如图4-121所示。

图4-120　创建另外一侧扶手

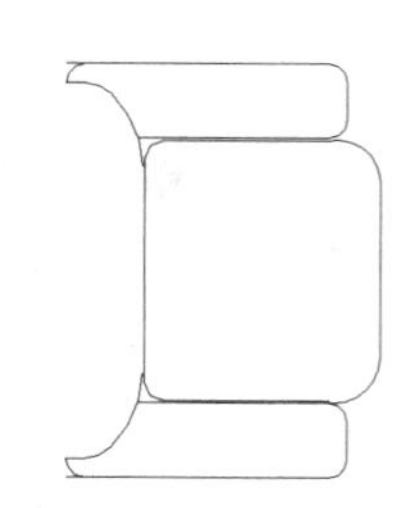

图4-121　创建沙发背部扶手轮廓

（7）单击“默认”选项卡“绘图”面板中的“圆弧”按钮、“直线”按钮和“修改”面板中的“镜像”按钮，继续完善沙发背部扶手轮廓，如图4-122所示。

（8）单击“默认”选项卡“修改”面板中的“偏移”按钮，对沙发面造型进行修改，使其更形象，如图4-123所示。

（9）单击“默认”选项卡“绘图”面板中的“多点”按钮，在沙发座面上绘制点，细化沙发面造型，如图4-124所示。

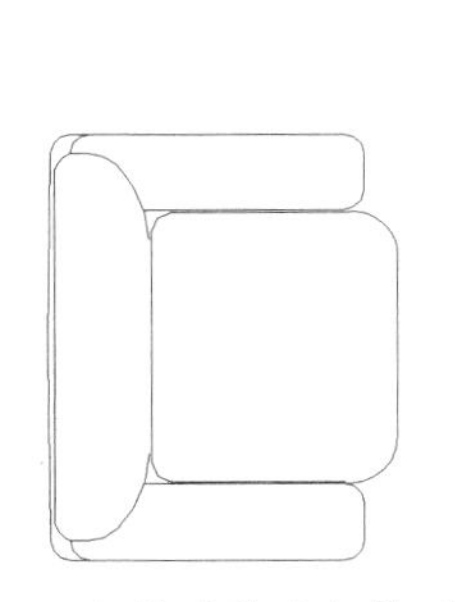

图 4-122 完善沙发背部扶手轮廓　　图 4-123 修改沙发面

（10）单击“默认”选项卡“修改”面板中的“镜像”按钮，进一步细化沙发面造型，使其更形象，如图 4-125 所示。

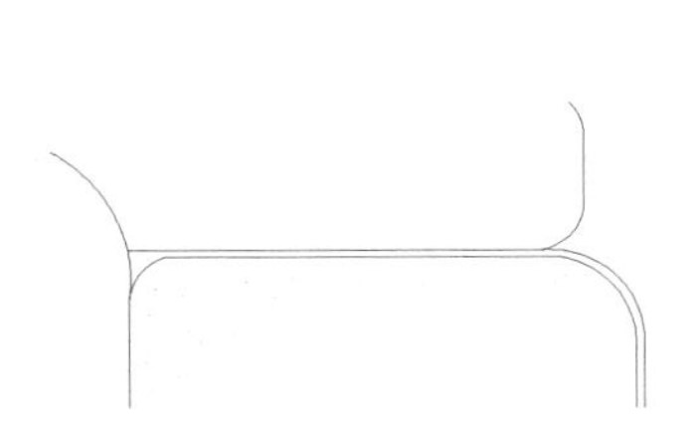

图 4-124 细化沙发面

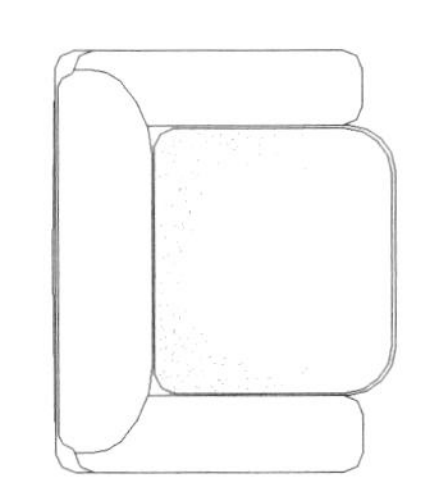

图 4-125 完善沙发面

（11）采用相同的方法，绘制三人座的沙发造型，如图 4-126 所示。

（12）单击“默认”选项卡“绘图”面板中的“直线”按钮、“圆弧”按钮和“修改”面板中的“镜像”按钮，绘制扶手造型，如图 4-127 所示。

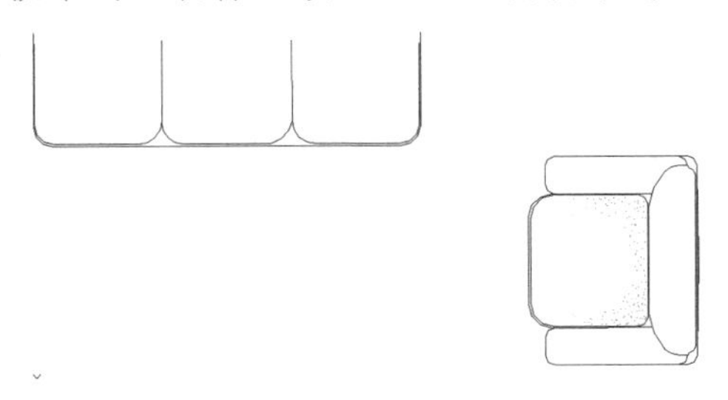

图 4-126 绘制三人座沙发

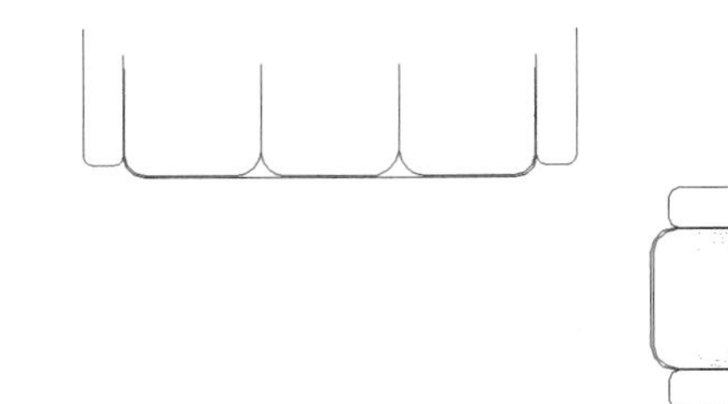

图 4-127 绘制三人座沙发扶手

（13）单击“默认”选项卡“绘图”面板中的“圆弧”按钮、“直线”按钮，绘制三人座沙发背部造型，如图 4-128 所示。

（14）单击“默认”选项卡“绘图”面板中的“多点”按钮，对三人座沙发面造型进行细化，如图 4-129 所示。

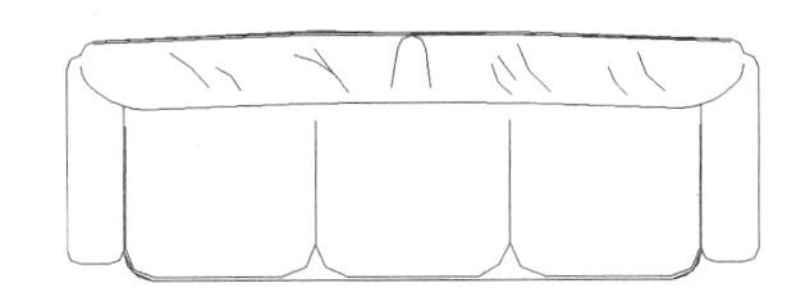

图 4-128 建立三人座沙发背部造型

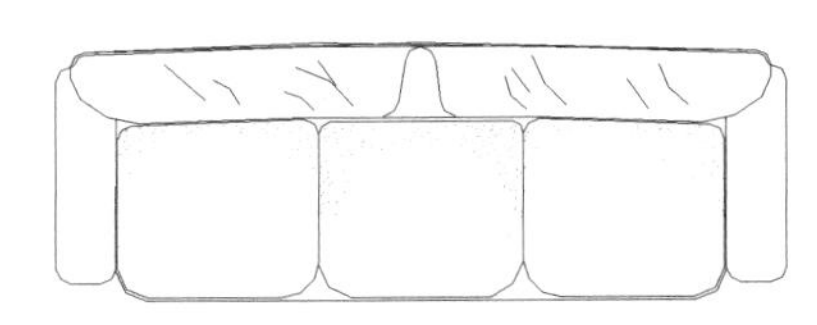

图 4-129 细化三人座沙发面

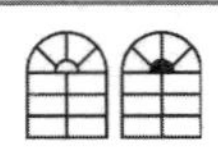

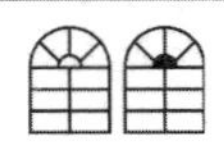

（15）单击“默认”选项卡“修改”面板中的“移动”按钮，调整两个沙发造型的位置，结果如图4-130所示。

（16）单击“默认”选项卡“修改”面板中的“镜像”按钮，对单人沙发进行镜像，得到沙发组造型，如图4-131所示。

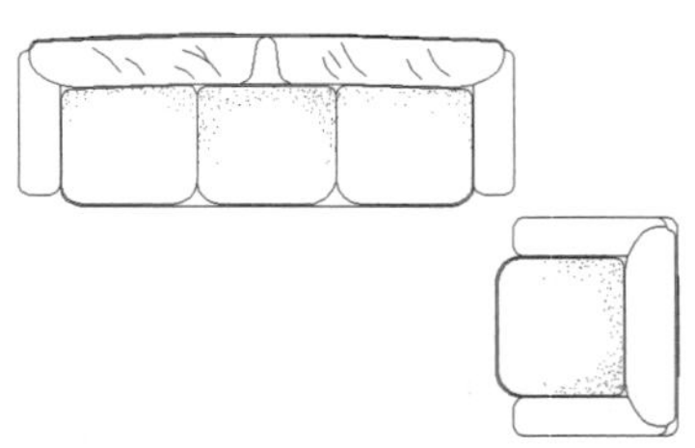

图4-130　调整沙发位置

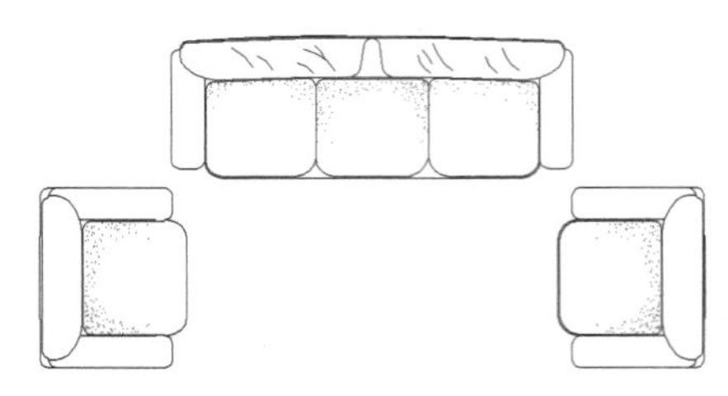

图4-131　沙发组

（17）单击“默认”选项卡“绘图”面板中的“椭圆”按钮，绘制一个椭圆形作为茶几造型，如图4-132所示。

（18）单击“默认”选项卡“绘图”面板中的“图案填充”按钮，打开“图案填充创建”选项卡，设置填充图案为ANSI34，比例为2，然后对茶几进行图案填充，结果如图4-133所示。

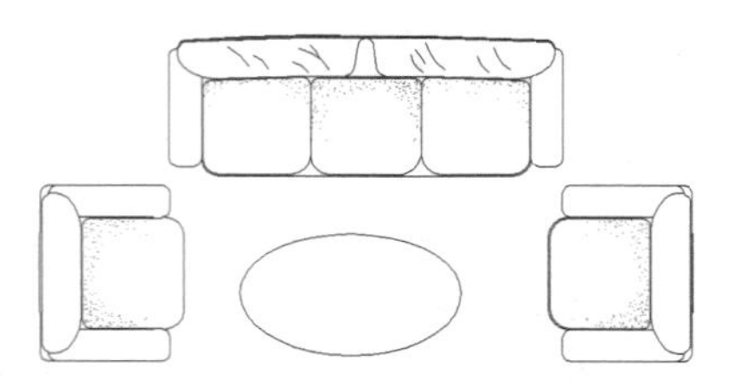

图4-132　建立椭圆形茶几

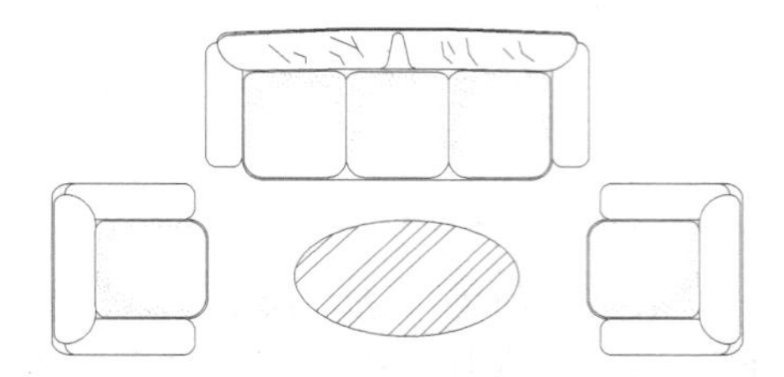

图4-133　填充茶几图案

（19）单击“默认”选项卡“绘图”面板中的“多边形”按钮，在沙发之间绘制一个正方形，如图4-134所示。

（20）单击“默认”选项卡“绘图”面板中的“圆”按钮，绘制两个大小和圆心位置不同的圆形，如图4-135所示。

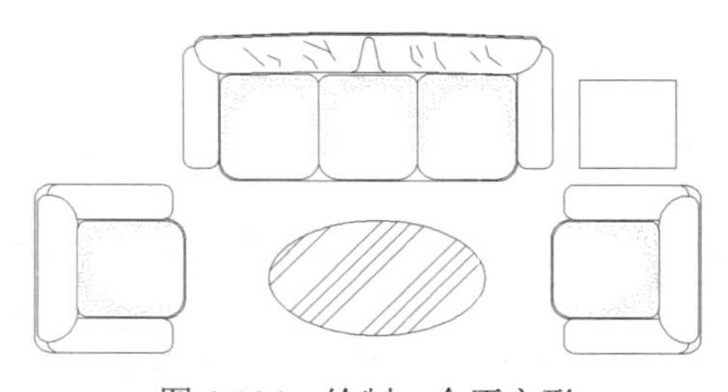

图4-134　绘制一个正方形

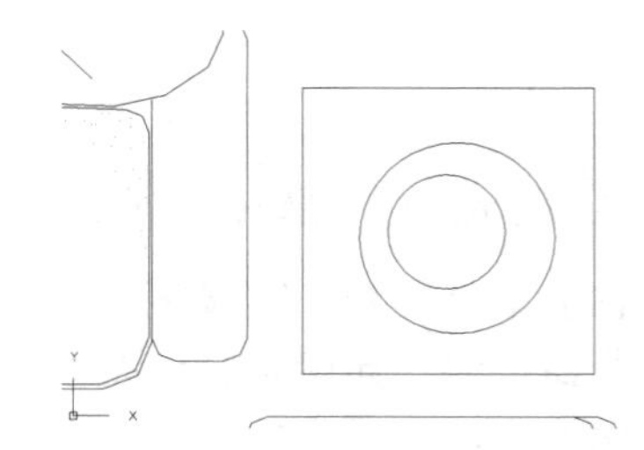

图4-135　绘制两个圆形

（21）单击“默认”选项卡“绘图”面板中的“直线”按钮，绘制随机斜线形成灯罩效果，如图4-136所示。

（22）单击“默认”选项卡“修改”面板中的“镜像”按钮，进行镜像得到两个沙发桌面灯造型，如图4-137所示。

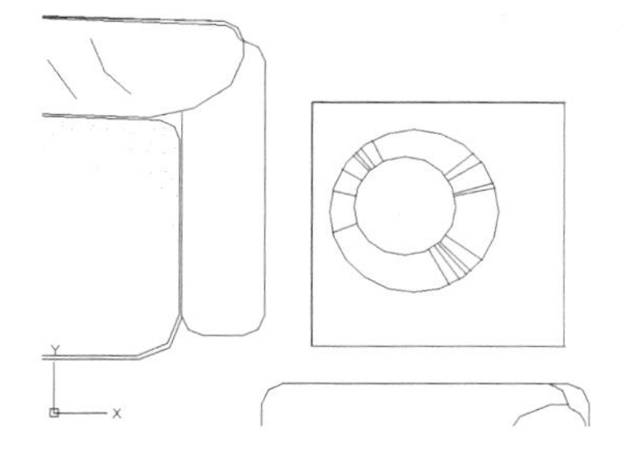

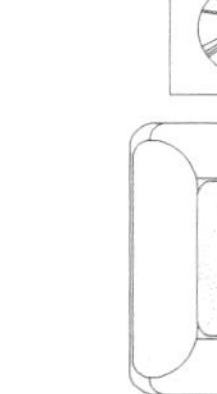

图 4-136 创建灯罩

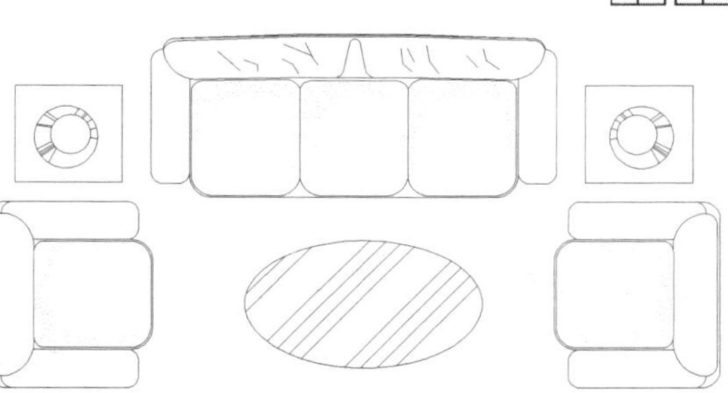

图 4-137 创建另外一侧造型

4.8 实战演练

通过前面的学习，读者对本章知识也有了大体的了解，本节通过几个操作练习使读者进一步掌握本章知识要点。

【实战演练 1】绘制如图 4-138 所示的办公桌。

1．目的要求

本实例绘制的是一个简单的办公家具图形，涉及的命令有“矩形”、“复制”和“镜像”。通过本实例，要求读者掌握“复制”和“镜像”命令的使用方法。

2．操作提示

（1）利用“矩形”命令在适当位置绘制几个矩形。

（2）利用“复制”命令复制抽屉图形。

（3）利用“镜像”命令完善图形。

【实战演练 2】绘制如图 4-139 所示的沙发。

图 4-138 办公桌

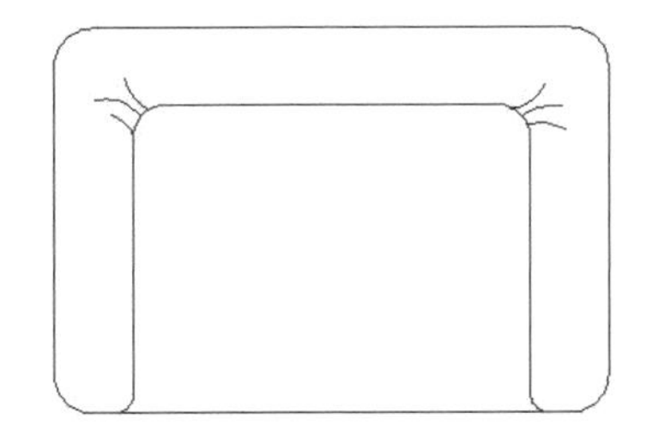

图 4-139 沙发

1．目的要求

本实例绘制的是一个沙发图形。涉及的编辑命令有“分解”、“圆角”、“延伸”和“修剪”等。通过本实例，要求读者掌握相关编辑命令的使用方法。

2．操作提示

（1）利用“矩形”命令绘制带圆角的矩形作为沙发的外框。

（2）利用“直线”命令绘制内框。

（3）利用“分解”和“圆角”命令修改沙发轮廓。

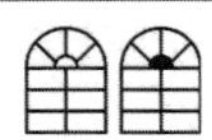
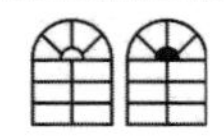

（4）利用“延伸”命令，将“圆角”命令去掉的线段补上。

（5）利用“圆角”命令再次进行圆角处理。

（6）利用“修剪”命令进行修剪。

（7）利用“圆弧”命令绘制沙发拐角处皱纹。

Note

【实战演练3】绘制如图4-140所示的餐厅桌椅。

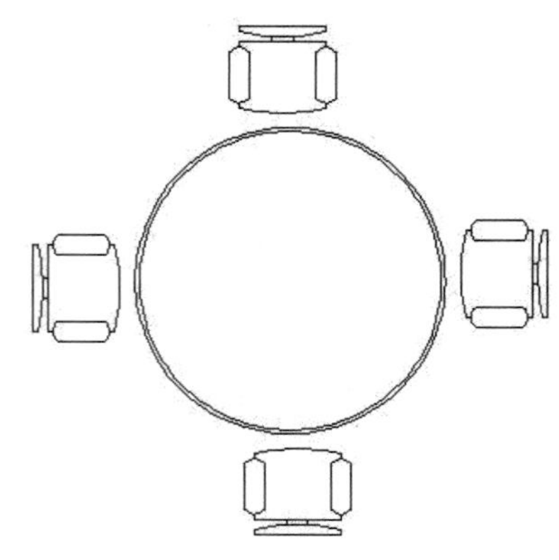

图4-140　餐厅桌椅

1．目的要求

本实例绘制的是一个餐厅桌椅图形，涉及的编辑命令有“偏移”、“镜像”和“阵列”等。通过本实例，要求读者掌握相关编辑命令的使用方法。

2．操作提示

（1）利用“直线”、“圆弧”和“镜像”命令绘制椅子。

（2）利用“圆”和“偏移”命令绘制桌子。

（3）利用“环形阵列”命令布置椅子。

辅助工具的使用

本章学习要点和目标任务：

☑ 查询工具

☑ 图块及其属性

☑ 文本标注

☑ 表格

☑ 尺寸标注

☑ 设计中心与工具选项板

文字注释是图形中很重要的一部分内容，在进行各种设计时，通常不仅要绘出图形，还要在图形中标注一些文字。图表在AutoCAD图形中也有大量的应用，如明细表、参数表和标题栏等。尺寸标注则是绘图设计过程当中相当重要的一个环节。

在绘图设计过程中，经常会遇到一些重复出现的图形（例如室内设计中的桌椅、门窗等），如果每次都重新绘制这些图形，不仅会造成大量的重复工作，而且存储这些图形及其信息也会占据相当大的磁盘空间。所以在本章中学习利用创建块的方法将其创建为块进行保存，在需要时利用插入块的方法插入到图中即可。

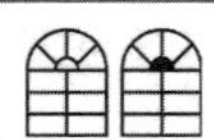

5.1 查询工具

Note

为方便用户及时了解图形信息，AutoCAD 提供了很多查询工具，这里简要进行说明。

5.1.1 距离查询

执行“距离查询”命令的方法主要有如下 3 种：

☑ 在命令行中输入“DIST”命令。

☑ 选择菜单栏中的“工具”/“查询”/“距离”命令。

☑ 单击“查询”工具栏中的“距离”按钮。

执行上述命令后，根据系统提示指定要查询的第一点和第二点。此时，命令行提示中选项为“多点”，如果使用此选项，将基于现有直线段和当前橡皮线即可计算总距离。

5.1.2 面积查询

执行“面积查询”命令的方法主要有如下 3 种：

☑ 在命令行中输入“MEASUREGEOM”命令。

☑ 选择菜单栏中的“工具”/“查询”/“面积”命令。

☑ 单击“查询”工具栏中的“面积”按钮。

执行上述命令后，根据系统提示选择查询区域。此时，命令行提示中各选项的含义如下。

☑ 指定角点：计算由指定点所定义的面积和周长。

☑ 增加面积：打开“加”模式，并在定义区域时即时保持总面积。

☑ 减少面积：从总面积中减去指定的面积。

5.2 图块及其属性

把一组图形对象组合成图块加以保存，需要时可以把图块作为一个整体以任意比例和旋转角度插入到图中任意位置，这样不仅避免了大量的重复工作，提高绘图速度和工作效率，而且可大大节省磁盘空间。

5.2.1 图块操作

1．图块定义

在使用图块时，首先要定义图块，图块的定义方法有如下 4 种：

☑ 在命令行中输入“BLOCK”命令。

☑ 选择菜单栏中的“绘图”/“块”/“创建”命令。

☑　单击“绘图”工具栏中的“创建块”按钮。

☑　单击“默认”选项卡“块”面板中的“创建”按钮或单击“插入”选项卡“块定义”面板中的“创建块”按钮。

执行上述命令后，系统弹出如图 5-1 所示的“块定义”对话框。利用此对话框指定定义对象和基点以及其他参数，即可定义图块并命名。

2．图块保存

图块的保存方法为：在命令行中输入“WBLOCK”命令。

执行上述命令后，系统弹出如图 5-2 所示的“写块”对话框。利用此对话框可把图形对象保存为图块或把图块转换成图形文件。

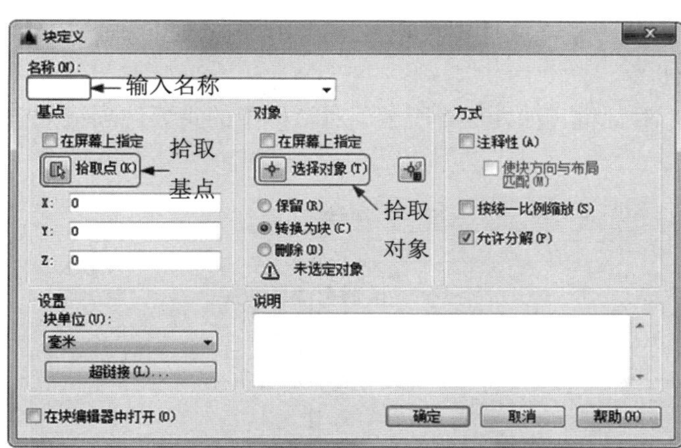

图 5-1　“块定义”对话框

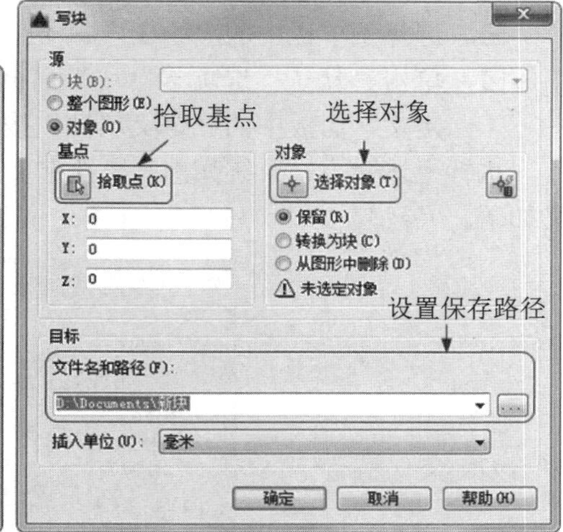

图 5-2　“写块”对话框

3．图块插入

执行块插入命令，主要有以下 4 种调用方法：

☑　在命令行中输入“INSERT”命令。

☑　选择菜单栏中的“插入”/“块”命令。

☑　单击“插入”工具栏中的“插入块”按钮或单击“绘图”工具栏中的“插入块”按钮。

☑　单击“默认”选项卡“块”面板中的“插入”按钮或单击“插入”选项卡“块”面板中的“插入”按钮。

执行上述命令，系统弹出“插入”对话框，如图 5-3 所示。利用此对话框设置插入点位置、插入比例以及旋转角度可以指定要插入的图块及插入位置。

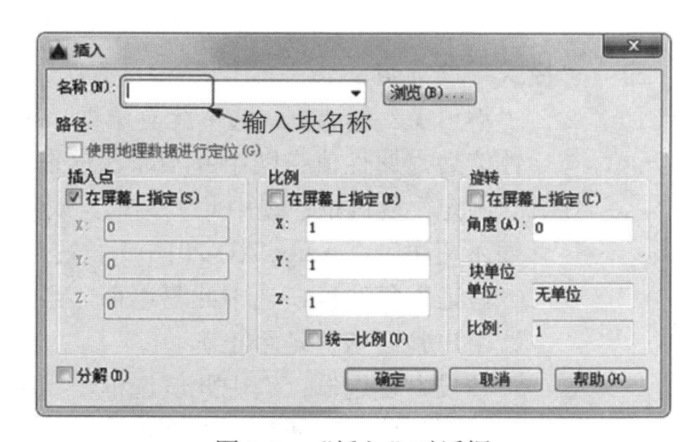

图 5-3　“插入”对话框

5.2.2 图块的属性

Note

图块除了包含图形对象以外，还可以具有非图形信息，例如，把一个椅子的图形定义为图块后，还可以把椅子的号码、材料、重量、价格以及说明等文本信息一并加入到图块当中。图块的这些非图形信息，叫做图块的属性，是图块的一个组成部分，与图形对象一起构成一个整体，在插入图块时，AutoCAD 把图形对象连同属性一起插入到图形中。

1．属性定义

在使用图块属性前，要对其属性进行定义，定义属性命令的调用方法有如下 3 种：

☑ 在命令行中输入“ATTDEF”命令。

☑ 选择菜单栏中的“绘图”/“块”/“定义属性”命令。

☑ 单击“默认”选项卡“块”面板中的“定义属性”按钮或单击“插入”选项卡“块定义”面板中的“定义属性”按钮。

执行上述命令，系统弹出“属性定义”对话框，如图 5-4 所示。对话框中的重要选项组的含义如下。

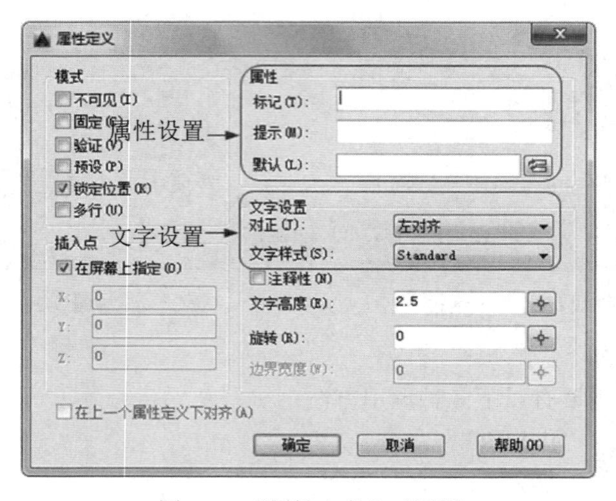

图 5-4 “属性定义”对话框

☑ “模式”选项组。

- “不可见”复选框：选中此复选框，属性为不可见显示方式，即插入图块并输入属性值后，属性值在图中并不显示出来。
- “固定”复选框：选中此复选框，属性值为常量，即属性值在属性定义时给定，在插入图块时，AutoCAD 2016 不再提示输入属性值。
- “验证”复选框：选中此复选框，当插入图块时，AutoCAD 2016 重新显示属性值让用户验证该值是否正确。
- “预设”复选框：选中此复选框，当插入图块时，AutoCAD 2016 自动把事先设置好的默认值赋予属性，而不再提示输入属性值。
- “锁定位置”复选框：选中此复选框，当插入图块时，AutoCAD 2016 锁定块参照

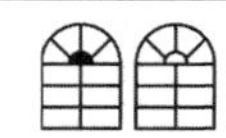

中属性的位置。解锁后，属性可以相对于使用夹点编辑的块的其他部分移动，并且可以调整多行属性的大小。

- “多行”复选框：指定属性值可以包含多行文字。

☑ “属性”选项组。

- “标记”文本框：输入属性标签。属性标签可由除空格和感叹号以外的所有字符组成。AutoCAD 2016 自动把小写字母改为大写字母。
- “提示”文本框：输入属性提示。属性提示是在插入图块时 AutoCAD 2016 要求输入属性值的提示。如果不在此文本框内输入文本，则以属性标签作为提示。如果在“模式”选项组中选中“固定”复选框，即设置属性为常量，则不需设置属性提示。
- “默认”文本框：设置默认的属性值。可把使用次数较多的属性值作为默认值，也可不设默认值。

其他各选项组比较简单，不再赘述。

2．修改属性定义

在定义图块之前，可以对属性的定义加以修改，不仅可以修改属性标签，还可以修改属性提示和属性默认值。文字编辑命令的调用方法有如下两种：

☑ 在命令行中输入“DDEDIT”命令。

☑ 选择菜单栏中的“修改”/“对象”/“文字”/“编辑”命令。

执行上述命令后，根据系统提示选择要修改的属性定义，AutoCAD 2016 打开“编辑属性定义”对话框，如图 5-5 所示。可以在该对话框中修改属性定义。

3．图块属性编辑

图块属性编辑命令的调用方法有如下 4 种：

☑ 在命令行中输入“EATTEDIT”命令。

☑ 选择菜单栏中的“修改”/“对象”/“属性”/“单个”命令。

☑ 单击“修改 II”工具栏中的“编辑属性”按钮。

☑ 单击“默认”选项卡“块”面板中的“定义属性”按钮。

执行上述命令后，在系统提示下选择块后，弹出“增强属性编辑器”对话框，如图 5-6 所示。该对话框不仅可以编辑属性值，还可以编辑属性的文字选项和图层、线型、颜色等特性值。

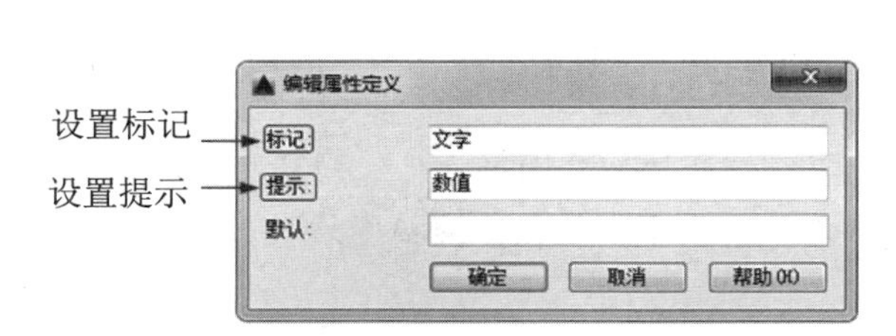

图 5-5 “编辑属性定义”对话框

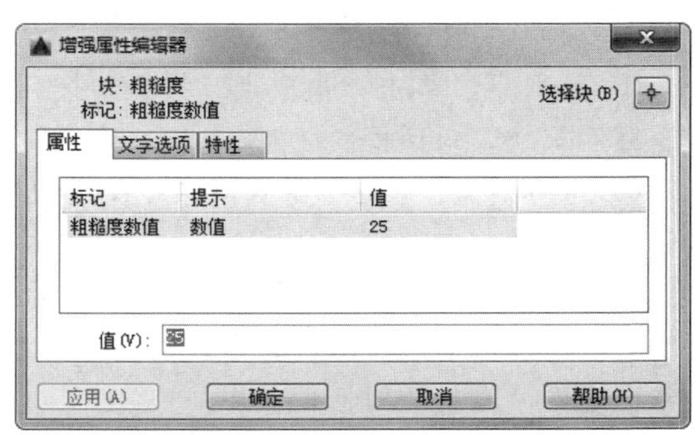

图 5-6 “增强属性编辑器”对话框

5.2.3　实战——四人餐桌

Note

本实例主要介绍灵活利用图块快速绘制家具图形的具体方法。首先将已经绘制好的圈椅定义成图块并保存，然后绘制桌子，最后将圈椅图块插入到桌子图形中。绘制流程如图5-7所示。

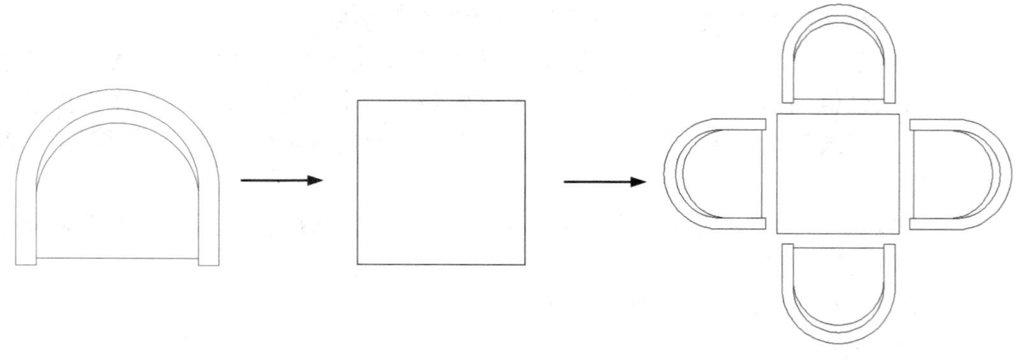

图5-7　绘制四人餐桌流程图

操作步骤如下：（：光盘\配套视频\第5章\四人餐桌.avi）

（1）打开3.5.3小节中绘制的圈椅图形，将其另存为“四人餐桌.dwg”文件，如图5-8所示。

（2）在命令行中输入“WBLOCK”命令，弹出“写块”对话框，如图5-9所示。

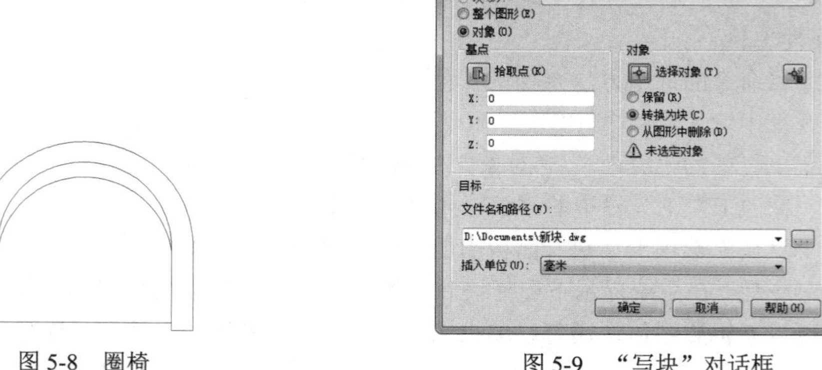

图5-8　圈椅　　　　图5-9　“写块”对话框

① 拾取点。单击“拾取点”按钮切换到作图屏幕，选择圈椅前沿的中点为基点，按Enter键返回“写块”对话框。

② 选择对象。单击“选择对象”按钮切换到作图屏幕，拾取整个圈椅图形为对象，按Enter键返回“写块”对话框。

③ 保存图块。单击“目标”选项组中的按钮，打开“浏览图形文件”对话框，在“保存于”下拉列表框中选择图块的存放位置，在“文件名”文本框中输入“圈椅图块”，单击“保存”按钮，返回“写块”对话框。

④ 关闭对话框。单击“确定”按钮，关闭“写块”对话框。

（3）单击“默认”选项卡“绘图”面板中的“多边形”按钮，绘制一个适当大小的正方形

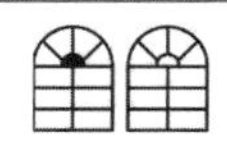

Note

餐桌，如图 5-10 所示。

（4）单击“默认”选项卡“块”面板中的“插入”按钮，打开“插入”对话框，如图 5-11 所示，单击“浏览”按钮，找到圈椅图块保存的路径，在“角度”文本框中输入“90”，选中“在屏幕上指定”和“统一比例”复选框，其他选项按默认设置，单击“确定”按钮。

图 5-10　绘制餐桌

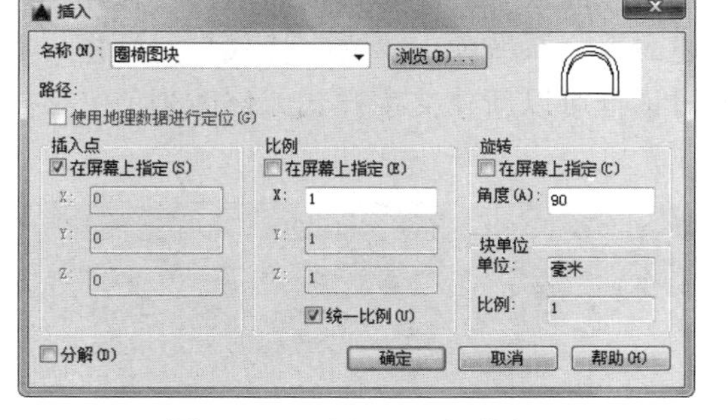

图 5-11　“插入”对话框

（5）利用“对象捕捉”和“对象追踪”功能，追踪捕捉桌子图形中点左边一个适当距离放置圈椅图块，如图 5-12 所示。

（6）单击“默认”选项卡“修改”面板中的“环形阵列”按钮，将插入的圈椅图块以桌子中心为中心进行阵列，并设置阵列数目为 4，填充角度为 360°，最终结果如图 5-13 所示。

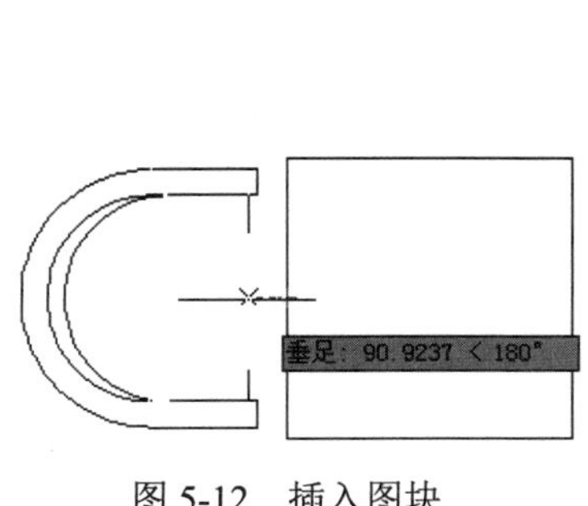

图 5-12　插入图块

图 5-13　阵列处理

5.3　文本标注

文本是建筑图形的基本组成部分，在图签、说明、图纸目录等地方都要用到文本。本节讲述文本标注的基本方法。

5.3.1　设置文本样式

执行文本样式命令，主要有以下 4 种调用方法：

☑　在命令行中输入“STYLE”或“DDSTYLE”命令。

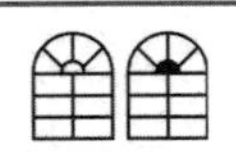

Note

☑ 选择菜单栏中的“格式”/“文字样式”命令。

☑ 单击“文字”工具栏中的“文字样式”按钮A。

☑ 单击“默认”选项卡“注释”面板中的“文字样式”按钮A或单击“注释”选项卡“文字”面板上的“文字样式”下拉菜单中的“管理文字样式”按钮或单击“注释”选项卡“文字”面板中的“对话框启动器”按钮↘。

执行上述命令，系统弹出“文字样式”对话框，如图5-14所示。

利用该对话框可以新建文字样式或修改当前文字样式。如图5-15～图5-17所示为各种文字样式。

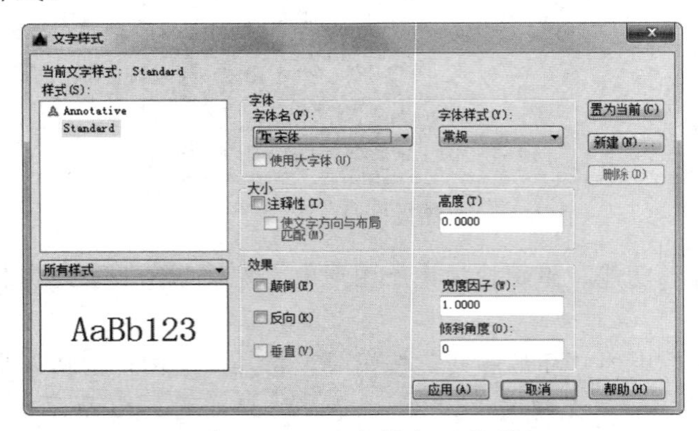

图5-14 “文字样式”对话框

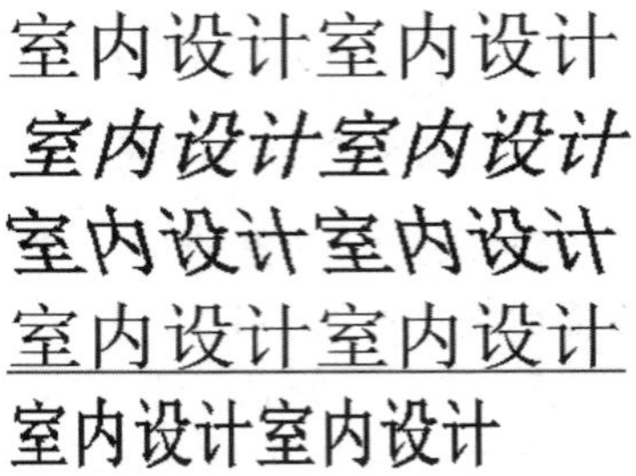

室内设计室内设计

室内设计室内设计

室内设计室内设计

室内设计室内设计

室内设计室内设计

图5-15 同一文字的不同样式图

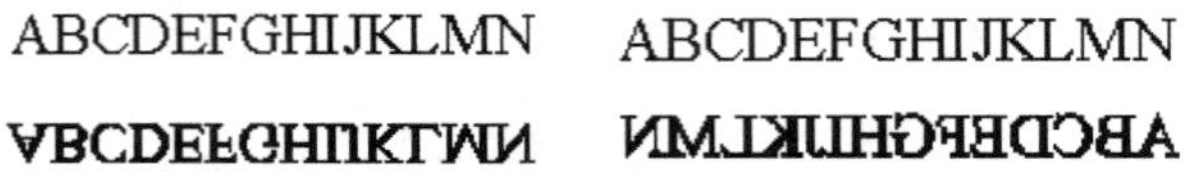

ABCDEFGHIJKLMN

ABCDEFGHIJKLMN（颠倒）

（a）文字颠倒标注

ABCDEFGHIJKLMN

ABCDEFGHIJKLMN（反向）

（b）反向标注

图5-16 文字颠倒标注与反向标注

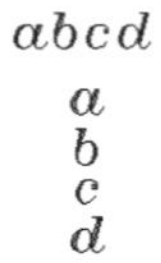

abcd

a
b
c
d

图5-17 垂直标注文字

5.3.2 单行文字标注

执行单行文字标注命令，主要有以下4种调用方法：

☑ 在命令行中输入“TEXT”命令。

☑ 选择菜单栏中的“绘图”/“文字”/“单行文字”命令。

☑ 单击“文字”工具栏中的“单行文字”按钮AI。

☑ 单击“默认”选项卡“注释”面板中的“单行文字”按钮AI或单击“注释”选项卡“文字”面板中的“单行文字”按钮AI。

执行上述命令后，根据系统提示指定文字的起点或选择选项。执行该命令后，命令行提示中主要选项的含义如下。

☑ 指定文字的起点：在此提示下直接在作图屏幕上点取一点作为文本的起始点，在此提示下输入一行文本后按Enter键，AutoCAD继续显示“输入文字:”提示，可继续输入文本，待全部输入完后在此提示下直接按Enter键，则退出TEXT命令。可见，由TEXT命令也可创建多行文本，只是这种多行文本每一行是一个对象，不能对多行文本同时进

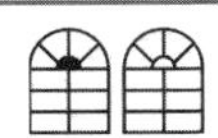

行操作。

☑ 对正（J）：在上面的提示下输入“J”，用来确定文本的对齐方式，对齐方式决定文本的哪一部分与所选的插入点对齐。执行此选项，根据系统提示选择选项作为文本的对齐方式。当文本串水平排列时，AutoCAD 为标注文本串定义了如图 5-18 所示的顶线、中线、基线和底线，各种对齐方式如图 5-19 所示，图中大写字母对应上述提示中各命令。

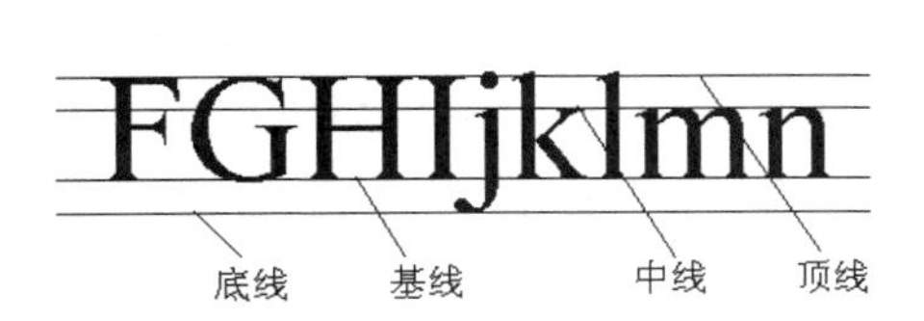

图 5-18　文本行的底线、基线、中线和顶线

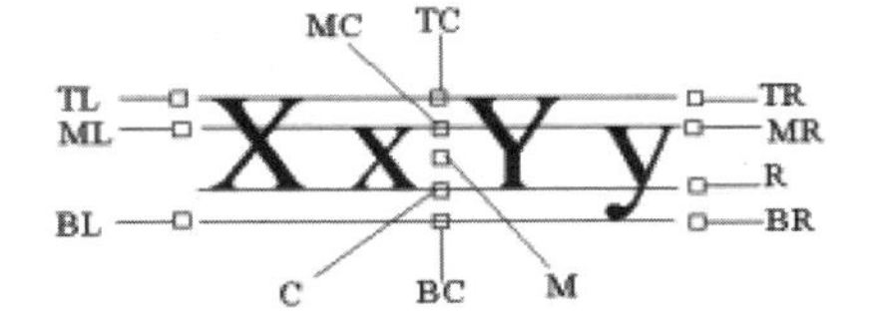

图 5-19　文本的对齐方式

下面以“对齐”为例进行简要说明。选择“对齐(A)”选项，要求用户指定文本行基线的起始点与终止点的位置，AutoCAD 提示如下：

```
指定文字基线的第一个端点:（指定文本行基线的起点位置）
指定文字基线的第二个端点:（指定文本行基线的终点位置）
输入文字:（输入一行文本后按 Enter 键）
输入文字:（继续输入文本或直接按 Enter 键结束命令）
```

执行结果：所输入的文本字符均匀地分布于指定的两点之间，如果两点间的连线不水平，则文本行倾斜放置，倾斜角度由两点间的连线与 X 轴夹角确定；字高、字宽根据两点间的距离、字符的多少以及文本样式中设置的宽度系数自动确定。指定了两点之后，每行输入的字符越多，字宽和字高越小。

其他选项与“对齐”类似，不再赘述。

实际绘图时，有时需要标注一些特殊字符，例如，直径符号、上划线或下划线、温度符号等。由于这些符号不能直接从键盘上输入，AutoCAD 提供了一些控制码，用来实现这些要求。控制码用两个百分号（%%）加一个字符构成，常用的控制码如表 5-1 所示。

表 5-1　AutoCAD 常用控制码

符　　号	功　　能	符　　号	功　　能
%%O	上划线	\u+0278	电相位
%%U	下划线	\u+E101	流线
%%D	“度”符号	\u+2261	标识
%%P	正负符号	\u+E102	界碑线
%%C	直径符号	\u+2260	不相等
%%%	百分号%	\u+2126	欧姆
\u+2248	几乎相等	\u+03A9	欧米加
\u+2220	角度	\u+214A	低界线
\u+E100	边界线	\u+2082	下标 2
\u+2104	中心线	\u+00B2	上标 2
\u+0394	差值		

5.3.3 多行文字标注

Note

执行多行文字标注命令，主要有以下 4 种调用方法：

☑ 在命令行中输入“MTEXT”命令。

☑ 选择菜单栏中的“绘图”/“文字”/“多行文字”命令。

☑ 单击“绘图”工具栏中的“多行文字”按钮A或单击“文字”工具栏中的“多行文字”按钮A。

☑ 单击“默认”选项卡“注释”面板中的“多行文字”按钮A或单击“注释”选项卡“文字”面板中的“多行文字”按钮A。

执行上述命令后，根据系统提示指定矩形框的范围，创建多行文字。

使用多行文字命令绘制文字时，命令行提示中主要选项的含义如下。

☑ 指定对角点：直接在屏幕上点取一个点作为矩形框的第二个角点，AutoCAD 以这两个点为对角点形成一个矩形区域，其宽度作为将来要标注的多行文本的宽度，而且第一个点作为第一行文本顶线的起点。响应后 AutoCAD 打开如图 5-20 所示的“文字编辑器”选项卡和多行文字编辑器，可利用此编辑器输入多行文本并对其格式进行设置。关于对话框中各项的含义与编辑器功能，稍后再详细介绍。

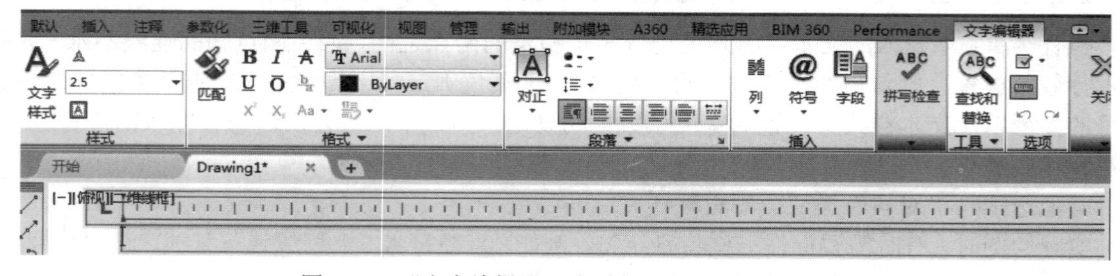

图 5-20 “文字编辑器”选项卡和多行文字编辑器

☑ 对正（J）：确定所标注文本的对齐方式。选择此选项，根据系统提示选择对齐方式，这些对齐方式与 TEXT 命令中的各对齐方式相同，不再重复。选取一种对齐方式后按 Enter 键，AutoCAD 回到上一级提示。

☑ 行距（L）：确定多行文本的行间距，这里所说的行间距是指相邻两文本行的基线之间的垂直距离。根据系统提示输入行距类型，在此提示下有两种方式确定行间距，“至少”方式和“精确”方式。“至少”方式下，AutoCAD 根据每行文本中最大的字符自动调整行间距。“精确”方式下，AutoCAD 给多行文本赋予一个固定的行间距。可以直接输入一个确切的间距值，也可以输入“nx”的形式，其中，n 是一个具体数，表示行间距设置为单行文本高度的 n 倍，而单行文本高度是本行文本字符高度的 1.66 倍。

☑ 旋转（R）：确定文本行的倾斜角度。根据系统提示输入倾斜角度。

☑ 样式（S）：确定当前的文本样式。

☑ 高度（H）：指定多行文本的高度。

☑ 宽度（W）：指定多行文本的宽度。可在屏幕上选取一点与前面确定的第一个角点组成的矩形框的宽作为多行文本的宽度。也可以输入一个数值，精确设置多行文本的宽度。

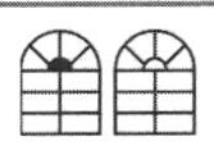

在多行文字绘制区域右击，系统打开右键快捷菜单，如图 5-21 所示。该快捷菜单提供标准编辑命令和多行文字特有的命令。菜单顶层的命令是基本编辑命令，如剪切、复制和粘贴等，后面的命令则是多行文字编辑器特有的命令。

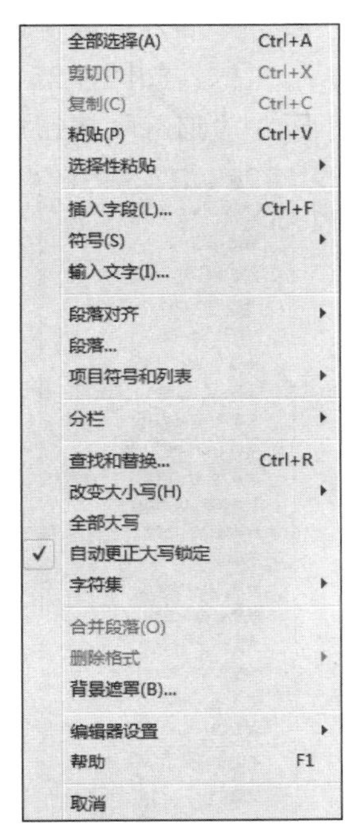

图 5-21　右键快捷菜单

☑　栏（C）：根据栏宽、栏间距宽度和栏高组成矩形框，打开如图 5-20 所示的“文字编辑器”选项卡和多行文字编辑器。

“文字编辑器”选项卡用来控制文本文字的显示特性。可以在输入文本文字前设置文本的特性，也可以改变已输入的文本文字特性。要改变已有文本文字显示特性，首先应选择要修改的文本，选择文本的方式有以下 3 种。

☑　将光标定位到文本文字开始处，按住鼠标左键，拖到文本末尾。

☑　双击某个文字，则该文字被选中。

☑　单击鼠标 3 次，则选中全部内容。

下面介绍部分面板及选项的功能。

1．“格式”面板

☑　“高度”下拉列表框：确定文本的字符高度，可在文本编辑框中直接输入新的字符高度，也可从下拉列表中选择已设定过的高度。

☑　**B**和*I*按钮：设置黑体或斜体效果，只对 TrueType 字体有效。

☑　“删除线”按钮A̶：用于在文字上添加水平删除线。

☑　“下划线”按钮U̲与“上划线”按钮Ō：设置或取消下（上）划线。

☑　“堆叠”按钮：即层叠/非层叠文本按钮，用于层叠所选的文本，也就是创建分数形式。当文本中某处出现“/”、“^”或“#”这 3 种层叠符号之一时可层叠文本，方法是选中需层叠的文字，然后单击此按钮，则符号左边的文字作为分子，右边的文字作为分母。AutoCAD 提供了 3 种分数形式，如果选中“abcd/efgh”后单击此按钮，得到如图 5-22（a）所示的分数形式；如果选中“abcd^efgh”后单击此按钮，则得到如图 5-22（b）所示的形式，此形式多用于标注极限偏差；如果选中“abcd # efgh”后单击此按钮，则创建斜排的分数形式，如图 5-22（c）所示。如果选中已经层叠的文本对象后单击此按钮，则恢复到非层叠形式。

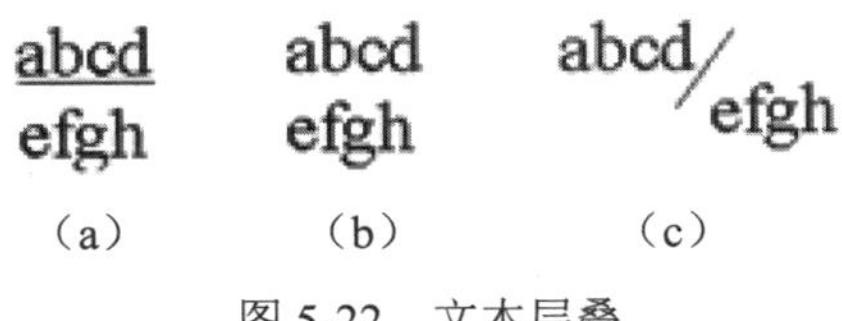

（a）　（b）　（c）

图 5-22　文本层叠

室内设计
室内设计
室内设计

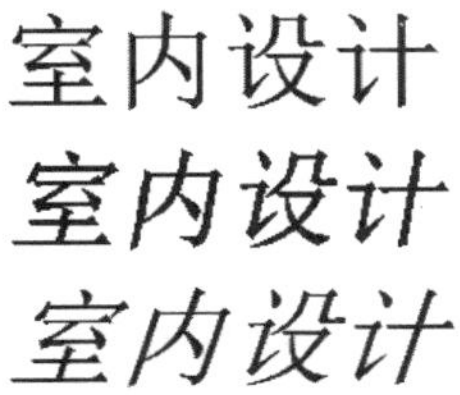

图 5-23　倾斜角度与斜体效果

☑　“倾斜角度”下拉列表框0/：设置文字的倾斜角度，如图 5-23 所示。

☑　“符号”按钮@：用于输入各种符号。单击

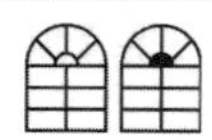
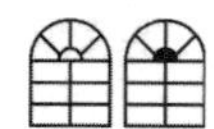

该按钮，系统打开符号列表，如图5-24所示，可以从中选择符号输入到文本中。

☑ “插入字段”按钮：插入一些常用或预设字段。单击该按钮，系统打开“字段”对话框，如图5-25所示，用户可以从中选择字段插入到标注文本中。

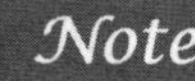

☑ “追踪”按钮：增大或减小选定字符之间的空隙。

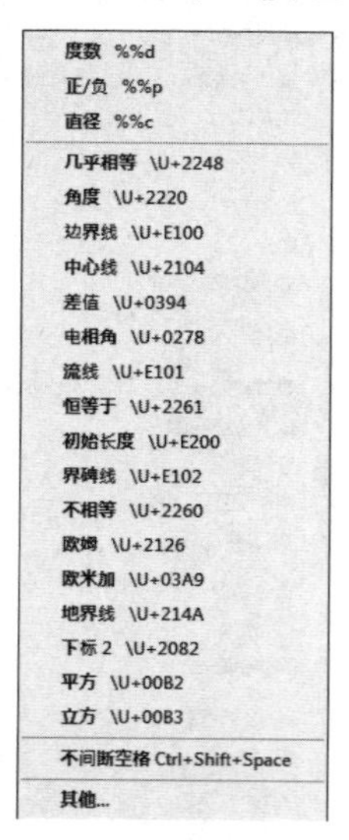

图5-24　符号列表

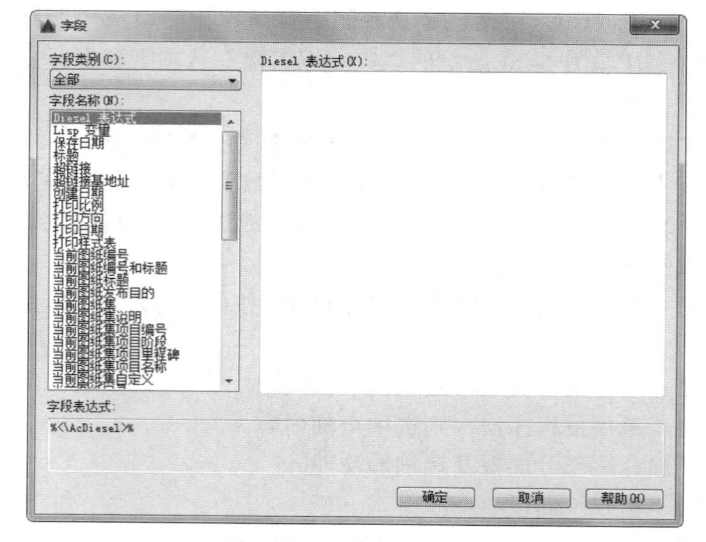

图5-25　“字段”对话框

2．“段落”面板

☑ “多行文字对正”按钮：显示“多行文字对正”菜单，并且有9个对齐选项可用。

☑ “宽度因子”按钮：扩展或收缩选定字符。

☑ “上标”按钮：将选定文字转换为上标，即在输入线的上方设置稍小的文字。

☑ “下标”按钮：将选定文字转换为下标，即在输入线的下方设置稍小的文字。

☑ “清除格式”下拉列表框：删除选定字符的字符格式，或删除选定段落的段落格式，或删除选定段落中的所有格式。

☑ 关闭：如果选择此选项，将从应用了列表格式的选定文字中删除字母、数字和项目符号。不更改缩进状态。

☑ 以数字标记：应用将带有句点的数字用于列表中的项的列表格式。

☑ 以字母标记：应用将带有句点的字母用于列表中的项的列表格式。如果列表含有的项多于字母表中含有的字母，可以使用双字母继续序列。

☑ 以项目符号标记：应用将项目符号用于列表中的项的列表格式。

☑ 起点：在列表格式中启动新的字母或数字序列。如果选定的项位于列表中间，则选定项下面的未选中的项也将成为新列表的一部分。

☑ 连续：将选定的段落添加到上面最后一个列表然后继续序列。如果选择了列表项而非段落，选定项下面的未选中的项将继续序列。

☑ 允许自动项目符号和编号：在输入时应用列表格式。以下字符可以用作字母和数字后的标点并不能用作项目符号：句点（.）、逗号（,）、右括号（)）、右尖括号（>）、右方括号（]）和右花括号（}）。

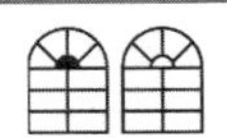

☑　允许项目符号和列表：如果选择此选项，列表格式将应用到外观类似列表的多行文字对象中的所有纯文本。

☑　段落：为段落和段落的第一行设置缩进。指定制表位和缩进，控制段落对齐方式、段落间距和段落行距，如图 5-26 所示。

3．“拼写检查”面板

☑　拼写检查：确定输入时拼写检查处于打开状态还是关闭状态。

☑　编辑词典：显示“词典”对话框，从中可添加或删除在拼写检查过程中使用的自定义词典。

4．“工具”面板

☑　输入文字：选择此项，系统打开“选择文件”对话框，如图 5-27 所示。选择任意 ASCII 或 RTF 格式的文件。输入的文字保留原始字符格式和样式特性，但可以在多行文字编辑器中编辑和格式化输入的文字。选择要输入的文本文件后，可以替换选定的文字或全部文字，或在文字边界内将插入的文字附加到选定的文字中。输入文字的文件必须小于 32KB。

5．“选项”面板

☑　标尺：在编辑器顶部显示标尺。拖动标尺末尾的箭头可更改文字对象的宽度。列模式处于活动状态时，还显示高度和列夹点。

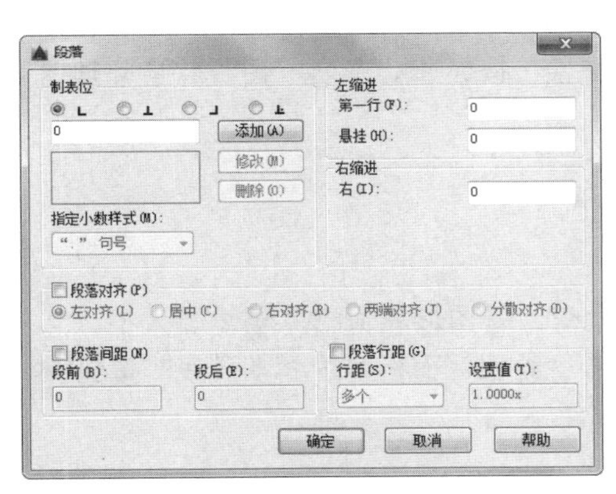

图 5-26　“段落”对话框

图 5-27　“选择文件”对话框

5.3.4　多行文字编辑

执行多行文字编辑命令，主要有以下 4 种调用方法：

☑　在命令行中输入“DDEDIT”命令。

☑　选择菜单栏中的“修改”/“对象”/“文字”/“编辑”命令。

☑　单击“文字”工具栏中的“编辑”按钮。

☑　在快捷菜单中选择“修改多行文字”或“编辑文字”命令。

执行上述命令后，根据系统提示选择想要修改的文本，同时光标变为拾取框。用拾取框单击

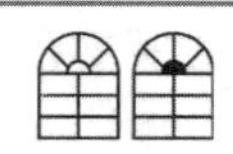

对象，如果选取的文本是用 TEXT 命令创建的单行文本，则深显该文本，可对其进行修改。如果选取的文本是用 MTEXT 命令创建的多行文本，选取后则打开多行文字编辑器，可根据前面的介绍对各项设置或内容进行修改。

Note

5.3.5 实战——酒瓶

本实例主要介绍文字标注的绘制方法。首先利用“多段线”命令绘制酒瓶外轮廓，然后细化酒瓶，最后输入文字标注。绘制流程如图 5-28 所示。

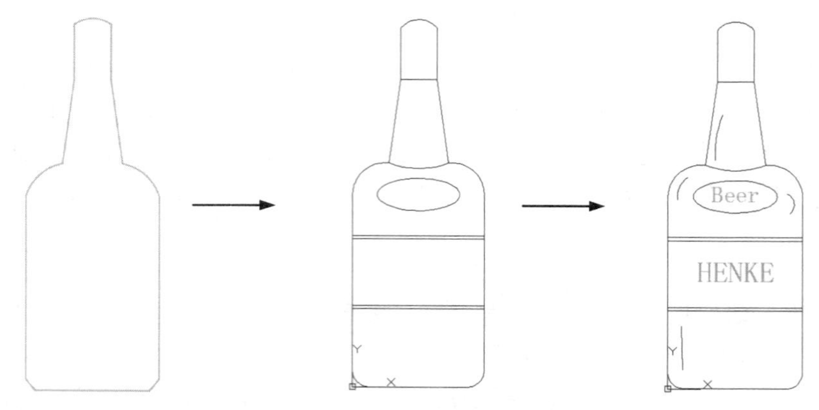

图 5-28 绘制酒瓶流程图

操作步骤如下：（：光盘\配套视频\第 5 章\酒瓶.avi ）

（1）单击“默认”选项卡“图层”面板中的“图层特性”按钮，弹出“图层特性管理器”选项板，新建 3 个图层。

① “1”图层，颜色为绿色，其余属性默认。

② “2”图层，颜色为白色，其余属性默认。

③ “3”图层，颜色为蓝色，其余属性默认。

（2）选择菜单栏中的“视图”/“缩放”/“圆心”命令，将图形界面缩放至适当大小。

（3）将当前图层设为“3”图层，单击“默认”选项卡“绘图”面板中的“多段线”按钮，绘制多段线。

① 在命令行提示“指定起点:”后输入“40,0”。

② 在命令行提示“指定下一个点或[圆弧(A)/半宽(H)/长度(L)/放弃(U)/宽度(W)]:”后输入“@-40,0”。

③ 在命令行提示“指定下一点或[圆弧(A)/闭合(C)/半宽(H)/长度(L)/放弃(U)/宽度(W)]:”后输入“@0,119.8”。

④ 在命令行提示“指定下一点或[圆弧(A)/闭合(C)/半宽(H)/长度(L)/放弃(U)/宽度(W)]:”后输入“A”。

⑤ 在命令行提示“指定圆弧的端点(按住 Ctrl 键以切换方向)或[角度(A)/圆心(CE)/闭合(CL)/方向(D)/半宽(H)/直线(L)/半径(R)/第二个点(S)/放弃(U)/宽度(W)]:”后输入“22,139.6”。

⑥ 在命令行提示“指定圆弧的端点(按住 Ctrl 键以切换方向)或[角度(A)/圆心(CE)/闭合

(CL)/方向(D)/半宽(H)/直线(L)/半径(R)/第二个点(S)/放弃(U)/宽度(W)]:”后输入“L”。

⑦ 在命令行提示“指定下一点或[圆弧(A)/闭合(C)/半宽(H)/长度(L)/放弃(U)/宽度(W)]:”后输入“29,190.7”。

⑧ 在命令行提示“指定下一点或[圆弧(A)/闭合(C)/半宽(H)/长度(L)/放弃(U)/宽度(W)]:”后输入“29,222.5”。

⑨ 在命令行提示“指定下一点或[圆弧(A)/闭合(C)/半宽(H)/长度(L)/放弃(U)/宽度(W)]:”后输入“A”。

⑩ 在命令行提示“指定圆弧的端点(按住 Ctrl 键以切换方向)或[角度(A)/圆心(CE)/闭合(CL)/方向(D)/半宽(H)/直线(L)/半径(R)/第二个点(S)/放弃(U)/宽度(W)]:”后输入“S”。

⑪ 在命令行提示“指定圆弧上的第二个点:”后输入“40,227.6”。

⑫ 在命令行提示“指定圆弧的端点:”后输入“51.2,223.3”。

⑬ 在命令行提示“指定圆弧的端点(按住 Ctrl 键以切换方向)或[角度(A)/圆心(CE)/闭合(CL)/方向(D)/半宽(H)/直线(L)/半径(R)/第二个点(S)/放弃(U)/宽度(W)]:”后按 Enter 键。

绘制结果如图 5-29 所示。

（4）单击“默认”选项卡“修改”面板中的“镜像”按钮，镜像第（3）步中绘制的多段线，然后单击“默认”选项卡“修改”面板中的“修剪”按钮，修剪图形，如图 5-30 所示。

（5）将“2”图层设置为当前图层，单击“默认”选项卡“绘图”面板中的“直线”按钮，绘制坐标点为{(0,94.5),(@80,0)}、{(0,92.5),(80,92.5)}、{(0,48.6),(@80,0)}、{(29,190.7),(@22,0)}、{(0,50.6),(@80,0)}的直线，如图 5-31 所示。

（6）单击“默认”选项卡“绘图”面板中的“椭圆”按钮，绘制中心点为（40,120）、轴端点为（@25,0）、轴长度为（@0,10）的椭圆。单击“默认”选项卡“绘图”面板中的“圆弧”按钮，以三点方式绘制坐标为（22,139.6）、（40,136）、（58,139.6）的圆弧，如图 5-32 所示。

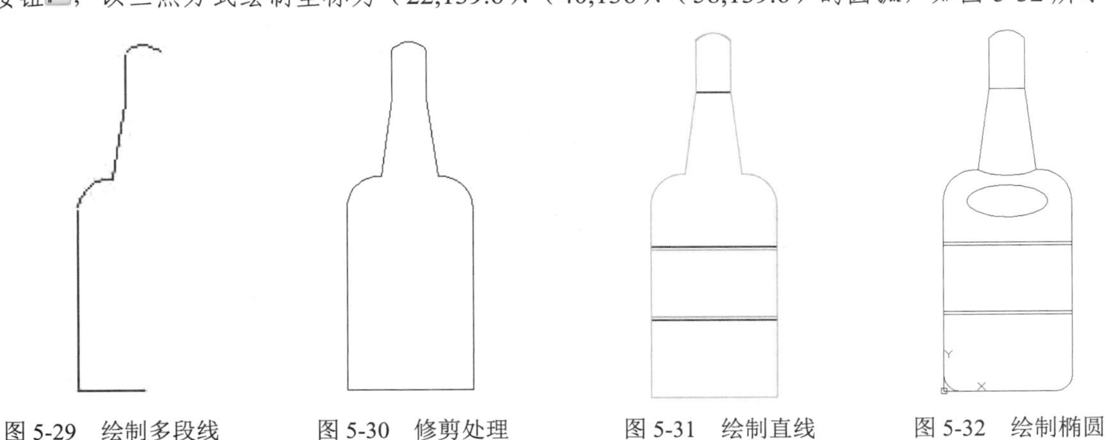

图 5-29　绘制多段线　　图 5-30　修剪处理　　图 5-31　绘制直线　　图 5-32　绘制椭圆

（7）单击“默认”选项卡“修改”面板中的“圆角”按钮，设置圆角半径为 10，将瓶底进行圆角处理。

（8）将“1”图层设置为当前图层，单击“默认”选项卡“注释”面板中的“多行文字”按钮，打开“文字编辑器”选项卡，设置字体为宋体，文字高度为 10，如图 5-33 所示，输入文字“Beer”。

（9）同理，单击“默认”选项卡“注释”面板中的“多行文字”按钮，设置文字高度为 13，输入文字“HENKE”，结果如图 5-34 所示。

图 5-33 “文字编辑器”选项卡

（10）将“2”图层设置为当前图层，单击“默认”选项卡“绘图”面板中的“直线”按钮，和“圆弧”按钮，细化酒瓶，最终完成酒瓶的绘制，结果如图 5-35 所示。

图 5-34 输入文字　　　　图 5-35 酒瓶

5.4 表　　格

在以前的版本中，要绘制表格必须采用绘制图线或者图线结合“偏移”或“复制”等编辑命令来完成，这样的操作过程繁琐而复杂，不利于提高绘图效率。表格功能使创建表格变得非常容易，用户可以直接插入设置好样式的表格，而不用绘制由单独的图线组成的栅格。

5.4.1 设置表格样式

执行表格样式命令，主要有以下 4 种调用方法：

☑ 在命令行中输入“TABLESTYLE”命令。

☑ 选择菜单栏中的“格式”/“表格样式”命令。

☑ 单击“样式”工具栏中的“表格样式管理器”按钮。

☑ 单击“默认”选项卡“注释”面板中的“表格样式”按钮或单击“注释”选项卡“表格”面板上“表格样式”下拉菜单中的“管理表格样式”按钮或单击“注释”选项卡“表格”面板中的“对话框启动器”按钮。

执行上述命令后，AutoCAD 打开“表格样式”对话框，如图 5-36 所示。对话框中部分按钮的含义如下。

☑ 新建：单击该按钮，系统弹出“创建新的表格样式”对话框，如图 5-37 所示。输入新的表格样式名后，单击“继续”按钮，系统打开“新建表格样式”对话框，如图 5-38 所示，从中可以定义新的表格样式，分别控制表格中数据、列标题和总标题的有关参数，如图 5-39 所示。

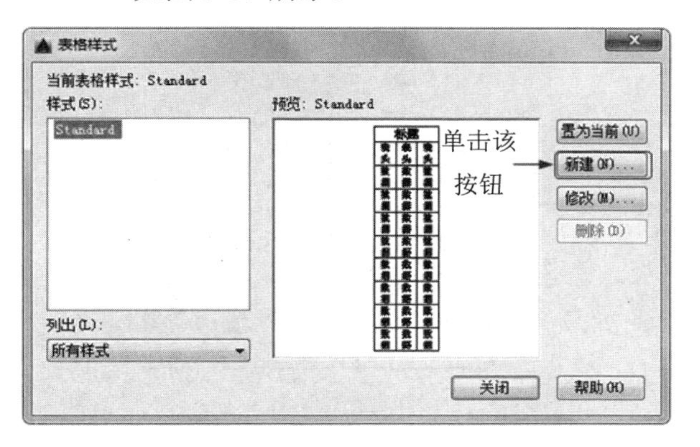

图 5-36　“表格样式”对话框

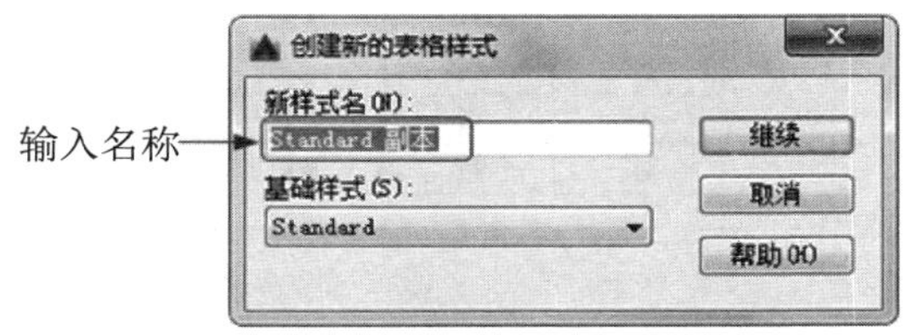

图 5-37　“创建新的表格样式”对话框

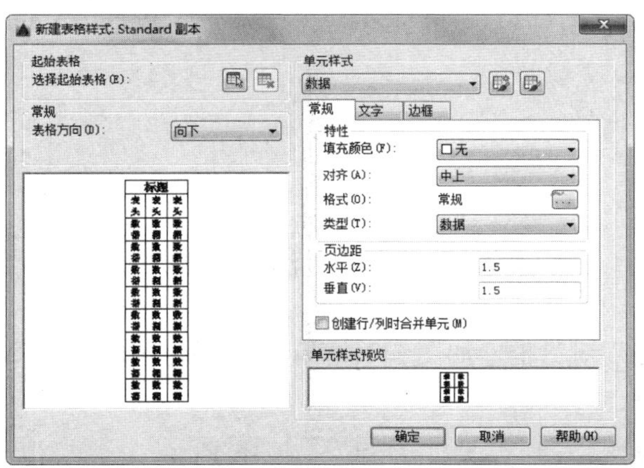

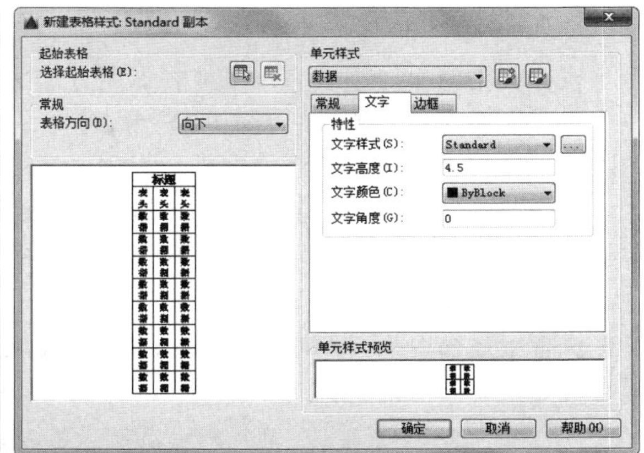

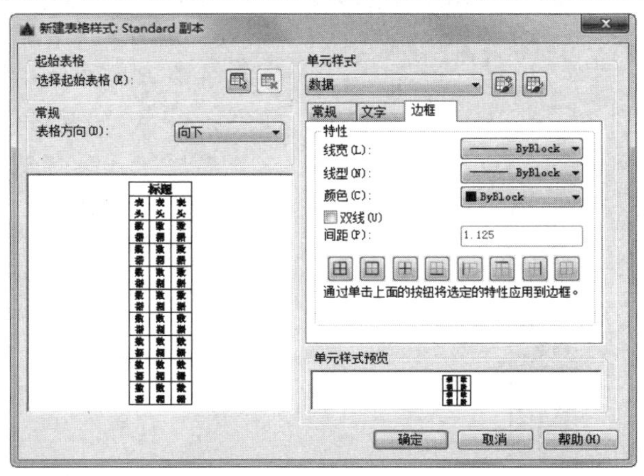

图 5-38　“新建表格样式”对话框

☑ 修改：单击该按钮可对当前表格样式进行修改，方式与新建表格样式相同。

Note

如图 5-40 所示为数据文字样式为 Standard，文字高度为 4.5，文字颜色为“红色”，填充颜色为“黄色”，对齐方式为“右下”；没有列标题行，标题文字样式为 Standard，文字高度为 6，文字颜色为“蓝色”，填充颜色为“无”，对齐方式为“正中”；表格方向为“上”，水平单元边距和垂直单元边距都为 1.5 的表格样式。

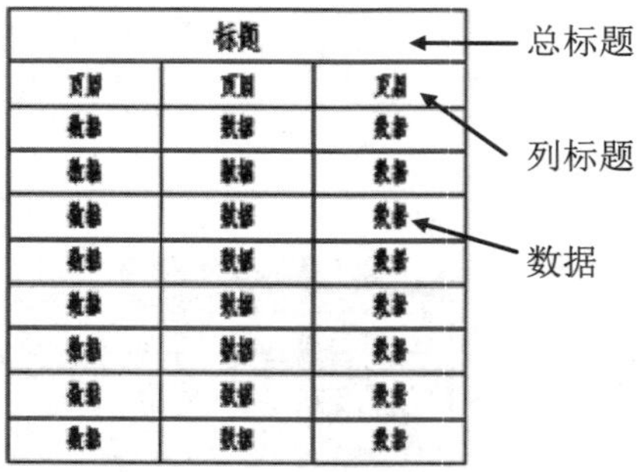

总标题

列标题

数据

图 5-39 表格样式

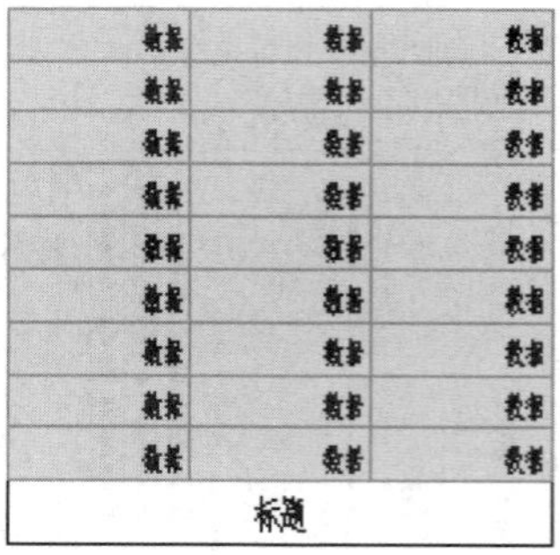

图 5-40 表格示例

5.4.2 创建表格

执行表格命令，主要有以下 4 种调用方法：

☑ 在命令行中输入“TABLE”命令。

☑ 选择菜单栏中的“绘图”/“表格”命令。

☑ 单击“绘图”工具栏中的“表格”按钮▦。

☑ 单击“默认”选项卡“注释”面板中的“表格”按钮▦或单击“注释”选项卡“表格”面板中的“表格”按钮▦。

执行上述命令后，AutoCAD 打开“插入表格”对话框，如图 5-41 所示。对话框中的各选项组含义如下。

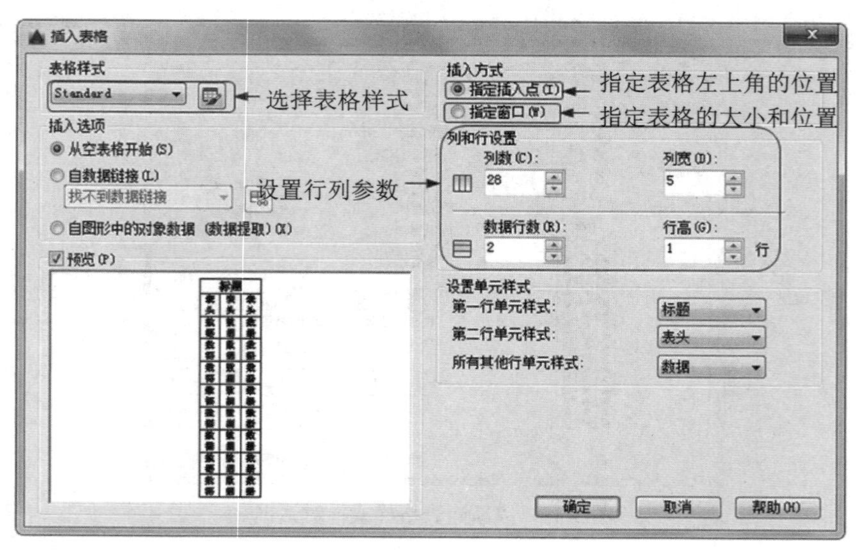

图 5-41 “插入表格”对话框

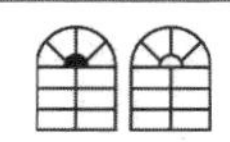

☑　“表格样式”选项组：可以在下拉列表框中选择一种表格样式，也可以单击后面的按钮新建或修改表格样式。

☑　“插入方式”选项组：选中“指定插入点”单选按钮，可以指定表左上角的位置。可以使用定点设备，也可以在命令行中输入坐标值。如果将表的方向设置为由下而上读取，则插入点位于表的左下角。选中“指定窗口”单选按钮，可以指定表的大小和位置。可以使用定点设备，也可以在命令行中输入坐标值。此时，行数、列数、列宽和行高取决于窗口的大小以及列和行的设置。

☑　“列和行设置”选项组：指定列和行的数目以及列宽与行高。

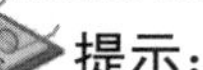

提示：

在“插入方式”选项组中选中“指定窗口”单选按钮后，列与行设置的两个参数中只能指定一个，另外一个由指定窗口大小自动等分指定。

在上面的“插入表格”对话框中进行相应设置后，单击“确定”按钮，系统在指定的插入点或窗口自动插入一个空表格，并显示多行文字编辑器，用户可以逐行逐列输入相应的文字或数据，如图 5-42 所示。

图 5-42　多行文字编辑器

提示：

在插入后的表格中选择某一个单元格，单击后出现钳夹点，通过移动钳夹点可以改变单元格的大小，如图 5-43 所示。

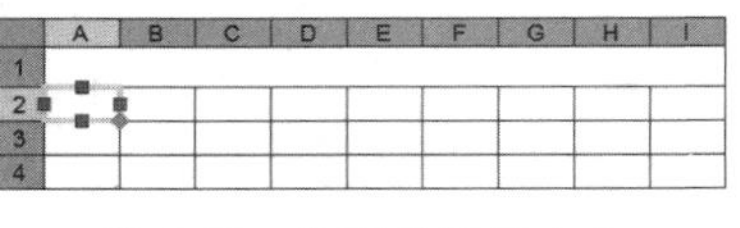

图 5-43　改变单元格大小

5.4.3　编辑表格文字

执行文字编辑命令，主要有以下 3 种调用方法：

☑　在命令行中输入“TABLEDIT”命令。

☑　在快捷菜单中选择“编辑文字”命令。

☑　在表格单元内双击。

执行上述命令后，系统打开多行文字编辑器，用户可以对指定表格单元的文字进行编辑。

5.4.4　实战——公园设计植物明细表

本实例利用表格命令绘制植物明细表，如图 5-44 所示。

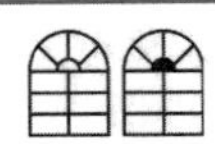

Note

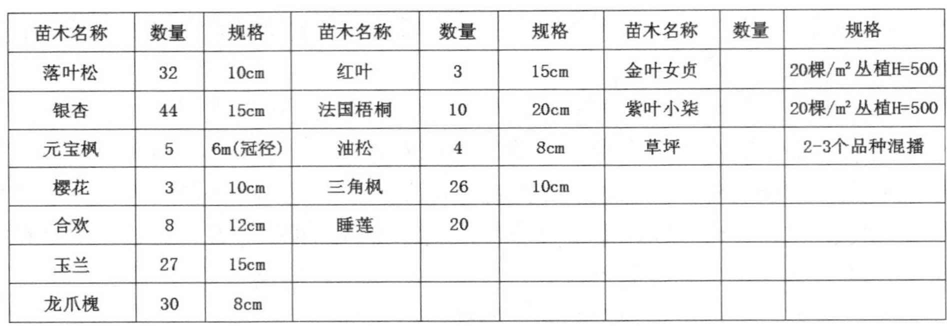

苗木名称	数量	规格	苗木名称	数量	规格	苗木名称	数量	规格
落叶松	32	10cm	红叶	3	15cm	金叶女贞		20棵/m² 丛植H=500
银杏	44	15cm	法国梧桐	10	20cm	紫叶小柒		20棵/m² 丛植H=500
元宝枫	5	6m(冠径)	油松	4	8cm	草坪		2-3个品种混播
樱花	3	10cm	三角枫	26	10cm			
合欢	8	12cm	睡莲	20				
玉兰	27	15cm						
龙爪槐	30	8cm						

图 5-44　植物明细表

操作步骤如下：（光盘\配套视频\第 5 章\公园设计植物明细表.avi）

（1）单击“默认”选项卡“注释”面板中的“表格样式”按钮，系统打开“表格样式”对话框，如图 5-45 所示。

（2）单击“新建”按钮，系统打开“创建新的表格样式”对话框，如图 5-46 所示。输入新的表格名称后，单击“继续”按钮，系统打开“新建表格样式”对话框，在“单元样式”对应的下拉列表框中选择“数据”，其对应的“常规”选项卡设置如图 5-47 所示，“文字”选项卡设置如图 5-48 所示。同理，在“单元样式”对应的下拉列表框中分别选择“标题”和“表头”，分别设置“对齐”为“正中”，“文字高度”为 8。创建好表格样式后，确定并退出“表格样式”对话框。

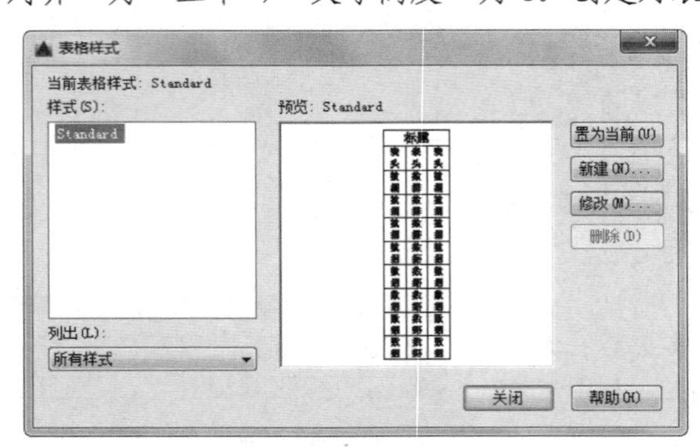

图 5-45　“表格样式”对话框

图 5-46　“创建新的表格样式”对话框

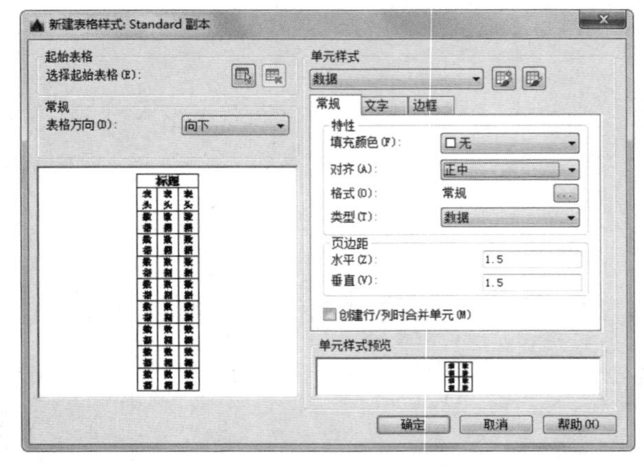

图 5-47　“常规”选项卡设置

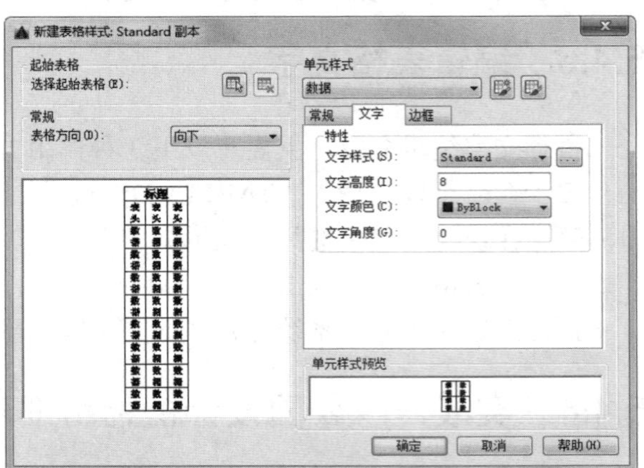

图 5-48　“文字”选项卡设置

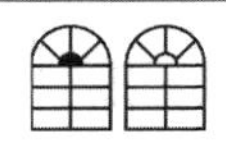

（3）创建表格。在设置好表格样式后，单击“默认”选项卡“注释”面板中的“表格”按钮，创建表格。

（4）单击“默认”选项卡“注释”面板中的“表格”按钮，系统打开“插入表格”对话框，参数设置如图 5-49 所示。

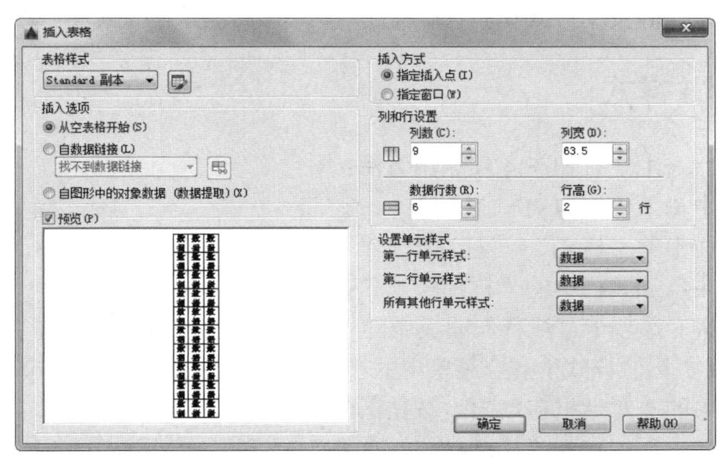

图 5-49 “插入表格”对话框

（5）单击“确定”按钮，系统在指定的插入点或窗口自动插入一个空表格，并显示“文字编辑器”选项卡，用户可以逐行逐列输入相应的文字或数据，如图 5-50 所示。

（6）当编辑完成的表格有需要修改的地方时可用 TABLEDIT 命令来完成（也可在要修改的表格上右击，在弹出的快捷菜单中选择“编辑文字”命令，如图 5-51 所示，同样可以达到修改文本的目的）。

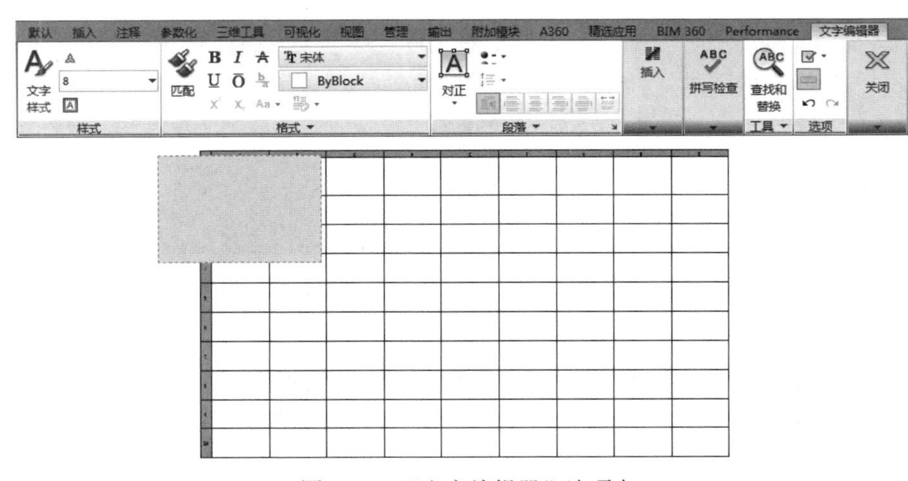

图 5-50 “文字编辑器”选项卡

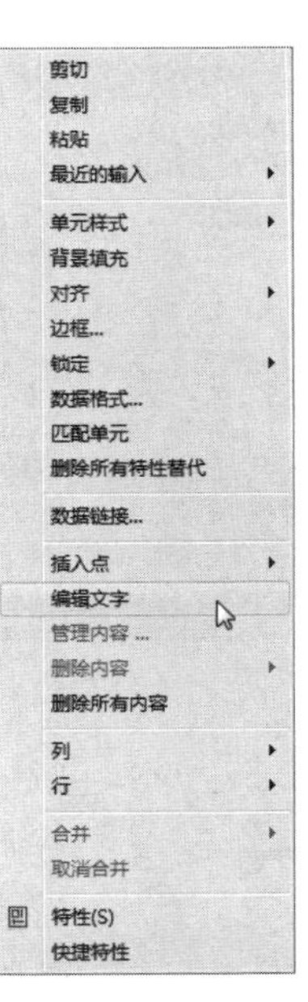

图 5-51 快捷菜单

最后完成的植物明细表如图 5-44 所示。

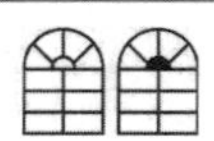

5.5 尺寸标注

Note

尺寸标注相关命令的菜单方式集中在“标注”菜单中，工具栏方式集中在“标注”工具栏中。

5.5.1 设置尺寸样式

执行标注样式命令主要有如下4种调用方法：

☑ 在命令行中输入“DIMSTYLE”命令。

☑ 选择菜单栏中的“格式”/“标注样式”或“标注”/“样式”命令。

☑ 单击“标注”工具栏中的“标注样式”按钮。

☑ 单击“默认”选项卡“注释”面板中的“标注样式”按钮或单击“注释”选项卡“标注”面板上“标注样式”下拉菜单中的“管理标注样式”按钮或单击“注释”选项卡“标注”面板中的“对话框启动器”按钮。

执行上述命令后，系统打开“标注样式管理器”对话框，如图5-52所示。利用此对话框可方便直观地定制和浏览尺寸标注样式，包括新建标注样式、修改已存在的样式、设置当前尺寸标注样式、样式重命名以及删除一个已有样式等。该对话框中各按钮的含义如下。

☑ “置为当前”按钮：单击此按钮，可将“样式”列表框中选中的样式设置为当前样式。

☑ “新建”按钮：定义一个新的尺寸标注样式。单击此按钮，AutoCAD打开“创建新标注样式”对话框，如图5-53所示，利用此对话框可创建一个新的尺寸标注样式，其中各项的功能说明如下。

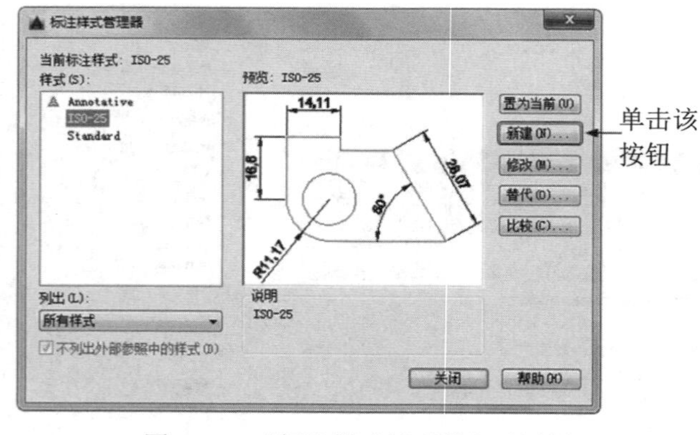

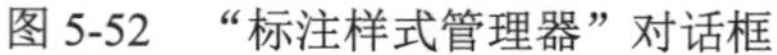

图5-52 “标注样式管理器”对话框

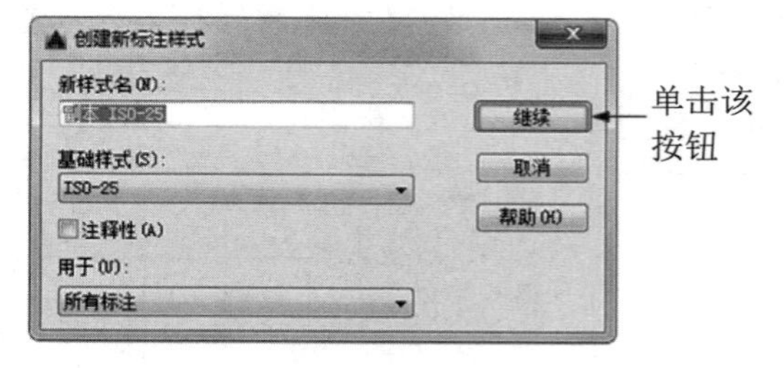

图5-53 “创建新标注样式”对话框

➢ 新样式名：给新的尺寸标注样式命名。

➢ 基础样式：选取创建新样式所基于的标注样式。单击右侧的下拉箭头，可在弹出的当前已有的样式列表中选取一个作为定义新样式的基础，新的样式是在这个样式的基础上修改一些特性得到的。

➢ 用于：指定新样式应用的尺寸类型。单击右侧的下拉箭头，弹出尺寸类型列表，如果新建样式应用于所有尺寸，则选择“所有标注”；如果新建样式只应用于特定的

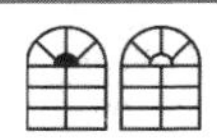

尺寸标注（例如只在标注直径时使用此样式），则选取相应的尺寸类型。

- 继续：各选项设置好以后，单击“继续”按钮，AutoCAD 打开“新建标注样式”对话框，如图 5-54 所示，利用此对话框可对新样式的各项特性进行设置。该对话框中各部分的含义和功能将在后面介绍。

☑ “修改”按钮：修改一个已存在的尺寸标注样式。单击此按钮，AutoCAD 弹出“修改标注样式”对话框，该对话框中的各选项与“新建标注样式”对话框中完全相同，可以对已有标注样式进行修改。

☑ “替代”按钮：设置临时覆盖尺寸标注样式。单击此按钮，AutoCAD 打开“替代当前样式”对话框，该对话框中各选项与“新建标注样式”对话框完全相同，用户可改变选项的设置覆盖原来的设置，但这种修改只对指定的尺寸标注起作用，而不影响当前尺寸变量的设置。

☑ “比较”按钮：比较两个尺寸标注样式在参数上的区别或浏览一个尺寸标注样式的参数设置。单击此按钮，AutoCAD 打开“比较标注样式”对话框，如图 5-55 所示。可以把比较结果复制到剪贴板上，然后再粘贴到其他的 Windows 应用软件上。

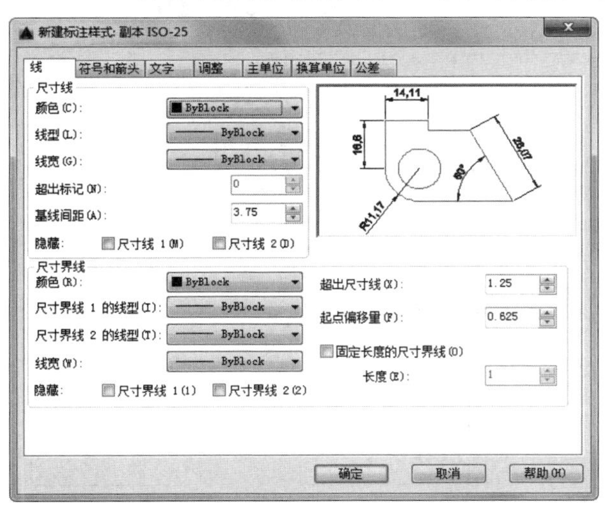

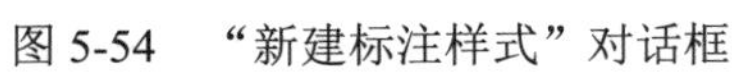

图 5-54　“新建标注样式”对话框

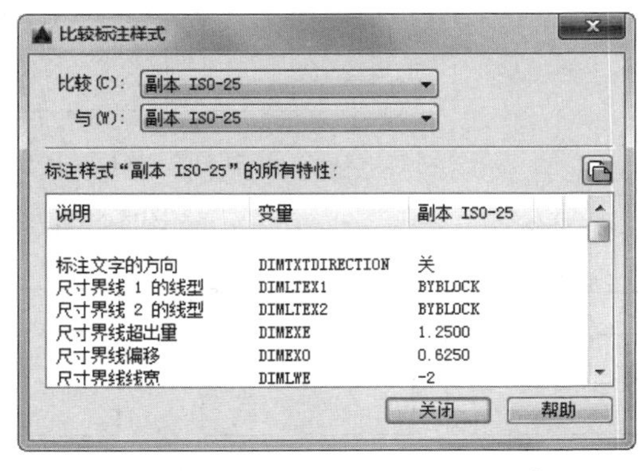

图 5-55　“比较标注样式”对话框

在图 5-54 所示的“新建标注样式”对话框中有 7 个选项卡，分别说明如下。

☑ 线：该选项卡对尺寸线、尺寸界线的形式和特性等参数进行设置。包括尺寸线的颜色、线宽、超出标记、基线间距、隐藏等参数，尺寸界线的颜色、线宽、超出尺寸线、起点偏移量、隐藏等参数。

☑ 符号和箭头：该选项卡主要对箭头、圆心标记、弧长符号、半径折弯标注的形式和特性进行设置，如图 5-56 所示。包括箭头的大小、引线、形状等参数以及圆心标记的类型和大小等参数。

☑ 文字：该选项卡对文字的外观、位置、对齐方式等各个参数进行设置，如图 5-57 所示。包括文字外观的文字样式、颜色、填充颜色、文字高度、分数高度比例、是否绘制文字边框等参数，文字位置的垂直、水平和从尺寸线偏移量等参数。对齐方式有水平、与尺

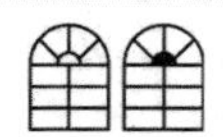

寸线对齐、ISO 标准 3 种方式。如图 5-58 所示为尺寸在垂直方向放置的 4 种不同情形，如图 5-59 所示为尺寸在水平方向放置的 5 种不同情形。

Note

图 5-56 “符号和箭头”选项卡

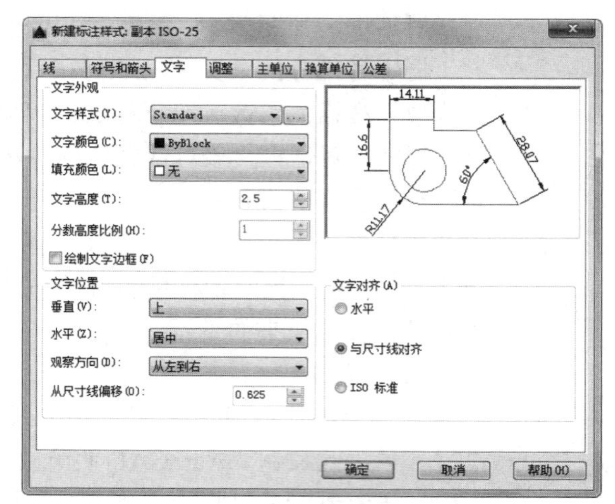

图 5-57 “文字”选项卡

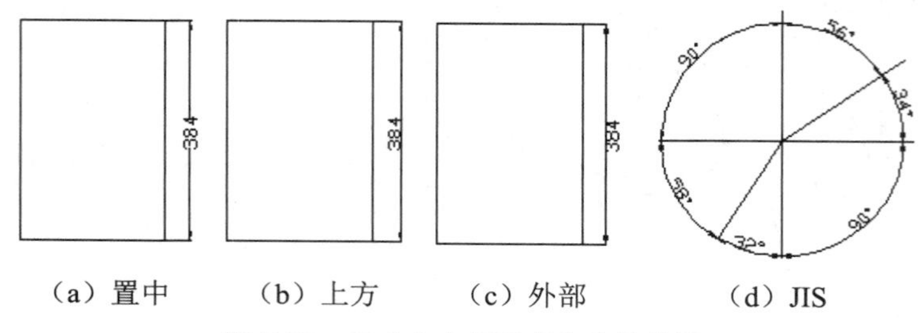

（a）置中　（b）上方　（c）外部　（d）JIS

图 5-58 尺寸文本在垂直方向的放置

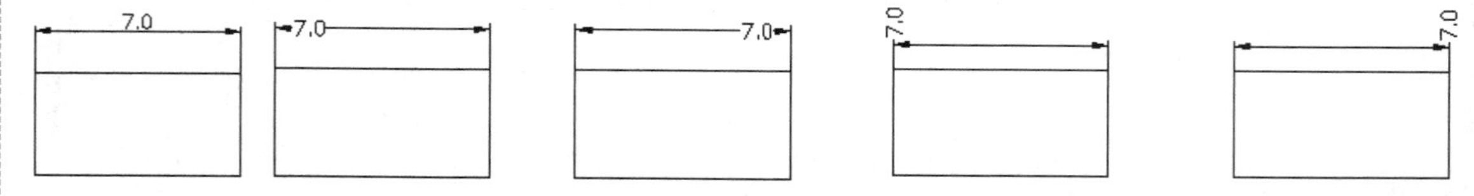

（a）置中　（b）第一条尺寸界线　（c）第二条尺寸界线　（d）第一条尺寸界线上方　（e）第二条尺寸界线上方

图 5-59 尺寸文本在水平方向的放置

☑ 调整：该选项卡对调整选项、文字位置、标注特征比例、调整等各个参数进行设置，如图 5-60 所示。包括调整选项选择、文字不在默认位置时的放置位置、标注特征比例选择以及调整尺寸要素位置等参数。如图 5-61 所示为文字不在默认位置时放置位置的 3 种不同情形。

☑ 主单位：该选项卡用来设置尺寸标注的主单位和精度，以及给尺寸文本添加固定的前缀或后缀。该选项卡包含两个选项组，分别对长度型标注和角度型标注进行设置，如图 5-62 所示。

☑ 换算单位：该选项卡用于对替换单位进行设置，如图 5-63 所示。

Note

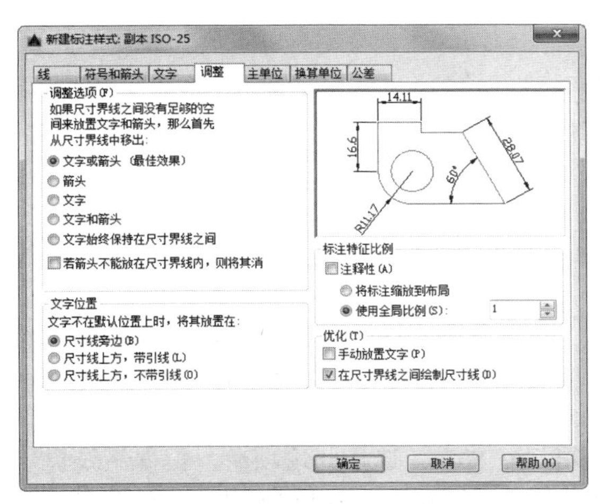

图 5-60　“调整”选项卡

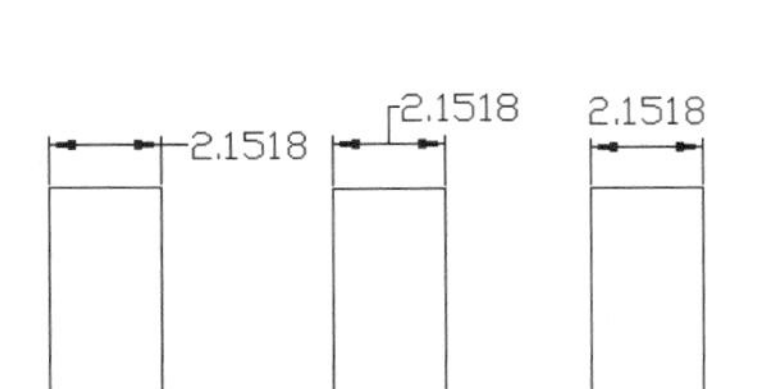

图 5-61　尺寸文本的位置

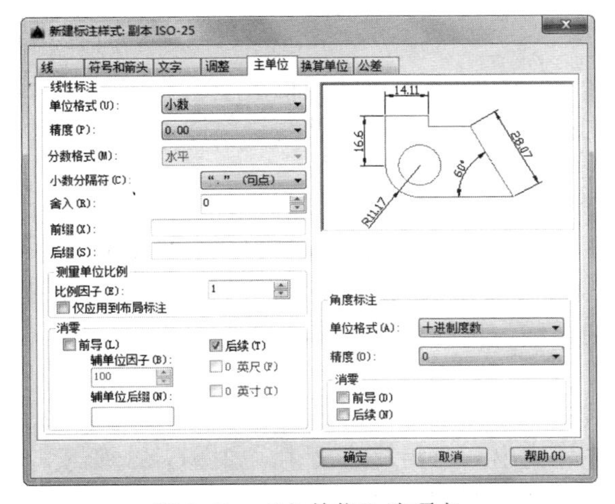

图 5-62　“主单位”选项卡

图 5-63　“换算单位”选项卡

☑　公差：该选项卡用于对尺寸公差进行设置，如图 5-64 所示。其中，“方式”下拉列表框列出了 AutoCAD 提供的 5 种标注公差的形式，用户可从中选择。这 5 种形式分别是“无”、“对称”、“极限偏差”、“极限尺寸”和“基本尺寸”。

图 5-64　“公差”选项卡

5.5.2　尺寸标注

1．线性标注

执行线性标注命令主要有如下 4 种调用方法：

☑　在命令行中输入“DIMLINEAR”（缩

Note

写名 DIMLIN）命令。

☑ 选择菜单栏中的“标注”/“线性”命令。

☑ 单击“标注”工具栏中的“线性”按钮。

☑ 单击“默认”选项卡“注释”面板中的“线性”按钮或单击“注释”选项卡“标注”面板中的“线性”按钮。

执行上述命令后，根据系统提示直接按 Enter 键选择要标注的对象或指定两条尺寸界线的起始点后，命令行提示中各选项的含义如下。

☑ 指定尺寸线位置：确定尺寸线的位置。用户可移动鼠标选择合适的尺寸线位置，然后按 Enter 键或单击鼠标，AutoCAD 则自动测量所标注线段的长度并标注出相应的尺寸。

☑ 多行文字（M）：用多行文本编辑器确定尺寸文本。

☑ 文字（T）：在命令行提示下输入或编辑尺寸文本。选择此选项后，根据系统提示输入标注线段的长度，直接按 Enter 键即可采用此长度值，也可输入其他数值代替默认值。当尺寸文本中包含默认值时，可使用尖括号“<>”表示默认值。

☑ 角度（A）：确定尺寸文本的倾斜角度。

☑ 水平（H）：水平标注尺寸，不论标注什么方向的线段，尺寸线均水平放置。

☑ 垂直（V）：垂直标注尺寸，不论被标注线段沿什么方向，尺寸线总保持垂直。

☑ 旋转（R）：输入尺寸线旋转的角度值，旋转标注尺寸。

对齐标注的尺寸线与所标注的轮廓线平行；坐标尺寸标注点的纵坐标或横坐标；角度标注用于标注两个对象之间的角度；直径或半径标注用于标注圆或圆弧的直径或半径；圆心标注则标注圆或圆弧的中心或中心线，具体由“新建（修改）标注样式”对话框中“符号与箭头”选项卡的“圆心标记”选项组决定。上面所述几种尺寸标注与线性标注类似，不再赘述。

2．基线标注

基线标注用于产生一系列基于同一条尺寸界线的尺寸标注，适用于长度尺寸标注、角度标注和坐标标注等。在使用基线标注方式之前，应该先标注出一个相关的尺寸，如图 5-65 所示。基线标注两平行尺寸线间距由“新建（修改）标注样式”对话框中“线”选项卡的“尺寸线”选项组中的“基线间距”文本框的值决定。基线标注命令的调用方法主要有如下 4 种：

☑ 在命令行中输入“DIMBASELINE”命令。

☑ 选择菜单栏中的“标注”/“基线”命令。

☑ 单击“标注”工具栏中的“基线”按钮。

☑ 单击“注释”选项卡“标注”面板中的“基线”按钮。

执行上述命令后，根据系统提示指定第二条尺寸界线原点或选择其他选项。

连续标注又叫尺寸链标注，用于产生一系列连续的尺寸标注，后一个尺寸标注均把前一个标注的第二条尺寸界线作为它的第一条尺寸界线。与基线标注一样，在使用连续标注方式之前，应该先标注出一个相关的尺寸。其标注过程与基线标注类似，如图 5-66 所示。

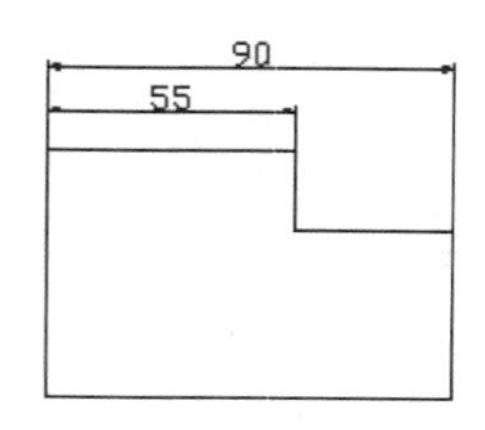

图 5-65　基线标注

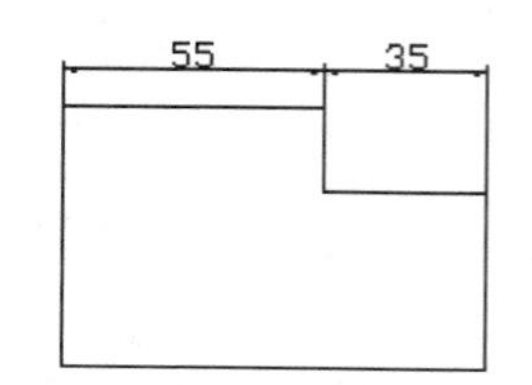

图 5-66　连续标注

Note

3．快速标注

快速尺寸标注命令 QDIM 使用户可以交互地、动态地、自动化地进行尺寸标注。在 QDIM 命令中可以同时选择多个圆或圆弧标注直径或半径，也可同时选择多个对象进行基线标注和连续标注，选择一次即可完成多个标注，因此可节省时间，提高工作效率。快速尺寸标注命令的调用方法主要有如下 4 种：

☑ 在命令行中输入“QDIM”命令。

☑ 选择菜单栏中的“标注”/“快速标注”命令。

☑ 单击“标注”工具栏中的“快速标注”按钮。

☑ 单击“注释”选项卡“标注”面板中的“快速标注”按钮。

执行上述命令后，根据系统提示选择要标注尺寸的多个对象后按 Enter 键，并指定尺寸线位置或选择其他选项。执行此命令时，命令行提示中各选项的含义如下。

☑ 指定尺寸线位置：直接确定尺寸线的位置，则在该位置按默认的尺寸标注类型标注出相应的尺寸。

☑ 连续（C）：产生一系列连续标注的尺寸。输入“C”，AutoCAD 提示用户选择要进行标注的对象，选择完后按 Enter 键，返回上面的提示，给定尺寸线位置，则完成连续尺寸标注。

☑ 并列（S）：产生一系列交错的尺寸标注。

☑ 基线（B）：产生一系列基线标注尺寸。后面的“坐标（O）”、“半径（R）”和“直径（D）”含义与此类同。

☑ 基准点（P）：为基线标注和连续标注指定一个新的基准点。

☑ 编辑（E）：对多个尺寸标注进行编辑。AutoCAD 允许对已存在的尺寸标注添加或移去尺寸点。选择此选项，根据系统提示确定要移去的点之后按 Enter 键，AutoCAD 对尺寸标注进行更新。如图 5-67 所示为图 5-68 删除中间 4 个标注点后的尺寸标注。

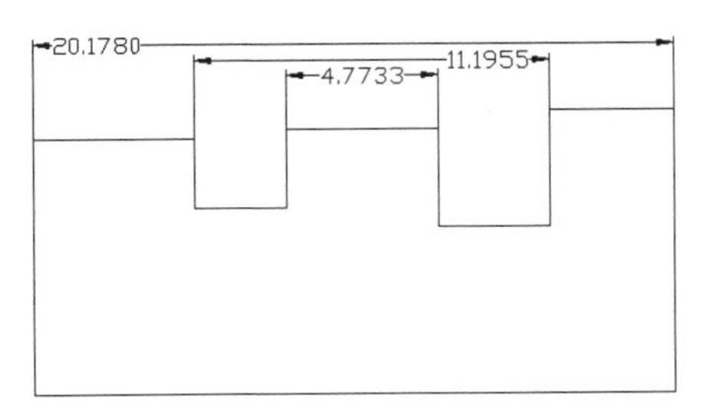

图 5-67　交错尺寸标注

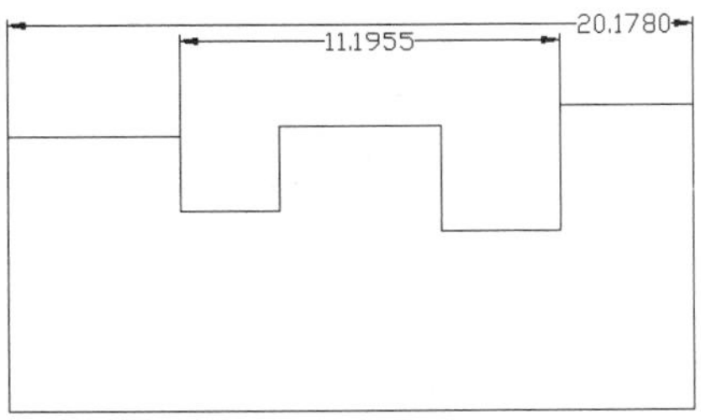

图 5-68　删除标注点

4．引线标注

引线标注命令的调用方法为：在命令行中输入“QLEADER”命令。

执行上述命令后，根据系统提示指定第一个引线点或选择其他选项。也可以在上面操作过程中选择“设置(S)”选项，弹出“引线设置”对话框，然后进行相关参数设置，如图 5-69 所示。

另外还有一个名为LEADER的命令也可以进行引线标注，与 QLEADER 命令类似，不再赘述。

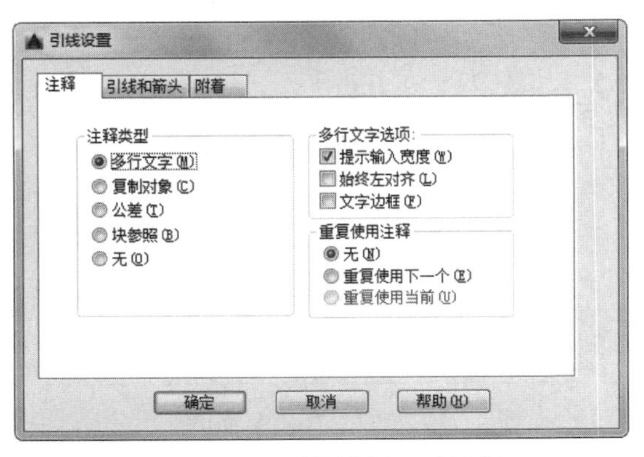

图 5-69　“引线设置”对话框

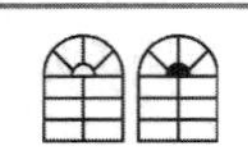

Note

5.5.3 实战——给居室平面图标注尺寸

本实例主要介绍尺寸标注的绘制方法。首先利用二维绘制和编辑命令绘制居室平面图，然后标注居室平面图。绘制流程如图 5-70 所示。

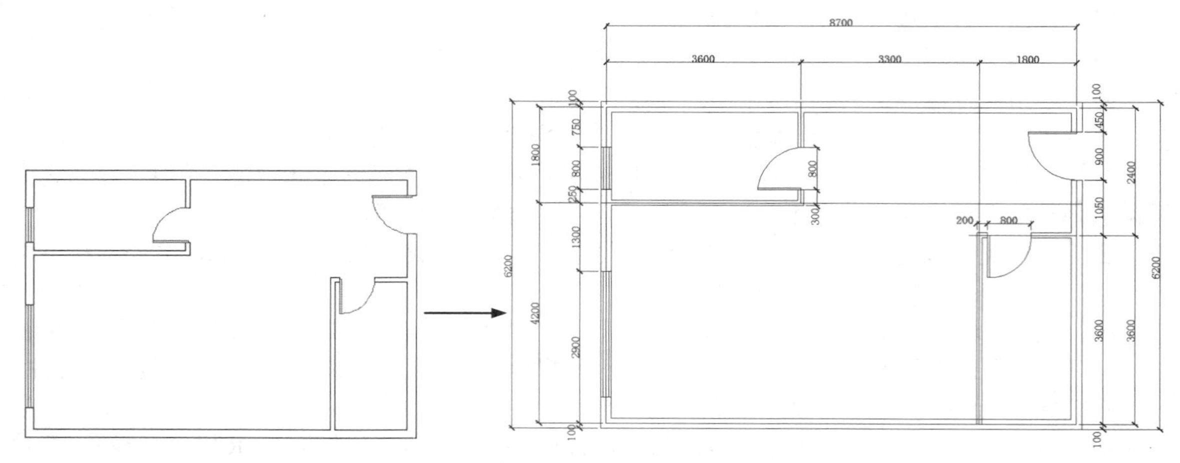

图 5-70　给居室平面图标注尺寸流程图

操作步骤如下：（：光盘\配套视频\第 5 章\给居室平面图标注尺寸.avi）

（1）绘制图形。单击"默认"选项卡"绘图"面板中的"直线"按钮、"矩形"按钮和"圆弧"按钮，选择菜单栏中的"绘图"/"多线"命令，以及单击"默认"选项卡"修改"面板中的"镜像"按钮、"复制"按钮、"偏移"按钮、"倒角"按钮和"旋转"按钮等绘制图形，或者直接打开"源文件\第 5 章\居室平面图"文件，结果如图 5-71 所示。

（2）设置尺寸标注样式。单击"默认"选项卡"注释"面板中的"标注样式"按钮，弹出"标注样式管理器"对话框，如图 5-72 所示。单击"新建"按钮，在弹出的"创建新标注样式"对话框中设置"新样式名"为"S_50_轴线"。单击"继续"按钮，弹出"新建标注样式"对话框，如图 5-73 所示。在"符号和箭头"选项卡中设置箭头为"建筑标记"，箭头大小为 100，在"文字"选项卡中设置文字高度为 150。同理设置其他选项卡，完成后单击"确认"按钮退出。

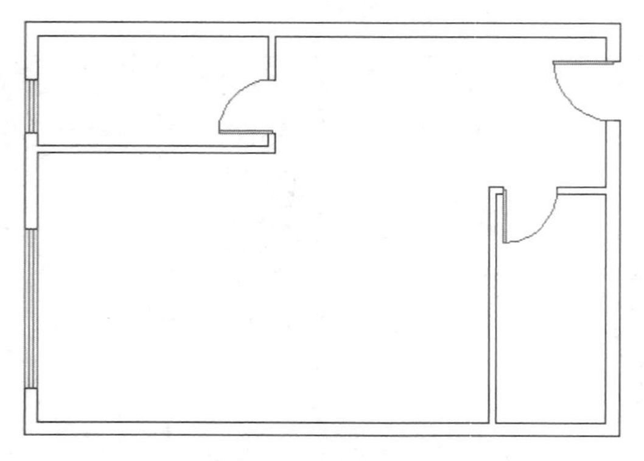

图 5-71　居室平面图

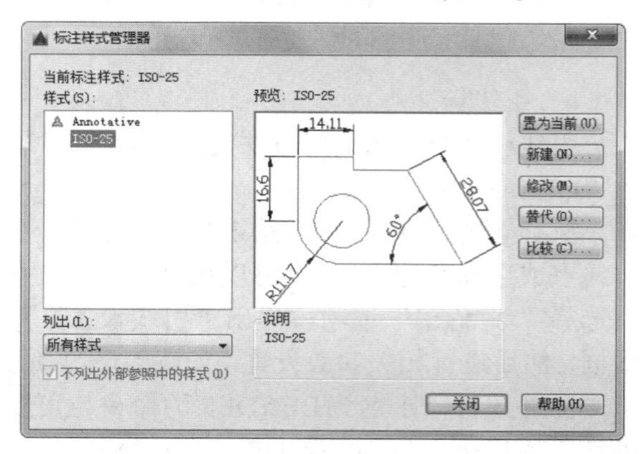

图 5-72　"标注样式管理器"对话框

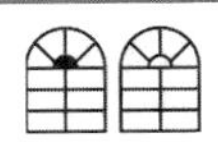

（3）调出“标注”工具栏。选择菜单栏中的“工具”/“工具栏”/“AutoCAD”命令，如图 5-74 所示。观察菜单发现，凡打勾的工具栏都已显示在屏幕上，选择“标注”命令，调出“标注”工具栏，如图 5-75 所示，并将其移动到合适的位置。

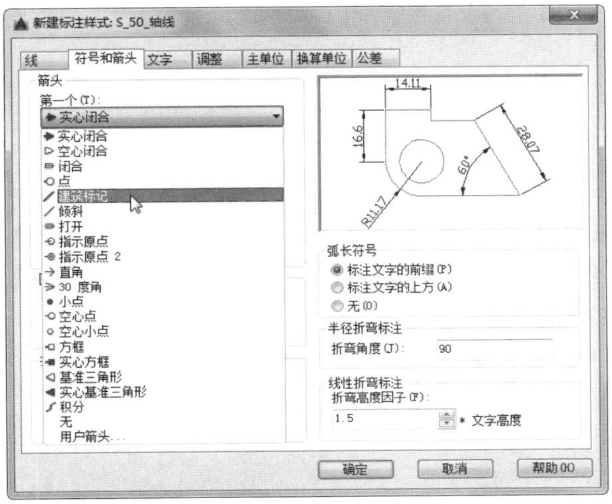

Note

图 5-73　“新建标注样式”对话框

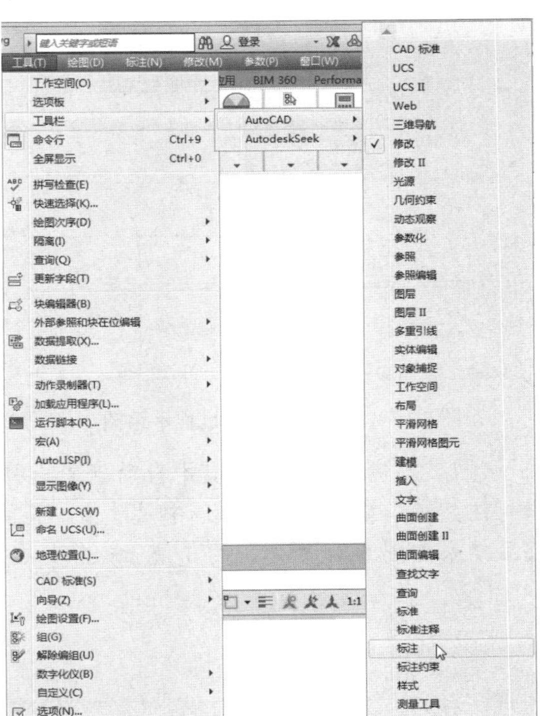

图 5-74　调用“标注”工具栏

图 5-75　“标注”工具栏

（4）标注水平轴线尺寸。首先将“S_50_轴线”样式置为当前状态，并把墙体和轴线的上侧放大显示，如图 5-76 所示。然后单击“标注”工具栏中的“快速标注”按钮，当命令行提示“选择要标注的几何图形”时，依次选中竖向的 4 条轴线，右击确定选择，向外拖动鼠标到适当位置确定，该尺寸就标注好了，如图 5-77 所示。

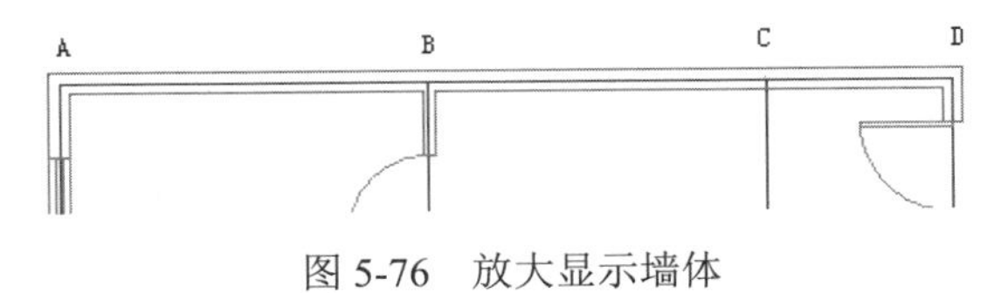

图 5-76　放大显示墙体

（5）标注竖向轴线尺寸，结果如图 5-78 所示。

（6）标注门窗洞口尺寸。对于门窗洞口尺寸，有的地方用“快速标注”方式不太方便，现改用“线性标注”和“连续标注”。单击“标注”工具栏中的“线性”按钮和“连续”按钮，依次单击尺寸的两个界限源点，完成每一个需要标注的尺寸，结果如图 5-79 所示。

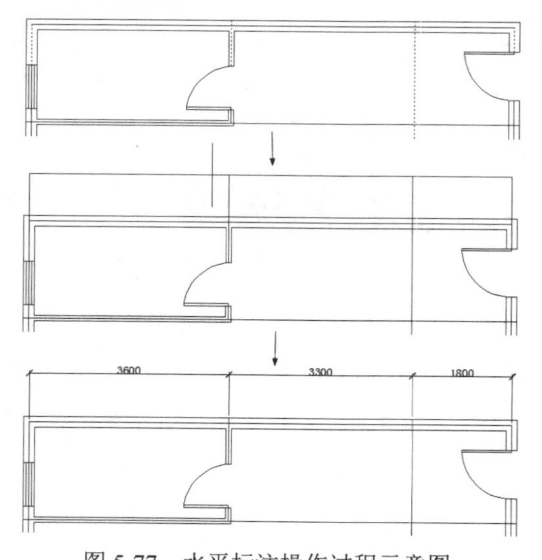

图 5-77　水平标注操作过程示意图

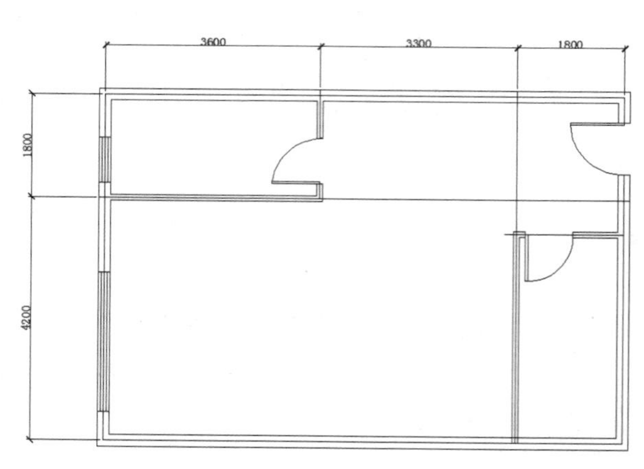

图 5-78　完成轴线标注

（7）标注编辑。对于其中自动生成指引线标注的尺寸值，现单击“标注”工具栏中的“编辑标注文字”按钮，然后选中尺寸值，将其逐个调整到适当位置，调整前如图 5-80 所示，调整后结果如图 5-81 所示。为了便于操作，在调整时可暂时将“对象捕捉”功能关闭。

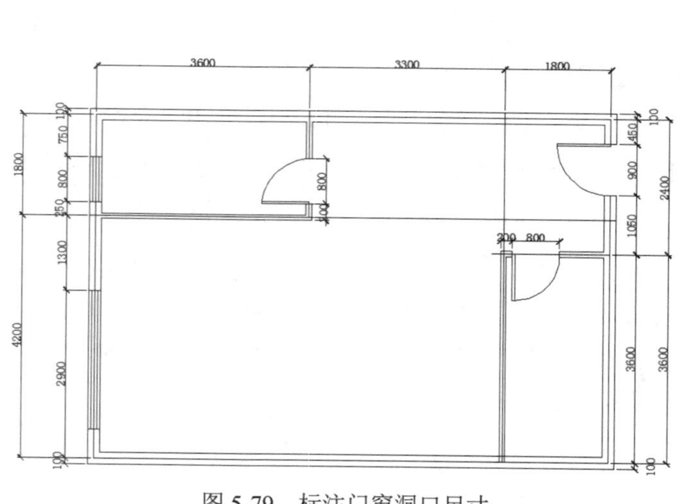

图 5-79　标注门窗洞口尺寸

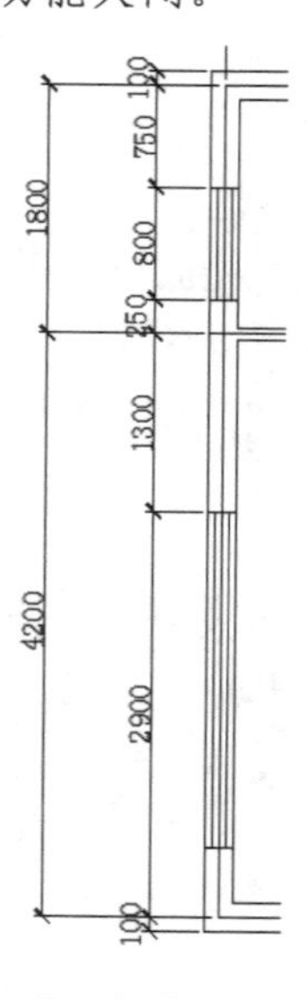

图 5-80　门窗尺寸标注

提示：

处理字样重叠的问题，也可以在标注样式中进行相关设置，这样计算机会自动处理，但处理效果有时不太理想。也可以通过单击“标注”工具栏中的“编辑标注文字”按钮来调整文字位置，读者可以试一试。

（8）标注其他细部尺寸和总尺寸。按照第（6）步和第（7）步的方法完成其他细部尺寸和总尺寸的标注，结果如图 5-82 所示。注意总尺寸的标注位置。

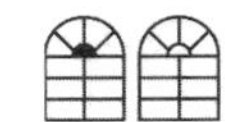

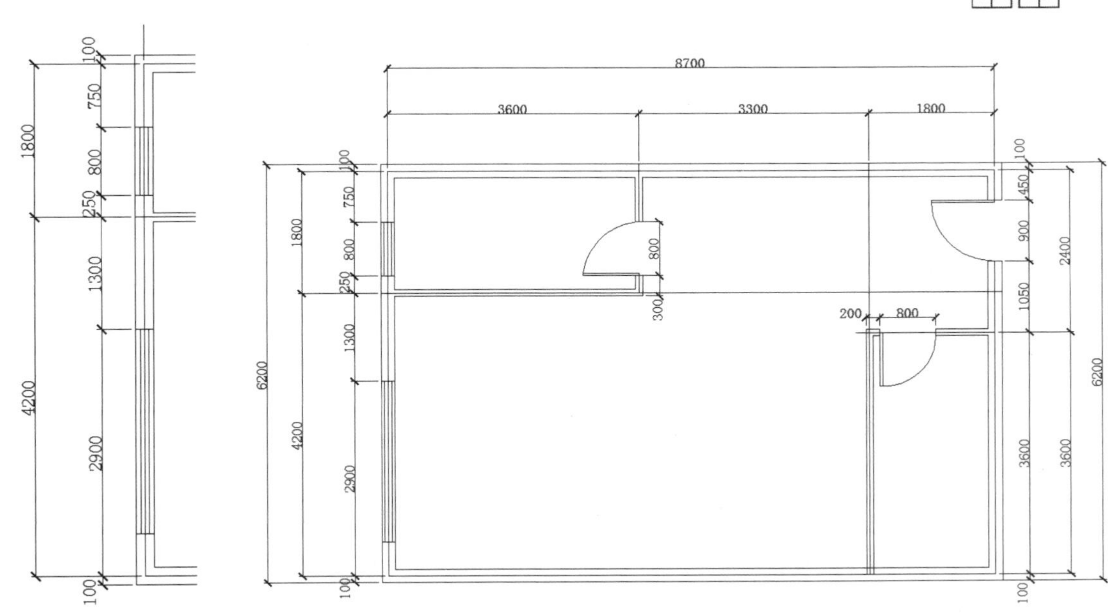

图 5-81　门窗尺寸调整　　　　图 5-82　标注居室平面图尺寸

5.6　设计中心与工具选项板

使用 AutoCAD 2016 设计中心可以很容易地组织设计内容，并把它们拖动到当前图形中。工具选项板是工具选项板窗口中选项卡形式的区域，提供组织、共享和放置块及填充图案的有效方法。工具选项板还可以包含由第三方开发人员提供的自定义工具。也可以利用设计中心组织内容，并将其创建为工具选项板。设计中心与工具选项板的使用大大方便了绘图，加快了绘图的效率。

5.6.1　设计中心

1．启动设计中心

启动设计中心的方法有如下 5 种：

☑　在命令行中输入“ADCENTER”命令。

☑　选择菜单栏中的“工具”/“选项板”/“设计中心”命令。

☑　单击“标准”工具栏中的“设计中心”按钮。

☑　利用快捷键 Ctrl+2。

☑　单击“视图”选项卡“选项板”面板中的“设计中心”按钮。

执行上述命令，系统打开设计中心。第一次启动设计中心时，默认打开的选项卡为“文件夹”。内容显示区采用大图标显示，左边的资源管理器采用 tree view 显示方式显示系统的树形结构，浏览资源的同时，在内容显示区显示所浏览资源的有关细目或内容，如图 5-83 所示。也可以搜索资源，方法与 Windows 资源管理器类似。

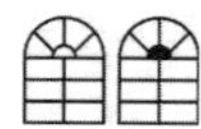

Note

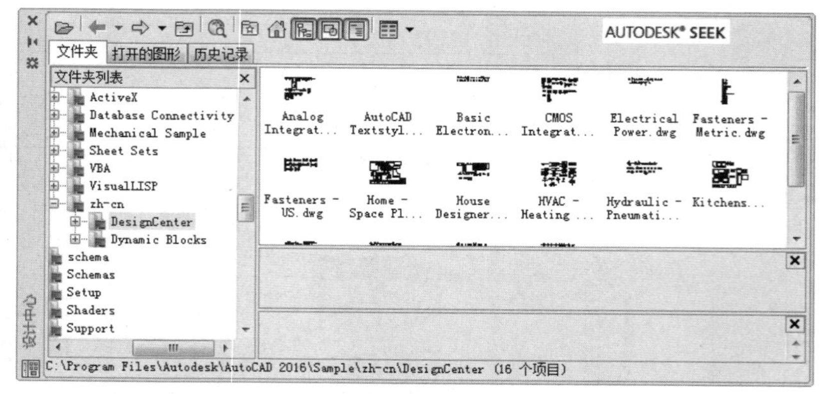

图 5-83　AutoCAD 2016 设计中心的资源管理器和内容显示区

2．利用设计中心插入图形

设计中心一个最大的优点是可以将系统文件夹中的 DWG 图形当成图块插入到当前图形中。采用该方法插入图块的步骤如下：

（1）从查找结果列表框中选择要插入的对象，双击对象。

（2）弹出“插入”对话框，如图 5-84 所示。

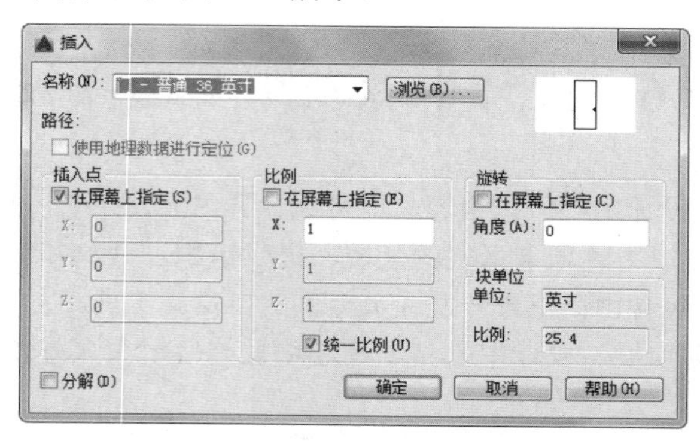

图 5-84　“插入”对话框

（3）在对话框中设置插入点、比例和旋转角度等数值。

被选择的对象根据指定的参数插入到图形当中。

5.6.2　工具选项板

1．打开工具选项板

工具选项板的打开方式非常简单，主要有如下 5 种调用方法：

☑　在命令行中输入“TOOLPALETTES”命令。

☑　选择菜单栏中的“工具”/“选项板”/“工具选项板窗口”命令。

☑　单击“标准”工具栏中的“工具选项板窗口”按钮。

☑　利用快捷键 Ctrl+3。

☑　单击“视图”选项卡“选项板”面板中的“设计中心”按钮。

执行上述操作后，系统自动弹出工具选项板窗口，如图 5-85 所示。右击，在系统弹出的快

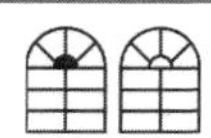

捷菜单中选择“新建选项板”命令，如图 5-86 所示。系统新建一个空白选项卡，可以命名该选项卡，如图 5-87 所示。

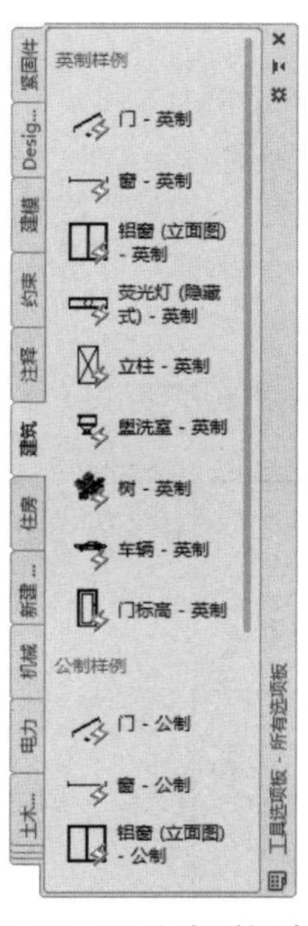

图 5-85　工具选项板窗口

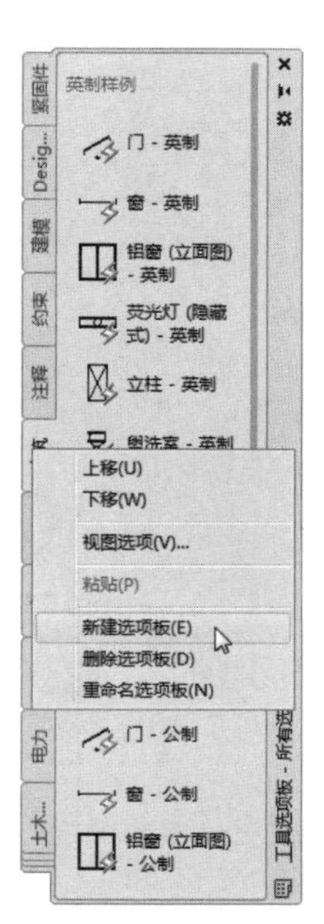

图 5-86　快捷菜单

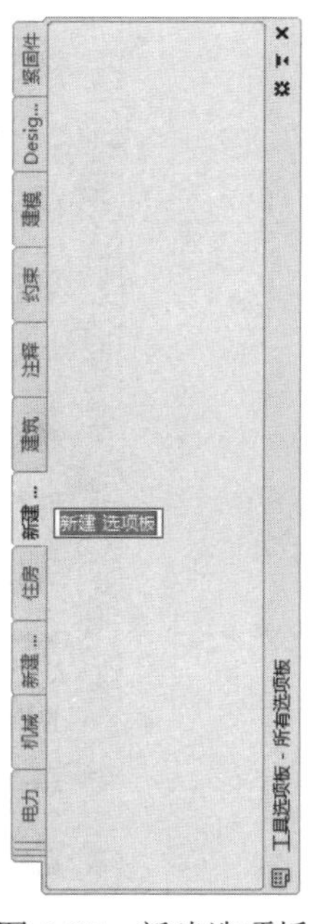

图 5-87　新建选项板

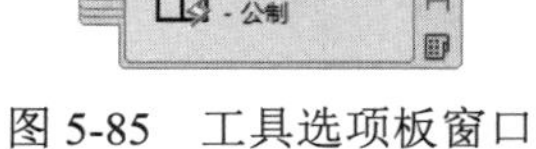

2．将设计中心内容添加到工具选项板

在设计中心的 Designcenter 文件夹上右击，系统打开快捷菜单，从中选择“创建块的工具选项板”命令，如图 5-88 所示。设计中心中存储的图元就会出现在工具选项板中新建的 Designcenter 选项卡上，如图 5-89 所示。这样就可以将设计中心与工具选项板结合起来，建立一个快捷方便的工具选项板。

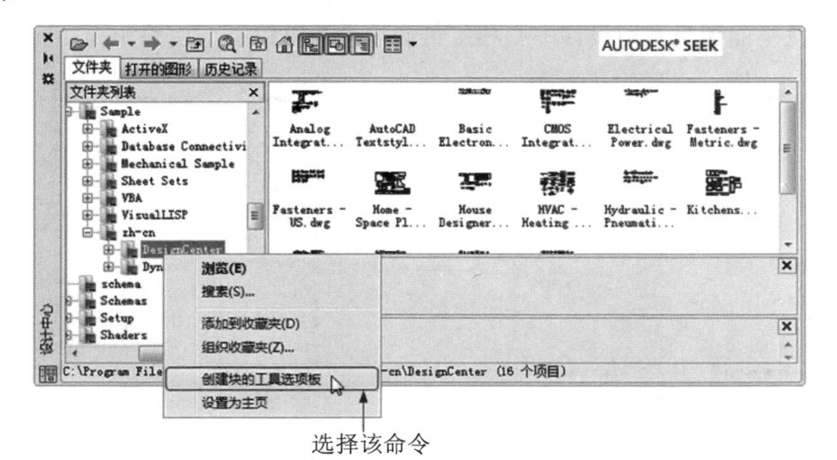

图 5-88　快捷菜单

3．利用工具选项板绘图

只需将工具选项板中的图形单元拖动到当前图形，该图形单元就以图块的形式插入到当前

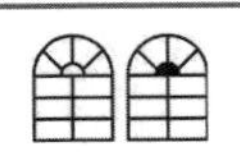

Note

图形中。如图 5-90 所示是将工具选项板中“建筑”选项卡中的“床-双人床”图形单元拖到当前图形。

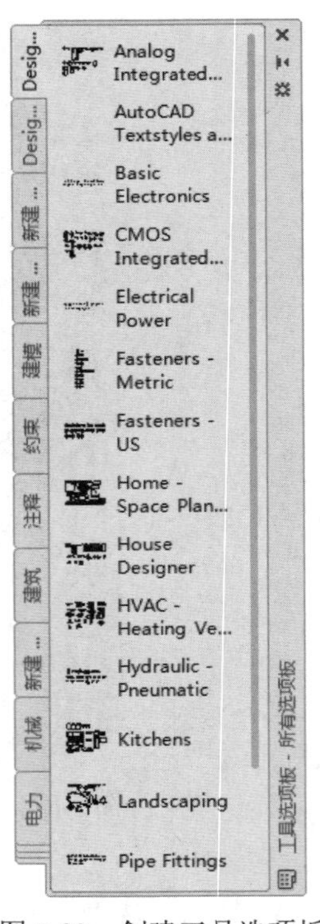

图 5-89　创建工具选项板

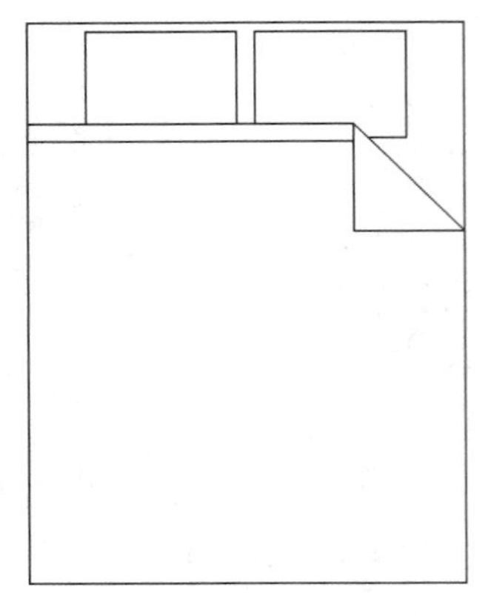

图 5-90　双人床

5.6.3　实战——运用设计中心绘制居室家具布置平面图

居室家具布置平面图是利用设计中心和工具选项板辅助绘制，绘制流程如图 5-91 所示。

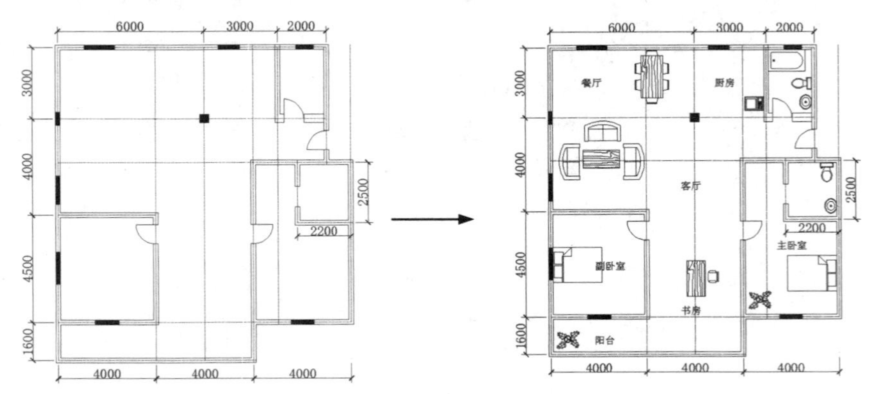

图 5-91　运用设计中心绘制居室家具布置平面图的流程图

操作步骤如下：（：光盘\配套视频\第 5 章\居室家具布置平面图.avi）

（1）单击“默认”选项卡“绘图”面板中的“直线”按钮和“圆弧”按钮，绘制建筑主体图，或者直接打开“源文件\第 5 章\标注尺寸\居室平面图”文件，结果如图 5-92 所示。

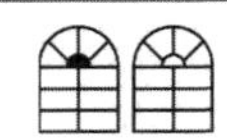

（2）启动设计中心。

① 单击“视图”选项卡“选项板”面板中的“设计中心”按钮，打开如图 5-93 所示的设计中心，其中，选项板的左侧为“资源管理器”。

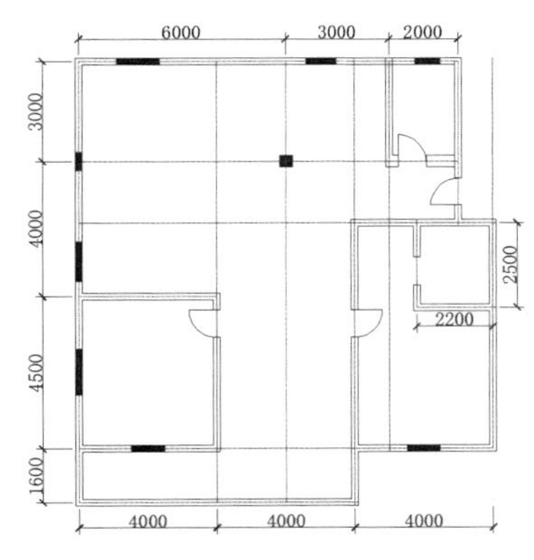

图 5-92　建筑主体

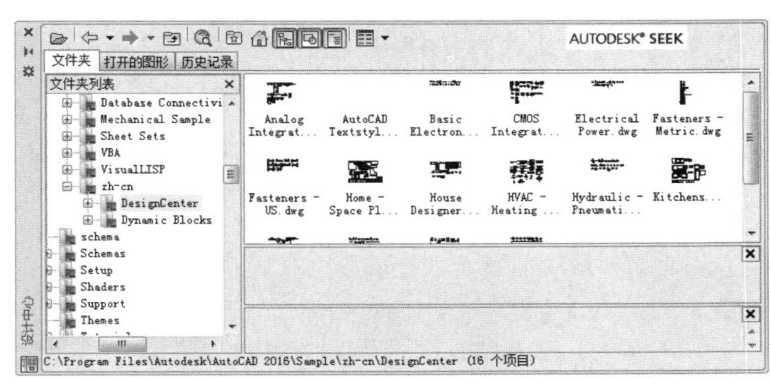

图 5-93　设计中心

② 双击左侧的 Kitchens.dwg，打开如图 5-94 所示的窗口；双击块图标，出现如图 5-95 所示的厨房设计常用的冰箱、抽油烟机和烤箱等模块。

图 5-94　Kitchens.dwg

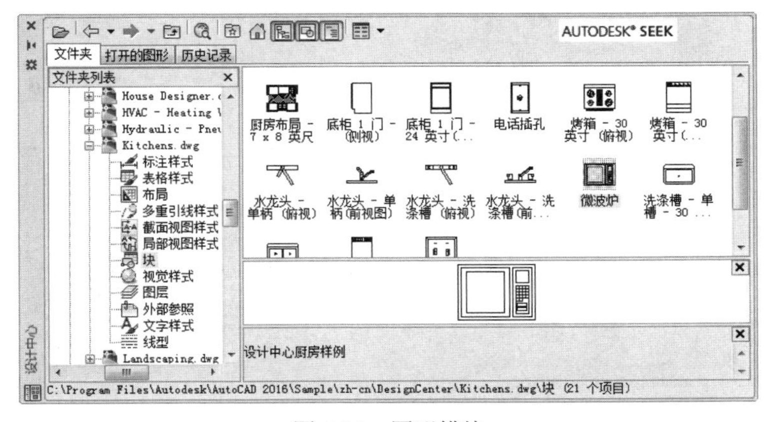

图 5-95　图形模块

（3）新建“内部布置”图层并将其设置为当前图层，双击图 5-95 中的“微波炉”图标，弹出如图 5-96 所示的对话框，设置统一比例为 1，角度为 0，插入的图块如图 5-97 所示，绘制结果如图 5-98 所示。重复上述操作，把 Home-Space Planner 与 House Designer 中的相应模块插入图形中，绘制结果如图 5-99 所示。

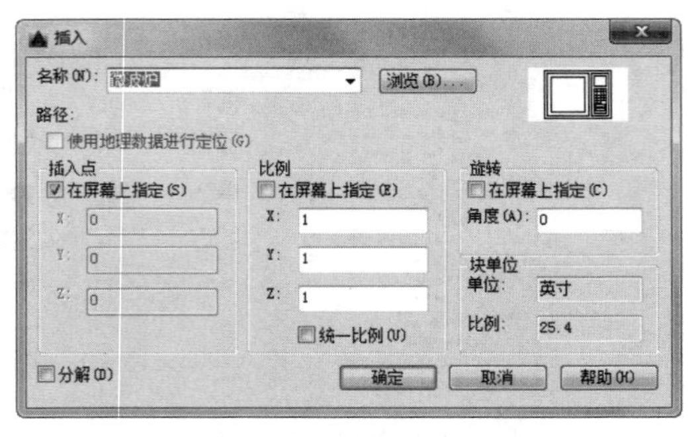

图 5-96　“插入”对话框

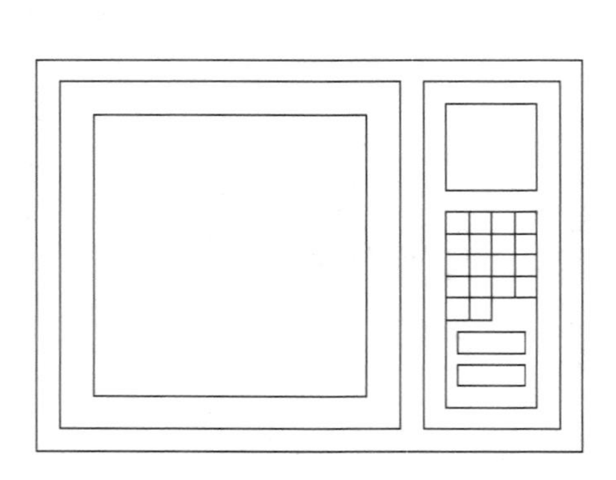

图 5-97　插入的图块

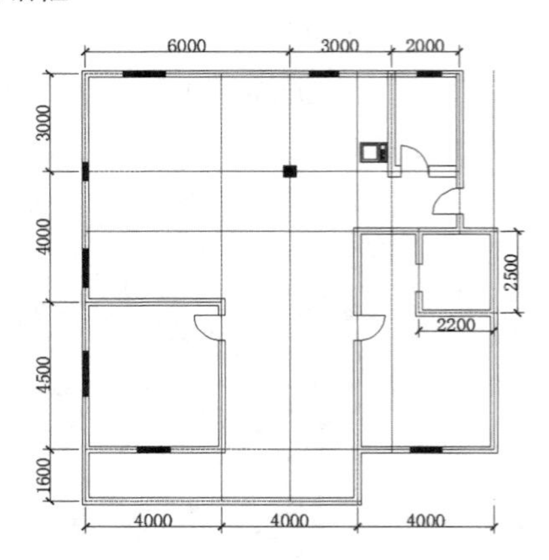

图 5-98　插入图块效果

（4）单击“默认”选项卡“注释”面板中的“多行文字”按钮A，将“客厅”“厨房”等名称输入到相应的位置，结果如图 5-100 所示。

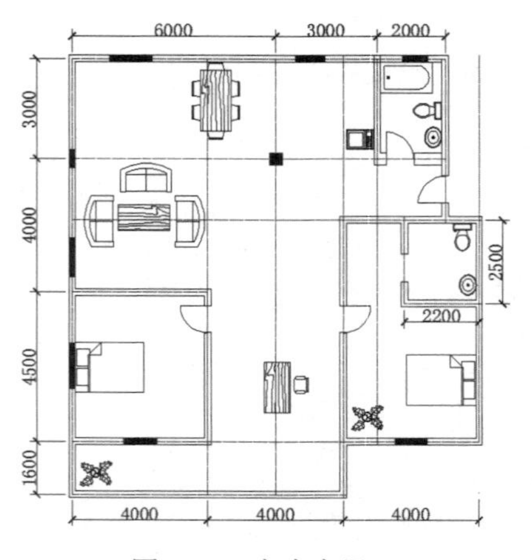

图 5-99　室内布局

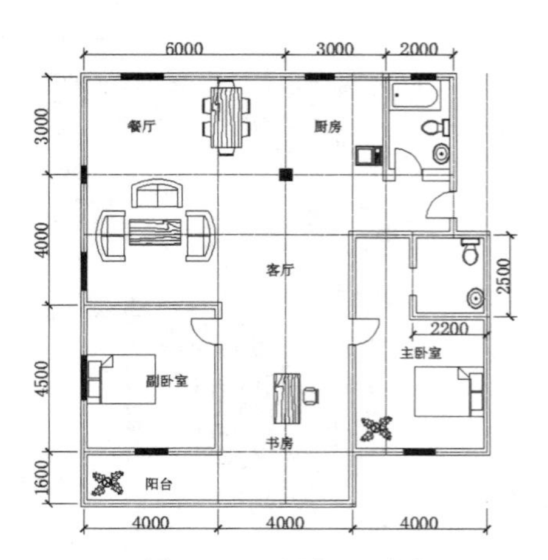

图 5-100　居室平面图

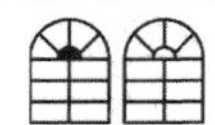

5.7　综合实战——绘制室内设计 A3 图纸样板图

本实例主要介绍样板图的绘制方法。首先利用二维绘制和编辑命令绘制图框，然后绘制标题栏和会签栏，最后保存为样板图的形式。绘制流程如图 5-101 所示。

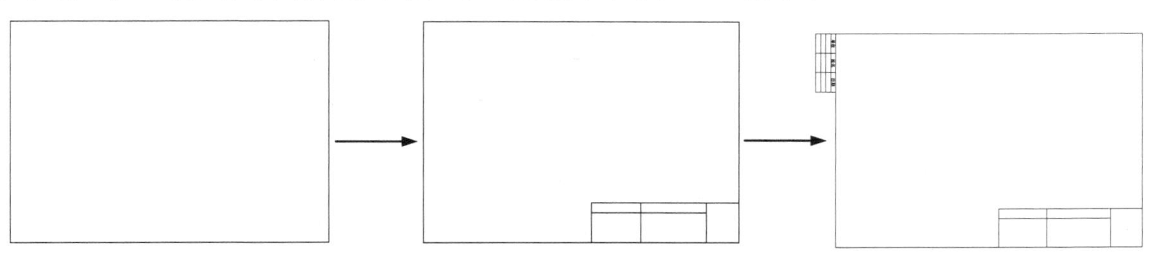

图 5-101　绘制 A3 样板图流程图

操作步骤如下：（：光盘\配套视频\第 5 章\A3 样板图.avi）

1. 设置单位和图形边界

（1）打开 AutoCAD 程序，则系统自动建立新图形文件。

（2）选择菜单栏中的“格式”/“单位”命令，系统弹出“图形单位”对话框，如图 5-102 所示。将长度的“类型”设置为“小数”，“精度”设置为 0；将角度的“类型”设置为“十进制度数”，“精度”设置为 0，系统默认逆时针方向为正，单击“确定”按钮。

图 5-102　“图形单位”对话框

（3）设置图形边界。国标对图纸的幅面大小作了严格规定，在这里，不妨按国标 A3 图纸幅面设置图形边界。A3 图纸的幅面为 420mm×297mm，选择菜单栏中的“格式”/“图形界限”命令，设置图形界限。

① 在命令行提示“指定左下角点或[开(ON)/关(OFF)] <0,0>:”后输入“0,0”。

② 在命令行提示“指定右上角点<420,297>:”后输入“420,297”。

2. 设置图层

（1）单击“默认”选项卡“图层”面板中的“图层特性”按钮，系统弹出“图层特性管

理器”选项板，如图 5-103 所示。在该选项板中单击“新建”按钮，建立不同层名的新图层，这些不同的图层分别存放不同的图线或图形的不同部分。

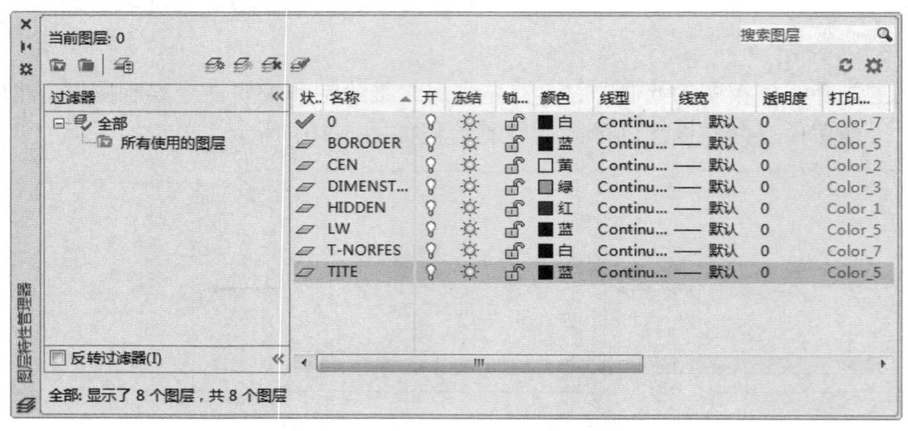

图 5-103 “图层特性管理器”选项板

（2）设置图层颜色。为了区分不同图层上的图线，增加图形不同部分的对比性，可以在“图层特性管理器”选项板中单击相应图层“颜色”标签下的颜色色块，打开“选择颜色”对话框，选择需要的颜色，如图 5-104 所示。

（3）设置线型。在常用的工程图样中，通常要用到不同的线型，这是因为不同的线型表示不同的含义。在“图层特性管理器”选项板中单击“线型”标签下的线型选项，打开“选择线型”对话框，如图 5-105 所示。在该对话框中选择对应的线型，如果在“已加载的线型”列表框中没有需要的线型，可以单击“加载”按钮，打开“加载或重载线型”对话框加载线型，如图 5-106 所示。

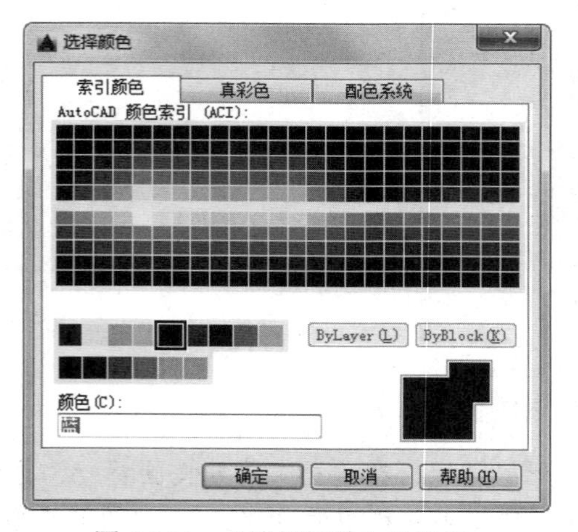

图 5-104 “选择颜色”对话框

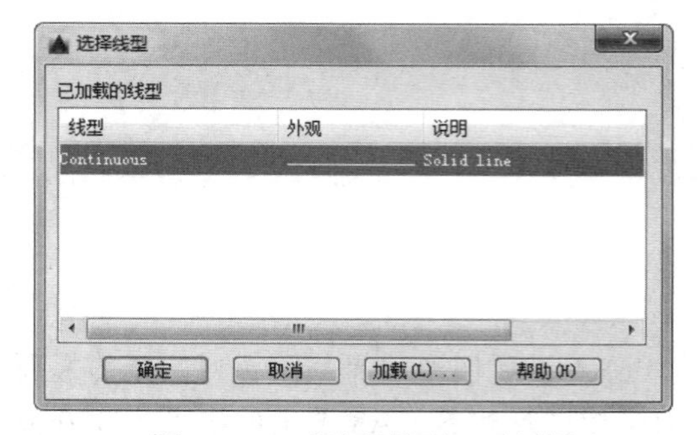

图 5-105 “选择线型”对话框

（4）设置线宽。在工程图纸中，不同的线宽也表示不同的含义，因此也要对不同图层的线宽界线进行设置。单击“图层特性管理器”选项板中“线宽”标签下的选项，打开“线宽”对话框，选择适当的线宽，如图 5-107 所示。需要注意的是，应尽量保持细线与粗线之间的比例大约为 1:2。

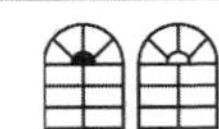

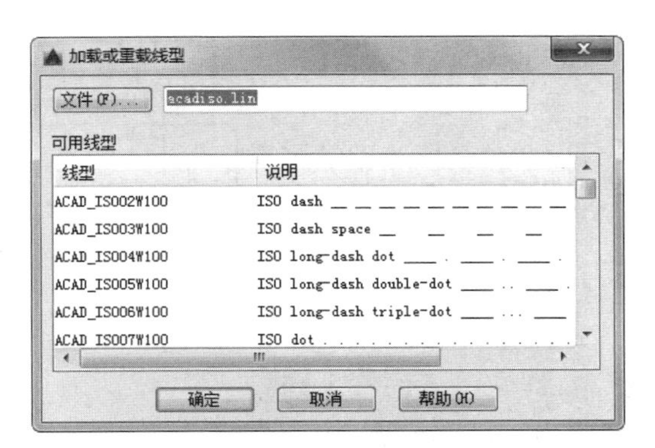

图 5-106　“加载或重载线型”对话框

图 5-107　“线宽”对话框

3. 设置文本样式

下面列出一些本练习中的格式，请按如下约定进行设置：文本高度一般注释为 7mm，零件名称为 10mm，图标栏和会签栏中其他文字为 5mm，尺寸文字为 5mm，线型比例为 1，图纸空间线型比例为 1，单位为十进制，小数点后 0 位，角度小数点后 0 位。

可以生成 4 种文字样式，分别用于一般注释、标题块中零件名、标题块注释及尺寸标注。

（1）单击“默认”选项卡“注释”面板中的“文字样式”按钮，系统打开“文字样式”对话框，单击“新建”按钮，系统打开“新建文字样式”对话框，如图 5-108 所示。接受默认的“样式 1”文字样式名，单击“确定”按钮退出。

（2）系统回到“文字样式”对话框，在“字体名”下拉列表框中选择“宋体”选项，将“高度”设置为 5，将“宽度因子”设置为 1.0000，如图 5-109 所示。单击“应用”按钮，再单击“关闭”按钮。其他文字样式按照类似的方法进行设置。

图 5-108　“新建文字样式”对话框

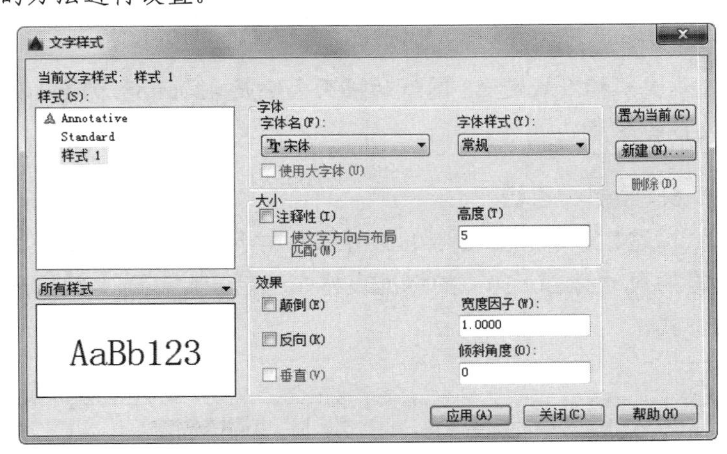

图 5-109　“文字样式”对话框

4. 设置尺寸标注样式

（1）单击“默认”选项卡“注释”面板中的“标注样式”按钮，系统弹出“标注样式管理器”对话框，如图 5-110 所示。在“预览”显示框中显示出标注样式的预览图形。

（2）单击“修改”按钮，系统弹出“修改标注样式”对话框，对标注样式的选项按照需要

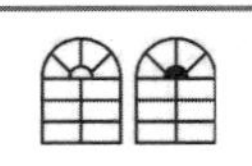

Note

进行修改，如图 5-111 所示。

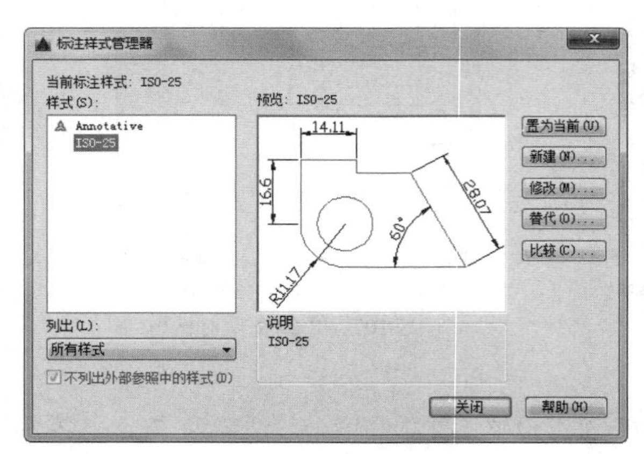

图 5-110 “标注样式管理器”对话框

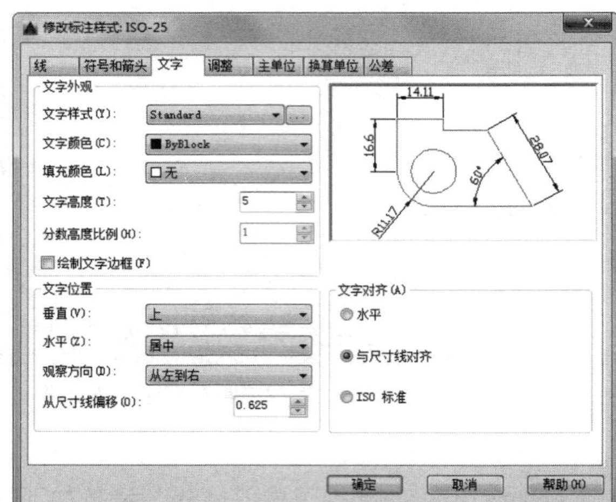

图 5-111 “修改标注样式”对话框

（3）其中，在“线”选项卡中，设置“颜色”和“线宽”为 ByLayer，“基线间距”为 6，其他不变；在“箭头和符号”选项卡中，设置“箭头”为“建筑标记”，“箭头大小”为 1，其他不变；在“文字”选项卡中，设置“颜色”为 ByLayer，“文字高度”为 5，其他不变；在“主单位”选项卡中，设置“精度”为 0，其他不变；其他选项卡不变。

5. 绘制图框

单击“默认”选项卡“绘图”面板中的“矩形”按钮▭，绘制角点坐标为（25,10）和（410,287）的矩形，如图 5-112 所示。

提示：

国家标准规定 A3 图纸的幅面大小是 420mm×297mm，这里留出了带装订边的图框到图纸边界的距离。

6. 绘制标题栏

标题栏示意图如图 5-113 所示，由于分隔线并不整齐，所以可以先绘制一个 9×4（每个单元格的尺寸是 20×10）的标准表格，然后在此基础上编辑或合并单元格以形成如图 5-113 所示的形式。

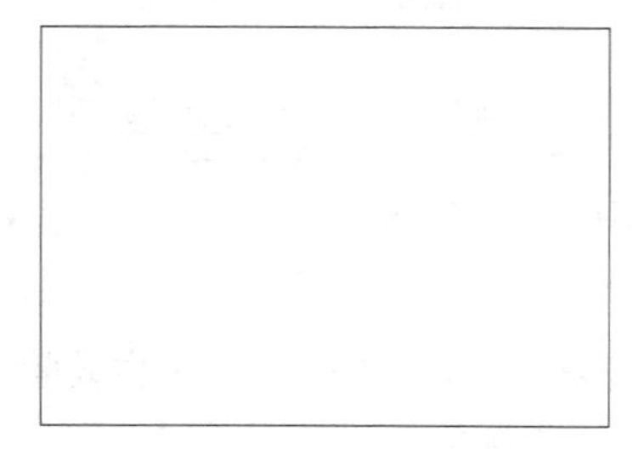

图 5-112 绘制矩形

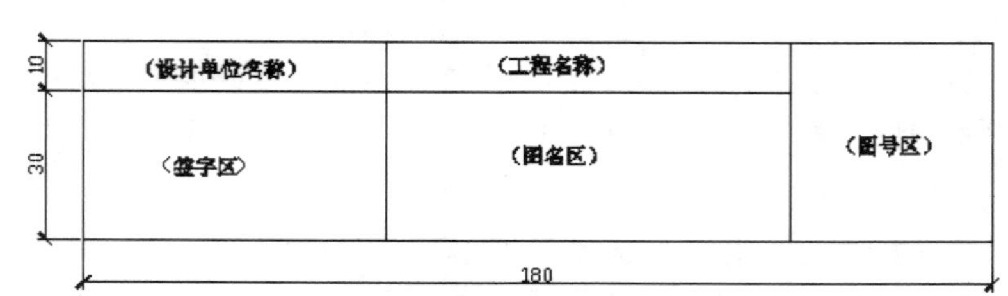

图 5-113 标题栏示意图

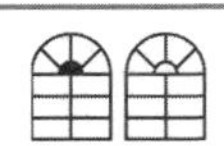

Note

（1）单击“默认”选项卡“注释”面板中的“表格样式”按钮，系统弹出“表格样式”对话框，如图 5-114 所示。

（2）单击“表格样式”对话框中的“修改”按钮，系统弹出“修改表格样式”对话框，在“单元样式”下拉列表框中选择“数据”选项，在下面的“文字”选项卡中将“文字高度”设置为 6，如图 5-115 所示。再选择“常规”选项卡，将“页边距”选项组中的“水平”和“垂直”都设置成 1，如图 5-116 所示。

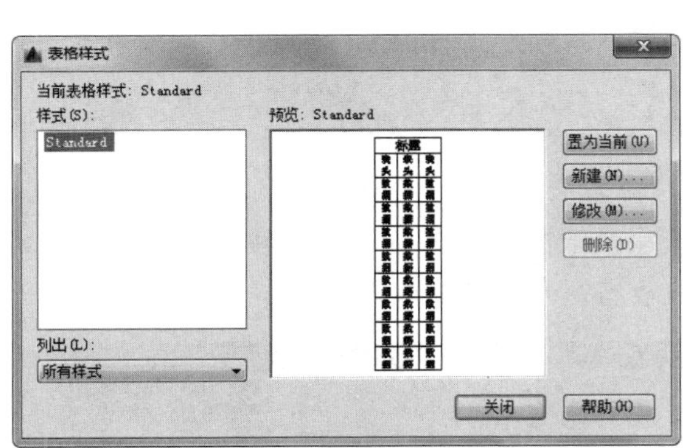

图 5-114 “表格样式”对话框

图 5-115 “修改表格样式”对话框

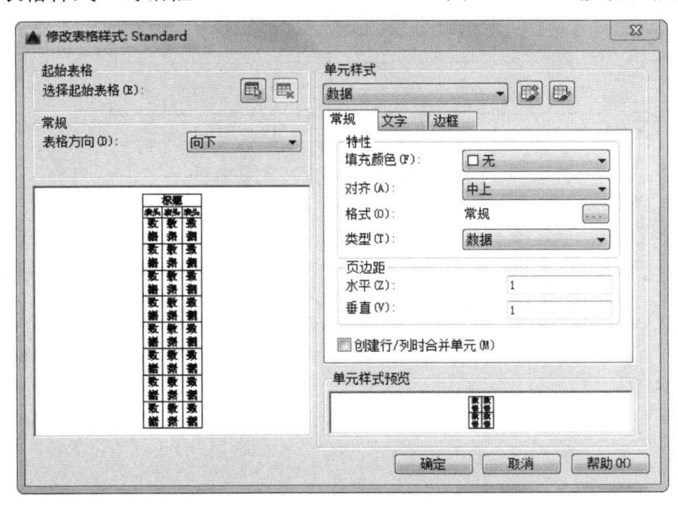

图 5-116 设置“常规”选项卡

（3）系统回到“表格样式”对话框，单击“关闭”按钮退出。

（4）单击“默认”选项卡“注释”面板中的“表格”按钮，系统弹出“插入表格”对话框。在“列和行设置”选项组中将“列数”设置为 9，将“列宽”设置为 20，将“数据行数”设置为 2（加上标题行和表头行共 4 行），将“行高”设置为 1 行（即为 10）；在“设置单元样式”选项组中，将“第一行单元样式”、“第二行单元样式”和“所有其他行单元样式”都设置为“数据”，如图 5-117 所示。

Note

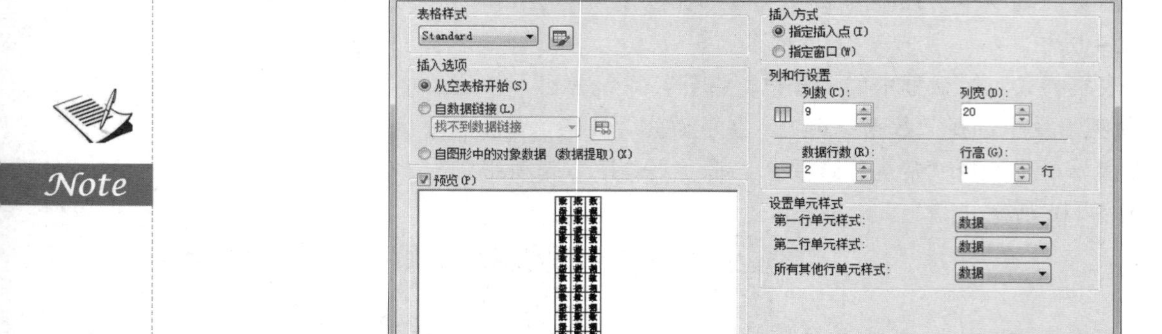

图 5-117 “插入表格”对话框

（5）在图框线右下角附近指定表格位置，系统生成表格，同时打开表格和文字编辑器，如图 5-118 所示，直接按 Enter 键，不输入文字，生成表格，如图 5-119 所示。

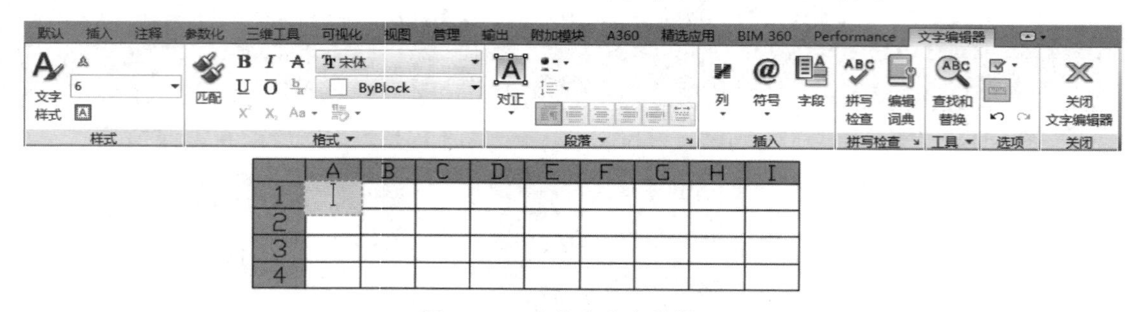

图 5-118 表格和文字编辑器

7. 移动标题栏

无法准确确定刚生成的标题栏与图框的相对位置，因此需要移动标题栏。单击“默认”选项卡“修改”面板中的“移动”按钮，将刚绘制的表格准确放置在图框的右下角，如图 5-120 所示。

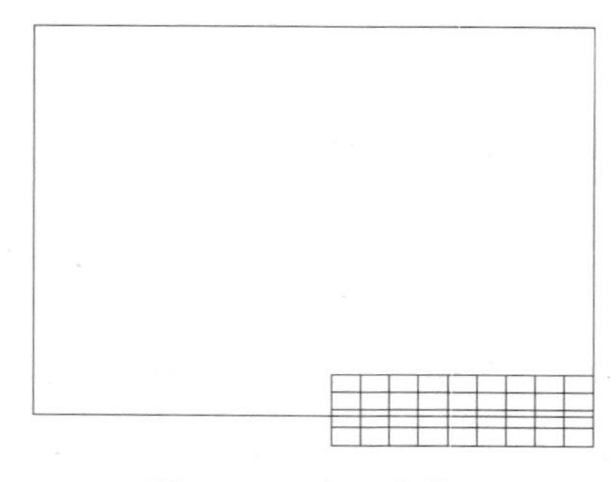

图 5-119 生成表格

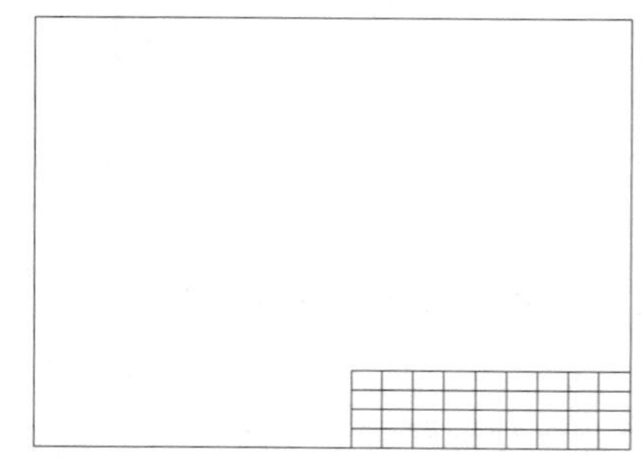

图 5-120 移动表格

8. 编辑标题栏表格

（1）单击标题栏表格 A 单元格，按住 Shift 键，同时选择 B 和 C 单元格，单击“表格单元”

选项卡“合并”面板中的“合并全部”按钮▦，如图 5-121 所示。

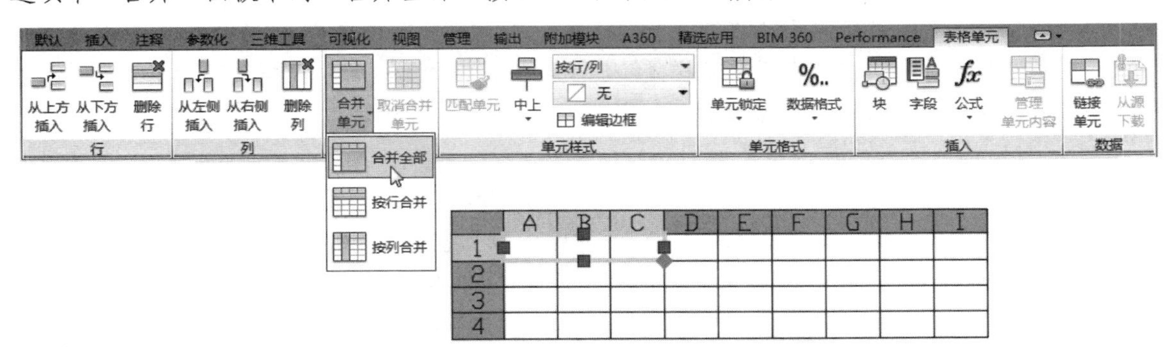

图 5-121　合并单元格

（2）重复上述方法，对其他单元格进行合并，结果如图 5-122 所示。

9. 绘制会签栏

会签栏的具体大小和样式如图 5-123 所示。用户可以采取和标题栏相同的绘制方法来绘制会签栏。

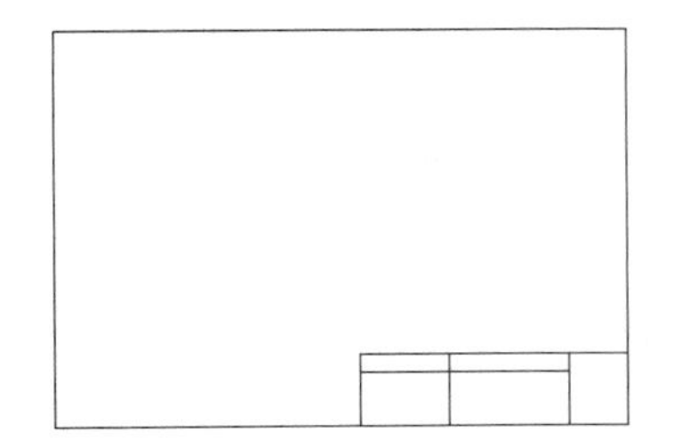

图 5-122　完成标题栏单元格编辑

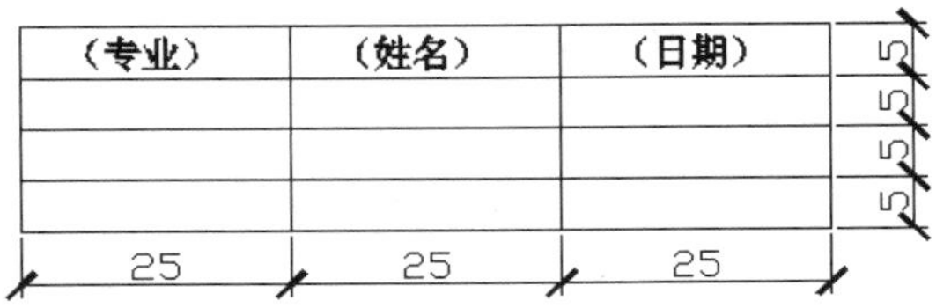

（专业）	（姓名）	（日期）

（列宽：25　25　25；行高：5　5　5　5）

图 5-123　会签栏示意图

（1）在“修改表格样式”对话框中选择“文字”选项卡，将“文字高度”设置为 4，如图 5-124 所示；在“常规”选项卡中，将“页边距”选项组中的“水平”和“垂直”都设置为 0.5。

图 5-124　设置表格样式

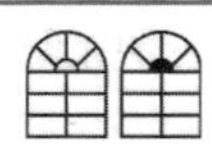

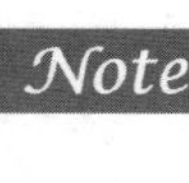

Note

（2）单击“默认”选项卡“注释”面板中的“表格”按钮，系统弹出“插入表格”对话框，在“列和行设置”选项组中，将“列数”设置为3，“列宽”设置为25，“数据行数”设置为2，“行高”设置为1行；在“设置单元样式”选项组中，将“第一行单元样式”、“第二行单元样式”和“所有其他行单元样式”都设置为“数据”，如图5-125所示。

（3）在表格中输入文字，结果如图5-126所示。

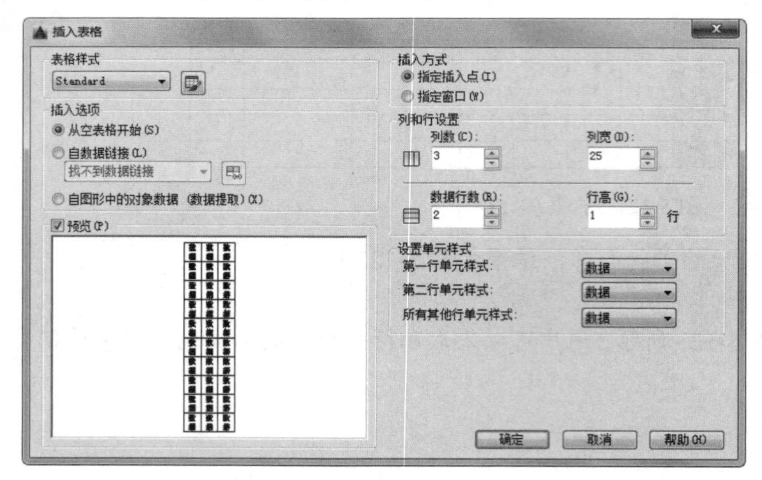

图5-125　设置表格行和列

单位	姓名	日期

图5-126　会签栏的绘制

10. 旋转和移动会签栏

（1）单击“默认”选项卡“修改”面板中的“旋转”按钮，旋转会签栏，结果如图5-127所示。

（2）单击“默认”选项卡“修改”面板中的“移动”按钮，将会签栏移动到图框的左上角，结果如图5-128所示。

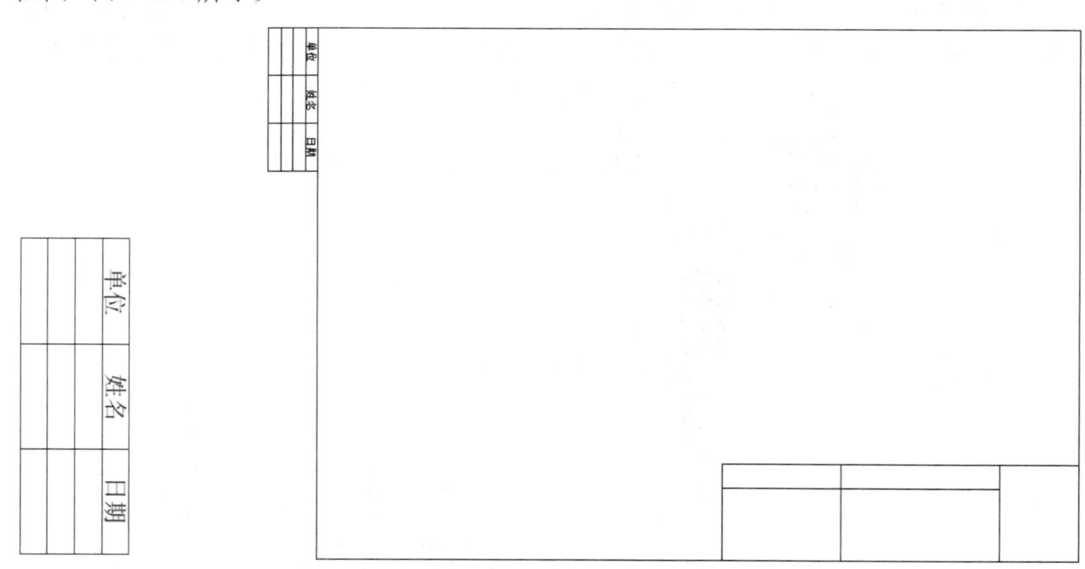

图5-127　旋转会签栏

图5-128　绘制完成的样板图

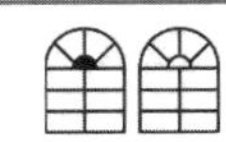

Note

11．保存样板图

单击快速访问工具栏中的“另存为”按钮，系统弹出“图形另存为”对话框，将图形保存为 DWT 格式的文件即可，如图 5-129 所示。

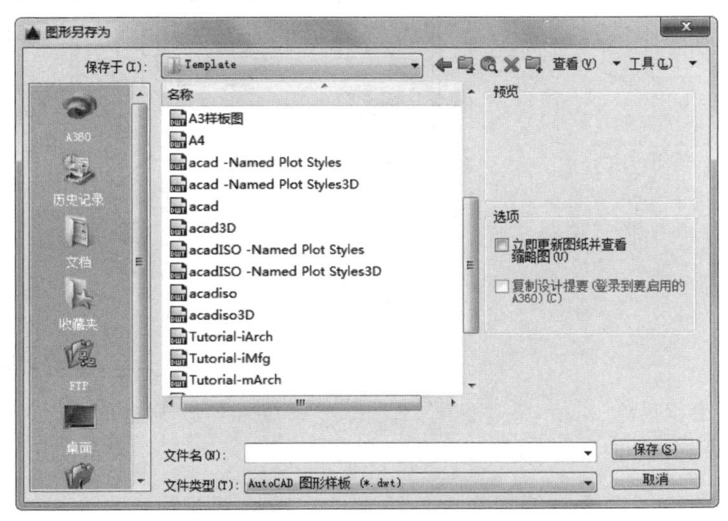

图 5-129 “图形另存为”对话框

5.8 实战演练

通过前面的学习，读者对本章知识也有了大体的了解，本节通过几个操作练习使读者进一步掌握本章知识要点。

【实战演练 1】利用“图块”方法绘制如图 5-130 所示的会议桌椅。

1．目的要求

在实际绘图过程中，会经常遇到重复性的图形单元。解决这类问题最简单快捷的办法是将重复性的图形单元制作成图块，然后将图块插入图形。本实例通过会议桌椅的绘制，使读者掌握图块相关的操作。

2．操作提示

（1）打开前面绘制的办公椅图形。

（2）定义成图块并保存。

（3）绘制圆桌。

（4）插入办公椅图块。

（5）阵列处理。

【实战演练 2】绘制如图 5-131 所示的居室布置平面图。

1．目的要求

在绘图过程中，若出现多个家具图形，可运用设计中心将家具图块插入到居室平面图中。通过本实例的绘制，进一步掌握设计中心的运用。

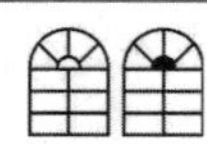
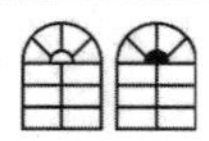

Note

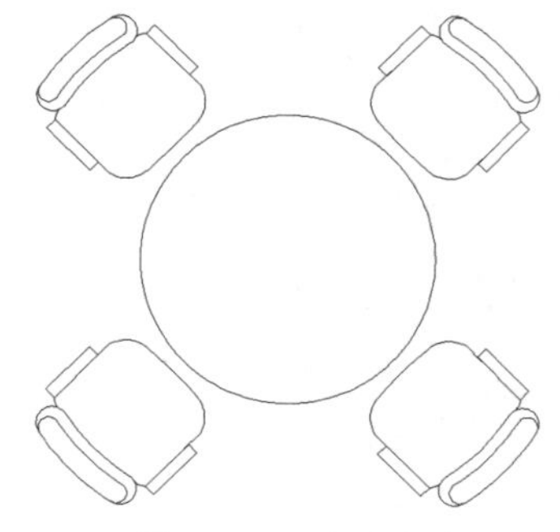

图 5-130　会议桌椅

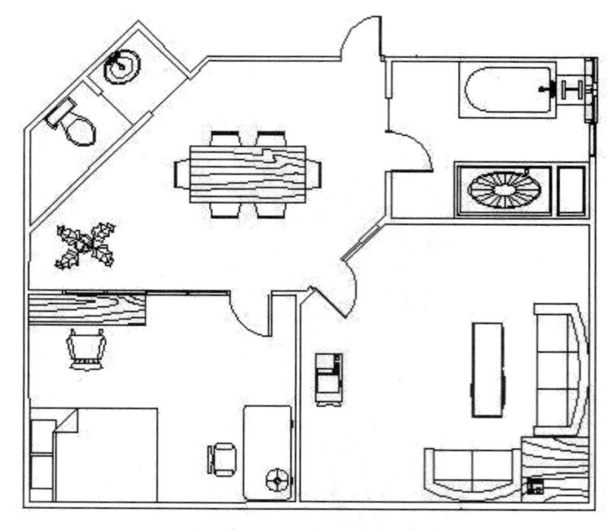

图 5-131　居室布置平面图

2. 操作提示

（1）利用学过的绘图命令与编辑命令，绘制住房结构平面图。

（2）利用设计中心，将多个家具图块插入到居室平面图中。

▶▶第 2 篇

办公楼室内设计篇

本篇主要结合实例讲解利用 AutoCAD 2016 进行某公司办公楼室内设计的操作步骤、方法和技巧等，包括平面图、地坪图、顶棚图、立面图、大样图和剖面图设计等知识。

通过本篇内容的学习，加深读者对 AutoCAD 功能的理解和掌握，熟悉各种类型办公环境室内设计的方法。

- ⏭ 平面图的绘制
- ⏭ 装饰平面图的绘制
- ⏭ 地坪图的绘制
- ⏭ 顶棚图的绘制
- ⏭ 立面图的绘制
- ⏭ 大样图及剖面图的绘制

第6章

平面图的绘制

本章学习要点和目标任务：

☑ 建筑平面图概述

☑ 一层平面图

☑ 二层平面图

☑ 三层平面图

本章将以某公司办公楼室内平面图设计为例，详细讲述平面图的绘制过程。在讲述过程中，将逐步带领读者完成平面图的绘制，并讲述关于室内设计平面图绘制的相关理论知识和技巧，包括平面图绘制的知识要点、平面图的绘制步骤、装饰图块的绘制、尺寸文字标注等内容。

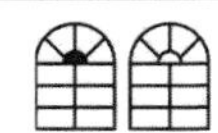

Note

6.1　建筑平面图概述

建筑平面图就是假想使用一水平的剖切面沿门窗洞的位置将房屋剖切后，对剖切面以下部分所作的水平剖面图。建筑平面图简称平面图，主要反映房屋的平面形状、大小、房间的布置、墙柱的位置、厚度和材料、门窗类型和位置等。建筑平面图是建筑施工图中最为基本的图样之一，一个建筑平面图的示例如图 6-1 所示。

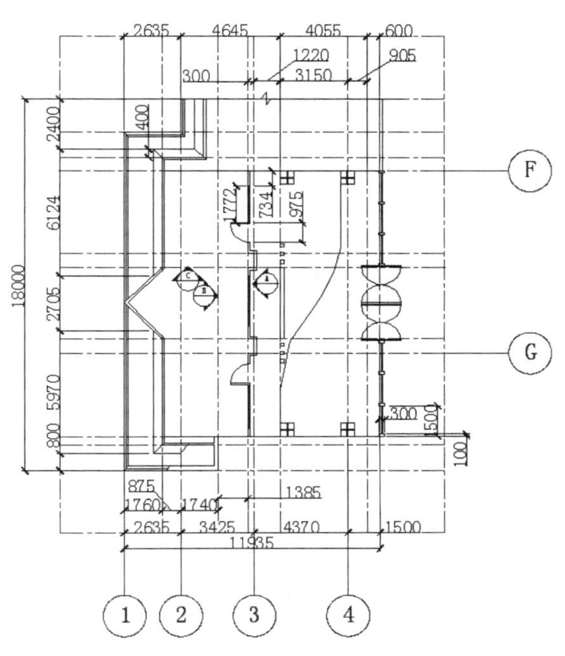

图 6-1　建筑平面图示例

6.1.1　建筑平面图内容

1．建筑平面图的图示要点

（1）每个平面图对应一个建筑物楼层，并注有相应的图名。

（2）可以表示多层的一张平面图称为标准层平面图。标准层平面图各层的房间数量、大小和布置都必须一样。

（3）建筑物左右对称时，可以将两层平面图绘制在同一张图纸上，左右分别绘制各层的一半，同时中间要注上对称符号。

（4）如果建筑平面较大，可以分段绘制。

2．建筑平面图的图示内容

（1）表示出墙、柱、门、窗的位置和编号，房间名称或编号，轴线编号等。

（2）标注出室内外的有关尺寸及室内楼、地面的标高。建筑物的底层，标高为±0.000。

（3）表示出电梯、楼梯的位置以及楼梯的上下方向和主要尺寸。

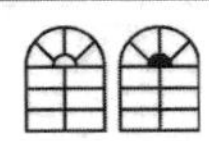
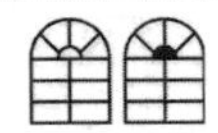

（4）表示出阳台、雨篷、踏步等的具体位置以及大小尺寸。

（5）绘制出卫生器具、水池、工作台以及其他重要的设备位置。

（6）绘制出剖面图的剖切符号以及编号。根据绘图习惯，一般只在底层平面图绘制。

（7）标出有关部位上节点详图的索引符号。

（8）绘制出指北针。根据绘图习惯，一般只在底层平面图中绘制出指北针。

Note

6.1.2 建筑平面图类型

1．根据剖切位置不同分类

根据剖切位置不同，建筑平面图可分为地下层平面图、底层平面图、X 层平面图、标准层平面图、屋顶平面图、夹层平面图等。

2．按不同的设计阶段分类

按不同的设计阶段，建筑平面图可分为方案平面图、初设平面图和施工平面图。不同阶段图纸表达深度不一样。

6.1.3 建筑平面图绘制的一般步骤

建筑平面图绘制一般分为以下 10 步：

（1）绘图环境设置。

（2）轴线绘制。

（3）墙线绘制。

（4）柱绘制。

（5）门窗绘制。

（6）阳台绘制。

（7）楼梯、台阶绘制。

（8）室内布置。

（9）室外周边景观（底层平面图）。

（10）尺寸、文字标注。

根据工程的复杂程度，以上绘图顺序有可能小范围调整，但总体顺序基本不变。

6.1.4 本案例建筑平面图设计思路

本案例设计的对象为一个小型企业三层办公楼。小型企业办公的基本特点是：功能齐全，简约集中。在一个办公楼内要集中办公、会客、招待、娱乐等功能，可谓“麻雀虽小、五脏俱全”。基本布局思路是：把核心办公区设置在二楼，既相对方便，又保持一定的独立和中心地位；把相对琐碎和不易往楼上搬运的单元安排在一楼；休息娱乐的单元则安排在相对最为独立的三楼。

基本布局是：一层平面图由客人餐厅、仓库、过道、餐厅、客厅、办公区、卫生间构成；二层平面图包括销售科、外销售科、总务室、财务室、过道、总经理办公室、样品间、休息间、董事长办公室；三层平面图包括 4 间客房、乒乓球活动室、台球活动室、小型会议室。

各层都留出相对充裕的过道，配置公共卫生间。由于楼层比较少，楼层之间通过步行楼梯连

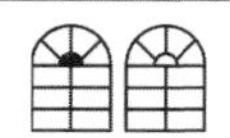

接。整个大楼布局显得简洁和谐，体现出小型企业小巧灵活、团结集约的内在气质。

6.2　一层平面图

一层的结构单元布置以方便办公或招待为主要宗旨。一层平面图由客人餐厅、仓库、过道、餐厅、客厅、办公区、卫生间构成，这些单元基本上以中央大厅为轴线分隔为左右对称的两个区域，左边为就餐区，分别布置员工餐厅和客人餐厅，并根据客观需要布置公共卫生间；右边为普通办公区域，包括企业一般事务办公区和仓库库房，为了便于单独办公，在右侧楼梯拐角处单独设置一个卫生间，供办公区域人员使用。

内部墙体的开合布局的设置则根据对象不同而不同，员工餐厅由于要容纳多人同时进出，所以设置为全开放空间。客人餐厅为了保证客人的私密性，用墙体和过道隔开。办公区则设置为半开放的玻璃墙体，既便于日常办公与外界交流，也保持一定的独立性。

为便于汽车能直达一层大厅门口，在门口设置了停车过道，大体布置如图 6-2 所示。

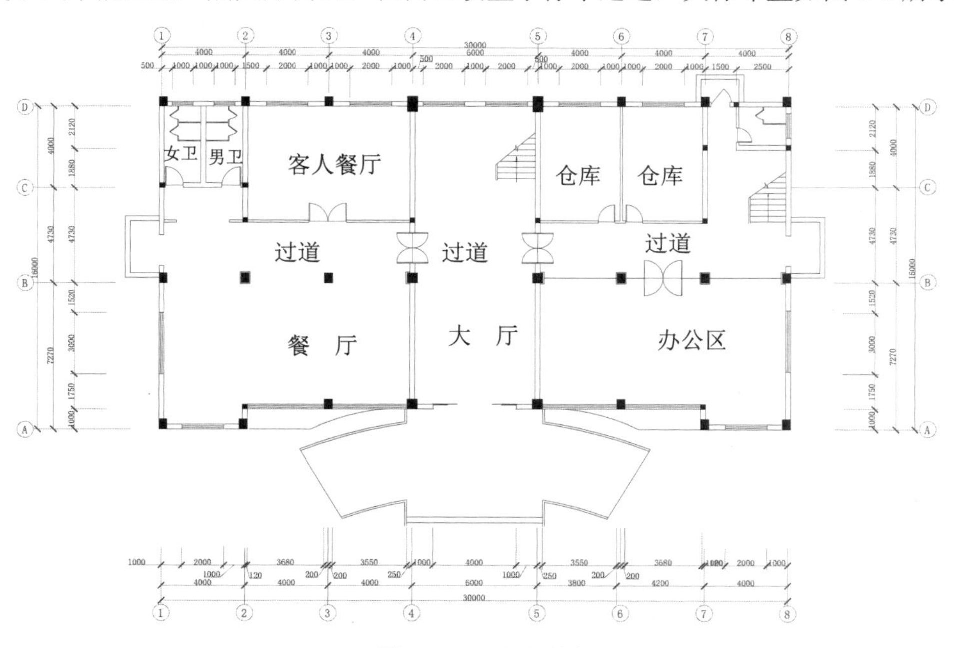

图 6-2　一层平面图

下面讲述一层平面图的绘制方法。

光盘\配套视频\第 6 章\一层平面图.avi

6.2.1　绘图前准备与设置

要根据绘制图形决定绘制的比例，这里建议采用 1:1 的比例绘制。

操作步骤如下：

（1）打开 AutoCAD 2016 应用程序，单击快速访问工具栏中的“新建”按钮，弹出“选

择样板”对话框，选择 acadiso.dwt 为样板文件建立新文件，如图 6-3 所示。

（2）设置单位。选择菜单栏中的“格式”/“单位”命令，打开“图形单位”对话框，如图 6-4 所示。设置长度“类型”为“小数”，“精度”为 0；设置角度“类型”为“十进制度数”，“精度”为 0；保持系统默认方向为逆时针，设置插入时的缩放单位为“毫米”。

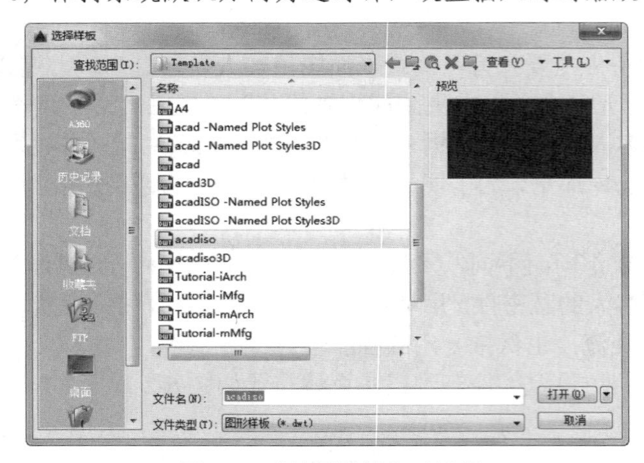

图 6-3 “选择样板”对话框

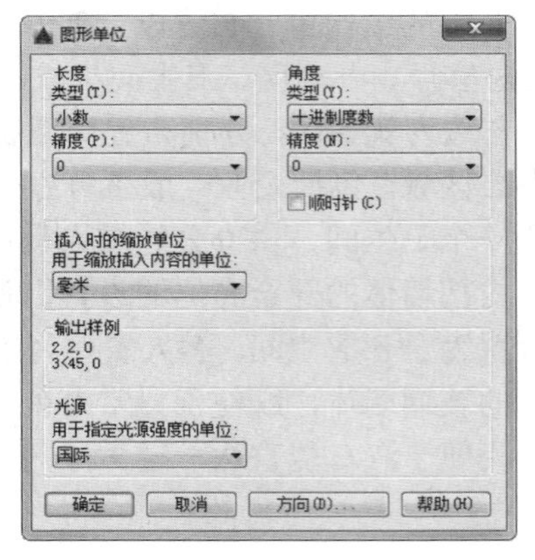

图 6-4 “图形单位”对话框

（3）在命令行中输入“LIMITS”命令，设置图幅为 420000×297000。

（4）新建图层。

① 单击“默认”选项卡“图层”面板中的“图层特性”按钮，弹出“图层特性管理器”选项板，如图 6-5 所示。

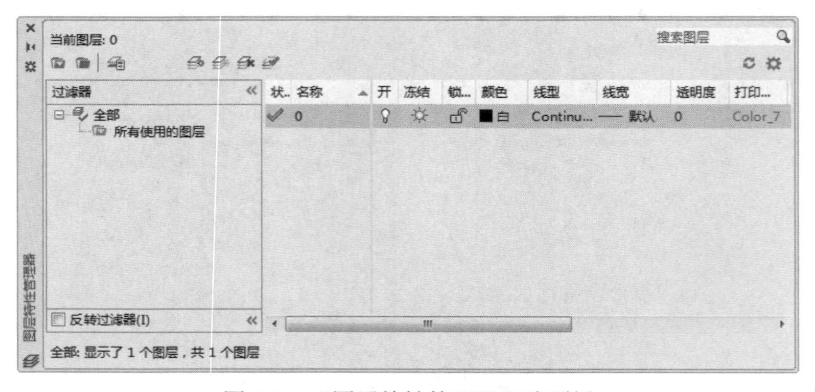

图 6-5 “图层特性管理器”选项板

② 单击“图层特性管理器”选项板中的“新建图层”按钮，新建一个图层，如图 6-6 所示。

提示：

在绘图过程中，往往有不同的绘图内容，如轴线、墙线、装饰布置图块、地板、标注、文字等，如果将这些内容均放置在一起，绘图之后若要删除或编辑某一类型的图形，将带来选取的困难。因此 AutoCAD 提供了图层功能，为编辑带来了极大的方便。

在绘图初期可以建立不同的图层，将不同类型的图形绘制在不同的图层中，编辑时可以利用图层的显示和隐藏功能、锁定功能来操作图层中的图形，十分利于编辑运用。

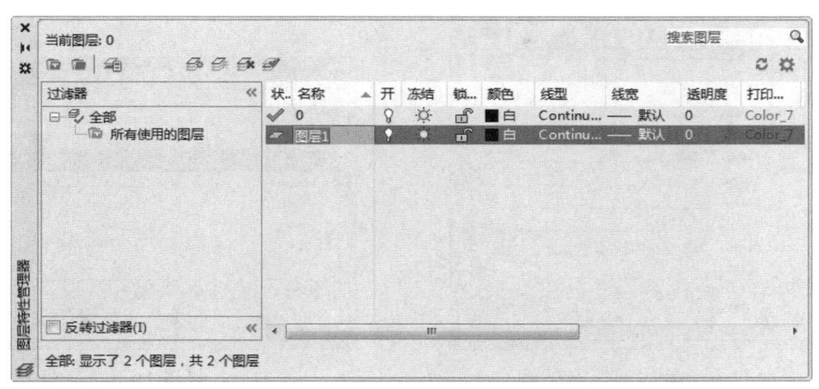

图 6-6　新建图层

③ 新建图层的名称默认为“图层 1”，将其修改为“轴线”。图层名称后面的选项由左至右依次为“开/关图层”、“在所有视口中冻结/解冻图层”、“锁定/解锁图层”、“图层默认颜色”、“图层默认线型”、“图层默认线宽”和“打印样式”等。其中，编辑图形时最常用的操作是图层的开/关、锁定以及图层颜色、线型的设置等。

④ 单击新建的“轴线”图层“颜色”栏中的色块，弹出“选择颜色”对话框，如图 6-7 所示，选择红色为“轴线”图层的默认颜色。单击“确定”按钮，返回“图层特性管理器”选项板。

⑤ 单击“线型”栏中的选项，弹出“选择线型”对话框，如图 6-8 所示。轴线一般在绘图中应用点划线进行绘制，因此应将“轴线”图层的默认线型设为中心线。单击“加载”按钮，弹出“加载或重载线型”对话框，如图 6-9 所示。

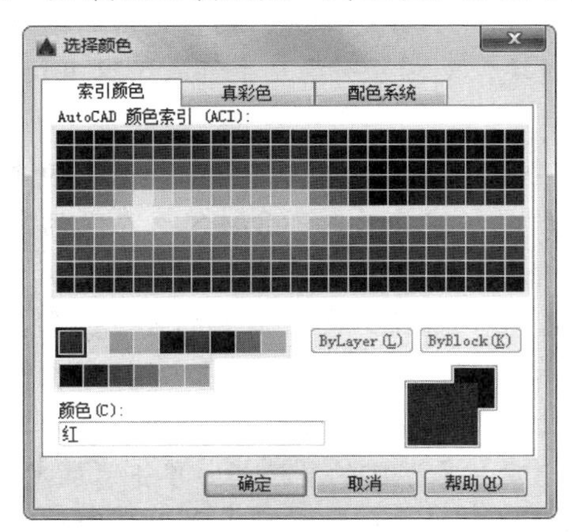

图 6-7　“选择颜色”对话框

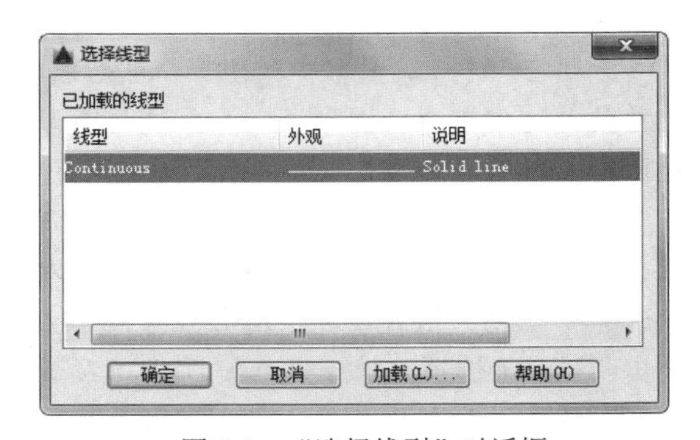

图 6-8　“选择线型”对话框

⑥ 在“可用线型”列表框中选择 CENTER 线型，单击“确定”按钮，返回“选择线型”对话框。选择刚刚加载的线型，如图 6-10 所示，单击“确定”按钮，“轴线”图层设置完毕。

提示：

修改系统变量 DRAGMODE，推荐修改为 AUTO。系统变量为 ON 时，在选定要拖动的对象后，仅当在命令行中输入“DRAG”后才在拖动时显示对象的轮廓；系统变量为 OFF 时，在拖动时不显示对象的轮廓；系统变量为 AUTO 时，在拖动时总是显示对象的轮廓。

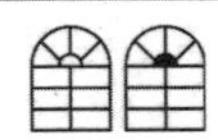

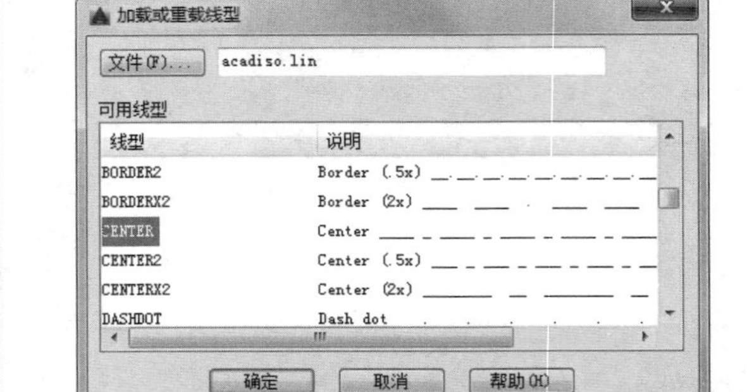

图 6-9 “加载或重载线型”对话框

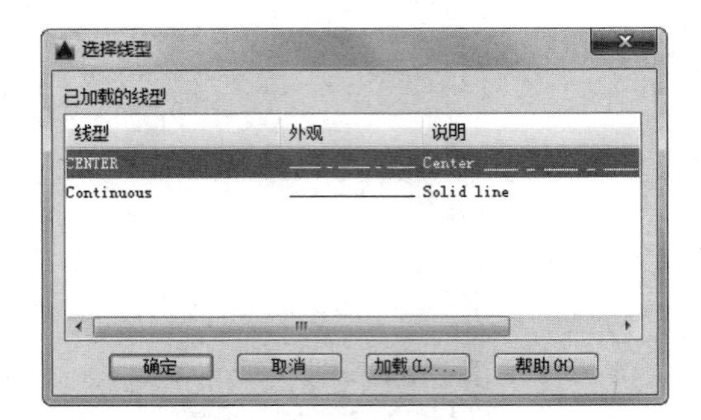

图 6-10 加载线型

⑦ 采用相同的方法，按照以下说明新建其他几个图层。

☑ “墙体”图层：颜色为白色，线型为实线，线宽为 0.3 mm。

☑ “门窗”图层：颜色为蓝色，线型为实线，线宽为默认。

☑ “轴线”图层：颜色为红色，线型为 CENTER，线宽为默认。

☑ “文字”图层：颜色为白色，线型为实线，线宽为默认。

☑ “尺寸”图层：颜色为 94，线型为实线，线宽为默认。

☑ “柱子”图层：颜色为白色，线型为实线，线宽为默认。

提示：

如何删除顽固图层？

方法 1：将无用的图层关闭，然后全选，复制后粘贴至一个新文件中，那些无用的图层就不会粘贴过来。如果曾经在这个不需要的图层中定义过块，又在另一图层中插入了这个块，那么这个不要的图层是不能用这种方法删除的。

方法 2：选择需要留下的图形，然后选择“文件”/“输出”/“块文件”命令，这样的块文件就是选中部分的图形了，如果这些图形中没有指定的层，这些层也不会被保存在新的图块图形中。

方法 3：打开一个 CAD 文件，把要删除的层先关闭，在图面上只留下需要的可见图形，选择“文件”/“另存为”命令，在打开的对话框中设定文件名，在“文件类型”下拉列表框中选择“*.dxf”格式，在“图形另存为”对话框中的右上角处选择“工具”/“选项”命令，弹出“另存为选项”对话框，在 DXF 选项卡中，选中“选择对象”前的复选框，单击“确定”按钮，退出该对话框，接着单击“保存”按钮，即可选择保存对象，把可见或要用的图形选上就可以确定保存了，完成后退出这个刚保存的文件，再打开来看看，就会发现不想要的图层不见了。

方法 4：用命令 LAYTRANS 将需删除的图层设置为 0 图层即可，这个方法可以删除具有实体对象或被其他块嵌套定义的图层。

在绘制的平面图中，包括轴线、门窗、装饰、文字和尺寸标注几项内容，分别按照上面所介绍的方式设置图层。其中的颜色可以依照读者的绘图习惯自行设置，并没有具体的要求。设置完成后的“图层特性管理器”选项板如图 6-11 所示。

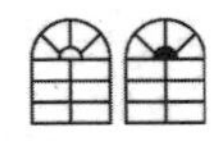

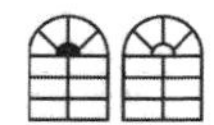

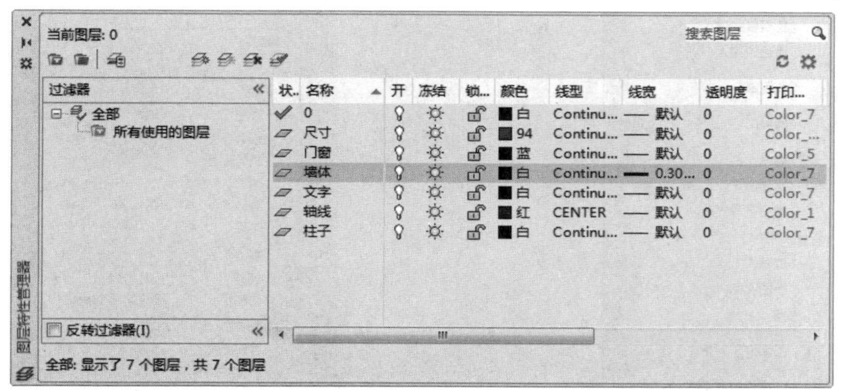

图 6-11　设置图层

6.2.2　绘制轴线

利用“直线”和“偏移”命令绘制轴线，通过“特性”选项板的运用调整比例因子。

操作步骤如下：

（1）将“默认”选项卡“图层”面板中“图层特性”下拉列表框处的“轴线”图层设置为当前图层，如图 6-12 所示。

（2）单击“默认”选项卡“绘图”面板中的“直线”按钮，在图中空白区域任选一点为直线起点，绘制一条长度为 18500 的竖直轴线，如图 6-13 所示。

（3）单击“默认”选项卡“绘图”面板中的“直线”按钮，在第（2）步中绘制的竖直直线左侧任选一点为直线起点，向右绘制一条长度为 34678 的水平轴线，如图 6-14 所示。

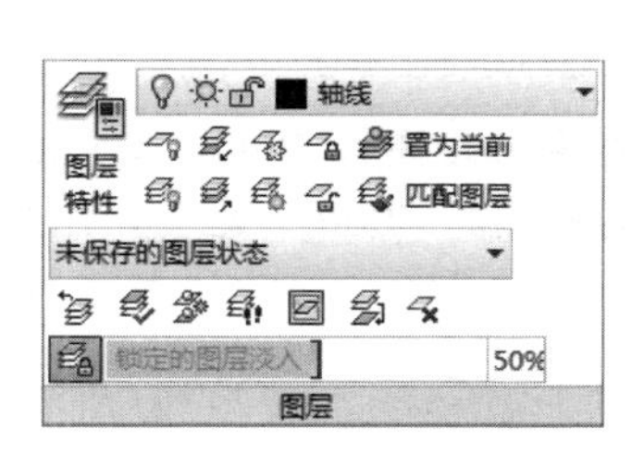

图 6-12　设置当前图层　　图 6-13　绘制竖直轴线　　图 6-14　绘制水平轴线

提示：

使用“直线”命令时，若为正交轴网，可单击“正交”按钮，根据正交方向提示，直接输入下一点的距离即可，而不需要输入“@”符号。若为斜线，则可单击“极轴”按钮，设置斜线角度，此时，图形即进入了自动捕捉所需角度的状态，其可大大提高制图时直线输入距离的速度。注意，两者不能同时使用。

（4）此时，轴线的线型虽然为中心线，但是由于比例太小，显示出来还是实线的形式。选择刚刚绘制的轴线并右击，在弹出的如图 6-15 所示的快捷菜单中选择“特性”命令，弹出“特性”选项板，如图 6-16 所示。将“线型比例”设置为 30，轴线显示如图 6-17 所示。

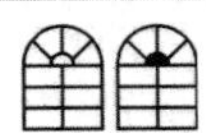

Note

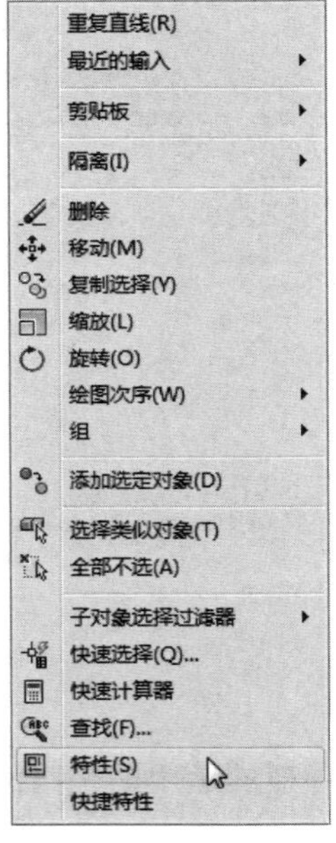

图 6-15　快捷菜单

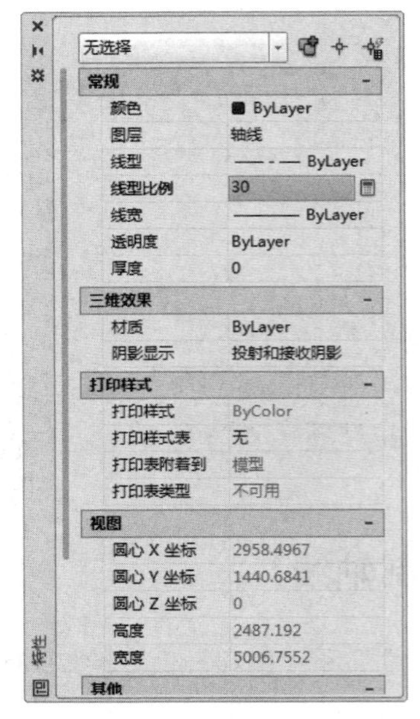

图 6-16　“特性”选项板

提示：

通过全局修改或单个修改每个对象的线型比例因子，可以以不同的比例使用同一个线型。默认情况下，全局线型和单个线型比例均设置为 4.0。比例越小，每个绘图单位中生成的重复图案就越多。例如，设置为 0.5 时，每一个图形单位在线型定义中显示重复两次的同一图案。不能显示完整线型图案的短线段显示为连续线。对于太短，甚至不能显示一个虚线小段的线段，可以使用更小的线型比例。

（5）单击“默认”选项卡“修改”面板中的“偏移”按钮，设置偏移距离为 4000，按 Enter 键确认后选择竖直直线为偏移对象，在直线右侧单击，将竖直直线向右偏移 4000 的距离，结果如图 6-18 所示。

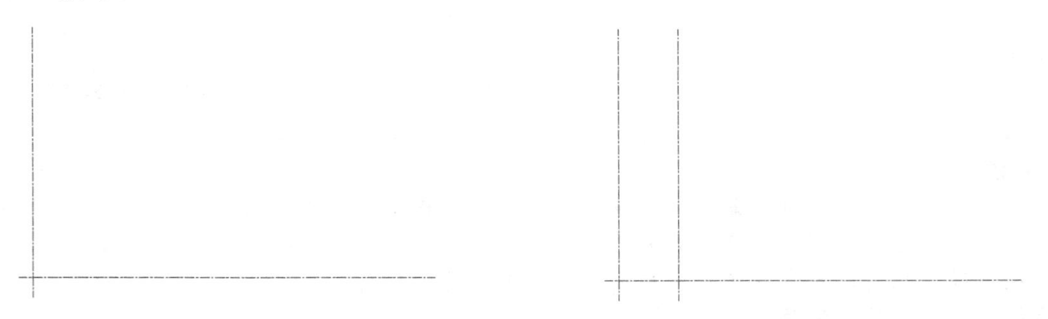

图 6-17　修改轴线线型比例　　　　图 6-18　偏移竖直直线

（6）单击“默认”选项卡“修改”面板中的“偏移”按钮，选择第（5）步偏移后的直线为起始轴线，连续向右偏移，偏移的距离分别为 4000、4000、6000、4000、4000、1500 和 2500，如图 6-19 所示。

（7）单击“默认”选项卡“修改”面板中的“偏移”按钮，设置偏移距离为 1000，按 Enter

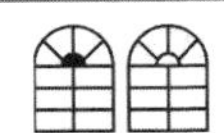

键确认后选择水平直线为偏移对象，在直线上侧单击，将直线向上偏移1000的距离，结果如图6-20所示。

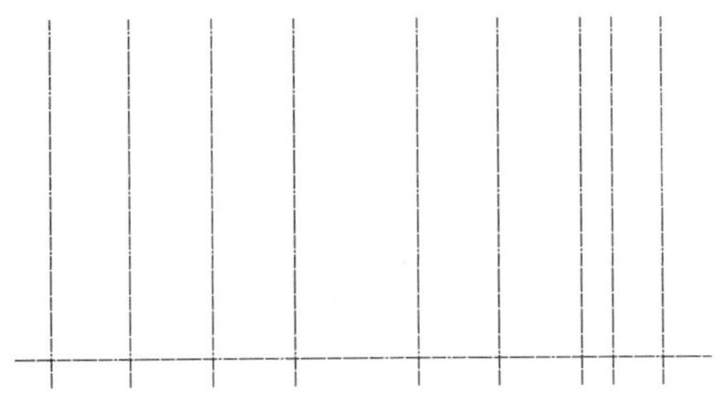

图6-19 连续偏移竖直直线

图6-20 继续偏移水平直线

Note

（8）单击“默认”选项卡“修改”面板中的“偏移”按钮，继续向上偏移，偏移距离分别为6270、4730、4000，如图6-21所示。

6.2.3 绘制及布置墙体柱子

利用二维绘图和“修改”命令绘制墙体柱子。

操作步骤如下：

（1）将“默认”选项卡“图层”面板中“图层特性”下拉列表框处的“柱子”图层设置为当前图层。

（2）单击“默认”选项卡“绘图”面板中的“矩形”按钮，在图形空白区域任选一点为矩形起点，绘制一个400×500的矩形，如图6-22所示。

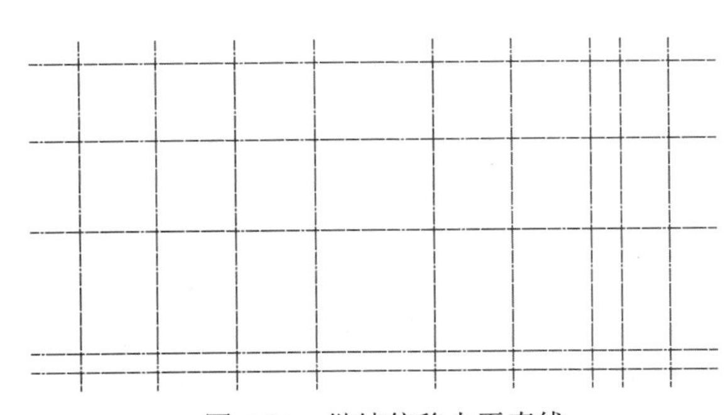

图6-21 继续偏移水平直线

图6-22 绘制矩形

（3）单击“默认”选项卡“绘图”面板中的“图案填充”按钮，系统打开“图案填充创建”选项卡，设置填充图案为SOLID，如图6-23所示，选择第（2）步绘制的矩形为填充区域，填充图案，效果如图6-24所示。

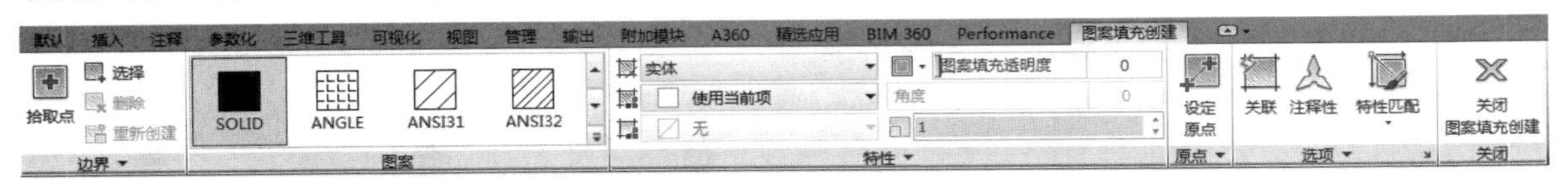

图6-23 “图案填充创建”选项卡

（4）利用上述绘制柱子的方法绘制图形中剩余的240×240、500×500、300×240和500×800

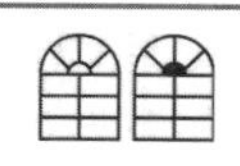

Note

的柱子图形。

（5）单击“默认”选项卡“修改”面板中的“移动”按钮，选择前面绘制的 400×500 的柱子图形为移动对象，将其移动到如图 6-25 所示的轴线位置。

图 6-24　填充图案

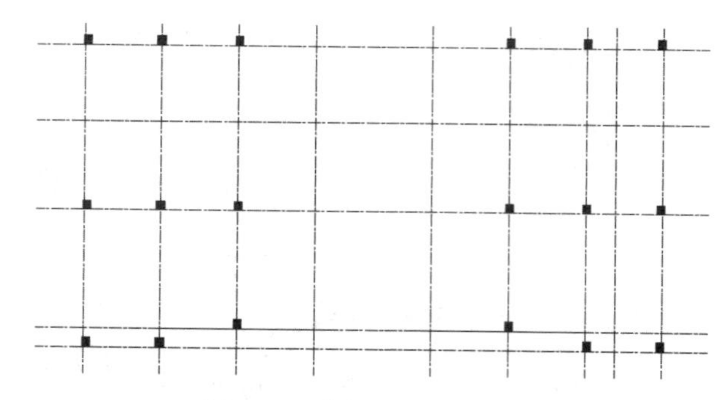

图 6-25　布置 400×500 的柱子

（6）单击“默认”选项卡“修改”面板中的“移动”按钮，选择前面绘制的 240×240 的柱子图形为移动对象，将其移动到如图 6-26 所示的轴线位置。

（7）单击“默认”选项卡“修改”面板中的“移动”按钮，选择前面绘制的 300×240 的柱子图形为移动对象，将其移动到如图 6-27 所示的轴线位置。

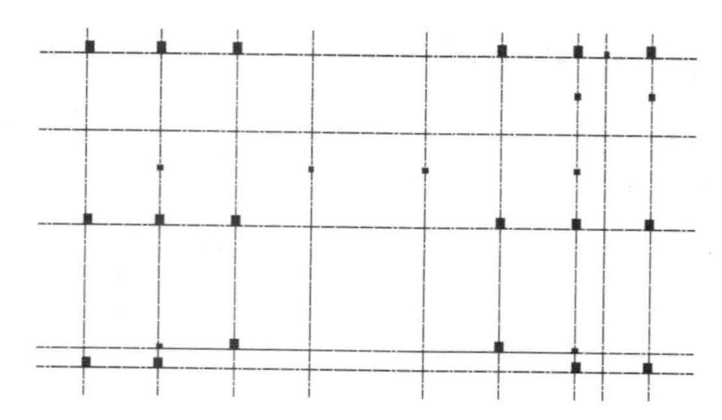

图 6-26　布置 240×240 的柱子

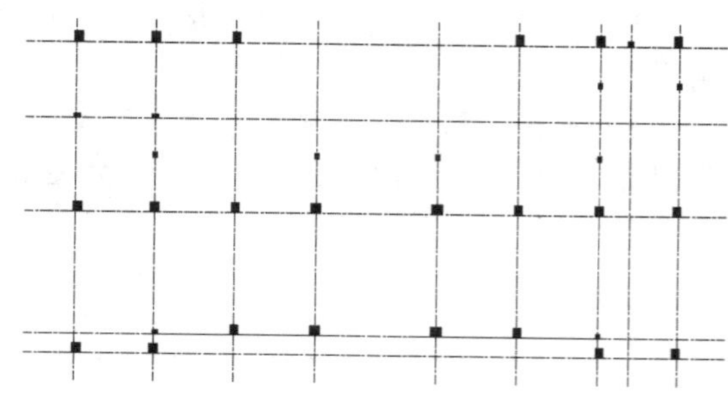

图 6-27　布置 300×240 的柱子

（8）单击“默认”选项卡“修改”面板中的“移动”按钮，选择前面绘制的 500×800 的柱子图形为移动对象，将其移动到如图 6-28 所示的轴线位置，最终完成图形中所有柱子图形的布置。

（9）单击“默认”选项卡“绘图”面板中的“矩形”按钮，在图形中 400×500 的柱子周围绘制一个 480×600 的矩形，如图 6-29 所示。

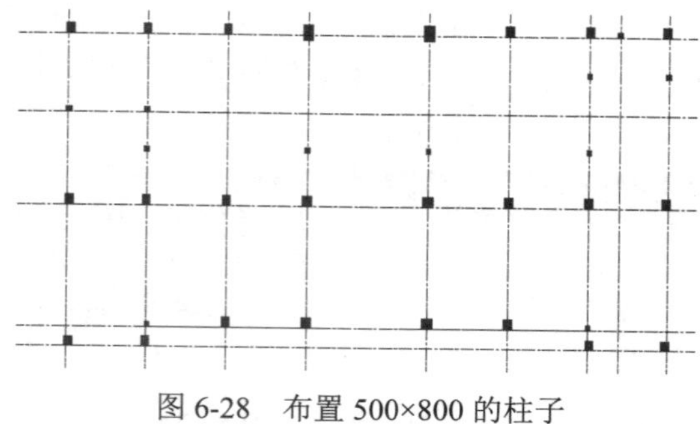

图 6-28　布置 500×800 的柱子

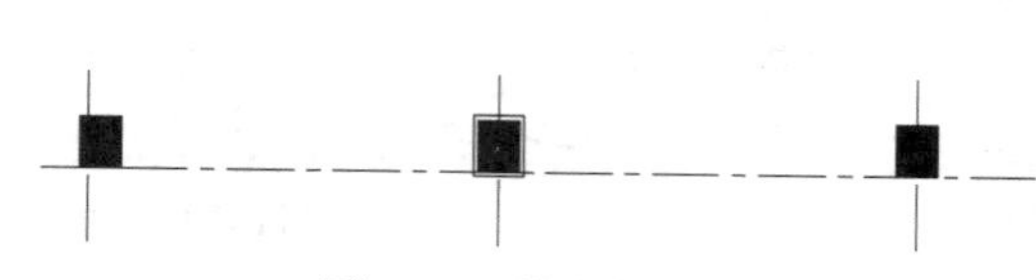

图 6-29　绘制矩形

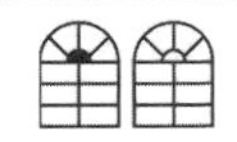

（10）单击“默认”选项卡“修改”面板中的“复制”按钮，选择第（9）步绘制的矩形为复制对象并进行复制，将其放置到剩余 400×500 的矩形周边，如图 6-30 所示。

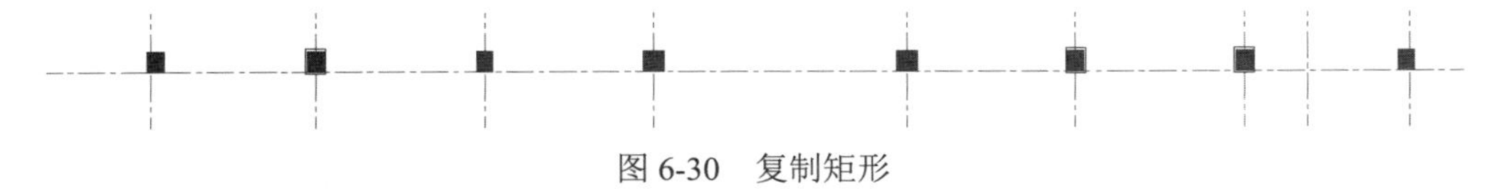

图 6-30　复制矩形

（11）单击“默认”选项卡“绘图”面板中的“直线”按钮或“矩形”按钮，在柱子周边绘制连续直线，如图 6-31 所示。利用如图 6-31 所示的尺寸绘制剩余相同的连续直线，如图 6-32 所示。

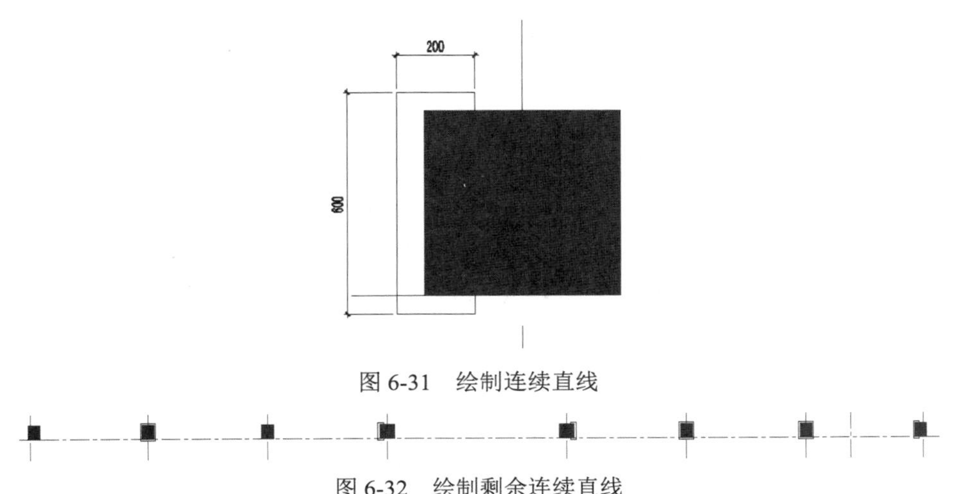

图 6-31　绘制连续直线

图 6-32　绘制剩余连续直线

6.2.4　绘制墙线

一般的建筑结构的墙线均可通过 AutoCAD 中的“多线”命令来绘制。本实例将利用“多线”、“修剪”和“偏移”命令完成墙线绘制。

操作步骤如下：

（1）将“默认”选项卡“图层”面板中“图层特性”下拉列表框处的“墙体”图层设置为当前图层。

（2）设置多线样式。

① 选择“格式”/“多线样式”命令，打开“多线样式”对话框，如图 6-33 所示。

② 在“多线样式”对话框中，“样式”列表框中只有系统自带的 STANDARD 样式，单击右侧的“新建”按钮，打开“创建新的多线样式”对话框，如图 6-34 所示。在“新样式名”文本框中输入“240”，作为多线的名称。单击“继续”按钮，打开“新建多线样式：240”对话框，如图 6-35 所示。

③ 外墙的宽度为 240，因此将偏移分别修改为 120 和−120，单击“确定”按钮回到“多线样式”对话框，单击“置为当前”按钮，将创建的多线样式设为当前多线样式，单击“确定”按钮，回到绘图状态。

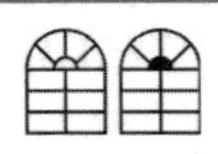

Note

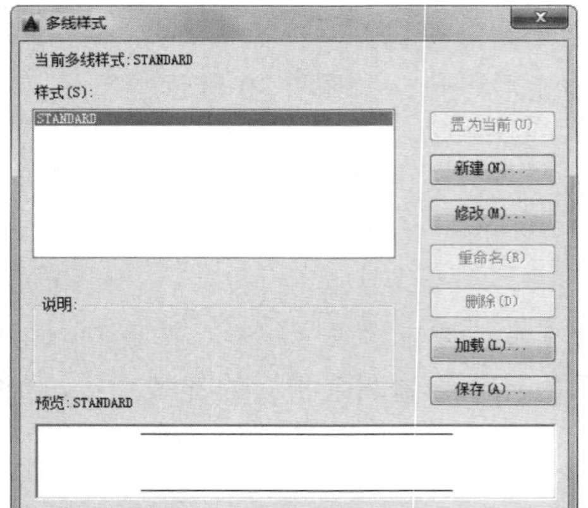

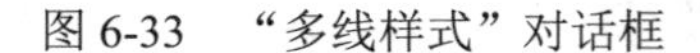

图6-33 “多线样式”对话框

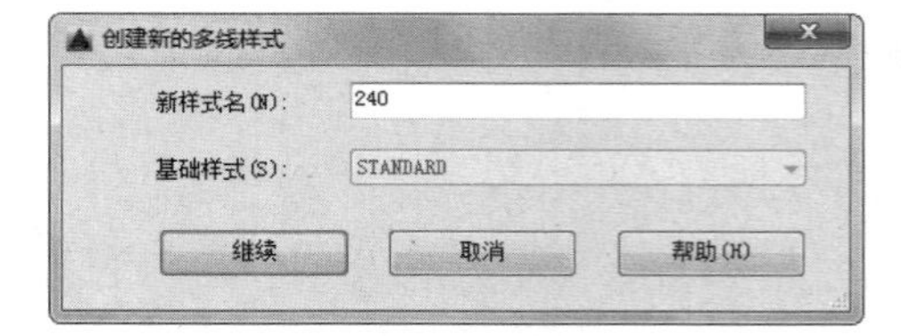

图6-34 新建多线样式

（3）绘制墙线。

① 选择“绘图”/“多线”命令，绘制一层平面图中的240厚的墙体。设置多线样式为240，对正模式为无，输入多线比例为1，在命令行提示“指定起点或[对正(J)/比例(S)/样式(ST)]:”后选择竖直轴线下端点向上绘制墙线，如图6-36所示。

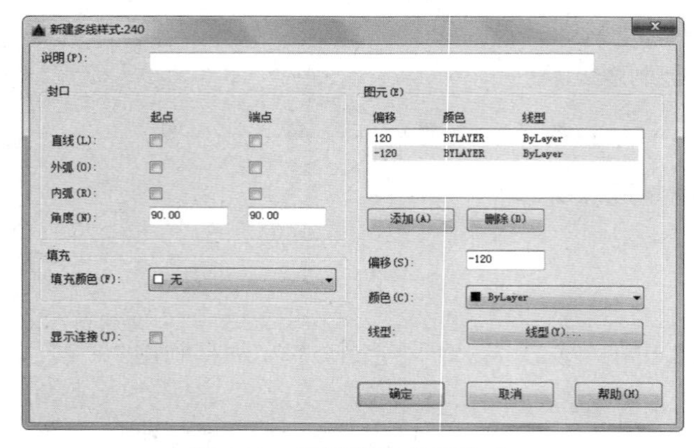

图6-35 编辑新建多线样式

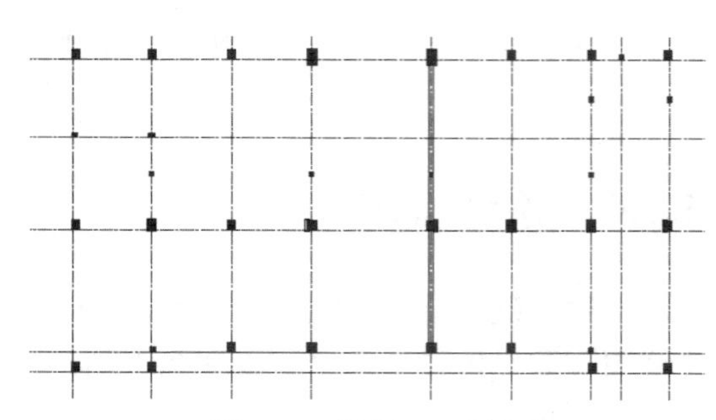

图6-36 绘制240厚墙体

② 利用上述方法完成平面图中剩余240厚墙体的绘制，如图6-37所示。

（4）设置多线样式。

在建筑结构中，包括承载受力的承重结构和用来分割空间、美化环境的非承重墙。

① 选择“格式”/“多线样式”命令，打开“多线样式”对话框，如图6-38所示。

② 在“多线样式”对话框中，单击右侧的“新建”按钮，打开“创建新的多线样式”对话框，如图6-39所示。在“新样式名”文本框中输入“120”，作为多线的名称。单击“继续”按钮，打开“新建多线样式：120”对话框，如图6-40所示。

③ 墙体的宽度为120，因此将偏移分别设置为60和-60，单击“确定”按钮回到“多线样式”对话框，单击“置为当前”按钮，将创建的多线样式设为当前多线样式，单击“确定”按钮，回到绘图状态。

④ 选择“绘图”/“多线”命令，完成平面图中120厚墙体的绘制，如图6-41所示。

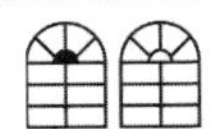

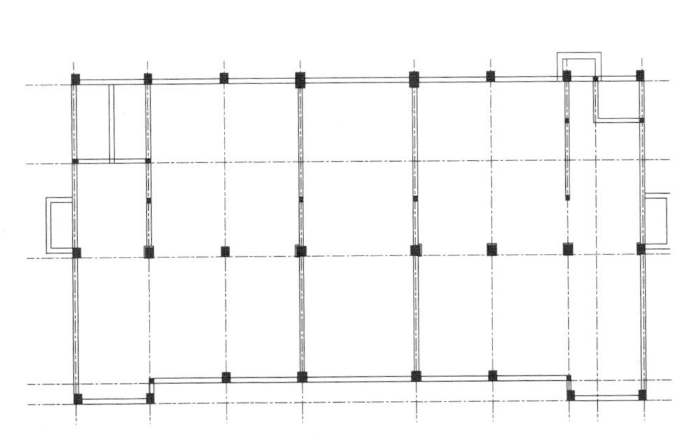

图 6-37 绘制剩余墙体

图 6-38 “多线样式”对话框

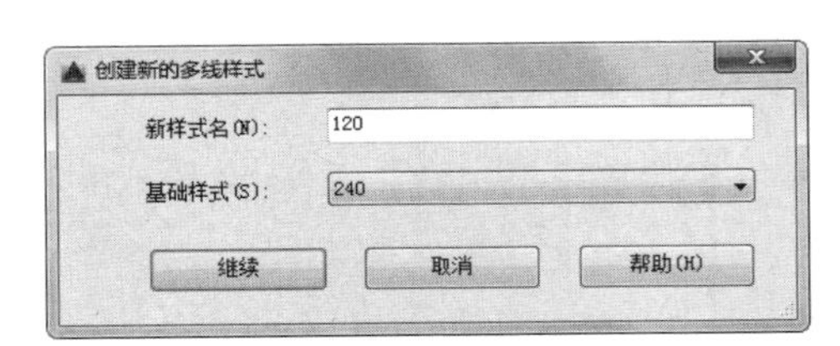

图 6-39 “创建新的多线样式”对话框

图 6-40 “新建多线样式：120”对话框

（5）绘制 40 厚的墙体。

① 选择“格式”/“多线样式”命令，打开“多线样式”对话框，如图 6-42 所示。

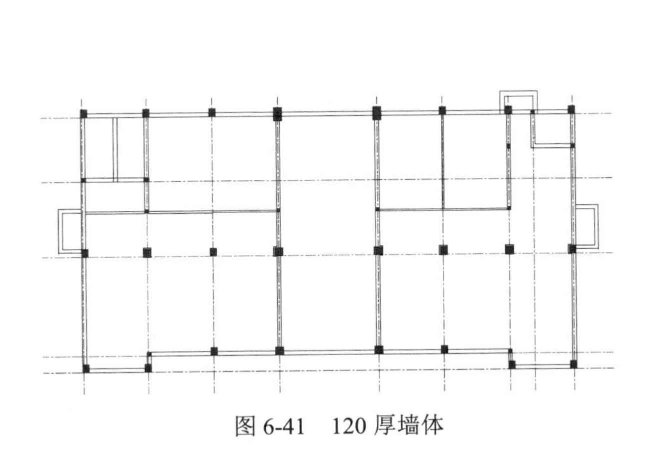

图 6-41 120 厚墙体

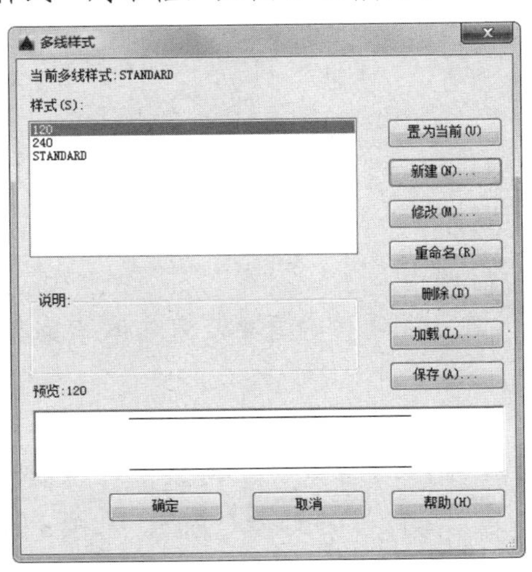

图 6-42 “多线样式”对话框

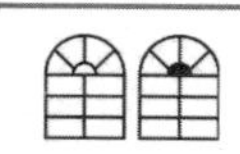

Note

② 在“多线样式”对话框中，单击右侧的“新建”按钮，打开“创建新的多线样式”对话框，如图6-43所示。在“新样式名”文本框中输入“40”，作为多线的名称。单击“继续”按钮，打开“新建多线样式：40”对话框，如图6-44所示。

③ “墙”为绘制外墙时应用的多线样式，由于外墙的宽度为40，所以按照图6-44中所示，将偏移分别修改为20和−20，单击“确定”按钮回到“多线样式”对话框，单击“置为当前”按钮，将创建的多线样式设为当前多线样式，单击“确定”按钮，回到绘图状态。

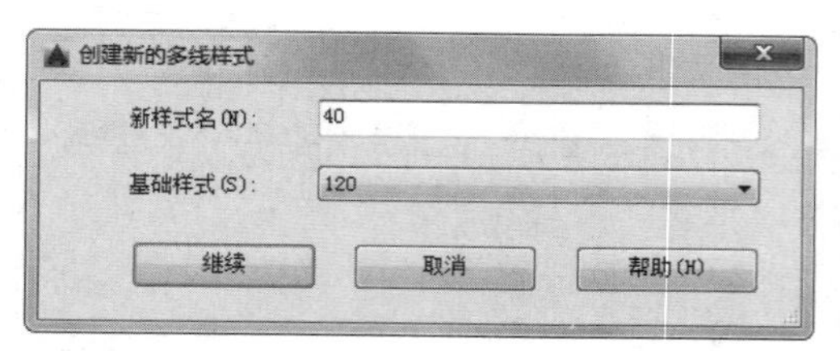

图6-43 “创建新的多线样式”对话框

图6-44 编辑新建的多线样式

④ 选择“绘图”/“多线”命令，绘制平面图中40厚的墙体，如图6-45所示。

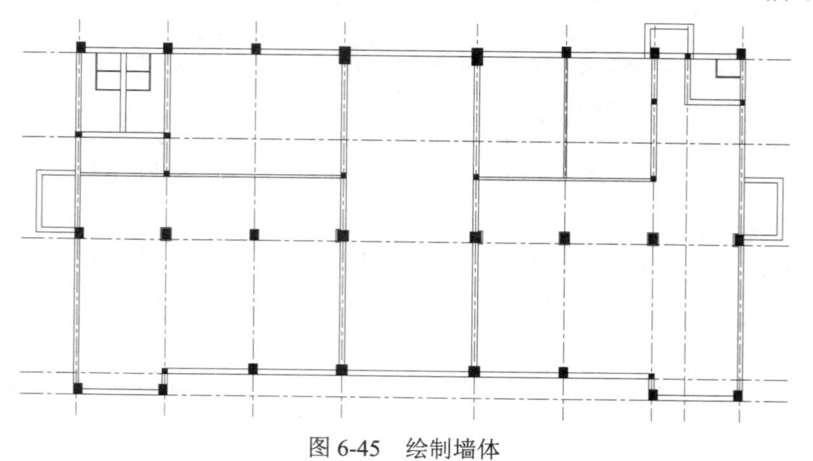

图6-45 绘制墙体

提示：

在绘制墙体时需要注意墙体厚度不同，要对多线样式进行修改。

（6）编辑墙线。

① 选择“修改”/“对象”/“多线”命令，弹出“多线编辑工具”对话框，如图6-46所示。

② 选择“T形打开”选项，选取多线进行操作，使两段墙体贯穿，完成多线修剪，如图6-47所示。

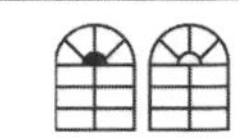

Note

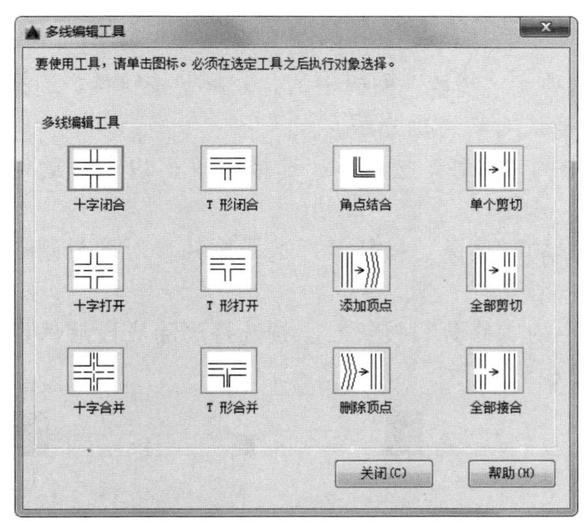

图 6-46　“多线编辑工具”对话框

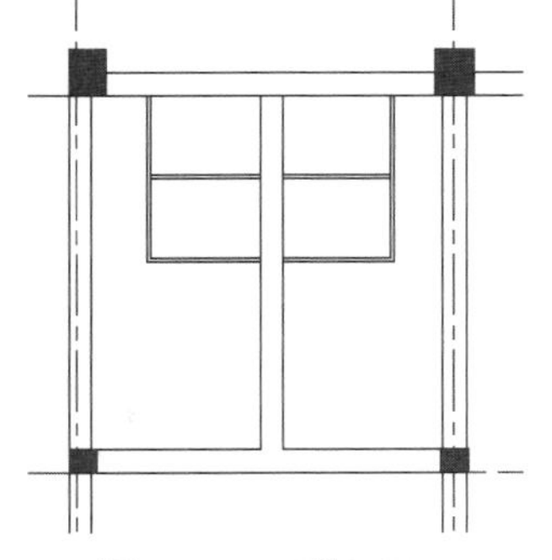

图 6-47　T 形打开

提示：

目前，国内对建筑 CAD 制图开发了多套规范的专业软件，如天正、广厦等。这些以 AutoCAD 为平台开发的制图软件，通常根据建筑制图的特点，对许多图形进行模块化、参数化，故在使用这些专业软件时，大大提高了 CAD 制图的速度，而且 CAD 制图格式规范统一，大大降低了一些单靠 CAD 制图易出现的小错误，给制图人员带来了极大的方便，节约了大量的制图时间，感兴趣的读者也可试一试相关软件。

③ 利用上述方法结合其他多线编辑命令，完成图形墙线的编辑，如图 6-48 所示。

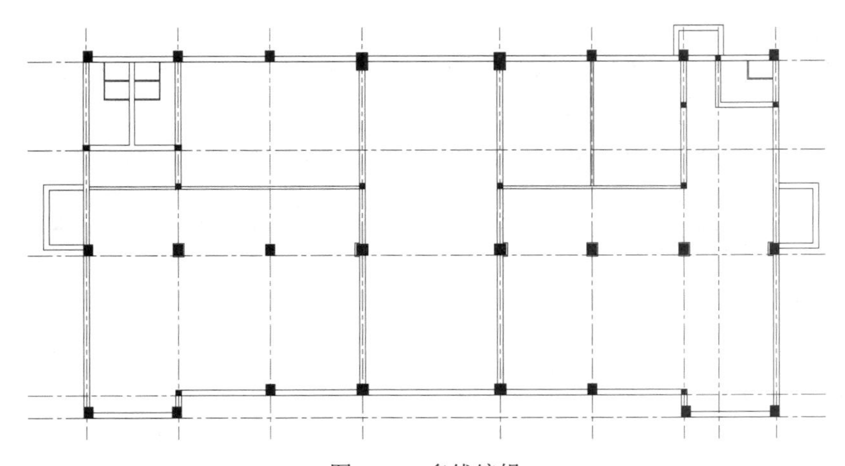

图 6-48　多线编辑

提示：

有一些多线并不适合利用多线编辑命令修改，可以先将多线分解，直接利用“修剪”命令进行修改。

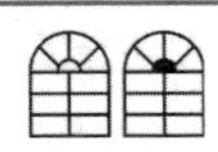

（7）整理墙线。

① 关闭“轴线”图层，单击“默认”选项卡“修改”面板中的“分解”按钮，选择第（6）步绘制的所有墙线为分解对象，按 Enter 键确认对其进行分解。

② 单击“默认”选项卡“修改”面板中的“偏移”按钮，选择如图 6-49 所示的墙线为偏移对象并向内进行偏移，偏移距离为 120。

Note

③ 单击“默认”选项卡“修改”面板中的“删除”按钮，选择原偏移对象为删除对象，将其删除，如图 6-50 所示。

④ 单击“默认”选项卡“修改”面板中的“修剪”按钮，将选择删除线段后保留的底部水平边作为修剪对象并对其进行修剪，如图 6-51 所示。

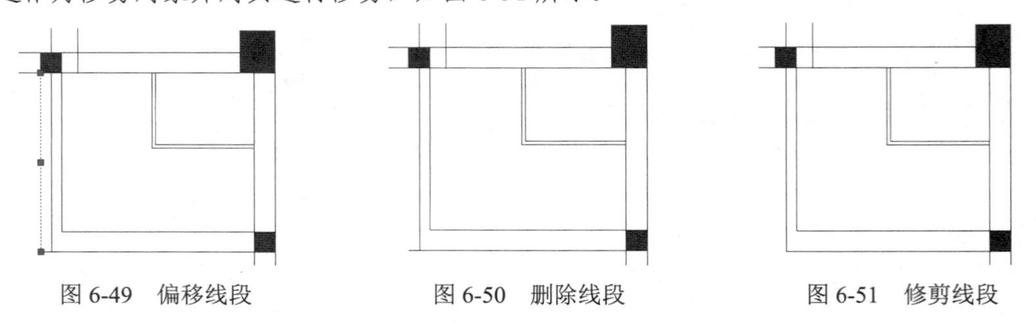

图 6-49　偏移线段　　　图 6-50　删除线段　　　图 6-51　修剪线段

6.2.5　绘制门窗

首先利用二维绘图和“修改”命令绘制出门窗洞口，然后将绘制好的单扇门和双扇门定义为块插入到图中，最后绘制窗线和推拉门。

操作步骤如下：

（1）修剪窗洞。

① 关闭“轴线”图层，单击“默认”选项卡“修改”面板中的“偏移”按钮，选择左侧竖直墙线为偏移对象并向右进行偏移，偏移距离分别为 620、1000、1000、1000、1500、2000、2000、2000、1500、2000、1000、2000、1500、2000、2000 和 2000，如图 6-52 所示。

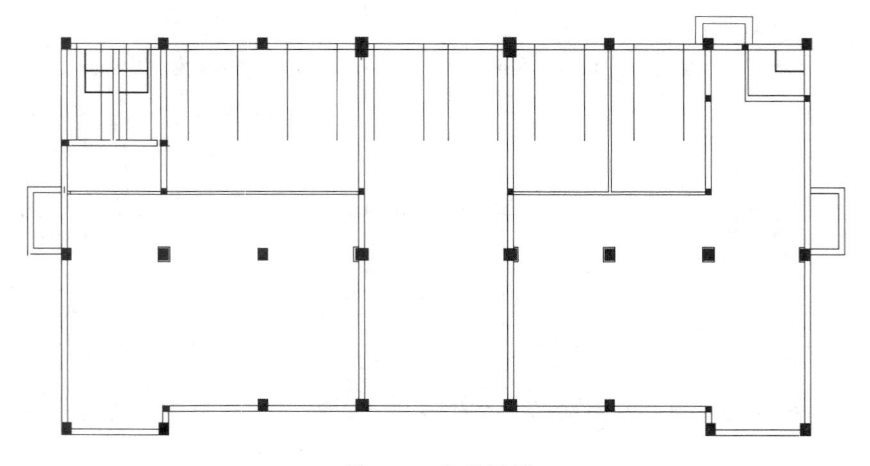

图 6-52　偏移墙线

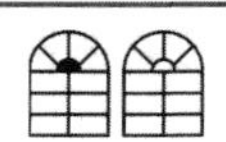

② 单击“默认”选项卡“修改”面板中的“修剪”按钮，选择第①步偏移的线段间的墙体为修剪对象并对其进行修剪，然后打开关闭的“轴线”图层，如图 6-53 所示。

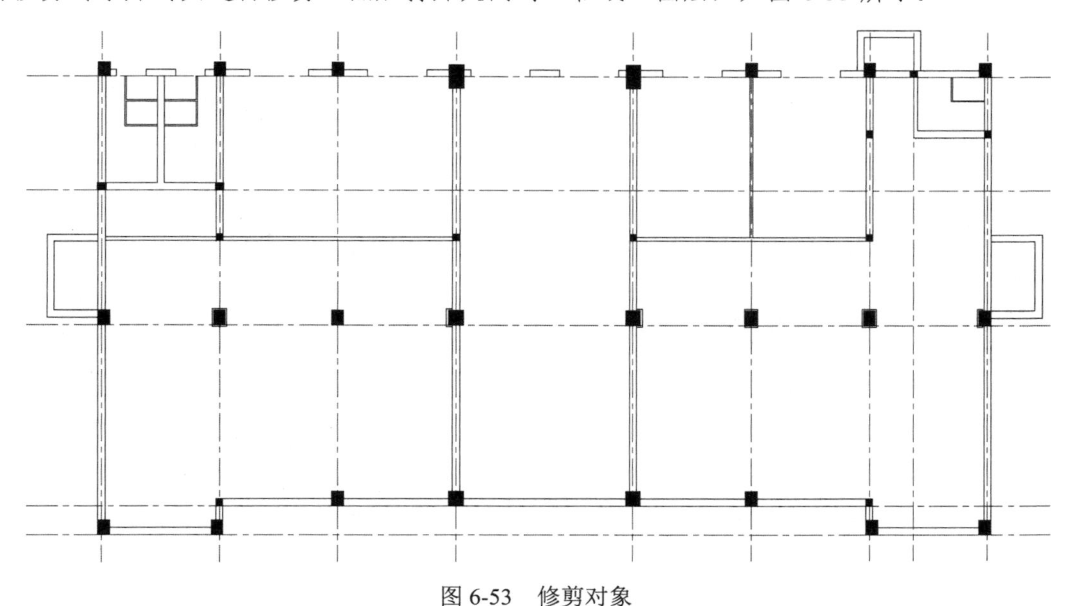

图 6-53 修剪对象

③ 利用上述方法完成平面图中剩余窗线的创建，如图 6-54 所示。

（2）将“默认”选项卡“图层”面板中“图层特性”下拉列表框处的“门窗”图层设置为当前图层。

（3）设置多线样式。

① 选择“格式”/“多线样式”命令，打开“多线样式”对话框，如图 6-55 所示。

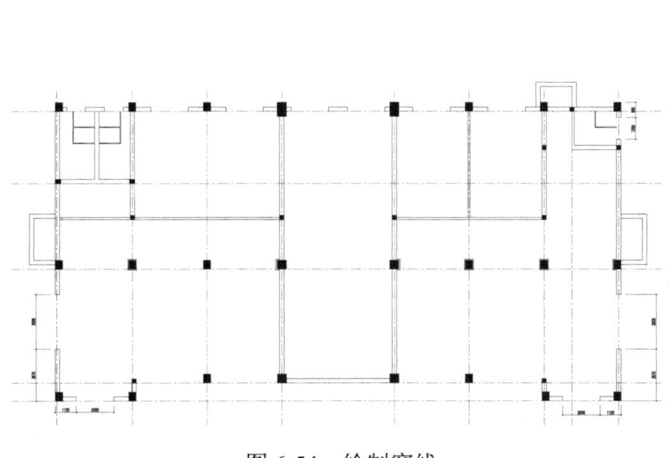

图 6-54 绘制窗线

图 6-55 “多线样式”对话框

② 在“多线样式”对话框中，单击右侧的“新建”按钮，打开“创建新的多线样式”对话框，如图 6-56 所示。在“新样式名”文本框中输入“窗”，作为多线的名称。单击“继续”按钮，

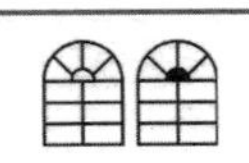

打开“新建多线样式：窗”对话框，如图 6-57 所示。

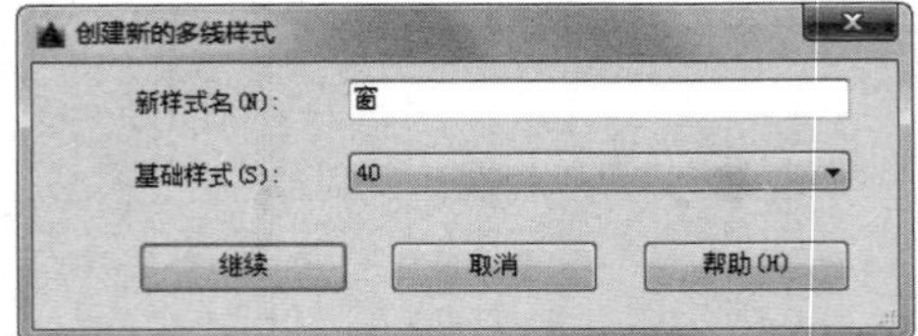

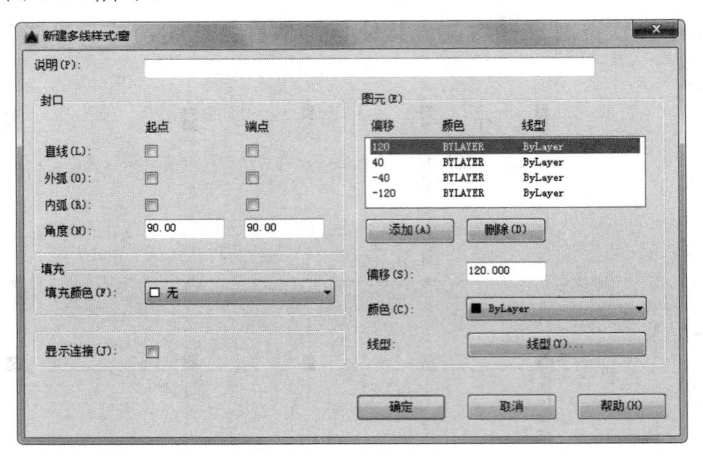

图 6-56　“创建新的多线样式”对话框　　　图 6-57　“新建多线样式：窗”对话框

③ 窗户所在墙体宽度为 240，因此将偏移分别修改为 120 和-120、40 和-40，单击“确定”按钮，回到“多线样式”对话框中，单击“置为当前”按钮，将创建的多线样式设为当前多线样式，单击“确定”按钮，回到绘图状态。

④ 选择“绘图”/“多线”命令，在窗洞内绘制窗线，如图 6-58 所示。

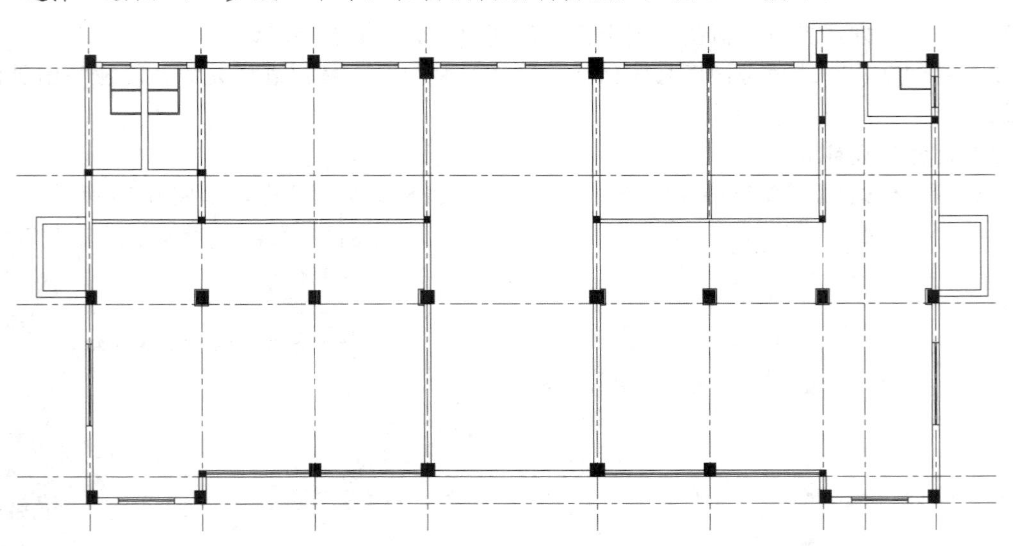

图 6-58　绘制窗线

（4）绘制门洞。

① 单击“默认”选项卡“修改”面板中的“偏移”按钮，选择左边外侧竖直墙线为偏移对象并向内进行偏移，偏移距离分别为 840、320、1840、360、540、3281、1800、12038、800、520 和 800，如图 6-59 所示。

② 单击“默认”选项卡“修改”面板中的“修剪”按钮，选择第①步偏移的门洞线间的墙体进行修剪，如图 6-60 所示。

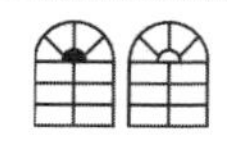

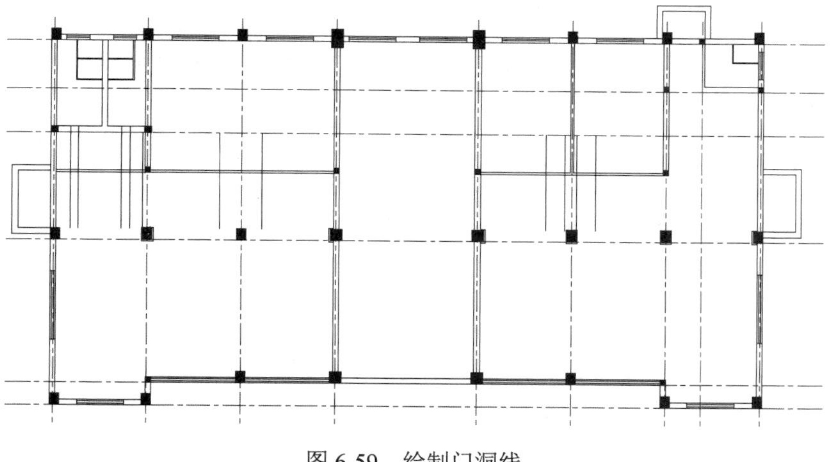

图 6-59　绘制门洞线

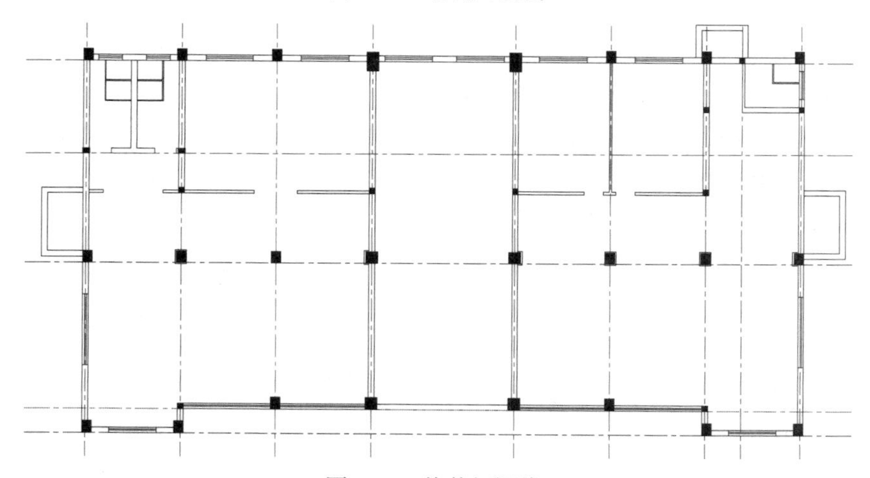

图 6-60　修剪门洞线

③ 利用上述门洞线的绘制方法完成图形中剩余门洞线的绘制，如图 6-61 所示。

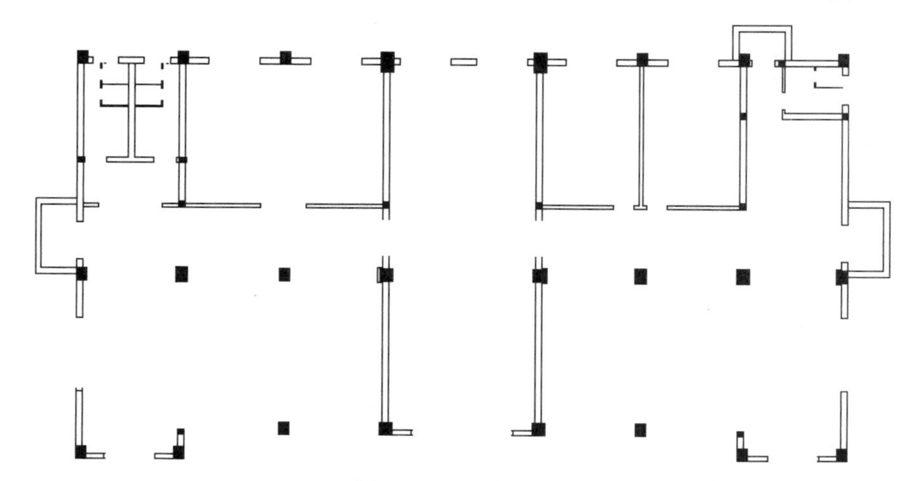

图 6-61　绘制门洞线

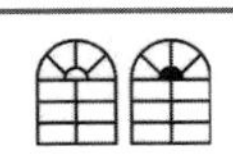

Note

（5）绘制门。

① 单击“默认”选项卡“绘图”面板中的“矩形”按钮，在图形适当位置绘制一个40×900的矩形，如图6-62所示。

② 单击“默认”选项卡“绘图”面板中的“直线”按钮，以第①步绘制的矩形的右下角点为直线起点向右绘制一条长为860的直线，如图6-63所示。

③ 单击“默认”选项卡“绘图”面板中的“圆弧”按钮，以“起点、端点、角度”方式绘制圆弧，如图6-64所示。

图6-62 绘制矩形　　图6-63 绘制直线　　图6-64 绘制圆弧

④ 单击“默认”选项卡“块”面板中的“创建”按钮，弹出“块定义”对话框，如图6-65所示。选择第③步绘制的单扇门图形为定义对象，选择任意点为基点，将其定义为块，块名为“单扇门”，如图6-66所示。

图6-65 “块定义”对话框

图6-66 定义“单扇门”图块

提示：

绘制圆弧时，注意指定合适的端点或圆心，指定端点的时针方向即绘制圆弧的方向。例如，要绘制图示的下半圆弧，则起始端点应在左侧，终止端点应在右侧，此时端点的时针方向为逆时针，即得到相应的逆时针圆弧。

（6）绘制双扇门。

① 利用上述单扇门的绘制方法首先绘制出一个相同尺寸的图形。

② 单击“默认”选项卡“修改”面板中的“镜像”按钮，选取第①步绘制的单扇门图形为镜像对象，选择竖直上下两点为镜像点对图形进行镜像，完成双扇门的绘制，结果如图6-67

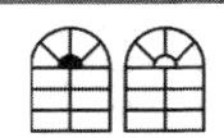

所示。

③ 单击“默认”选项卡“块”面板中的“创建”按钮，弹出“块定义”对话框，选择第②步绘制的双扇门图形为定义对象，选择任意点为基点，将其定义为块，块名为“双扇门”，如图 6-68 所示。

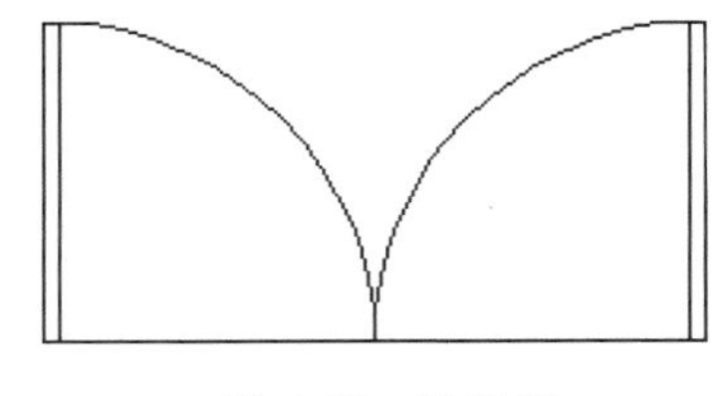

图 6-67　双扇门

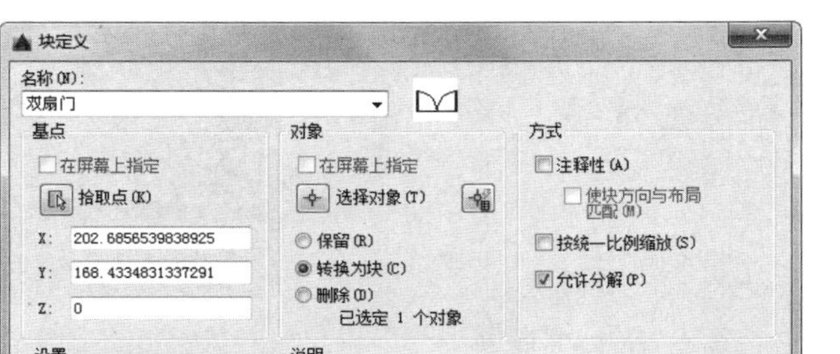

图 6-68　定义“双扇门”图块

（7）绘制入室门。

① 单击“默认”选项卡“绘图”面板中的“矩形”按钮，在图形空白区域任选一点为起点绘制一个 40×750 的矩形，如图 6-69 所示。

② 利用前面讲述的绘制单扇门的方法，绘制一个适当大小的单扇门图形，如图 6-70 所示。

③ 单击“默认”选项卡“修改”面板中的“镜像”按钮，选择第②步绘制的单扇门图形为镜像对象，对其进行竖直镜像，如图 6-71 所示。

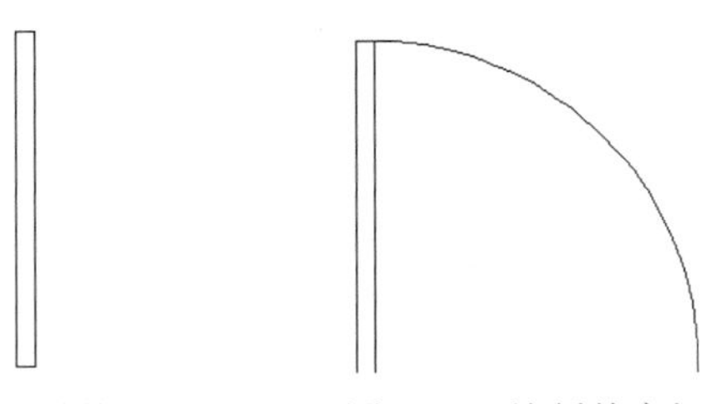

图 6-69　绘制矩形　　　图 6-70　绘制单扇门

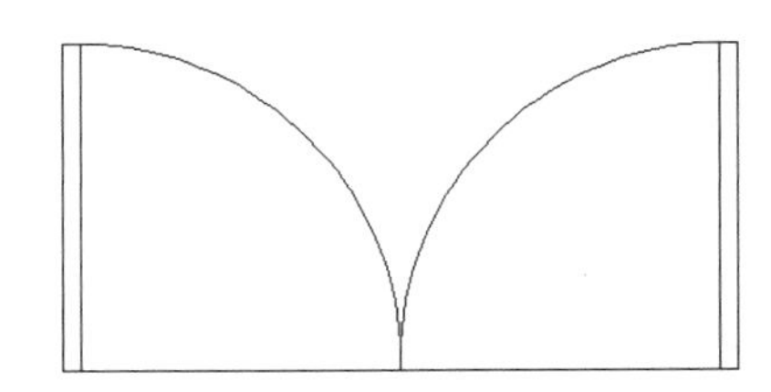

图 6-71　竖直镜像

④ 单击“默认”选项卡“修改”面板中的“镜像”按钮，选择第③步绘制的图形为镜像对象，对其进行水平镜像，如图 6-72 所示。

⑤ 单击“默认”选项卡“块”面板中的“创建”按钮，弹出“块定义”对话框，选择第④步绘制的对开门图形为定义对象，选择任意点为基点，将其定义为块，块名为“对开门”，如图 6-73 所示。

（8）利用上述方法绘制一个不同尺寸的对开门图形，如图 6-74 所示。

（9）利用上述方法完成卫生间门图形及阳台门图形的绘制，如图 6-75 所示。

（10）单击“默认”选项卡“修改”面板中的“复制”按钮，选择前面定义为块的单扇门图形为复制对象，对其进行复制，结合所学“修改”命令完成图形中所有单扇门的绘制，如图 6-76 所示。

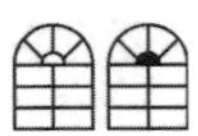

Note

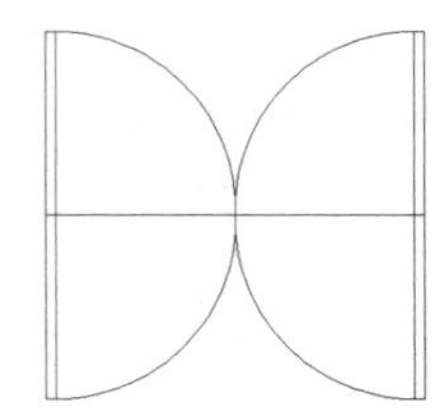

图 6-72　水平镜像

图 6-73　定义“对开门”图块

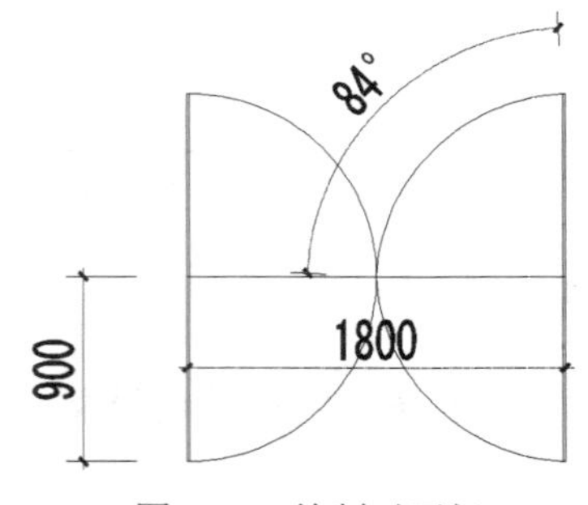

图 6-74　绘制对开门

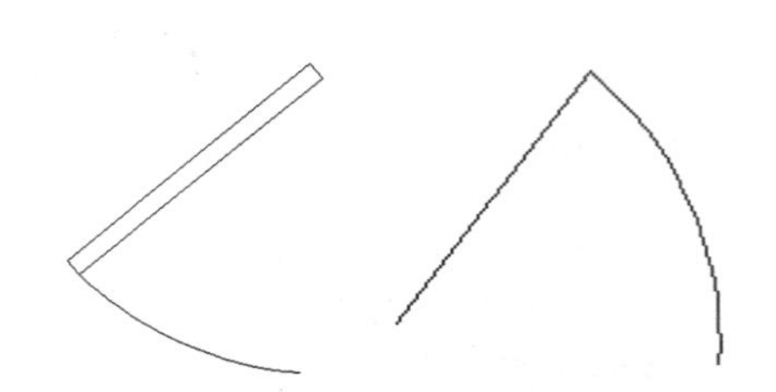

图 6-75　卫生间门及阳台门的绘制

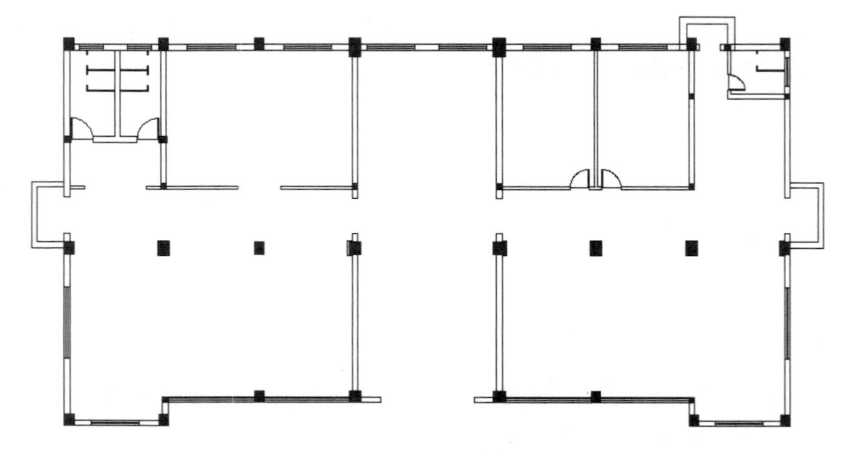

图 6-76　布置单扇门

（11）绘制窗线。

① 单击“默认”选项卡“绘图”面板中的“直线”按钮，在图形中间适当位置绘制一条水平直线，如图 6-77 所示。

② 单击“默认”选项卡“修改”面板中的“偏移”按钮，选择第①步绘制的水平直线为偏移对象并分别向两侧进行偏移，偏移距离均为 6，如图 6-78 所示。

③ 单击“默认”选项卡“修改”面板中的“删除”按钮，选择中间原始线段为删除对象并将其删除，如图 6-79 所示。

Note

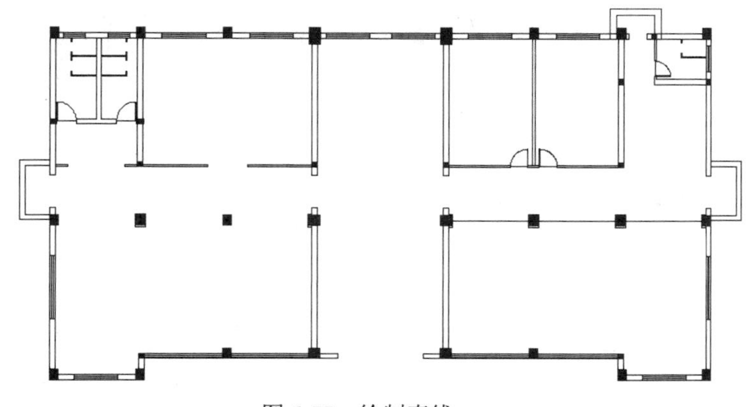

图 6-77　绘制直线

图 6-78　偏移直线

图 6-79　删除对象

④ 单击“默认”选项卡“绘图”面板中的“直线”按钮，在偏移的线段上绘制一条竖直直线，如图 6-80 所示。

图 6-80　绘制竖直直线

⑤ 单击“默认”选项卡“修改”面板中的“偏移”按钮，选择第④步绘制的竖直直线为偏移对象并向右进行偏移，偏移距离为 1800，如图 6-81 所示。

图 6-81　偏移竖直直线

⑥ 单击“默认”选项卡“修改”面板中的“修剪”按钮，选择偏移的竖直直线间的线段为修剪对象，如图 6-82 所示。

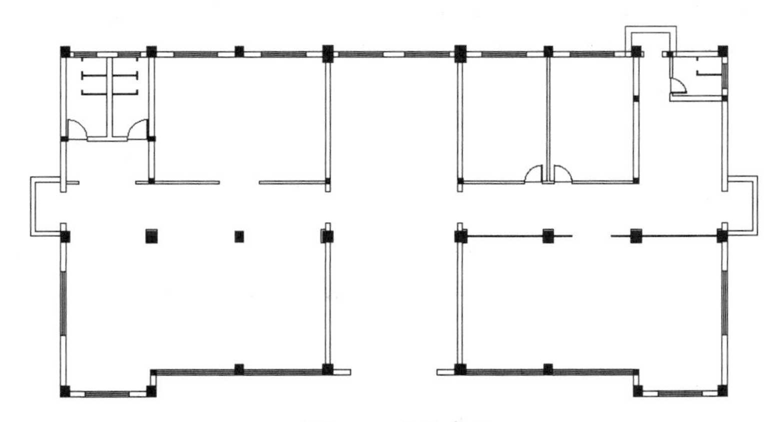

图 6-82　修剪线段

（12）单击“默认”选项卡“修改”面板中的“复制”按钮，选择前面绘制的 1800 宽的对开门为复制对象，将其放置到修剪的门洞内，同理，将双扇门插入到图中合适的位置处，如图 6-83 所示。

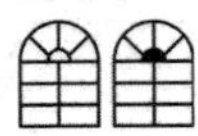

Note

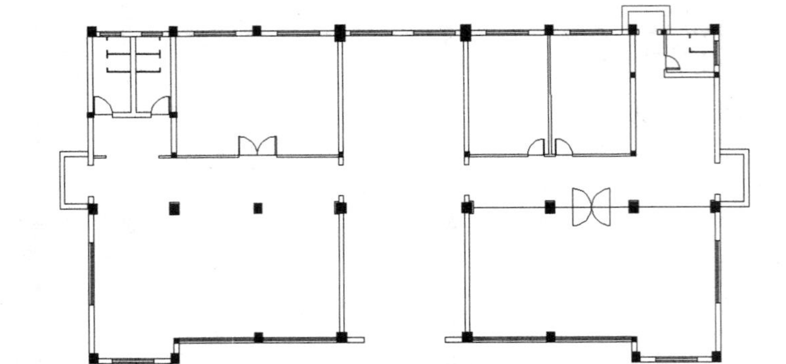

图 6-83　复制门图形至修剪的门洞内

（13）单击“默认”选项卡“修改”面板中的“复制”按钮，选择前面定义为块的对开门为复制对象，将其复制并放置到对开门门洞处，如图 6-84 所示。

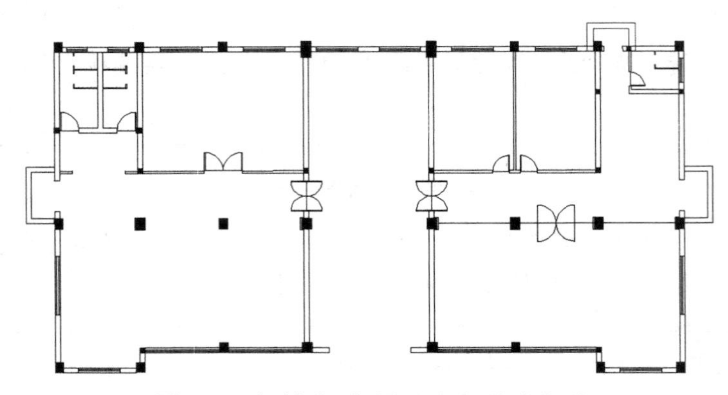

图 6-84　复制对开门图形至对开门门洞处

（14）单击“默认”选项卡“修改”面板中的“复制”按钮，选择前面绘制的卫生间门为复制对象，结合“修改”命令将其复制并放置到卫生间门门洞处，重复操作完成图形中所有基础门的绘制和阳台门的放置，如图 6-85 所示。

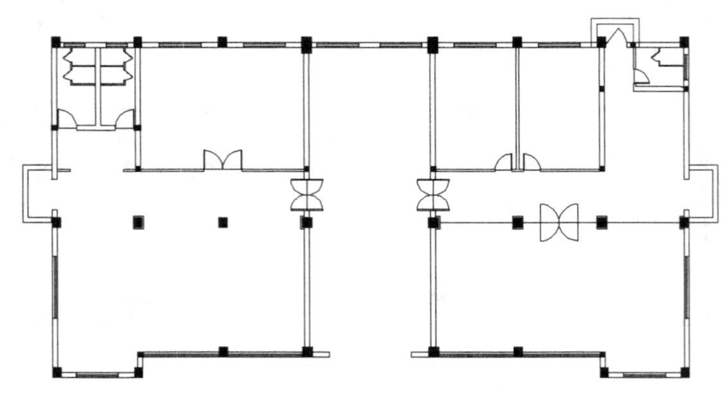

图 6-85　复制卫生间门和阳台门

（15）绘制推拉门。

① 单击“默认”选项卡“绘图”面板中的“矩形”按钮，在入室门处适当位置绘制一个

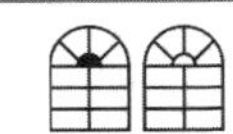

1225×10 的矩形，如图 6-86 所示。

图 6-86　绘制 1225×10 的矩形

② 单击“默认”选项卡“绘图”面板中的“矩形”按钮▭，在第①步绘制矩形的下方绘制一个 725×10 的矩形，如图 6-87 所示。

图 6-87　绘制 725×10 的矩形

③ 单击“默认”选项卡“修改”面板中的“镜像”按钮，选择绘制的两个矩形为镜像对象，对其进行竖直镜像，如图 6-88 所示。

图 6-88　镜像矩形

6.2.6　绘制楼梯

绘制楼梯的楼梯是室内不可缺少的部分，是人们在楼上和楼下进行垂直交通的必要组成构件。

操作步骤如下：

（1）单击“默认”选项卡“绘图”面板中的“矩形”按钮▭，在楼梯间位置绘制一个 80×2400 的矩形，如图 6-89 所示。

（2）单击“默认”选项卡“绘图”面板中的“直线”按钮，在第（1）步绘制的矩形上选取一点为直线起点，向右绘制一条长为 1815 的水平直线，如图 6-90 所示。

（3）单击“默认”选项卡“修改”面板中的“偏移”按钮，选择第（2）步绘制的水平直线为偏移对象并向上进行偏移，偏移距离为 280，偏移 8 次，如图 6-91 所示。

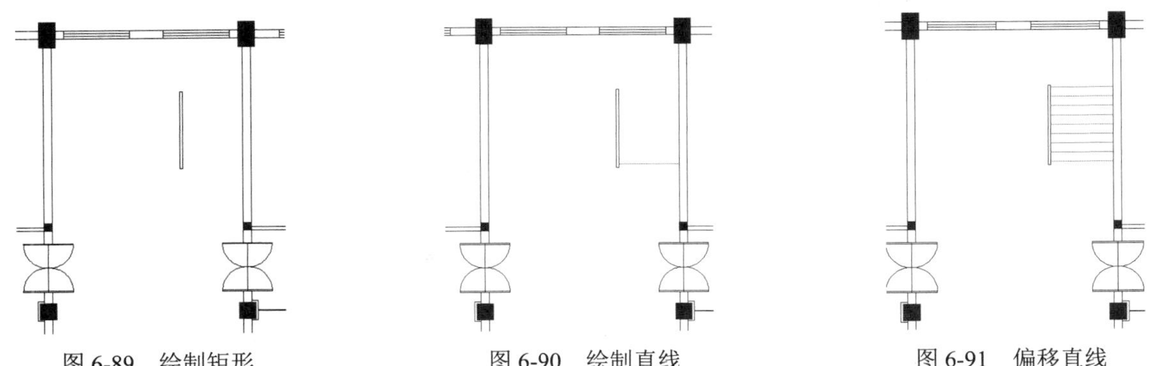

图 6-89　绘制矩形　　图 6-90　绘制直线　　图 6-91　偏移直线

（4）单击“默认”选项卡“绘图”面板中的“直线”按钮，在第（3）步偏移的线段上绘制一条斜向直线，如图 6-92 所示。

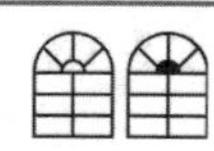

（5）单击“默认”选项卡“修改”面板中的“修剪”按钮，对第（4）步中图形进行修剪，如图6-93所示。

（6）单击“默认”选项卡“绘图”面板中的“直线”按钮，在绘制的斜线上绘制连续直线，如图6-94所示。

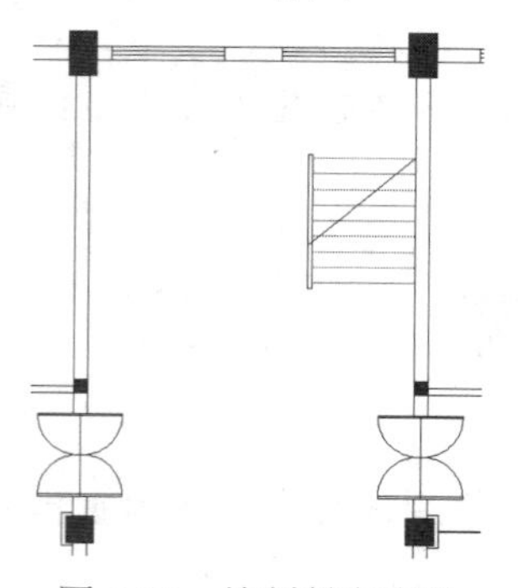

图6-92　绘制斜向直线

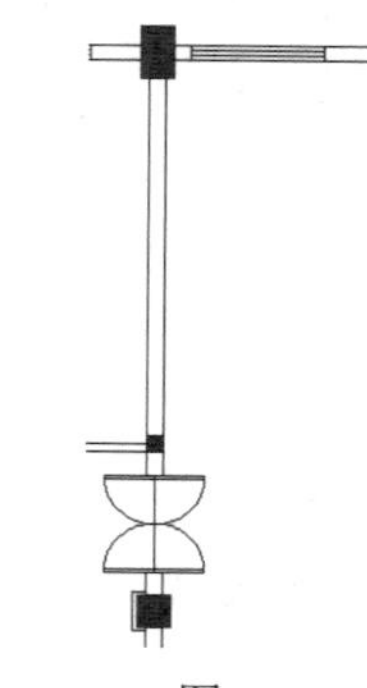

图6-93　修剪图形

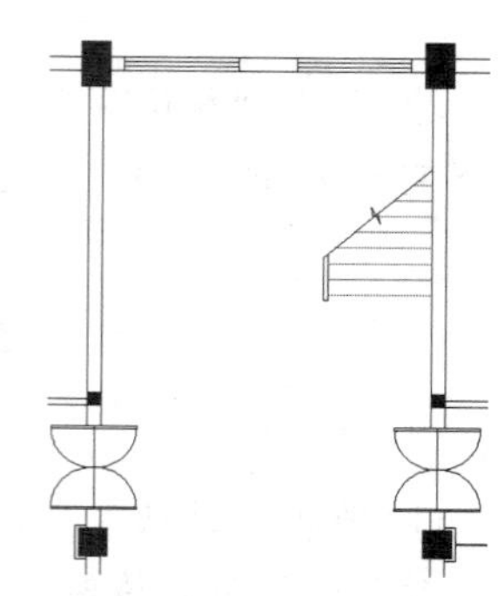

图6-94　绘制连续直线

（7）单击“默认”选项卡“修改”面板中的“修剪”按钮，对第（6）步绘制的线段进行修剪，如图6-95所示。

（8）单击“默认”选项卡“绘图”面板中的“多段线”按钮，在楼梯踢断线上绘制指引箭头，设置起点宽度为50，端点宽度为0，如图6-96所示。

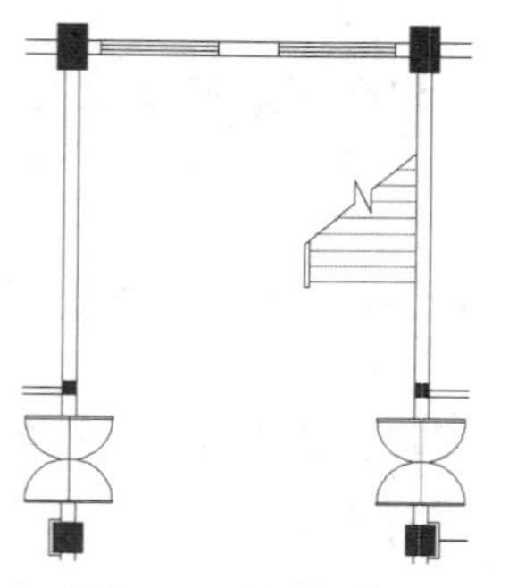

图6-95　修剪线段

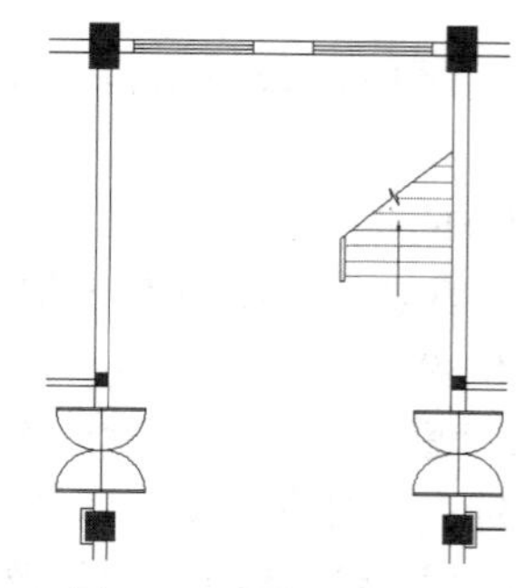

图6-96　绘制指引箭头

（9）其他楼梯的绘制方法基本相同，在此不做详细阐述，结果如图6-97所示。

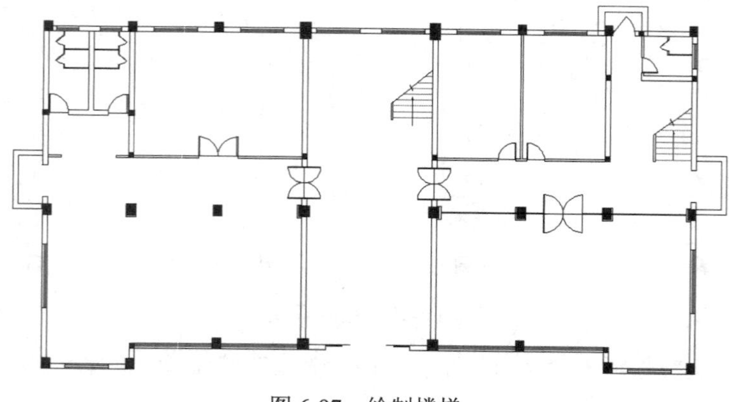

图6-97　绘制楼梯

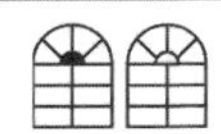

Note

6.2.7　绘制停车过道

利用二维绘图和“修改”命令绘制停车过道，在绘制过程中，由于左右两侧的图形对称，所以可以采用镜像的方法，将绘制好的一侧图形镜像到另外一侧。

操作步骤如下：

（1）单击“默认”选项卡“绘图”面板中的“直线”按钮，在图形底部位置选取一点为起点，绘制一条长度为 721 的竖直直线，如图 6-98 所示。

（2）单击“默认”选项卡“绘图”面板中的“圆弧”按钮，以第（1）步绘制的直线的下端点为圆弧起点绘制一段适当半径的圆弧，如图 6-99 所示。

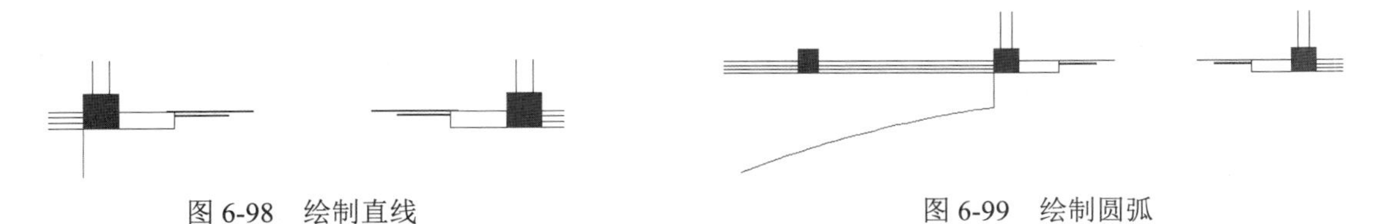

图 6-98　绘制直线　　　　图 6-99　绘制圆弧

（3）单击“默认”选项卡“修改”面板中的“偏移”按钮，选择第（2）步绘制的竖直直线和圆弧为偏移对象并分别向外偏移，偏移距离为 100。单击“默认”选项卡“修改”面板中的“修剪”按钮，选择偏移线段为修剪对象并对其进行修剪，如图 6-100 所示。

（4）单击“默认”选项卡“修改”面板中的“镜像”按钮，选择第（3）步的修剪线段为镜像对象，对其向右进行镜像，然后单击“默认”选项卡“修改”面板中的“复制”按钮和“修剪”按钮，完成下侧圆弧和直线的绘制，最后整理图形，结果如图 6-101 所示。

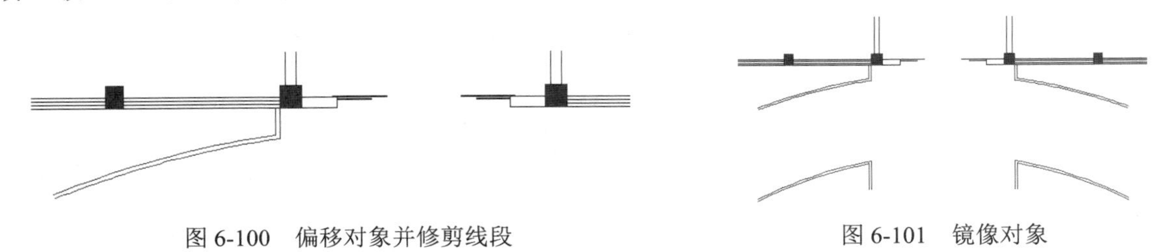

图 6-100　偏移对象并修剪线段　　　　图 6-101　镜像对象

（5）单击“默认”选项卡“绘图”面板中的“直线”按钮，在图形适当位置绘制两条斜向线段，如图 6-102 所示。

（6）单击“默认”选项卡“修改”面板中的“修剪”按钮，对第（5）步图形中多余的线段进行修剪，如图 6-103 所示。

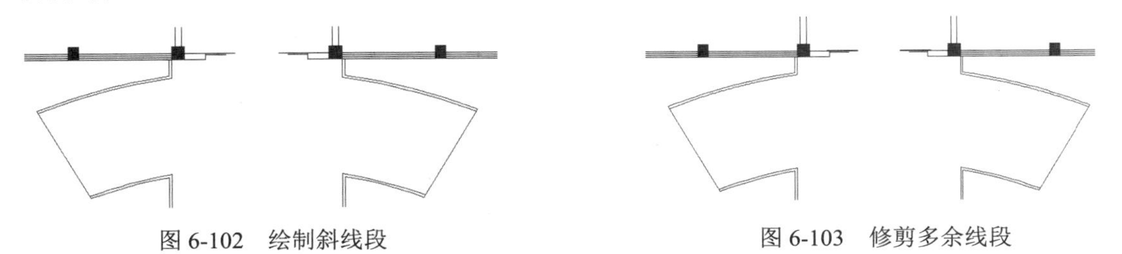

图 6-102　绘制斜线段　　　　图 6-103　修剪多余线段

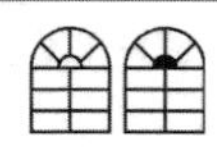

Note

（7）单击“默认”选项卡“绘图”面板中的“直线”按钮，在图形适当位置绘制一条水平直线，如图 6-104 所示。

（8）单击“默认”选项卡“修改”面板中的“偏移”按钮，选择第（7）步绘制的水平直线为偏移对象并向下进行偏移，偏移距离为 280，如图 6-105 所示。

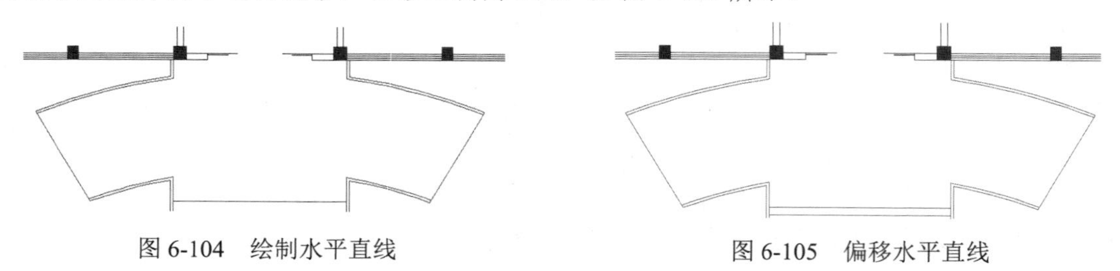

图 6-104　绘制水平直线　　　　图 6-105　偏移水平直线

（9）单击“默认”选项卡“绘图”面板中的“直线”按钮，在图形底部位置绘制一条长为 2961 的水平直线，如图 6-106 所示。

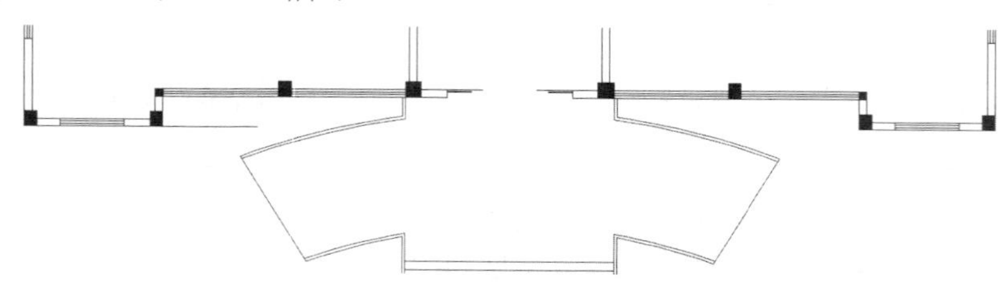

图 6-106　绘制水平直线

（10）单击“默认”选项卡“绘图”面板中的“圆弧”按钮，以第（9）步绘制的直线右端点为圆弧起点绘制一段适当半径的圆弧，如图 6-107 所示。

（11）单击“默认”选项卡“修改”面板中的“镜像”按钮，选择左侧已有图形为镜像对象并向右侧进行竖直镜像，如图 6-108 所示。

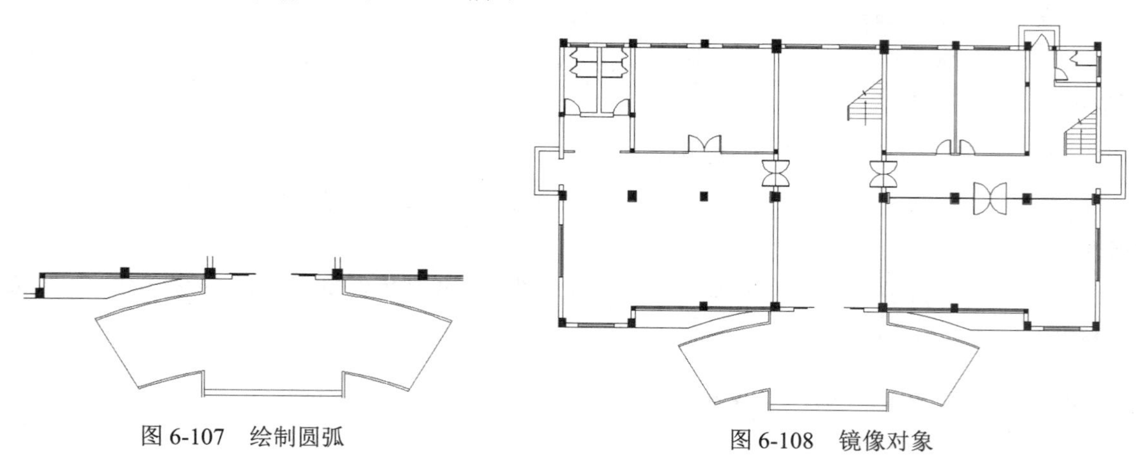

图 6-107　绘制圆弧　　　　图 6-108　镜像对象

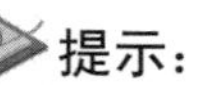

提示：

如果不事先设置线型，除了基本的 Continuous 线型外，其他线型不会显示在“线型”选项后面的下拉列表框中。

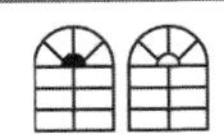

6.2.8　尺寸标注

Note

首先设置标注样式，然后利用“线性”和“连续”标注命令标注图形。

操作步骤如下：

（1）将“默认”选项卡“图层”面板中“图层特性”下拉列表框处的“尺寸”图层设置为当前图层。

（2）设置标注样式。

① 单击“默认”选项卡“注释”面板中的“标注样式”按钮，弹出“标注样式管理器”对话框，如图 6-109 所示。

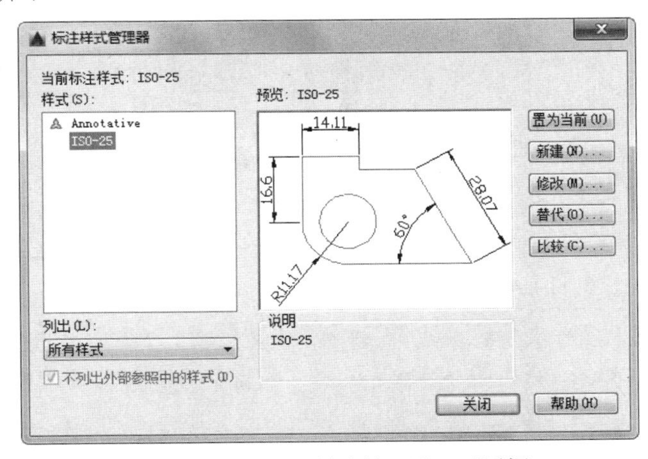

图 6-109　“标注样式管理器”对话框

② 单击“修改”按钮，弹出“修改标注样式”对话框。选择“线”选项卡，按照图 6-110 所示修改标注样式。

③ 选择“符号和箭头”选项卡，按照图 6-111 所示的设置进行修改，箭头样式选择为“建筑标记”，“箭头大小”修改为 200，其他设置保持默认。

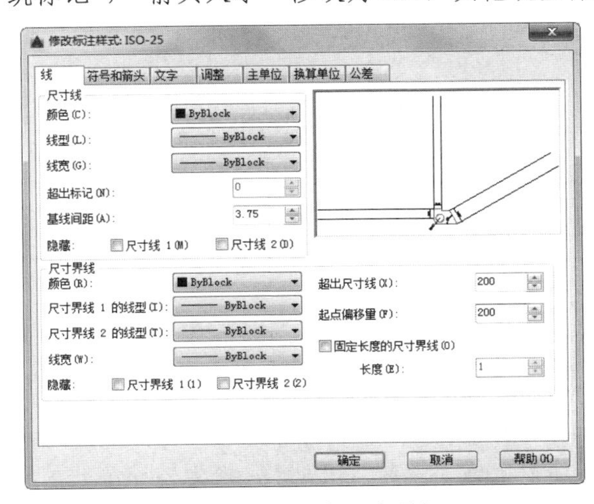

图 6-110　“线”选项卡

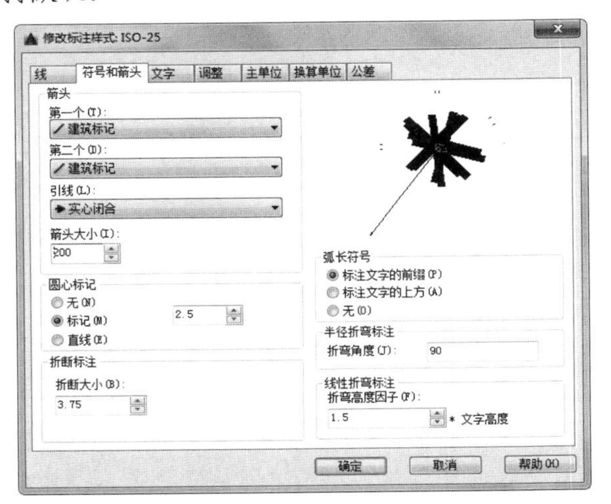

图 6-111　“符号和箭头”选项卡

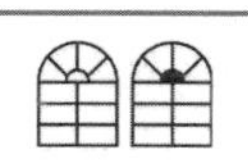

Note

④ 在“文字”选项卡中设置“文字高度”为 300，其他设置保持默认，如图 6-112 所示。

⑤ 在“主单位”选项卡中设置单位精度为 0，如图 6-113 所示。

图 6-112 “文字”选项卡

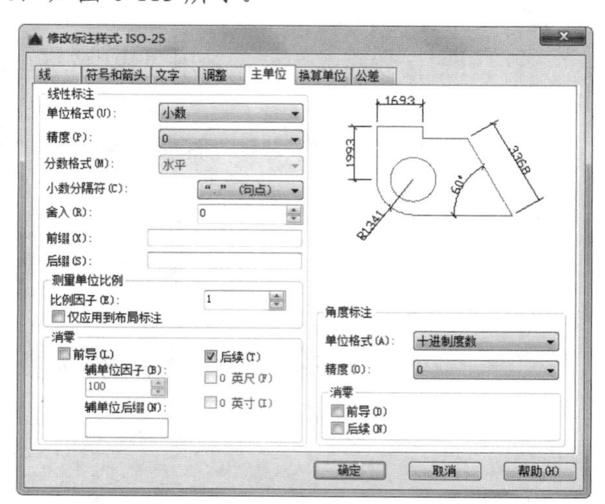

图 6-113 “主单位”选项卡

（3）单击“默认”选项卡“注释”面板中的“线性”按钮和“连续”按钮，为图形添加第一道尺寸标注，如图 6-114 所示。

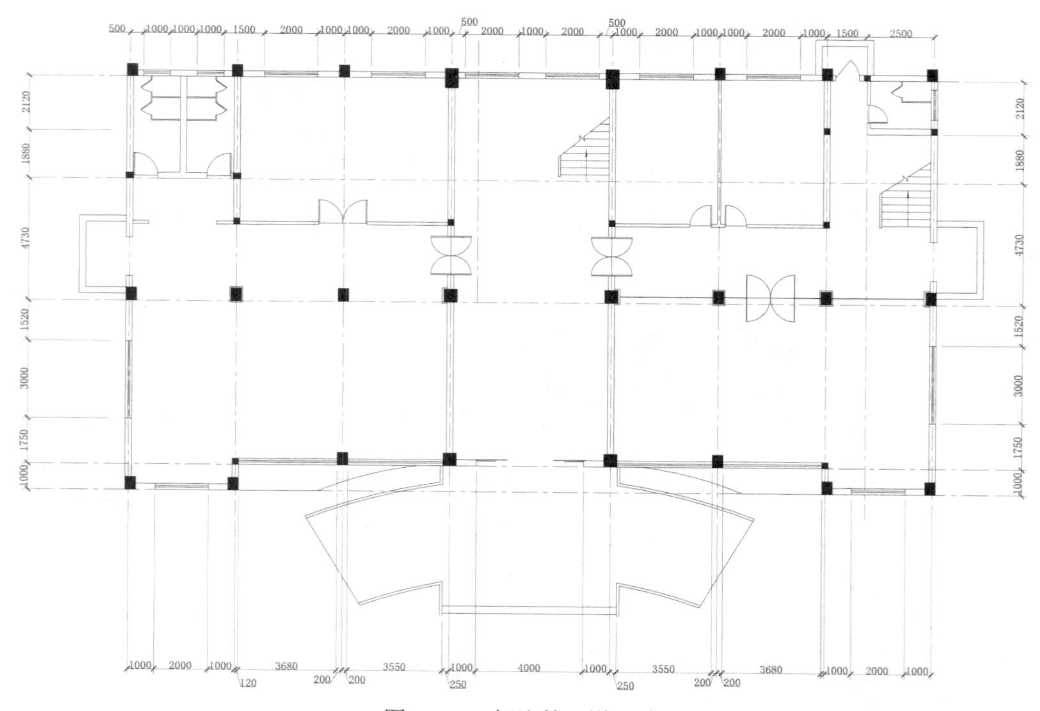

图 6-114 标注第一道尺寸

（4）单击“默认”选项卡“绘图”面板中的“直线”按钮，在下侧尺寸线处绘制直线，然后将尺寸线分解，单击“默认”选项卡“修改”面板中的“修剪”按钮，修剪掉多余的尺寸线，使尺寸对齐，结果如图 6-115 所示。

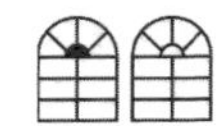

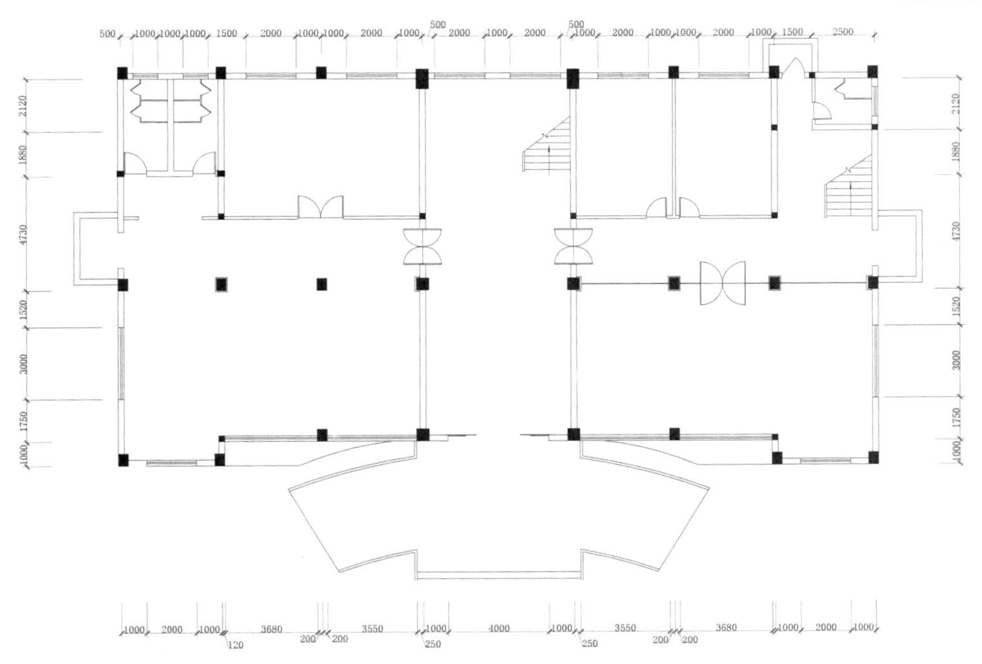

图 6-115　整理尺寸线

（5）单击“默认”选项卡“注释”面板中的“线性”按钮和“连续”按钮，为图形添加第二道尺寸标注，如图 6-116 所示。

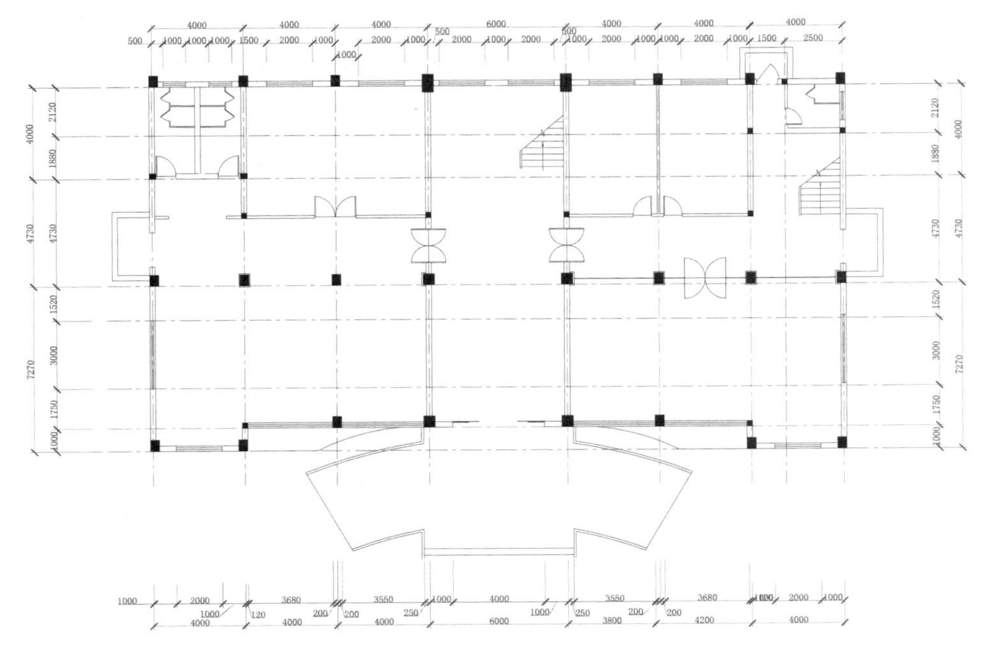

图 6-116　标注第二道尺寸

（6）单击“默认”选项卡“注释”面板中的“线性”按钮，为图形添加总尺寸标注，如图 6-117 所示。

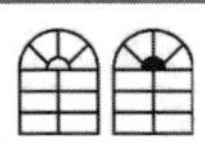

Note

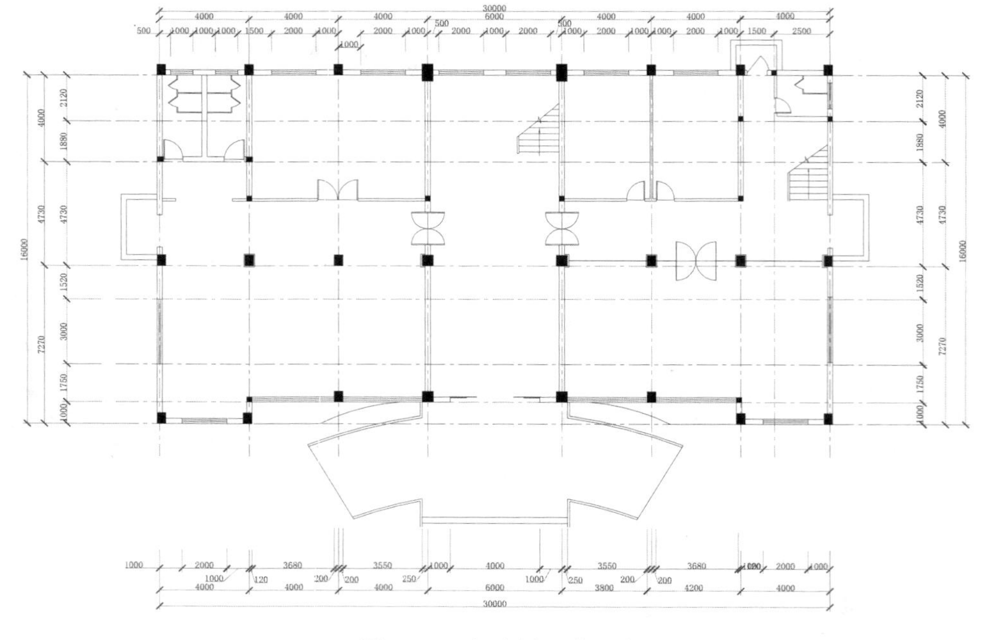

图 6-117　标注图形总尺寸

（7）单击“默认”选项卡“绘图”面板中的“直线”按钮，分别在标注的尺寸线上方绘制直线，如图 6-118 所示。

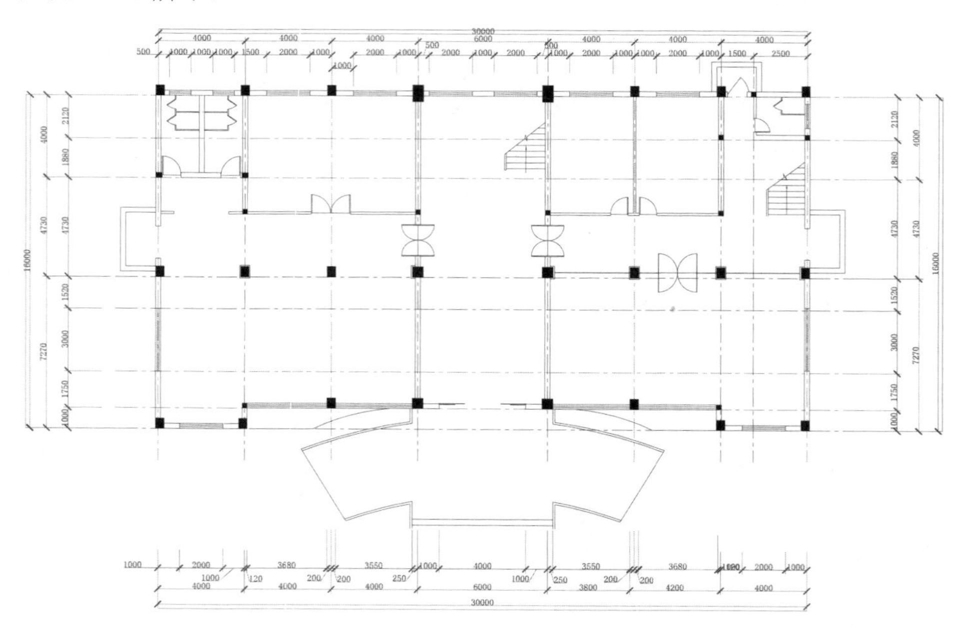

图 6-118　绘制直线

（8）单击“默认”选项卡“修改”面板中的“分解”按钮，选择图形中的所有尺寸标注为分解对象，按 Enter 键确认将其进行分解。

（9）单击“默认”选项卡“修改”面板中的“延伸”按钮，选择分解后的竖直尺寸标注

线为延伸对象并向上延伸至绘制的直线处，如图 6-119 所示。

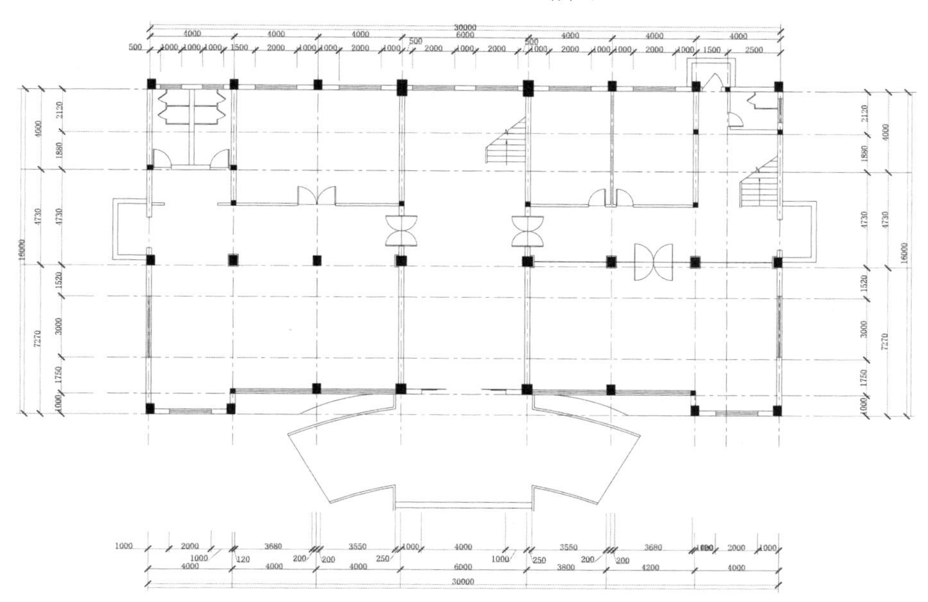

图 6-119　延伸直线

（10）单击“默认”选项卡“修改”面板中的“删除”按钮，选择尺寸线上方绘制的线段为删除对象并将其删除，如图 6-120 所示。

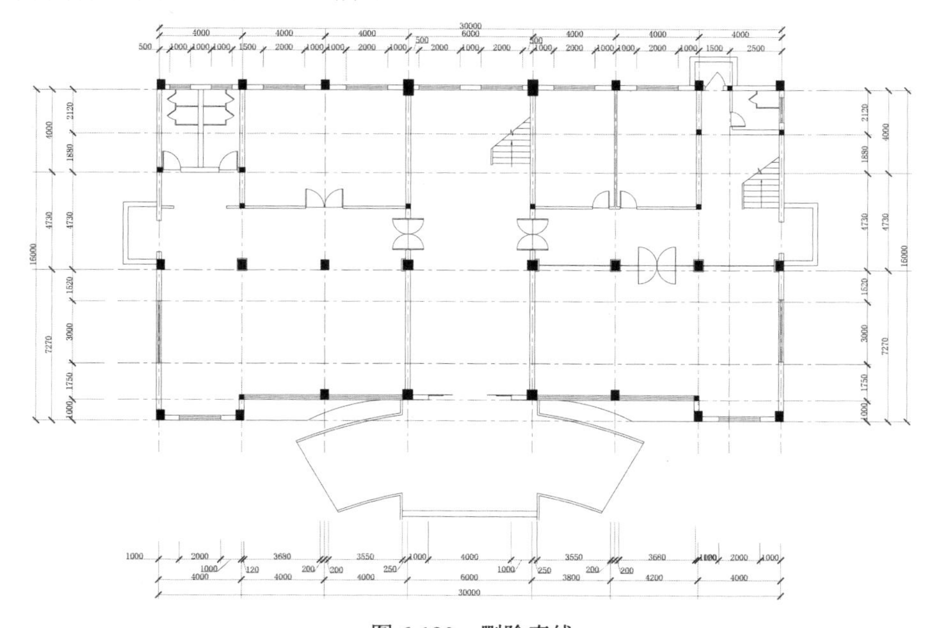

图 6-120　删除直线

6.2.9　添加轴号

为图形添加轴号有两种方法，可以利用“圆”和“多行文字”命令进行绘制，也可以利用“定

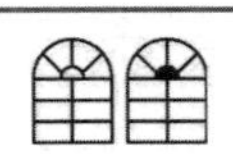

Note

义属性”的方法创建成块，插入到图中。

操作步骤如下：

（1）单击“默认”选项卡“绘图”面板中的“圆”按钮，绘制一个半径为 400 的圆，如图 6-121 所示。

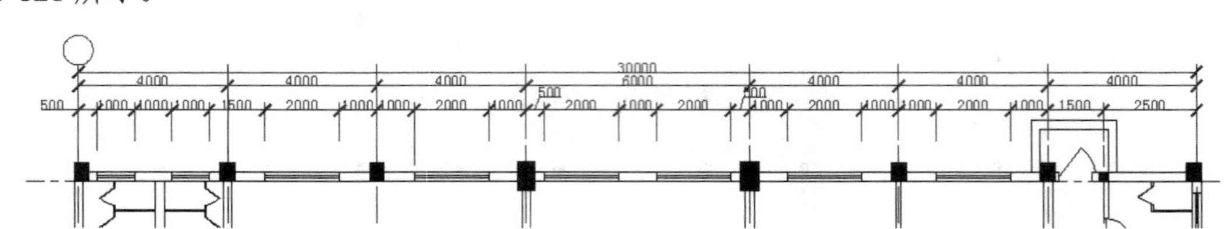

图 6-121　绘制圆

（2）选择“绘图”/“块”/“定义属性”命令，弹出“属性定义”对话框，按图 6-122 所示进行设置，单击“确定”按钮，在圆心位置输入一个块的属性值，完成后的结果如图 6-123 所示。

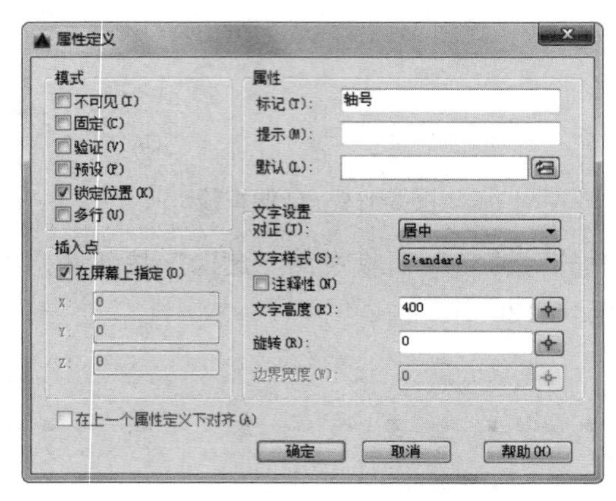

图 6-122　“属性定义”对话框

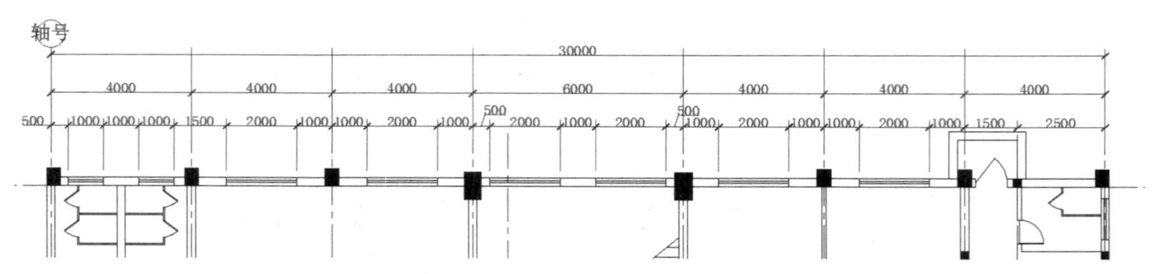

图 6-123　在圆心位置写入属性值

（3）单击“默认”选项卡“块”面板中的“创建”按钮，弹出“块定义”对话框，如图 6-124 所示。在“名称”文本框中输入“轴号”，指定圆底部端点为定义基点；选择圆和输入的“轴号”标记为定义对象，单击“确定”按钮，弹出如图 6-125 所示的“编辑属性”对话框，在“轴号”文本框中输入“1”，单击“确定”按钮，轴号效果图如图 6-126 所示。

（4）单击“默认”选项卡“块”面板中的“插入”按钮，弹出“插入”对话框，将“轴号”图块依次插入到轴线上并修改图块属性，最终完成图形中所有轴号的插入，其效果如图 6-127 所示。

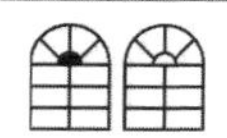

图 6-124　“块定义”对话框

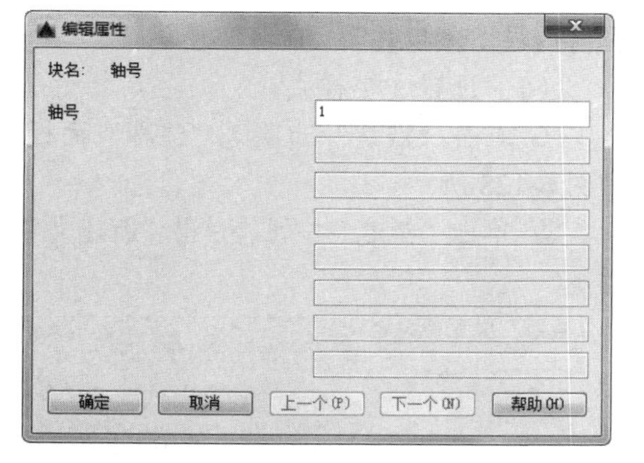

图 6-125　“编辑属性”对话框

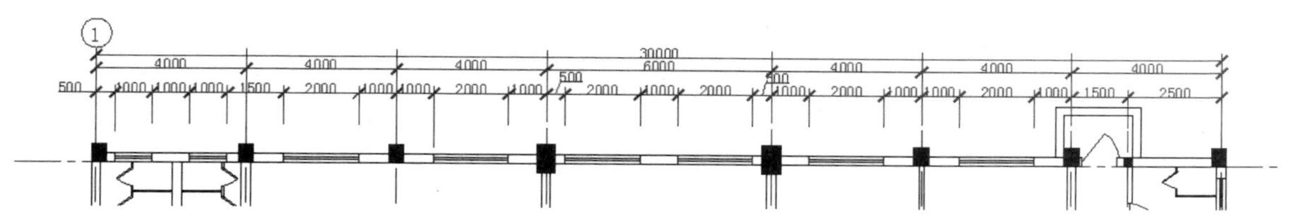

图 6-126　输入轴号

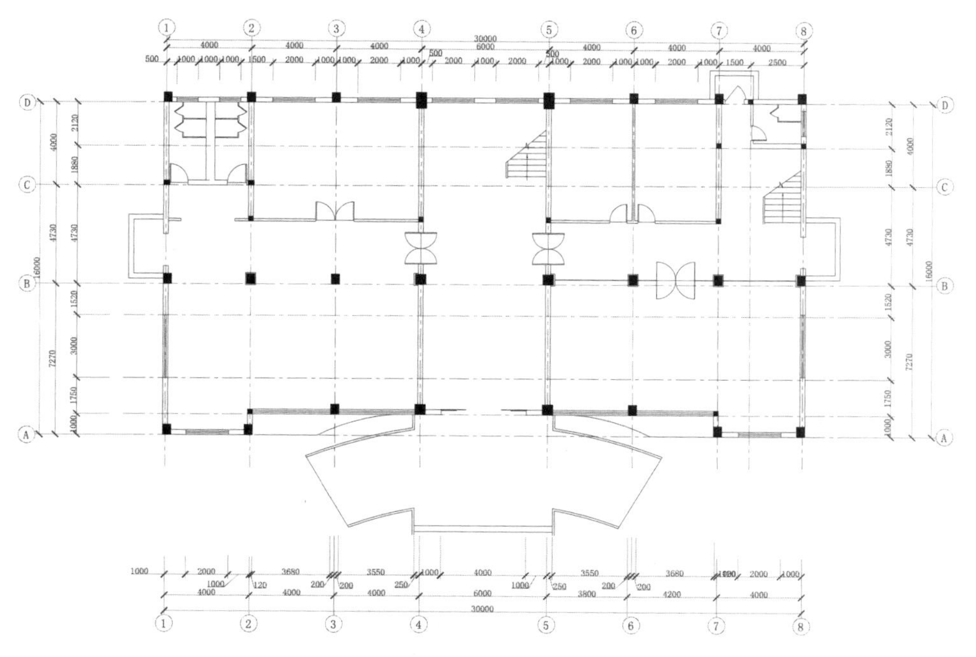

图 6-127　标注轴号

6.2.10　文字标注

首先设置文字样式，然后利用“多行文字”命令标注一层平面图。

操作步骤如下：

（1）将“默认”选项卡“图层”面板中“图层特性”下拉列表框处的“文字”图层设置为

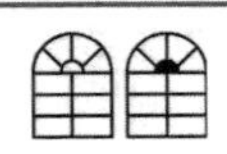

当前图层，然后关闭“轴线”图层。

（2）设置文字样式。

① 单击“默认”选项卡“注释”面板中的“文字样式”按钮，弹出“文字样式”对话框，如图6-128所示。

② 单击“新建”按钮，弹出“新建文字样式”对话框，将文字样式命名为“说明”，如图6-129所示。

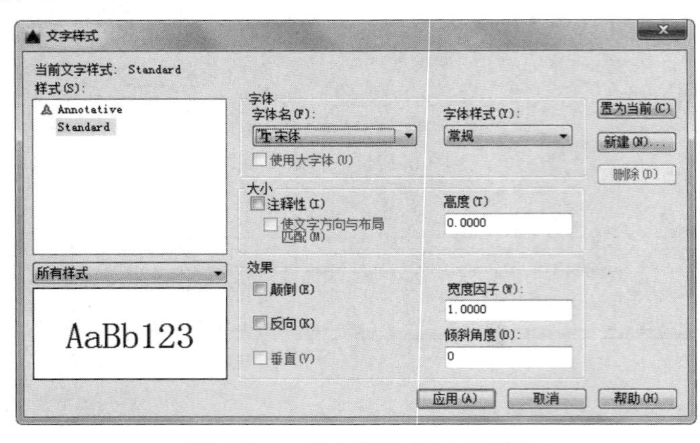

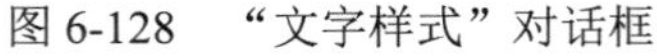

图6-128 “文字样式”对话框　　图6-129 “新建文字样式”对话框

③ 单击“确定”按钮，在“文字样式”对话框中取消选中“使用大字体”复选框，然后在“字体名”下拉列表框中选择“宋体”，将“高度”设置为600，如图6-130所示。

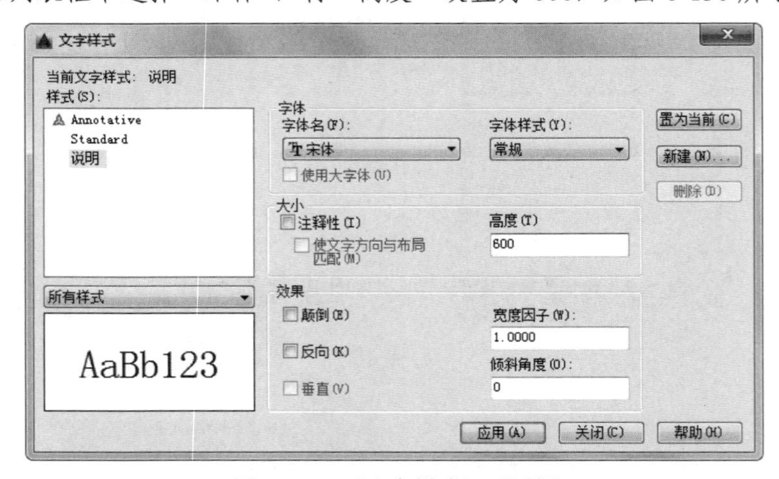

图6-130 “文字样式”对话框

提示：

在AutoCAD中输入汉字时，可以选择不同的字体。在“字体名”下拉列表框中，有些字体前面有“@”标记，如“@仿宋_GB2312”，这说明该字体是为横向输入汉字用的，即输入的汉字逆时针旋转90°，如果要输入正向的汉字，不能选择前面带“@”标记的字体。

（3）单击“默认”选项卡“注释”面板中的“多行文字”按钮，为图形添加文字说明，

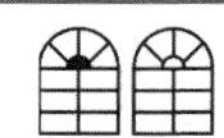

最终完成图形中文字的标注，如图 6-2 所示。

6.3　二层平面图

如图 6-131 所示，二层为企业的核心办公区，包括销售科、外销售科、总务室、财务室、过道、总经理办公室、样品间、休息间、董事长办公室。样品间主要作为展示企业产品样品的陈列室，一般不常有人出入，所以布置在位置相对差一点的楼梯口对面位置。其他结构布局基本以样品间为轴对称布置，左边为负责日常生产经营的管理层办公区域，包括总经理办公室和附属的销售科和外销售科办公室；右边为负责资本运行的管理层办公区域，包括董事长办公室以及附属的总务室和财务室。由于董事长的最高领导地位关系，在董事长办公室中再附设休息室。公共卫生间和楼梯分别布置在楼层的两侧。

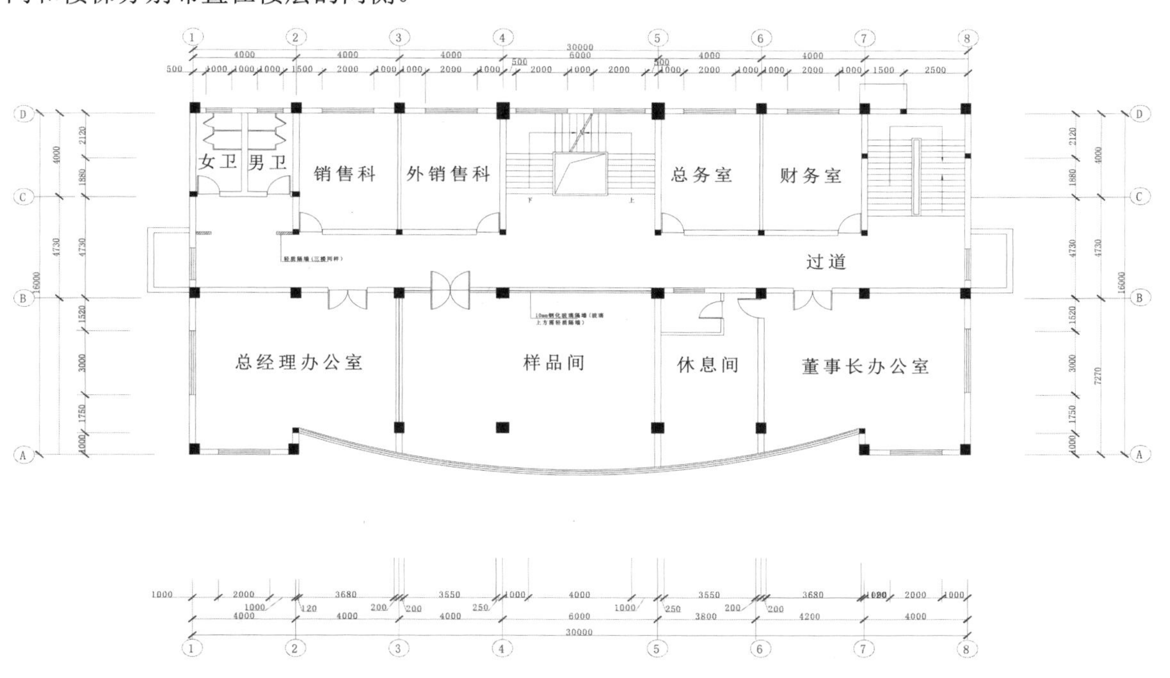

图 6-131　二层平面图

二层弧形外墙整个设置成玻璃幕墙，这样可使整个楼层显得明亮通透、光线充足。整个二层建筑结构布局既保持相对独立的对称，又不失紧凑和谐。

6.4　三层平面图

如图 6-132 所示，三层为休息娱乐功能区，这部分区域相对私密和次要，所以安排在员工涉足相对少的三楼，包括 4 间客房、乒乓球活动室、台球活动室、小型会议室。以过道为界，背面为 4 间客房包间，以中间楼梯为轴左右对称布置，客房相对封闭安静，有利于客人休息。过道正面分

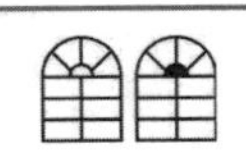

别为台球活动室、乒乓球活动室以及会议室，属于企业员工和客人休闲娱乐以及召开会议的地方。

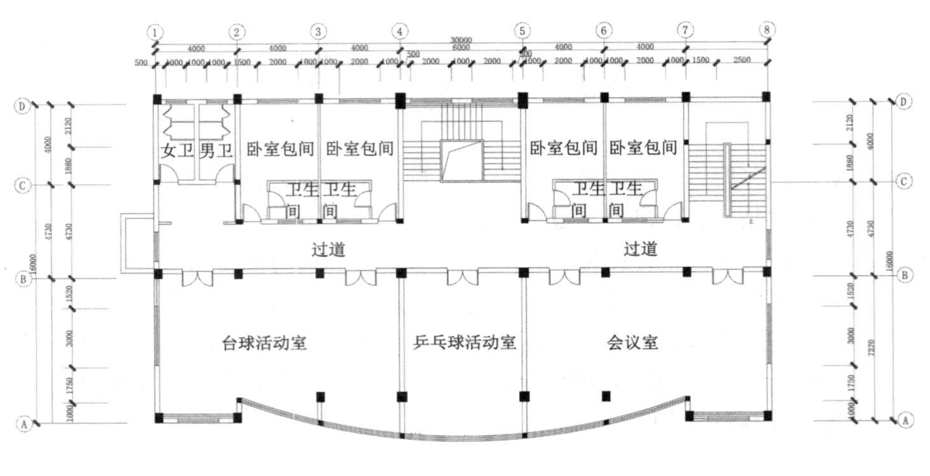

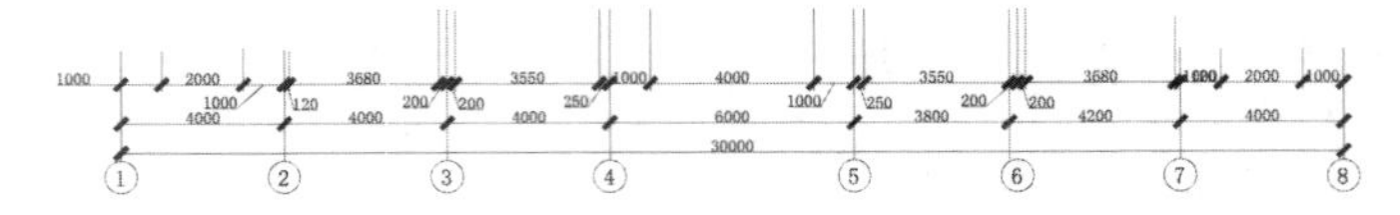

图 6-132　三层平面图

6.5　实战演练

通过前面的学习，读者对本章知识也有了大体的了解，本节通过几个操作练习使读者进一步掌握本章知识要点。

【实战演练 1】绘制如图 6-133 所示的住宅平面图。

1. 目的要求

本实例主要要求读者通过练习进一步熟悉和掌握住宅室内平面图的绘制方法。通过本实例，可以帮助读者学会完成整个平面图绘制的全过程。

2. 操作提示

（1）绘图前准备。

（2）绘制轴线和轴号。

（3）绘制墙体和柱子。

（4）绘制门窗及阳台。

（5）绘制家具。

（6）标注尺寸和文字。

【实战演练 2】绘制如图 6-134 所示的歌舞厅

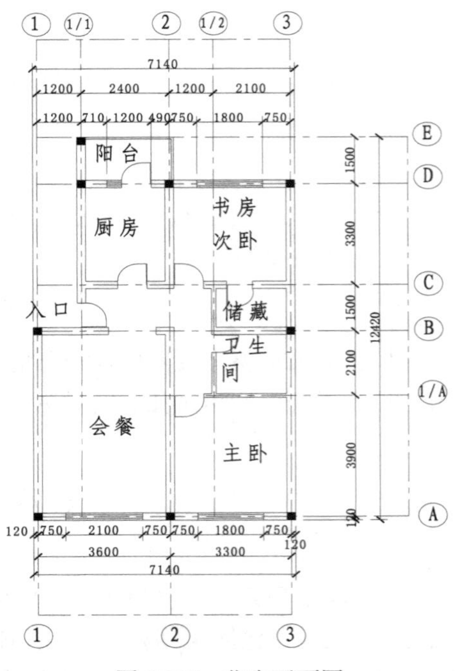

图 6-133　住宅平面图

Note

室内平面图。

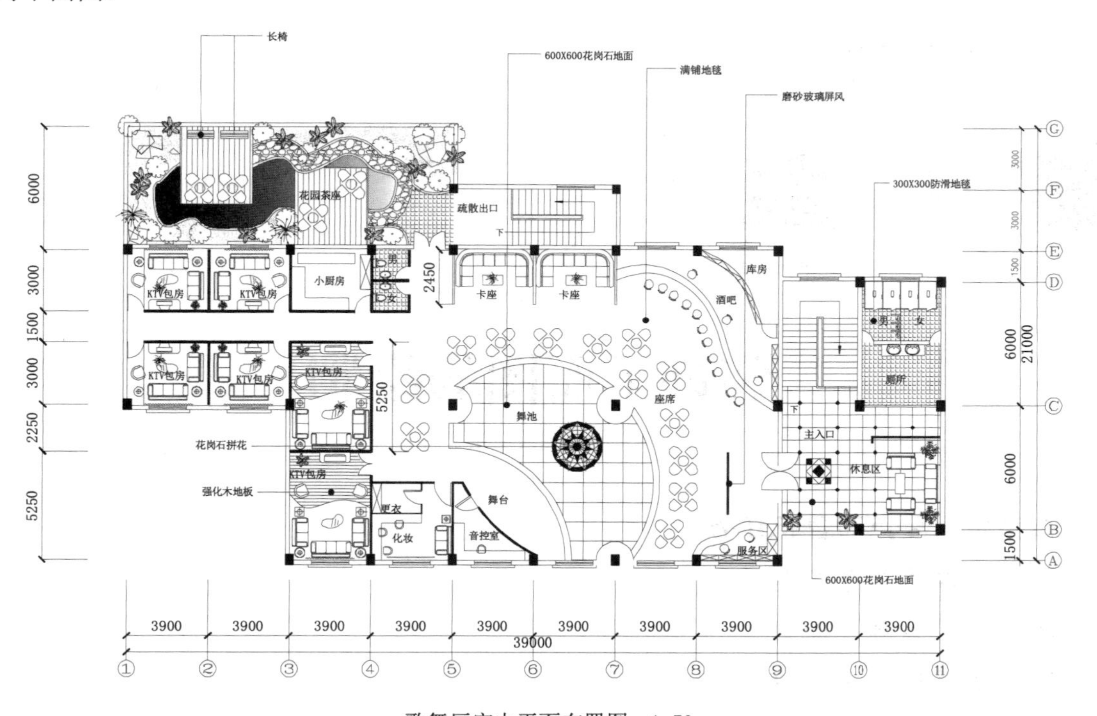

图 6-134 歌舞厅室内平面图

1．目的要求

本实例主要要求读者通过练习进一步熟悉和掌握歌舞厅室内平面图的绘制方法。通过本实例，可以帮助读者学会完成整个平面图绘制的全过程。

2．操作提示

（1）绘图前准备。

（2）绘制轴线和轴号。

（3）绘制墙体和柱子。

（4）绘制入口区。

（5）绘制酒吧。

（6）绘制歌舞区。

（7）绘制包房区。

（8）绘制屋顶花园。

（9）标注尺寸、文字及符号。

第7章

装饰平面图的绘制

本章学习要点和目标任务：

☑ 一层装饰平面图

☑ 二层装饰平面图

☑ 三层装饰平面图

装饰平面图是在建筑平面图基础上的深化和细化。装饰是室内设计的精髓所在，是对局部细节的布置和雕琢，下面主要讲解装饰平面图的绘制方法。

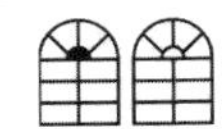

Note

7.1 一层装饰平面图

一层装饰平面图主要表现一层各个建筑结构单元的家具和办公设备陈设的布置情况。

左边的餐厅部分，根据就餐对象不同，员工餐厅整齐有序地摆放 12 张方餐桌；客人餐厅摆放两张圆餐桌，中间布置活动屏风，可根据需要，随时将两张餐桌分开或合并。

右边部分的办公区则根据功能需要有序地摆放 5 张电脑办公桌，同时在最右侧摆放客人休息组合沙发茶几，便于来办事的外单位或科室人员临时就座。

中间的大厅布置简单的沙发茶几供外单位拜访人员临时就座，以过道为界，前厅要求敞亮，所以只在一侧贴墙摆放 4 张单人沙发，不影响人员进出；后厅则摆放组合沙发茶几，可以供较多的客人停歇而不至于影响人员进出。

在进门处或有可能有客人停留的沙发休息区摆设盆景，以使人心情愉悦，休息放松。整个一层的室内布局既严谨有序，又整洁漂亮，在满足办公交流实际需要的同时也营造出一种祥和的氛围，如图 7-1 所示。

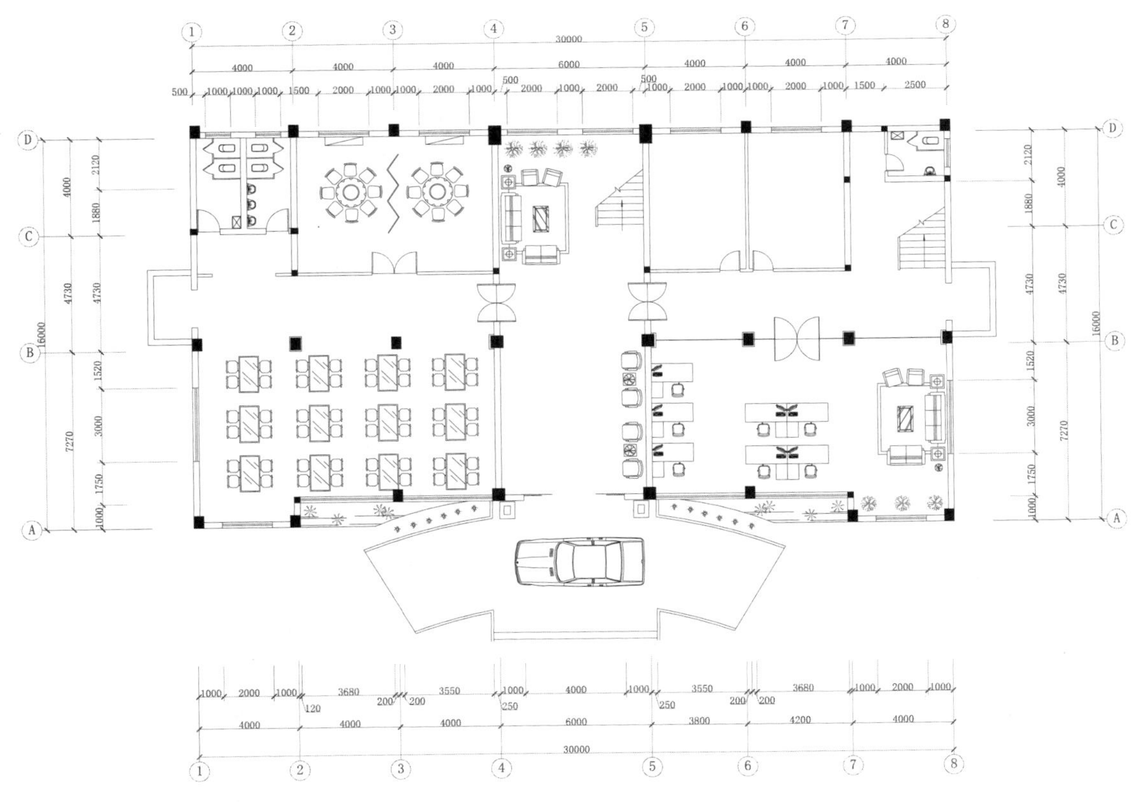

图 7-1 一层装饰平面图

下面讲述一层装饰平面图的绘制。

光盘\配套视频\第 7 章\一层装饰平面图.avi

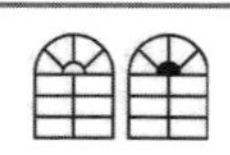

7.1.1 绘图准备

Note

本节主要是为绘制装饰平面图做的基础，只需将第6章绘制的一层平面图打开进行整理即可。操作步骤如下：

（1）单击快速访问工具栏中的“打开”按钮，弹出“选择文件”对话框，如图7-2所示。选择“源文件\第6章\一层平面图”文件，单击“打开”按钮，打开绘制的一层平面图。

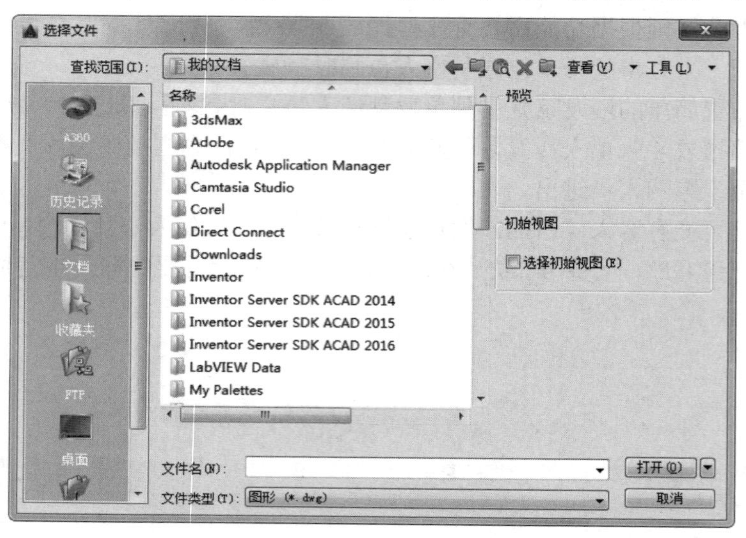

图7-2 “选择文件”对话框

（2）单击快速访问工具栏中的“另存为”按钮，弹出“图形另存为”对话框，将打开的“一层平面图”另存为“一层装饰平面图”。

（3）单击“默认”选项卡“修改”面板中的“删除”按钮，将图形中的文字等不需要的部分作为删除对象对其进行删除，并关闭“标注”图层，如图7-3所示。

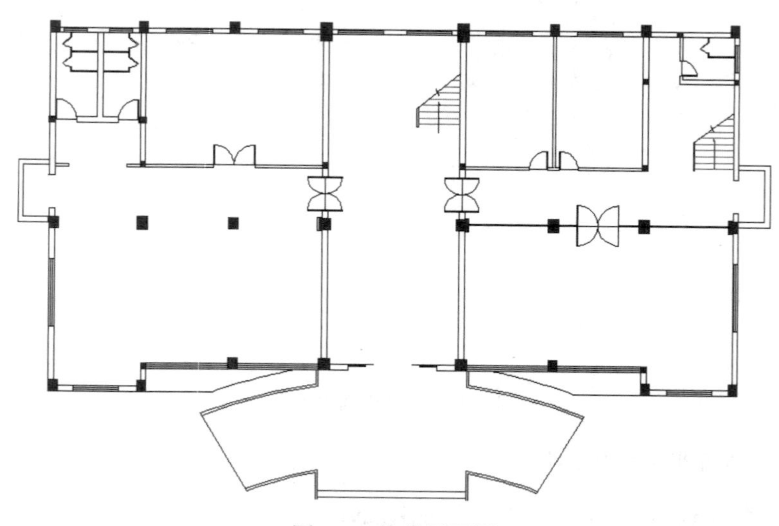

图7-3 修整平面图

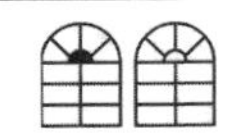

7.1.2　绘制家具图块

利用二维绘图和“修改”命令绘制家具图形，然后将其创建成块，以便后面家具的布置。

操作步骤如下：

1. 绘制八人餐桌

（1）单击“默认”选项卡“绘图”面板中的“圆”按钮，在图形空白区域任选一点为圆心，绘制一个半径为 600 的圆，如图 7-4 所示。

（2）单击“默认”选项卡“修改”面板中的“偏移”按钮，选择第（1）步绘制的圆形为偏移对象并向内进行偏移，偏移距离分别为 273、39，如图 7-5 所示。

（3）单击“默认”选项卡“绘图”面板中的“直线”按钮，在绘制的初始圆上绘制一条斜向直线，如图 7-6 所示。

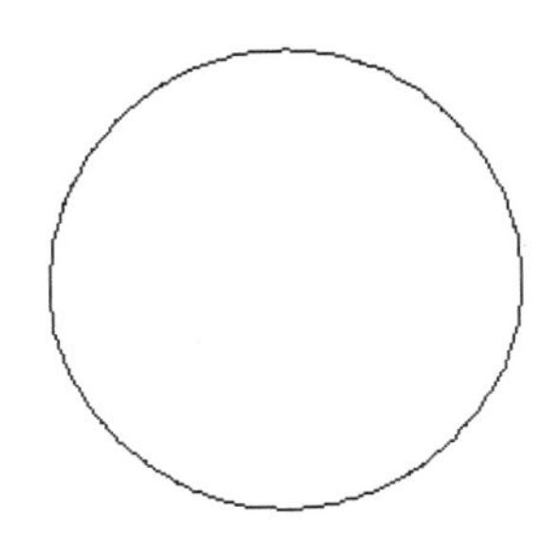

图 7-4　绘制圆

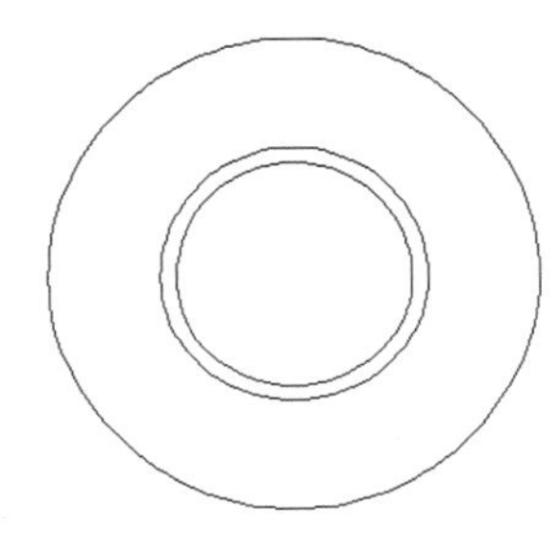

图 7-5　偏移圆

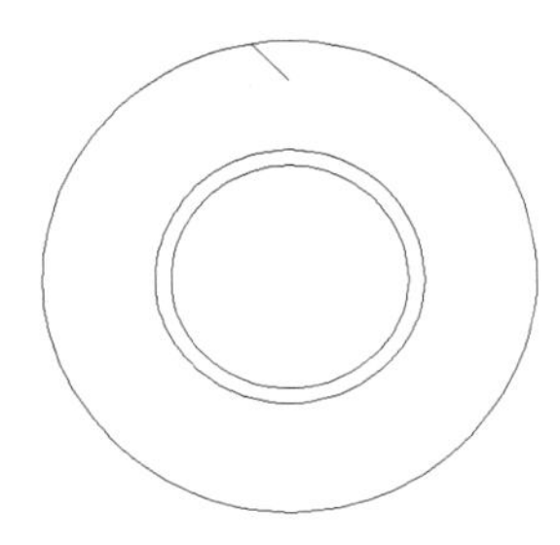

图 7-6　绘制斜向直线

（4）单击“默认”选项卡“修改”面板中的“镜像”按钮，选择第（3）步绘制的斜向直线为镜像图形，对其进行竖直镜像，如图 7-7 所示。

（5）单击“默认”选项卡“修改”面板中的“环形阵列”按钮，选择第（4）步绘制的两条线段为阵列对象，对其进行环形阵列，设置阵列数目为 11，如图 7-8 所示。

（6）单击“默认”选项卡“绘图”面板中的“直线”按钮，在图形空白区域绘制 4 条不相等的线段，如图 7-9 所示。

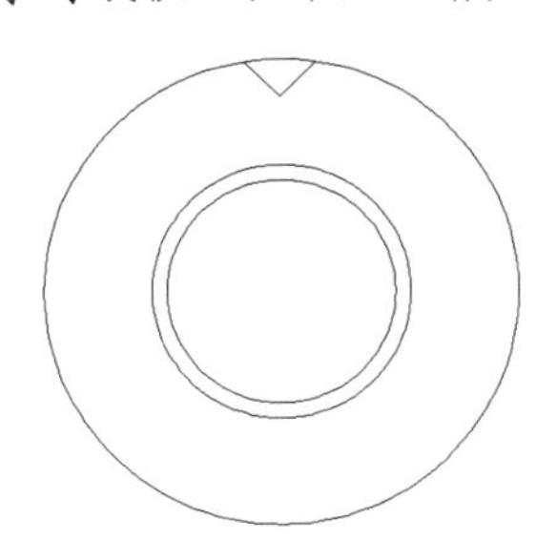

图 7-7　镜像线段

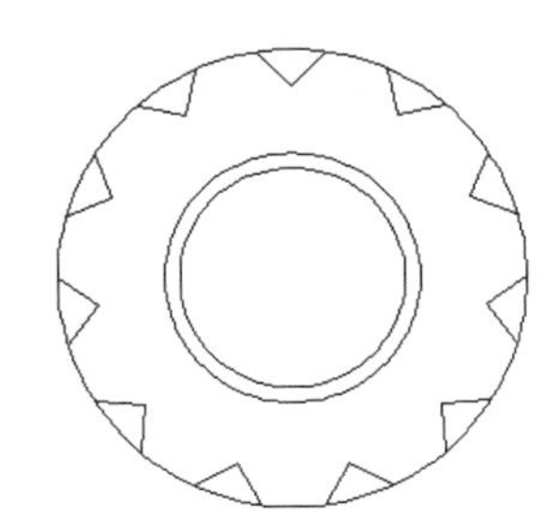

图 7-8　阵列图形

图 7-9　绘制直线

（7）单击“默认”选项卡“修改”面板中的“圆角”按钮，选择绘制的 4 条直线为圆角对象对其进行圆角处理，圆角半径为 95，结果如图 7-10 所示。

（8）单击“默认”选项卡“绘图”面板中的“直线”按钮，在第（7）步绘制的图形上选取一点作为直线起点，向上绘制一条长为 37 的竖直直线，如图 7-11 所示。

（9）单击“默认”选项卡“修改”面板中的“偏移”按钮，选择第（8）步绘制的竖直直

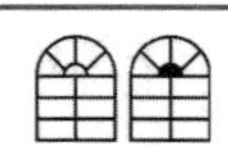

Note

线为偏移对象并向右进行偏移，偏移距离为 80，如图 7-12 所示。

图 7-10　圆角处理

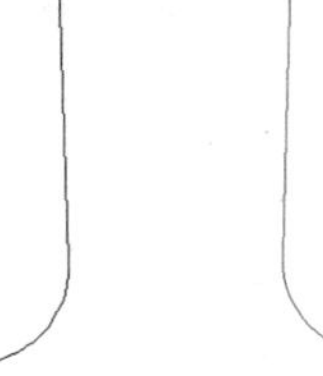

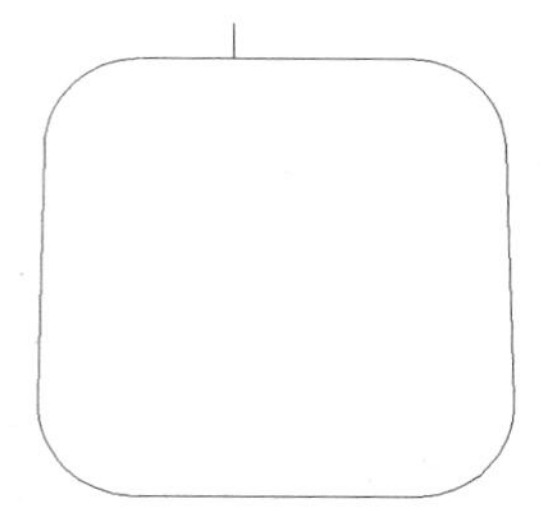

图 7-11　绘制直线

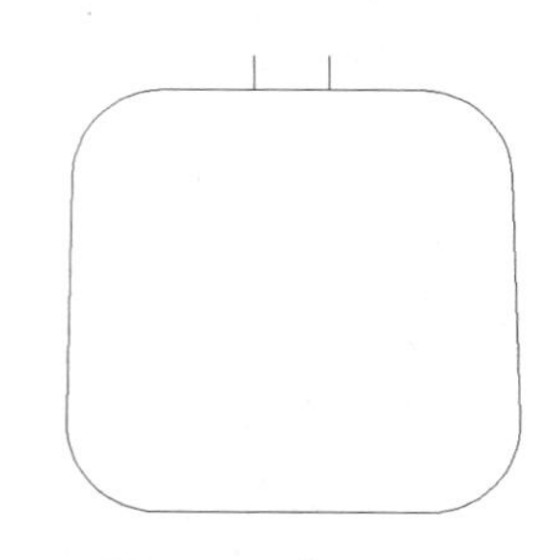

图 7-12　偏移直线

（10）单击“默认”选项卡“绘图”面板中的“圆弧”按钮，在第（9）步图形上方绘制一段适当半径的圆弧，如图 7-13 所示。

（11）单击“默认”选项卡“修改”面板中的“偏移”按钮，选择第（10）步绘制的圆弧为偏移对象并向上进行偏移，偏移距离为 50，如图 7-14 所示。

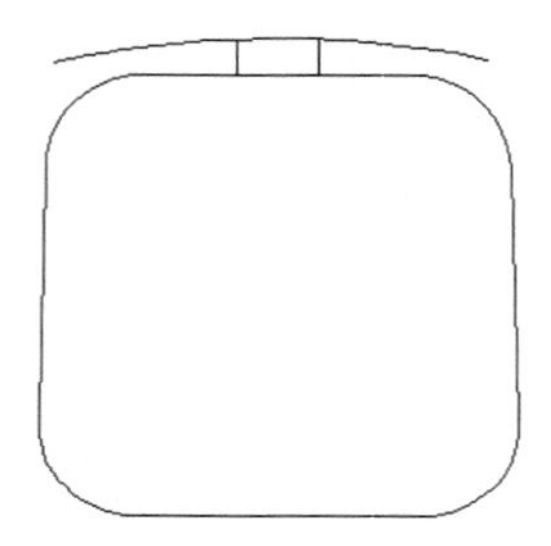

图 7-13　绘制圆弧

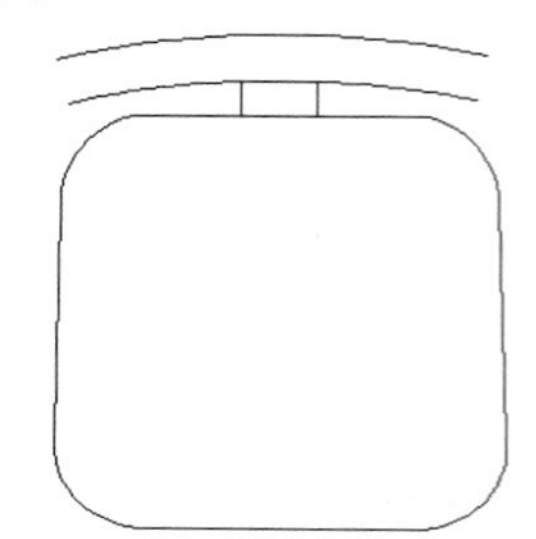

图 7-14　偏移圆弧

（12）单击“默认”选项卡“绘图”面板中的“圆弧”按钮，绘制两段圆弧封闭第（11）步绘制的两段圆弧的端口，如图 7-15 所示。

（13）单击“默认”选项卡“修改”面板中的“移动”按钮，选择绘制的椅子图形为移动对象并将其移动到桌子图形处，如图 7-16 所示。

（14）单击“默认”选项卡“修改”面板中的“环形阵列”按钮，选择第（13）步移动的椅子图形为阵列对象，设置圆形桌子圆心为阵列中心，阵列个数为 8，完成图形的绘制，如图 7-17 所示。

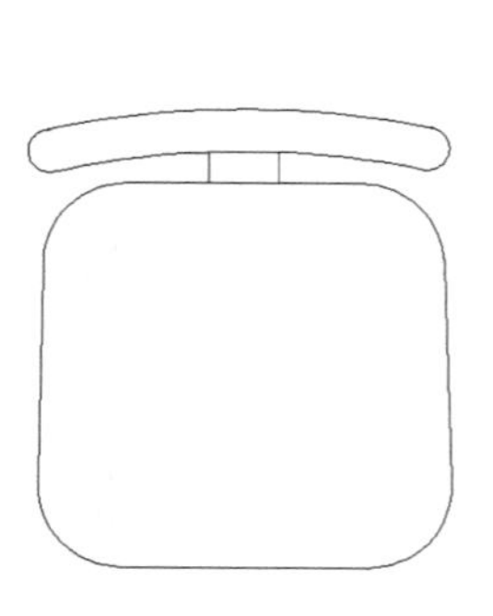

图 7-15　绘制圆弧

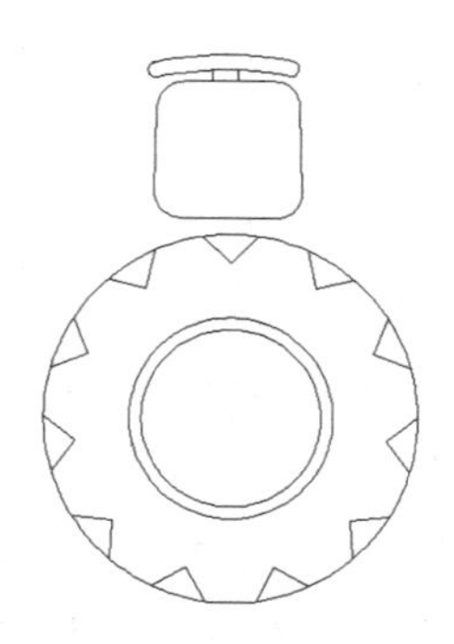

图 7-16　移动椅子

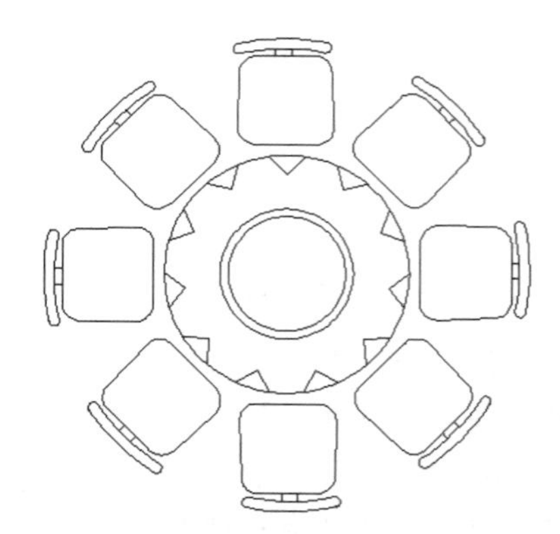

图 7-17　环形阵列椅子

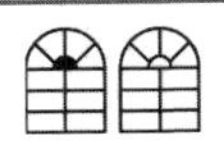

（15）单击“默认”选项卡“块”面板中的“创建”按钮，弹出“块定义”对话框，如图 7-18 所示，选择第（14）步中的图形为定义对象，选择任意点为基点，将其定义为块，块名为“八人餐桌”。

2. 绘制四人餐桌

（1）单击“默认”选项卡“绘图”面板中的“矩形”按钮，在图形空白区域绘制一个 800×1500 的矩形，如图 7-19 所示。

图 7-18　“块定义”对话框

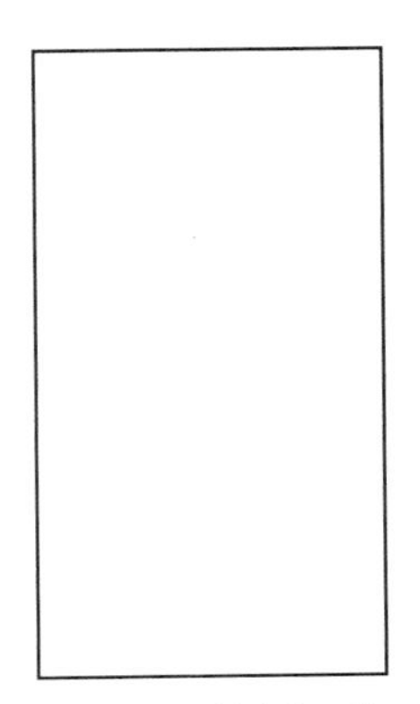

图 7-19　绘制矩形

（2）单击“默认”选项卡“修改”面板中的“偏移”按钮，选择第（1）步绘制的矩形为偏移对象并向内进行偏移，偏移距离为 40，如图 7-20 所示。

（3）单击“默认”选项卡“绘图”面板中的“直线”按钮，绘制 4 条斜向直线，如图 7-21 所示。

（4）单击“默认”选项卡“绘图”面板中的“直线”按钮，在矩形图形内绘制多条斜向直线，如图 7-22 所示。

图 7-20　偏移矩形

图 7-21　绘制直线

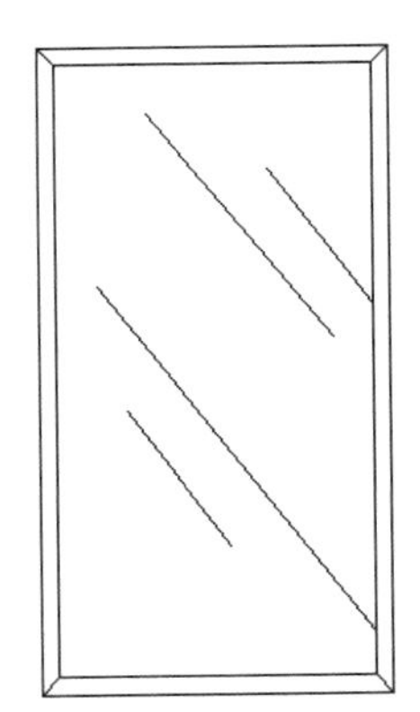

图 7-22　绘制直线

（5）单击“默认”选项卡“绘图”面板中的“矩形”按钮，在图形空白区域绘制一个 400×500 的矩形，如图 7-23 所示。

（6）单击“默认”选项卡“修改”面板中的“倒角”按钮，选择第（5）步绘制的矩形的 4 条边为倒角对象并对其进行倒角处理，倒角距离为 81，如图 7-24 所示。

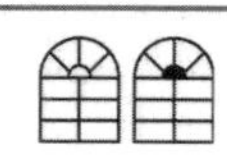

（7）单击“默认”选项卡“绘图”面板中的“矩形”按钮，在第（6）步倒角后的矩形下端绘制一个22×32的矩形，如图7-25所示。

Note

图7-23 绘制矩形

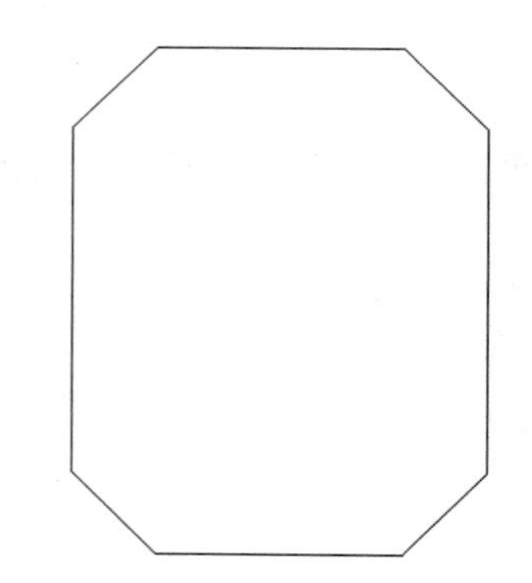

图7-24 倒角处理

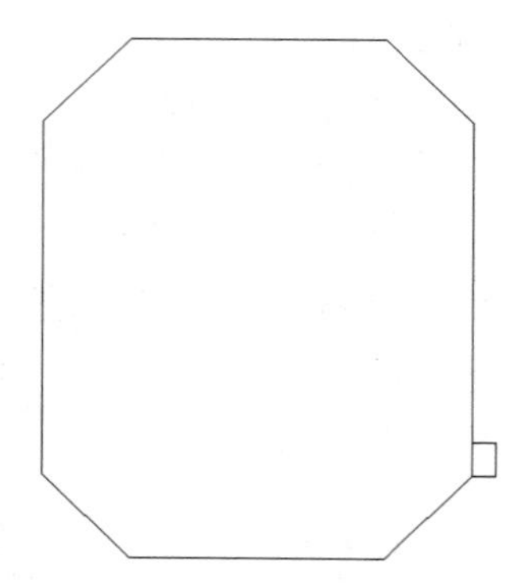

图7-25 绘制矩形

（8）单击“默认”选项卡“绘图”面板中的“直线”按钮，在第（7）步绘制的矩形内绘制一条竖直直线，如图7-26所示。

（9）单击“默认”选项卡“修改”面板中的“复制”按钮，选择第（8）步绘制的图形为复制对象并向上进行复制，如图7-27所示。

（10）单击“默认”选项卡“绘图”面板中的“矩形”按钮，在绘制的大矩形左端绘制一个38×510的矩形，如图7-28所示。

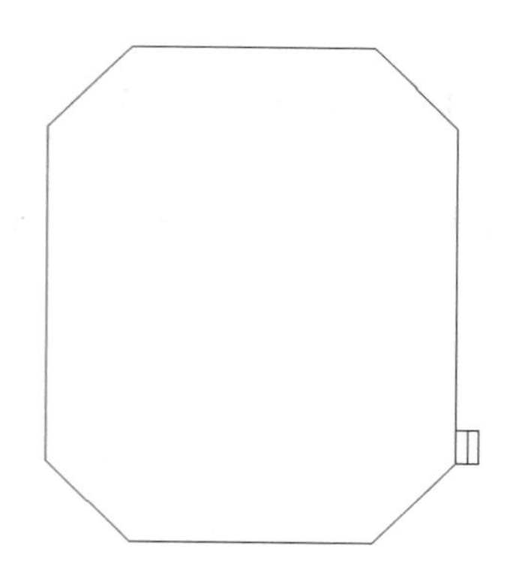

图7-26 绘制直线

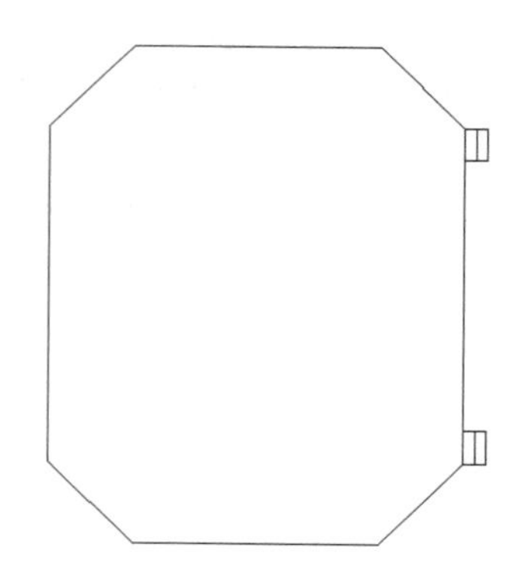

图7-27 复制图形

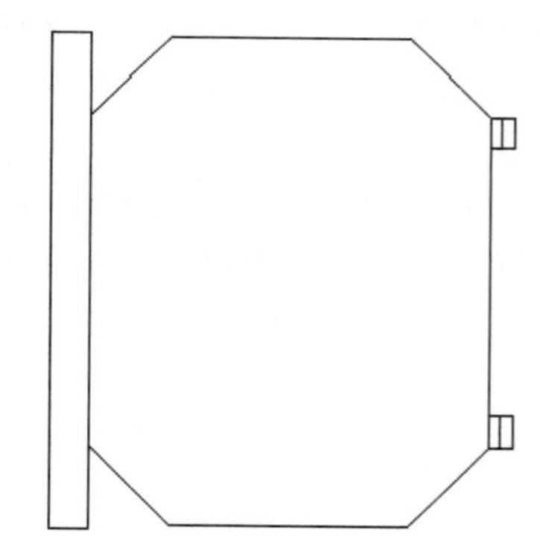

图7-28 绘制矩形

（11）单击“默认”选项卡“修改”面板中的“圆角”按钮，选择第（10）步绘制的矩形为圆角对象并对其进行圆角处理，圆角半径为15，如图7-29所示。

（12）单击“默认”选项卡“绘图”面板中的“矩形”按钮，在第（11）步绘制的矩形左侧绘制一个18×32的矩形，如图7-30所示。

（13）单击“默认”选项卡“修改”面板中的“复制”按钮，选择第（12）步绘制的矩形为复制对象并向上进行复制，完成图形的绘制，如图7-31所示。

（14）单击“默认”选项卡“修改”面板中的“移动”按钮，选择第（13）步绘制完成的椅子图形为移动对象，将其移动到餐桌处，如图7-32所示。

（15）单击“默认”选项卡“修改”面板中的“复制”按钮，选择第（14）步移动的椅子

图形为复制对象并向下复制一个椅子图形。

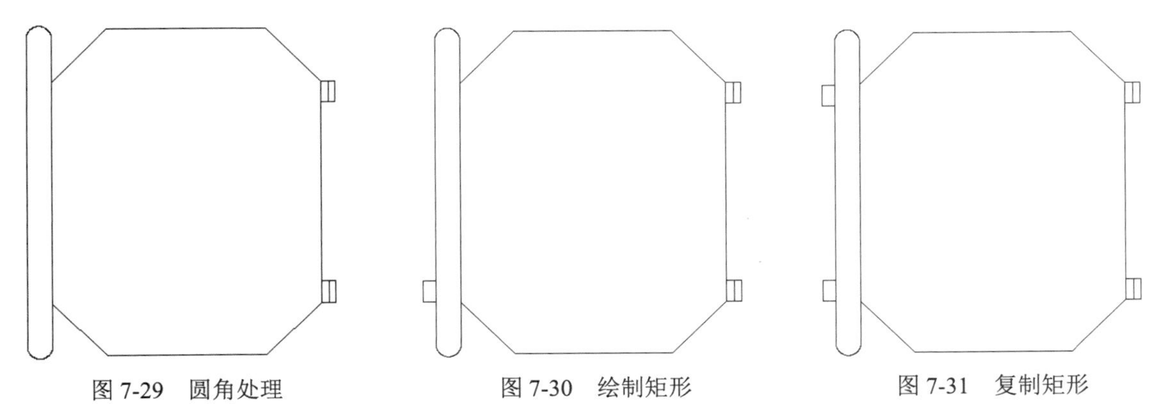

图 7-29　圆角处理　　图 7-30　绘制矩形　　图 7-31　复制矩形

（16）单击“默认”选项卡“修改”面板中的“镜像”按钮，选择第（15）步绘制的两个椅子图形为镜像对象，将其向右侧进行镜像，如图 7-33 所示。

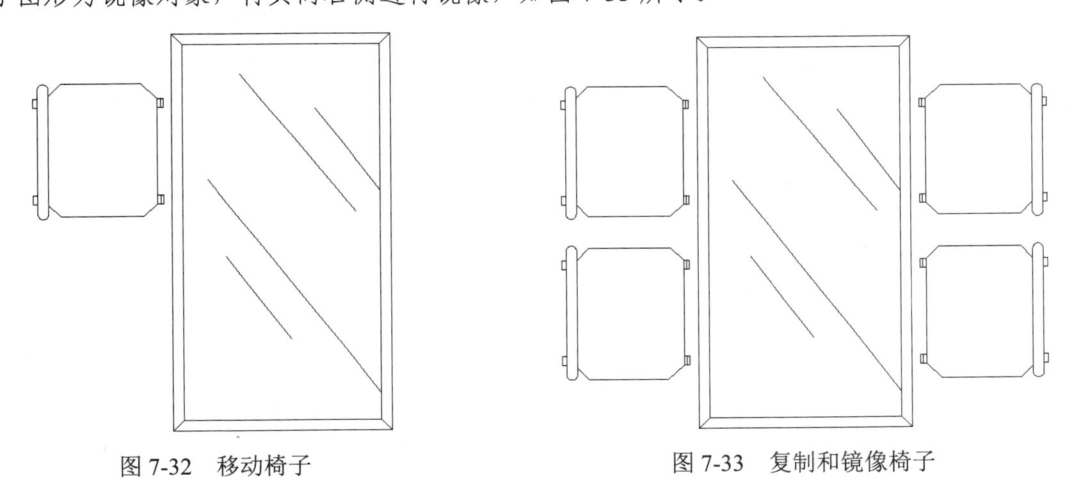

图 7-32　移动椅子　　图 7-33　复制和镜像椅子

（17）单击“默认”选项卡“块”面板中的“创建”按钮，弹出“块定义”对话框，选择第（16）步中的图形为定义对象，选择任意点为基点，将其定义为块，块名为“四人餐桌”。

3. 绘制办公桌

（1）单击“默认”选项卡“绘图”面板中的“矩形”按钮，在图形空白区域绘制一个 1650×750 的矩形，如图 7-34 所示。

（2）单击“默认”选项卡“绘图”面板中的“矩形”按钮，在第（1）步绘制的矩形的下端绘制一个 450×643 的矩形，如图 7-35 所示。

（3）单击“默认”选项卡“绘图”面板中的“矩形”按钮，在图形空白区域绘制 450×28、450×32、420×28 和 339×42 的矩形。

（4）单击“默认”选项卡“修改”面板中的“移动”按钮，选择第（3）步绘制的矩形进行移动，将矩形位置进行调整，如图 7-36 所示。

（5）单击“默认”选项卡“绘图”面板中的“直线”按钮，在第（4）步绘制的图形上方绘制连续直线，如图 7-37 所示。

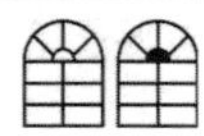

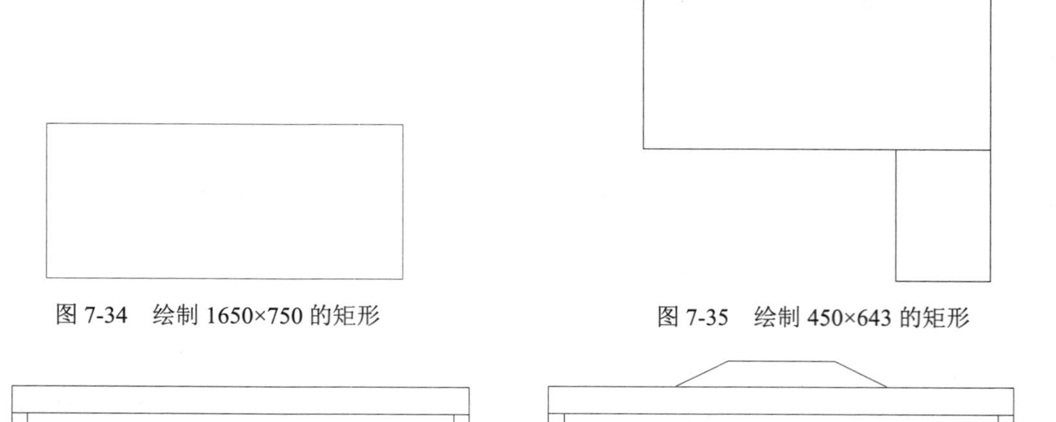

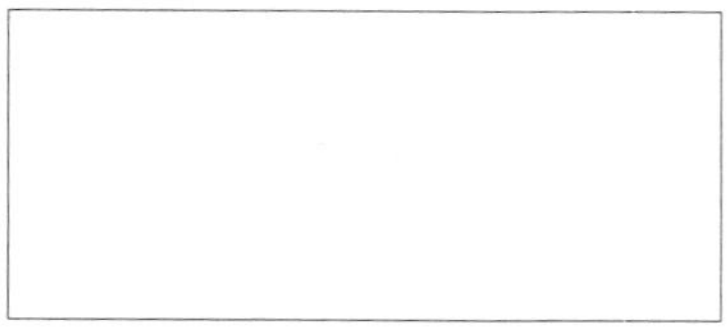

图 7-34　绘制 1650×750 的矩形

图 7-35　绘制 450×643 的矩形

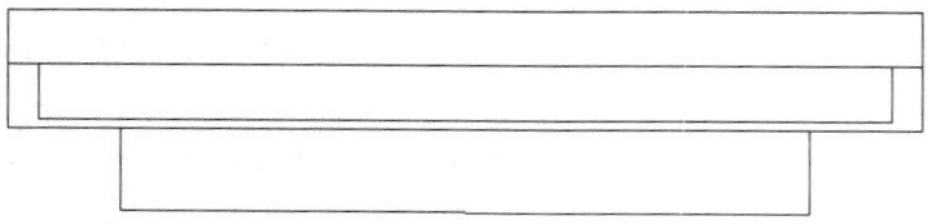

图 7-36　移动矩形

图 7-37　绘制连续直线

（6）单击“默认”选项卡“绘图”面板中的“直线”按钮，在底部矩形内绘制一条斜向直线，如图 7-38 所示。

（7）单击“默认”选项卡“修改”面板中的“镜像”按钮，选择第（6）步绘制的斜向直线为镜像对象并对其进行镜像操作，如图 7-39 所示。

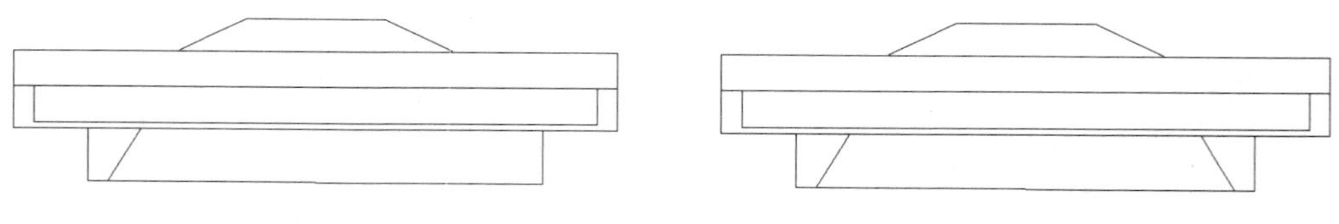

图 7-38　绘制斜向直线

图 7-39　镜像直线

（8）单击“默认”选项卡“修改”面板中的“旋转”按钮，选择绘制的图形为旋转对象，任选一点为旋转基点，将其旋转 27°，完成显示器的绘制，如图 7-40 所示。

（9）单击“默认”选项卡“绘图”面板中的“多段线”按钮，在图形空白区域绘制连续多段线，如图 7-41 所示。

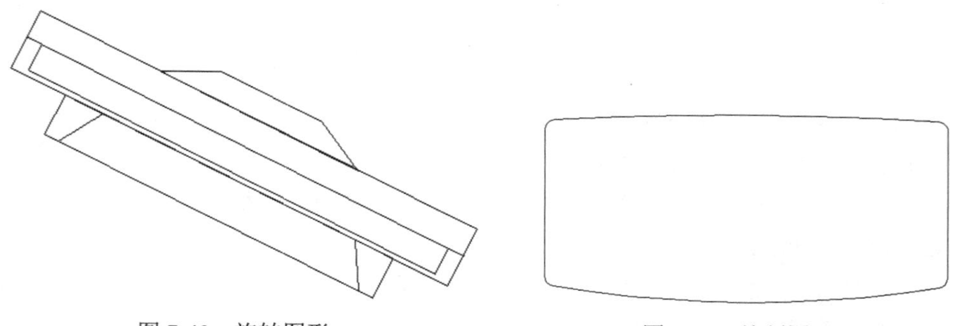

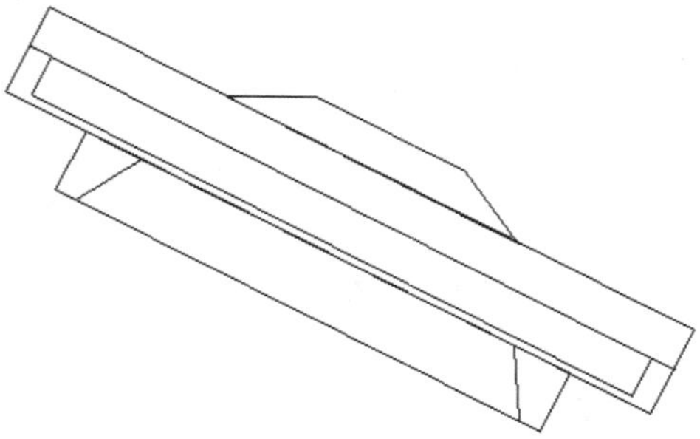

图 7-40　旋转图形

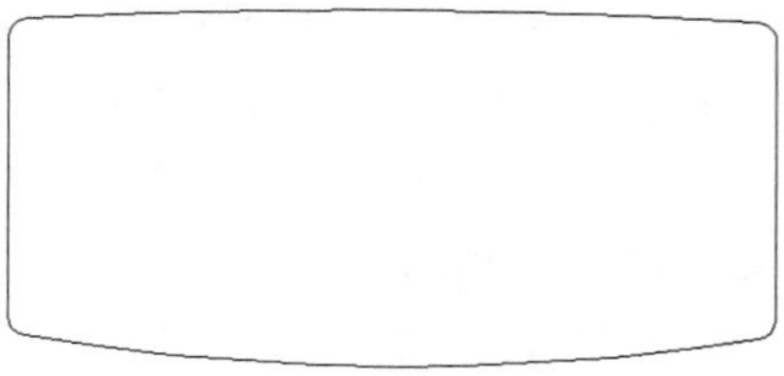

图 7-41　绘制图形

（10）单击“默认”选项卡“绘图”面板中的“矩形”按钮，在第（9）步图形内绘制多

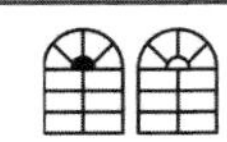

个矩形，完成键盘的绘制，如图 7-42 所示。

（11）单击“默认”选项卡“修改”面板中的“移动”按钮，选择绘制的显示器及键盘为移动对象并将其移动放置到办公桌图形上，如图 7-43 所示。

图 7-42　绘制矩形　　　　图 7-43　移动图形

（12）单击“默认”选项卡“块”面板中的“创建”按钮，弹出“块定义”对话框，选择第（11）步绘制的图形为定义对象，选择任意点为基点，将其定义为块，块名为“办公桌”。

4. 绘制办公椅

（1）单击“默认”选项卡“绘图”面板中的“多段线”按钮，在图形适当位置绘制连续多段线，如图 7-44 所示。

（2）单击“默认”选项卡“绘图”面板中的“圆弧”按钮，在图形适当位置绘制圆弧，完成椅背的绘制，如图 7-45 所示。

（3）单击“默认”选项卡“绘图”面板中的“直线”按钮，在图形适当位置绘制两条竖直直线，如图 7-46 所示。

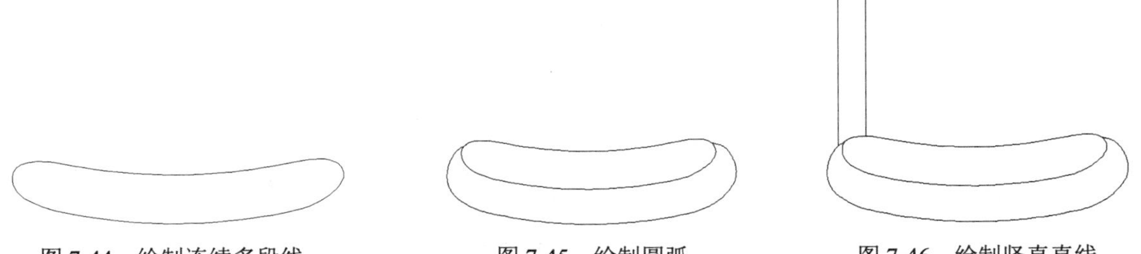

图 7-44　绘制连续多段线　　　　图 7-45　绘制圆弧　　　　图 7-46　绘制竖直直线

（4）单击“默认”选项卡“绘图”面板中的“圆弧”按钮，绘制圆弧封闭两竖直直线端口，如图 7-47 所示。

（5）单击“默认”选项卡“修改”面板中的“镜像”按钮，选择第（4）步绘制的图形为镜像对象，将其进行镜像，完成扶手的绘制，如图 7-48 所示。

（6）单击“默认”选项卡“绘图”面板中的“直线”按钮和“圆弧”按钮，完成椅面的绘制，如图 7-49 所示。

Note

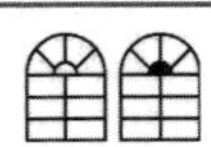

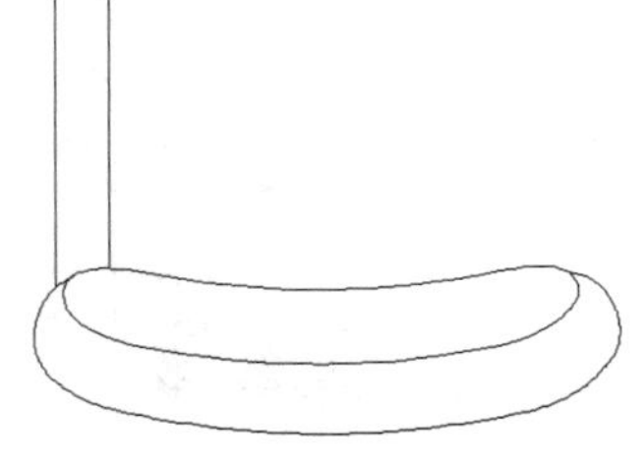

图 7-47　绘制圆弧

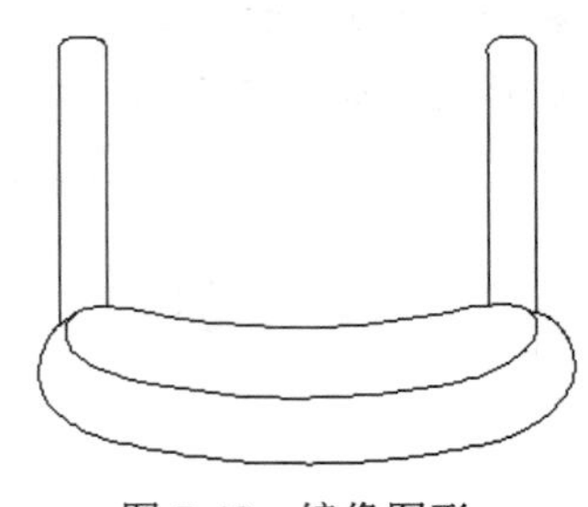

图 7-48　镜像图形

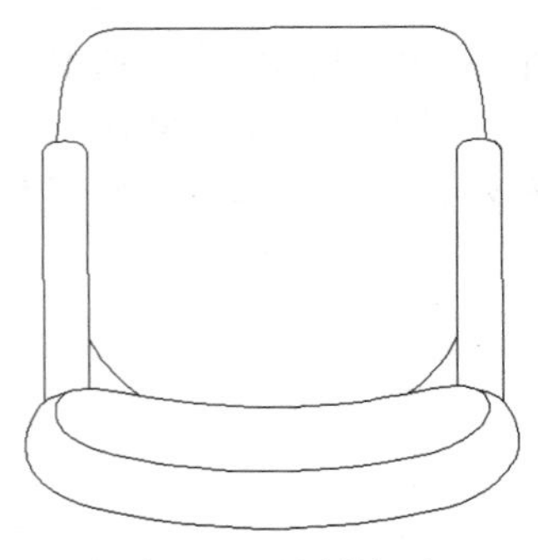

图 7-49　绘制椅面

（7）单击“默认”选项卡“绘图”面板中的“直线”按钮和“圆弧”按钮，完成剩余椅面的绘制，如图 7-50 所示。

（8）单击“默认”选项卡“绘图”面板中的“圆弧”按钮，在图形底部绘制一段圆弧，如图 7-51 所示。

（9）单击“默认”选项卡“绘图”面板中的“直线”按钮，在第（8）步绘制的圆弧上选取一点为起点绘制连续直线，如图 7-52 所示。利用上述方法完成椅子剩余图形的绘制，如图 7-53 所示。

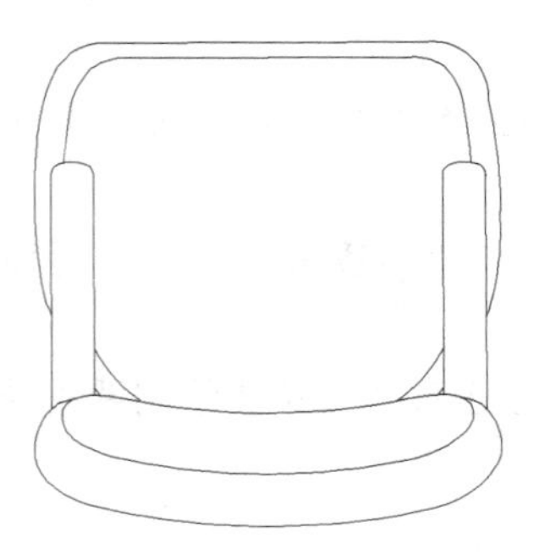

图 7-50　绘制外围线

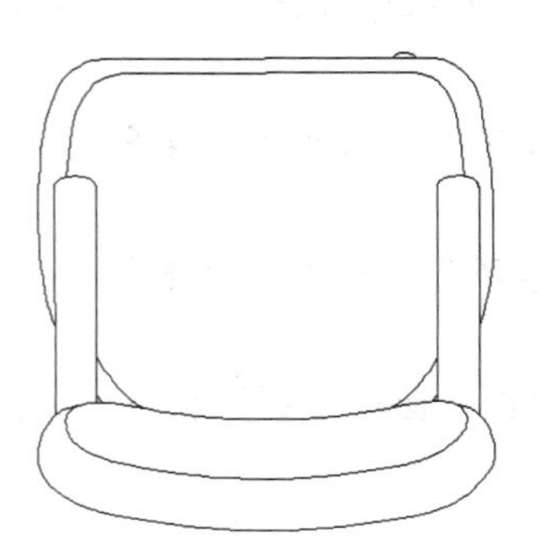

图 7-51　绘制圆弧

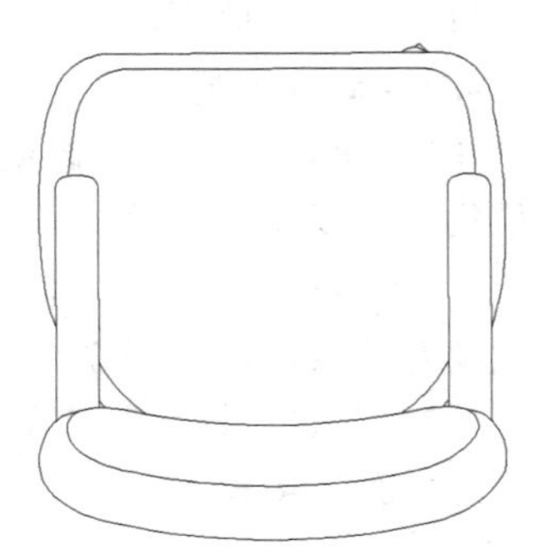

图 7-52　绘制连续直线

（10）单击“默认”选项卡“块”面板中的“创建”按钮，弹出“块定义”对话框，选择第（9）步中绘制的图形为定义对象，选择任意点为基点，将其定义为块，块名为“椅子”。

（11）单击“默认”选项卡“修改”面板中的“移动”按钮，选择第（10）步定义为块的椅子图形并将其移动到办公桌处，如图 7-54 所示。

（12）单击“默认”选项卡“块”面板中的“创建”按钮，弹出“块定义”对话框，选择绘制的办公桌和椅子为定义对象，选择任意点为基点，将其定义为块，块名为“办公桌椅”。

5. 绘制会客桌椅

（1）利用上述绘制椅子的方法绘制会客椅图形，如图 7-55 所示。

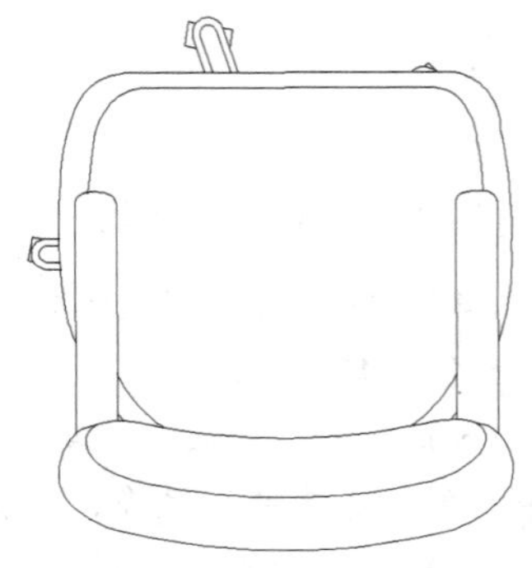

图 7-53　绘制剩余图形

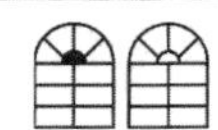

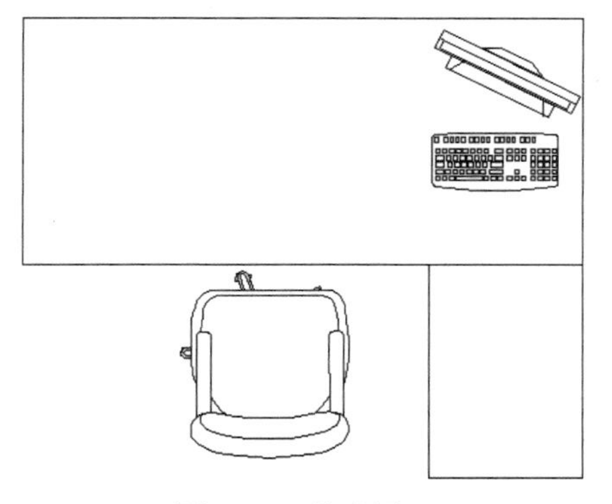

图 7-54　移动图形

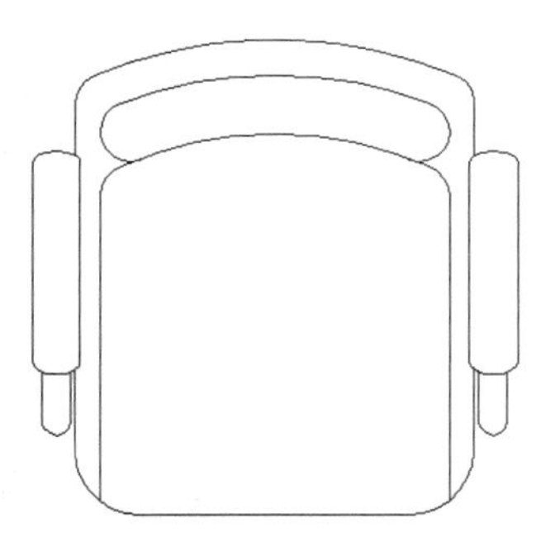

图 7-55　绘制会客椅

（2）单击“默认”选项卡“绘图”面板中的“矩形”按钮，在第（1）步绘制的图形右侧绘制一个500×500的矩形，如图7-56所示。

（3）单击“默认”选项卡“块”面板中的“插入”按钮，将“装饰物”图块插入到图中，如图7-57所示。

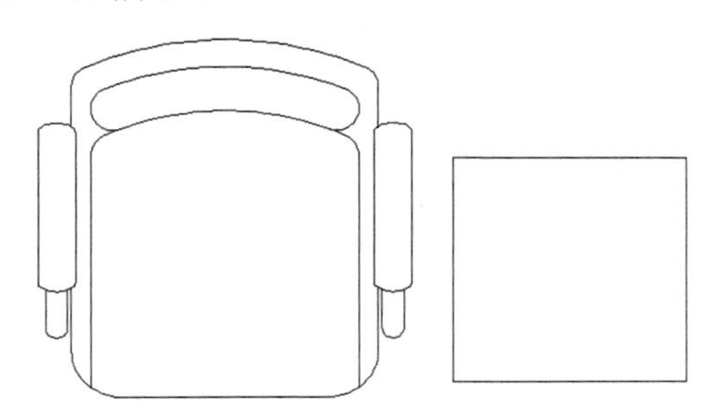

图 7-56　绘制矩形

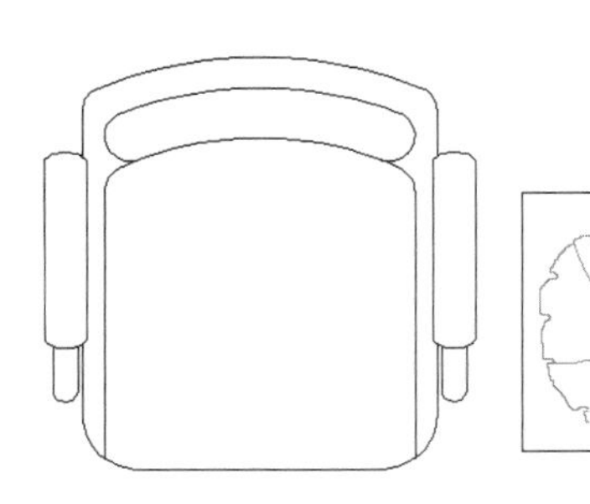

图 7-57　绘制装饰物

（4）单击“默认”选项卡“修改”面板中的“镜像”按钮，选择会客椅图形为镜像对象并向右进行竖直镜像，如图7-58所示。

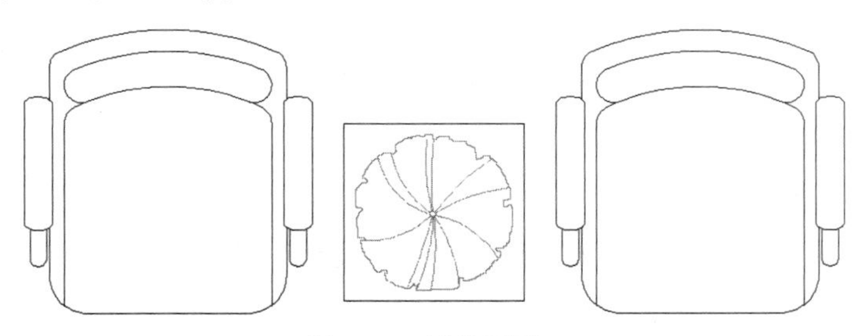

图 7-58　镜像图形

（5）单击“默认”选项卡“块”面板中的“创建”按钮，弹出“块定义”对话框，选择第（4）步中的图形为定义对象，选择任意点为基点，将其定义为块，块名为“会客桌椅”。

6. 绘制沙发和茶几

（1）单击“默认”选项卡“绘图”面板中的“多段线”按钮，在图形空白区域绘制连续直线，如图7-59所示。

（2）单击“默认”选项卡“绘图”面板中的“直线”按钮，在第（1）步的图形内适当位

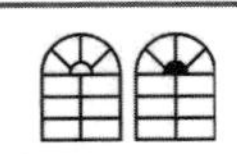

置绘制两条竖直直线，如图 7-60 所示。

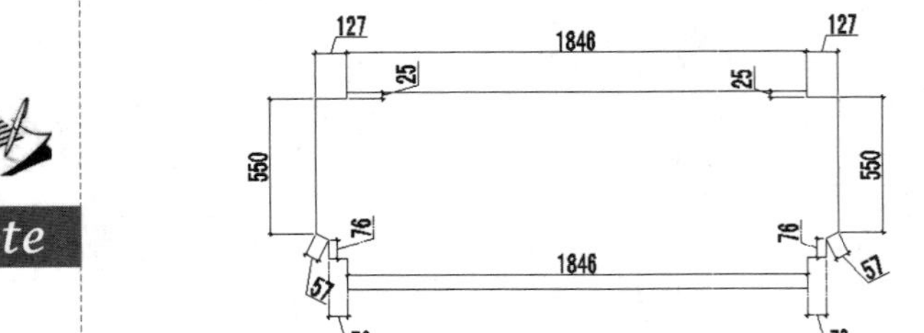

图 7-59　绘制连续直线

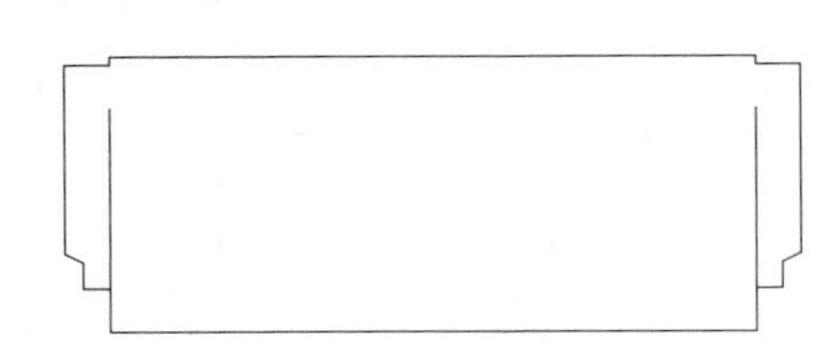

图 7-60　绘制竖直直线

（3）单击“默认”选项卡“绘图”面板中的“直线”按钮，连接第（2）步绘制的两条竖直线绘制一条水平直线，如图 7-61 所示。

（4）单击“默认”选项卡“修改”面板中的“偏移”按钮，选择第（2）步绘制的左侧竖直直线为偏移对象并向右进行偏移，偏移距离分别为 610 和 627，如图 7-62 所示。

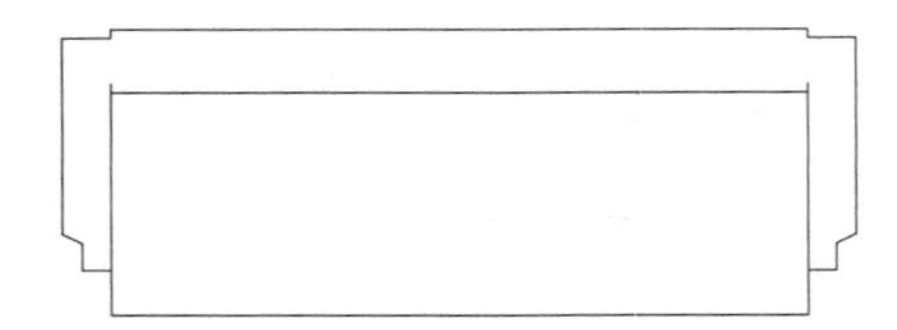

图 7-61　绘制水平直线

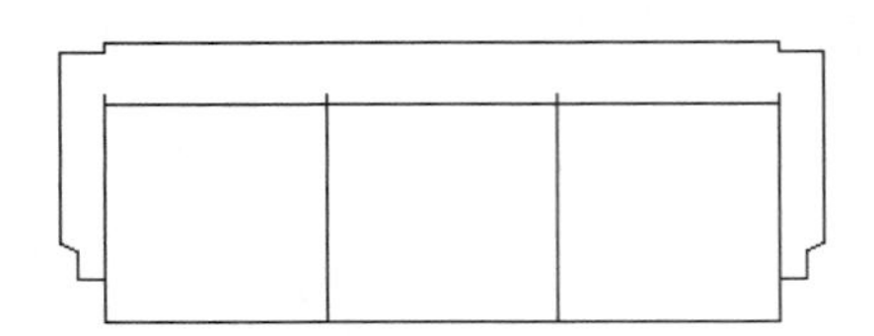

图 7-62　偏移线段

（5）单击“默认”选项卡“修改”面板中的“修剪”按钮，对竖直直线超出水平直线部分进行修剪，如图 7-63 所示。

（6）单击“默认”选项卡“修改”面板中的“偏移”按钮，选择前面绘制的水平直线为偏移对象并向下进行偏移，偏移距离分别为 178、51 和 51，如图 7-64 所示。

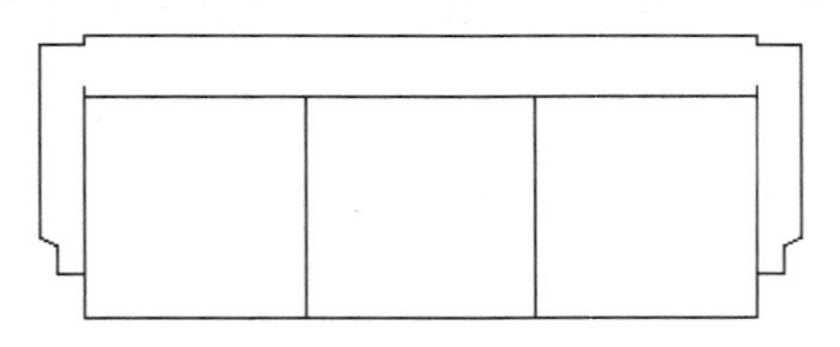

图 7-63　修剪线段

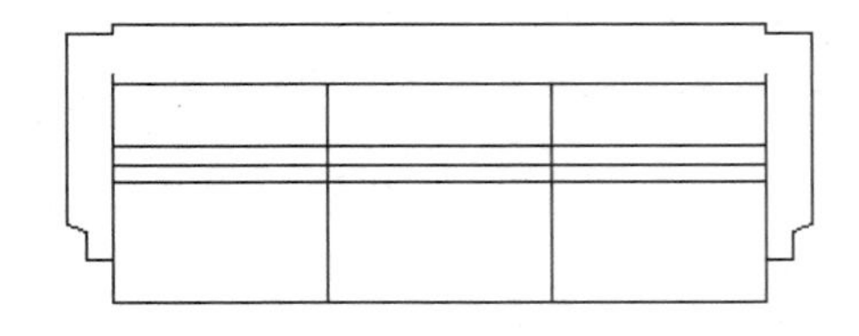

图 7-64　偏移水平直线

（7）单击“默认”选项卡“绘图”面板中的“直线”按钮，在左侧图形下端绘制连续直线，如图 7-65 所示。

（8）单击“默认”选项卡“修改”面板中的“镜像”按钮，选择第（7）步绘制的图形为镜像图形并将其向右侧进行镜像，如图 7-66 所示。

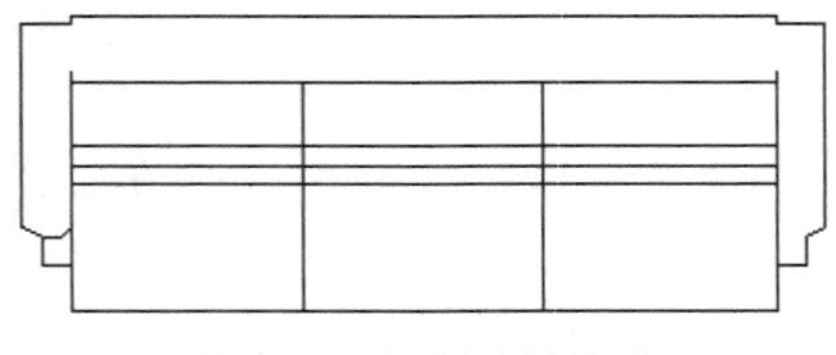

图 7-65　绘制连续直线

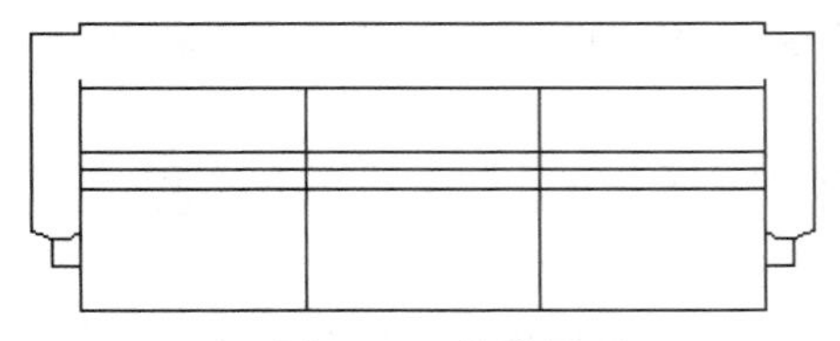

图 7-66　镜像图形

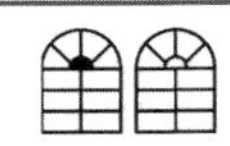

（9）剩余沙发图形的绘制方法基本相同，这里不再详细阐述，结果如图 7-67 所示。

（10）单击“默认”选项卡“绘图”面板中的“矩形”按钮，在沙发左侧绘制一个 558×568 的矩形，如图 7-68 所示。

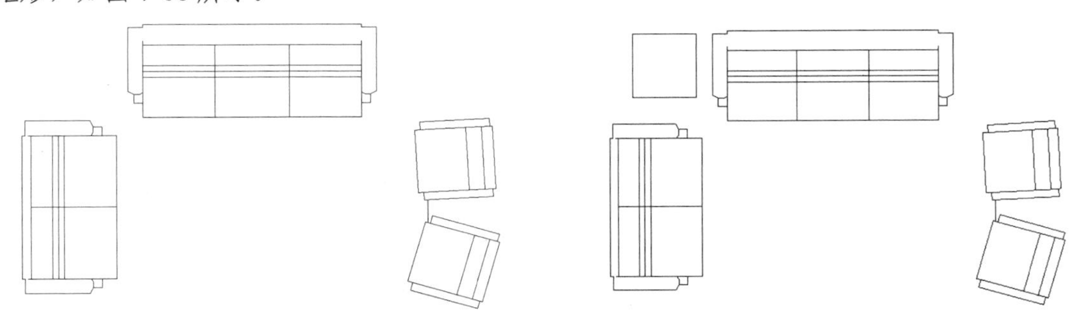

图 7-67　绘制剩余沙发图形　　图 7-68　绘制矩形

（11）单击“默认”选项卡“修改”面板中的“偏移”按钮，选择第（10）步绘制的矩形为偏移对象并向内进行偏移，偏移距离为 60，如图 7-69 所示。

（12）单击“默认”选项卡“绘图”面板中的“直线”按钮，在第（11）步绘制的矩形内绘制十字交叉线，如图 7-70 所示。

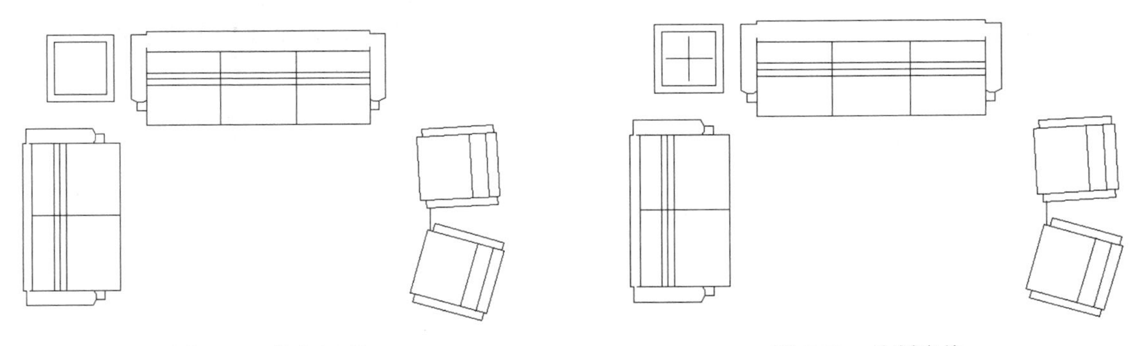

图 7-69　偏移矩形　　图 7-70　绘制直线

（13）单击“默认”选项卡“绘图”面板中的“圆”按钮，以第（12）步绘制的十字线交点为圆心绘制一个半径为 129 的圆，如图 7-71 所示。

（14）单击“默认”选项卡“绘图”面板中的“直线”按钮，绘制茶几与沙发之间的连接线，如图 7-72 所示。

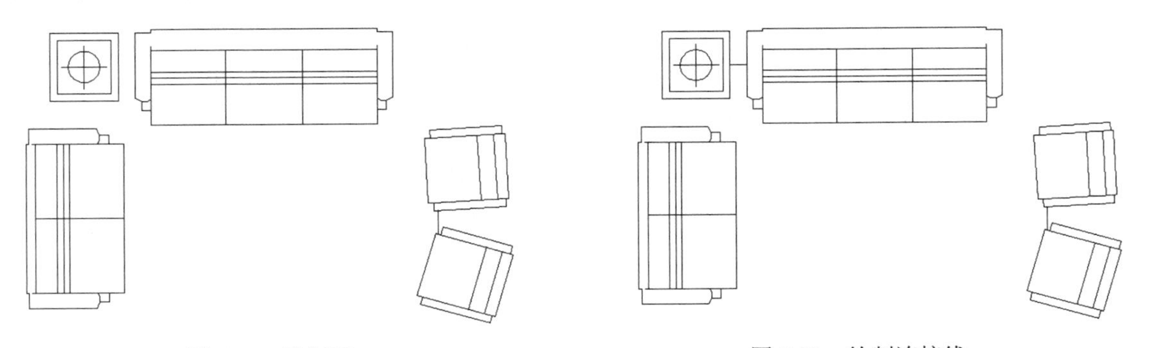

图 7-71　绘制圆　　图 7-72　绘制连接线

（15）单击“默认”选项卡“修改”面板中的“镜像”按钮，选择绘制的茶几及茶几与沙发之间的连接线为镜像对象并将其向右侧进行镜像，如图 7-73 所示。

（16）单击“默认”选项卡“绘图”面板中的“矩形”按钮，在沙发中间位置绘制一个 2910×2436 的矩形，如图 7-74 所示。

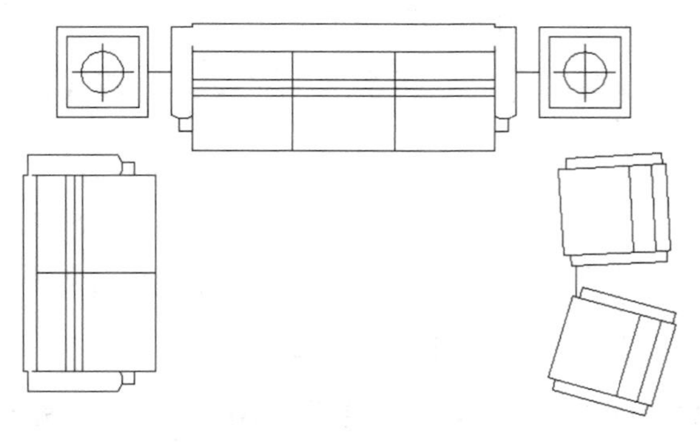

图 7-73　镜像图形

图 7-74　绘制矩形

（17）单击“默认”选项卡“修改”面板中的“偏移”按钮，选择第（16）步绘制的矩形为偏移对象并向内进行偏移，偏移距离为 119，如图 7-75 所示。

（18）单击“默认”选项卡“修改”面板中的“修剪”按钮，对第（17）步绘制的两个矩形进行修剪处理，如图 7-76 所示。

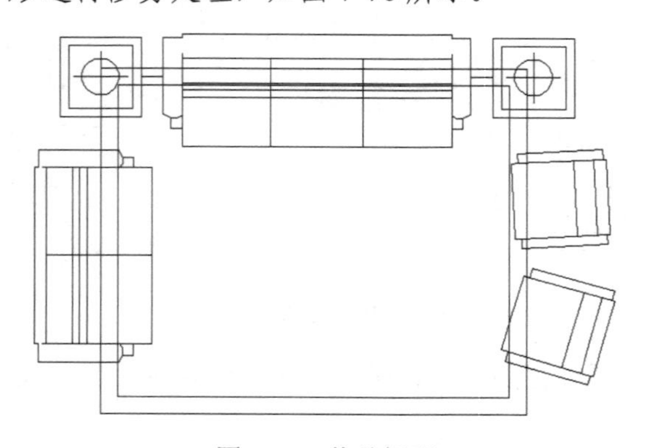

图 7-75　偏移矩形

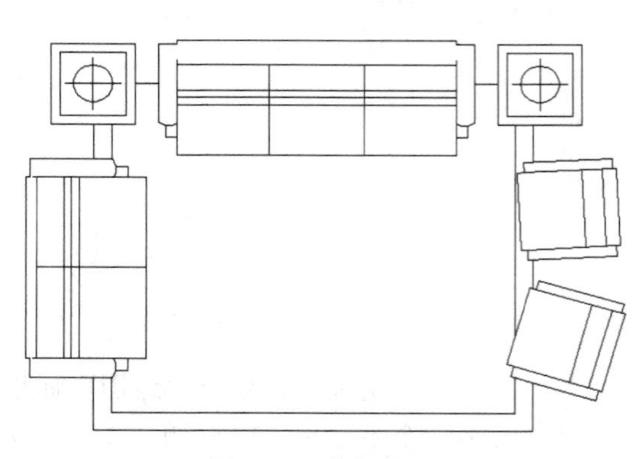

图 7-76　修剪线段

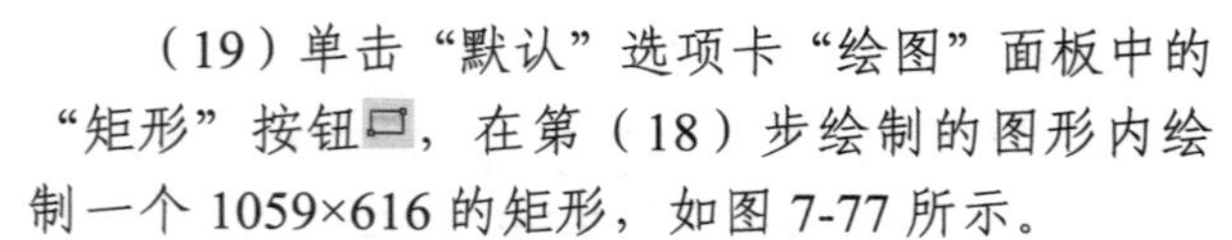

（19）单击“默认”选项卡“绘图”面板中的“矩形”按钮，在第（18）步绘制的图形内绘制一个 1059×616 的矩形，如图 7-77 所示。

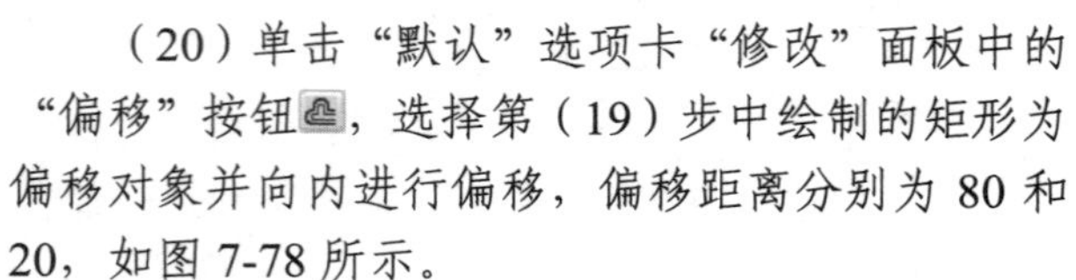

（20）单击“默认”选项卡“修改”面板中的“偏移”按钮，选择第（19）步中绘制的矩形为偏移对象并向内进行偏移，偏移距离分别为 80 和 20，如图 7-78 所示。

（21）结合所学知识完成剩余图形的绘制，如图 7-79 所示。

（22）单击“默认”选项卡“块”面板中的“创

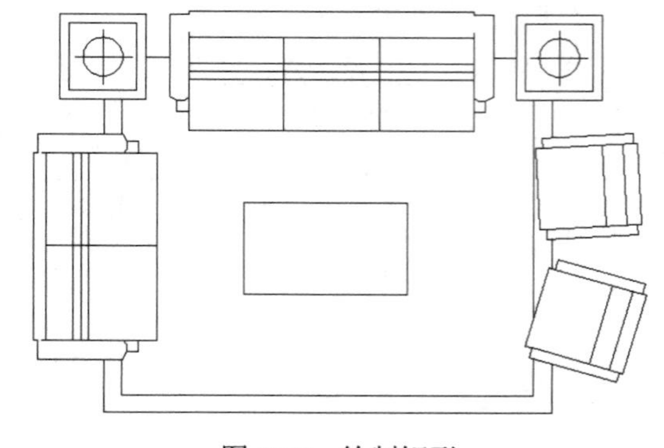

图 7-77　绘制矩形

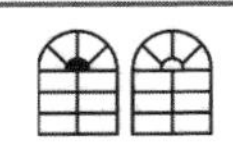

建”按钮，弹出“块定义”对话框，将第（21）步中的图形作为定义对象，选择任意点为基点，将其定义为块，块名为“沙发和茶几”。

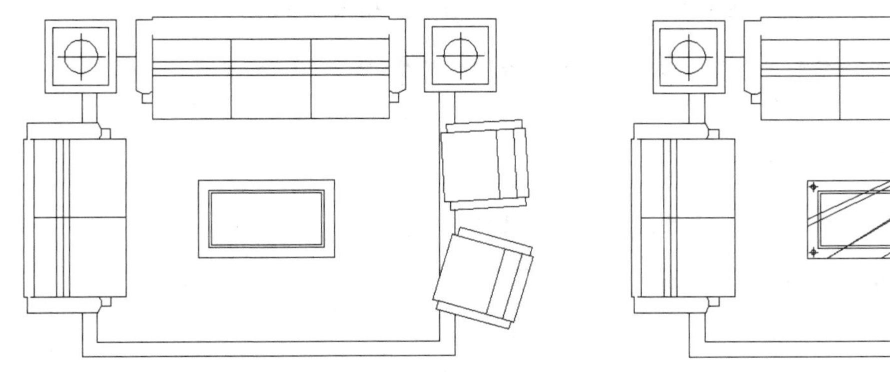

图 7-78 偏移矩形　　　　图 7-79 绘制剩余图形

7. 绘制餐区隔断

（1）单击“默认”选项卡“绘图”面板中的“多段线”按钮，在图形适当位置绘制连续多段线，如图 7-80 所示。

（2）单击“默认”选项卡“修改”面板中的“偏移”按钮，选择第（1）步绘制的连续多段线为偏移对象并向右侧进行偏移，偏移距离为 36，如图 7-81 所示。

（3）单击“默认”选项卡“绘图”面板中的“直线”按钮，封闭第（2）步偏移线段的上下两个端口，如图 7-82 所示。

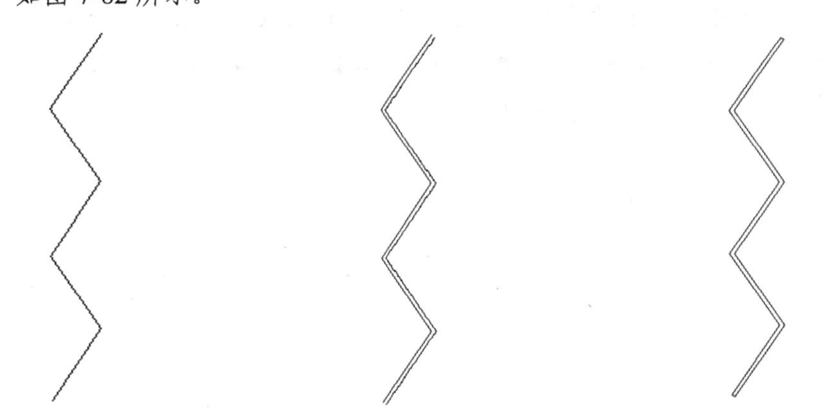

图 7-80 绘制连续多段线　　图 7-81 偏移线段　　图 7-82 绘制封闭线段

（4）单击“默认”选项卡“块”面板中的“创建”按钮，弹出“块定义”对话框，选择第（3）步中的图形为定义对象，选择任意点为基点，将其定义为块，块名为“餐区隔断”。

7.1.3 布置家具图块

本节主要讲述“插入块”命令的运用，只需将 7.1.2 节中创建的块插入到平面图中即可，最后细化图形，完成装饰平面图的绘制。

Note

操作步骤如下：

（1）单击“默认”选项卡“块”面板中的“插入”按钮，弹出“插入”对话框，选择“餐区隔断”图块插入到图中，单击“确定”按钮，完成图块插入，如图7-83所示。

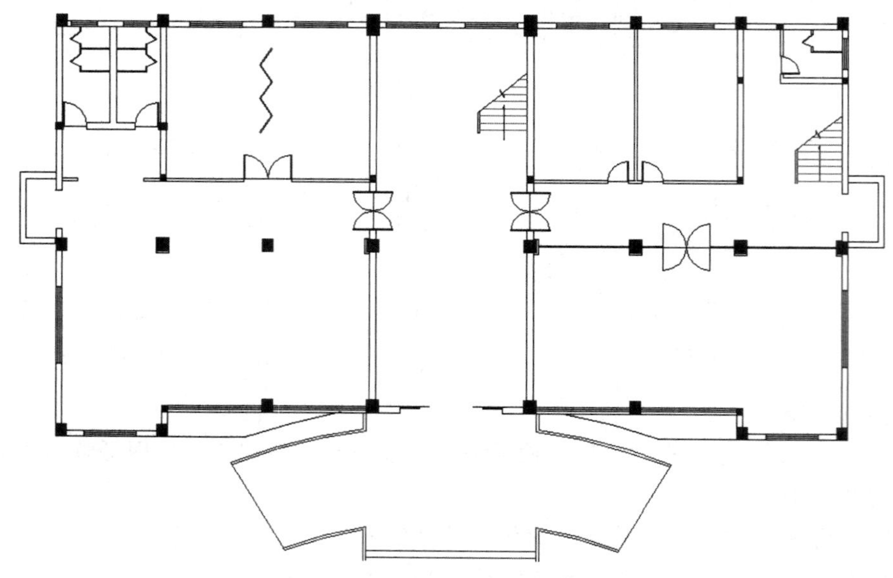

图7-83　插入餐区隔断

（2）单击“默认”选项卡“块”面板中的“插入”按钮，弹出“插入”对话框，选择“八人餐桌”图块插入到图中，单击“确定”按钮，完成图块插入，如图7-84所示。

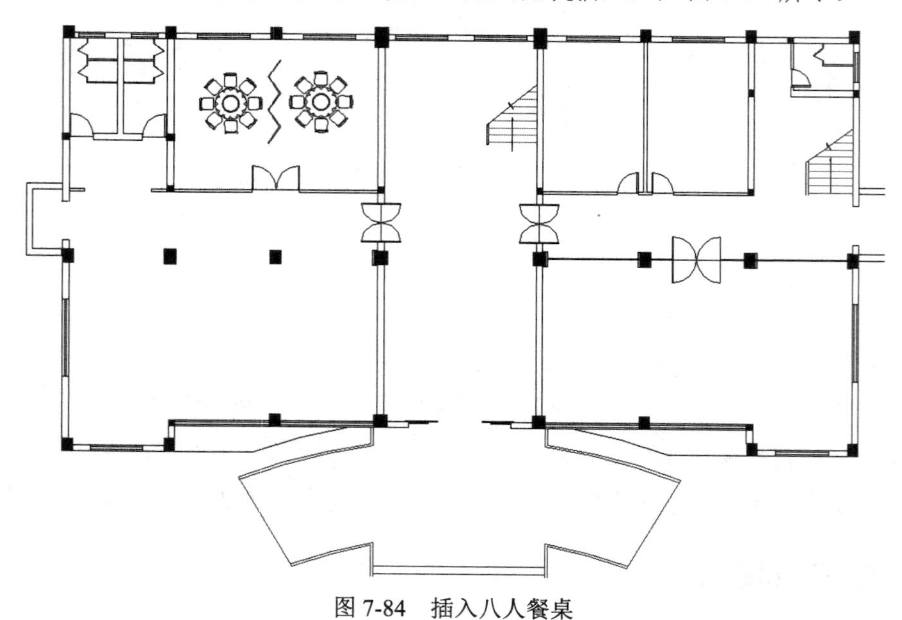

图7-84　插入八人餐桌

（3）单击“默认”选项卡“块”面板中的“插入”按钮，弹出“插入”对话框，选择“四人餐桌”图块插入到图中，单击“确定”按钮，完成图块插入，如图7-85所示。

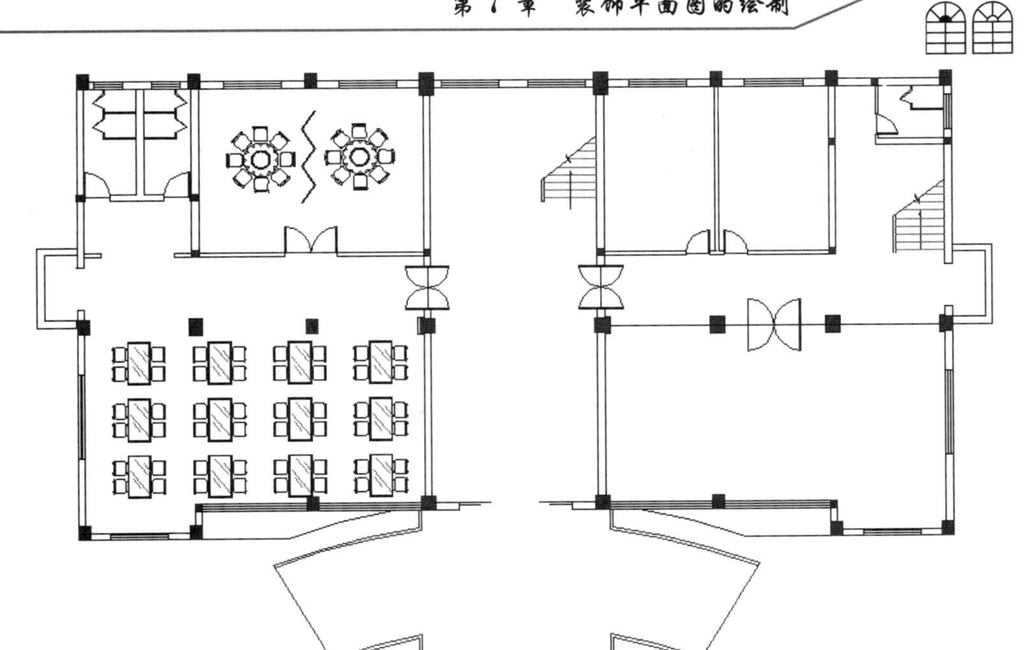

图 7-85　插入四人餐桌

（4）单击“默认”选项卡“块”面板中的“插入”按钮，弹出“插入”对话框，选择“沙发和茶几”图块插入到图中，单击“确定”按钮，完成图块插入，如图 7-86 所示。

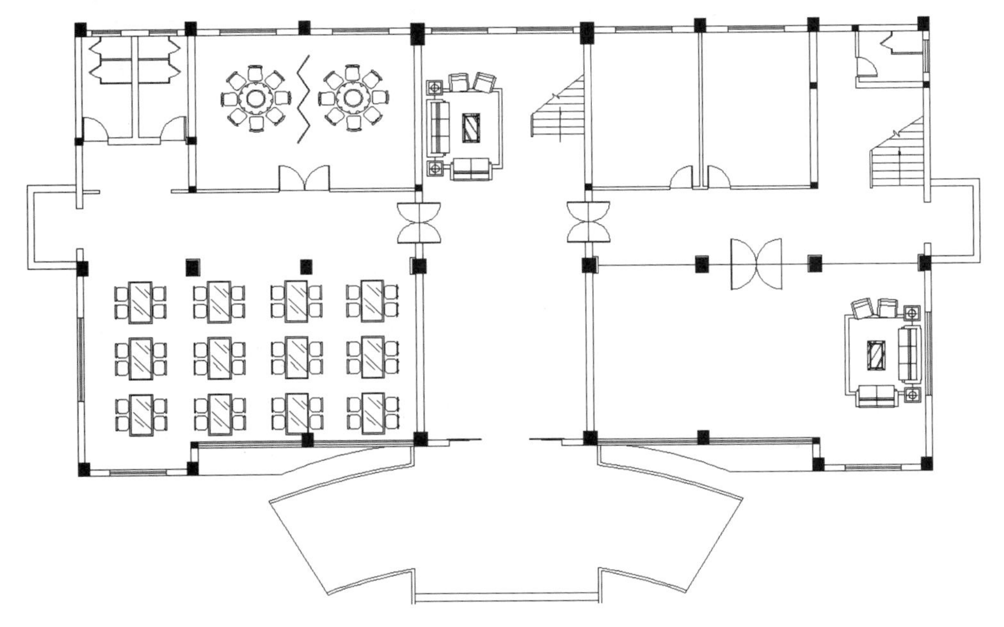

图 7-86　插入沙发和茶几

（5）单击“默认”选项卡“块”面板中的“插入”按钮，弹出“插入”对话框，选择“办公桌椅”图块插入到图中，单击“确定”按钮，完成图块插入，最后整理图形，结果如图 7-87 所示。

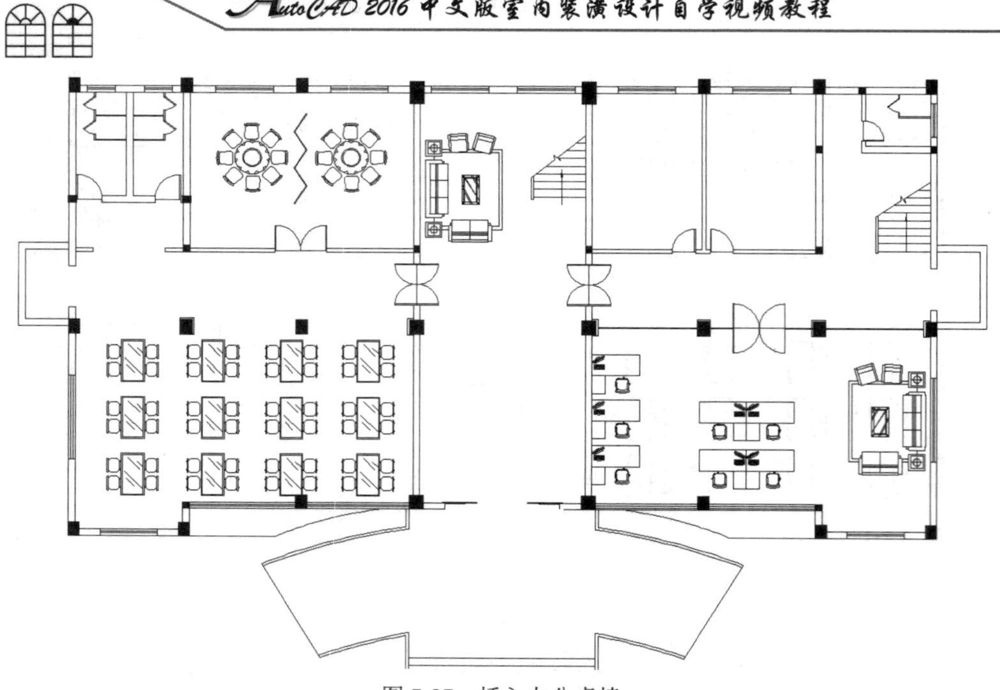

图 7-87　插入办公桌椅

（6）单击“默认”选项卡“块”面板中的“插入”按钮，弹出“插入”对话框，选择“会客桌椅”图块插入到图中，单击“确定”按钮，完成图块插入，如图 7-88 所示。

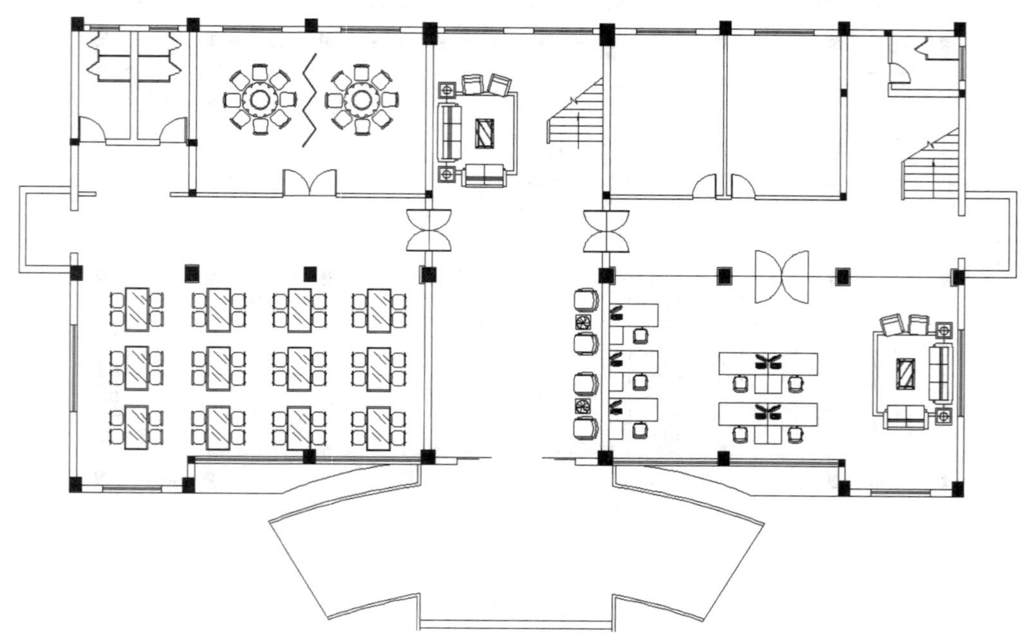

图 7-88　插入会客桌椅

（7）单击“默认”选项卡“块”面板中的“插入”按钮，弹出“插入”对话框。单击“浏览”按钮，弹出“选择图形文件”对话框，选择“源文件\第 7 章\图块\蹲便器”图块，单击“打开”按钮，回到“插入”对话框，单击“确定”按钮，完成图块插入，如图 7-89 所示。

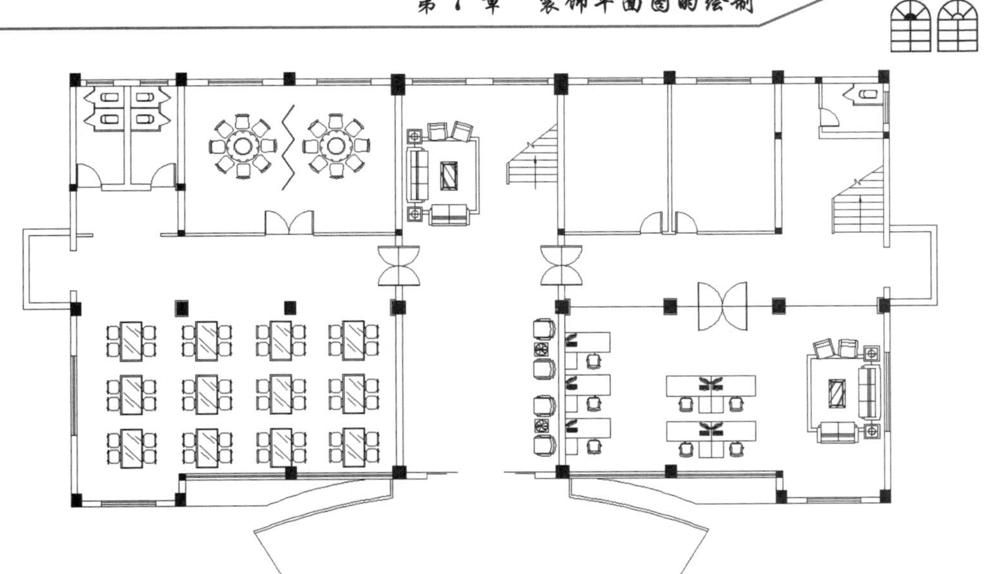

图 7-89　插入蹲便器

（8）单击“默认”选项卡“块”面板中的“插入”按钮，弹出“插入”对话框。单击“浏览”按钮，弹出“选择图形文件”对话框，选择“源文件\第 7 章\图块\洗手盆”图块，单击“打开”按钮，回到“插入”对话框，单击“确定”按钮，完成图块插入，如图 7-90 所示。

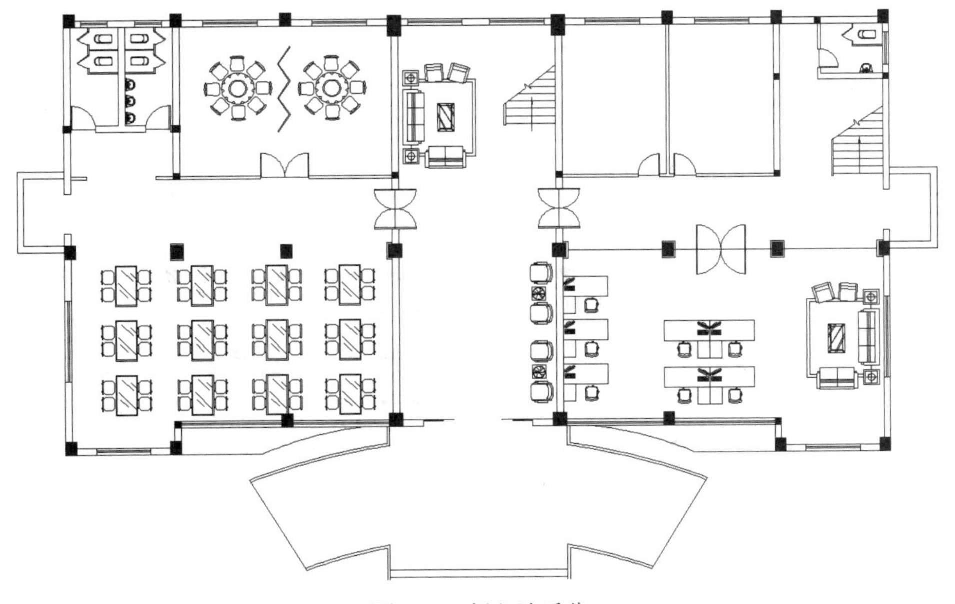

图 7-90　插入洗手盆

（9）单击“默认”选项卡“块”面板中的“插入”按钮，弹出“插入”对话框。单击“浏览”按钮，弹出“选择图形文件”对话框，选择“源文件\第 7 章\图块\装饰物”图块，单击“打开”按钮，回到“插入”对话框，单击“确定”按钮，完成图块插入，最后调整插入图块的比例，结果如图 7-91 所示。

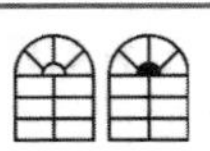

Note

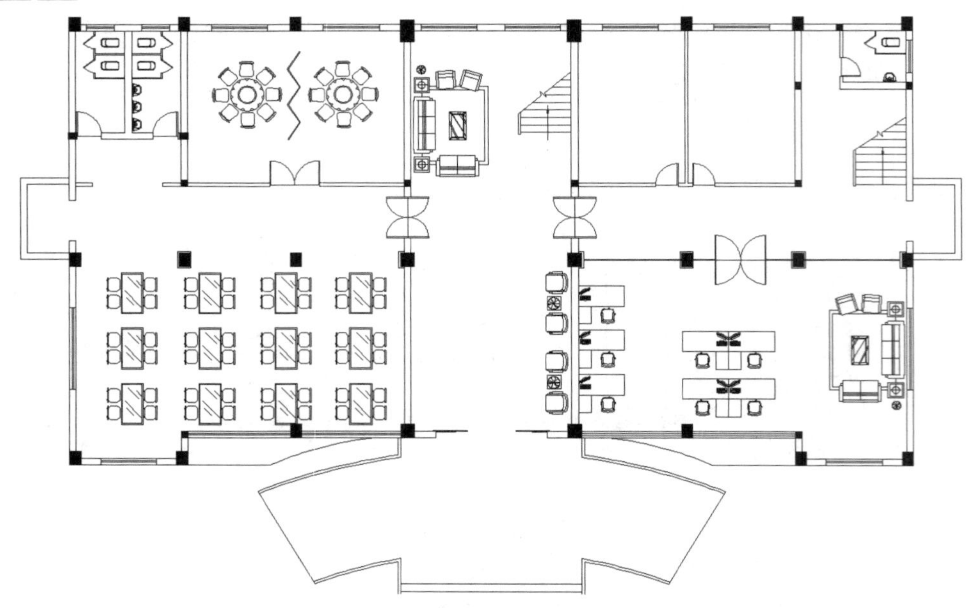

图 7-91　插入装饰物

（10）单击“默认”选项卡“块”面板中的“插入”按钮，弹出“插入”对话框。单击“浏览”按钮，弹出“选择图形文件”对话框，选择“源文件\第7章\图块\绿植1”图块，单击“打开”按钮，回到“插入”对话框，单击“确定”按钮，完成图块插入，如图7-92所示。

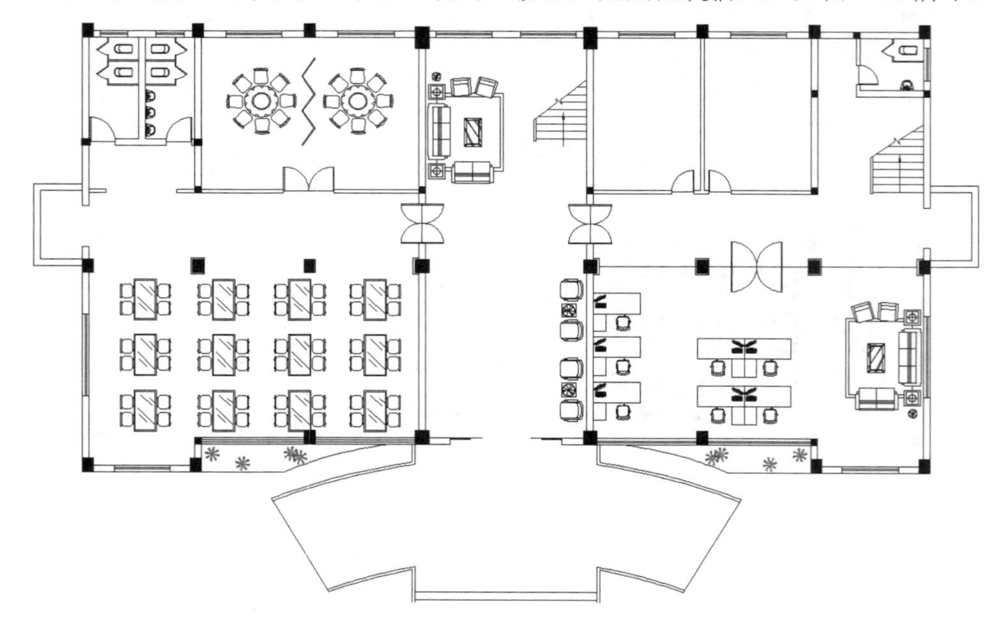

图 7-92　插入绿植 1

（11）单击“默认”选项卡“块”面板中的“插入”按钮，弹出“插入”对话框。单击“浏览”按钮，弹出“选择图形文件”对话框，选择“源文件\第7章\图块\绿植2”图块，单击“打开”按钮，回到“插入”对话框，单击“确定”按钮，完成图块插入，如图7-93所示。

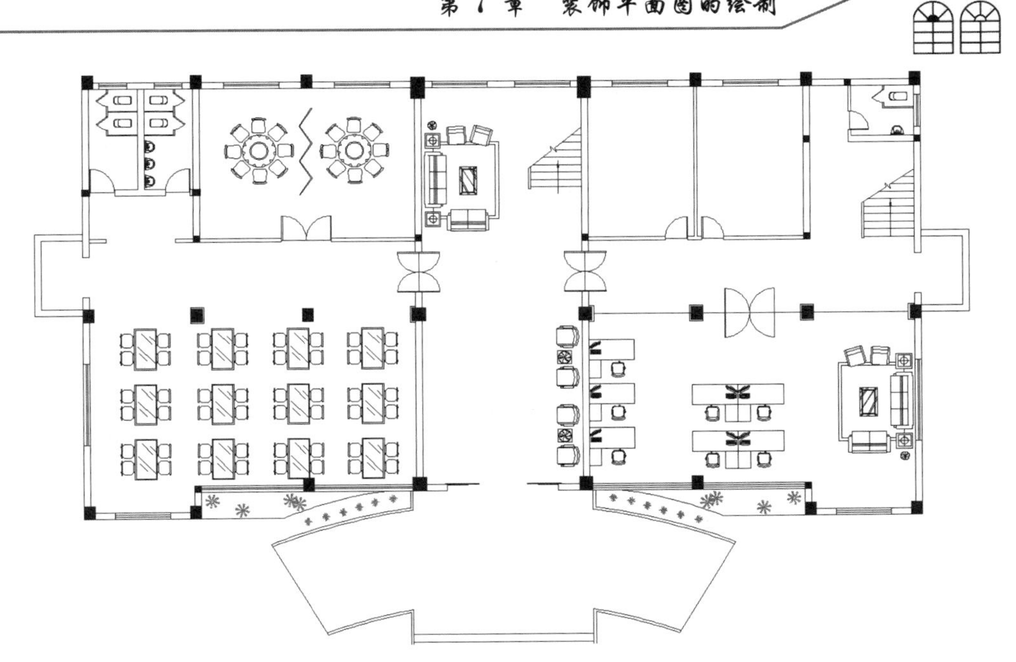

图 7-93　插入绿植 2

（12）单击“默认”选项卡“块”面板中的“插入”按钮，弹出“插入”对话框。单击“浏览”按钮，弹出“选择图形文件”对话框，选择“源文件\第 7 章\图块\绿植 3”图块，单击“打开”按钮，回到“插入”对话框，单击“确定”按钮，完成图块插入，如图 7-94 所示。

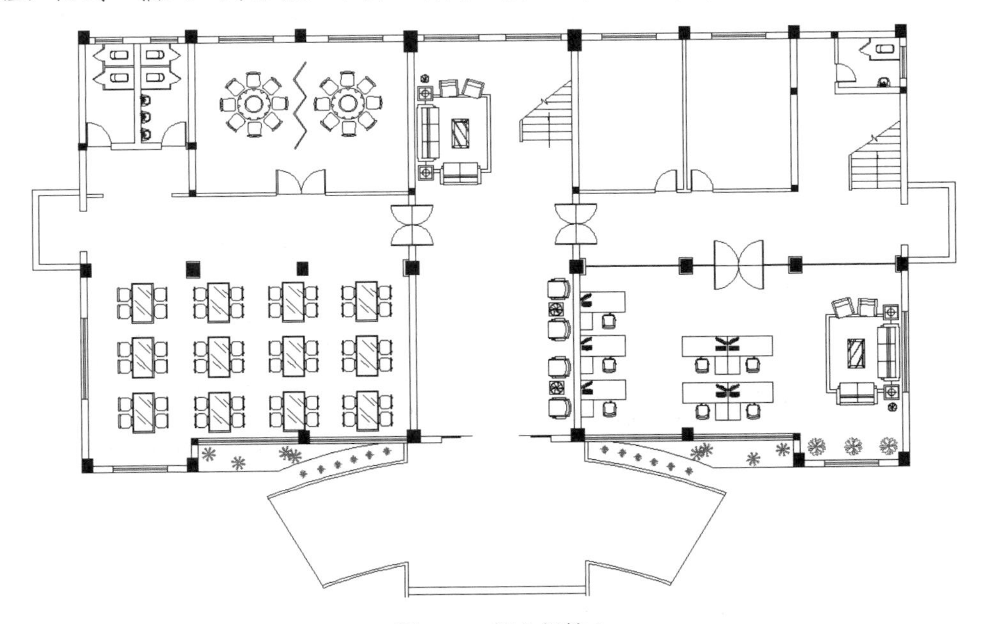

图 7-94　插入绿植 3

（13）单击“默认”选项卡“块”面板中的“插入”按钮，弹出“插入”对话框。单击“浏览”按钮，弹出“选择图形文件”对话框，选择“源文件\第 7 章\图块\绿植 4”图块，单击“打开”按钮，回到“插入”对话框，单击“确定”按钮，完成图块插入，如图 7-95 所示。

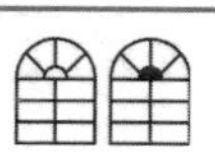
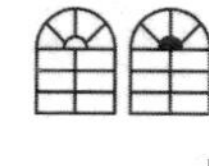

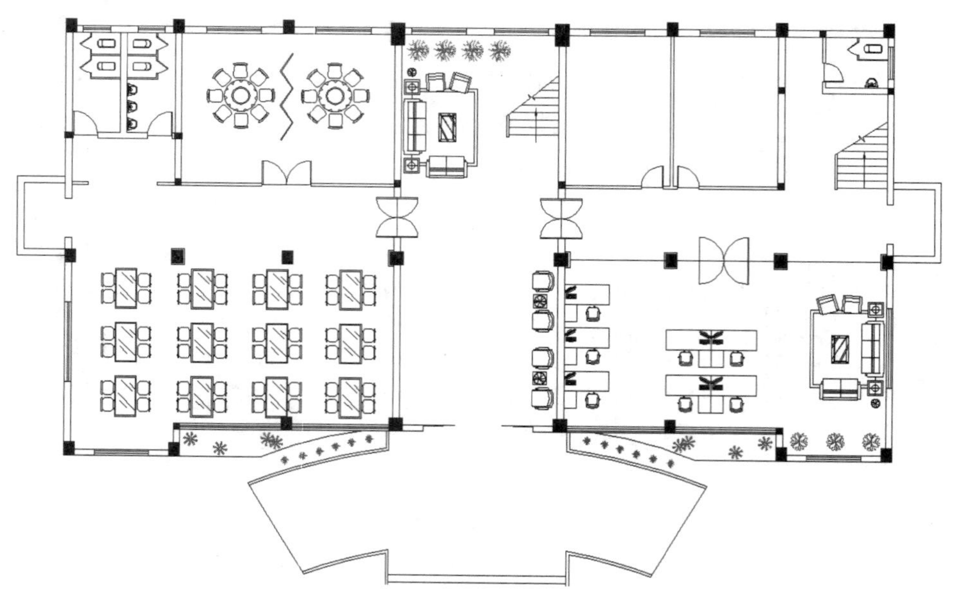

图 7-95　插入绿植 4

（14）单击“默认”选项卡“块”面板中的“插入”按钮，弹出“插入”对话框。单击“浏览”按钮，弹出“选择图形文件”对话框，选择“源文件\第 7 章\图块\汽车”图块，单击“打开”按钮，回到“插入”对话框，单击“确定”按钮，完成图块插入，如图 7-96 所示。

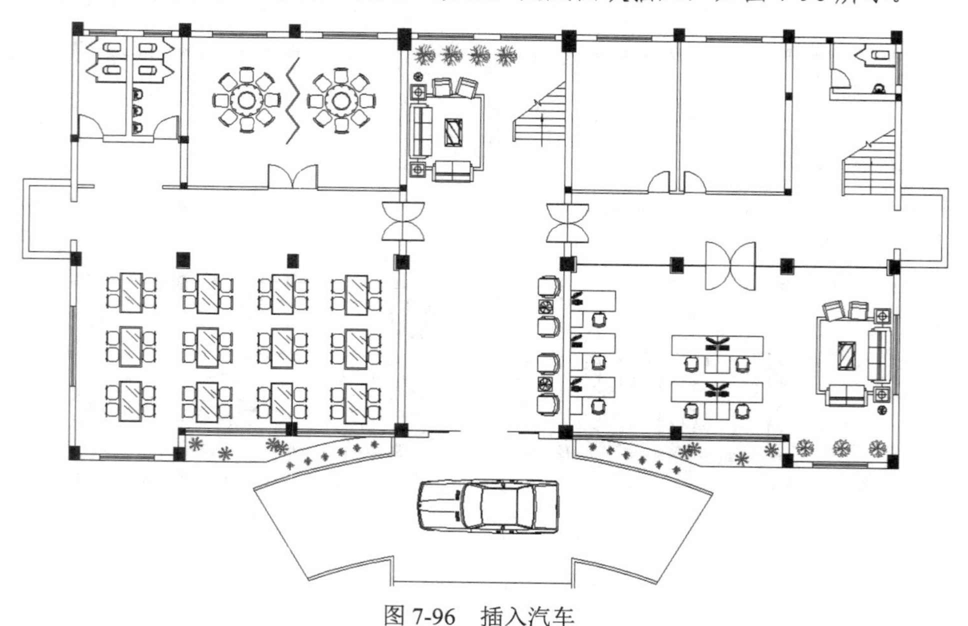

图 7-96　插入汽车

（15）单击“默认”选项卡“绘图”面板中的“矩形”按钮，在客人餐厅窗户位置绘制一个 1500×350 的矩形，如图 7-97 所示。

（16）单击“默认”选项卡“绘图”面板中的“直线”按钮，在第（15）步绘制的矩形内绘制一条斜向直线，如图 7-98 所示。

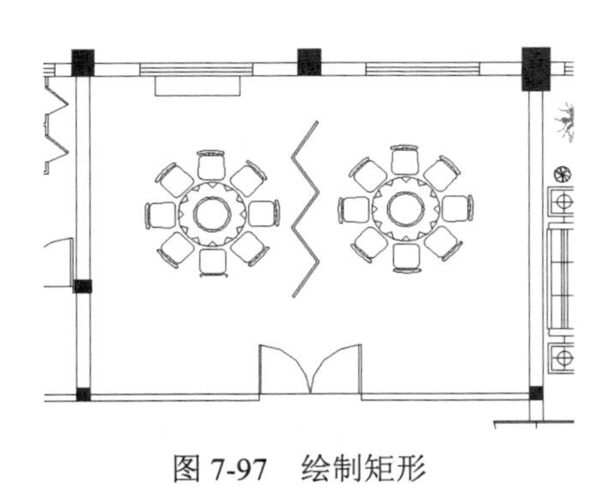

图 7-97　绘制矩形

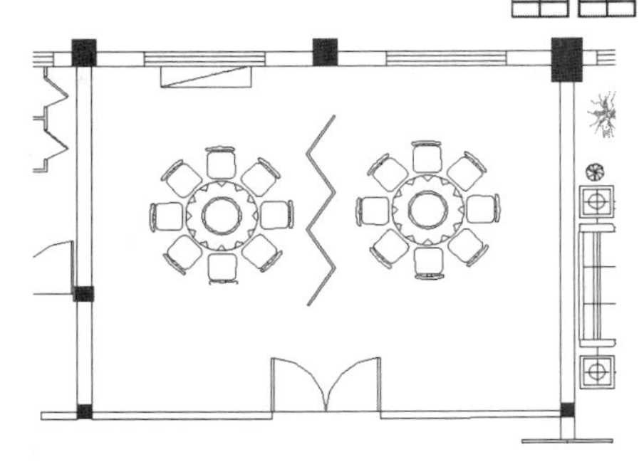

图 7-98　绘制直线

（17）单击“默认”选项卡“修改”面板中的“复制”按钮，选择第（16）步中的图形为复制对象，将其向右进行复制，如图 7-99 所示。

（18）单击“默认”选项卡“绘图”面板中的“矩形”按钮，在图形适当位置绘制一个 350×500 的矩形，如图 7-100 所示。

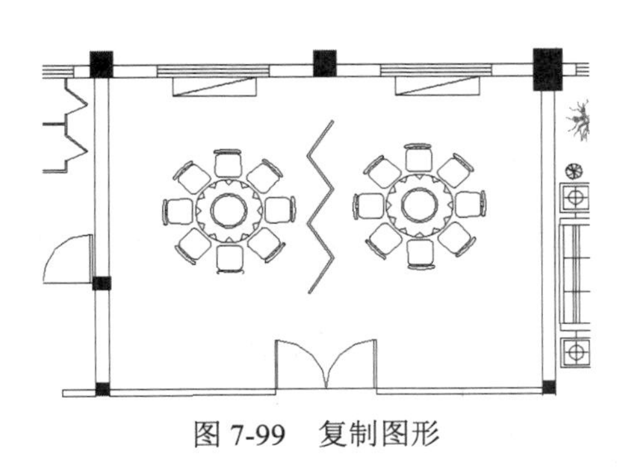

图 7-99　复制图形

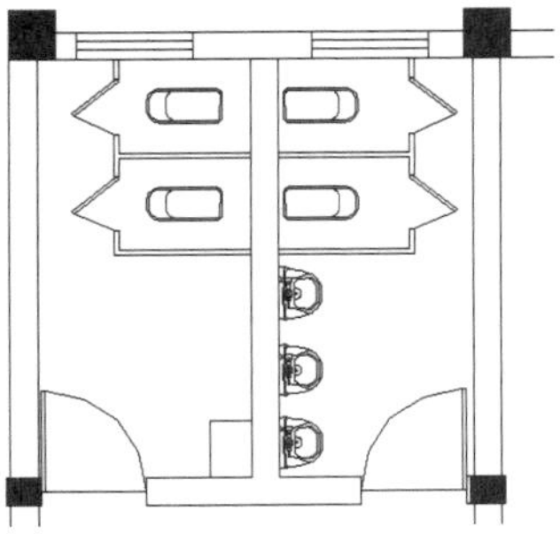

图 7-100　绘制矩形

（19）单击“默认”选项卡“修改”面板中的“偏移”按钮，选择第（18）步绘制的矩形为偏移对象并向内进行偏移，偏移距离为 20，如图 7-101 所示。

（20）单击“默认”选项卡“绘图”面板中的“圆”按钮，在第（19）步偏移矩形内绘制一个半径为 15 的圆，如图 7-102 所示。

（21）单击“默认”选项卡“绘图”面板中的“直线”按钮，绘制内部矩形的对角线。

（22）单击“默认”选项卡“修改”面板中的“修剪”按钮，修剪圆内的对角线，如图 7-103 所示。

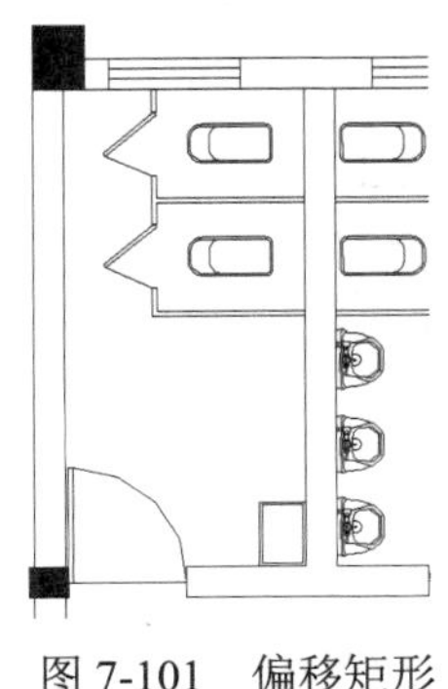

图 7-101　偏移矩形

图 7-102　绘制圆

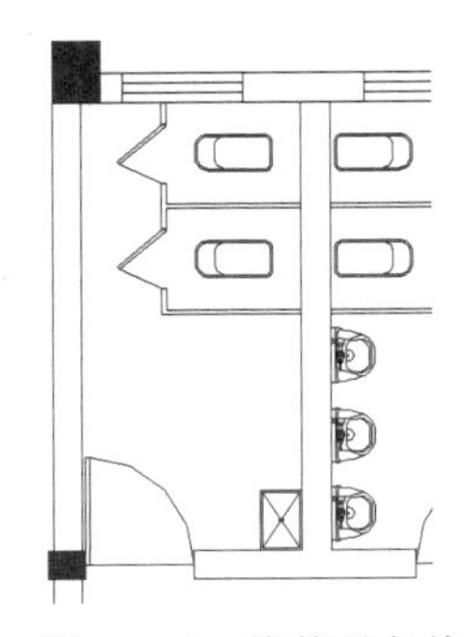

图 7-103　修剪对角线

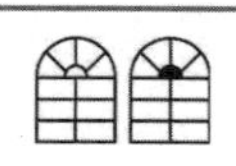

Note

（23）利用上述方法完成相同图形的绘制，如图7-104所示。

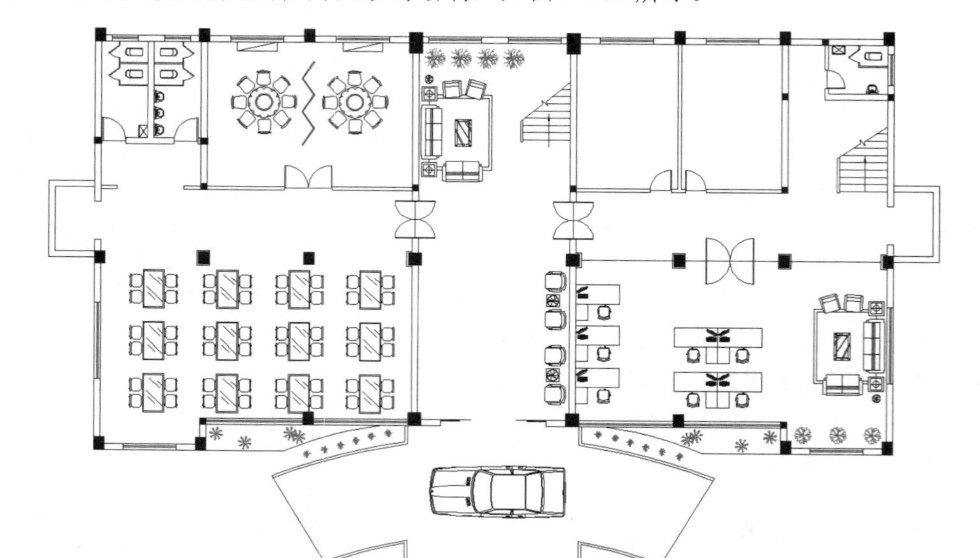

图7-104　绘制相同图形

（24）单击“默认”选项卡“绘图”面板中的“矩形”按钮，在如图7-105所示的位置绘制一个600×700的矩形。

（25）单击“默认”选项卡“修改”面板中的“偏移”按钮，选择第（24）步绘制的矩形为偏移对象并向内进行偏移，偏移距离为172，如图7-106所示。

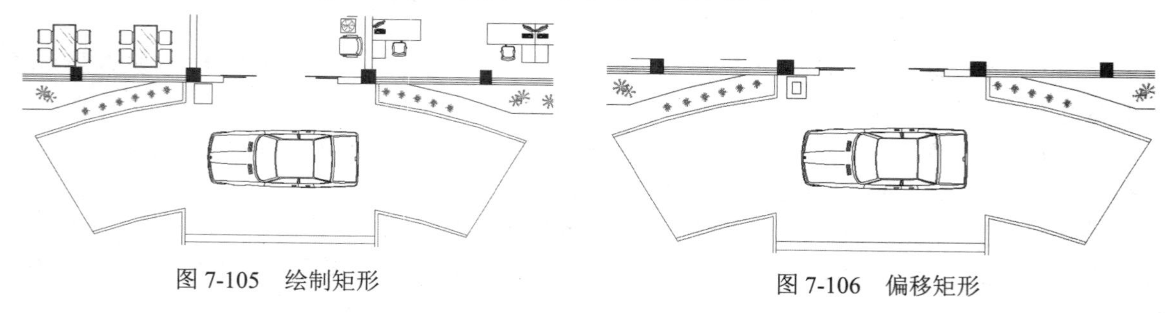

图7-105　绘制矩形　　图7-106　偏移矩形

（26）单击“默认”选项卡“修改”面板中的“复制”按钮，选择第（25）步中的图形为复制对象并向右进行复制，如图7-107所示。

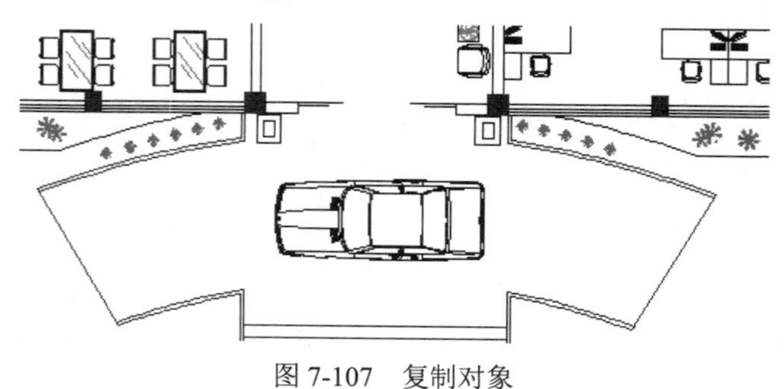

图7-107　复制对象

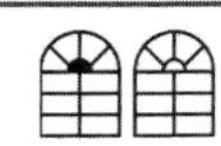

（27）单击“默认”选项卡“绘图”面板中的“直线”按钮，在底部图形处绘制多条水平直线，如图 7-108 所示。

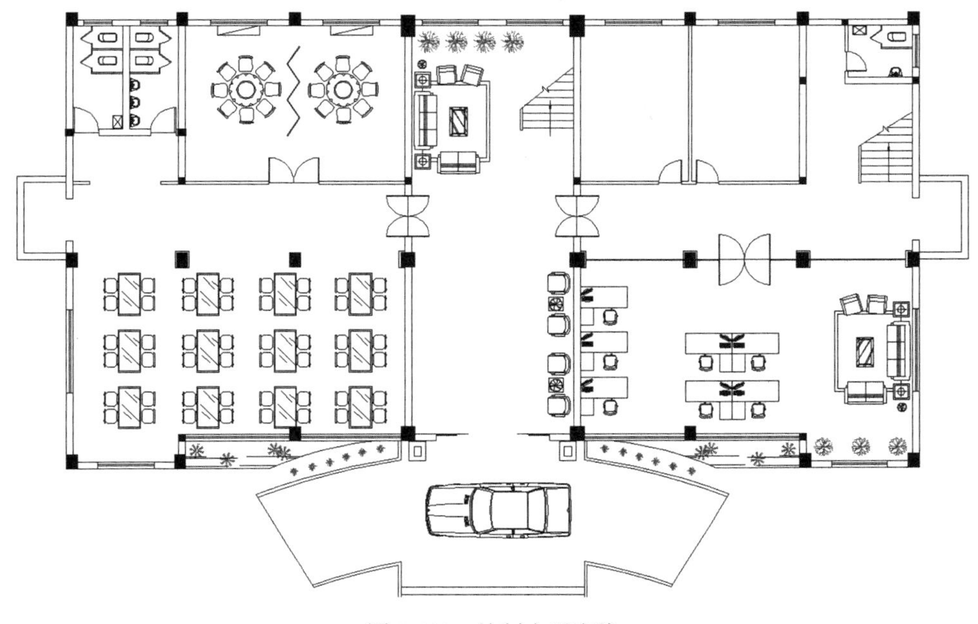

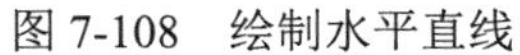

图 7-108 绘制水平直线

（28）单击关闭的“标注”图层，将其打开，最终完成一层装饰平面图的绘制，如图 7-1 所示。

7.2 二层装饰平面图

如图 7-109 所示，二层装饰平面图主要表现二层各个建筑结构单元的家具和办公设备陈设的布置情况。

过道外是总经理办公室、董事长办公室以及位于中间的样品间。总经理办公室进门右侧设置总经理办公用的大班桌，大班桌后面布置文件柜，方便随时放置和查找文件，前面正对着大开间玻璃窗，显得阳光充足，视野开阔。玻璃窗前摆放一对单人沙发和小茶几，供总经理和客人近距离交谈。总经理办公室正门前方比较开阔的地方布置一套组合沙发茶几，供来访客人休息。在摆放沙发附近的墙角适当摆放盆景，使客人目光所及处充满生机，营造一种温馨亲切的气氛。

董事长办公室的布置和总经理办公室基本相同，只不过为突出董事长的地位，家具的档次可以更高档一些。另外，董事长办公室还设一个套间作为休息室，休息室布置供休闲娱乐的四人棋牌桌、两人棋牌桌以及躺椅，位置摆放得宜。休息室单设带浴缸的卫生间，供休息时洗浴使用。

中间样品间则主要布置陈列样品的展柜，正对门中间位置摆放一张管理人员使用的办公桌。样品室摆设简单，留出大片空间供大量参观人员走动使用。

过道内侧楼梯两边则布置销售科以及总务室和财务室的办公室，这些业务科室的办公室布置比较程序化，无非就是办公桌加文件柜，其中，总务室由于业务需要全部布置文件柜而不布置办公桌。

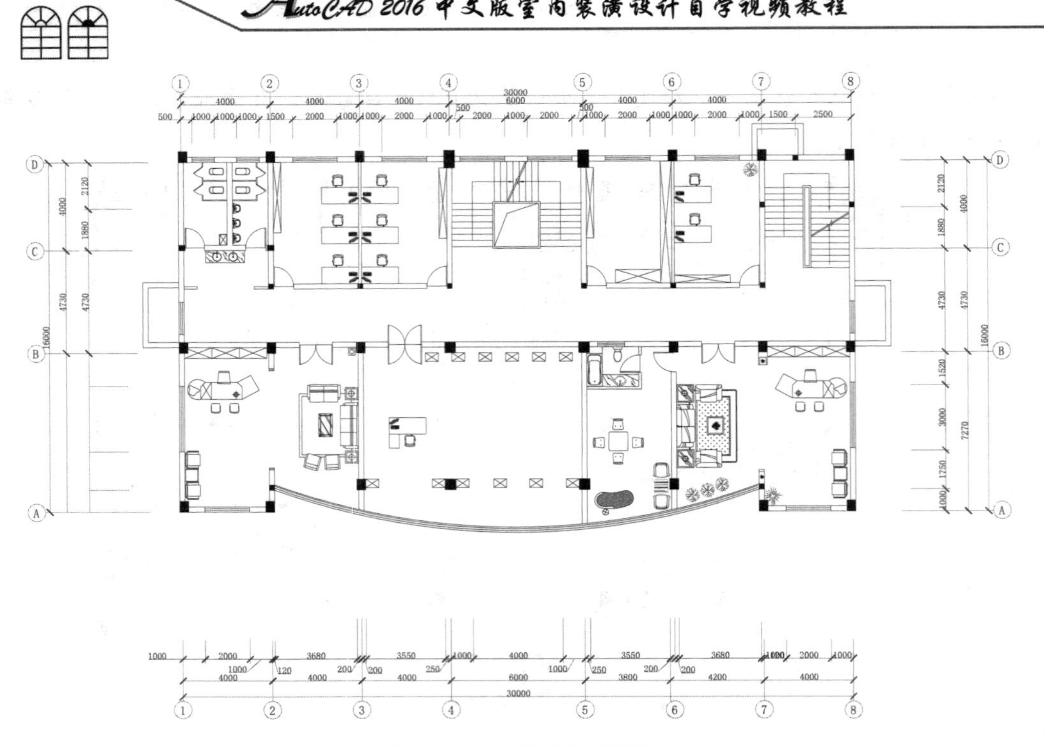

图 7-109　二层装饰平面图

7.3　三层装饰平面图

如图 7-110 所示，三层装饰平面图主要表现三层各个建筑结构单元的家具和办公设备陈设的布置情况。

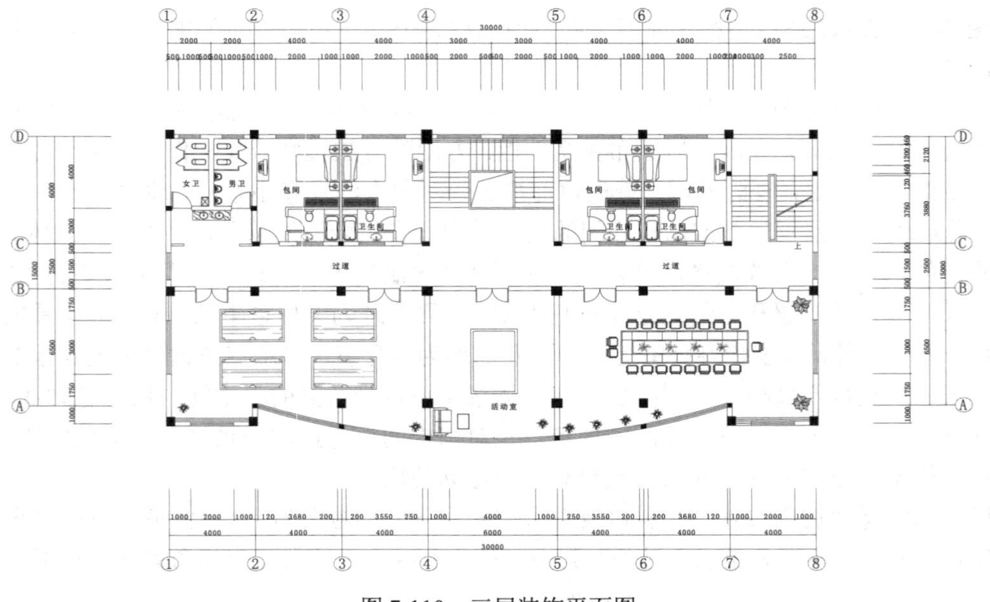

图 7-110　三层装饰平面图

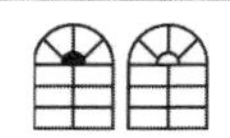

过道外边是活动室和会议室。中间的小活动室摆放一张乒乓球桌和一组双人沙发茶几，右边大活动室摆放 4 张台球桌。这里陈设看似简单，实则考究，乒乓球运动会影响相邻的单元，所以，将乒乓球桌单独布置在一个活动室，而台球则可以几张桌子摆放在同一个活动室。乒乓球相比台球而言，运动量大，需要休息或两组人员轮流休息，所以设置沙发和茶几，台球活动室则不需要。

会议室中则在正中间摆放一套会议桌椅，在适当的角落摆放一些盆景，以缓解开会时的沉闷气氛。

过道内侧是客房包间，陈设按客房的通用标准布置，摆放双人床、床头柜、电视柜、衣柜，设置内部私人带淋浴卫生间。

7.4　实战演练

通过前面的学习，读者对本章知识也有了大体的了解，本节通过几个操作练习使读者进一步掌握本章知识要点。

【实战演练 1】绘制如图 7-111 所示的住宅装饰平面图。

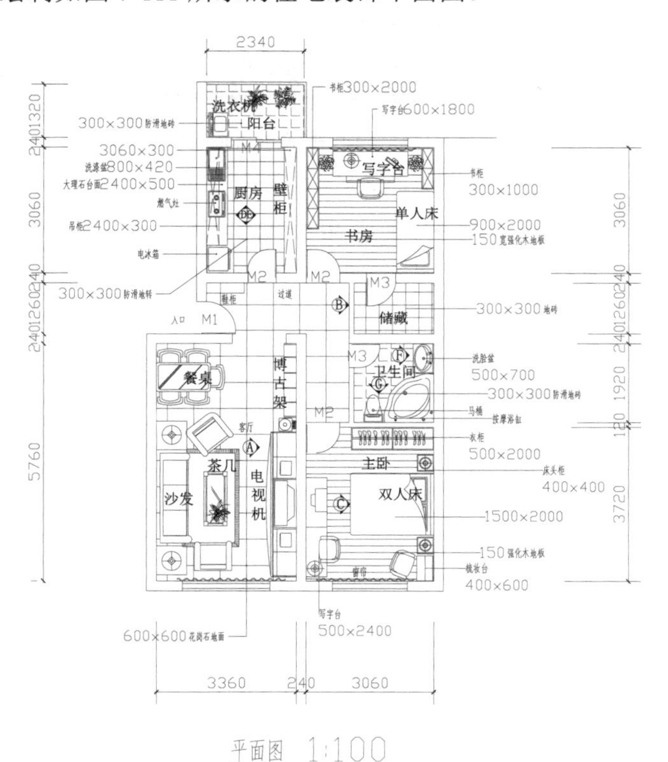

图 7-111　住宅装饰平面图

1．目的要求

本实例主要要求读者通过练习进一步熟悉和掌握住宅装饰平面图的绘制方法。通过本实例，

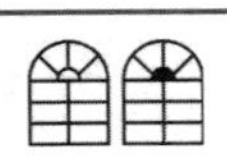

可以帮助读者学会完成整个装饰平面图绘制的全过程。

2．操作提示

（1）打开住宅平面图。

（2）布置家具家电。

（3）装饰元素及细部处理。

（4）绘制地面材料。

（5）标注尺寸、文字及符号。

【实战演练 2】绘制如图 7-112 所示的咖啡吧装饰平面图。

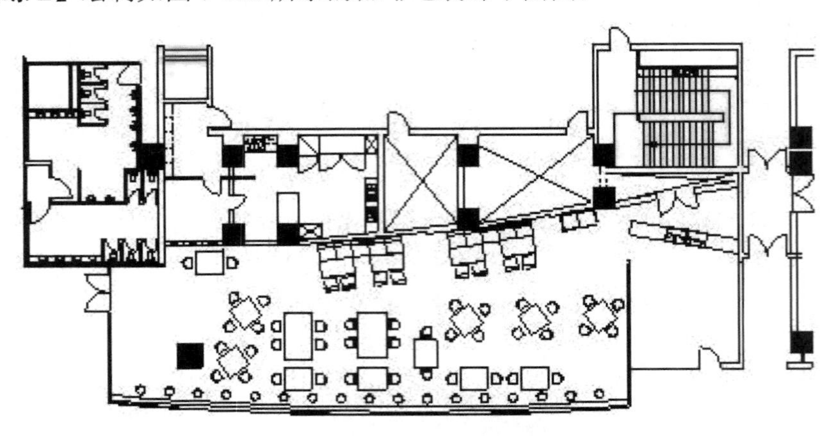

图 7-112　咖啡吧装饰平面图

1．目的要求

本实例主要要求读者通过练习进一步熟悉和掌握咖啡吧装饰平面图的绘制方法。通过本实例，可以帮助读者学会完成整个装饰平面图绘制的全过程。

2．操作提示

（1）打开咖啡吧平面图。

（2）绘制所需图块。

（3）布置咖啡吧。

地坪图的绘制

本章学习要点和目标任务：

☑ 一层地坪平面图

☑ 二层地坪平面图

☑ 三层地坪平面图

地坪图是用于表达室内地面造型、纹饰图案布置的水平镜像投影图。本章将以某办公楼地坪室内设计为例，详细讲述地坪图的绘制过程。在讲述过程中，将逐步带领读者完成绘制，并掌握地坪图绘制的相关知识和技巧。

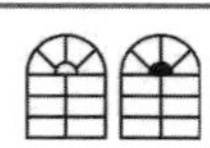

8.1 一层地坪平面图

Note

针对一层人流量较大、地板容易污湿的客观情况，地坪主体采用 800×800 大方格地砖，卫生间采用 300×300 小方格地砖。地砖结实耐用，防水，容易清洁维护。小方格地砖相比大方格地砖而言，可以防滑，所以卫生间、厨房等容易溅水的地方一般采用小方格地砖。在整体一致的基础上，过道处点缀几块黑金砂大理石，显得灵动又富有生机，也是对过道范围和走向的一种含蓄的标示，如图 8-1 所示。

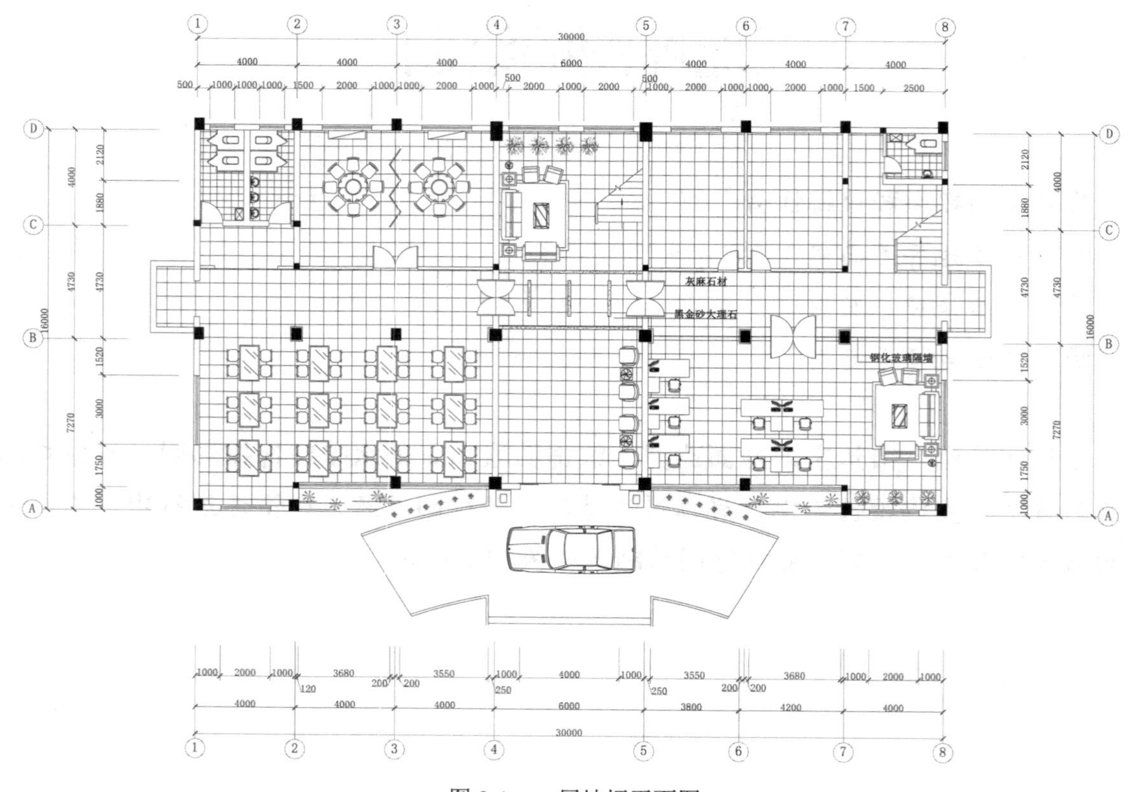

图 8-1 一层地坪平面图

下面讲述一层地坪图的绘制过程。

光盘\配套视频\第 8 章\一层地坪平面图.avi

8.1.1 绘图准备

本节主要是为绘制地坪平面图做的基础，只需将第 7 章绘制的一层装饰平面图打开另存即可。

操作步骤如下：

（1）单击快速访问工具栏中的“打开”按钮，弹出“选择文件”对话框，如图 8-2 所示，

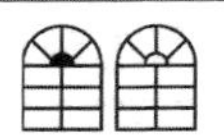

选择“源文件\第 7 章\一层装饰平面图”文件，单击“打开”按钮，打开绘制的一层装饰平面图，关闭“标注”图层。

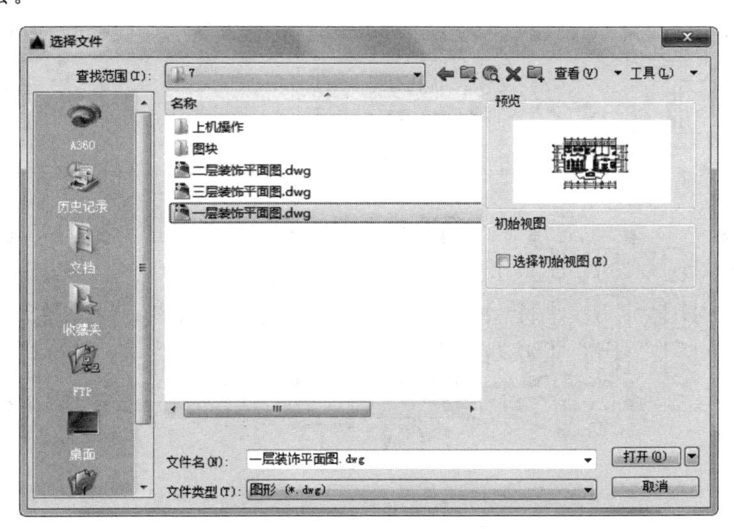

图 8-2　“选择文件”对话框

（2）单击快速访问工具栏中的“另存为”按钮，弹出“图形另存为”对话框。将打开的平面图另存为“一层地坪平面图”。

8.1.2　绘制地坪图

地坪图主要讲述的是地面的铺装效果，利用二维绘图命令绘制填充区域，然后利用“图案填充”命令填充图形即可。

操作步骤如下：

（1）关闭“标注”图层，单击“默认”选项卡“图层”面板中的“图层特性”按钮，打开“图层特性管理器”选项板，新建“地坪”图层，并将其设置为当前图层，如图 8-3 所示。

图 8-3　地坪

（2）单击“默认”选项卡“绘图”面板中的“直线”按钮，在图形过道位置处绘制一条水平直线，如图 8-4 所示。

（3）单击“默认”选项卡“修改”面板中的“偏移”按钮，选择第（2）步绘制的水平直线为偏移对象并向下进行偏移，偏移距离分别为 120、2230 和 120，如图 8-5 所示。

（4）单击“默认”选项卡“绘图”面板中的“矩形”按钮，在第（3）步偏移线段间绘制一个 120×1500 的矩形，如图 8-6 所示。

（5）单击“默认”选项卡“修改”面板中的“复制”按钮，选择第（4）步中绘制的矩形为复制对象并将其向右进行复制，复制距离分别为 1600 和 1600，如图 8-7 所示。

（6）填充图案。

① 单击“默认”选项卡“绘图”面板中的“图案填充”按钮，打开“图案填充创建”选

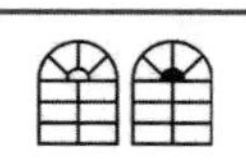

Note

项卡，如图 8-8 所示，设置图案类型为 AR-CONC，比例为 1，单击“拾取点”按钮，选择填充区域填充图形，结果如图 8-9 所示。

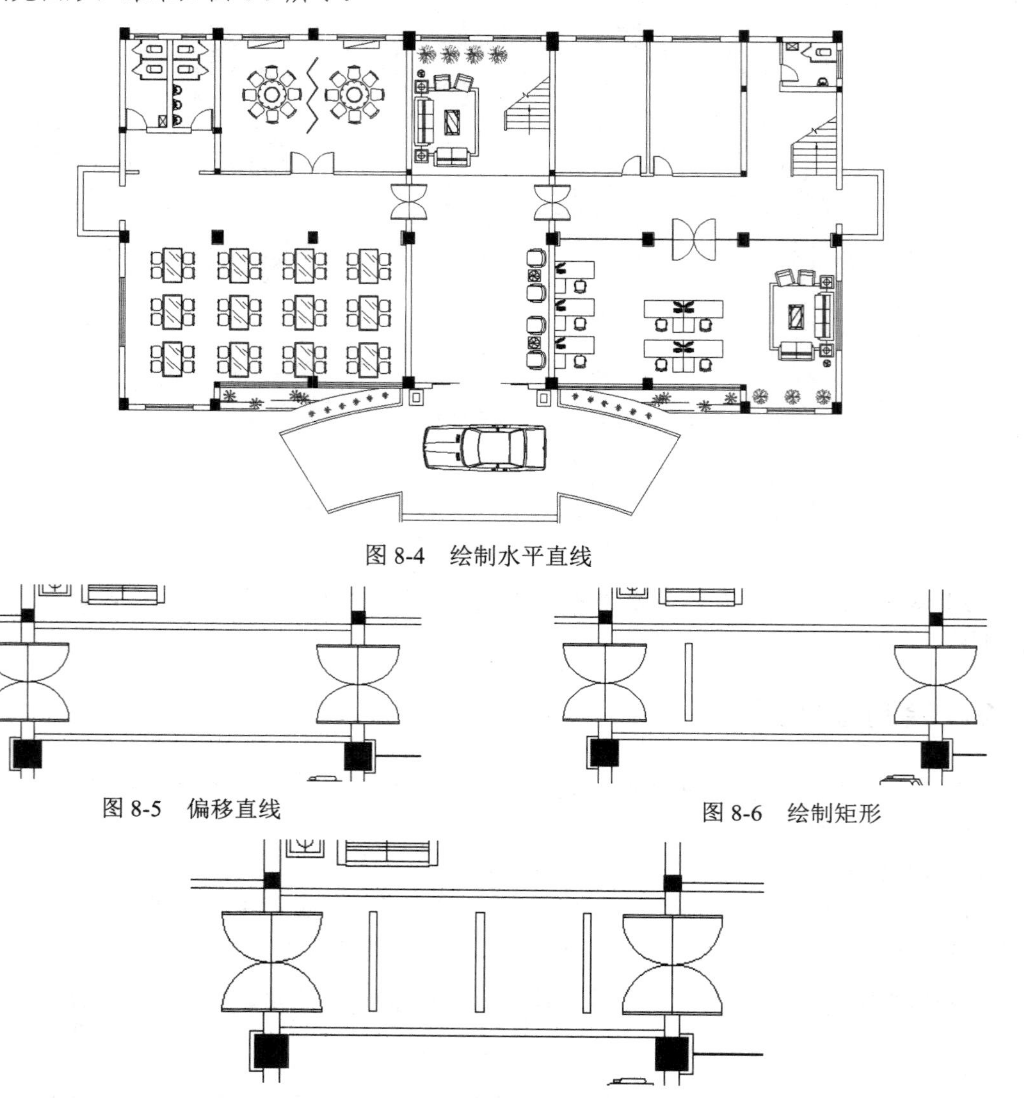

图 8-4　绘制水平直线

图 8-5　偏移直线

图 8-6　绘制矩形

图 8-7　复制矩形

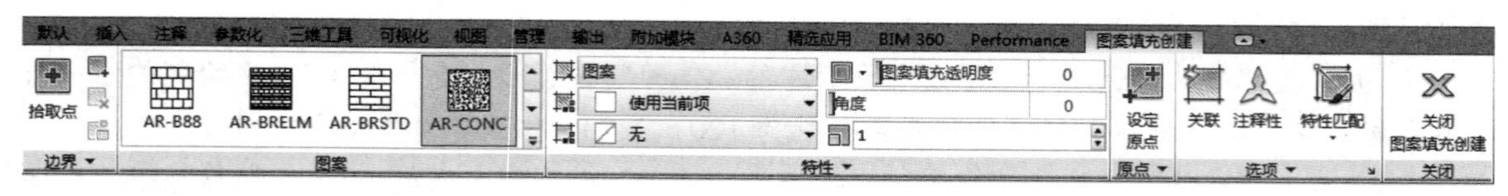

图 8-8　“图案填充创建”选项卡

② 同理，单击“默认”选项卡“绘图”面板中的“图案填充”按钮，设置图案类型为 NET，选择填充区域填充图形，结果如图 8-10 所示。

（7）单击“默认”选项卡“绘图”面板中的“直线”按钮，绘制一条水平直线封闭底部图形绘图区域，如图 8-11 所示。

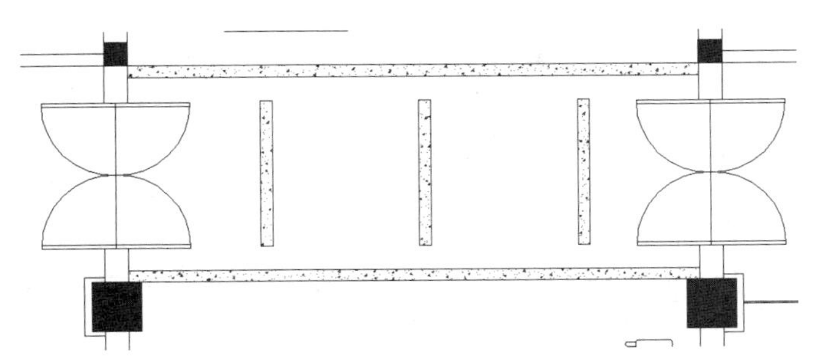

图 8-9 填充图形 1

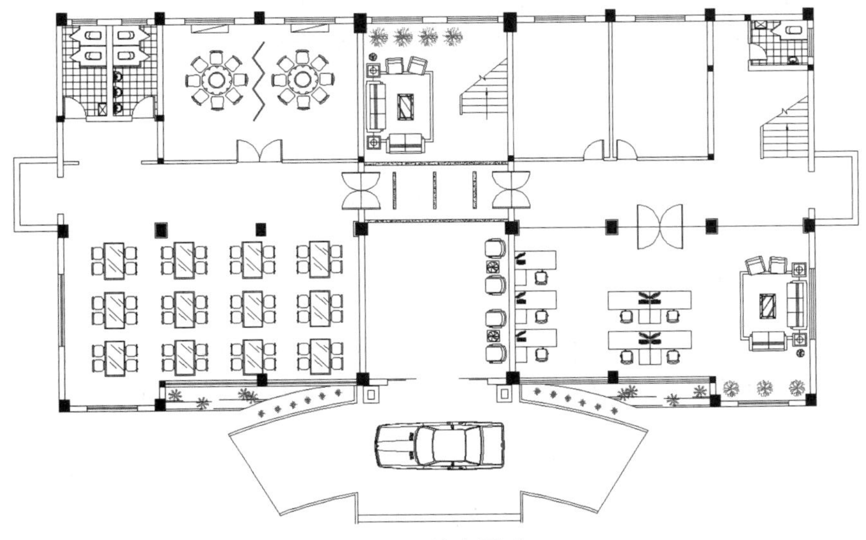

图 8-10 填充图形 2

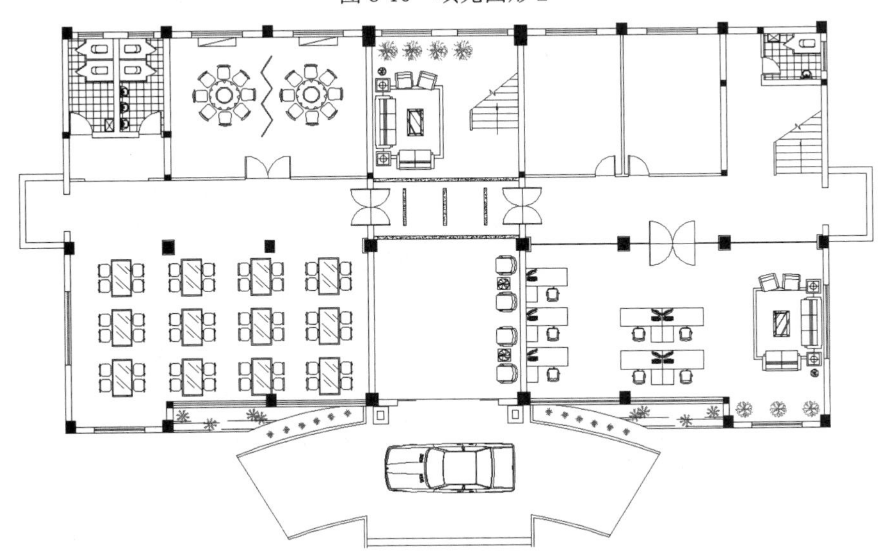

图 8-11 绘制水平直线

（8）单击“默认”选项卡“绘图”面板中的“图案填充”按钮，设置图案类型为 NET，比例为 180，选择填充区域填充图案，结果如图 8-12 所示。

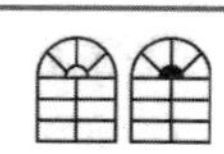

Note

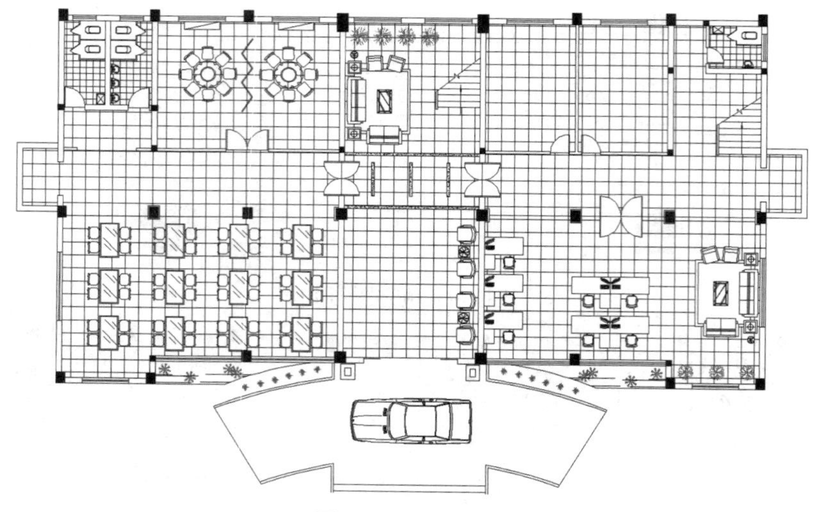

图 8-12　填充地面

8.1.3　添加文字说明

将“文字”图层设置为当前图层。在命令行中输入“QLEADER”命令，根据命令行提示输入“S”，打开“引线设置”对话框，在“引线和箭头”选项卡中将“箭头”设置为“无”，如图 8-13 所示，在“附着”选项卡中选中“最后一行加下划线”复选框，如图 8-14 所示，单击“确定”按钮，在图中指定一点，引出直线，为图形添加文字说明，然后打开关闭的“标注”图层，最终完成一层地坪平面图的绘制，如图 8-1 所示。

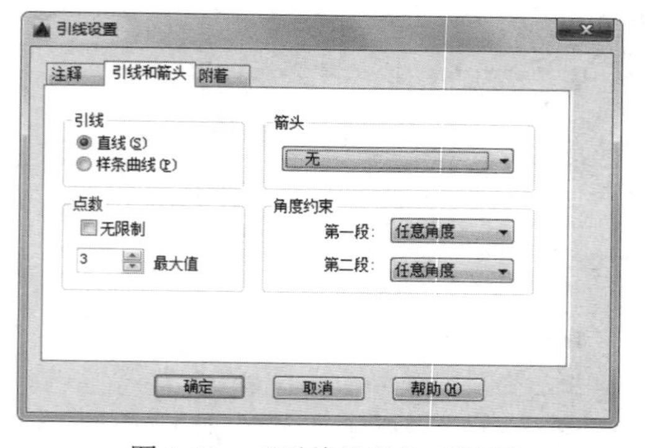

图 8-13　“引线设置”对话框 1

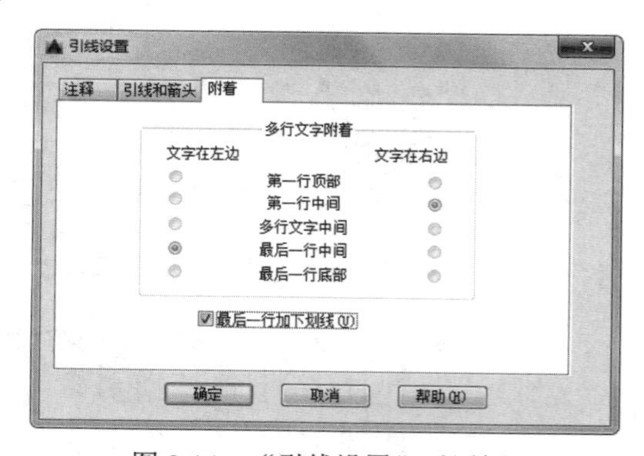

图 8-14　“引线设置”对话框 2

8.2　二层地坪平面图

如图 8-15 所示，二层过道、样品间地坪采用 800×800 大方格地砖，卫生间地坪采用 300×300 小方格地砖。为了增加地板的舒适性，同时提高地板装修的豪华程度，其他各个办公室则采用浅色复合地板。相对深色而言，浅色突出一种活力与生机，营造出一种欣欣向荣的氛围，这一点对企业有很鲜明的寓意。

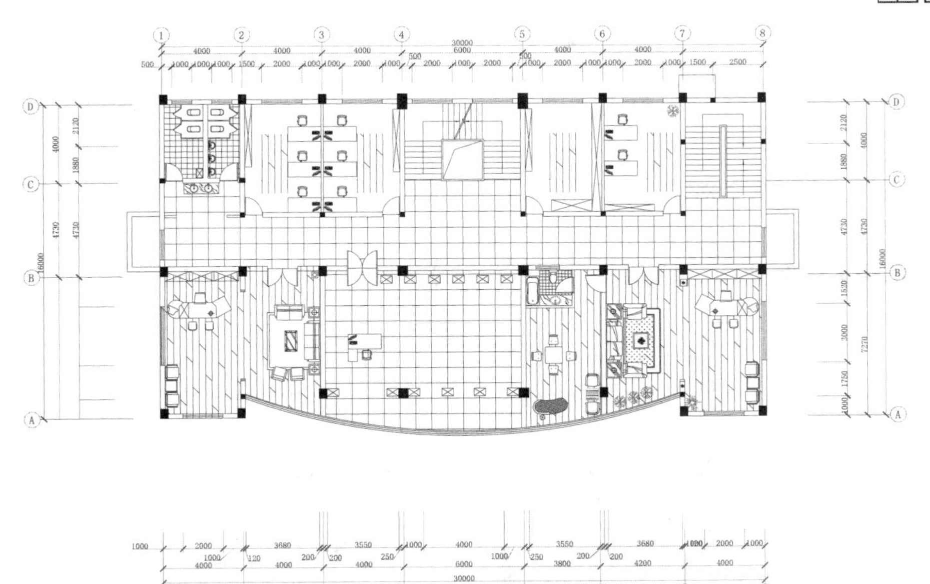

图 8-15　二层地坪平面图

8.3　三层地坪平面图

如图 8-16 所示，三层地坪装饰和二层类似，过道地坪采用 800×800 大方格地砖，卫生间地坪采用 300×300 小方格地砖。客房、活动室、会议室采用浅色复合地板。

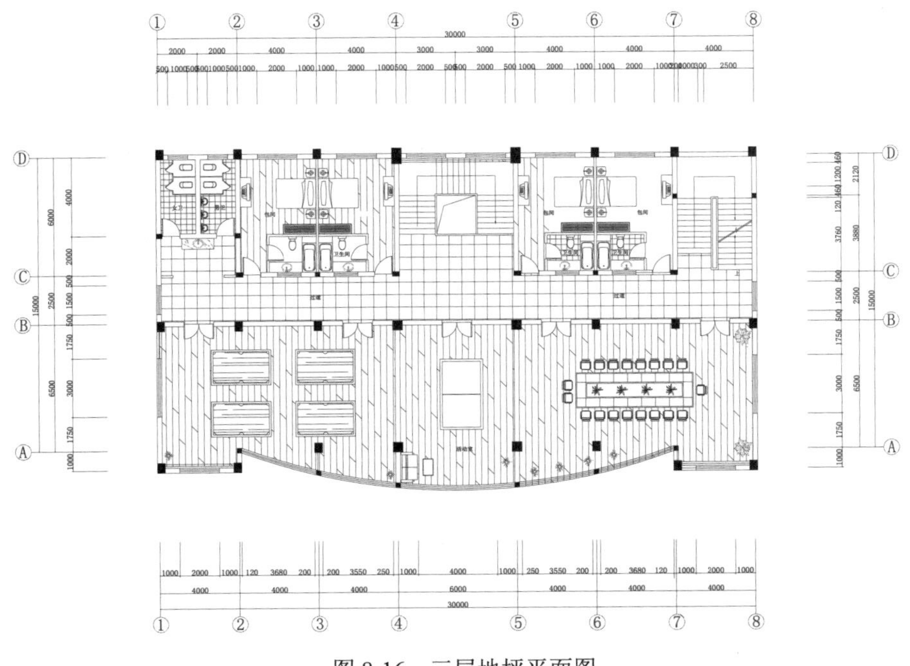

图 8-16　三层地坪平面图

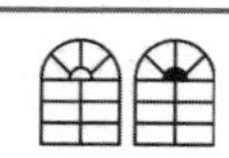

8.4 实 战 演 练

通过前面的学习，读者对本章知识也有了大体的了解，本节通过一个操作练习使读者进一步掌握本章知识要点。

【实战演练】绘制如图 8-17 所示的别墅首层地坪图。

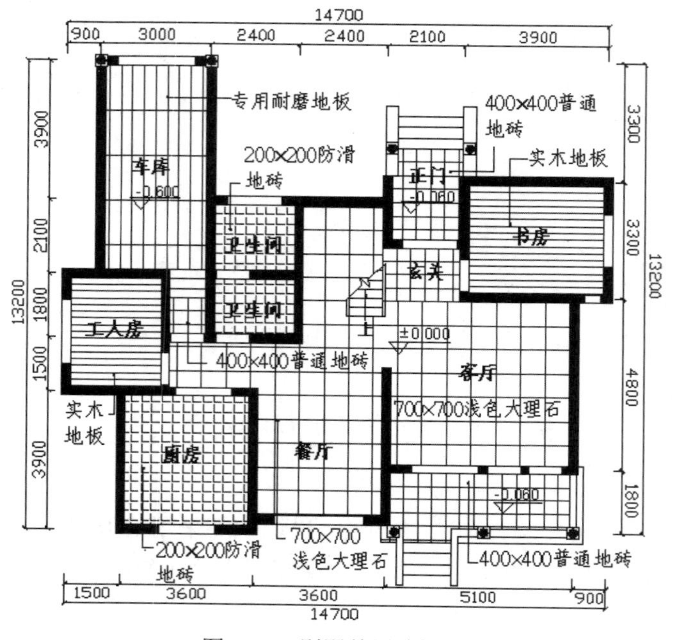

图 8-17 别墅首层地坪图

1．目的要求

本实例主要要求读者通过练习进一步熟悉和掌握别墅首层地坪图的绘制方法。通过本实例，可以帮助读者学会完成整个地坪图绘制的全过程。

2．操作提示

（1）绘图准备。

（2）补充平面元素。

（3）绘制地板。

（4）标注标高、尺寸和文字。

顶棚图的绘制

本章学习要点和目标任务：

☑ 一层顶棚平面图

☑ 二层顶棚平面图

☑ 三层顶棚平面图

顶棚图是室内设计中特有的图样，是用于表达室内顶棚造型、灯具及相关电器布置的顶棚水平镜像投影图。本章将以某办公楼顶棚室内设计为例，详细讲述顶棚图的绘制过程。在讲述过程中，将逐步带领读者完成绘制，并讲述顶棚图绘制的相关知识和技巧。

9.1 一层顶棚平面图

为了突出宽敞明亮的总体氛围，一层顶棚主要采用轻钢龙骨、纸面石膏板吊顶，白色乳胶漆刷涂，墙线采用 25×15 木线条刷色，既轻巧又明亮。卫生间为防止溅水，采用防水纸面石膏板吊顶。

细节方面，大厅前厅安装 4 个顶灯，弥补由于吊顶过高造成的光线不足，采用米色铝塑板方形吊顶，在大厅过道与地坪黑金砂大理石地板对应位置设置内装日光灯的有机灯片。客人餐厅为了营造一种温馨柔和的氛围，设置两个内填银箔纸的圆形造型灯，在两个圆形造型灯中间再设置两组 4 个射灯，营造一种光影旖旎的感觉。

顶棚装饰根据各个建筑单元的不同需要，其高度也不会相同，总体原则是保持在 3000 左右，如果太低，显得很压抑，太高则灯光照射的强度会有问题。一般大厅顶棚装饰高度要相对高一些，显得整个建筑高大敞亮。卫生间由于有管道和通风设施，顶棚装饰一般相对较低，如图 9-1 所示。

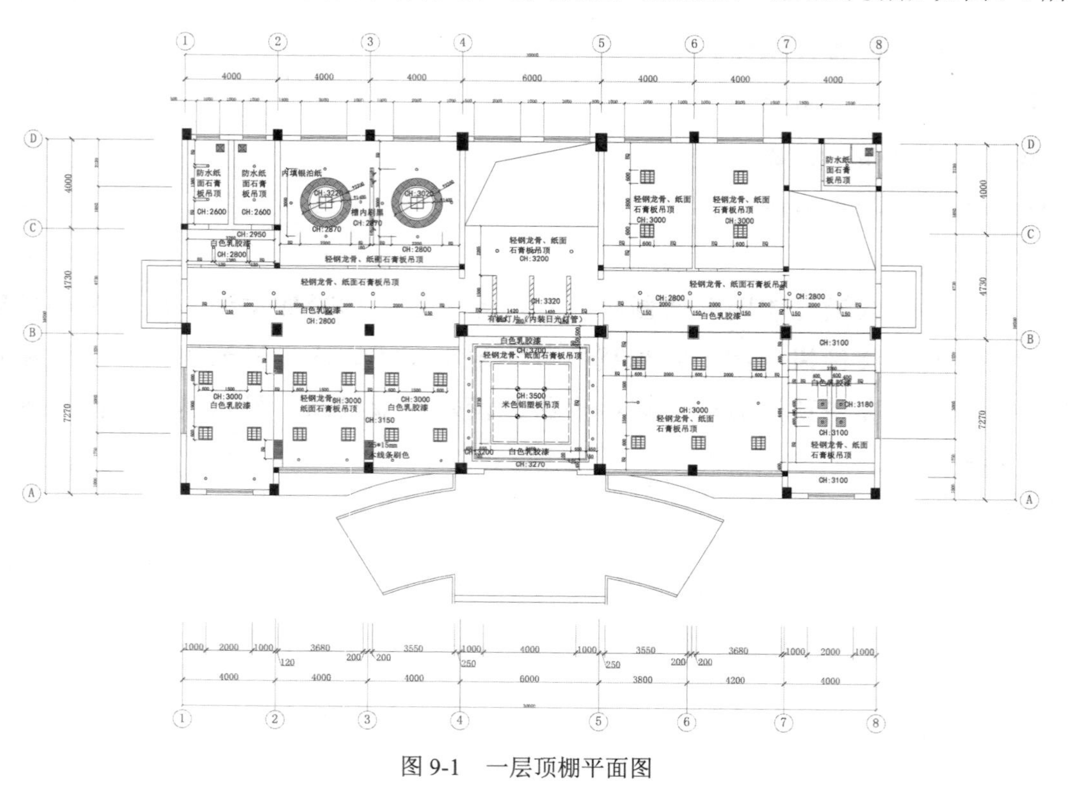

图 9-1　一层顶棚平面图

本节主要讲述一层顶棚平面图的绘制过程。

：光盘\配套视频\第 9 章\一层顶棚平面图.avi

9.1.1 绘图准备

本节主要是为绘制顶棚平面图做的基础，只需将第 6 章绘制的一层平面图打开进行整理即可。

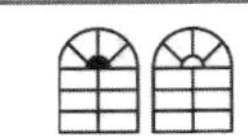

操作步骤如下：

（1）单击快速访问工具栏中的“打开”按钮，弹出“选择文件”对话框，选择“源文件\第 6 章\一层平面图”文件，单击“打开”按钮，打开绘制的一层平面图。

（2）单击快速访问工具栏中的“另存为”按钮，将打开的“一层平面图”另存为“一层顶棚平面图”。

（3）单击“默认”选项卡“修改”面板中的“删除”按钮，删除平面图内的多余图形，并结合所学命令对图形进行整理，最后关闭“标注”图层，如图 9-2 所示。

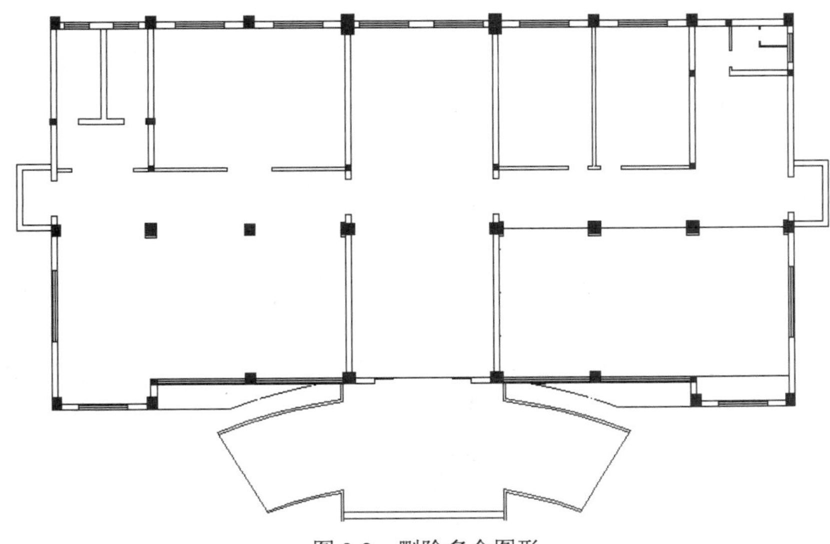

图 9-2　删除多余图形

（4）单击“默认”选项卡“绘图”面板中的“直线”按钮，封闭打开的一层平面图的门洞区域，以方便后面填充，如图 9-3 所示。

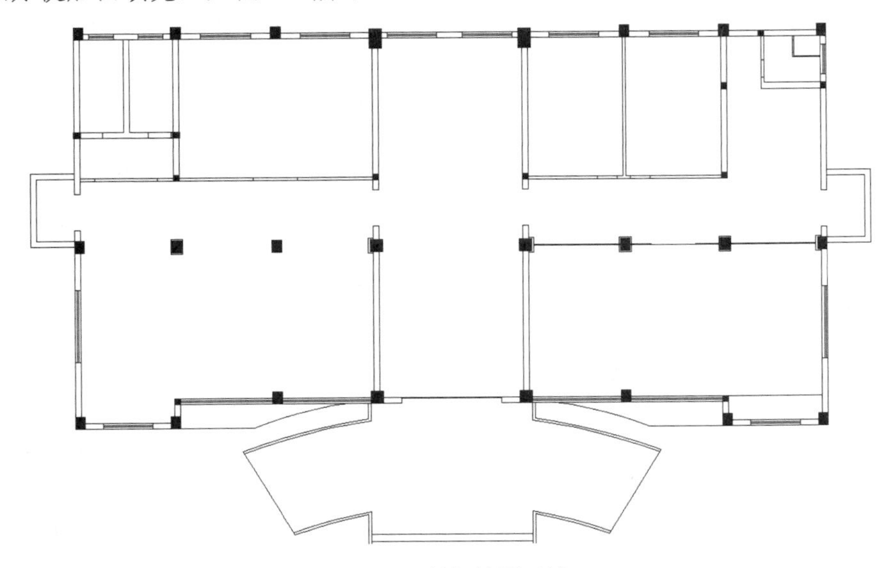

图 9-3　封闭绘图区域

9.1.2 绘制灯具

Note

利用二维绘图和“修改”命令绘制灯具图形，然后将其创建成块，以便后面灯具的布置。

操作步骤如下：

1. 创建图层

首先新建“顶棚”图层，并将其设置为当前图层，如图9-4所示，然后在当前图层绘制以下灯具。

图9-4　新建图层

2. 绘制筒灯

（1）单击“默认”选项卡“绘图”面板中的“圆”按钮，在图形空白区域绘制一个半径为40的圆，如图9-5所示。

（2）单击“默认”选项卡“修改”面板中的“偏移”按钮，选择第（1）步绘制的圆为偏移对象并向内进行偏移，偏移距离为10，如图9-6所示。

（3）单击“默认”选项卡“块”面板中的“创建”按钮，弹出“块定义”对话框，如图9-7所示。选择第（2）步中图形为定义对象，选择任意点为基点，将其定义为块，块名为“筒灯”。

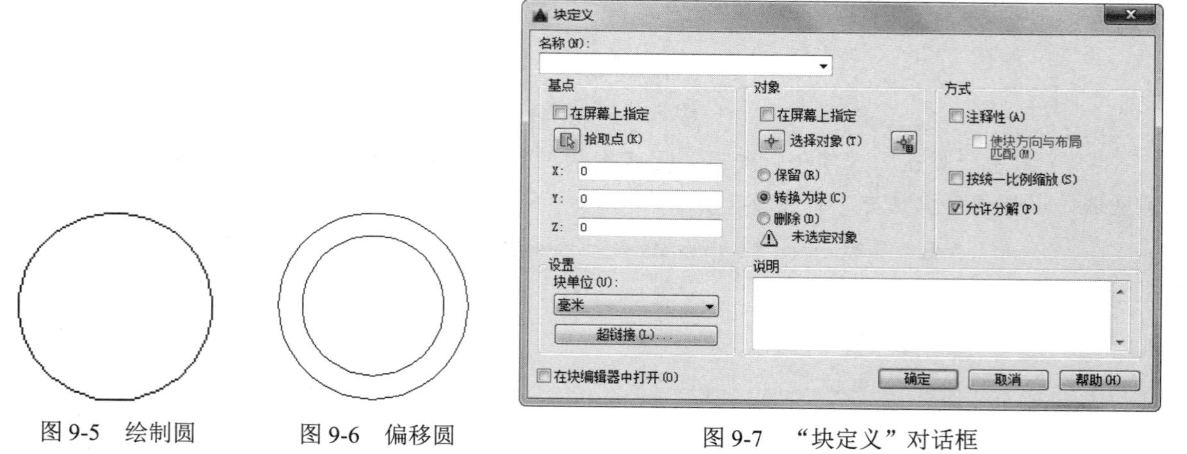

图9-5　绘制圆　　图9-6　偏移圆　　图9-7　“块定义”对话框

（4）利用上述方法定义半径分别为60、75的筒灯。

3. 绘制吸顶灯

（1）单击“默认”选项卡“绘图”面板中的“圆”按钮，在图形空白区域绘制一个半径为100的圆，如图9-8所示。

（2）单击“默认”选项卡“绘图”面板中的“直线”按钮，以第（1）步绘制的圆的圆心为中心绘制十字交叉线，如图9-9所示。

（3）单击“默认”选项卡“绘图”面板中的“图案填充”按钮，打开“图案填充创建”选项卡，设置图案类型为SOLID，比例为1，选择填充区域填充图案，结果如图9-10所示。

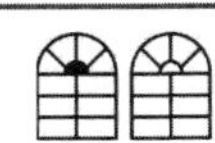

Note

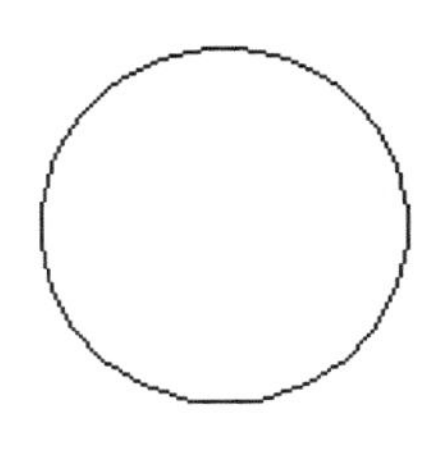

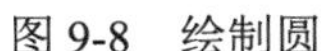

图 9-8 绘制圆

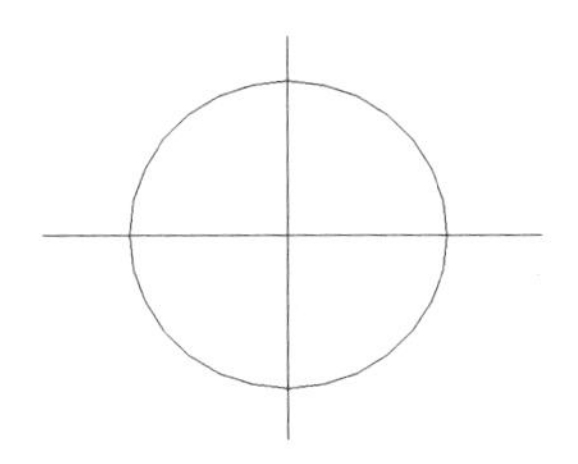

图 9-9 绘制十字交叉线

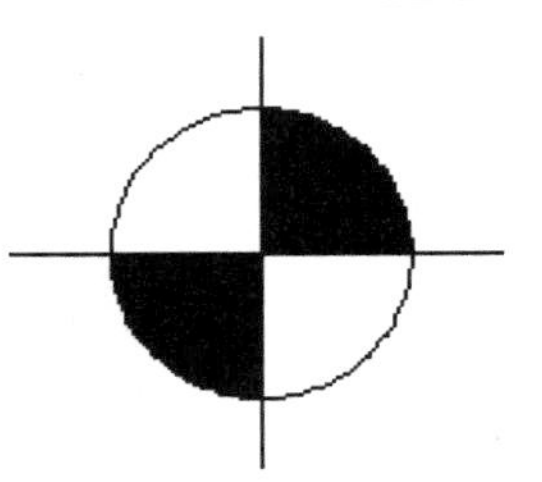

图 9-10 填充图案

（4）单击“默认”选项卡“块”面板中的“创建”按钮，弹出“块定义”对话框，选择第（3）步中图形为定义对象，选择任意点为基点，将其定义为块，块名为“吸顶灯”。

4. 绘制排气扇

（1）单击“默认”选项卡“绘图”面板中的“矩形”按钮，在图形空白区域绘制一个 350×350 的矩形，如图 9-11 所示。

（2）单击“默认”选项卡“修改”面板中的“偏移”按钮，选择第（1）步绘制的矩形为偏移对象并向内进行偏移，偏移距离分别为 28、42、42，如图 9-12 所示。

（3）单击“默认”选项卡“绘图”面板中的“直线”按钮，绘制矩形对角线，如图 9-13 所示。

图 9-11 绘制矩形

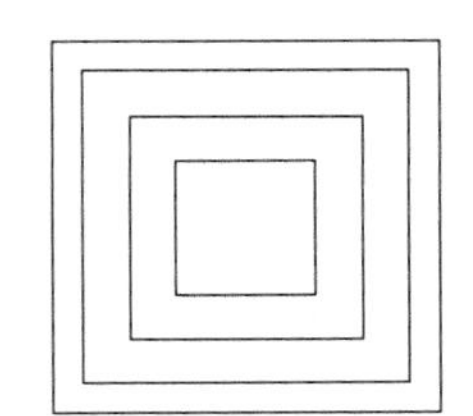

图 9-12 偏移矩形

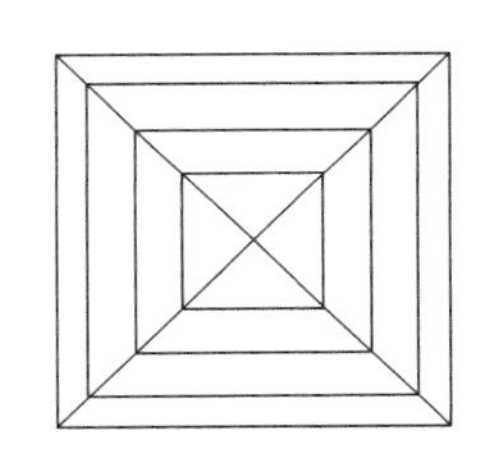

图 9-13 绘制对角线

（4）单击“默认”选项卡“块”面板中的“创建”按钮，弹出“块定义”对话框，选择第（3）步中图形为定义对象，选择任意点为基点，将其定义为块，块名为“排气扇”。

5. 绘制壁灯

（1）单击“默认”选项卡“绘图”面板中的“矩形”按钮，在图形空白区域绘制一个 160×3000 的矩形，如图 9-14 所示。

（2）单击“默认”选项卡“绘图”面板中的“矩形”按钮，在第（1）步绘制的矩形内绘制一个 50×856 的矩形，如图 9-15 所示。

（3）单击“默认”选项卡“修改”面板中的“复制”按钮，选择第（2）步绘制的矩形为复制对象，将其进行复制，如图 9-16 所示。

（4）单击“默认”选项卡“绘图”面板中的“直线”按钮，在图形适当位置绘制连续直线，如图 9-17 所示。

（5）单击“默认”选项卡“绘图”面板中的“直线”按钮，在第（4）步的图形内绘制一条水平直线，如图 9-18 所示。

（6）单击“默认”选项卡“绘图”面板中的“直线”按钮，在第（5）步的图形底部绘制连续直线，如图 9-19 所示。

图 9-14 绘制 160×3000 的矩形

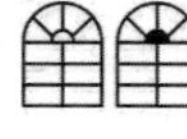
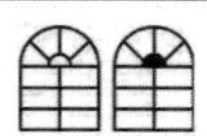

图 9-15　绘制 50×856 的矩形　　图 9-16　复制矩形

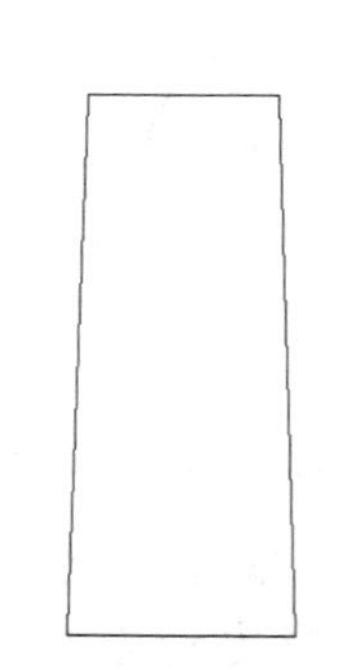

图 9-17　绘制直线

（7）单击“默认”选项卡“修改”面板中的“旋转”按钮，选择第（6）步绘制的图形为旋转对象，任选一点为旋转基点将图形进行旋转，旋转角度为 47°，如图 9-20 所示。

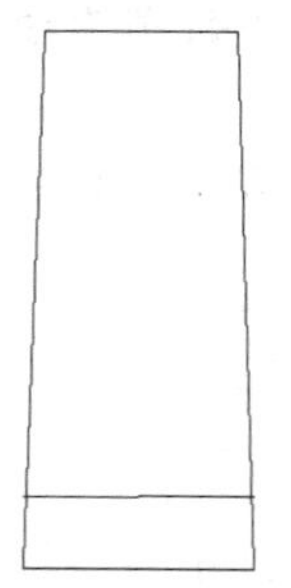
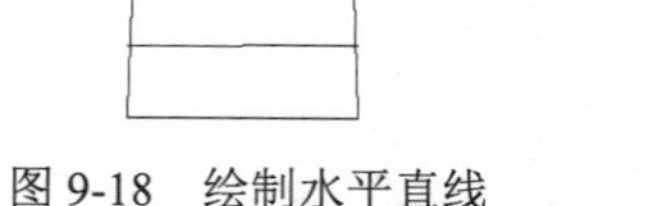

图 9-18　绘制水平直线

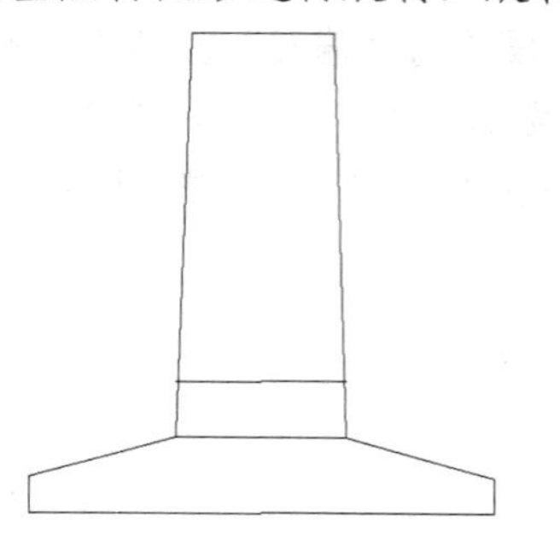

图 9-19　绘制连续直线

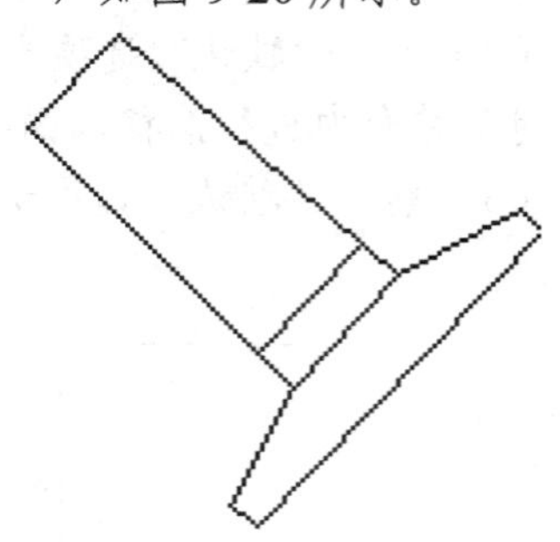

图 9-20　旋转图形

（8）单击“默认”选项卡“修改”面板中的“移动”按钮，选择第（7）步绘制的图形为移动对象，并将其放置到如图 9-21 所示的位置。

（9）单击“默认”选项卡“修改”面板中的“复制”按钮，选择第（8）步移动后的图形为复制对象，向下进行复制，复制距离为 300，如图 9-22 所示。

（10）单击“默认”选项卡“修改”面板中的“镜像”按钮，选择第（9）步复制的图形为镜像对象，并向下进行水平镜像，如图 9-23 所示。

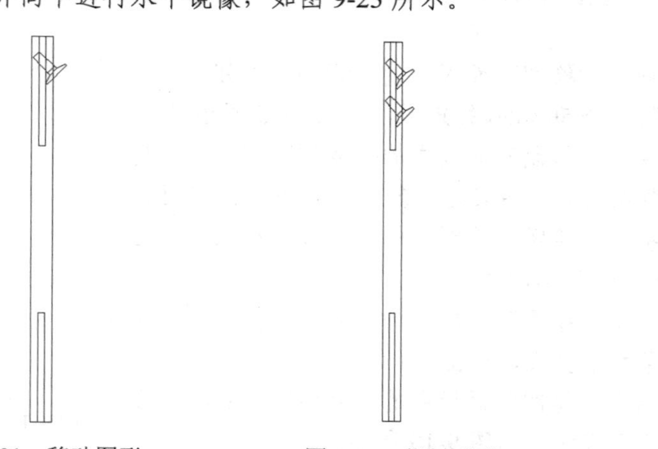

图 9-21　移动图形　　图 9-22　复制图形　　图 9-23　镜像图形

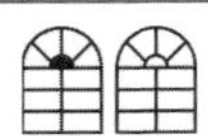

（11）单击“默认”选项卡“块”面板中的“创建”按钮，弹出“块定义”对话框，选择第（10）步中图形为定义对象，选择任意点为基点，将其定义为块，块名为“壁灯”。

9.1.3　绘制顶面图案

利用二维绘图和“修改”命令绘制顶面图案，然后利用“插入块”命令，将9.1.2节绘制的灯具图块插入到图中并细化图形。

操作步骤如下：

1. 绘制客人餐厅吊顶

（1）单击“默认”选项卡“绘图”面板中的“圆”按钮，在图形适当位置任选一点为圆心绘制一个半径为1100的圆，如图9-24所示。

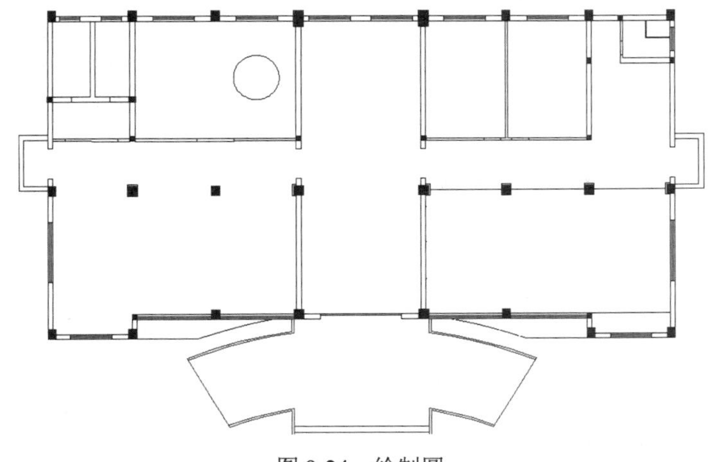

图9-24　绘制圆

（2）单击“默认”选项卡“修改”面板中的“偏移”按钮，选择第（1）步绘制的圆为偏移对象并向内进行偏移，偏移距离分别为320、80，如图9-25所示。

（3）单击“默认”选项卡“绘图”面板中的“矩形”按钮，在第（2）步偏移的圆内绘制一个550×550的矩形，如图9-26所示。

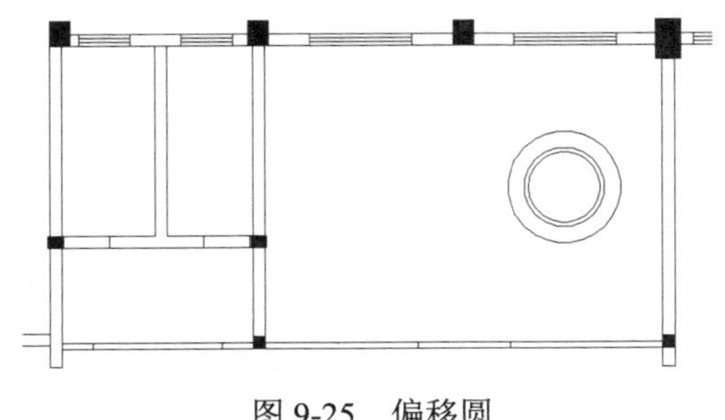

图9-25　偏移圆

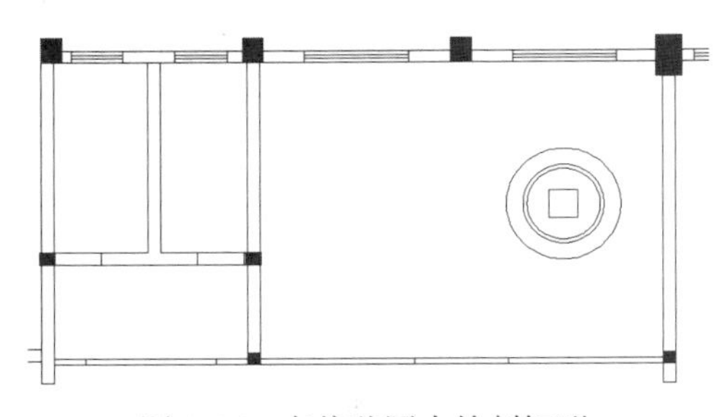

图9-26　在偏移圆内绘制矩形

（4）单击“默认”选项卡“修改”面板中的“偏移”按钮，选择第（3）步绘制的矩形为偏移对象并向内进行偏移，偏移距离为15，如图9-27所示。

（5）单击“默认”选项卡“绘图”面板中的“直线”按钮，过矩形各边中点绘制十字交

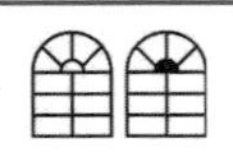

叉线，如图 9-28 所示。

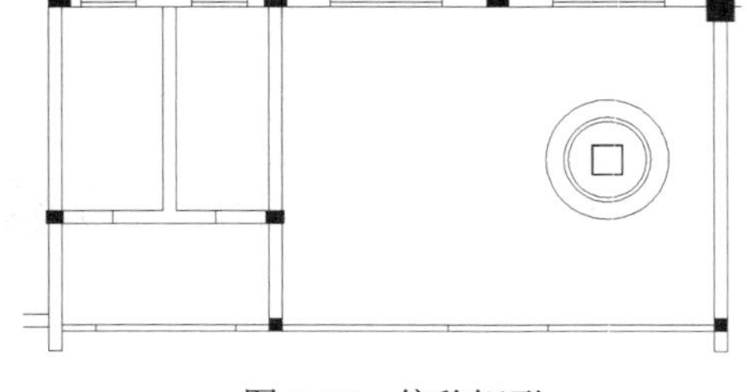

图 9-27　偏移矩形

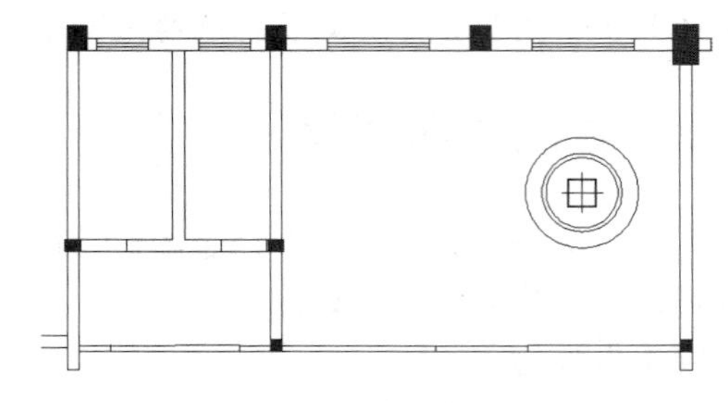

图 9-28　绘制十字交叉线

（6）单击“默认”选项卡“绘图”面板中的“图案填充”按钮，打开“图案填充创建”选项卡，设置图案类型为 AR-PAPQ1，角度为 45°，比例为 1，选择填充区域填充图形，结果如图 9-29 所示。

（7）单击“默认”选项卡“修改”面板中的“复制”按钮，选择第（6）步中图形为复制对象并以绘制的顶棚图形中间的十字交叉线中点为复制基点，向左进行复制，复制间距为 3946，如图 9-30 所示。

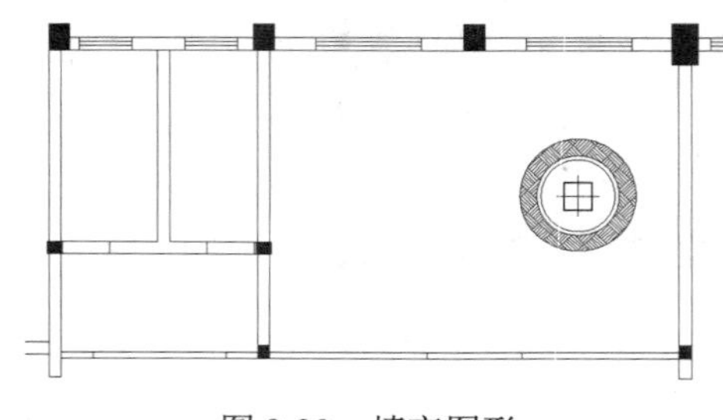

图 9-29　填充图形

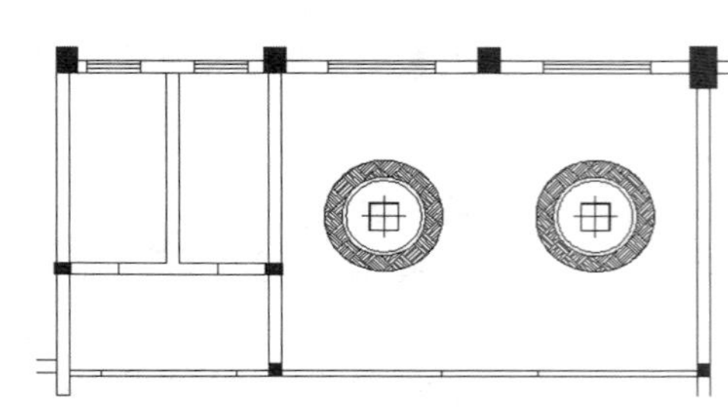

图 9-30　复制图形

2. 绘制大厅吊顶

（1）单击“默认”选项卡“绘图”面板中的“直线”按钮，在图形适当位置绘制一条水平直线，如图 9-31 所示。

（2）单击“默认”选项卡“修改”面板中的“偏移”按钮，选择第（1）步绘制的直线为偏移对象并向下进行偏移，偏移距离为 500，如图 9-32 所示。

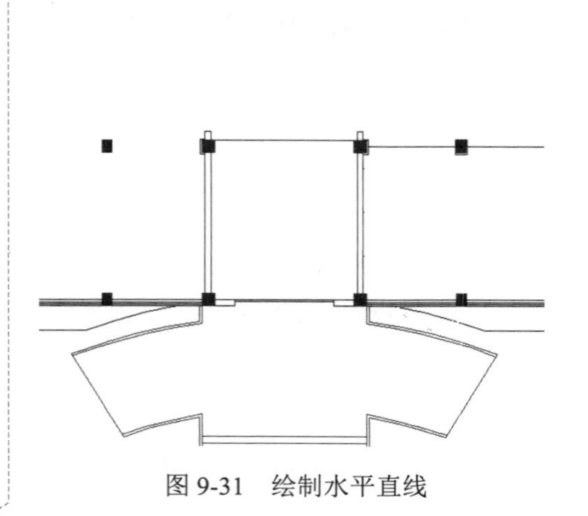

图 9-31　绘制水平直线

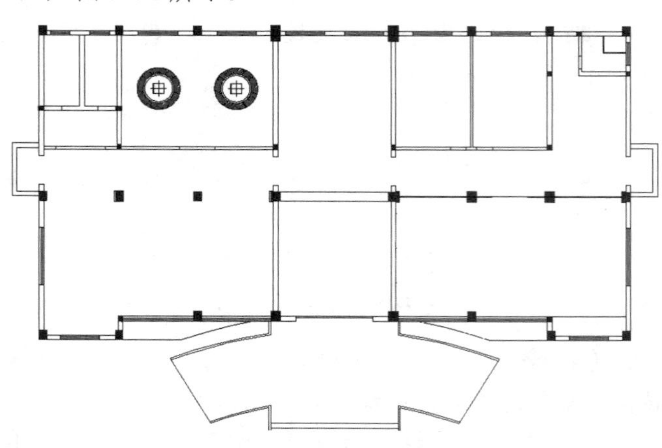

图 9-32　偏移水平直线

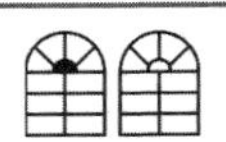

（3）单击“默认”选项卡“绘图”面板中的“矩形”按钮，在第（2）步偏移线段下方绘制一个矩形，如图 9-33 所示。

（4）单击“默认”选项卡“修改”面板中的“偏移”按钮，选择第（3）步绘制的矩形为偏移对象并向内进行偏移，偏移距离分别为 100、50、650 和 100，如图 9-34 所示。

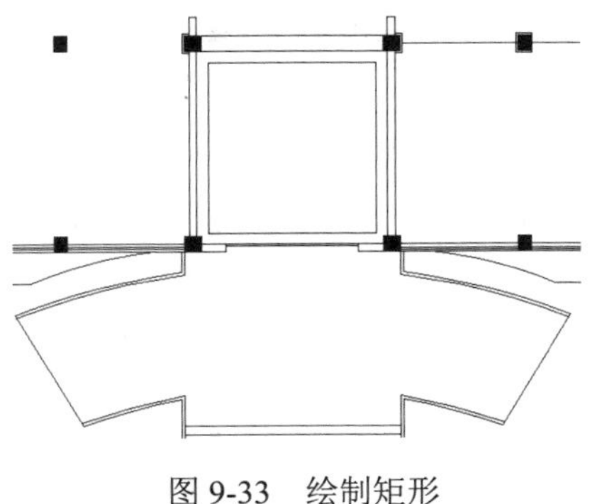

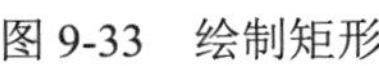

图 9-33　绘制矩形

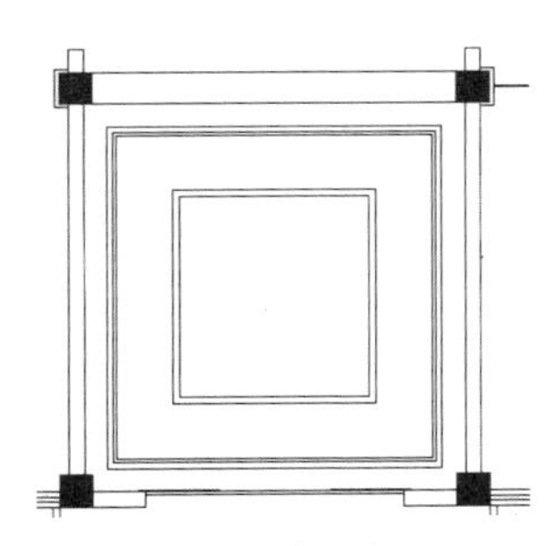

图 9-34　偏移矩形

（5）选择最外侧矩形和最内侧矩形，将其线型设置为 ACAD_IS002W100，右击，在弹出的快捷菜单中选择“特性”命令，如图 9-35 所示，弹出如图 9-36 所示的“特性”选项板，将“线型比例”修改为 37，结果如图 9-37 所示。

（6）单击“默认”选项卡“绘图”面板中的“直线”按钮，在内部矩形内绘制等分直线，如图 9-38 所示。

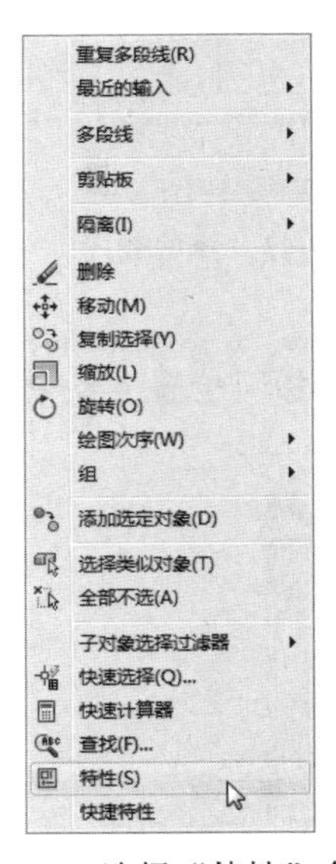

图 9-35　选择“特性”命令

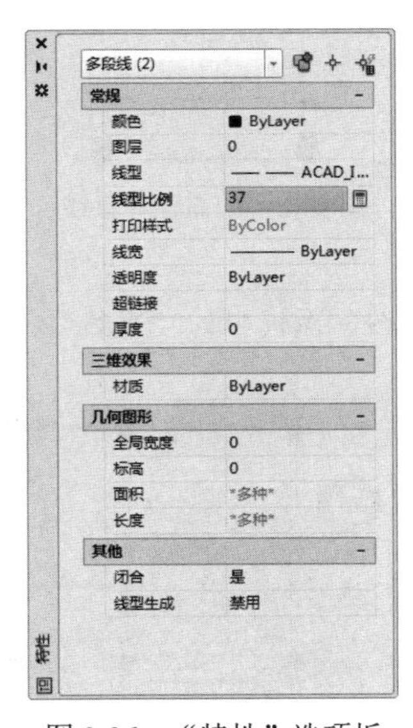

图 9-36　“特性”选项板

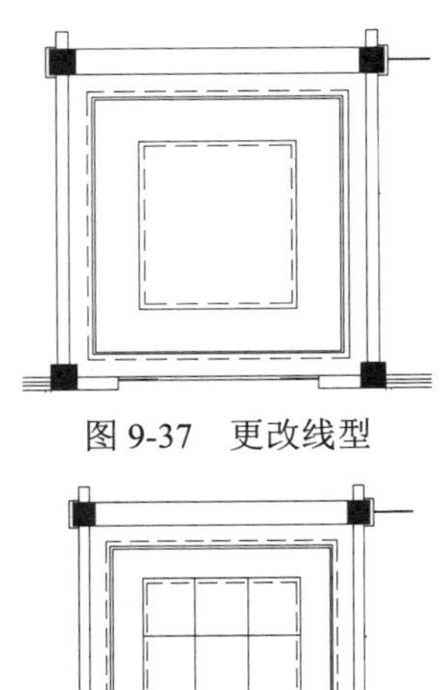

图 9-37　更改线型

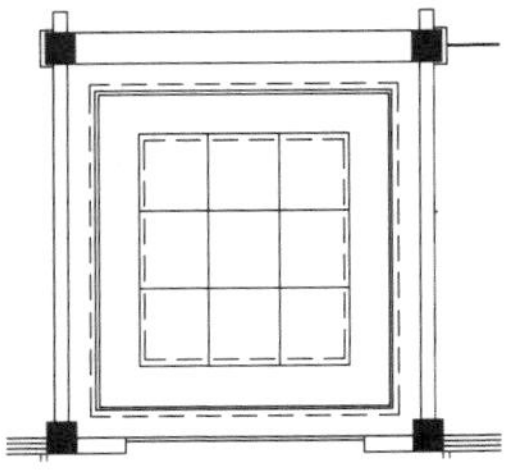

图 9-38　绘制等分直线

3. 绘制办公区吊顶

（1）单击“默认”选项卡“绘图”面板中的“直线”按钮，在图形适当位置绘制一条竖直直线，如图 9-39 所示。

（2）单击“默认”选项卡“绘图”面板中的“直线”按钮，在图形适当位置绘制一条水平直线，如图 9-40 所示。

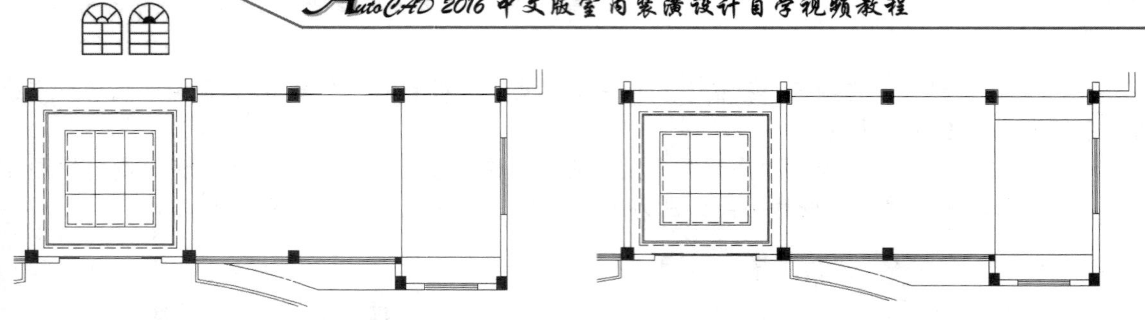

图 9-39　绘制竖直直线　　　　图 9-40　绘制水平直线

（3）单击“默认”选项卡“修改”面板中的“偏移”按钮，选择第（2）步绘制的水平直线并向下进行偏移，偏移距离分别为 80、400、2237、10、2237、400 和 80，如图 9-41 所示。

（4）单击“默认”选项卡“修改”面板中的“偏移”按钮，选择左侧竖直直线为偏移对象并向右进行偏移，偏移距离分别为 1875、10，如图 9-42 所示。

（5）单击“默认”选项卡“修改”面板中的“修剪”按钮，以第（4）步中偏移线段为修剪对象并对其进行修剪，如图 9-43 所示。

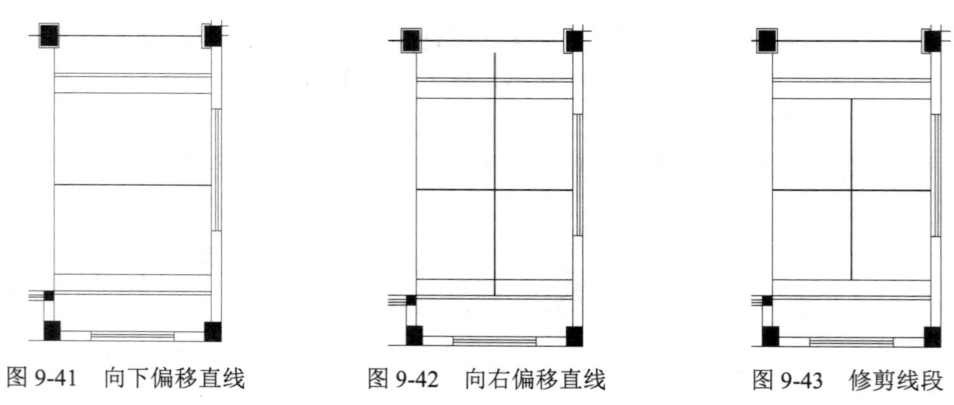

图 9-41　向下偏移直线　　　　图 9-42　向右偏移直线　　　　图 9-43　修剪线段

4. 绘制顶棚装饰图

（1）单击“默认”选项卡“绘图”面板中的“直线”按钮，在楼梯间位置各绘制一条水平直线，如图 9-44 所示。

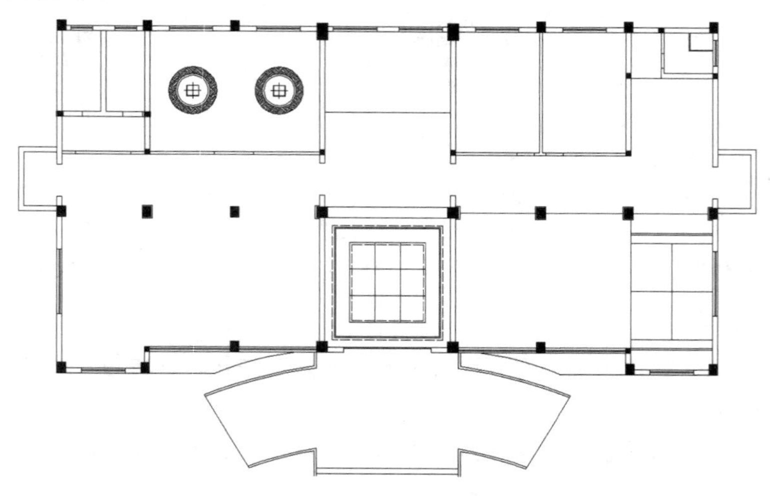

图 9-44　绘制水平直线

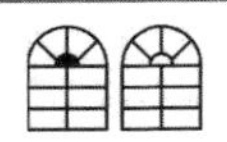

Note

（2）单击“默认”选项卡“绘图”面板中的“直线”按钮，在如图 9-45 所示位置绘制 4 条竖直直线，如图 9-45 所示。

（3）单击“默认”选项卡“绘图”面板中的“直线”按钮，在第（2）步绘制的线段上方绘制一条水平直线，如图 9-46 所示。

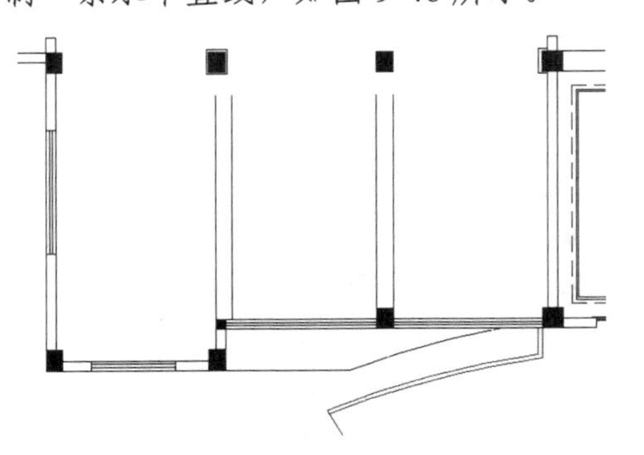

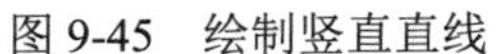

图 9-45　绘制竖直直线

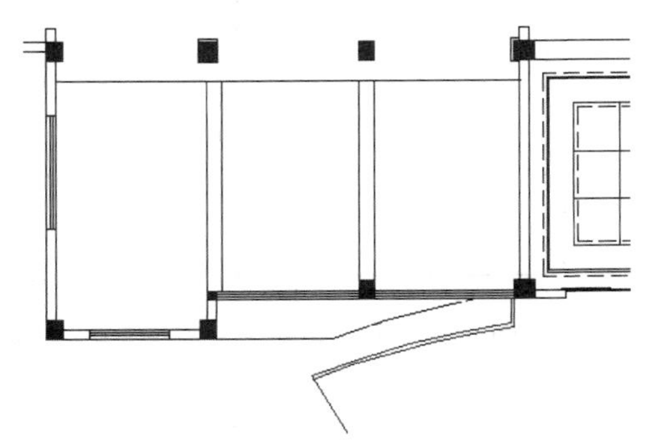

图 9-46　绘制水平直线

（4）单击“默认”选项卡“修改”面板中的“偏移”按钮，选择第（3）步绘制的水平直线为偏移对象并向上进行偏移，偏移距离为 100，如图 9-47 所示。

（5）单击“默认”选项卡“绘图”面板中的“矩形”按钮，在第（4）步的图形内绘制一个 600×600 的矩形，如图 9-48 所示。

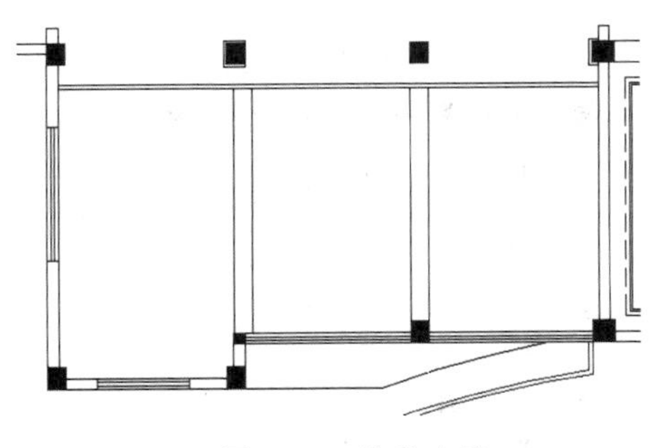

图 9-47　偏移直线

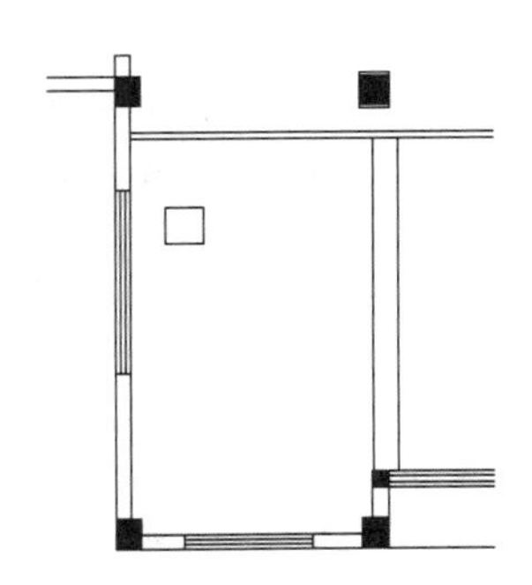

图 9-48　绘制矩形

（6）单击“默认”选项卡“修改”面板中的“偏移”按钮，选择第（5）步绘制的矩形为偏移对象并向内进行偏移，偏移距离为 30，如图 9-49 所示。

（7）单击“默认”选项卡“修改”面板中的“分解”按钮，将矩形进行分解，如图 9-50 所示。

（8）单击“默认”选项卡“修改”面板中的“偏移”按钮，选择分解后矩形左侧竖直边为偏移对象并向右进行偏移，偏移距离分别为 150、24、192 和 24，如图 9-51 所示。

（9）单击“默认”选项卡“修改”面板中的“偏移”按钮，选择分解后矩形的水平直线为偏移对象，偏移距离分别为 32、120、120、120 和 120，如图 9-52 所示。

（10）单击“默认”选项卡“修改”面板中的“修剪”按钮，将以上偏移线段作为修剪对象并对其进行修剪，如图 9-53 所示。

（11）单击“默认”选项卡“修改”面板中的“复制”按钮，选择第（10）步中绘制的图形为复制对象并对其进行连续复制，然后单击“默认”选项卡“绘图”面板中的“直线”按钮，

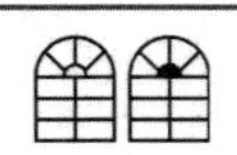

在楼梯间绘制折线，如图 9-54 所示。

Note

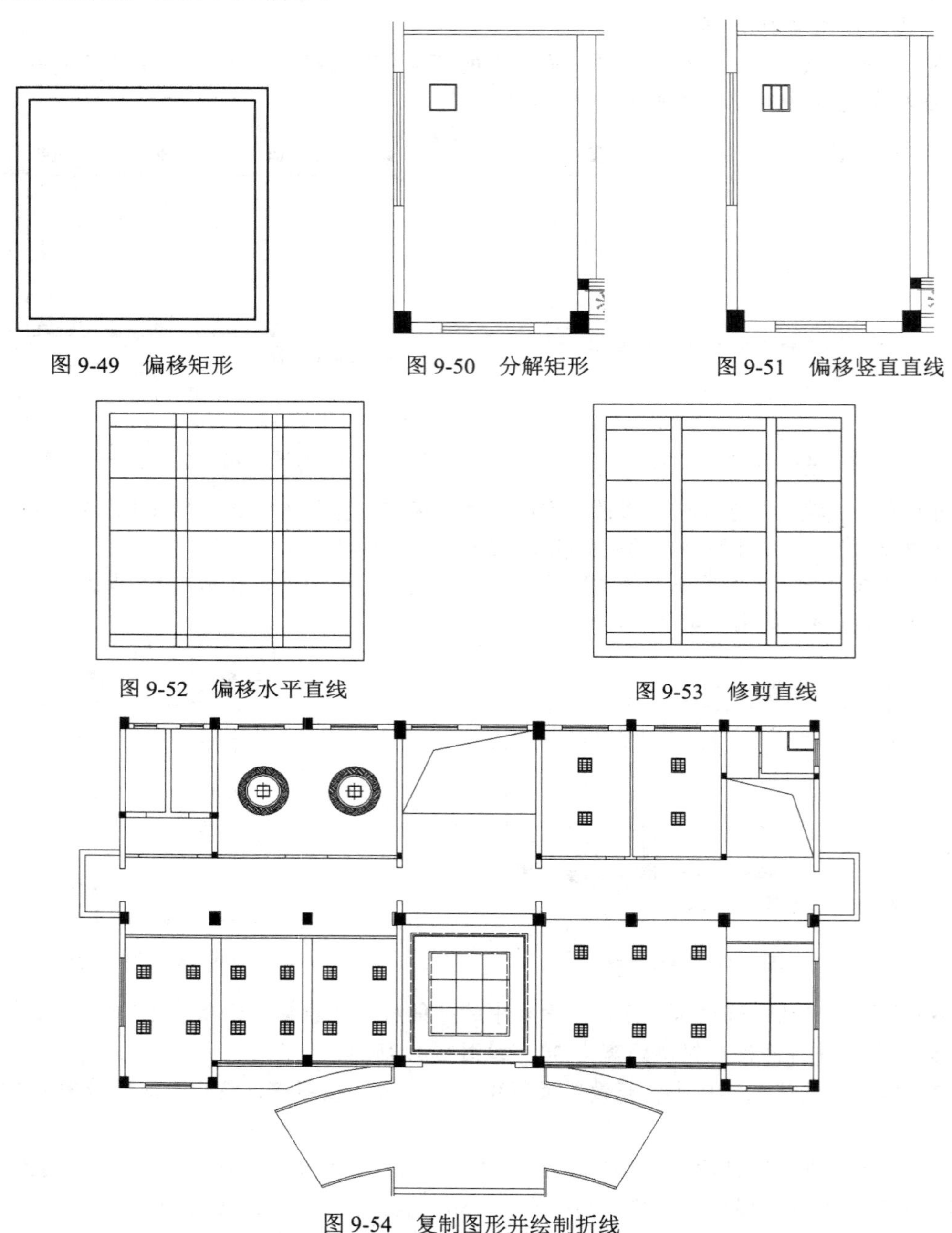

图 9-49 偏移矩形

图 9-50 分解矩形

图 9-51 偏移竖直直线

图 9-52 偏移水平直线

图 9-53 修剪直线

图 9-54 复制图形并绘制折线

（12）单击“默认”选项卡“绘图”面板中的“直线”按钮，在图 9-45 所示竖直直线内绘制一条水平直线，如图 9-55 所示。

（13）单击“默认”选项卡“修改”面板中的“偏移”按钮，选择第（12）步绘制的水平直线为偏移对象并向下进行偏移，偏移距离分别为 25、35、25、35、25、35、25、35、25、35、25、35、25、35、25、35、25、35、25、35、25、35、25、35、25、35、25、35 和 25，如图 9-56

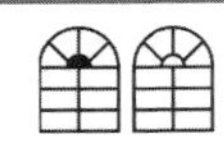

所示。

（14）单击“默认”选项卡“修改”面板中的“复制”按钮，选择第（13）步中偏移线段为复制对象并对其进行连续复制，如图 9-57 所示。

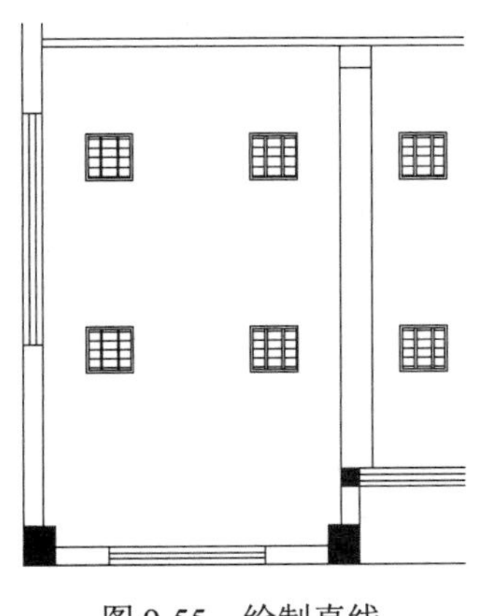

图 9-55　绘制直线

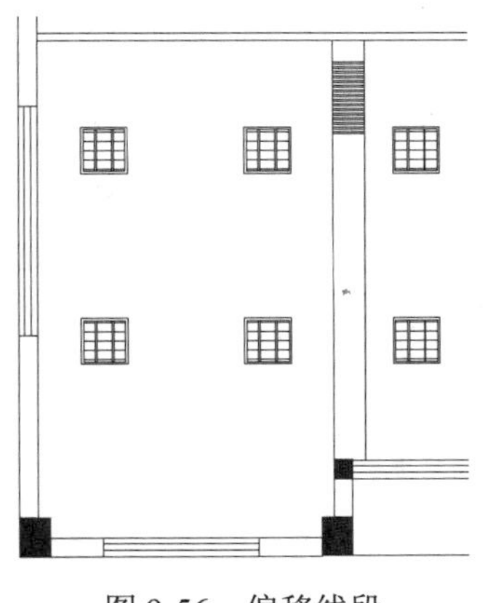

图 9-56　偏移线段

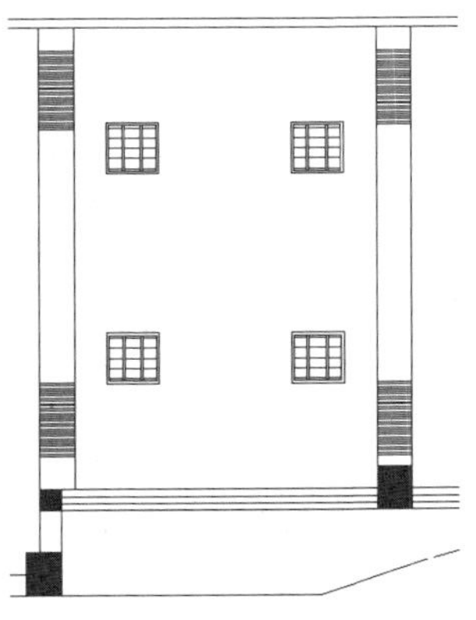

图 9-57　复制对象

5. 细化办公区吊顶

（1）单击“默认”选项卡“绘图”面板中的“矩形”按钮，在图形空白区域绘制一个 400×400 的矩形，如图 9-58 所示。

（2）单击“默认”选项卡“绘图”面板中的“图案填充”按钮，系统打开“图案填充创建”选项卡，设置图案类型为 ANSI31，角度为 0°，比例为 20，选择填充区域填充图形，结果如图 9-59 所示。

（3）单击“默认”选项卡“修改”面板中的“复制”按钮，选择第（2）步绘制的图形为复制对象并对其进行复制，如图 9-60 所示。

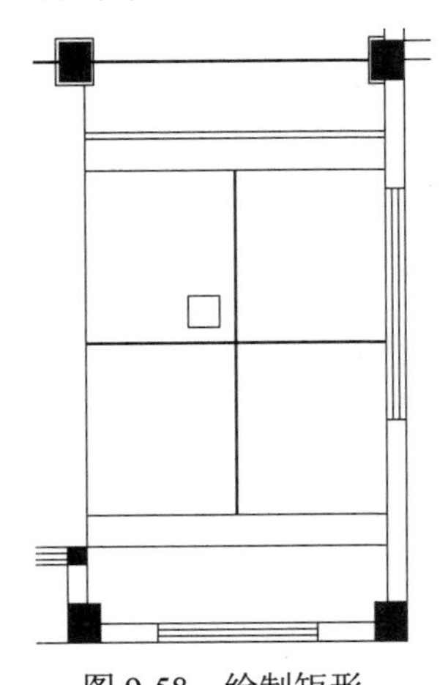

图 9-58　绘制矩形

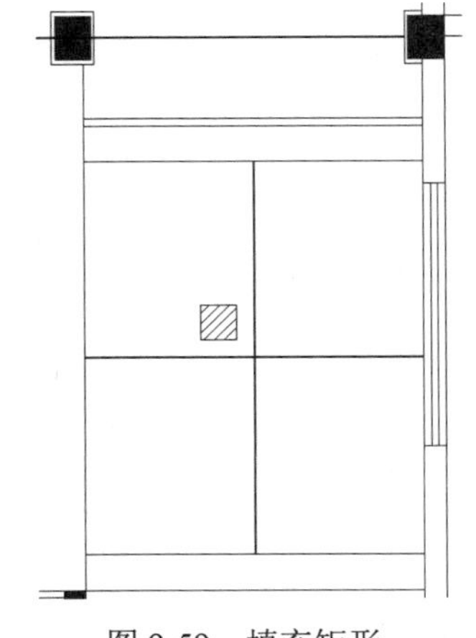

图 9-59　填充矩形

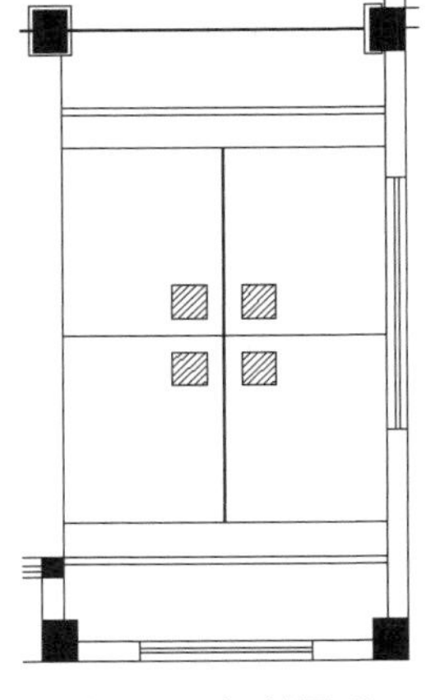

图 9-60　复制图形

6. 布置灯饰

（1）单击“默认”选项卡“块”面板中的“插入”按钮，弹出“插入”对话框，选择“60 筒灯”图块插入到图中，单击“确定”按钮，完成图块插入。利用上述方法完成图形中剩余筒灯的插入，如图 9-61 所示。

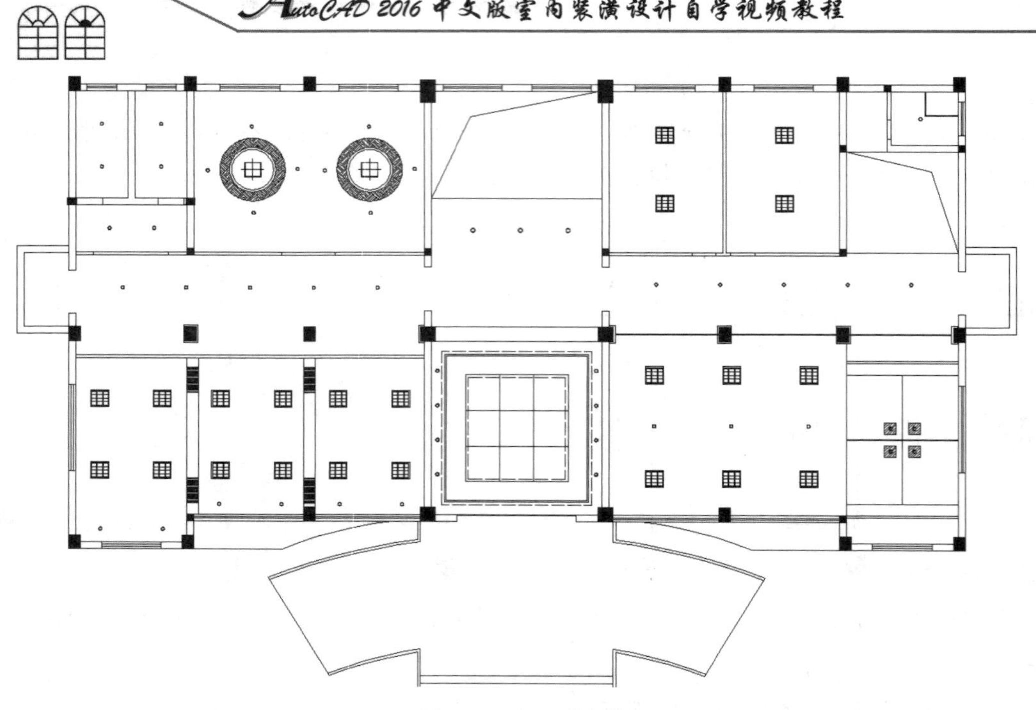

图 9-61　插入筒灯

（2）单击“默认”选项卡“块”面板中的“插入”按钮，弹出“插入”对话框，选择“吸顶灯”图块插入到图中，单击“确定”按钮，完成图块插入，如图 9-62 所示。

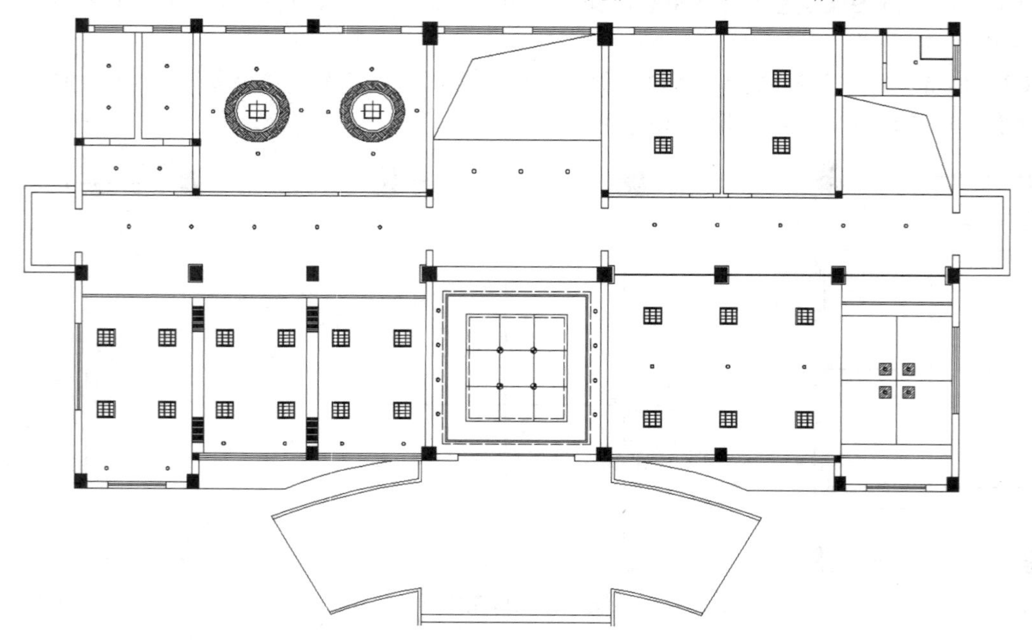

图 9-62　插入吸顶灯

（3）单击“默认”选项卡“块”面板中的“插入”按钮，弹出“插入”对话框，选择“排气扇”图块插入到图中，单击“确定”按钮，完成图块插入，如图 9-63 所示。

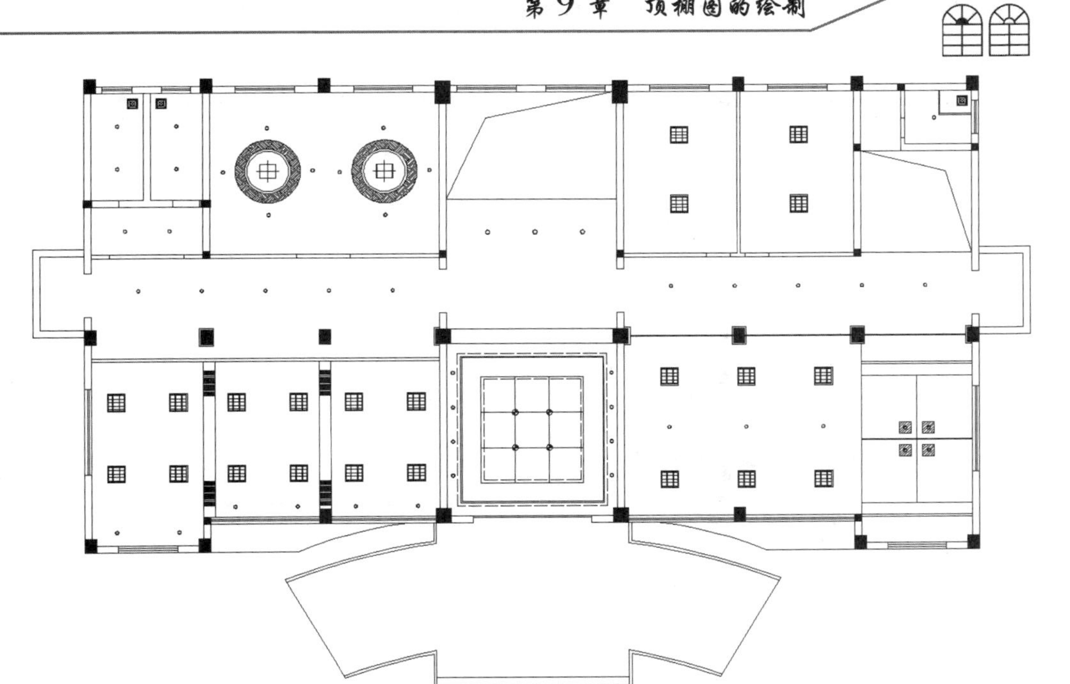

图 9-63　插入排气扇

（4）单击“默认”选项卡“块”面板中的“插入”按钮，弹出“插入”对话框，选择“壁灯”图块插入到图中，单击“确定”按钮，完成图块插入，如图 9-64 所示。

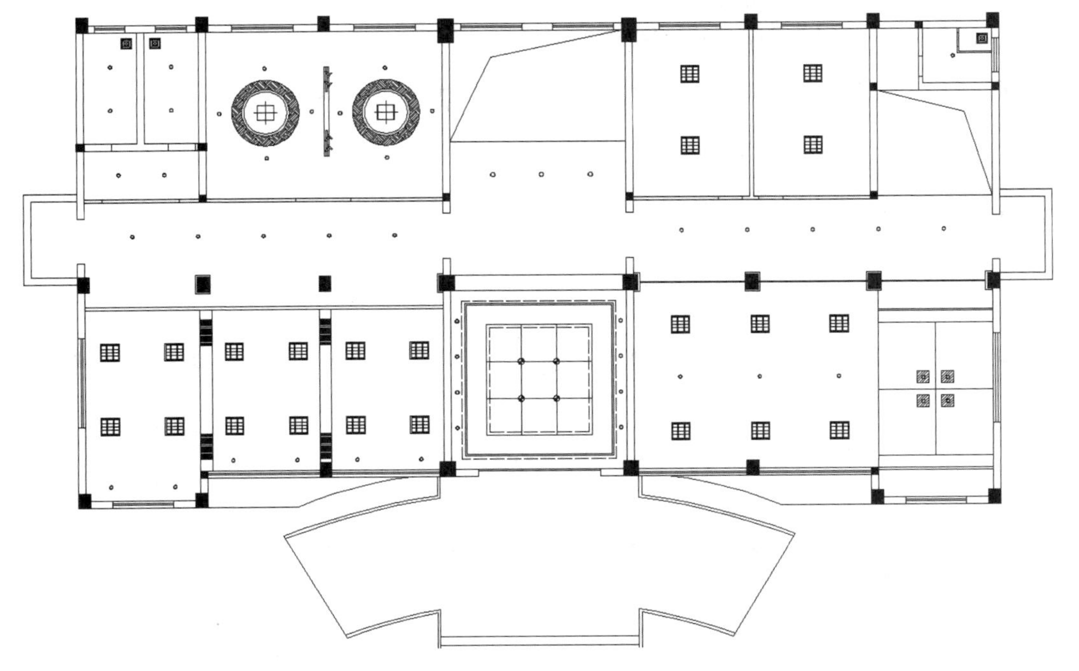

图 9-64　插入壁灯

（5）利用二维绘图命令绘制剩余图形，结果如图 9-65 所示。

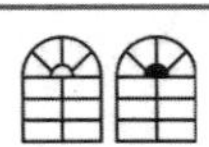
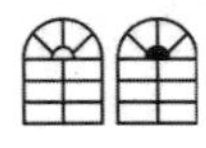

Note

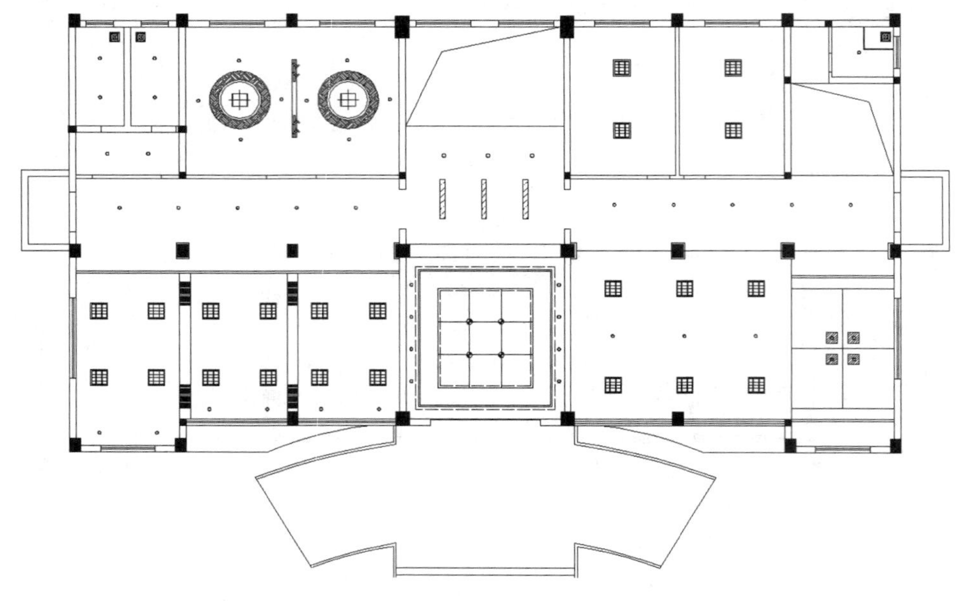

图 9-65　绘制剩余图形

9.1.4　添加文字说明

将“文字”图层设置为当前图层，单击“默认”选项卡“注释”面板中的“多行文字”按钮 A，为图形添加顶面材料说明，如图 9-66 所示。

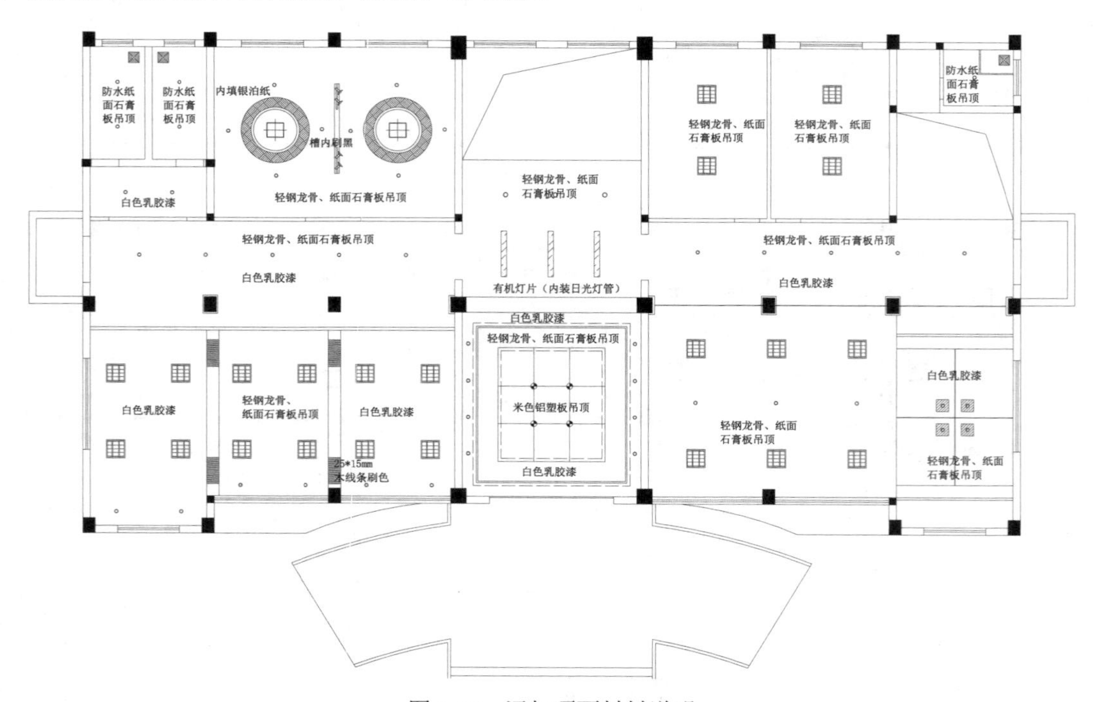

图 9-66　添加顶面材料说明

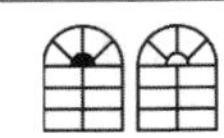

Note

9.1.5　添加细部标注

将“0”图层设置为当前图层，单击“默认”选项卡“注释”面板中的“线性”按钮和“连续”按钮，添加顶棚灯具间的尺寸，如图 9-67 所示。

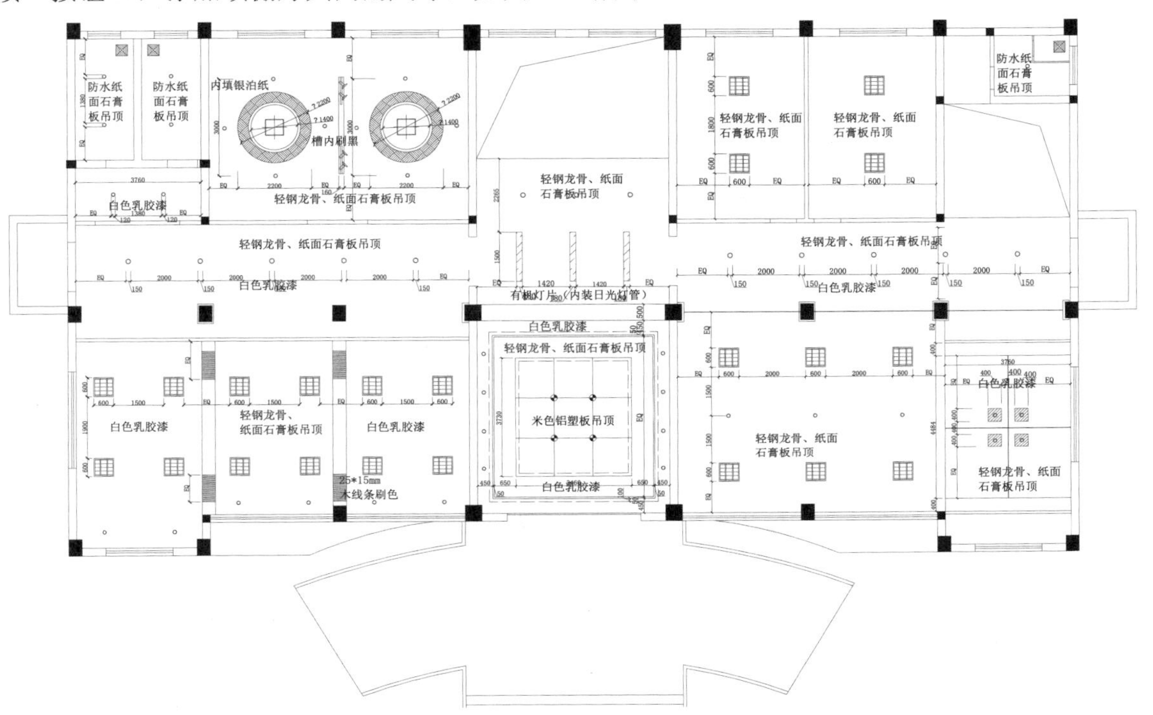

图 9-67　添加顶棚灯具间的尺寸

9.2　二层顶棚平面图

其他层顶棚平面图的绘制方法基本上与一层顶棚平面图的绘制方法相同，这里只简要介绍设计思想。

如图 9-68 所示，二层过道、董事长办公室、总经理办公室组合沙发区顶棚主要采用轻钢龙骨、纸面石膏板吊顶，白色乳胶漆刷涂，墙线采用 25×15 木线条刷色。公共卫生间为防止溅水，改用防水纸面石膏板吊顶。销售科办公室、总务室、财务室采用矿棉板吊顶。

细节部分，董事长办公室和总经理办公室的办公区域部分采用相对高档的米色铝塑板吊顶，董事长休息室专用卫生间采用铝塑扣板吊顶。

样品间为了突出陈列的样品，所以顶棚装饰设置相对复杂，突出造型优美，衬托产品样品的高质量和高规格。顶棚造型以曲线和圆形造型灯为分隔分为 3 部分，进门处的大块部分采用铝隔栅吊顶，其他部分采用轻钢龙骨、纸面石膏板吊顶，分别采用浅蓝色和白色乳胶漆刷涂。整个顶棚显现出一种过渡变换的美感，结合各种不同的灯具装点出一个五彩斑斓的空间，也隐含产品品种丰富、不断革新升级的寓意。

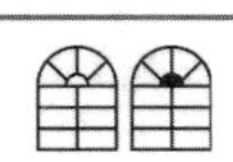

Note

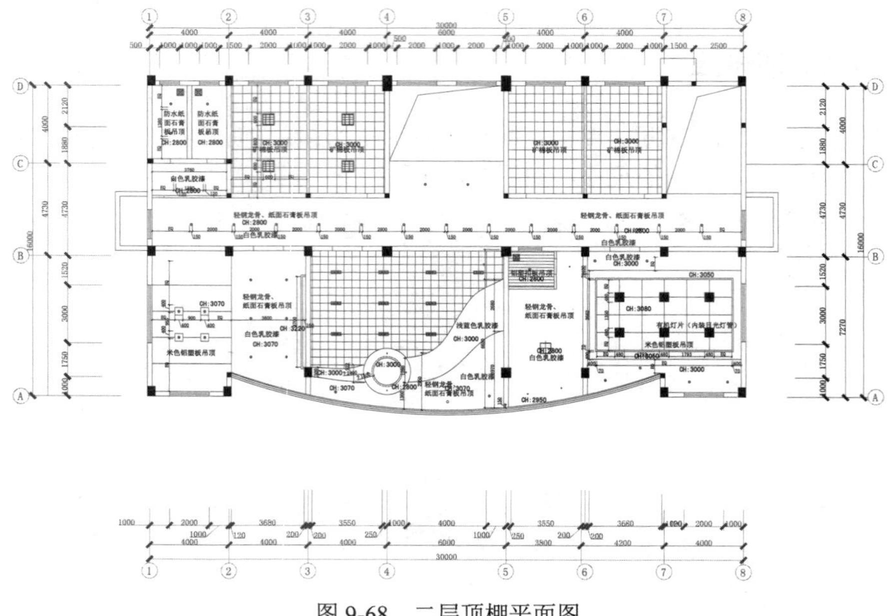

图 9-68　二层顶棚平面图

9.3　三层顶棚平面图

如图 9-69 所示，三层过道、客房、楼道、会议室顶棚主要采用轻钢龙骨、纸面石膏板吊顶，白色乳胶漆刷涂，墙线采用 25×15 木线条刷色。公共卫生间为防止溅水，改用防水纸面石膏板吊顶。活动室采用矿棉板吊顶。

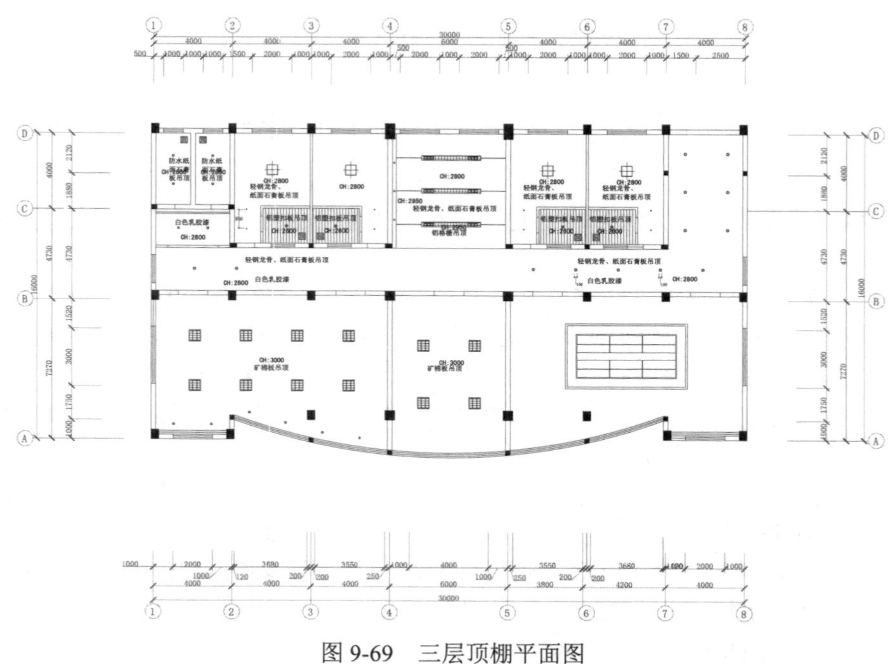

图 9-69　三层顶棚平面图

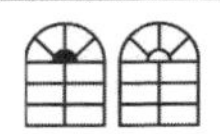

细节部分，客房专用卫生间采用铝塑扣板吊顶。楼道顶棚的灯具采用条形铝隔栅吊顶内嵌筒灯。会议室为了增加亮度，灯具采用外罩有机灯片的日光灯结合筒灯的造型。

9.4　实战演练

通过前面的学习，读者对本章知识也有了大体的了解，本节通过几个操作练习使读者进一步掌握本章知识要点。

【实战演练】绘制如图 9-70 所示的别墅首层顶棚图。

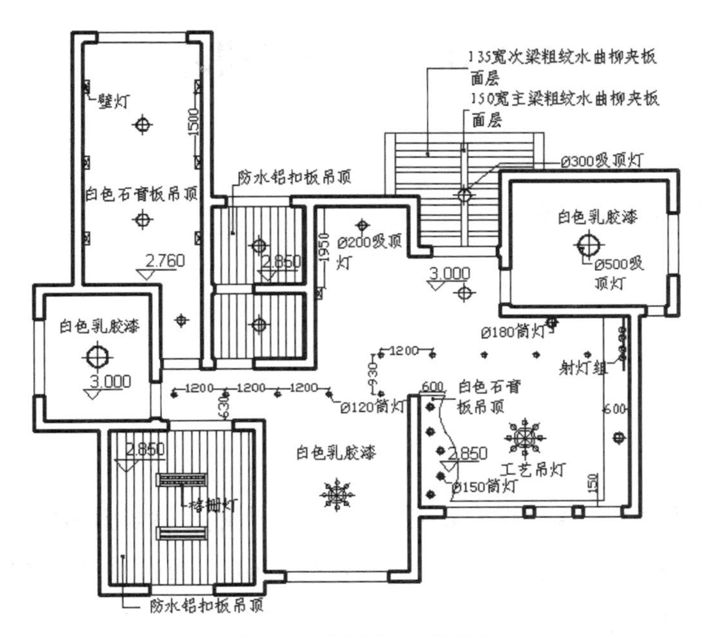

图 9-70　别墅首层顶棚图

1．目的要求

本实例主要要求读者通过练习进一步熟悉和掌握别墅首层顶棚图的绘制方法。通过本实例，可以帮助读者学会完成整个顶棚图绘制的全过程。

2．操作提示

（1）设置绘图环境。

（2）补绘平面轮廓。

（3）绘制吊顶。

（4）绘制入口雨篷顶棚。

（5）绘制灯具。

（6）标注标高和文字。

第10章

立面图的绘制

本章学习要点和目标任务：

☑ 一层立面图

☑ 二层立面图

☑ 三层立面图

☑ 楼梯立面

本章将以某小型企业办公楼立面图室内设计为例，详细讲述立面图的绘制过程。在讲述过程中，将逐步带领读者完成立面图的绘制，通过本章的学习，使读者熟练掌握立面图绘制的相关知识和技巧。

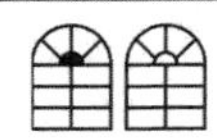

10.1　一层立面图

本节主要讲述一层大厅背景墙、一层过道处隔断、一层卫生间台盆立面的绘制过程。

10.1.1　大厅背景墙立面

在大厅进门左边墙体上，用咖啡色砂岩砖装饰，在中间大片空白处标明公司的中文名称和英文名称（此处隐去），其中，中文名称用内置 T4 灯管的钢化玻璃装裱，英文名称用拉丝不锈钢字嵌写。整个名称醒目大气，第一时间呈现在员工和来访客人眼前，准确及时地传递出公司的最基本的信息。

过道双开门采用钢化玻璃作为门面，拉丝不锈钢作为框架，干净通透。进门、中间隔断以及后墙立柱刷涂米黄色真石漆，透出一种逼真的原色，后厅休息区墙面刷涂白色乳胶漆，踢脚装饰材料为拉丝不锈钢，显得素雅干净，再在墙上点缀两幅山水壁画，透露出一种油然的艺术气息，结合几盆摆放恰到好处的花草盆景，让来此休息等候的客人心旷神怡。

整个大厅背景立面装饰既简洁大气，又在醒目的位置恰到好处地标示出了公司的名称信息，如图 10-1 所示。

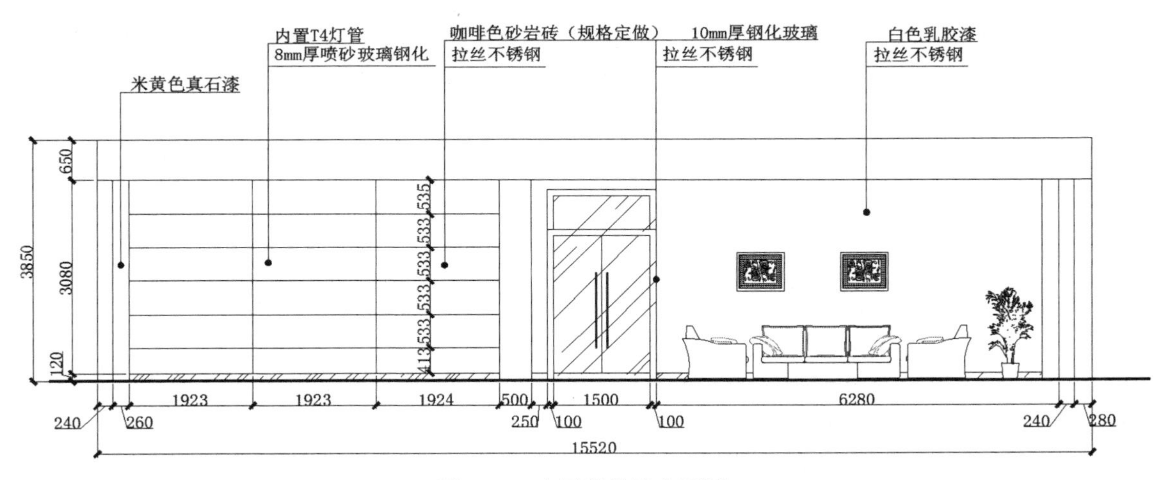

图 10-1　大厅背景墙立面图

本节主要讲述大厅背景墙立面的绘制过程。

操作步骤如下：（光盘\配套视频\第 10 章\大厅背景墙立面图.avi）

1. 绘制立面图主体轮廓

（1）单击“默认”选项卡“绘图”面板中的“直线”按钮，在图形适当位置绘制一条长度为 15520 的水平直线，如图 10-2 所示。

图 10-2　绘制水平直线

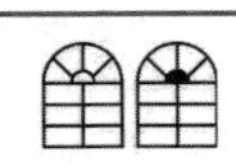

Note

（2）单击“默认”选项卡“绘图”面板中的“直线”按钮，以第（1）步绘制的水平直线的左端点为直线起点向上绘制一条长为3850的竖直直线，如图10-3所示。

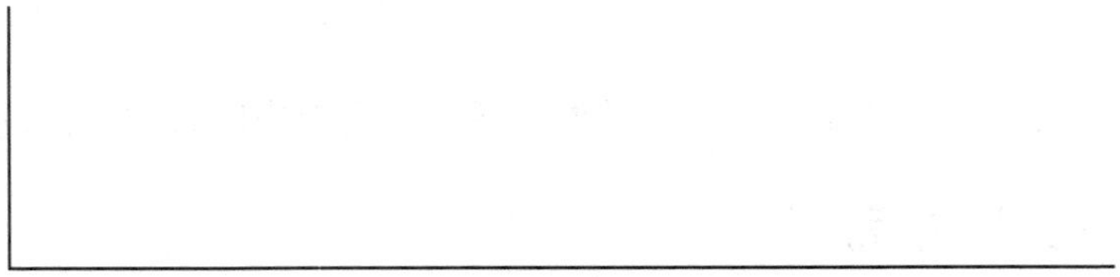

图10-3　绘制竖直直线

（3）单击“默认”选项卡“修改”面板中的“偏移”按钮，选择第（2）步绘制的竖直直线为偏移对象并向右进行偏移，偏移距离分别为240、260、1923、1923、1924、500、250、100、1500、100、6280、240和280，如图10-4所示。

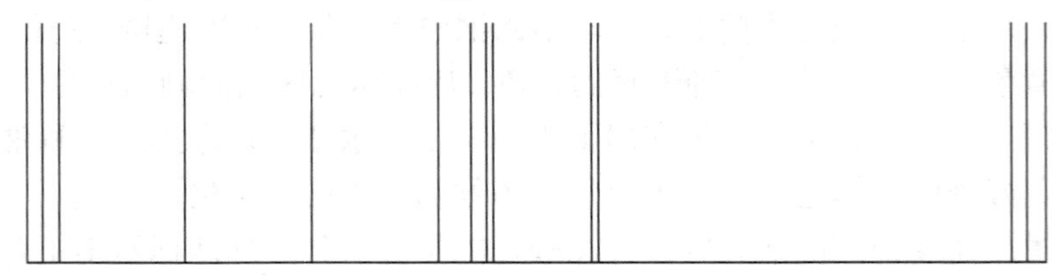

图10-4　偏移竖直直线

（4）单击“默认”选项卡“修改”面板中的“偏移”按钮，选择底部水平直线为偏移对象并向上进行偏移，偏移距离分别为120、3080和650，如图10-5所示。

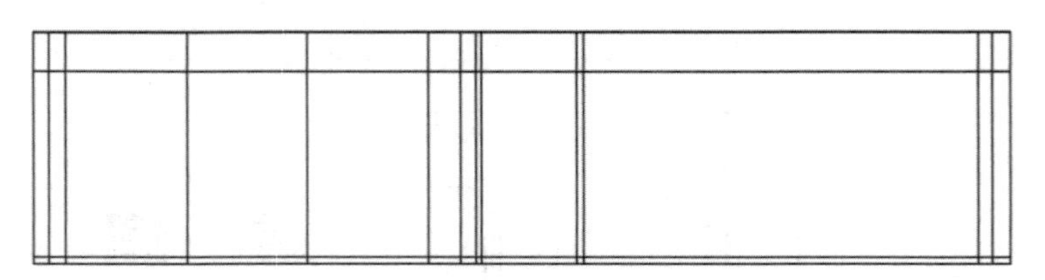

图10-5　偏移水平直线

（5）单击“默认”选项卡“修改”面板中的“修剪”按钮，以所绘制的偏移线段为修剪对象并对其进行修剪，如图10-6所示。

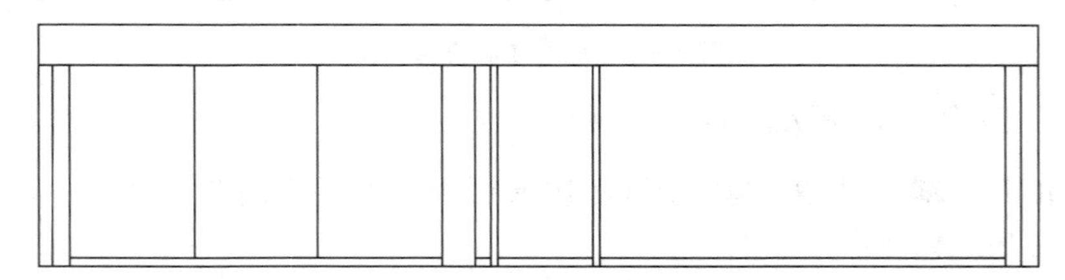

图10-6　修剪直线线段

（6）单击“默认”选项卡“修改”面板中的“偏移”按钮，选择水平直线为偏移对象并向上进行偏移，偏移距离分别为413、533、533、533和533，如图10-7所示。

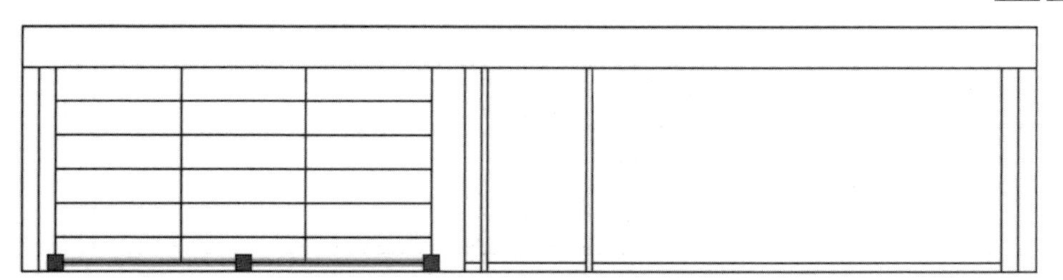

图 10-7　向上偏移线段

2. 绘制门立面

（1）单击“默认”选项卡“修改”面板中的“偏移”按钮，选择水平直线为偏移对象并向上进行偏移，偏移距离分别为2200、100、533和100，如图10-8所示。

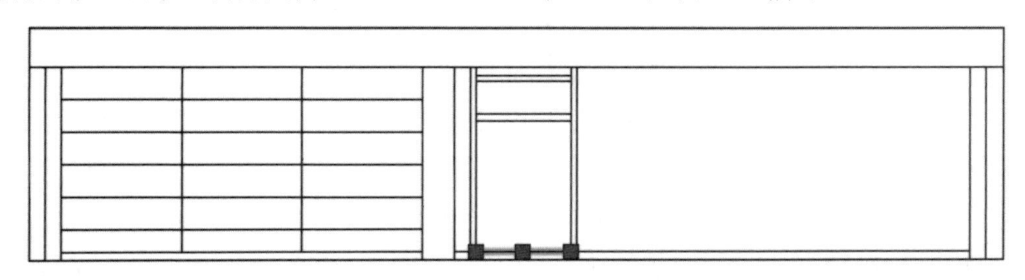

图 10-8　偏移水平线段

（2）单击“默认”选项卡“修改”面板中的“延伸”按钮，选择水平直线向两个竖直直线进行延伸，如图10-9所示。

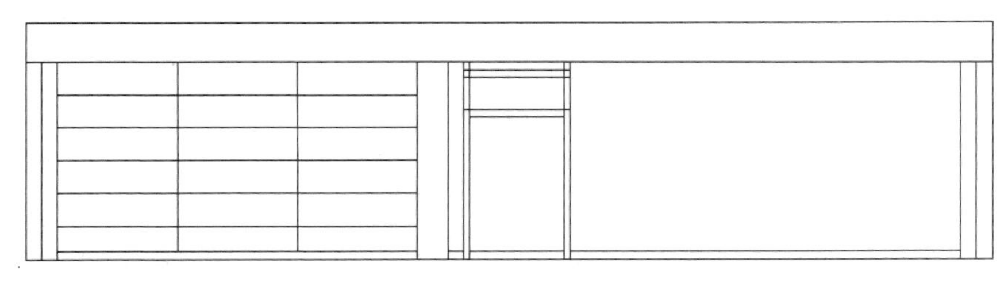

图 10-9　延伸线段

（3）单击“默认”选项卡“修改”面板中的“修剪”按钮，选择第（2）步延伸后线段为修剪对象并对其进行修剪，如图10-10所示。

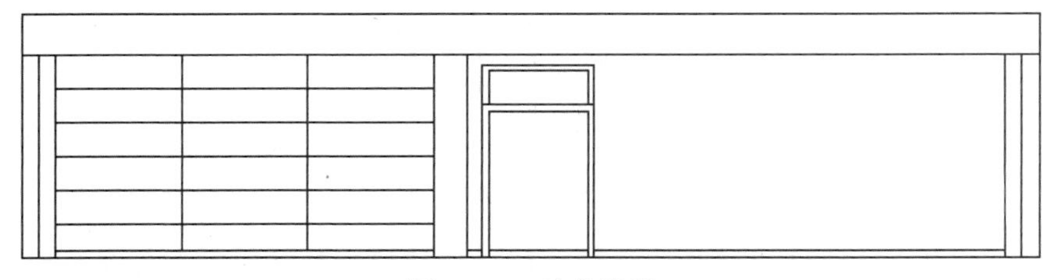

图 10-10　修剪线段

（4）单击“默认”选项卡“绘图”面板中的“直线”按钮，在图10-11所示的位置绘制一条竖直直线，如图10-11所示。

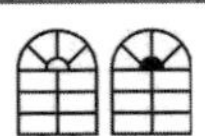

Note

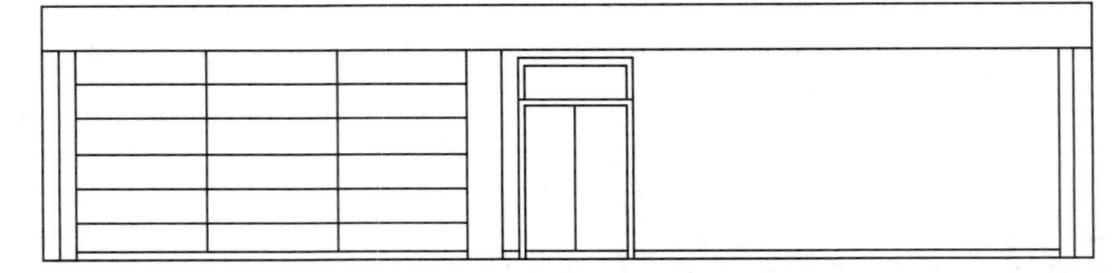

图 10-11 绘制竖直直线

（5）单击“默认”选项卡“绘图”面板中的“直线”按钮，在第（4）步绘制的图形内绘制多条斜向直线，如图 10-12 所示。

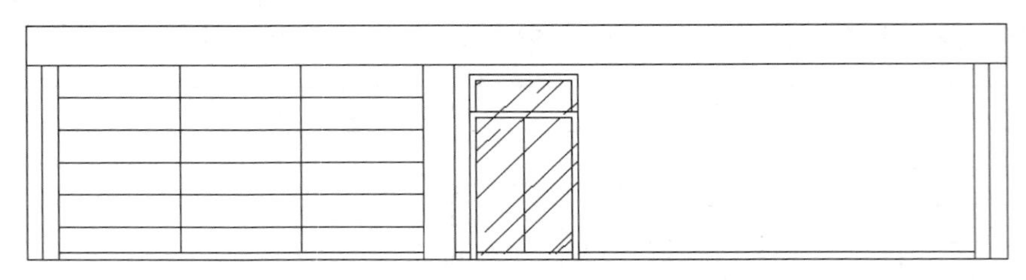

图 10-12 绘制斜向直线

（6）单击“默认”选项卡“绘图”面板中的“矩形”按钮，在如图 10-13 所示的位置绘制一个 20×1200 的矩形。

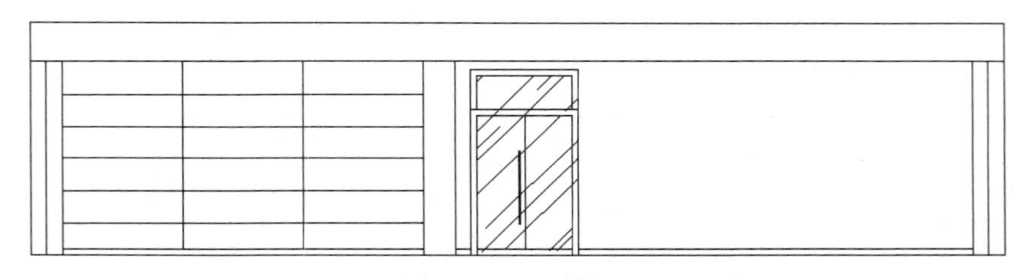

图 10-13 绘制矩形

（7）单击“默认”选项卡“修改”面板中的“修剪”按钮，选择第（6）步绘制的矩形内的多余线段为修剪对象并对其进行修剪，如图 10-14 所示。

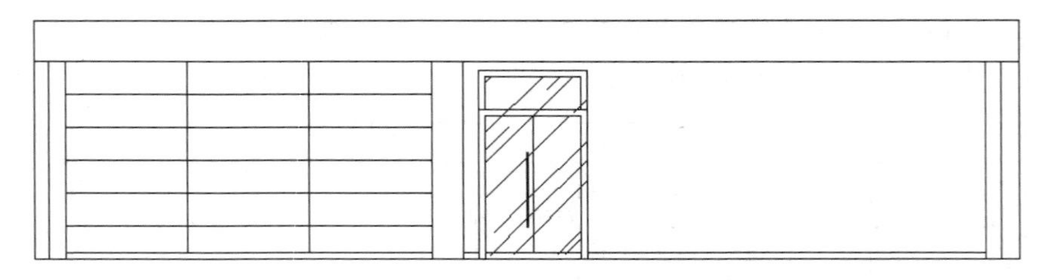

图 10-14 修剪多余线段

（8）单击“默认”选项卡“绘图”面板中的“图案填充”按钮，系统打开“图案填充创建”选项卡，设置图案类型为 AR-RROOF，角度为 0°，比例为 10，选择填充区域后填充图案，结果如图 10-15 所示。利用上述方法完成相同图形的绘制，如图 10-16 所示。

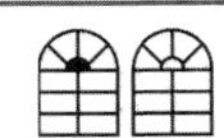

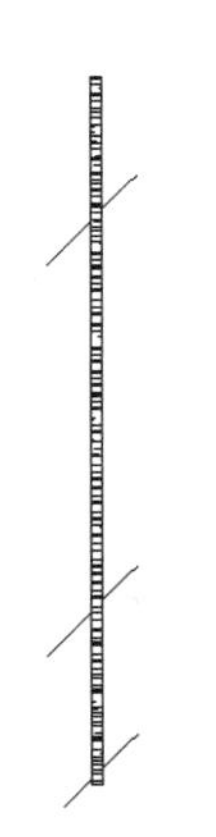

图 10-15　填充矩形

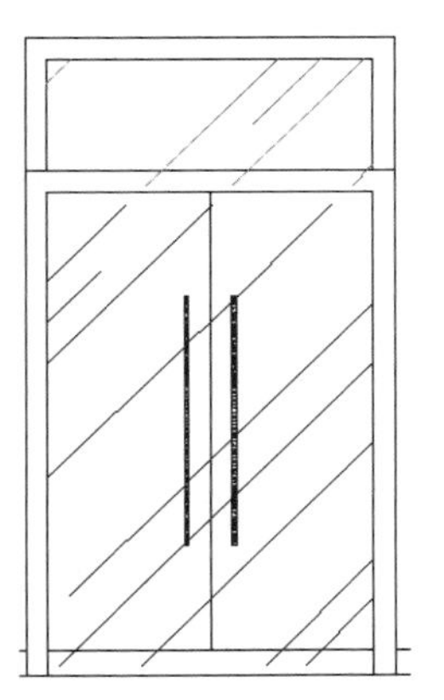

图 10-16　复制对象

3. 绘制沙发区域立面

（1）单击“默认”选项卡“绘图”面板中的“矩形”按钮，在图形右侧位置绘制一个 739×607 的矩形，如图 10-17 所示。

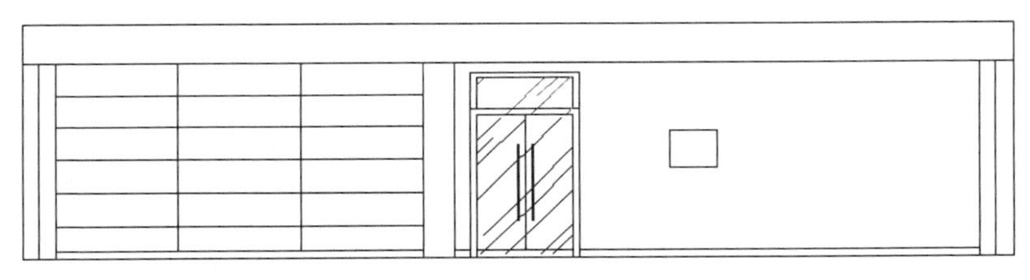

图 10-17　绘制矩形

（2）单击“默认”选项卡“修改”面板中的“偏移”按钮，选择第（1）步绘制的矩形为偏移对象并向内进行偏移，偏移距离分别为 35、8 和 68，如图 10-18 所示。

（3）单击“默认”选项卡“绘图”面板中的“样条曲线拟合”按钮，在图形内绘制装饰图案，如图 10-19 所示。

（4）单击“默认”选项卡“绘图”面板中的“图案填充”按钮，系统打开“图案填充创建”选项卡，设置图案类型为 DOTS，角度为 0°，比例为 10，选择填充区域填充图案，效果如图 10-20 所示。

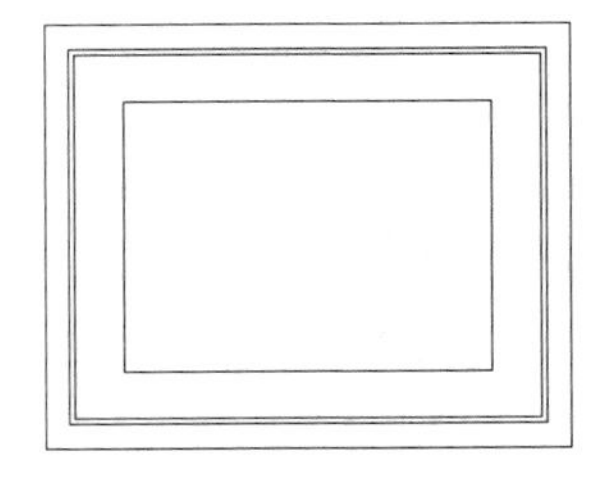

图 10-18　偏移矩形

图 10-19　绘制样条线

图 10-20　填充图案

（5）单击“默认”选项卡“修改”面板中的“复制”按钮，选择第（4）步绘制的图形为复制对象并将其向右进行复制，复制距离为 1488，如图 10-21 所示。

（6）单击“默认”选项卡“块”面板中的“插入”按钮，弹出“插入”对话框，如图 10-22 所示。

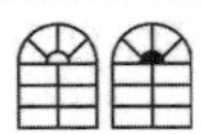

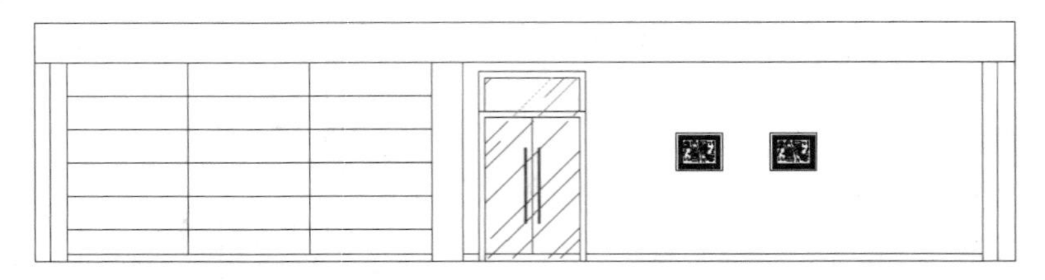

图 10-21　复制图形

（7）单击“浏览”按钮，弹出“选择图形文件”对话框，如图 10-23 所示。选择“源文件\第 10 章\图块\立面沙发”图块，单击“打开”按钮，回到“插入”对话框，单击“确定”按钮，完成图块插入，如图 10-24 所示。

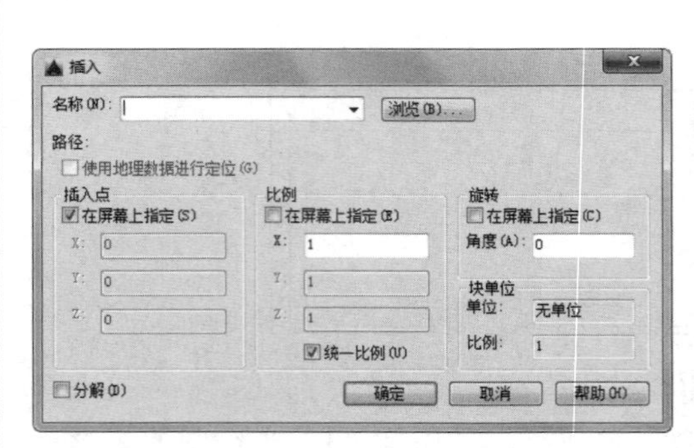

图 10-22　“插入”对话框

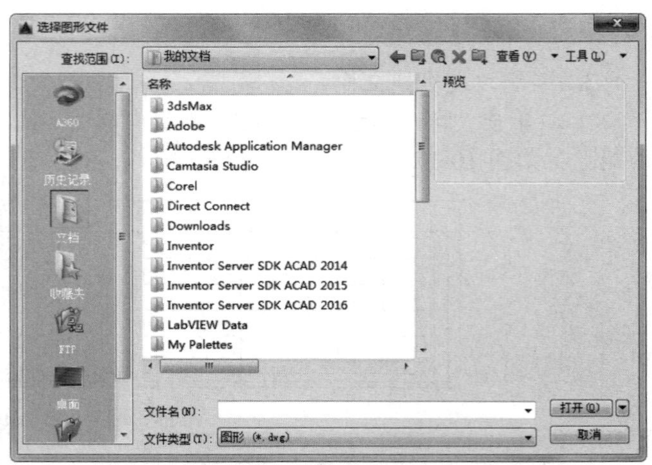

图 10-23　“选择图形文件”对话框

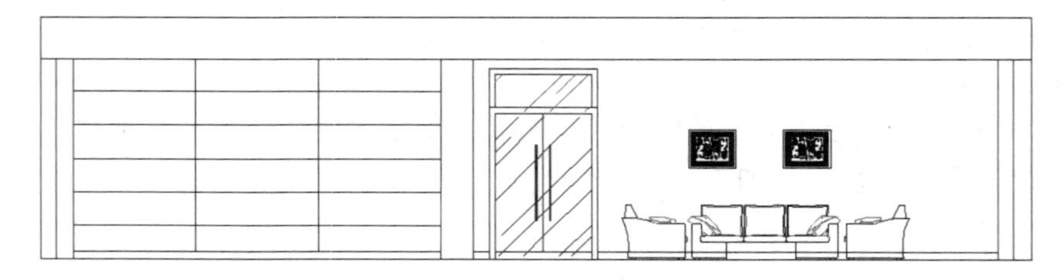

图 10-24　插入沙发

（8）单击“默认”选项卡“块”面板中的“插入”按钮，弹出“插入”对话框。单击“浏览”按钮，弹出“选择图形文件”对话框，选择“源文件\第 10 章\图块\盆栽”图块，单击“打开”按钮，回到“插入”对话框，单击“确定”按钮，完成图块插入，如图 10-25 所示。

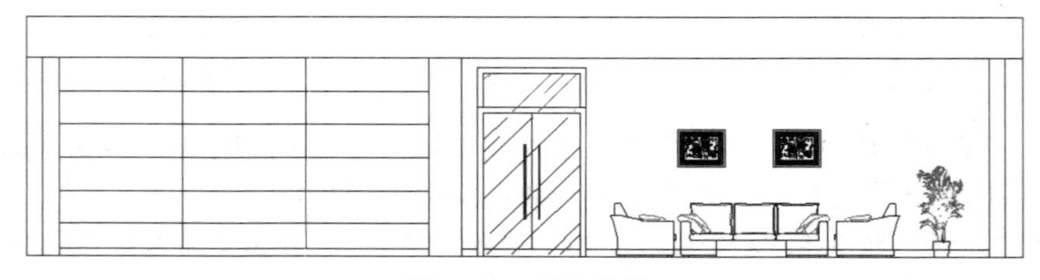

图 10-25　插入盆栽

Note

（9）单击“默认”选项卡“修改”面板中的“修剪”按钮，选择图块后图形内的多余踢脚线为修剪对象并对其进行修剪，如图 10-26 所示。

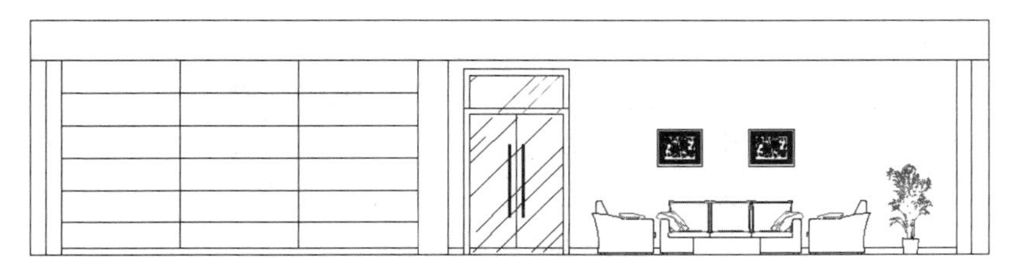

图 10-26　修剪线段

（10）单击“默认”选项卡“绘图”面板中的“直线”按钮，在如图 10-27 所示的位置绘制一条竖直直线。

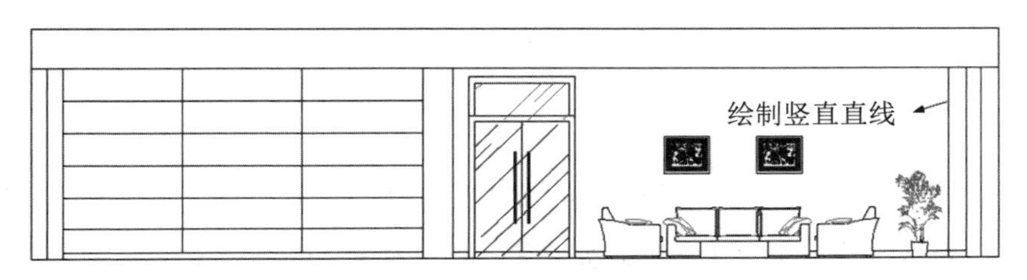

图 10-27　绘制竖直直线

（11）单击“默认”选项卡“修改”面板中的“修剪”按钮，将第（10）步绘制的竖直线段内的多余线段进行修剪，如图 10-28 所示。

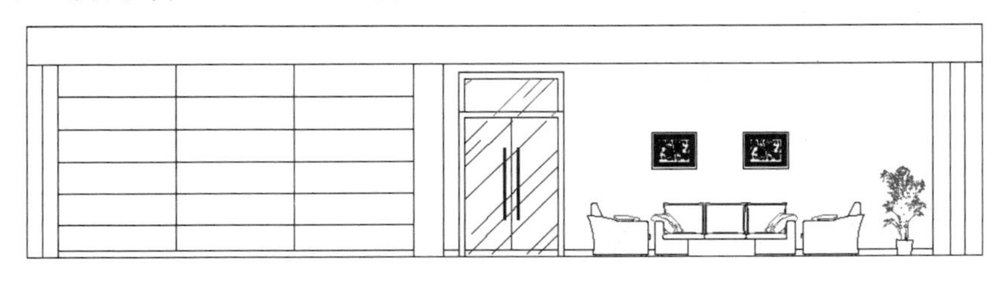

图 10-28　修剪多余线段

（12）单击“默认”选项卡“绘图”面板中的“图案填充”按钮，系统打开“图案填充创建”选项卡，设置填充类型为 AR-RROOF，角度为 45°，比例为 15，选择填充区域填充图案，效果如图 10-29 所示。

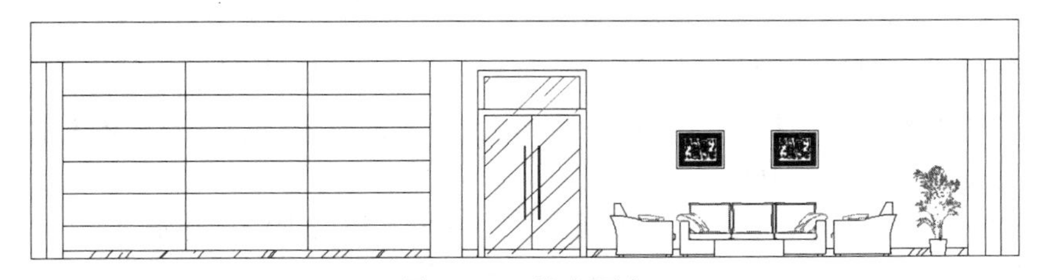

图 10-29　填充图案

（13）单击“默认”选项卡“绘图”面板中的“多段线”按钮，以底部水平直线左边一点

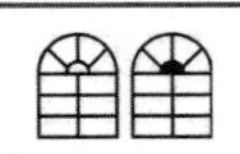

Note

为起点向右绘制一条水平多段线，指定起点宽度为30，端点宽度为30，如图10-30所示。

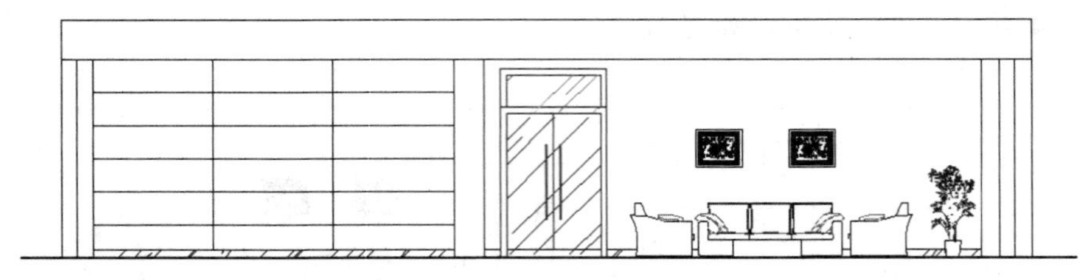

图10-30　绘制多段线

4. 设置标注样式

（1）单击“默认”选项卡“图层”面板中的“图层特性”按钮，新建“尺寸”图层，并将其设置为当前图层，如图10-31所示。

图10-31　设置当前图层

（2）单击“默认”选项卡“注释”面板中的“标注样式”按钮，弹出“标注样式管理器”对话框，如图10-32所示。

（3）单击“新建”按钮，弹出“创建新标注样式”对话框，输入“立面”名称，如图10-33所示。单击“继续”按钮，打开“新建标注样式：立面”对话框，选择“线”选项卡，按照图10-34所示的参数修改标注样式。

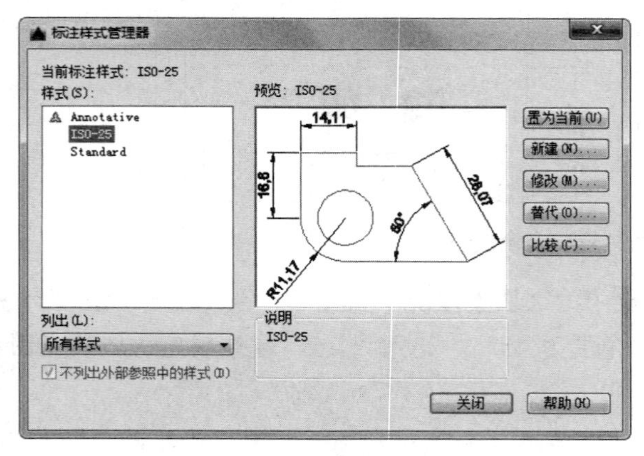

图10-32　“标注样式管理器”对话框

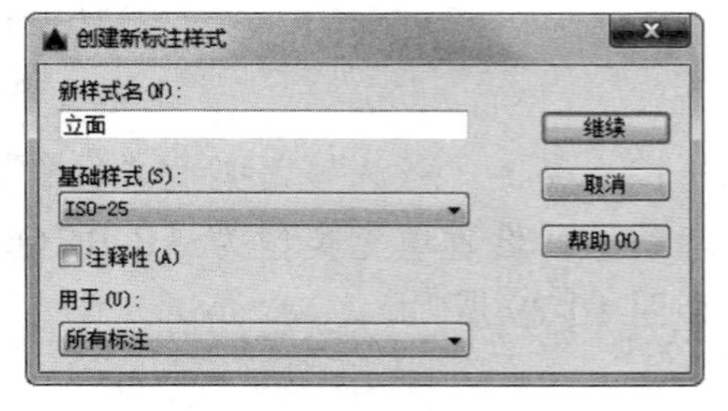

图10-33　“立面”标注样式

（4）选择“符号和箭头”选项卡，按照图10-35所示的设置进行修改，箭头样式选择为“建筑标记”，“箭头大小”修改为100。

（5）在“文字”选项卡中设置“文字高度”为200，如图10-36所示。

（6）在“主单位”选项卡中按图10-37所示进行设置。

5. 标注尺寸

（1）单击“标注”工具栏中的“线性”按钮和“连续”按钮，添加立面图第一道尺寸

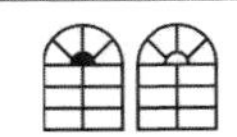

标注，如图 10-38 所示。

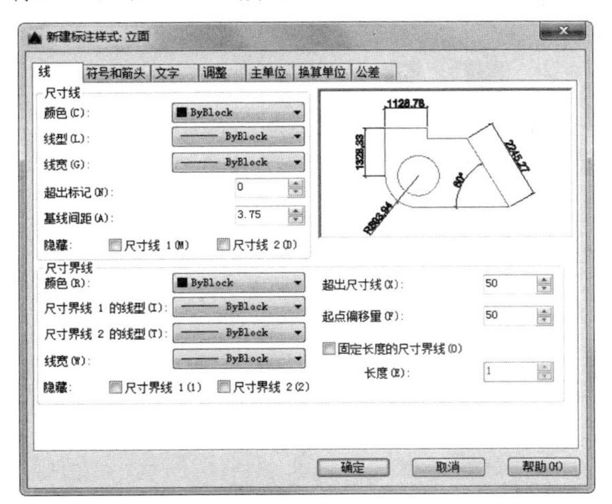

图 10-34　“线”选项卡

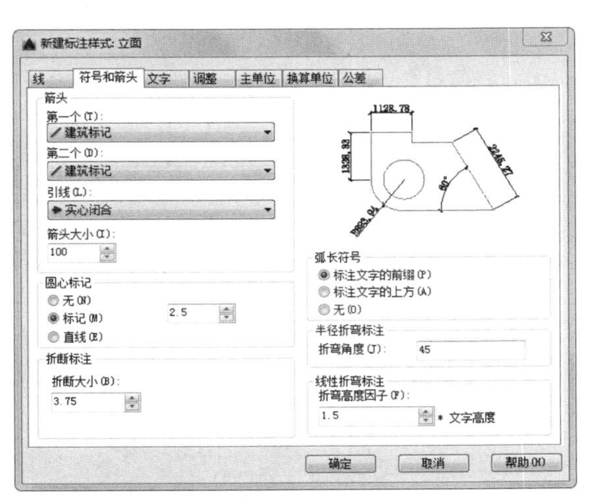

图 10-35　“符号和箭头”选项卡

图 10-36　“文字”选项卡

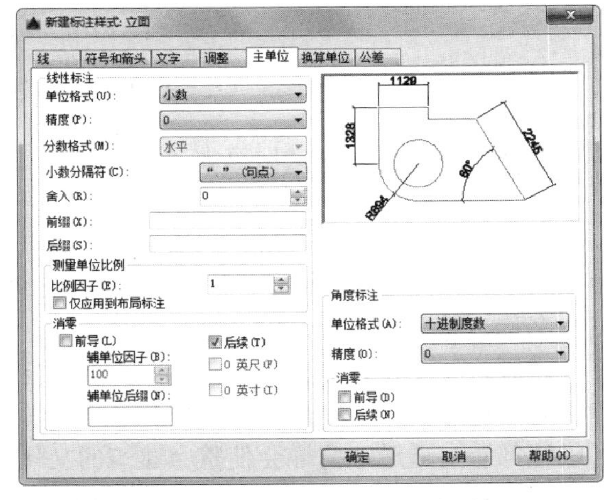

图 10-37　“主单位”选项卡

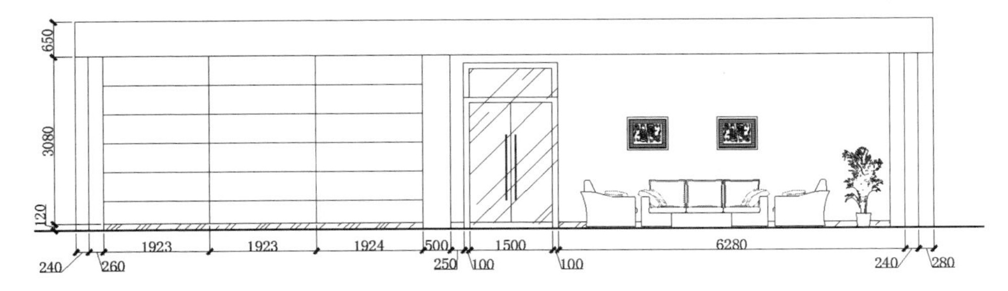

图 10-38　添加第一道尺寸标注

（2）单击“标注”工具栏中的“线性”按钮，添加立面图第二道尺寸标注，如图 10-39 所示。

（3）单击“默认”选项卡“注释”面板中的“线性”按钮和“连续”按钮，标注剩余图形的细部尺寸，如图 10-40 所示。

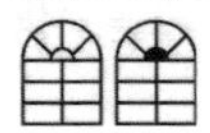

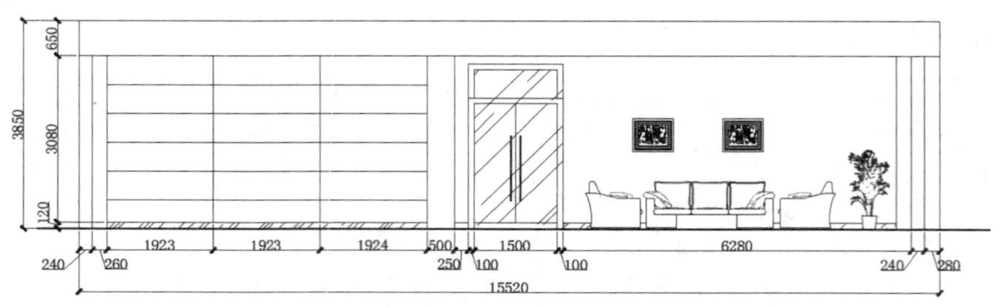

图 10-39　添加第二道尺寸标注

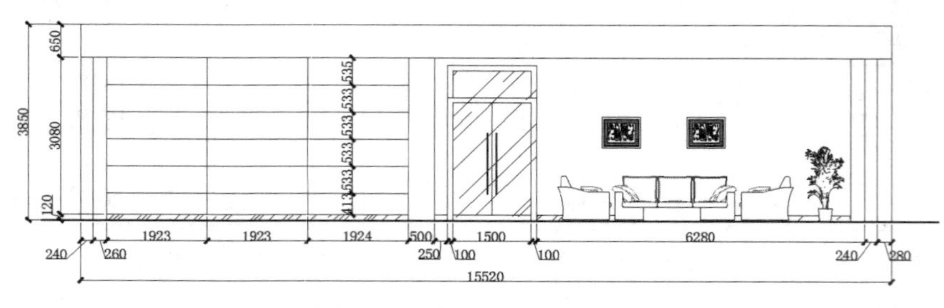

图 10-40　标注图形细部尺寸

（4）在命令行中输入“QLEADER”命令，为图形添加文字说明，如图 10-1 所示。

10.1.2　一层过道处隔断立面

一层过道处隔断立面整体刷涂米黄色真石漆，左右边竖条刷涂彩色乳胶漆，踢脚用拉丝不锈钢材料装饰，再在中间横梁和右边立墙中间位置用有机玻璃字书写“欢迎光临”字样和公司英文简写名称，整体上既漂亮大气又不显得呆板。

中国传统文化讲究含蓄稳健，所以建筑装饰也要注意表达这样的文化气息，过道隔断的存在除了起装饰作用外，还具有阻挡客人视线的作用，也就是说，不希望客人一进大厅门就把整个大厅纵深都看个通透，这样会使整个建筑的文化气息显得没有底蕴，如图 10-41 所示。

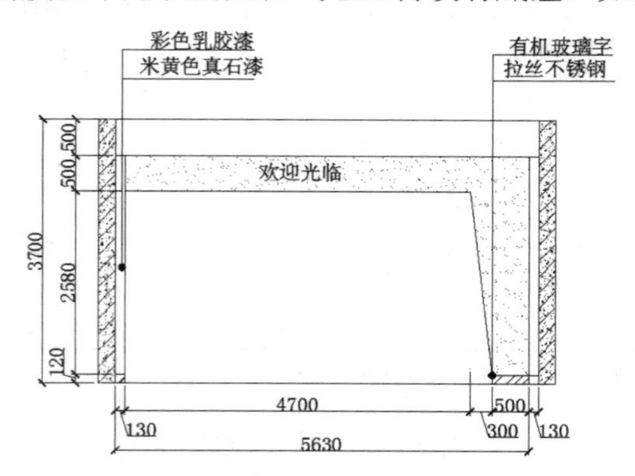

图 10-41　一层过道处隔断立面

本节主要讲述一层过道处隔断立面的绘制过程。

操作步骤如下：（光盘\配套视频\第 10 章\一层过道处隔断立面图.avi）

（1）单击“默认”选项卡“绘图”面板中的“直线”按钮，在图形适当位置绘制一条长

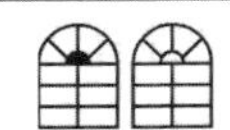

为 6240 的水平直线，如图 10-42 所示。

图 10-42　绘制水平直线

Note

（2）单击“默认”选项卡“绘图”面板中的“直线”按钮，以第（1）步绘制的水平直线左端点为起点向上绘制一条长为 3700 的竖直直线，如图 10-43 所示。

（3）单击“默认”选项卡“修改”面板中的“偏移”按钮，选择底部水平直线为偏移对象并向上进行偏移，偏移距离分别为 120、2580、500 和 500，如图 10-44 所示。

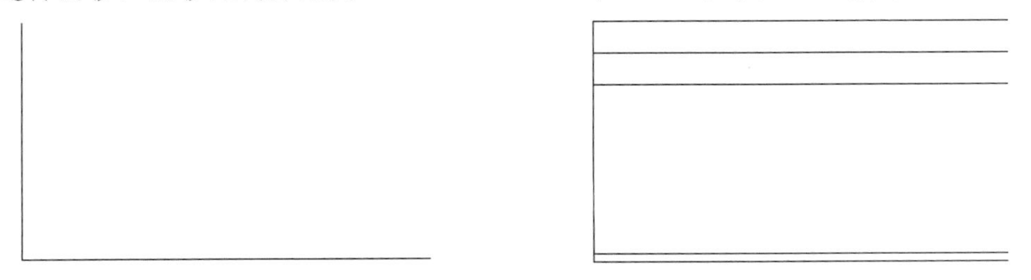

图 10-43　绘制竖直直线　　图 10-44　偏移水平直线

（4）单击“默认”选项卡“修改”面板中的“偏移”按钮，选择左侧竖直直线为偏移对象并向右进行偏移，偏移距离分别为 240、130、4700、300、500、130 和 240，如图 10-45 所示。

（5）单击“默认”选项卡“绘图”面板中的“直线”按钮，在如图 10-46 所示的位置绘制一条斜向线段，如图 10-46 所示。

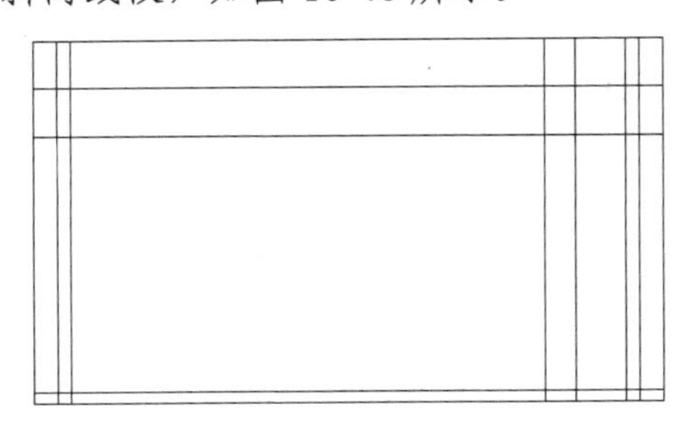

图 10-45　偏移竖直直线

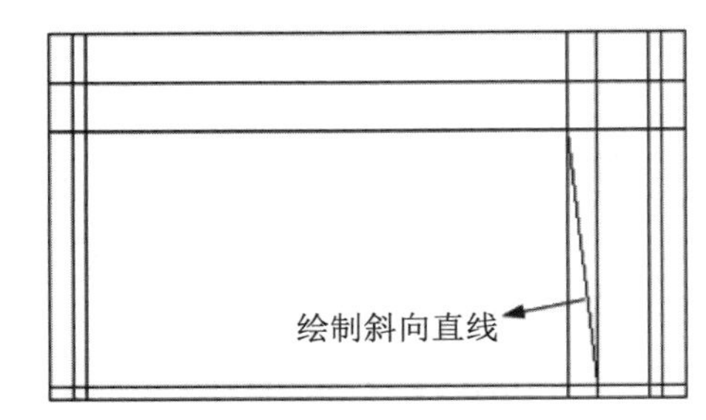

图 10-46　绘制斜向线段

（6）单击“默认”选项卡“修改”面板中的“修剪”按钮，选择第（5）步中线段为修剪对象并对其进行修剪，如图 10-47 所示。

（7）单击“默认”选项卡“绘图”面板中的“图案填充”按钮，系统打开“图案填充创建”选项卡，设置填充类型为 ANSI31，角度为 0°，比例为 50，选择填充区域填充图案，效果如图 10-48 所示。

图 10-47　修剪线段

图 10-48　填充图案 ANSI31

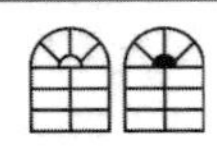
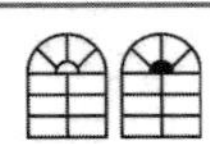

（8）单击“默认”选项卡“绘图”面板中的“图案填充”按钮，系统打开“图案填充创建”选项卡，设置填充类型为 AR-CONC，角度为 0°，比例为 1，选择填充区域填充图案，效果如图 10-49 所示。

Note

（9）单击“默认”选项卡“绘图”面板中的“图案填充”按钮，系统打开“图案填充创建”选项卡，设置填充类型为 AR-SAND，角度为 0°，比例为 5，选择填充区域填充图案，效果如图 10-50 所示。

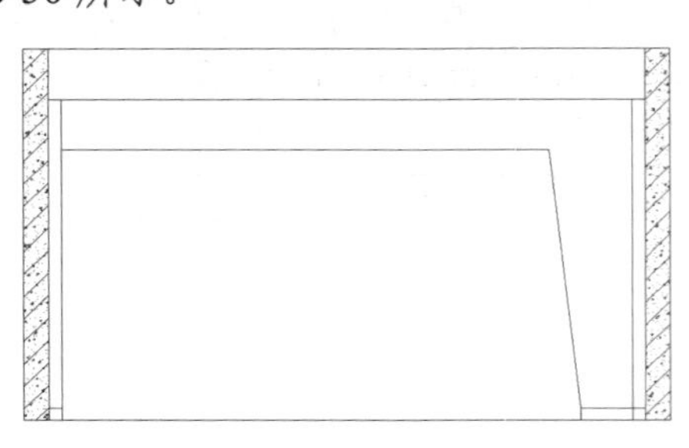

图 10-49　填充图案 AR-CONC

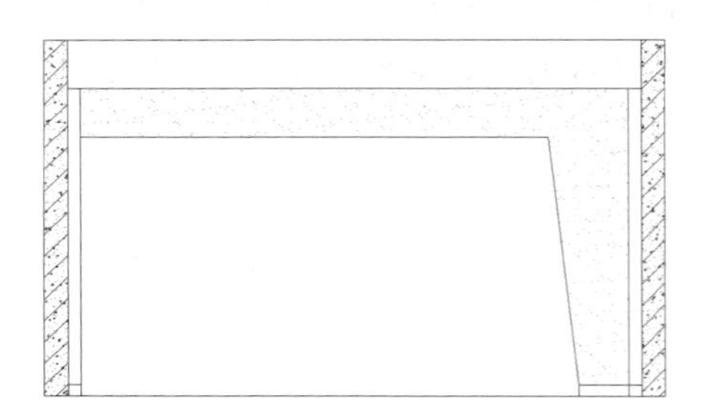

图 10-50　填充图案 AR-SAND

（10）单击“默认”选项卡“绘图”面板中的“直线”按钮，在底部图形内绘制斜向直线，如图 10-51 所示。

（11）单击“默认”选项卡“注释”面板中的“多行文字”按钮，在图形中标注文字“欢迎光临”，如图 10-52 所示。

图 10-51　绘制斜向直线

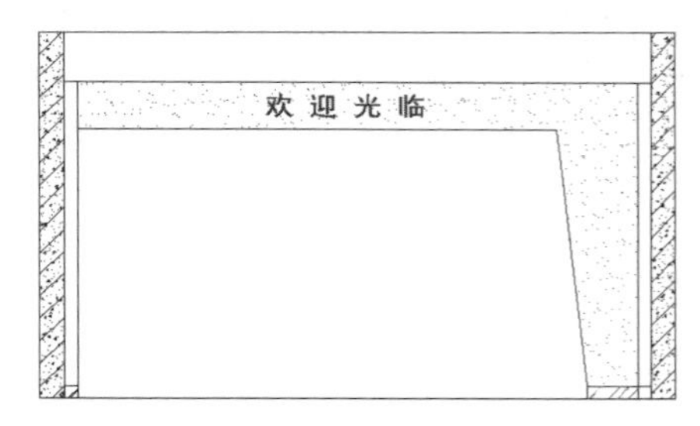

图 10-52　添加文字

（12）单击“默认”选项卡“注释”面板中的“线性”按钮和“连续”按钮，添加立面图第一道尺寸标注，如图 10-53 所示。

（13）单击“默认”选项卡“注释”面板中的“线性”按钮，添加立面图总尺寸标注，如图 10-54 所示。

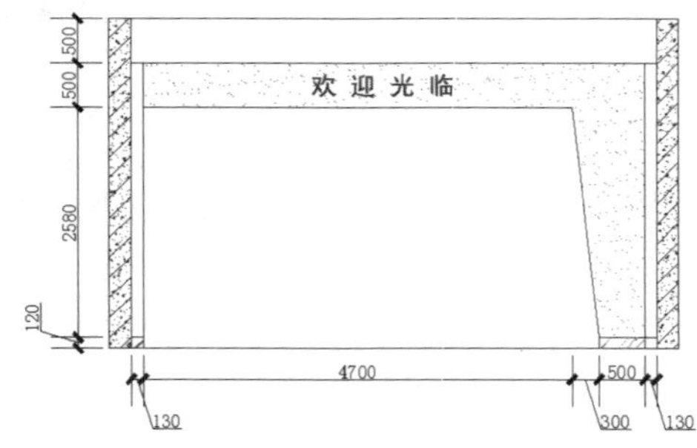

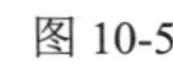

图 10-53　添加第一道尺寸标注

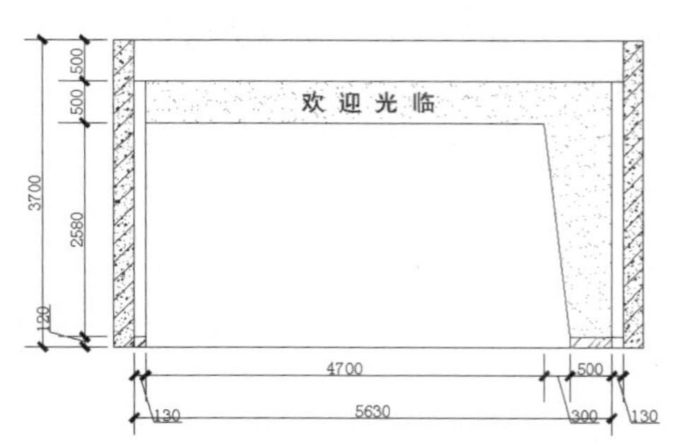

图 10-54　添加总尺寸标注

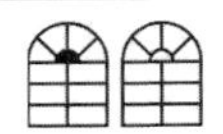

（14）在命令行中输入“QLEADER”命令，为图形添加文字说明，如图 10-41 所示。

10.1.3　一层卫生间台盆立面

卫生间台盆立面装饰简洁素雅，功能齐全。两边是莎比利木饰面门，上面是白色乳胶漆墙面，悬挂 1700×1100 车边镜，上面配镜前灯提供足够的光线。台盆用中国大理石挡水板，中国黑大理石台面，300×450 金朝阳系列瓷砖贴墙防水，拉丝不锈钢踢脚。整个台盆立面装饰体现出一种程序化的、和谐的美感，如图 10-55 所示。

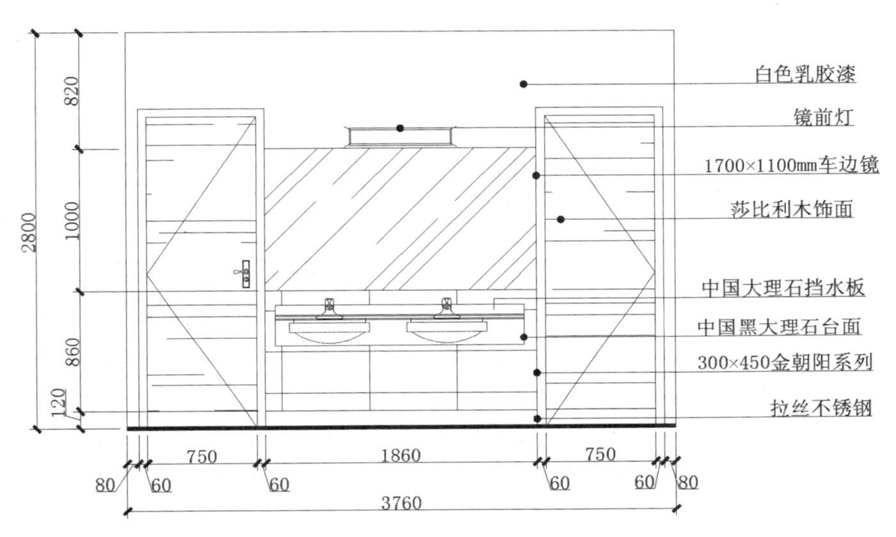

图 10-55　一层卫生间台盆立面

本节主要讲述一层卫生间台盆立面的绘制过程。

操作步骤如下：（：光盘\配套视频\第 10 章\一层卫生间台盆立面图.avi）

1. 绘制厕门

（1）单击“默认”选项卡“绘图”面板中的“直线”按钮，在图形空白区域绘制一条长为 3760 的水平直线，如图 10-56 所示。

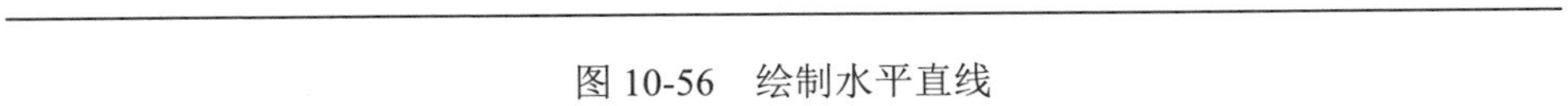

图 10-56　绘制水平直线

（2）单击“默认”选项卡“绘图”面板中的“直线”按钮，以第（1）步绘制的水平直线左边端点为直线起点向上绘制一条长为 2800 的竖直直线，如图 10-57 所示。

（3）单击“默认”选项卡“修改”面板中的“偏移”按钮，选择第（2）步绘制的竖直直线为偏移对象并向右进行偏移，偏移距离分别为 80、60、750、60、1860、60、750、60 和 80，如图 10-58 所示。

（4）单击“默认”选项卡“修改”面板中的“偏移”按钮，选择绘制的水平直线为偏移对象并向上进行偏移，偏移距离分别为 120、2080、60 和 540，如图 10-59 所示。

（5）单击“默认”选项卡“修改”面板中的“修剪”按钮，选择前面偏移线段为修剪对象并对其进行修剪处理，如图 10-60 所示。

Note

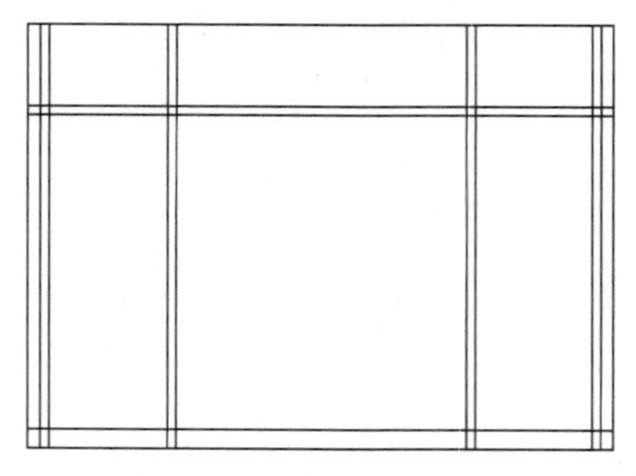

图 10-57　绘制竖直直线

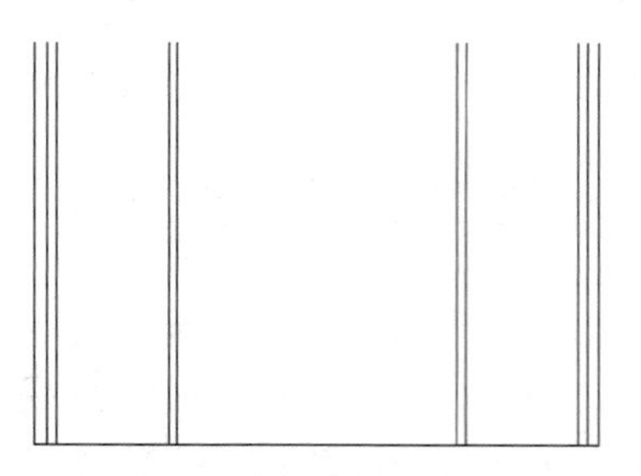

图 10-58　偏移竖直直线

图 10-59　偏移水平直线

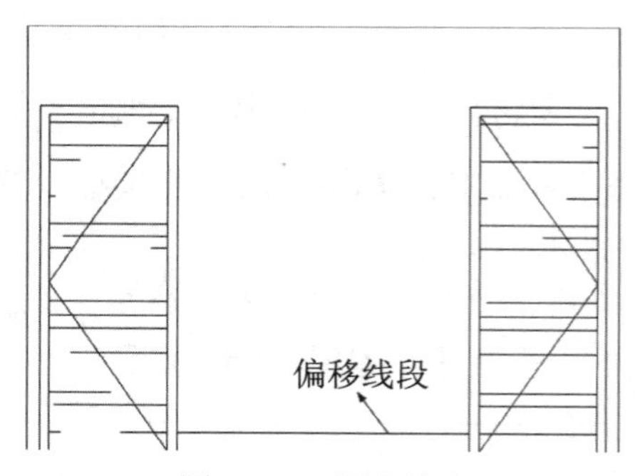

图 10-60　修剪线段

（6）单击“默认”选项卡“绘图”面板中的“直线”按钮，在第（5）步修剪线段内绘制角点与中点间的连接线，如图 10-61 所示。

（7）单击“默认”选项卡“绘图”面板中的“图案填充”按钮，系统打开“图案填充创建”选项卡，设置填充类型为 AR-RROOF，角度为 0°，比例为 20，选择填充区域填充图案，效果如图 10-62 所示。

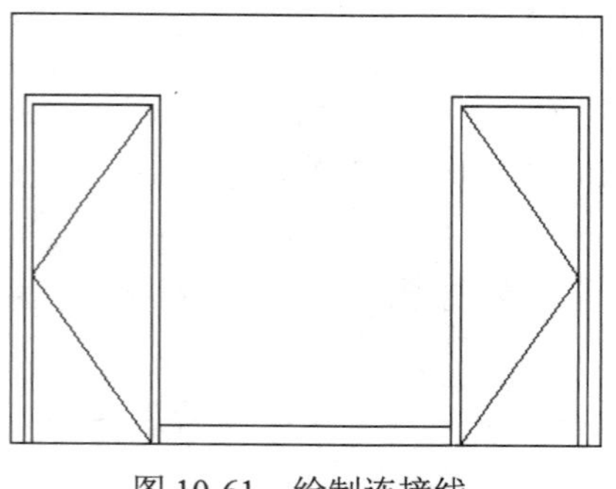

图 10-61　绘制连接线

图 10-62　图案填充

2. 绘制台盆立面

（1）单击“默认”选项卡“修改”面板中的“偏移”按钮，选择图 10-62 所示的直线为偏移对象并向上进行偏移，偏移距离分别为 119、300、300、141 和 1000，如图 10-63 所示。

（2）单击“默认”选项卡“修改”面板中的“偏移”按钮，选择左侧竖直直线为偏移对象并向右进行偏移，偏移距离分别为 1063、600 和 600，如图 10-64 所示。

（3）单击“默认”选项卡“修改”面板中的“修剪”按钮，选择第（2）步中的偏移线段为修剪对象并进行修剪，如图 10-65 所示。

（4）单击“默认”选项卡“绘图”面板中的“矩形”按钮，在图形适当位置绘制一个 1700×300 的矩形，如图 10-66 所示。

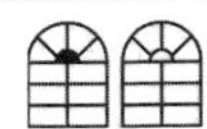

Note

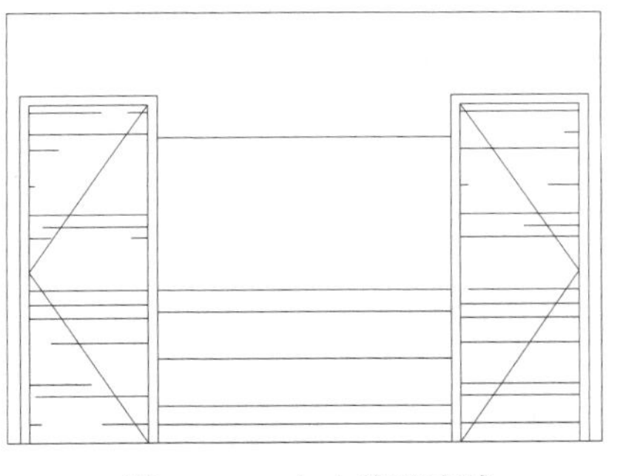

图 10-63　向上偏移直线

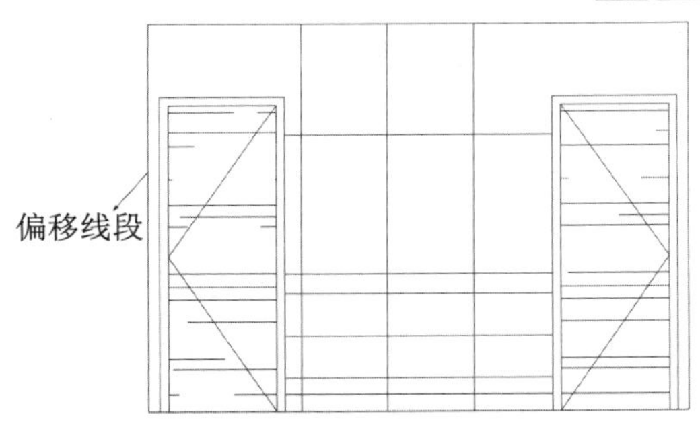

图 10-64　向右偏移直线

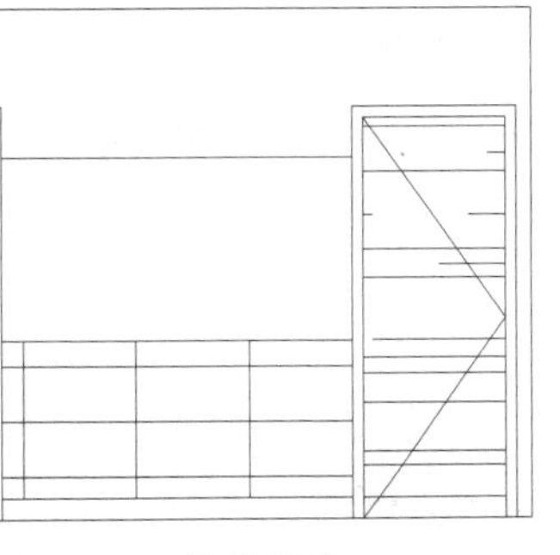

图 10-65　修剪线段

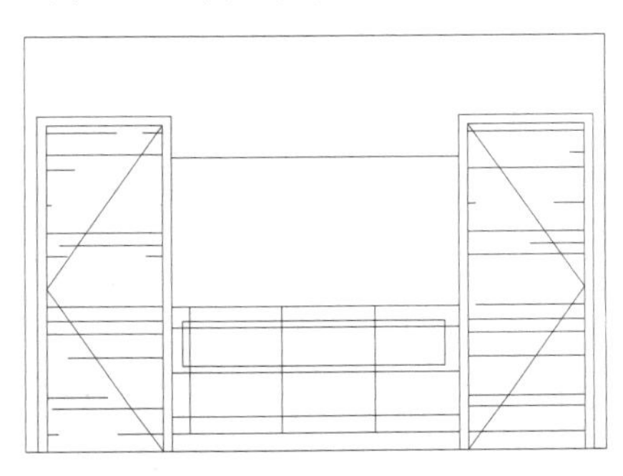

图 10-66　绘制矩形

（5）单击“默认”选项卡“修改”面板中的“修剪”按钮，选择矩形内多余线段为修剪对象，将其修剪掉，如图 10-67 所示。

（6）单击“默认”选项卡“修改”面板中的“分解”按钮，选择第（5）步绘制的矩形为分解对象，按 Enter 键确认将其分解。

（7）单击“默认”选项卡“修改”面板中的“偏移”按钮，选择分解后矩形的底部水平直线为偏移对象并向上进行偏移，偏移距离分别为 195、5、20 和 10，如图 10-68 所示。

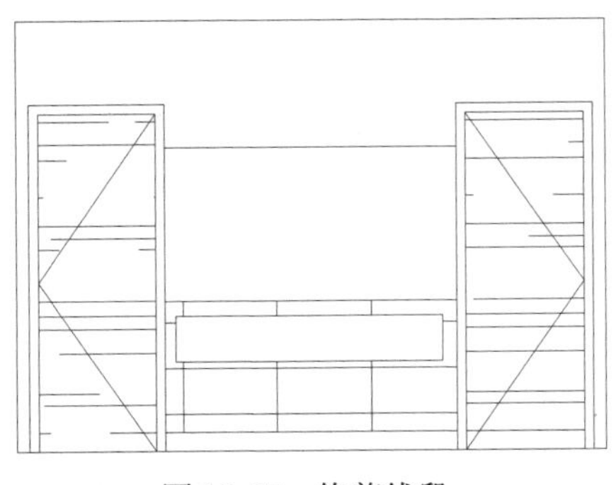

图 10-67　修剪线段

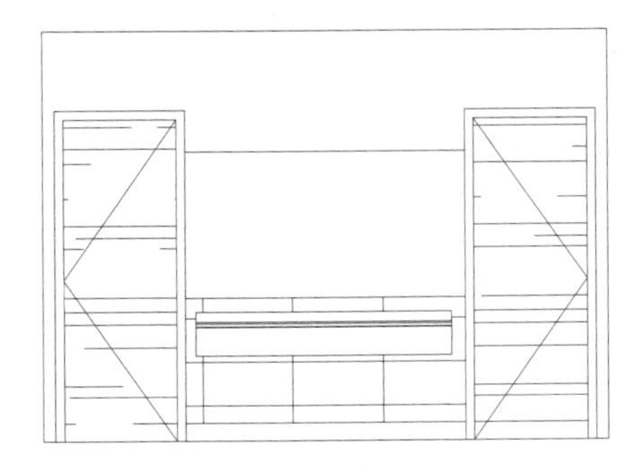

图 10-68　偏移线段

（8）单击“默认”选项卡“绘图”面板中的“矩形”按钮，在图形适当位置绘制一个 490×30 的矩形，如图 10-69 所示。

（9）单击“默认”选项卡“绘图”面板中的“矩形”按钮，在第（8）步绘制的矩形下方再绘制一个 546×67 的矩形，如图 10-70 所示。

（10）单击“默认”选项卡“绘图”面板中的“圆弧”按钮，在第（9）步绘制的矩形下

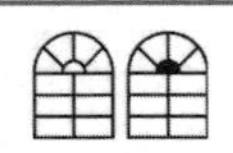

Note

方绘制一段适当半径的圆弧，如图 10-71 所示。

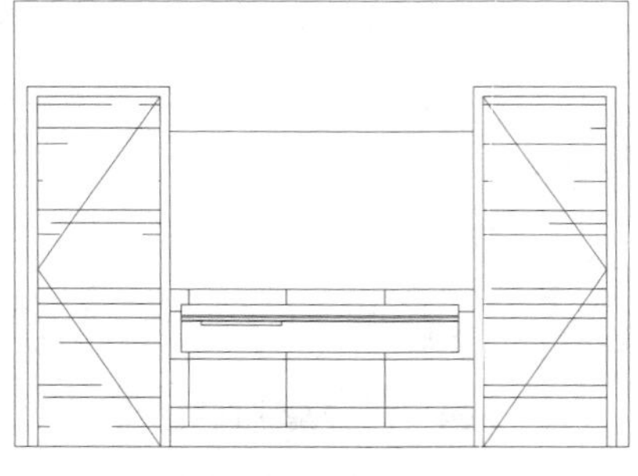

图 10-69　绘制 490×30 的矩形

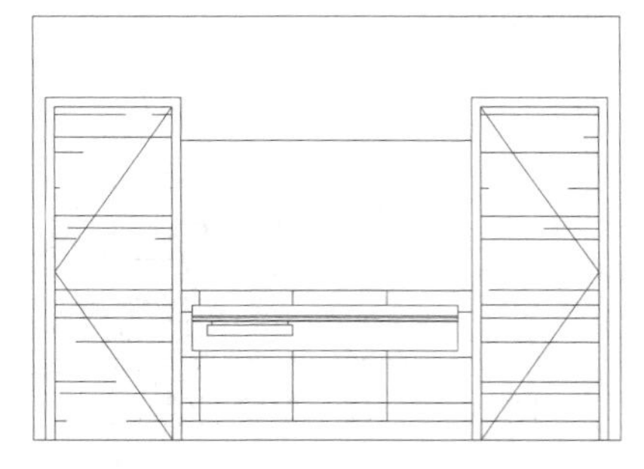

图 10-70　绘制 546×67 的矩形

（11）选择如图 10-71 所示的线段及圆弧，设置线型为 ACAD_IS002W100，然后右击，在弹出的快捷菜单中选择“特性”命令，弹出“特性”选项板，将其“线型比例”修改为 2，结果如图 10-72 所示。

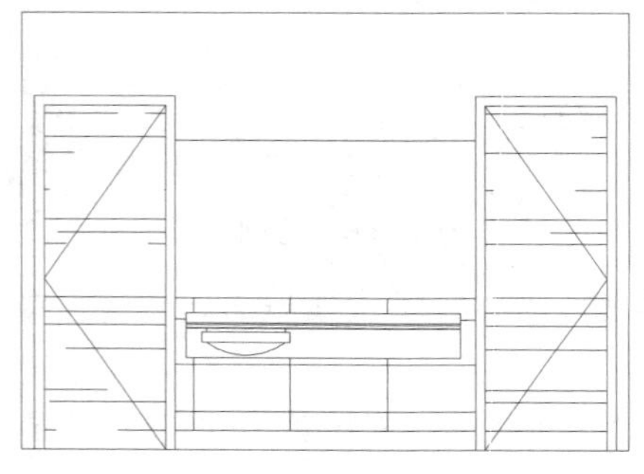

图 10-71　绘制圆弧

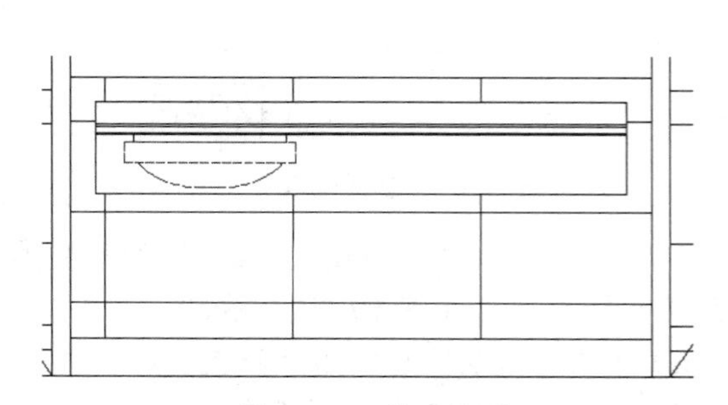

图 10-72　修改线型

（12）单击“默认”选项卡“修改”面板中的“复制”按钮，选择第（11）步中绘制的图形为复制对象并向右进行复制，复制间距为 804，如图 10-73 所示。

（13）单击“默认”选项卡“绘图”面板中的“图案填充”按钮，系统打开“图案填充创建”选项卡，设置填充类型为 AR-RROOF，角度为 45°，比例为 20，选择填充区域填充图案，效果如图 10-74 所示。

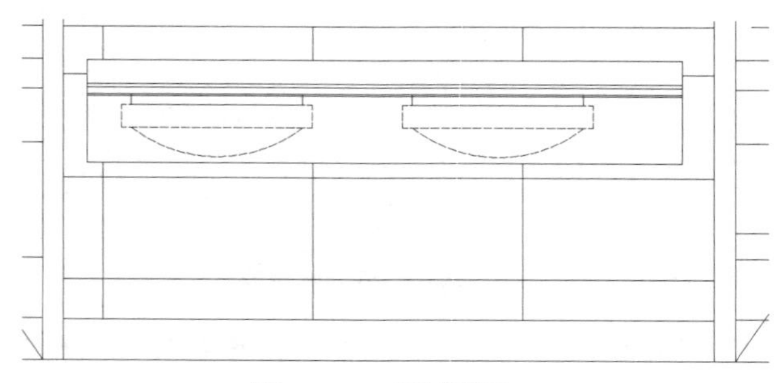

图 10-73　复制图形

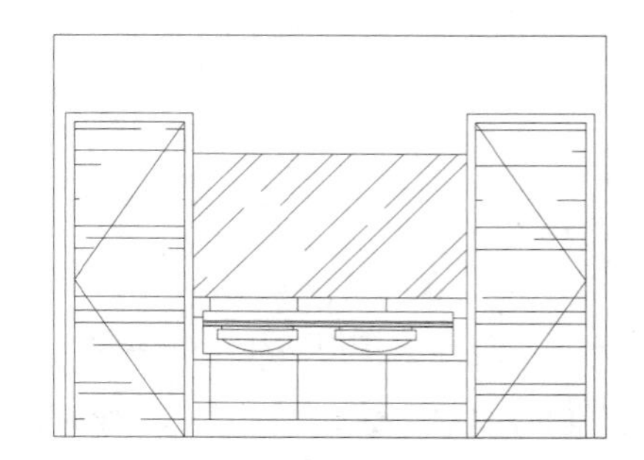

图 10-74　填充图案

（14）单击“默认”选项卡“绘图”面板中的“矩形”按钮，在镜子图形上方适当位置绘制一个 703×120 的矩形，如图 10-75 所示。

（15）单击“默认”选项卡“修改”面板中的“偏移”按钮，选择第（14）步绘制的矩形

为偏移对象并向内进行偏移，偏移距离为 10，如图 10-76 所示。

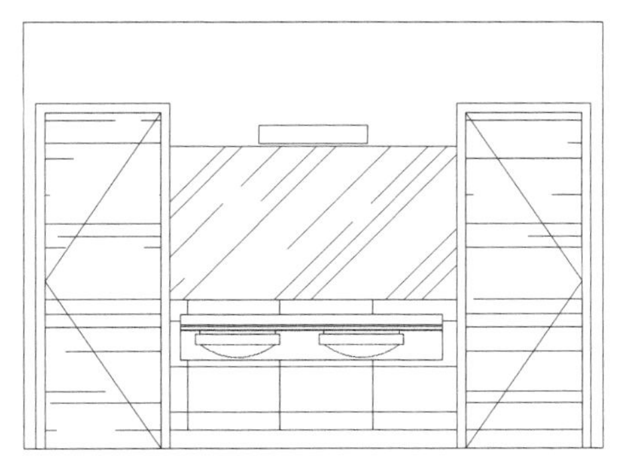

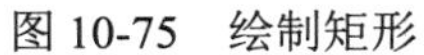

图 10-75　绘制矩形

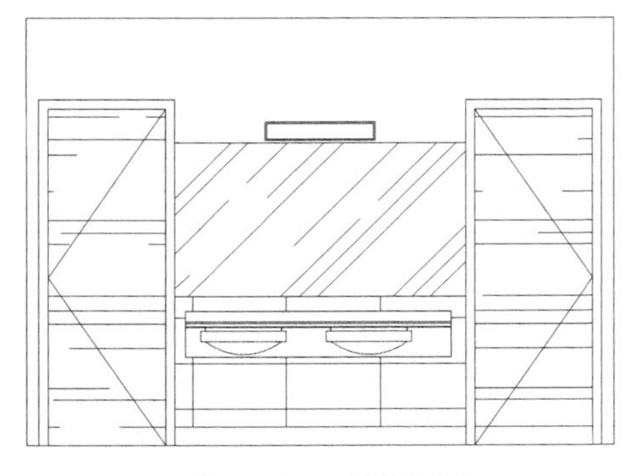

图 10-76　偏移矩形

（16）单击“默认”选项卡“绘图”面板中的“直线”按钮，在第（15）步的图形上绘制斜向线段，如图 10-77 所示。

（17）单击“默认”选项卡“绘图”面板中的“多段线”按钮，指定起点宽度为 30，端点宽度为 30，在图形底部绘制一条水平多段线，如图 10-78 所示。

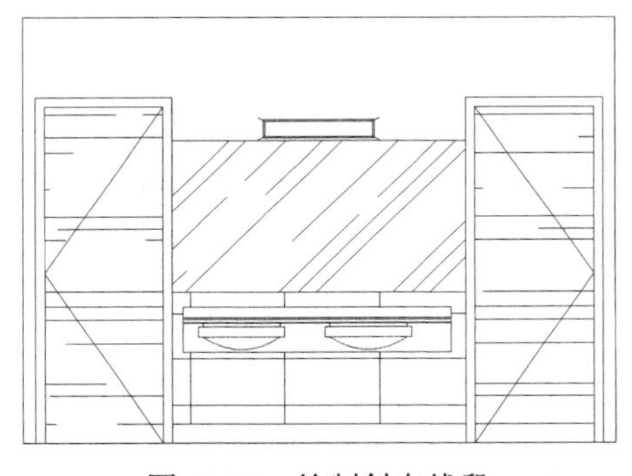

图 10-77　绘制斜向线段

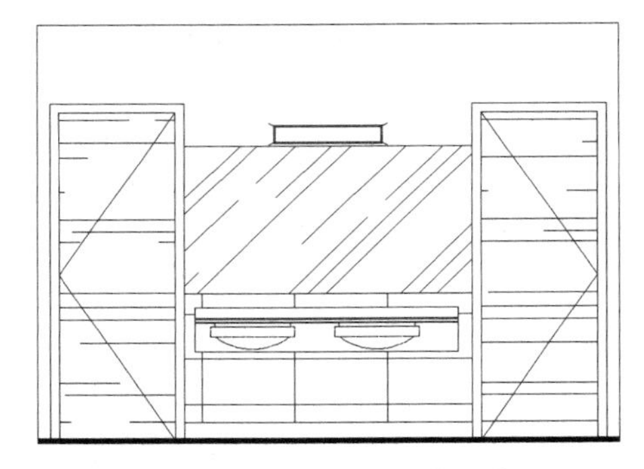

图 10-78　绘制水平多段线

（18）剩余立面图形的绘制方法基本相同，这里不再详细阐述，如图 10-79 所示。

3. 标注尺寸和文字

（1）单击“默认”选项卡“注释”面板中的“线性”按钮和“连续”按钮，为立面图添加第一道尺寸标注，如图 10-80 所示。

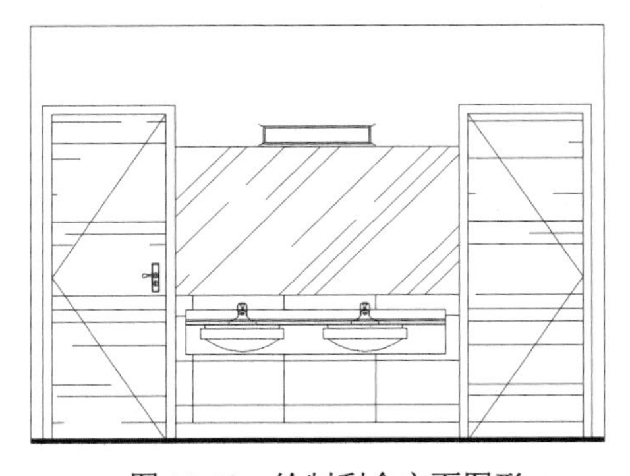

图 10-79　绘制剩余立面图形

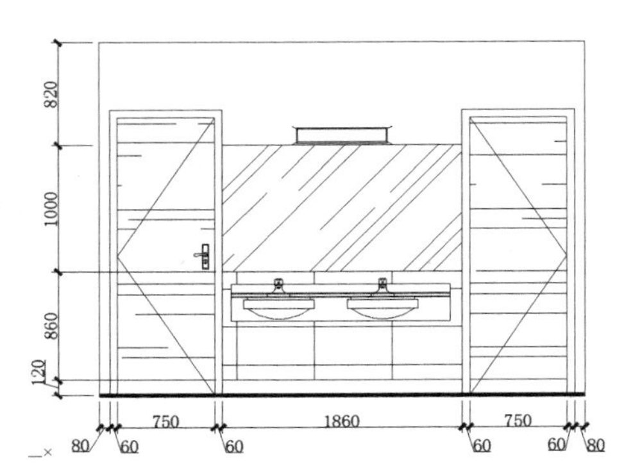

图 10-80　添加第一道尺寸标注

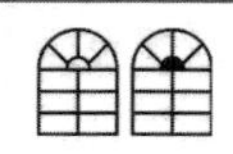

Note

（2）单击“默认”选项卡“注释”面板中的“线性”按钮和“连续”按钮，为立面图添加第二道尺寸标注，如图 10-81 所示。

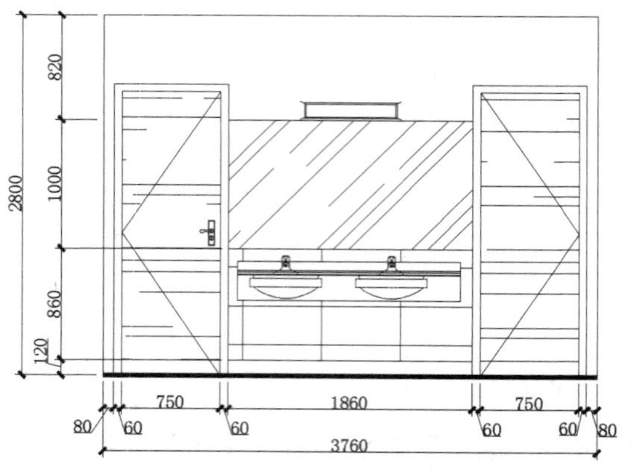

图 10-81　添加第二道尺寸标注

（3）在命令行中输入“QLEADER”命令，为图形添加文字说明，如图 10-55 所示。

10.1.4　过道客人餐厅大门立面

过道客人餐厅大门立面整体刷涂白色乳胶漆，显得干净素雅，再点缀两幅装饰壁画，于平庸中突显灵动。客人餐厅大门整体采用莎比利木饰面，装点压花玻璃饰面和砂银拉手，整个大门显得典雅美观，如图 10-82 所示。

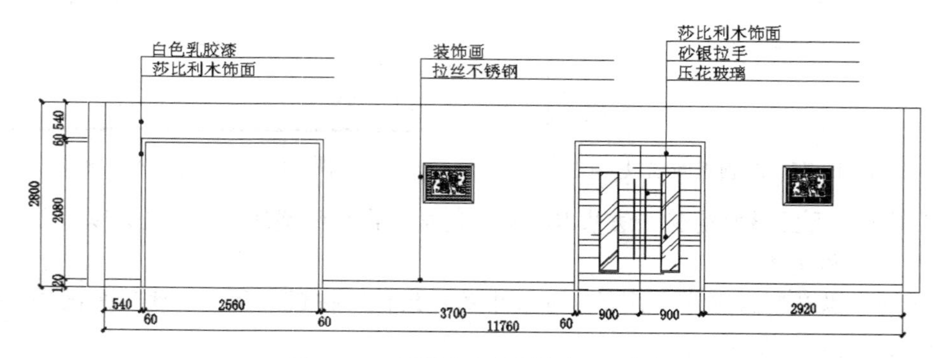

图 10-82　过道客人餐厅大门立面图

本节主要讲述过道客人餐厅大门立面的绘制过程。

操作步骤如下：（：光盘\配套视频\第 10 章\过道客人餐厅大门立面图.avi）

（1）单击“默认”选项卡“绘图”面板中的“直线”按钮，在图形空白区域绘制一条长度为 12240 的水平直线，如图 10-83 所示。

图 10-83　绘制水平直线

（2）单击“默认”选项卡“绘图”面板中的“直线”按钮，以第（1）步绘制的直线左端点为起点向上绘制一条长度为 2800 的竖直直线，如图 10-84 所示。

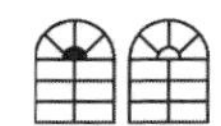

Note

图 10-84　绘制竖直直线

（3）单击“默认”选项卡“修改”面板中的“偏移”按钮，选择第（2）步绘制的竖直直线为偏移对象并向右进行偏移，偏移距离分别为 240、11760 和 240，如图 10-85 所示。

图 10-85　向右偏移线段

（4）单击“默认”选项卡“修改”面板中的“偏移”按钮，选择前面绘制的水平直线为偏移对象并向上进行偏移，偏移距离分别为 120 和 2680，如图 10-86 所示。

图 10-86　向上偏移线段

（5）单击“默认”选项卡“修改”面板中的“修剪”按钮，选择第（4）步中的偏移线段为修剪对象并对其进行修剪处理，如图 10-87 所示。

图 10-87　修剪线段

（6）单击“默认”选项卡“绘图”面板中的“多段线”按钮，指定起点宽度为 0，端点宽度为 0，在图形适当位置绘制连续多段线，如图 10-88 所示。

图 10-88　绘制多段线

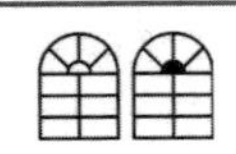

（7）单击“默认”选项卡“修改”面板中的“偏移”按钮，选择第（6）步中绘制的连续多段线为偏移对象并向内进行偏移，偏移距离为60，如图10-89所示。

Note

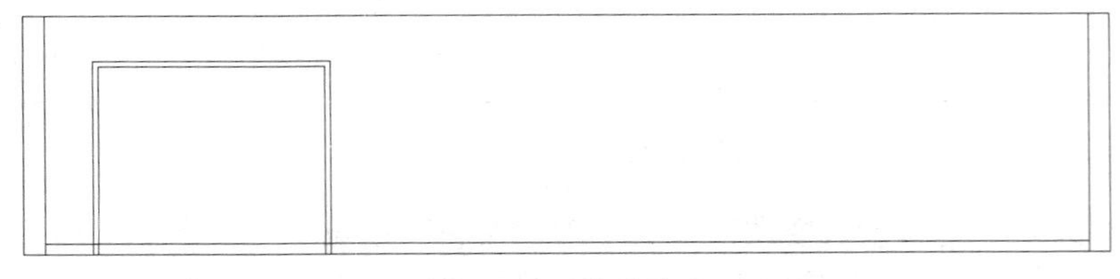

图10-89　偏移线段

（8）单击“默认”选项卡“修改”面板中的“修剪”按钮，选择第（7）步偏移的线段为修剪对象并对其进行修剪处理，如图10-90所示。

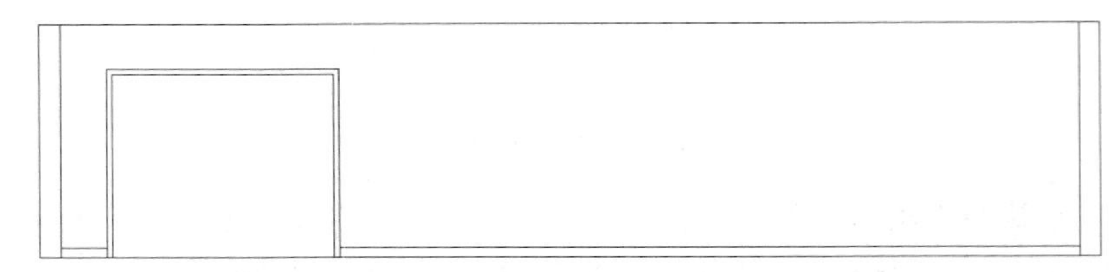

图10-90　修剪线段

（9）绘制壁画。

① 单击“默认”选项卡“绘图”面板中的“矩形”按钮，在第（8）步中图形右侧位置绘制一个739×607的矩形，如图10-91所示。

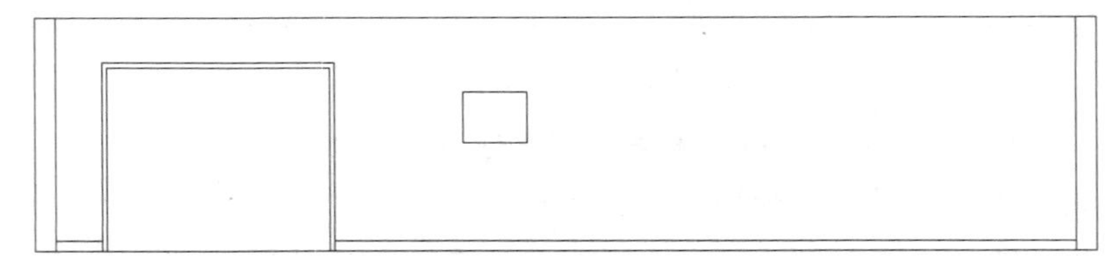

图10-91　绘制矩形

② 单击“默认”选项卡“修改”面板中的“偏移”按钮，选择第①步中绘制的矩形为偏移对象并向内进行偏移，偏移距离分别为35、8和75，如图10-92所示。

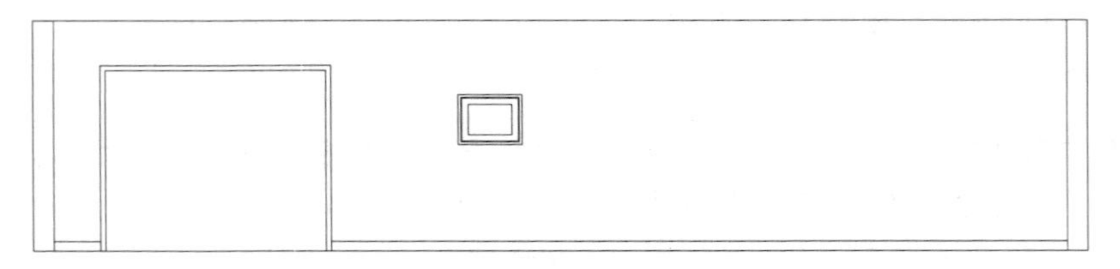

图10-92　偏移矩形

③ 单击“默认”选项卡“绘图”面板中的“直线”按钮，在第②步的图形内角点处绘制对角线，如图10-93所示。

④ 单击“默认”选项卡“绘图”面板中的“图案填充”按钮，系统打开“图案填充创建”选项卡，设置填充类型为DOTS，角度为0°，比例为10，选择填充区域填充图形，效果如图10-94

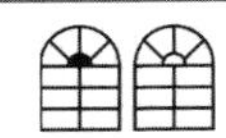

所示。

⑤ 单击“默认”选项卡“绘图”面板中的“样条曲线拟合”按钮，绘制画框内的装饰图案，或者打开“大厅背景墙立面”文件，将画框内的装饰图案复制粘贴到本图中，结果如图 10-95 所示。

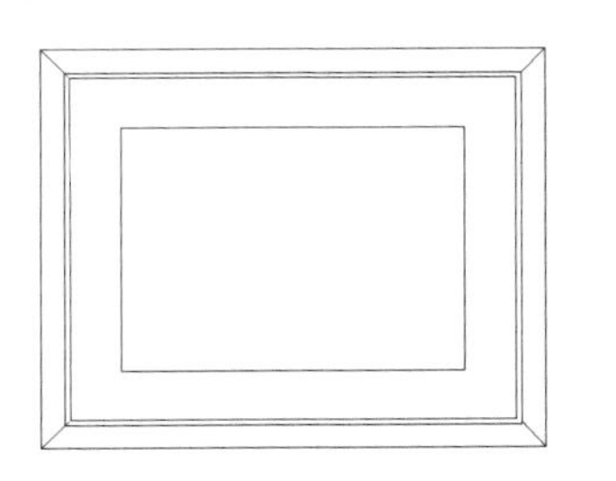

图 10-93　绘制对角线

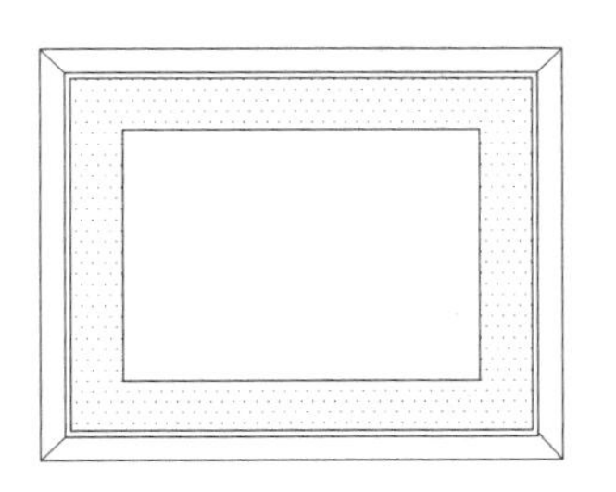

图 10-94　填充图形

图 10-95　绘制样条曲线

（10）绘制门。

① 单击“默认”选项卡“绘图”面板中的“多段线”按钮，在第（9）步中绘制的画框右侧绘制连续多段线，如图 10-96 所示。

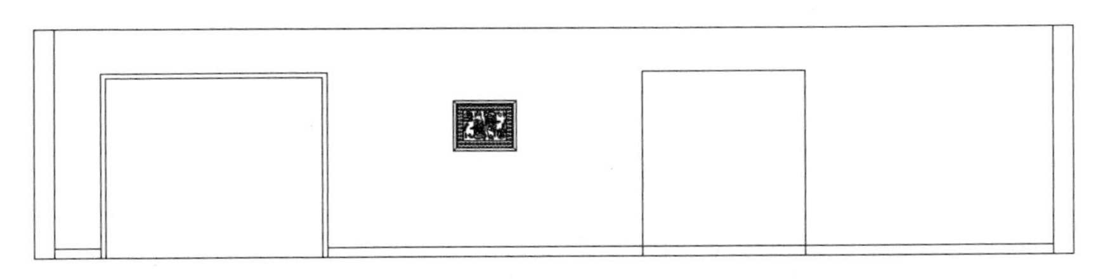

图 10-96　绘制多段线

② 单击“默认”选项卡“修改”面板中的“偏移”按钮，选择第①步中绘制的连续多段线并向上进行偏移，偏移距离为 60，如图 10-97 所示。

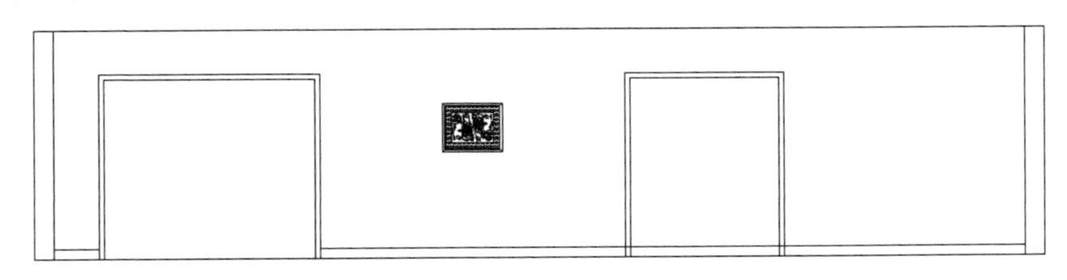

图 10-97　偏移多段线

③ 单击“默认”选项卡“修改”面板中的“修剪”按钮，选择第②步中偏移的线段为修剪对象并对其进行修剪处理，如图 10-98 所示。

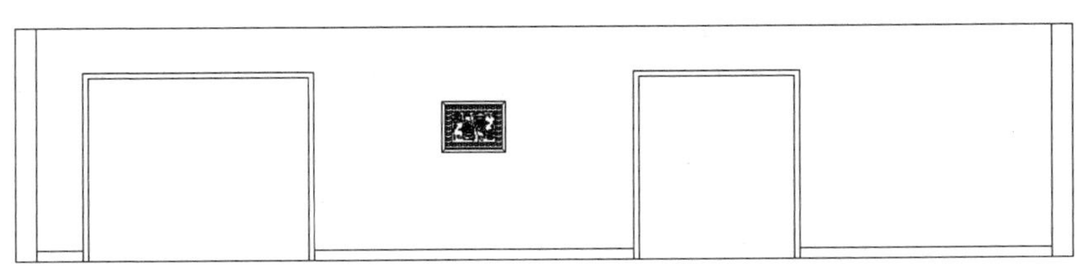

图 10-98　修剪线段

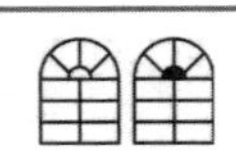

Note

④ 单击“默认”选项卡“绘图”面板中的“直线”按钮，以第②步中偏移的内部多段线水平边中点为直线起点向下绘制一条竖直直线，如图 10-99 所示。

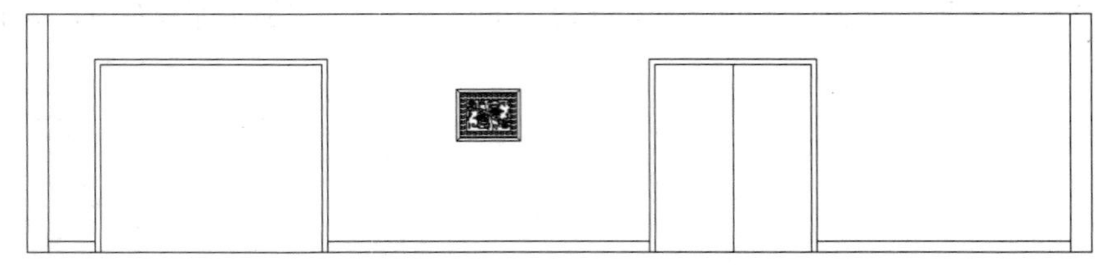

图 10-99　绘制竖直直线

⑤ 单击“默认”选项卡“绘图”面板中的“矩形”按钮，在第④步中绘制的图形内绘制一个 280×1500 的矩形，如图 10-100 所示。

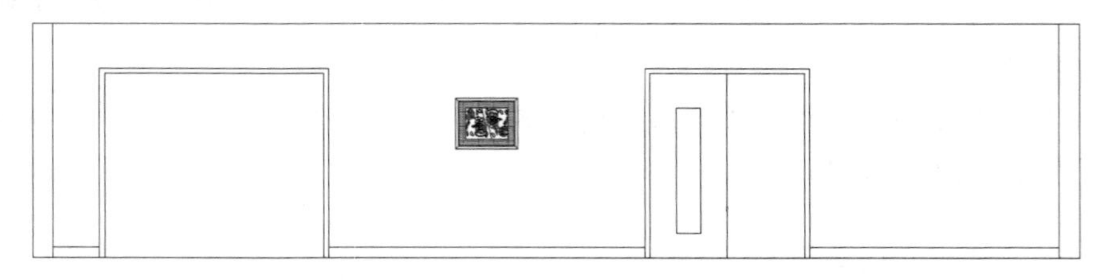

图 10-100　绘制矩形

⑥ 单击“默认”选项卡“修改”面板中的“偏移”按钮，选择第⑤步中绘制的矩形为偏移对象并向内进行偏移，偏移距离为 15，如图 10-101 所示。

⑦ 单击“默认”选项卡“修改”面板中的“镜像”按钮，选择第⑥步中绘制的图形为镜像对象，对其进行竖直镜像，如图 10-102 所示。

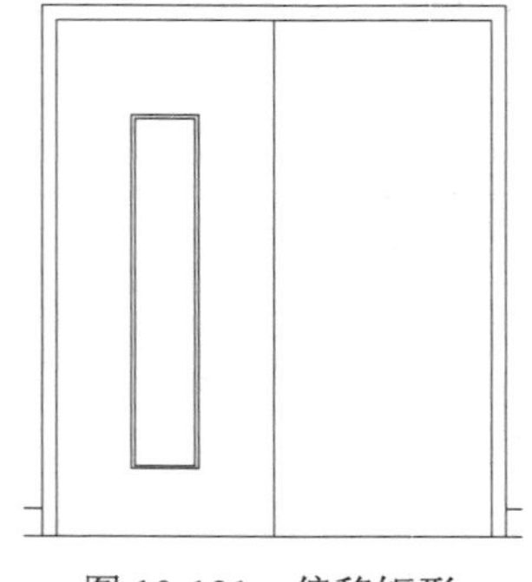

图 10-101　偏移矩形

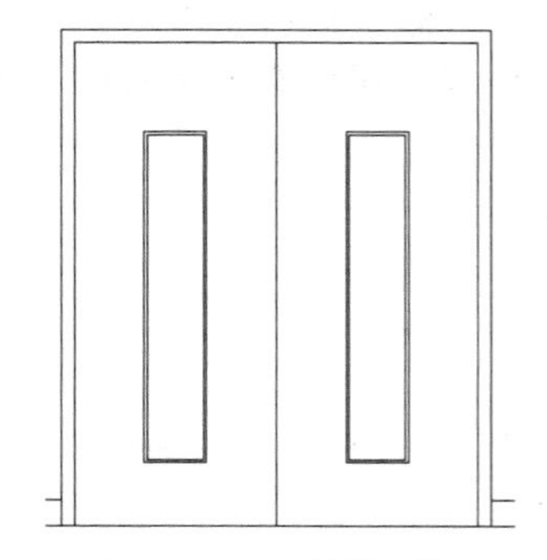

图 10-102　镜像矩形

⑧ 单击“默认”选项卡“绘图”面板中的“矩形”按钮，在如图 10-103 所示的位置绘制一个 20×1200 的矩形，其效果如图 10-103 所示。

⑨ 单击“默认”选项卡“修改”面板中的“镜像”按钮，选择第⑧步中绘制的矩形为镜像对象，对其进行竖直镜像，如图 10-104 所示。

⑩ 单击“默认”选项卡“绘图”面板中的“图案填充”按钮，系统打开“图案填充创建”选项卡，设置填充类型为 AR-RROOF，角度为 0°，比例为 20，选择填充区域填充图案，效果如图 10-105 所示。

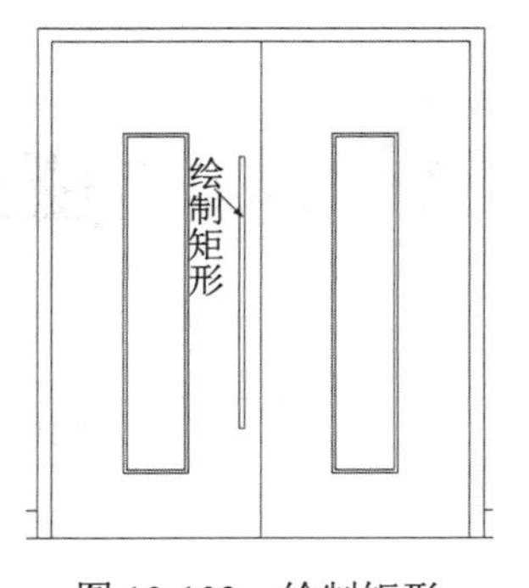

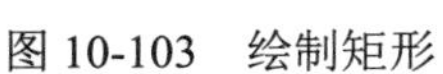

图 10-103　绘制矩形

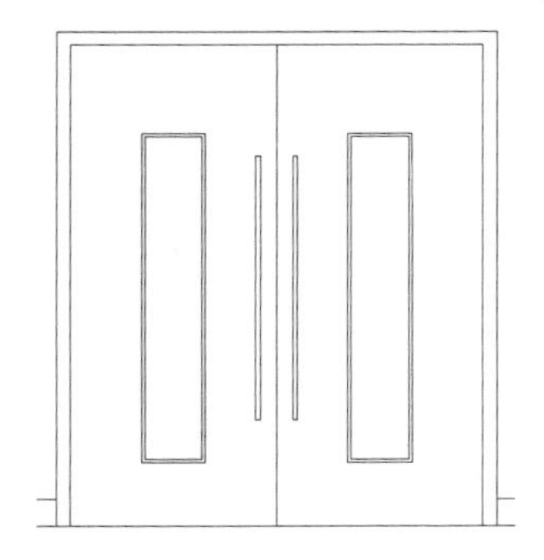

图 10-104　镜像矩形

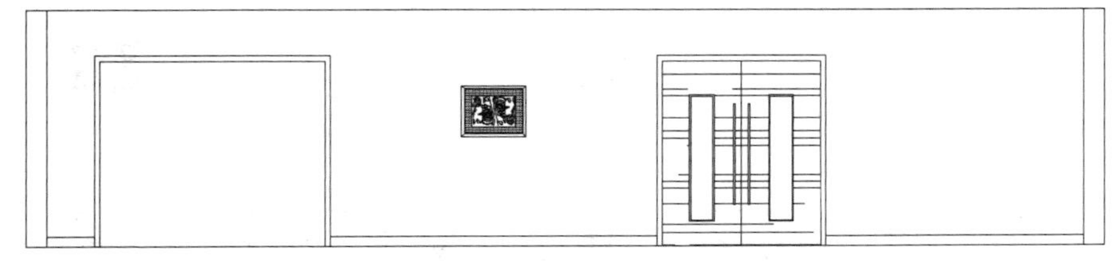

图 10-105　图案填充

⑪ 单击“默认”选项卡“绘图”面板中的“图案填充”按钮，系统打开“图案填充创建”选项卡，设置填充类型为 AR-RROOF，角度为 45°，比例为 15，选择填充区域填充图案，效果如图 10-106 所示。

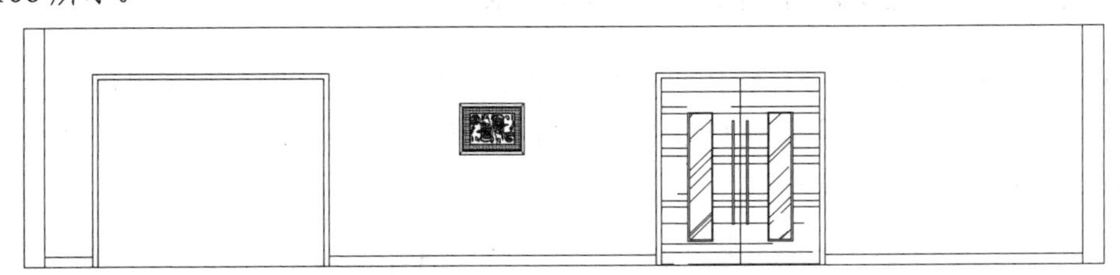

图 10-106　图案填充

（11）单击“默认”选项卡“修改”面板中的“复制”按钮，选择已有画框图形为复制对象并向右进行复制，如图 10-107 所示。

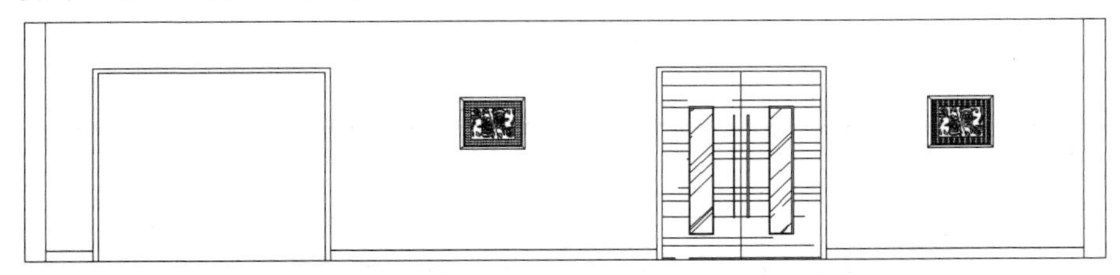

图 10-107　复制图形

（12）单击“默认”选项卡“注释”面板中的“线性”按钮和“连续”按钮，为立面图添加第一道尺寸标注，如图 10-108 所示。

（13）单击“默认”选项卡“注释”面板中的“线性”按钮，为立面图添加总尺寸标注，如图 10-109 所示。

Note

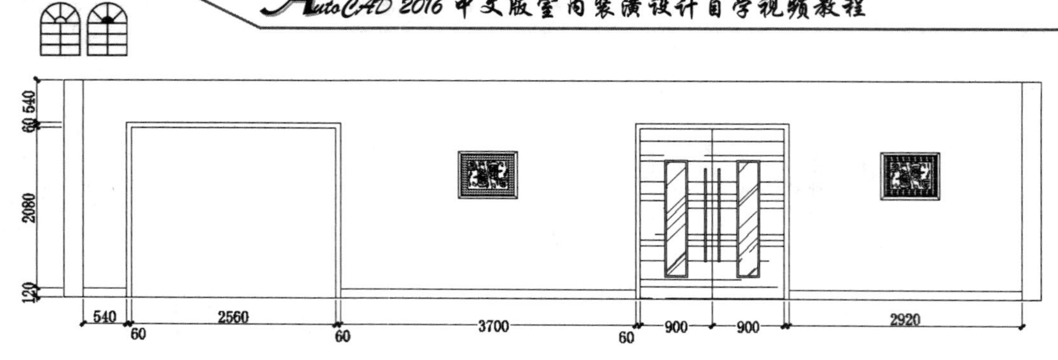

图 10-108　添加第一道尺寸标注

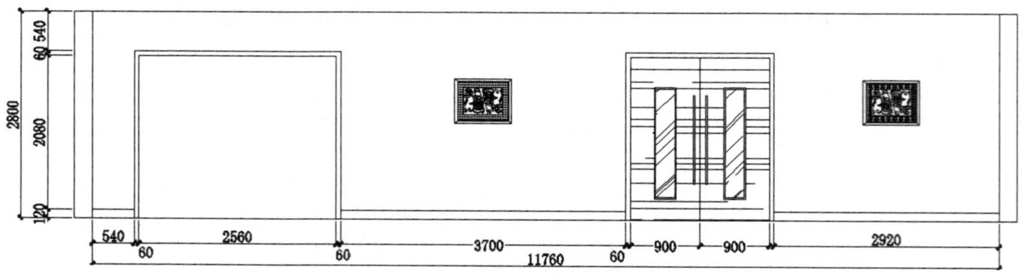

图 10-109　添加总尺寸标注

（14）在命令行中输入“QLEADER”命令，为图形添加文字说明，如图 10-82 所示。

10.1.5　过道办公区玻璃隔断及装饰柱面立面

过道办公区玻璃隔断立面主体采用米黄色铝塑板包边的 10mm 钢化玻璃材料，玻璃墙体上沿用白色乳胶漆刷涂。装饰柱面主体材料采用莎比利木饰面，中间立柱镶嵌米黄色铝塑板包边的淡蓝色烤漆玻璃，如图 10-110 所示。

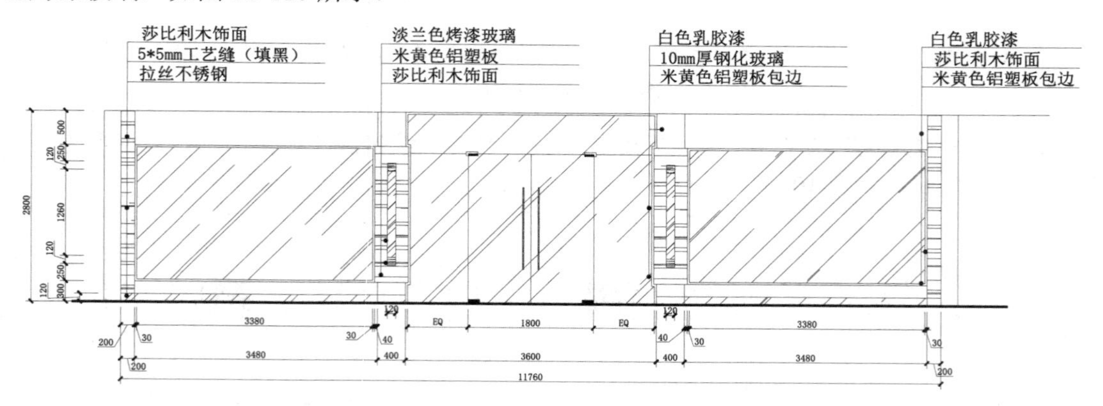

图 10-110　过道办公区玻璃隔断及装饰柱面立面

利用上述方法完成一层过道办公区玻璃隔断及装饰柱面立面的绘制。

10.1.6　成品卫厕隔断立面

成品卫厕隔断立面很简单，将蹲位垫高 200mm，装配成品卫厕，后墙用 300×450 金朝阳系

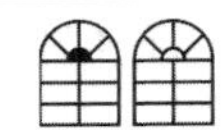

列瓷砖贴面防水，如图 10-111 所示。

利用上述方法完成一层成品卫厕隔断立面的绘制。

10.1.7　大厅感应大门立面

大厅感应大门立面装饰与前面讲述的其他墙体类似，大门采用 10mm 厚钢化玻璃，墙面刷涂白色乳胶漆，门框及踢脚都采用拉丝不锈钢材料，如图 10-112 所示。

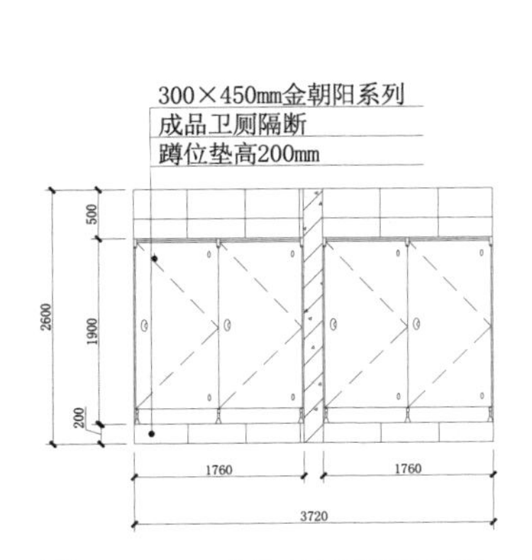

图 10-111　成品卫厕隔断立面

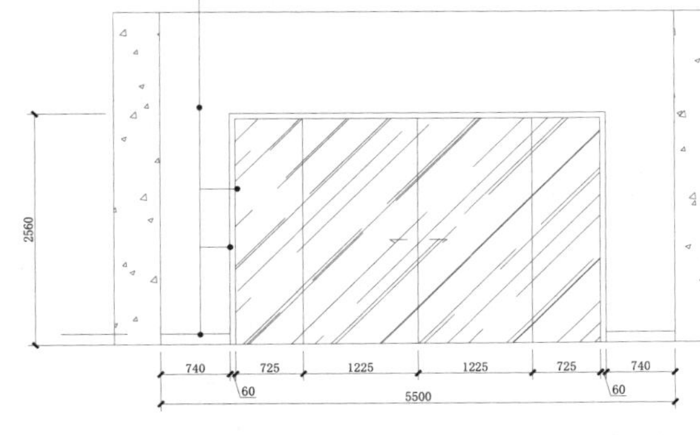

图 10-112　大厅感应大门立面

利用上述方法完成大厅感应大门立面的绘制。

10.2　二层立面图

本节主要讲述二层立面图中的总经理室资料柜立面、休息室卫生间墙面立面等的绘制过程。

10.2.1　总经理室资料柜立面

总经理室资料柜立面装饰有两个主要功能，一是要满足资料盛放的最基本功能，二是要尽量烘托出一定的文化气息。资料是文化的象征，总经理办公室资料柜表达出一种深厚的文化气息，某种意义上也表达出了企业的深厚文化底蕴。

基于上面两个目的，墙面整体用纸面石膏板装饰，刷涂白色乳胶漆。资料柜立面的下层设置为莎比利木饰面、砂银拉手的文件柜，上层两边设置成用玻璃搁板分割成的一个个陈列方格，里面陈列一些瓷器、古董之类的摆饰，中间是一个大的橱窗，悬挂一幅装饰壁画，资料柜上边安装牛眼灯、橱窗内藏镁氖灯带共同投射出光线，烘托出浓郁的文化气息。

采用莎比利木饰面的双开门、配套符合踢脚线，共同将总经理室资料柜立面装饰得既实用又富有文化气息，如图 10-113 所示。

具体绘制方法这里不再赘述。

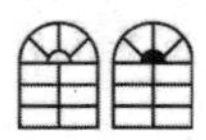

Note

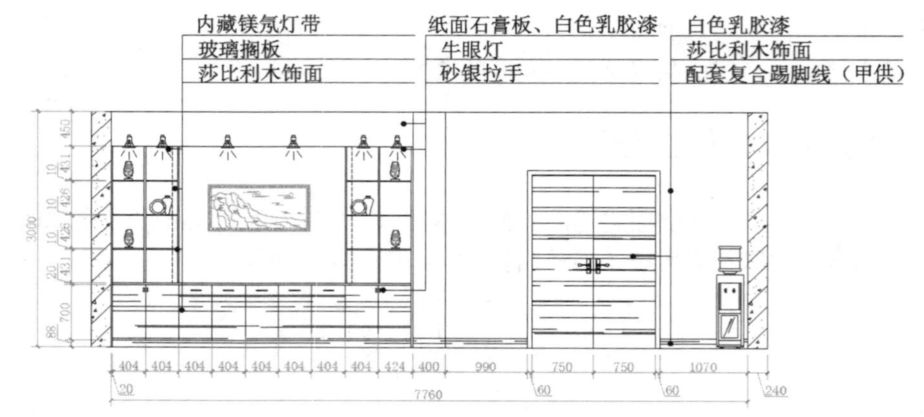

图 10-113　总经理室资料柜立面

10.2.2　休息室卫生间墙面立面

休息室卫生间墙面立面的装饰和前面讲述的成品卫厕隔断立面类似，白色人造石台面，安装有照明灯的整容镜，后墙用 300×450 金朝阳系列瓷砖贴面防水，如图 10-114 所示。

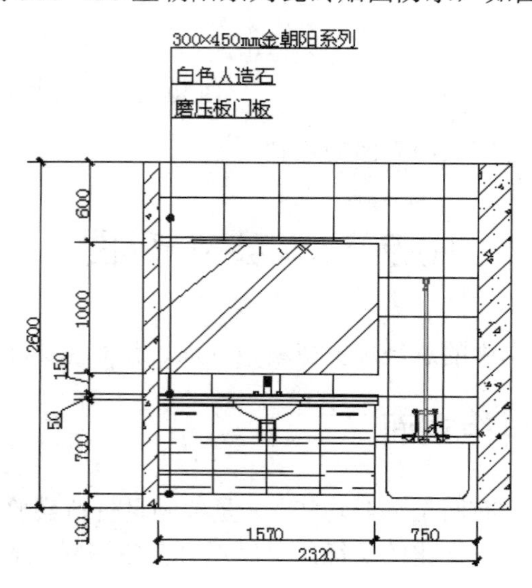

图 10-114　休息室卫生间墙面立面

具体绘制方法这里不再赘述。

10.2.3　样品间展示墙立面

样品间展示墙立面安装了有内置日光灯管的有机玻璃片封闭的展示橱窗，可以陈列一些简单的样品和宣传图片。

利用上述方法完成二层样品间展示墙立面的绘制，如图 10-115 所示。

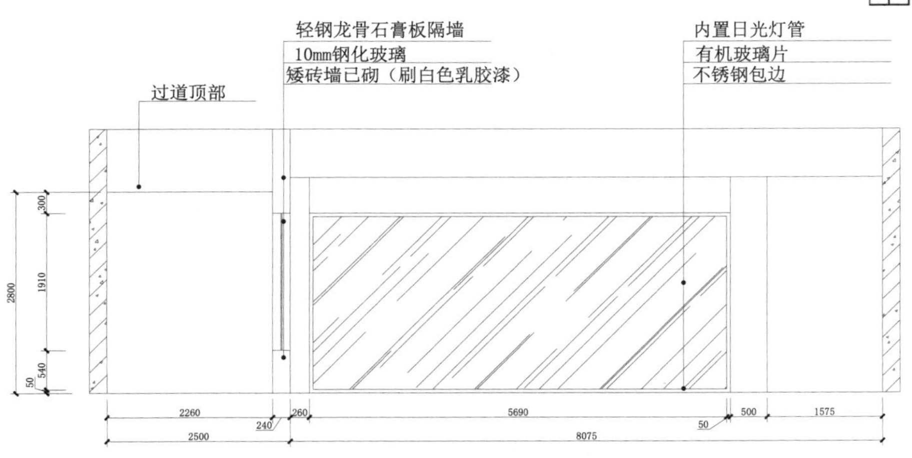

图 10-115　样品间展示墙立面

10.2.4　董事长办公室资料柜立面

董事长办公室资料柜立面设计与总经理办公室资料柜立面设计类似，不再赘述。

利用上述方法完成二层董事长办公室资料柜立面的绘制，如图 10-116 所示。

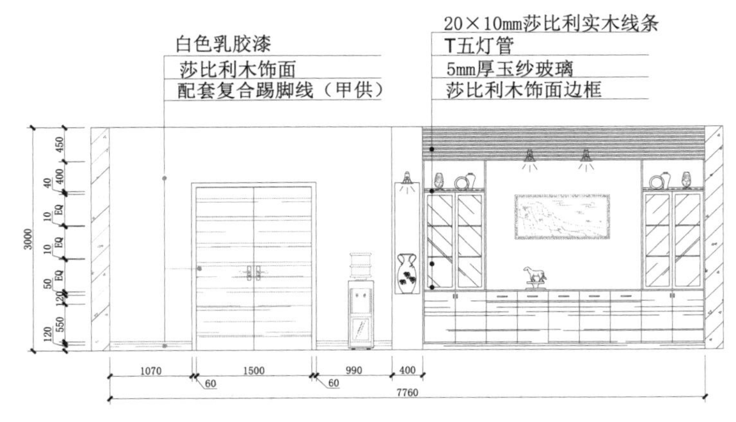

图 10-116　董事长办公室资料柜立面的绘制

10.2.5　董事长办公室隔断立面

董事长办公室隔断立面一边利用 20×10 莎比利实木线条进行装饰，另一边做成带射灯的古董陈列隔柜，充分利用隔断墙体，即将空间进行了有序的分割，又充分发挥了其装饰和实用的功能，如图 10-117 所示。

利用上述方法完成董事长办公室隔断立面的绘制。

10.2.6　总经理室隔断立面

总经理室隔断立面设计与董事长办公室隔断立面设计类似，不再赘述。

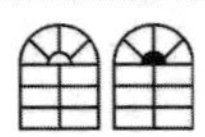

Note

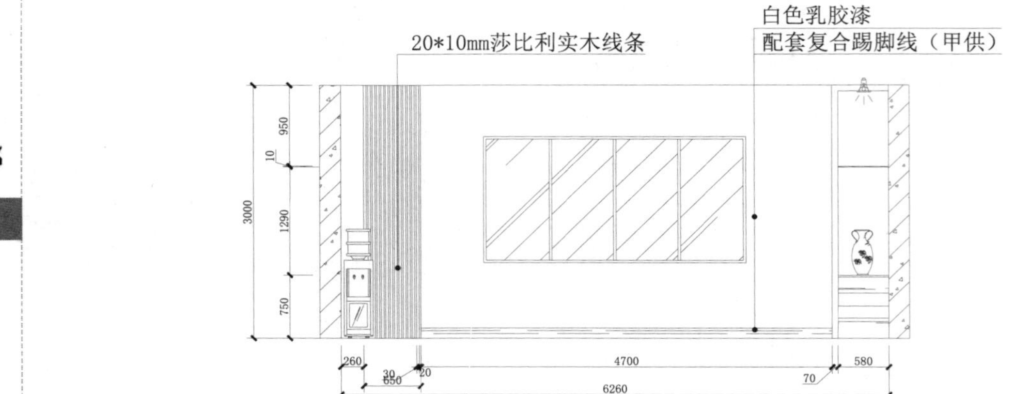

图 10-117　董事长办公室隔断立面

利用上述方法完成总经理室隔断立面的绘制，如图 10-118 所示。

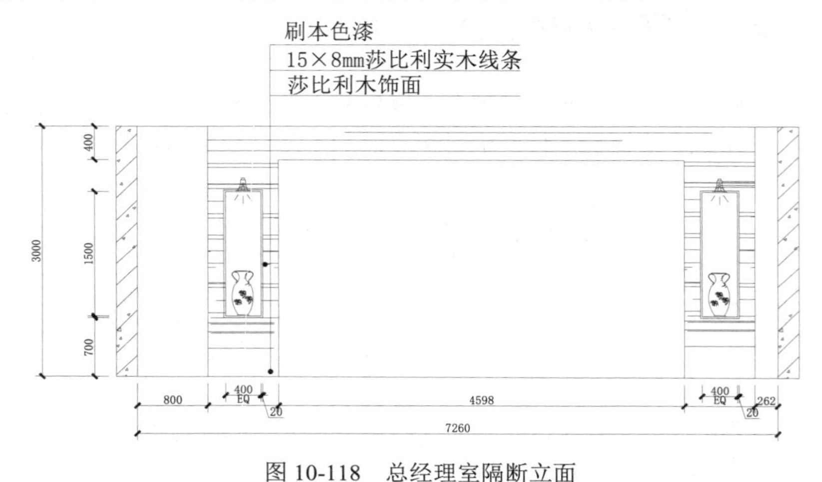

图 10-118　总经理室隔断立面

10.3　三层立面图

本节主要讲述客房包间墙面装饰立面、会议室北墙面装饰立面、会议室投影墙面装饰立面、包间卫生间墙面装饰立面的绘制过程。

10.3.1　客房包间墙面装饰立面

客房包间墙面大体采用白色乳胶漆刷涂，左边坐椅后面墙体敷贴“九龙”艺术壁纸，床头墙体上悬挂两幅艺术壁画，依次摆设落地灯、靠背椅、床头柜、双人床、衣柜。整个客房装饰简洁温馨，如图 10-119 所示。

具体绘制方法这里不再赘述。

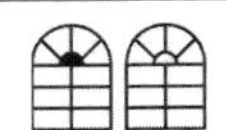

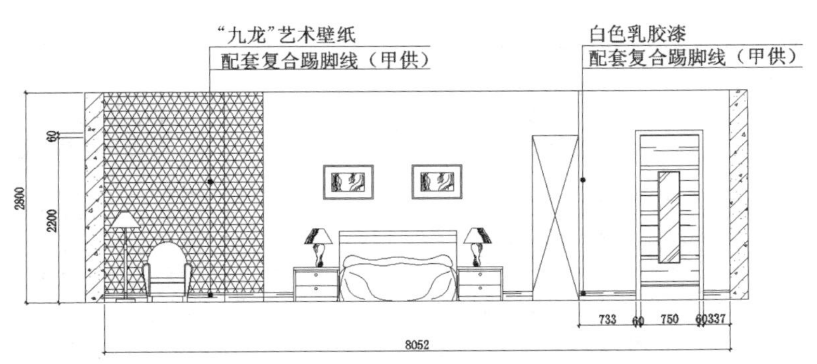

图 10-119　客房包间墙面装饰立面

10.3.2　会议室北墙面装饰立面

会议室北墙面装饰相对简洁，主体材料采用纸面石膏板，白色乳胶漆刷涂，立柱和双开门采用莎比利木饰面装饰，立柱和墙体分别做出 8×10 工艺缝和 5×5 填黑工艺缝。在墙体中间位置悬挂艺术壁画。整个墙面装饰尽显干净爽利，落落大方，如图 10-120 所示。

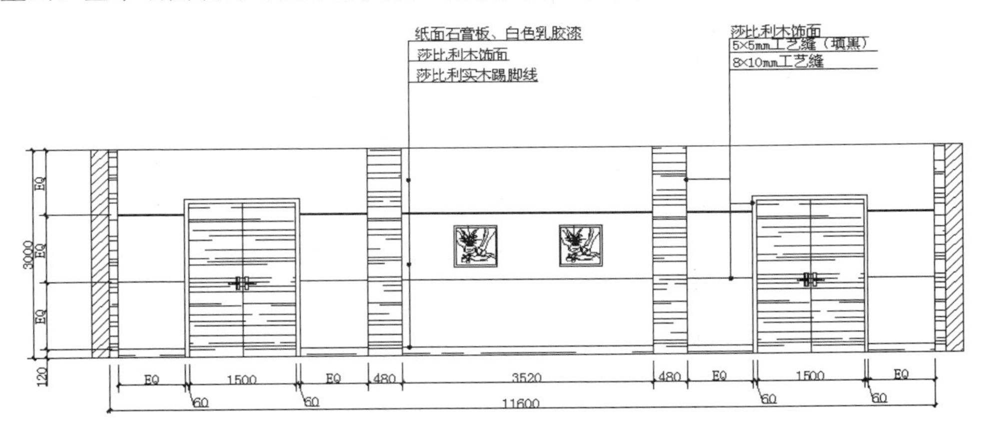

图 10-120　会议室北墙面装饰立面

具体绘制方法这里不再赘述。

10.3.3　会议室投影墙面装饰立面

会议室投影墙面的核心是投影幕墙，围绕投影幕墙的墙体装饰喷银色漆的波浪板，衬托出一种活泼的动感。立柱采用莎比利木饰面装饰，其他墙体进行浅红色软包装饰，增添一种温暖的平静感，用浅红颜色中和银色对视觉的冲击。整个墙体装饰动静相宜，和谐得体，如图 10-121 所示。

具体绘制方法这里不再赘述。

10.3.4　包间卫生间墙面装饰立面

包间卫生间与休息室卫生间墙面立面的装饰相似，这里不再赘述。利用上述方法完成包间卫

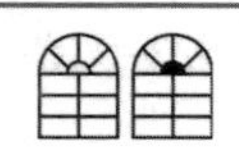

Note

生间墙面装饰立面的绘制，如图 10-122 所示。

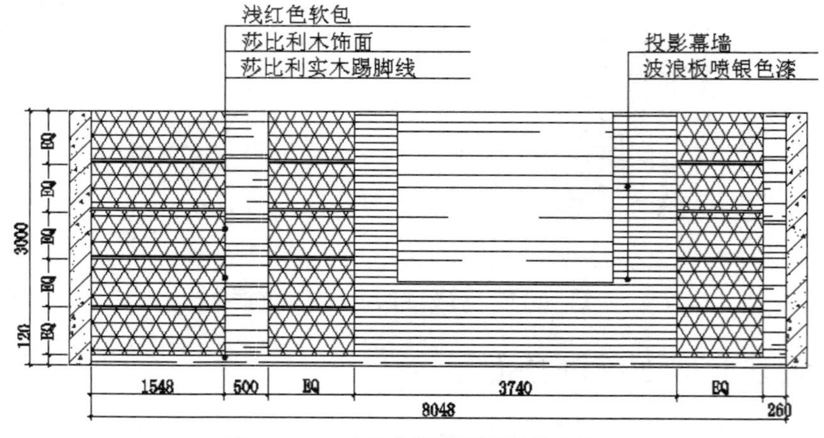

图 10-121　会议室投影墙面装饰立面

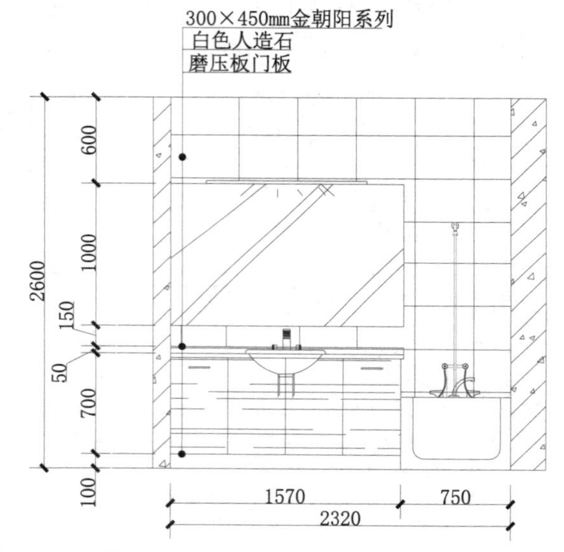

图 10-122　包间卫生间墙面装饰立面

10.4　楼 梯 立 面

本节主要讲述备用楼梯立面和主楼梯立面的绘制过程。

10.4.1　备用楼梯立面

备用楼梯立面主要表达备用楼梯的结构和材料。楼梯栏杆采用各种不同规格的不锈钢管，踏步采用进口 20mm 厚金线米黄大理石踏步板，如图 10-123 所示。

本节主要讲述备用楼梯立面的绘制过程。

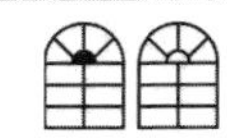

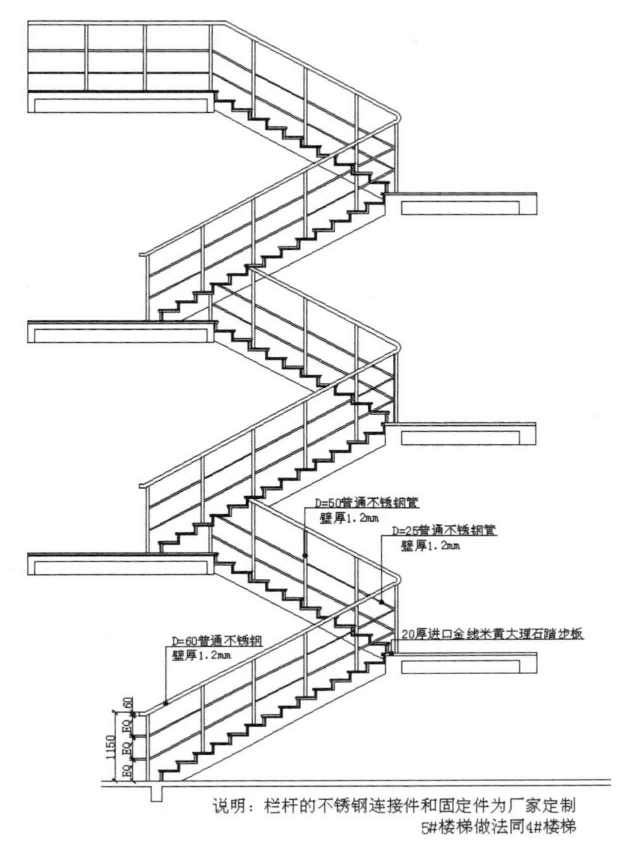

图 10-123　备用楼梯立面

操作步骤如下：（：光盘\配套视频\第 10 章\备用楼梯立面图.avi）

（1）单击“默认”选项卡“绘图”面板中的“直线”按钮，在图形空白区域绘制一条长度为 8326 的水平直线，如图 10-124 所示。

图 10-124　绘制水平直线

（2）单击“默认”选项卡“修改”面板中的“偏移”按钮，选择第（1）步绘制的水平直线为偏移对象并向下进行偏移，偏移距离为 95，如图 10-125 所示。

（3）单击“默认”选项卡“绘图”面板中的“矩形”按钮，在第（2）步绘制的直线上绘制一个 182×261 的矩形，如图 10-126 所示。

图 10-125　偏移直线

图 10-126　绘制矩形

（4）单击“默认”选项卡“修改”面板中的“修剪”按钮，选择第（3）步绘制的矩形与直线之间的线段为修剪对象并对其进行修剪处理，如图 10-127 所示。

（5）单击“默认”选项卡“绘图”面板中的“直线”按钮，在第（4）步绘制的图形的外部水平线上方点选一点为直线起点绘制连续直线，如图 10-128 所示。

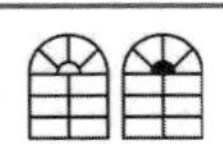

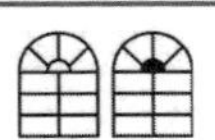

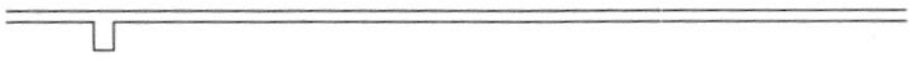

图 10-127　修剪矩形

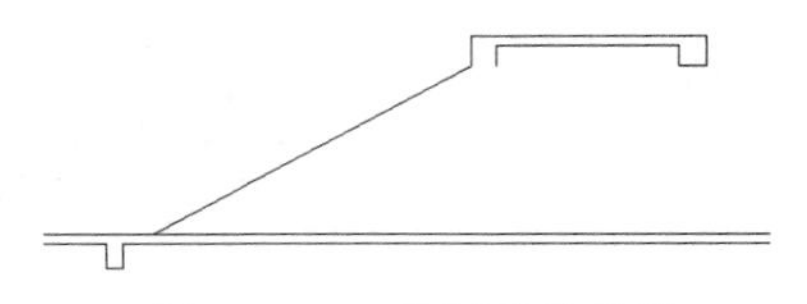

图 10-128　绘制连续直线

（6）单击“默认”选项卡“绘图”面板中的“直线”按钮，在如图 10-129 所示的位置绘制一条水平直线。

（7）单击“默认”选项卡“绘图”面板中的“多段线”按钮，在图形上选取一点为直线的起点绘制连续多段线，如图 10-130 所示。

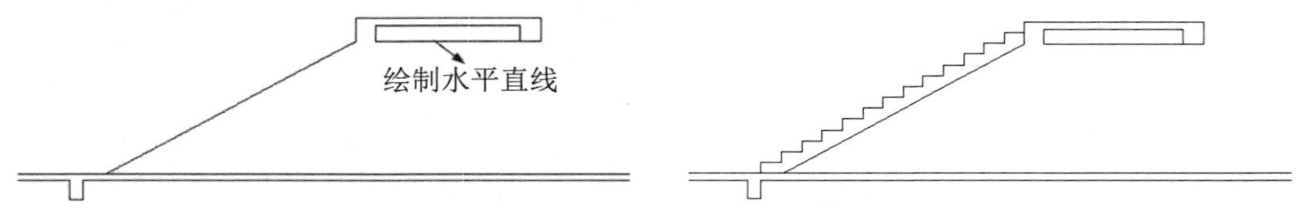

图 10-129　绘制水平直线

图 10-130　绘制连续多段线

（8）单击“默认”选项卡“修改”面板中的“偏移”按钮，选择第（7）步中绘制的多段线为偏移对象并向外进行偏移，偏移距离为 20，如图 10-131 所示。

（9）单击“默认”选项卡“修改”面板中的“分解”按钮，选择绘制的多段线为分解对象，按 Enter 键确认将其分解。

（10）绘制台阶。

① 单击“默认”选项卡“修改”面板中的“偏移”按钮，选择如图 10-132 所示的连续线段为偏移对象并向外进行偏移，偏移距离为 20。

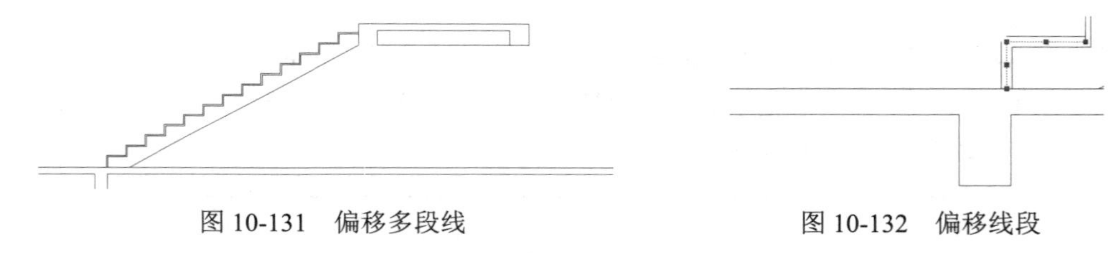

图 10-131　偏移多段线

图 10-132　偏移线段

② 单击“默认”选项卡“绘图”面板中的“矩形”按钮，在图形适当位置绘制一个 40×20 的矩形，如图 10-133 所示。

③ 单击“默认”选项卡“修改”面板中的“修剪”按钮，选择第②步中绘制的矩形内的多余线段为修剪对象并对其进行修剪处理，如图 10-134 所示。

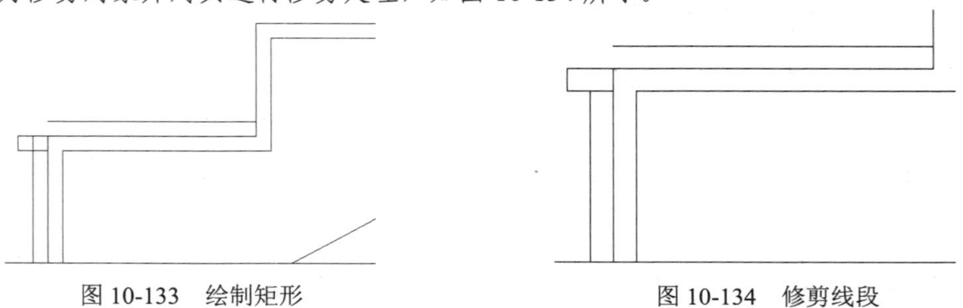

图 10-133　绘制矩形

图 10-134　修剪线段

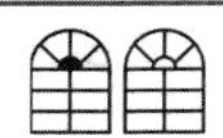

④ 单击“默认”选项卡“绘图”面板中的“多段线”按钮，在图形适当位置绘制连续多段线，如图 10-135 所示。利用上述方法完成剩余相同图形的绘制，如图 10-136 所示。

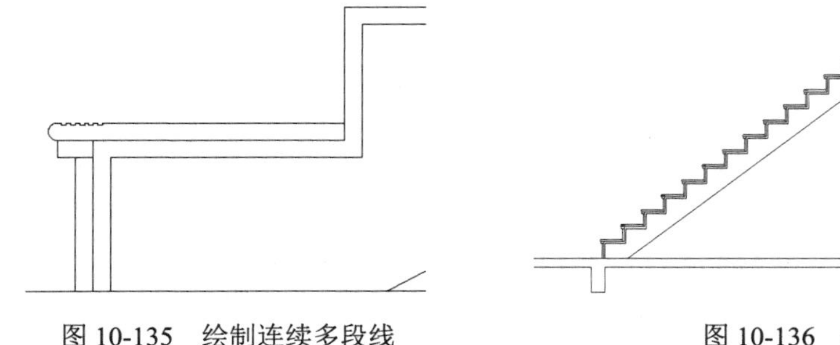

图 10-135　绘制连续多段线　　图 10-136　绘制剩余图形

（11）绘制扶手。

① 单击“默认”选项卡“绘图”面板中的“直线”按钮，在第（10）步中绘制的图形左侧位置绘制一条竖直直线，如图 10-137 所示。

② 单击“默认”选项卡“修改”面板中的“偏移”按钮，选择第①步绘制的竖直直线为偏移对象并向右进行偏移，偏移距离为 50，如图 10-138 所示。

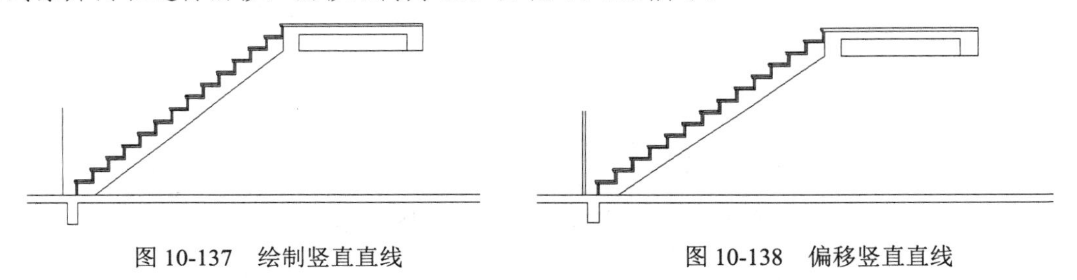

图 10-137　绘制竖直直线　　图 10-138　偏移竖直直线

③ 单击“默认”选项卡“修改”面板中的“复制”按钮，选择第②步中的偏移线段为复制对象，对其进行复制，如图 10-139 所示。

④ 单击“默认”选项卡“绘图”面板中的“直线”按钮，在绘制的楼梯扶手上绘制一条斜向直线，如图 10-140 所示。

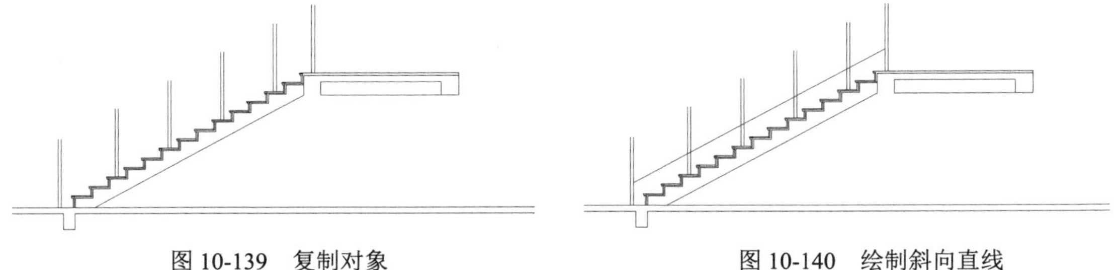

图 10-139　复制对象　　图 10-140　绘制斜向直线

⑤ 单击“默认”选项卡“修改”面板中的“偏移”按钮，选择第④步中绘制的斜向直线为偏移对象并向上进行偏移，偏移距离分别为 29、347、28、332、60，如图 10-141 所示。

⑥ 单击“默认”选项卡“修改”面板中的“延伸”按钮和“修剪”按钮，对偏移线段进行修剪，如图 10-142 所示。

Note

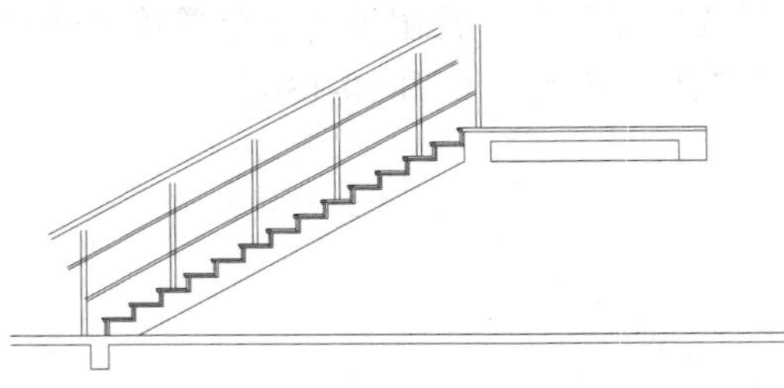

图 10-141　偏移斜向直线

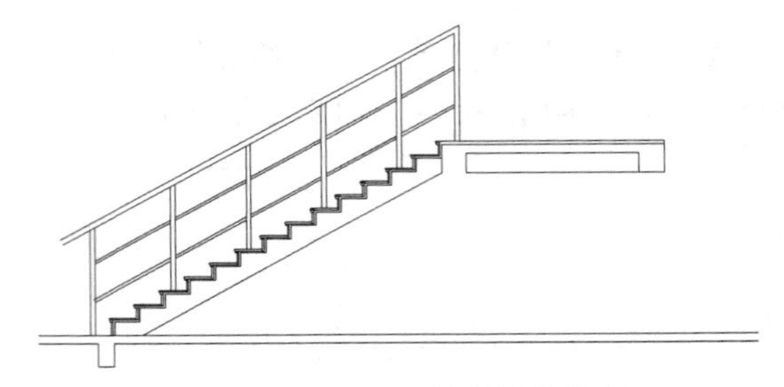

图 10-142　延伸并修剪线段

⑦ 单击“默认”选项卡“绘图”面板中的“直线”按钮，绘制楼梯扶手接头，如图 10-143 所示。

⑧ 单击“默认”选项卡“修改”面板中的“修剪”按钮，选择第⑦步中绘制的线段内的多余线段为修剪对象，对其进行修剪，如图 10-144 所示。

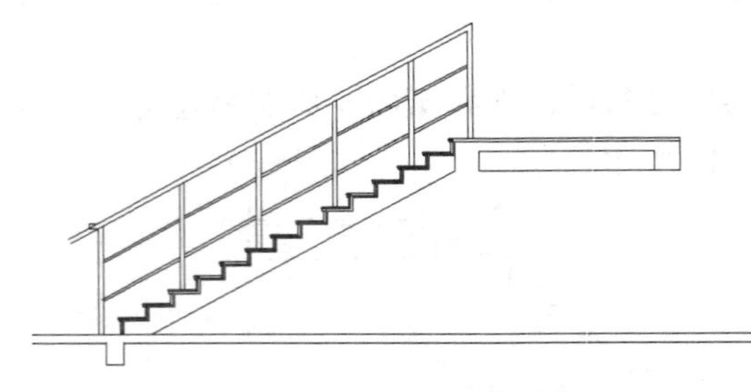

图 10-143　绘制扶手接头

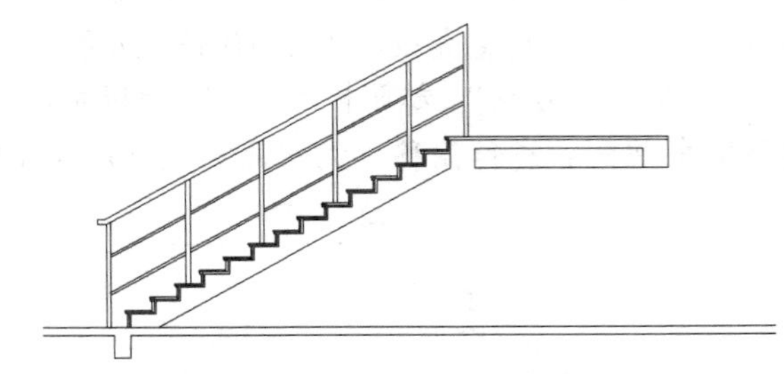

图 10-144　修剪线段

（12）利用上述方法完成剩余图形的绘制，如图 10-145 所示。

（13）标注尺寸和文字。

① 单击“默认”选项卡“注释”面板中的“线性”按钮和“连续”按钮，为立面图添加第一道尺寸标注，如图 10-146 所示。

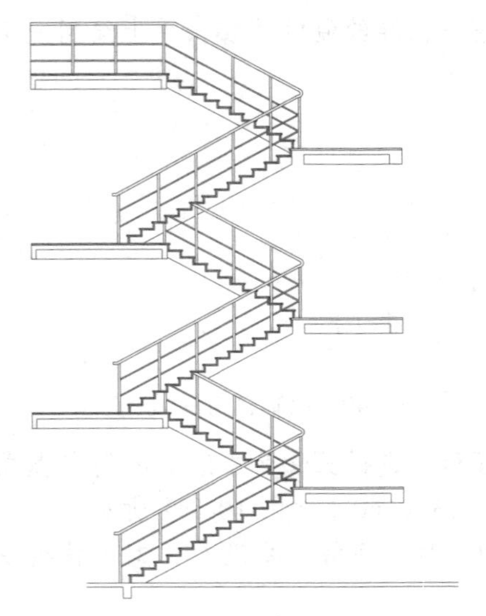

图 10-145　绘制剩余相同图形

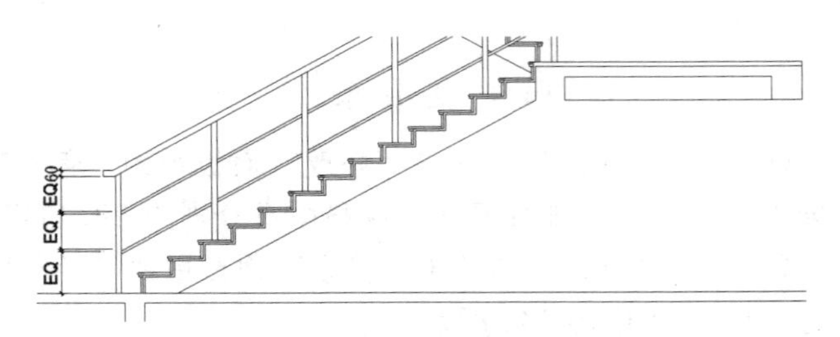

图 10-146　添加图形第一道尺寸标注

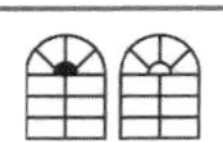

② 单击“默认”选项卡“注释”面板中的“线性”按钮，为图形添加总尺寸标注，如图 10-147 所示。

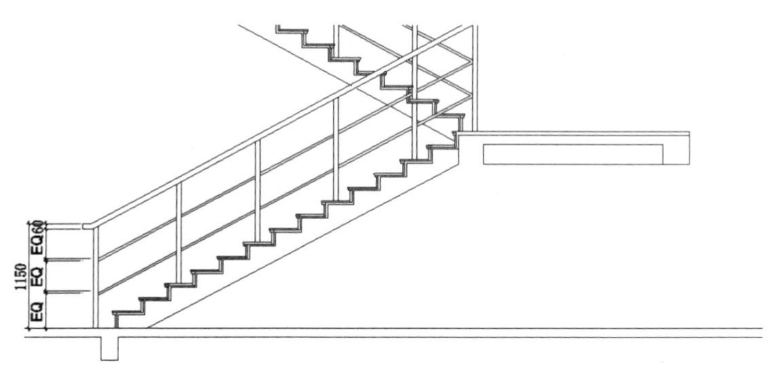

图 10-147　添加图形总尺寸标注

③ 在命令行中输入“QLEADER”命令，为图形添加文字说明，如图 10-123 所示。

10.4.2　主楼梯立面

主楼梯立面主要表达主楼梯结构和材料。楼梯扶手采用各种直径为 60 的拉丝不锈钢管，栏杆采用 1.5 厚不锈钢立杆连接 12 厚钢化玻璃，踏步采用 20 厚进口金线米黄大理石踏步板，如图 10-148 所示。

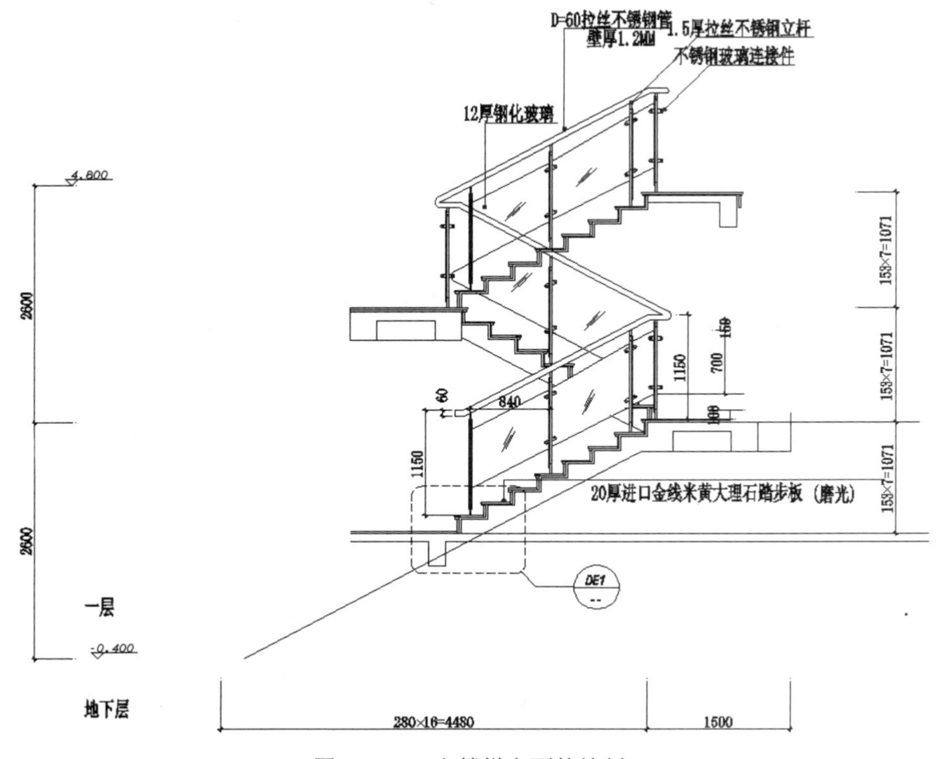

图 10-148　主楼梯立面的绘制

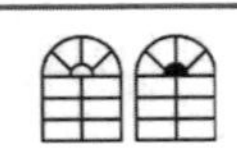

利用上述方法完成主楼梯立面的绘制。

10.5 实 战 演 练

Note

通过前面的学习，读者对本章知识也有了大体的了解，本节通过几个操作练习使读者进一步掌握本章知识要点。

【实战演练 1】绘制如图 10-149 所示的住宅室内 A 立面图。

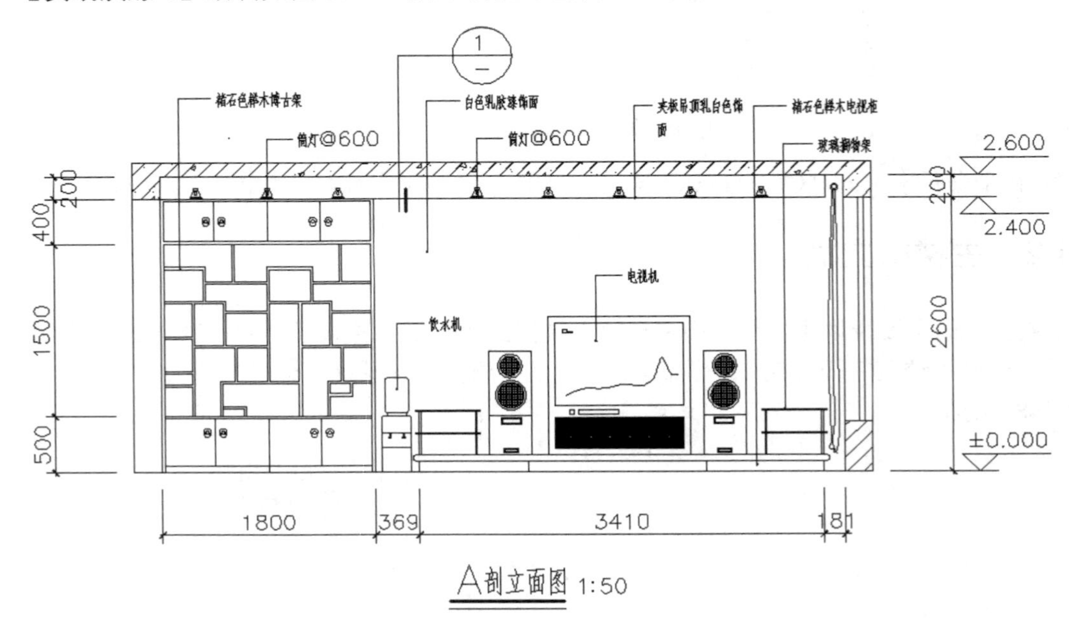

图 10-149 住宅室内 A 立面图

1．目的要求

本实例主要要求读者通过练习进一步熟悉和掌握住宅室内 A 立面图的绘制方法。通过本实例，可以帮助读者学会完成整个立面图绘制的全过程。

2．操作提示

（1）绘制轮廓。

（2）绘制博古架立面。

（3）绘制电视柜立面。

（4）布置吊顶立面筒灯。

（5）绘制窗帘。

（6）标注尺寸、标高和文字。

【实战演练 2】绘制如图 10-150 所示的住宅室内 D 立面图。

1．目的要求

本实例主要要求读者通过练习进一步熟悉和掌握住宅室内 D 立面图的绘制方法。通过本实例，可以帮助读者学会完成整个立面图绘制的全过程。

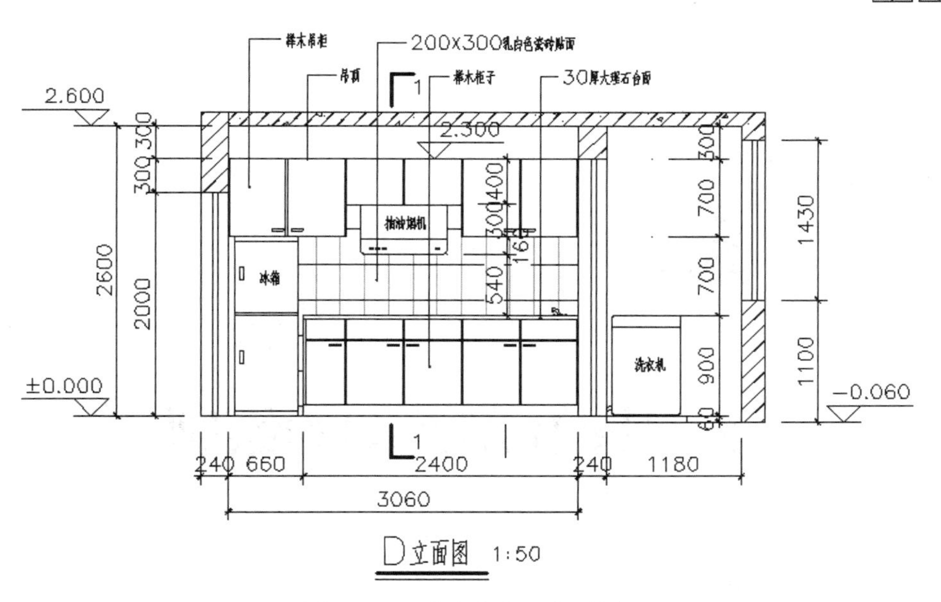

图 10-150　住宅室内 D 立面图

2．操作提示

（1）绘制厨房剖面。

（2）绘制案台立面。

（3）绘制吊柜立面。

（4）绘制冰箱立面及洗衣机立面。

（5）绘制墙面材料图案。

（6）标注尺寸、标高、文字及符号。

大样图及剖面图的绘制

本章学习要点和目标任务：

☑ 踏步大样图的绘制

☑ 大厅背景墙剖面图的绘制

☑ 卫生间台盆剖面图的绘制

建筑剖面图和大样图主要反映建筑物的结构形式、垂直空间利用、各层构造做法和门窗洞口高度等。本章以某公司办公楼踏步大样图及相关剖面图为例，详细论述建筑大样图及剖面图的设计思想和 AutoCAD 绘制方法与相关技巧。

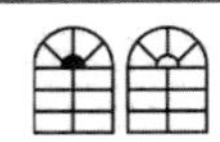

11.1 踏步大样图的绘制

踏步大样图表达了踏步构造形式、具体尺寸以及材料。本实例中踏步由水泥砂浆浇筑，表面贴饰磨光的20mm厚金线米黄色大理石踏步板，如图11-1所示。

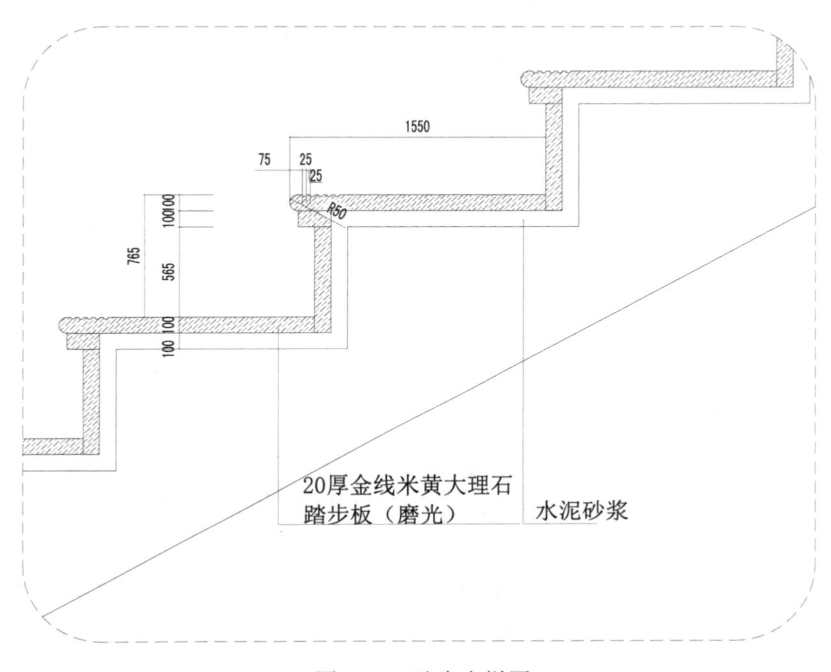

图11-1　踏步大样图

本节主要讲述踏步大样图的绘制过程。

操作步骤如下：（光盘\配套视频\第11章\踏步大样图的绘制.avi）

（1）单击“默认”选项卡“绘图”面板中的“直线”按钮，在图形适当位置绘制一条斜向直线，如图11-2所示。

（2）结合前面所学知识完成踏步大样图基本图形的绘制，如图11-3所示。

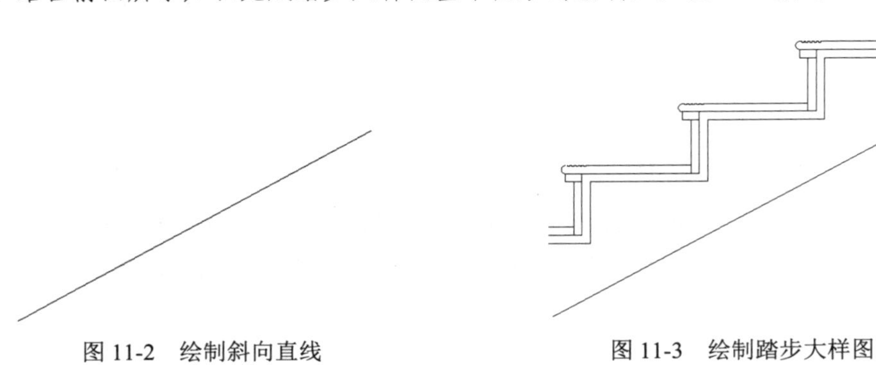

图11-2　绘制斜向直线　　图11-3　绘制踏步大样图

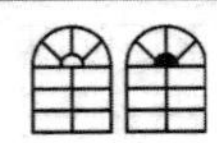
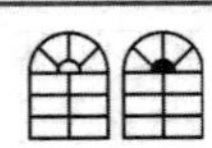

（3）单击“默认”选项卡“绘图”面板中的“矩形”按钮，在图形外部位置绘制一个适当大小的矩形。

（4）单击“默认”选项卡“修改”面板中的“圆角”按钮，对第（3）步中所绘制矩形的4条边进行圆角处理，如图11-4所示。

Note

（5）单击“默认”选项卡“修改”面板中的“修剪”按钮，选择圆角外的线段为修剪对象并对其进行修剪处理，如图11-5所示。

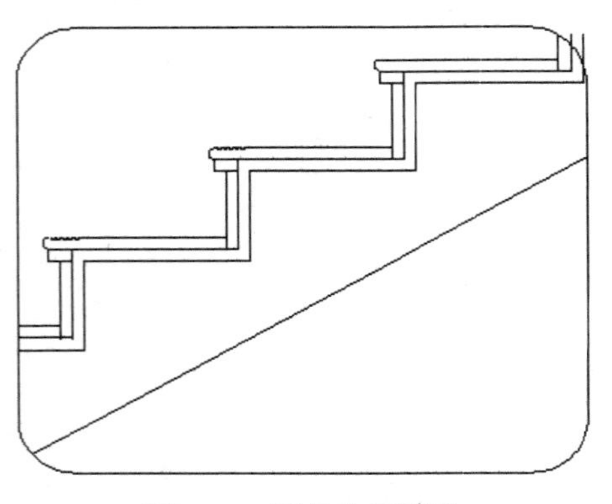

图11-4　圆角处理图形

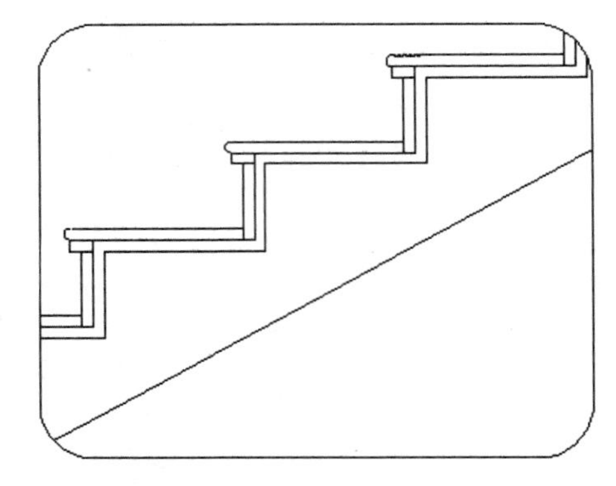

图11-5　修剪线段

（6）单击“默认”选项卡“绘图”面板中的“图案填充”按钮，系统打开“图案填充创建”选项卡，设置填充类型为ANSI35，角度为0°，比例为8，选择填充区域填充图案，效果如图11-6所示。

（7）单击“默认”选项卡“绘图”面板中的“图案填充”按钮，系统打开“图案填充创建”选项卡，设置填充类型为AR-SAND，角度为0°，比例为2，选择填充区域填充图案，效果如图11-7所示。

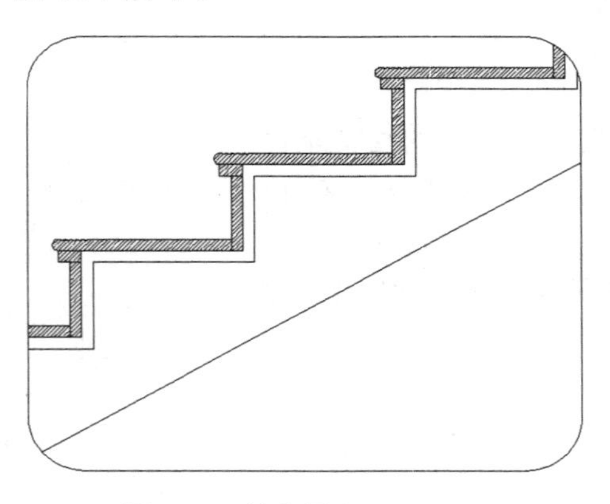

图11-6　填充图案ANSI35

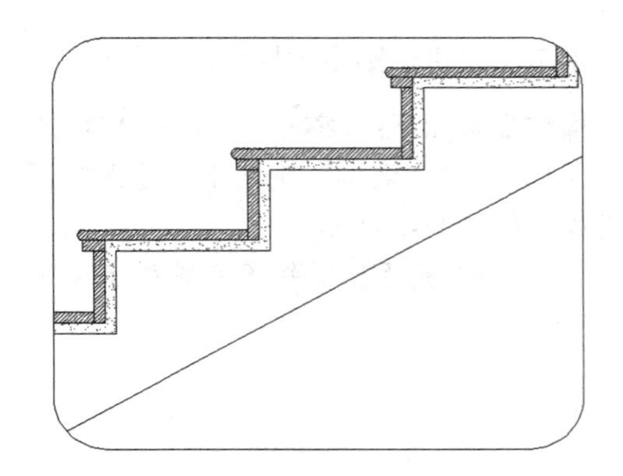

图11-7　填充图案AR-SAND

（8）在命令行中输入“QLEADER”命令，为图形添加文字说明，如图11-8所示。

（9）单击“默认”选项卡“注释”面板中的“线性”按钮，为图形添加尺寸标注，最后整理图形，结果如图11-1所示。

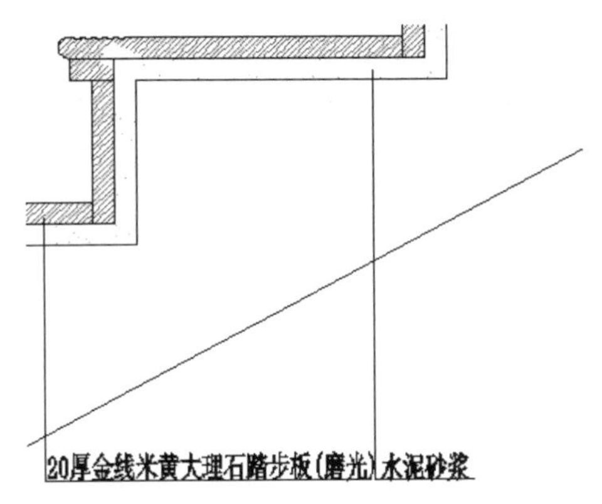

图 11-8 添加文字说明

11.2 大厅背景墙剖面图的绘制

大厅背景墙剖面图主要表达背景墙墙面装饰的具体做法以及尺寸。这里采用 8mm 厚磨砂玻璃做蒙面，内藏镁氖灯带提供照明，以木龙骨做支架，多层板作为字样基层，如图 11-9 所示。

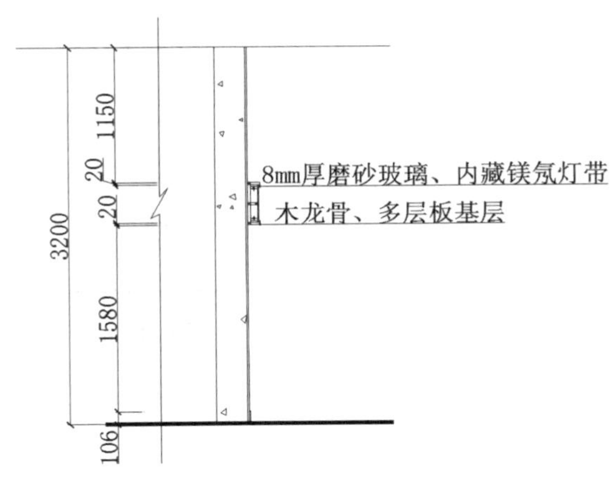

图 11-9 大厅背景墙剖面

本节主要讲述大厅背景墙剖面图的绘制过程。

操作步骤如下：（：光盘\配套视频\第 11 章\大厅背景墙剖面图的绘制.avi）

（1）单击“默认”选项卡“绘图”面板中的“多段线”按钮，指定起点宽度为 30，端点宽度为 30，在图形空白区域任选一点为起点，向右绘制一条长度为 2387 的水平多段线，如图 11-10 所示。

图 11-10 绘制多段线

（2）单击“默认”选项卡“绘图”面板中的“直线”按钮，在距离多段线 3200 处绘制一条长为 3105 的水平直线，如图 11-11 所示。

（3）单击“默认”选项卡“绘图”面板中的“直线”按钮，以多段线的中点为直线起点向上绘制一条竖直直线，如图 11-12 所示。

图 11-11　绘制水平直线

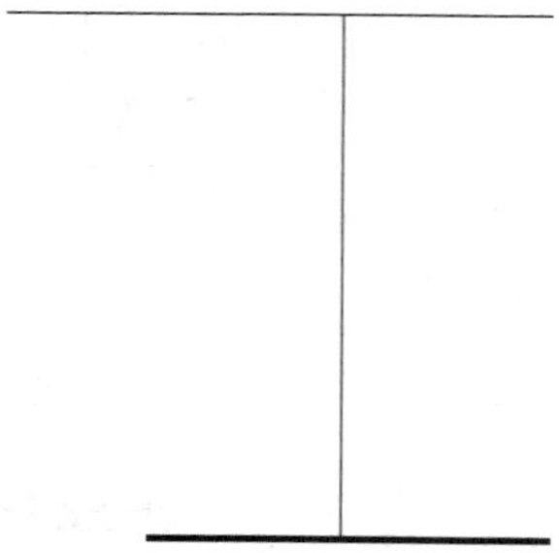

图 11-12　绘制竖直直线

（4）单击“默认”选项卡“修改”面板中的“偏移”按钮，选择第（3）步绘制的竖直直线为偏移对象并向左进行偏移，偏移距离分别为 15 和 260，如图 11-13 所示。

（5）单击“默认”选项卡“绘图”面板中的“矩形”按钮，在图形底部位置绘制一个 10×106 的矩形，如图 11-14 所示。

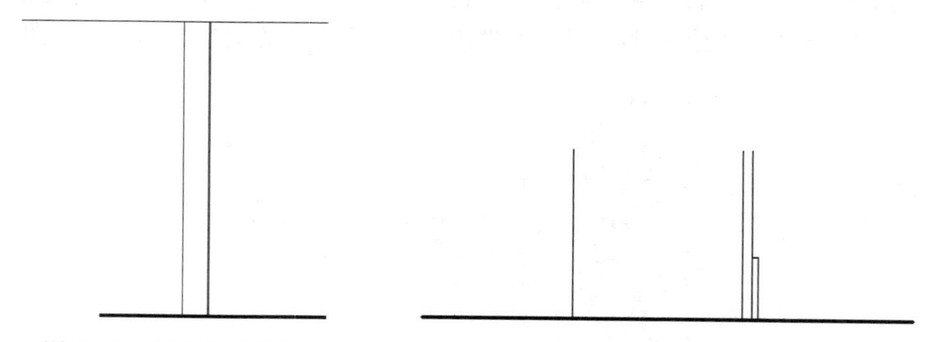

图 11-13　偏移竖直直线

图 11-14　绘制矩形

（6）单击“默认”选项卡“绘图”面板中的“直线”按钮，在矩形内绘制图形，如图 11-15 所示。

（7）绘制龙骨支架。

① 单击“默认”选项卡“绘图”面板中的“矩形”按钮，在图形中绘制一个 100×20 的矩形，如图 11-16 所示。

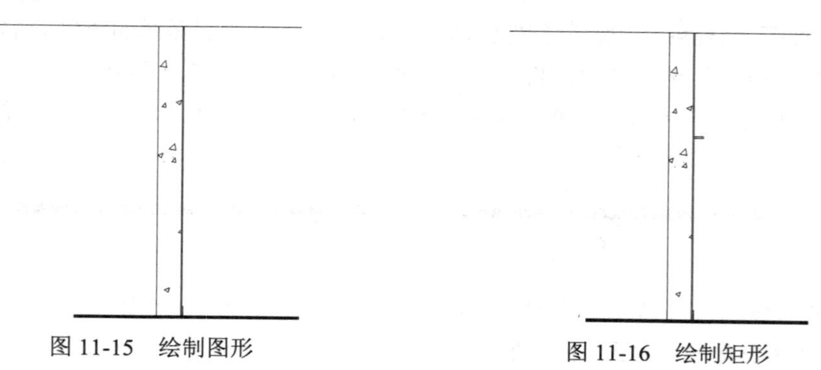

图 11-15　绘制图形

图 11-16　绘制矩形

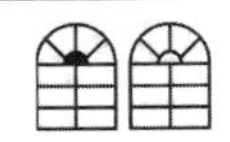

② 单击“默认”选项卡“修改”面板中的“复制”按钮，选择第①步绘制的矩形为复制对象并向下进行复制，如图11-17所示。

③ 单击“默认”选项卡“绘图”面板中的“直线”按钮，在图形适当位置绘制一条竖直直线，如图11-18所示。

④ 单击“默认”选项卡“绘图”面板中的“直线”按钮，在图形内绘制交叉线，如图11-19所示。

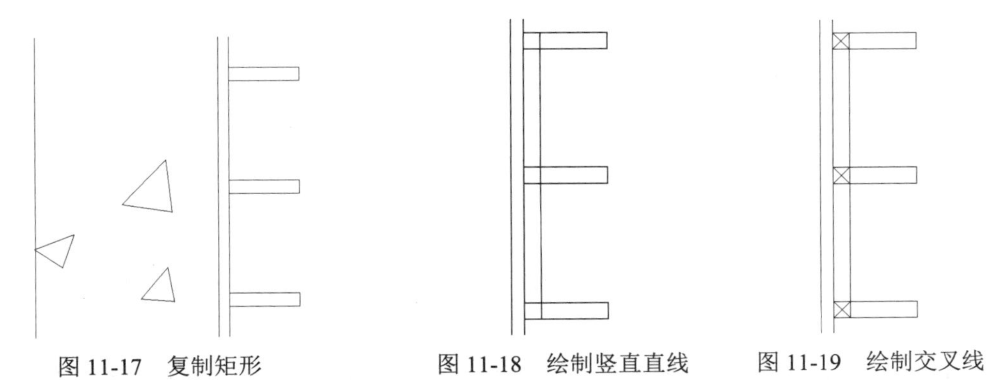

图11-17　复制矩形　　图11-18　绘制竖直直线　　图11-19　绘制交叉线

⑤单击“默认”选项卡“绘图”面板中的“矩形”按钮，在图形内适当位置绘制一个10×15的矩形，如图11-20所示。

⑥单击“默认”选项卡“修改”面板中的“复制”按钮，选择绘制的矩形为复制对象并向下进行复制，如图11-21所示。

⑦单击“默认”选项卡“绘图”面板中的“直线”按钮，在如图11-22所示的位置绘制连续直线。

⑧ 单击“默认”选项卡“修改”面板中的“镜像”按钮，选择第⑦步中绘制的连续直线为镜像对象并对其进行水平镜像，如图11-23所示。

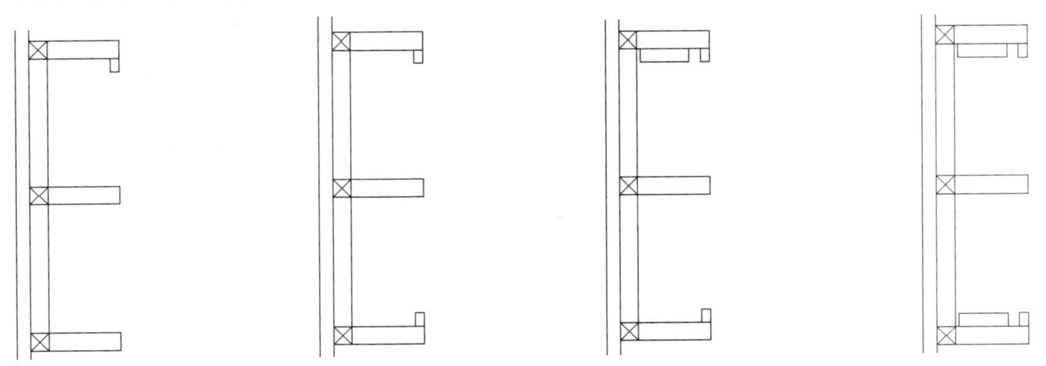

图11-20　绘制矩形　　图11-21　复制矩形　　图11-22　绘制连续直线　　图11-23　镜像连续直线对象

⑨ 单击“默认”选项卡“绘图”面板中的“直线”按钮，连接前面绘制的两个矩形绘制一条竖直直线，如图11-24所示。

⑩ 单击“默认”选项卡“修改”面板中的“偏移”按钮，选择第⑨步绘制的竖直直线为偏移对象并向左进行偏移，如图11-25所示。

⑪ 单击“默认”选项卡“修改”面板中的“修剪”按钮，选择偏移线段间的多余直线为

Note

修剪对象并对其进行修剪，如图 11-26 所示。

⑫ 单击“默认”选项卡“修改”面板中的“复制”按钮，选择已有图形为复制对象并对其进行复制，如图 11-27 所示。

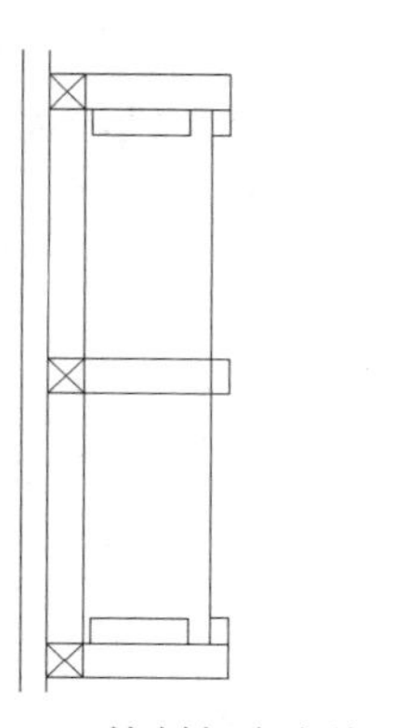
图 11-24　绘制竖直直线

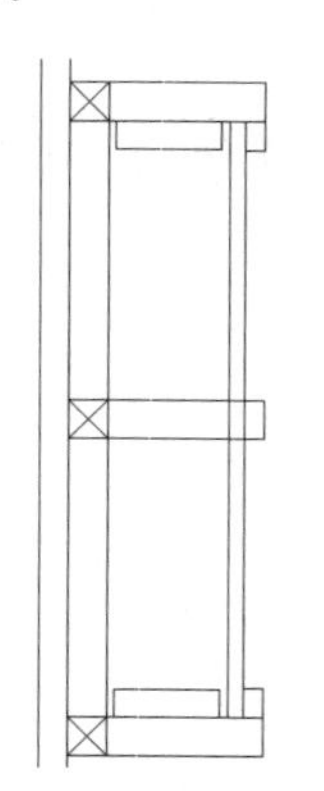
图 11-25　偏移线段

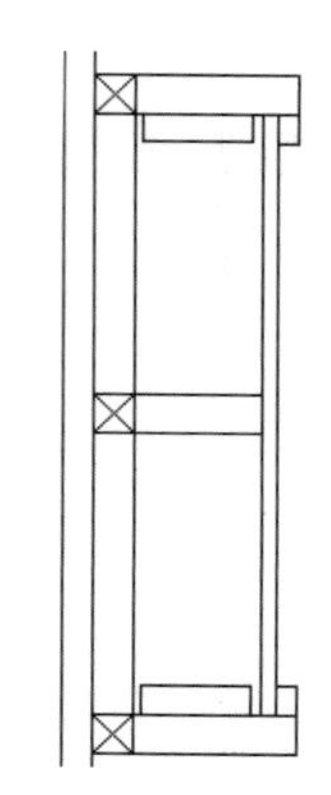
图 11-26　修剪线段

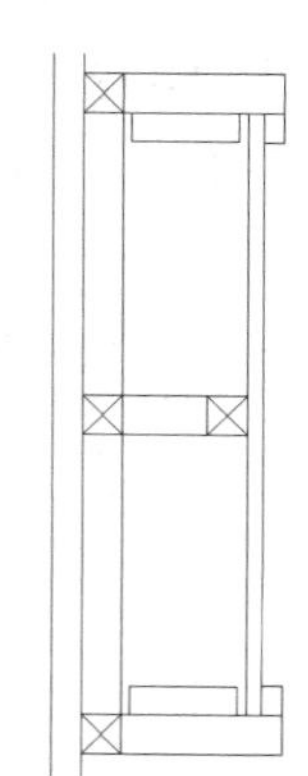
图 11-27　复制图形

（8）镁氖灯带。

① 单击“默认”选项卡“绘图”面板中的“圆”按钮，在图形适当位置任选一点为圆心绘制一个适当半径的圆，如图 11-28 所示。

② 单击“默认”选项卡“绘图”面板中的“直线”按钮，在第①步绘制的圆的圆心处绘制十字交叉线，如图 11-29 所示。

③ 单击“默认”选项卡“修改”面板中的“复制”按钮，选择第②步绘制的图形为复制对象并向下进行复制，如图 11-30 所示。

（9）单击“默认”选项卡“绘图”面板中的“图案填充”按钮，系统打开“图案填充创建”选项卡，设置填充类型为 AR-RROOF，角度为 45°，比例为 2，选择填充区域填充图案，效果如图 11-31 所示。

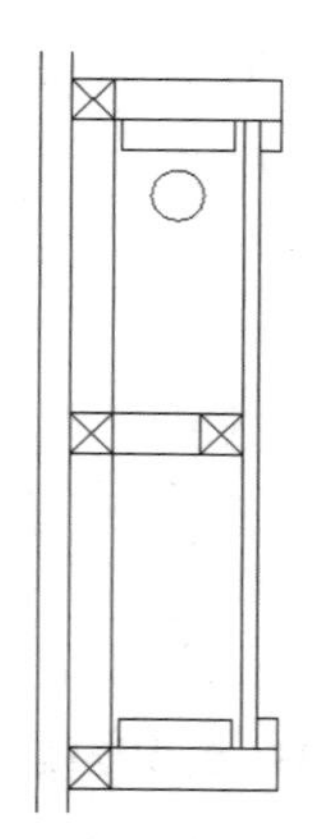
图 11-28　绘制圆

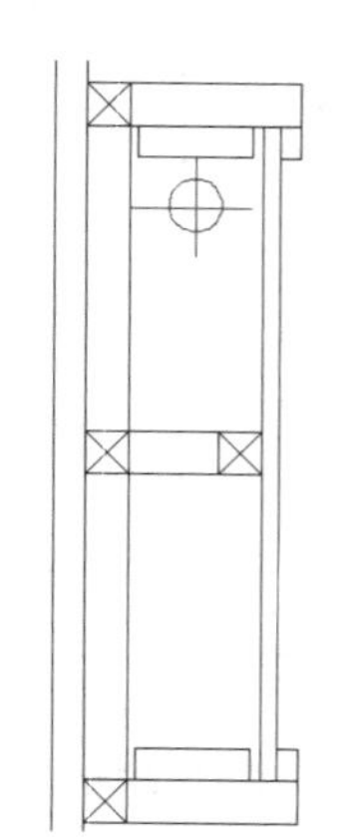
图 11-29　绘制十字交叉线

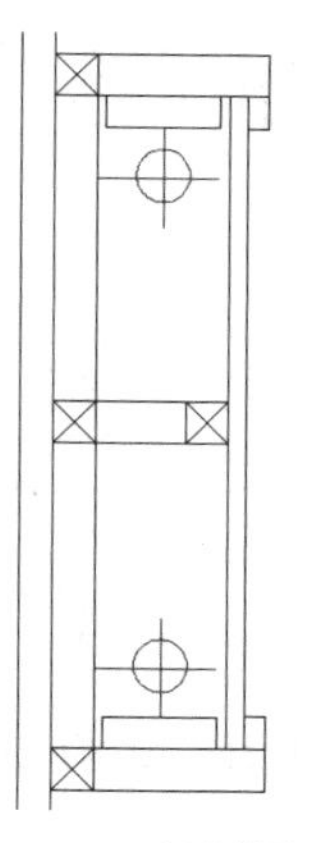
图 11-30　复制图形

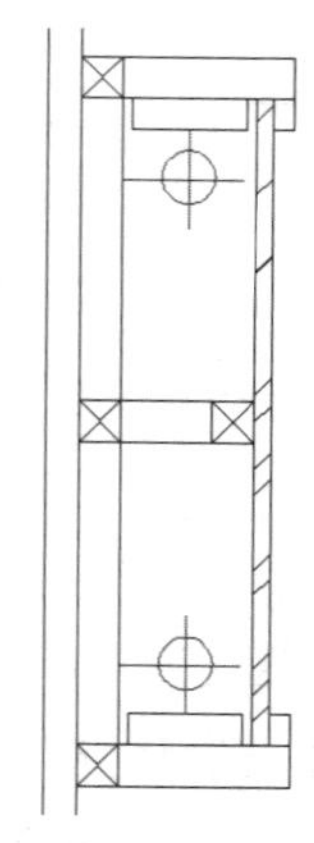
图 11-31　填充图案

（10）单击“默认”选项卡“绘图”面板中的“直线”按钮，在图形左侧位置绘制一条竖直直线，如图 11-32 所示。

（11）单击“默认”选项卡“绘图”面板中的“直线”按钮，在图形适当位置绘制连续直

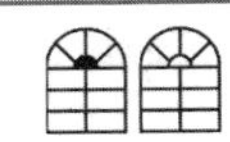

线，如图 11-33 所示。

（12）单击“默认”选项卡“修改”面板中的“修剪”按钮，选择第（11）步绘制的连续直线为修剪对象并对其进行修剪处理，如图 11-34 所示。

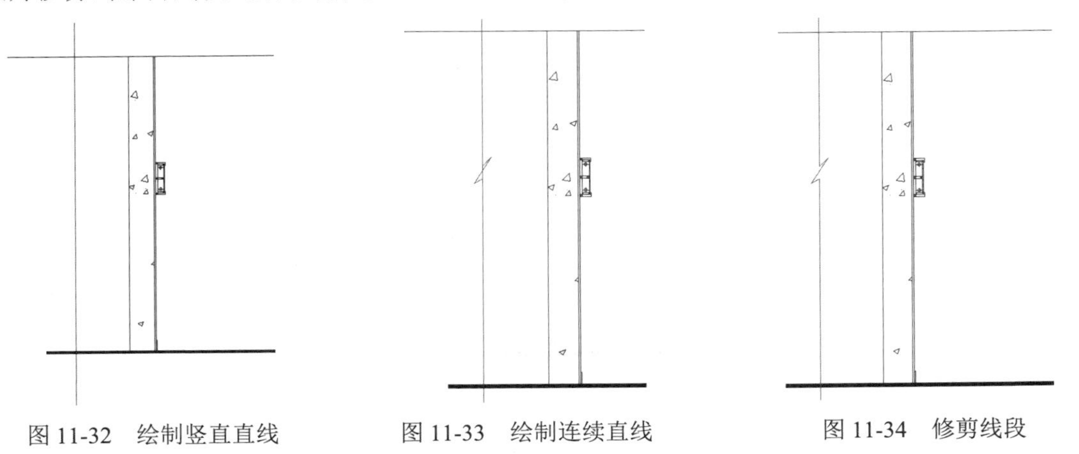

图 11-32　绘制竖直直线　　图 11-33　绘制连续直线　　图 11-34　修剪线段

（13）标注尺寸和文字。

① 单击“默认”选项卡“注释”面板中的“线性”按钮和“连续”按钮，为立面图添加第一道尺寸标注，如图 11-35 所示。

② 单击“默认”选项卡“注释”面板中的“线性”按钮，为立面图添加总尺寸标注，如图 11-36 所示。

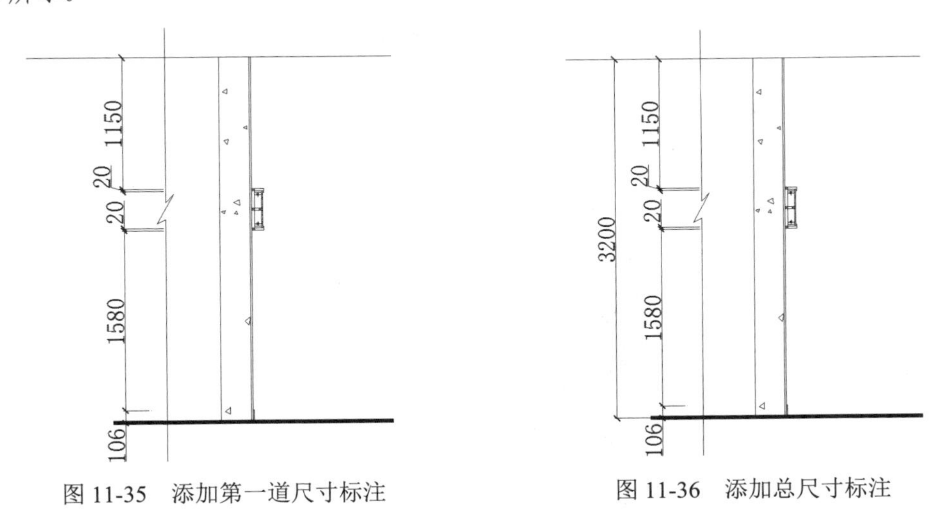

图 11-35　添加第一道尺寸标注　　图 11-36　添加总尺寸标注

③ 在命令行中输入“QLEADER”命令，为图形添加文字说明，如图 11-9 所示。

11.3　卫生间台盆剖面图的绘制

卫生间台盆剖面图主要表达卫生间台盆装饰的具体材料以及尺寸。这里具体采用刷防锈漆的

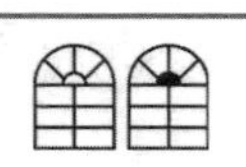

Note

4Ø 角钢做支架，以中国黑大理石做挡水板，贴挂 1700×1100mm 车边镜，侧墙壁上再悬挂一张壁画，增加一点艺术情调，如图 11-37 所示。

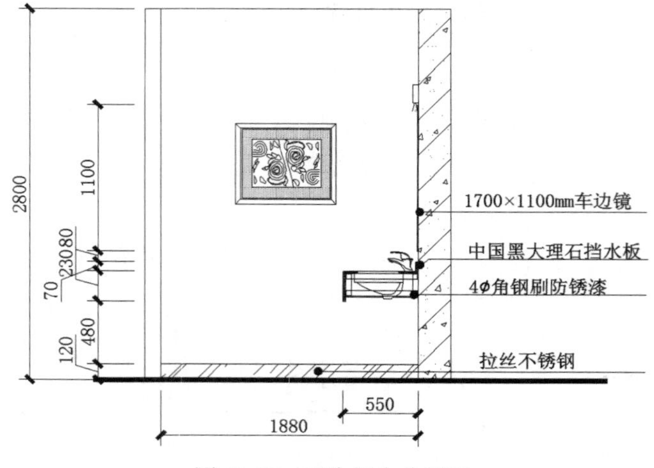

图 11-37　卫生间台盆剖面

利用上述方法完成一层卫生间台盆剖面图的绘制。

11.4　实 战 演 练

通过前面的学习，读者对本章知识也有了大体的了解，本节通过几个操作练习使读者进一步掌握本章知识要点。

【实战演练 1】绘制如图 11-38 所示的董事长秘书室 A 剖面图。

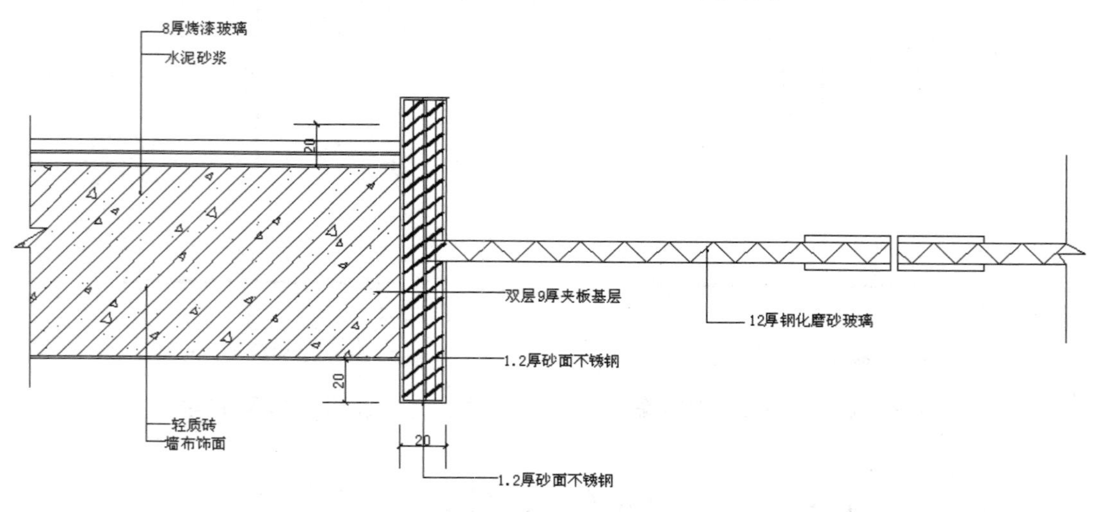

图 11-38　董事长秘书室 A 剖面图

1．目的要求

本实例主要要求读者通过练习进一步熟悉和掌握董事长秘书室 A 剖面图的绘制方法。通过

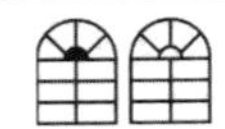

本实例，可以帮助读者学会完成整个剖面图绘制的全过程。

2．操作提示

（1）绘制轮廓线。

（2）填充图形。

（3）绘制细节图形。

（4）标注尺寸和标高。

【实战演练 2】绘制如图 11-39 所示的住宅室内吊顶构造详图。

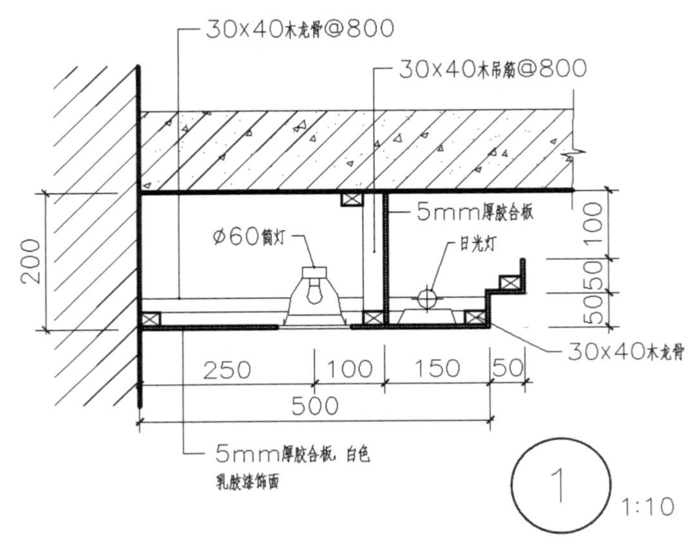

图 11-39　住宅室内吊顶构造详图

1．目的要求

本实例主要要求读者通过练习进一步熟悉和掌握住宅室内吊顶构造详图的绘制方法。通过本实例，可以帮助读者学会完成整个详图绘制的全过程。

2．操作提示

（1）绘制轮廓线。

（2）填充图形。

（3）绘制细节图形。

（4）标注尺寸和文字。

▶▶第3篇

酒店客房及电梯室内设计篇

本篇主要围绕一个典型的酒店客房室内设计案例展开讲述，包括设计思想分析，以及建筑平面图、装饰平面图、顶棚图、地坪图、立面图、剖面图和详图等图例的设计过程。

本篇内容通过实例进一步加深读者对 AutoCAD 功能的理解和掌握，熟悉典型公共空间室内设计的基本方法和技巧。

- **客房平面图的绘制**
- **客房装饰平面图的绘制**
- **客房顶棚与地坪图的绘制**
- **客房立面图的绘制**
- **客房剖面图的绘制**
- **节点大样图的绘制**
- **电梯间室内设计图的绘制**

第12章

客房平面图的绘制

本章学习要点和目标任务：

☑ 十八层客房平面图

☑ 十六七层客房平面图

☑ 十九层客房平面图

酒店客房是客人们休息的场所，大多数时间客人均在客房度过。面对生活水准和欣赏力都日渐提高的客人，客房设计从功能、面积、户型，到客房中家具的款式、布艺、地毯的颜色，甚至在酒柜、衣柜的做法上都要考虑到，并满足不同客人的不同需求。本章将以客房平面图室内设计为例，详细讲述客房平面图的绘制过程。

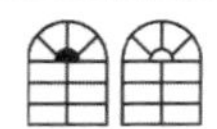

12.1　十八层客房平面图

Note

下面主要讲述十八层客房平面图的绘制方法，结果如图 12-1 所示。

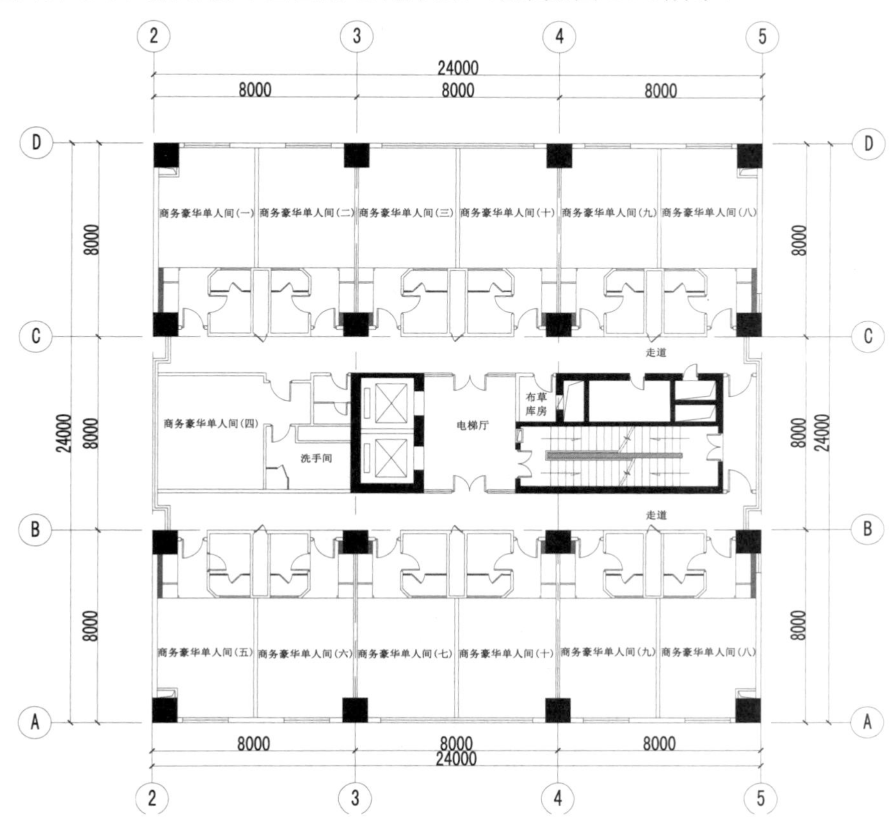

图 12-1　十八层客房平面图

：光盘\配套视频\第 12 章\十八层客房平面图.avi

12.1.1　绘图前准备与设置

要根据绘制图形决定绘制的比例，建议采用 1:1 的比例绘制。

操作步骤如下：

（1）单击“默认”选项卡“图层”面板中的“图层特性”按钮，在打开的“图层特性管理器”选项板中新建几个图层，如图 12-2 所示。

（2）将“轴线”图层设置为当前图层，单击“默认”选项卡“绘图”面板中的“直线”按钮，绘制一条长度为 24000 的竖直轴线和长度为 24000 的水平轴线，如图 12-3 所示。

（3）此时，轴线的线型虽然为中心线，但是由于比例太小，显示出来还是实线的形式。选择刚刚绘制的轴线并右击，在弹出的快捷菜单中选择“特性”命令，弹出“特性”选项板，将“线

型比例”设置为 100，如图 12-4 所示。

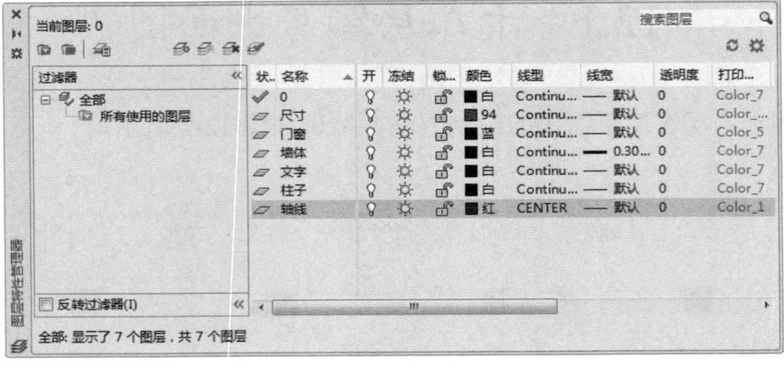

图 12-2 新建图层

（4）单击“默认”选项卡“修改”面板中的“偏移”按钮，将竖直轴线依次向右偏移 8000、8000 和 8000，将水平轴线依次向上偏移 8000、8000 和 8000，结果如图 12-5 所示。

图 12-3 绘制轴线

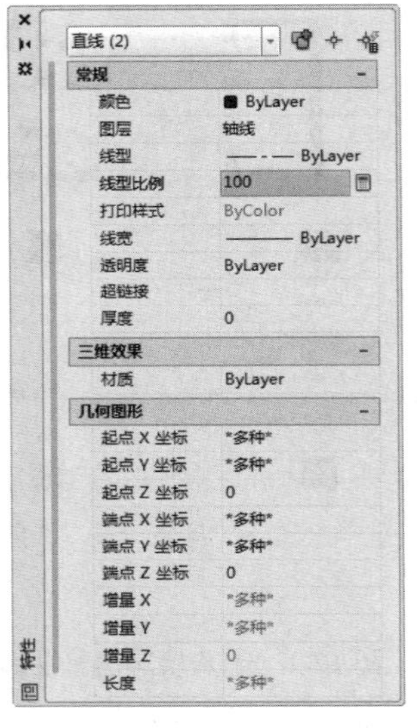

图 12-4 “特性”选项板

图 12-5 偏移轴线

12.1.2 绘制墙体

在绘制平面图时，墙体用双线表示，一般采用轴线定位的方式，以轴线为中心，具有很强的对称关系，因此绘制墙线通常有以下 3 种方法：

☑ 单击“默认”选项卡“修改”面板中的“偏移”按钮，直接偏移轴线，将轴线向两侧偏移一定距离，得到双线，然后将所得双线转移至“墙体”图层。

☑ 选择菜单栏中的“绘图”/“多线”命令，直接绘制墙线。

☑ 当墙体要求填充成实体颜色时，也可以单击“默认”选项卡“绘图”面板中的“多段线”按钮进行绘制，将线宽设置为墙厚即可。

在本实例中，推荐选用第二种方法，即选择菜单栏中的“绘图”/“多线”命令绘制墙线。

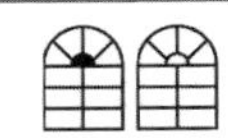

操作步骤如下：

（1）将“柱子”图层设置为当前图层，单击“默认”选项卡“绘图”面板中的“矩形”按钮，在轴线左侧位置绘制一个 1000×1000 的矩形，如图 12-6 所示。

（2）单击“默认”选项卡“绘图”面板中的“图案填充”按钮，系统打开“图案填充创建”选项卡，设置填充类型为 SOLID，选择填充区域填充图形，效果如图 12-7 所示。

（3）单击“默认”选项卡“修改”面板中的“复制”按钮，选择第（2）步绘制的柱子图形为复制对象，对其进行连续复制，如图 12-8 所示。

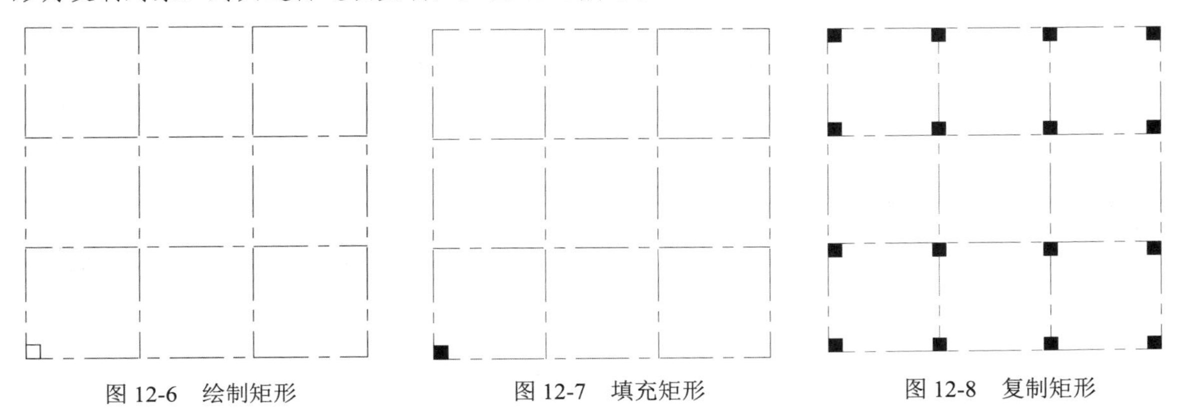

图 12-6　绘制矩形　　图 12-7　填充矩形　　图 12-8　复制矩形

（4）绘制墙线。

① 将“墙体”图层设置为当前图层，选择“格式”/“多线样式”命令，打开“多线样式”对话框，单击右侧的“新建”按钮，打开“创建新的多线样式”对话框。在“新样式名”文本框中输入“200”，作为多线的名称。打开“新建多线样式：200”对话框，将偏移图元分别修改为 100 和−100，单击“确定”按钮，回到“多线样式”对话框中，单击“确定”按钮回到绘图状态。

② 选择“绘图”/“多线”命令，绘制十八层平面图中厚度为 200 的墙体，如图 12-9 所示。

③ 选择“格式”/“多线样式”命令，打开“多线样式”对话框，单击右侧的“新建”按钮，打开“创建新的多线样式”对话框。在“新样式名”文本框中输入“150”，作为多线的名称。打开“新建多线样式：150”对话框，将偏移分别修改为 75 和−75，单击“确定”按钮，回到“多线样式”对话框中。按照相同的方法设置厚度为 100 的墙体的多线样式。

④ 选择“绘图”/“多线”命令，绘制十八层平面图中厚度为 150 和厚度为 100 的墙体，如图 12-10 所示。

⑤ 选择“格式”/“多线样式”命令，打开“多线样式”对话框，单击右侧的“新建”按钮，打开“创建新的多线样式”对话框。在“新样式名”文本框中输入“400”，作为多线的名称。打开“新建多线样式：400”对话框，将偏移分别修改为 200 和−200，单击“确定”按钮，回到“多线样式”对话框中，完成多线样式的设置。

⑥ 选择“绘图”/“多线”命令，绘制十八层平面图中厚度为 400 的墙体。利用上述方法完成十八层平面图墙体中剩余墙体的绘制，如图 12-11 所示。

（5）单击“默认”选项卡“绘图”面板中的“矩形”按钮，在图形适当位置绘制一个 550×175 的矩形，如图 12-12 所示。

（6）单击“默认”选项卡“绘图”面板中的“图案填充”按钮，为第（5）步中绘制的矩形填充图案 ANSI31，设置填充比例为 10，结果如图 12-13 所示。

Note

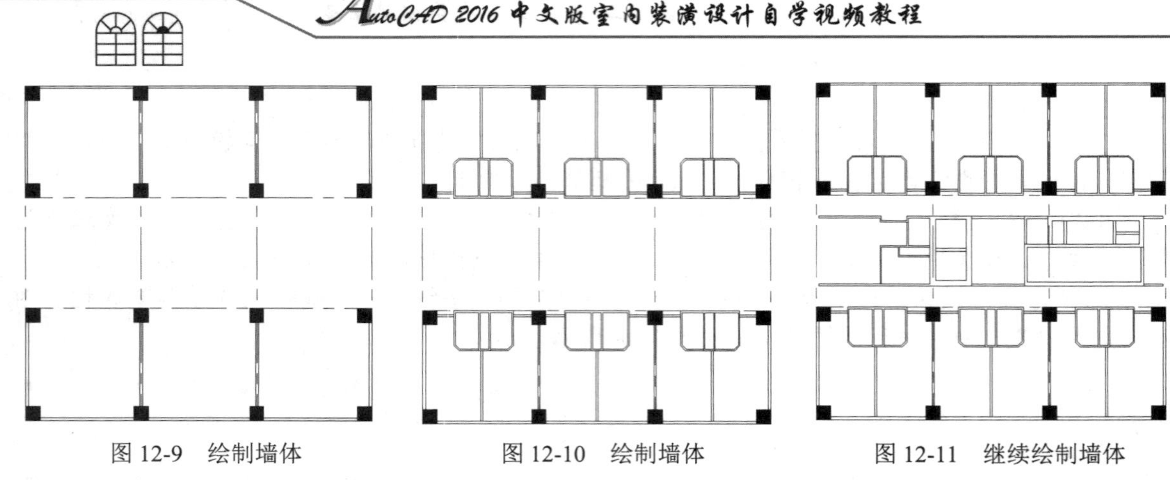

图 12-9　绘制墙体　　图 12-10　绘制墙体　　图 12-11　继续绘制墙体

（7）单击“默认”选项卡“修改”面板中的“复制”按钮，选择第（6）步中的图形为复制对象进行复制，放置到适当位置，如图 12-14 所示。

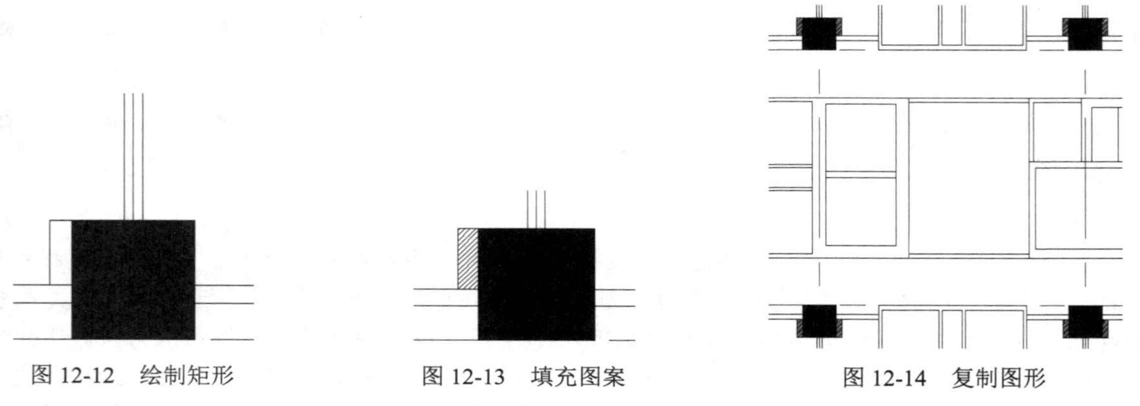

图 12-12　绘制矩形　　图 12-13　填充图案　　图 12-14　复制图形

（8）单击“默认”选项卡“绘图”面板中的“矩形”按钮，在图形左边轴线位置处绘制一个 200×1850 的矩形，如图 12-15 所示。

（9）单击“默认”选项卡“绘图”面板中的“图案填充”按钮，为第（8）步中绘制的矩形填充图案 ANSI31，设置填充比例为 10，如图 12-16 所示。

（10）单击“默认”选项卡“修改”面板中的“复制”按钮，选择第（9）步中的图形为复制对象进行复制，并放置到适当位置，如图 12-17 所示。

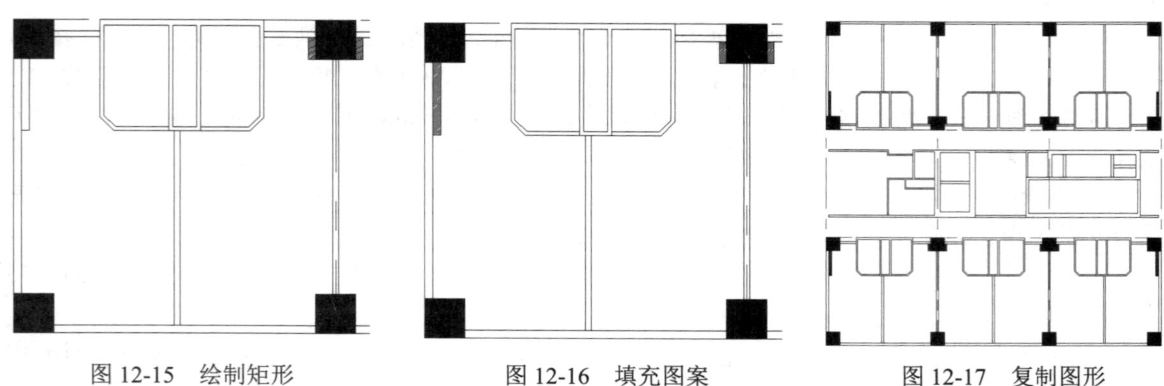

图 12-15　绘制矩形　　图 12-16　填充图案　　图 12-17　复制图形

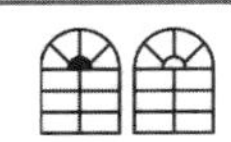

Note

（11）单击“默认”选项卡“绘图”面板中的“直线”按钮，在图形适当位置处绘制水平直线封闭绘图区域，如图 12-18 所示。

（12）绘制隔断。

① 选择“格式”/“多线样式”命令，打开“多线样式”对话框，单击右侧的“新建”按钮，打开“创建新的多线样式”对话框。在“新样式名”文本框中输入“60”，作为多线的名称。打开“新建多线样式：60”对话框，将偏移分别修改为 30 和-30，单击“确定”按钮，回到“多线样式”对话框。

② 选择“绘图”/“多线”命令，绘制十八层中中间厚度为 60 的多线墙体，如图 12-19 所示。

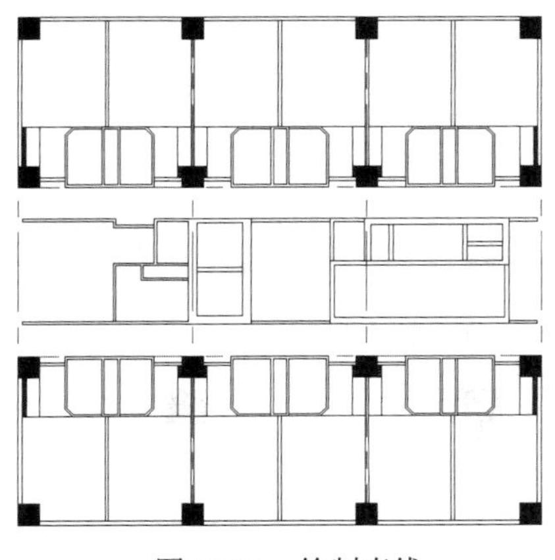

图 12-18　绘制直线

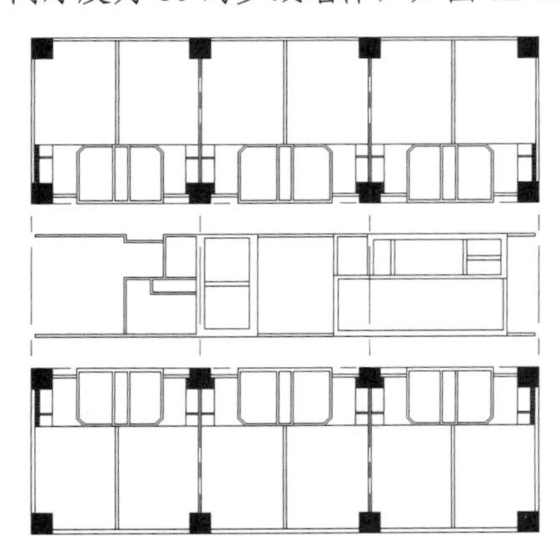

图 12-19　绘制多线

（13）单击“默认”选项卡“绘图”面板中的“矩形”按钮，在图形适当位置绘制一个 50×100 的矩形，如图 12-20 所示。

（14）单击“默认”选项卡“修改”面板中的“复制”按钮，选择第（13）步中绘制的矩形为复制对象进行复制，如图 12-21 所示。

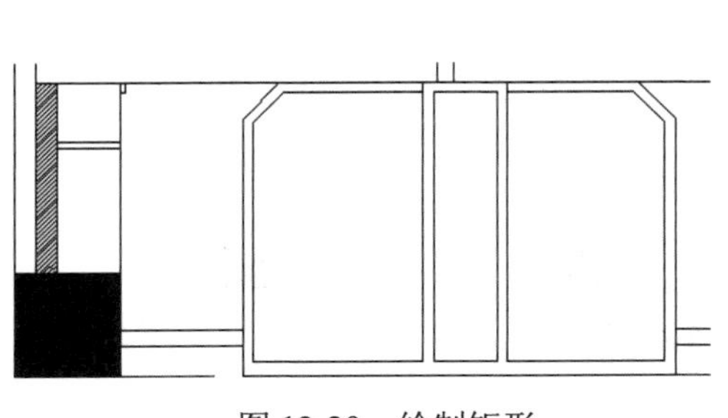

图 12-20　绘制矩形

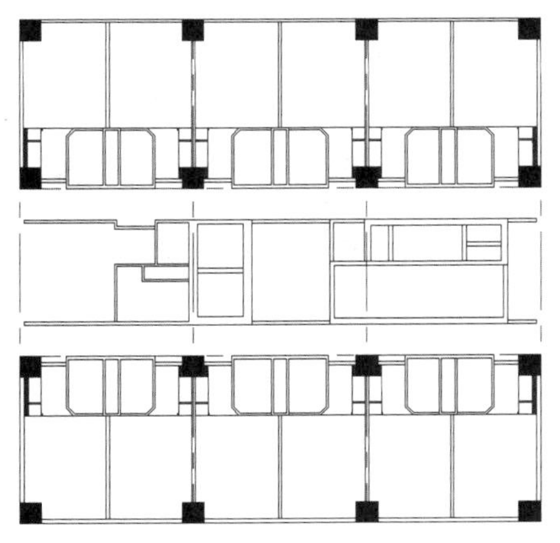

图 12-21　复制矩形

（15）单击“默认”选项卡“绘图”面板中的“多段线”按钮，在顶部图形柱子处绘制连续直线，如图 12-22 所示。

（16）单击“默认”选项卡“修改”面板中的“偏移”按钮，选择第（15）步中绘制的连

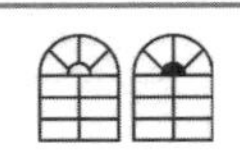

续直线为偏移对象并向内进行偏移，偏移距离为 100，如图 12-23 所示。

（17）单击“默认”选项卡“绘图”面板中的“直线”按钮，在第（16）步的偏移线段内绘制直线，如图 12-24 所示。

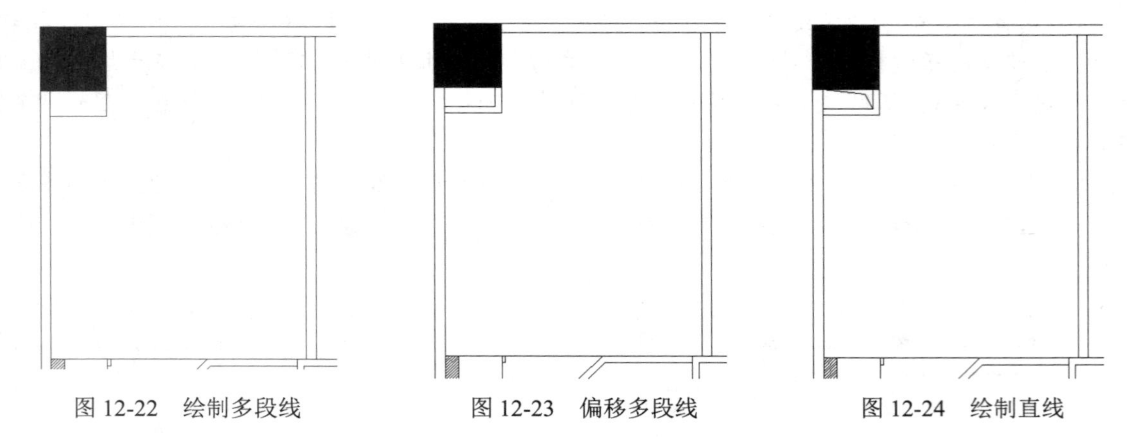

图 12-22　绘制多段线　　图 12-23　偏移多段线　　图 12-24　绘制直线

（18）利用上述方法完成剩余相同图形的绘制，如图 12-25 所示。

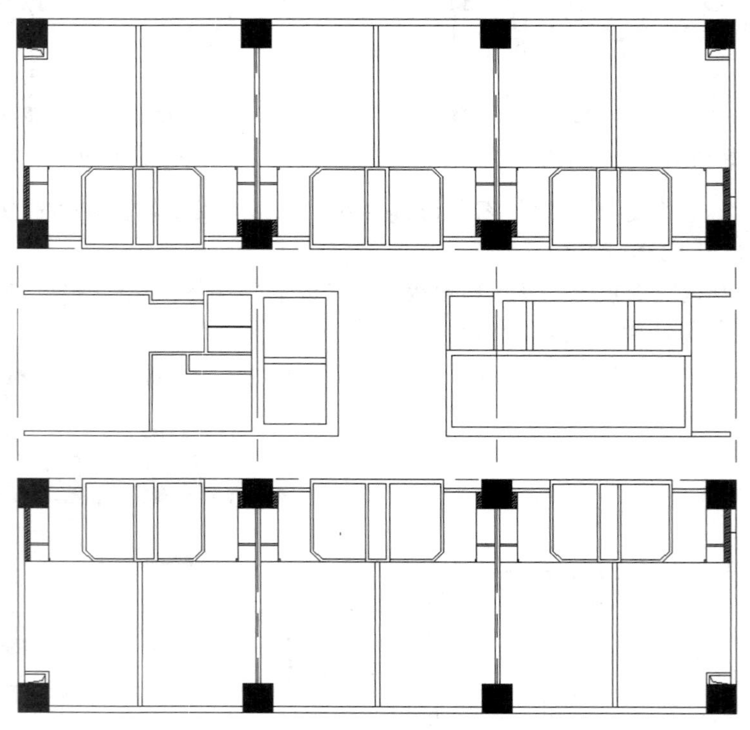

图 12-25　绘制剩余图形

12.1.3　绘制门窗和楼梯

首先利用“直线”、“偏移”和“修剪”命令绘制出门窗洞口，然后利用“多线”命令绘制窗线；在为平面图添加门图形时，可以采用“复制”命令将相同的单扇门和双扇门进行复制，快速

完成门的布置，最后参考前面章节绘制楼梯图形，这里不再赘述。

操作步骤如下：

（1）单击“默认”选项卡“绘图”面板中的“直线”按钮，在墙线上绘制一条竖直直线，如图 12-26 所示。

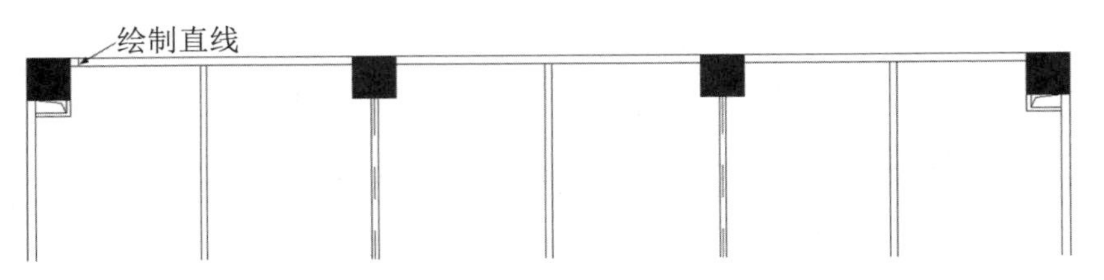

图 12-26　绘制直线

（2）单击“默认”选项卡“修改”面板中的“偏移”按钮，选择第（1）步绘制的竖直直线为偏移对象并向右进行偏移，偏移距离为 1800，如图 12-27 所示。

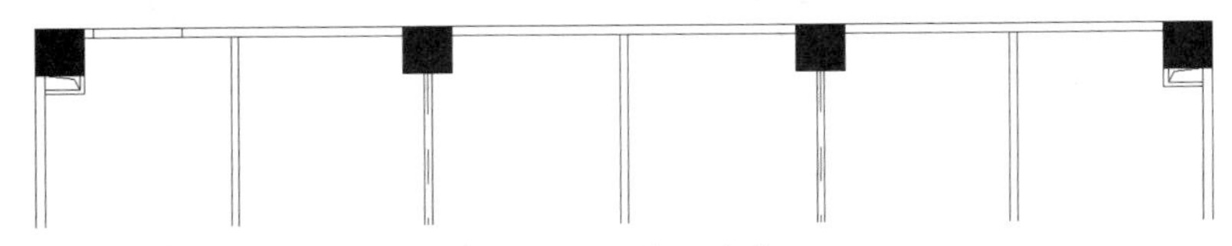

图 12-27　偏移直线

（3）利用上述方法绘制出图形中所有的窗洞，如图 12-28 所示。

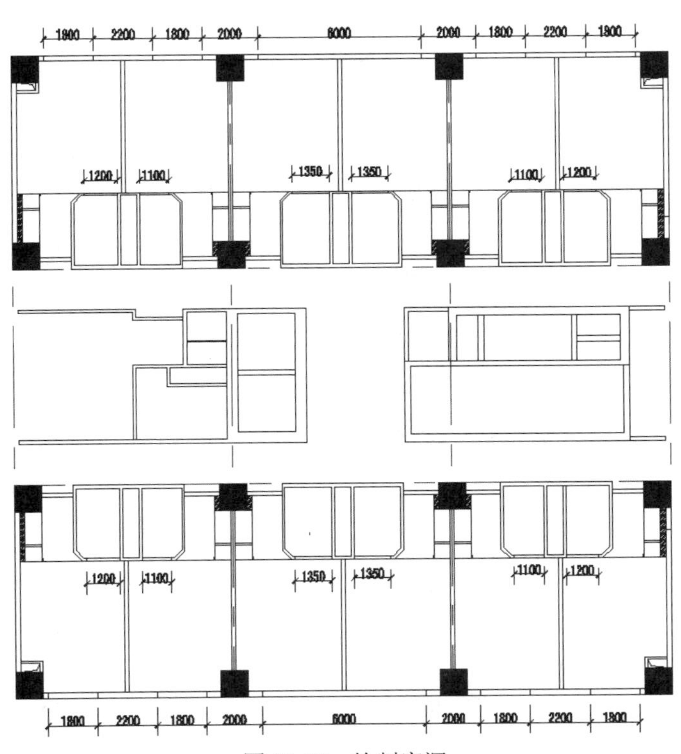

图 12-28　绘制窗洞

（4）单击“默认”选项卡“修改”面板中的“修剪”按钮，对第（3）步中绘制的窗洞线进行修剪，如图12-29所示。

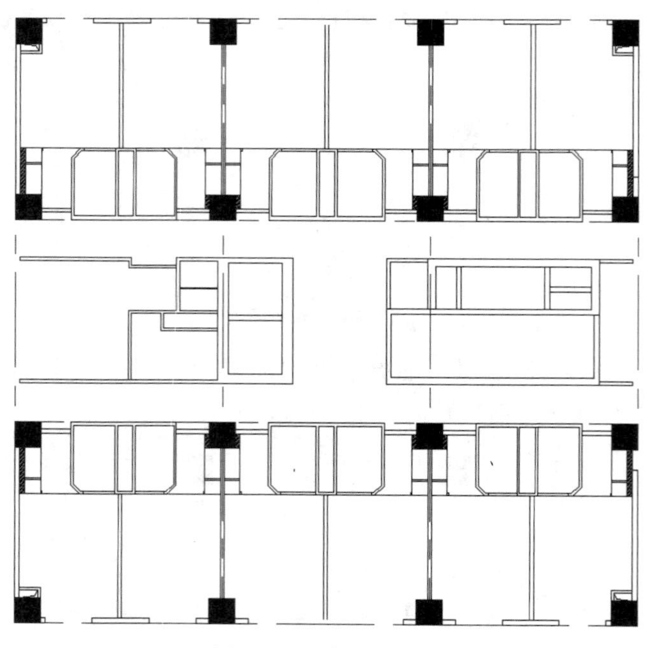

图12-29　修剪窗洞线

（5）绘制窗线。

① 将“门窗”图层设置为当前图层，选择“格式”/“多线样式”命令，打开“多线样式”对话框，如图12-30所示。

② 在“多线样式”对话框中单击右侧的“新建”按钮，打开“创建新的多线样式”对话框，如图12-31所示。在“新样式名”文本框中输入“窗户”，作为多线的名称。单击“继续”按钮，打开“新建多线样式：窗户”对话框。

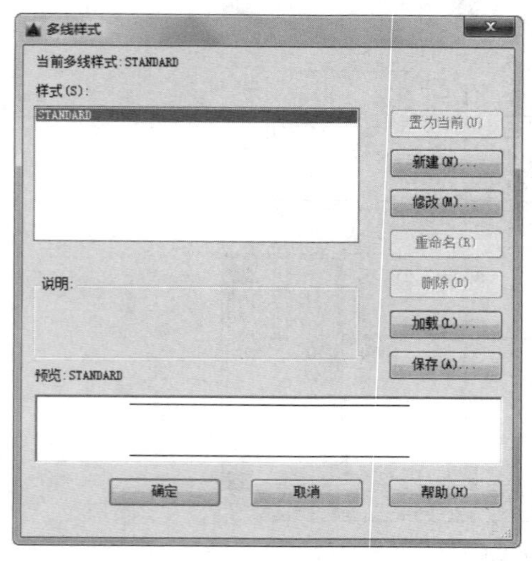

图12-30　“多线样式”对话框

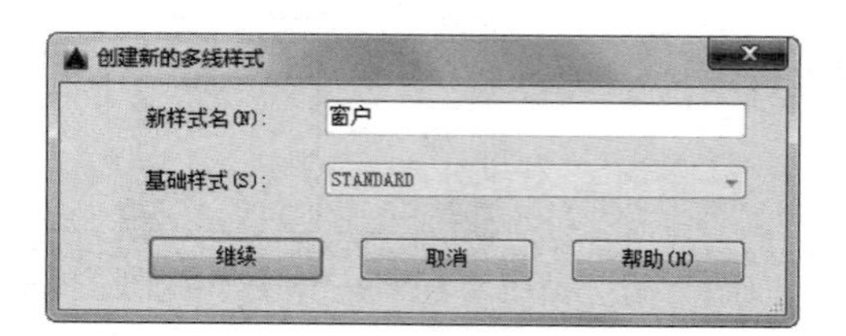

图12-31　新建多线样式

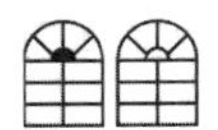

③ 由于外墙的宽度为 200，所以按照图 12-32 所示，将偏移分别修改为 100、0 和−100，单击“确定”按钮，回到“多线样式”对话框。单击“确定”按钮回到绘图状态。

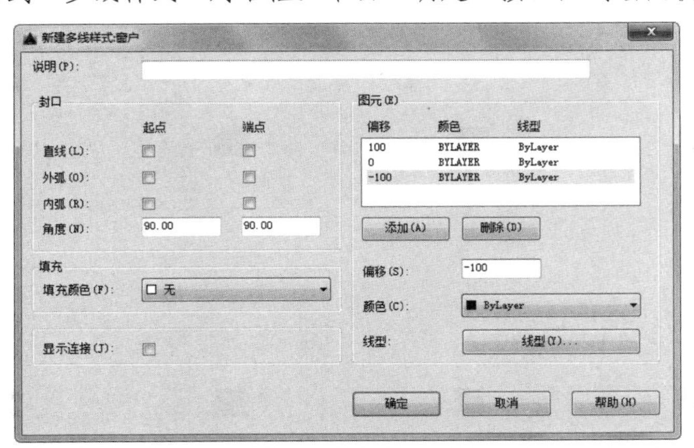

图 12-32 “新建多线样式：窗户”对话框

④ 选择“绘图”/“多线”命令，在厚度为 200 的墙体上绘制窗线，如图 12-33 所示。

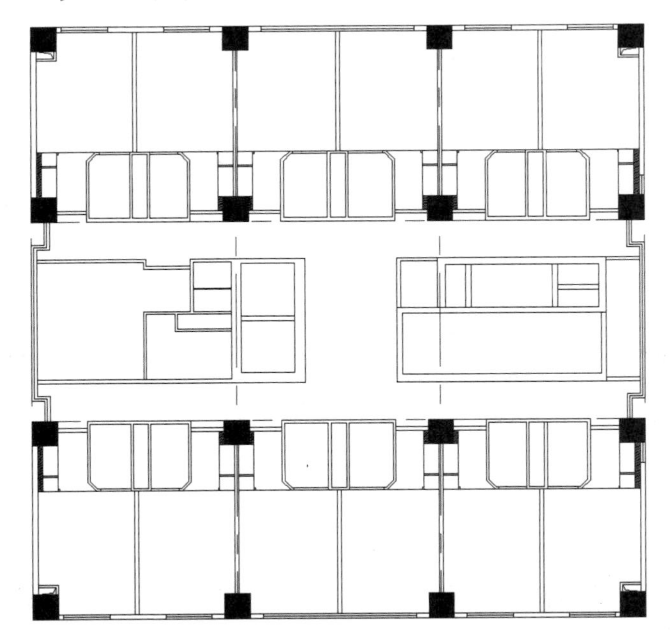

图 12-33 绘制窗线

⑤ 选择“格式”/“多线样式”命令，打开“多线样式”对话框，单击右侧的“新建”按钮，打开“创建新的多线样式”对话框。在“新样式名”文本框中输入“100 窗户”，作为多线的名称。单击“继续”按钮，打开“新建多线样式：100 窗户”对话框。

⑥ “窗户”为绘制外墙时应用的多线样式，由于外墙的宽度为 100，所以将偏移分别修改为 50、0 和−50，单击“确定”按钮，回到“多线样式”对话框。单击“确定”按钮回到绘图状态，效果如图 12-34 所示。

（6）利用上述绘制窗线的方法绘制十八层平面图中的门洞线，如图 12-35 所示。

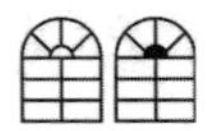

Note

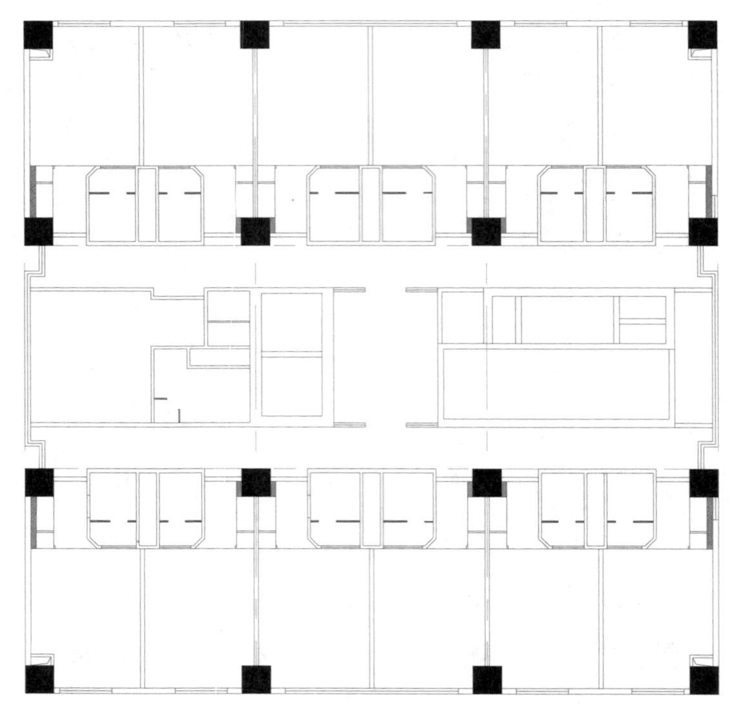

图 12-34 继续绘制窗线

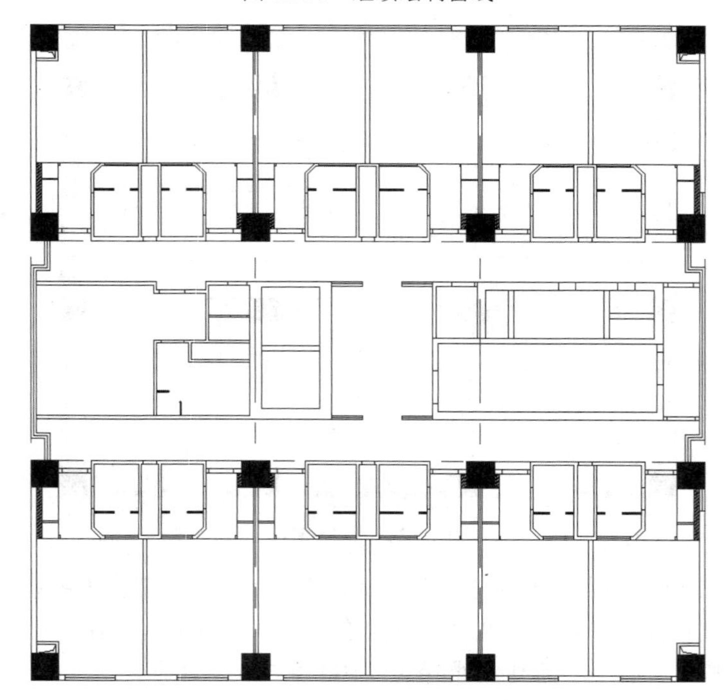

图 12-35 绘制门洞线

（7）单击“默认”选项卡“修改”面板中的“修剪”按钮，对第（6）步中绘制的门洞线间的墙体进行修剪，如图 12-36 所示。

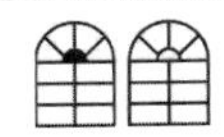

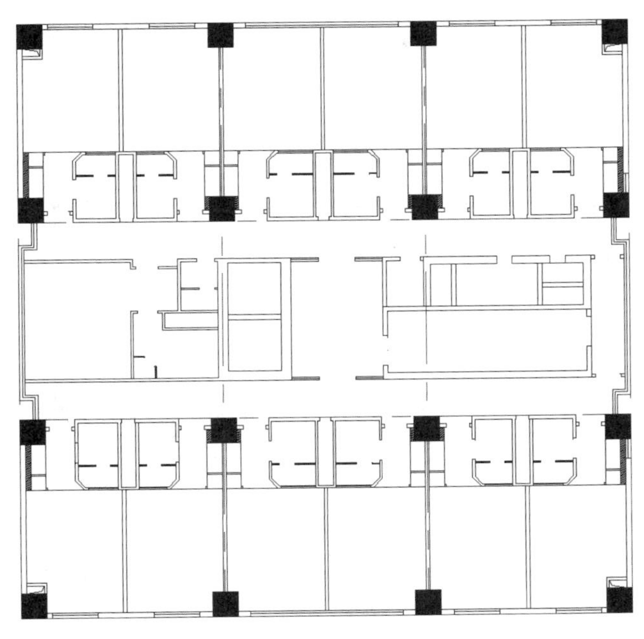

图 12-36　修剪门洞线

（8）利用二维绘图和“修改”命令绘制门图形，结果如图 12-37 所示。

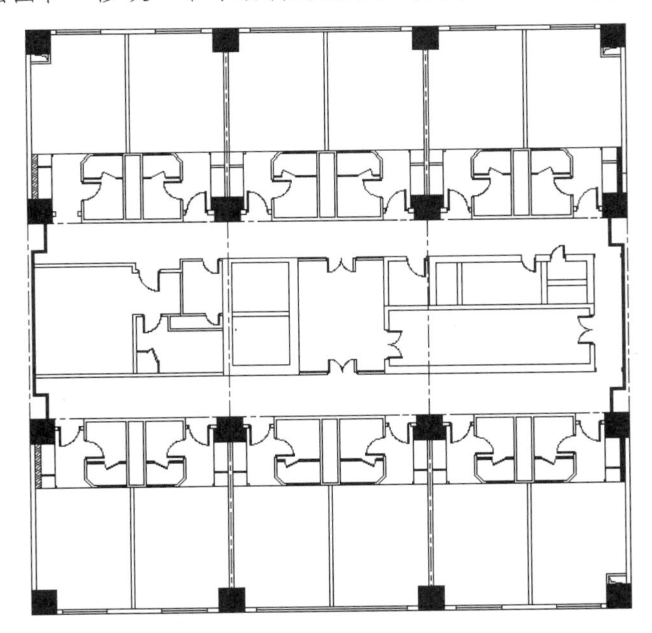

图 12-37　绘制门

（9）单击“默认”选项卡“绘图”面板中的“直线”按钮，在图形电梯间位置绘制几段直线，如图 12-38 所示。

（10）单击“默认”选项卡“绘图”面板中的“矩形”按钮，在图形电梯间右侧位置绘制一个 300×600 的矩形，如图 12-39 所示。

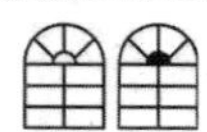
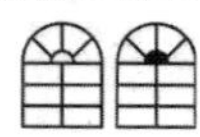

Note

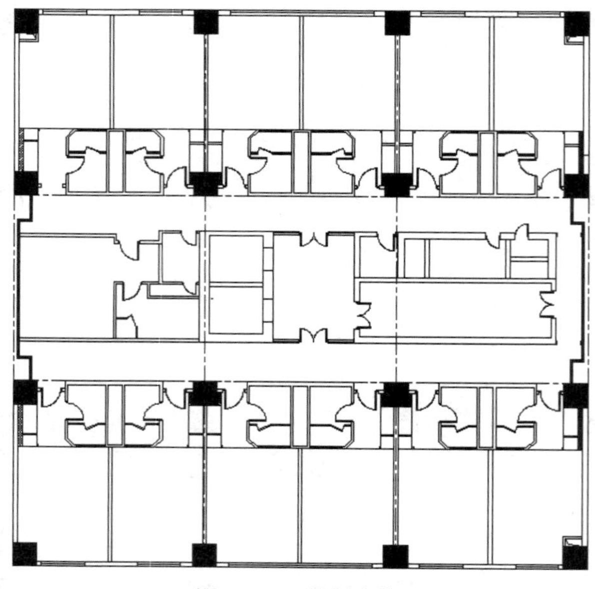

图 12-38　绘制直线

（11）单击“默认”选项卡“修改”面板中的“修剪”按钮，对第（10）步中绘制的矩形内的多余线段进行修剪，如图 12-40 所示。

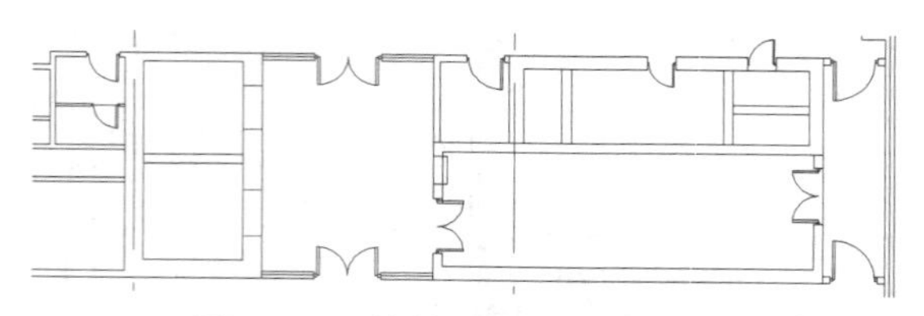

图 12-39　绘制 300×600 的矩形

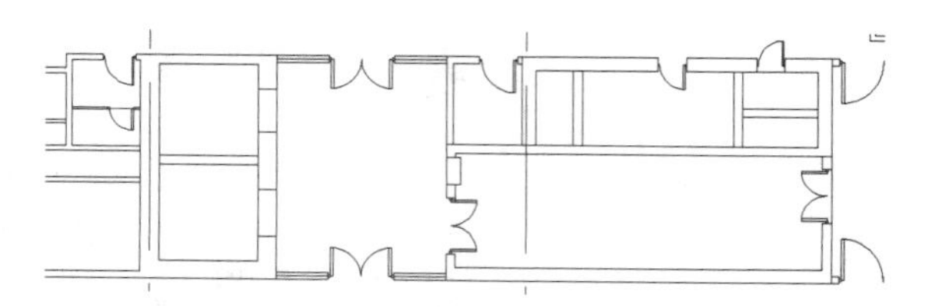

图 12-40　修剪矩形

（12）单击“默认”选项卡“修改”面板中的“偏移”按钮，选择第（11）步中绘制的矩形为偏移对象并向内进行偏移，偏移距离为 60，如图 12-41 所示。

（13）单击“默认”选项卡“绘图”面板中的“直线”按钮，在第（12）步中绘制的矩形内绘制斜向直线，如图 12-42 所示。

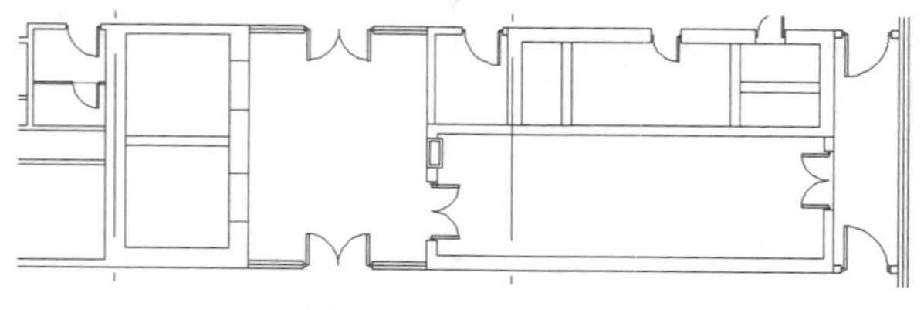

图 12-41　偏移矩形

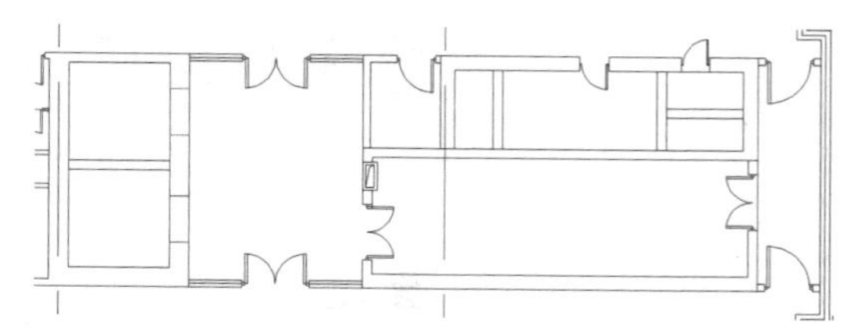

图 12-42　绘制直线

（14）单击“默认”选项卡“绘图”面板中的“矩形”按钮，在电梯间左侧空白区域内绘制一个 226×1230 的矩形，如图 12-43 所示。

（15）单击“默认”选项卡“绘图”面板中的“矩形”按钮，在第（14）步中绘制的矩形右方绘制一个 1248×1600 的矩形，如图 12-44 所示。

图 12-43　绘制 226×1230 的矩形　　　　图 12-44　绘制 1248×1600 的矩形

（16）单击“默认”选项卡“绘图”面板中的“直线”按钮，在第（15）步中绘制的矩形内绘制对角线，如图 12-45 所示。

（17）单击“默认”选项卡“修改”面板中的“复制”按钮，选择第（16）步中绘制的图形为复制对象并向下进行复制，如图 12-46 所示。

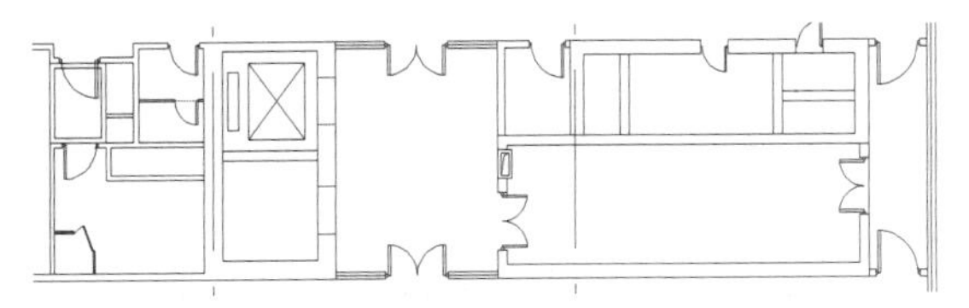
图 12-45　绘制对角线

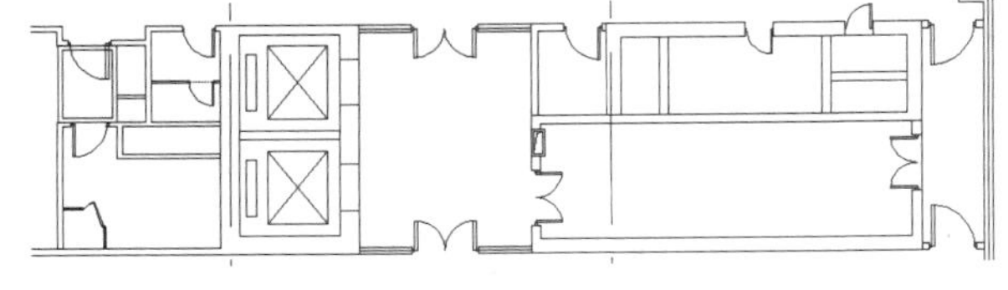
图 12-46　复制图形

（18）单击“默认”选项卡“绘图”面板中的“直线”按钮，在电梯间墙体上绘制两条直线，如图 12-47 所示。

（19）单击“默认”选项卡“绘图”面板中的“直线”按钮，在第（18）步中绘制的线段内绘制斜向直线，如图 12-48 所示。

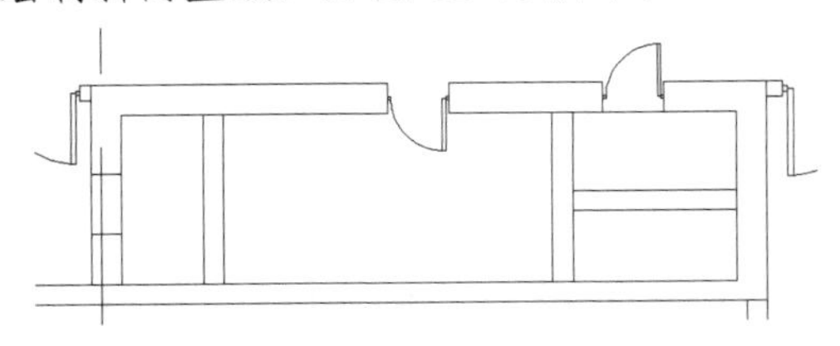
图 12-47　绘制直线

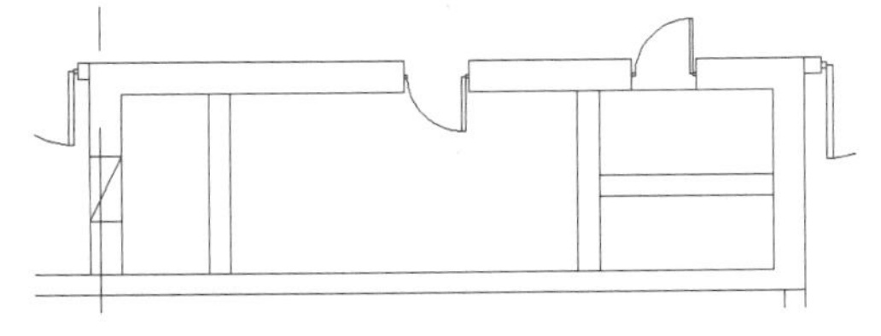
图 12-48　绘制斜向直线

（20）单击“默认”选项卡“绘图”面板中的“图案填充”按钮，系统打开“图案填充创建”选项卡，设置填充类型为 SOLID，选择填充区域填充图案，效果如图 12-49 所示。

（21）绘制楼梯。

① 单击“默认”选项卡“绘图”面板中的“直线”按钮，绘制折线，然后单击“默认”选项卡“绘图”面板中的“矩形”按钮，在楼梯间位置绘制一个 5300×200 的矩形，结果如图 12-50 所示。

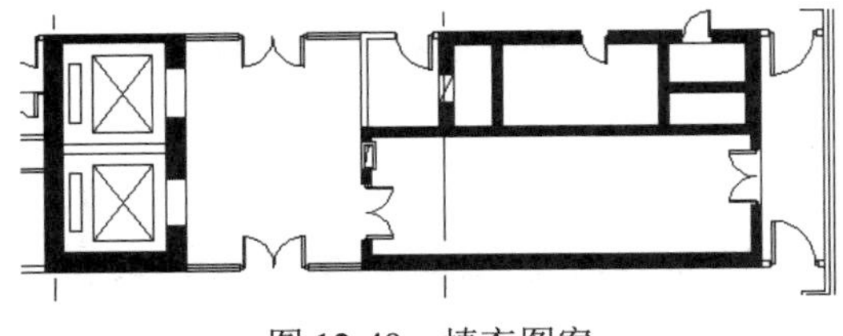
图 12-49　填充图案

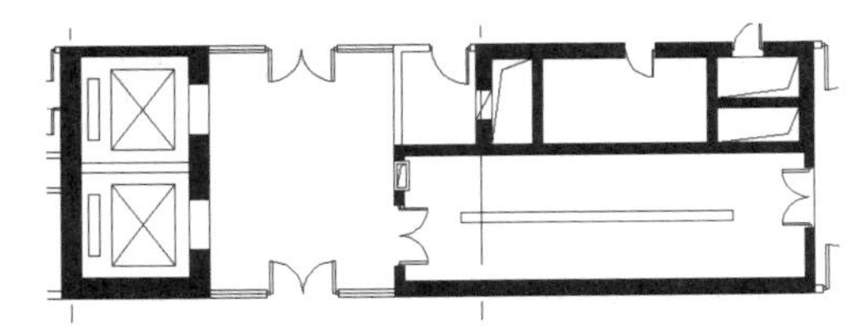
图 12-50　绘制 5300×200 的矩形

② 单击“默认”选项卡“修改”面板中的“偏移”按钮，选择第①步中绘制的矩形并向

Note

外进行偏移，偏移距离分别为40和60，如图12-51所示。

③ 单击“默认”选项卡“绘图”面板中的“直线”按钮，在图形适当位置处绘制一条直线，如图12-52所示。

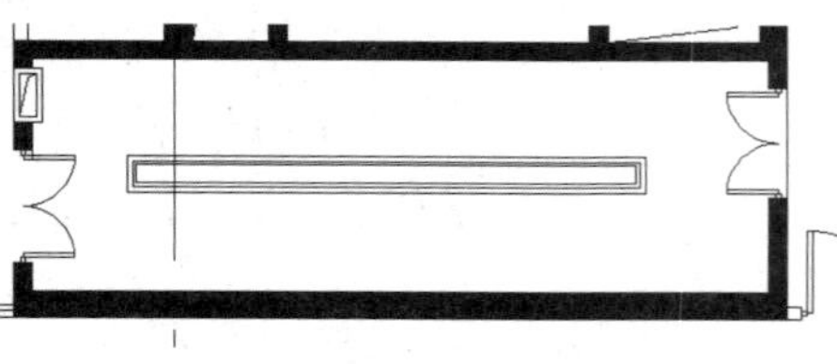

图12-51　偏移矩形

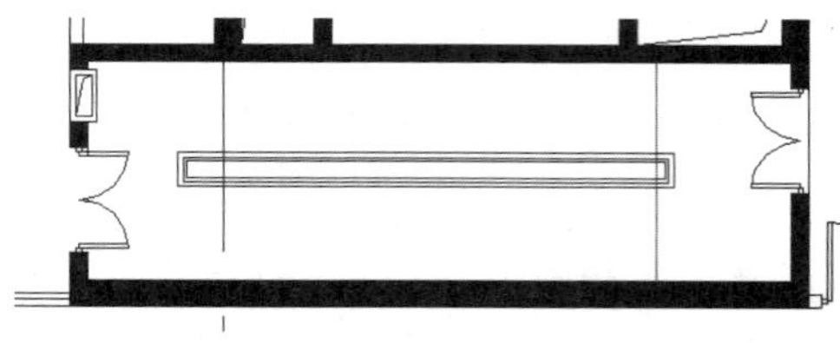
图12-52　绘制直线

④ 单击“默认”选项卡“修改”面板中的“偏移”按钮，选择第③步中绘制的直线并向左进行偏移，偏移距离为300，偏移17次，如图12-53所示。

⑤ 单击“默认”选项卡“绘图”面板中的“直线”按钮，绘制踢断线上的斜向直线，如图12-54所示。

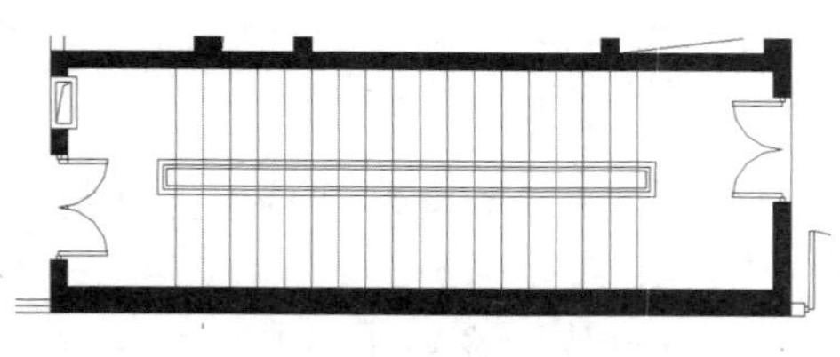
图12-53　偏移直线

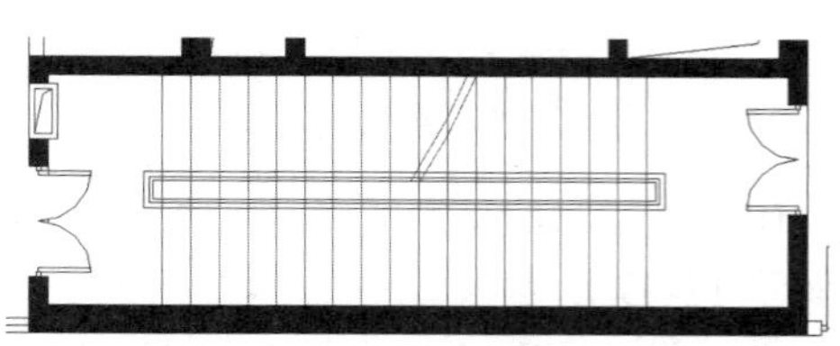
图12-54　绘制斜线

⑥ 单击“默认”选项卡“绘图”面板中的“直线”按钮，在楼梯上绘制折断线，如图12-55所示。

⑦ 单击“默认”选项卡“修改”面板中的“修剪”按钮，对第⑥步中绘制的楼梯折断线间的踢断线进行修剪，如图12-56所示。

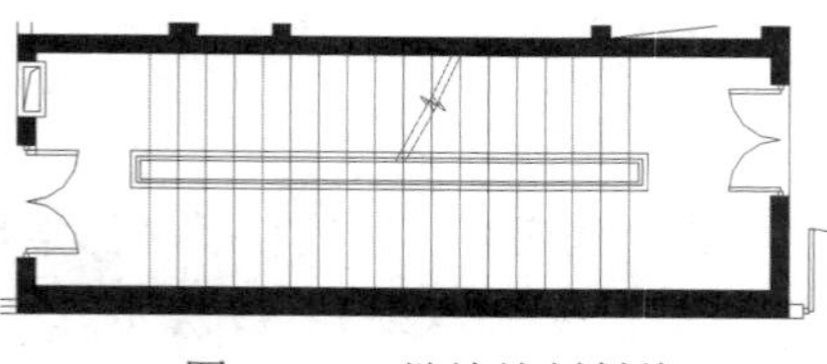
图12-55　继续绘制斜线

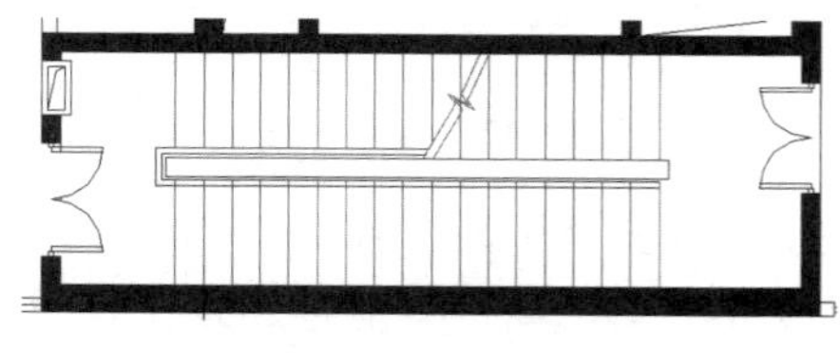
图12-56　修剪线段

⑧ 利用上述方法完成下步楼梯折断线的绘制，并对其进行修剪，如图12-57所示。

⑨ 单击“默认”选项卡“绘图”面板中的“直线”按钮，在绘制完成的踢断线上绘制一条长为1550的水平直线，如图12-58所示。

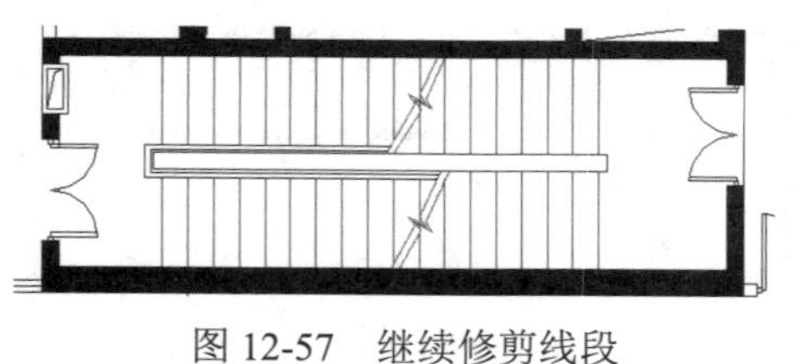
图12-57　继续修剪线段

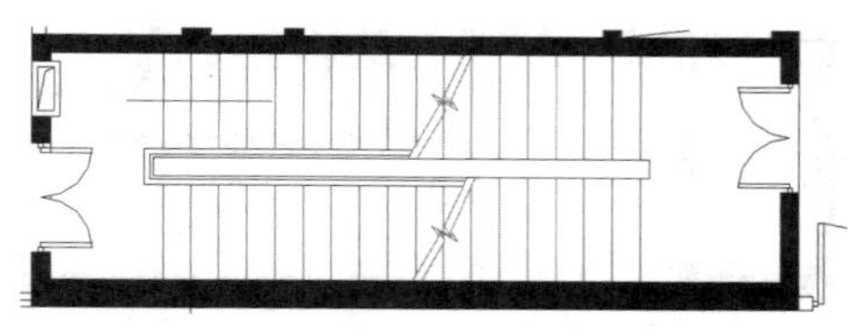
图12-58　绘制直线

⑩ 单击“默认”选项卡“绘图”面板中的“直线”按钮，以第⑨步中绘制的水平线段右

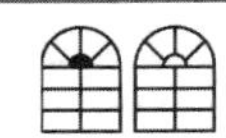

端点为直线起点，绘制连续线段，如图 12-59 所示。

⑪ 单击“默认”选项卡“修改”面板中的“复制”按钮和“镜像”按钮，完成图形中所有箭头的绘制，如图 12-60 所示。

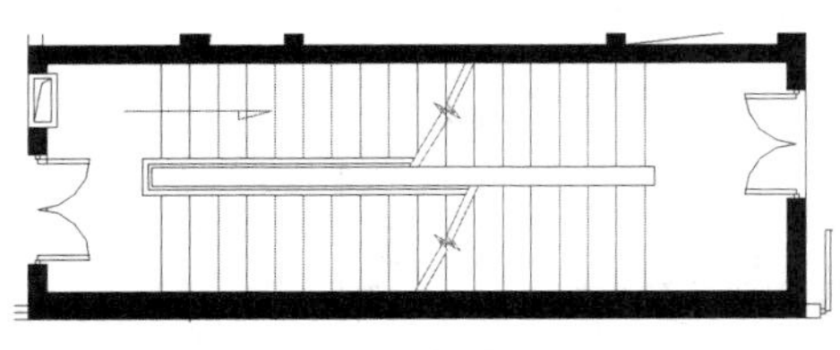

图 12-59　绘制连续线段

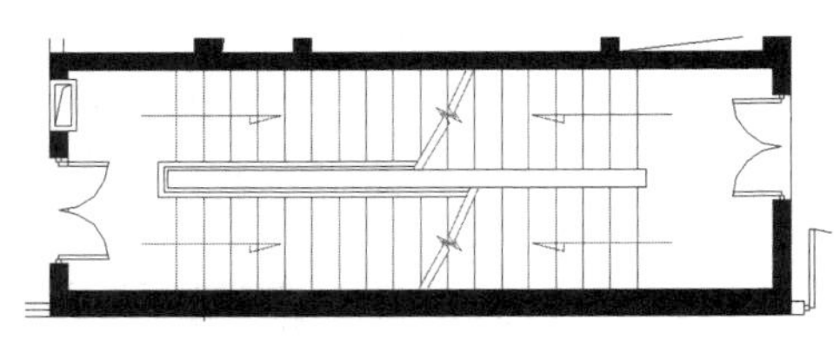

图 12-60　绘制箭头

⑫ 单击“默认”选项卡“绘图”面板中的“图案填充”按钮，系统打开“图案填充创建”选项卡，设置填充类型为 ANSI31，比例为 20，填充楼梯，效果如图 12-61 所示。

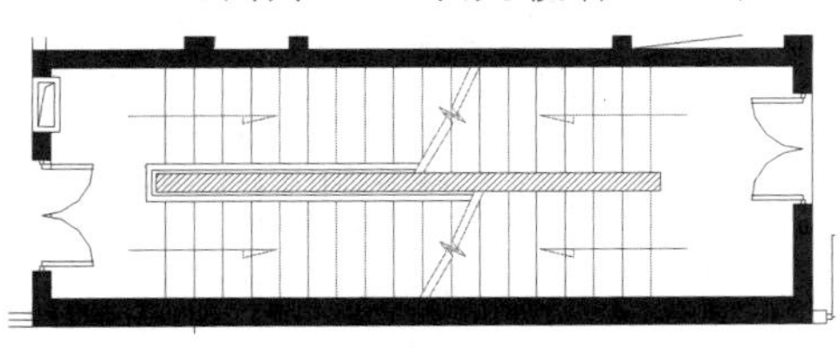

图 12-61　填充图案

12.1.4　添加标注

利用“线性”和“连续”命令标注尺寸。

操作步骤如下：

（1）将“尺寸”图层设置为当前图层，单击“默认”选项卡“注释”面板中的“线性”按钮和“连续”按钮，为绘制完成的十八层平面图添加第一道尺寸线，如图 12-62 所示。

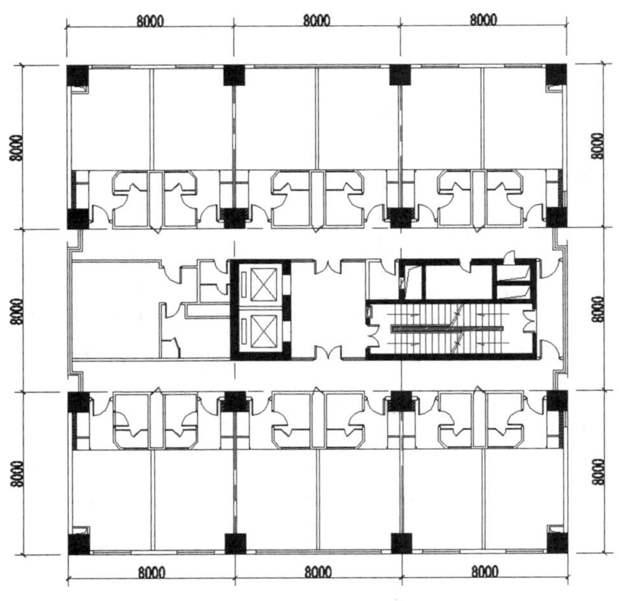

图 12-62　添加第一道尺寸线

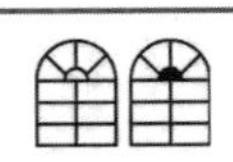

（2）单击“默认”选项卡“注释”面板中的“线性”按钮，为图形添加总尺寸标注，如图 12-63 所示。

Note

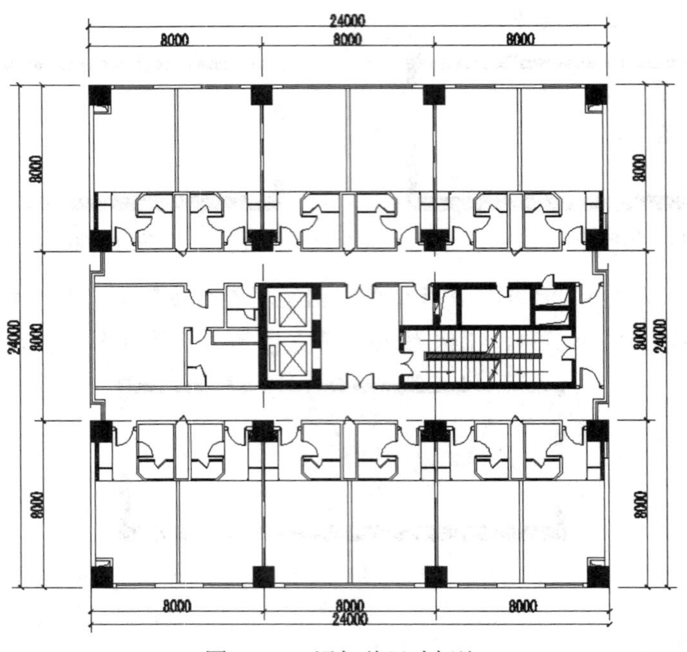

图 12-63　添加总尺寸标注

（3）添加轴号。尺寸线的延长及轴号的添加方法前面章节中已经讲述过，这里不再详细阐述，结果如图 12-64 所示。

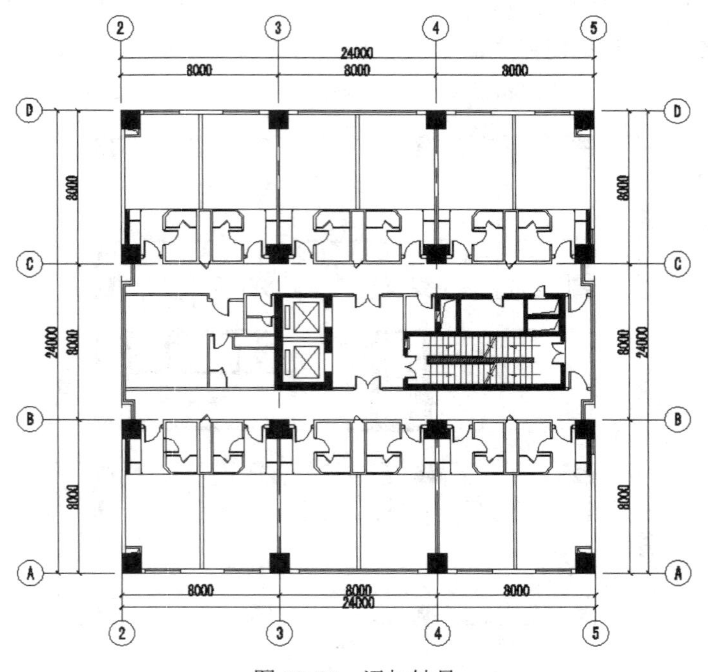

图 12-64　添加轴号

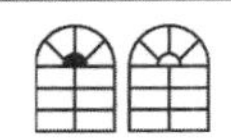

Note

12.1.5 添加文字说明

单击“默认”选项卡“注释”面板中的“多行文字”按钮A，为图形添加文字说明，结果如图 12-1 所示。

12.2 十六七层客房平面图

利用上述方法完成十六七层客房平面图的绘制，如图 12-65 所示。

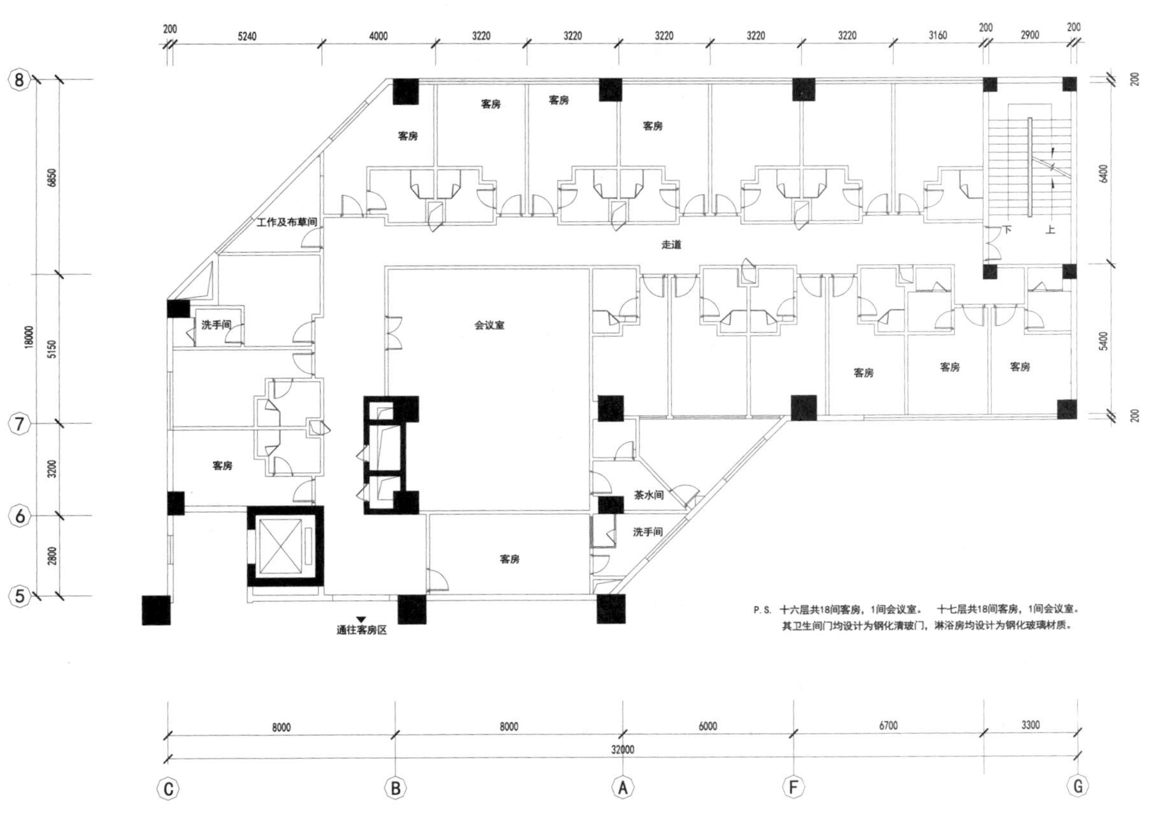

图 12-65 十六七层客房平面图

12.3 十九层客房平面图

利用上述方法完成十九层平面图的绘制，如图 12-66 所示。

Note

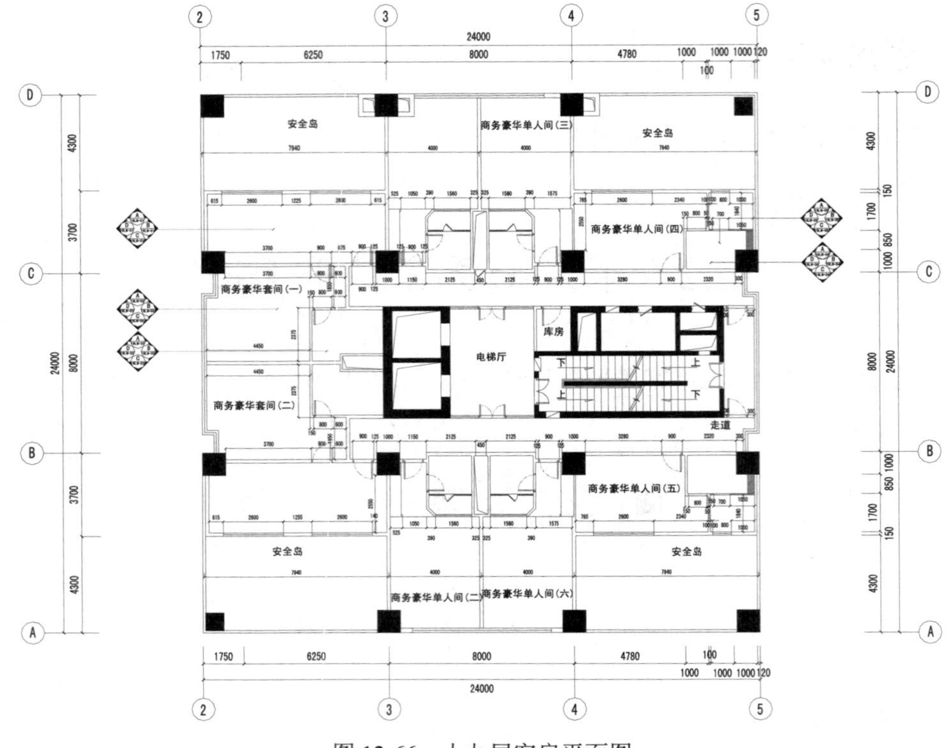

图 12-66　十九层客房平面图

12.4　实 战 演 练

通过前面的学习，读者对本章知识也有了大体的了解，本节通过几个操作练习使读者进一步掌握本章知识要点。

【实战演练 1】绘制如图 12-67 所示的董事长室平面图。

1．目的要求

本实例主要要求读者通过练习进一步熟悉和掌握董事长室平面图的绘制方法。通过本实例，可以帮助读者学会完成整个平面图绘制的全过程。

2．操作提示

（1）绘制轴线。

（2）绘制外部墙线。

（3）绘制柱子。

（4）绘制内部墙线。

（5）绘制门窗和楼梯。

【实战演练 2】绘制如图 12-68 所示的餐厅平面图。

1．目的要求

本实例主要要求读者通过练习进一步熟悉和掌握餐厅平面图的绘制方法。通过本实例，可以帮助读者学会完成整个平面图绘制的全过程。

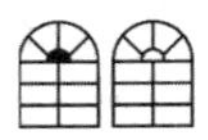

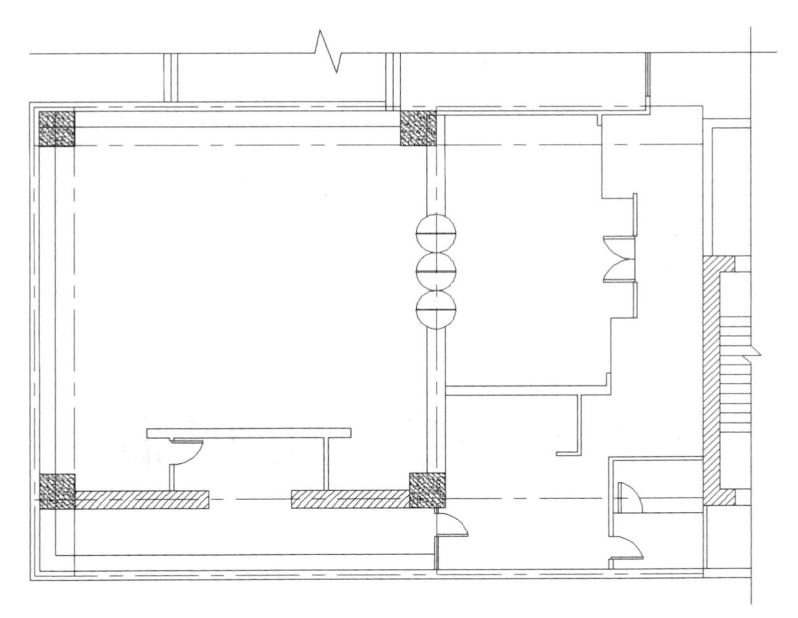

图 12-67　董事长室平面图

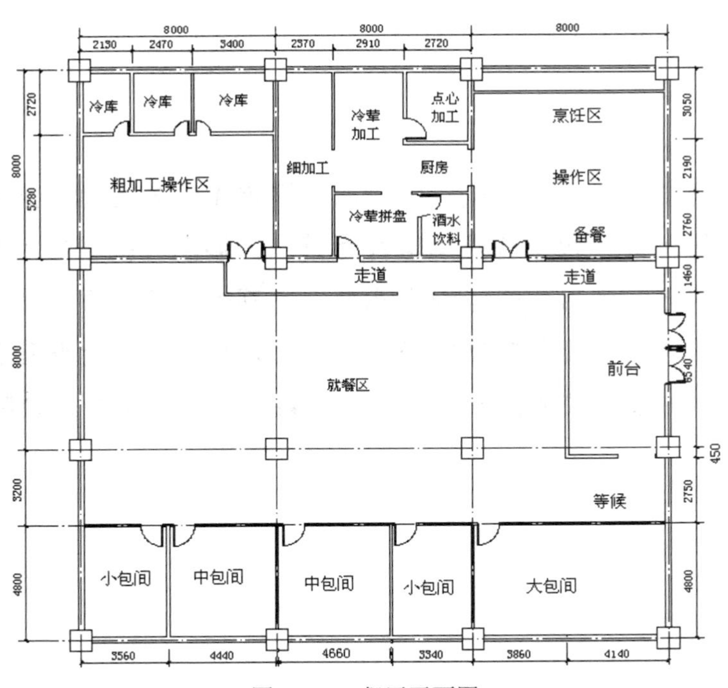

图 12-68　餐厅平面图

2．操作提示

（1）绘制轴线。

（2）绘制墙体和柱子。

（3）绘制门窗。

（4）标注尺寸和文字。

第13章

客房装饰平面图的绘制

本章学习要点和目标任务：

☑ 十八层装饰平面图

☑ 十六七层装饰平面图

☑ 十九层装饰平面图

根据酒店客房发展的主要特点，现代酒店呈现出经营理念日趋人性化的趋势，无论从设计、经营、管理和服务都以客人为第一；酒店产品从统一化转向多元化，从标准化转向个性化；酒店形式倾向大而全，小而专，类型多样化，酒店设施不断变化；产业结构集团化，经营方式更加灵活；管理日益科学化和现代化。这里所讲解的酒店就是其中的典型代表，下面主要讲解客房装饰平面图的绘制。

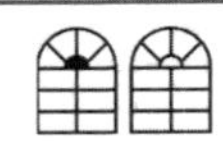

13.1　十八层装饰平面图

客房作为酒店的基本要素，是酒店设计中最重要的一环，客房室内环境的好坏也直接关系着客人对酒店的整体印象以及酒店的盈利效果。下面主要讲解十八层客房装饰平面图的绘制方法，结果如图 13-1 所示。

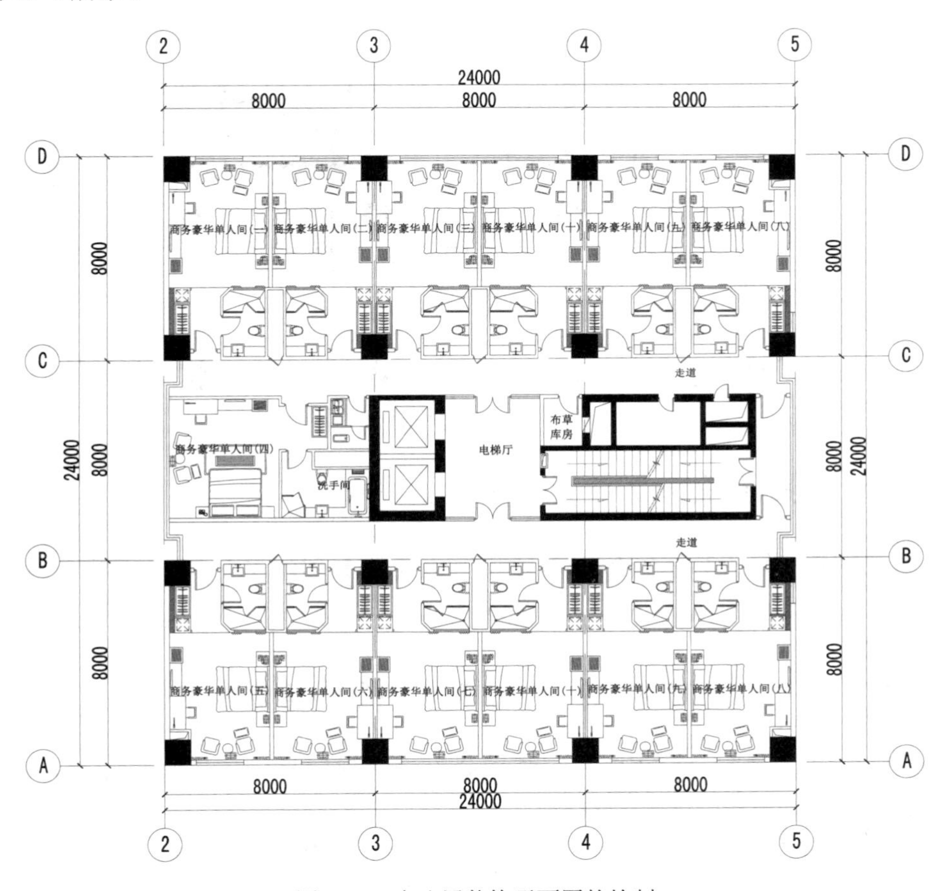

图 13-1　十八层装饰平面图的绘制

光盘\配套视频\第 13 章\十八层装饰平面图.avi

13.1.1　绘图准备

本节主要是为绘制装饰平面图作基础，只需将第 12 章绘制的十八层客房平面图打开进行整理即可。

操作步骤如下：

（1）单击快速访问工具栏中的“打开”按钮，弹出“选择文件”对话框，选择“源文件\第 12 章\十八层客房平面图”文件，单击“打开”按钮，打开绘制的十八层客房平面图。

（2）单击“快速访问”工具栏中的“另存为”按钮，将打开的“十八层客房平面图”另存为“十八层装饰平面图”，并进行整理，如图 13-2 所示。

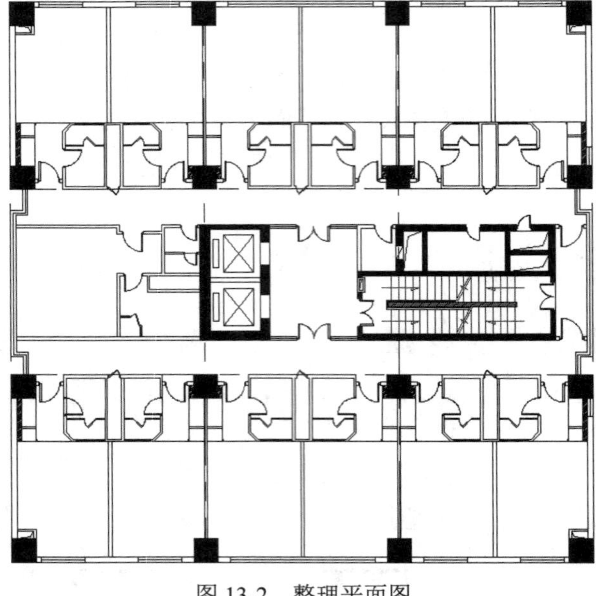

图 13-2　整理平面图

13.1.2　绘制家具图块

利用二维绘图和“修改”命令绘制家具图形，然后将其创建成块，以便后面家具的布置。

操作步骤如下：

1. 绘制沙发及圆形茶几

（1）单击“默认”选项卡“绘图”面板中的“矩形”按钮，在图形空白区域绘制一个 650×600 的矩形，如图 13-3 所示。

（2）单击“默认”选项卡“修改”面板中的“分解”按钮，选择第（1）步中绘制的矩形为分解对象，对其进行分解，按 Enter 键确认。

（3）单击“默认”选项卡“修改”面板中的“偏移”按钮，选择第（2）步中分解矩形的右侧竖直边并向左进行连续偏移，偏移距离分别为 47.5、47.5、460、47.5 和 47.5，如图 13-4 所示。

（4）单击“默认”选项卡“修改”面板中的“偏移”按钮，选择分解矩形的上侧水平边为偏移对象并向下进行偏移，偏移距离分别为 95 和 383，如图 13-5 所示。

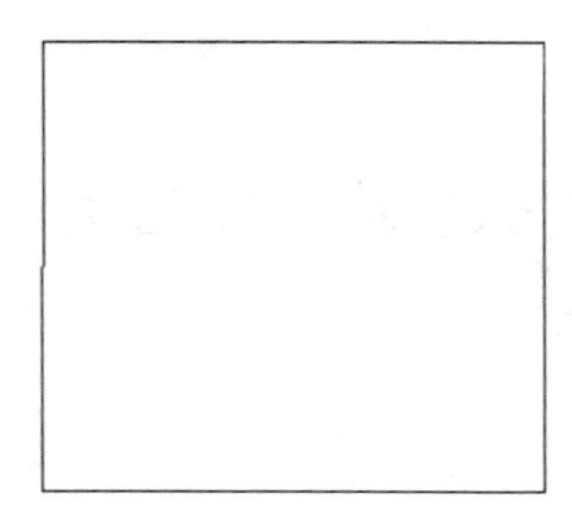

图 13-3　绘制矩形

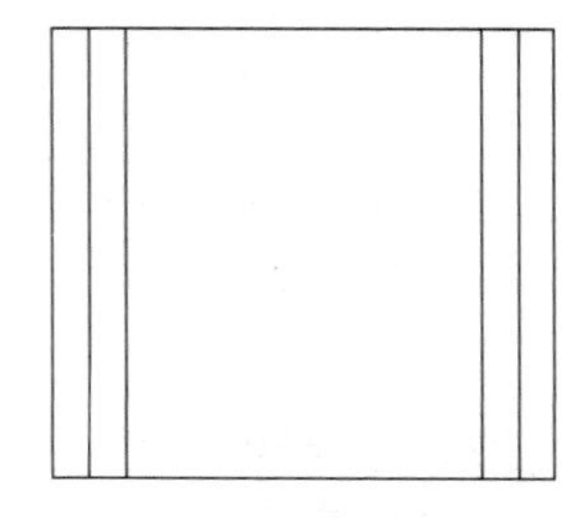

图 13-4　偏移竖直直线

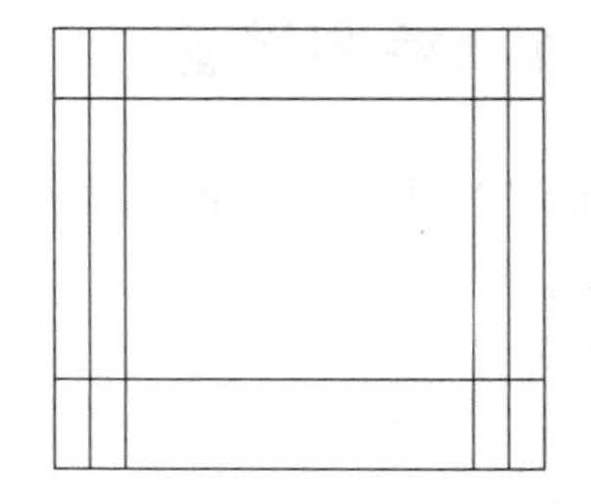

图 13-5　偏移水平直线

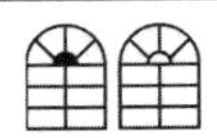

（5）单击“默认”选项卡“修改”面板中的“圆角”按钮，选择图13-6中的边1、边2、边3、边4，进行圆角处理，圆角半径分别为84、10、20和63，如图13-7所示。

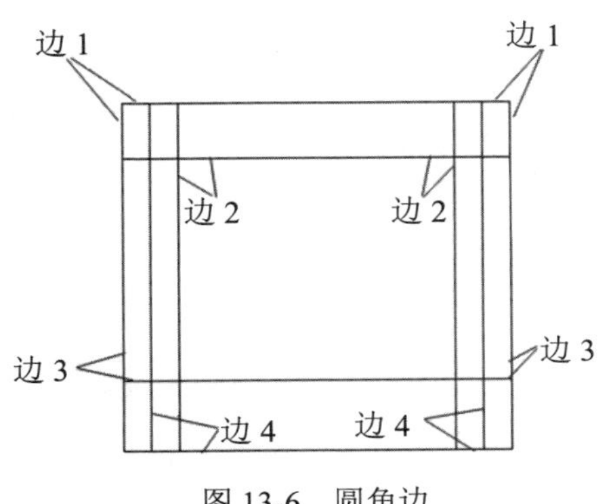

图13-6　圆角边

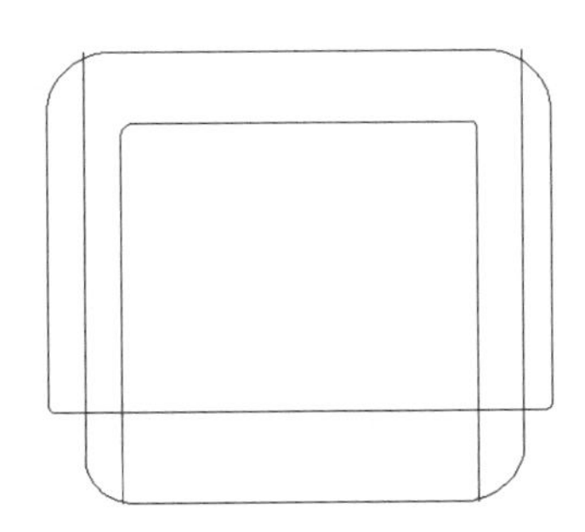

图13-7　圆角处理

（6）单击“默认”选项卡“绘图”面板中的“圆弧”按钮，在图形适当位置绘制两段圆弧，如图13-8所示。

（7）单击“默认”选项卡“修改”面板中的“修剪”按钮，选择第（6）步图形中的多余线段并进行修剪，如图13-9所示。

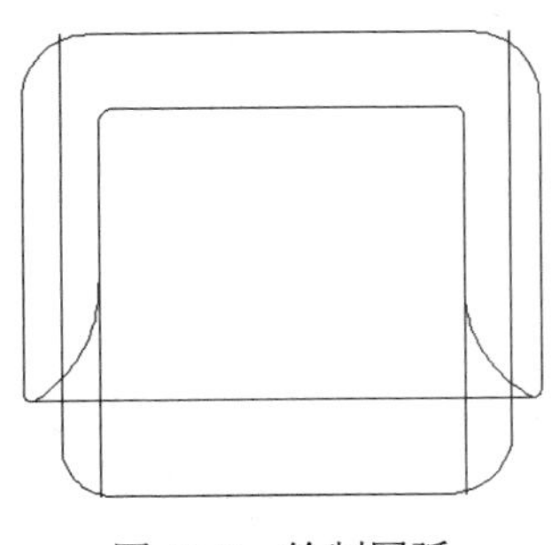

图13-8　绘制圆弧

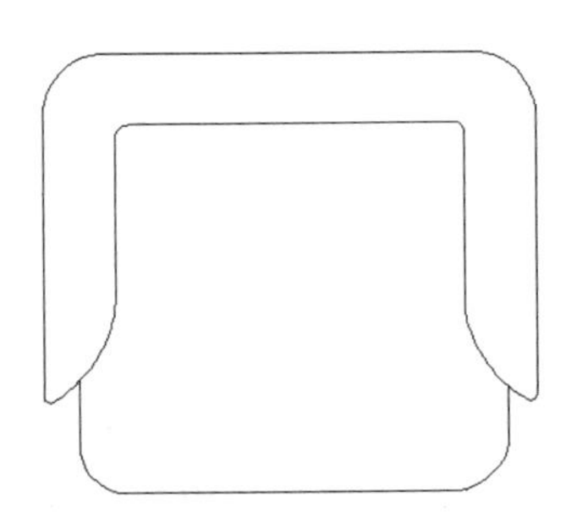

图13-9　修剪圆弧

（8）单击“默认”选项卡“修改”面板中的“旋转”按钮，选择第（7）步中修剪后的图形为旋转对象，选择图形底部水平边为旋转基点，将其旋转15°，如图13-10所示。

（9）单击“默认”选项卡“绘图”面板中的“圆”按钮，在第（8）步绘制完成的图形右侧绘制一个半径为200的圆作为圆形茶几，如图13-11所示。

图13-10　旋转图形

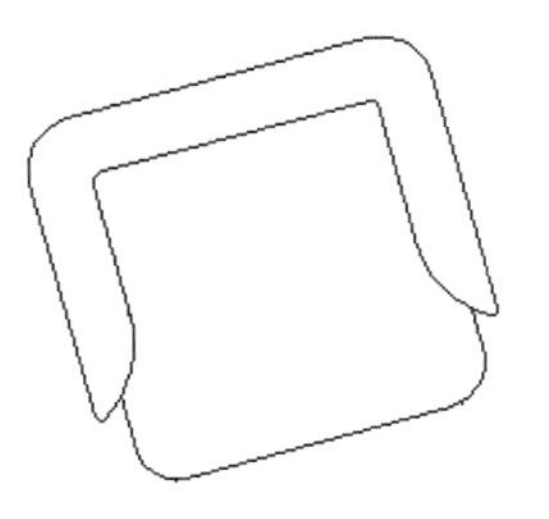

图13-11　绘制圆

（10）单击“默认”选项卡“绘图”面板中的“矩形”按钮，在第（9）步绘制的圆上绘制一个400×250的矩形，如图13-12所示。

Note

（11）单击“默认”选项卡“修改”面板中的“偏移”按钮，选择第（10）步绘制的矩形并向内进行偏移，偏移距离为 50，如图 13-13 所示。

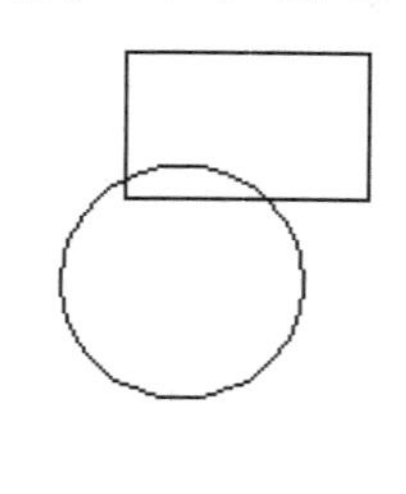

图 13-12　绘制矩形

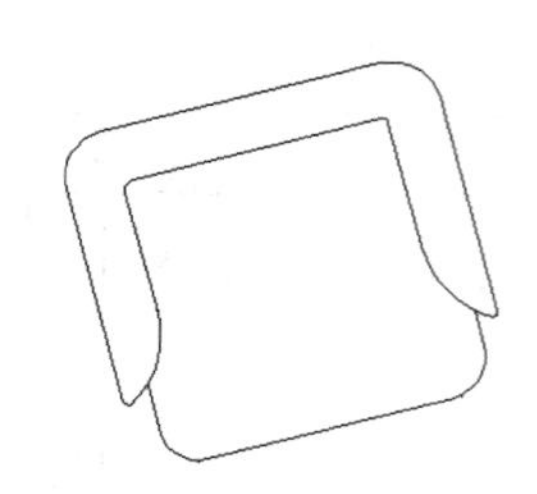
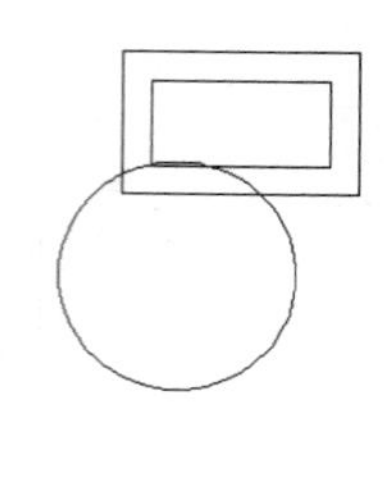

图 13-13　偏移矩形

（12）单击“默认”选项卡“修改”面板中的“修剪”按钮，对第（11）步偏移矩形内的多余线段进行修剪，如图 13-14 所示。

（13）单击“默认”选项卡“绘图”面板中的“直线”按钮，分别过矩形水平边和竖直边中点绘制十字交叉线，如图 13-15 所示。

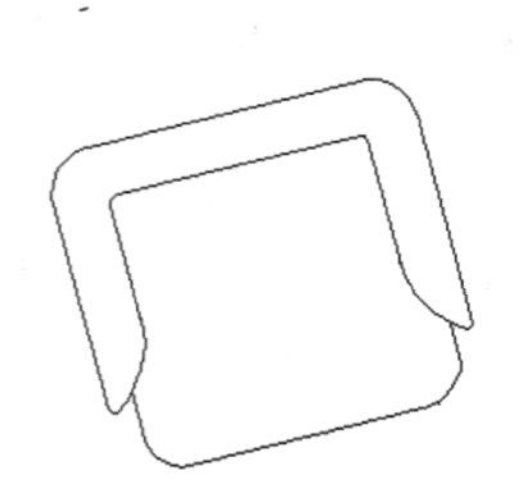
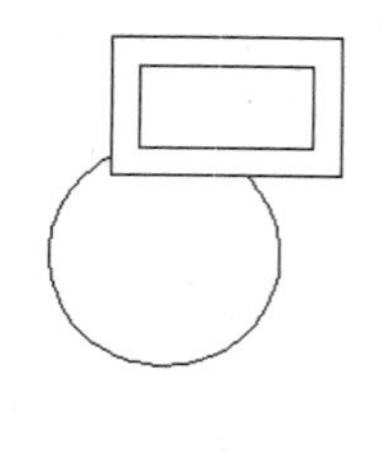

图 13-14　修剪图形

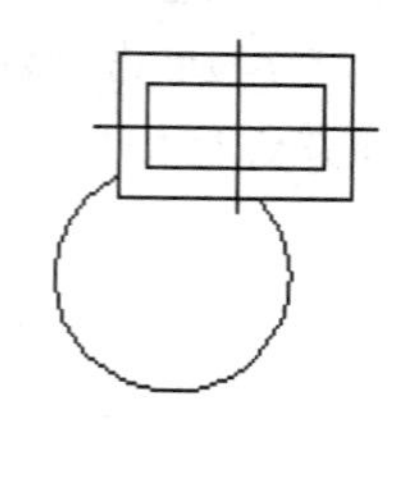

图 13-15　绘制十字交叉线

（14）单击“默认”选项卡“修改”面板中的“镜像”按钮，选择前面绘制完成的沙发图形为镜像对象，以半径为 200 的圆的圆心与端点为镜像点，完成镜像操作，如图 13-16 所示。

（15）单击“默认”选项卡“绘图”面板中的“矩形”按钮，在右侧沙发下侧绘制一个 550×300 的矩形，如图 13-17 所示。

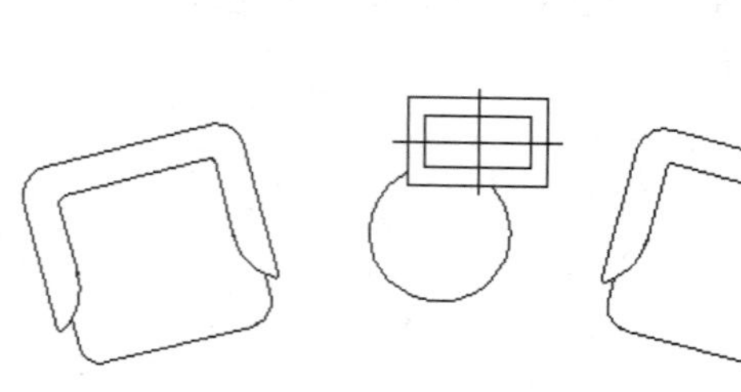

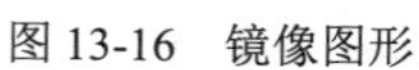

图 13-16　镜像图形

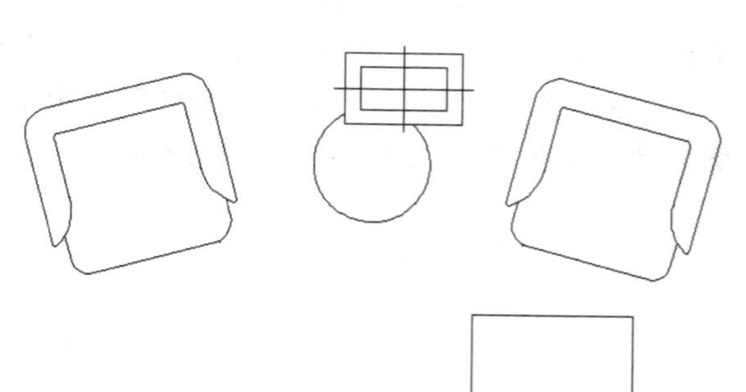

图 13-17　绘制矩形

（16）单击“默认”选项卡“修改”面板中的“旋转”按钮，选择第（15）步绘制的矩形为旋转对象，以矩形底部水平边中点为旋转基点将其旋转-15°，如图 13-18 所示。

（17）单击“默认”选项卡“修改”面板中的“圆角”按钮，选择第（16）步绘制的矩形进行圆角处理，圆角半径为 30，如图 13-19 所示。

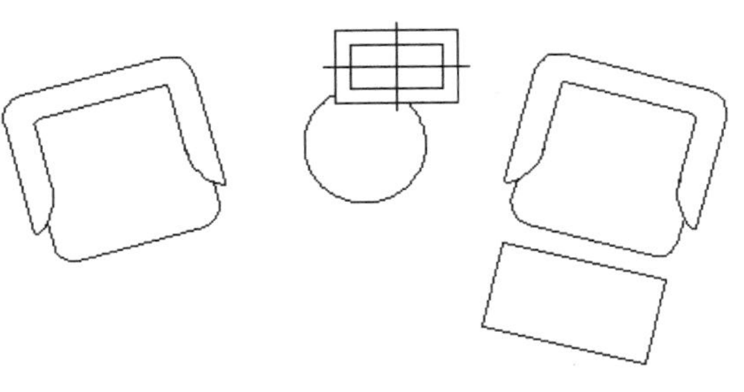

图 13-18 旋转矩形

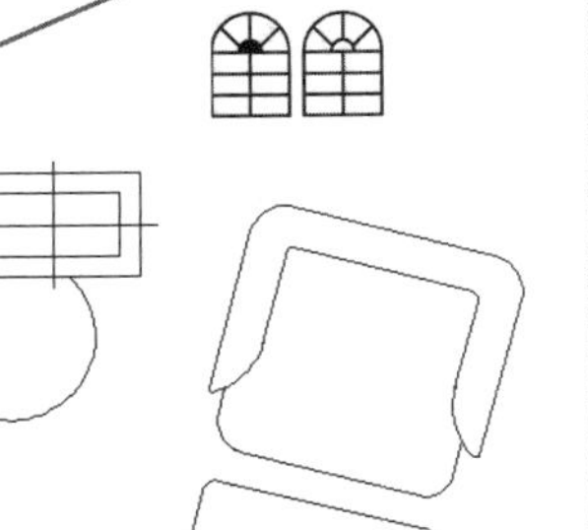

图 13-19 圆角处理

（18）单击“默认”选项卡“修改”面板中的“分解”按钮，选择第（17）步圆角后的矩形为分解对象，按 Enter 键确认进行分解。

（19）单击“默认”选项卡“修改”面板中的“偏移”按钮，选择第（18）步分解后的矩形为偏移对象，将矩形的 4 条边分别向内进行偏移，偏移距离为 30，如图 13-20 所示。

（20）单击“默认”选项卡“修改”面板中的“圆角”按钮，选择第（19）步偏移的 4 条边进行圆角处理，圆角半径为 40，如图 13-21 所示。

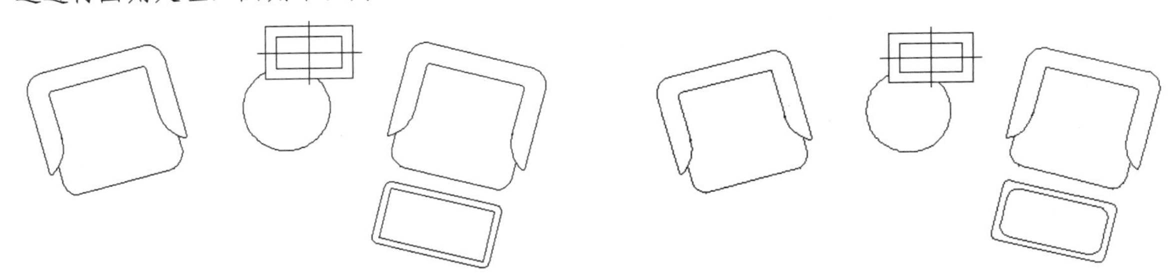

图 13-20 偏移直线　　图 13-21 圆角处理

（21）单击“默认”选项卡“修改”面板中的“删除”按钮，选择第（20）步中的圆角边进行删除，如图 13-22 所示。

（22）单击“默认”选项卡“块”面板中的“创建”按钮，弹出“块定义”对话框，选择第（21）步中的图形为定义对象，选择任意点为基点，将其定义为块，块名为“沙发及茶几”。

2. 绘制双人床

（1）单击“默认”选项卡“绘图”面板中的“直线”按钮和“样条曲线”按钮，绘制双人床外轮廓，如图 13-23 所示。

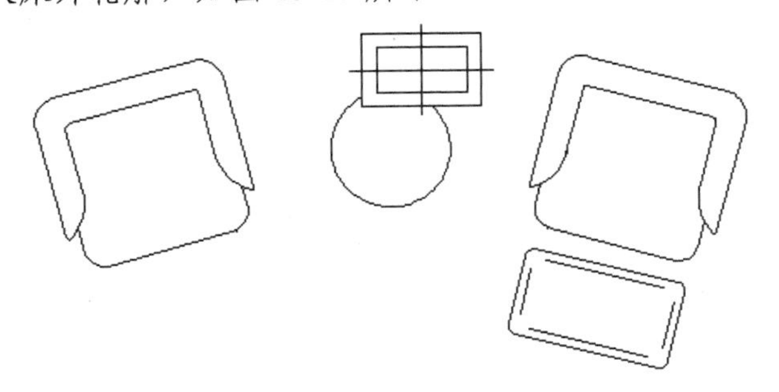

图 13-22 删除多余边

图 13-23 绘制外部轮廓线

（2）单击“默认”选项卡“绘图”面板中的“样条曲线拟合”按钮，绘制双人床的细部

Note

轮廓线，如图 13-24 所示。

（3）单击“默认”选项卡“绘图”面板中的“样条曲线拟合”按钮，绘制双人床枕头轮廓线，如图 13-25 所示。

（4）单击“默认”选项卡“修改”面板中的“镜像”按钮，选择第（3）步绘制的枕头轮廓线为镜像对象并向右侧进行镜像，如图 13-26 所示。

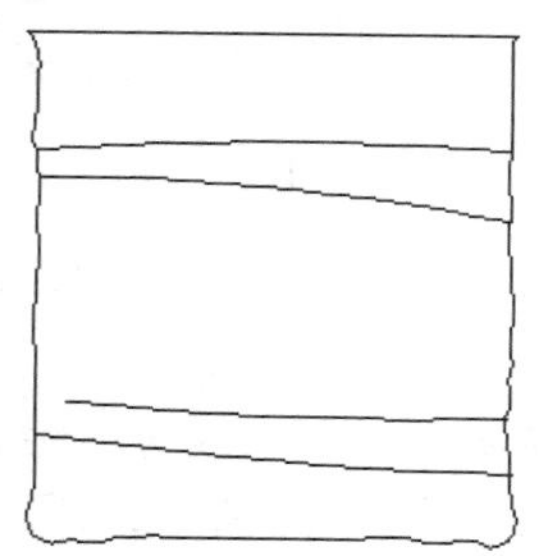

图 13-24　绘制细部轮廓线

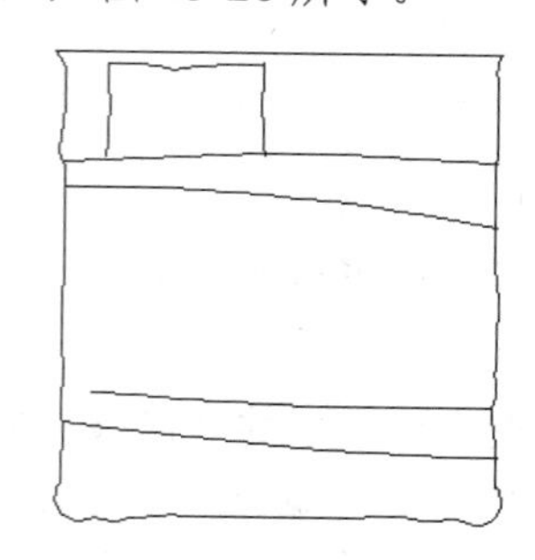

图 13-25　绘制枕头轮廓线

图 13-26　镜像枕头轮廓线

（5）单击“默认”选项卡“绘图”面板中的“矩形”按钮，在双人床左侧床头位置绘制一个 584×500 的矩形，如图 13-27 所示。

（6）单击“默认”选项卡“绘图”面板中的“矩形”按钮，在第（5）步绘制的矩形内绘制一个 320×200 的矩形，如图 13-28 所示。

（7）单击“默认”选项卡“修改”面板中的“偏移”按钮，选择第（6）步中绘制的矩形为偏移对象并向内进行偏移，偏移距离为 40，如图 13-29 所示。

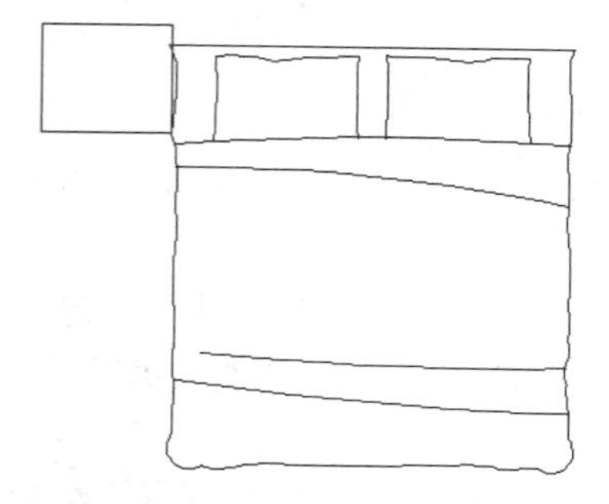

图 13-27　绘制 584×500 的矩形

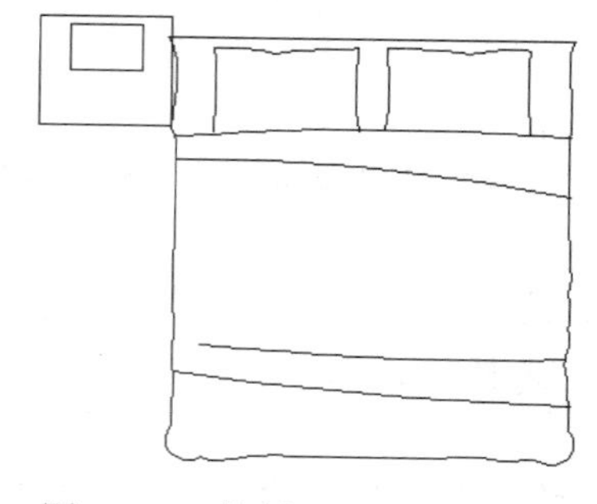

图 13-28　绘制 320×200 的矩形

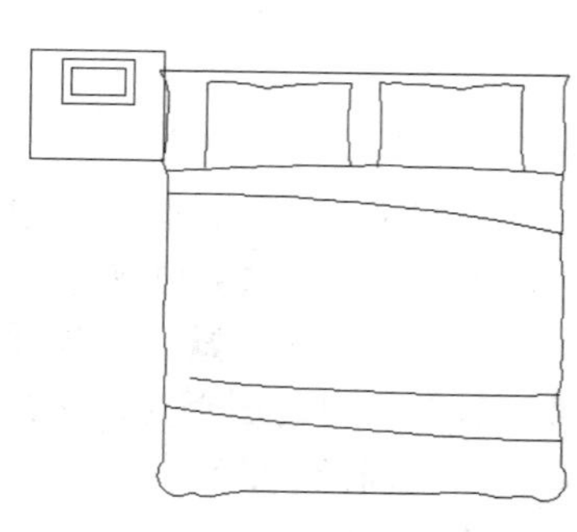

图 13-29　偏移矩形

（8）单击“默认”选项卡“绘图”面板中的“直线”按钮，过第（7）步偏移的矩形水平边及竖直边中点绘制十字交叉线，如图 13-30 所示。

（9）单击“默认”选项卡“修改”面板中的“修剪”按钮，对第（8）步中绘制的图形与双人床边界线进行修剪，如图 13-31 所示。

（10）单击“默认”选项卡“修改”面板中的“镜像”按钮，选择第（9）步中绘制的图形为镜像对象，以双人床上下两边中点为镜像点进行镜像，最终完成双人床图形的绘制，如图 13-32 所示。

（11）单击“默认”选项卡“块”面板中的“插入”按钮，弹出“插入”对话框。单击“浏览”按钮，弹出“选择图形文件”对话框，选择“源文件\第 13 章\图块\电话”图块，单击“打开”按钮，回到“插入”对话框，单击“确定”按钮，完成图块的插入，如图 13-33 所示。

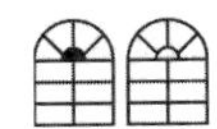

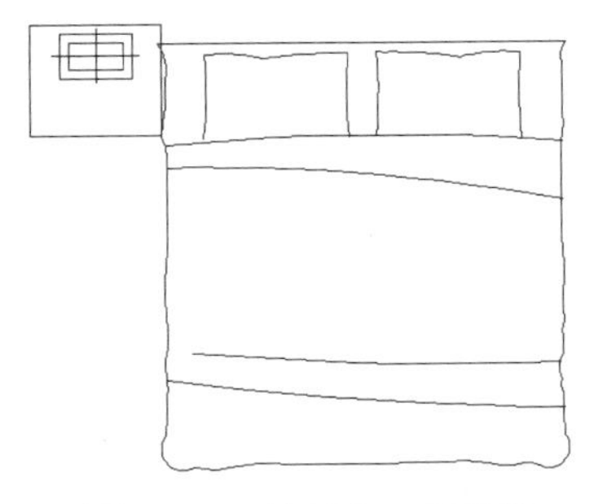

图 13-30　绘制十字交叉线

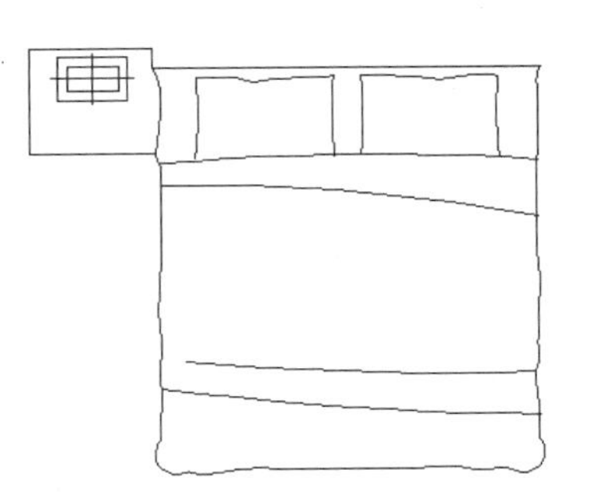

图 13-31　修剪图形

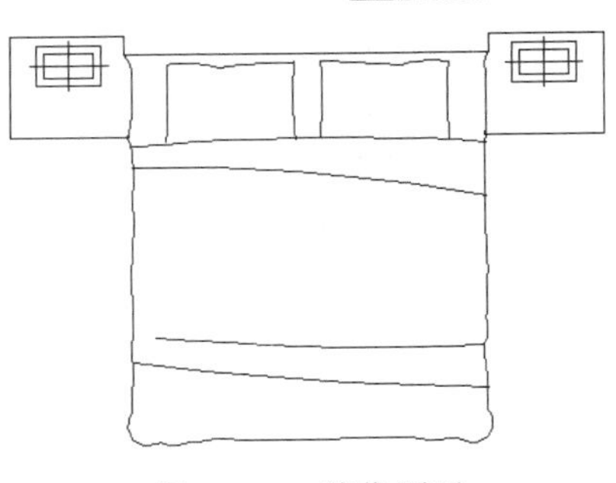

图 13-32　镜像图形

（12）单击“默认”选项卡“块”面板中的“创建”按钮，弹出“块定义”对话框，选择第（11）步中的图形为定义对象，选择任意点为基点，将其定义为块，块名为“双人床”。

豪华双人床的绘制方法与双人床的绘制方法基本相同，这里不再详细阐述，如图 13-34 所示。

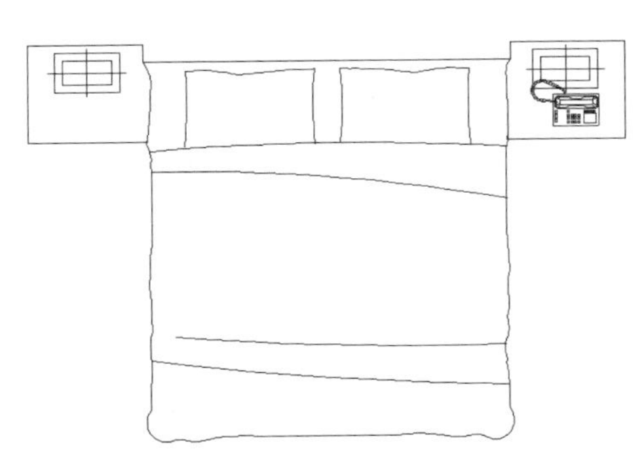

图 13-33　插入图块

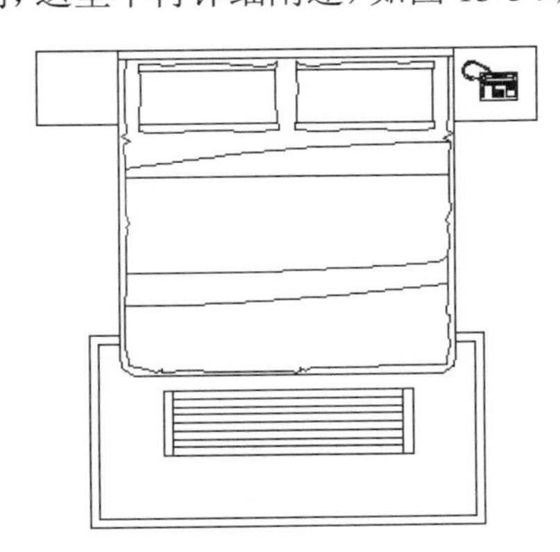

图 13-34　绘制豪华双人床

3. 绘制组合柜

（1）单击“默认”选项卡“绘图”面板中的“矩形”按钮，在图形适当位置绘制一个 600×500 的矩形，如图 13-35 所示。

（2）单击“默认”选项卡“绘图”面板中的“直线”按钮，在第（1）步绘制的矩形内绘制一条长度为 500 的直线，如图 13-36 所示。

（3）单击“默认”选项卡“修改”面板中的“偏移”按钮，选择第（2）步绘制的水平直线为偏移对象并向下进行偏移，偏移距离为 30，偏移 12 次，如图 13-37 所示。

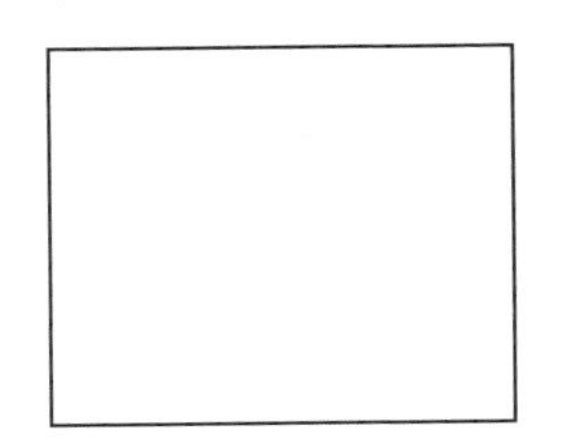

图 13-35　绘制 600×500 矩形

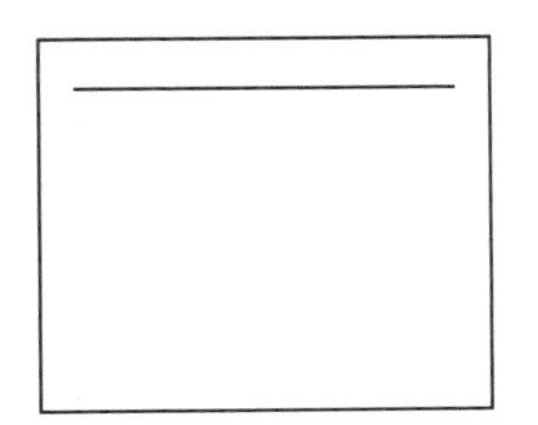

图 13-36　绘制直线

图 13-37　偏移直线

（4）单击“默认”选项卡“绘图”面板中的“矩形”按钮，在第（3）步图形右侧绘制一个 1300×450 的矩形，如图 13-38 所示。

（5）单击“默认”选项卡“绘图”面板中的“直线”按钮，在第（4）步绘制的矩形内绘

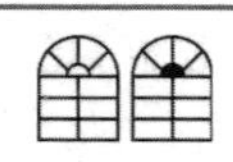

Note

制长度为 25 的竖直直线，如图 13-39 所示。

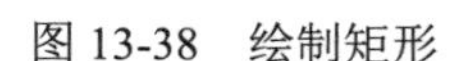

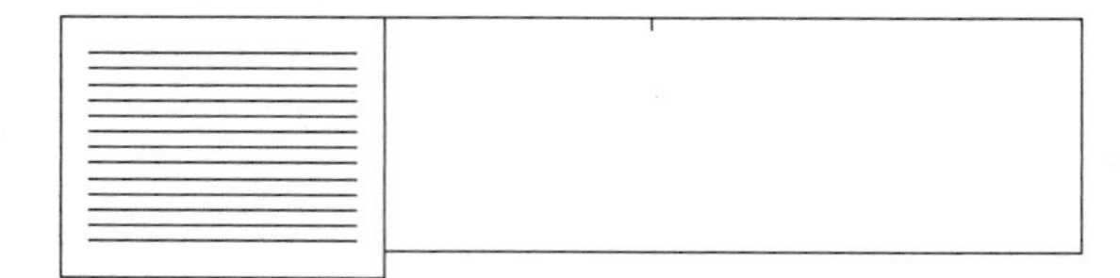

图 13-38　绘制矩形　　　　图 13-39　绘制直线

（6）单击“默认”选项卡“修改”面板中的“偏移”按钮，选择第（5）步绘制的竖直直线为偏移对象并向右进行偏移，偏移距离为 300，如图 13-40 所示。

（7）单击“默认”选项卡“绘图”面板中的“直线”按钮，在第（6）步偏移线段下端绘制连续直线，如图 13-41 所示。

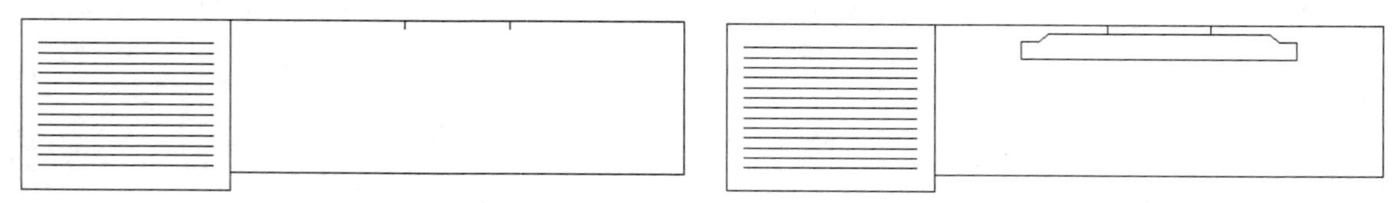

图 13-40　偏移直线　　　　图 13-41　绘制连续直线

（8）单击“默认”选项卡“绘图”面板中的“矩形”按钮，在第（7）步图形右侧绘制一个 1300×600 的矩形，如图 13-42 所示。

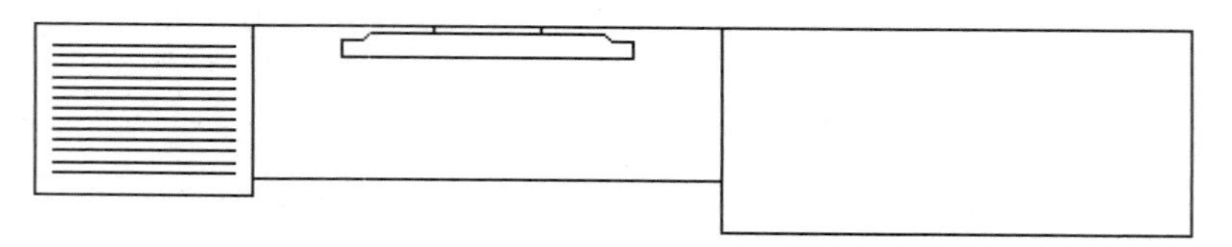

图 13-42　绘制 1300×600 的矩形

（9）单击“默认”选项卡“绘图”面板中的“直线”按钮，在第（8）步图形下方绘制一个单人座椅，然后单击“默认”选项卡“绘图”面板中的“矩形”按钮和“修改”面板中的“修剪”按钮，绘制剩余图形，最终完成组合柜的绘制，如图 13-43 所示。

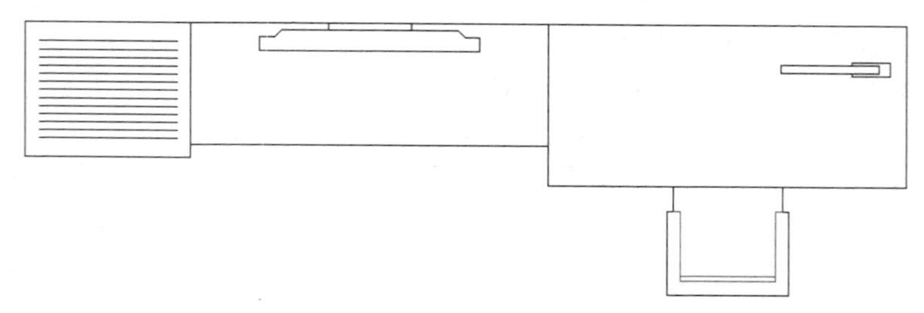

图 13-43　绘制组合框

（10）单击“默认”选项卡“块”面板中的“创建”按钮，弹出“块定义”对话框，选择第（9）步中图形为定义对象，选择任意点为基点，将其定义为块，块名为“组合柜”。

4. 绘制衣柜

（1）单击“默认”选项卡“绘图”面板中的“矩形”按钮，在图形适当位置绘制一个 600×1220

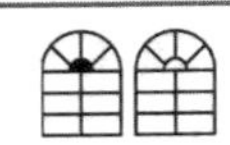

的矩形，如图 13-44 所示。

（2）单击“默认”选项卡“修改”面板中的“偏移”按钮，选择第（1）步绘制的矩形为偏移对象并向内进行偏移，偏移距离为 50，如图 13-45 所示。

（3）单击“默认”选项卡“绘图”面板中的“矩形”按钮，在第（2）步偏移矩形的上侧水平边中间位置绘制一个 80×20 的矩形，如图 13-46 所示。

（4）单击“默认”选项卡“修改”面板中的“镜像”按钮，选择第（3）步中绘制的矩形为镜像对象，分别以偏移矩形左右两竖直边中点为镜像点进行镜像，如图 13-47 所示。

图 13-44　绘制 600×1220 的矩形

（5）单击“默认”选项卡“绘图”面板中的“直线”按钮，连接第（4）步中镜像的两矩形绘制一条竖直直线，如图 13-48 所示。

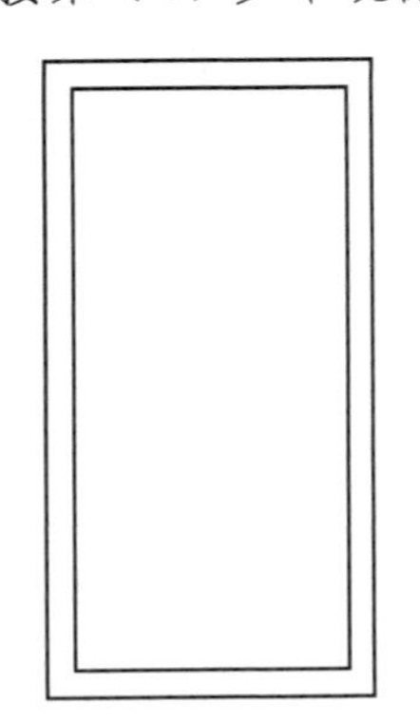

图 13-45　偏移矩形

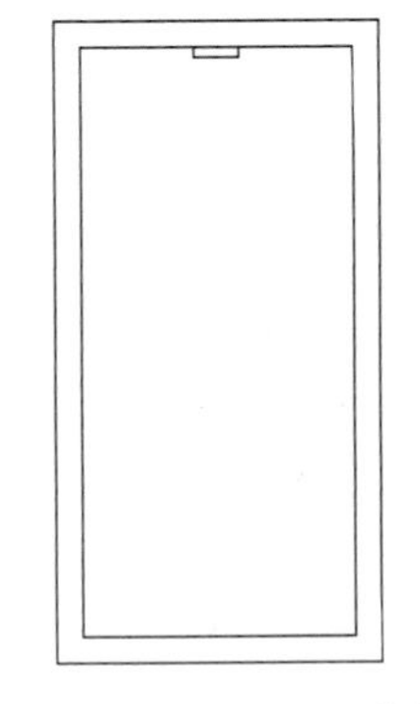

图 13-46　绘制 80×20 的矩形

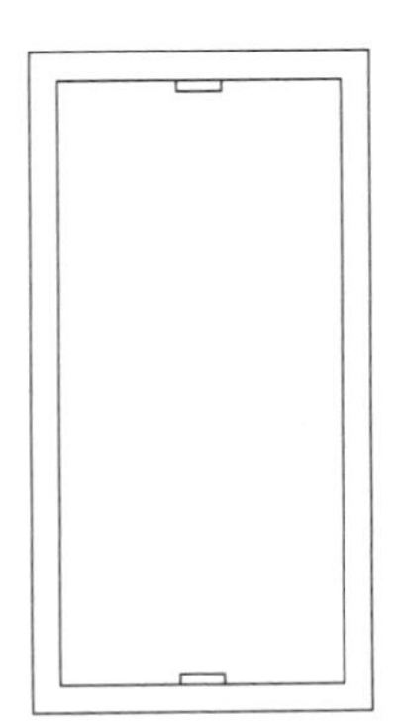

图 13-47　镜像矩形

（6）单击“默认”选项卡“修改”面板中的“偏移”按钮，选择第（5）步中绘制的直线为偏移对象并向右进行偏移，偏移距离为 20，如图 13-49 所示。

（7）单击“默认”选项卡“绘图”面板中的“直线”按钮，在竖直直线上适当位置绘制长为 39 的水平直线，如图 13-50 所示。

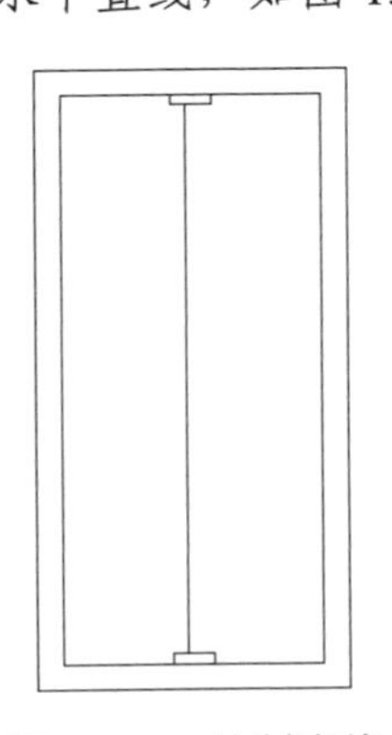

图 13-48　绘制直线

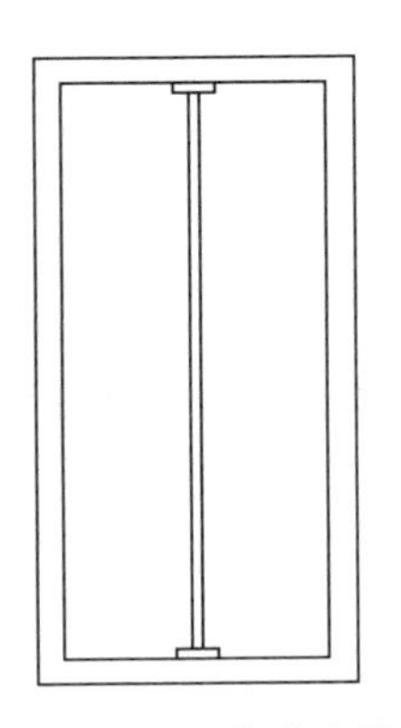

图 13-49　偏移直线

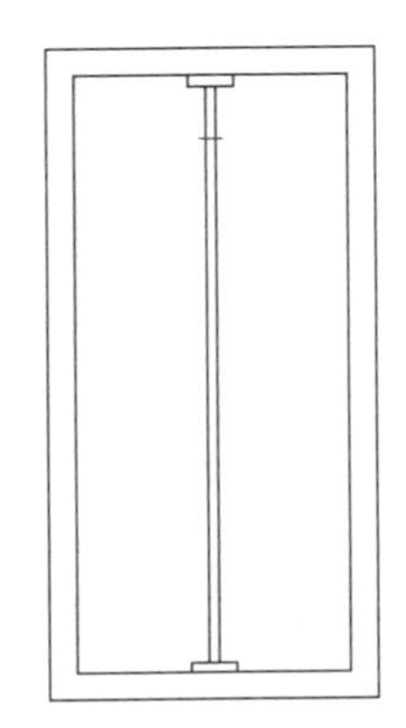

图 13-50　绘制直线

（8）单击“默认”选项卡“修改”面板中的“偏移”按钮，选择第（7）步中绘制的水平直线并向下进行偏移，偏移距离为 1，如图 13-51 所示。

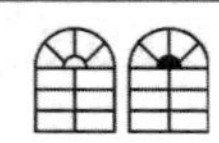
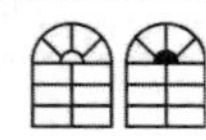

（9）单击“默认”选项卡“修改”面板中的“复制”按钮，选择第（8）步中偏移的两条直线为复制对象并连续向下进行复制，复制距离分别为 238、100、100、100、100、100 和 100，如图 13-52 所示。

Note

（10）单击“默认”选项卡“绘图”面板中的“直线”按钮，绘制长度为 158、间距为 25 的不平行直线，如图 13-53 所示。

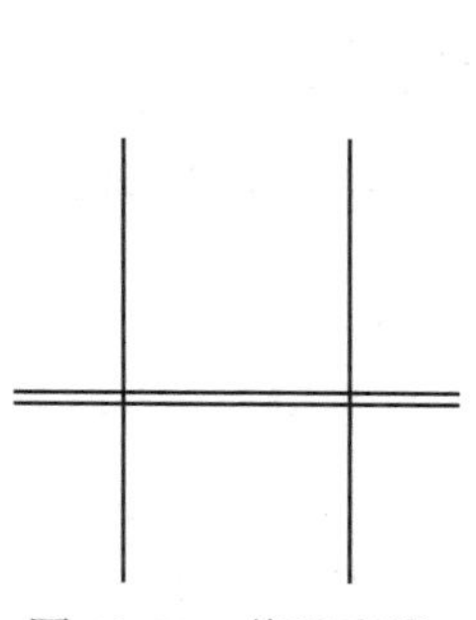

图 13-51　偏移直线

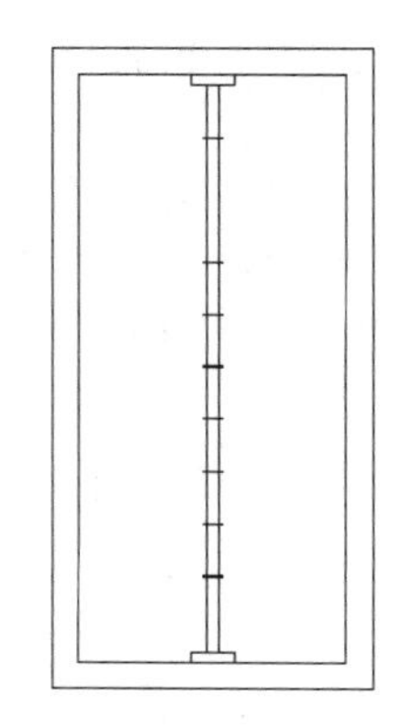

图 13-52　复制直线

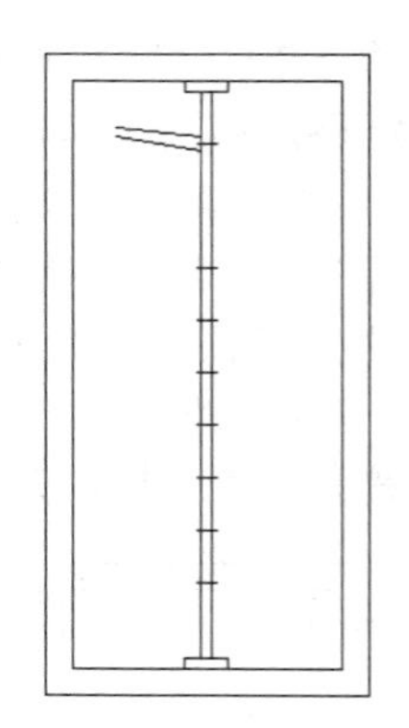

图 13-53　绘制直线

（11）单击“默认”选项卡“修改”面板中的“圆角”按钮，选择第（10）步绘制的两直线进行圆角处理，圆角半径为 9，如图 13-54 所示。

（12）利用上述方法完成左侧相同图形的绘制，如图 13-55 所示。

（13）单击“默认”选项卡“修改”面板中的“镜像”按钮，选择第（12）步复制后的图形并向右侧进行镜像，完成衣柜的绘制，如图 13-56 所示。

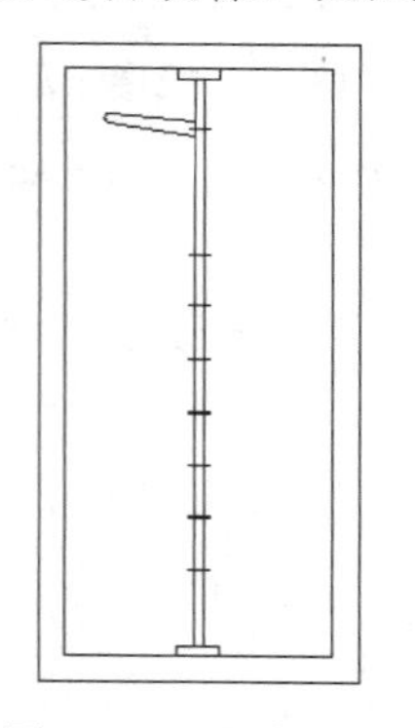

图 13-54　圆角处理

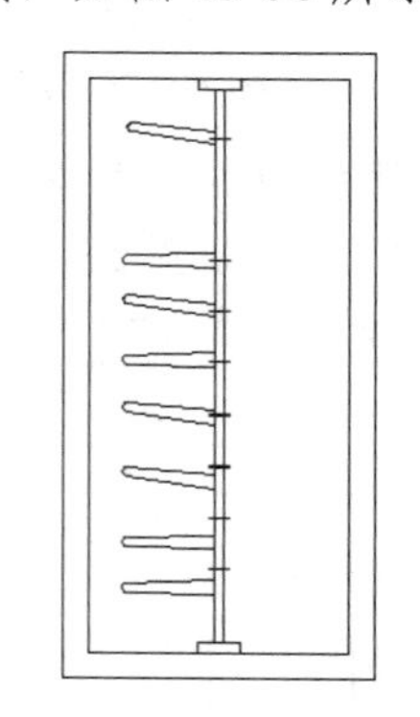

图 13-55　复制图形

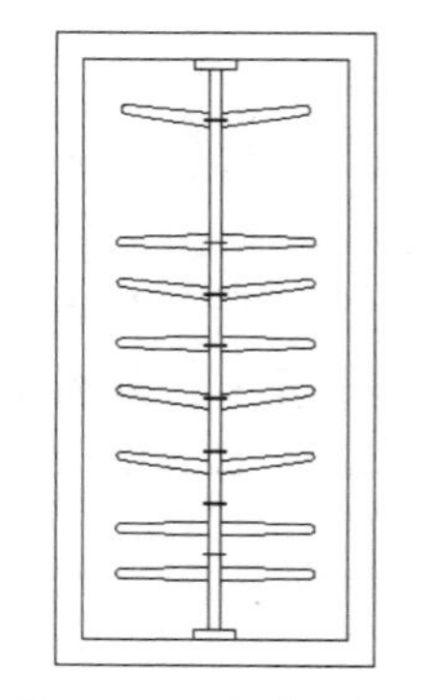

图 13-56　镜像图形

（14）单击“默认”选项卡“块”面板中的“创建”按钮，弹出“块定义”对话框，选择第（13）步中的图形为定义对象，选择任意点为基点，将其定义为块，块名为“衣柜”。

13.1.3　布置家具图块

本节主要讲述“插入块”命令的运用，只需将 13.1.2 节中创建的块插入到平面图中即可。

操作步骤如下：

（1）单击“默认”选项卡“块”面板中的“插入”按钮，弹出“插入”对话框，选择“沙发及茶几”图块插入到图中，单击“确定”按钮，完成图块的插入，如图 13-57 所示。

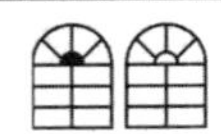

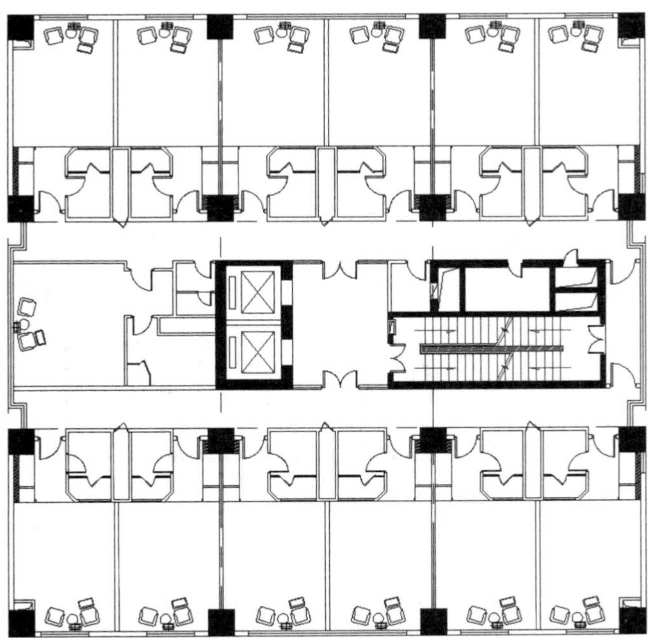

图 13-57　插入沙发及茶几

（2）单击“默认”选项卡“块”面板中的“插入”按钮，弹出“插入”对话框，选择“组合柜”图块插入到图中，单击“确定”按钮，完成图块的插入，如图 13-58 所示。

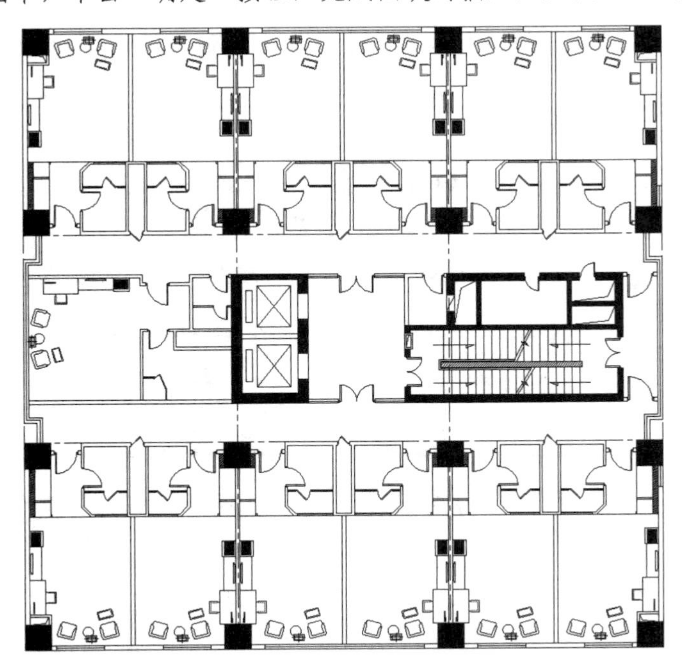

图 13-58　插入组合柜

（3）单击“默认”选项卡“绘图”面板中的“矩形”按钮，绘制一个长、宽分别为 450 的矩形，然后单击“默认”选项卡“绘图”面板中的“直线”按钮，绘制矩形内的对角线，并

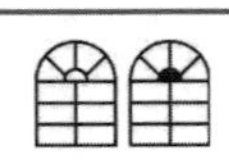

Note

加载线型，最后单击“默认”选项卡“修改”面板中的“复制”按钮，将图形复制到图中其他位置处，结果如图 13-59 所示。

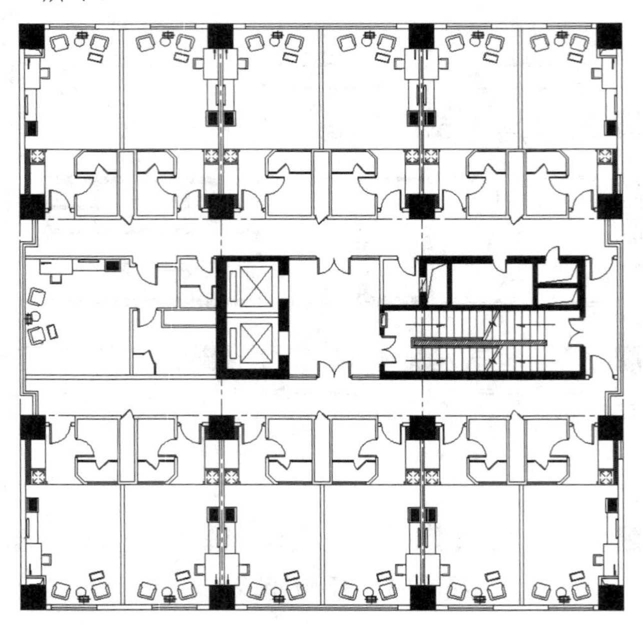

图 13-59　绘制图形

（4）单击“默认”选项卡“块”面板中的“插入”按钮，弹出“插入”对话框，选择“双人床”图块插入到图中，单击“确定”按钮，完成图块的插入，如图 13-60 所示。

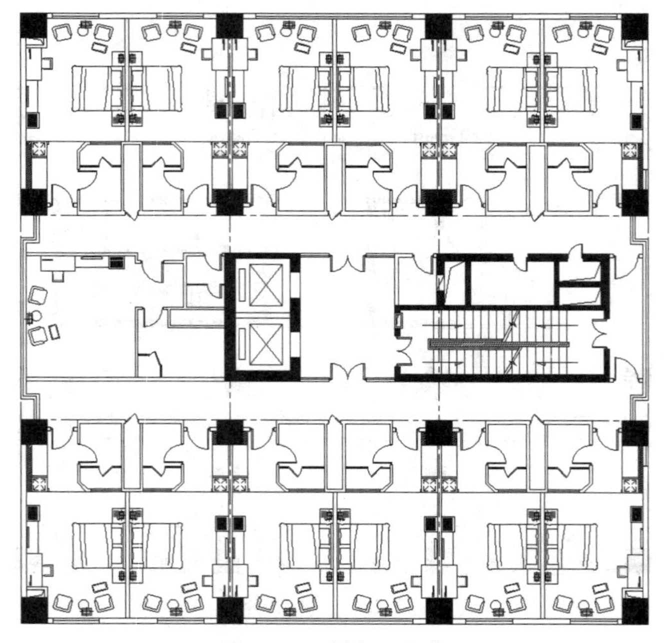

图 13-60　插入双人床

（5）单击“默认”选项卡“块”面板中的“插入”按钮，弹出“插入”对话框，选择“豪

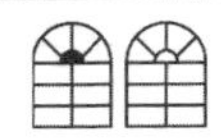

Note

华双人床”图块插入到图中，单击“确定”按钮，完成图块的插入，如图 13-61 所示。

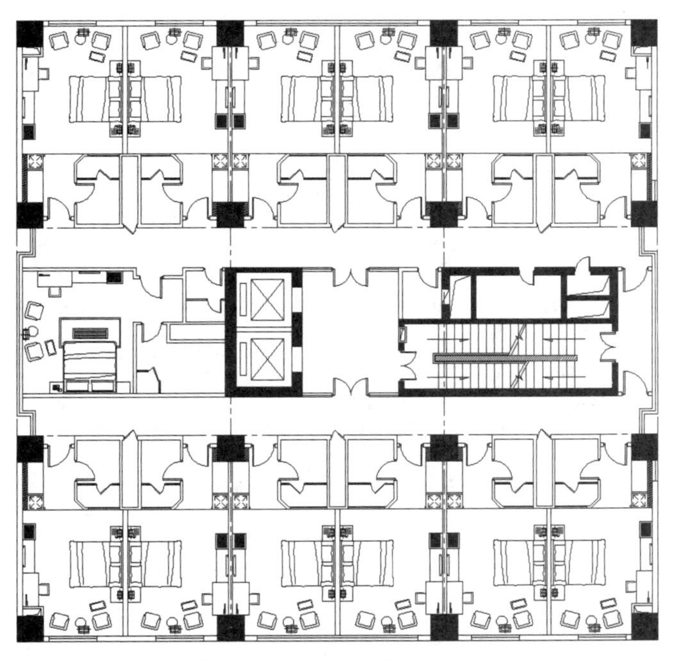

图 13-61 插入豪华双人床

（6）单击“默认”选项卡“块”面板中的“插入”按钮，弹出“插入”对话框，选择“衣柜”图块插入到图中，单击“确定”按钮，完成图块的插入，如图 13-62 所示。

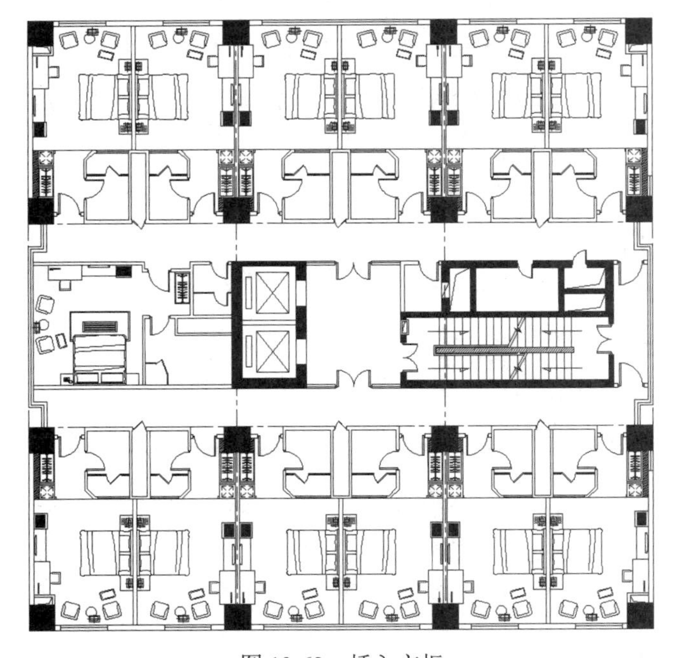

图 13-62 插入衣柜

（7）单击“默认”选项卡“块”面板中的“插入”按钮，弹出“插入”对话框。单击“浏

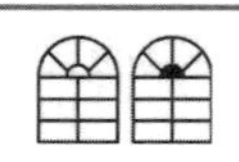

览”按钮，弹出“选择图形文件”对话框，选择“源文件\第13章\图块\坐便器”图块，单击“打开”按钮，回到“插入”对话框，单击“确定”按钮，完成图块的插入，如图13-63所示。

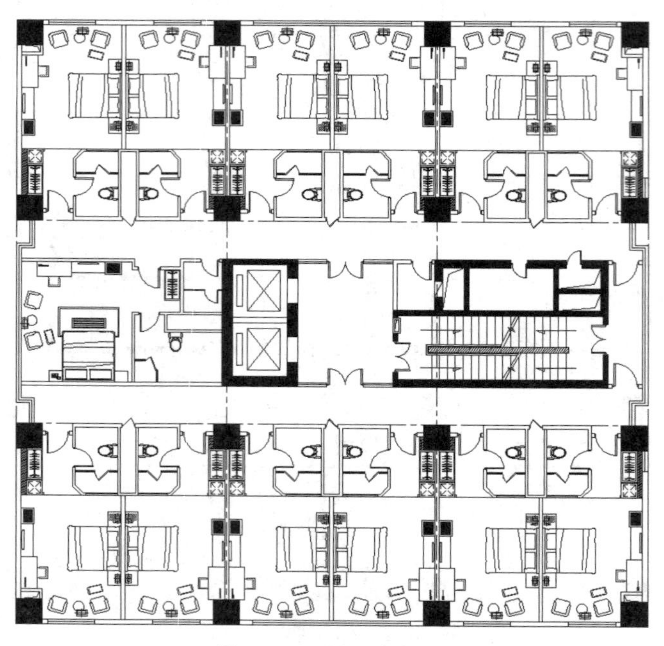

图13-63　插入坐便器

（8）单击“默认”选项卡“块”面板中的“插入”按钮，弹出“插入”对话框。单击“浏览”按钮，弹出“选择图形文件”对话框，选择“源文件\第13章\图块\洗手盆”图块，单击“打开”按钮，回到“插入”对话框，单击“确定”按钮，完成图块的插入，如图13-64所示。

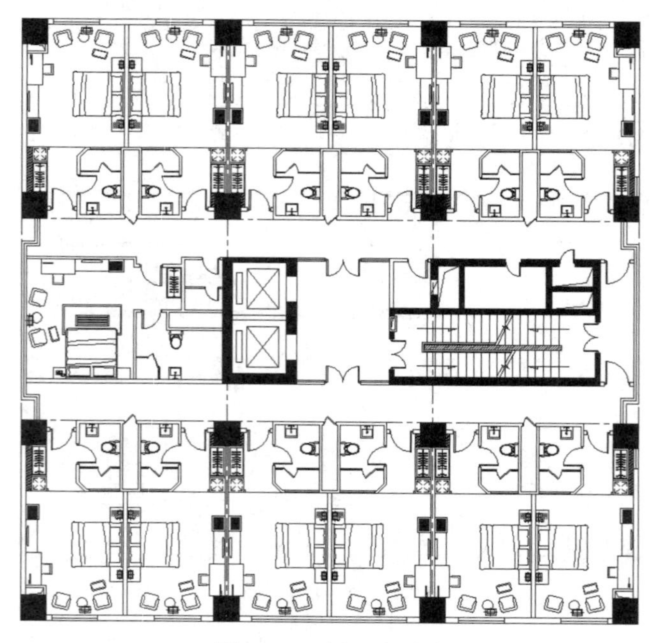

图13-64　插入洗手盆

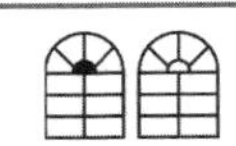

（9）单击“默认”选项卡“块”面板中的“插入”按钮，弹出“插入”对话框。单击“浏览”按钮，弹出“选择图形文件”对话框，选择“源文件\第 13 章\图块\高级洗手盆”图块，单击“打开”按钮，回到“插入”对话框，单击“确定”按钮，完成图块的插入，如图 13-65 所示。

（10）单击“默认”选项卡“块”面板中的“插入”按钮，弹出“插入”对话框。单击“浏览”按钮，弹出“选择图形文件”对话框，选择“源文件\第 13 章\图块\蹲便器”图块，单击“打开”按钮，回到“插入”对话框，单击“确定”按钮，完成图块的插入，如图 13-66 所示。

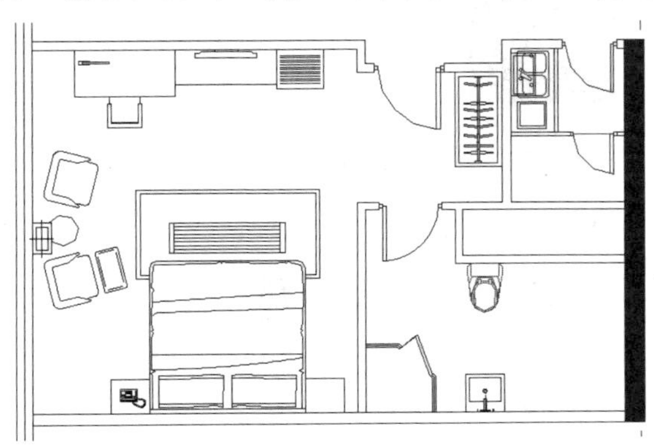

图 13-65　插入高级洗手盆

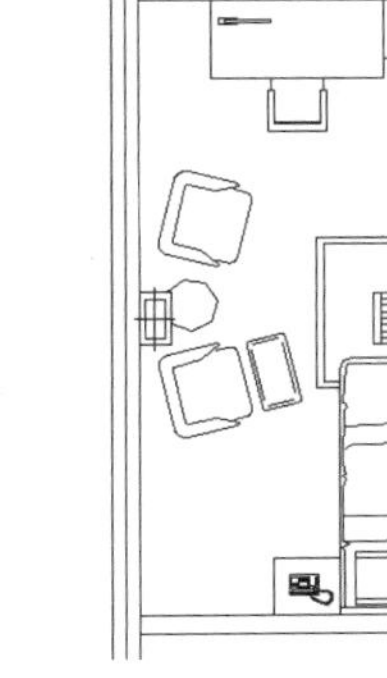

图 13-66　插入蹲便器

（11）单击“默认”选项卡“块”面板中的“插入”按钮，弹出“插入”对话框。单击“浏览”按钮，弹出“选择图形文件”对话框，选择“源文件\第 13 章\图块\浴缸”图块，单击“打开”按钮，回到“插入”对话框，单击“确定”按钮，完成图块的插入，如图 13-67 所示。

（12）单击“默认”选项卡“块”面板中的“插入”按钮，弹出“插入”对话框。单击“浏览”按钮，弹出“选择图形文件”对话框，选择“源文件\第 13 章\图块\毛巾架”图块，单击“打开”按钮，回到“插入”对话框，单击“确定”按钮，完成图块的插入，如图 13-68 所示。

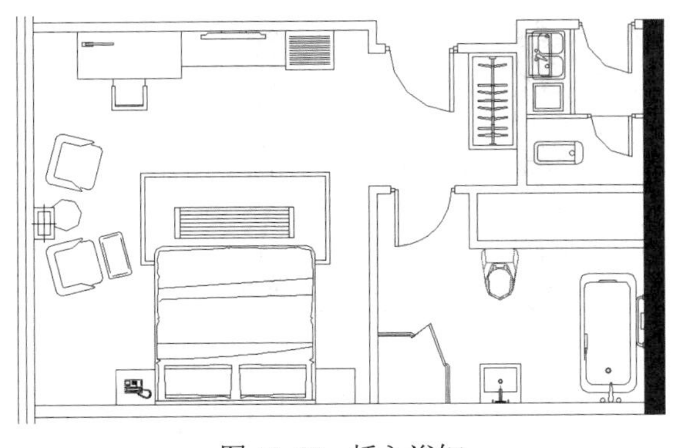

图 13-67　插入浴缸

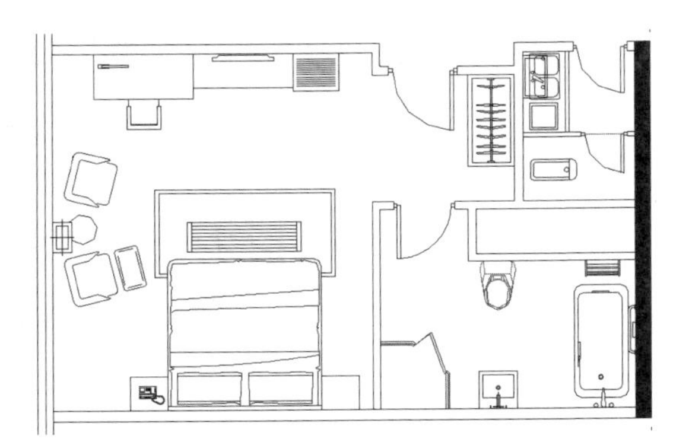

图 13-68　插入毛巾架

（13）单击“默认”选项卡“绘图”面板中的“圆”按钮，在图形适当位置绘制一个半径为 43 的圆，如图 13-69 所示。

（14）单击“默认”选项卡“绘图”面板中的“直线”按钮，绘制如图 13-70 所示的连接线。

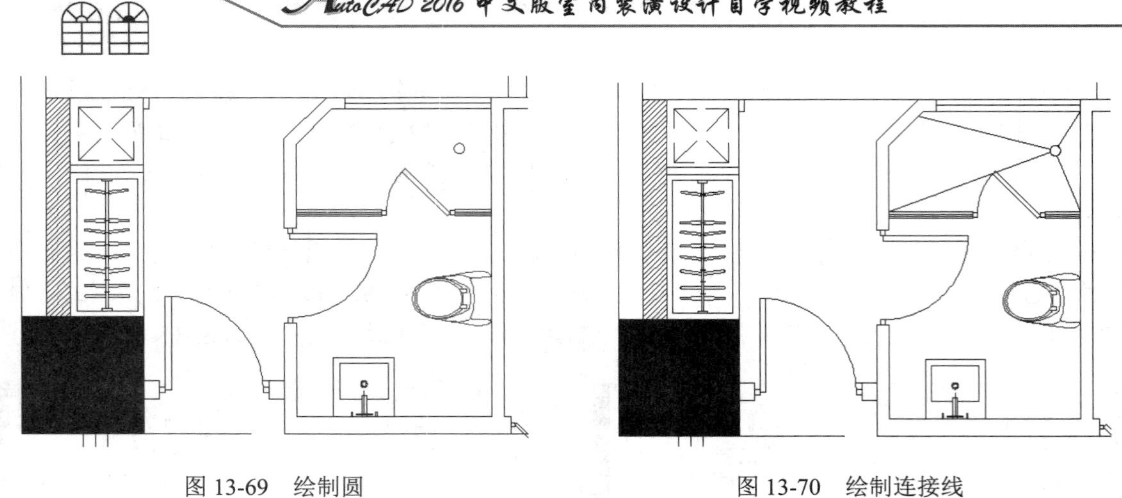

图 13-69 绘制圆　　　　图 13-70 绘制连接线

（15）利用上述方法完成相同图形的绘制，如图 13-71 所示。

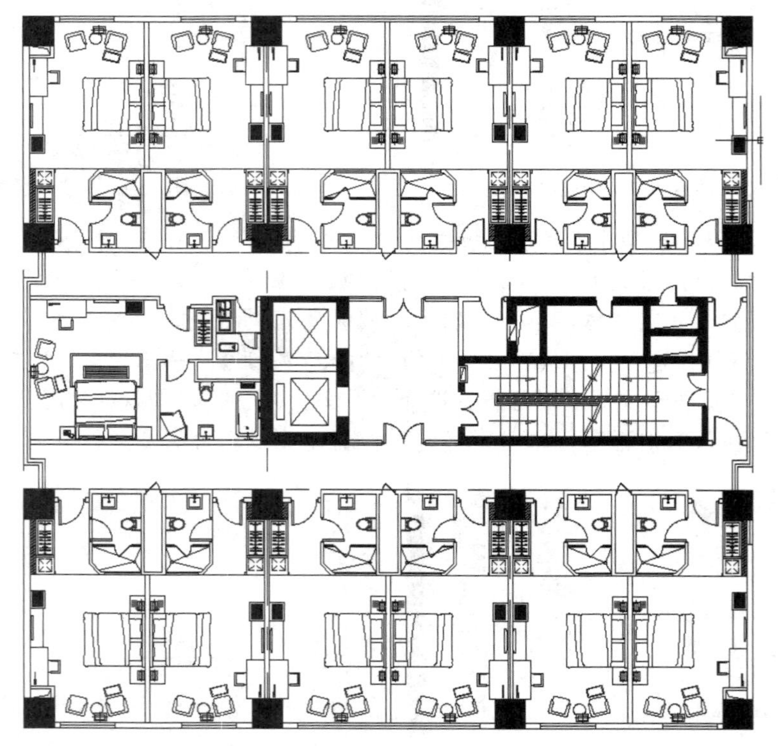

图 13-71 绘制图形

（16）单击“默认”选项卡“绘图”面板中的“直线”按钮，在卫生间适当位置绘制一条水平直线，如图 13-72 所示。

（17）利用上述方法完成剩余图形的绘制，如图 13-73 所示。

13.1.4 完成绘制

打开关闭的“尺寸”图层及“文字”图层，完成十八层装饰平面图的绘制，如图 13-1 所示。

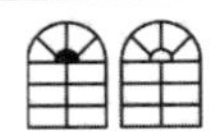

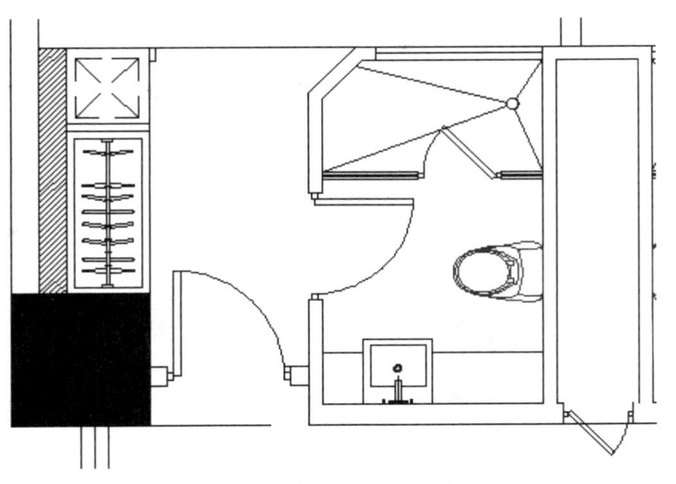

图 13-72　绘制直线

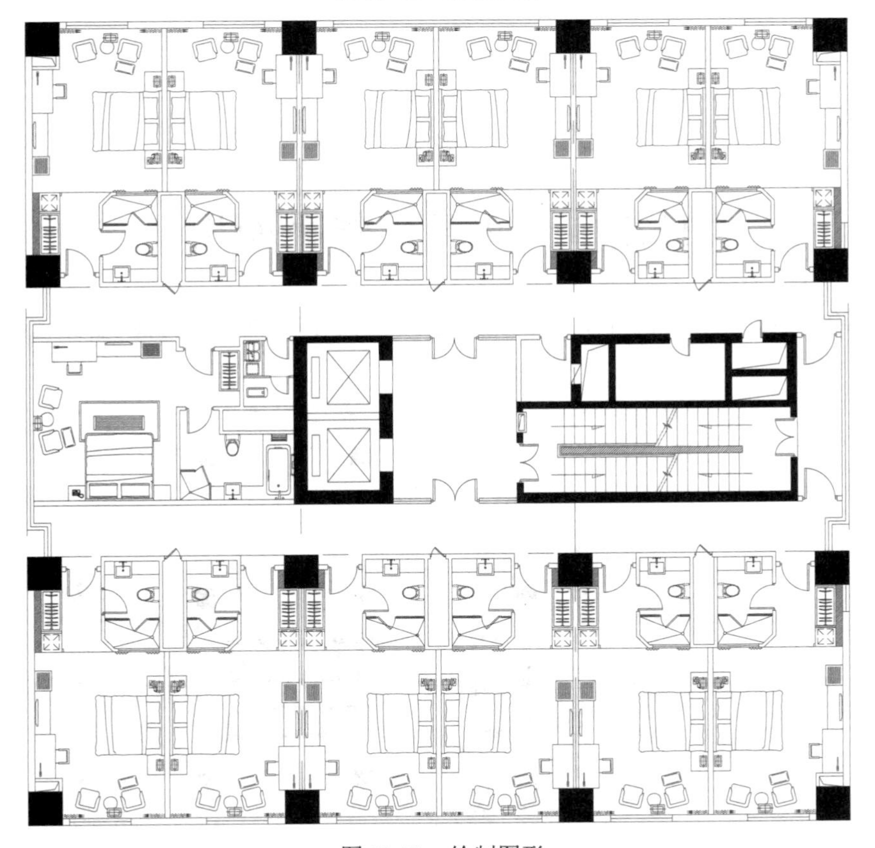

图 13-73　绘制图形

13.2　十六七层装饰平面图

利用前面绘制装饰平面图的方法，绘制十六七层装饰平面图，如图 13-74 所示。

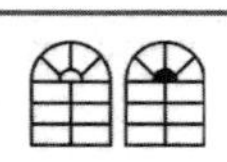

Note

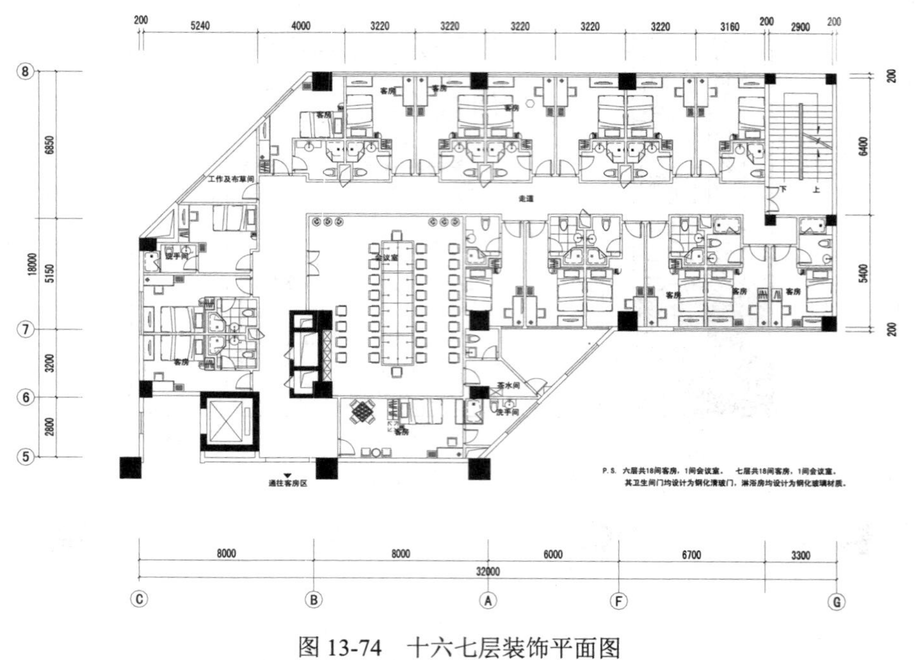

图 13-74　十六七层装饰平面图

13.3　十九层装饰平面图

利用前面绘制装饰平面图的绘制方法，绘制十九层装饰平面图，如图 13-75 所示。

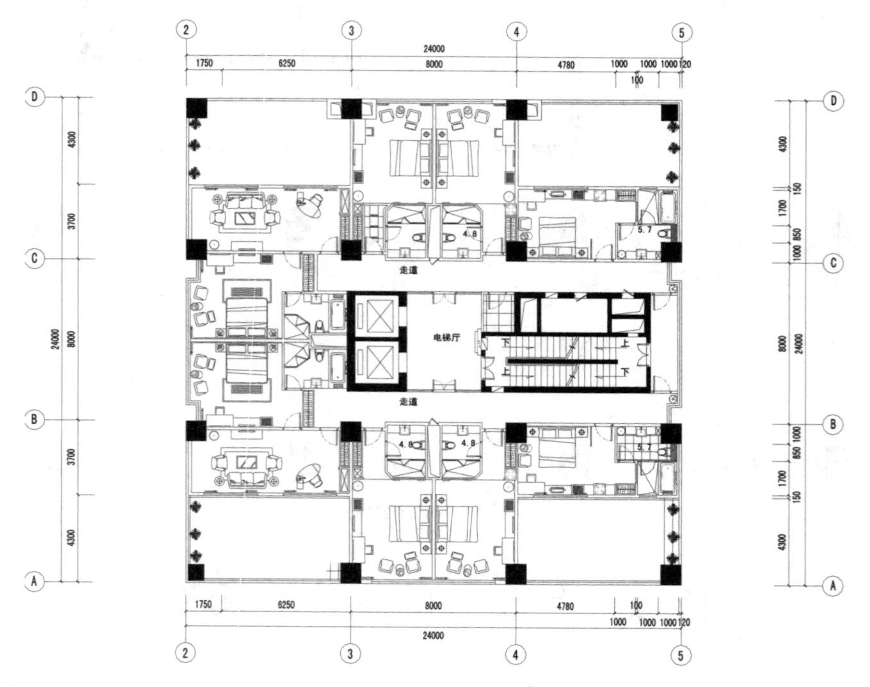

图 13-75　十九层装饰平面图

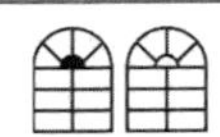

13.4　实 战 演 练

Note

通过前面的学习，读者对本章知识也有了大体的了解，本节通过几个操作练习使读者进一步掌握本章知识要点。

【实战演练 1】绘制如图 13-76 所示的董事长室装饰平面图。

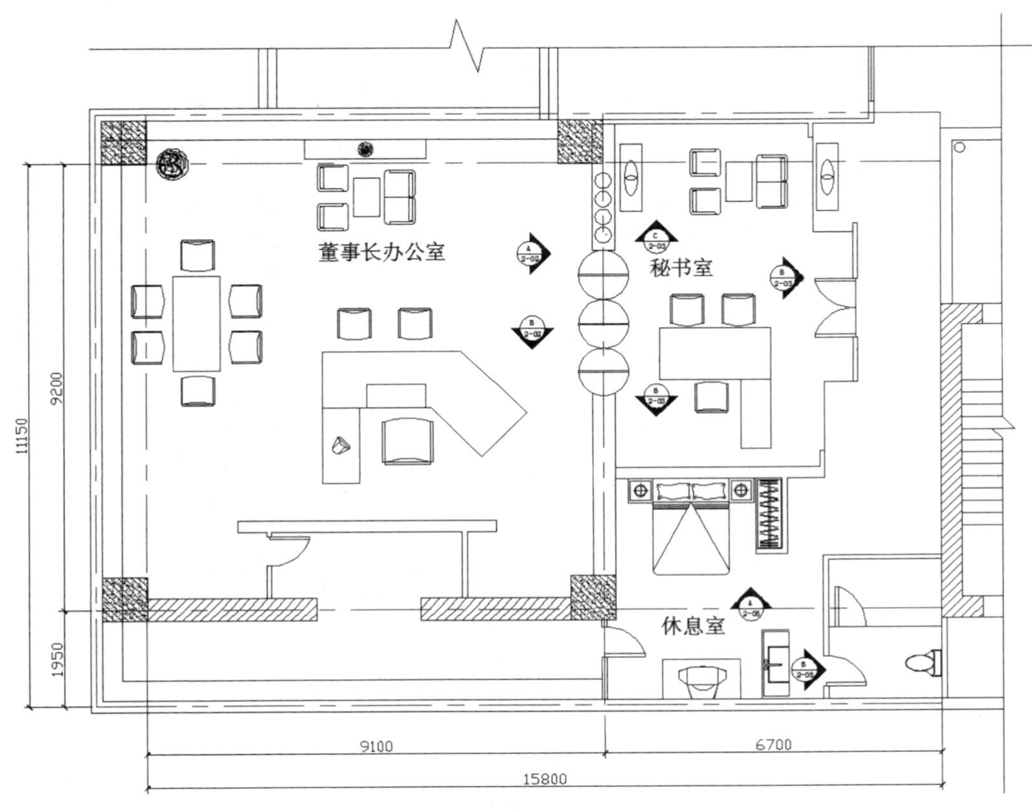

图 13-76　董事长室装饰平面图

1．目的要求

本实例主要要求读者通过练习进一步熟悉和掌握董事长室装饰平面图的绘制方法。通过本实例，可以帮助读者学会完成整个装饰平面图绘制的全过程。

2．操作提示

（1）绘图准备。

（2）绘制家具图块。

（3）绘制柱子。

（4）布置家具图块。

（5）标注尺寸和文字。

（6）绘制索引符号。

【**实战演练 2**】绘制如图 13-77 所示的餐厅装饰平面图。

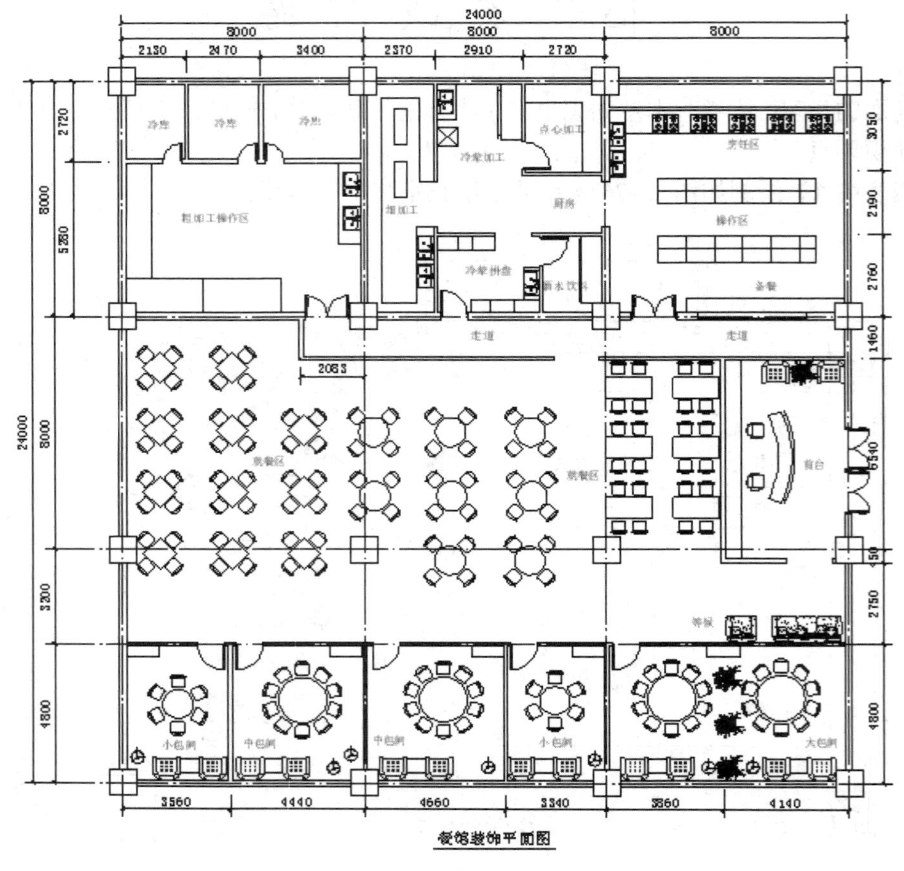

图 13-77　餐厅装饰平面图

1．目的要求

本实例主要要求读者通过练习进一步熟悉和掌握餐厅装饰平面图的绘制方法。通过本实例，可以帮助读者学会完成整个装饰平面图绘制的全过程。

2．操作提示

（1）绘图准备。

（2）绘制家具图块。

（3）布置家具图块。

（4）标注尺寸和文字。

客房顶棚与地坪图的绘制

本章学习要点和目标任务：

☑ 客房顶棚装饰图

☑ 客房地坪装饰图

与办公楼的顶棚图和地坪图一样，客房的顶棚图和地坪图也是表现酒店室内设计特色和风格的重要环节。本章将以客房顶棚与地坪室内设计为例，详细讲述其绘制过程。在讲述过程中，将逐步带领读者完成绘制，并讲述顶棚图及地坪图的相关知识和技巧。

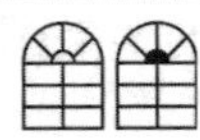
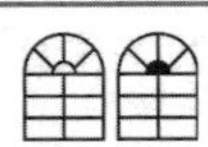

14.1 客房顶棚装饰图

Note

客房的顶棚装饰由吊顶和吸顶灯以及烟感等组成，客房的吸顶灯风格最好和客房的整体装饰风格一致，同时要考虑客房的面积、层高等因素。

14.1.1 十八层顶棚装饰图

本层顶棚装饰图，首先绘制灯具及烟感，然后布置灯具和烟感，最后进行标注，效果如图 14-1 所示。

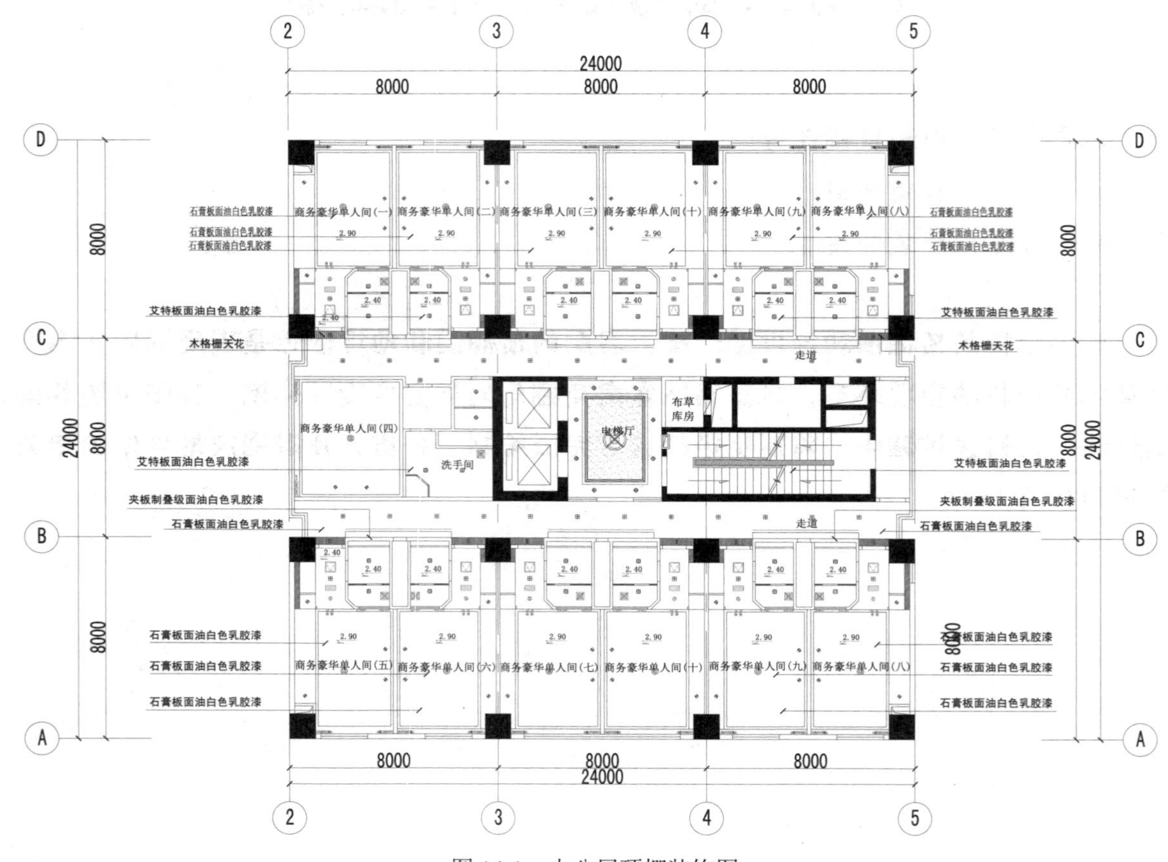

图 14-1　十八层顶棚装饰图

操作步骤如下：（光盘\配套视频\第 14 章\十八层顶棚装饰图.avi）

1．绘图准备

（1）单击快速访问工具栏中的“打开”按钮，弹出“选择文件”对话框，选择“源文件\第 12 章\十八层客房平面图”，单击“打开”按钮，打开绘制的十八层客房平面图。

（2）单击快速访问工具栏中的“另存为”按钮，将打开的“十八层客房平面图”另存为“十八层顶棚装饰图”。

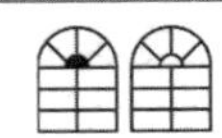

（3）单击“尺寸”、“文字”及“轴线”图层中的“开/关图层”按钮，将图层关闭，对其进行修整，单击“默认”选项卡“绘图”面板中的“直线”按钮，封闭图形门洞区域，如图 14-2 所示。

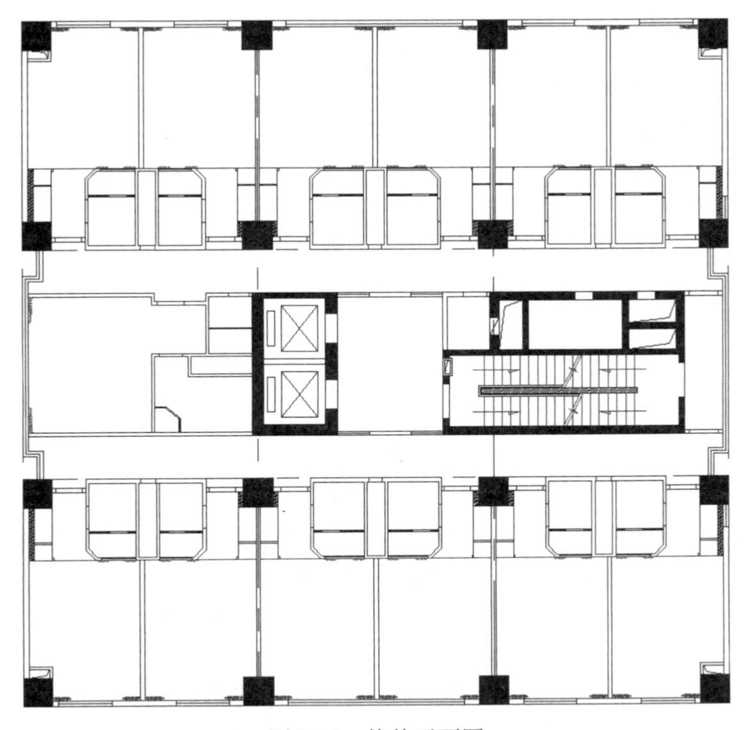

图 14-2　修整平面图

2. 绘制防雾筒灯

（1）单击“默认”选项卡“绘图”面板中的“矩形”按钮，在图形适当位置绘制一个 150×150 的矩形，如图 14-3 所示。

（2）单击“默认”选项卡“修改”面板中的“偏移”按钮，选择第（1）步绘制的矩形为偏移对象并向内进行偏移，偏移距离为 10，如图 14-4 所示。

（3）单击“默认”选项卡“绘图”面板中的“直线”按钮，过第（2）步偏移的矩形的 4 条边中点绘制十字交叉线，完成防雾筒灯的绘制，如图 14-5 所示。

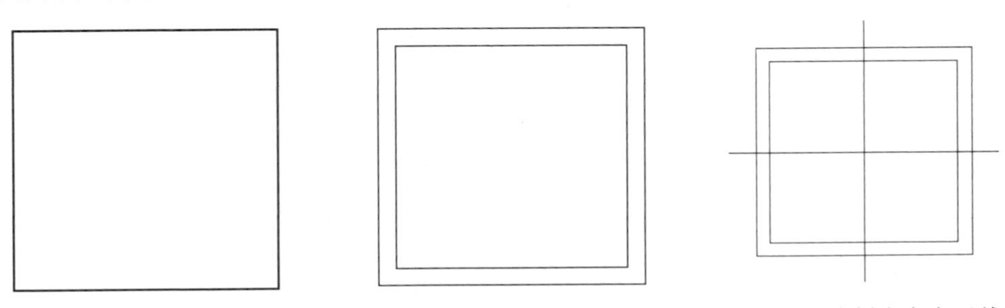

图 14-3　绘制矩形　　图 14-4　偏移矩形　　图 14-5　绘制十字交叉线

（4）单击“默认”选项卡“块”面板中的“创建”按钮，在第（3）步绘制的图形上任意选一点为基点，选择第（3）步中所有图形为定义对象，将其定义为块，块名为“防雾筒灯”。

Note

Note

3. 绘制烟感

（1）单击“默认”选项卡“绘图”面板中的“圆”按钮，在图形适当位置绘制一个半径为124的圆，如图14-6所示。

（2）单击“默认”选项卡“修改”面板中的“偏移”按钮，选择第（1）步绘制的圆为偏移对象并向内进行偏移，偏移距离为78，如图14-7所示。

（3）单击“默认”选项卡“绘图”面板中的“直线”按钮，过第（2）步偏移圆的圆心绘制十字交叉线，如图14-8所示。

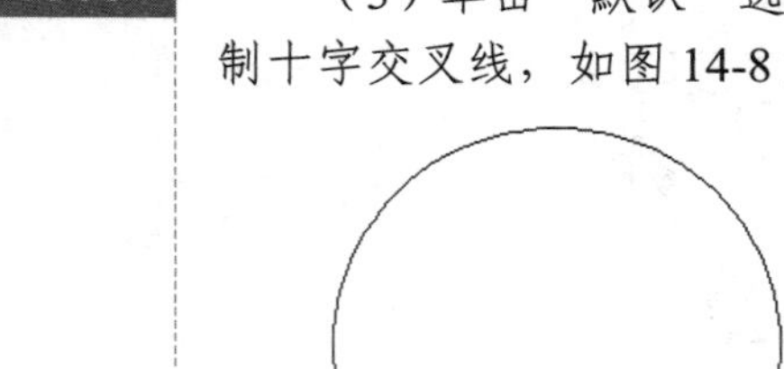

图14-6　绘制圆

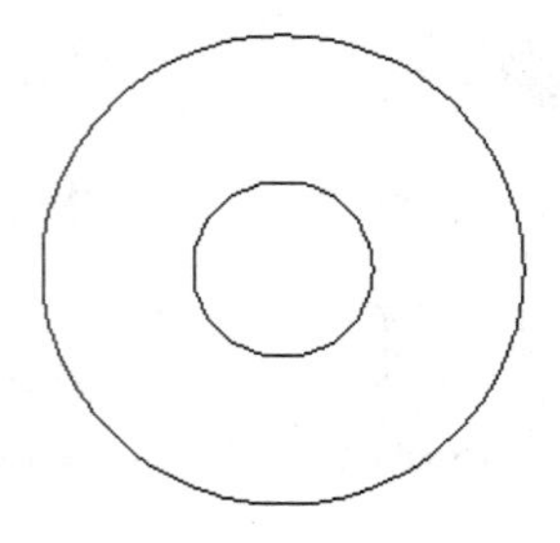

图14-7　偏移圆

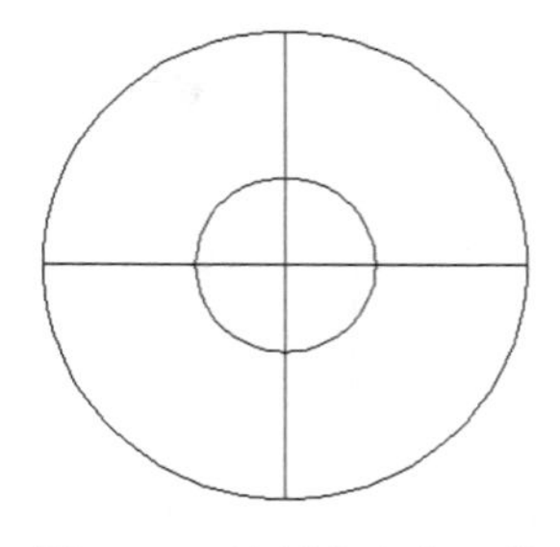

图14-8　绘制十字交叉线

（4）单击“默认”选项卡“修改”面板中的“旋转”按钮，选择第（3）步绘制的竖直直线为旋转对象，以偏移圆的圆心为旋转基点，将其旋转45°和−45°，如图14-9所示。

（5）单击“默认”选项卡“修改”面板中的“修剪”按钮，对偏移圆内的直线进行修剪，完成烟感的绘制，如图14-10所示。

（6）单击“默认”选项卡“块”面板中的“创建”按钮，在第（5）步绘制的图形上任意选一点为基点，选择第（5）步中所有图形为定义对象，将其定义为块，块名为“烟感”。

4. 绘制侧送风

（1）单击“默认”选项卡“绘图”面板中的“直线”按钮，绘制连续直线，如图14-11所示。

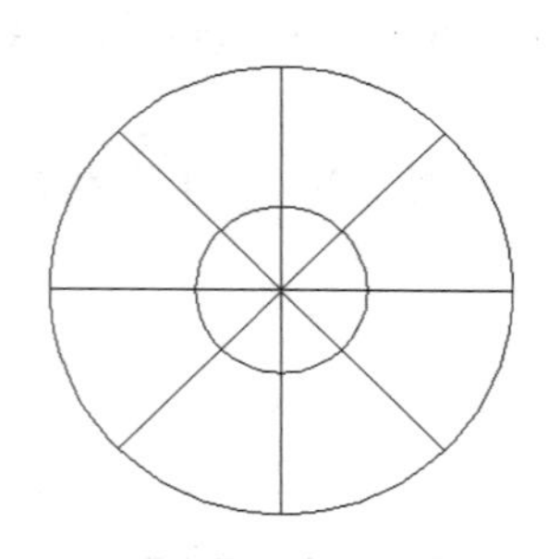

图14-9　旋转直线

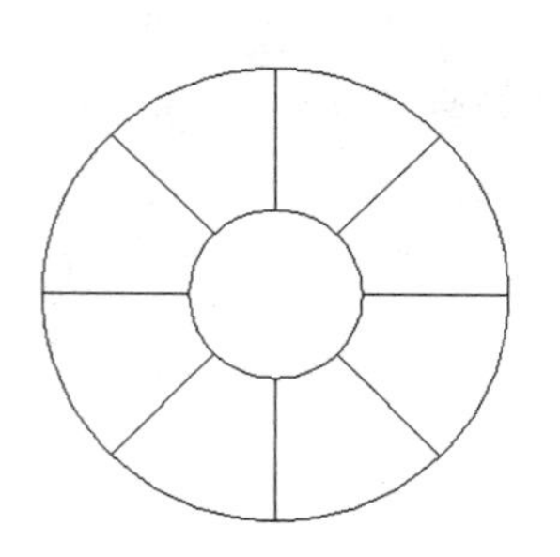

图14-10　修剪线段

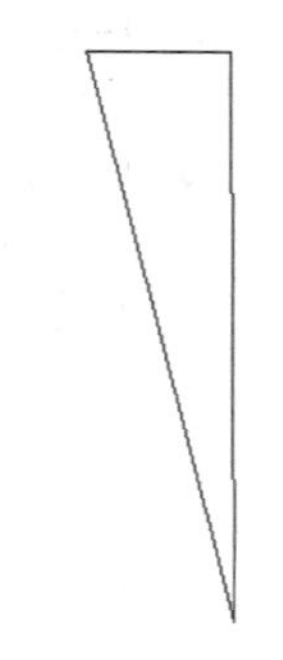

图14-11　绘制连续直线

（2）单击“默认”选项卡“绘图”面板中的“样条曲线拟合”按钮，以第（1）步绘制的图形的水平边右端点为起点向上绘制一段样条曲线，如图14-12所示。

（3）单击“默认”选项卡“块”面板中的“创建”按钮，在第（2）步绘制的图形上任意选一点为基点，选择第（2）步所有图形为定义对象，将其定义为块，块名为“侧送风”。

5. 绘制天花

（1）单击“默认”选项卡“绘图”面板中的“矩形”按钮，在平面图顶部位置绘制一个

矩形，如图 14-13 所示。

（2）单击“默认”选项卡“修改”面板中的“偏移”按钮，选择第（1）步绘制的矩形并向内进行偏移，偏移距离为 100，如图 14-14 所示。

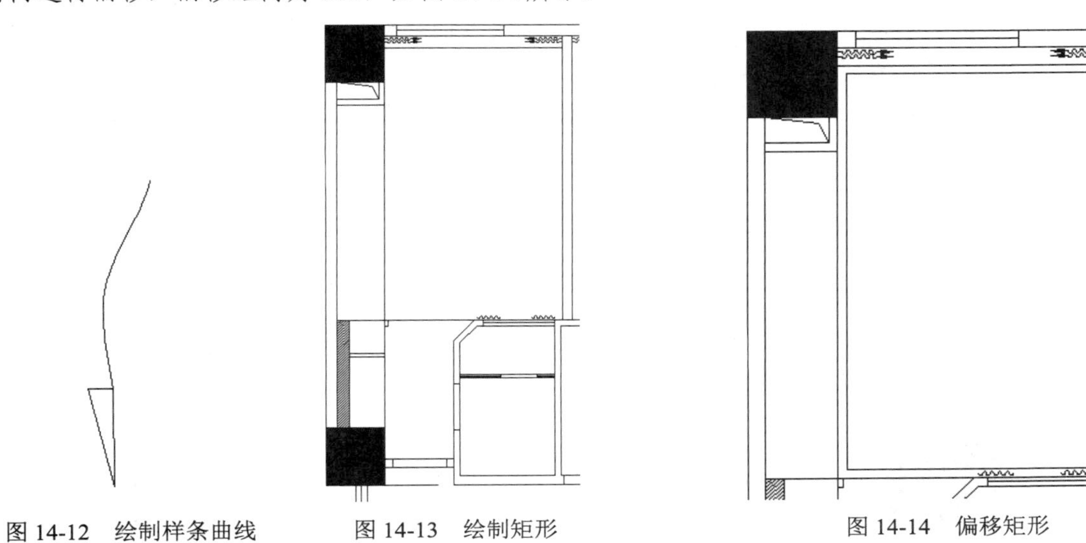

图 14-12　绘制样条曲线　　图 14-13　绘制矩形　　图 14-14　偏移矩形

（3）利用上述方法完成顶棚图中相同天花的绘制，如图 14-15 所示。

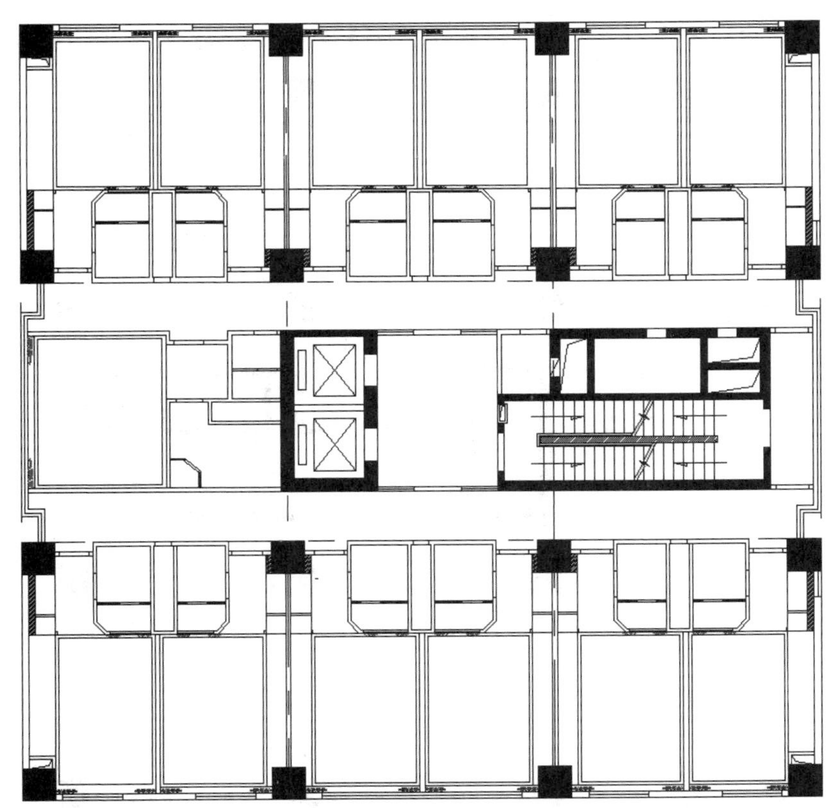

图 14-15　绘制天花

Note

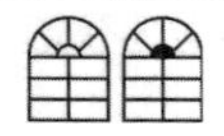
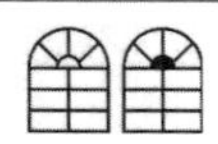

6. 绘制暗藏灯管及暗藏光

（1）单击“默认”选项卡“绘图”面板中的“直线”按钮，在图形适当位置绘制一条水平直线，作为暗藏灯管。

（2）选择第（1）步绘制的直线，在“特性”面板处的“线型”下拉列表框中选择 DASHED 线型，效果如图 14-16 所示。

（3）单击“默认”选项卡“绘图”面板中的“直线”按钮，在暗藏灯管下端距离 50 处，绘制暗藏灯管的暗藏光，如图 14-17 所示。

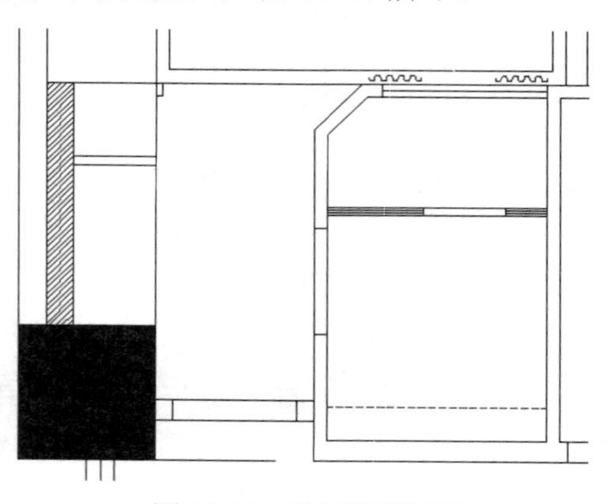

图 14-16　绘制暗藏灯管

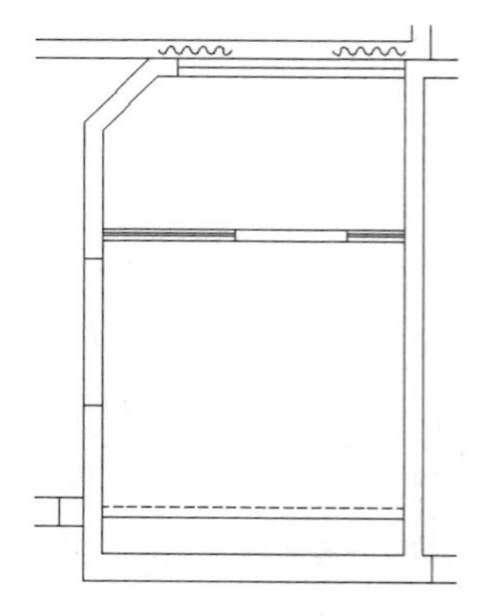

图 14-17　绘制暗藏光

（4）利用上述方法完成图形中所有暗藏灯管及暗藏光的绘制，如图 14-18 所示。

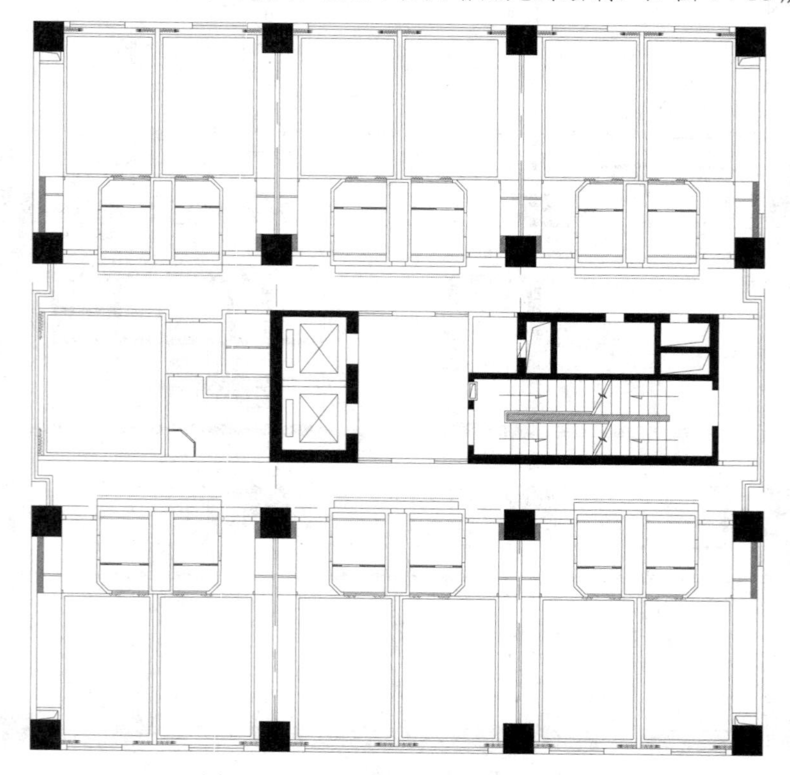

图 14-18　绘制其余暗藏灯管及暗藏光

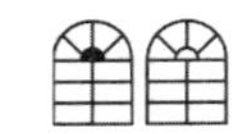

Note

7. 绘制天花内部造型

（1）单击“默认”选项卡“绘图”面板中的“矩形”按钮，在电梯间中间位置绘制一个3260×2100 的矩形，如图 14-19 所示。

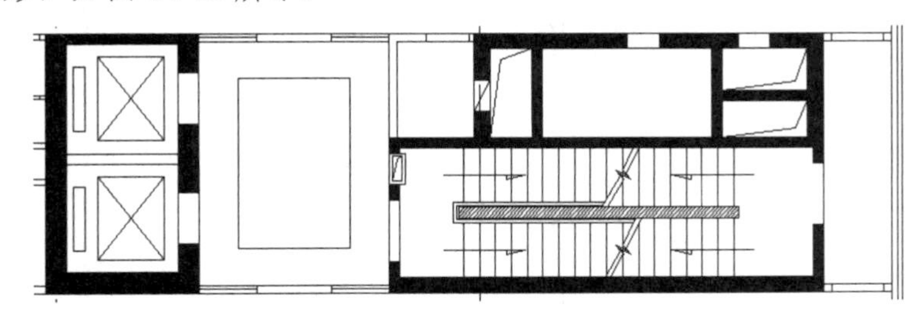

图 14-19　绘制矩形

（2）单击“默认”选项卡“修改”面板中的“偏移”按钮，选择第（1）步绘制的矩形为偏移对象并向外进行偏移，偏移距离分别为 20、50、30 和 100，如图 14-20 所示。

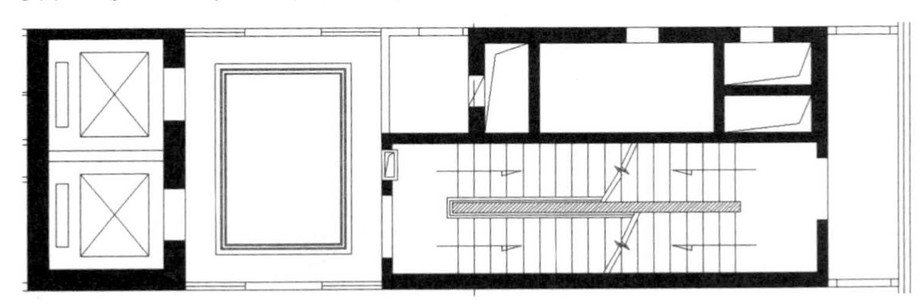

图 14-20　偏移矩形

（3）天花外围为暗藏灯管，选择最外侧矩形，在“特性”面板的“线型”下拉列表框中选择 DASHED 线型，结果如图 14-21 所示。

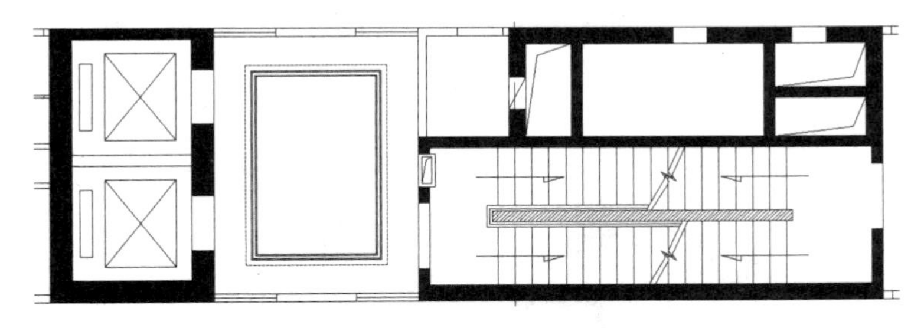

图 14-21　修改线型

（4）单击“默认”选项卡“绘图”面板中的“直线”按钮，绘制偏移矩形的内部对角线，如图 14-22 所示。

（5）利用前面讲述绘制天花的方法绘制天花内部造型，如图 14-23 所示。

（6）单击“默认”选项卡“绘图”面板中的“图案填充”按钮，系统打开“图案填充创建”选项卡，设置填充类型为 AR-SAND，角度为 0°，比例为 5，选择填充区域填充图案，效果如图 14-24 所示。

（7）单击“默认”选项卡“绘图”面板中的“矩形”按钮，在如图 14-25 所示的位置绘制一个适当大小的矩形。

（8）单击“默认”选项卡“绘图”面板中的“图案填充”按钮，系统打开“图案填充创

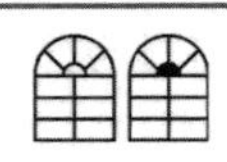

建”选项卡，设置填充类型为 ANSI32，角度为 45°，比例为 10，选择填充区域填充图案，效果如图 14-26 所示。

图 14-22　绘制连接线

图 14-23　绘制天花内部造型

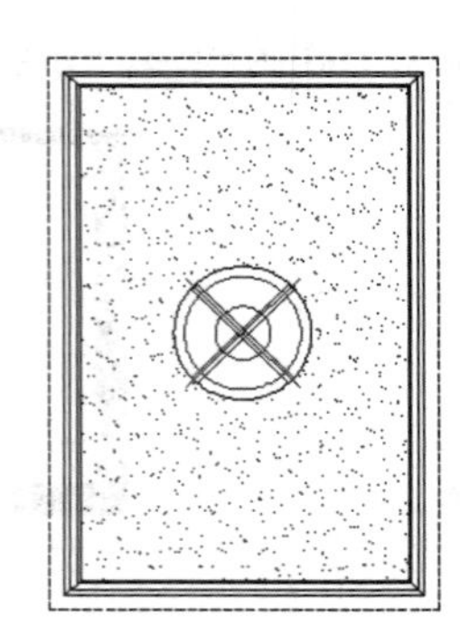

图 14-24　填充图案 AR-SAND

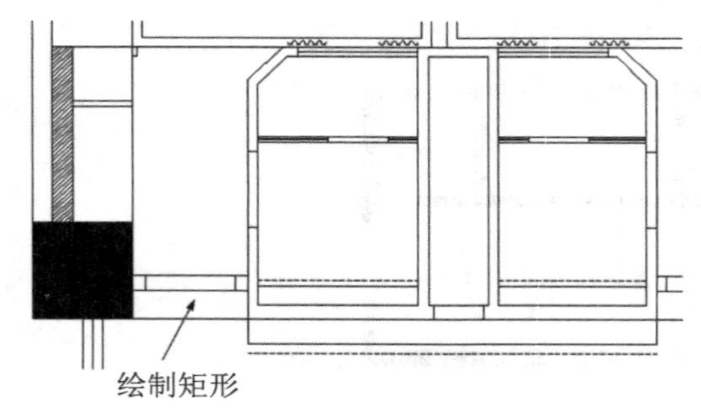

图 14-25　绘制矩形

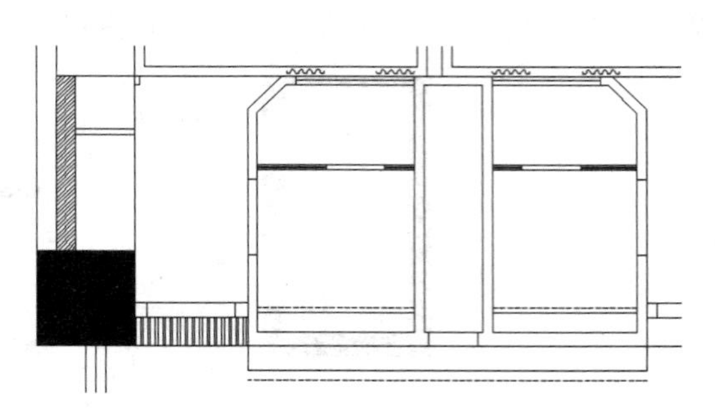

图 14-26　填充图案 ANSI32

（9）利用上述方法完成平面图中相同图形的绘制，如图 14-27 所示。

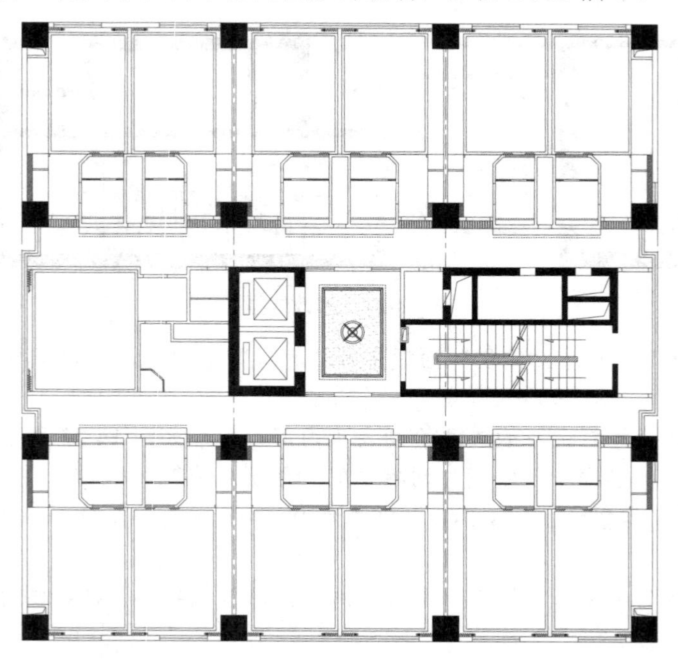

图 14-27　绘制图形

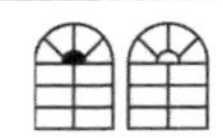

8. 布置图块

(1) 单击“默认”选项卡“块”面板中的“插入”按钮，弹出“插入”对话框，选择“烟感”图块插入到图中，单击“确定”按钮，完成图块的插入，如图 14-28 所示。

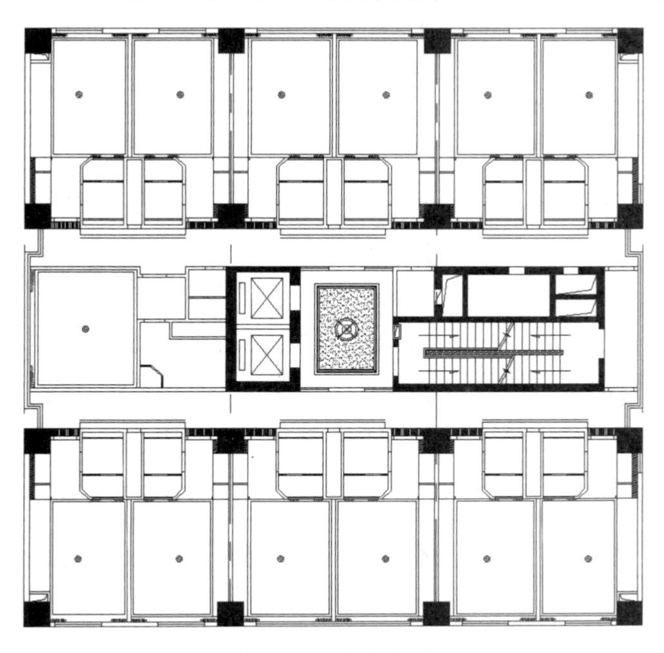

图 14-28　插入烟感

(2) 单击“默认”选项卡“块”面板中的“插入”按钮，弹出“插入”对话框，选择“防雾筒灯”图块插入到图中，单击“确定”按钮，完成图块的插入，如图 14-29 所示。

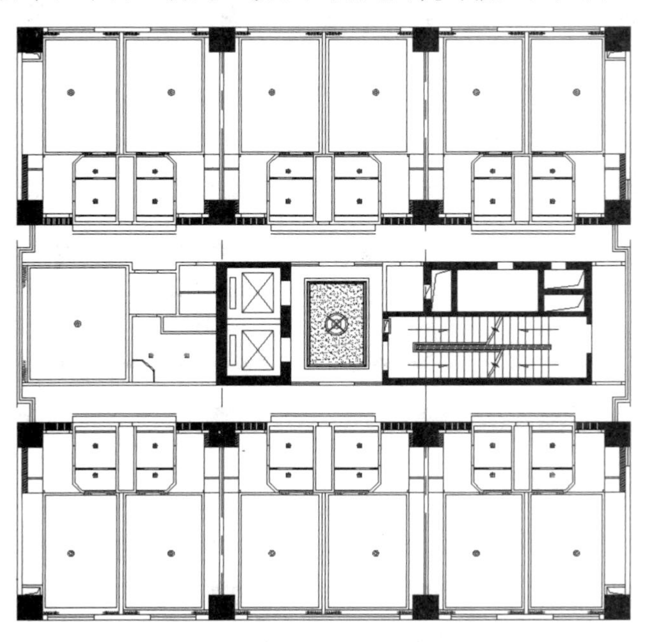

图 14-29　插入防雾筒灯

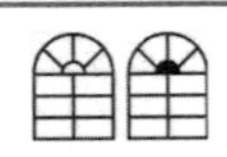

（3）单击“默认”选项卡“块”面板中的“插入”按钮，弹出“插入”对话框。单击“浏览”按钮，弹出“选择图形文件”对话框，选择“源文件\第 14 章\图块\石英灯”图块，单击“打开”按钮，回到“插入”对话框，单击“确定”按钮，完成图块的插入，如图 14-30 所示。

Note

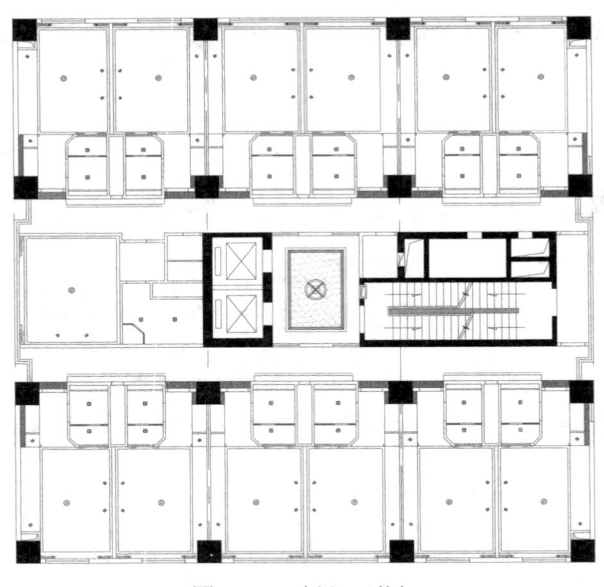

图 14-30　插入石英灯

（4）单击“默认”选项卡“块”面板中的“插入”按钮，弹出“插入”对话框。单击“浏览”按钮，弹出“选择图形文件”对话框，选择“源文件\第 14 章\图块\方形筒灯”图块，单击“打开”按钮，回到“插入”对话框，单击“确定”按钮，完成图块的插入，如图 14-31 所示。

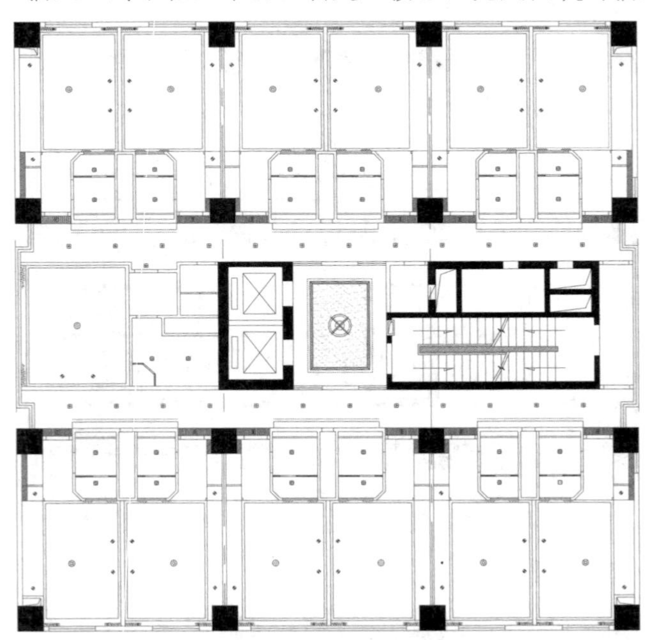

图 14-31　插入方形筒灯

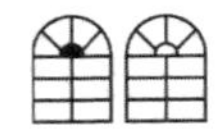

（5）单击“默认”选项卡“块”面板中的“插入”按钮，弹出“插入”对话框，选择“侧送风”图块插入到图中，单击“确定”按钮，完成图块的插入，如图 14-32 所示。

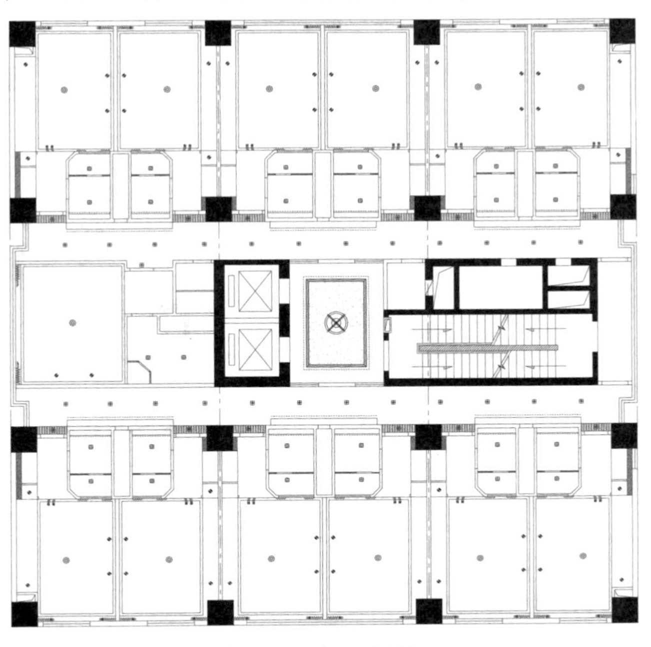

图 14-32　插入侧送风

（6）单击“默认”选项卡“块”面板中的“插入”按钮，弹出“插入”对话框。单击“浏览”按钮，弹出“选择图形文件”对话框，选择“源文件\第 14 章\图块\换气扇”图块，单击“打开”按钮，回到“插入”对话框，单击“确定”按钮，完成图块的插入，如图 14-33 所示。

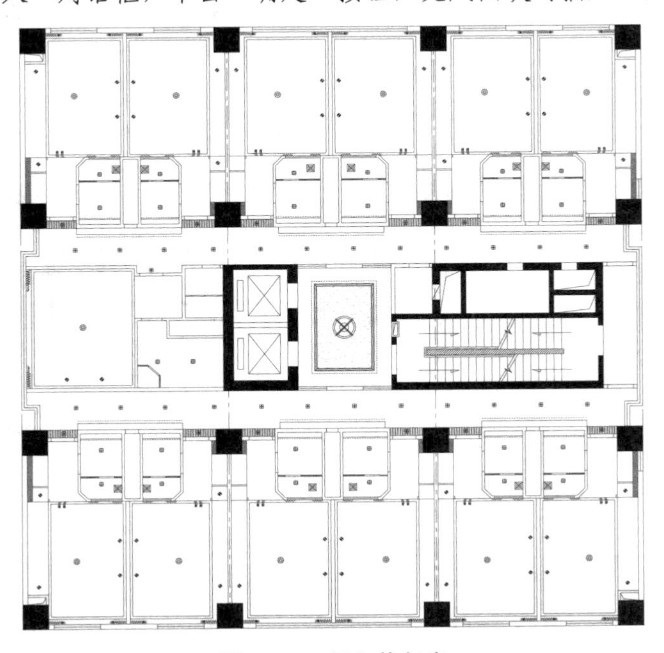

图 14-33　插入换气扇

（7）单击“默认”选项卡“块”面板中的“插入”按钮，弹出“插入”对话框。单击“浏览”按钮，弹出“选择图形文件”对话框，选择“源文件\第 14 章\图块\吸顶灯”图块，单击“打开”按钮，回到“插入”对话框，单击“确定”按钮，完成图块的插入，如图 14-34 所示。

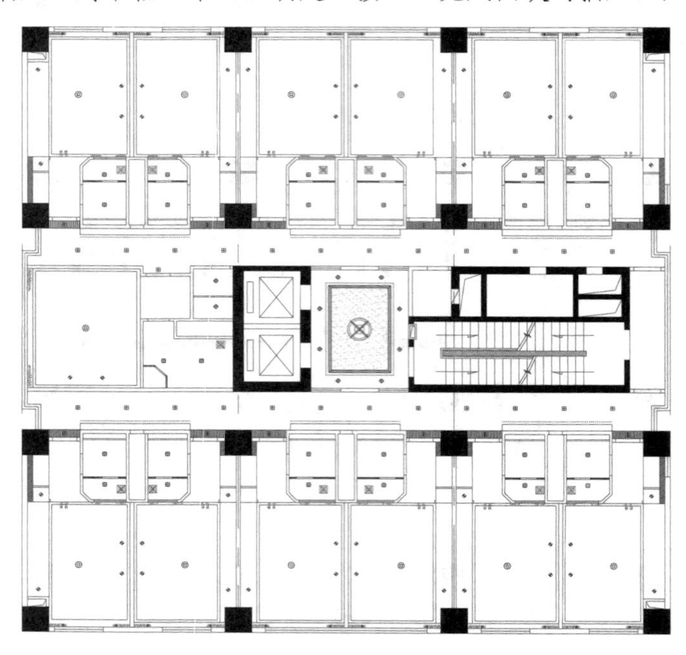

图 14-34　插入吸顶灯

（8）利用上述方法完成图形中所有灯具的布置，如图 14-35 所示。

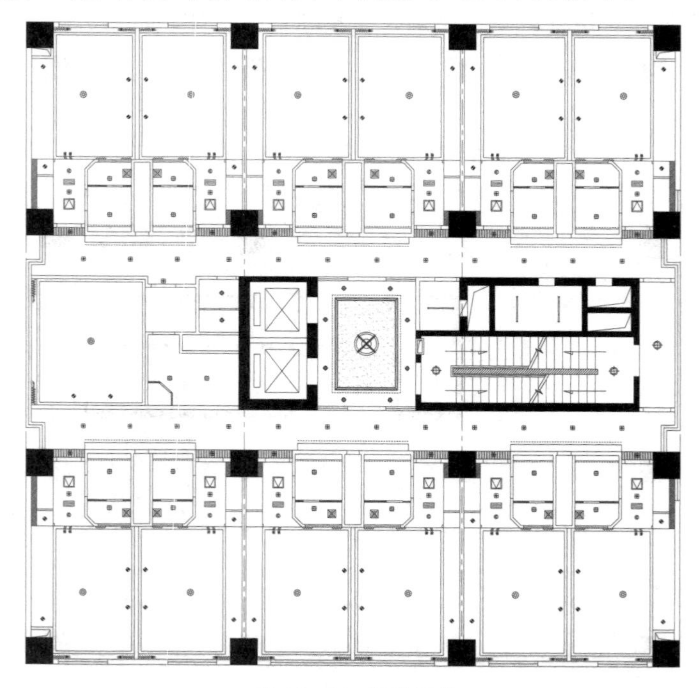

图 14-35　布置灯具

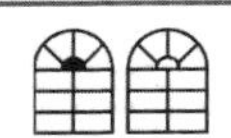

（9）单击“默认”选项卡“块”面板中的“插入”按钮，弹出“插入”对话框。单击“浏览”按钮，弹出“选择图形文件”对话框，选择“源文件\第 14 章\图块\标高”图块，单击“打开”按钮，回到“插入”对话框，单击“确定”按钮，完成图块的插入，然后单击“默认”选项卡“注释”面板中的“多行文字”按钮，标注标高数值，结果如图 14-36 所示。

Note

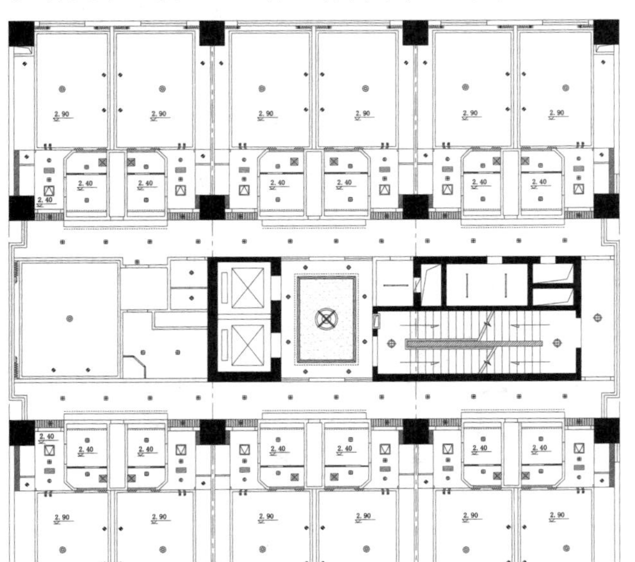

图 14-36　插入标高

（10）在命令行中输入“QLEADER”命令，为十八层顶棚装饰图添加文字说明，如图 14-37 所示。

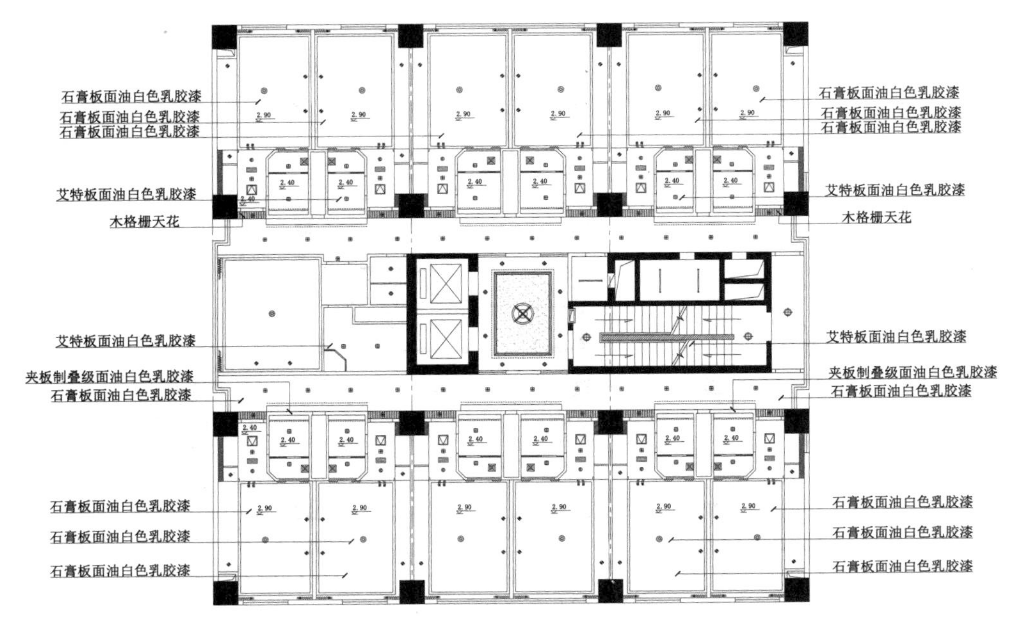

图 14-37　添加文字说明

（11）打开关闭的图层，完成十八层顶棚装饰图的绘制，如图 14-1 所示。

14.1.2 十六七层顶棚装饰图

利用上述方法完成十六七层顶棚装饰图的绘制，如图 14-38 所示。

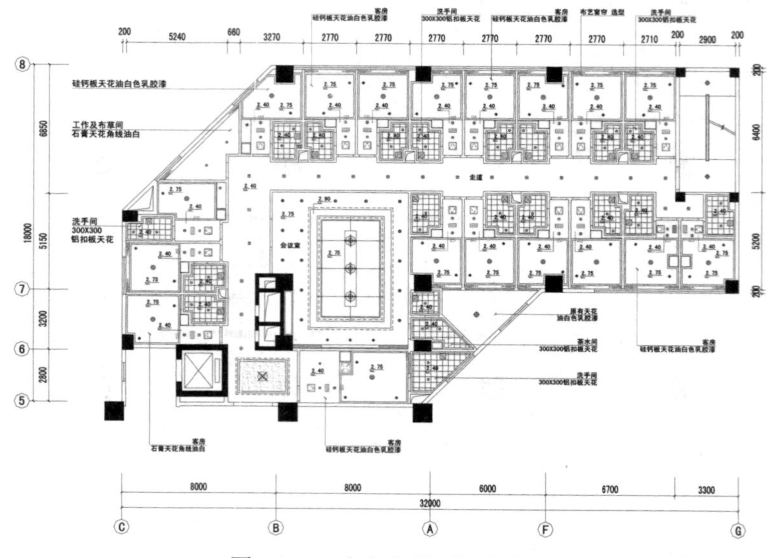

图 14-38 十六七层顶棚装饰图

14.1.3 十九层装饰图

利用上述方法完成十九层顶棚装饰图的绘制，如图 14-39 所示。

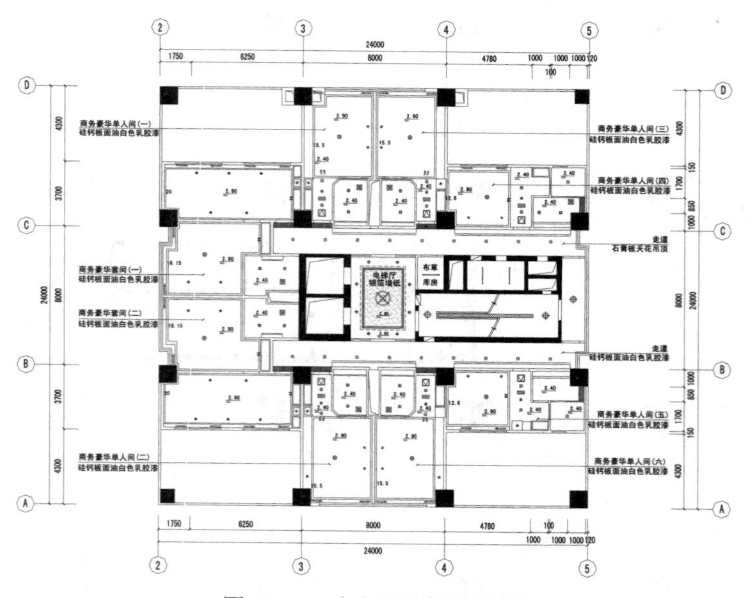

图 14-39 十九层顶棚装饰图

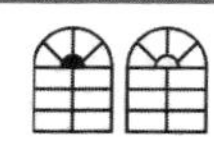

14.2　客房地坪装饰图

客房地坪图设计要根据客房的特点进行适当的布置，一般走道要铺设地毯，一方面显得高档、卫生，另一方面主要是为了降低行走声响，以免影响客房内客人休息。卧室可以铺设木地板或仿木地板，卫生间要铺设防滑栅格板。下面具体讲述其绘制方法。

14.2.1　十八层地坪图的绘制

本节主要讲述十八层客房地坪图的绘制过程，首先对图形进行整理，然后填充地面图案，如图 14-40 所示。

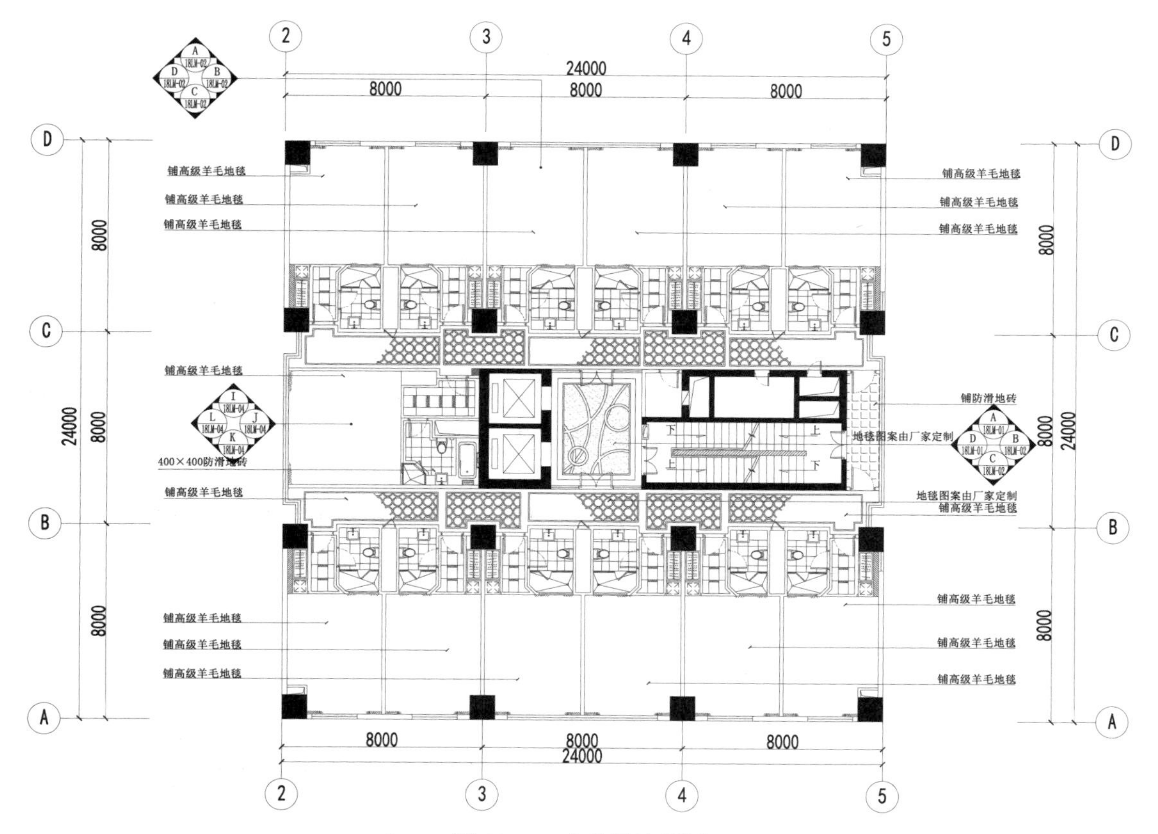

图 14-40　十八层地坪图

操作步骤如下：（光盘\配套视频\第 14 章\十八层地坪图.avi）

1. 绘图准备

（1）单击快速访问工具栏中的“打开”按钮，弹出“选择文件”对话框，选择“源文件\第 13 章\十八层装饰平面图”，单击“打开”按钮，打开绘制的十八层装饰平面图。

（2）单击快速访问工具栏中的“另存为”按钮，将打开的“十八层装饰平面图”另存为

Note

"十八层地坪图"，并结合所学命令对其进行整理，封闭填充区域，如图14-41所示。

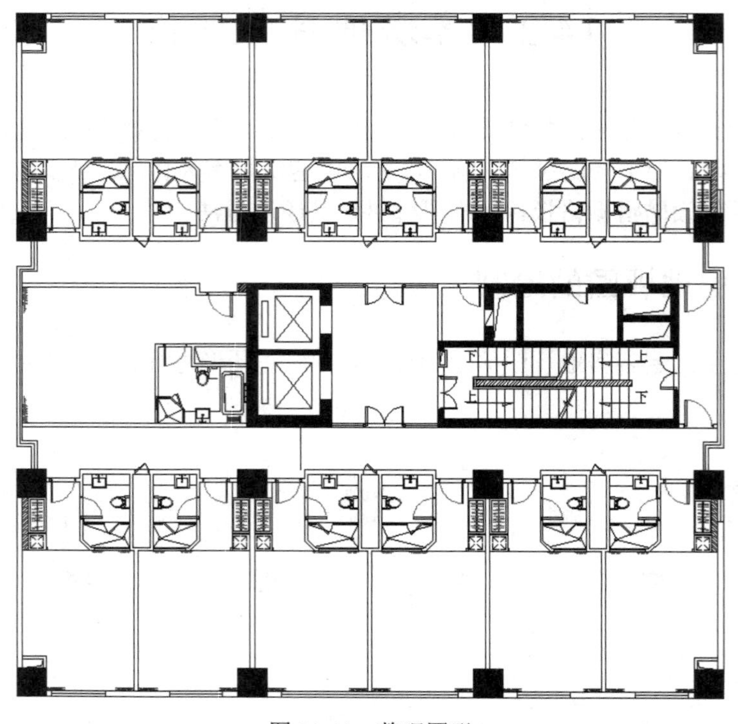

图14-41　整理图形

2. 绘制客房入口处的地面铺装

（1）单击"默认"选项卡"修改"面板中的"偏移"按钮，选择门厅处墙线为偏移对象并向内进行偏移，偏移距离为100，然后单击"默认"选项卡"修改"面板中的"修剪"按钮，对偏移墙线进行修剪，如图14-42所示。

（2）单击"默认"选项卡"修改"面板中的"偏移"按钮，选择左侧竖直线段为偏移对象并向右进行偏移，偏移距离分别为250和400，如图14-43所示。

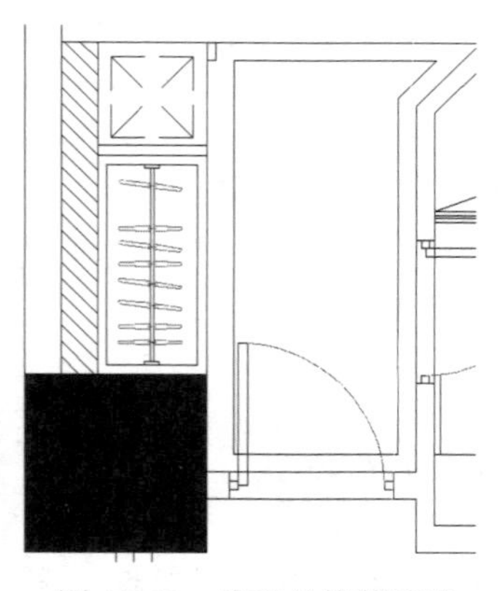

图14-42　偏移并修剪墙线

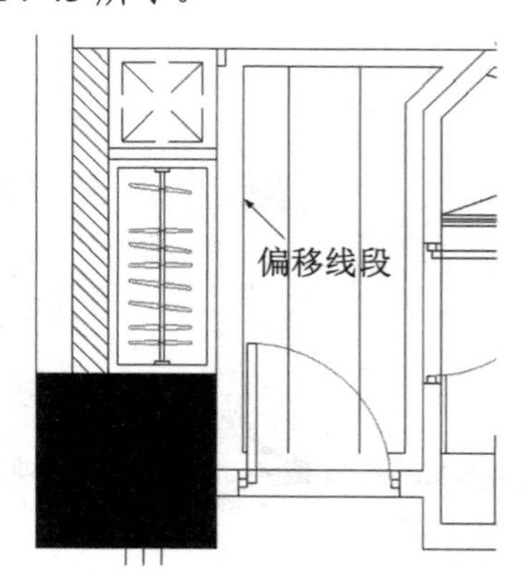

图14-43　偏移线段

（3）单击"默认"选项卡"修改"面板中的"偏移"按钮，选择第（2）步中偏移的水平

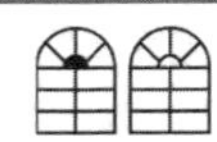

线段为偏移对象并向下进行偏移，偏移距离分别为 470、80、470、80、470 和 80，如图 14-44 所示。

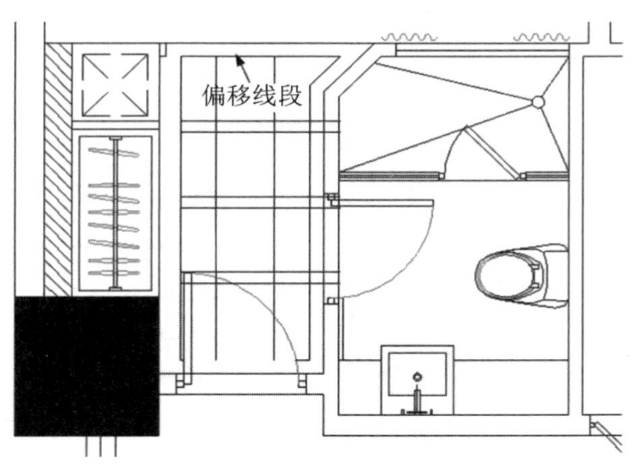

图 14-44　偏移线段

（4）单击“默认”选项卡“修改”面板中的“修剪”按钮，对第（3）步偏移的线段进行修剪，如图 14-45 所示。

（5）单击“默认”选项卡“绘图”面板中的“图案填充”按钮，系统打开“图案填充创建”选项卡，设置填充类型为 AR-SAND，比例为 1，填充第（4）步修剪后得到的图形，效果如图 14-46 所示。

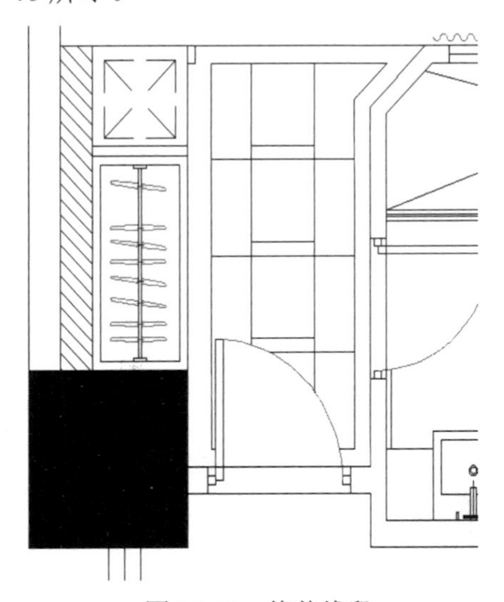

图 14-45　修剪线段

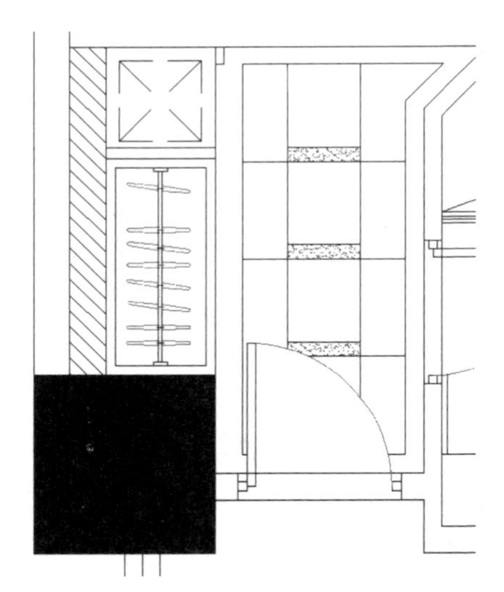

图 14-46　填充图案 1

（6）利用上述方法完成平面图中相同地面图案的绘制，如图 14-47 所示。

3. 绘制走道处的地面铺装

（1）单击“默认”选项卡“绘图”面板中的“多段线”按钮，在过道适当位置绘制连续多段线，如图 14-48 所示。

（2）单击“默认”选项卡“修改”面板中的“偏移”按钮，选择第（1）步绘制的连续多

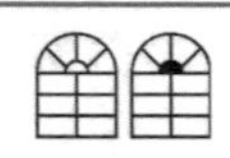

Note

段线为偏移对象并向内进行偏移，偏移距离为 50，如图 14-49 所示。

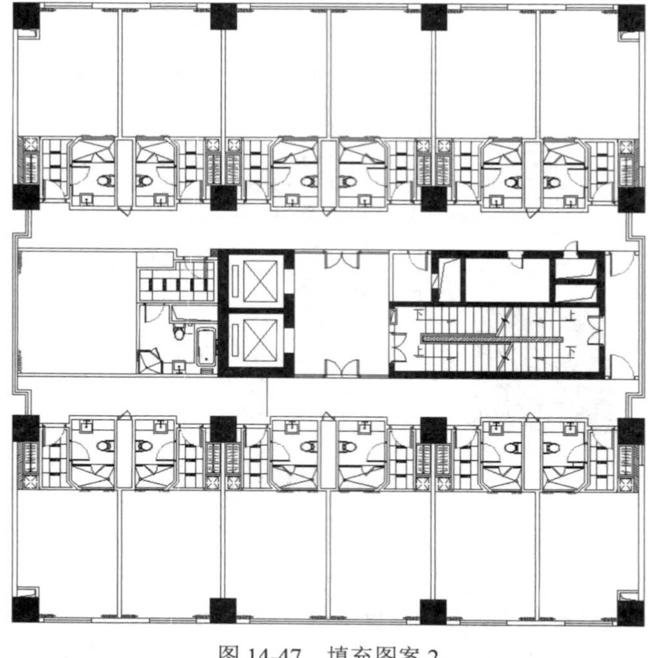

图 14-47　填充图案 2

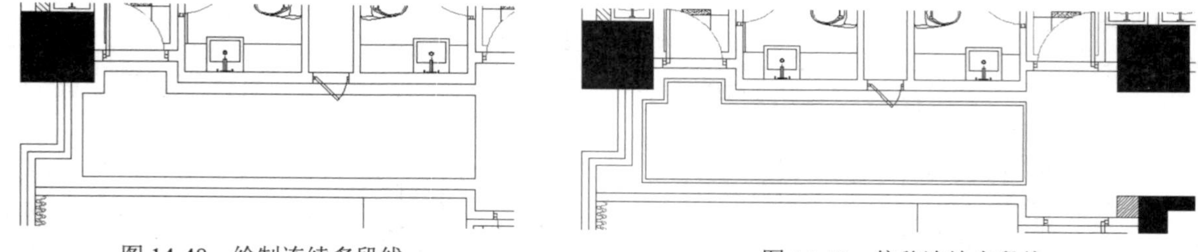

图 14-48　绘制连续多段线

图 14-49　偏移连续多段线

（3）单击“默认”选项卡“绘图”面板中的“圆”按钮，在图形适当位置绘制一个半径为 160 的圆，如图 14-50 所示。

（4）单击“默认”选项卡“修改”面板中的“偏移”按钮，选择第（3）步绘制的圆为偏移对象并向外进行偏移，偏移距离为 40，如图 14-51 所示。

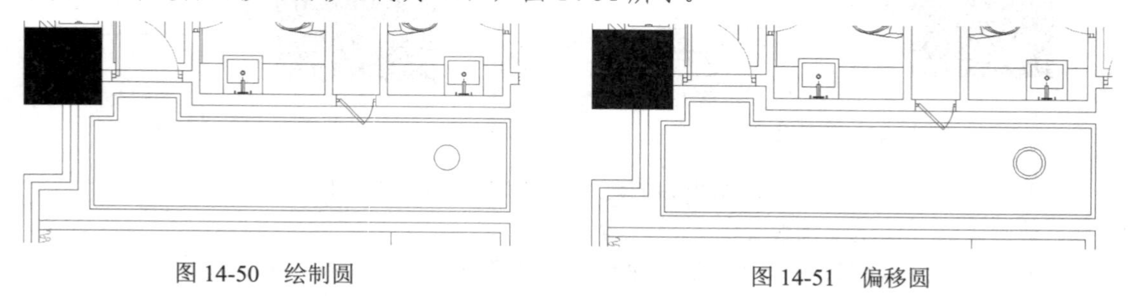

图 14-50　绘制圆

图 14-51　偏移圆

（5）单击“默认”选项卡“修改”面板中的“复制”按钮，选择第（4）步绘制的两个圆为复制对象，对其进行多次复制，结果如图 14-52 所示。

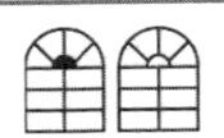

（6）单击“默认”选项卡“绘图”面板中的“直线”按钮，在第（5）步复制图形处适当位置绘制一条斜线，如图 14-53 所示。

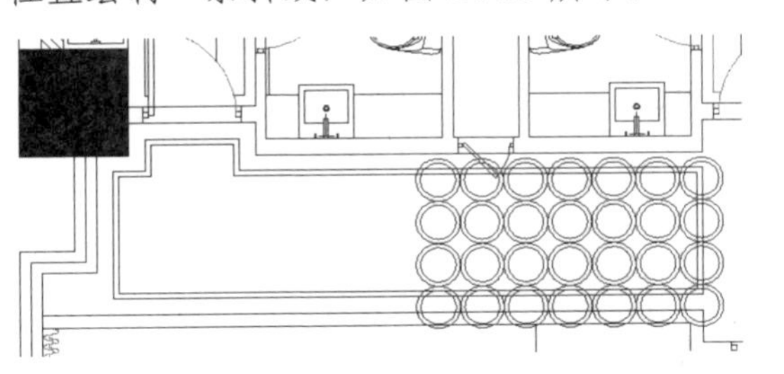

图 14-52　复制图形

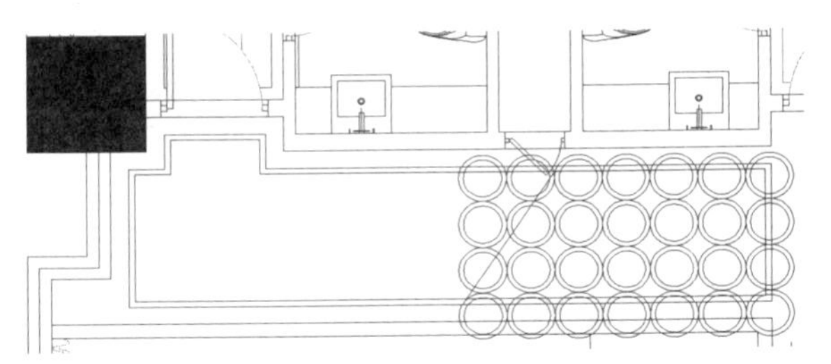

图 14-53　绘制斜线

（7）单击“默认”选项卡“修改”面板中的“修剪”按钮，对第（6）步绘制的直线外侧图形进行修剪，如图 14-54 所示。

（8）单击“默认”选项卡“修改”面板中的“删除”按钮，选择绘制的斜向直线为删除对象并将其删除，如图 14-55 所示。

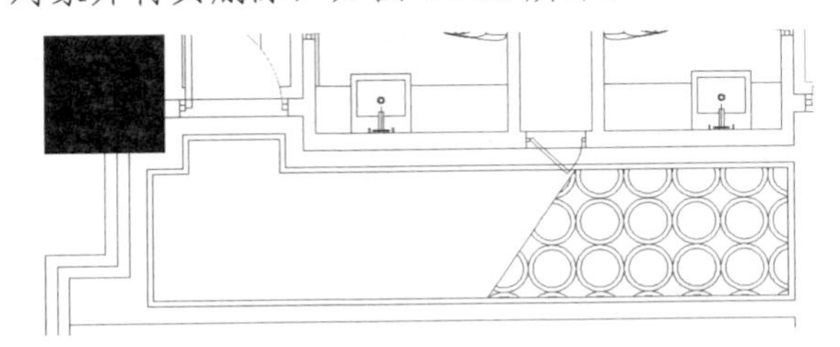

图 14-54　修剪线条

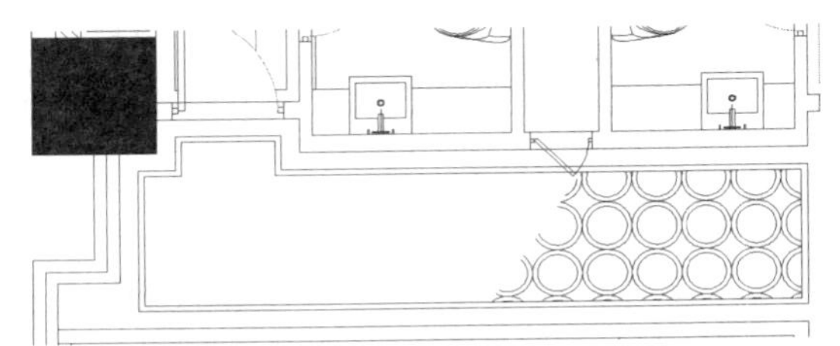

图 14-55　删除线条

（9）利用上述方法完成平面图中相同地面图案的绘制，如图 14-56 所示。

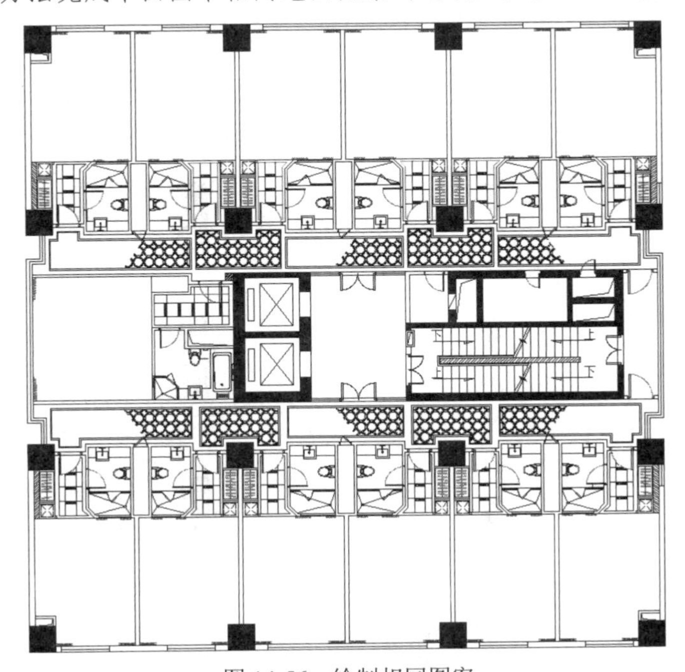

图 14-56　绘制相同图案

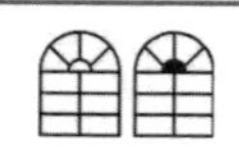

Note

4. 绘制卫生间处的地面铺装

单击“默认”选项卡“绘图”面板中的“直线”按钮和“修改”面板中的“偏移”按钮，完成卫生间地面图案的绘制，如图 14-57 所示。

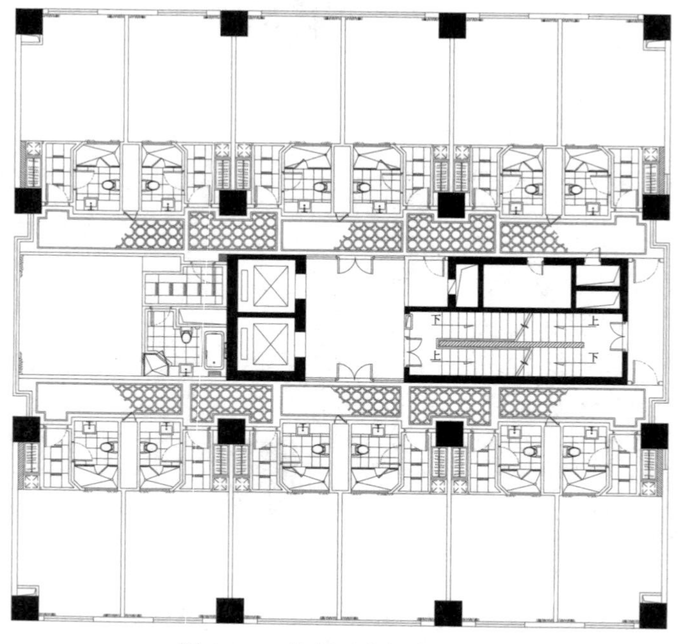

图 14-57　绘制卫生间地面图案

5. 绘制电梯厅处的地面铺装

（1）单击“默认”选项卡“绘图”面板中的“矩形”按钮，在电梯间位置绘制一个 3100×4200 的矩形，如图 14-58 所示。

（2）单击“默认”选项卡“修改”面板中的“偏移”按钮，选择第（1）步绘制的矩形为偏移对象并向内进行偏移，偏移距离分别为 200 和 50，如图 14-59 所示。

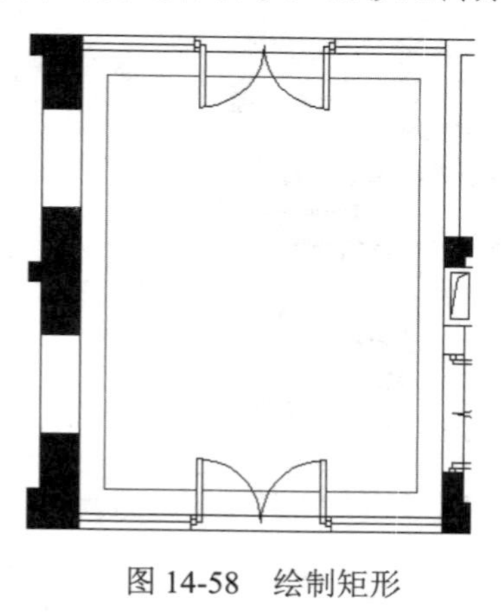

图 14-58　绘制矩形

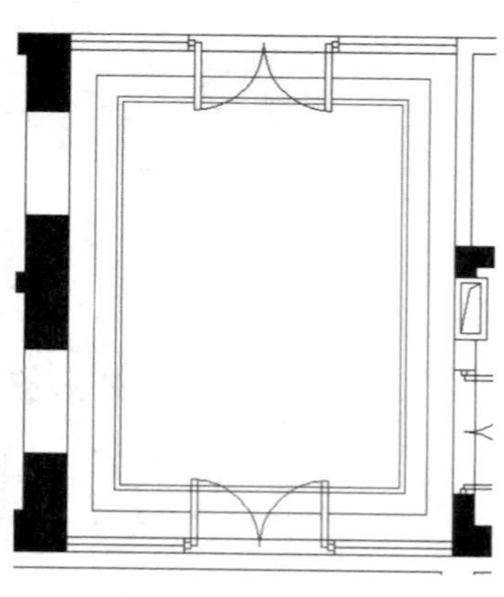

图 14-59　偏移矩形

（3）结合所学绘图命令和“修改”命令，完成地面图案的绘制，如图 14-60 所示。

（4）单击“默认”选项卡“绘图”面板中的“图案填充”按钮，系统打开“图案填充创

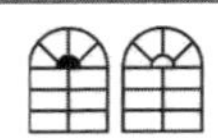

建”选项卡，设置填充类型为 AR-SAND，比例为 2，选择填充区域填充图案，效果如图 14-61 所示。

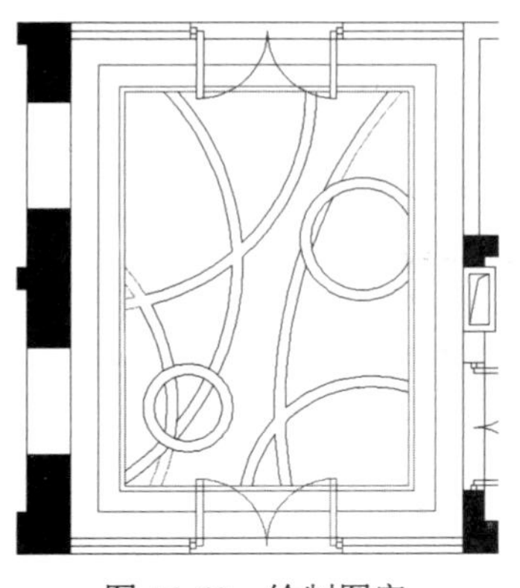

图 14-60　绘制图案

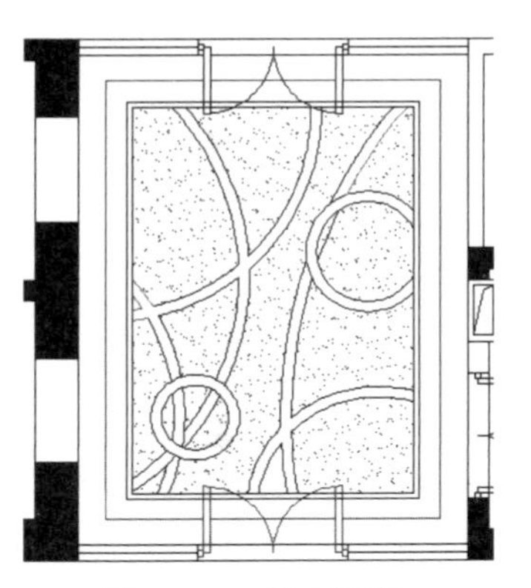

图 14-61　填充图案 1

（5）单击“默认”选项卡“绘图”面板中的“图案填充”按钮，系统打开“图案填充创建”选项卡，设置填充类型为 ANGLE，比例为 50，填充剩余图形，效果如图 14-62 所示。

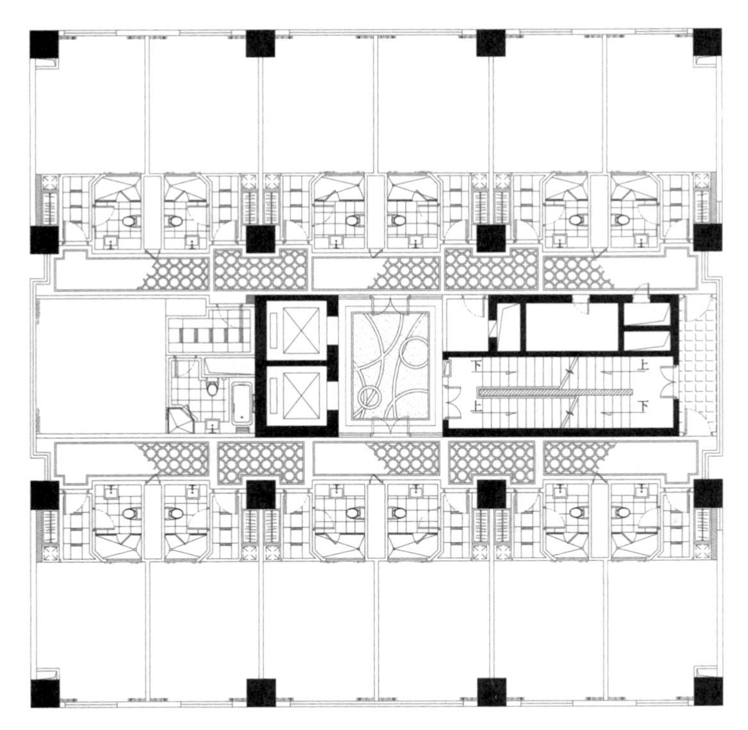

图 14-62　填充图案 2

6. 标注尺寸和文字

（1）在命令行中输入“QLEADER”命令，为图形添加文字说明，如图 14-63 所示。

（2）利用上述方法完成立面标号的绘制，打开关闭的“尺寸”图层，最终完成十八层地坪图的绘制，如图 14-40 所示。

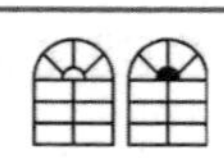

Note

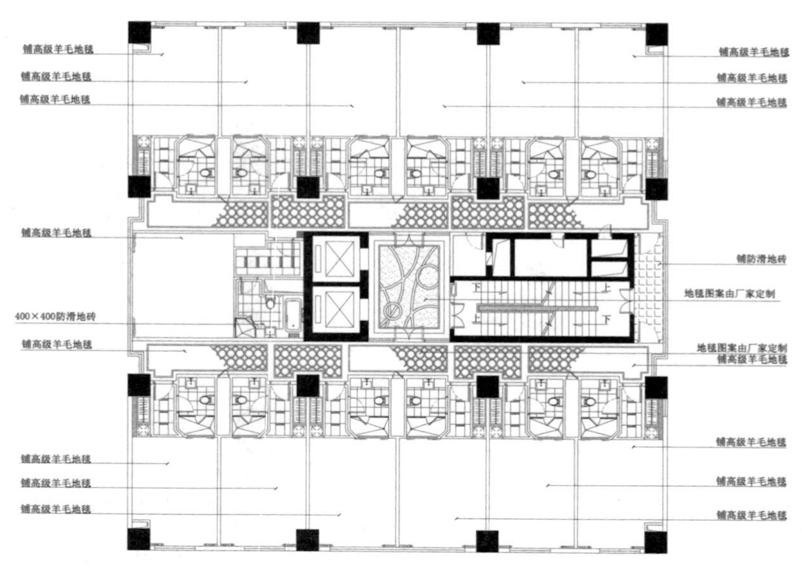

图 14-63　添加文字说明

14.2.2　十六七层地坪图的绘制

利用上述方法完成十六七层地坪图的绘制，如图 14-64 所示。

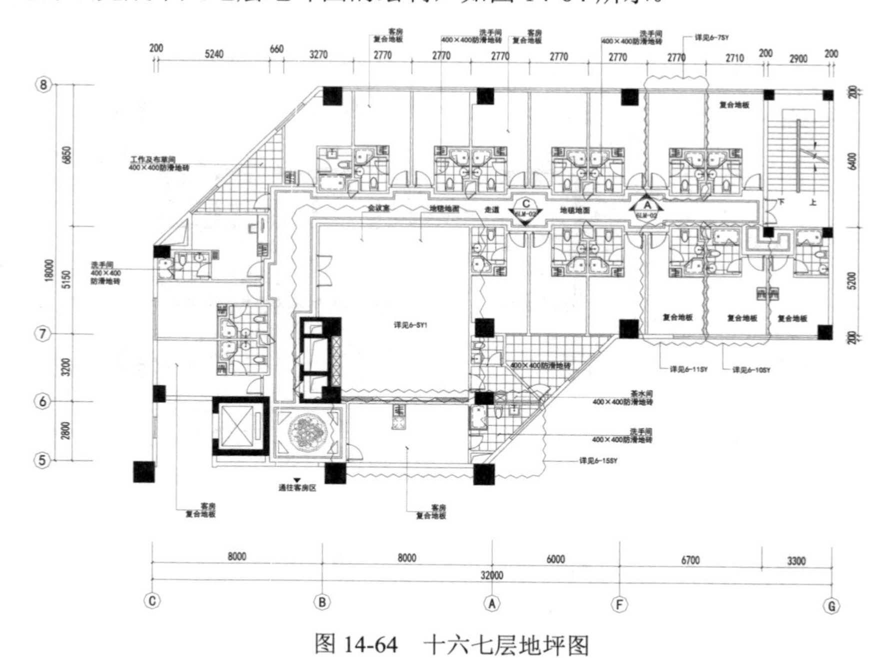

图 14-64　十六七层地坪图

14.2.3　十九层地坪图的绘制

利用上述方法完成十九层地坪图的绘制，如图 14-65 所示。

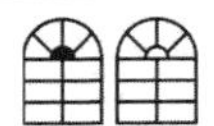

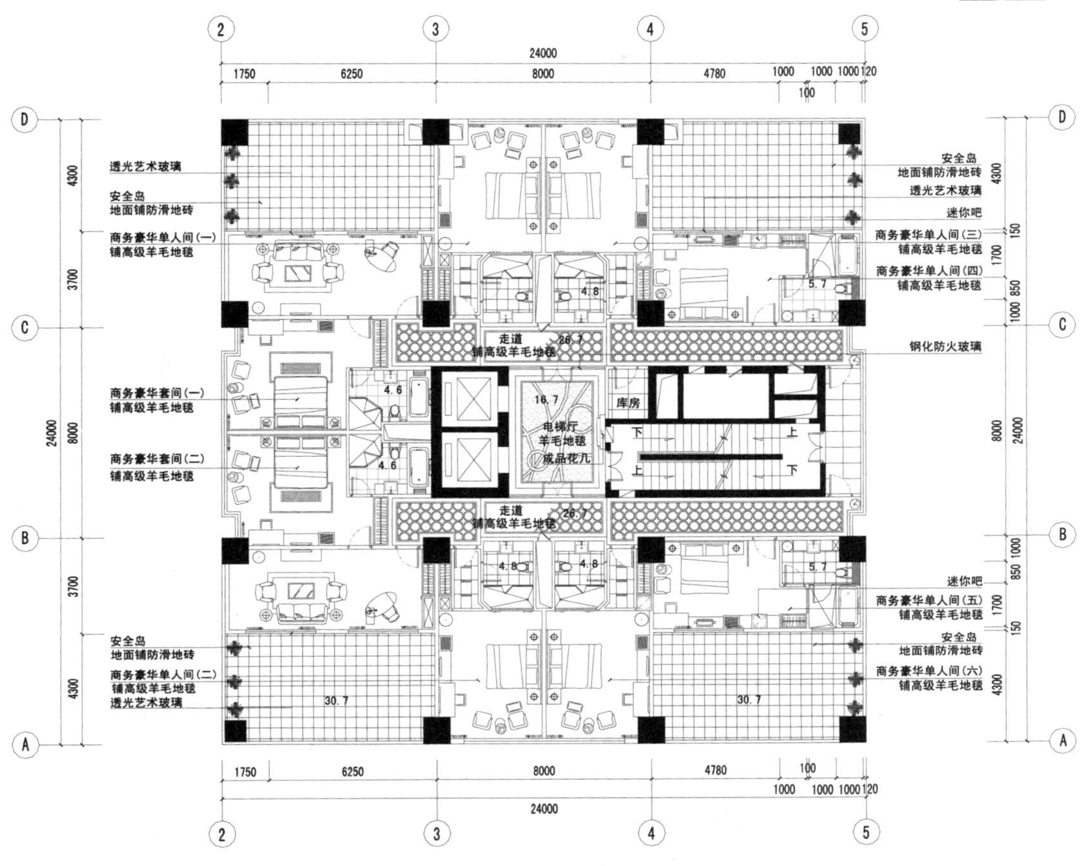

图 14-65　十九层地坪图

14.3　实 战 演 练

通过前面的学习，读者对本章知识也有了大体的了解，本节通过几个操作练习使读者进一步掌握本章知识要点。

【实战演练 1】绘制如图 14-66 所示的咖啡吧顶棚图。

1．目的要求

本实例主要要求读者通过练习进一步熟悉和掌握咖啡吧顶棚图的绘制方法。通过本实例，可以帮助读者学会完成整个顶棚图绘制的全过程。

2．操作提示

（1）绘图准备。

（2）绘制吊顶。

（3）绘制柱子。

（4）布置灯具。

（5）标注文字。

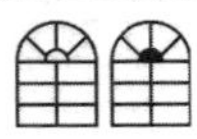

Note

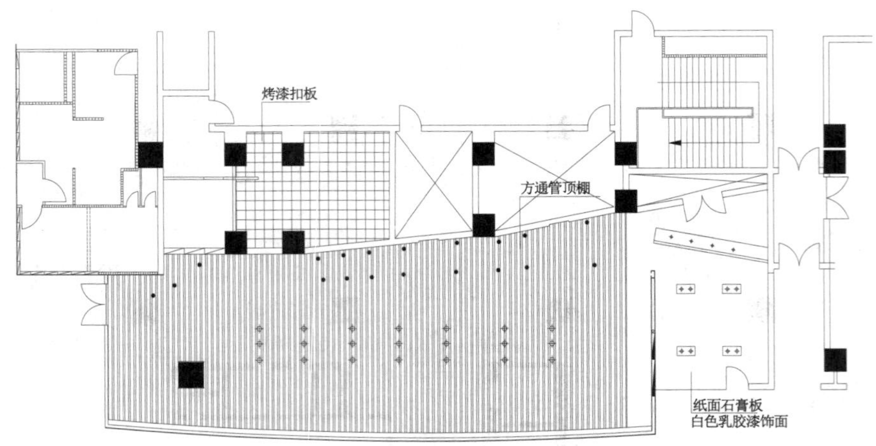

图 14-66 咖啡吧顶棚图

【实战演练 2】绘制如图 14-67 所示的咖啡吧地面平面图。

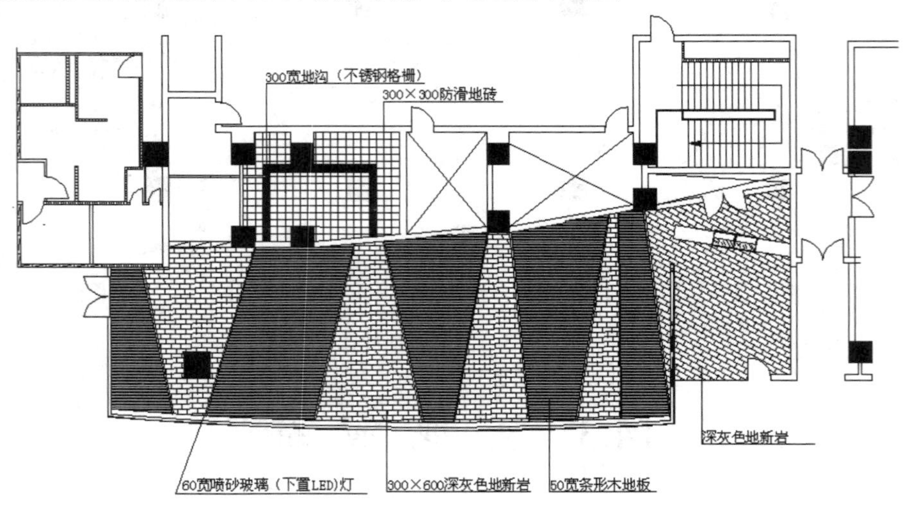

图 14-67 咖啡吧地面平面图

1．目的要求

本实例主要要求读者通过练习进一步熟悉和掌握咖啡吧平面图的绘制方法。通过本实例，可以帮助读者学会完成整个平面图绘制的全过程。

2．操作提示

（1）绘图准备。

（2）绘制喷砂玻璃。

（3）填充地板、前厅、厨房和地沟。

（4）标注文字。

客房立面图的绘制

本章学习要点和目标任务：

☑ 十八层立面图的绘制

☑ 十九层商务豪华套间立面图的绘制

立面图是用直接正投影法将建筑各个墙面进行投影所得到的正投影图。立面图的精致设计可以极大地提升酒店客房的品位。本章将详细论述客房立面图设计的AutoCAD绘制方法与相关技巧。

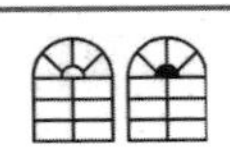

15.1 十八层立面图的绘制

Note

本节主要讲述十八层商务豪华单人间卧室、卫生间、衣柜、衣柜开启，以及客房 7 的卧室和卫生间等立面图的绘制过程。

15.1.1 商务豪华单人间卧室立面图

本小节主要讲述商务豪华单人间卧室立面图的绘制方法，结果如图 15-1 所示。

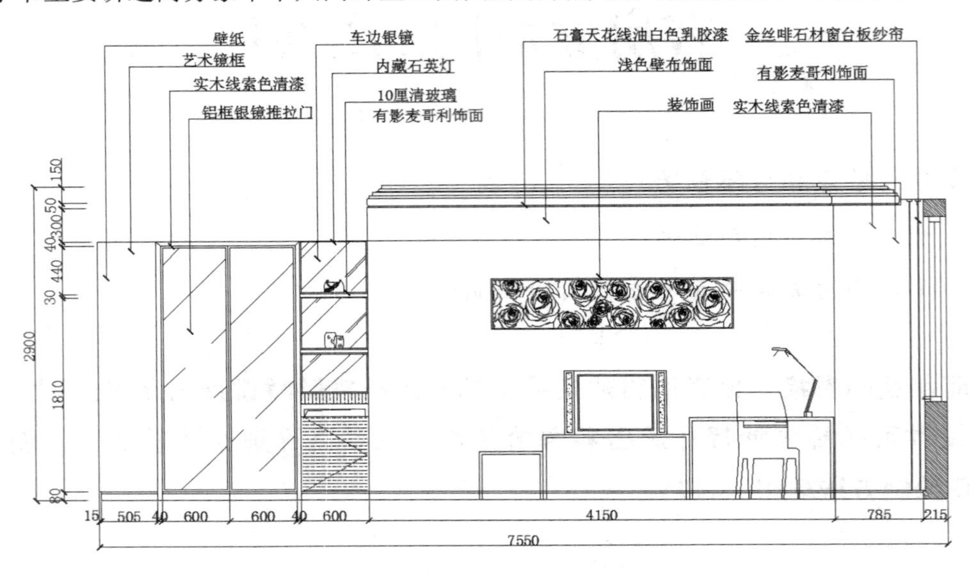

图 15-1　商务豪华单人间卧室立面图

操作步骤如下：（：光盘\配套视频\第 15 章\商务豪华单人间卧室立面图.avi）

1. 绘制单人间卧室轮廓

（1）单击“默认”选项卡“绘图”面板中的“直线”按钮，在图形适当位置绘制一条长度为 7550 的水平直线，如图 15-2 所示。

（2）单击“默认”选项卡“绘图”面板中的“直线”按钮，以第（1）步绘制的水平直线左端点为起点向上绘制一条长为 2900 的竖直直线，如图 15-3 所示。

图 15-2　绘制水平直线　　　　图 15-3　绘制竖直直线

（3）单击“默认”选项卡“修改”面板中的“偏移”按钮，选择绘制的水平直线为偏移对象并向上进行偏移，偏移距离分别为 80、1810、30、440、40、300、50 和 150，如图 15-4 所示。

Note

图 15-4　向上偏移直线

（4）单击“默认”选项卡“修改”面板中的“偏移”按钮，选择左侧竖直直线为偏移对象并向右进行偏移，偏移距离分别为 15、505、40、1200、40、600、4750、185、15 和 200，如图 15-5 所示。

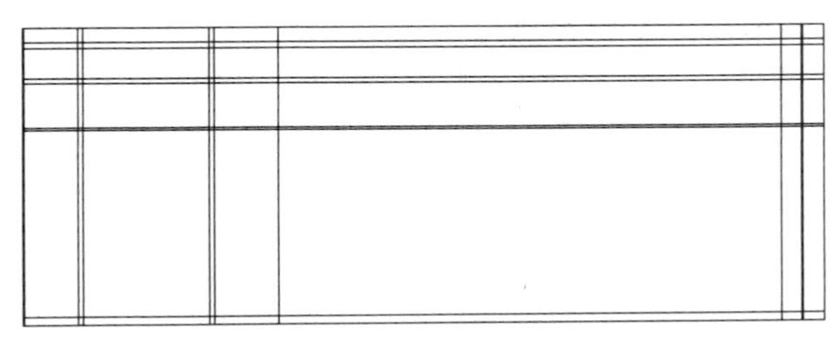

图 15-5　向右偏移直线

2. 绘制柜子推拉门

（1）选择水平直线并向下进行偏移，偏移距离为 15，如图 15-6 所示。

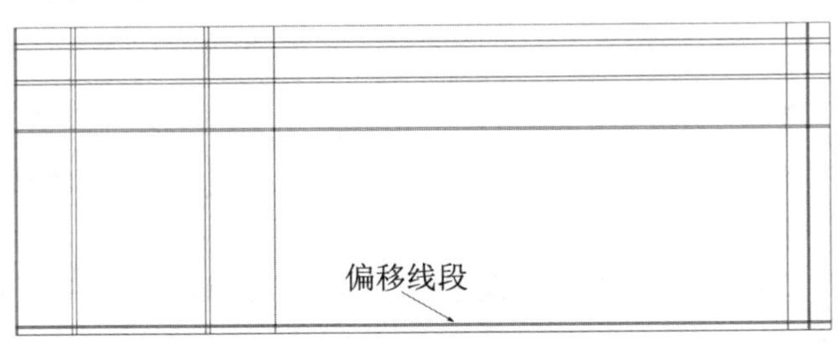

图 15-6　偏移直线

（2）单击“默认”选项卡“修改”面板中的“修剪”按钮，对图形进行修剪，如图 15-7 所示。

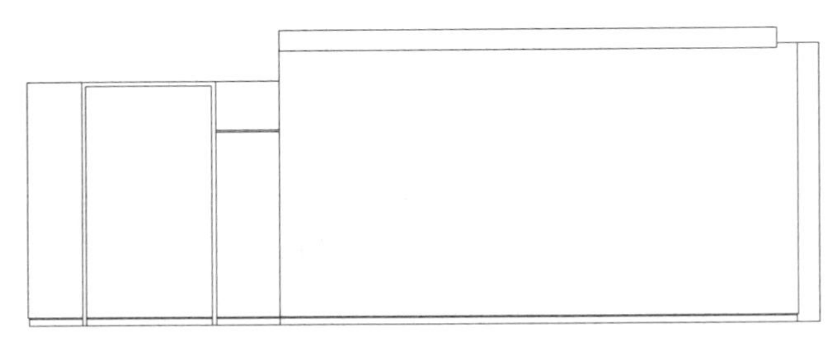

图 15-7　修剪图形

（3）单击“默认”选项卡“绘图”面板中的“直线”按钮，在图形适当位置绘制一条竖

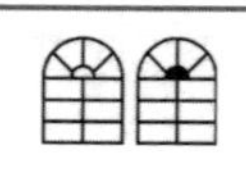

直直线，如图 15-8 所示。

Note

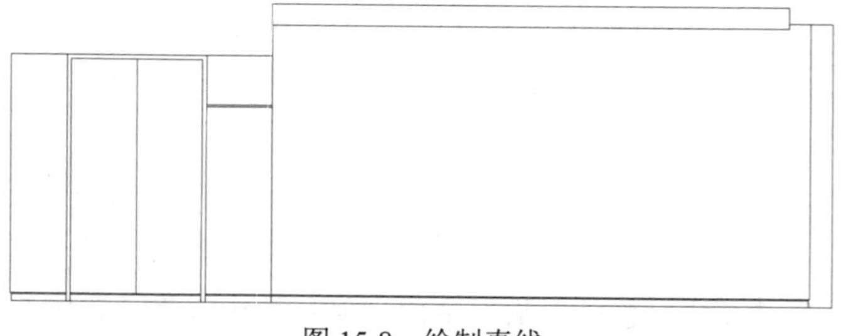

图 15-8　绘制直线

（4）单击“默认”选项卡“修改”面板中的“偏移”按钮，选择偏移对象并对其进行偏移，偏移距离均为 20，结果如图 15-9 所示。

（5）单击“默认”选项卡“修改”面板中的“修剪”按钮，对第（4）步偏移的线段进行修剪，如图 15-10 所示。

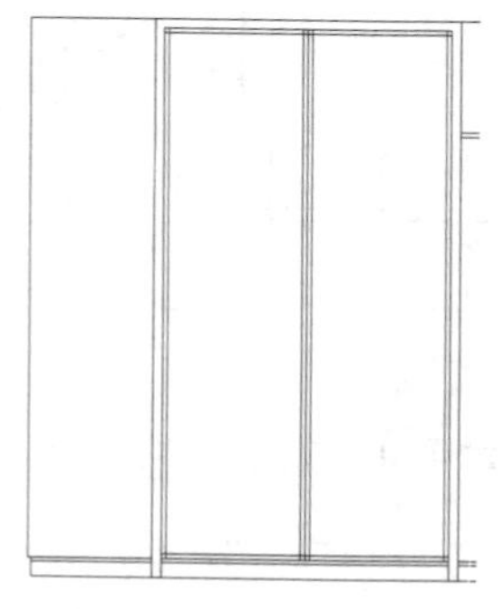

图 15-9　偏移直线

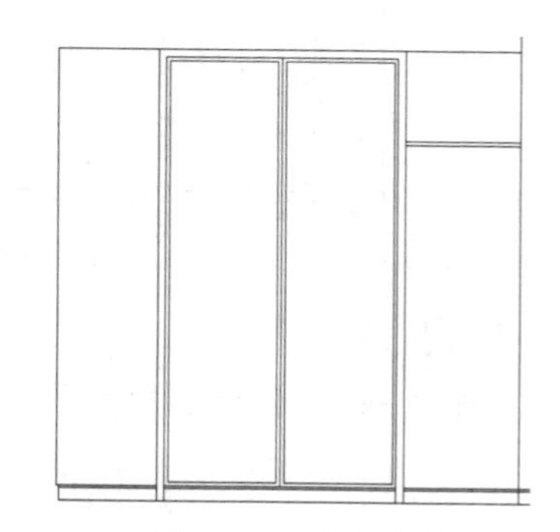

图 15-10　修剪直线

（6）单击“默认”选项卡“绘图”面板中的“直线”按钮，绘制第（5）步修剪线段的内部对角线，如图 15-11 所示。

（7）单击“默认”选项卡“绘图”面板中的“直线”按钮，在第（6）步图形内绘制多条斜向直线，如图 15-12 所示。

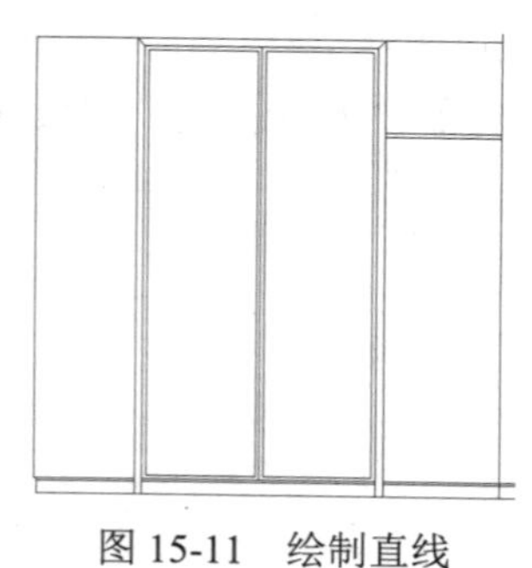

图 15-11　绘制直线

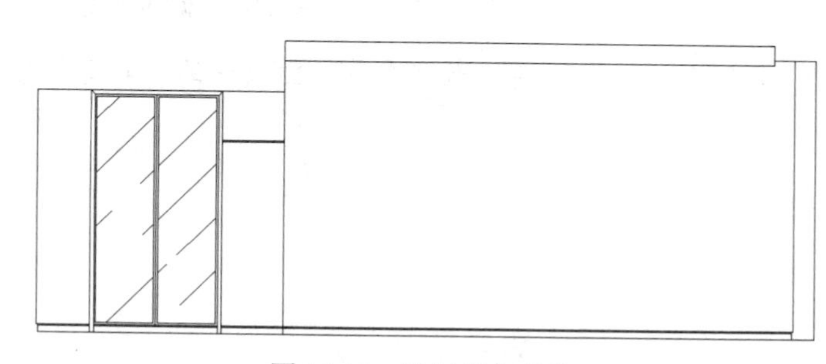

图 15-12　绘制斜向直线

3. 绘制隔断

（1）单击“默认”选项卡“修改”面板中的“偏移”按钮，选择如图 15-13 所示的直线为偏移对象并向内进行偏移，偏移距离为 10，结果如图 15-13 所示。

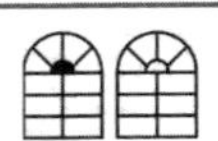

（2）单击“默认”选项卡“修改”面板中的“修剪”按钮，对第（1）步中偏移的线段进行修剪，如图 15-14 所示。

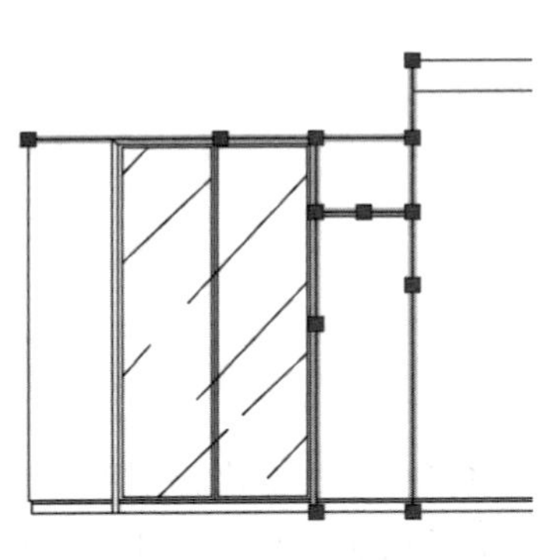

图 15-13　偏移直线

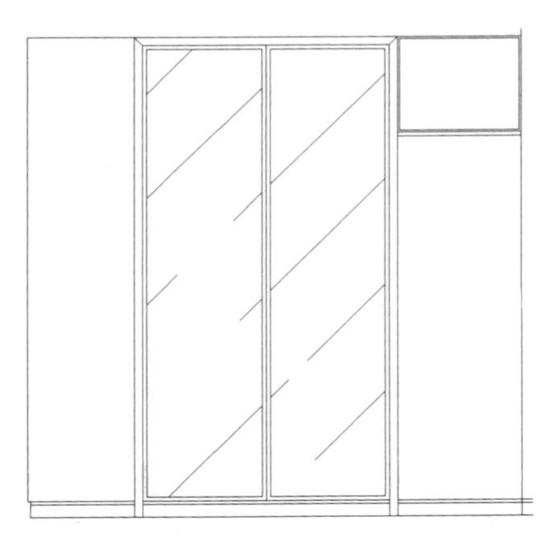

图 15-14　修剪线段

（3）单击“默认”选项卡“绘图”面板中的“直线”按钮，绘制第（2）步修剪线段内的对角线，如图 15-15 所示。

（4）单击“默认”选项卡“绘图”面板中的“直线”按钮，在第（3）步的图形内绘制多条斜向线段，如图 15-16 所示。

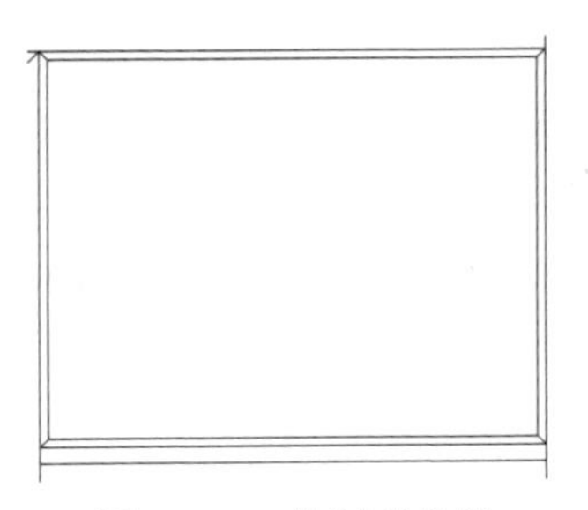

图 15-15　绘制对角线

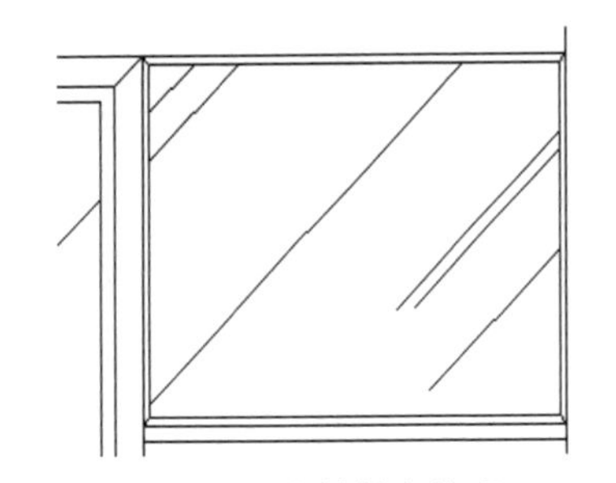

图 15-16　绘制斜向线段

（5）结合“绘图”面板中的“直线”按钮和“图案填充”按钮，完成下部图形的绘制，如图 15-17 所示。

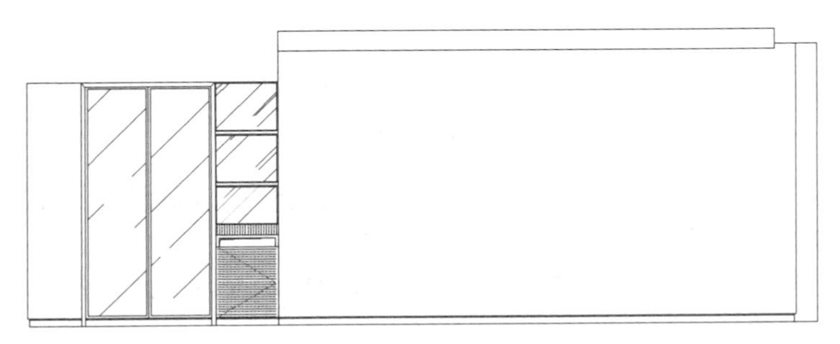

图 15-17　绘制图形

4. 绘制其他家具

（1）单击“默认”选项卡“修改”面板中的“偏移”按钮，选择最左侧竖直直线为偏移对

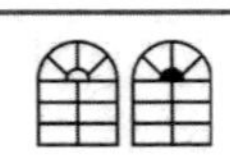

象并向右进行偏移，偏移距离分别为 3380、30、510、30、30、1240、30、30、1225 和 30，如图 15-18 所示。

Note

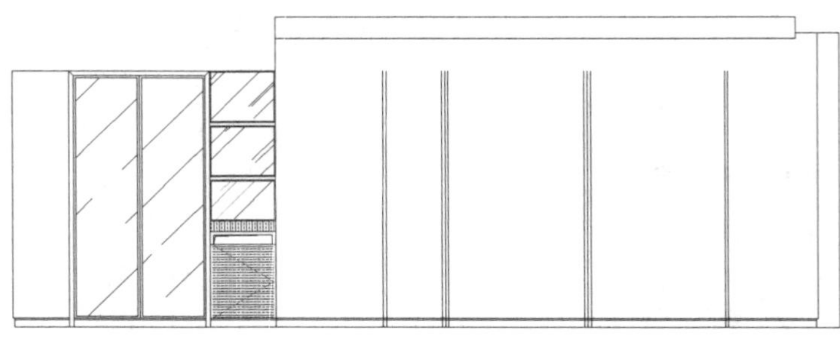

图 15-18　向右偏移直线

（2）单击“默认”选项卡“修改”面板中的“偏移”按钮，选择底部水平直线为偏移对象并向上进行偏移，偏移距离分别为 420、30、120、30、120 和 30，如图 15-19 所示。

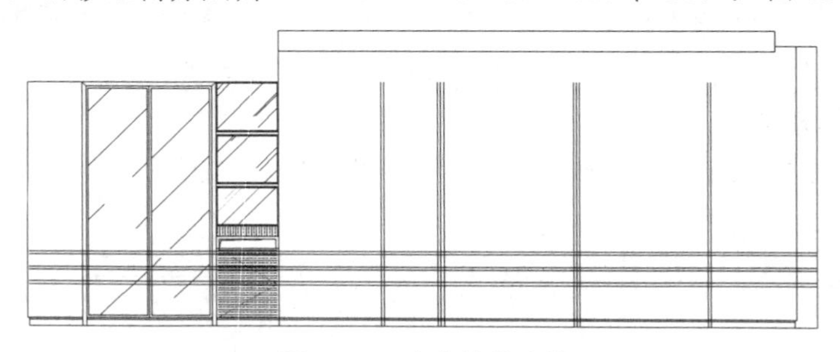

图 15-19　向上偏移直线

（3）单击“默认”选项卡“修改”面板中的“修剪”按钮，对前两步偏移的线段进行修剪，如图 15-20 所示。

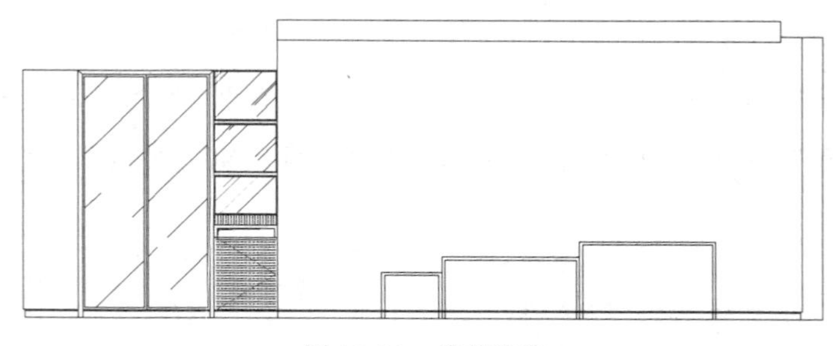

图 15-20　修剪线段

（4）单击“默认”选项卡“绘图”面板中的“矩形”按钮，在图形适当位置绘制一个 902×605 的矩形，如图 15-21 所示。

（5）单击“默认”选项卡“修改”面板中的“分解”按钮，选择第（4）步绘制的矩形为分解对象，按 Enter 键确认进行分解。

（6）单击“默认”选项卡“修改”面板中的“偏移”按钮，选择第（5）步分解矩形左侧的竖直直线为偏移对象向右进行偏移，偏移距离分别为 15、53、15、35、13、641、13、35、15、53 和 14，如图 15-22 所示。

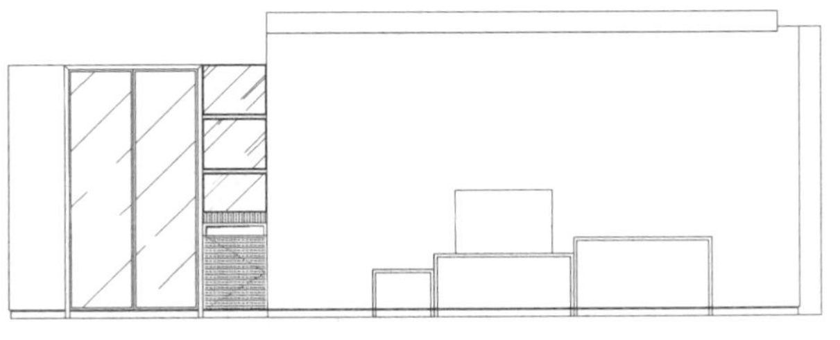

图 15-21　绘制矩形

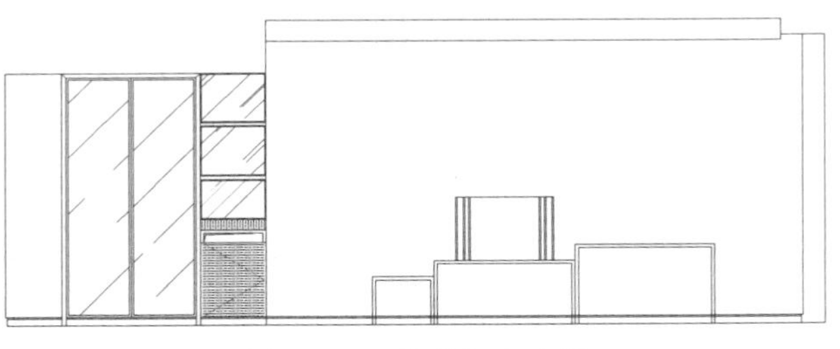

图 15-22　偏移竖直直线

（7）单击“默认”选项卡“修改”面板中的“偏移”按钮，选择分解矩形的上端水平直线为偏移对象并向下进行偏移，偏移距离分别为 15、20、13、509、13、20 和 15，如图 15-23 所示。

（8）单击“默认”选项卡“修改”面板中的“修剪”按钮，对第（7）步中的线段进行修剪，如图 15-24 所示。

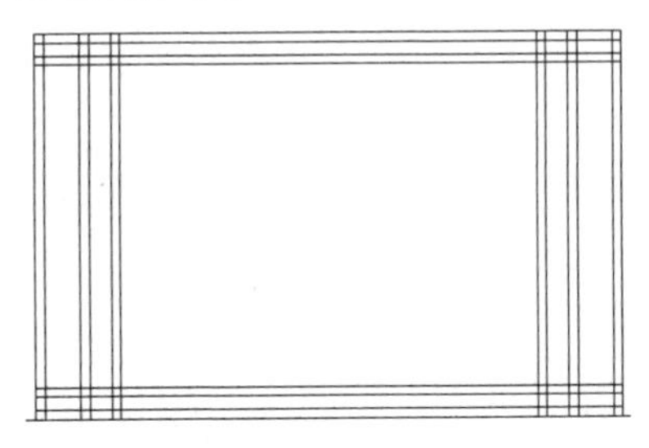

图 15-23　偏移水平直线

图 15-24　修剪偏移线

（9）单击“默认”选项卡“绘图”面板中的“图案填充”按钮，系统打开“图案填充创建”选项卡，设置填充类型为 AR-SAND，比例为 1，选择填充区域填充图案，效果如图 15-25 所示。

（10）单击“默认”选项卡“绘图”面板中的“直线”按钮和“圆角”按钮，在立面图适当位置处绘制椅子图形，如图 15-26 所示。

图 15-25　填充图案

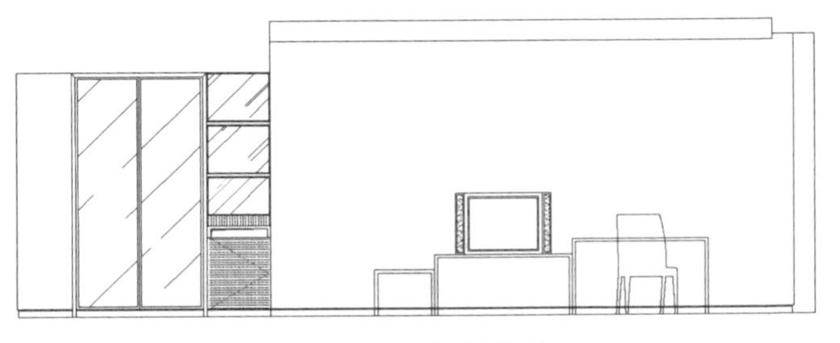

图 15-26　绘制椅子

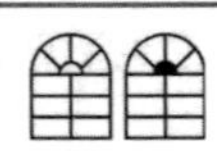

（11）单击“默认”选项卡“绘图”面板中的“矩形”按钮，在图形适当位置绘制一个矩形，如图 15-27 所示。

（12）单击“默认”选项卡“修改”面板中的“分解”按钮，选择第（11）步绘制的矩形为分解对象，按 Enter 键确认进行分解。

（13）单击“默认”选项卡“修改”面板中的“偏移”按钮，选择分解矩形的底部水平边为偏移对象并向上进行偏移，偏移距离为 20，如图 15-28 所示。

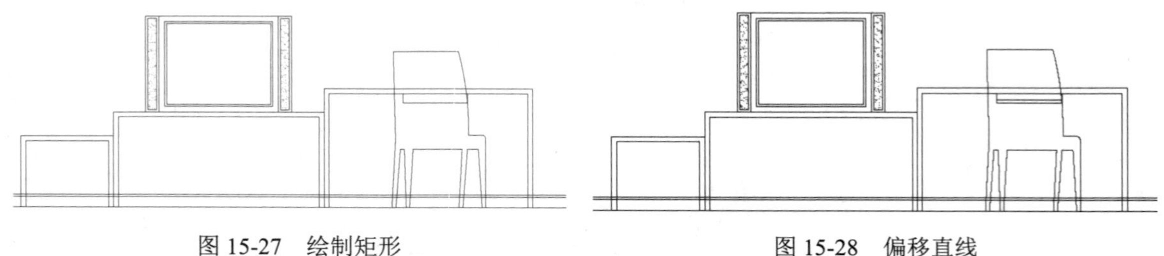

图 15-27　绘制矩形　　　　图 15-28　偏移直线

（14）单击“默认”选项卡“绘图”面板中的“直线”按钮，在分解矩形内绘制直线，如图 15-29 所示。

（15）结合上述命令完成立面图中台灯的绘制，如图 15-30 所示。

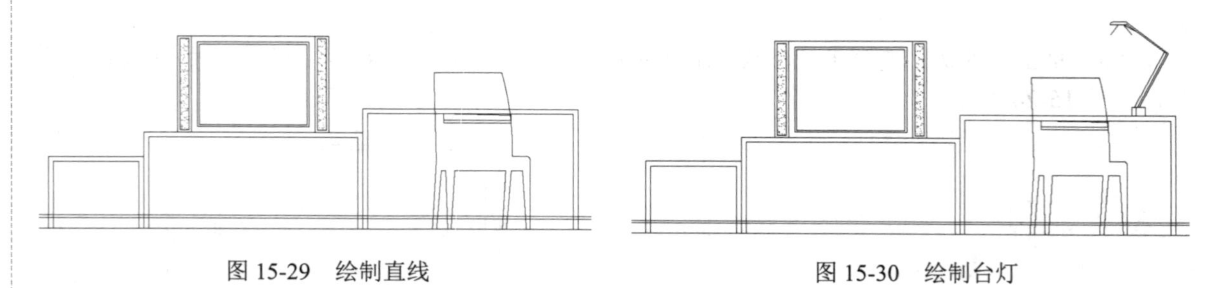

图 15-29　绘制直线　　　　图 15-30　绘制台灯

5. 绘制装饰画

（1）单击“默认”选项卡“绘图”面板中的“矩形”按钮，在立面图适当位置处绘制一个 2154×460 的矩形，如图 15-31 所示。

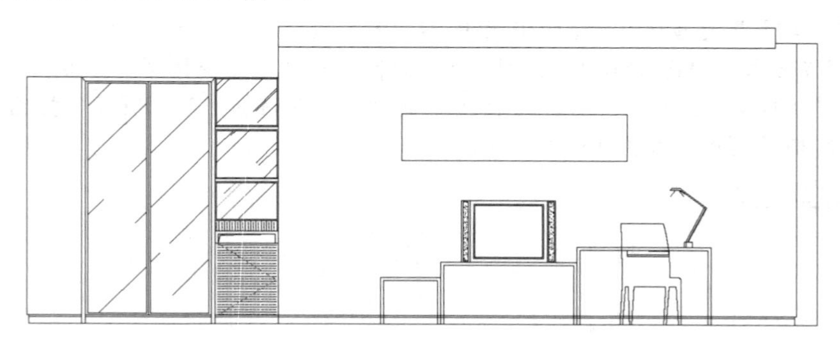

图 15-31　绘制矩形

（2）单击“默认”选项卡“修改”面板中的“偏移”按钮，选择第（1）步绘制的矩形为偏移对象并向内进行偏移，偏移距离为 10，如图 15-32 所示。

图 15-32　偏移矩形

（3）单击“默认”选项卡“绘图”面板中的“样条曲线拟合”按钮，绘制矩形内的装饰图案，或者单击“默认”选项卡“绘图”面板中的“插入块”按钮，将装饰图案插入到图中，结果如图 15-33 所示。

图 15-33　绘制样条曲线

6. 绘制窗帘

（1）单击“默认”选项卡“绘图”面板中的“矩形”按钮，在图形适当位置绘制一个 44×18 的矩形，如图 15-34 所示。

（2）单击“默认”选项卡“绘图”面板中的“矩形”按钮，在第（1）步绘制的矩形下方绘制一个 9×31 的矩形，如图 15-35 所示。

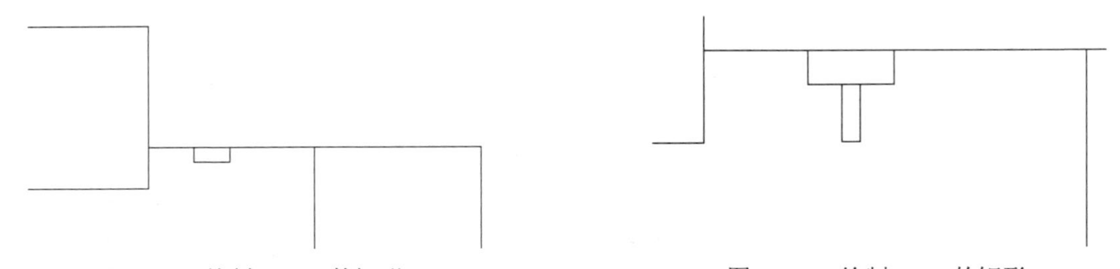

图 15-34　绘制 44×18 的矩形　　　　图 15-35　绘制 9×31 的矩形

（3）单击“默认”选项卡“绘图”面板中的“直线”按钮，在第（2）步绘制的矩形上任选一点为直线起点并向下绘制一条竖直直线，如图 15-36 所示。

（4）单击“默认”选项卡“修改”面板中的“偏移”按钮，选择第（3）步绘制的竖直直线为偏移对象并向右进行偏移，偏移距离为 6，如图 15-37 所示。

（5）单击“默认”选项卡“修改”面板中的“复制”按钮，选择第（4）步绘制的图形为复制对象并向右侧进行复制，如图 15-38 所示。

7. 绘制吊顶

（1）单击“默认”选项卡“绘图”面板中的“直线”按钮，绘制图形，如图 15-39 所示。

（2）单击“默认”选项卡“绘图”面板中的“多段线”按钮，绘制连续多段线，如图 15-40 所示。

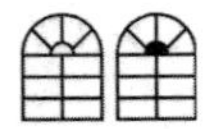

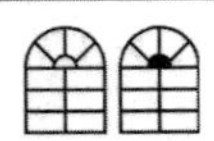

Note

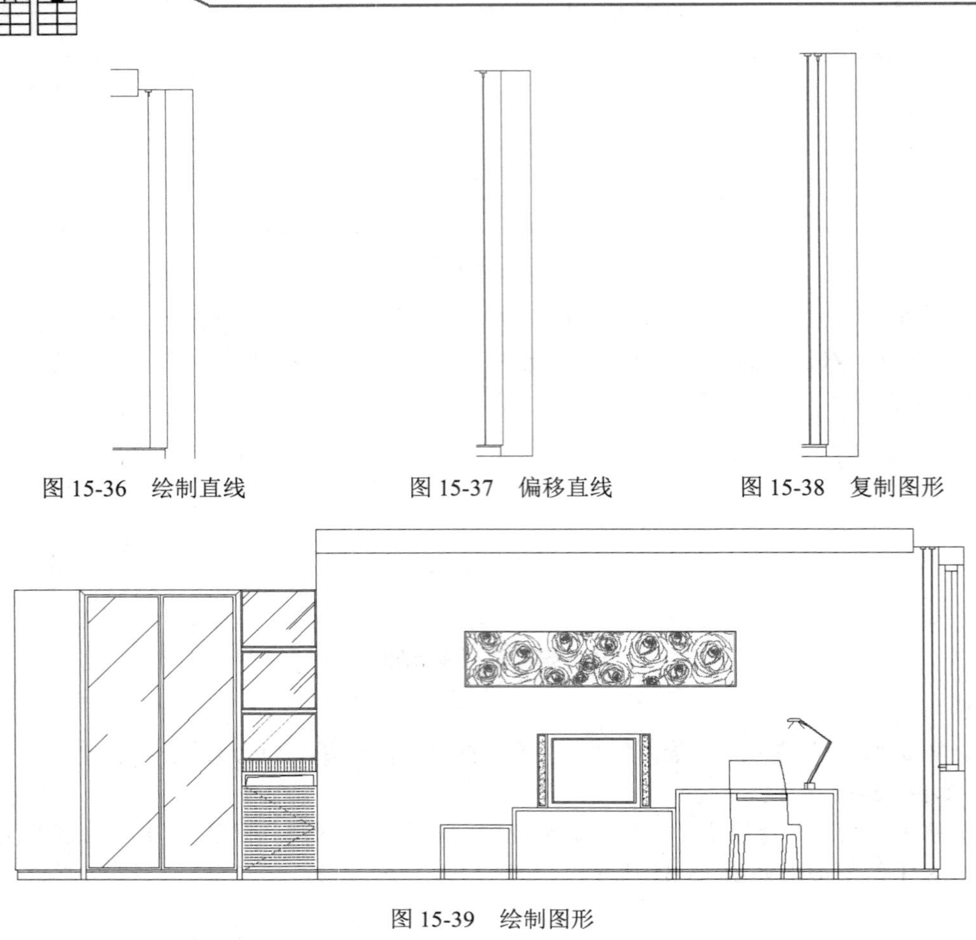

图 15-36　绘制直线

图 15-37　偏移直线

图 15-38　复制图形

图 15-39　绘制图形

图 15-40　绘制连续多段线

（3）单击“默认”选项卡“修改”面板中的“复制”按钮，选择第（2）步绘制的连续多段线为复制对象并向右进行复制，复制距离分别为 3900 和 4718，然后进行镜像处理，结果如图 15-41 所示。

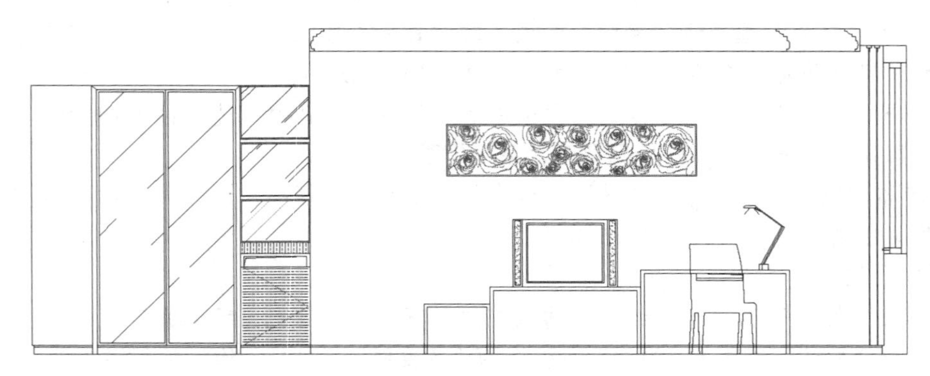

图 15-41　复制线段并镜像

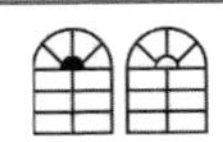

（4）单击“默认”选项卡“修改”面板中的“修剪”按钮，对第（3）步中的图形进行修剪，如图 15-42 所示。

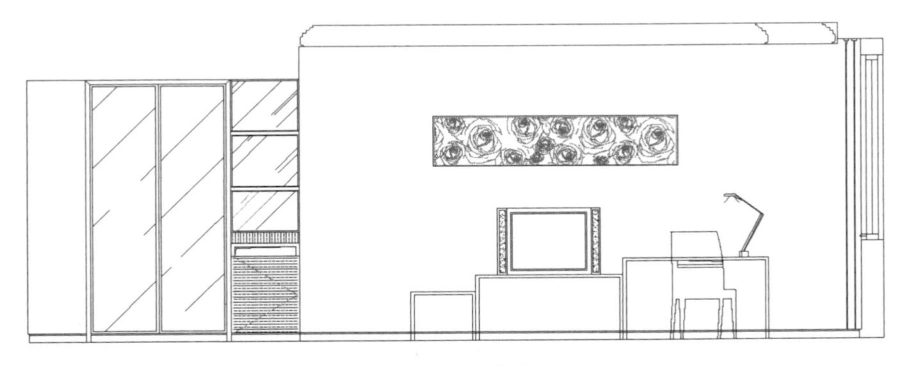

图 15-42　修剪线段

（5）单击“默认”选项卡“绘图”面板中的“直线”按钮，绘制图形间的连接线，如图 15-43 所示。

图 15-43　绘制连接线

（6）单击“默认”选项卡“绘图”面板中的“直线”按钮，在图形适当位置绘制一条直线，如图 15-44 所示。

图 15-44　绘制一条直线

（7）单击“默认”选项卡“绘图”面板中的“图案填充”按钮，系统打开“图案填充创建”选项卡，设置填充类型为 AN-SASI31，比例为 5，角度为 90°，选择填充区域填充图案，效果如

Note

图 15-45 所示。

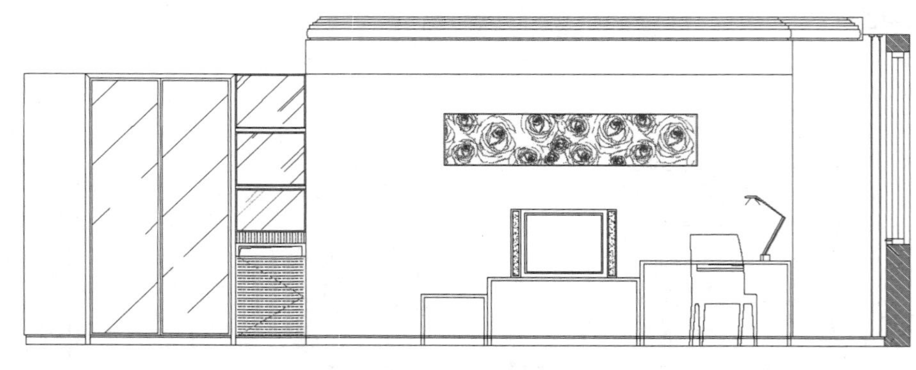

图 15-45　填充图案

8. 插入图块

单击“默认”选项卡“绘图”面板中的“插入块”按钮，将装饰瓶插入到图中，如图 15-46 所示。

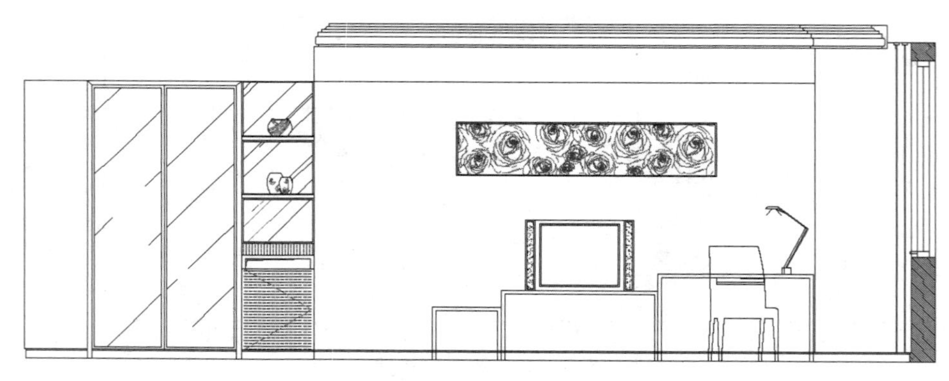

图 15-46　插入装饰瓶

9. 标注尺寸

（1）单击“默认”选项卡“注释”面板中的“线性”按钮和“连续”按钮，标注第一道水平尺寸，如图 15-47 所示。

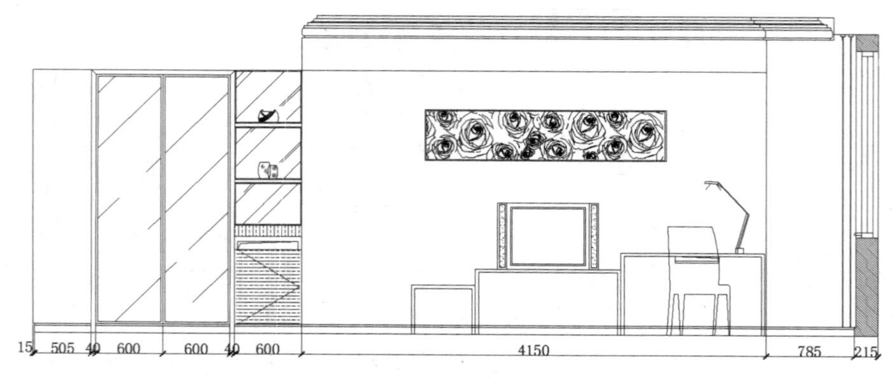

图 15-47　标注第一道水平尺寸

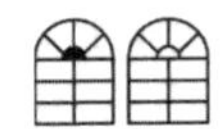

（2）单击“默认”选项卡“注释”面板中的“线性”按钮和“连续”按钮，标注第一道竖直尺寸，如图 15-48 所示。

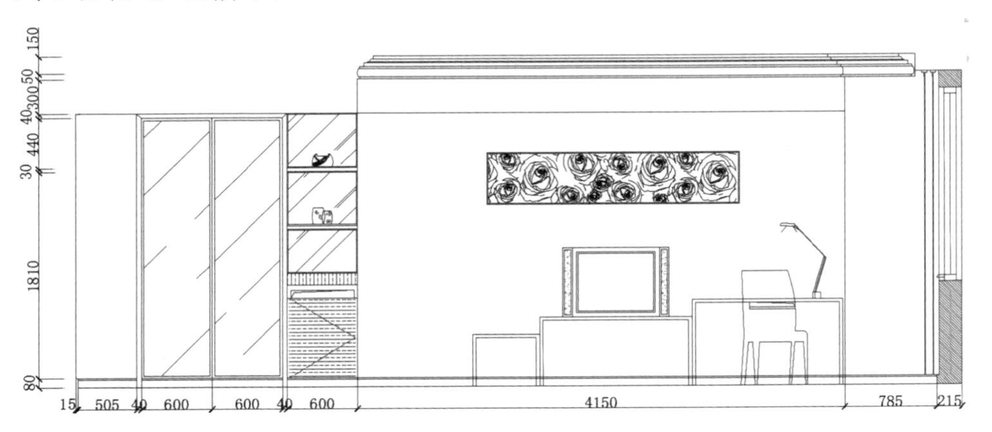

图 15-48　标注第一道竖直尺寸

（3）单击“默认”选项卡“注释”面板中的“线性”按钮，为图形添加总尺寸标注，如图 15-49 所示。

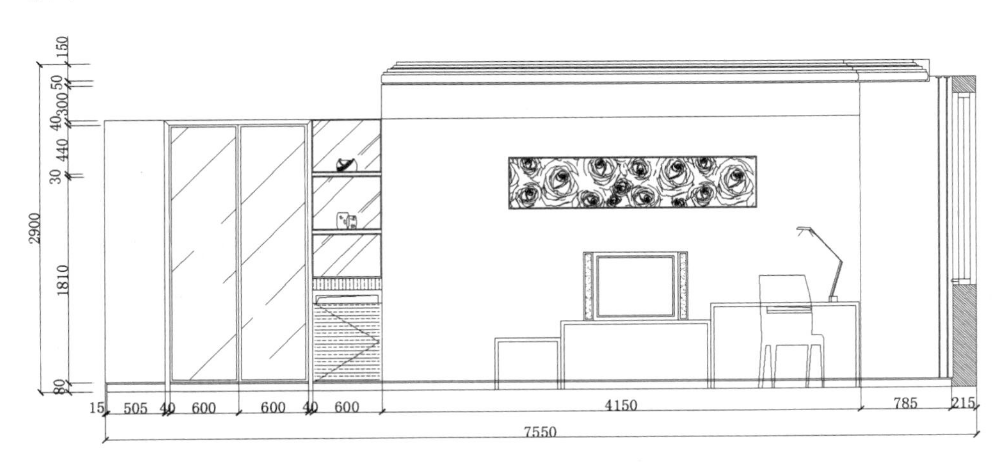

图 15-49　标注总尺寸

10. 标注文字

在命令行中输入“QLEADER”命令，为图形添加文字说明，如图 15-1 所示。

15.1.2　商务豪华单人间卫生间立面图

本小节主要讲述商务豪华单人间卫生间立面图的绘制方法，结果如图 15-50 所示。

操作步骤如下：（：光盘\配套视频\第 15 章\商务豪华单人间卫生间立面图.avi）

1. 绘制卫生间立面轮廓格局

（1）单击“默认”选项卡“绘图”面板中的“直线”按钮，在图形空白区域绘制一条长为 1700 的水平直线，如图 15-51 所示。

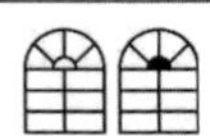
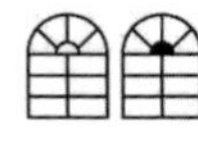

Note

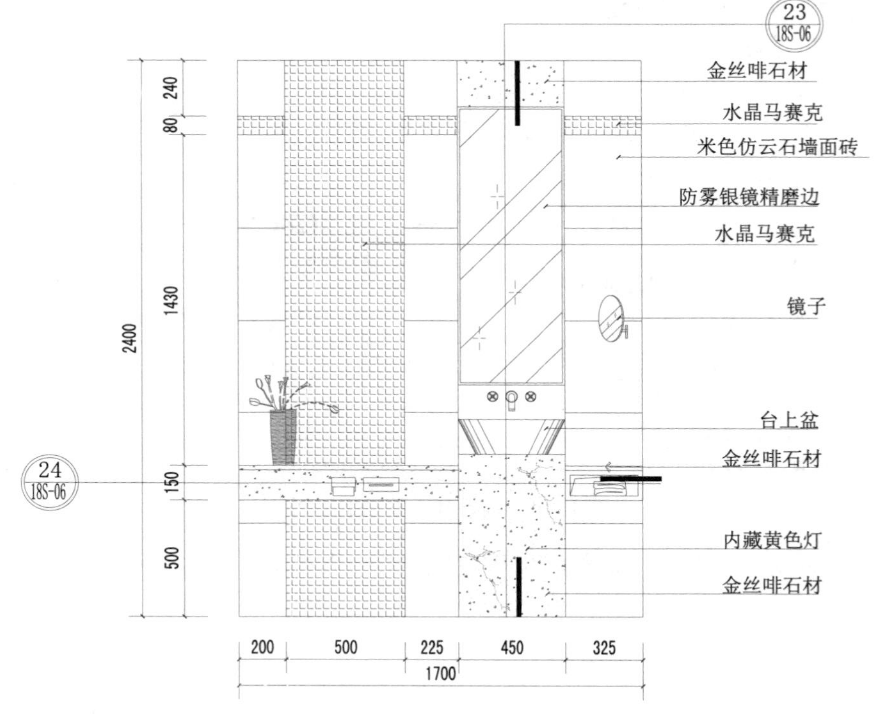

图 15-50　商务豪华单人间卫生间立面图

（2）单击“默认”选项卡“绘图”面板中的“直线”按钮，以第（1）步绘制的水平直线左端点为起点向上绘制一条竖直直线，如图 15-52 所示。

（3）单击“默认”选项卡“修改”面板中的“偏移”按钮，选择第（2）步绘制的竖直直线为偏移对象并向右进行偏移，偏移距离分别为 200、500、225、450 和 325，如图 15-53 所示。

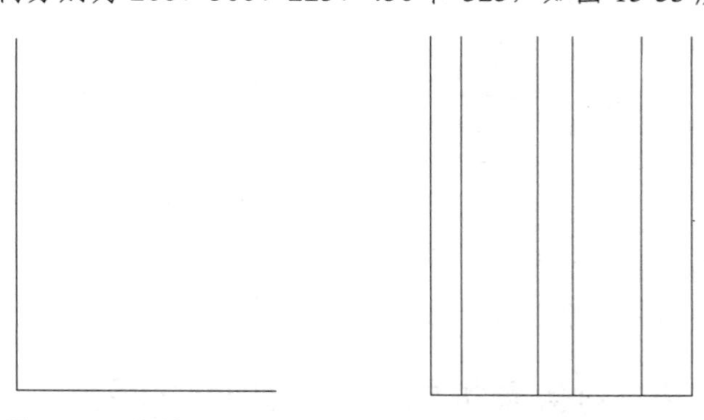

图 15-51　绘制水平直线　　图 15-52　绘制竖直直线　　图 15-53　偏移直线

（4）单击“默认”选项卡“修改”面板中的“偏移”按钮，选择第（2）步中绘制的水平直线为偏移对象并向上进行偏移，偏移距离分别为 500、150、1430、80 和 240，如图 15-54 所示。

（5）单击“默认”选项卡“修改”面板中的“修剪”按钮，对绘制的线段进行修剪，如图 15-55 所示。

（6）单击“默认”选项卡“修改”面板中的“偏移”按钮，选择第（5）步图形中底部水

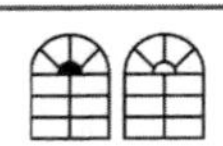

平直线为偏移对象并向上进行偏移，偏移距离分别为 400、480、400 和 400，如图 15-56 所示。

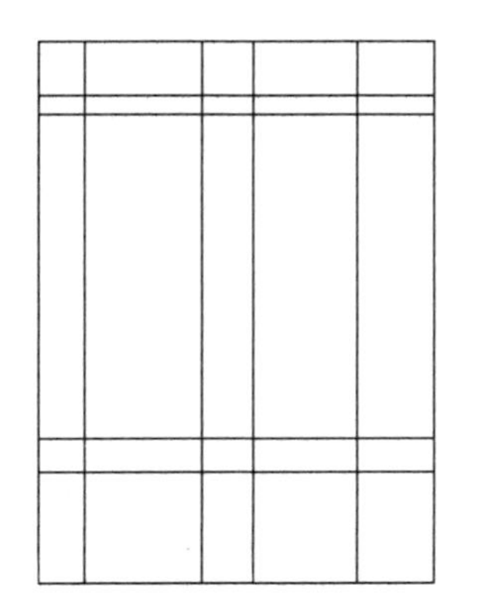

图 15-54　偏移线段

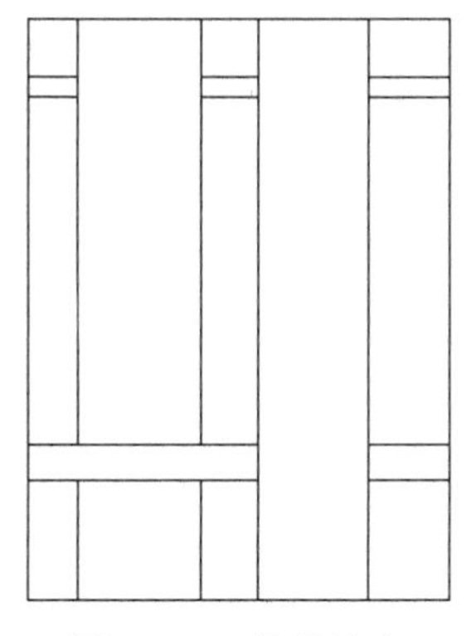

图 15-55　修剪线段

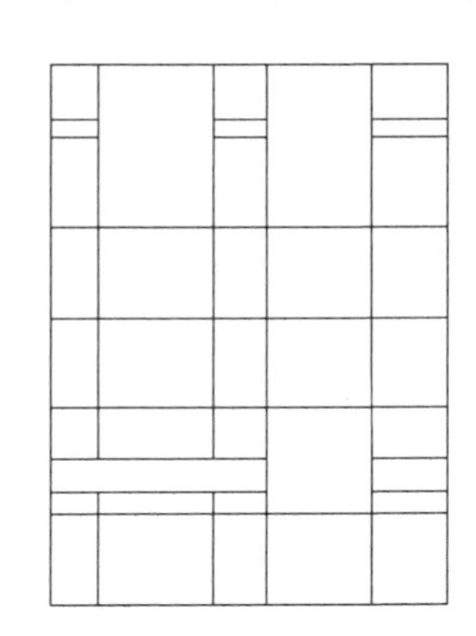

图 15-56　偏移线段

（7）单击“默认”选项卡“修改”面板中的“修剪”按钮，对第（6）步中偏移的线段进行修剪，如图 15-57 所示。

（8）单击“默认”选项卡“绘图”面板中的“矩形”按钮，在图形中间位置绘制一个 450×1200 的矩形，如图 15-58 所示。

（9）单击“默认”选项卡“修改”面板中的“偏移”按钮，选择第（8）步绘制的矩形为偏移对象并向内进行偏移，偏移距离为 10，如图 15-59 所示。

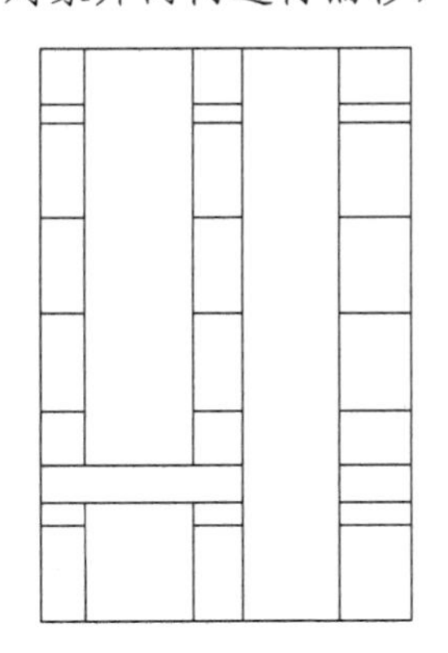

图 15-57　修剪线段

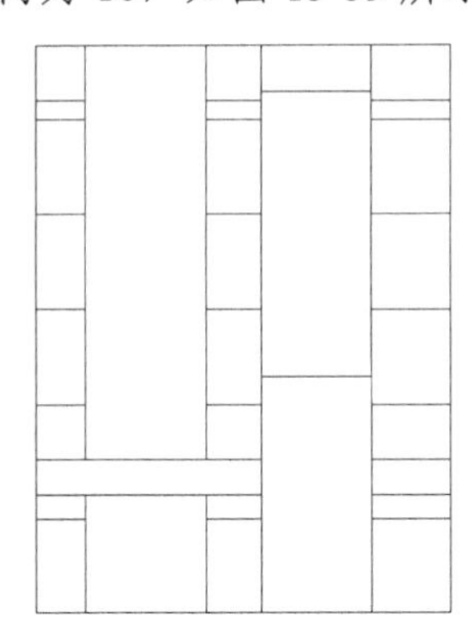

图 15-58　绘制矩形

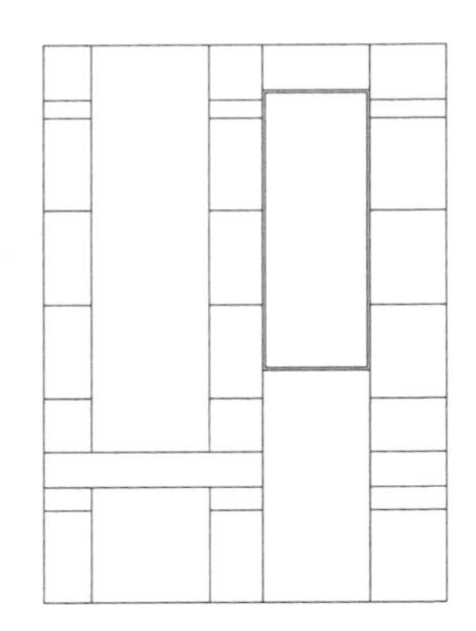

图 15-59　偏移矩形

（10）单击“默认”选项卡“绘图”面板中的“矩形”按钮，在第（9）步中图形下方绘制一个 450×300 的矩形，如图 15-60 所示。

（11）单击“默认”选项卡“绘图”面板中的“直线”按钮，以第（10）步绘制的矩形的左侧竖直边中点为起点向右绘制一条水平直线，如图 15-61 所示。

2. 绘制水龙头

（1）单击“默认”选项卡“绘图”面板中的“圆”按钮，在第 1 步绘制的直线上方绘制一个半径为 22 的圆，如图 15-62 所示。

（2）单击“默认”选项卡“修改”面板中的“偏移”按钮，选择第（1）步绘制的圆为偏移对象并向内进行偏移，偏移距离分别为 2、13 和 5，如图 15-63 所示。

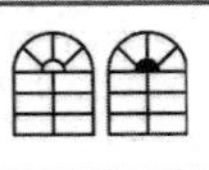

Note

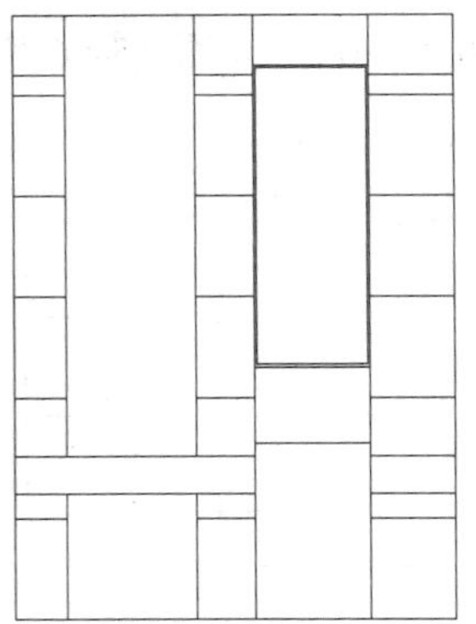

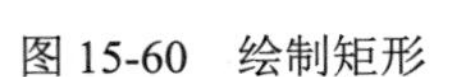

图 15-60　绘制矩形

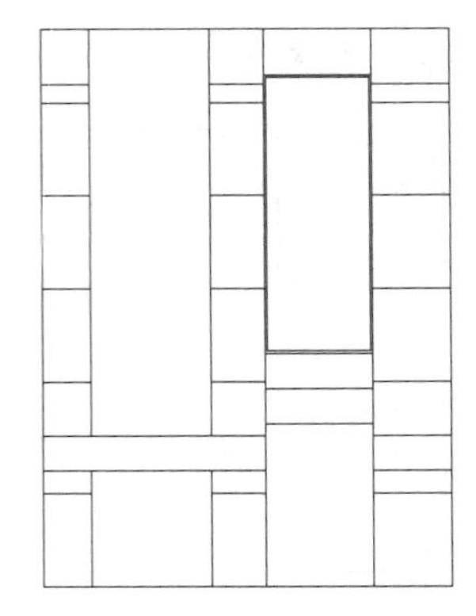

图 15-61　绘制直线

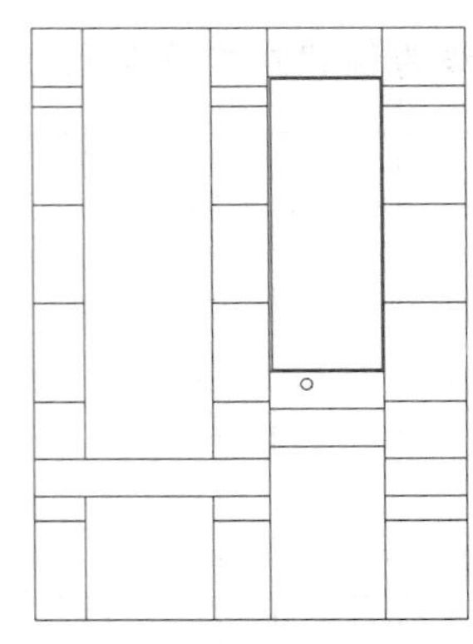

图 15-62　绘制圆

（3）单击“默认”选项卡“绘图”面板中的“直线”按钮，绘制如图 15-64 所示的两条斜向直线。

（4）单击“默认”选项卡“绘图”面板中的“圆弧”按钮，绘制第（3）步中两直线间的连接弧线，如图 15-65 所示。

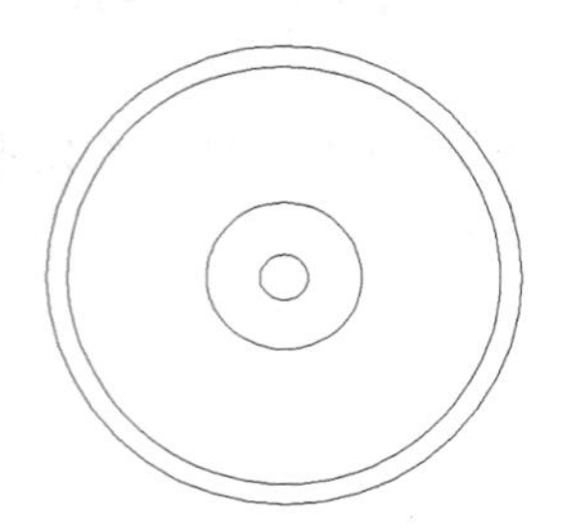

图 15-63　偏移圆

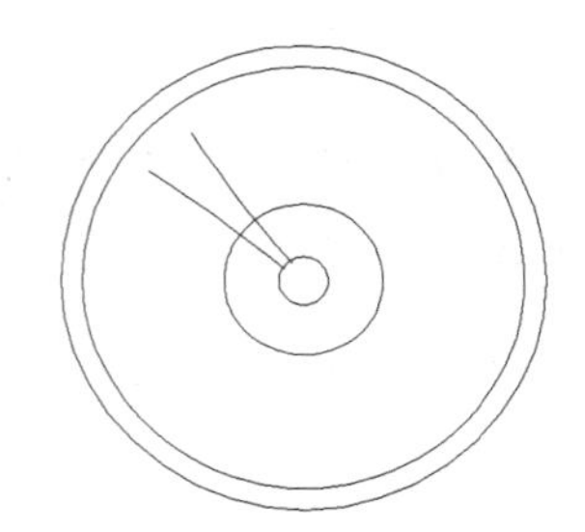

图 15-64　绘制斜向直线

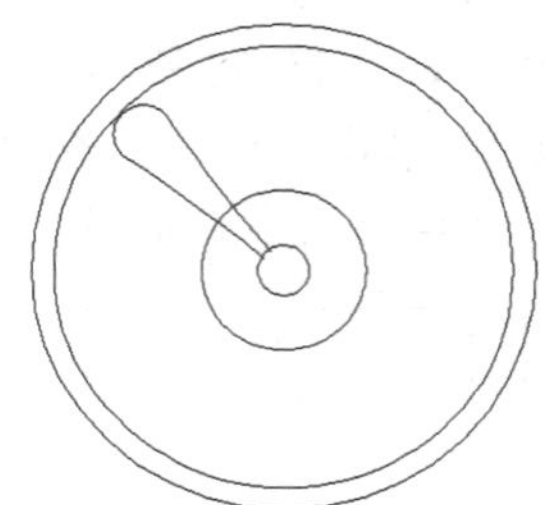
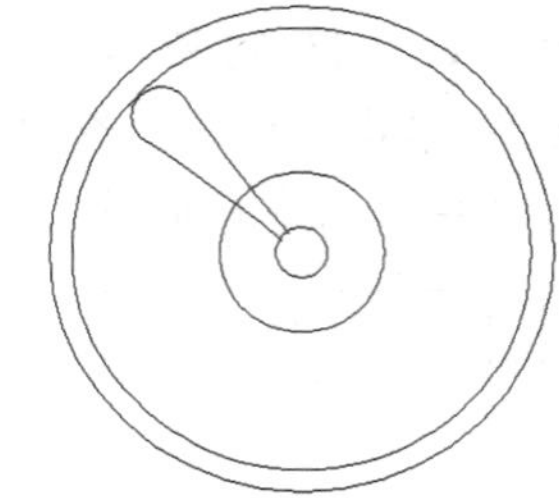

图 15-65　绘制弧线

（5）单击“默认”选项卡“修改”面板中的“环形阵列”按钮，选择前两步绘制的直线和圆弧为阵列对象，选择偏移圆的圆心为阵列中心点，设置项目数为 4，指定填充角度为 360°，完成圆内图形阵列，如图 15-66 所示。

（6） 单击“默认”选项卡“绘图”面板中的“圆”按钮，在第（5）步绘制的圆右侧位置绘制一个半径为 25 的圆，如图 15-67 所示。

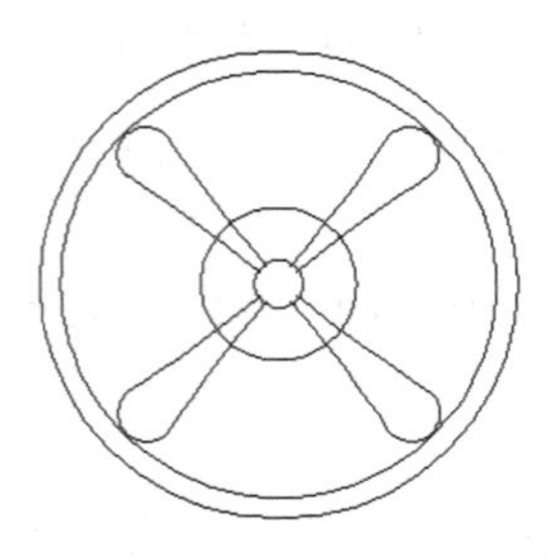

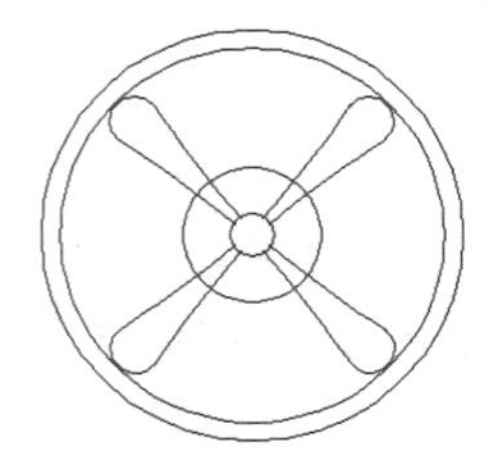

图 15-66　阵列图形

图 15-67　绘制一个半径为 25 的圆

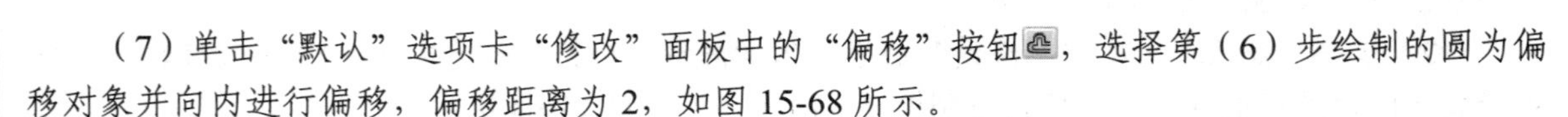

（7）单击“默认”选项卡“修改”面板中的“偏移”按钮，选择第（6）步绘制的圆为偏移对象并向内进行偏移，偏移距离为 2，如图 15-68 所示。

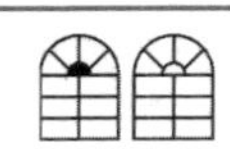

（8）单击“默认”选项卡“绘图”面板中的“直线”按钮和“圆弧”按钮，绘制图形，如图 15-69 所示。

（9）单击“默认”选项卡“修改”面板中的“复制”按钮，选择已有图形为复制对象并向右侧进行复制，如图 15-70 所示。

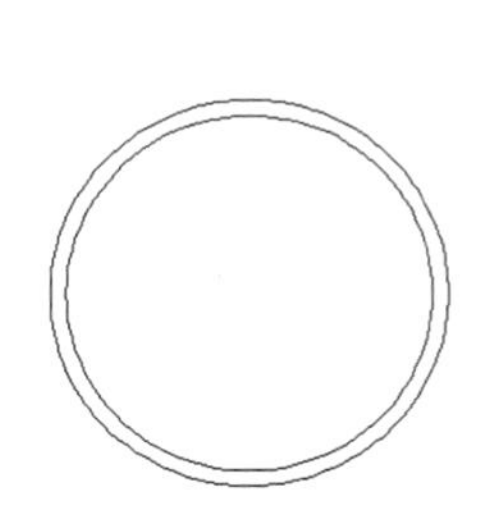

图 15-68　偏移圆

图 15-69　绘制图形

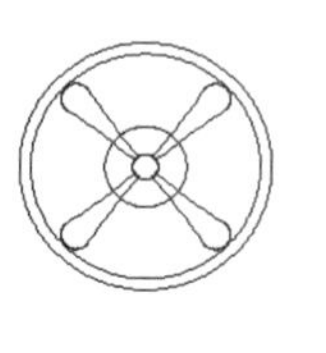

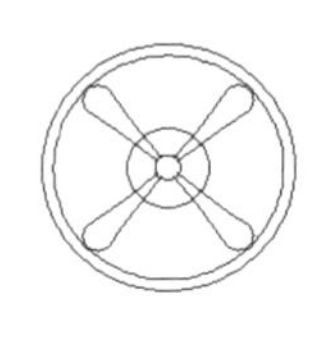

图 15-70　复制图形

3. 绘制洗手池

（1）单击“默认”选项卡“绘图”面板中的“直线”按钮，在图形适当位置处绘制洗手池，如图 15-71 所示。

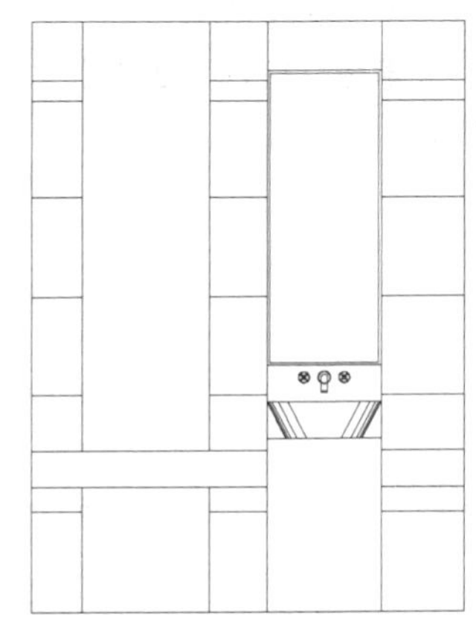

图 15-71　绘制洗手池

（2）单击“默认”选项卡“绘图”面板中的“直线”按钮，绘制多条斜线，细化镜子图形，如图 15-72 所示。

4. 绘制台上盆

单击“默认”选项卡“修改”面板中的“偏移”按钮，选择水平直线为偏移对象并向下进行偏移，偏移距离为 20，如图 15-73 所示。

5. 绘制抽纸筒

（1）单击“默认”选项卡“绘图”面板中的“矩形”按钮，在第 4 步偏移线段下方绘制一个 100×60 的矩形，如图 15-74 所示。

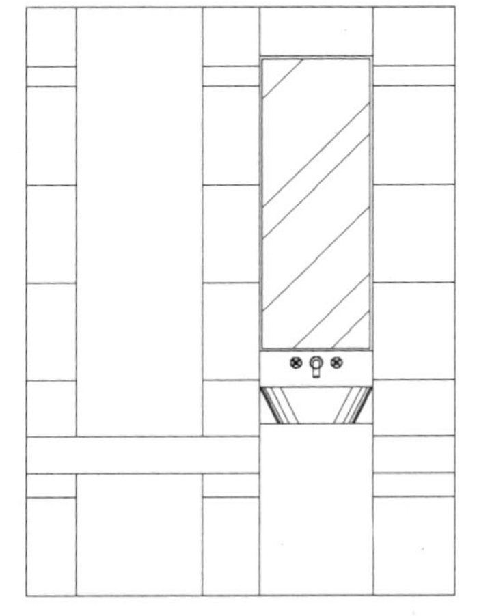

图 15-72　细化镜子

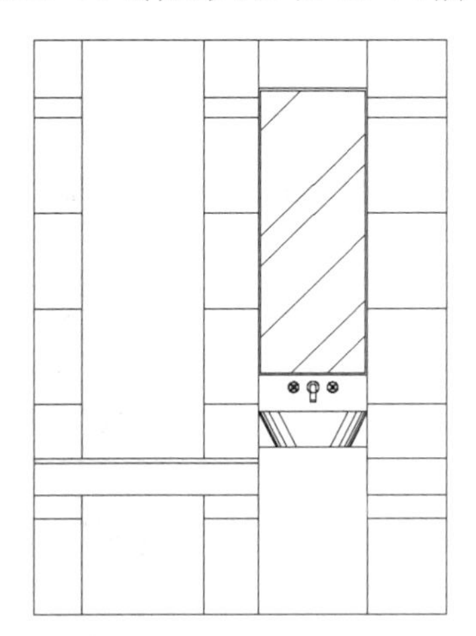

图 15-73　偏移直线

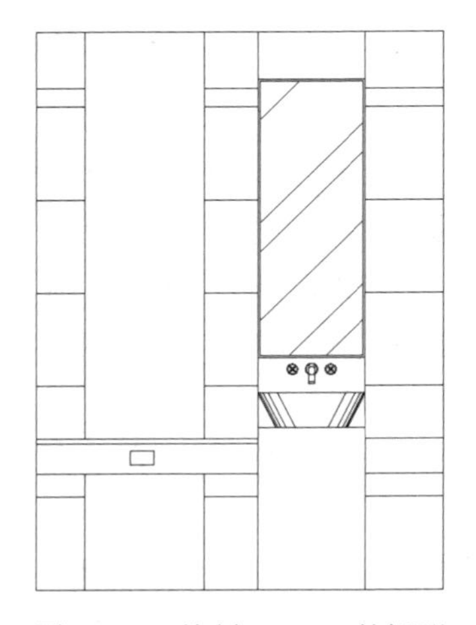

图 15-74　绘制 100×60 的矩形

（2）单击“默认”选项卡“绘图”面板中的“矩形”按钮，在第（1）步绘制的矩形下方

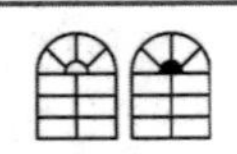

绘制一个 88×38 的矩形，如图 15-75 所示。

（3）单击“默认”选项卡“修改”面板中的“修剪”按钮，对绘制图形进行修剪，如图 15-76 所示。

（4）单击“默认”选项卡“绘图”面板中的“直线”按钮，绘制直线，如图 15-77 所示。

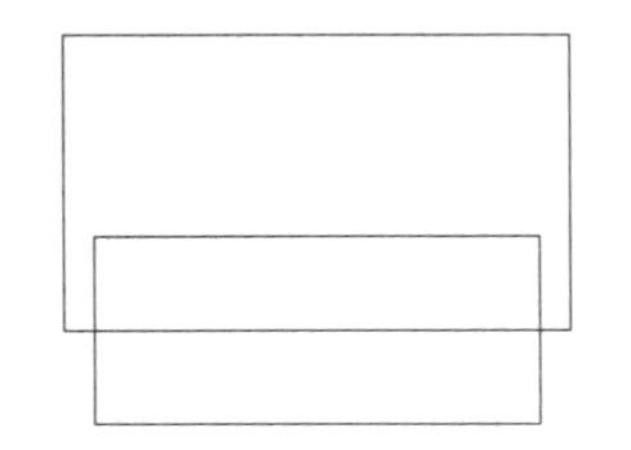

图 15-75　绘制 88×38 的矩形

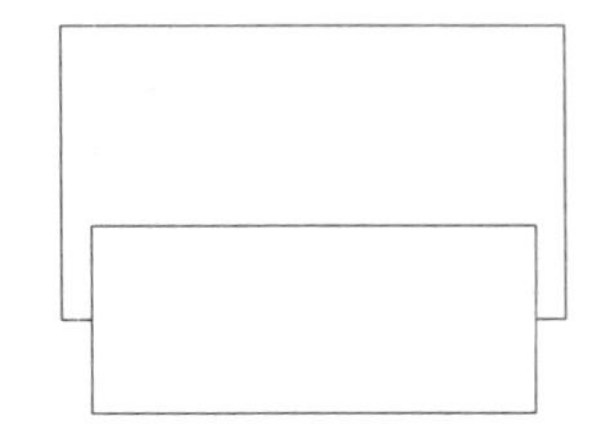

图 15-76　修剪图形

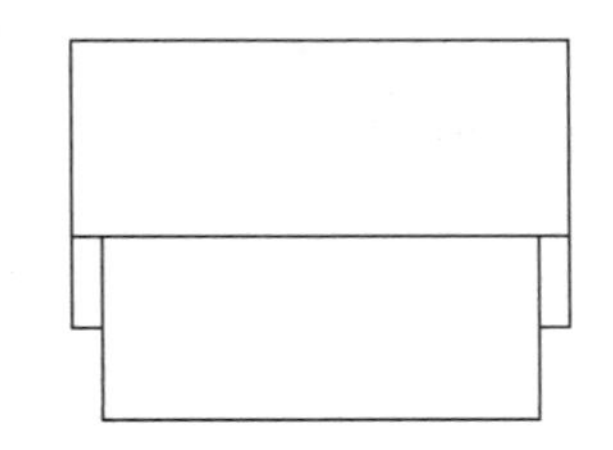

图 15-77　绘制直线

（5）利用上述方法绘制右侧图形，如图 15-78 所示。

6. 插入花瓶

单击“默认”选项卡“绘图”面板中的“插入块”按钮，将立面花瓶插入图中，结果如图 15-79 所示。

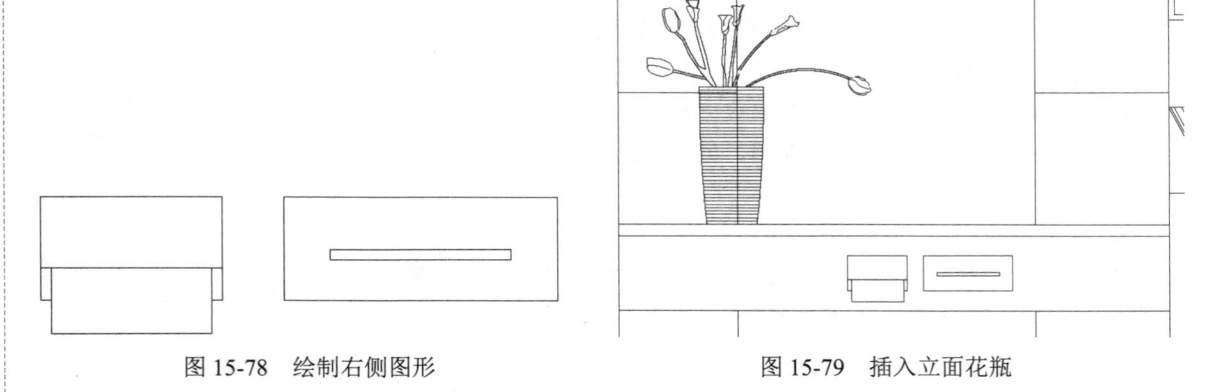

图 15-78　绘制右侧图形

图 15-79　插入立面花瓶

7. 绘制小镜子装饰

（1）单击“默认”选项卡“绘图”面板中的“矩形”按钮，在图形右侧位置绘制一个 325×130 的矩形，如图 15-80 所示。

（2）单击“默认”选项卡“修改”面板中的“偏移”按钮，选择第（1）步绘制的矩形为偏移对象并向内进行偏移，偏移距离为 20，如图 15-81 所示。

（3）单击“默认”选项卡“绘图”面板中的“直线”按钮和“圆弧”按钮，绘制矩形内部图形，如图 15-82 所示。

（4）单击“默认”选项卡“绘图”面板中的“椭圆”按钮和“圆弧”按钮，在立面图右侧位置绘制立面镜图形，如图 15-83 所示。

（5）单击“默认”选项卡“修改”面板中的“修剪”按钮，对绘制的图形进行修剪，如图 15-84 所示。

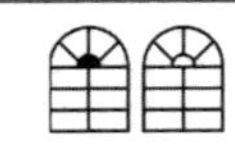

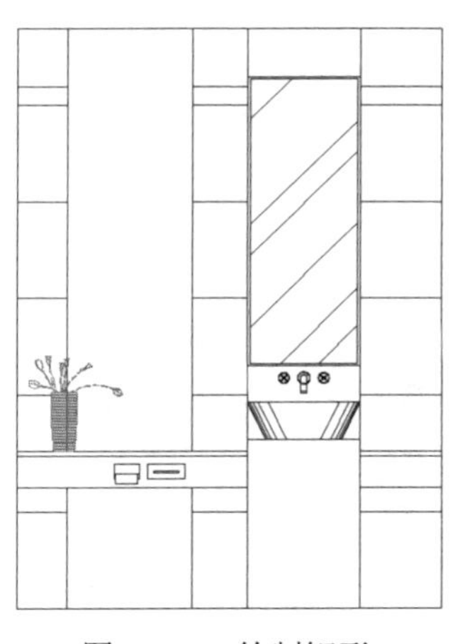

图 15-80　绘制矩形

图 15-81　偏移矩形

图 15-82　绘制内部图形

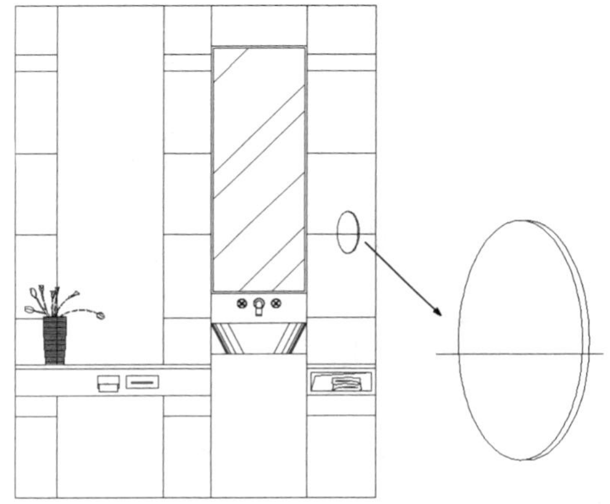

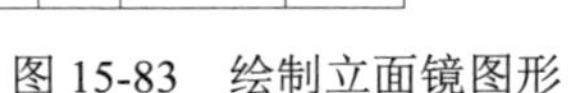

图 15-83　绘制立面镜图形

图 15-84　修剪图形

8. 填充图形

（1）单击“默认”选项卡“绘图”面板中的“图案填充”按钮，系统打开“图案填充创建”选项卡，设置填充类型为 ANGLE，角度为 0°，比例为 4，选择填充区域填充图案，结果如图 15-85 所示。

（2）同理，单击“默认”选项卡“绘图”面板中的“图案填充”按钮，系统打开“图案填充创建”选项卡，设置填充类型为 AR-CONC，角度为 0°，比例为 0.5，选择填充区域填充图案，结果如图 15-86 所示。

（3）结合所学命令绘制立面细化图形，如图 15-87 所示。

9. 标注尺寸文字

（1）单击“默认”选项卡“注释”面板中的“线性”按钮和“连续”按钮，标注图形第一道尺寸，如图 15-88 所示。

（2）单击“默认”选项卡“注释”面板中的“线性”按钮，为图形添加总尺寸标注，如图 15-89 所示。

（3）在命令行中输入“QLEADER”命令，为图形添加文字说明，如图 15-90 所示。

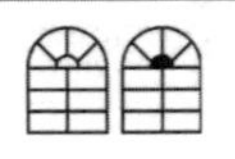

Note

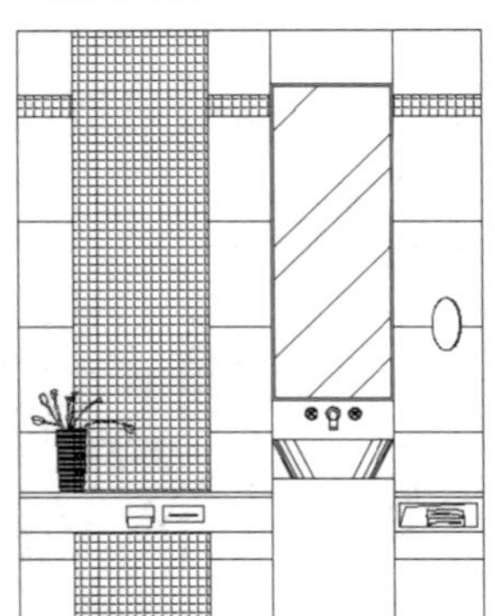

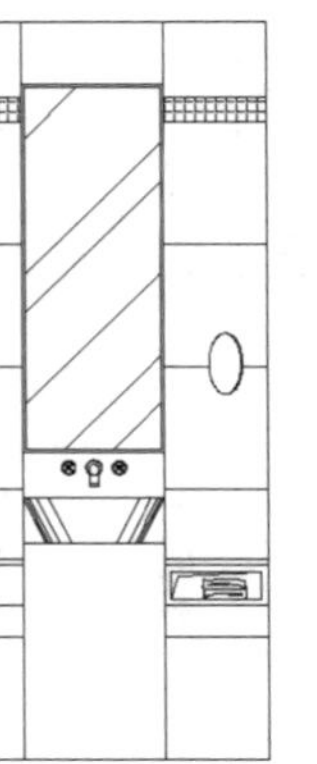

图 15-85　填充图案 ANGLE

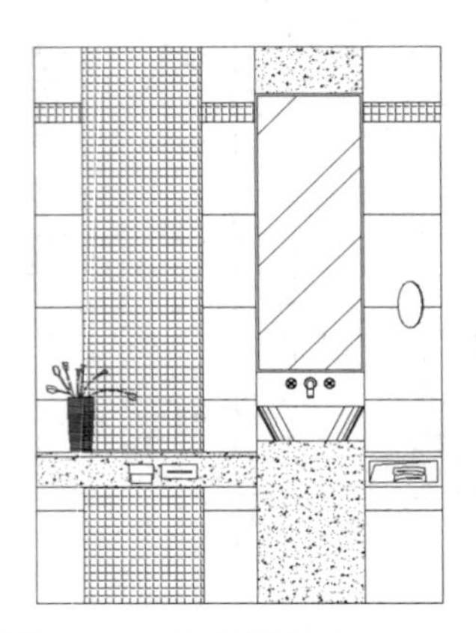

图 15-86　填充图案 AR-CONC

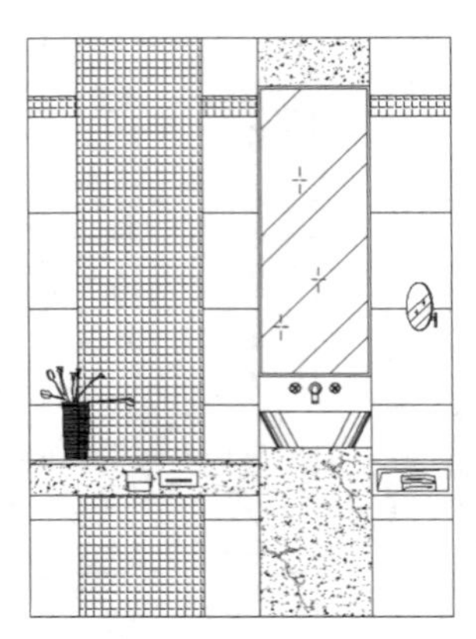

图 15-87　绘制立面细化图形

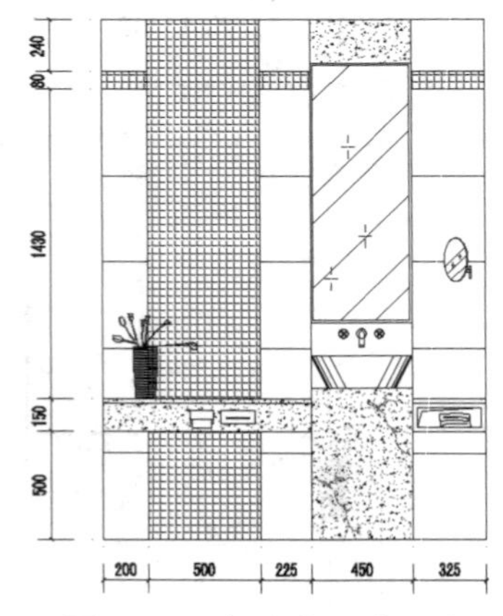

图 15-88　标注第一道尺寸

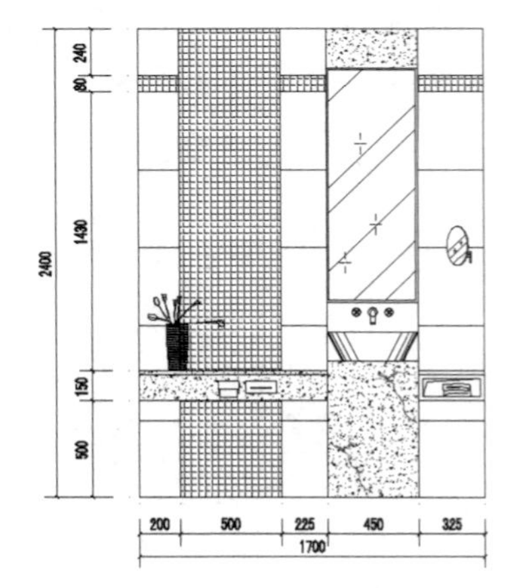

图 15-89　添加总尺寸标注

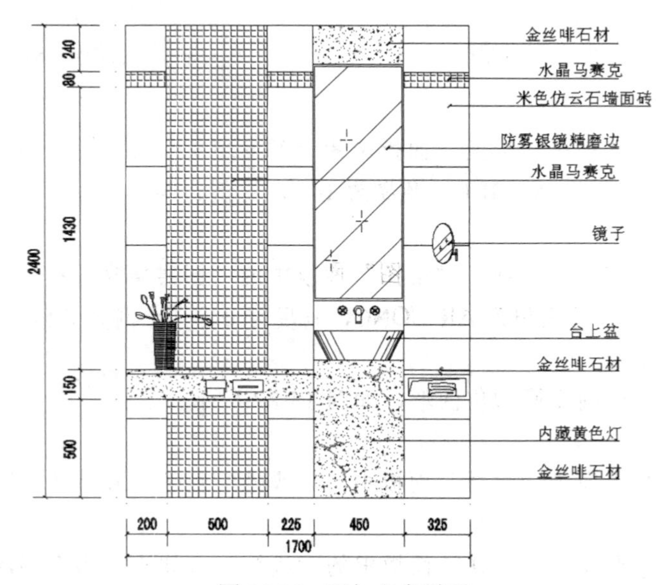

图 15-90　添加文字说明

（4）单击“默认”选项卡“绘图”面板中的“多段线”按钮，设置起点宽度为 20，端点

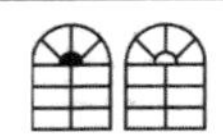

宽度为 20，在图形适当位置绘制一条水平多段线，如图 15-91 所示。

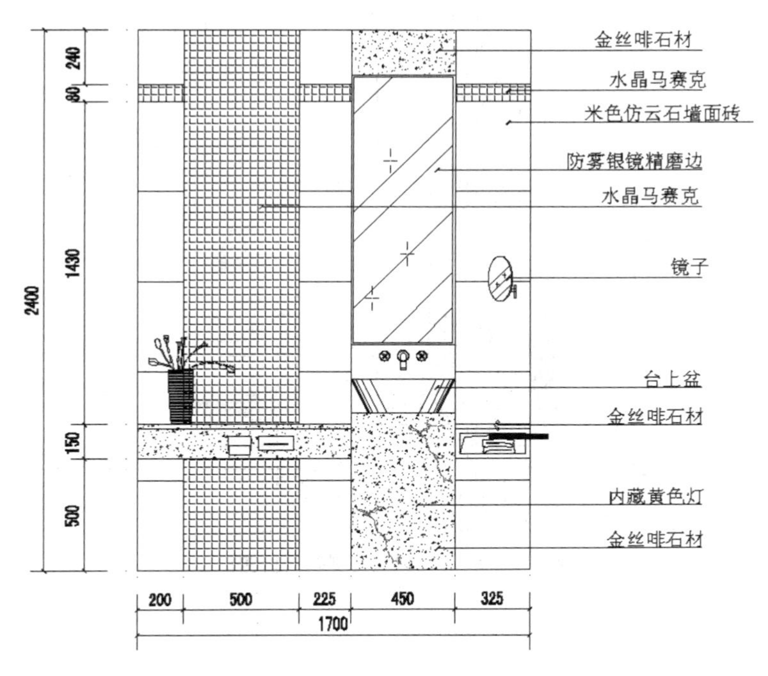

图 15-91　绘制多段线

（5）单击“默认”选项卡“绘图”面板中的“直线”按钮，在第（4）步绘制的多段线下方绘制一条适当长度的水平直线，如图 15-92 所示。

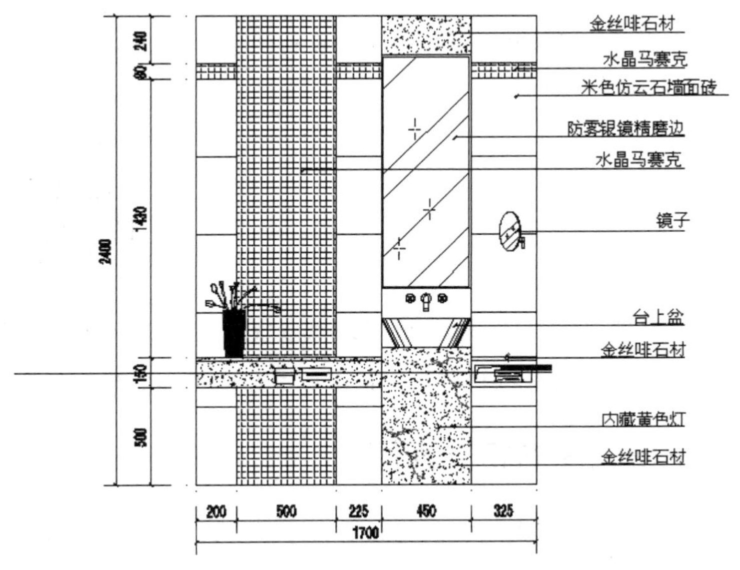

图 15-92　绘制直线

10. 绘制引出符号

（1）单击“默认”选项卡“绘图”面板中的“圆”按钮，在第 9 步绘制的水平直线端点

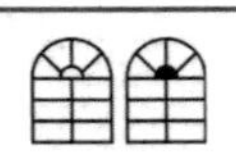

Note

处绘制一个半径为 121 的圆，如图 15-93 所示。

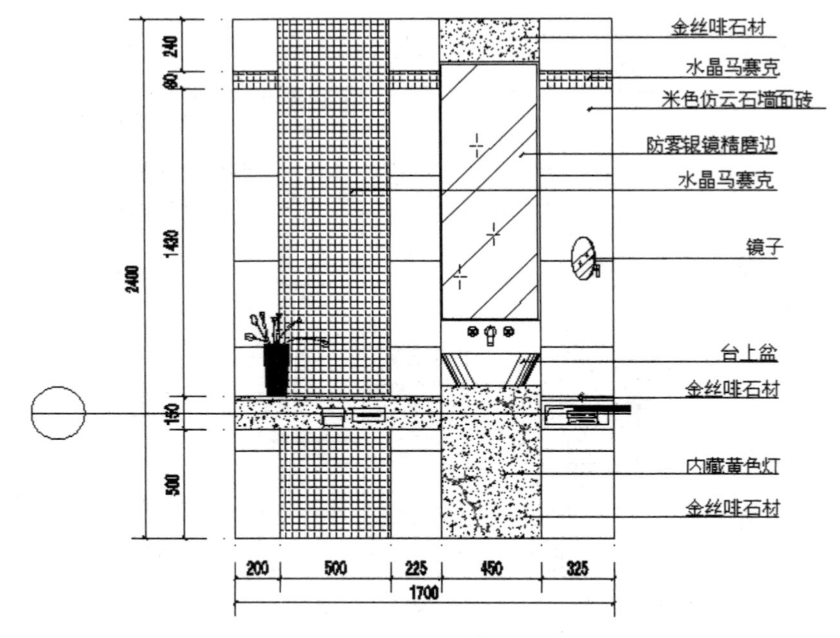

图 15-93 绘制圆

（2）单击“默认”选项卡“修改”面板中的“偏移”按钮，选择第（1）步绘制的圆为偏移对象并向内进行偏移，偏移距离为 13，如图 15-94 所示。

（3）单击“默认”选项卡“修改”面板中的“修剪”按钮，对绘制的圆进行修剪，如图 15-95 所示。

（4）单击“默认”选项卡“注释”面板中的“多行文字”按钮，在偏移的圆内绘制文字，完成剖切符号的绘制，如图 15-96 所示。

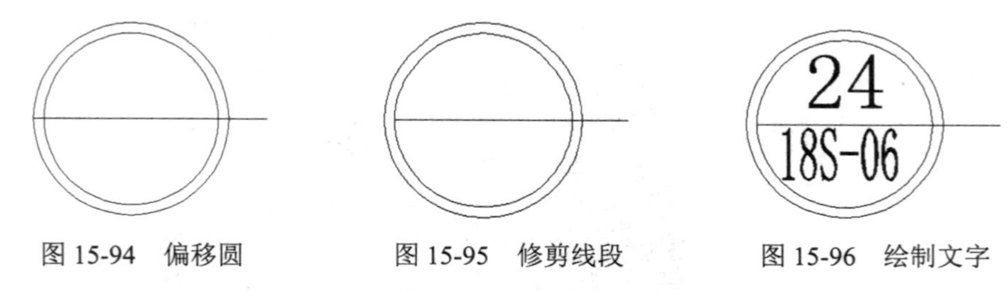

图 15-94 偏移圆　　图 15-95 修剪线段　　图 15-96 绘制文字

（5）利用上述方法绘制剩余的剖切符号，最终效果如图 15-50 所示。

15.1.3 商务豪华单人间衣柜立面图

利用上述方法完成商务豪华单人间衣柜立面图的绘制，如图 15-97 所示。

15.1.4 商务豪华单人间衣柜开启立面图

利用上述方法完成商务豪华单人间衣柜开启立面图的绘制，如图 15-98 所示。

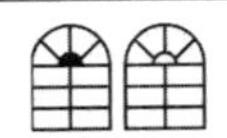

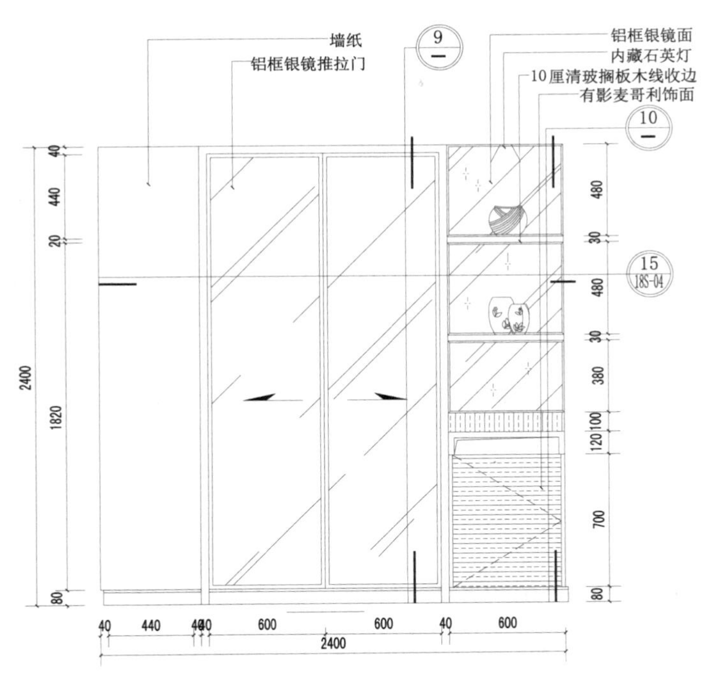

图 15-97 商务豪华单人间衣柜立面图

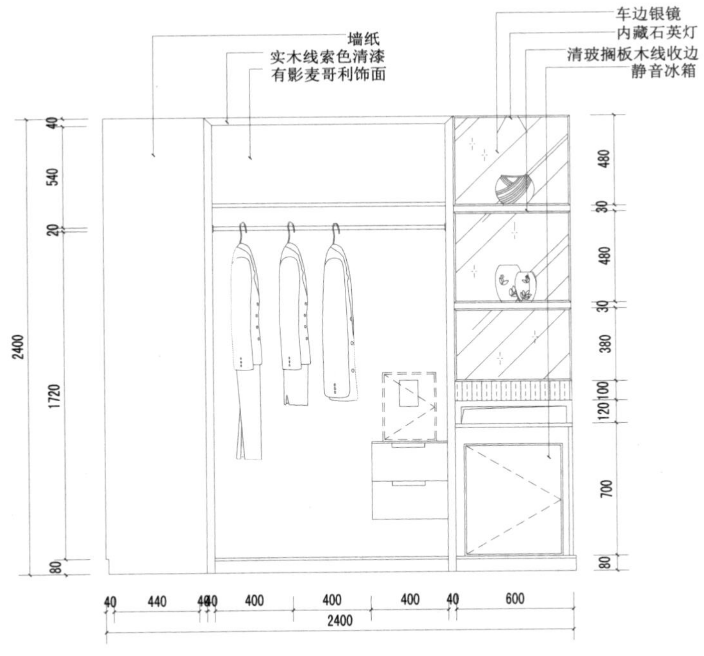

图 15-98 商务豪华单人间衣柜开启立面图

15.1.5 客房 7 卧室立面图

利用上述方法完成客房 7 卧室立面图的绘制，如图 15-99 所示。

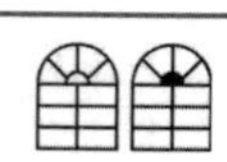

Note

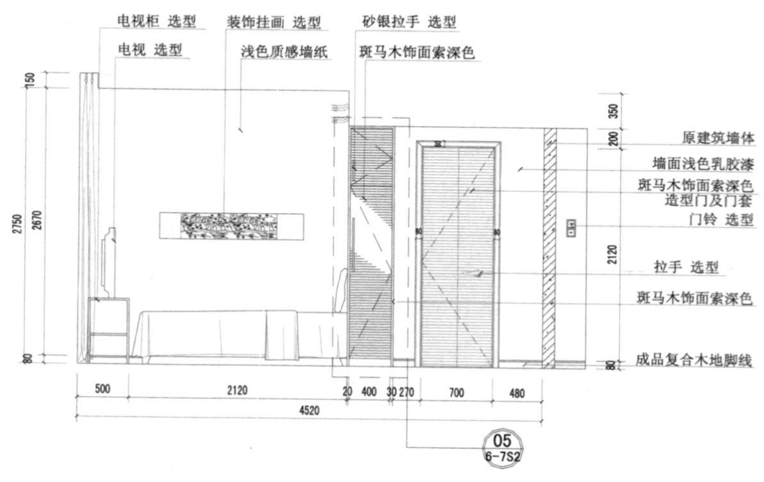

图 15-99 客房 7 卧室立面图

15.1.6 客房 7 卫生间立面图

利用上述方法完成客房 7 卫生间立面图的绘制，如图 15-100 所示。

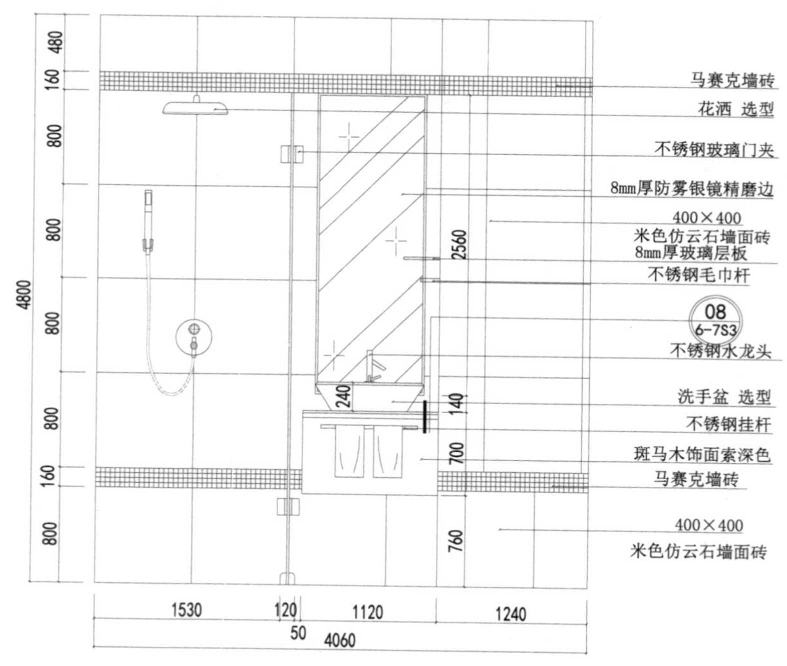

图 15-100 客房 7 卫生间立面图

15.2 十九层商务豪华套间立面图的绘制

本节主要讲述十九层商务豪华套间卧室及卫生间立面图的绘制过程。

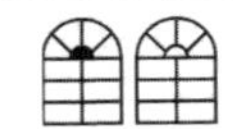

15.2.1　商务豪华套间卧室立面图

利用上述方法完成十九层商务豪华套间卧室立面图的绘制，如图 15-101 所示。

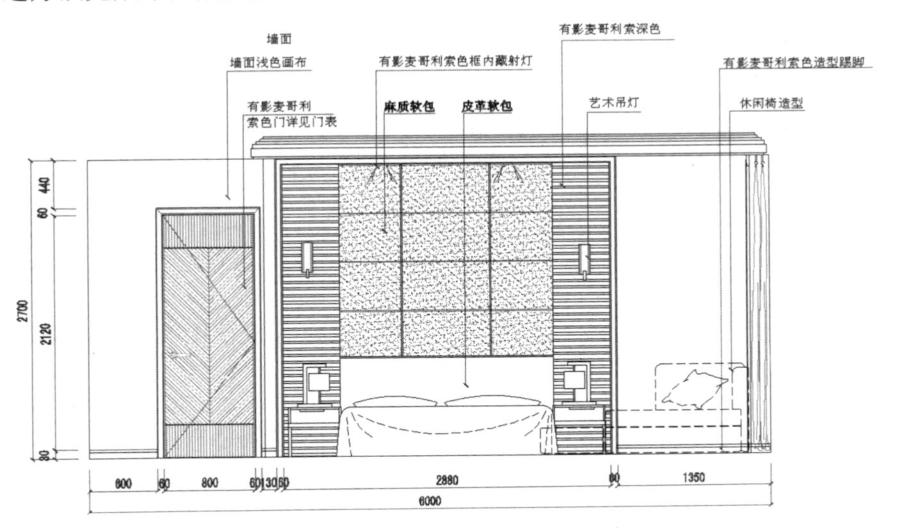

图 15-101　商务豪华套间卧室立面图

15.2.2　商务豪华套间卫生间立面图

利用上述方法完成十九层商务豪华套间卫生间立面图的绘制，如图 15-102 所示。

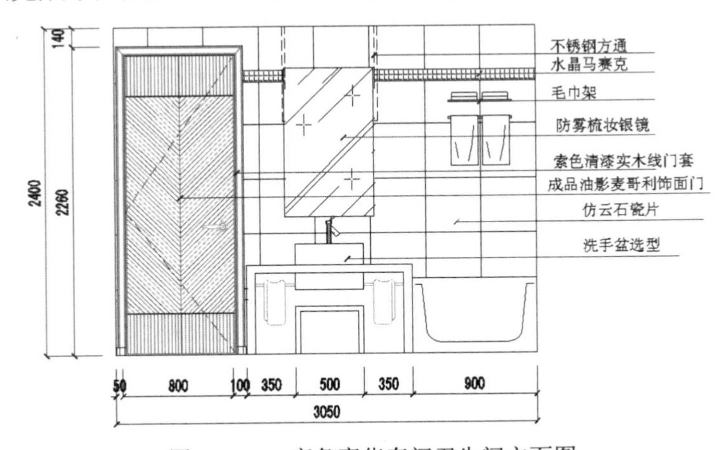

图 15-102　商务豪华套间卫生间立面图

15.3　实 战 演 练

通过前面的学习，读者对本章知识有了大体的了解，本节通过几个操作练习使读者进一步掌握本章知识要点。

Note

【实战演练 1】绘制如图 15-103 所示的咖啡吧 A 立面图。

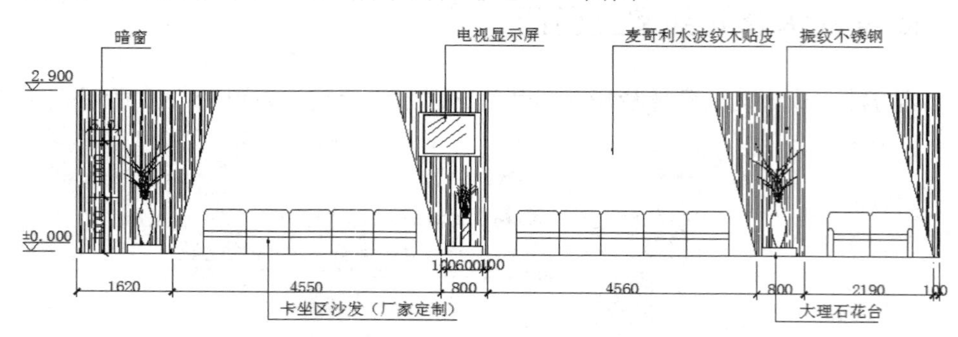

图 15-103　咖啡吧 A 立面图

1．目的要求

本实例主要要求读者通过练习进一步熟悉和掌握咖啡吧 A 立面图的绘制方法。通过本实例，可以帮助读者学会完成整个立面图绘制的全过程。

2．操作提示

（1）绘图准备。

（2）绘制轮廓线。

（3）细化图形。

（4）填充图形。

（5）插入家具图块。

（6）标注标高、尺寸和文字。

【实战演练 2】绘制如图 15-104 所示的咖啡吧 B 立面图。

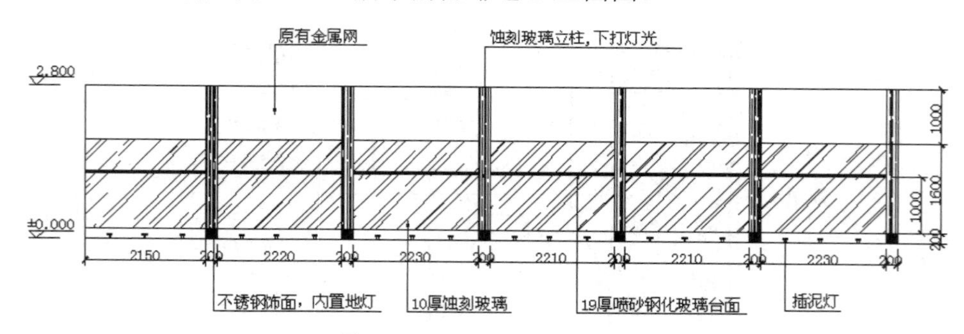

图 15-104　咖啡吧 B 立面图

1．目的要求

本实例主要要求读者通过练习进一步熟悉和掌握咖啡吧 B 立面图的绘制方法。通过本实例，可以帮助读者学会完成整个立面图绘制的全过程。

2．操作提示

（1）绘图准备。

（2）绘制轮廓线。

（3）填充图形。

（4）标注标高、尺寸和文字。

第16章

客房剖面图的绘制

本章学习要点和目标任务：

☑ 十八层商务豪华单人间剖面图的绘制

☑ 十八层商务豪华单人间衣柜剖面图的绘制

建筑剖面图主要反映建筑物的结构形式、垂直空间利用、各层构造做法和门窗洞口高度等。本章以客房剖面图为例，详细论述室内设计中剖面图的 AutoCAD 绘制方法与相关技巧。

Note

16.1 十八层商务豪华单人间剖面图的绘制

本节主要讲述十八层商务豪华单人间剖面图的绘制方法，结果如图 16-1 所示。

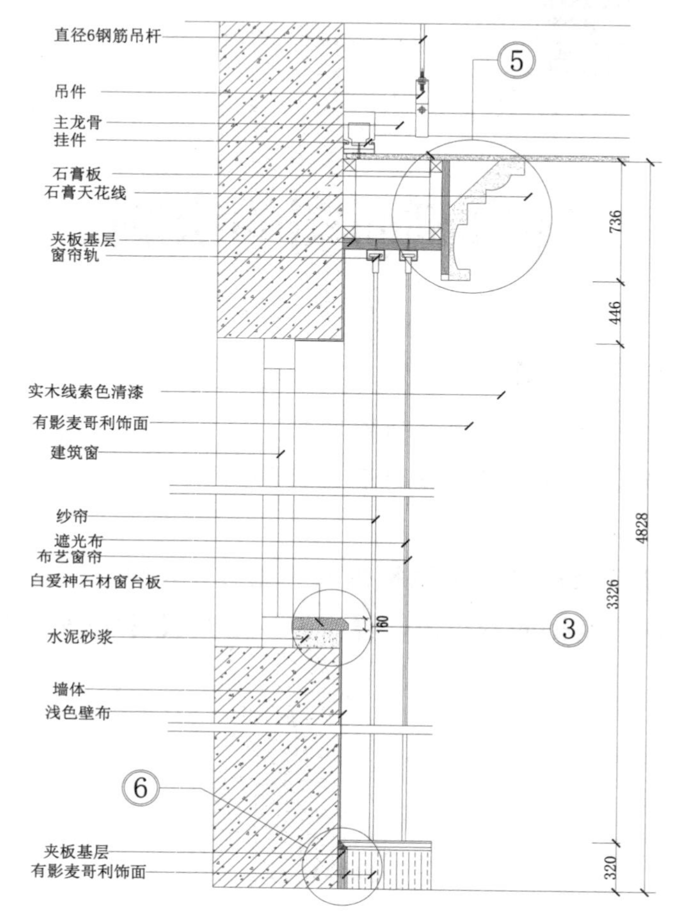

图 16-1 商务豪华单人间剖面图

操作步骤如下：（：光盘\配套视频\第 16 章\十八层商务豪华单人间剖面图.avi）

（1）单击“默认”选项卡“绘图”面板中的“直线”按钮，在图形空白区域绘制一条长为 2854 的水平直线，如图 16-2 所示。

图 16-2 绘制直线

（2）单击“默认”选项卡“绘图”面板中的“直线”按钮，以第（1）步绘制的水平直线左端点为起点向上绘制一条长为 5763 的竖直直线，如图 16-3 所示。

（3）单击“默认”选项卡“修改”面板中的“偏移”按钮，选择水平直线为偏移对象并向上进行偏移，偏移距离分别为 260、20、28、12、704、56、515、120、80、830、56、779、

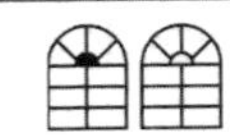

186、2117，如图 16-4 所示。

（4）单击“默认”选项卡“修改”面板中的“偏移”按钮，选择竖直直线为偏移对象并向右进行偏移，偏移距离分别为 298、300、100、100、314、1742，如图 16-5 所示。

图 16-3　绘制竖直直线　　图 16-4　偏移直线　　图 16-5　偏移竖直直线

（5）单击“默认”选项卡“修改”面板中的“修剪”按钮，对第（4）步中偏移的直线进行修剪，如图 16-6 所示。

（6）绘制吊杆。

① 单击“默认”选项卡“绘图”面板中的“直线”按钮，在第（5）步中图形适当位置绘制如图 16-7 所示的图形。

② 单击“默认”选项卡“绘图”面板中的“直线”按钮，绘制第①步绘制的两条直线之间的连接线，如图 16-8 所示。

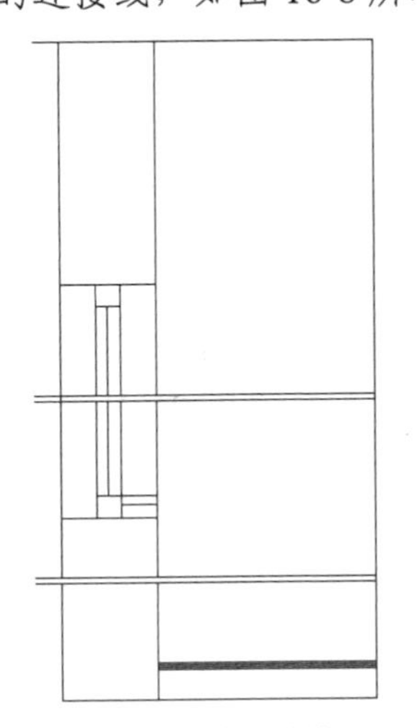

图 16-6　修剪直线

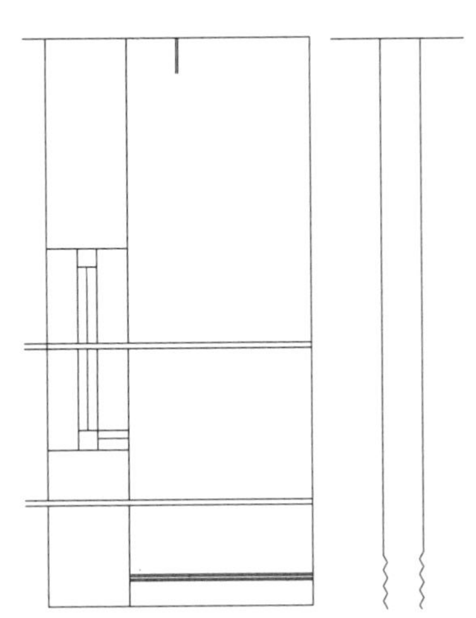

图 16-7　绘制图形

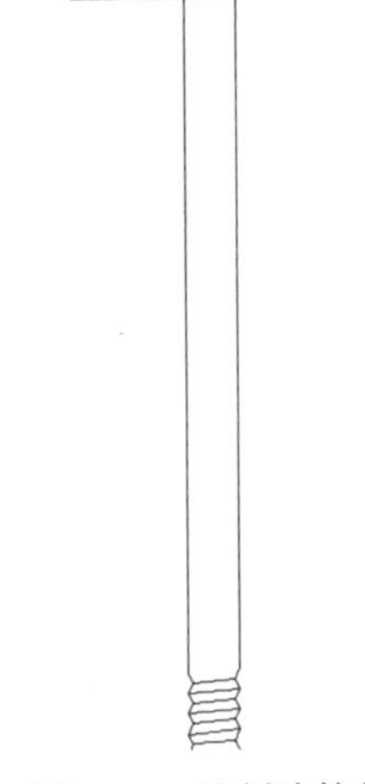

图 16-8　绘制连接线

③ 单击“默认”选项卡“绘图”面板中的“直线”按钮，在第②步中图形下端位置绘制连续直线，如图 16-9 所示。

④ 单击“默认”选项卡“绘图”面板中的“直线”按钮，绘制第③步中连续直线的内部线段，如图 16-10 所示。

⑤ 单击“默认”选项卡“绘图”面板中的“矩形”按钮，在第④步中绘制图形下方绘制一个 80×380 的矩形，如图 16-11 所示。

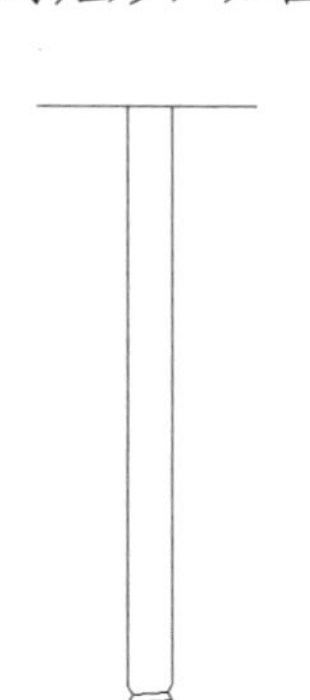

图 16-9　绘制连续直线

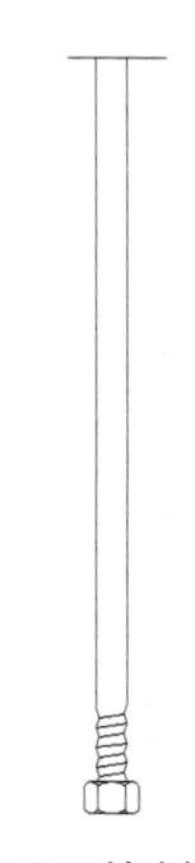

图 16-10　绘制内部线段

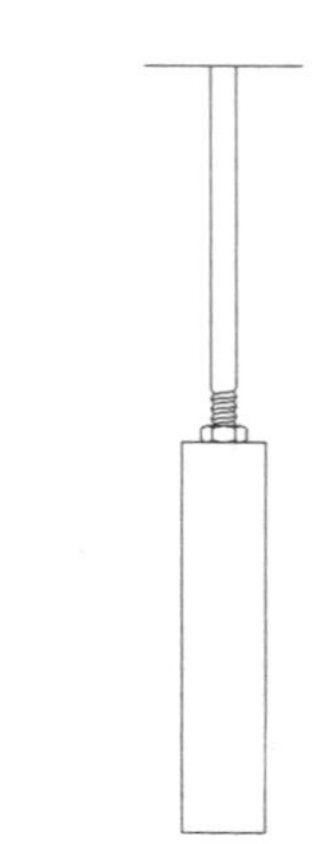

图 16-11　绘制矩形

⑥ 结合所学命令完成矩形内部图形的绘制，如图 16-12 所示。

（7）绘制挂件。

① 单击“默认”选项卡“绘图”面板中的“直线”按钮，在图形适当位置绘制连续直线，如图 16-13 所示。

② 单击“默认”选项卡“绘图”面板中的“直线”按钮，在第①步的图形内绘制连续直线，选择绘制的连续直线，在“特性”面板的“线型”下拉列表框中选择 DASHED 线型，如图 16-14 所示。

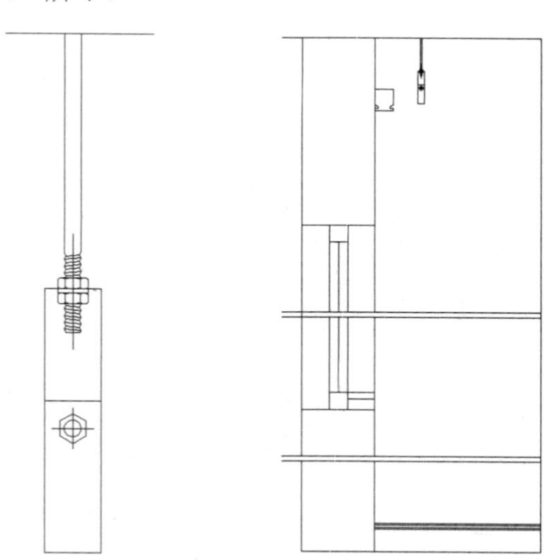

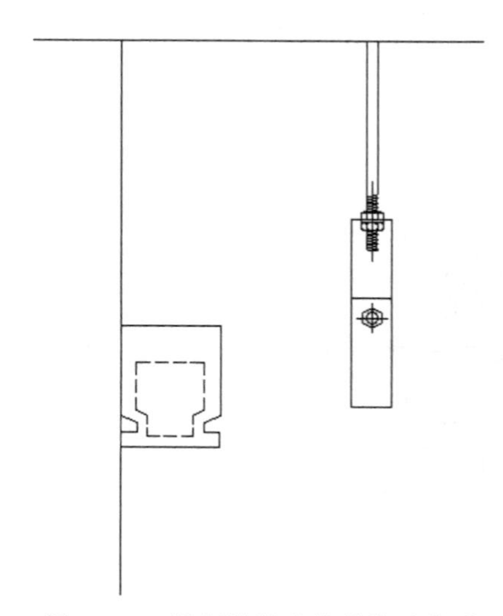

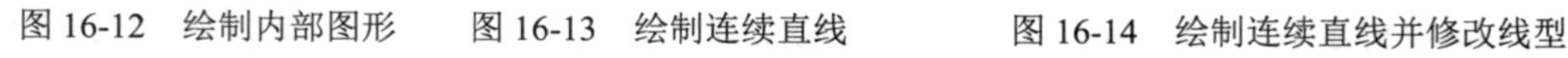

图 16-12　绘制内部图形　图 16-13　绘制连续直线　图 16-14　绘制连续直线并修改线型

③ 单击“默认”选项卡“绘图”面板中的“直线”按钮，继续绘制连续直线，如图 16-15 所示。

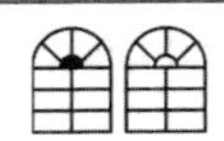

④ 单击“默认”选项卡“修改”面板中的“偏移”按钮，选择第③步中绘制的图形为偏移对象并向内进行偏移，偏移距离为 2，如图 16-16 所示。

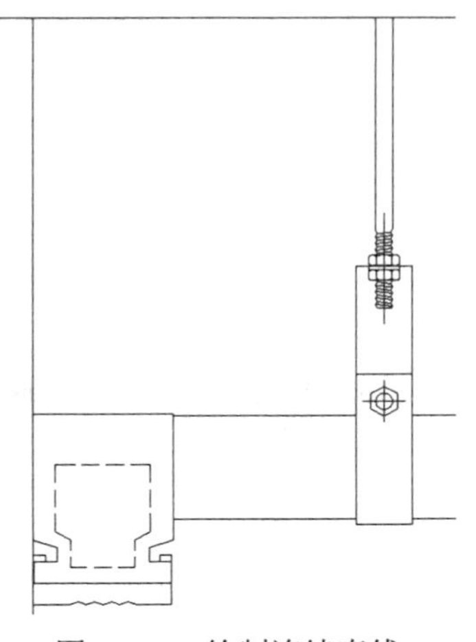

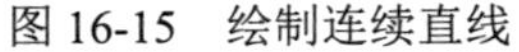

图 16-15　绘制连续直线

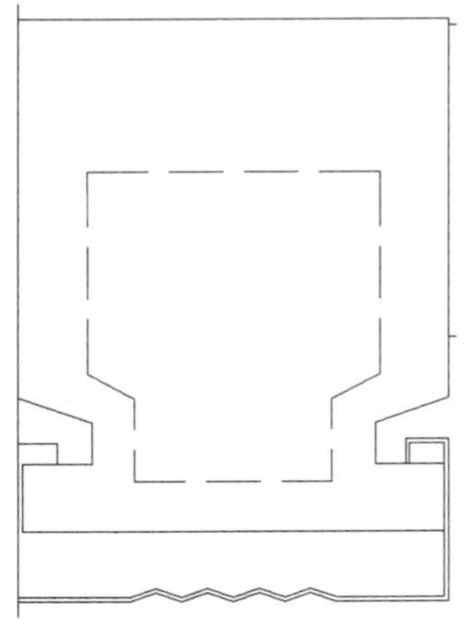

图 16-16　偏移线段

（8）单击“默认”选项卡“绘图”面板中的“直线”按钮，在图形适当位置绘制连续直线，如图 16-17 所示。

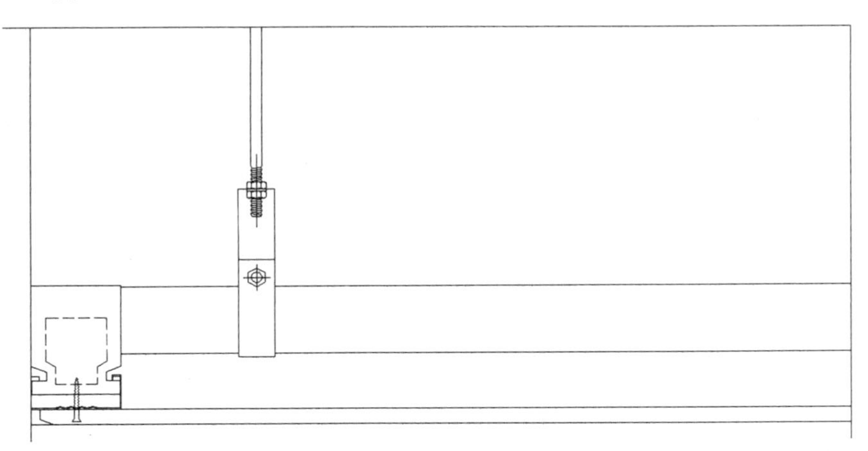

图 16-17　绘制连续直线

（9）绘制石青板。

① 单击“默认”选项卡“绘图”面板中的“矩形”按钮，在第（8）步中图形下方位置绘制一个 634×529 的矩形，如图 16-18 所示。

② 单击“默认”选项卡“绘图”面板中的“矩形”按钮，在第①步中绘制的矩形内绘制一个 80×80 的矩形，如图 16-19 所示。

③ 单击“默认”选项卡“修改”面板中的“复制”按钮，选择第②步绘制的矩形为复制对象并进行连续复制，如图 16-20 所示。

④ 单击“默认”选项卡“绘图”面板中的“直线”按钮，在第③步复制的图形内绘制矩形对角线，如图 16-21 所示。

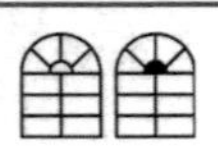

Note

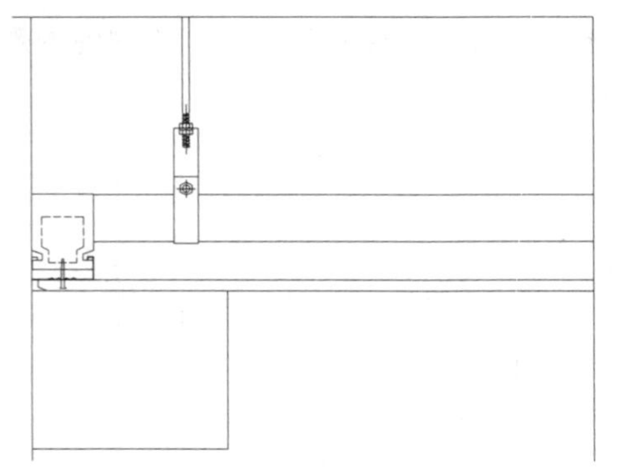

图 16-18　绘制 634×529 的矩形

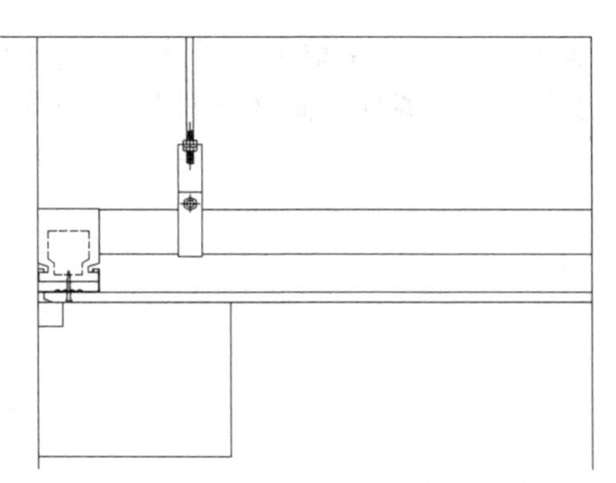

图 16-19　绘制 80×80 的矩形

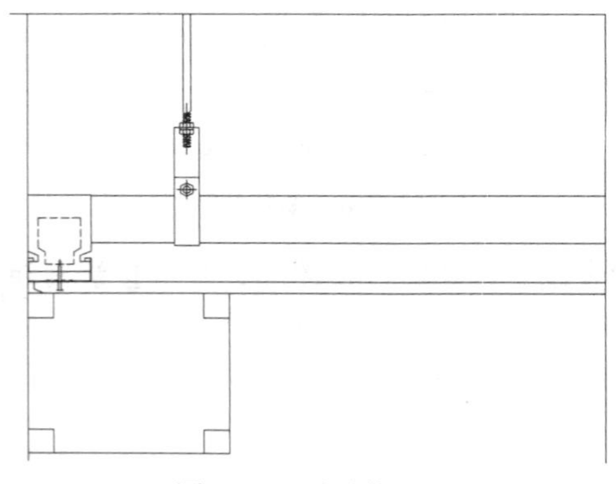

图 16-20　复制矩形

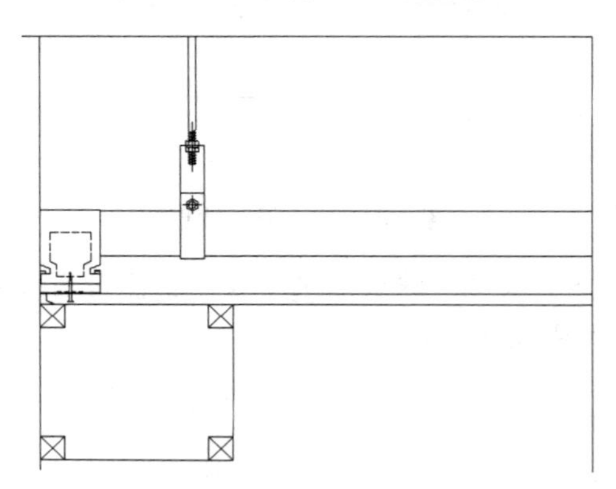

图 16-21　绘制矩形的对角线

⑤ 单击“默认”选项卡“绘图”面板中的“直线”按钮，绘制各矩形间的连接线，如图 16-22 所示。

⑥ 单击“默认”选项卡“绘图”面板中的“矩形”按钮，在图形适当位置绘制一个 633×72 的矩形，如图 16-23 所示。

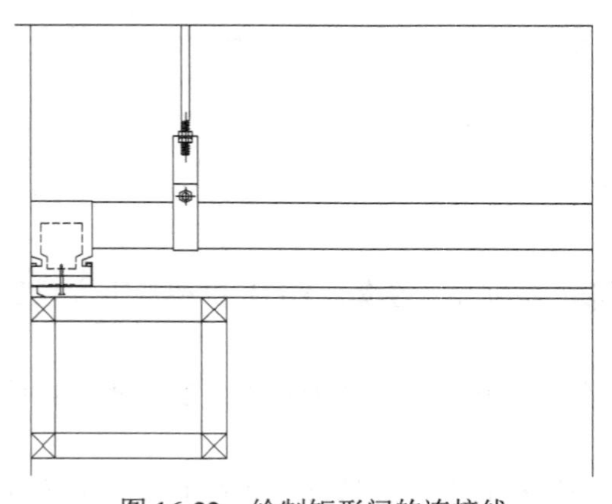

图 16-22　绘制矩形间的连接线

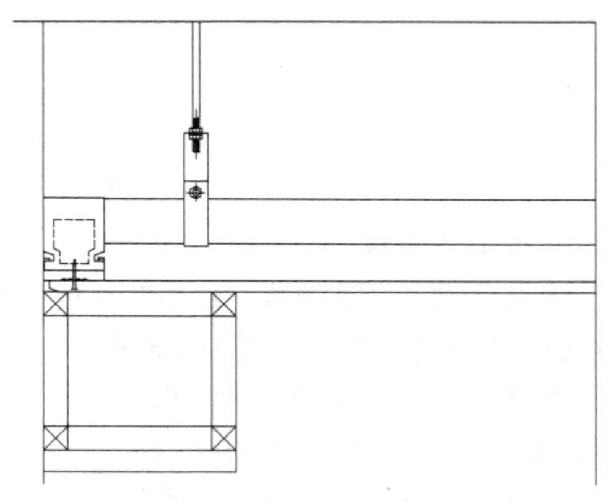

图 16-23　绘制 633×72 的矩形

⑦ 单击“默认”选项卡“修改”面板中的“分解”按钮，选择第⑥步中的矩形为分解对象，按 Enter 键确认进行分解。

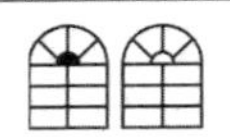

⑧ 单击“默认”选项卡“修改”面板中的“偏移”按钮，选择第⑦步中分解矩形的上部水平边为偏移对象并连续向下进行偏移，偏移距离分别为 6、10、10、10、10、10、10 和 6，如图 16-24 所示。

⑨ 用上述方法完成相同图形的绘制，如图 16-25 所示。

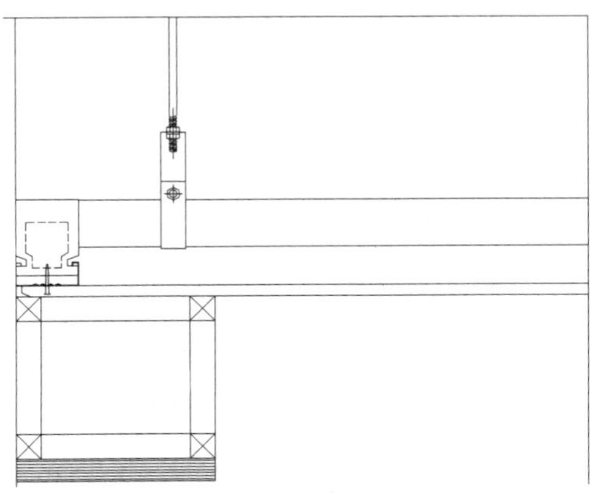

图 16-24　偏移直线

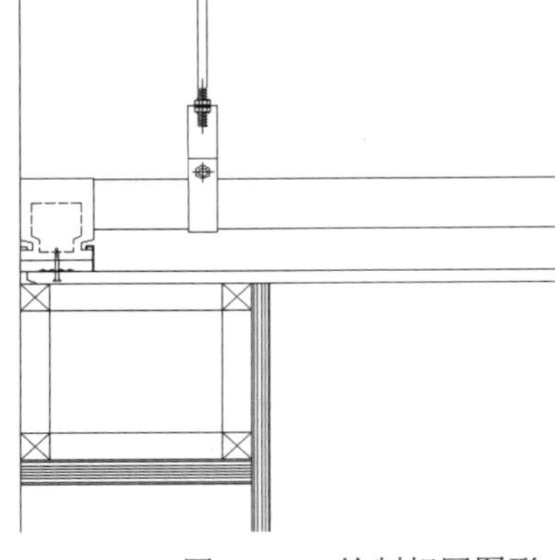

图 16-25　绘制相同图形

（10）绘制石青天花线。

① 单击“默认”选项卡“绘图”面板中的“矩形”按钮，在第（9）步绘制的图形下方绘制一个 48×40 的矩形，如图 16-26 所示。

② 单击“默认”选项卡“绘图”面板中的“多段线”按钮，在第①步绘制的矩形右侧绘制连续直线，如图 16-27 所示。

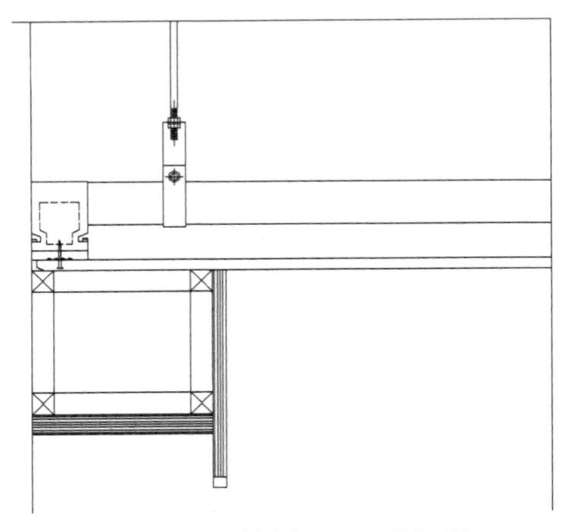

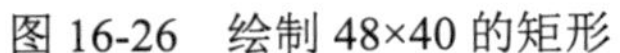

图 16-26　绘制 48×40 的矩形

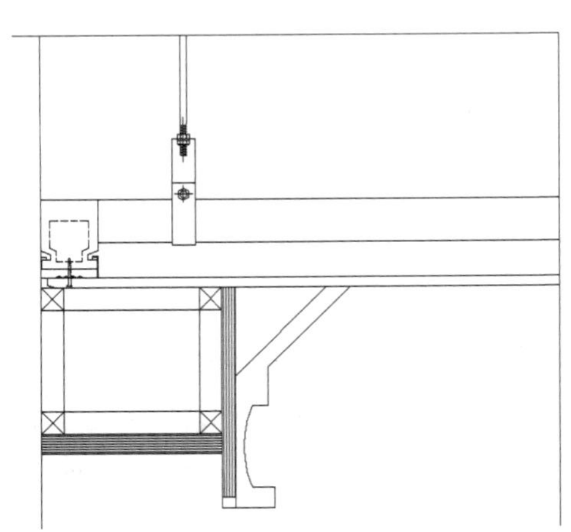

图 16-27　绘制连续直线

（11）绘制窗帘轨道。

① 单击“默认”选项卡“绘图”面板中的“矩形”按钮，在图形适当位置绘制一个 80×20 的矩形，如图 16-28 所示。

② 单击“默认”选项卡“绘图”面板中的“矩形”按钮，在第①步绘制的矩形下方绘制一个 37×105 的矩形，如图 16-29 所示。

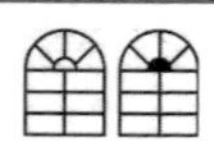

Note

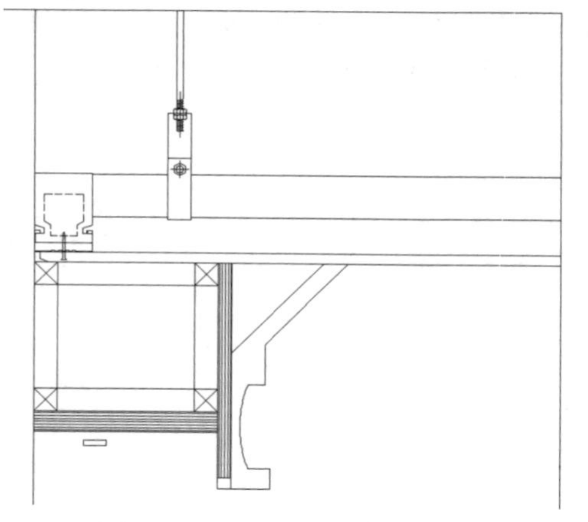

图 16-28　绘制 80×20 的矩形

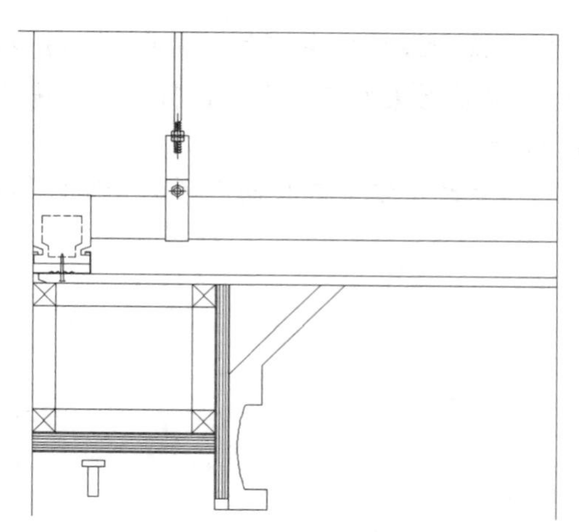

图 16-29　绘制 37×105 的矩形

③ 单击“默认”选项卡“绘图”面板中的“多段线”按钮，在第②步中图形适当位置绘制连续多段线，如图 16-30 所示。

④ 单击“默认”选项卡“修改”面板中的“偏移”按钮，选择第③步中绘制的多段线为偏移对象并向外进行偏移，偏移距离为 4，如图 16-31 所示。

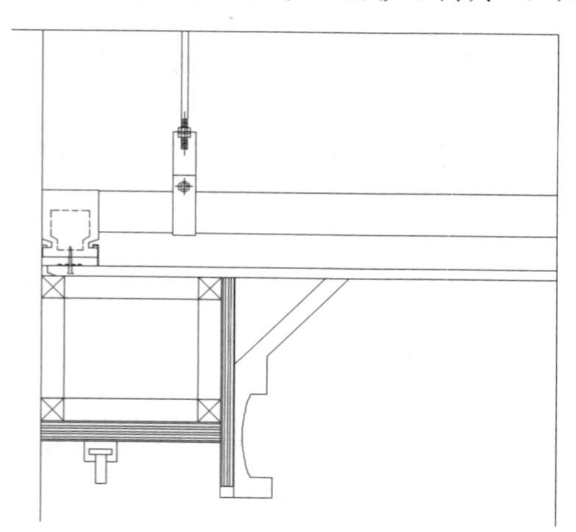

图 16-30　绘制多段线

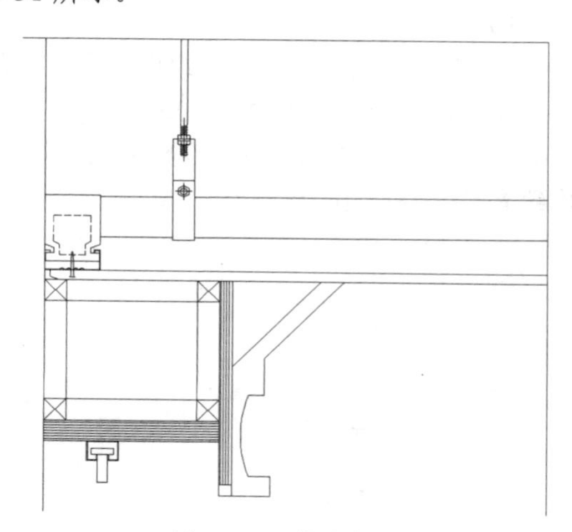

图 16-31　偏移多段线

⑤ 单击“默认”选项卡“修改”面板中的“偏移”按钮，选择剖面图左侧竖直边线为偏移对象并向右进行偏移，偏移距离为 1400，如图 16-32 所示。

⑥ 单击“默认”选项卡“修改”面板中的“修剪”按钮，对第⑤步中偏移的线段进行修剪，如图 16-33 所示。

⑦ 单击“默认”选项卡“绘图”面板中的“直线”按钮，在图形适当位置绘制两条间距为 25 的竖直直线，如图 16-34 所示。

⑧ 单击“默认”选项卡“修改”面板中的“复制”按钮，选择第⑦步绘制的图形为复制对象连续向右进行复制，如图 16-35 所示。

⑨ 单击“默认”选项卡“修改”面板中的“修剪”按钮，对第⑧步中的复制图形进行修剪，如图 16-36 所示。

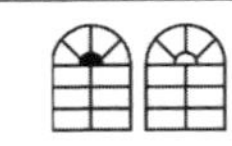

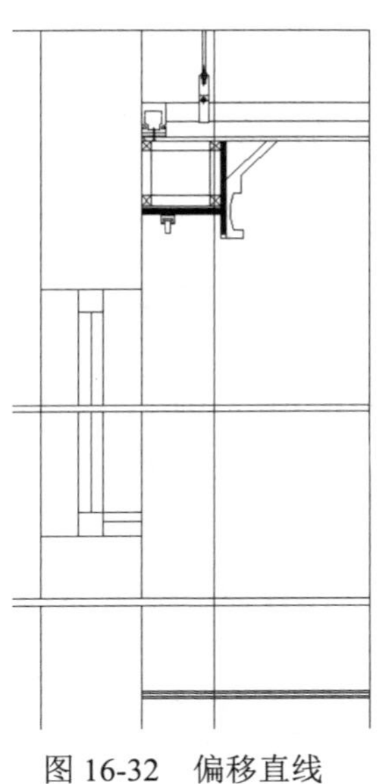

图 16-32　偏移直线

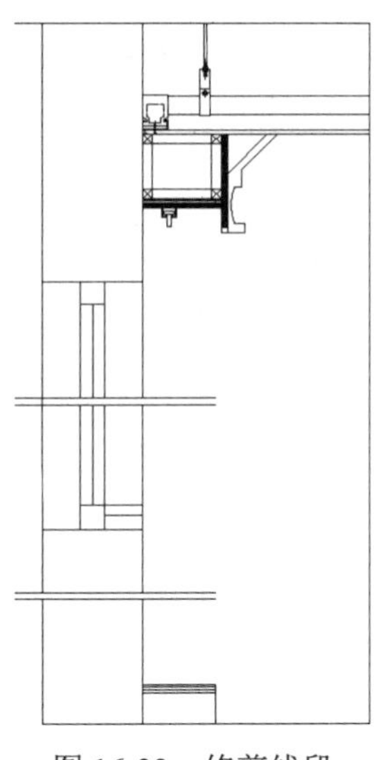

图 16-33　修剪线段

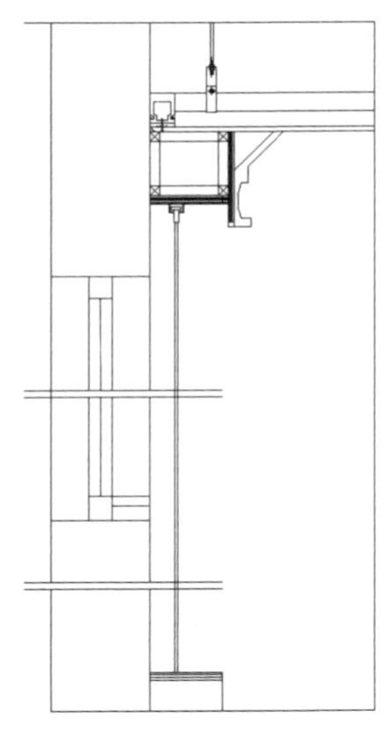

图 16-34　绘制竖直直线

（12）单击“默认”选项卡“绘图”面板中的“直线”按钮，绘制图形剩余线段。

（13）填充图案。

① 单击“默认”选项卡“绘图”面板中的“图案填充”按钮，系统打开“图案填充创建”选项卡，设置填充类型为 AR-SAND，角度为 0°，比例为 0.5，选择填充区域填充图案，效果如图 16-37 所示。

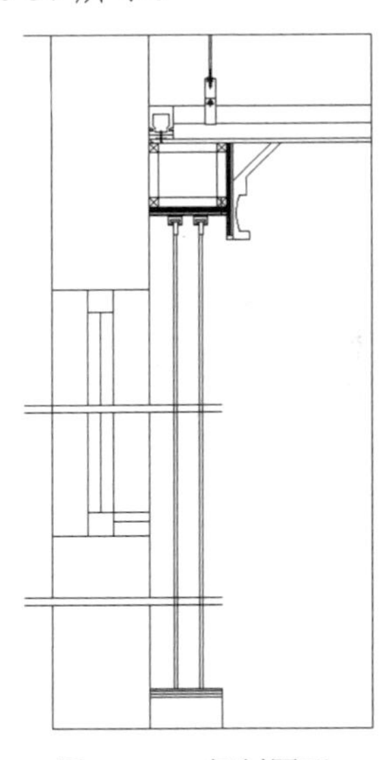

图 16-35　复制图形

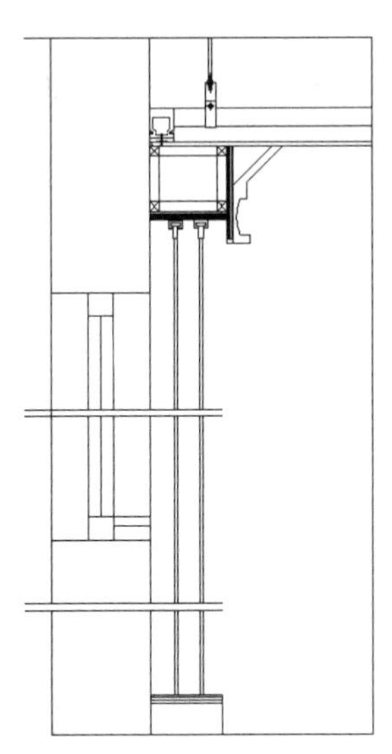

图 16-36　修剪图形

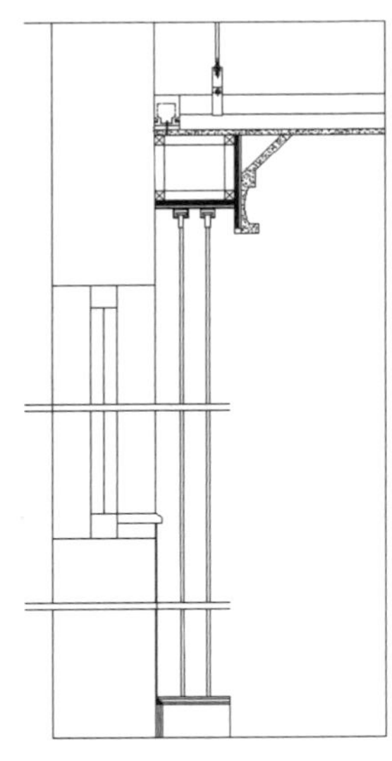

图 16-37　填充图案 AR-SAND

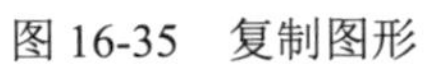

② 重复“图案填充”命令，设置填充类型为 AR-CONC，角度为 0°，比例为 1，选择填充区域填充图案，效果如图 16-38 所示。

③ 重复“图案填充”命令，设置填充类型为 ANSI31，角度为 0°，比例为 20，选择填充区域填充图案，效果如图 16-39 所示。

④ 重复“图案填充”命令，设置角度为 45°，比例为 10，选择填充区域填充图案。

⑤ 同理，完成剩余图形的填充，结果如图 16-40 所示。

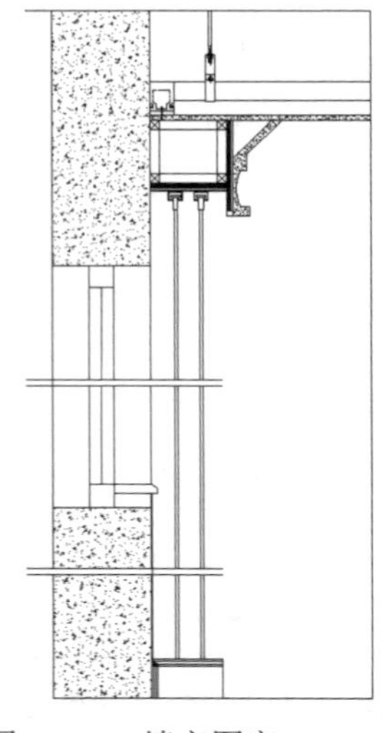

图 16-38　填充图案 AR-CONC

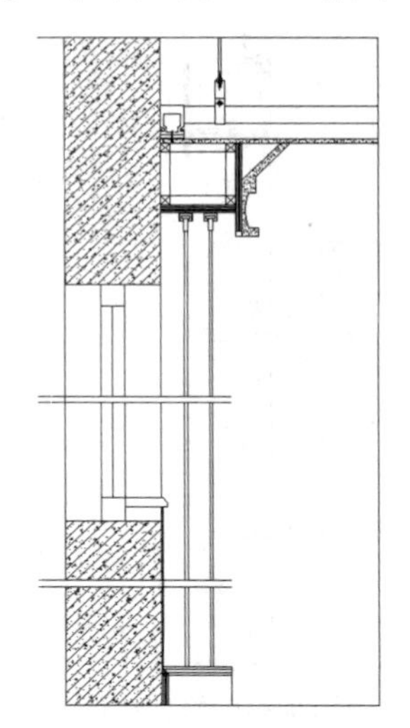

图 16-39　填充图案 ANSI31

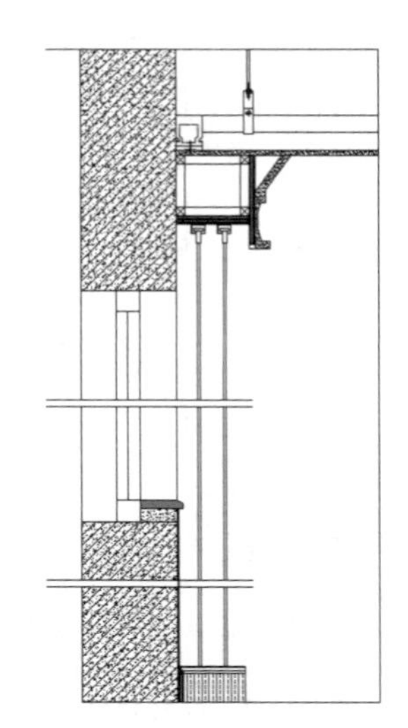

图 16-40　填充剩余图案

（14）单击“默认”选项卡“修改”面板中的“删除”按钮，选择右侧竖直边线进行删除，并整理图形。

（15）标注尺寸。

① 单击“默认”选项卡“注释”面板中的“线性”按钮和“连续”按钮，为图形添加第一道尺寸标注，如图 16-41 所示。

② 单击“默认”选项卡“注释”面板中的“线性”按钮，为图形添加总尺寸标注，如图 16-42 所示。

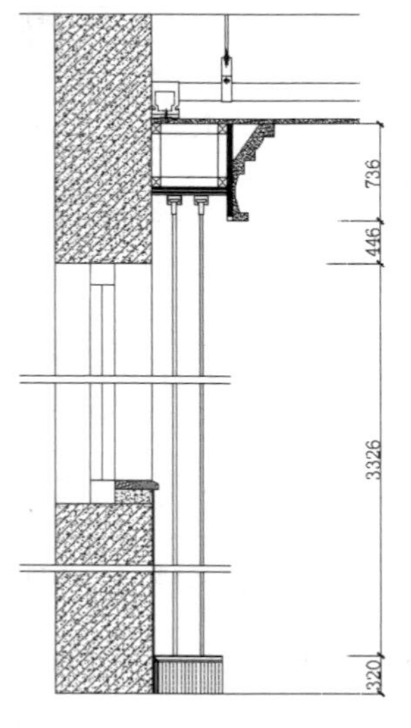

图 16-41　添加第一道尺寸标注

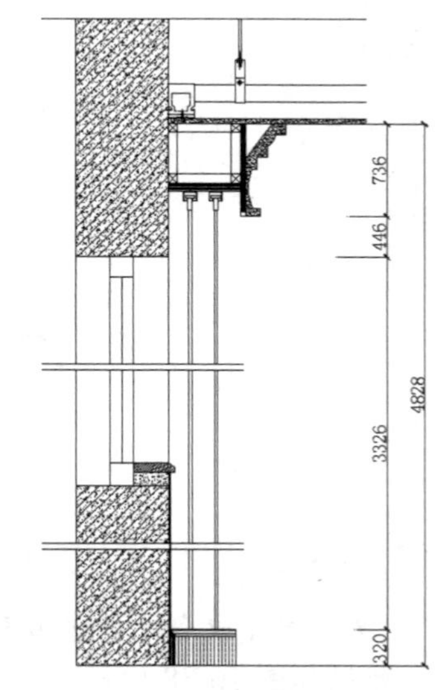

图 16-42　添加总尺寸标注

③ 在命令行中输入“QLEADER”命令为图形添加文字说明，如图 16-43 所示。

（16）单击“默认”选项卡“绘图”面板中的“圆”按钮，在图形适当位置绘制一个半径

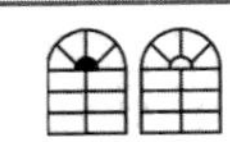

为 511 的圆，如图 16-44 所示。

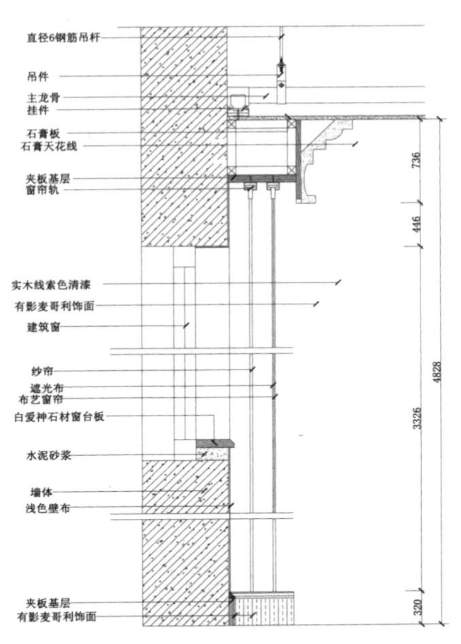

图 16-43　添加文字说明

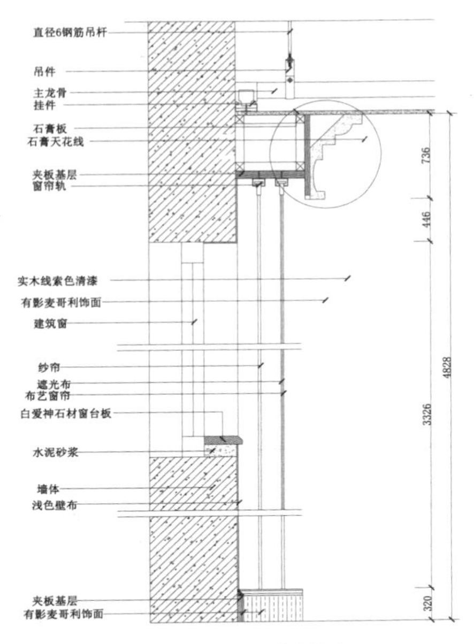

图 16-44　绘制圆

（17）单击“默认”选项卡“绘图”面板中的“直线”按钮，以第（16）步绘制的圆上一点为直线起点向上绘制直线，如图 16-45 所示。

（18）单击“默认”选项卡“绘图”面板中的“圆”按钮，以第（17）步绘制的水平直线右端点右侧适当一点为圆心绘制一个半径为 121 的圆，如图 16-46 所示。

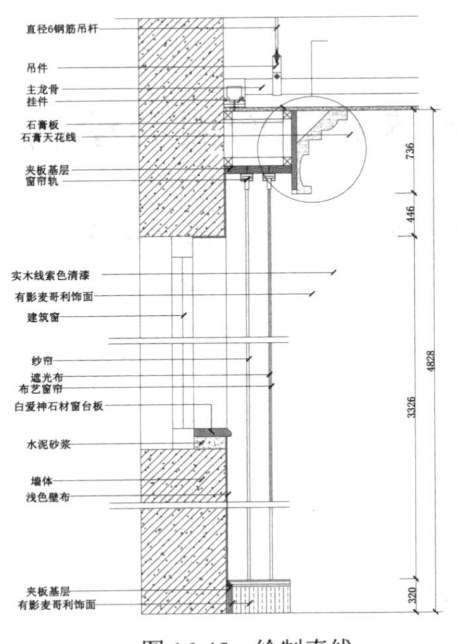

图 16-45　绘制直线

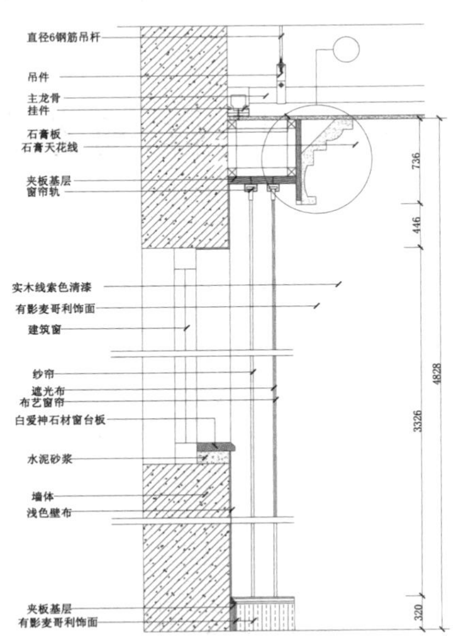

图 16-46　绘制圆

（19）单击“默认”选项卡“修改”面板中的“偏移”按钮，选择第（18）步绘制的圆为

Note

偏移对象并向内进行偏移，偏移距离为 13，如图 16-47 所示。

（20）单击“默认”选项卡“注释”面板中的“多行文字”按钮A，在绘制的圆内添加文字。同理，绘制其他标号，结果如图 16-48 所示。

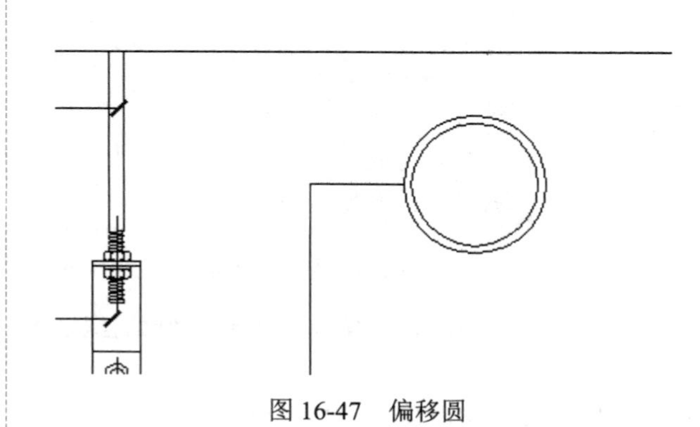

图 16-47　偏移圆

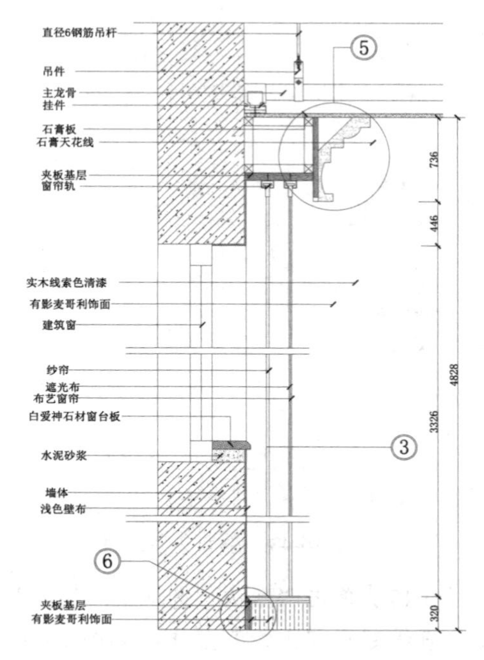

图 16-48　添加文字

（21）利用上述方法完成剖面图中剩余图形的绘制，最终完成十八层商务豪华单人间剖面图的绘制，如图 16-1 所示。

16.2　十八层商务豪华单人间衣柜剖面图的绘制

本节主要讲述十八层商务豪华单人间衣柜剖面图的绘制方法，结果如图 16-49 所示。

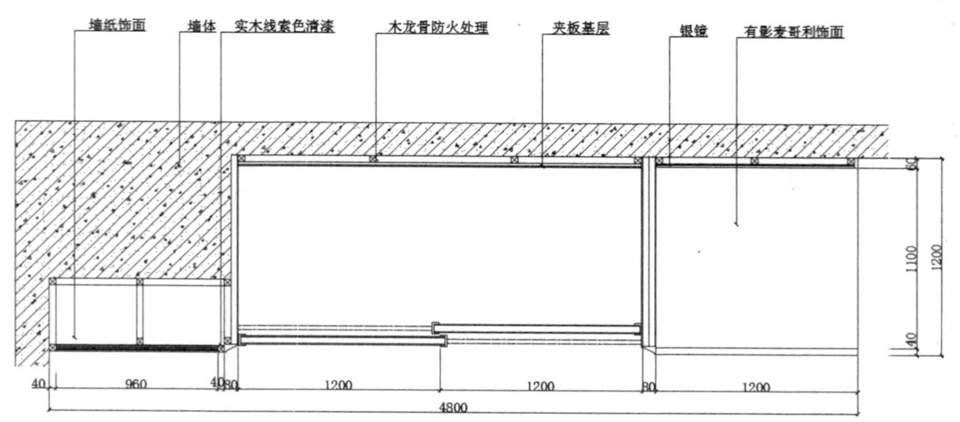

图 16-49　十八层商务豪华单人间衣柜剖面图

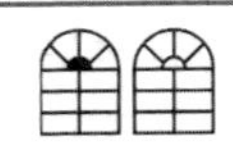

操作步骤如下：（光盘\配套视频\第16章\十八层商务豪华单人间衣柜剖面图.avi）

1. 绘制基础轮廓

（1）单击“默认”选项卡“绘图”面板中的“直线”按钮，在图形适当位置绘制一条长为5180的水平直线，如图16-50所示。

图16-50　绘制水平直线

（2）单击“默认”选项卡“绘图”面板中的“直线”按钮，以第（1）步绘制的水平直线左端点为起点向下绘制一条长为1492的竖直直线，如图16-51所示。

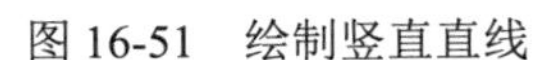

图16-51　绘制竖直直线

（3）单击“默认”选项卡“修改”面板中的“偏移”按钮，选择水平直线为偏移对象并向下进行偏移，偏移距离分别为200、756、536，如图16-52所示。

图16-52　偏移水平直线

（4）单击“默认”选项卡“修改”面板中的“偏移”按钮，选择绘制的竖直直线为偏移对象并向右进行偏移，偏移距离分别为200、1080，如图16-53所示。

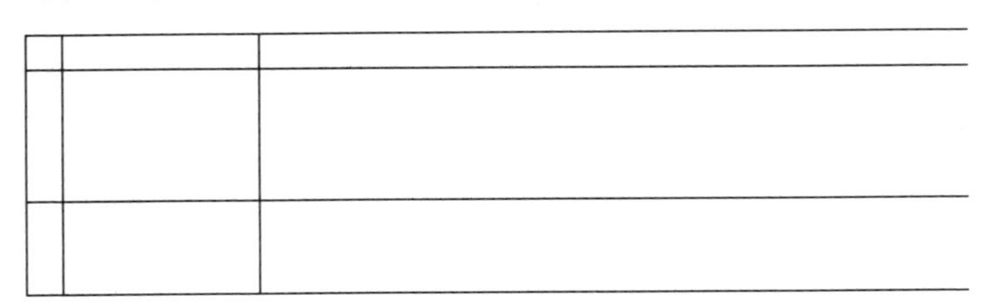

图16-53　偏移竖直直线

（5）单击“默认”选项卡“修改”面板中的“修剪”按钮，对第（4）步偏移的线段进行修剪处理，如图16-54所示。

2. 绘制木龙骨

（1）单击“默认”选项卡“绘图”面板中的“矩形”按钮，在图形适当位置绘制一个40×40的矩形，如图16-55所示。

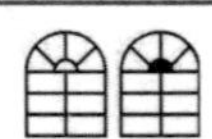
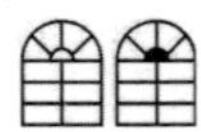

Note

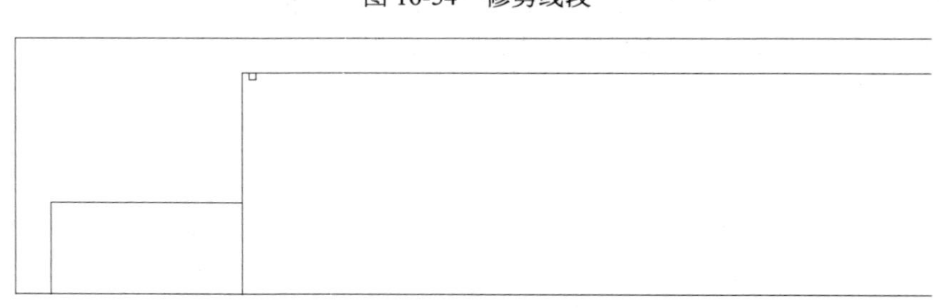

图 16-54　修剪线段

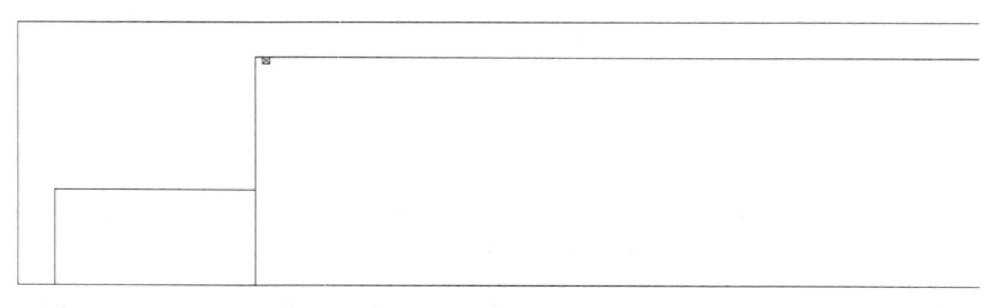

图 16-55　绘制矩形

（2）单击“默认”选项卡“绘图”面板中的“直线”按钮，绘制矩形内部对角线，如图 16-56 所示。

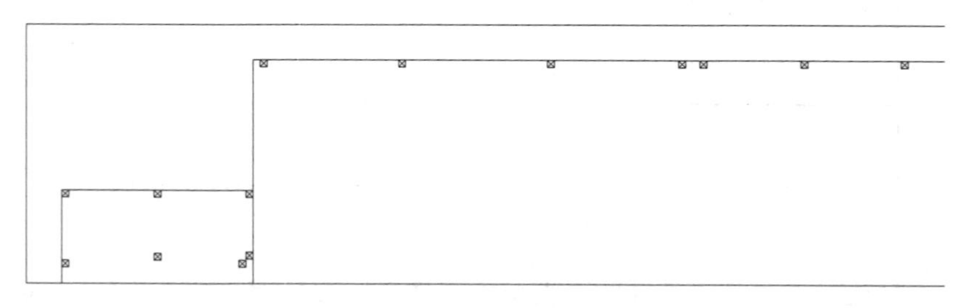

图 16-56　绘制矩形对角线

（3）单击“默认”选项卡“修改”面板中的“复制”按钮，选择第（2）步绘制的图形为复制对象进行复制，将其放置到图形适当位置，如图 16-57 所示。

图 16-57　复制图形

3. 细化衣柜剖面图

（1）单击“默认”选项卡“绘图”面板中的“直线”按钮，绘制第 2 步复制图形之间的连接线，如图 16-58 所示。

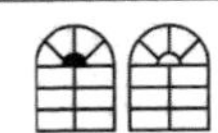

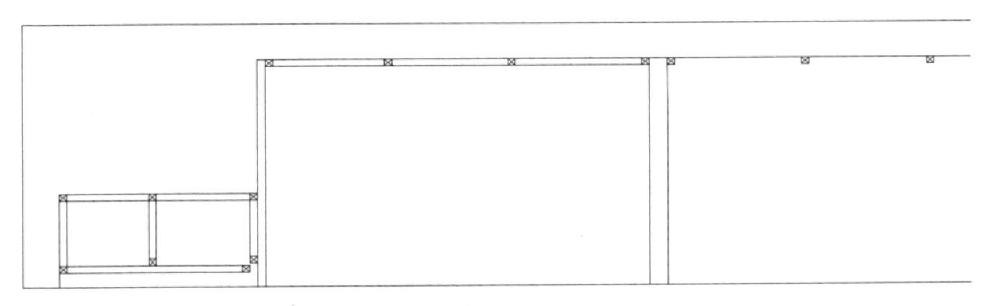

图 16-58　绘制连接线

（2）单击“默认”选项卡“绘图”面板中的“直线”按钮，在图形适当位置绘制连续直线，如图 16-59 所示。

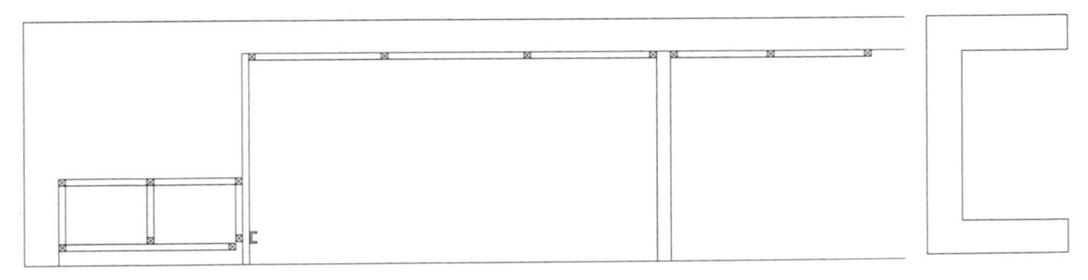

图 16-59　绘制连续直线

（3）单击“默认”选项卡“修改”面板中的“复制”按钮，选择第（2）步绘制的图形为复制对象并向右进行复制，如图 16-60 所示。

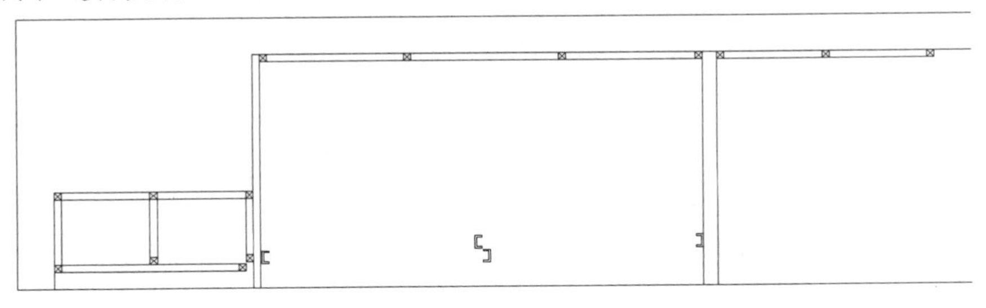

图 16-60　复制图形

（4）单击“默认”选项卡“绘图”面板中的“直线”按钮，在图形下部适当位置绘制连续直线，如图 16-61 所示。

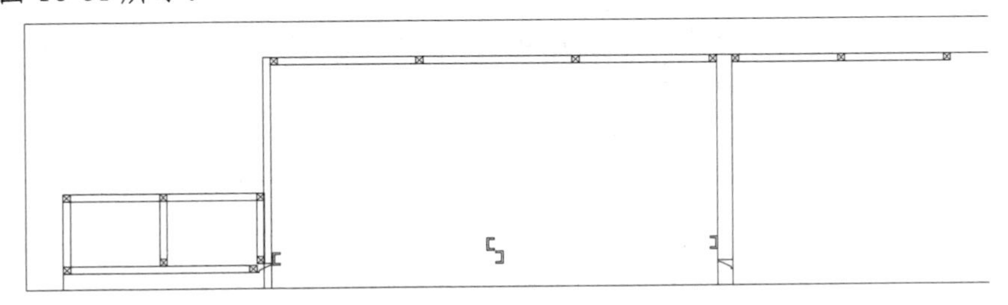

图 16-61　绘制连续直线

（5）单击“默认”选项卡“修改”面板中的“偏移”按钮，选择如图 16-62 所示的水平直线为偏移对象并向下进行偏移，偏移距离分别为 5、6、6、6、6、6、6、1。

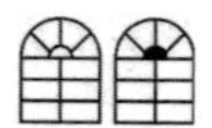

Note

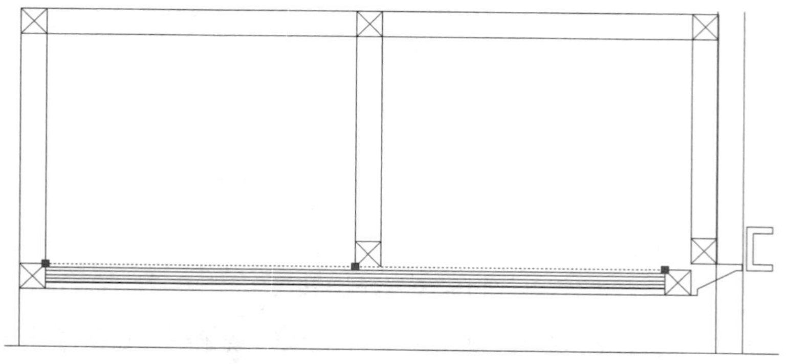

图 16-62　偏移直线

（6）单击“默认”选项卡“绘图”面板中的“直线”按钮，绘制图形之间的连接线，如图 16-63 所示。

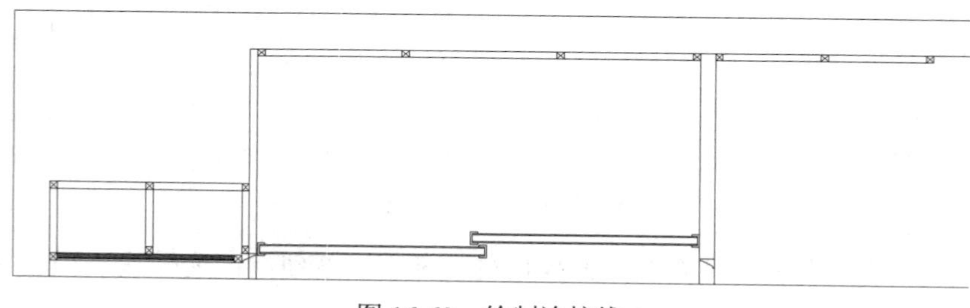

图 16-63　绘制连接线

（7）单击“默认”选项卡“绘图”面板中的“直线”按钮，绘制剖面图中的剩余线段，如图 16-64 所示。

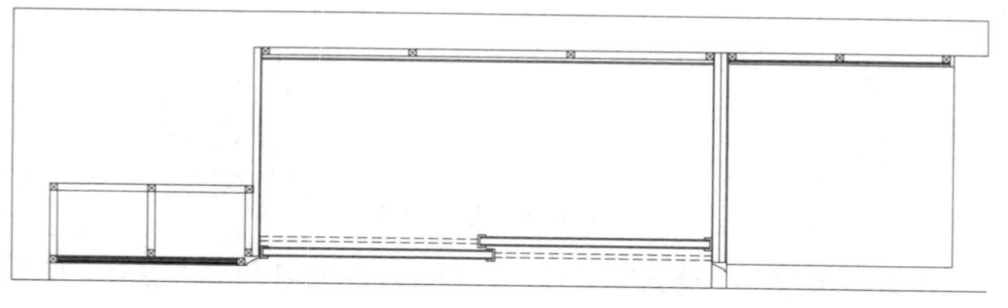

图 16-64　绘制剩余线段

（8）单击“默认”选项卡“修改”面板中的“修剪”按钮，对绘制的图形进行修剪，如图 16-65 所示。

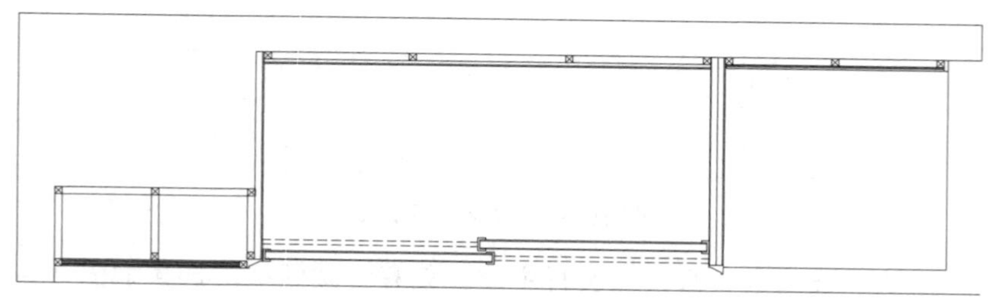

图 16-65　修剪线段

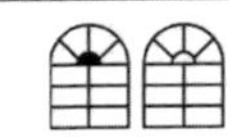

4. 填充墙体

（1）单击“默认”选项卡“绘图”面板中的“图案填充”按钮，系统打开“图案填充创建”选项卡，设置填充类型为 ANSI31，角度为 0°，比例为 20，选择填充区域填充图案，效果如图 16-66 所示。

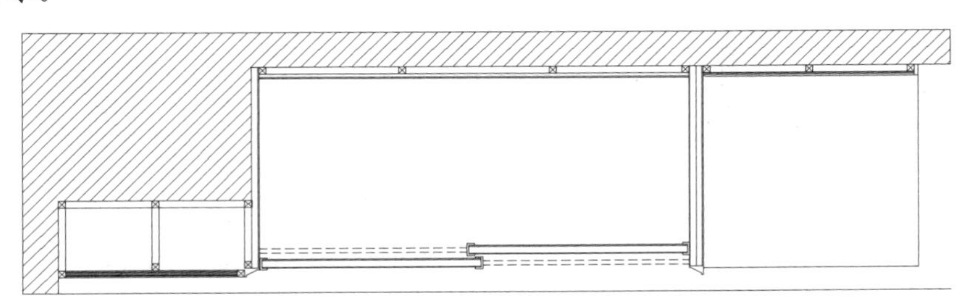

图 16-66　填充图案 ANSI31

（2）单击“默认”选项卡“绘图”面板中的“图案填充”按钮，系统打开“图案填充创建”选项卡，设置填充类型为 AR-CONC，角度为 0°，比例为 1，选择填充区域填充图案后，效果如图 16-67 所示。

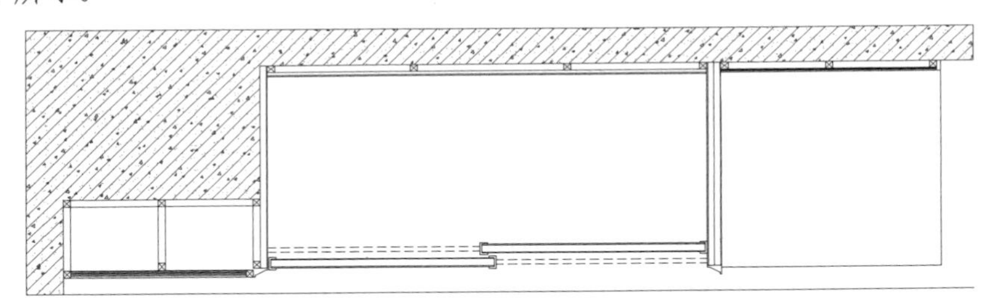

图 16-67　填充图案 AR-CONC

5. 补充绘制右侧图形

（1）单击“默认”选项卡“修改”面板中的“删除”按钮，选择剖面图中底部水平边为删除对象并进行删除，如图 16-68 所示。

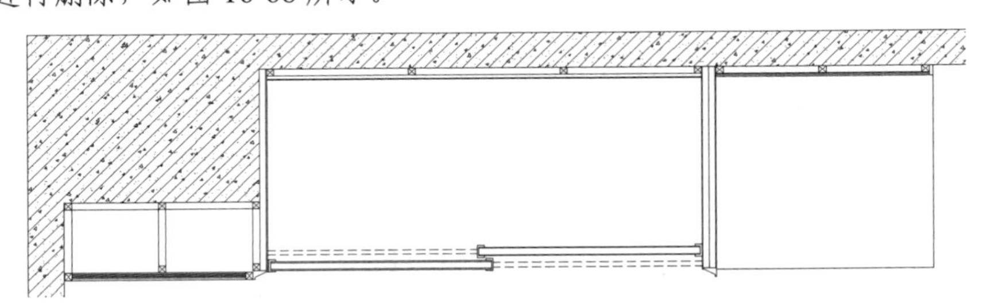

图 16-68　删除线段

（2）单击“默认”选项卡“绘图”面板中的“直线”按钮，在图形适当位置绘制连续直线，如图 16-69 所示。

6. 标注尺寸和文字

（1）单击“默认”选项卡“注释”面板中的“线性”按钮和“连续”按钮，为图形添加第一道水平尺寸标注，如图 16-70 所示。

（2）单击“默认”选项卡“注释”面板中的“线性”按钮和“连续”按钮，为图形添

加第二道竖直尺寸标注，如图 16-71 所示。

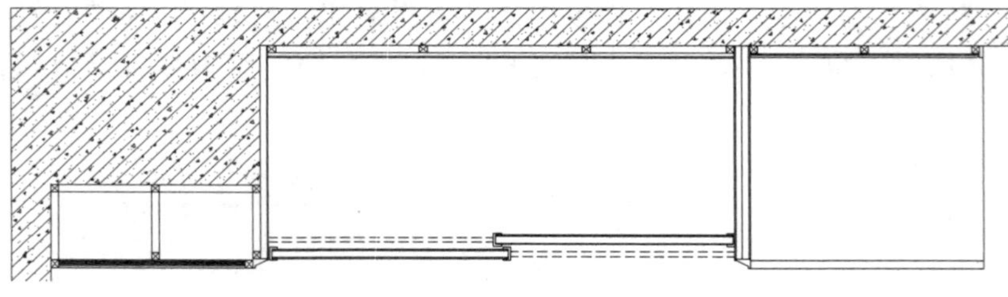

图 16-69　绘制连续直线

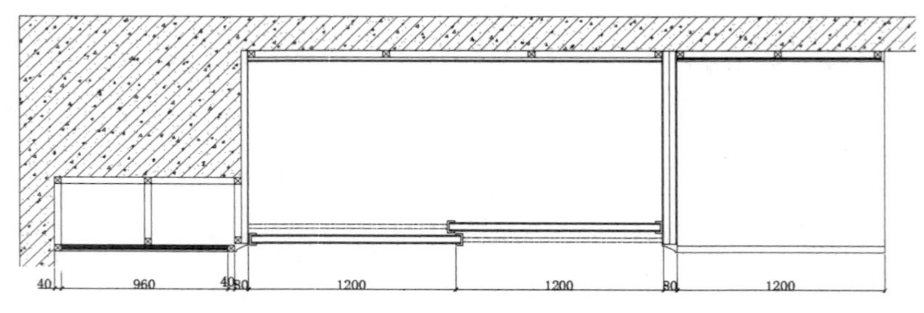

图 16-70　标注水平尺寸

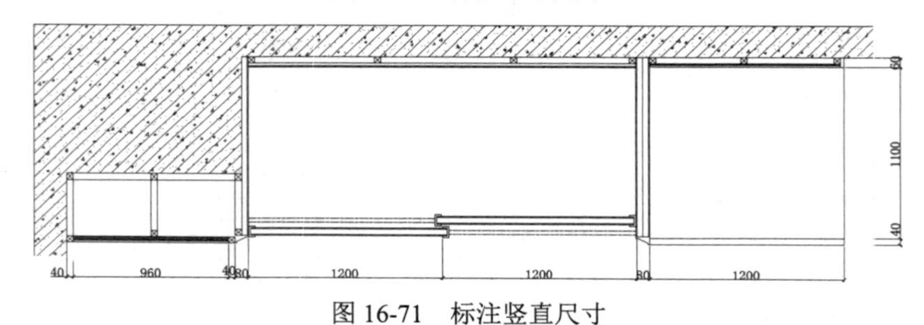

图 16-71　标注竖直尺寸

（3）单击“默认”选项卡“注释”面板中的“线性”按钮，为图形添加总尺寸标注，如图 16-72 所示。

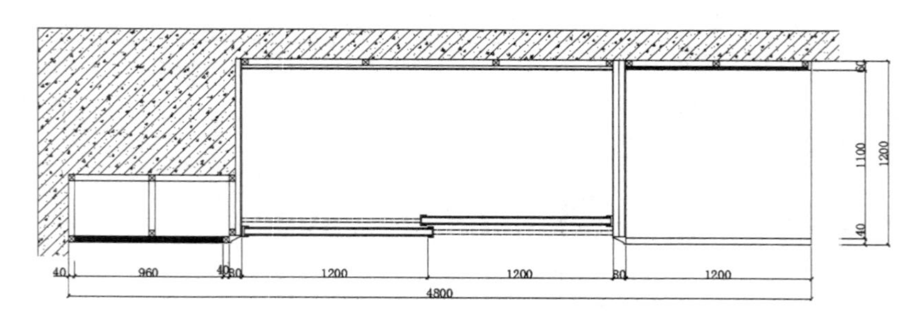

图 16-72　添加总尺寸标注

（4）在命令行中输入“QLEADER”命令，为图形添加文字说明，最终完成十八层商务豪华单人间衣柜剖面图的绘制。

7. 绘制其他单人间衣柜

其他单人间衣柜剖面图的绘制方法与前面讲述的类似，这里不再赘述。

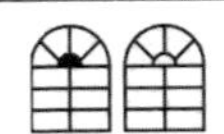

（1）利用上述方法完成十八层商务豪华单人间衣柜 9 剖面图的绘制，如图 16-73 所示。

（2）利用上述方法完成十八层商务豪华单人间衣柜 10 剖面图的绘制，如图 16-74 所示。

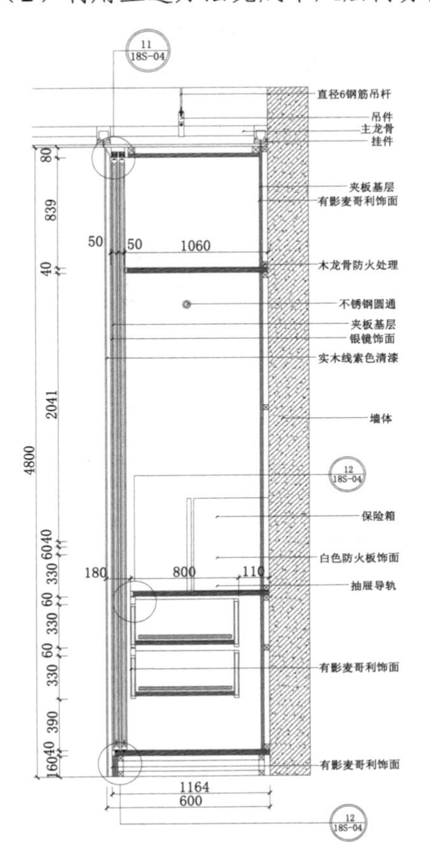

图 16-73　十八层商务豪华单人间衣柜 9 剖面图

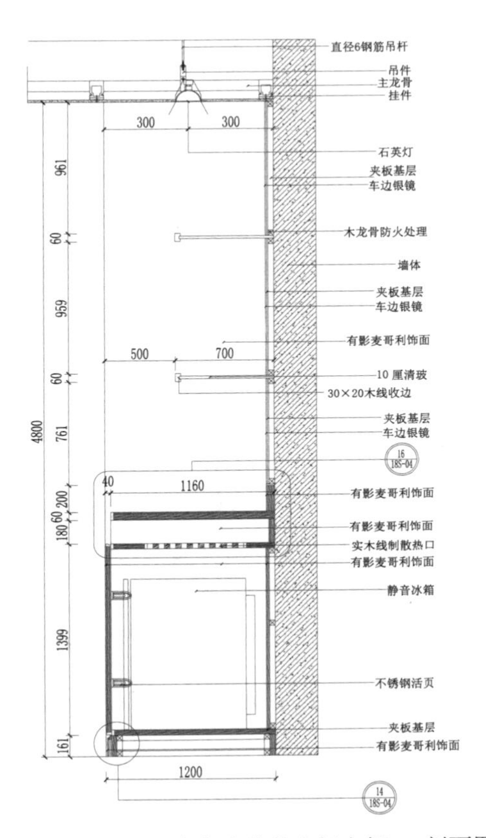

图 16-74　十八层商务豪华单人间衣柜 10 剖面图

16.3　实 战 演 练

通过前面的学习，读者对本章知识也有了大体的了解，本节通过几个操作练习使读者进一步掌握本章知识要点。

【实战演练 1】绘制如图 16-75 所示的董事长室 A 剖面图。

1．目的要求

本实例主要要求读者通过练习进一步熟悉和掌握董事长室 A 剖面图的绘制方法。通过本实例，可以帮助读者学会完成整个剖面图绘制的全过程。

2．操作提示

（1）绘图准备。

（2）绘制轮廓线。

（3）填充图形。

（4）细化图形。

（5）标注文字。

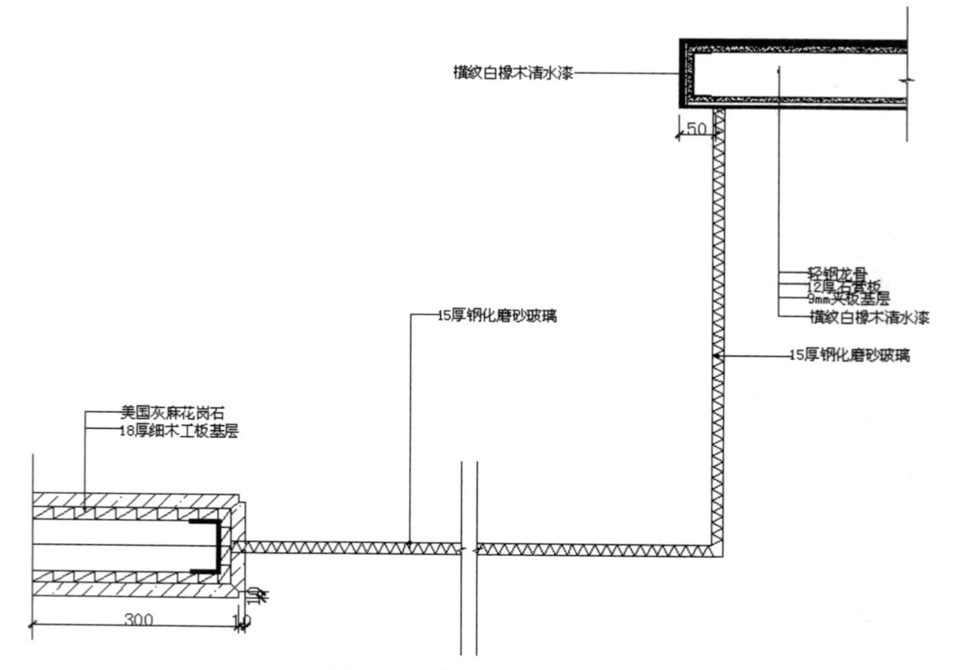

图 16-75　董事长室 A 剖面图

【实战演练 2】绘制如图 16-76 所示的董事长秘书室 A 剖面图。

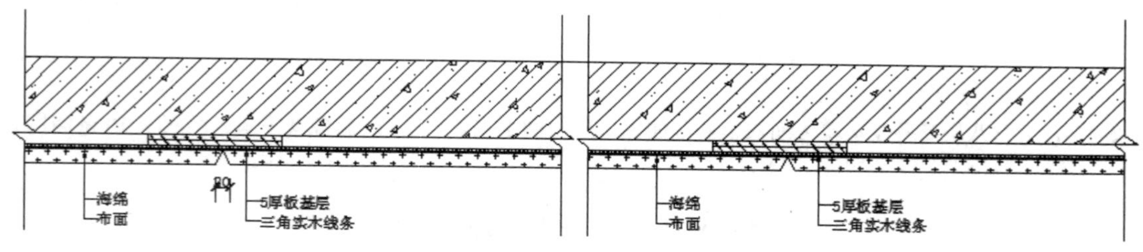

图 16-76　董事长秘书室 A 剖面图

1．目的要求

本实例主要要求读者通过练习进一步熟悉和掌握董事长秘书室 A 剖面图的绘制方法。通过本实例，可以帮助读者学会完成整个剖面图绘制的全过程。

2．操作提示

（1）绘图准备。

（2）绘制轮廓线。

（3）填充图形。

（4）细化图形。

（5）标注文字。

第17章

节点大样图的绘制

本章学习要点和目标任务：

☑ 建筑详图绘制概述

☑ 商务豪华单人间节点大样图

☑ 商务豪华单人间衣柜节点大样图

详图设计是建筑施工图绘制过程中的一项重要内容，与建筑构造设计息息相关。在本章中，首先简要介绍建筑详图的基本知识，然后结合客房室内设计实例讲解在AutoCAD中绘制详图的方法和技巧。

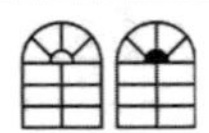

17.1 建筑详图绘制概述

Note

在正式讲述用 AutoCAD 绘制建筑详图之前，本节简要介绍详图绘制的基本知识和绘制步骤。

17.1.1 建筑详图的概念

前面介绍的平、立、剖面图均是全局性的图形，由于比例的限制，不可能将一些复杂的细部或局部做法表示清楚，因此需要将这些细部、局部的构造、材料及相互关系用较大的比例详细绘制出来，以指导施工。这样的建筑图形称为建筑详图，也称详图。对局部平面（如厨房、卫生间）进行放大绘制的图形，习惯叫做放大图。需要绘制详图的位置一般包括室内外墙节点、楼梯、电梯、厨房、卫生间、门窗、室内外装饰等。

内外墙节点一般用平面和剖面表示，常用比例为 1:20。平面节点详图表示出墙、柱或构造柱的材料和构造关系。剖面节点详图即常说的墙身详图，需要表示墙体与室内外地坪、楼面、屋面的关系，同时表示出相关的门窗洞口、梁或圈梁、雨篷、阳台、女儿墙、檐口、散水、防潮层、屋面防水、地下室防水等构造的做法。墙身详图可以从室内外地坪、防潮层处开始一直画到女儿墙压顶。为了节省图纸，可以在门窗洞口处断开，也可以重点绘制地坪、中间层和屋面处的几个节点，而将中间层重复使用的节点集中到一个详图中表示。节点一般由上到下进行编号。

17.1.2 建筑详图的图示内容

楼梯详图包括平面、剖面及节点 3 部分。平面、剖面详图常用 1:50 的比例来绘制，而楼梯中的节点详图则可以根据对象大小酌情采用 1:5、1:10、1:20 等比例。楼梯平面图与建筑平面图不同的是，它只需绘制出楼梯及其四面相接的墙体，而且楼梯平面图需要准确地表示出楼梯间净空尺寸、梯段长度、梯段宽度、踏步宽度和级数、栏杆（栏板）的大小及位置，以及楼面、平台处的标高等。楼梯剖面图只需绘制出与楼梯相关的部分，其相邻部分可用折断线断开。选择在底层第一跑梯段并能够剖到门窗的位置进行剖切，向底层另一跑梯段方向投射。尺寸需要标注层高、平台、梯段、门窗洞口、栏杆高度等竖向尺寸，还应标注出室内外地坪、平台、平台梁底面等的标高。水平方向需要标注定位轴线及编号、轴线尺寸、平台、梯段尺寸等。梯段尺寸一般用“踏步宽（高）×级数=梯段宽（高）”的形式表示。此外，楼梯剖面图上还应注明栏杆构造节点详图的索引编号。

电梯详图一般包括电梯间平面图、机房平面图和电梯间剖面图 3 个部分，常用 1:50 的比例进行绘制。平面图需要表示出电梯井、电梯厅、前室相对定位轴线的尺寸及其自身的净空尺寸，还应表示出电梯图例及配重位置、电梯编号、门洞大小及开取形式、地坪标高等。机房平面图需表示出设备平台位置及平面尺寸、顶面标高、楼面标高，以及通往平台的梯子形式等。剖面图需要剖切在电梯井、门洞处，表示出地坪、楼层、地坑、机房平台等竖向尺寸和高度，标注出门洞高度。为了节约图纸，中间相同部分可以折断绘制。

厨房、卫生间放大图根据其大小可酌情采用 1:30、1:40、1:50 的比例进行绘制。需要详细表

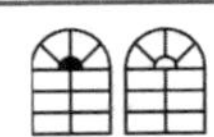

示出各种设备的形状、大小、位置、地面设计标高、地面排水方向以及坡度等，对于需要进一步说明的构造节点，则应标明详图索引符号、绘制节点详图，或引用图集。

门窗详图包括立面图、断面图、节点详图等。立面图常用 1:20 的比例进行绘制，断面图常用 1:5 的比例进行绘制，节点详图常用 1:10 的比例进行绘制。标准化的门窗可以引用有关标准图集，说明其门窗图集编号和所在位置。根据《建筑工程设计文件编制深度规定》(2003 年版)，非标准的门窗、幕墙需绘制详图。如委托加工，则需绘制出立面分格图，标明开取扇、开取方向，说明材料、颜色及其与主体结构的连接方式等。

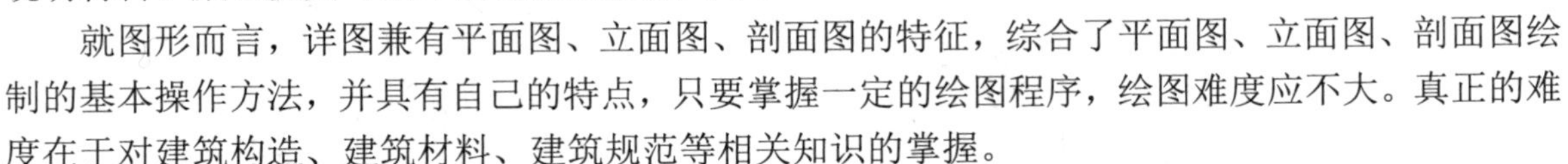

就图形而言，详图兼有平面图、立面图、剖面图的特征，综合了平面图、立面图、剖面图绘制的基本操作方法，并具有自己的特点，只要掌握一定的绘图程序，绘图难度应不大。真正的难度在于对建筑构造、建筑材料、建筑规范等相关知识的掌握。

17.1.3　建筑详图的特点

1．比例较大

建筑平面图、立面图、剖面图互相配合，反映房屋的全局，而建筑详图是建筑平面图、立面图和剖面图的补充。在详图中尺寸标注齐全，图文说明详尽、清晰。因而详图常用较大比例。

2．图示详尽清楚

建筑详图是建筑细部的施工图，是根据施工要求，将建筑平面图、立面图和剖面图中的某些建筑构配件（如门、窗、楼梯、阳台、各种装饰等）或某些建筑剖面节点（如檐口、窗台、明沟或散水以及楼地面层、屋顶层等）的详细构造（包括样式、层次、做法、用料等）用较大比例清楚地表达出来的图样，以表示构造合理，用料及做法适宜，因而应该图示详尽、清楚。

3．尺寸标注齐全

建筑详图的作用在于指导具体施工，更为清楚地了解该局部的详细构造及做法、用料、尺寸等，因此具体的尺寸标准必须齐全。

4．数量灵活

数量的选择，与建筑的复杂程度及平面图、立面图、剖面图的内容及比例有关。建筑详图的图示方法，视细部的构造复杂程度而定。一般来说，墙身剖面图只需要一个剖面详图就能表示清楚，而楼梯间、卫生间就可能需要增加平面详图，门窗玻璃隔断等就可能需要增加立面详图。

17.1.4　建筑详图的具体识别分析

1．外墙身详图

如图 17-1 所示为外墙身详图，根据剖面图的编号 3-3，对照平面图上 3-3 剖切符号，可知该剖面图的剖切位置和投影方向。绘图所用的比例是 1:20。图中注上轴线的两个编号，表示这个详图适用于Ⓐ、Ⓔ两个轴线的墙身。也就是说，在横向轴线③～⑨的范围内，Ⓐ、Ⓔ两轴线的任何地方（不局限在 3-3 剖面处），墙身各相应部分的构造情况都相同。在详图中，对屋面楼层和地面的构造，采用多层构造说明方法来表示。

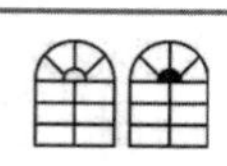

Note

外墙剖面

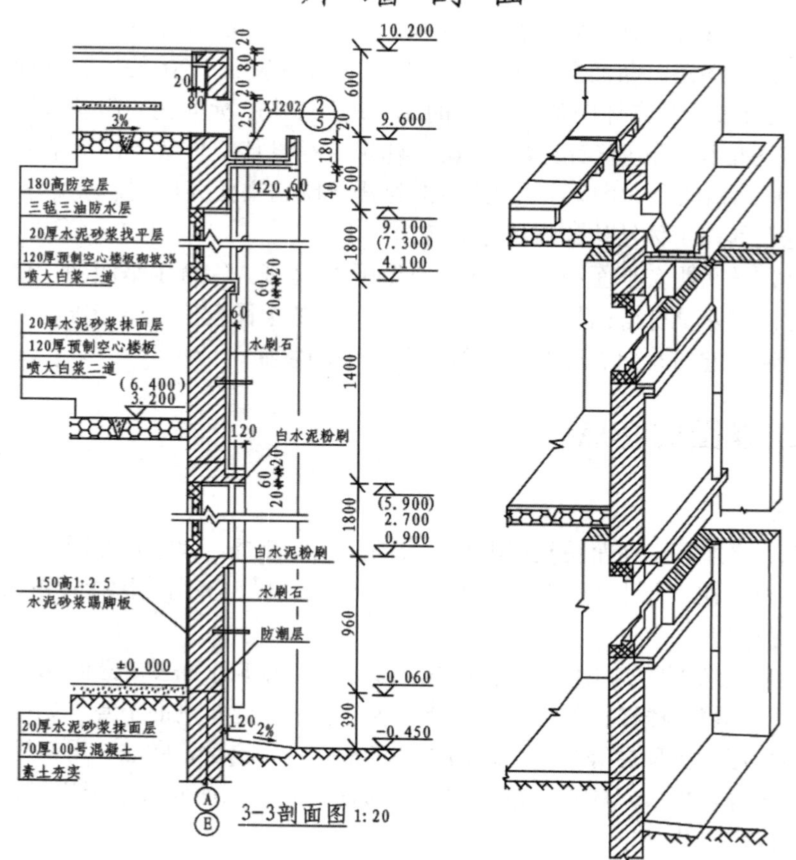

图 17-1　外墙剖面详图

将其局部放大，从图 17-2 所示檐口部分来看，可知屋面的承重层是预制钢筋混凝土空心板，按 3%来砌坡，上面有油毡防水层和架空层，以加强屋面的隔热和防漏。檐口外侧做一天沟，并通过女儿墙所留孔洞（雨水口兼通风孔），使雨水沿雨水管集中流到地面。雨水管的位置和数量可从立面图或平面图中查阅。

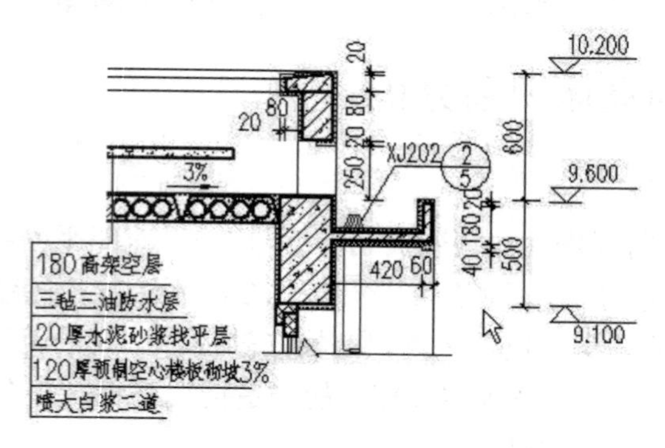

图 17-2　屋面详图

从楼板与墙身连接部分来看，可了解各层楼板（或梁）的搁置方向及与墙身的关系。在本实

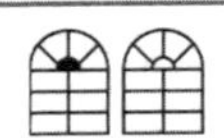

例中，预制钢筋混凝土空心板是平行纵向布置的，因而搁置在两端的横墙上。在每层的室内墙脚处需放置一踢脚板，以保护墙壁，从图中的说明可看到其构造做法。踢脚板的厚度可等于或大于内墙面的粉刷层。如厚度一样时，在其立面图中可不画出其分界线。从图 17-3 中还可看到窗台、窗过梁（或圈梁）的构造情况。窗框和窗扇的形状和尺寸需另用详图表示。

Note

如图 17-4 所示，从勒脚部分，可知房屋外墙的防潮、防水和排水的做法。外（内）墙身的防潮层，一般是在底层室内地面下 60mm 左右（指一般刚性地面）处，以防地下水对墙身的侵蚀。在外墙面，离室外地面 300～500mm 高度范围内（或窗台以下），用坚硬防水的材料做成勒脚。在勒脚的外地面，用 1:2 的水泥砂浆抹面，做出 2%坡度的散水，以防雨水或地面水对墙基础的侵蚀。

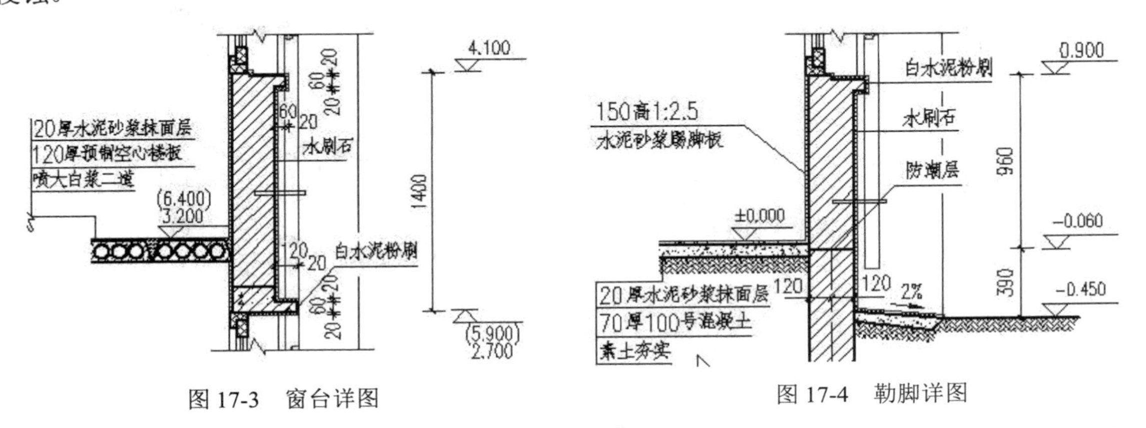

图 17-3 窗台详图　　图 17-4 勒脚详图

在上述详图中，一般应注出各部位的标高、高度方向和墙身细部的尺寸。图中标高注写有两个数字时，有括号的数字表示在高一层的标高。从图中有关文字说明可知墙身内外表面装修的断面形式、厚度及所用的材料等。

2．楼梯详图

楼梯是多层房屋上下交通的主要设施。楼梯由楼梯段（简称梯段，包括踏步或斜梁）、平台（包括平台板和梁）和栏板（或栏杆）等组成。楼梯详图主要表示楼梯的类型、结构形式、各部位的尺寸及装修做法。楼梯详图包括平面图、剖面图及踏步、栏板详图等，并尽可能画在同一张图纸内。平面图、剖面图比例要一致，以便对照阅读。踏步、栏板详图比例要大些，以便表达清楚该部分的构造情况，如图 17-5 所示。

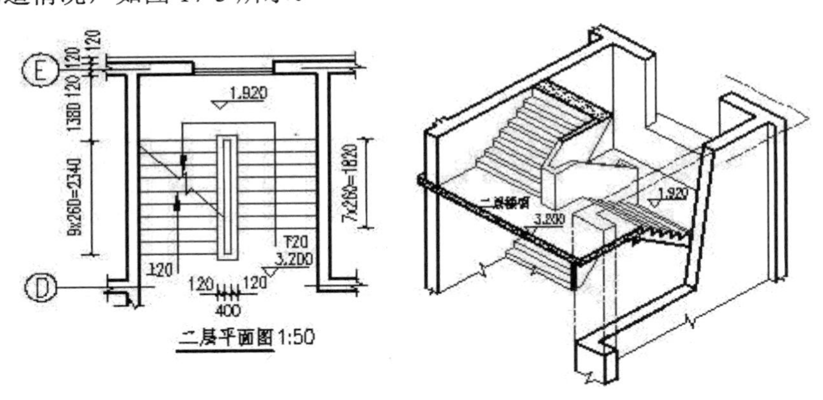

图 17-5 楼梯详图一

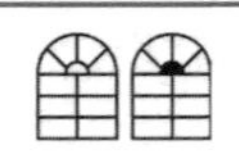

假想用一铅垂面（4-4），通过各层的一个梯段和门窗洞将楼梯剖开，向另一未剖到的梯段方向投影所作的剖面图，即为楼梯剖面详图，如图 17-6 所示。

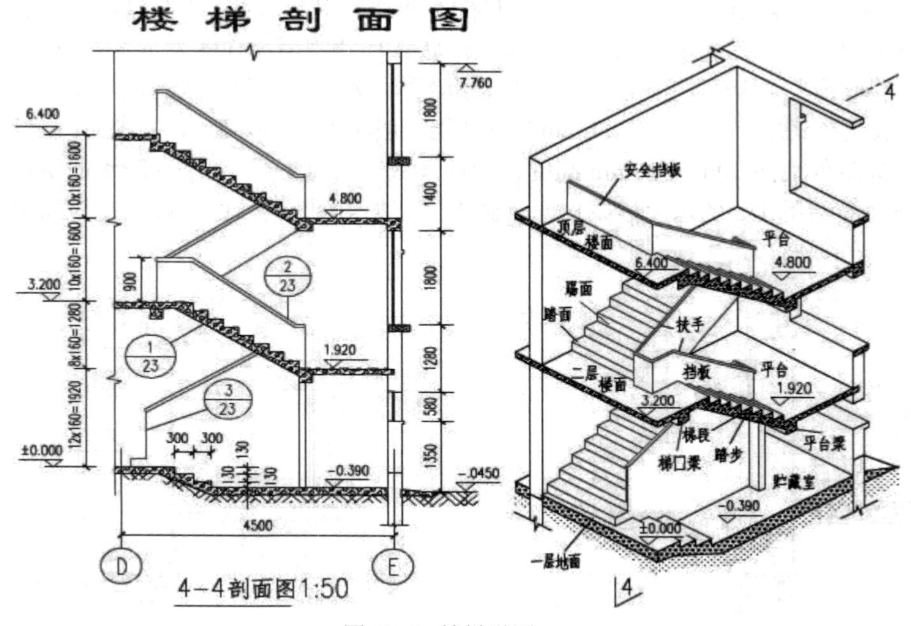

图 17-6　楼梯详图二

从图 17-6 中的索引符号可知，踏步、扶手和栏板都另有详图，用更大的比例画出它们的样式、大小、材料及构造情况，如图 17-7 所示。

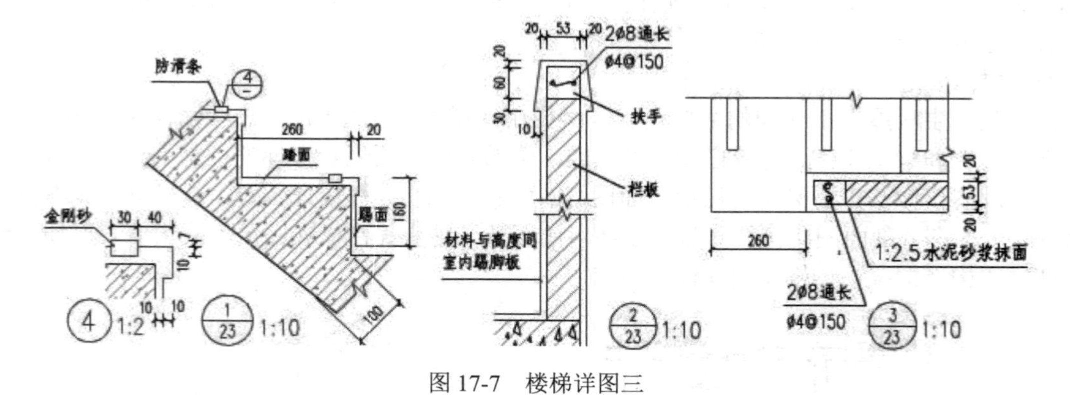

图 17-7　楼梯详图三

17.1.5　建筑详图绘制的一般步骤

详图绘制的一般步骤如下：

（1）图形轮廓绘制，包括断面轮廓和看线。

（2）材料图例填充，包括各种材料图例的选用和填充。

（3）符号、尺寸、文字等标注，包括设计深度要求的轴线及编号、标高、索引、折断符号和尺寸、说明文字等。

Note

17.2　商务豪华单人间节点大样图

本节主要讲述豪华单人间节点大样图 3、节点大样图 5、节点大样图 6 的绘制过程。

17.2.1　绘制节点大样图 3

本小节主要讲述节点大样图 3 的绘制过程，结果如图 17-8 所示。

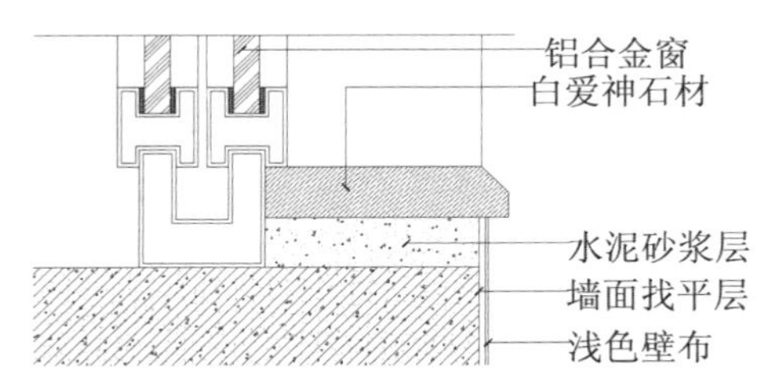

图 17-8　节点大样图 3

操作步骤如下：（：光盘\配套视频\第 17 章\商务豪华单人间节点大样图 3.avi）

（1）单击“默认”选项卡“绘图”面板中的“直线”按钮，在图形空白区域绘制一条长为 1855 的水平直线，如图 17-9 所示。

图 17-9　绘制水平直线

（2）单击“默认”选项卡“修改”面板中的“偏移”按钮，选择第（1）步绘制的水平直线为偏移对象并向下进行偏移，偏移距离为 929，如图 17-10 所示。

（3）单击“默认”选项卡“绘图”面板中的“矩形”按钮，在图形适当位置绘制一个 100×312 的矩形，如图 17-11 所示。

图 17-10　偏移水平直线

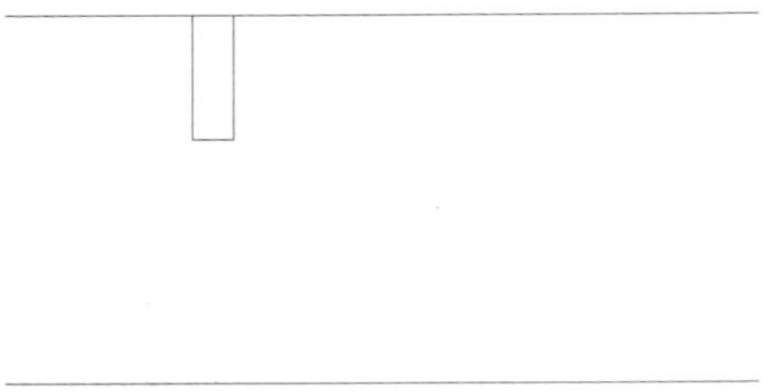

图 17-11　绘制 100×312 的矩形

（4）单击“默认”选项卡“绘图”面板中的“矩形”按钮，在第（3）步绘制的矩形两侧分别绘制 20×104 的矩形，如图 17-12 所示。

（5）单击“默认”选项卡“绘图”面板中的“多段线”按钮，在图形适当位置绘制连续多段线，如图 17-13 所示。

（6）单击“默认”选项卡“修改”面板中的“偏移”按钮，选择第（5）步绘制的连续多段线为偏移对象并向内进行偏移，偏移距离为 15，如图 17-14 所示。

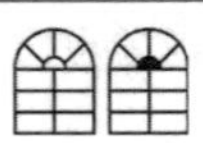

Note

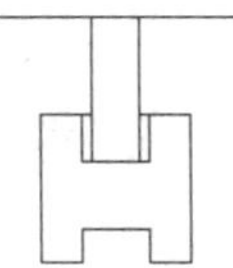

图 17-12　绘制 20×104 矩形　　图 17-13　绘制连续多段线

（7）单击“默认”选项卡“绘图”面板中的“直线”按钮，绘制第（6）步中图形的连接线，如图 17-15 所示。

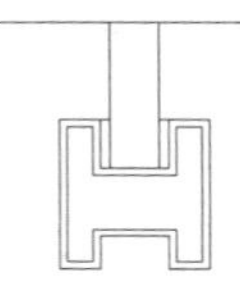

图 17-14　偏移多段线

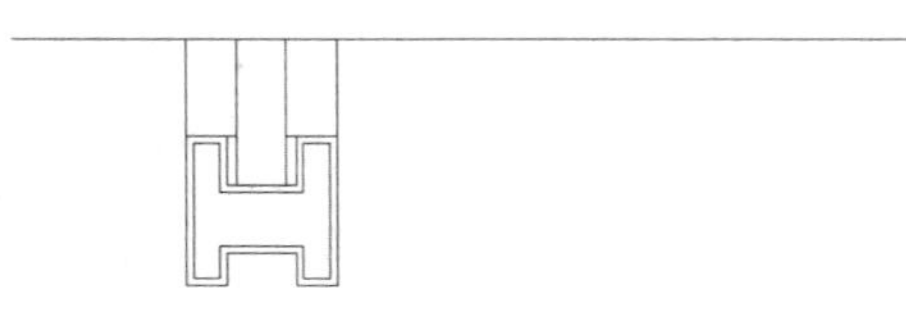

图 17-15　绘制连接线

（8）单击“默认”选项卡“修改”面板中的“复制”按钮，选择第（7）步中的图形为复制对象并向右进行复制，如图 17-16 所示。

（9）单击“默认”选项卡“绘图”面板中的“多段线”按钮，在图形下部适当位置绘制连续多段线，如图 17-17 所示。

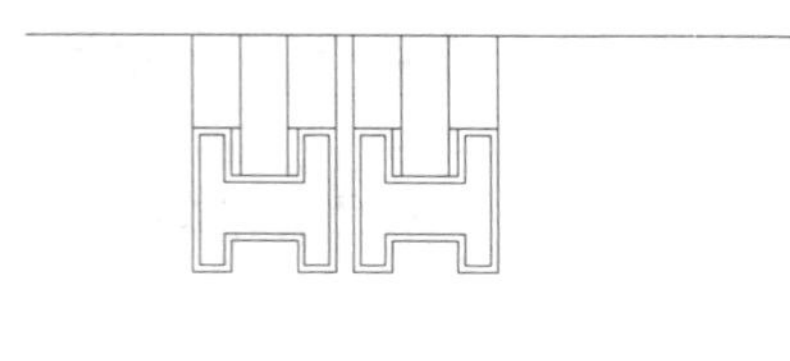

图 17-16　复制图形

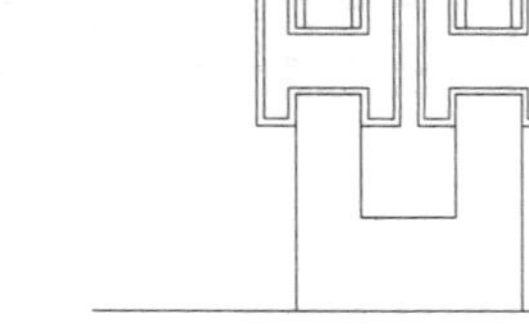

图 17-17　绘制多段线

（10）单击“默认”选项卡“修改”面板中的“偏移”按钮，选择第（9）步中绘制的多段线为偏移对象并向内进行偏移，偏移距离为 15，如图 17-18 所示。

（11）单击“默认”选项卡“绘图”面板中的“直线”按钮，在图形一侧绘制连续直线，如图 17-19 所示。

（12）单击“默认”选项卡“绘图”面板中的“直线”按钮，在图形适当位置绘制一条竖直连接线，如图 17-20 所示。

（13）单击“默认”选项卡“绘图”面板中的“直线”按钮，在图形适当位置绘制一条长为 587 的竖直直线，如图 17-21 所示。

（14）单击“默认”选项卡“修改”面板中的“修剪”按钮，对前面绘制的线段进行修剪，如图 17-22 所示。

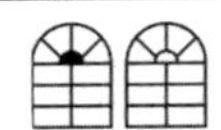

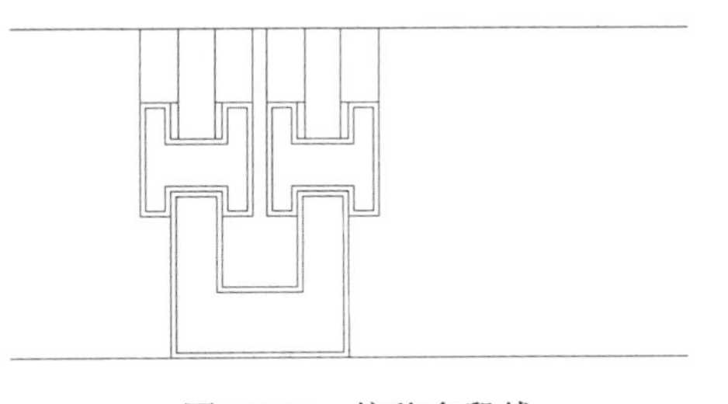

图 17-18　偏移多段线

图 17-19　绘制连续直线

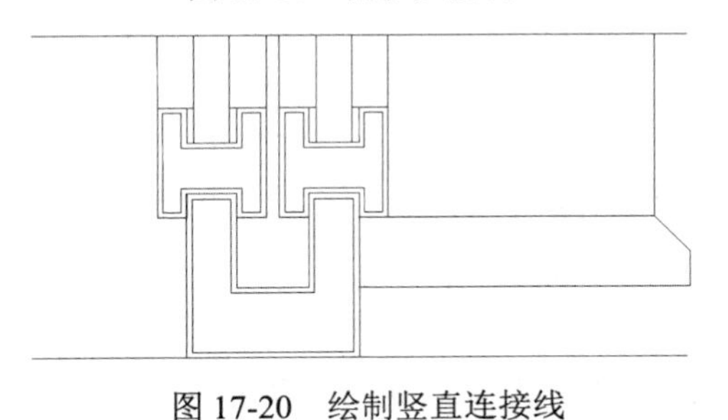

图 17-20　绘制竖直连接线

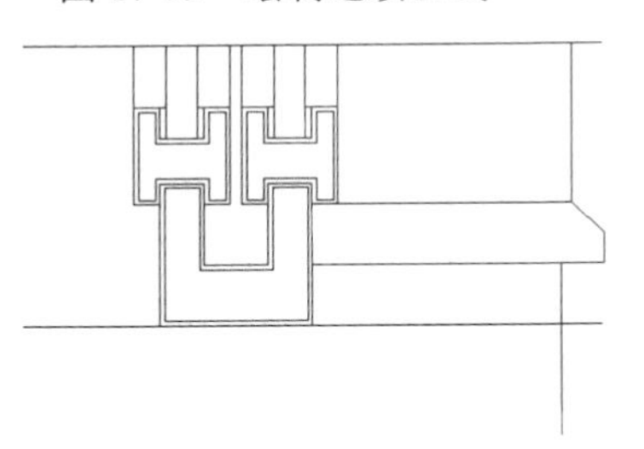

图 17-21　绘制竖直直线

（15）单击“默认”选项卡“修改”面板中的“偏移”按钮，选择前面绘制的直线为偏移对象并向右进行偏移，偏移距离分别为 25、10，如图 17-23 所示。

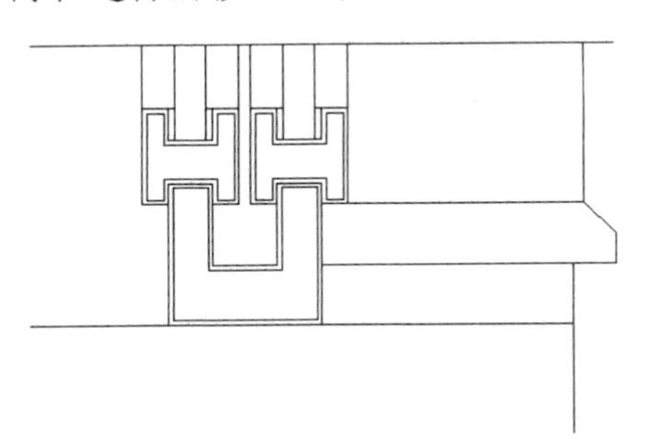

图 17-22　修剪线段

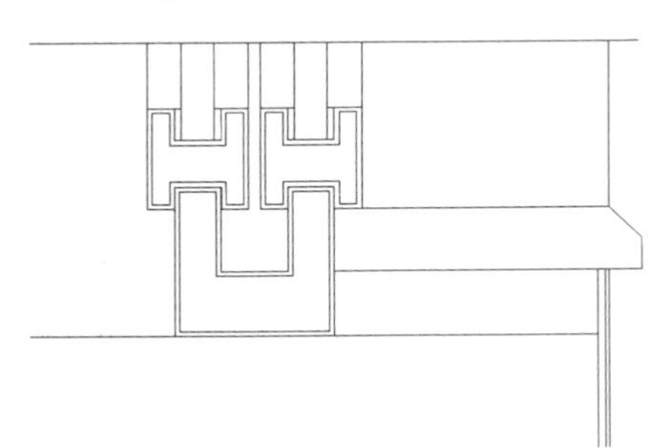

图 17-23　偏移直线

（16）单击“默认”选项卡“绘图”面板中的“直线”按钮，封闭填充区域，如图 17-24 所示。

（17）单击“默认”选项卡“绘图”面板中的“图案填充”按钮，系统打开“图案填充创建”选项卡，设置填充类型为 ANSI34，比例为 4，填充第（16）步封闭的区域，效果如图 17-25 所示。

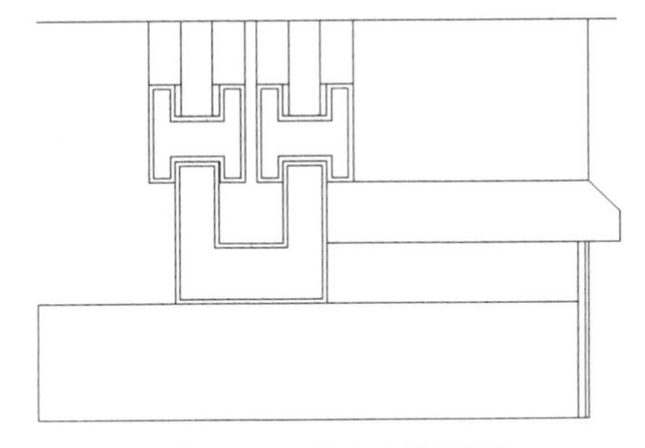

图 17-24　绘制封闭线段

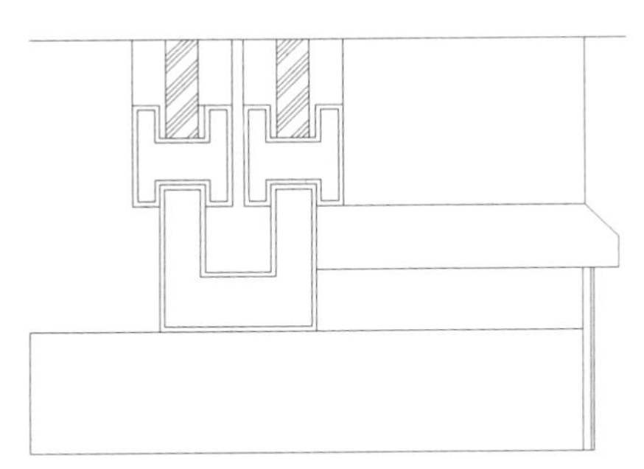

图 17-25　填充图案

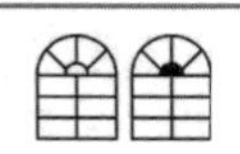

Note

（18）单击“默认”选项卡“绘图”面板中的“圆”按钮和“修改”面板中的“修剪”按钮，在适当位置绘制图形，如图17-26所示。

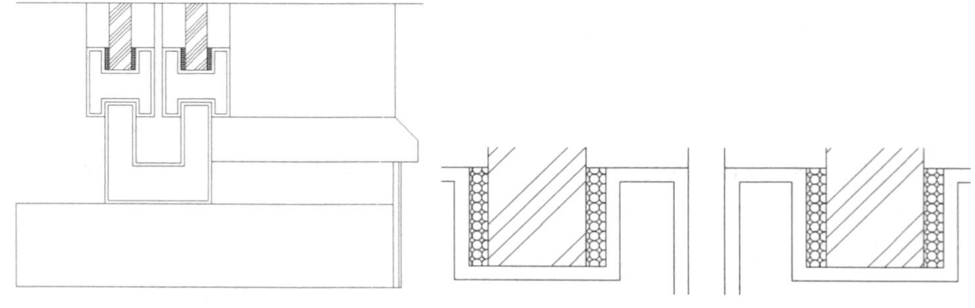

图17-26 绘制图形

（19）填充图案。

① 单击“默认”选项卡“绘图”面板中的“图案填充”按钮，系统打开“图案填充创建”选项卡，设置填充类型为ANSI36，比例为4，选择填充区域填充图案，效果如图17-27所示。

② 重复“图案填充”命令，设置填充类型为AR-CONC，比例为0.5，选择填充区域填充图案，效果如图17-28所示。

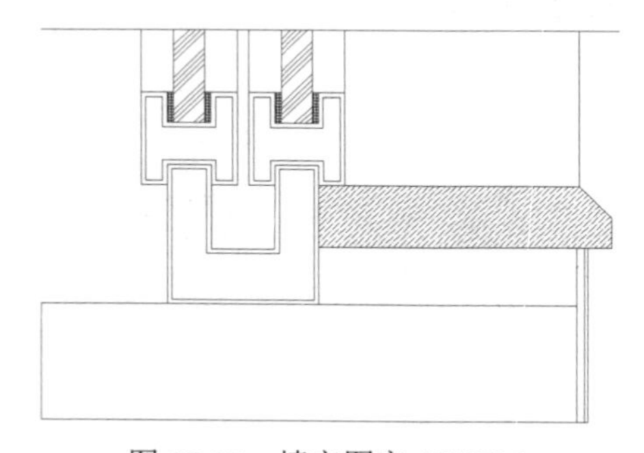

图17-27 填充图案ANSI36

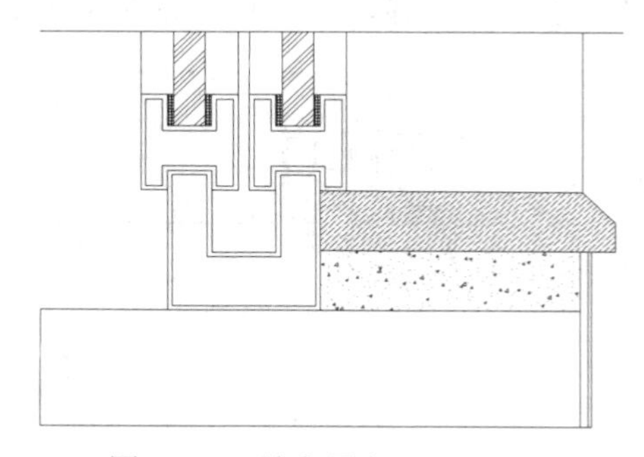

图17-28 填充图案AR-CONC

③ 重复“图案填充”命令，设置填充类型为ANSI31，比例为10，选择填充区域填充图案，效果如图17-29所示。

④ 重复“图案填充”命令，设置填充类型为AR-CONC，比例为0.5，选择填充区域填充图案，效果如图17-30所示。

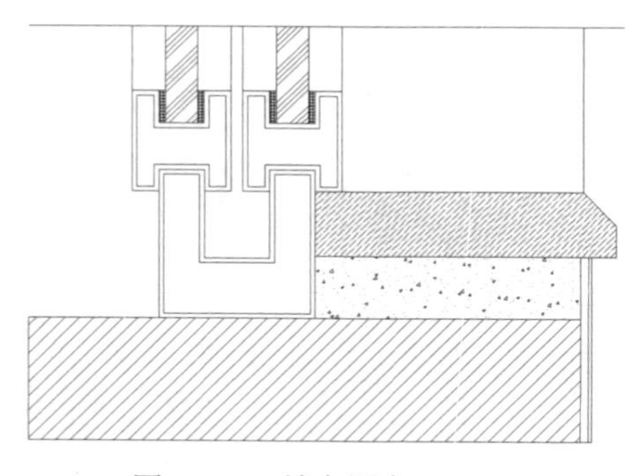

图17-29 填充图案ANSI31

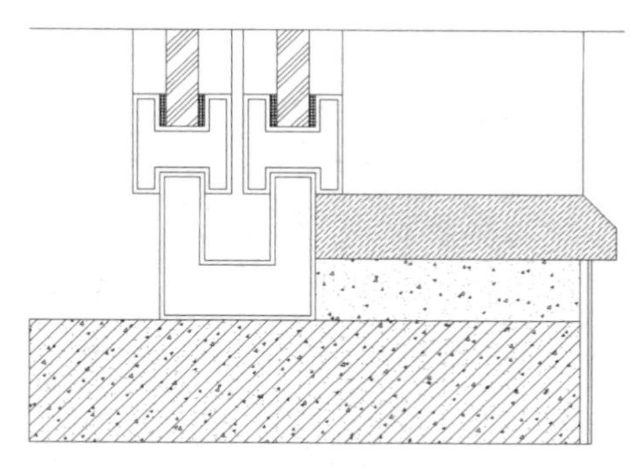

图17-30 填充图案AR-CONC

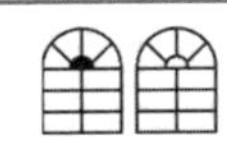

Note

（20）单击“默认”选项卡“修改”面板中的“删除”按钮，选择封闭区域线段为删除对象，对其进行删除，如图 17-31 所示。

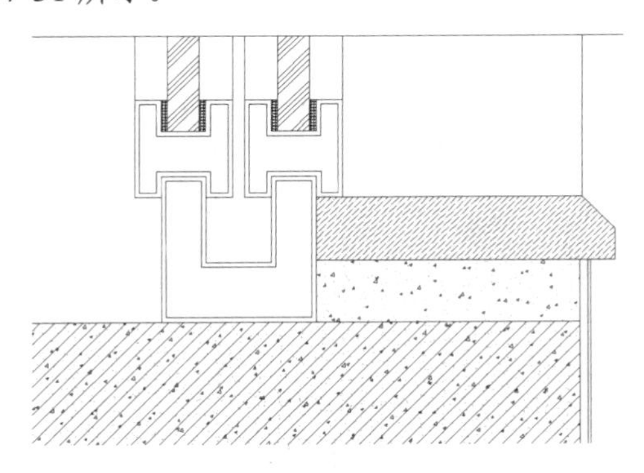

图 17-31　删除线段

（21）在命令行中输入“QLEADER”命令，为图形添加文字说明，如图 17-8 所示。

17.2.2　绘制节点大样图 5

本小节主要讲述节点大样图 5 的绘制过程，结果如图 17-32 所示。

操作步骤如下：（：光盘\配套视频\第 17 章\商务豪华单人间节点大样图 5.avi）

（1）单击“默认”选项卡“绘图”面板中的“多段线”按钮，在图形适当位置绘制连续多段线，如图 17-33 所示。

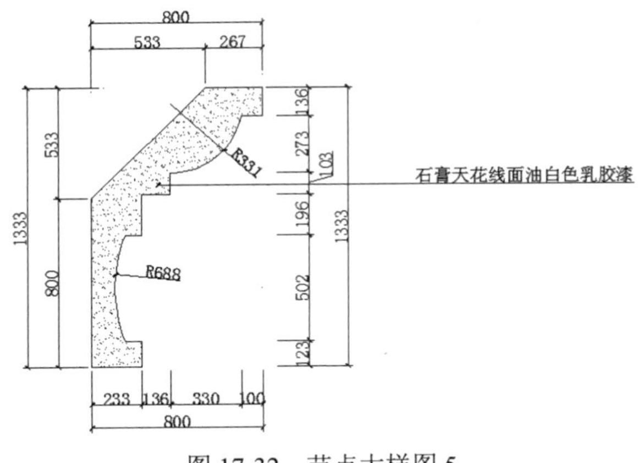

图 17-32　节点大样图 5

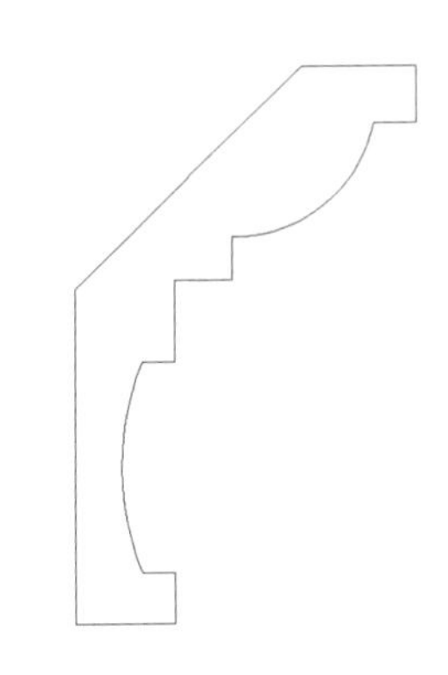

图 17-33　绘制连续线段

（2）单击“默认”选项卡“绘图”面板中的“图案填充”按钮，系统打开“图案填充创建”选项卡，设置填充类型为 AR-SAND，比例为 1，填充第（1）步中的图形，效果如图 17-34 所示。

（3）单击“默认”选项卡“注释”面板中的“线性”按钮和“连续”按钮，为图形添加尺寸标注，如图 17-35 所示。

（4）单击“默认”选项卡“注释”面板中的“线性”按钮，为图形添加总尺寸，如图 17-36 所示。

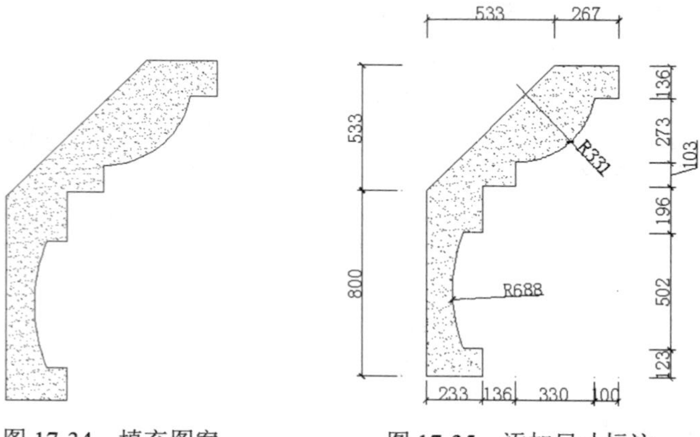

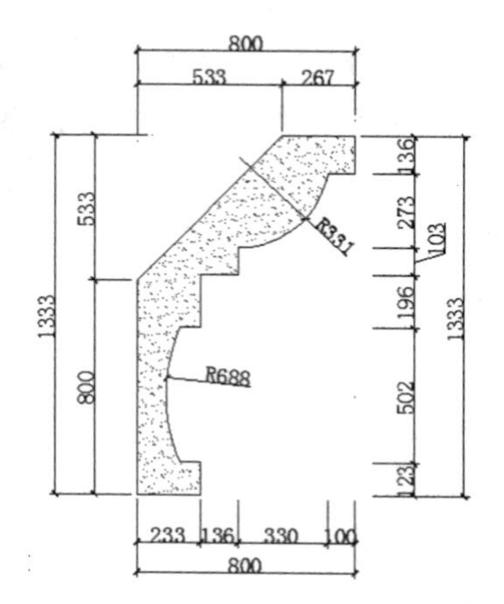

图 17-34　填充图案　　图 17-35　添加尺寸标注　　图 17-36　添加总尺寸标注

（5）在命令行中输入“QLEADER”命令，为图形添加文字说明，如图 17-32 所示。

17.2.3　绘制节点大样图 6

本小节主要讲述节点大样图 6 的绘制过程，结果如图 17-37 所示。

操作步骤如下：（光盘\配套视频\第 17 章\商务豪华单人间节点大样图 6.avi）

（1）单击“默认”选项卡“绘图”面板中的“矩形”按钮，在图形适当位置绘制一个 378×1122 的矩形，如图 17-38 所示。

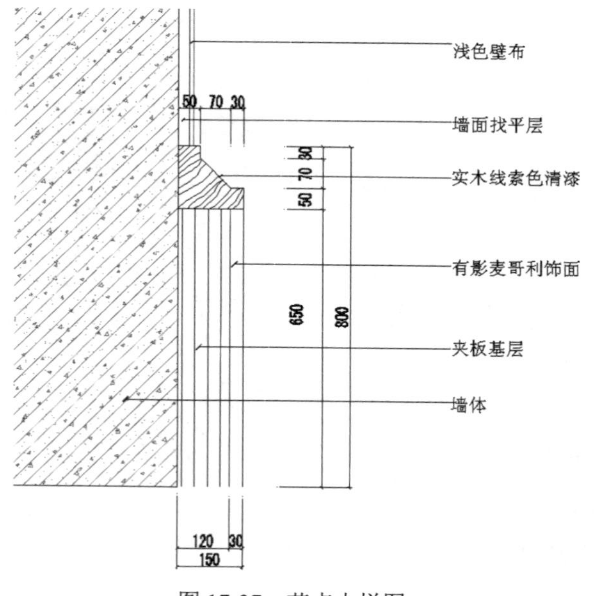

图 17-37　节点大样图 6　　图 17-38　绘制矩形

（2）单击“默认”选项卡“绘图”面板中的“直线”按钮，在图形适当位置绘制连续直线，如图 17-39 所示。

（3）单击“默认”选项卡“绘图”面板中的“直线”按钮，在图形适当位置绘制一条竖直

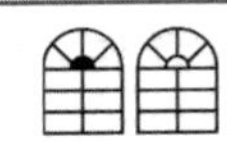

直线，如图17-40所示。

（4）单击“默认”选项卡“修改”面板中的“偏移”按钮，选择第（3）步绘制的竖直直线为偏移对象并向内进行偏移，偏移距离分别为30、20、30、30、30，如图17-41所示。

（5）单击“默认”选项卡“绘图”面板中的“直线”按钮，在图形适当位置绘制一条竖直直线，如图17-42所示。

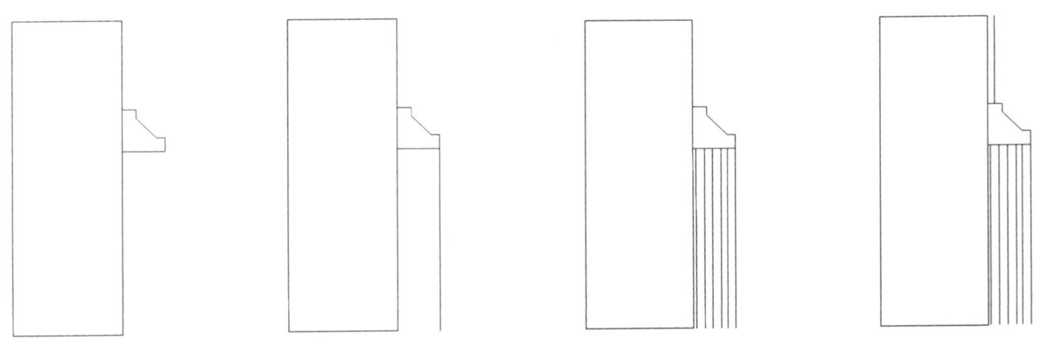

图17-39 绘制直线　图17-40 绘制竖直直线　图17-41 偏移直线　图17-42 绘制直线

（6）单击“默认”选项卡“修改”面板中的“偏移”按钮，选择第（5）步绘制的竖直直线为偏移对象并向右进行偏移，偏移距离为10，如图17-43所示。

（7）单击“默认”选项卡“绘图”面板中的“样条曲线拟合”按钮，在图形适当位置绘制多段样条曲线，如图17-44所示。

（8）单击“默认”选项卡“绘图”面板中的“图案填充”按钮，系统打开“图案填充创建”选项卡，设置填充类型为ANSI31，比例为10，选择填充区域填充图案。

（9）单击“默认”选项卡“绘图”面板中的“图案填充”按钮，系统打开“图案填充创建”选项卡，设置填充类型为AR-CONC，比例为0.5，选择填充区域填充图案，效果如图17-45所示。

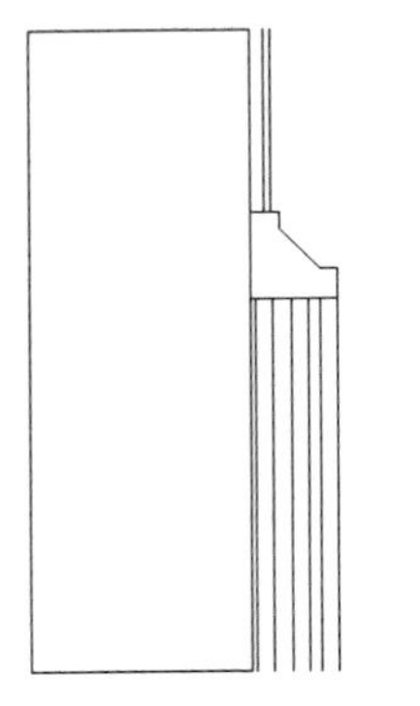

图17-43 偏移直线

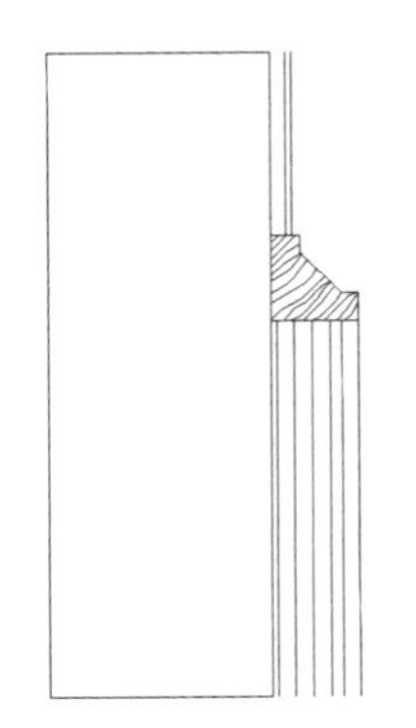

图17-44 绘制样条曲线

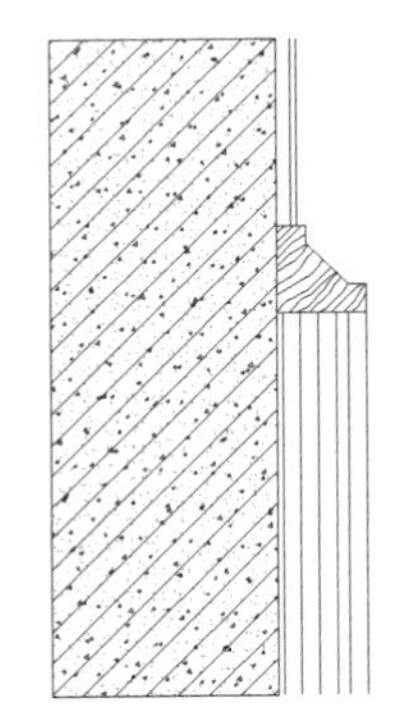

图17-45 填充图案

（10）单击“默认”选项卡“修改”面板中的“分解”按钮，选择前面绘制的矩形为分解对象，按Enter键进行分解。

（11）单击“默认”选项卡“修改”面板中的“删除”按钮，选择第（10）步分解矩形的外边线为删除对象并进行删除，如图17-46所示。

Note

（12）单击“默认”选项卡“注释”面板中的“线性”按钮和“连续”按钮，为图形添加第一道线性标注，如图 17-47 所示。

（13）单击“默认”选项卡“注释”面板中的“线性”按钮，为图形添加总尺寸标注，如图 17-48 所示。

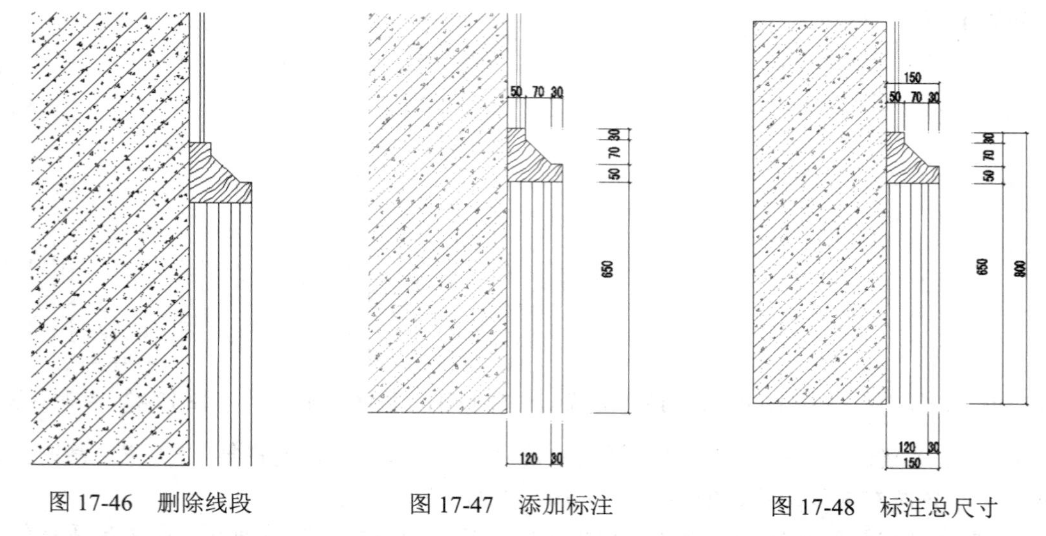

图 17-46　删除线段　　图 17-47　添加标注　　图 17-48　标注总尺寸

（14）在命令行中输入“QLEADER”命令，为图形添加文字说明，如图 17-37 所示。

17.3　商务豪华单人间衣柜节点大样图

本节主要讲述商务豪华单人间衣柜节点大样图的绘制方法。

17.3.1　绘制节点大样图 16

本小节主要讲述节点大样图 16 的绘制过程，结果如图 17-49 所示。

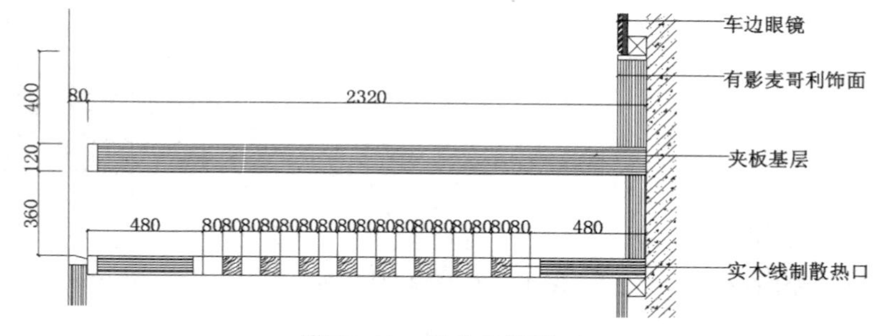

图 17-49　节点大样图 16

操作步骤如下：（：光盘\配套视频\第 17 章\商务豪华单人间衣柜节点大样图 16.avi）

1. 绘制夹板基层

（1）单击“默认”选项卡“绘图”面板中的“矩形”按钮，在图形适当位置绘制一个 2320×120

的矩形，如图 17-50 所示。

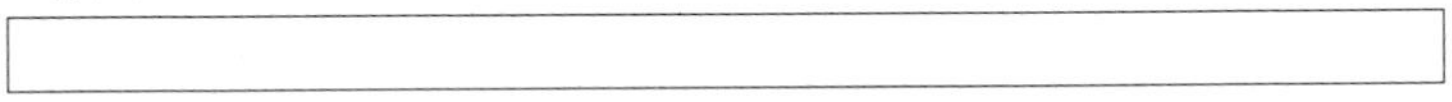

图 17-50　绘制矩形

（2）单击“默认”选项卡“修改”面板中的“分解”按钮，选择第（1）步绘制的矩形为分解对象，按 Enter 键确认进行分解。

（3）单击“默认”选项卡“修改”面板中的“偏移”按钮，选择第（2）步分解矩形的左侧竖直边为偏移对象并向右进行偏移，偏移距离为 40，如图 17-51 所示。

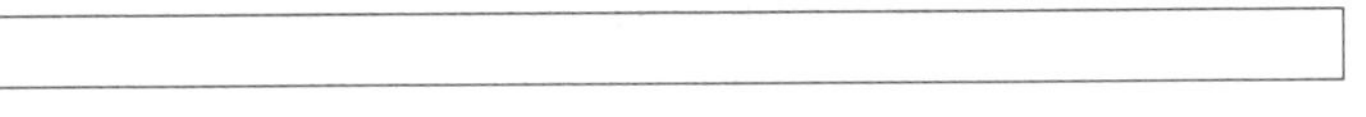

图 17-51　向右偏移直线

（4）单击“默认”选项卡“修改”面板中的“偏移”按钮，选择分解矩形的上侧水平线段为偏移对象并向下进行偏移，偏移距离分别为 12、9、12、12、12、12、12、12、12、12，如图 17-52 所示。

图 17-52　向下偏移直线

（5）单击“默认”选项卡“修改”面板中的“修剪”按钮，对第（4）步中偏移的线段进行修剪，如图 17-53 所示。

图 17-53　修剪线段

2. 绘制饰面

（1）单击“默认”选项卡“绘图”面板中的“矩形”按钮，在图形适当位置处绘制一个 120×400 的矩形，如图 17-54 所示。

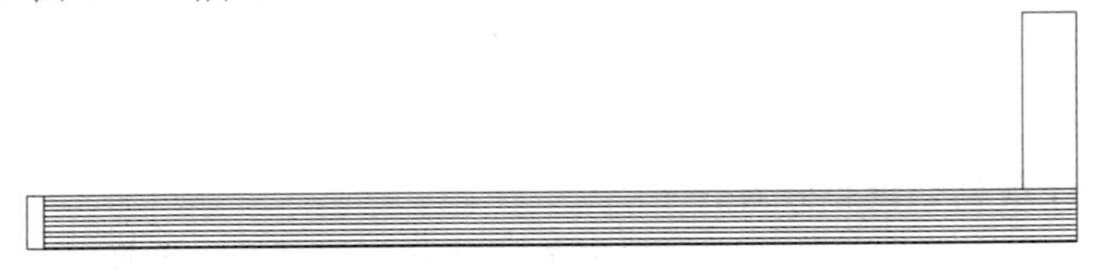

图 17-54　绘制矩形

（2）单击“默认”选项卡“修改”面板中的“分解”按钮，选择第（1）步绘制的矩形为分解对象，按 Enter 键确认进行分解。

（3）单击“默认”选项卡“修改”面板中的“偏移”按钮，选择第（2）步分解矩形的水平边为偏移对象并向下偏移，偏移距离为 20，如图 17-55 所示。

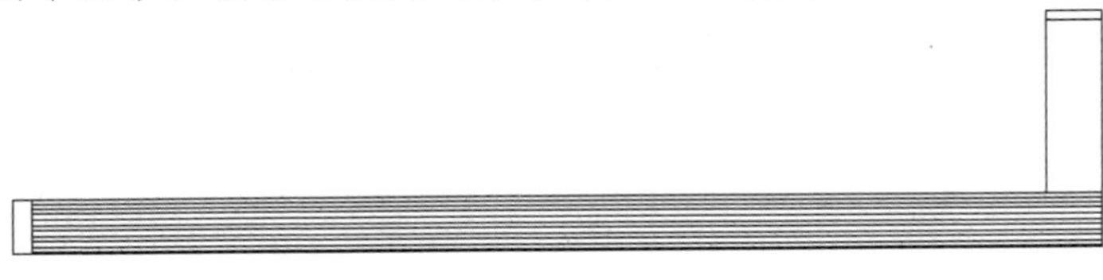

图 17-55　向下偏移直线

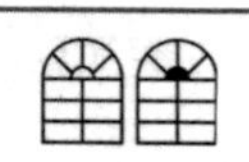

（4）单击“默认”选项卡“修改”面板中的“偏移”按钮，选择分解矩形的左侧竖直边为偏移对象并向右进行偏移，偏移距离为 12，偏移 9 次，如图 17-56 所示。

Note

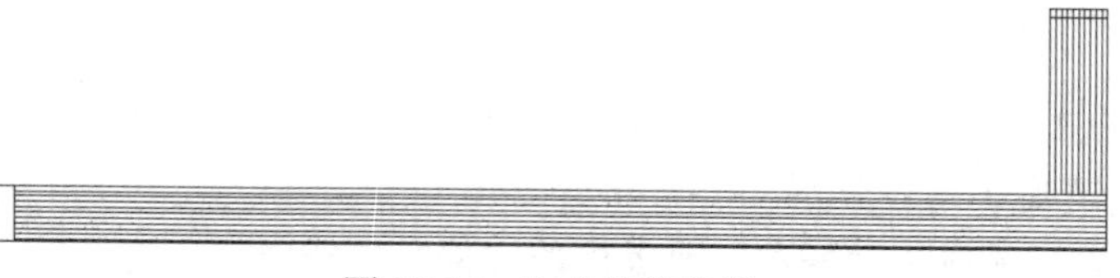

图 17-56　向右偏移线段

（5）单击“默认”选项卡“修改”面板中的“修剪”按钮，对第（4）步中偏移的线段进行修剪，如图 17-57 所示。

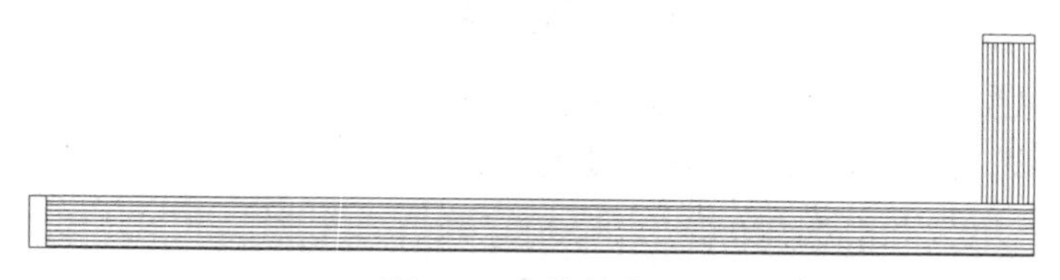

图 17-57　修剪线段

（6）单击“默认”选项卡“绘图”面板中的“矩形”按钮，在图形适当位置绘制一个 84×360 的矩形，如图 17-58 所示。

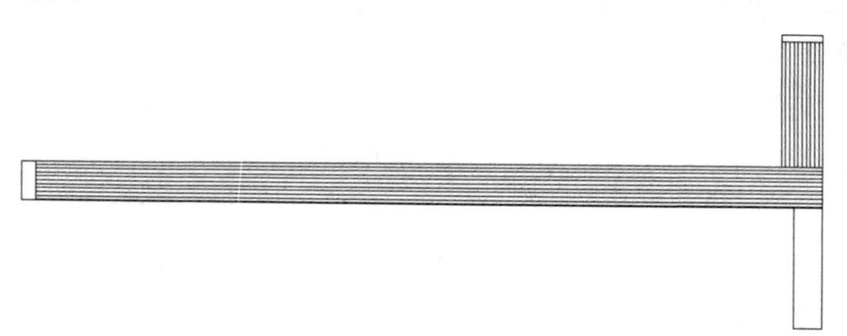

图 17-58　绘制矩形

（7）单击“默认”选项卡“修改”面板中的“分解”按钮，选择第（6）步中绘制的矩形为分解对象，按 Enter 键确认进行分解。

（8）单击“默认”选项卡“修改”面板中的“偏移”按钮，选择第（7）步中分解矩形的左侧竖直边为偏移对象并向右进行偏移，偏移距离分别为 12、5、12、12、12、12、12，如图 17-59 所示。

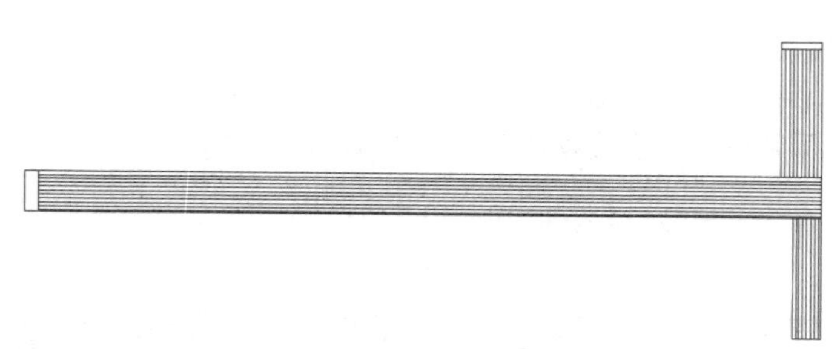

图 17-59　偏移线段

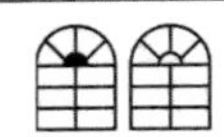

3. 绘制散热口

（1）单击“默认”选项卡“绘图”面板中的“矩形”按钮，在图形下部位置绘制一个 2320×80 的矩形，如图 17-60 所示。

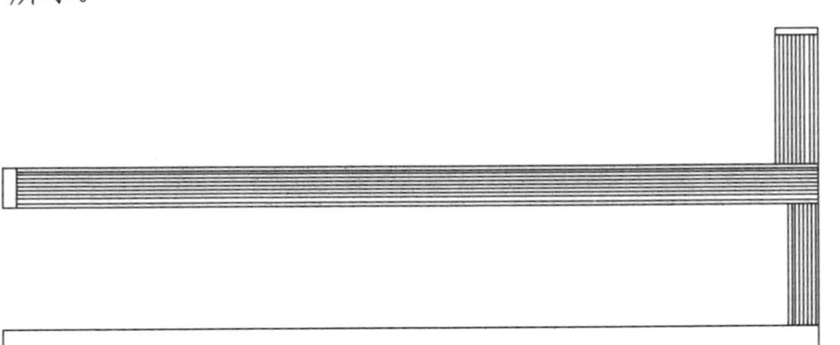

图 17-60　绘制矩形

（2）单击“默认”选项卡“修改”面板中的“分解”按钮，选择第（1）步中绘制的矩形为分解对象，按 Enter 键确认进行分解。

（3）单击“默认”选项卡“修改”面板中的“偏移”按钮，选择第（2）步中分解的矩形的左侧竖直边为偏移对象并向右进行偏移，偏移距离分别为 40、400、40、80、80、80、80、80、80、80、80、80、80、80、80、80、80、80、80、80、80、40，如图 17-61 所示。

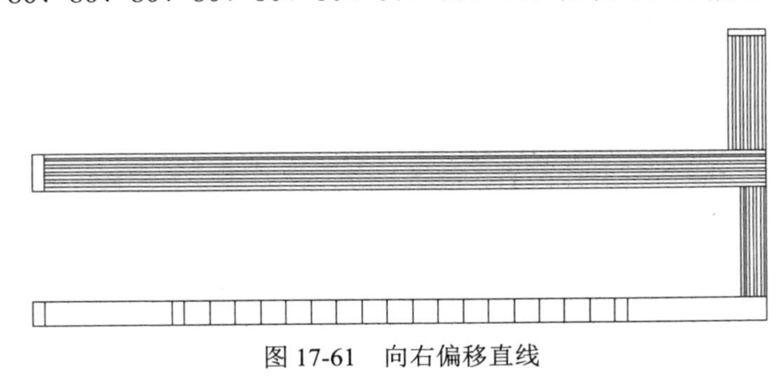

图 17-61　向右偏移直线

4. 细化图形

（1）单击“默认”选项卡“修改”面板中的“偏移”按钮，选择分解矩形上侧的水平直线为偏移对象并向下进行偏移，偏移距离分别为 12、2、12、12、12、12、12、6，如图 17-62 所示。

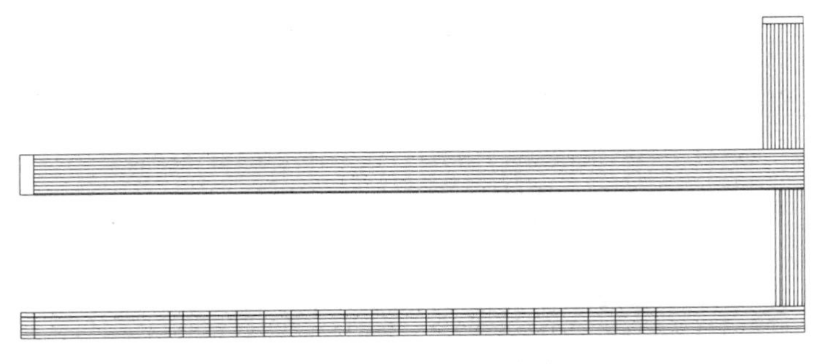

图 17-62　向下偏移直线

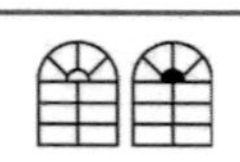

Note

（2）单击“默认”选项卡“修改”面板中的“修剪”按钮，对第（1）步中绘制的线段进行修剪，如图17-63所示。

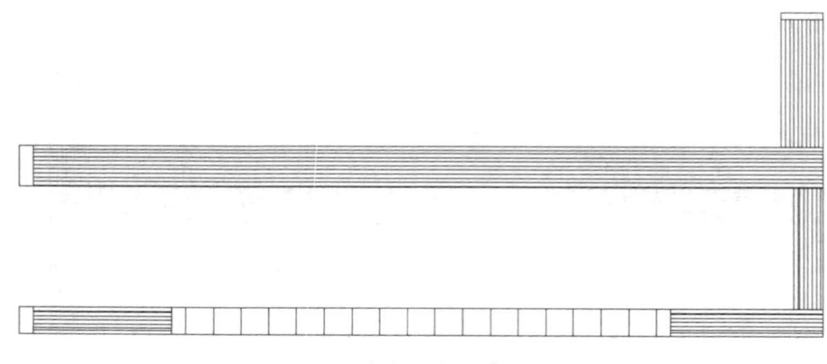

图17-63　修剪线段

（3）单击“默认”选项卡“绘图”面板中的“直线”按钮，在图形适当位置处绘制连续直线，如图17-64所示。

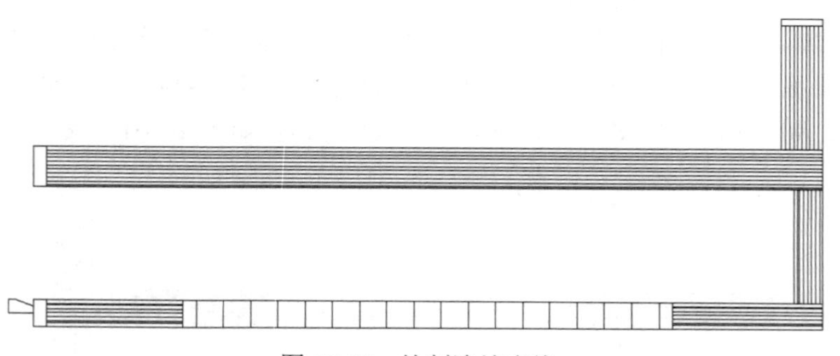

图17-64　绘制连续直线

（4）单击“默认”选项卡“绘图”面板中的“直线”按钮，在第（3）步中绘制的图形的下端绘制一条长为171的竖直直线，如图17-65所示。

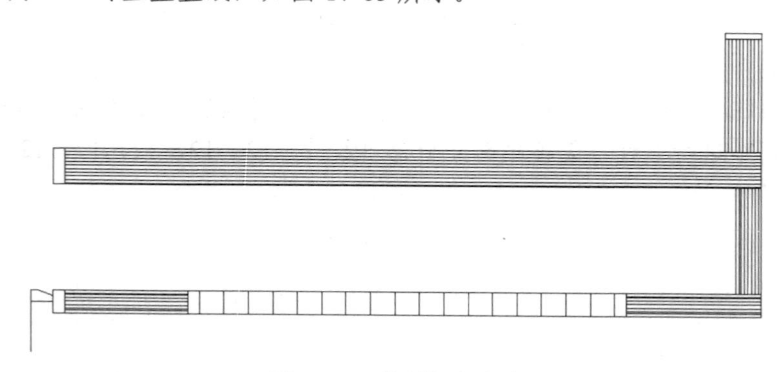

图17-65　绘制竖直直线

（5）单击“默认”选项卡“修改”面板中的“偏移”按钮，选择第（4）步中绘制的竖直直线为偏移对象并向右进行偏移，偏移距离分别为12、5、12、12、12、8、12，如图17-66所示。

（6）结合所学知识完成节点大样图16的基本绘制。

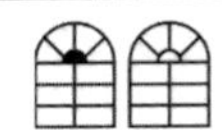

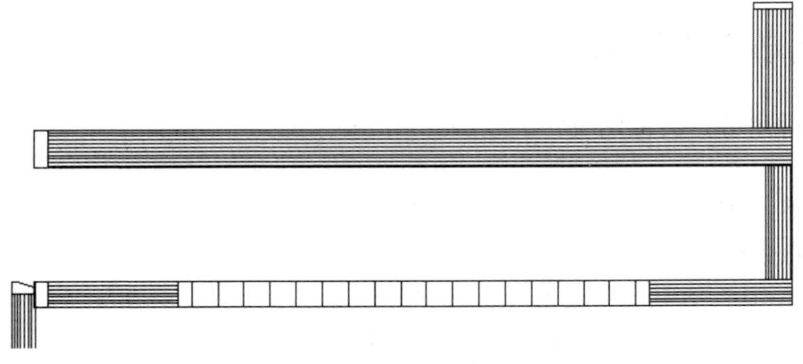

图 17-66　偏移线段

（7）单击“默认”选项卡“绘图”面板中的“直线”按钮，在图形适当位置绘制一条竖直直线，如图 17-67 所示。

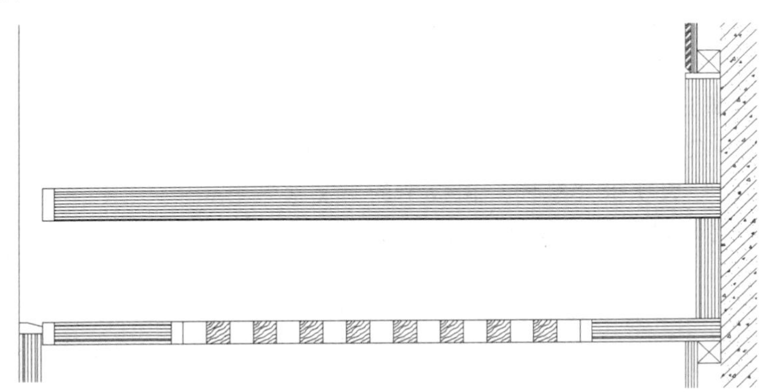

图 17-67　绘制竖直直线

5. 标注尺寸和文字

（1）单击“默认”选项卡“注释”面板中的“线性”按钮，为图形添加第一道尺寸标注，如图 17-68 所示。

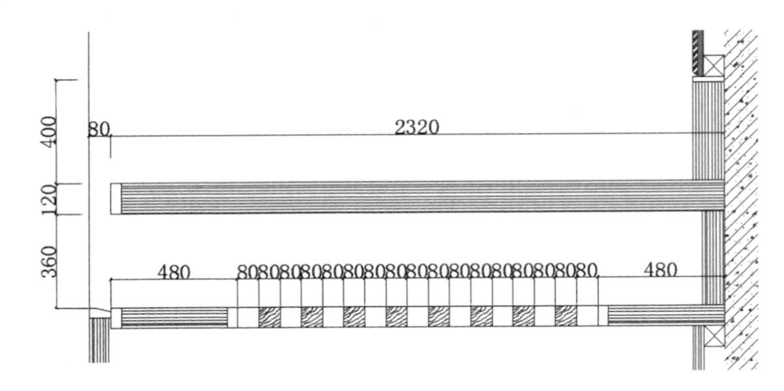

图 17-68　添加尺寸标注

（2）在命令行中输入“QLEADER”命令，为图形添加文字说明，如图 17-49 所示。

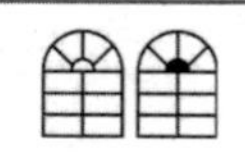

17.3.2 绘制节点大样图 17

Note

本小节主要讲述节点大样图 17 的绘制过程，结果如图 17-69 所示。

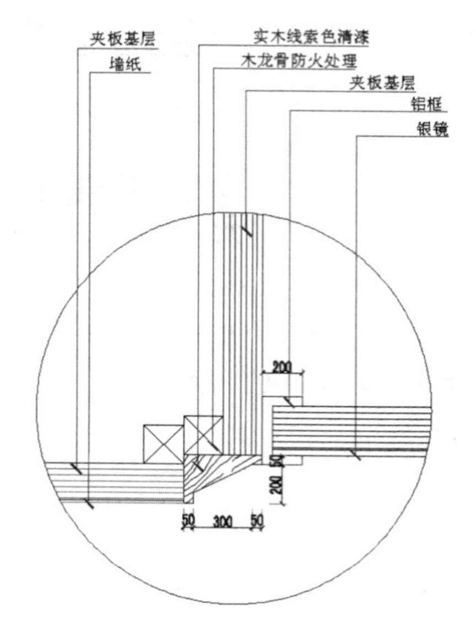

图 17-69　节点大样图 17

操作步骤如下：（ ：光盘\配套视频\第 17 章\商务豪华单人间衣柜节点大样图 17.avi）

（1）单击“默认”选项卡“绘图”面板中的“直线”按钮，在图形适当位置绘制连续直线，如图 17-70 所示。

（2）单击“默认”选项卡“绘图”面板中的“直线”按钮，在图形适当位置绘制一条长为 807 的水平直线，如图 17-71 所示。

（3）单击“默认”选项卡“修改”面板中的“偏移”按钮，选择第（2）步中绘制的水平直线为偏移对象并向下进行偏移，偏移距离分别为 30、30、30、30、30、30、30、10、30，如图 17-72 所示。

（4）单击“默认”选项卡“绘图”面板中的“直线”按钮，在图形适当位置绘制一条长为 1231 的竖直直线，如图 17-73 所示。

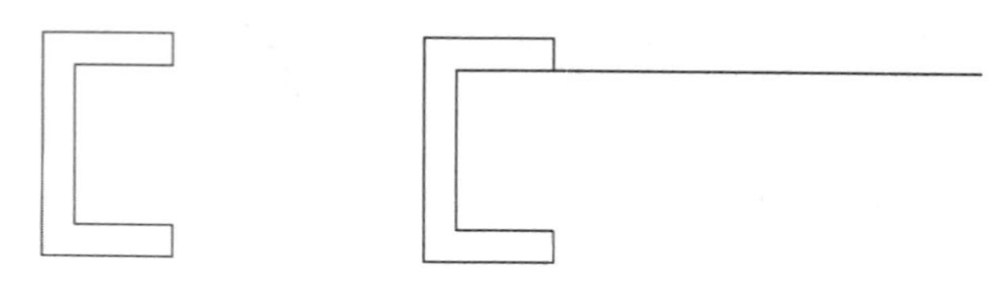

图 17-70　绘制连续直线　　图 17-71　绘制水平直线

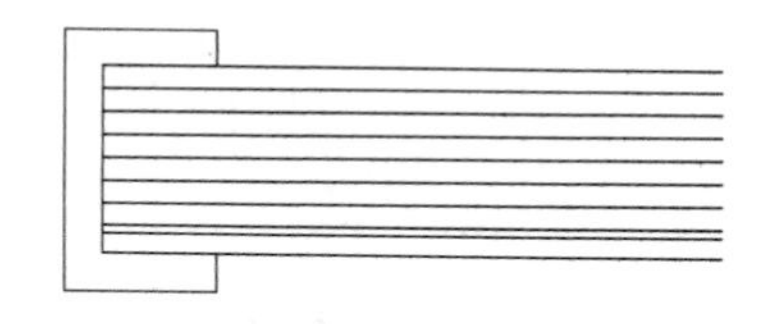

图 17-72　偏移直线

（5）单击“默认”选项卡“修改”面板中的“偏移”按钮，选择第（4）步中绘制的竖直直线为偏移对象并向左进行偏移，偏移距离分别为 30、23、30、30、30、27，如图 17-74 所示。

（6）单击“默认”选项卡“绘图”面板中的“直线”按钮，在图形适当位置绘制连续直线，如图 17-75 所示。

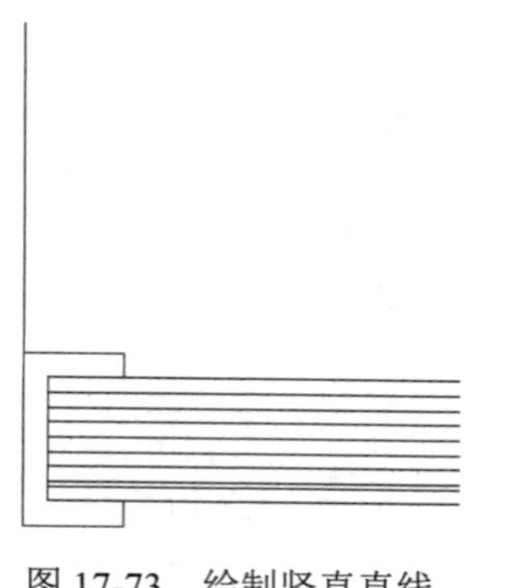

图 17-73　绘制竖直直线

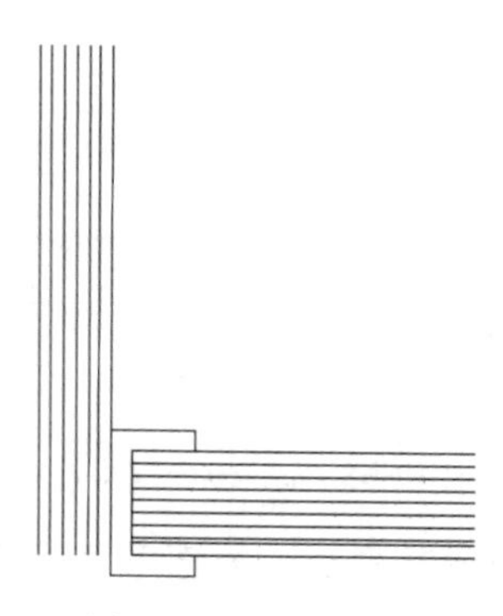

图 17-74　偏移直线

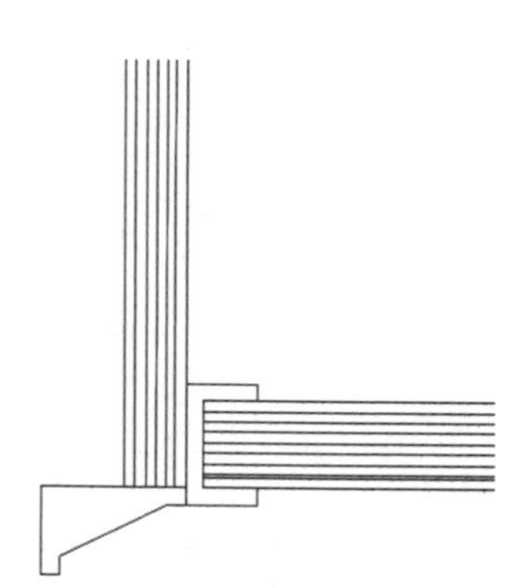

图 17-75　绘制连续直线

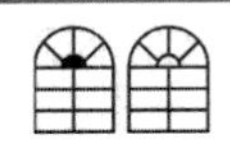

（7）单击“默认”选项卡“绘图”面板中的“样条曲线拟合”按钮，在第（6）步绘制的图形内绘制多条样条曲线，如图 17-76 所示。

（8）单击“默认”选项卡“绘图”面板中的“矩形”按钮，在第（7）步中图形适当位置处绘制一个 200×200 的矩形，如图 17-77 所示。

（9）单击“默认”选项卡“绘图”面板中的“直线”按钮，在第（8）步中绘制的矩形内绘制对角线，如图 17-78 所示。

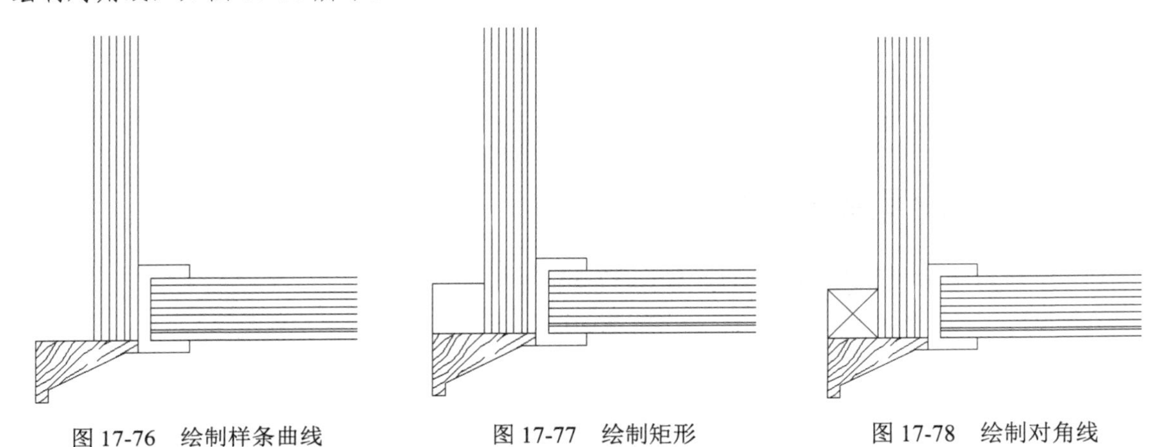

图 17-76　绘制样条曲线　　图 17-77　绘制矩形　　图 17-78　绘制对角线

（10）单击“默认”选项卡“修改”面板中的“复制”按钮，选择第（9）步中绘制的图形并进行复制，如图 17-79 所示。

（11）利用上述方法完成大样图中剩余图形的绘制，如图 17-80 所示。

（12）单击“默认”选项卡“绘图”面板中的“圆”按钮，在图形中间位置绘制一个半径为 1001 的圆，如图 17-81 所示。

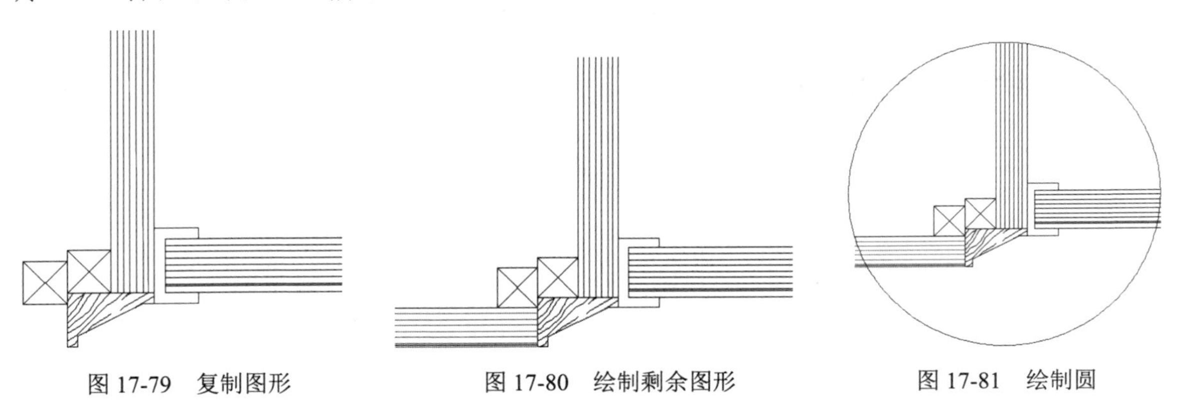

图 17-79　复制图形　　图 17-80　绘制剩余图形　　图 17-81　绘制圆

（13）单击“默认”选项卡“修改”面板中的“修剪”按钮，对圆外围图形进行修剪，如图 17-82 所示。

（14）单击“默认”选项卡“注释”面板中的“线性”按钮和“连续”按钮，为图形添加尺寸标注，如图 17-83 所示。

（15）在命令行中输入“QLEADER”命令，为图形添加文字说明，如图 17-69 所示。

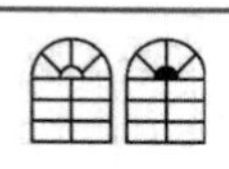

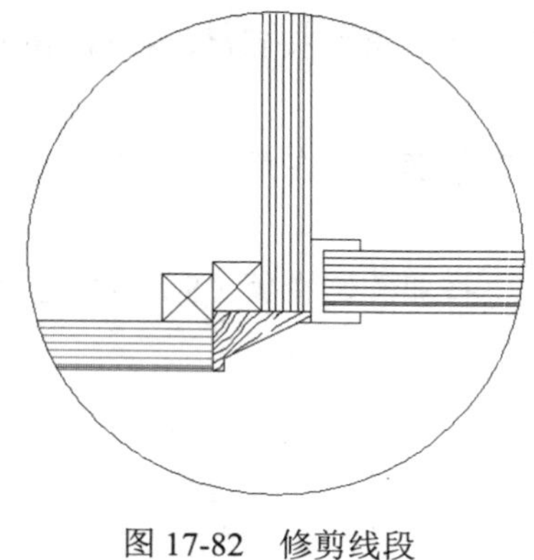

图 17-82　修剪线段

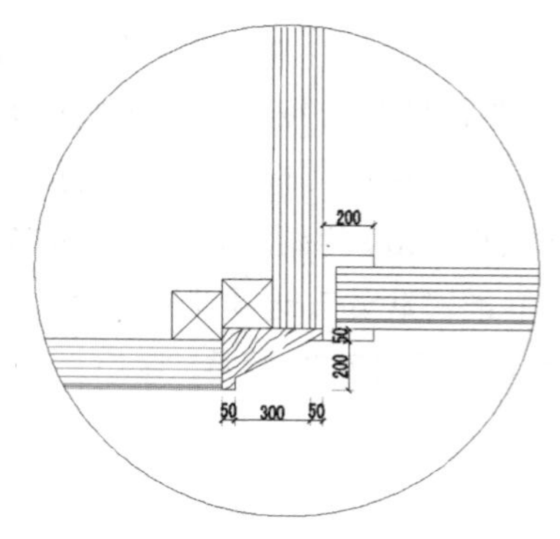

图 17-83　添加尺寸标注

17.3.3　绘制节点大样图 11

利用上述方法绘制节点大样图 11，如图 17-84 所示。

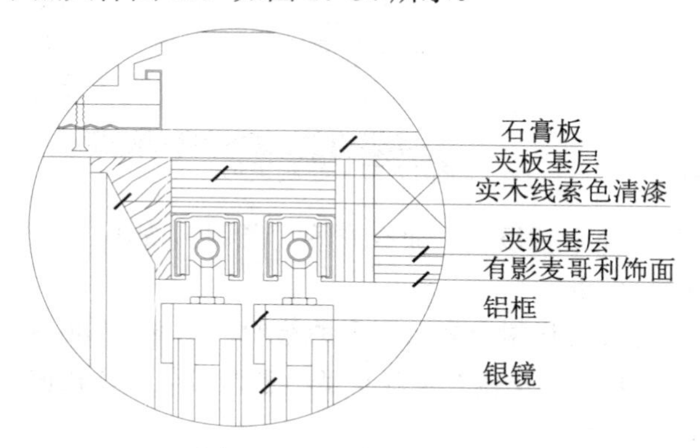

图 17-84　节点大样图 11

17.3.4　绘制节点大样图 12

利用上述方法绘制节点大样图 12，如图 17-85 所示。

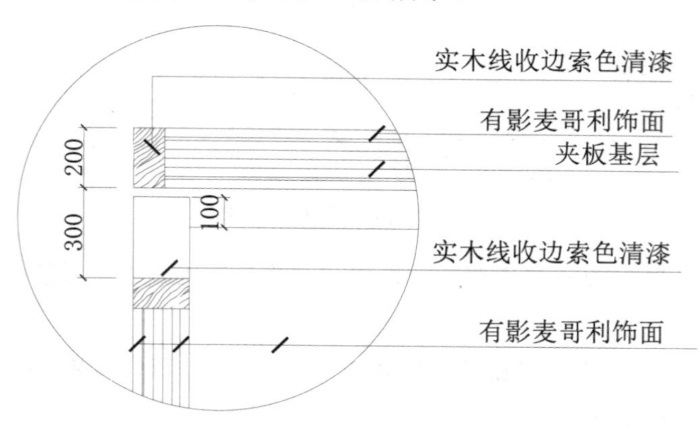

图 17-85　节点大样图 12

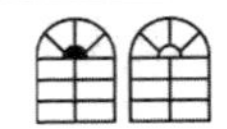

Note

17.3.5　绘制节点大样图 13

利用上述方法绘制节点大样图 13，如图 17-86 所示。

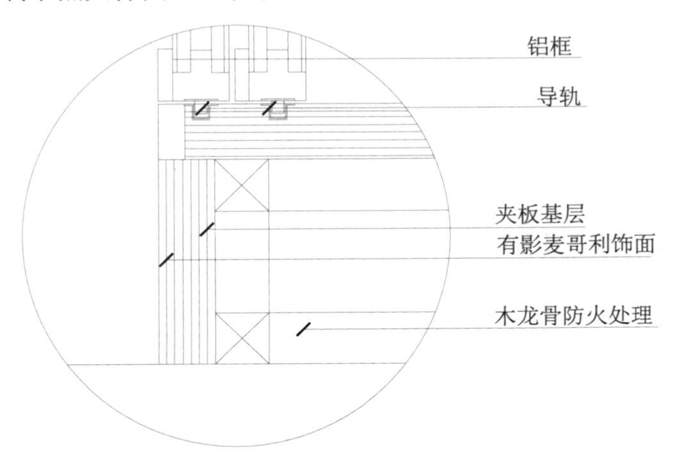

图 17-86　节点大样图 13

17.3.6　绘制节点大样图 14

利用上述方法绘制节点大样图 14，如图 17-87 所示。

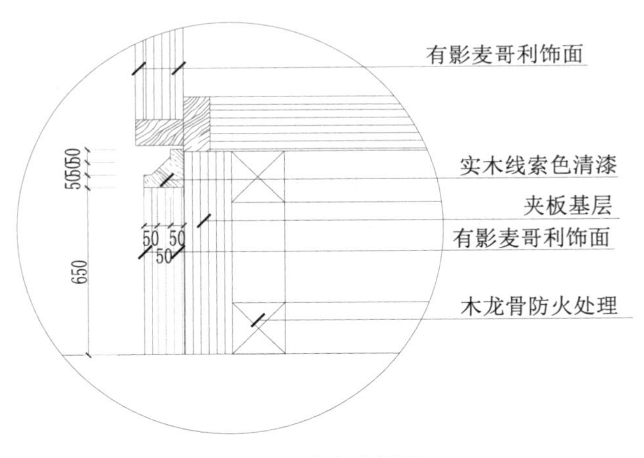

图 17-87　节点大样图 14

17.4　实 战 演 练

通过前面的学习，读者对本章知识有了大体的了解，本节通过几个操作练习使读者进一步掌握本章知识要点。

【实战演练 1】绘制如图 17-88 所示的咖啡吧玻璃台面节点详图。

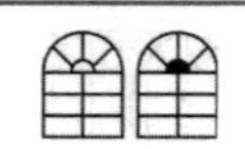

1. 目的要求

本实例主要要求读者通过练习进一步熟悉和掌握咖啡吧玻璃台面节点详图的绘制方法。通过本实例，可以帮助读者学会完成详图绘制的全过程。

2. 操作提示

（1）绘图准备。

（2）绘制轮廓线。

（3）填充图形。

（4）细化图形。

（5）标注尺寸和文字。

【实战演练2】绘制如图17-89所示的住宅室内家具详图。

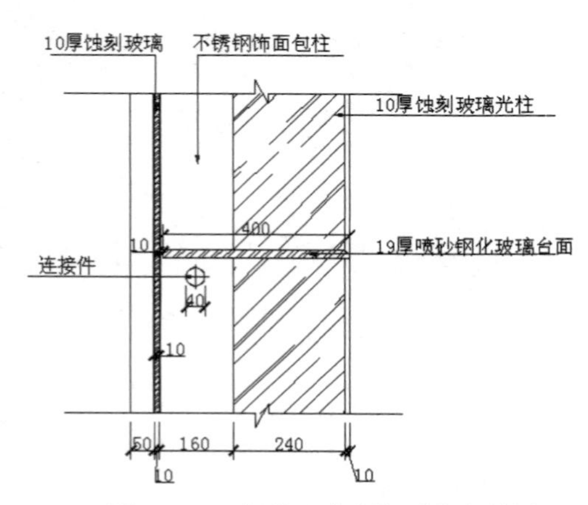

图17-88　咖啡吧玻璃台面节点详图

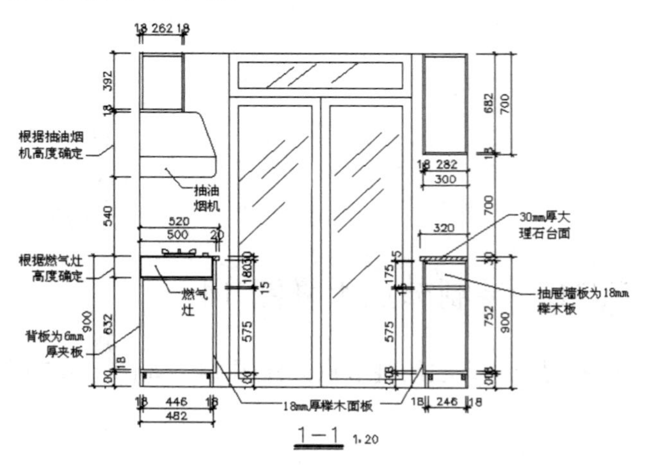

图17-89　住宅室内家具详图

1. 目的要求

本实例主要要求读者通过练习进一步熟悉和掌握住宅室内家具详图的绘制方法。通过本实例，可以帮助读者学会完成整个详图绘制的全过程。

2. 操作提示

（1）绘图准备。

（2）绘制轮廓线。

（3）细化图形。

（4）标注尺寸和文字。

第18章

电梯间室内设计图的绘制

本章学习要点和目标任务：

☑ 电梯地面平面图

☑ 电梯天花平面图

☑ 电梯门立面图

☑ 电梯门背立面图

☑ 电梯右侧立面图

☑ 电梯左侧立面图

电梯间在大酒店中属于辅助的细节单元，但对体现酒店的档次和品位有着重要作用，所以也应该引起重视。本章主要讲解电梯地面平面图、电梯天花平面图、电梯门立面图、电梯门背立面图、电梯左、右侧立面图等的绘制方法。

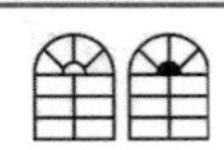

Note

18.1 电梯地面平面图

本节主要讲述电梯地面平面图的绘制过程，结果如图 18-1 所示。

操作步骤如下：（📹：光盘\配套视频\第 18 章\电梯地面平面图.avi）

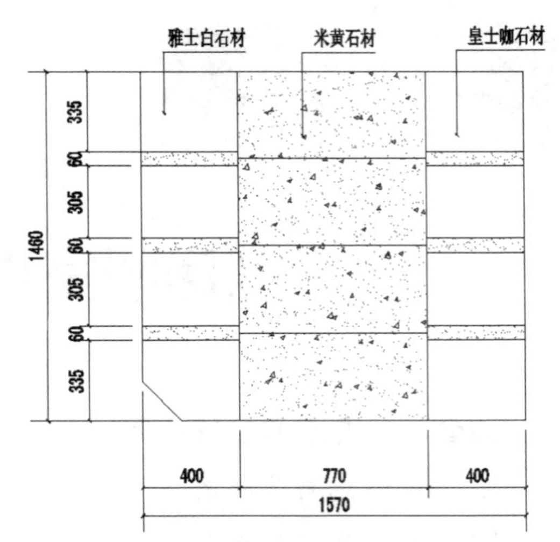

图 18-1　电梯地面平面图

（1）单击“默认”选项卡“绘图”面板中的“矩形”按钮，在图形空白区域绘制一个 1570×1460 的矩形，如图 18-2 所示。

（2）单击“默认”选项卡“修改”面板中的“分解”按钮，选择第（1）步中绘制的矩形为分解对象，按 Enter 键确认对其进行分解。

（3）单击“默认”选项卡“修改”面板中的“倒角”按钮，选择第（2）步中分解矩形的底部水平边和左侧竖直边进行倒角处理，倒角距离为 162，如图 18-3 所示。

（4）单击“默认”选项卡“修改”面板中的“偏移”按钮，选择第（3）步中图形的右侧竖直边为偏移对象并向左进行偏移，偏移距离分别为 400 和 770，如图 18-4 所示。

图 18-2　绘制矩形

图 18-3　倒角处理

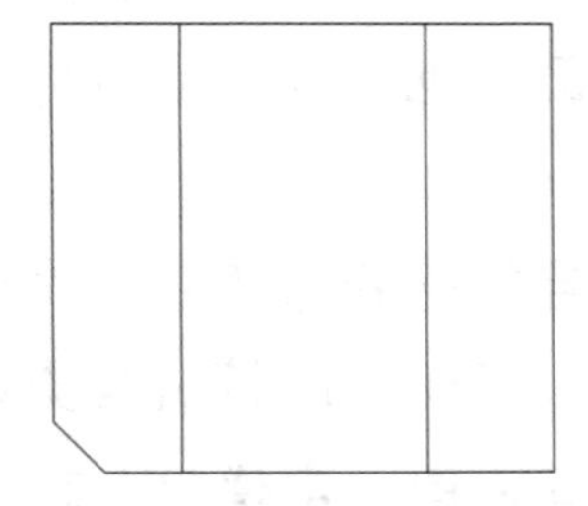

图 18-4　偏移竖直直线

（5）单击“默认”选项卡“修改”面板中的“偏移”按钮，选择第（4）步中图形顶部水平边为偏移对象并向下偏移，偏移距离分别为 335、30、30、305、30、30、305、30 和 30，如图 18-5 所示。

（6）单击“默认”选项卡“修改”面板中的“修剪”按钮，对第（5）步中图形进行修剪，如图 18-6 所示。

（7）填充图案。

① 单击“默认”选项卡“绘图”面板中的“图案填充”按钮，系统打开“图案填充创建”选项卡，设置填充类型为 AR-SAND，比例为 1，选择填充区域填充图案，效果如图 18-7 所示。

② 重复“图案填充”命令，设置填充类型为 AR-SAND，比例为 2，选择填充区域填充图案，效果如图 18-8 所示。

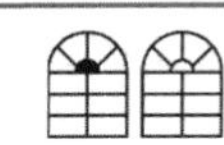

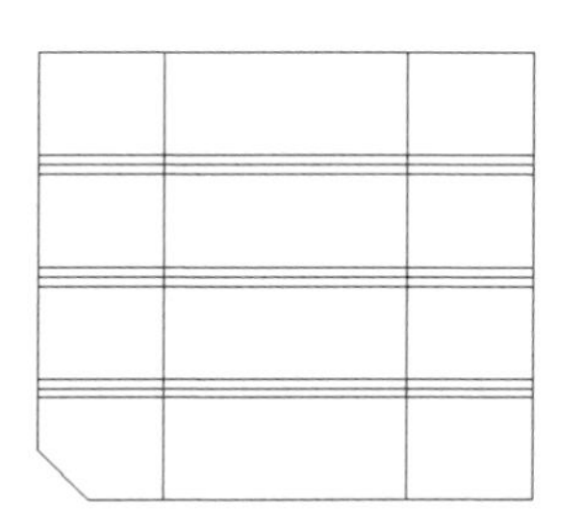

图 18-5　偏移水平直线

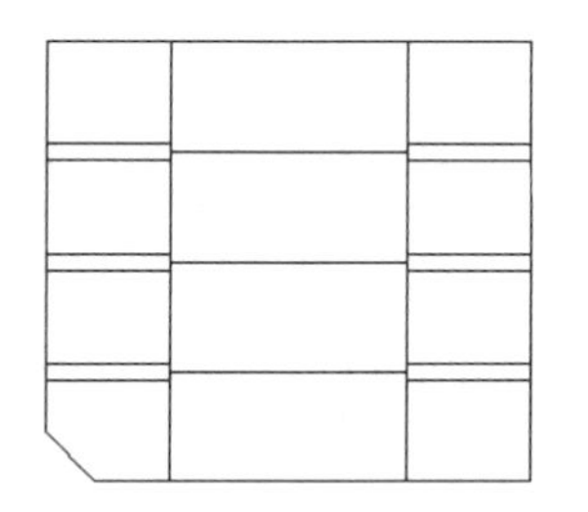

图 18-6　修剪图形

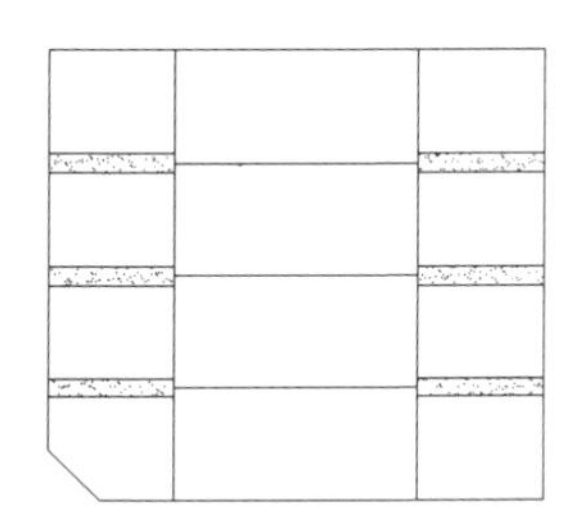

图 18-7　填充图案 AR-SAND1

③ 重复“图案填充”命令，设置填充类型为 AR-CONC，比例为 1，选择填充区域填充图案，效果如图 18-9 所示。

（8）标注尺寸和文字。

① 单击“默认”选项卡“注释”面板中的“线性”按钮和“连续”按钮，为图形添加第一道水平尺寸标注，如图 18-10 所示。

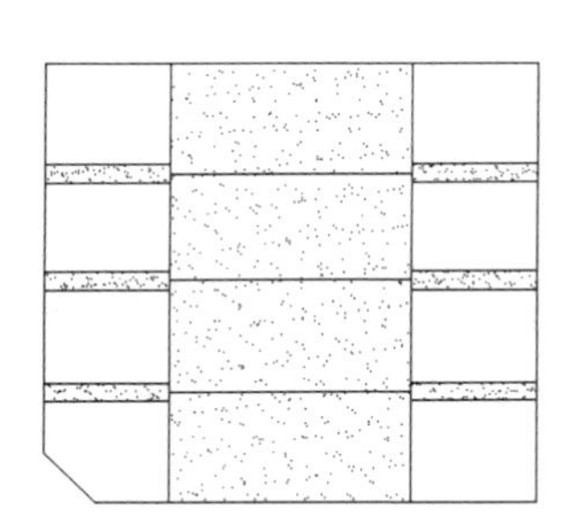

图 18-8　填充图案 AR-SAND2

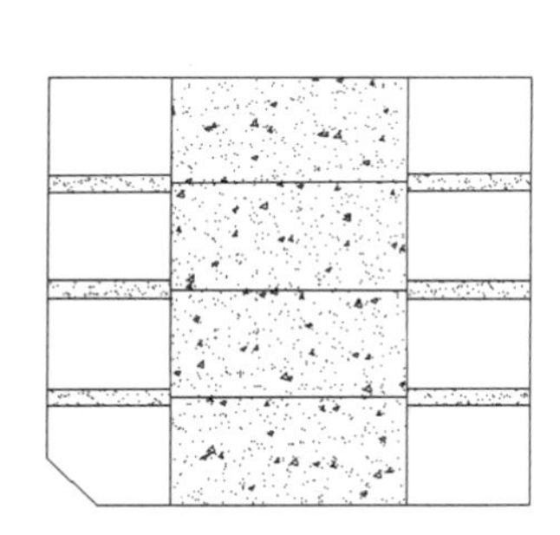

图 18-9　填充图案 AR-CONC

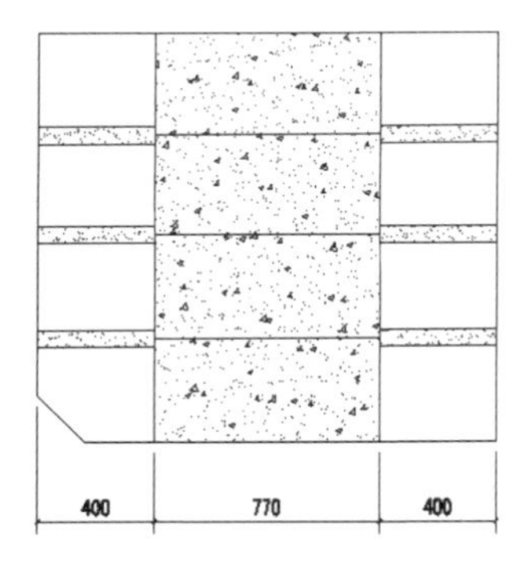

图 18-10　标注水平尺寸

② 单击“默认”选项卡“注释”面板中的“线性”按钮和“连续”按钮，为图形添加第一道竖直尺寸标注，如图 18-11 所示。

③ 单击“默认”选项卡“注释”面板中的“线性”按钮，为图形添加总尺寸标注，如图 18-12 所示。

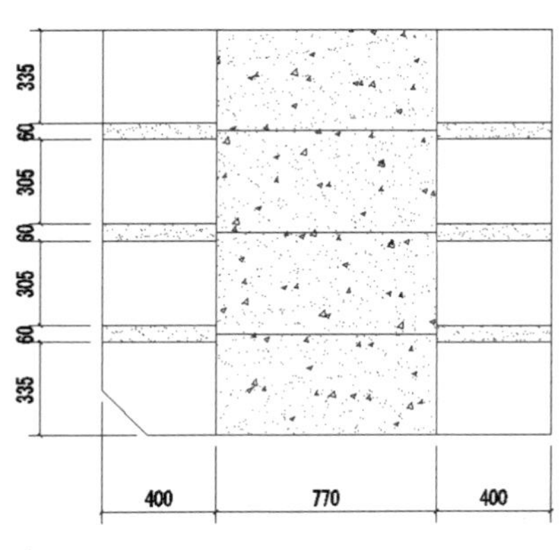

图 18-11　标注竖直尺寸

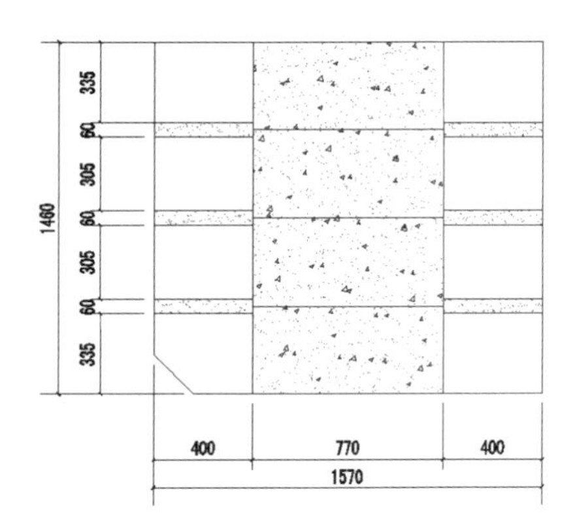

图 18-12　标注总尺寸

④ 在命令行中输入“QLEADER”命令，为图形添加文字说明，如图 18-1 所示。

Note

18.2 电梯天花平面图

本节主要讲述电梯天花平面图的绘制过程，结果如图18-13所示。

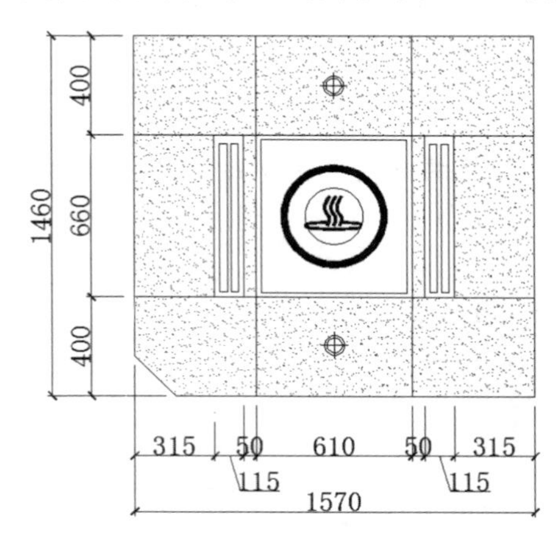

图18-13 电梯天花平面图

操作步骤如下：（：光盘\配套视频\第18章\电梯天花平面图.avi）

（1）单击快速访问工具栏中的“打开”按钮，弹出“选择文件”对话框，选择“源文件\第18章\电梯地面平面图”文件并打开，然后单击快速访问工具栏中的“另存为”按钮，将打开的“电梯地面平面图”另存为“电梯天花平面图”。

（2）单击“默认”选项卡“修改”面板中的“删除”按钮，将部分图形删除，如图18-14所示。

（3）单击“默认”选项卡“修改”面板中的“偏移”按钮，选择图形上部水平直线为偏移对象并向下进行偏移，偏移距离分别为400和660，如图18-15所示。

（4）单击“默认”选项卡“修改”面板中的“偏移”按钮，选择第（3）步中图形内右侧竖直直线为偏移对象并向左偏移，偏移距离分别为315、115、50、610、50和115，如图18-16所示。

图18-14 删除部分图形后的效果

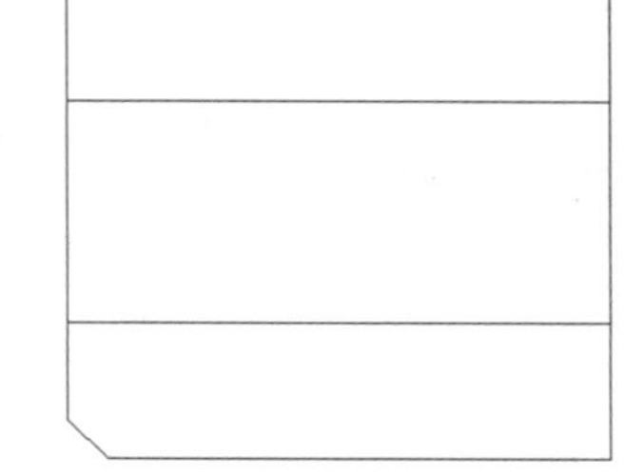

图18-15 向下偏移直线

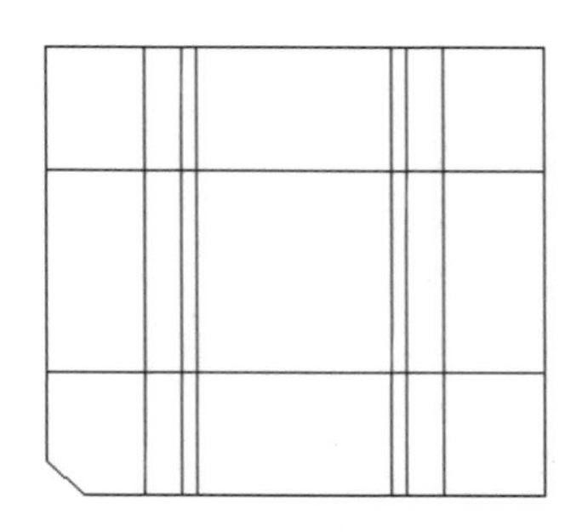

图18-16 向左偏移直线

（5）单击“默认”选项卡“修改”面板中的“修剪”按钮，对第（4）步中线段进行修剪，如图18-17所示。

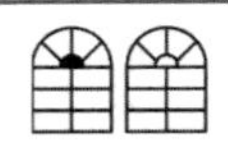

（6）单击"默认"选项卡"绘图"面板中的"矩形"按钮，在图形中间位置绘制一个 570×620 的矩形，如图 18-18 所示。

（7）单击"默认"选项卡"绘图"面板中的"矩形"按钮，在第（6）步图形内适当位置绘制一个 30×600 的矩形，如图 18-19 所示。

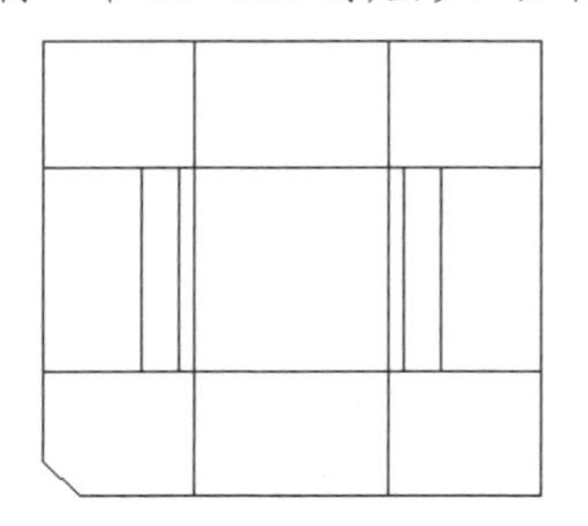

图 18-17　修剪线段

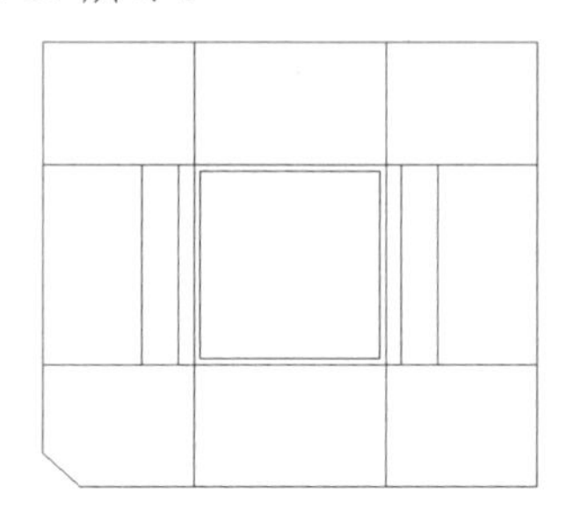

图 18-18　绘制 570×620 的矩形

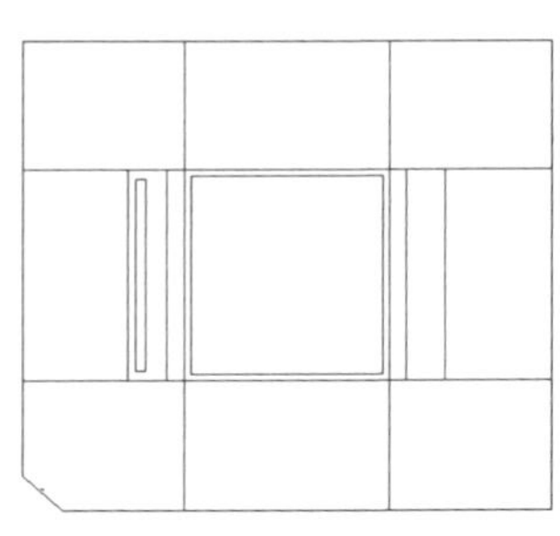

图 18-19　绘制 30×600 的矩形

（8）单击"默认"选项卡"修改"面板中的"复制"按钮，选择第（7）步中绘制的矩形为复制对象并向右进行复制，复制间距分别为 45、780 和 45，如图 18-20 所示。

（9）单击"默认"选项卡"绘图"面板中的"圆"按钮，在中间位置绘制一个半径为 208 的圆，如图 18-21 所示。

（10）单击"默认"选项卡"修改"面板中的"偏移"按钮，选择第（9）步中绘制的圆为偏移对象并向内进行偏移，偏移距离分别为 26 和 68，如图 18-22 所示。

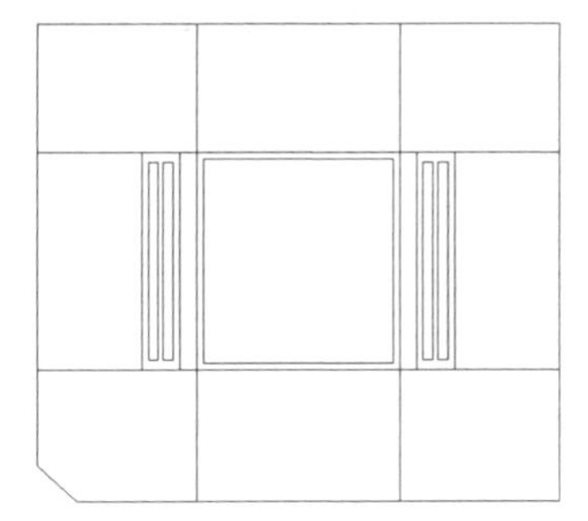

图 18-20　复制矩形

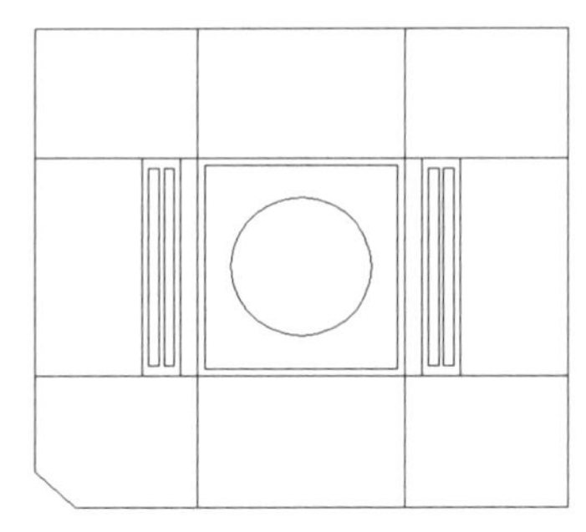

图 18-21　绘制圆

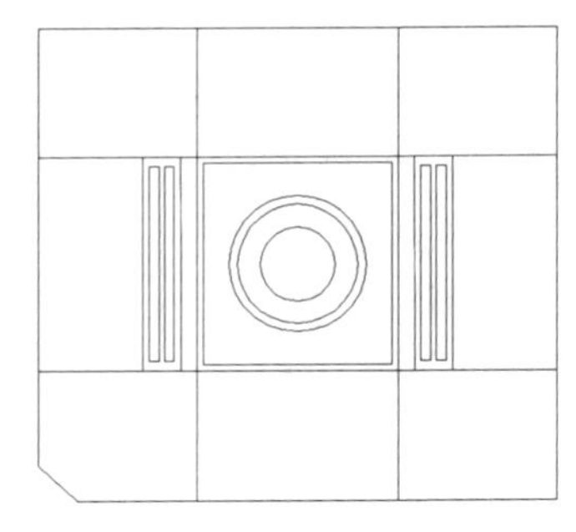

图 18-22　偏移圆

（11）单击"默认"选项卡"绘图"面板中的"样条曲线拟合"按钮和"图案填充"按钮，在圆内绘制图形，如图 18-23 所示。

（12）单击"默认"选项卡"绘图"面板中的"圆"按钮，在图形适当位置绘制一个半径为 40 的圆，如图 18-24 所示。

（13）单击"默认"选项卡"修改"面板中的"偏移"按钮，选择第（12）步中绘制的圆为偏移对象并向内进行偏移，偏移距离为 10，如图 18-25 所示。

（14）单击"默认"选项卡"绘图"面板中的"直线"按钮，过圆心绘制十字交叉线，如图 18-26 所示。

（15）单击"默认"选项卡"修改"面板中的"复制"按钮，选择第（14）步中绘制的图形为复制对象并向下进行复制，如图 18-27 所示。

（16）填充图案。

① 单击"默认"选项卡"绘图"面板中的"图案填充"按钮，系统打开"图案填充创建"

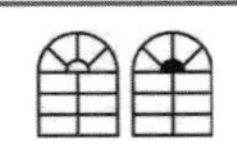

Note

选项卡，设置填充类型为 AR-SAND，比例为 1，选择填充区域填充图案，效果如图 18-28 所示。

图 18-23　绘制圆内图形

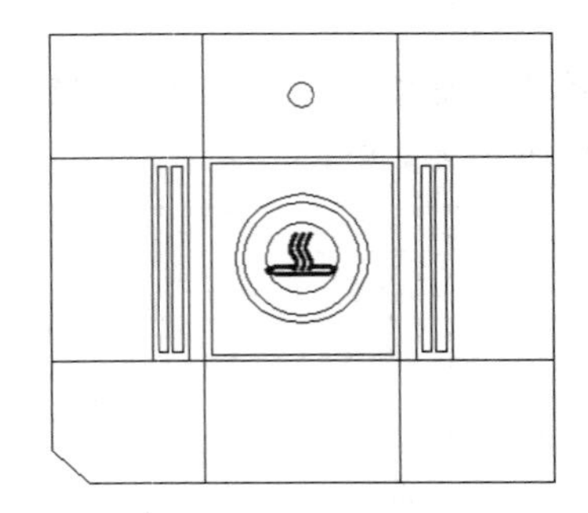

图 18-24　绘制圆

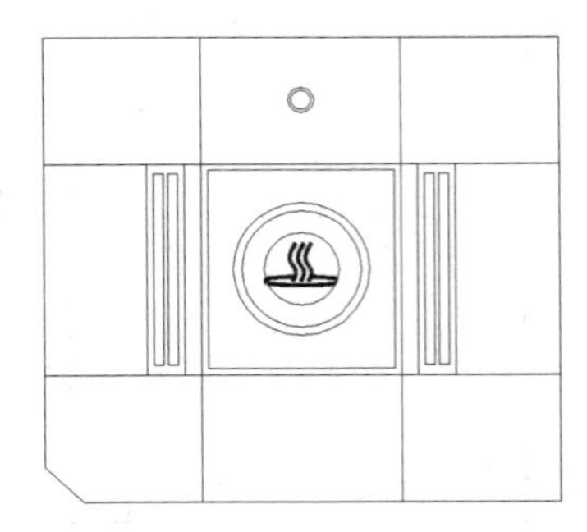

图 18-25　偏移圆

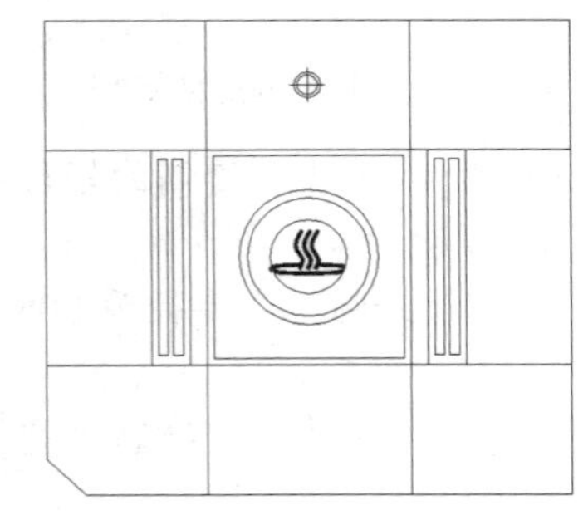

图 18-26　绘制十字交叉线

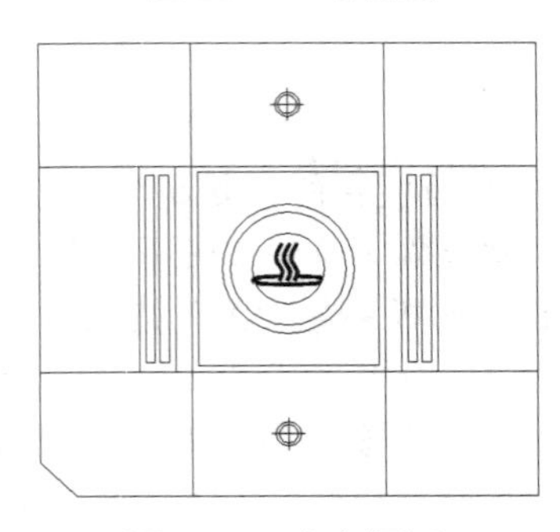

图 18-27　复制图形

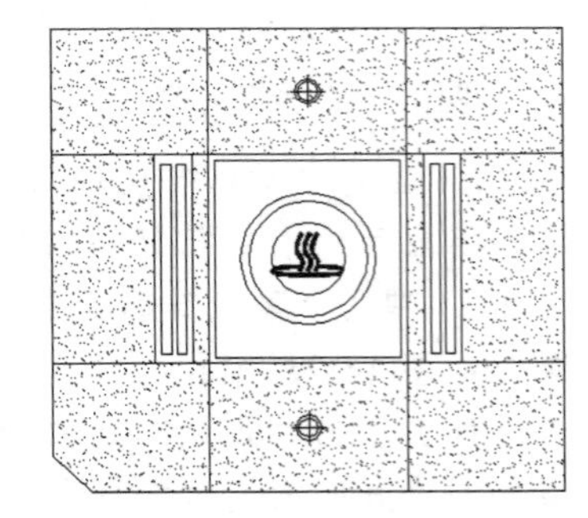

图 18-28　填充图案 AR-SAND

② 重复“图案填充”命令，设置填充类型为 SOLID，比例为 1，选择填充区域填充图案，效果如图 18-29 所示。

（17）标注尺寸。

① 单击“默认”选项卡“注释”面板中的“线性”按钮和“连续”按钮，为图形添加第一道水平尺寸标注，如图 18-30 所示。

② 单击“默认”选项卡“注释”面板中的“线性”按钮和“连续”按钮，为图形添加第一道竖直尺寸标注，如图 18-31 所示。

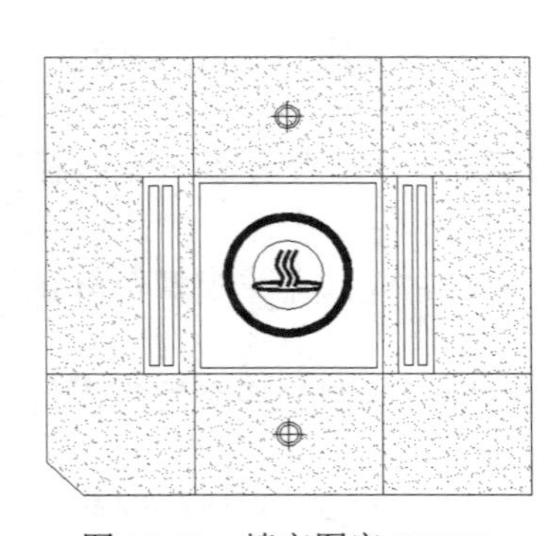

图 18-29　填充图案 SOLID

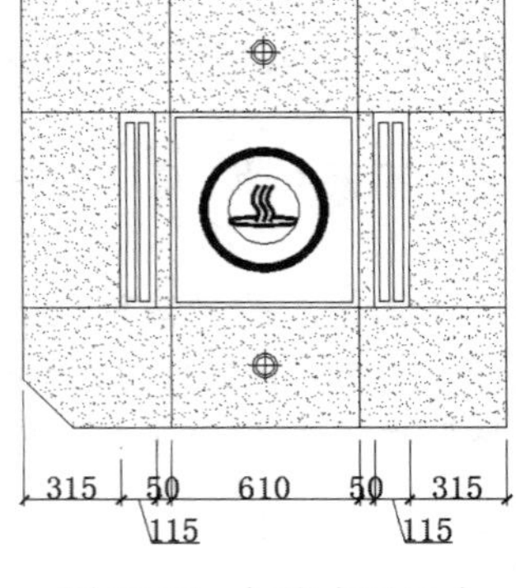

图 18-30　标注水平尺寸

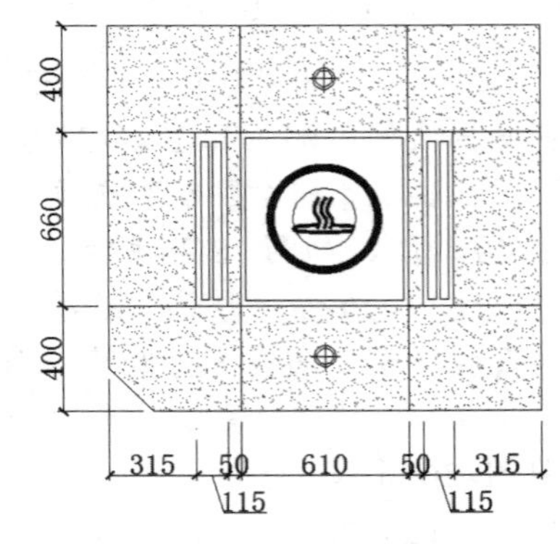

图 18-31　标注竖直尺寸

③ 单击“默认”选项卡“注释”面板中的“线性”按钮，为图形添加总尺寸标注，如图 18-13 所示。

18.3　电梯门立面图

本节主要讲述电梯门立面图的绘制过程，结果如图 18-32 所示。

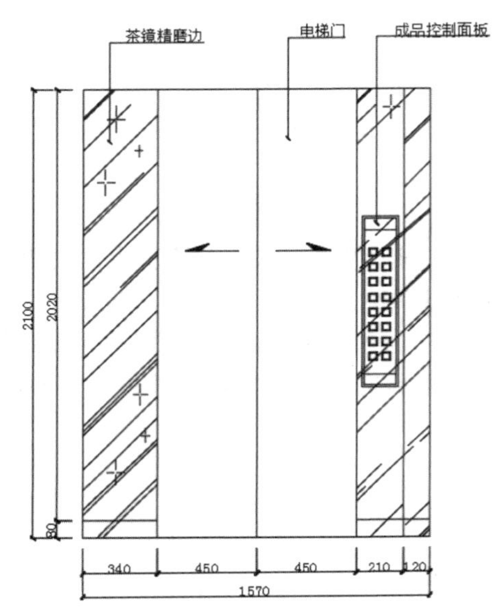

图 18-32　电梯门立面图

操作步骤如下：（：光盘\配套视频\第 18 章\电梯门立面图.avi）

（1）单击“默认”选项卡“绘图”面板中的“矩形”按钮，绘制一个 1570×2100 的矩形，如图 18-33 所示。

（2）单击“默认”选项卡“修改”面板中的“分解”按钮，选择第（1）步中绘制的矩形为分解对象，按 Enter 键确认进行分解。

（3）单击“默认”选项卡“修改”面板中的“偏移”按钮，选择第（2）步中分解矩形的左侧竖直边为偏移对象并向右进行偏移，偏移距离分别为 340、450、450 和 210，如图 18-34 所示。

（4）单击“默认”选项卡“修改”面板中的“偏移”按钮，选择第（3）步中分解矩形的上侧水平直线为偏移对象并向下进行偏移，偏移距离为 2020，如图 18-35 所示。

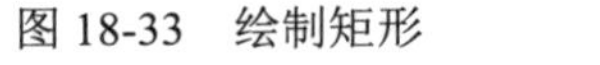

图 18-33　绘制矩形

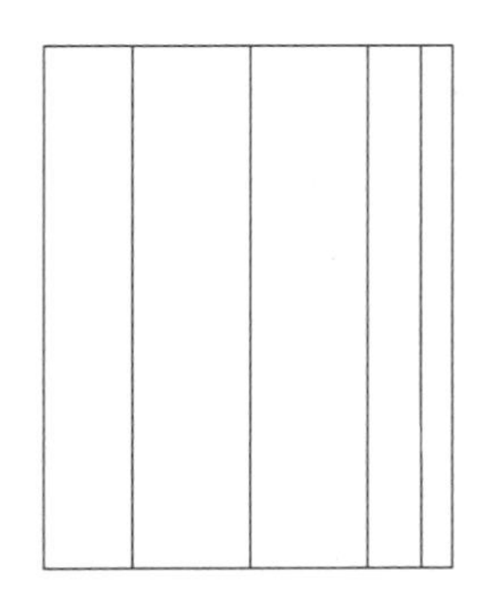

图 18-34　向右偏移线段

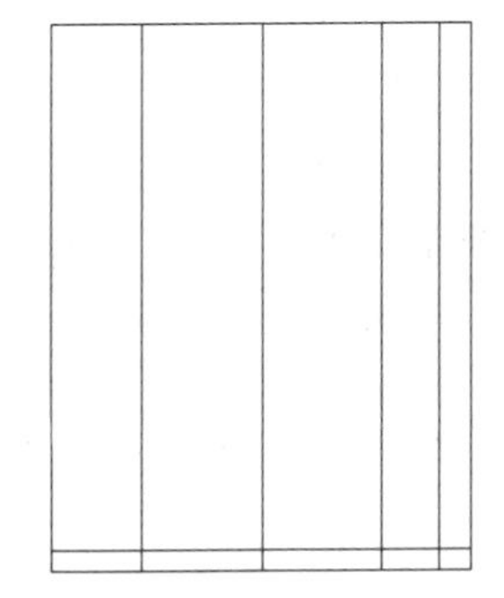

图 18-35　向下偏移线段

（5）单击“默认”选项卡“修改”面板中的“修剪”按钮，对第（4）步中的图形进行修剪，如图 18-36 所示。

（6）单击“默认”选项卡“绘图”面板中的“矩形”按钮，在图形内部绘制一个 165×801 的矩形，如图 18-37 所示。

（7）单击“默认”选项卡“修改”面板中的“偏移”按钮，选择第（6）步中绘制的矩形为偏移对象并向内进行偏移，偏移距离为 10，如图 18-38 所示。

（8）单击“默认”选项卡“绘图”面板中的“直线”按钮，在第（7）步中偏移矩形内绘制两条水平直线，如图 18-39 所示。

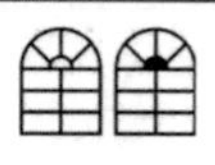
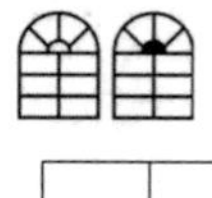

Note

图 18-36 修剪线段

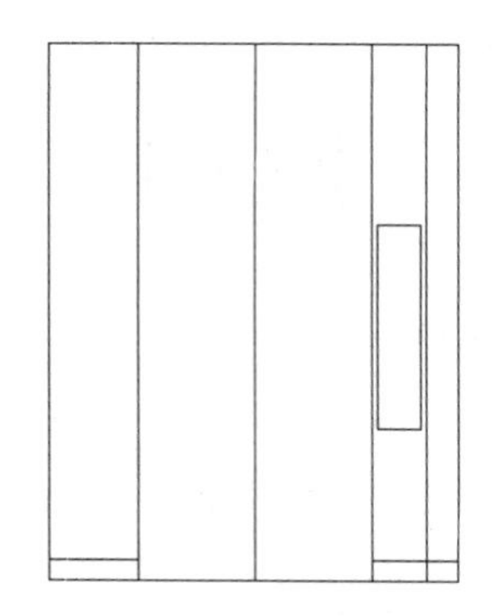

图 18-37 绘制矩形

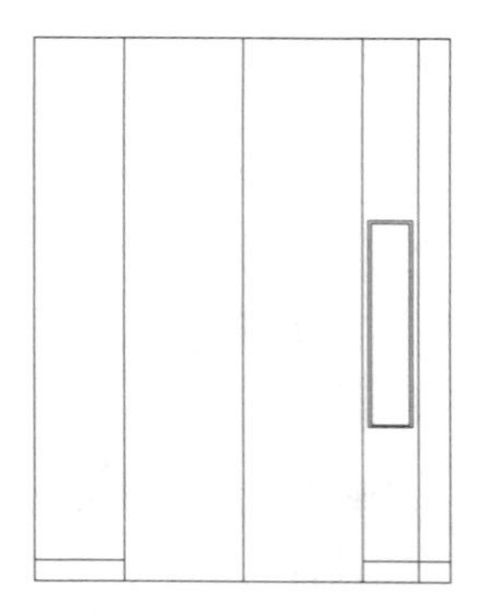

图 18-38 偏移矩形

（9）单击“默认”选项卡“绘图”面板中的“矩形”按钮，在图形内绘制 40×40 的矩形，如图 18-40 所示。

（10）单击“默认”选项卡“修改”面板中的“偏移”按钮，选择第（9）步中绘制的矩形为偏移对象并向内进行偏移，偏移距离为 5，如图 18-41 所示。

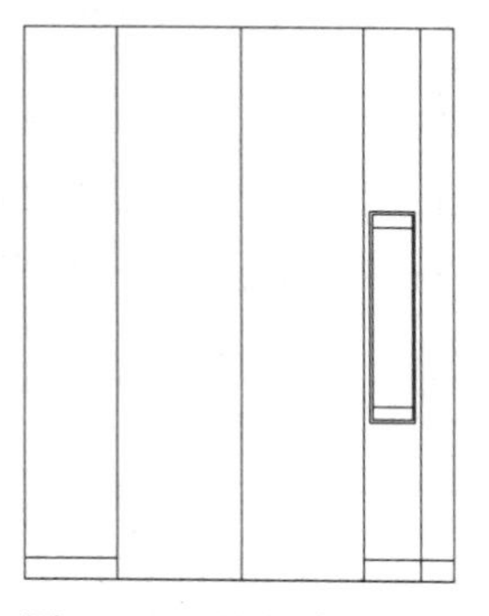

图 18-39 绘制水平直线

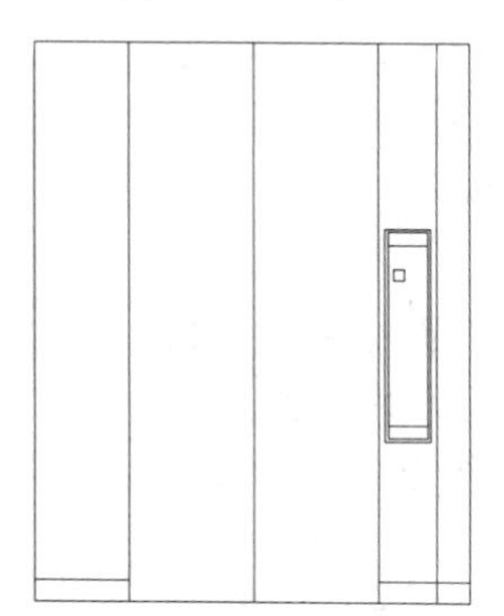

图 18-40 绘制矩形

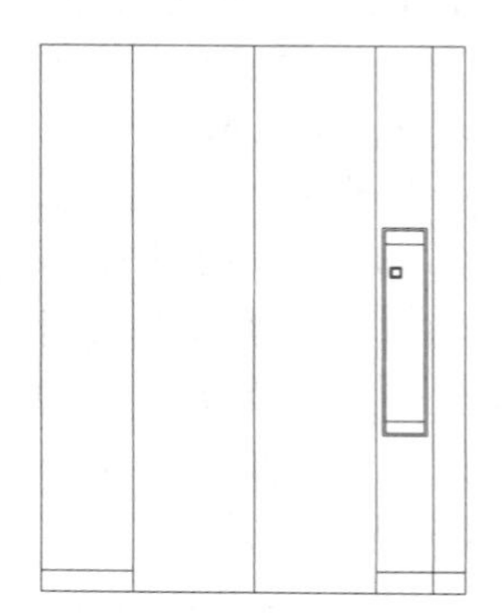

图 18-41 偏移矩形

（11）单击“默认”选项卡“修改”面板中的“复制”按钮，选择第（10）步图形中的两个矩形为复制对象并进行复制，水平间距为 60，竖直间距为 70，如图 18-42 所示。

（12）单击“默认”选项卡“绘图”面板中的“直线”按钮，在图形内绘制多条斜向直线，如图 18-43 所示。

（13）利用上述方法绘制剩余图形，如图 18-44 所示。

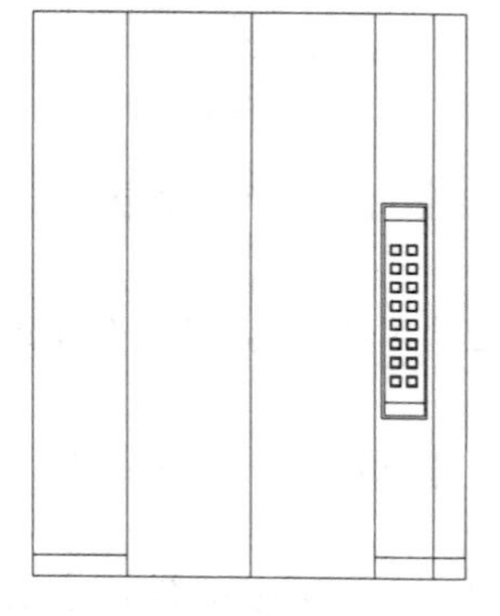

图 18-42 复制图形

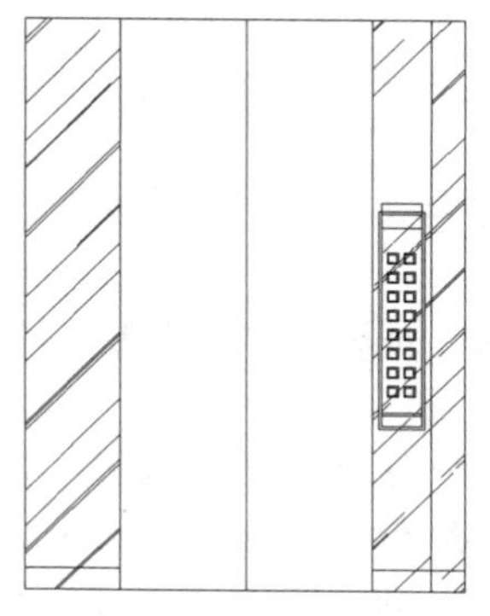

图 18-43 绘制斜向直线

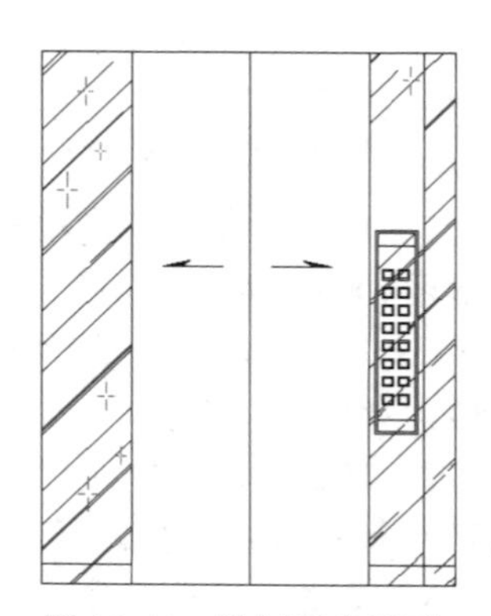

图 18-44 绘制剩余图形

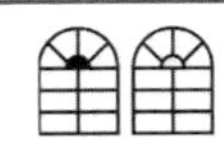

（14）标注尺寸和文字。

① 单击“默认”选项卡“注释”面板中的“线性”按钮和“连续”按钮，为图形添加第一道水平尺寸标注，如图 18-45 所示。

② 单击“默认”选项卡“注释”面板中的“线性”按钮和“连续”按钮，为图形添加第一道竖直尺寸标注，如图 18-46 所示。

③ 单击“默认”选项卡“注释”面板中的“线性”按钮，为图形添加总尺寸标注，如图 18-47 所示。

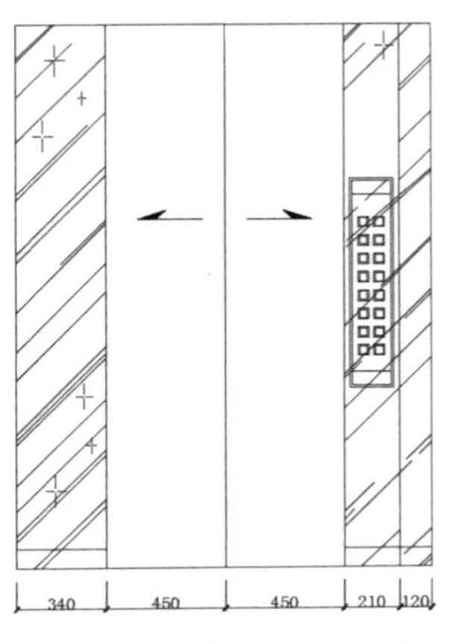

图 18-45　标注水平尺寸

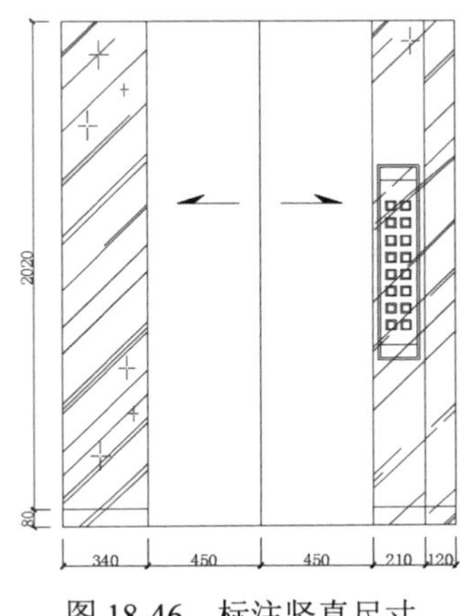

图 18-46　标注竖直尺寸

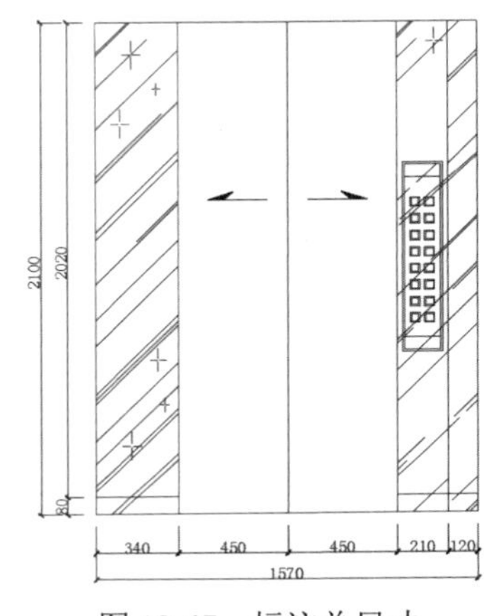

图 18-47　标注总尺寸

④ 在命令行中输入“QLEADER”命令，为图形添加文字说明，如图 18-32 所示。

18.4　电梯门背立面图

本节主要讲述电梯门背立面图的绘制过程，结果如图 18-48 所示。

操作步骤如下：（：光盘\配套视频\第 18 章\电梯门背立面图.avi）

（1）单击“默认”选项卡“绘图”面板中的“矩形”按钮，在图形适当位置绘制一个 1570×2100 的矩形，如图 18-49 所示。

（2）单击“默认”选项卡“修改”面板中的“分解”按钮，选择第（1）步中绘制的矩形为分解对象，按 Enter 键确认进行分解。

（3）单击“默认”选项卡“修改”面板中的“偏移”按钮，选择第（2）步中

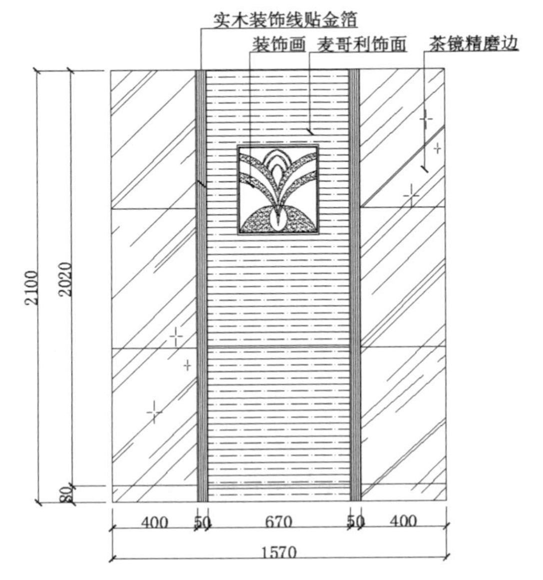

图 18-48　电梯门背立面图

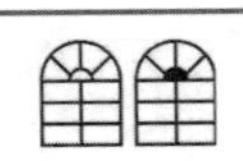

分解矩形的上侧水平直线为偏移对象并向下进行偏移，偏移距离分别 为 673、673、674，如图 18-50 所示。

（4）单击“默认”选项卡“修改”面板中的“偏移”按钮，选择左侧竖直直线为偏移对象并向右进行偏移，偏移距离分别为 400、7、10、10、10、10、3、670、7、10、10、10、10、3，如图 18-51 所示。

图 18-49　绘制矩形

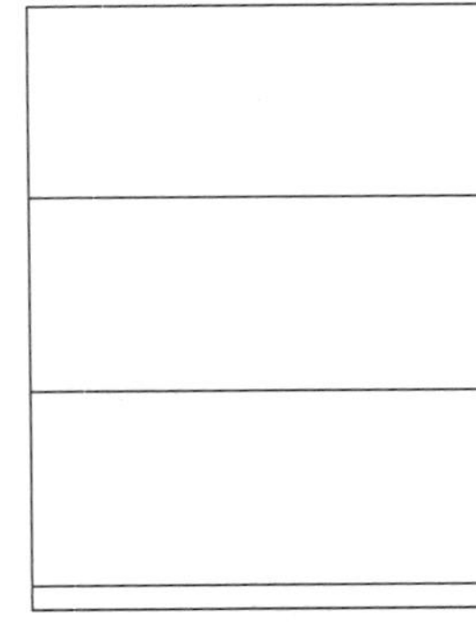

图 18-50　向下偏移线段

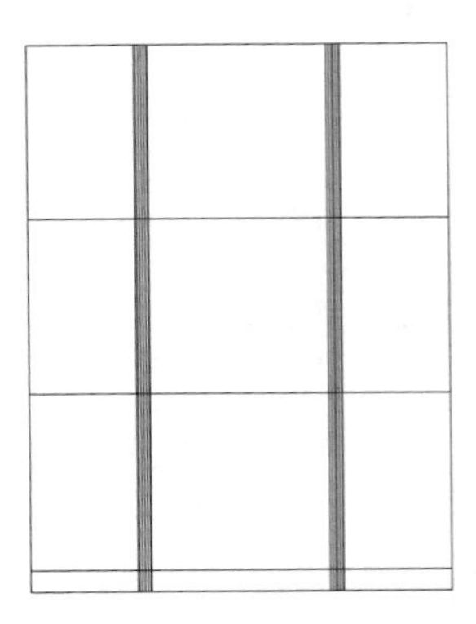

图 18-51　向右偏移线段

（5）单击“默认”选项卡“修改”面板中的“修剪”按钮，对第（4）步中图形内的线段进行修剪，如图 18-52 所示。

（6）单击“默认”选项卡“绘图”面板中的“矩形”按钮，在图形适当位置绘制一个 384×434 的矩形，如图 18-53 所示。

（7）单击“默认”选项卡“修改”面板中的“修剪”按钮，对第（6）步绘制的矩形内的线段进行修剪，如图 18-54 所示。

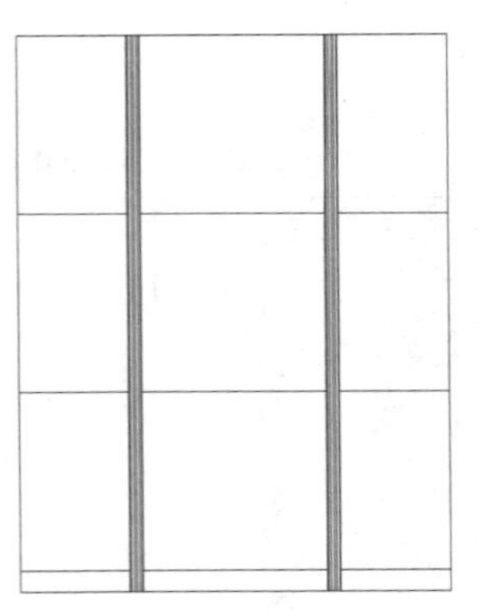

图 18-52　修剪线段

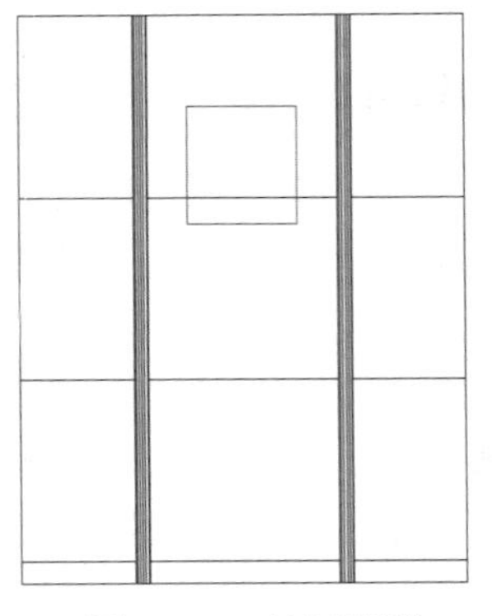

图 18-53　绘制矩形

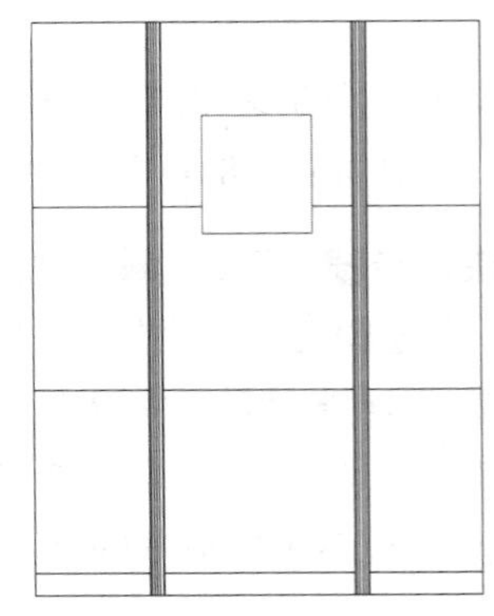

图 18-54　修剪线段

（8）单击“默认”选项卡“修改”面板中的“偏移”按钮，选择第（7）步中绘制的矩形为偏移对象并向内进行偏移，偏移距离分别为 8 和 4，如图 18-55 所示。

（9）单击“默认”选项卡“绘图”面板中的“圆弧”按钮，在第（8）步中偏移矩形内绘制装饰图形，如图 18-56 所示。

（10）单击“默认”选项卡“绘图”面板中的“直线”按钮，在图形适当位置绘制图形，

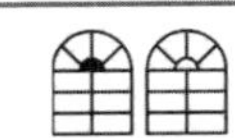

如图 18-57 所示。

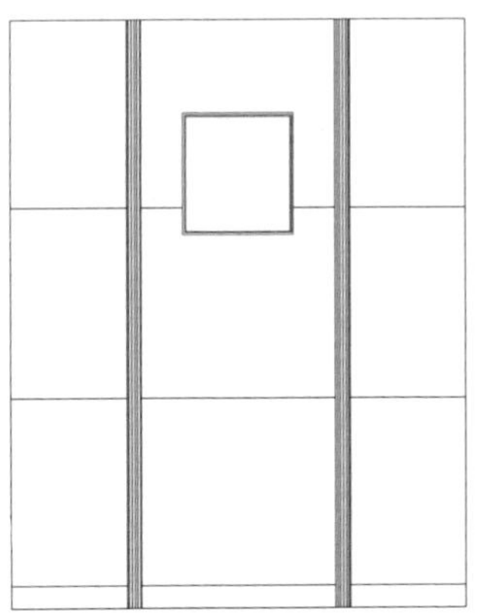

图 18-55　偏移矩形

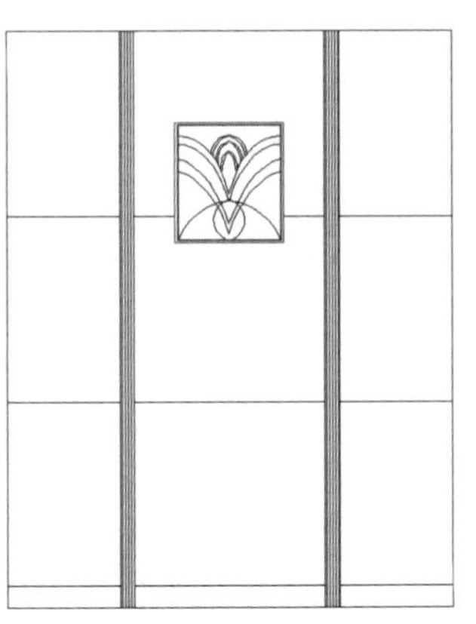

图 18-56　绘制装饰线条

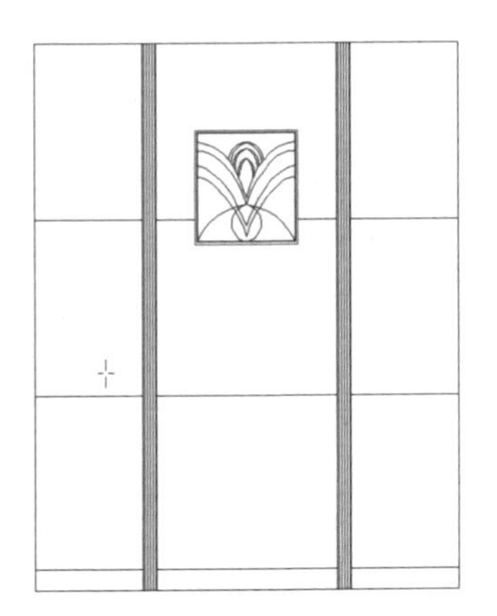

图 18-57　绘制图形

（11）单击“默认”选项卡“修改”面板中的“复制”按钮，选择第（10）步中绘制的图形为复制对象对其进行复制，并缩放整理，如图 18-58 所示。

（12）单击“默认”选项卡“绘图”面板中的“直线”按钮，在图形内绘制多段斜向直线，如图 18-59 所示。

（13）填充图案。

① 单击“默认”选项卡“绘图”面板中的“图案填充”按钮，系统打开“图案填充创建”选项卡，设置填充类型为 ANSI35，比例为 10，角度为 135°，选择填充区域填充图案，效果如图 18-60 所示。

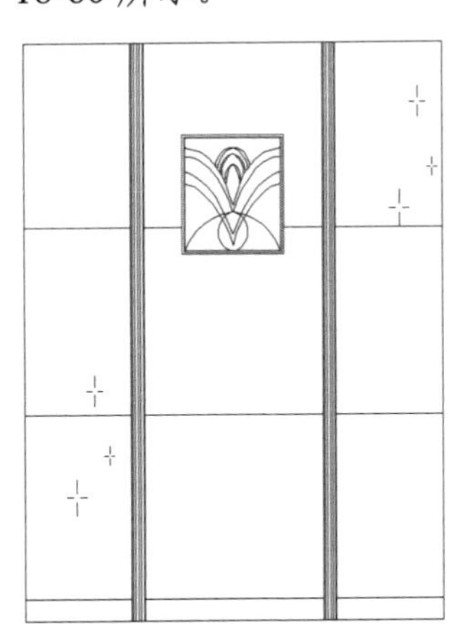

图 18-58　复制图形

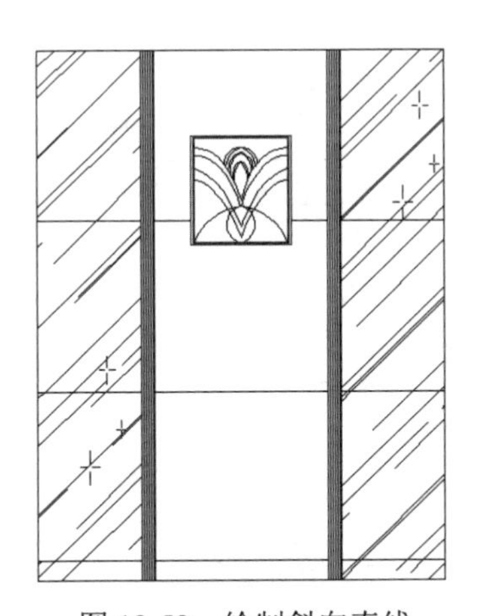

图 18-59　绘制斜向直线

图 18-60　填充图案 ANSI35

② 重复“图案填充”命令，设置填充类型为 AR-SAND，比例为 0.3，角度为 0°，选择填充区域填充图案，效果如图 18-61 所示。

（14）标注尺寸和文字。

① 单击“默认”选项卡“注释”面板中的“线性”按钮和“连续”按钮，为图形添加第一道水平尺寸标注，如图 18-62 所示。

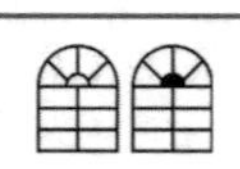

Note

② 单击“默认”选项卡“注释”面板中的“线性”按钮和“连续”按钮，为图形添加第一道竖直尺寸标注，如图 18-63 所示。

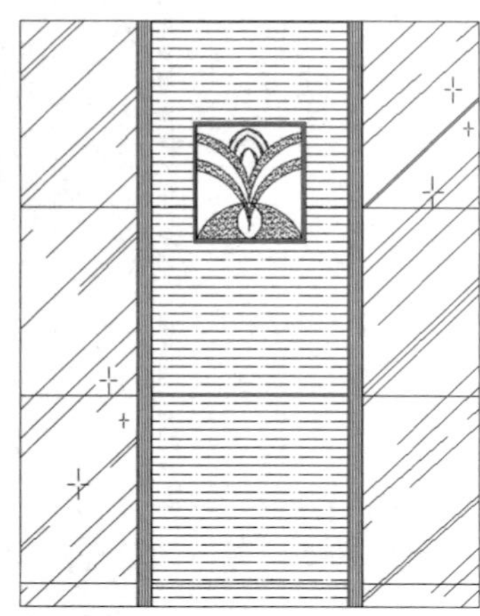

图 18-61　填充图案 AR-SAND

图 18-62　标注水平尺寸

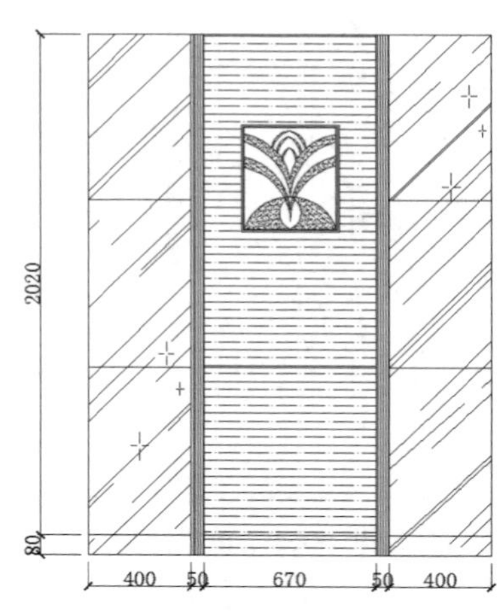

图 18-63　标注竖直尺寸

③ 单击“默认”选项卡“注释”面板中的“线性”按钮，为图形添加总尺寸标注。在命令行中输入“QLEADER”命令，为图形添加文字说明，如图 18-48 所示。

18.5　电梯右侧立面图

利用上述方法完成电梯右侧立面图的绘制，结果如图 18-64 所示。

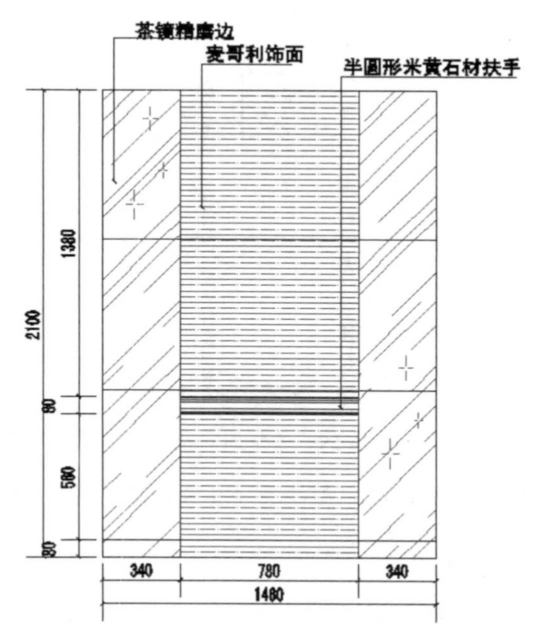

图 18-64　电梯右侧立面图

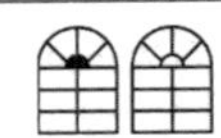

18.6　电梯左侧立面图

利用上述方法完成电梯左侧立面图的绘制，结果如图 18-65 所示。

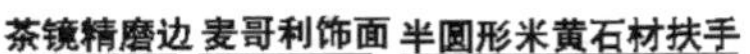

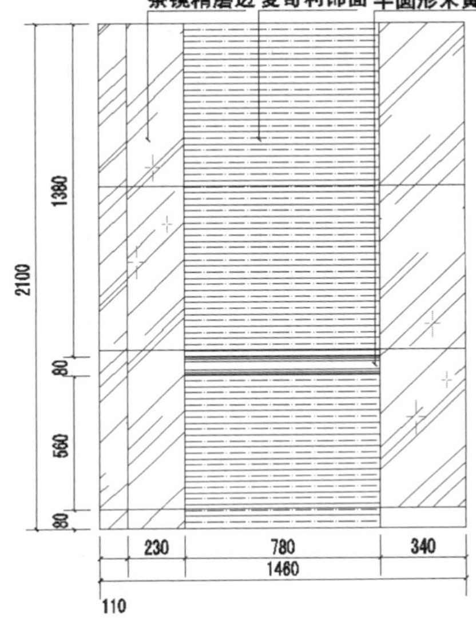

图 18-65　电梯左侧立面图

18.7　实 战 演 练

通过前面的学习，读者对本章知识有了大体的了解，本节通过几个操作练习使读者进一步掌握本章知识要点。

【实战演练 1】绘制如图 18-66 所示的楼梯、电梯布局平面图。

1．目的要求

本实例主要要求读者通过练习进一步熟悉和掌握楼梯、电梯布局平面图的绘制方法。通过本实例，可以帮助读者学会完成楼梯、电梯布局平面图绘制的全过程。

2．操作提示

（1）绘图准备。

（2）绘制轴线和墙体。

（3）绘制门窗。

（4）绘制楼梯和电梯。

（5）标注尺寸和文字。

【实战演练 2】绘制如图 18-67 所示的楼梯大样图。

1．目的要求

本实例主要要求读者通过练习进一步熟悉和掌握楼梯大样图的绘制方法。通过本实例，可以

帮助读者学会完成整个楼梯大样图绘制的全过程。

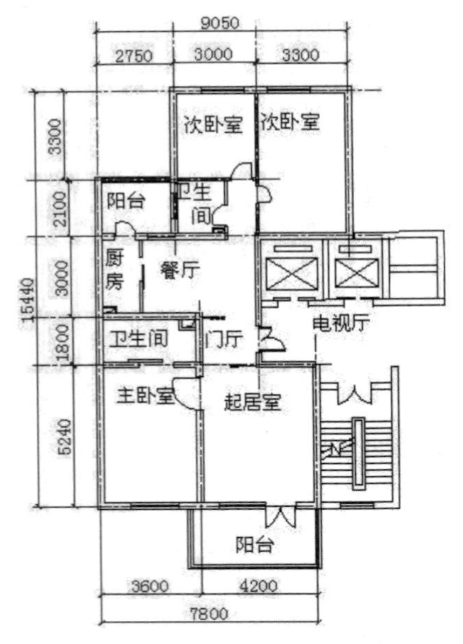

图 18-66　楼梯、电梯布局平面图

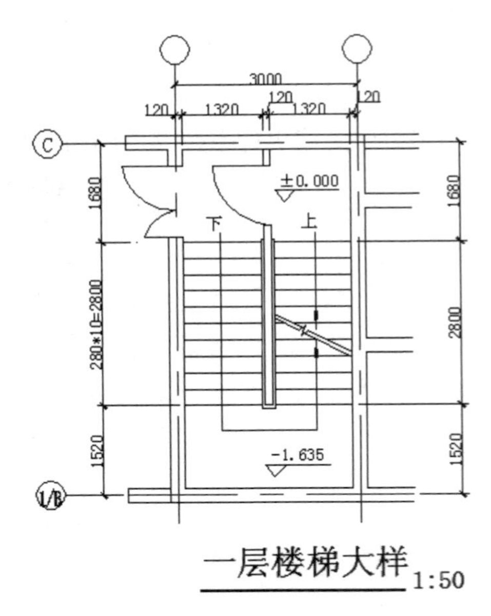

图 18-67　楼梯大样图

2．操作提示

（1）绘图准备。

（2）整理楼梯图形。

（3）标注标高和尺寸文字。